saur

Gabriel Calvo
Eberhard Sauppe

Wörterbuch des Bibliothekswesens

Unter Berücksichtigung der bibliothekarisch wichtigen Terminologie des Informations- und Dokumentationswesens, des Buchwesens, der Reprographie, des Hochschulwesens und der Datenverarbeitung

Deutsch – Spanisch
Spanisch – Deutsch

K · G · Saur München 1997

Gabriel Calvo
Eberhard Sauppe

Diccionario de Biblioteconomía

Incluye una selección de terminología bibliotecaria de Ciencias de la Información, Documentación, Bibliología, Reprografía, Educación e Informática

Alemán – Español
Español – Alemán

K · G · Saur München 1997

Die Deutsche Bibliothek – CIP Einheitsaufnahme

Calvo, Gabriel:
Diccionario de biblioteconomía ... incluye una selección de terminología bibliotecaria de ciencias de la información, documentación, bibliología, reprografía, educación e informática ; alemán – español, español – alemán / Gabriel Calvo ; Eberhard Sauppe. – München : Saur, 1997
Parallelsacht.: Wörterbuch des Bibliothekswesens
ISBN 3-598-11269-6

Gedruckt auf säurefreiem Papier

Wörterbuch-Software (DIOLIB): Udo Eberhardt, Hannover
Datenerfassung und Satz / Computer-controlled keyboarding, data preparation and automatic data processing by Microcomposition, München
Druck: Strauss Offsetdruck, Mörlenbach
Binden: Thomas-Buchbinderei, Augsburg

ISBN 3-598-11269-6

Inhalt - Indice

Vorwort

Das vorliegende Wörterbuch bietet erstmalig eine umfassende Übersetzungshilfe für den Bereich der deutsch-spanischen und der spanisch-deutschen Terminologie des Bibliothekswesens. Es basiert auf dem *Wörterbuch des Bibliothekswesens*: deutsch-englisch/englisch-deutsch von Eberhard Sauppe in der 2. erweiterten Auflage von 1996. Dieses bildet die Grundlage für die Auswahl der Begriffe, die aktuell in Bibliotheken, Archiven und Datenbanken zur Anwendung kommen, und für die Struktur der Einträge.

Das Bibliothekswesen hat sich im Laufe seiner Geschichte zu einem eigenständigen Fachbereich entwickelt, der seine eigene Systematik und ein entsprechendes Fachvokabular hat. Wie auf vielen Gebieten fungiert auch hier die englische Sprache als internationale Verständigungsbasis. Dennoch hat sich gezeigt, daß bei der Übersetzung in dritte Sprachen auf dem Umweg über das Englische allzu oft differenzierte oder landesspezifische Bedeutungen verlorengehen. Die Entwickung der Kommunikationswege hat den direkten Kontakt zwischen Deutschland und Spanien sowie Lateinamerika deutlich erleichtert. Die Mitgliedschaft Spaniens in der Europäischen Union seit 1986 erfordert eine engere Zusammenarbeit zwischen den Ländern. Die deutsch-spanisch/spanisch-deutsche Ausgabe dieses Wörterbuches soll für den Bereich des Bibliothekswesens die direkte Verständigung zwischen beiden Sprachen erleichtern und in Einzelfällen besondere Begriffsinhalte durch erläuternde Hinweise präzisieren.

Wie immer bei der Übersetzung von einer Sprache in die andere gibt es unscharfe Bereiche, die sich aus dem jeweiligen alltäglichen Sprachgebrauch ergeben und durch ein solches Wörterbuch nicht normativ beseitigt werden können. So ist beispielsweise die Entwicklung des Buchgewerbes im deutschsprachigen und im spanischsprachigen Raum größtenteils unabhängig voneinander verlaufen, und es ist in den überwiegend historisch geprägten Sachgebieten, wie Buchbinden, Buchkunde, Papier- oder Schriftwesen oft unmöglich, eine exakte Übereinstimmung von Bedeutungsgehalten herzustellen.

Zum anderen erweisen sich sprachliche Übertragungen für Begriffe aus den modernen Sachbereichen wie Organisation und Management oder Informationssysteme, deren materieller und terminologischer Fortschritt überwiegend im angelsächsischen Raum stattfindet, als problematisch. Hier findet im Deutschen nur zögernd und mit einem gewissen *time-lag* eine Begriffsnormierung statt, zumeist mit Fremd- und Lehnwörtern. Im Spanischen haben sich in diesen Fällen oft noch keine eigenen Begriffsbildungen durchgesetzt, und es wird über Jahre ein englischer Terminus verwendet, bevor er sich mit einer gewissen Assimilation als Lehnwort in die spanische Sprache einreiht.

Eine Sprache lebt und entwickelt sich ständig weiter. Gerade in den durch technologische Veränderungen geprägten Sachbereichen werden immer neue Termini entstehen und alte ihre Begriffsinhalte ändern bzw. präzisieren. Das Wörterbuch kann nur einen *status quo* widergeben. Es versucht, zwischen der Notwendigkeit einer Normierung und dem unterschiedlichen Sprachgebrauch im Alltag zu vermitteln und im Einzelfall auf verschiedene mögliche Bedeutungsgehalte oder Verwendungsweisen eines Terminus hinzuweisen. Sein primäres Anliegen ist es, dem Benutzer und den Fachleuten im deutschsprachigen und im spanischsprachigen Raum eine gut handhabbare und klare Verständigungsbasis zu geben, die – wo nötig – auch pragmatische Lösungen anbietet. Hoffen wir, daß dadurch die internationale Zusammenarbeit gefördert wird.

Madrid, Januar 1997 Gabriel Calvo

Prefacio

El presente diccionario intenta, por vez primera, ser una herramienta completa para la traducción de términos de Biblioteconomía entre los idiomas español y alemán. Está basado en la segunda edición aumentada de la obra de Eberhard Sauppe, „Wörterbuch des Bibliothekswesens", alemán-inglés, inglés-alemán. Con ella, el autor ofrece ya un corpus básico de los términos actualmente vigentes en el ámbito profesional bibliotecario, archivístico e informático, así como un modelo indicativo para la estructuración de las entradas.

En el transcurso de su historia la Biblioteconomía ha evolucionado y, de ser una ciencia auxiliar, ha pasado a convertirse en una materia científica con entidad propia, un vocabulario técnico desarrollado y una lógica interna particular. Como muchos otros ámbitos profesionales, también la Biblioteconomía se sirve del idioma inglés para la comprensión internacional. Sin embargo, la experiencia demuestra que este procedimiento es insuficiente y que, en el trasvase de términos y expresiones entre dos idiomas mediante un tercero, se difuminan muchos significados específicos o, cuando menos, se pierden los matices diferenciadores que los términos puedan tener en cada lengua. Por otra parte, el desarrollo de las vías de comunicación internacional ha favorecido la relación directa entre los mundos de habla hispana y germana y, precisamente a raíz de la plena incorporación de España a la Unión Europea, se hace necesaria una más estrecha colaboración entre ambos. La edición de este diccionario en alemán-español, español-alemán, intenta facilitar esta comunicación directa entre ambas lenguas dentro del ámbito de la biblioteconomía y, en casos determinados, precisar significados mediante indicaciones aclaratorias.

Como suele ocurrir siempre que se traduce de una lengua a otra, existen sectores de imprecisión derivados tanto del uso cotidiano de la lengua, como de la distinta génesis y evolución diacrónica que los tecnicismos han tenido en ambos idiomas. Dichos problemas no pueden ser solucionados por un diccionario que, como el presente, no pretende crear normativa. Así, por ejemplo, a causa del distinto desarrollo histórico de la industria del libro y la práctica bibliotecaria en los ámbitos hispano y germánico, resulta difícil en ocasiones establecer una coincidencia absoluta entre la totalidad de significados de algunas materias como Encuadernación, Fabricación del papel, Bibliología, Tipografía o Escritura. Por otra parte, también se han manifestado problemáticos los modernos campos semánticos, como Organización y Gestión o Sistemas de Información, cuyo progreso material y terminologíco tiene lugar predominantemente en el ámbito de lengua inglesa. Ésto es debido a que la adopción de términos técnicos resulta distinta en cada idioma: vacilante y con el consabido „time-lag" en alemán y más retardada aún en español, idioma en el que el tiempo transcurrido desde que un neologismo se introduce hasta que se normaliza su ortografía suele ser aún mayor.

Un idioma es un sistema lingüístico vivo y evoluciona constantemente. Y es precisamente en los campos semánticos sujetos a cambios tecnológicos donde más neologismos surgen y donde los términos suelen cambiar con más frecuencia su significado o, por lo menos, precisarlo. Este Diccionario sólo puede reflejar el estado de cosas en el momento actual. Se intenta en él hacer un trasvase entre la práctica cotidiana de la lengua y la necesaria normalización técnica y, en casos aislados, indicar los posibles significados o formas de uso de un mismo término.

El objetivo primordial del presente diccionario es ofrecer al usuario una base clara para la comprensión entre ambos idiomas y proporcionar soluciones pragmáticas a los biblioteconomistas. Esperamos que también sirva de ayuda para fomentar la comunicación y la cooperación internacional.

Madrid, enero de 1997 Gabriel Calvo.

Benutzungshinweise

1. Ordnung

Die Eintragungen sind Buchstabe für Buchstabe geordnet. Die Umlaute ä, ö, ü werden wie a, o, u gewertet.

2. Tildensetzung

Bei den halbfett gedruckten Stichworten ersetzen Tilden (~) solche Wörter oder Wortteile, deren Schreibweise identisch ist mit derjenigen von Wörtern oder Wortteilen in unmittelbar vorangegangenen Stichworten. Bei deutschen Komposita wird der im folgenden zu ersetzenden Wortteil durch einen abschließenden Längsstrich (|) gekennzeichnet. Es wird jeweils immer nur ein Wort oder Wortteil ersetzt.

Im Übersetzungsteil und bei s.a.-Verweisungen ersetzen Tilden je nach ihrer Zahl ein oder mehrere Wörter aus dem Stichwortkopf.

3. Aufbau einer Eintragung

Den Stichworten und ihren Übersetzungen sind in der Regel *grammatische Bezeichnungen* in *Kursivschrift* zugesetzt:

– Bei deutschen Substantiven im Singular ist das Genus angegeben (*m* für *maskulinum*, *f* für *femininum*, *n* für *neutrum*).
– Bei spanischen Substantiven ist das Genus mit *m* für *maskulinum* und mit *f* für *femininum* angegeben.
– Bei *Pluralformen* steht *pl*.
– *Verben* sind durch *v*, *Adjektiva* durch *adj*, *Adverbien* durch *adv*, *Präsens-Partizipien* durch *pres p*, *Perfekt-Partizipien* durch *pp*, *Gerundiumformen* durch *ger* und *Abkürzungen* durch *abbr* gekennzeichnet.
– Bei mehrgliedrigen Stichworten und Übersetzungen bezieht sich die grammatische Bezeichnung auf das grammatisch bestimmende Wort. Bsp.: Einband der Zeit *m* – Einband ist *maskulinum*. Encuadernación contemporánea *f* – Encuadernación ist *femininum*.

Auf die grammatische Kennzeichnung folgt ggf. ein *erläuternder Zusatz* in runden Klammern.

Danach wird das *Sachgebiet*, zu dem das Stichwort inhaltlich gehört, in englischsprachiger Kurzform und eckig geklammert angegeben, z.B. [Cat] für Cataloguing. Die *Sachgebietsschlüssel* sind im *Anhang 2* vermerkt.

In Einzelfällen folgt dann ein *Regionalzusatz*, um einen regionalspezifischen Gebrauch kenntlich zu machen, z.B.: *CH*. Die verwandten Kurzbezeichnungen sind im *Abkürzungsverzeichnis* im *Anhang 3* zu finden.

Der erste Teil einer Eintragung wird im deutsch-spanischen Teil ggf. durch einen *Definitionsnachweis* in Winkelklammern abgeschlossen, z.B. ⟨DIN 1425⟩. Ein Quellenverzeichnis zu den Definitionsnachweisen ist im *Anhang 1* zu finden. Es werden nur Definitionen mit normierender Wirkung nachgewiesen.

Der zweite Teil der Eintragung enthält die *Übersetzung*, ggf. mit *Zusätzen* und *Siehe-auch-Verweisungen*.

Instrucciones de uso

1. Orden de los vocablos

Los vocablos estan ordenados alfabéticamente. Las metafonías ä,ö,ü, valen como a,o,u.

2.Posición de la tilde

En los vocablos en seminegrita, la tilde (~) sustituye aquellas palabras o partes de palabra cuya escritura es idéntica a la de las palabras-guía inmediatamente precedentes. En las voces compuestas alemanas se señala la parte de palabra sustituída con una barra (|). En ningún caso se sustituye más de una palabra o parte de palabra.

En la parte de traducción y en las referencias v.t. (s.a.), la tilde sustituye, según sea su número, a una o más palabras del encabezamiento.

3. Formación de una entrada.

Las palabras-guía y sus traducciones llevan generalmente su categoría gramatical en cursiva.

- En los sustantivos alemanes en singular, se da el género (*m* para *masculino*, *f* para *femenino*, *n* para *neutro*).
- En los sustantivos españoles, *m* para masculino y *f* para femenino.
- En las formas en plural se consigna *pl*
- Los verbos van marcados con *v*, los adjetivos y locuciones adjetivas con *adj*, los adverbios y locuciones adverbiales con *adv*, los participios presentes con *pres p*, los participios perfectos con *pp*, las formas de gerundio con *ger* y las abreviaturas con *abbr*.
- En los vocablos plurimembres y sus traducciones, la categoría gramatical se refiere a la palabra determinante: Ej.: Einband der Zeit *m*. Einband es *masculino*. Encuadernación contemporánea *f*. Encuadernación es *femenino*.

A las marcas gramaticales sigue, dado el caso, un complemento aclarador or entre paréntesis.

Detrás va la materia a la que el contenido de la palabra pertenece, en abreviatura y entre corchetes, por ej.: [Cat] para Catalogación. Las claves de materias se reseñan en el apéndice 2.

En casos aislados sigue un complemento regional, que informa del uso específico del vocablo en un ámbito regional, por ej:. CH. Las abreviaturas afines se reseñan en el índice de abreviaturas del apéndice 3.

En la parte alemano-española la primera parte de la entrada se cierra, según el caso, con una fuente de la definición entre paréntesis angulares, por ej., ⟨DIN 1425⟩. El índice de dichas fuentes se reseña en el apéndice 1. Sólo se dan las fuentes de definiciones normalizadas. La segunda parte de la entrada contiene la traducción y , si se considera necesario, las aclaraciones complementarias y las referencias v.t.

Literaturnachweis
Bibliografía consultada

Für die Arbeit am Wörterbuch wurde eine Vielzahl von Nachschlagewerken, Fachbüchern, Aufsätzen, Regelwerken und Normen benutzt. Im folgenden wird eine Auswahl der wichtigsten Quellen angeführt. Es sind dies insbesondere Fachlexika, Werke mit Begriffsverzeichnissen, allgemeine und Fachwörterbücher. Die Einzelnormen sind in den Definitionsnachweisen innerhalb der entsprechenden Wörterbucheintragungen genannt.

Para la compilación del diccionario se ha utilizado gran número de obras de referencia, publicaciones profesionales, artículos y códigos de catalogación y normas. A continuación se consignan las principales fuentes consultadas. Se trata especialmente de diccionarios técnicos, obras con índice de vocablos y libros de carácter general y profesional. Las normas aisladas se citan en las fuentes de definiciones incluídas en la correspondiente entrada del diccionario.

Anglo-American cataloging rules. North American text. Chicago, American Library Association, 1967.

Anglo-American cataloguing rules. 2nd ed. London, Library Association, 1978.

Buonocuore, Domingo: Vocabulario Bibliográfico. Santa Fé (Argentina), Castellví, 1952.

Burton, Philip E.: Diccionario de minicomputadores y microcomputadores. Inglés-Francés-Alemán-Español. Bilbao, URMO S.A. de Ediciones, 1984.

Chambers. Diccionario Científico y Tecnológico (español/inglés/francés/alemán). Barcelona, Ediciones Omega, 1979.

Diccionari de Cartografia (castellà, francès, italià, anglès, alemany). Barcelona, Generalitat de Catalunya, 1994.

Diccionario empresarial Stanford con definición del término, inglés, Francés, Español. Madrid, Editorial Empresarial, 1993.

Diccionario Oxford de Informática, inglés-español, español- inglés. Madrid, Ediciones Díaz de Santos, S.A., 1983.

Dictionarium Bibliothecarii Practicum / The Librarian's Practical Dictionary in 22 Languages / Wörterbuch des Bibliothecars in 22 Sprachen. 7. Auflage. München, Verlag Dokumentation, 1977. Edited by /herausgegeben von Dr. Zoltán Pipics.

Dictionary of the Grafic Arts Industries in eight Languages (English, German, French, Russian, Spanish, Polish, Hungarian, Slovak) Edited by Wolfgang Müller. Amsterdam, Elsevier Scientific Publications Company, 1981.

Eroles, Emili: Diccionario histórico del libro. Barcelona, Millà, 1981.

Glosario ALA de Bibliotecología y Ciencias de la Información, Traducción: Blanca de Mendizábal Allende. Madrid, Ediciones Díaz de Santos S. A., 1988.

Glossary of documentation terms. London, British Standards Institution, 1976. (BS 5408.1976)

Guinguay, Michel: Diccionario de informática. Inglés-español. Barcelona, Masson, 1985.

Hiller, Helmut: Wörterbuch des Buches. 5. Aufl. Frankfurt: Klostermann 1991.

Iguiniz, Juan B.: Léxico Bibliográfico. México, Instituto Bibliográfico Mexicano, 1952.

Information transfer. 2nd ed. Genève, Intern. Organiz. for Standardiz., 1982. (ISO standards handbook; 1)

Informationsverarbeitung. Berlin, Köln, Beuth. 1. Begriffe, Normen. 6. Aufl., 1985. (DIN-Taschenbuch; 25)

Instruktionen für die alphabetischen Kataloge der preußischen Bibliotheken. 2. Ausg. Berlin, Behrend, 1909.

ISBD. International Standard Bibliographic Description. Deutsche Übers., traducción aleman. Siehe / véase: Vereinigung Schweizerischer Bibliothekare: Katalogisierungsregeln.

Keitz, S. und W. von: Dictionary of Library and Information Science / Wörterbuch Bibliotheks- und Informationswissenschaft: English/German German/English, Weinheim, VCH, 2nd rev. ed. 1989.

Koch, Richard: Diccionario de Management y Finanzas, términos, técnicas e instrumentos de la A a la Z. Barcelona, Ediciones Folio, 1995. 2 vols.

Lopez de Zuazo, Antonio: Diccionario del Periodismo, Madrid, Pirámide, 1978.

Lozano Irueste, José M.: Nuevo diccionario bilingüe de Economía y Empresa, inglés-español, español-inglés, Madrid, Ediciones Pirámide S.A., 1993.

Martin, E. y Tapiz, L.: DEAIG Diccionario enciclopédico de las Artes e Industrias Gráficas. Barcelona, Ediciones Don Bosco, 1981.

Martinez de Sousa, José: Diccionario de Tipografía y del libro. 3ª edición. Madrid, Editorial Paraninfo, 1992.

Martinez de Sousa, José: Diccionario de Bibliología y Ciencias afines. Madrid, Fundación Germán Sánchez Ruipérez, 1989.

Massa de Gil, B., Trautman, R., Goy, P.: Diccionario Técnico de Biblioteconomía español-inglés. México, Editorial F. Trillas, 1964.

Massa de Gil, Beatriz: Dizionario tecnico di biblioteconomia Italiano-Spagnolo-Inglese, México, Editorial Trillas, 1971.

Multilingual Dictionary of Publishing, Printing and Bookselling. London, Cassell & The Publishers Association, 1992.

Normen für Büro und Verwaltung. 3. Aufl. Berlin, Köln, Beuth, 1982. (DIN-Taschenbuch; 102)

Orne, Jerrold: The Language of the foreign Book Trade. Abbreviations, Terms, Phrases. Third Edition. Chicago, American Library Association, 1976.

Peacock, John: Multilingual Dictionary of priting and publishing terms. English, French, Spanish, Italian, German, Dutch, Swedish. London, Blueprint, 1991.

Polytechnisches Wörterbuch Spanisch-Deutsch. Herausgegeben von Karl H. Radde unter Mitarbeit von F. Laguna de la Vera. Berlin, VEB Verlag Technik, 1976.

Preußische Instruktionen (PI). Siehe / véase: Instruktionen für die alphabetischen Kataloge der preußischen Bibliotheken.

Publikation und Dokumentation. 2. Aufl. 1. 2. Berlin, Köln, Beuth, 1984. (DIN-Taschenbuch; 153. 154).

Regeln für die alphabetische Katalogisierung: RAK. Wiesbaden, Reichert, 1977.

Regeln für die alphabetische Katalogisierung. Sonderregeln für audiovisuelle Materialien, Mikromaterialien und Spiele: (RAK-AV). Vorabdruck. Berlin, DBI, 1985.

Regeln für die alphabetische Katalogisierung. 4. Sonderregeln für kartographische Materialien: RAK-Karten. Wiesbaden, Reichert, 1987.

Regeln für die alphabetische Katalogisierung. Sonderregeln für unselbständig erschienene Werke: (RAK-UW). Entwurf. Berlin, DBI, 1986.

Rodríguez, César: Diccionario Bilingüe de las Artes Gráficas. Inglés-español, español inglés. New York, George A. Humphrey, 1966.

Rosenberg, J. M.: Diccionario de Administración y Finanzas, Barcelona, Editorial Oceano, 1994

Suarez, Andrés S.: Diccionario de Economía y Administración. Madrid, McGraw-Hill/Interamericana de España, 1995.

Vereinigung Schweizerischer Bibliothekare. Katalogisierungsregeln. 2. Aufl. Bern.
Facs. BA: ISBD(M) [deutsch]. 1983.
BB: ISBD(S) [deutsch]. 1983.
BC: ISBD(NBM) [deutsch]. 1986.
BD: ISBD(PM) [deutsch]. 1986.
BE: ISBD(CM) [deutsch]. 1986.

Wersig, Gernot und Ulrich Neveling: Terminology of documentation. A selectionof 12000 basic terms, publ. in Engl., French, German, Russ., and Spanish. Paris, Unesco Press [u.a.], 1976.

Westphalen, M. H., Piñuel, J. L.: La dirección de Comunicación. Prácticas profesionales. Diccionario técnico. Madrid, Ediciones del Prado, 1993.

Wörterbuch des Verlagswesens in 20 Sprachen. Pullach/München, Verlag Doku-- mentation, 1974.

Wörterbuch Teil I: Deutsch-Spanisch

Diccionario primera parte: Alemán-Español

A

abarbeiten *v* [EDP] / procesar *v* · tratar *v* (información)
Abb. *abbr* [Bk] *s. Abbildung*
abbestellen *v* (eine Zeitschrift ~) [Acq] / suspender *v* · cancelar *v* · anular *v* (un periódico) ‖ *s.a. kündigen*
Abbildung *f* [Bk] / figura *f* · ilustración *f* ‖ *s.a. bildliche Darstellung; farbige Abbildung*
Abbildungs|fehler *m* [Repr] / defecto de reproducción *f* · aberración *f*
~legende *f* [Bk] / leyenda *f* *s. Bildlegende*
~maßstab *m* [Repr] ⟨DIN 31631/2⟩ / escala de la imagen *f* · escala de reproducción *f*
~verzeichnis *n* [Bk] / índice de ilustraciones *m*
abbinden *v* [Bind] / secarse *v*
abbrechen 1 *v* (ein Programm ~) [EDP] / detener prematuramente *v* (la ejecución de un progama) · suspender *v* (un programa)
abbrechen 2 *v* (einen Katalog ~) [Cat] / cerrar *v* (un catálogo)
Abbreviatur *f* ⟨RAK-AD⟩ / abreviatura *f*
Abbruch *m* (eines Programms) [EDP] / detención prematura *f* · suspensión *f*
ABC-Buch *n* [Bk] / abecedario *m* · abecé *n*
ABC-Regeln *pl* [Cat] / reglas de ordenación alfabética *pl*
Abdeckboden *m* (als oberer Abschluß eines Regals) [Sh] / cornisa de estantería *f* · techo de estantería *m*
Abdeckung *f* (zur Verhinderung der Abbildung eines Teils einer Kopiervorlage) [Repr] ⟨DIN 19040/113E⟩ / recubrimiento *m* · enmascaramiento *n*
Abdeckungsquote *f* [Retr] / índice de alcance *m* · índice de cobertura *m*
Abdr. *abbr* [Bk] *s. Abdruck*
Abdruck *m* [Bk] / impresión *f* · copia *f* · reproducción *f* · ejemplar *m* ‖ *s.a. Sonder(ab)druck*
abdrucken *v* [Prt] / copiar *v* · reproducir *v* · imprimir *v*
Abdruckrecht *n* [Law] / derecho de reproducción *m*
Abendzeitung *f* [Bk] / diario vespertino *m* · periódico de la tarde *m*
Abenteuer|film *m* [NBM] / película de aventuras *f*
~roman *m* [Bk] / novela de aventuras *f*
Abfall|behälter *m* [BdEq] / cubo de basura *m*
~quote *f* [Retr] / índice de irrelevancia *m* · tasa de no pertinencia *f*
Abfrage (in einer Datenbank) [Retr] / búsqueda *f* · recuperación *f*
~anforderung *f* [Retr] / petición de búsqueda *f*
~befehl *m* [Retr] / orden de búsqueda *f*
~datei *f* / fichero de búsqueda *m*
~einheit *f* [Retr] / unidad de búsqueda *f*
~sprache *f* [Retr] / lenguaje de recuperación *m* · lenguaje de búsqueda *m*

~system *n* [Retr] / sistema de recuperación *m* · sistema de búsqueda *m*
Abgang *m* (ausgesonderter Band usw.) [Stock] / retiro *m* · descarte *m* · baja *f* · expurgo *m*
Abgangsnachweis *m* [Stock] / registro de expurgos *m*
abgebildet *pp* [Bk] / reproducido *pp*
abgedruckt *pp* [Bk] / impreso *pp* · (otra vez ~:) reimpreso *pp*
abgegriffen *pp* [Bk] / desgastado *pp* (por el uso) · manoseado *pp*
abgehängte Decke *f* [BdEq] / techo suspendido *m*
abgehender Ruf *m* [Comm] ⟨DIN 44302⟩ / demanda de llamada *f*
abgeleitetes Dokument *n* / documento derivado *m*
abgeleitetes Wort *n* [Lin] / palabra derivada *f*
abgelöst *pp* [Bind] / separado *pp* · desglosado *pp*
abgenutzt *pp* [Bk] / desgastado *pp* (por el uso)
abgerissen *pp* [Bk] / rasgado *pp* · arrancado *pp*
abgeschlossene Aufnahme *f* [Cat] / entrada completa *f* · asiento de serie completa *m* · asiento de serie cerrada *m* · ficha cerrada *f* · asiento cerrado *m*
– Bibliographie *f* [Bib] / bibliografía completa *f* · bibliografía cerrada *f*
abgeschnitten *pp* [Bk] / recortado *pp*
abgeschrägte Deckelkanten *pl* [Bind] / cantos de tapas biselados *pl* / cantos de tapas achaflanados *pl*
– Ecken *pl* [Bind] / puntas romas *pl* · puntas matadas *pl* · esquinas achaflanadas *pl*
abgesetztes Endgerät *n* [EDP] / terminal a distancia *m*
abgestimmte Erwerbung *f* [Acq] / adquisición cooperativa *f* (en cooperación)
abgewetzt *pp* [Bind] / rozado *pp* · gastado *pp*
Abgleichcode *m* [EDP] / código de adaptación *m*
abgleichen *v* [EDP] / adaptar *v*
abgleichen *v* [EDP] / ajustar *v*
Abhandlung *f* [Bk] ⟨DIN 31631/4⟩ / tratado *m*
abhängiger (Sach-)Titel *m* [Cat] ⟨ISBD(S)⟩ / título dependiente *m*
– Teil eines Hauptsachtitels *m* [Cat] ⟨ISBD(S)⟩ / parte dependiente de un título principal *f*
– Wartebetrieb *m* [Comm] ⟨DIN 44302⟩ / modalidad de desconexión normal *f*
Abhöranlage *f* [BdEq] / instalación de escucha *f* · instalación de audición *f*
~kabine *f* [BdEq] / cabina de audición *f*
~platz *m* [BdEq] / puesto de audición *m*
~raum *m* [BdEq] / sala de audición *f*
Abitur *n* [Ed] / bachillerato *m*
abkürzen *v* [Lin] / abreviar *v*
Abkürzung *f* [Lin] ⟨DIN 2340⟩ / abreviatura *f* · abreviación *f* ‖ *s.a. Akronym; Initialkürzung*
Ablage *f* [Off; Arch] / archivador *m* *s. Aktenablage*
~fach *n* [BdEq] / archivador *m* · gaveta *f* · bandeja de clasificación *f*
Ablaufdiagramm *n* [OrgM] / diagrama de flujo *m* (de trabajo, de datos) · organigrama *m* · ordinograma *m* ‖ *s.a. Programmablaufplan*
ablauffähig *adj* [EDP] / ejecutable *adj*
~invariantes Programm *n* [EDP] / programa reentrante *m*
Ablauforganisation *f* [OrgM] / organización del flujo de trabajo *f*
~planung *f* [OrgM] / planificación del flujo de trabajo *f*
~richtung *f* (in einem Ablaufdiagramm) [EDP] / dirección de flujo *f*
ablegen *v* (Briefe usw. ~) [Off] / distribuir *v* · ordenar *v* · clasificar *v*
Ablegesatz *m* [Prt] / composición para distribuir *f* · composición acabada en tirada *f*
ableimen *v* [Bind] / encolar *v*
Ableimmaschine *f* [Bind] / encoladora *f*
Ableitung *f* [Lin] / derivación *f*
Ablichtung *f* [Repr] ⟨DIN 31631/2⟩ / fotocopia *f*
Ablieferungspflicht *f* [Law] / entrega obligatoria *f* ‖ *s.a. Anbietungspflicht*
Ablochbeleg *m* [EDP] / hoja de especificación *f* · hoja de codificación *f*
ablochen *v* [PuC] / taladrar *v* · perforar *v*
abmagern *v* [OrgM] / racionalizar *v*
abmelden *v* (im Verkehr mit einem anderen Rechner) [Comm; EDP] / salir del sistema *v*
Abmeldung *f* [Comm; Retr] / salida del sistema *f* · fin de la conexión *m*
Abmessungsnorm *f* [Gen; Bk] / norma de medidas *f*

Abnahme|protokoll [BdEq] / acta de recepción *m*
-prüfung *f* [BdEq] / examen de recepción *m*
-verpflichtung *f* [Acq] / obligación de compra *f*
Abnehmer *m* [Acq] / comprador *m*
Abnutzung *f* [Bk] / abrasión *f* · deterioro *m* · desgaste *m*
Abonnement *n* [Acq] / suscripción *f* ‖ *s.a. Jahresabonnement; Jahresbezugspreis; Mehrjahresabonnement*
Abonnements|erneuerung *f* [Acq] / renovación de suscripción *f*
-preis *m* [Acq] / precio de suscripción *f*
Abonnent *m* [Acq] / abonado *m* · suscriptor *m*
abonnieren *v* [Acq] / abonarse a *v* · suscribirse a *v*
Abpreßbrett *n* [Bind] / chilla(s) *f(pl)* · quijadas *pl* (para hacer cajos)
abpressen *v* [Bind] / formar el lomo de un libro *v* · meter en prensa *v* · enlomar *v* (un libro)
abpuffern *v* [Pres] / amortiguar *v* · poner topes *v*
Abrechnung *f* [BgAcc] / nota de liquidación *f* ‖ *s.a. spezifizierte Abrechnung*
Abrechnungssystem *m* [BgAcc] / sistema de contabilidad *m*
Abreibung *f* (Durchreibung) [Bind] / rozadura *f* · frotación *f* · fricción *f*
Abreiß|kalender *m* [Off] / calendario de hojas arrancables *m* · calendario de taco *m*
-schiene *f* (zum Abtrennen von Papierstreifen oder -bogen) [Repr] / pleca cortante *f* · cortador *m*
Abriebfestigkeit *f* [Pp] / resistencia al frotamiento *f*
Abriß *m* [Bk] / manual *m* · compendio *m*
Abrufbetrieb *m* [EDP] ⟨DIN 44300/9E; DIN 44331V⟩ / modalidad de llamada selectiva *f*
Absatz *m* [Writ; Bk; Prt] / párrafo *m* · aparte *m* (en la composición de un texto) · punto y aparte *m* ‖ *s.a. Einzug*
-markt *n* [OrgM] / mercado de consumo *m*
-zeichen *n* [Bk] / signo de parágrafo *m*
Abschaltautomatik *f* [BdEq] / relé de desconexión *m*
abschalten *v* [BdEq] / desconectar *v* 2
Abschaltzeit *f* [Comm] / tiempo de desconexión *m*
abschirmen *v* [BdEq] / blindar *v* · proteger *v*
Abschlagzahlung *f* [BgAcc] / pago a cuenta *m* *s. Teilzahlung*
abschließendes Erscheinungsjahr *n* [Cat] / año de cierre de la publicación *m* · último año de publicación *m* · año concluyente de publicación *m*
Abschluß|bericht *m* [Bk] / informe final *m*
-note *f* [Ed] / nota final *f* · calificación final *f*
-prüfung *f* [Ed] / examen final *m*
-zeugnis *n* (einer Schule) [Ed] / certificado de examen final *m*
abschneiden *v* (eine Zeichenfolge am Anfang oder Ende weglassen) [EDP] ⟨DIN 44300/8E⟩ / truncar *v*
Abschnitt *m* (in einem Buch) [Bk] / párrafo *m* · apartado *m*
Abschnittsmarke *f* [EDP] / marca de cinta *f*
abschreiben *v* [Writ] / copiar *v*
Abschreiber *m* [Writ] / copista *m*
Abschreibung *f* [BgAcc] / amortización *f*
Abschrift *f* [Writ] / copia *f* · transcripción *f*
Abschürfungen *pl* [Bind] / raspaduras *pl*
absetzen *v* (ein Manuskript ~) [Prt] / componer *v*
absignieren *v* [RS] / cotejar *v* (~ las signaturas con los libros pedidos por los lectores)
absolute Adresse *f* [EDP] / dirección absoluta *f* ‖ *s.a. Maschinenadresse*
Absolutskala *f* [InfSc] / escala absoluta *f*
Absolvent *m* (einer Bibliotheksschule) [Ed] / titulado *m* · licenciado *m* (~ en biblioteconomía)
Abspann *m* (eines Films) [NBM] / títulos de crédito finales *pl* · genéricos de fin *pl* · fotogramas de cola *pl*
Abspielanlage *f* [NBM] / equipo de reproducción *f*
Abspielen *n* [NBM] / reproducir *v*
Abspiel|geschwindigkeit *f* (bei Tonbändern usw.) [NBM] / velocidad de reproducción *f*
-nadel *f* [NBM] / aguja de reproducción *f*
Abstraktions|beziehung *f* / relación genérica *f* *s. Abstraktionsrelation*
-relation *f* [Ind; Class] ⟨DIN 1463/1E; DIN 32705E⟩ / relación genérica *f* · relación género-especie *f*
Absturz *m* (eines Programms) [EDP] / detención anormal *f*
Abt. *abbr* [Bk] *s. Abteilung 1*

abtasten *v* (Zeilen, ein Raster usw. ~) [EDP] / explorar *v*
Abtaster *m* [EDP] / escáner *m* · explorador electrónico *m* ‖ *s.a. optischer Abtaster*
Abtastnadel *f* [NBM] *s. Abspielnadel*
Abteilung 1 *f* (eines fortlaufenden Sammelwerks) [Bk] / sección *f* (de una publicación seriada en curso) ‖ *s.a. Abteilungstitel 2*
Abteilung 2 *f* (eines in mehreren Teilen erscheinenden Buches) [Bk] ⟨DIN 31631/4⟩ / tomo *m* (de un libro que se publica en varias partes) · parte *f*
Abteilung 3 *f* (eines Geschäfts) [OrgM] / sección *f* · departamento *m*
Abteilung für Bestandsaufbau *f* [OrgM] / departamento de formación de la colección *m*
Abteilung für Bestandserhaltung *f* / departamento de mantenimiento de la colección *m*
Abteilung für Gebäudeunterhaltung *f* / departamento de mantenimiento del edificio *m*
Abteilung mit Literatur für breite Leserkreise *f* / sección de bibliografía general *f*
Abteilungs|bibliothek *f* [Lib] / biblioteca de departamento *f*
~bildung *f* [OrgM] / formación de departamentos *f*
~gliederung *f* [OrgM] / organización de departamentos *f*
~leiter *m* [Staff] / jefe de departamento *m* ‖ *s.a. stellvertretender Abteilungsleiter*
~titel 1 *m* (einer Unterabteilung eines in mehreren Teilen erscheinenden Buches) [Bk] / título de parte *m*
~titel 2 *m* (eines fortlaufenden Sammelwerks) [Bk] ⟨ISBD(S)⟩ / (de una publicación seriada:) título de sección *m*
abwaschbarer Einband *m* [Bind] / encuadernación lavable *f*
abweichende Namensform *f* [Cat] / forma variante de nombre *f*
~ Schreibweise *f* [Cat] / forma variante de grafía *f*
~ Titelfassung *f* [Bk] / forma variante de título *f*
Abwickelspule *f* [NBM] / carrete de desbobinado *m* · carrete de alimentación *m*
Abziehbild *n* [NBM] / calcomanía *f*
Abzug 1 *m* [BdEq; Pres] / sumidero *m* · desagüe *m*
Abzug 2 *m* [Prt; Repr] / prueba *f* · duplicado *m*
Abzug 2 *m* [Prt; Repr] / copia *f*
Abzug|papier *n* [Repr] / papel duplicador *m*
Achatstein *m* [Bind] / bruñidor *f* · bruñidor de ágata *m*
Achsabstand *m* [Sh] / distancia entre ejes centrales *f* (diese Regalblöcke haben einen Achsabstand von 130 cm: estos cuerpos de estantería tienen 130 cm de distancia entre sus ejes centrales)
Achselfläche *f* (einer Drucktype) [Prt] / superficie del hombro *f*
Adapter *m* [EDP] / adaptador *m*
Addierwerk *n* / mecanismo sumador *m*
Adelstitel *m* [Cat] / título nobiliario *m*
AD-Konverter *m* [EDP] / convertidor DA *m* · convertidor digital-analógico *m*
Adreßabbildung *f* [EDP] / gráfico de direcciones *m*
Adressat *m* [Off] / destinatario *m*
Adreß|buch *n* [Bk] / directorio *m* · guía de direcciones *f* ‖ *s.a. Branchenadreßbuch; Buchhandelsadreßbuch; Firmenadreßbuch; Handelsadreßbuch; Ortsadreßbuch; Stadtadreßbuch*
~bus *m* [EDP] / bus de direcciones *m*
Adresse *f* [EDP] ⟨DIN 44300/1E⟩ / dirección *f* ‖ *s.a. Basisadresse; Datenanfangsadresse; logische Adresse; Maschinenadresse; reale Adresse; relative Adresse; tatsächliche Adresse*
Adressen|aufkleber *m* [Off] / etiqueta con dirección *f*
~datei *f* [Off] / fichero de direcciones *m*
~kartei *f* [Off] / fichero de direcciones *m*
~liste *f* [Off] / lista de direcciones *f*
~verzeichnis *n* [Off] / índice de direcciones *m*
~zugriffszeit *f* [EDP] / tiempo de acceso a una dirección *m*
Adreßfeld *n* / zona de dirección *f*
~erweiterung / expansión de la zona de dirección *f*
Adressiermaschine *f* [Prt] / máquina rotuladora *f* (de direcciones, de señas) · impresora de direcciones o señas *f*
Adreß|rechnung *f* [EDP] / cálculo de dirección *m*
~speicher *m* [EDP] / memoria de dirección *f*
~tabelle *f* [EDP] / tabla de dirección *f*
~teil *m* [EDP] ⟨DIN 44300/4E⟩ / zona de la dirección *f* (de una instrucción)
ADU *abbr* [EDP] *s. AD-Umwandler*

AD-Umwandler *m* [EDP] *s. AD-Konverter*
AD-Umwandler *s. AD-Konverter*
ADV *abbr* [EDP] *f s. automatische Datenverarbeitung*
AD-Wandler *m* [EDP] *s. AD-Konverter*
Agentur *f* [OrgM; Adm] / delegación *f* · agencia *f*
Ahle *f* [Bind] / punzón de correcciones *m* · punta *f*
Ähnlichkeitssuche *f* / búsqueda por analogía *f*
AK *abbr* [Cat] *s. alphabetischer Katalog*
Akademieschrift *f* [Bk] ⟨RAK-AD⟩ / publicación académica *f*
akademisches Auslandsamt *n* [Ed] / secretariado de estudiantes extranjeros *m*
Akkumulator *n* [EDP] / acumulador *m*
Akronym *n* [Lin] ⟨DIN 1422/1; DIN 2340; TGL 20969⟩ / sigla *f* · acrónimo *m*
Akrostichon *n* [Bk] / acróstico *m*
Akte *f* [Off; Arch] ⟨DIN 31631/4⟩ / acta(s) *f(pl)* · expediente(s) *m(pl)* · documento *m*
Aktenlablage *f* [Off; Arch] / archivador *m* ‖ *s.a. Registratur*
-deckel *m* [Off] / carpeta *f*
-notiz *f* [Off] *s. Aktenvermerk*
-ordner *m* [Off] / archivador *m*
-plan *m* [Off; Arch] / ordenación sistemática de documentos *f*
-regal *n* [Off] / estantería para documentos *f*
-schrank *m* [BdEq] / armario archivador *m* · armario para documentos *m*
-vermerk *m* [Off] / nota de actas *f*
-vernichtungsmaschine *f* [Off] / trituradora de documentos *f*
-zeichen *n* [Off] / número de referencia *m*
aktiver Leihverkehr *m* [RS] / préstamo interbibliotecario *m s. gebender Leihverkehr*
aktualisieren *v* (eine Datei ~) [InfSy] / actualizar *v*
aktualisierte Ausgabe *f* [Bk] / edición actualizada *f*
Aktualität *f* (einer Datenbank) [InfSy] / actualidad *f*
Akustikkoppler *m* [Comm] ⟨DIN 44302⟩ / acoplador acústico *m*
akustischer Koppler *m* [Comm] *s. Akustikkoppler*
Akzent *m* [Writ; Bk] / acento *m*
-buchstaben *pl* [InfSy; Prt] / letras acentuadas *pl*
Akzeptanz *f* [InfSc] / aceptación *f*
Akzession *f* [OrgM] *s. Erwerbungsabteilung*
akzessionieren *v* [Acq] / adquirir *v*
Akzessionierer *m* [Staff] / bibliotecario de adquisiciones *m*
Akzessionierung *f* [Acq] / registro de entrada *m*
– von Zeitschriftenheften / registro de adquisición de publicaciones periódicas *m*
Akzessionsljournal [Acq] / registro de adquisiciones *m* · fichero de entradas *m* · catálogo de adquisiciones *m* ‖ *s.a. Bestandsverzeichnis; Inventar; Zugangsdatei*
-nummer *f* [Acq] / número de registro de entrada *m* · número de adquisición *m*
Akzidenzldruck *m* [Prt] / impresión de remendería *f*
-druck *m* [Prt] / remendería *f*
-satz *m* [Prt] / composición de remendería *f*
-schrift *f* [Prt] / caracteres para titulares *pl* · caracteres de remendería *pl*
-type *f* [Prt] / tipo para remiendos *m*
Alarmanlage *f* [BdEq] / instalación de alarma *f*
Alaungerbung *f* [Bind] / curtido con alumbre *m*
Album *n* (pl.: Alben) [Bk] / álbum *m*
Albumen *n* [Bind] / albumen *m*
Albumformat *n* [Bk] / formato apaisado *m* · formato de álbum *m s. Querformat 2*
Aldinen *pl* [Bk] / aldinos *pl* · ediciones aldinas *pl*
Alfapapier *n* [Pp] *s. Espartopapier*
Algorithmus *m* [EDP] / algoritmo *m*
Algraphie *f* [Prt] *s. Aluminiumdruck*
alkalische Reserve *f* [Pp] ⟨DIN ISO 9706⟩ / reserva alcalina *f*
Alleinauslieferer *m* [Bk] / distribuidor exclusivo *m*
alle Rechte vorbehalten [Law] / es propiedad *Am* · propiedad literaria registrada *Méx* · reservados todos los derechos
alles Erschienene *n* [Bk] / todo lo publicado
alles was erschienen [Bk] *s. alles Erschienene*
Allgemeinlbegriff *m* [Ind; Class] ⟨DIN 2330⟩ / concepto genérico *m*
-bibliographie *f* [Bib] / bibliografía general *f* · bibliografía universal *f*
-bibliothek *f* [Lib] / biblioteca general *f*

allgemeine Anhängezahl *f* [Class/UDC] / número auxiliar común *m s.a. allgemeine Ergänzungszahl*
- **Beziehung** *f* (Zeichen : Doppelpunkt) [Class/UDC] / relación general *f*
- **Ergänzungszahl** *f* [Class/UDC] / auxiliar común *m*
- **Ergänzungszahl der Form und Darbietung von Dokumenten** *f* (Zeichen (0...) Klammer Null) [Class/UDC] / auxiliar común de forma *m*
- **Ergänzungszahl der Materialien** *f* (Zeichen -03 Strich Null Drei) [Class/UDC] / auxiliar común de materiales *m*
- **Ergänzungszahl der Personen und persönlichen Merkmale** *f* (-05 Strich Null Fünf) [Class/UDC] / auxiliar común de personas y características personales *m*
- **Ergänzungszahl der Sprache** *f* (Zeichen = ... gleich) [Class/UDC] / auxiliar común de lengua *m*
- **Ergänzungszahl der Völker und Rassen** *f* [Class/UDC] / auxiliar común de pueblos y razas *m s. allgemeine Ergänzungszahl von ethnischen Gruppen*
- **Ergänzungszahl der Zeit** *f* (Zeichen „..." gesprochen Zeit) [Class/UDC] / auxiliar común de tiempo *m*
- **Ergänzungszahl des Gesichtspunkts** *f* (Zeichen .00 Punkt Null Null) [Class/UDC] / auxiliar común de punto de vista *m*
- **Ergänzungszahl des Ortes** *f* (Zeichen (...) Klammer oder (1/9)) [Class/UDC] / auxiliar común de lugar *m*
- **Ergänzungszahl von ethnischen Gruppen** *f* (Zeichen (=...) Klammer gleich) [Class/UDC] / auxiliar común de razas y pueblos *m*
- **Facette** *f* [Class] / faceta común *f*
- **Klassifikation** *f* [Class] / clasificación general *f*
- **Materialbenennung** *f* [Cat] *s. allgemeine Materialbezeichnung*
- **Materialbezeichnung** *f* [Cat] ⟨ISBD(M; A; S; PM)⟩ / designación general de material *f*

allgemeine standardisierte Dokumentbeschreibungssprache *f* / lenguaje normalizado de descripción de documentos en general *m*

allgemeine Verweisung *f* [Cat] / referencia global *f*

allgemeingeographische Karte *f* [Cart] *DDR* / mapa geográfico general *m DDR*

allgemeingeographische Karte *f* [Cart] *DDR* / mapa geográfico general *m DDR*

Allgemeingruppe *f* [Class] / generalia *pl* · obras generales *pl*

Allonym *n* [Bk] / alónimo *m*

All-over-Stil *m* / orla *f*

Almanach *m* [Bk] ⟨DIN 31631/4; RAK-AD⟩ / almanaque *m*

Alphabet *n* [Writ] / alfabeto *m*

alphabetische Katalogisierung *f* [Cat] / catalogación alfabética *f* ‖ *s.a. formale Erfassung*
- **Notation** *f* [Class] / notación alfabética *f*
- **Ordnung** *f* [Cat; Ind] / orden alfabético *m*

alphabetischer Katalog *m* [Cat] / catálogo alfabético *m*
- **Zeichensatz** *m* / juego alfabético de caracteres *m*

alphabetisches Register *n* [Ind] / índice alfabético *m*

alphabetische Unterteilung *f* [Class/UDC] / extensión alfabética *f*

alphabetisch (nach Namen, Titeln und/oder Schlagwörtern) geordneter Katalog / catalogación alfabética de autores y obras anónimas *f*

alphabetisch ordnen *v* [Bib; Cat] / ordenar alfabéticamente *v*

Alphabetisierungskurs *m* / curso de alfabetización *m*

alphanumerisch *adj* [InfSy] ⟨DIN 44300/2E⟩ / alfanumérico *adj*

alphanumerische Notation *f* [Class] / notación alfanumérica *f*

Alphapapier *n* [Pp] / papel esparto *m s. Espartopapier*

als geheim einstufen *v* / clasificar como material secreto *v* · clasificar como materia reservada *v*

als Manuskript gedruckt [Bk] / impreso conforme al manuscrito *pp*

Altareinband *m* [Bind] / encuadernación de altar *f* · encuadernación bizantina *f*

Altbestand *m* [Stock] / colección anterior *f*

alte Drucke *pl* [Bk] ⟨RAK-AD⟩ / impresiones antiguas *pl* ‖ *s.a. Frühdrucke*

ältere Ausgabe *f* (einer Zeitschrift usw.) [Bk] / edición anterior *f*

Alternativrelation *f* [Ind] / relación alternativa *f*

-sachtitel *m* [Cat] ⟨ISBD(M; S; PM); DIN 31631/2⟩ / título alternativo *m*

Alters|beständigkeit *f* (von Papier) [Pp] ⟨DIN ISO 9706⟩ / consistencia del papel *f*
~spuren *pl* [Bk] / indicios de envejecimiento *pl*
Alterung *f* (von fotografischen und anderen Materialien) [Pres] ⟨DIN 6730⟩ / envejecimiento *m*
alterungsbeständiges Papier *n* [Pp] / papel resistente al envejecimiento *m*
Alterungsbeständigkeit *f* (von Papier) [Pp] / resistencia al envejecimiento *f*
altkoloriert *pp* [Bk] / coloreado hace mucho tiempo *pp*
Alt|kolorit *n* [Bk] / colorido antiguo *m*
~papier *n* [Bind; Prt] ⟨DIN 6730⟩ / maculatura *f* · papel usado *m* · papel viejo *m*
Aluminiumdruck *m* [Prt] / aluminografía *f* · algrafía *f* · impresión algráfica *f*
AM *abbr* [EDP] *s. Abschnittsmarke*
American Standard Code for Information Interchange / código ASCII *m*
am Falz verstärktes Vorsatz *n* [Bind] / guardas reforzadas en la articulación *pl*
amtliche Druckschrift *f* [Bk] ⟨RAK-AD⟩ / documento oficial *m* · publicación oficial *f*
– **Druckschriftennummer** *f* [Bk] ⟨DIN 31631/2⟩ / número de documento oficial *m*
– **Veröffentlichung** *f* [Bk] *s. amtliche Druckschrift*
Amtsbezeichnung *f* [Staff] *s. Dienstbezeichnung*
Amts|blatt *n* [Bk] ⟨DIN 31631/4⟩ / diario oficial *m* · boletín oficial *m*
~druckschrift *f* [Bk] *s. amtliche Druckschrift*
Amtszeit *f* [Stsff] / duración del cargo *f*
Anagramm *n* [Bk] / anagrama *m*
Analekten *pl* [Bk] / analectas *pl*
analog *adj* / análogo *adj* · analógico *adj*
Analog-Digital-Konverter *m* [EDP] / convertidor analógico digital *m s. AD-Konverter*
analoge Daten *pl* [InfSy] ⟨DIN 44300/2E⟩ / datos analógicos *pl* · información analógica *f*
Analogrechner *m* [EDP] / (FIND:) ordenador analógico *f*
Analphabet *m* [Gen] / analfabeto *m*
Analphabetismus *m* [Gen] / analfabetismo *m*
analytische Bibliographie *f* [Bk] *s. analytische Druckforschung*
analytische Druckforschung *f* [Bk] / bibliografía analítica *f* · bibliografía crítica *f*
– **Klassifikation** *f* [Class] / clasificación analítica *f*
– **Statistik** *f* [InfSc] / estadística analítica *f*
analytisch-synthetische Klassifikation *f* [Class] / clasificación analítico-sintética *f*
Ananym *n* [Bk] / anánimo *m*
anastatischer Nachdruck *m* [Prt] / reimpresión anastática *f*
Anbau *m* [BdEq] / anexo *m* ‖ *s.a. Erweiterungsbau*
~regal *n* (in einem Systemregal) [Sh] / sección adicional *f* ‖ *s.a. Grundregal*
anbieten *v* (Dienstleistungen usw.) [RS] / ofrecer *v* ‖ *s.a. Datenbankanbieter; Informationsanbieter*
Anbieter von Datenbanken *m* [InfSy] / proveedor de bases de datos *m*
Anbietungspflicht *f* [Law] / oferta obligatoria *f* ‖ *s.a. Ablieferungspflicht*
anbinden *v* [Bind] / insertar *v* · unir *v* ‖ *s.a. angebunden; beigebundenes Werk*
andersfarbig *adj* [Bk] / de otro color *adj*
Änderungsdatei *f* [EDP] / fichero de movimientos *m*
Andruck *m* [Prt] ⟨DIN 16500/2⟩ / prueba(s) *f(pl)* · prueba(s) de imprenta *f(pl)*
an einer Ausschreibung teilnehmen *v* [BdEq] / opositar *v* (a una plaza) · concursar *v*
Anepigraphon *n* [Bk] / anepígrafo *m*
Anerkennung einer Ausbildungsstätte / reconocimiento de una titulación *m*
Anfängerstelle *f* [Staff] / puesto de principiante *m* ‖ *s.a. Berufsanfänger*
Anfangs|adresse *f* [EDP] / dirección de base *f s. Datenanfangsadresse; Programmanfangsadresse*
~bedingung *f* [EDP] / condición inicial *f*
~buchstabe *m* [Writ; Bk] / letra inicial *f* · inicial *f*
~gehalt *n* [Staff] / sueldo inicial *m*
~stelle *f* (für einen Berufsanfänger) [Staff] *s. Anfängerstelle*
~zeile *f* [Retr] / linea de comienzo *f*
Anfasergerät *n* [Pres] / biselador *m*
anfasern *v* / biselar *v*
Anforderung *f* [Acq] / requerimiento *m* · reclamación *f*
Anforderungs|analyse *f* [EDP] / análisis de requisitos *m*

-**betrieb** *m* [EDP] ⟨DIN 44300/9E; DIN 44331V⟩ / operación de selección *m*
-**spezifikation** *f* [EDP] / especificación de condiciones *f*
Anfrage *f* (mit der Bitte um Auskunftserteilung) [Ref] / consulta *f* · solicitud de información *f*
anführen *v* (z.B. die Seitenzählung in einer Katalogeintragung anführen) [Cat] / registrar *v*
Anführungsstriche *pl* [Writ; Prt] / comillas *pl* *s. Anführungszeichen*
-**zeichen** *pl* [Writ; Prt] / comillas *pl* (poner entre ~)
Angabe *f* (der Schriftenreihe, des Verfassers usw. in einer bibliographischen Beschreibung) [Cat] / mención *f*
Angabe von Begleitmaterial *f* / mención de material complementario *f*
angeben *v* (z.B. die Seitenzählung in einer Katalogeintragung angeben) [Cat] / registrar *v*
Angebot 1 *n* / oferta *f*
Angebot 2 *n* (auf einer Auktion) [Acq] / puja *f* · postura *f*
angebunden *pp* [Bind; Cat] / encuadernado con *pp* · insertado en *pp* ‖ *s.a. anbinden*
angefleckt *pp* [Bk] / ligeramente manchado *pp*
angefressen *pp* [Bk] / picado *pp* · corroído *pp* · atacado *pp*
angegilbt *pp* [Bk] / amarillento *adj*
angelsächsische Schrift *f* [Writ] / escritura anglosajona *f*
angerändert *pp* [Bk] / moteado de humedad *adj*
angerandet *pp* [Bk] / con bordes tomando color *adj*
angerissen *pp* [Bk] / empezado a rasgar *pp*
angeschlagen *pp* [Bk] / dañado *pp*
angeschlossene Bibliothek / biblioteca anexionada *f*
angeschmutzt *pp* [Bk] / un poco ensuciado *pp* · deslucido *pp*
angeschnitten *pp* [Bk] / trasquilado *pp*
angestaubt *pp* [Bk] / polvoriento *adj*
Angestellter *m* [Staff] / empleado *m* ‖ *s.a. Bibliotheksangestellter*
Angießen *n* [Pres] / encolado de conservación *m*
Anhang *m* [Bk; Prt] / apéndice *m* · aditamento *m* · (pliego final contrapuesto a los preliminares:) finales *pl*
Anhängezahl *f* [Class/UDC] *s. Ergänzungszahl*
Anilindruck *m* [Prt] / impresión a la anilina *f*
Animationsfilm *m* [NBM] ⟨DIN 31631/4⟩ *s. Trickfilm*
Ankauf *m* [Acq] / compra *f*
Ankaufspreis *m* [Acq] / precio de compra *m*
Anklebefalz *m* [Bind] / cartivana *f* · escartivana *f*
ankoloriert *pp* [Bk] / ligeramente coloreado *pp*
ankommender Ruf *m* [Comm] ⟨DIN 44302⟩ / llamada entrante *f*
Anlage *f* (zu einem Brief usw.) [Off] / anexo *m*
Anlaß *m* (d.i. Angaben über Herkunft, Anlaß und Zweck einer Veröffentlichung, auch über die herausgebende oder den Druck veranlassende Körperschaft) [Cat] ⟨PI⟩ / ocasión *f*
Anlaufkosten *pl* [BgAcc] / gastos iniciales *pl*
anlegen 1 [Cat] / hacer *v*
anlegen 2 *v* [Repr] ⟨DIN 19040/113E⟩ / alimentar *v*
Anleger *m* (Teil einer Durchlaufkamera usw.) [Repr] ⟨DIN 19040/113E⟩ / alimentador *m* ‖ *s.a. Handanleger*
Anleseboden [Sh] *s. Anlesebrett*
-**brett** *n* (an einem Regal) [Sh] / estante de consulta *m* ‖ *s.a. Ausziehplatte*
-**zone** *f* [BdEq] / zona de consulta *f*
anmahnen *v* [Acq] / reclamar *v*
Anmeldeformular *n* (für die Zulassung zur Bibliotheksbenutzung) [RS] / formulario de inscripción *m*
-**gebühr** *f* [OrgM] / tasa(s) de inscripción *f(pl)*
anmelden *v* (im Verkehr mit einem anderen Rechner) [Comm; EDP] / inscribir *v* (sich für die Ausleihe ~: pedir en préstamo)
Anmeldung 1 *f* (eines Benutzers) [RS] *s. Benutzeranmeldung*
Anmeldung 2 *f* (Herstellung der Verbindung zu einem entfernten Rechner) [Comm; Retr] / toma de contacto *f* · entrada en comunicación *f*
Anmerkung *f* [Bk] ⟨DIN 31631/2; DIN 31639/2⟩ / nota *f* ‖ *s.a. Fußnote*
Anmerkungszeichen *n* [Prt] / llamada de nota *f*
Annalen *pl* [Bk] / anales *pl*
Annotation *f* [Bib; Cat] ⟨DIN 31631/2⟩ / anotación bibliográfica *f*
annotieren *v* [Bib; Cat] / anotar *v*

annotierte Bibliographie *f* [Bib] / bibliografía anotada *f*
– Eintragung *f* [Bib; Cat] / asiento anotado *m*
anonym *adj* [Bk; Cat] ⟨RAK⟩ / anónimo *adj*
anonyme Publikation *f* [Bk] / publicación anónima *f*
Anonymus *m* [Bk] / anónimo *m*
anopistographisch *adj* [Bk] / anopistográfico *adj*
anpappen *v* [Bind] / pegar las guardas *v*
Anrandungen *pl* [Bk] / coloración incipiente de los bordes *f*
anreiben *v* [Bind] / raspar *v* · frotar *v*
Anreibepresse *f* [Bind] / prensa raspadorsos *f*
Anruf *m* [Comm] ⟨DIN 44302⟩ / llamada *f*
–beantworter *m* [Comm] *s. telefonischer Anrufbeantworter*
–beantwortung *f* (im Rahmen des Aufbaues einer Datenverbindung) [Comm] ⟨DIN 44302⟩ / respuesta *f*
Ansatz *m* [InfSc] / enfoque *m* ‖ *s.a. Systemansatz*
–falz *n s. Ansetzfalz*
Ansaugplatte *f* (in einer Kamera) [Repr] ⟨DIN 19040/113E⟩ / portapelícula al vacío *m*
anschaffen *v* [Acq] / adquirir *v*
Anschaffungs|etat *m* [BgAcc] *s. Erwerbungsetat*
–vorschlag *m* [Acq] / sugerencia de adquisición *f* · sugerencia de compra *f* ‖ *s.a. Wunschzettel*
anschalten *v* [EDP] / conectar *v*
Anschalt|kosten je Stunde *pl* [Comm; Retr] / costes por hora de conexión *pl*
–zeit *f* [Retr] / duración de la conexión *f* · tiempo de conexión *m*
Anschießer *m* [Bind] / polonesa *f* · palillo de dorador *m*
Anschlag *m* (auf einer Tastatur) [Off; EDP] / pulsación *f*
–brett *n* [BdEq] / tablón de avisos *m* · tablón de anuncios *m* ‖ *s.a. Plakattafel*
–drucker *m* [EDP; Prt] / impresora de impacto *f*
anschlag|freier Drucker *m* [EDP; Prt] / impresora sin impacto *f*
Anschlag|leiste *f* [Sh] / listón de tope *m*
–tafel *f* [BdEq] *s. Anschlagbrett*
anschließende Nebenkarte *f* [Cart] / mapa auxiliar adyacente *m*
Anschluß|blatt *n* [Cart] *s. Anschlußkarte*
–datei *f* [EDP] / fichero de conexiones *m*
–gebühr *f* [BgAcc] / tasa(s) de conexión *f(pl)*
–genehmigung *f* [Comm] / permiso de conexión *m*
–gerät *n* [BdEq] / aparato de alimentación *m*
–kabel *n* [BdEq] / cable de conexión *m*
–karte *f* [Cart] ⟨RAK-Karten⟩ / mapa adyacente *m*
–kennung 1 *f* (der gerufenen Station) [Comm] ⟨DIN 44302⟩ / identificación de linea llamada *f*
–kennung 2 *f* (der rufenden Station) [Comm] ⟨DIN 44302⟩ / identificación de línea de llamada *f*
–leitung *f* [BdEq] / línea de conexión *f*
–zeit *f* [Retr] / tiempo de conexión *m* · duración de la conexión *f s. Anschaltzeit*
anschmieren *v* [Bind] / embadurnar *v* · untar *v*
Anschreiben *n* [Off] / carta de envío *f* ‖ *s.a. Begleitschreiben*
Anschubfinanzierung *f* [BgAcc] / financiación inicial *f*
ansetzen 1 *v* [Bind] / unir *v* · juntar *v* · anexar *v*
ansetzen 1 *v* [Bind] / pegar *v*
ansetzen 2 *v* (z.B. eine Körperschaft unter ihrem offiziellen Namen ansetzen) [Cat] / encabezar *v*
Ansetzfalz *m* [Bind] / cajo *m*
Ansetzung *f* [Cat] / construcción de la forma de encabezamiento *f* · determinación de la forma de encabezamiento *f* ‖ *s.a. Normdateiansetzung*
Ansetzungsform *f* [Cat] / forma de encabezamiento *f*
Ansichts|bestellung *f* [Acq] / pedido a vista *m* · pedido a confirmar después de examen *m*
–exemplar / ejemplar a examen *m* ‖ *s.a. Prüfstück; unverlangtes Exemplar; zur Ansicht*
–karte *f* [NBM] / tarjeta postal *f*
–sendung *f* [Acq] / envío de muestra *m*
Ansprechpartner *m* [Comm] / interlocutor *m*
Anstellungs|bedingungen *pl* [Law] / condiciones de empleo *pl*
–vertrag *m* [Staff] / contrato de trabajo *m* · contrato de empleo *m*
ansteuern *v* [EDP] / controlar *v* · accionar *v* · activar *v*
Anstreichungen *pl* [Bk] / señales *pl* ‖ *s.a. Bleistiftanstriche*

Anthologie *f* [Bk] ⟨DIN31639/2; DIN 31631/4; RAK-UD⟩ / antología *f*
Antichlor *n* [Pres] / anticloro *m*
Antiphonar *n* [Bk] / antifonario *m*
Antiqua *f* [Prt] / letra romana *f* · letra romana antigua *f* · letra antigua *f*
Antiquar *m* [Bk] / librero anticuario *m*
Antiquaria *pl* [Acq] / libros de anticuario *pl*
Antiquariat *n* [Bk] / librería anticuaria *f* · librería de viejo *f* · librería de ocasión *f* · librería de lance *f* ‖ *s.a. modernes Antiquariat*
Antiquariats|buchhandel *m* [Bk] / comercio librero de viejo *m* · mercado librero de segunda mano *m*
-**katalog** *m* [Bk] ⟨DIN 31631/4; RAK-AD⟩ / catálogo de librería de viejo *m*
-**markt** *m* [Bk] / mercado de libros viejos *m* · feria de libros de ocasión *m*
antiquarisches Buch *n* [Bk] / libro de anticuario *m* · libro de segunda mano *m*
antiquarisch kaufen *v* [Acq] / comprar de lance *v*
Antivirusprogramm *n* [EDP] / programa antivirus *m*
Antonomie *f* [Ind] / antonimia *f*
Antonym *n* [Ind] / antónimo *m*
Antrag *m* (auf Zulassung zum Studium) [Ed] / instancia *f* ‖ *s.a. Projektantrag; Stipendienantrag*
-**steller** *m* (mit Bezug auf ein Projekt) / solicitante *m* · proponente *m*
Antwort|quote *f* [InfSc] / tasa de respuesta *f*
-**rate** *f* [InfSc] *s. Antwortquote*
-**schein** *m* [Comm] *s. internationaler Antwortschein*
-**zeit** *f* [EDP] ⟨DIN 44300/7E; DIN 66233/1⟩ / tiempo de respuesta *m*
Anweisung *f* (Programmieren) [EDP] ⟨DIN 44300/4E⟩ / orden *f* · instrucción *f* ‖ *s.a. bedingte Anweisung; Befehl; Grundanweisung; Prozeduranweisung; Schleifenanweisung*
Anwender|programm *n* [EDP] / programa de usuario *m* · programa de aplicación *m*
-**software** *f* [EDP] / soporte lógico de aplicación *m*
Anwendungs|ebene *f* (OSI) [InfSy] / nivel contextual *m*
-**kennung** *f* [EDP] / código de puesta en utilización *m* · código de puesta en aplicación *m*
-**programm** *n* [EDP] / programa de usuario *m s. Anwenderprogramm*
-**prozeß** *m* [EDP] / proceso de aplicación *m*
-**schicht** *f* [Comm] / nivel de aplicación *m*
Anwesenheitsliste *f* [OrgM] / lista de asistencias *f*
Anzahlung *f* [BgAcc] / pago en depósito *m* · primer pago *m* ‖ *s.a: Teilzahlung*
Anzeige *f* [EDP/VDU] ⟨DIN 66233/1⟩ / presentación en pantalla *f* · visualización *f*
-**dauer** *f* [EDP/VDU] ⟨DIN 66233/1⟩ / duración de la visualización *f* · tiempo de presentación en pantalla *m*
-**gerät** *n* [EDP/VDU] ⟨DIN 66233/1⟩ / unidad de pantalla *f* · unidad de visualización *f*
Anzeigen *pl* (Werbung) [Bk] / avisos publicitarios *pl* · anuncios *pl*
-**blatt** *n* [Bk] / periódico comercial *m*
-**teil** *m* [Bk] / sección comercial *f*
Anzeige|tafel *f* (mit optischen und akustischen Signalen) [BdEq] / panel indicador *m* ‖ *s.a. Ziffernanzeige*
Apographon *n* [Writ] / apógrafo *m*
apokryph *adj* [Bk] / apócrifo *adj*
Apokryphen *pl* [Bk] / libros apócrifos *pl*
Apostroph *m* [Writ] / apóstrofo *m*
Aquarell *n* / acuarela *f*
Aquatinta *f* [Art] / aguatinta *f*
Äquidistanz *f* [Cart] / equidistancia *f*
Äquinoktium *n* [Cart] ⟨RAK-Karten⟩ / equinoccio *m*
Äquivalenz *f* [Lin] / equivalencia *f*
Äquivalenz|bedingung *f* [Retr] / condición equivalente *f*
Äquivalenz|benennung *f* [Ind] / término equivalente *m*
-**bezeichnung** *f* [Ind] *s. Äquivalenzbenennung*
-**beziehung** *f* [Ind] *s. Äquivalenzrelation*
-**klasse** *f* [Ind] / categoría equivalente *f*
-**operation** *f* / operación de sustitución *f*
-**relation** *f* [Ind] ⟨DIN 1463/1; TGL RGW 174⟩ / relación de sustitución *f* · relación de equivalencia *f*
Arabeske *f* [Art; Bk] / arabesco *m*
arabische Zahl *f* [Writ; Prt] / número arábigo *m*
– **Zählung** *f* [InfSy] / numeración arábiga *f*
– **Ziffer** *f* [Writ; Bk] / cifra arábiga *f*
Arbeit *f* (zur Erlangung eines akademischen Grades)(z.B. Magisterarbeit; Diplomarbeit) [Bk] / memoria *f*
Arbeits|ablauf *m* [OrgM] / ritmo de trabajo *m*
-**analyse** *f* [OrgM] / análisis del trabajo *f*

-bedingungen *pl* (allgemein) [Staff] / condiciones de trabajo *pl*
-bedingungen 1 *pl* (Anstellungsbedingungen) [Staff] / (conforme a la legislación:) condiciones de empleo *pl*
-befreiung *f* [Staff] / excedencia temporal *f* · permiso sin sueldo *m*
-belastung *f* [Staff] / carga de trabajo *f*
-bereich *m* [EDP] / zona de maniobra *f* · espacio de trabajo *m* · área de operación *f* · área de trabajo *f*
-bescheinigung *f* [Staff] / certificado de trabajo *m*
-blatt *n* [TS] / hoja de trabajo *f*
-datei *f* [EDP] / fichero de trabajo *m*
-erfahrung *f* / experiencia laboral *f*
-erlaubnis *f* [Staff] / permiso de trabajo *m*
-ersparnis *f* [OrgM] / ahorro de trabajo *m* ‖ *s.a. Arbeitskräfteersparnis*
-film *m* [Repr] ⟨ISO 6196-4⟩ / copia de servicio *f* · copia para distribución *f* · microforma para distribución *f*
-fläche *f* [BdEq] / superficie de trabajo *f* ‖ *s.a. reflexionsarme Oberfläche*
-gemeinschaft *f* [OrgM] / círculo de trabajo *m* *s. Arbeitsgruppe*
-gericht *n* [Law] / tribunal laboral *m* · tribunal de trabajo *m* · magistratura del trabajo *f*
-gruppe *f* [OrgM] / equipo de trabajo *m* (personas) · grupo de trabajo *m*
-hypothese *f* [InfSc] / hipótesis de trabajo *f*
arbeitsintensiv *adj* [OrgM] / de mucho trabajo
Arbeits|kabine *f* [BdEq] / cubículo *m* · pupitre aislado *m*
-klima *n* [OrgM] / clima laboral *m*
-konflikt *m* [Staff] / conflicto laboral *m*
-kopie *f* [Repr] / copia de trabajo *f* · copia de referencia *f*
-kosten *pl* [BgAcc] / gastos de trabajo *pl*
-kräftebedarf *m* [Staff] / necesidad de empleados *f* ‖ *s.a. Personalmangel*
-kräfteersparnis *f* [OrgM] / ahorro de puestos de empleo *m* ‖ *s.a. Arbeitsersparnis*
-kräftemangel *m* [OrgM] / escasez de empleados *f* ‖ *s.a. Personalmangel*
-kreis *m* [OrgM] / círculo de trabajo *m* *s. Arbeitsgruppe*
-leistung *f* [OrgM] / rendimiento laboral *m*
arbeitslos *adj* [Staff] / parado *adj* · desempleado *adj*
Arbeits|losigkeit *f* [Staff] / desempleo *m* · paro laboral *m*
-markt *m* [Staff] / mercado laboral *m*
-methode *f* [OrgM] / método de trabajo *m*
-moral *f* [Staff] / conciencia laboral *f*
-ordnung *f* (Sammlung von Arbeitsrichtlinien) [OrgM] / reglamento de trabajo *m*
-papier *n* [OrgM] / comunicación *f* · ponencia *f* · papeles de trabajo *pl*
-plan *m* [OrgM] / plan de trabajo *m*
-planung *f* [OrgM] / planificación del trabajo *f*
-platz 1 *m* (als räumlich-materielle Einheit) [BdEq] / lugar de trabajo *m* ‖ *s.a. Bildschirmarbeitsplatz*
-platz 2 *m* (Anstellung oder Tätigkeitsbereich) [Staff] / puesto de trabajo *m* (cargo o actividad)
-platzanalyse *f* [OrgM] / estudio de los puestos de trabajo *m* · análisis de los puestos de trabajo *m*
-platzanforderungen *pl* [OrgM] / requisitos del puesto de trabajo *pl*
-platzbeschreibung *f* [OrgM] / descripción del puesto de trabajo *f* ‖ *s.a. Tätigkeitsbeschreibung*
-platzbewertung *f* [OrgM] / evaluación del puesto de trabajo *f*
-platzcomputer *m* [EDP] ⟨DIN 32748⟩ / ordenador del lugar de trabajo *m* *s. Arbeitsplatzrechner*
-platzrechner *m* [EDP] ⟨DIN 32748/2⟩ / ordenador del lugar de trabajo *m* ‖ *s.a. autonomer Arbeitsplatzrechner*
-platzrotation *f* [OrgM] / rotación de empleo *f*
-platzteilung *f* [OrgM] / puesto de trabajo compartido *m*
-praxis *f* [OrgM] / práctica laboral *f*
-produktivität *f* [OrgM] / productividad laboral *f*
-programm *n* [OrgM] / programa de trabajo *m*
-projektor *m* [NBM] ⟨DIN 19040/11; DIN 19090/1⟩ / retroproyector *m* · proyector de transparencias *m*
-raum *m* [BdEq] / cuarto de trabajo *m*
-rechner *m* [EDP] / ordenador principal *m* · ordenador base *m*
-recht *n* [Law] / legislación laboral *f* · derecho laboral *m*
-richtlinien *pl* (in Handbuchform) [OrgM] / reglamento laboral *m* · manual de normativa laboral *m*

-sicherheit *f* [OrgM] / seguridad laboral *f*
-speicher *m* [EDP] / memoria central *f* · memoria interna *f* · memoria de trabajo *f* ‖ *s.a. Hauptspeicher*
-speichererweiterung *f* [EDP] / ampliación de la memoria de trabajo *f*
-sprache *f* [Lin] / lenguaje de trabajo *m*
-stelle *f* (frei und besetzbar) [Staff] / puesto de trabajo *m*
-studien *pl* [OrgM] / estudios de trabajo *pl*
-stuhl *m* [BdEq] / silla de trabajo *f* · silla de despacho *f*
-stunde *f* [OrgM] / hora de trabajo *f*
-suchender *m* [Staff] / demandante de empleo *m*
-technik *f* [OrgM] / técnica de trabajo *f*
-techniken *pl* [OrgM] / técnicas de trabajo *pl*
-teilung *f* [OrgM] / división del trabajo *f*
-tisch *m* [BdEq] / mesa de trabajo *f* ‖ *s.a. Lesetisch; Werkbank*
-transparent *n* [NBM] ⟨ISBD(NBM); DIN 19040 /11; DIN 31631/2⟩ / transparencia para retroproyector *f* ‖ *s.a. Aufbautransparent; Folgetransparent; Grundtransparent*
-umgebung *f* [OrgM] / ambiente de trabajo *m*
-umwelt *f* [OrgM] / ambiente de trabajo *m* *s. Arbeitsumgebung*
-unterlagen *pl* [OrgM] / documentos de trabajo *pl*
-vereinfachung *f* [OrgM] / simplificación del trabajo *f*
-vertrag *m* [Staff] / contrato de trabajo *m*
-zeit *f* [OrgM] / jornada laboral *f*
-zeitverkürzung *f* [OrgM] / reducción de la jornada laboral *f*
-zeugnis *n* [Staff] / certificado de trabajo *m*
-zimmer *n* [BdEq] / cuarto de trabajo *m*
-zufriedenheit *f* [Staff] / satisfacción laboral *f*
Arbeitszustand des Übermittlungsabschnitts *m* / régimen de trabajo del enlace de transmisión de datos *m*
Architektenentwurf *m* [BdEq] / plano de arquitecto *m* · proyecto de arquitecto *m*
Architektur|einband *m* [Bind] / encuadernación a la arquitectura *f*
-plan *m* [Cart] ⟨ISBD(CM)⟩ / plano de arquitectura *m*
Archiv 1 *n* (Institution) [Arch] / archivo *m* ‖ *s.a. Bildarchiv; Filmarchiv; Firmenarchiv; Fotoarchiv; Gemeindearchiv; Literaturarchiv; Nationalarchiv; Registratur; Schallarchiv; Stadtarchiv*
Archiv 2 *n* (Aufbewahrungsort) [Arch] / archivo *m*
Archivalien *pl* [Arch] / documentos de archivo *pl* · material archivado *m*
Archivar *m* [Arch] / archivero *m* · archivista *m, f*
Archiv|bau *m* [Arch] *s. Archivgebäude*
-bibliothek *f* [Lib] / biblioteca depositaria *f* · biblioteca de depósito legal *f* · biblioteca archivo *f*
-exemplar *n* [Stock] / ejemplar de archivo *m*
-fähigkeit *f* [Repr] / valor archivístico *m*
-film *m* [Repr] ⟨DIN 19040/4+104E+113⟩ / film de archivo *m*
-gebäude *n* [Arch] / edificio de un archivo *m*
-gut *n* [Arch] *s. Archivalien*
archivieren *v* [Arch] / archivar *v*
Archiv|material *n* [Arch] / material de archivo *m* ‖ *s.a. Archivalien*
-qualität *f* [Repr] *s. Archivfähigkeit*
-verwaltung *f* [Arch] / administración de archivos *f*
-wissenschaft *f* [Arch] / archivología *f* · archivística *f*
Arealkarte *f* [Cart] / mapa territorial *m*
Armarius *m* [Staff] / armarius *m*
Armeebibliothek *f* [Lib] / biblioteca militar *f*
Armillarsphäre *f* [Cart] ⟨ISBD(CM)⟩ / esfera armillar *f*
Arrangement *n* [Mus] / arreglo *m*
Arrangeur *m* [Mus] / arreglista *m*
Artefakt *n* [NBM] / artefacto *m*
Artothek *f* [Lib] / artoteca *f* (para préstamo de obras de arte)
Arzneibuch *n* [Bk] / farmacopea *f*
Arztroman *m* [Bk] / novela de médicos *f*
Askriptor *m* [Ind] *DDR* ⟨TGL RGW 174⟩ / no descriptor *m* · término no preferido *m*
Aspekt|klassifikation *f* [Class] / clasificación aspectual *f*
-verhältnis *n* [EDP] / proporción entre altura y longitud *f*
-zahl *f* [Class/UDC] / auxiliar común de punto de vista *m* *s. allgemeine Ergänzungszahl des Gesichtspunkts*

Assembler *m* [EDP] ⟨DIN 44300/4E⟩ / ensamblador *m*
–sprache *f* [EDP] / lenguaje ensamblador *m*
Assemblierer *m* [EDP] *s. Assembler*
Assistent an Bibliotheken *m* [Staff] / auxiliar de bibliotecas *m* · auxiliar bibliotecario *m*
Assoziationsrelation *f* [Class; Ind] ⟨DIN 1463/1E; TGL RGW 174⟩ / relación asociativa *f*
assoziative Beziehung *f* [Class; Ind] / relación asociativa *f s. Assoziationsrelation*
assoziative Relation *f s. Assoziationsrelation*
assoziative Verweisung [Cat] / referencia asociativa *f*
Assoziativspeicher *m* [EDP] ⟨DIN 44300/6E; DIN 44476/1⟩ / memoria de contenido direccionable *f* · memoria asociativa *f*
Assurélinien *pl* [Bind] / líneas de azurado *pl* · filete azurado *m* · (en cheques, recibos, libros de contabilidad, etc:) filete de seguridad *m*
Asteriskus *m* [Cat] / asterisco *m*
Asteronym *n* [Bk] / asterónimo *m*
asynchrone Übertragung *f* [Comm] ⟨DIN 44302⟩ / transmisión asíncrona *f*
Atlas *m* [Bk] ⟨DIN 31639/2; RAK-AD⟩ / atlas *m*
–format *n* [Bk] / formato de plano *m* · formato de atlas *m*
attribuierte Grammatik *f* [Lin] / gramática atribuída *f*
ätzen / morder *v* · grabar al aguafuerte *v*
Ätz|grund *m* [Prt] / zona (de la placa) atacada por el ácido *f* · grabado al aguafuerte *m* · capa portadora del grabado *f* (aguafuerte)
–nadel *f* [Art] / aguja de grabador *f* · (para aguafuerte:) buril de grabador *m*
audiovisuelle Materialien *pl* [NBM] ⟨A 2653⟩ / material audiovisual *m*
audiovisuelle Medien *pl* [NBM] *s. audiovisuelle Materialien*
audiovisuelles Dokument *n* [NBM] / documento audiovisual *m*
– Zentrum *n* [NBM; OrgM] / centro audiovisual *m*
audit *n* [BgAcc] / revisión de cuentas *f*
Aufbau|kosten *pl* [BgAcc] / gastos de organización *pl* · gastos de puesta en marcha *pl*
–organisation *f* [OrgM] / organización estructural *f*
–transparent *n* [NBM] ⟨DIN 19040/11; A 2653⟩ / juego de transparencias *m*
Aufbewahrungs|frist *f* [Arch] / periodo de retención *m*
–ort *m* [Stock] / almacén *m* · depósito *m* · lugar de conservación *m*
–stelle *f* [Stock] / lugar de conservación *m s. Aufbewahrungsort*
aufbinden *v* [Bind] / atar conjuntamente *v*
auf die Bedürfnisse des Kunden zuschneiden / ajustar *v*
Aufenthaltserlaubnis *f* [Staff] / permiso de residencia *m*
auffächern *v* [Pp] / despegar escalonando *v* · formar escalerilla *v* · poner en abanico *v*
Aufforderungsbetrieb *m* [Comm] ⟨DIN 44302⟩ / modalidad de respuesta normal *f*
aufführen *v* / enumerar *v* · mencionar *v*
Aufgabenanalyse *f* [OrgM] / análisis de tareas *m*
Aufgabenbereich *m* [OrgM] / esfera de acción *f* ‖ *s.a. Geschäftsverteilungsplan*
aufgabenbezogener Thesaurus *m* [Ind] / tesauro sectorial *m* · tesauro especial *m*
aufgabenorientierter Thesaurus / tesauro orientado a un trabajo *m*
Aufgabenverteilung *f* (Verteilung der Zuständigkeiten) [OrgM] / distribución de trabajos *f* ‖ *s.a. Geschäftsverteilungsplan*
aufgegangen in *pp* (bei einer Zeitschrift usw.) [Bk] / absorbido por *pp*
aufgeplatzt *pp* [Bind] / reventado *pp* · resquebrajado *pp*
aufgerissen *pp* [Bind] / abierto *m* · rasgado *pp*
aufgeteilt in *pp* (bei einer Zeitschrift usw.) [Bk] / dividido en *pp*
aufkleben *v* [Bind] / pegar *v*
Aufkleber *m* [PR] / pegatina *f* · etiqueta adhesiva *f* ‖ *s.a. Etikett*
Auflage *f* [Bk] / edición *f* · tirada *f* · edición *f* ‖ *s.a. Auflagenhöhe; beschränkte Auflage; durchgesehene Auflage; erweiterte Auflage; umgearbeitete Auflage; verbesserte Auflage; verkaufte Auflage*
Auflagefläche *f* (eines Kopierers) [Repr] / soporte *Repr* · superficie de apoyo *f*
Auflagenhöhe *f* (einer Zeitschrift oder Zeitung) [Bk; Prt] / cantidad de tirada *f* · número de ejemplares *m*
Auflegearbeit *f* (als Vorgang) [Bind] / aplicación de forros *f*
Auflicht *n* [Repr] / luz incidente *f*
–lesegerät *n* [Repr] / lector por reflexión *m*
auflisten *v* [Bib] / listar *v*

Auflösung *f* [EDP/VDU; Repr] ⟨DIN 66233/1⟩ / nitidez *f* · resolución *f*
Auflösungsvermögen *n* [EDP/VDU; Repr] ⟨DIN 19040/104E⟩ / poder de resolución *m* · factor de resolución *m* ‖ *s.a. Detailwiedergabe*
Aufmachung (eines Buches) [Bk] / presentación *f* (de un libro)
Aufmerksamkeit *f* / atención *f*
Aufnahme 1 *f* [Repr] / fotografía *f* · toma *f*
– 2 *f* (eines Titels in den Katalog) [Cat] / asiento catalográfico *m*
-bogen *m* [Cat] / formulario de asiento catalográfico *m*
-film *m* (für die Aufnahme von Mikrobildern) [Repr] ⟨ISO 6196-4⟩ / microfilm *m*
Aufnahmegerät *n* (zum Aufzeichnen einer Sendung usw.) [BdEq] / aparato de grabación *m*
Aufnahmespule *f* [BdEq] / bobina de grabación *f*
aufnehmen *v* (ein Buch für den Katalog aufnehmen) [Cat] / catalogar *v*
Aufpreis *m* [Bk] / recargo *m* · sobreprecio *m*
Aufriß *m* [BdEq] / proyección *f* (dibujo) · alzado *m*
Aufrufbetrieb *m* [Comm] ⟨DIN 44302⟩ / modalidad de llamada selectiva *f*
aufrufen *v* [EDP] / llamar *v* (un subprograma)
Aufrüstsatz *m* [EDP] / equipo periférico adicional *m*
Aufsatz *m* [Bk] ⟨DIN 31631/4; DIN 31639/2⟩ / disertación *f* · artículo *m*
-katalog *m* [Cat] / catálogo analítico *m* · catálogo anotado *m*
aufschaben *v* [Bind] / deshilachar cordeles *v* · rizclar *n*
Aufschlag *m* (erhöhtes Entgelt) [BgAcc] / recargo *m* ‖ *s.a. Aufpreis*
aufschneiden *v* (ein Buch ~) [Bind] / abrir cortando *v*
Aufsicht *f* [Adm] / inspección *f* · vigilancia *f* ‖ *s.a. Dienstaufsicht; Fachaufsicht; Lesesaalaufsicht; Rechtsaufsicht*
Aufsichtspersonal *n* [OrgM] / personal de vigilancia *m*
Aufsichtsplatz *m* [BdEq] / puesto de vigilancia *m*
Aufspaltung *f* (in einem Programmablaufplan) [EDP] ⟨DIN 44300/4E⟩ / punto de bifurcación *m*
Aufspuleinrichtung *f* [NBM; Repr] / dispositivo de rebobinado *f*
aufsteigende Reihenfolge *f* [EDP] / en orden creciente
aufstellen *v* (Bücher usw. in Regalen ~) [Sh] / colocar en estanterías *v* · ordenar *v*
Aufstellung 1 *f* (des Buchbestands) [Sh] / colocación de los libros *f* · instalación del depósito *f* ‖ *s.a. Numerus-currens-Aufstellung; systematische Aufstellung*
Aufstellung 2 *f* (Ort der ~ eines Buches usw.) [Sh] / topografía *f*
Aufstellung 2 *f* (eines Buches usw.) [Sh] / l ubicación *f*
Aufstellung der Bücher mit dem Vorderschnitt nach vorn [Sh] / colocación de los libros con el corte frontal visto *f*
Aufstellungsfolge *f* [Sh] / secuencia topográfica *f*
-ort *m* (eines Buches usw.) [Sh] / (de un libro en las estanterías:) ubicación *f*
-systematik *f* [Class; Sh] / clasificación topográfica *f*
Aufteilung *f* (eines fortlaufenden Sammelwerks) [Cat] / división *f*
Auftrag *m* [EDP] ⟨DIN 44300/1E⟩ / trabajo *m* · encargo de trabajo *m*
Auftrager *m* [Bind] / aplicador de pan de oro *m*
Auftragnehmer *m* [Acq] / comisionista *m*
Auftragsabrechnung *f* [EDP] / contabilización de trabajos *f* · contabilidad de trabajos *f*
-erteilung *f* [Acq] / encargo de pedidos *m*
-ferneingabe *f* [EDP] / entrada de trabajos a distancia *f*
-verwaltung *f* [EDP] / gestión de trabajos *f*
Aufwand *m* (in Geldwert berechnet) [BgAcc] / gasto *m*
Aufwandsentschädigung *f* [BgAcc] / gastos de representación *pl*
aufwärtskompatibel *adj* [EDP] / compatible progresivamente *adj*
Aufwärtskompatibilität *f* [EDP] / compatibilidad progresiva *f*
Aufwickelspule *f* [NBM] / carrete receptor *m* · bobina receptora *f*
aufzeichnen *v* [NBM] / apuntar *v* · registrar *v*
Aufzeichnung *f* / apunte *m*
Aufzeichnung 1 *f* (Ergebnis der ~) [EDP; NBM] / registro *m*

Aufzeichnung 2 *f* (Vorgang) [EDP; NBM] ⟨DIN 66010E⟩ / grabación *f*
aufziehen *v* [Bind] / montar *v* (en tela)
Aufziehkarton *m* [Pp] / cartón para montajes *m*
Aufzug *m* (für Personen) [BdEq] / elevador *m HA* · ascensor *m* ‖ *s.a. Bücheraufzug*
Augenabstand *m* (am Bildschirm) [EDP/VDU] / (a la pantalla del ordenador:) distancia de los ojos *f*
Auktion *f* [Bk] / licitación *f HA* · subasta *f*
Auktionator *m* [Bk] / licitador *m HA* · subastador *f*
Auktions|haus *n* [Bk] / casa de subastas *f*
~katalog *m* [Bk] / catálogo de subasta *m*
ausbauen *v* [BdEq] / ampliar *v*
ausbaufähig *adj* [BdEq] / ampliable *adj*
ausbessern *v* [Pres] / reparar *v*
Ausbildung *f* [Ed] / preparación *f* · formación *f*
Ausbildung am Arbeitsplatz *f* [Ed] / formación en el puesto de trabajo *f* ‖ *s.a. interne Ausbildung*
Ausbildungsplan [Ed] / plan de formación *m*
Ausbildungs|beihilfe *f* [Ed] / subsidio de aprendizaje *m* · ayuda de formación profesional *f* ‖ *s.a. Stipendium*
~bibliothek *f* [Ed] / biblioteca de estudio *f*
~dauer *f* [Ed] / periodo de capacitación *m* · tiempo de formación *m*
~förderung *f* / fomento de la formación profesional *f*
~gang *m* [Ed] / curso de formación *m*
~lehrgang *m* [Ed] / curso de formación *m*
~leiter *m* [Ed] / tutor de formación profesional *m* · director de prácticas profesionales *m*
~zeit *f* [Ed] / tiempo de formación *m s. Ausbildungsdauer*
Ausdruck 1 *m* (Benennung) [Lin; Ind] / noción *f* · término *m* (denominación)
Ausdruck 2 *m* (aus einem Drucker) [EDP; Prt] / impresión *m* · salida por impresora *f* · resultado de la impresión *m*
Ausfall *m* [BdEq] / fallo *m*
ausfallsicher *adj* [BdEq] / sin fallos
Ausfallzeit *f* [EDP] / tiempo inactivo *m* · tiempo improductivo *m* · tiempo muerto *m*
ausflicken *v* [Pres] / reparar provisionalmente *v*
Ausführender *m* [Mus] / intérprete *m*
Ausgabe 1 *f* [EDP] / 1 salida *f* · extracción de resultados *f*
Ausgabe 2 *f* (z.B. die Neuausgabe eines Buches; Taschenbuchausgabe; gekürzte Ausgabe; Morgenausgabe einer Zeitung) [Bk] ⟨ISBD(A)⟩ / edición *f* ‖ *s.a. Erstausgabe*
Ausgabe 3 *f* (z.B. eine der verschiedenen Ausgaben des „Beowulf") [Bk] / (por ej., una de las diversas ediciones del „Lazarillo":) edición *f*
Ausgabe 4 *f* (einzelne Nummer einer Zeitung) [Bk] / número *m* · 2 salida *f*
Ausgabe|bezeichnung *f* [Cat] ⟨TGL 20972/04; ISBD(M; A; S); RAK⟩ / mención de edición *f*
Ausgabedaten *pl* / datos extraídos *pl*
Ausgabe|datum *n* [RS] / fecha de salida *f* ‖ *s.a. Ausleihdatum*
~einheit *f* [EDP] ⟨DIN 44300/5E⟩ / unidad periférica de salida *f*
~format *n* [EDP] / formato de presentación *m* (en pantalla) · formato de salida *m*
~gerät *n* [EDP] ⟨DIN 44300/5E⟩ / dispositivo de salida *m*
Ausgabegeschwindigkeit *f* [EDP] ⟨DIN 66201⟩ / velocidad de salida de datos *f*
Ausgabekanal *m* [EDP] / canal de extracción de datos *m*
Ausgabe letzter Hand *f* [Bk] / edición de última mano *f*
~modus *m* [EDP] / modalidad de salida *f*
Ausgaben *pl* [BgAcc] / gastos *pl*
Ausgaben|nachweis *m* [BgAcc] / registro de gastos *m*
~überwachung *f* [BgAcc] / control de gastos *m*
Ausgabenvermerk *m* [Cat] *s. Ausgabebezeichnung*
Ausgabe|stelle *f* (für die Ausleihe von Büchern usw.) [RS] / mostrador de préstamo *m* ‖ *s.a. Leihstelle*
~warteschlange *f* [EDP] / cola de espera de salida *f*
Ausgang *m* [EDP] / salida *f*
Ausgangs|adresse *f* [EDP] / dirección de salida *f*
~buchse *f* [BdEq] / manguito de enchufe *m*
~datei *f* (bei der Konversion konventioneller Kataloge) [Cat] / archivo de salida *m*
~kanal *m* [Comm] ⟨DIN 66200/1⟩ / canal de salida *m*
~kontrolle *f* [OrgM] / control de salida *m*
~schnittstelle *f* [EDP] / interfaz de salida *f*

-sprache *f* (einer Übersetzung) [Lin] / idioma original *m*

-zeile *f* [Prt] ⟨DIN 16514⟩ / línea quebrada *f* · línea ladrona *f* (excesivamente corta)

ausgeben 1 *v* (Daten, Informationen usw. ~) [EDP] / producir (datos) *v* · salir *v*

ausgeben 2 *v* (z.B. ein Buch an einen Benutzer ausgeben) [RS] / 2 prestar *v* (un libro a un usuario)

ausgebrochen *pp* [Bind] / desportillado *pp*

ausgefranst *pp* [Bk] / desflecado *pp* · deshilachado *pp*

ausgeliehen *pp* [RS] / prestado *pp*

ausgesonderter Band *m* / volumen apartado *m* · expurgo *m* · descarte *m*

Ausgleichs|falz *m* [Bind] / cartivana de refuerzo *f* · escartivana de compensación *f*

-freizeit *f* (zum Ausgleich von Überstunden) [Staff] / tiempo libre compensatorio *m* (por horas extraordinarias)

ausheben *v* (Bücher ~) [RS] / sacar *v* (~ libros)

Ausklapptafel *f* [Bk] / página despleglable *f* · tabla desplegable *f*

Auskunfts|abteilung *f* [OrgM] / departamento de información *m* · servicio de información bibliográfica y de referencia *m*

-bestand *m* [Ref] / colección de referencia *f* · fondos de consulta rápida *pl*

-bibliothekar *m* [Staff] / bibliotecario de referencia *m* · biblotecario de consulta *m*

-dienst *m* [OrgM; Ref] / servicio de información *m* · servicio de referencia *m* · servicio de consulta *m*

-erteilung *f* [Ref] / (Zahl der bearbeiteten Auskünfte:) número de respuestas tramitadas *m* · constestación a una consulta *f* · cumplimentación de una consulta *f* · (Zahl der erteilten Auskünfte:) número de respuestas despachadas *m*

-interview *n* [Ref] / consulta oral *f* · entrevista de consulta *f*

-personal *n* [Staff] / personal de información *m* · personal de consulta *m* · personal de referencia *m*

-platz *m* [OrgM; Ref] / mostrador de información *m* · punto de consulta *f* · punto de información *m* ‖ *s.a. Information 1; Information 2*

-recht *n* (in bezug auf die eigenen persönlichen Daten) [Law] / derecho a la información *m* (en relación a los datos personales propios)

Auslage(fach)boden *m* [BdEq] / estante de exposición *m* ‖ *s.a. Buchauslage*

auslagern *v* [Stock] / poner a salvo *v*

Auslagerung *f* (von Beständen) [Stock] / almacenamiento apartado *m* · colección en reserva *f* ‖ *s.a. Ausweichmagazin*

Ausländerbehörde *f* [Staff] / secretariado de extranjeros *m*

Auslandsstudium *n* [Ed] / estudio en el extranjero *m*

Auslassungspunkte *pl* [Writ; Prt; Cat] / puntos suspensivos *pl*

Auslastungsgrad *m* [BdEq] / grado de optimación *m*

Auslegefolie *f* (Teil eines Aufbau-Transparents) [NBM] ⟨ISBD(NBM)⟩ / transparencia de sobreposición *f* (parte de un juego de transparencias de reproproyector)

auslegen *v* (Zeitschriftenhefte usw. ~) [RS] / poner a la vista *v* (~ periódicos, etc.)

Auslegeschrift *f* [Bk; Law] ⟨DIN 31631/4⟩ / publicación de patente *f*

Ausleih... [RS] ‖ *s.a. Leih...*

ausleihbar *adj* / de préstamo *adj*

Ausleih|bedingungen *pl* [RS] / condiciones de préstamo *pl s. Ausleihbestimmungen*

-berechtigung *f* [RS] / derecho a préstamo *m* · autorización de préstamo *f*

-beschränkung *f* [RS] / limitación de préstamo *f*

-bestand *m* / fondos de préstamo *pl* · colección de préstamo *f*

-bestimmungen *pl* [RS] / reglamento de préstamo *m* · reglas de préstamo *pl*

-bibliothek *f* [Lib] / biblioteca de préstamo *f*

-datei *f* [RS] / fichero de préstamos *m* · fichero de circulación *m* ‖ *s.a. Leihregister*

-datum *n* [RS] / fecha de préstamo *f* ‖ *s.a. Ausgabedatum*

Ausleihe 1 *f* [RS] / circulación *f* · préstamo *m* ‖ *s.a. Entleihung; Fernleihe; Kurzausleihe; Ortsleihe*

Ausleihe 2 *f* [OrgM] / préstamos *pl* (sección de ~) *s. Leihstelle*

Ausleihe außer Haus *f* [RS] / préstamo al exterior *m*

ausleihen 1 *v* (an einen Benutzer ~) [RS] / 1 prestar *v*

ausleihen 2 *v* (als Benutzer ein Buch ~:) [Bk] / sacar *v* (~ un libro como lector) · tomar prestado *v*
Ausleihe über Nacht *f* [RS] / préstamo de pernocta *m*
Ausleih|fall *m* [RS] / préstamo *m*
~gebühr *f* [RS] / tasa(s) de préstamo *f*
~kartei *f* [RS] / fichero de préstamos *m s. Ausleihdatei*
~quittung *f* [RS] / papeleta de préstamo *f s. Leihschein*
~raum *m* [BdEq] / sala de préstamos *f*
~registrierung *f* [RS] / carga de un préstamo *f* · registro de préstamo *m s. Ausleihverbuchung*
~schalter *m* / ventanilla de préstamo *f s. Ausleihtheke*
~statistik *f* [RS] / estadísticas de préstamo *pl*
~theke *f* [RS] / mostrador de préstamo *m* ‖ *s.a. Schalterausleihe*
~theke *f* [RS] / mostrador de circulación *m*
~tisch *m* [RS] / mostrador de préstamo *m s. Ausleihtheke*
~tresen *m* [RS] *s. Ausleihtheke*
~verbuchung *f* [RS] / registro de préstamos *m* · registro de circulación *m* ‖ *s.a. automatisiertes Ausleih(verbuchungs)system; Buchkartenverbuchung; Fotoverbuchung*
~verbuchungssystem *n* [RS] / sistema de registro de préstamo *m* (con fichero positivo) · sistema de circulación sobre inventario *m* (informatizado)
~vorgang *m* [RS] / proceso de circulación de un documento *m* · operación de préstamo *f* · proceso de préstamo *m*
~zahl *f* [RS] / número de préstamos *m*
Auslieferung *f* [Bk] / entrega *f* · distribución *f*
Auslieferungslager *n* (eines Verlages usw.) [Bk] / almacén de distribución *m* (de una editorial, etc.)
Auslöseaufforderung *f* [Comm] ⟨DIN 44302⟩ / petición de borrado *f*
~bestätigung *f* [Comm] ⟨DIN 44302⟩ / confirmación de borrado *f*
~meldung *f* [Comm] ⟨DIN 44302⟩ / indicación de borrado *f*
Auslösung *f* (Vorgang durch den eine Datenverbindung getrennt und der Zustand „bereit“ hergestellt wird) [Comm] ⟨DIN 44302⟩ / restauración *f* · puesta a cero *f*
ausmalen *v* [Art; Bk] / colorear *v* · iluminar *v*
Ausmaße *pl* (der Vorlage als Teil der bibliographischen Beschreibung) [Cat] / dimensiones *pl* (de un ejemplar como parte de la descripción bibliográfica)
ausradiert *pp* [Bk] / borrado *pp*
Ausreißer *m* (in einere Statistik) [InfSc] / observación extremadamente aberrante *f*
Ausrufezeichen *n* [Writ; Prt] / signo de admiración *m* · signo de exclamación *m*
Ausrüstung *f* [BdEq] / equipo *m*
ausschaben *v* (die Bundenden ~) [Bind] / refilar *v* · raspar *v* (las ataduras)
ausschalten *v* [EDP] / desconectar *v* ‖
ausschärfen *v* [Bind] / desbarbar *v* · chiflar *v s. schärfen*
ausschießen *v* (Anordnen der Seiten einer Druckform) [Prt] ⟨DIN 16500/2⟩ / imponer *v* (disponer las páginas en un molde o rama) · casar *v*
ausschließen 1 *v* [Prt] / ajustar *v* (las líneas) · justificar *v*
ausschließen 2 *v* (einen Leser von der Benutzung ~) [RS] / excluir *v* (a un lector como usuario)
Ausschluß 1 [Prt] / cuadrado *m* (en composición tipográfica) · espacio en blanco *m*
Ausschluß 2 (von der Benutzung) [RS] / exclusión *f*
Ausschnitt 1 *m* (aus einer Zeitung oder Zeitschrift) [Bk] / recorte *m* ‖ *s.a. Zeitungsausschnitt*
Ausschnitt 2 *m* (der Einschuböffnung bei einem Mikrofilm-Jacket) [Repr] ⟨ISO 6196-4⟩ / escotadura *f* · muesca *f* (de apertura de la funda de una micropelícula)
Ausschnitt 3 *m* (aus einer Karte) [Cart] (de un mapa) *s. Kartenausschnitt*
ausschreiben *v* [Cat; AcqBdgEq] / transcribir *v*
Ausschreibung *f* [BdEq] / concurso *m* · oposición *f Esp* ‖ *s.a. Stellenausschreibung*
Ausschreibungsunterlagen *pl* [BdEq] / pliego de condiciones *m*
Ausschuß *m* [OrgM] / comité *m* ‖ *s.a. beratender Ausschuß*
Außenmagazin *n* [Stock] / almacén exterior *m s. Ausweichmagazin*
Außensteg *m* [Prt] / margen de corte *m*
Außentitel 1 *m* [Bk] ⟨DIN 31631/2⟩ / título de cubierta *m* · título exterior *m*
Außentitel 2 *m* (eines Rechtsdokuments) [Bk] ⟨ISBD(A)⟩ / (de un documento de derecho:) título exterior *m*

außerordentlicher Haushalt *m* [BgAcc] / presupuesto extraordinario *m*
aussondern *v* (Bücher usw. ~) [Stock] / descartar *v* · expurgar *v* · retirar de circulación *v* · eliminar de catálogo *v*
Aussonderung *f* / expurgo *m* · expurgación *f* · baja *f* ‖ *s.a. ausgesonderter Band*
Aussonderungs|beleg *m* [Stock] / resguardo de expurgo *m*
~nachweis *m* [Stock] / registro de expurgos *m*
Ausstattung 1 *f* [BdEq] *s. Ausrüstung*
Ausstattung 2 *f* (eines Buches) [Bk] / confección tipográfica *f* · presentación material *f* (de un libro)
aussteigen *v* (aus einem Programm ~) [EDP] / cancelar anormalmente *v* · suspender *v* (la ejecución de un programa)
ausstellen *v* (Bücher ~) [PR] / exponer *v*
Ausstellung *f* [PR] / exposición *f*
Ausstellungs|fläche *f* [BdEq] / zona de exposición *f*
~katalog *m* [Bk] ⟨DIN 31631/4⟩ / catálogo de exposición *m*
~raum *m* [BdEq] / sala de exposición *f*
~regal *n* [BdEq] / expositor *m* · estantería para exposiciones *f*
~stand *m* [PR] / puesto de exposición *m*
~stück *n* [PR] / pieza de exposición *f*
Austastlücke *f* [Comm] / intervalo en blanco *m*
Austausch *m* [Acq] / canje *m s. Tausch*
~einheit *f* [Bib; Cat; EDP] ⟨DIN 2341/1⟩ *s. bibliographische Austauscheinheit*
~format *n* [Bib; Cat; EDP] ⟨DIN 1506⟩ / formato de intercambio *m* (de información bibliográfica) · formato de canje *m* (de información bibliográfica)
~seite *f* (bei einem zu setzenden Manuskript) [Prt] / página de repuesto *f* (de un manuscrito en composición) · página de recambio *f*
austesten *v* (ein Programm ~) [EDP] / verificar *v* · comprobar *v* · poner a punto *v* (un programa)
Auswahl|basis *f* (Stichprobenbasis) [InfSc] / base de muestreo *f*
~bibliographie *f* [Bib] / bibliografía selectiva *f*
auswählen *v* [Gen] / seleccionar *v* · escoger *v*
auswählendes Referat *n* [Bib; Ind] / resumen orientado *m*
Auswahl|frage *f* [InfSc] / pregunta de elección múltiple *f*
~gruppe *f* (Stichprobengruppe) [InfSc] / grupo de muestreo *m*
~katalogisierung *f* [Cat] / catalogación selectiva *f*
Auswahlkommission *f* [OrgM; Staff] / comisión de selección *f*
Auswahl|verzeichnis *n* [Bib] / índice selectivo *m*
auswärtiger Benutzer *m* [RS] / usuario a distancia *m*
auswärtiger Leihverkehr *m* [RS] *s. Fernleihe*
Ausweichmagazin *n* [Stock] / depósito de reserva *m* · depósito apartado *m* · almacén apartado *m* ‖ *s.a. Auslagerung; Speichermagazin*
Ausweis (eines Benutzers usw.) [RS] / carné personal *m* (de lector, etc.) · tarjeta de lector *f* · documento de identidad *m* ‖ *s.a. Benutzerkarte*
Ausweiskartenleser *m* [EDP; RS] / lector de tarjetas de identidad *m*
auswerfen *v* (Ordnungswörter~) [Cat] / extraer encabezamientos *v*
auswerten *v* [Ind] / analizar *v*
Auswerter *m* [Staff] / bibliotecario encargado de indizar *m*
Auswertung *f* (von Dokumenten) [Ind] ⟨DIN 31631/1⟩ / análisis documental *f* ‖ *s.a. Zeitschriftenauswertung*
auszählen *v* [InfSc] / contar *v* · hacer recuento *v* ‖ *s.a. Zählstrich*
auszeichnen *v* [Prt] / marcar *v* · resaltar *v*
Auszeichnungsschrift *f* [Prt] / tipos para titulares *pl* · tipos de adorno *pl*
Ausziehl|fachboden *m* [Sh] / estante extensible *m s. Ausziehplatte*
~platte *f* (in einem Katalogschrank oder einem Regal) [BdEq; Sh] / tablero extensible *m* · estante extensible *m* · ménsula *f* · estante deslizante *m* · estante de consulta *m* · consola de estantería *f* ‖ *s.a. Anlesebrett*
~schieber *m* [BdEq] / tablero extensible *m s. Ausziehplatte*
Auszubildender *m* [Ed; Staff] / estudiante en prácticas *m* ‖ *s.a. Lehrling*
Auszug *m* [Ind] ⟨DIN 1426E; DIN 31631/2⟩ / resumen *m* · reseña *f* · extracto *m*
Autoatlas *m* [Cart] / atlas de carreteras *m*
Autobiographie *f* [Bk] ⟨DIN 31639/2; DIN 31631/4; RAK-AD⟩ / autobiografía *f*
Autobücherei *f* [Lib] *s. Fahrbibliothek*

Autogramm *n* [Arch; Writ] / autógrafo *m*
Autograph *n* [Writ] ⟨DIN 31631/4⟩ / autógrafo *m* (manuscrito ~) · hológrafo *m* ▮ *s.a. Handschrift 2*
Autographenkunde *f* [Writ] / autografía *f*
automatische Ansage *f* [Comm] / aviso (de contestador) automático *m*
automatische Datenverarbeitung *f* / tratamiento automático de información *m* · tratamiento automático de datos *m*
automatische Indexierung *f* [Ind; EDP] / indización automática *f* · indexación automatizada *f*
automatischer Bildwechsel *m* (bei der Diavorführung) [NBM] / cambio automático de diapositivas *m*
automatisches Kurzreferat *n* [Ind] / resumen automático *m*
~ **Referieren** *n* [Ind] / resumir automáticamente *v*
automatisieren *v* [EDP] / automatizar *v*
automatisierte Datenverarbeitung *f* [EDP] *s. automatische Datenverarbeitung*
~ **Katalogisierung** *f* [Cat] / catalogación automatizada *f* · catalogación computerizada *f*
automatisiertes Ausleih(verbuchungs)-system *n* [RS] / sistema automatizado (de registro) de préstamos *m* · sistema automático de circulación *m* · sistema informatizado de circulación *m* · sistema de circulación basado en ordenador *m*
Automatisierung *f* [EDP] / automatización *f*
autonomer Arbeitsplatzrechner *m* [EDP] / ordenador de puesto de trabajo autónomo *m* · ordenador de terminal autónomo *m*
Autonym *n* [Bk] / autónimo *m*
Autor *m* [Bk; Cat] / autor *m* ▮ *s.a. Verfasser*
Autoren-Einband *m* [Bind] / encuadernación de autor *f*
~**honorar** *n* [Bk] / ley de derechos de autor *pl* · honorarios de autor *pl*
~**referat** *n* [Ind; Bib] *s. Autorreferat*
~**system** *n* [EDP] / sistema de autores *m*
Autorin *f* [Bk] / autora *f*
autorisierte Ausgabe *f* [Bk] / edición autorizada *f*
Autorkorrektur *f* [Prt] / segundas pruebas *pl* · prueba de autor *f* · corrección del autor *f*
~**referat** *n* [Ind; Bib] / resumen de autor *m*
Autotypie *f* [Prt] / autotipia *f s. Rasterätzung*
AV-Dokument *n* [NBM] / documento audiovisual *m*
~**-Materialien** *pl* [NBM] / material audiovisual *m*
~**-Medien** *pl* [NBM] / medios audiovisuales *pl s. AV-Materialien*
~**-Medienzentrum** *n* [OrgM] / centro de medios audiovisuales *m s. audiovisuelles Zentrum*
Azimut *m/n* [Cart] / azimut *m*

B

BA *abbr* [Bib; Cat; EDP] *s.* *bibliographische Austauscheinheit*
Balkencode *m* [EDP] / código de barras *m*
--Etikett *n* [EDP] / etiqueta de código de barras *f*
--Leser *m* [EDP] / lector de código de barras *m*
Balken|diagramm *n* [Bk] / diagrama de barras *m*
-überschrift *f* [Bk] / epígrafe de barras *m*
Ballast *m* [Retr] / parásito informativo *m* · ruido *m* · interferencia *f* · perturbación *f*
Ballonleinen *n* [Bind] / lienzo de balón *m* · lienzo de globo *m*
Band 1 *m* (bibliographische oder buchbinderische Einheit; Band einer Zeitschrift) [Bk] / tomo *m* · volumen *m*
– 2 *m* (selbständig erschienener Teil eines fortlaufenden Sammelwerks; z.B. Band einer Schriftenreihe) [Bk] / número *m* · fascículo *m*
– 3 *n* (Kurzform für Tonband, Magnetband usw.) [NBM; EDP] / cinta magnética *f*
– 4 *n* [Bind] / volumen encuadernado *m* *s.* *Heftband*
-abschnittsmarke *f* [EDP] / marca de banda *f* *s.* *Bandmarke*
-anfangskennsatz *m* [EDP] / rótulo de volumen *m* · etiqueta de volumen *f*
-anfangsmarke *f* [EDP] ⟨DIN 66010E⟩ / etiqueta de cabecera *f* · marca de principio de cinta *f*
-angabe *f* [Cat] / mención de número de ejemplares *f* ‖ *s.a.* *Bandaufführung*
-aufführung *f* [Cat] *n* ⟨TGL 20972/04; RAK⟩ / especificación de volúmenes *f* · enumeración de tomos *f*
-datei *f* [EDP] / fichero en cinta *m* · fichero en cinta magnética *m*
-diagramm *n* [InfSc] / diagrama de cinta *m*
-ende *f* [EDP] / fin de cinta *m*
-endekennsatz *m* [EDP] / etiqueta de cola *f* · etiqueta de fin de cinta *f*
-endemarke *f* [EDP] ⟨DIN 66010E⟩ / marca de fin de cinta *f*
-geschwindigkeit *f* [EDP] ⟨DIN 66010⟩ / velocidad de avance de cinta *f*
-grafik *f* [InfSc] *s.* *Banddiagramm*
-heftung *f* [Bind] / cosido del libro *m*
-katalog *m* [Cat] / catálogo en forma de libro *m*
-laufwerk *n* [EDP] / unidad de arrastre de banda *f*
Bandmarke *f* [EDP] ⟨DIN 66010E; DIN 66029⟩ / rótulo de cinta *m* · etiqueta de cinta *f*
Band|nummer *f* [EDP] / número de serie de volumen *m* · matrícula de cinta *f* · número de cinta *m*
-speicher *m* [EDP] / memoria en cinta magnética *f*
-werk *n* [Bind] / entrelazamiento *m*
-zahl *f* [Bk; Cat] / número de volumen *m*

–**zählung** *f* [Bk; Cat] ⟨DIN 31631/2⟩ / numeración de volúmenes *f* · numeración de partes *f*
Bar|auslagen *pl* [BgAcc] / desembolso *m*
–**preis** *m* [BgAcc] / precio al contado *m*
–**sortiment** *n* [Bk] / surtido de libros *m*
–**sortimenter** *m* [Bk] / librero distribuidor *m* · distribuidor de libros *m* · librero a comisión *m*
–**sortimentslagerkatalog** *m* [Bk] / catálogo de existencias de libros de surtido *m*
–**verkauf** *m* [Acq] / venta al contado *f*
Barytpapier *n* [Pp] ⟨DIN 6730 A1E⟩ / papel de barita *m* · papel baritado *m*
Barzahlungsrabatt *m* [BgAcc] / descuento por pago en efectivo *m*
Basane *f* [Bind] / piel de carnero *f* · badana *f*
Basis|adresse *f* [EDP] / dirección de base *f*
–**-Referenzmodell** *n* [Comm] / modelo referencial base *m*
–**transparent** *n* [NBM] ⟨A 2653⟩ / transparencia base *f*
Bastarda *f* [Writ; Prt] / bastardilla *f* · letra bastarda *f*
BAT *abbr* [Staff] *s. Bundesangestelltentarifvertrag*
bathymetrische Karte *f* [Cart] / mapa batimétrico *m*
Bau *m* (Gebäude) [BdEq] / edificio *m*
Bau|abschnitt *m* / etapa de construcción *f*
Bauchbinde *f* (als Werbeträger um ein Buch gelegt) [Bk] / faja publicitaria *f* · banda publicitaria *f*
Baud *n* / baudio *m*
Baud-Rate *f* [Comm] / tasa en baudios *f*
Bau|einheit *f* [EDP] ⟨DIN 44300/1E⟩ / unidad física *f*
–**genehmigung** *f* [BdEq] / licencia de construcción *f* · permiso de construcción *m*
–**grundstück** *n* [BdEq] / solar *m*
–**gruppe** *f* [BdEq] / grupo de unidades de construcción *m*
–**kastenprinzip** *n* [BdEq] / sistema de unidades de montaje *m* · sistema de unidades normalizadas *m*
Baum|marmor *m* [Bind] / encuadernación en becerro jaspeado *f s. Einband in Baummarmor*
–**struktur** *f* [InfSy; EDP] / estructura arbórea *f* · estructura arborescente *f*
Bau|plan *m* [BdEq] / plan de ejecución de las obras *m* (de un edificio)
–**planung** *f* [BdEq] / planificación de las obras *f* (de un edificio)
–**rechtsvorschriften** *pl* [BdEq] / normativa legal relativa a la construcción *f* · legislación relativa a la construcción *f*
–**satz** *m* [BdEq] / equipo de construcción *m* ‖ *s.a. Aufrüstsatz*
–**teil** *n* [BdEq] / elemento de construcción *m*
–**vorschrift** *f* [BdEq] / reglamento para la edificación *m*
–**vorschriften** *pl* / ordenanzas para edificación *pl*
Beamter auf Lebenszeit *m* [Staff] / funcionario con plaza en propiedad *m*
bearbeiten *v* [TS] / preparar *v* · redactar *v* (un libro) · elaborar *v*
Bearbeiter *m* / (de una bibliografía:) compilador *m* · (de un texto:) redactor *m* · (de una obra musical:) arreglista *m*
Bearbeitung 1 *f* (eines Films) [Repr] ⟨ISO 6196/3⟩ / procesado *m*
Bearbeitung 2 *f* [Bk] / redacción *f* · (de una bibliografía:) compilación *f* · (de una obra musical:) arreglo *m*
Bearbeitungs|anforderungen *pl* [EDP] / requisitos de tratamiento *pl*
–**datei** *f* [TS] *s. Interimsnachweis*
Bearbeitungsformular *n* [TS] / formulario de tratamiento *m*
Bearbeitungs|gebühr *f* [BgAcc] / tasa(s) de tramitación *pl* · tasa(s) de servicio *pl* (sobreprecio en una suscripción, etc.) · recargo de mayorista *m* · tasa(s) de tratamiento *pl*
–**kartei** *f* [TS] *s. Interimsnachweis*
Be|arbeitungsstempel *m* [TS] / sello de tratamiento *m*
Bearbeitungs|zettel *m* [OrgM] / ficha de tratamiento *f* · hoja para catalogación *f* ‖ *s.a. Laufzettel*
bebildern *v* [Bk] / ilustrar *v*
Bedarf *m* [InfSy] / demanda *f* ‖ *s.a. Bedürfnisse; Nachfrage*
Bedeutung *f* [Lin] / significado *m*
Bedeutungswandel *m* [Lin] / cambio semántico *m* · cambio de significado *m*
Bediensteter *m* [Staff] / miembro de plantilla *m* · empleado *m*
Bedienungs|blattschreiber *m* [EDP] / máquina de escribir de pupitre *f* · máquina de escribir de consola *f*
Bedienungseinheit *f* / unidad de servicio *f*
Bedienungs|feld *n* [EDP] ⟨DIN 44300/5E⟩ / pupitre de control *m* · panel de control *m* ‖ *s.a. Druckerbedienfeld*
–**hinweise** *pl* / instrucciones de servicio *pl*

-**konsole** *f* [EDP] / consola de control *f*
-**taste** *f* / tecla de servicio *f*
bedingte Anweisung *f* (Progrmmieren) [EDP] / instrucción limitada *f*
Bedruckstoff *m* [Prt] ⟨DIN 16528E; DIN 16514⟩ / existencias de material a imprimir *pl* · material a imprimir *m*
Bedürfnisse *pl* / necesidades *pl* ‖ *s.a. Bedarf*
Befehl *m* (Programmieren) [EDP] ⟨DIN 44300/4E⟩ / orden *f* · instrucción *f* · mandato *m* ‖ *s.a. Anweisung; Maschinenbefehl; Sprungbefehl*
Befehlsblock *m* / bloque de órdenes *m*
Befehls|code *m* [EDP] / código de operación *m* · código de instrucción *m*
-**decodierer** *m* / decodificador de instrucciones *m*
befehlsgesteuert *pp* [EDP] / dirigido por instrucciones *pp*
Befehls|liste *f* [EDP] ⟨DIN 44300⟩ / lista de instrucciones *f*
-**register** *n* [EDP] ⟨DIN 44300/6E⟩ / registro de instrucciones *m*
-**schlüssel** *m* [EDP] / clave de instrucciones *f*
-**vorrat** *m* [EDP] ⟨DIN 44300/4E⟩ / conjunto de instrucciones *m* · repertorio de instrucciones *m*
-**werk** *n* [EDP] / unidad de control de programa *f*
-**wort** *n* [EDP] ⟨DIN 44300/4E⟩ / palabra de instrucción *f*
-**zähler** *m* [EDP] ⟨DIN 44300/6E⟩ / contador de instrucciones *m*
Befeuchtung *f* [BdEq; Pres] / humectación *f* · humidificación *f* ‖ *s.a. Entfeuchtung; Feuchtigkeit*
befördern *v* (Beamte) [Staff] / ascender *v* (en el escalafón)
Befragung *f* [InfSc] / consulta *f* · sondeo *m* · encuesta *f* · estudio *m*
befristet eingestelltes Personal *n* [Staff] / personal empleado temporalmente *m*
befristeter Vertrag *m* [Staff] / contrato temporal *m*
Begasung *f* [Pres] / fumigación *f*
Begasungs|kammer *f* [Pres] / cámara de fumigación *f*
Begleit|band *m* [Bk] / volumen adjunto *m*
-**heft** *n* [Bk] / número adjunto *m*
-**material** *n* [Cat] ⟨ISBD(M; S; PM; NBM); DIN 31631/2; A 2653; TGL 20972/04; RAK⟩ / material complementario *m*
-**schreiben** *n* [Off] / carta adjunta *f* · carta de envío *f*
begrenzte mehrbändige Schrift *f* [Cat] / monografía en varios volúmenes *f*
begrenztes Sammelwerk *n* [Cat] ⟨DIN 31631/2; TGL 20972/04; RAK⟩ / colección consistente en dos o más contribuciones por más de un autor *f*
begrenztes Sammelwerk, dessen Beiträge insgesamt eine Einheit bilden / monografía seriada *f*
begrenztes Werk *n* [Cat] ⟨RAK⟩ / obra no seriada *f* · monografía *f*
Begriff *m* [Ind; Class] ⟨DIN 2330; DIN 32705⟩ / concepto *m*
Begriffs|beziehung *f* [Ind] / relación conceptual *f*
-**gleichordnung** *f* [Ind] / coordinación conceptual *f*
-**inhalt** *m* [Class] / connotación *f* · compre(he)nsión *m*
-**leiter** *f* [Class] / cadena conceptual *f*
-**reihe** *f* [Class] / serie conceptual *f*
-**symbol** *n* [Ind] / símbolo conceptual *m*
-**umfang** *m* [Ind; Class] / denotación *f* · extensión conceptual *f*
-**zerlegung** *f* [Ind] / factorización semántica *f*
Begrüßung *f* (der Teilnehmer eines Kongresses) / salutación *f* (a los congresistas)
Begrüßungsseite *f* [Comm] / página de salutación *f*
begutachten *v* (ein Buch usw. in bezug auf die Erwerbung ~) [Bk] / criticar *v* (~ un libro con vistas a su adquisición)
Behälter *m* [NBM] / depósito *m* · recipiente *m* *s. Behältnis*
Behältnis *n* [NBM] ⟨ISBD(NBM)⟩ / depósito *m* · recipiente *m*
behinderter Benutzer *m* [RS] / usuario minusválido *m*
Behörde *f* [Adm] / entidad de administración pública *f* · cuerpo administrativo *f* ‖ *s.a. städtische Behörden; vorgesetzte Behörde*
Behörden|akten *pl* [Arch] / actas oficiales *pl*
-**bibliothek** *f* [Lib] / biblioteca administrativa *f*
beidseitige Datenübermittlung *f* [Comm] ⟨DIN 44302⟩ / transmisión recíproca de datos *f*
Beigaben *pl* [Bk] ⟨PI⟩ / aditamentos *pl*

-**vermerk** *m* [Cat] ⟨DIN 31631/2⟩ / mención de aditamentos *f* · mención de material complementario *f*
beigebunden *pp* [Bk] / encuadernado con *pp*
beigebundenes Werk *n* [Bk] / obra encuadernada con otra *f*
beigedruckte Schriften *pl* [Cat] ⟨PI⟩ / escritos conjuntamente impresos *pl*
beigefügtes Werk *n* [Cat] / obra incluída en segundo o posterior lugar en una colección sin título colectivo *f*
beigefügtes Werk / Dokument *n* [Cat] ⟨DIN 31631/2⟩ / documento incluído *m*
Beiheft *n* [Bk] / suplemento *m* · anexo *m* ‖ *s.a. Sonderheft*
Beihilfe *f* [BgAcc] / concesión *f* · ayuda económica *f* ‖ *s.a. Zuschuß*
Beikarte *f* [Cart] / mapa pequeño al margen *m*
Beilage *f* [Off] / anexo *m*
Beilage 1 *f* (zu einem Brief) [Off] / anexo *m*
Beilage 2 *f* (in einer Zeitschrift usw.) [Bk] ⟨ISBD(S)⟩ / suplemento *m* · (si se añade al número alguna hoja:) inserto *m*
Beilage in Zick-Zack-Falzung *f* [Bk] / inserto plegado en zigzag *m*
Beinahe-Briefqualität *f* [EDP; Prt] ⟨ISO/IEC 2382-23⟩ / casi calidad de carta
Beiname *m* [Gen; Cat] / sobrenombre *m* · epíteto *m*
Beiordnung *f* (Zeichen + und) [Class/UDC] / adición *f* (signo +, y)
Beirat *m* [OrgM] / junta consultiva *f* · consejo asesor *m*
Beitrag *m* [Bk] / contribución *f* · aportación *f*
Beiwerk *n* [Bk] ⟨PI⟩ / obra accesoria *f*
Beleg *m* [Off] / comprobante *m* · justificante *m* · resguardo *m* · recibo *m*
-**codierer** *m* [EDP] ⟨DIN 9774/1⟩ / codificador de documentos *m*
-**exemplar** *n* [Bk] / ejemplar de autor *m* · ejemplar de prueba *m* ‖ *s.a. Freiexemplar; Pflichtexemplar*
-**leser** *m* [EDP] / lector de documentos *m*
-**schriftleser** *m* [EDP] / lector de documentos *m s. Belegleser*
Belegungsdichte *f* (eines Datenbestands) [EDP] / compactación de documentos *f* (de un fichero)
Belegverfilmung *f* [Repr] ⟨DIN 19040/113E⟩ / microfilmación de resguardos *f*
Beleuchtung *f* [BdEq] / iluminación *f*
belichten *v* [Repr] ⟨ISO 6196/1⟩ / exponer *v*
Belichtung *f* [Repr] ⟨ISO 6196/1⟩ / exposición *f*
Belichtungs|messer *m* [Repr] / exposímetro *m* · fotómetro *m*
-**zeit** *f* [Repr] ⟨ISO 6196/1⟩ / tiempo de exposición *m*
Belletristik *f* [Bk] / bellas letras *pl* · literatura de imaginación *f*
Belüftung *f* [BdEq] / ventilación *f*
Benachrichtigungs|karte *f* / tarjeta de notificación *f*
-**zettel** *m* [Acq] / notificación *f*
benagt *pp* [Bk] / roído *pp*
Benchmark-Test *m* / test de evaluación de prestaciones *m*
Benennung *f* [Ind] ⟨DIN 2330; DIN 32705⟩ / término *m* · designación *f*
Beneventana *f* [Writ] / escritura beneventana *f*
benoten *v* [Ed] / calificar *v* · poner nota *v*
Benotung *f* [Ed] / calificación *f* ‖ *s.a. Endnote; Note*
Benutze Kombination-Verweisung *f* (BK) [Ind] ⟨DIN 1463/1E⟩ / referencia de combinación „úsase" *f* · referencia de combinación „úsase..." y „úsase también..." *f* · ú. *abbr.* · ú.t. *abbr*
benutzen *v* [RS] / utilizar *v* · usar *v*
Benutzer *m* [RS] / usuario *m* ‖ *s.a. auswärtiger Benutzer; eingeschriebener Benutzer; Leser; säumiger Benutzer*
Benützer *m Süddt.; A; CH* [RS] *s. Benutzer*
Benutzer|anforderungen *pl* [RS] / requisitos de usuario *pl* ‖ *s.a. Benutzerbedürfnisse*
-**anforderungen** *pl* [RS] / condiciones de usuario *pl*
-**anmeldung** *f* [RS] / inscripción de lectores *m* · registro de usuarios *m*
-**arbeitsplatz** *m* [BdEq] / lugar de trabajo para usuarios *m*
-**ausweis** *m* [RS] / carné de usuario *m* · carné de lector *m s. Benutzerkarte*
-**bedarf** *m* [InfSc] / demanda del usuario *f*
-**bedürfnisse** *pl* [InfSc] / necesidades del usuario *pl*
-**befragung** *f* [InfSc] / sondeo entre los usuarios *m* · encuesta entre los usuarios *f*
Benutzerberatung *f* [RS] / atención al lector *f* · atención al usuario *f s. Leserberatung*
Benutzer|datei *n* / registro de usuarios *m* · fichero de usuarios *m*

-**forschung** *f* [InfSc] / estudios sobre el usuario *pl* · investigación de características del usario *f*

benutzerfreundlich *adj* [RS] / fácil de usar *adj*

Benutzer|freundlichkeit *f* [RS] / facilidad de uso *f*

-**gebühr** *f* [RS] / cuota de usuario *f* *s. Benutzungsgebühr*

Benutzer|gewohnheiten *pl* [RS] / hábitos del usuario *pl*

-**handbuch** *n* [EDP] / manual de uso *m*

-**karte** *f* [RS] / tarjeta de lector *f* · tarjeta de usuario *f*

-**kartei** *f* [RS] / fichero de usuarios *m* *s. Benutzerdatei*

-**katalog** *m* [Cat] / catálogo público *m* · catálogo para usuarios *m*

-**klasse** *f* [Comm] ⟨DIN 44302⟩ / categoría de usuario *f* · clase de usuario *f* (según el servicio)

-**konto** *n* [RS] / cuenta de usuarios *f* (préstamos) **I** *s.a. Ausleihdatei*

-**nummer** *f* [RS] / número de identificación del lector *m*

-**oberfläche** *f* [EDP] / interfaz de usuario *f* · área de usuario *f*

benutzerorientiert *pp* [RS] / orientado al usario *pp*

Benutzer|profil *n* [InfSy] / perfil del usuario *m* (de difusión selectiva de información)

-**recherchen** *pl* [Retr] / búsquedas sistemáticas del usuario *pl*

-**schaft** *f* [RS] / conjunto de usuarios *m* (de una biblioteca) · clientela *f*

-**schnittstelle** *f* [EDP] / interfaz de usuario *f*

-**schulung** *f* [RS] / instrucción bibliográfica *f* · educación del usuario *f* · enseñanza del usuario *f*

-**station** *f* [EDP] ⟨DIN 44300/5E⟩ / terminal de usuario *f*

-**statistik** *f* [RS] / estadísticas de usuarios *pl*

-**studie** *f* [InfSc] / estudio de los usuarios *m*

-**terminal** *n* [EDP] / terminal de usuario *f* *s. Benutzerstation*

-**unterweisung** *f* [RS] / enseñanza del usuario *f* *s. Benutzerschulung*

-**verhalten** *n* [InfSc] / comportamiento del usuario *m*

-**wunsch** *m* [Acq] / petición del usuario *f* · demanda del usuario *f*

Benutzerzulassung *f* [RS] / permiso de usuario *m* *s. Zulassung*

Benutze-Verweisung *f* (BS) [Ind] ⟨DIN 1463/1E⟩ / referencia de „úsase" *f*

Benutzt für (in) Kombination-Verweisung *f* (KB) [Ind] ⟨DIN 1463/1E⟩ / referencia combinada „usado por (en)" *f*

Benutzt für-Verweisung *f* (BF) [Ind] ⟨DIN 1463/1E⟩ / referencia „usado por" *f*

Benutzung 1 *f* [RS] / uso *m* · utilización *f* **I** *s.a. Bibliotheksbenutzung; Ressourcennutzung*

Benutzung 2 *f* (Benutzungsdienst) [OrgM] / servicios al usuario *pl* · servicios al lector *pl* · servicios al público *pl*

Benutzungs|abteilung *f* [OrgM] / departamento de servicios a los lectores *m* · departamento de servicios al público *m*

-**anleitung** *f* [BdEq] / instrucciones para el uso *pl* · instrucciones de utilización *pl* **I** *s.a. Benutzungseinführung*

-**bereich** *m* [BdEq] / área del público *f* · área de usuarios *f* · área de lectores *f*

-**beschränkung** *f* [Arch; RS] / restricción de acceso *f* · acceso restringido *m*

-**bestimmungen** *pl* [RS] / reglamento de utilización *m* **I** *s.a. Ausleihbestimmungen*

-**daten** *pl* / datos de utilización *pl*

-**dienst** *m* [OrgM] / servicio de atención al público *m* · servicio de atención al usuario *m* · servicio de atención al lector *m*

-**einführung** *f* [RS] / iniciación en la utilización *f* (de una biblioteca) · introducción al uso *f* (de una biblioteca) **I** *s.a. Benutzungsanleitung*

-**frequenz** *f* [RS; InfSy] / frecuencia de utilización *f*

-**führer** *m* [RS] / guía de utilización *f* **I** *s.a. Bibliotheksführer*

-**gebühr** *f* [RS] / tasa(s) de utilización *f(pl)* · cuota de utilización *f*

-**ordnung** *f* [RS] / reglamento de utilización *m* **I** *s.a. Ausleihbestimmungen*

-**politik** *f* [RS] / política de utilización *f*

-**spuren** *pl* [Bk] / huellas de uso *pl*

-**statistik** *f* [RS] / estadística de utilización *f*

-**studie** *f* [InfSc] / estudios de utilización *pl*

Beobachtungswinkel *m* [EDP/VDU] ⟨DIN 66233/1⟩ / ángulo de visión *m*

beratender Ausschuß *m* [OrgM] / comité asesor *m*

Berater *m* [Staff; OrgM] / consejero *m* · asesor *m*
Beratungswesen *n* [Lib] / asesoría *f*
beraufter Schnitt *m* [Bind] / corte desvirado *m*
berechnen *v* / calcular *v*
Berechtigung *f* (eine bestimmte Tätigkeit ausüben zu dürfen) [Staff] / licencia *f* (para ejercer una actividad determinada) · autorización *f* (para ejercer una actividad determinada)
Bereichsbibliothek *f* (in einer Universität) [Lib] / biblioteca de sección *f* · biblioteca de facultad *f* (en una universidad) · biblioteca de departamento *f* (en una universidad)
bereinigte Ausgabe *f* [Bk] / edición expurgada *f*
Bereitschaftsrechner *m* [EDP] / ordenador en estado de espera *m*
bereitstellen *v* [RS] / tener a disposición *v* · facilitar *v*
Bereitstellung *f* / facilitación *f*
Bericht *m* [Bk] ⟨DIN 31631/4; DIN 31639/2; RAK-AD⟩ / informe *m* ‖ *s.a. Endbericht; Forschungsbericht; Sachstandsbericht; Zwischenbericht*
Berichterstatter *m* [Cat] / informador *m* · informante *m*
berichtigte Ausgabe *f* [Bk] / edición corregida *f*
Berichtigung *f* [Bk] ⟨DIN 31631/4; DIN 31639/2⟩ / enmienda *f* · rectificación *f* · corrección *f* ‖ *s.a. Druckfehler*
Berichts|jahr *n* [Bk; Cat] / año de referencia *m*
~zeit *f* (eines Jahrbuchs u. dgl.) [Bk; Cat] / tiempo de cobertura *m*
berieben *pp* [Bind] / raspado *pp* ‖ *s.a. beschabt; bescheuert*
Berufs|anfänger *m* [Staff] / principiante profesional *m*
~ausbildung *f* [Ed] / formación profesional *f*
~aussichten *pl* [Staff] / perspectivas profesionales *pl s. Beschäftigungsaussichten*
~ethik *f* [Staff] / ética profesional *f*
~schulbibliothek *f* [Lib] / biblioteca de escuela profesional *f*
~verband *m* [Staff] / colegio de licenciados *m* · asociación profesional *f* ‖ *s.a. Personalverband*
berührungsempfindlicher Bildschirm *m* [EDP] / pantalla sensible al contacto *f*
beschabt *pp* [Bind] / refilado *pp* · raspado *pp* ‖ *s.a. berieben; bescheuert*
Beschaffung *f* [Acq] / adquisición *f*
Beschaffungs|markt *m* [Acq] / mercado de adquisición *m*
~weg *m* [Acq] / vía de adquisición *f*
~wunsch *m* [Acq] / desideratum *m* · propuesta de adquisiciones *f*
beschäftigen *v* / dar trabajo *v* · ocupar *v*
Beschäftigung *f* (Anstellung) [Staff] / empleo *m*
Beschäftigungs|aussichten *pl* [Staff] / perspectivas de empleo *pl*
~möglichkeiten *pl* [Staff] / oportunidades de empleo *pl*
bescheuert *pp* [Bind] / desbastado *pp* ‖ *s.a. berieben; beschabt*
beschichtetes Papier *n* [Pp] ⟨DIN 6730⟩ / papel revestido *m* · papel cuché *m* · papel esmaltado *m* · papel estucado *m*
beschildern *v* [Bind] / marcar *v* · etiquetar *v* · rotular *v*
Beschilderung *f* (zur räumlichen Orientierung) [BdEq] / señalización *f* (para orientación) · carteles de indicación *pl* ‖ *s.a. Regalbeschilderung*
Beschilderung an der Stirnseite einer Regalachse *f* / (en la parte frontal de un cuerpo de estanterías:) indicador de cuerpo *m*
Beschilderungssystem *n* [BdEq] / sistema de señalizaciones *m*
Beschläge *pl* [Bind] / guarniciones metálicas *pl* (cantoneras, broches, cierres, etc...) · ornamentos metálicos *pl* ‖ *s.a. Eckbeschläge*
beschlagnahmen *v* [Law] / confiscar *v* · incautar *v* · embargar *v*
beschleunigte Alterung *f* [Pres] / envejecimiento acelerado *m*
beschmutzt *pp* [Bind] / ensuciado *pp* · manchado *adj*
Beschneide|hobel *m* [Bind] / cuchilla *f*
~maschine *f* [Bind] / máquina de recortar *f* · máquina cortadora *f* · guillotina *f*
beschneiden *v* [Bind] / cortar *v* · desvirar *v* · guillotinar *v* · recortar *v*
Beschnitt *m* [Bind] / recorte *m* · desmoche *m*
beschnitten *pp* [Bind] / desvirado *pp* · guillotinado *pp* · recortado *pp* ‖ *s.a. verschnitten*
beschränkte Auflage *f* [Bk] / edición limitada *f*

beschränkter Zugang *m* [Arch; RS] / acceso restringido *m*

Beschreibstoff *m* [Writ] / material de escribir *m*

Beschreibungsstufe *f* [Cat] / nivel de descripción *m* ‖ *s.a. Stufenaufnahme*

Beschriftung *f* [Writ; Bk] / etiquetado *m* · rotulación *f* ‖ *s.a. Beschilderung*

Beschriftungsträger *m* [Sh] / portarrótulos *m*

Beschriftungs- und Beschilderungsstelle *f* [OrgM] / lugar de colocación del rótulo *m*

Beschriftung und Verzierung / acabado *m* (trabajos de ~) · rotulación y ornamentación *f*

besetzt *pp* (betr.Telefonanschluß, Kopierer usw.) / ocupado *pp*

Besetztzeichen *n* [Comm] / señal de ocupado *f*

Besetzung 1 *f* (die Personen eines Theaterstücks, Oratoriums u.dgl.) [Mus] / elenco *m* · reparto *m*

Besetzung 2 *f* (die Instrumente und/oder Singstimmen eines Werkes) [Mus] / reparto musical *m*

besitzende Bibliothek *f* (im Leihverkehr) [Lib] / biblioteca poseedora *f*

Besitz|nachweis *m* (Vermerk in einem Gesamtkatalog usw., der angibt, in welcher Bibliothek ein bestimmtes Werk vorhanden ist) [Cat] / registro de existencias *m*

~stempel *m* (TS) / sello de propiedad *m*

~vermerk *m* [Bk] / anotación de propiedad *f*

Besoldungsordnung *f* [Staff] / reglamentación salarial *f* ‖ *s.a. Vergütungsordnung*

besondere Anhängezahl *f* [Class/UDC] / auxiliar especial *m* (número) *s. besondere Ergänzungszahl*

besondere Ergänzungszahl *f* [Class/UDC] / auxiliar especial *m* (número)

besprechen *v* (ein Buch ~) [Bk] / criticar *v* (un libro) · reseñar *v* · comentar *v* (un libro)

Besprechungs|dienst *m* [Bk] / servicio de recensiones *m* · servicio de reseñas *m*

~exemplar *n* [Bk] / ejemplar para crítica *m* · ejemplar para publicidad *m* · ejemplar para recensión *m*

~tisch *m* [BdEq] / mesa de reuniones *f*

~zimmer *n* [BdEq] / sala de conferencias *f* · sala de reuniones *f*

Bestand *m* [Stock] ⟨DIN 1425⟩ / colección *f* · fondos *pl* · existencias *pl* ‖ *s.a. Ausleihbestand; Bestandsumfang; Bibliotheksbestand; Buchbestand; Lesesaalbestand; Präsenzbestand; Zeitschriftenbestand*

Bestands|analyse *f* [Stock] / análisis de fondos *m* · análisis de existencias *m*

~angabe *f* [Cat] / mención de existencias *f* ‖ *s.a. Bandaufführung*

~aufbau *m* [Acq] / formación de una colección *f*

~aufnahme *f* [Stock] / inventario de la colección *m* · registro de la colección *m* ‖ *s.a. Bestandsdurchsicht; Bestandsrevision*

~bewertung *f* [Stock] / evaluación de los fondos *f*

~beziehung *f* [Ind; Class] ⟨DIN 1463/1E; DIN 32705E⟩ / relación partitiva *f*

~daten *pl* [Cat] / datos del tipo de fondo bibliográfico *pl*

~durchsicht *f* [Stock] / (para completar, restituir o expurgar:) revisión de fondos *f* · examen de fondos *m* · (comprobación del orden de los libros:) examen de estantes *m* · revisión de estantes *f*

~entwicklung *f* [Acq] / evolución de la colección *f* ‖ *s.a. Bestandsaufbau*

~erhaltung *f* [Pres] / conservación de fondos *f*

~erschließung *f* (Mittel und Maßnahmen für die Öffnung von Wegen zur Information über den Bibliotheksbestand, z.B. durch Kataloge) [Stock] / explotación de la colección *f*

~größe *f* [Stock] / volumen de los fondos *m* · tamaño de la colección *m*

~lücke *f* [Stock] / lagunas de la colección *pl*

~nutzung *f* [RS] / utilización de fondos *f*

~pflege *f* [Stock] / mantenimiento de los fondos *m*

~profil *n* [Stock] / perfil de la colección *m*

~relation *f* [Ind; Class] / relación todo-parte *f* · relación partitiva *f* *s. Bestandsbeziehung*

~revision *f* [Stock] / revisión de inventario *f* · revisión de la colección *f* ‖ *s.a. Bestandsdurchsicht*

~schwerpunkt *m* [Stock] / punto esencial de la colección *m*

~sicherung *f* [Stock] / seguridad de los fondos *f*

~umfang *f* [Stock] / alcance de la colección *m*

–umsatz *m* [RS] / movimiento de fondos *m* · circulación de fondos *f*
–vermehrung *f* [Acq] / incremento de la colección *m* · expansión de la colección *f*
–vermittlung *f* [RS] / apertura de la colección *f* *s. Bibliotheksbenutzung*
–verwaltung *f* [Stock] / gestión del depósito *f* · administración de la colección *f*
–verzeichnis *n* [Stock] / registro de los fondos *m* · inventario *m*
Bestandswachstum *n* [Stock] / incremento de la colección *m*
Bestandszugänge *pl* [Acq] / libros recibidos *pl*
–zuwachs *m* [Stock] / incremento de la colección *m* *s. Bestandsvermehrung*
Bestätigung *f* (bri Datenkommunikation) / confirmación de comunicación *f*
Bestelldatei *n* [Acq] / fichero de adquisiciones en curso *m* · fichero de adquisiciones *m* · fichero de pedidos *m*
bestellen 1 *v* [Acq] / 1 pedir ‖ *s.a. nachbestellen*
bestellen 2 *v* [RS] / 2 (un libro del depósito:) pedir · sacar *v*
bestellende Bibliothek *f* (im Leihverkehr) [RS] / biblioteca peticionaria *f*
Besteller *m* [RS] / peticionario *m* · usuario *m*
Bestellformular *n* [Acq] / impreso de pedido *m* · formulario de pedido *m*
–karte *f* [Acq] / ficha de pedido *f*
–kartei *f* [Acq] / fichero de pedidos *m* *s. Bestelldatei*
–katalogisierung *f* [Cat] / catalogación de pedidos *f*
–nachweis *m* [Acq] / registro de pedidos *m*
–nummer *f* (einer Leihverkehrsbestellung) [RS] / número de pedido *m*
–schein *m* (für das Heraussuchen eines Buches usw. aus dem Magazin) [RS] / formulario de pedido *m* ‖ *s.a. Leihschein*
–schein im Internationalen Leihverkehr *m* [RS] / formulario de pedido en préstamo internacional *m*
–- und Versandabteilung *f* [Bk] / departamento de suministro y distribución *m*
Bestellung 1 *f* [RS] / solicitud *f* · instancia *f* ‖ *s.a. Direktbestellung; negativ erledigte Bestellung; positiv erledigte Bestellung*
Bestellung 2 *f* [Acq; Bk] / pedido *m* · encargo *m* · orden *f*
Bestellunterlagen *pl* [Acq] / documentación del pedido *f*
–volumen *n* [RS] / volumen de pedidos *m*
–vorgang *m* [Acq] / procedimiento de pedido *m*
–wunsch *m* [Acq] / desiderata *pl* · sugerencias de pedido *pl*
–zettel 1 *m* [RS] / formulario de pedido *m* *s. Bestellschein*
–zettel 2 *m* [Acq] / formulario de pedido *m* *s. Bestellformular*
–zettelsatz *m* [Acq] / formulario múltiple de pedido *m*
Bestiarium *n* [Bk] / bestiario *m*
Bestimmposition *f* / posición a determinar *f*
Bestimmung *n* [Gen; Cat] / determinación *f* · fijación *f*
Bestimmung der Haupt- und Nebeneintragungen *f* / determinación de los asientos principal y secundarios *f*
Bestimmungsbuch *n* (für Pflanzen usw.) [Bk] ⟨DIN 31631/4⟩ / guía de identificación *f*
bestoßen *pp* [Bind] / golpeado *pp*
Bestseller *m* / libro de mayor venta *m*
Besucheranmeldung *f* [OrgM] / acceso de visitantes *m*
Betriebsanweisung *f* [EDP] ⟨DIN 44300/4E⟩ / instrucción de gestión de tareas *f*
–ausgaben *pl* [BgAcc] / gastos de explotación *pl* · gastos de funcionamiento *pl*
–klima *n* [OrgM] / clima de la empresa *m*
–kosten *pl* [BgAcc] / costes de explotación *pl* · costes de funcionamiento *pl*
–praktikum *n* [Ed] / prácticas en la empresa *pl*
–schloß *n* / clave de registro de operaciones *f*
–sprache *f* [EDP] ⟨DIN 44300/4E⟩ / lenguaje de gestión *m* · lenguaje de control de operaciones *m* · lenguaje de control *m*
Betriebsstunden *pl* [EDP] / horas de servicio *pl*
Betriebssystem *n* [EDP] ⟨DIN 44300/4E; DIN 66029⟩ / sistema de explotación *m* · sistema operativo *m* ‖ *s.a. Platte-Betriebssystem*
–zeit *f* / tiempo de servicio *m*
–zeit(en) *f(pl)* (eines Hosts usw.) [InfSy] / tiempo(s) de utilización *m(pl)*

Be- und Entlüftung *f* [BdEq] / ventilación *f* · aireación *f*
Beurteilung *f* [Staff] *s. Personalbeurteilung*
Beutelbuch *n* [Bk] / libro para llevar al cinto *m* · encuadernación de cartera *f*
bewegliche Lettern *pl* [Prt] / tipos móviles *pl* · caracteres móviles *pl*
Bewegungs|datei *f* [EDP] / fichero de transacciones *m* · fichero de movimientos *m*
-daten *pl* [EDP] / datos de movimientos *pl*
Bewerber *m* [Staff] / peticionario *m* · solicitante *m* ‖ *s.a. Studienbewerber*
Bewerbung *f* (um Einstellung) [Staff] / petición de empleo *f* · solicitud de empleo *f*
Bewerbungs|schlußtermin *m* / fecha límite de presentación de solicitudes *m*
-schreiben *n* [Staff] / carta de solicitud de empleo *f*
-unterlagen *pl* / documentación de una solicitud *f*
Bewertung / evaluación *f*
Bewilligung *f* [BgAcc] / concesión *f* · asignación *f* ‖ *s.a. Beihilfe; Globalbewilligung; Mittelzuweisung; Zuschuß*
Bewirtungsspesen *pl* [BgAcc] / gastos de hospedaje *pl*
bezahlter Urlaub *m* [Staff] / vacaciones pagadas *pl*
Bezeichnung *f* [Ind; Class] ⟨DIN 2330; 32705⟩ / designación *f* · denominación *f* · término *m*
Beziehungs|graph *m* (zur Darstellung der logischen Beziehungen zwischen Deskriptoren) [Ind] / grafo de relaciones *m* (entre descriptores) ‖ *s.a. Pfeildiagramm*
-indikator *m* [Class] / indicador de conexión *m*
-zeichen *n* [Class/UDC] / signo de relación *m s. allgemeine Beziehung*
Bezirksausgabe *f* (einer Zeitung) [Bk] / tirada comarcal *f*
Bezirks|bibliothek *f* [Lib] *DDR* / biblioteca de distrito *f*
Bezüge *pl* (Gehalt) [Staff] / emolumentos *pl* · remuneraciones *pl*
Bezugs|adresse *f* [EDP] / dirección de base *f*
-band *n* (Magnetbandtechnik) [EDP] ⟨DIN 66010⟩ / cinta maestra *f* · cinta de referencia *f*
-bedingungen *pl* [Bk] / condiciones de suscripción *pl* · condiciones de entrega *pl*
-begriff *m* [Ind] / término de referencia *m*
-diskette *f* [EDP] ⟨DIN 66010⟩ / disquete de referencia *m* ‖ *s.a. zertifizierte Bezugsdiskette*
-kassette *f* [EDP] ⟨DIN 66010E⟩ / casete de referencia *f*
-papier *n* [Bind] / papel para carátulas *m HA* · papel de forro *m* · papel de cubierta *m*
-preis *m* [Bk] *s. Abonnementspreis*
-quellennachweis *m* [Bk] / índice de suministradores *m* · índice de proveedores *m*
-stoff *m* [Bind] / tela para encuadernar *f*
BF *abbr* [Ind] *s. Benutzt für-Verweisung*
Bibel(druck)papier *n* [Pp] ⟨DIN 6730⟩ / papel India *m* · papel biblia *m* ‖ *s.a. Dünndruckpapier*
Biblid [Bk] ⟨DIN 31643⟩ / identificación bibliográfica *f* (acrónimo de „bibliographic identification")
bibliografieren *v* [Retr] / verificar *v*
Bibliograph *m* [Bib] / bibliógrafo *m*
Bibliographie *f* [Bib] ⟨DIN 31639/2; RAK-AD⟩ / bibliografía *f* ‖ *s.a. abgeschlossene Bibliographie; fortlaufende Bibliographie*
Bibliographie der Rezensionen *f* [Bib] / bibliografía de recensiones *f*
bibliographieren *v* [Retr] / verificar datos bibliográficos *v* ‖ *s.a. ermitteln*
Bibliographierer *m* [Retr] / documentalista bibliógrafo *m* · documentalista de referencia *m*
bibliographisch abhängiges Werk *n* [Bk; Cat] / parte componente *f* (de una obra independiente bibliográficamente)
bibliographische Angabe *f* [Bib] ⟨DIN 31639/2⟩ *s. Literaturangabe*
– Austauscheinheit *f* [Cat] / unidad de canje bibliográfico *f* ‖ *s.a. Austauschformat*
– Beschreibung *f* [Cat] ⟨ISBD(M; S; PM A); DIN 1505/1; TGL 20972/04⟩ / descripción bibliográfica *f*
– Einheit *f* [Bk] / unidad bibliográfica *f*
– Ermittlung *f* [Retr] / comprobación bibliográfica *f* · verificación bibliográfica *f*
– Kontrolle *f* [Bib] / control bibliográfico *m*
– Ordnungsleiste *f* [Bk] *DDR* ⟨TGL 20177⟩ / tira bibliográfica *f*
bibliographischer Band *m* [Bk] / volumen bibliográfico *m*
– Komplex, der aus mehreren Dateien besteht / complejo bibliográfico compuesto de varios ficheros

– **Nachweis** *m* [Bib] ⟨TGL 20972/04⟩ / referencia bibliográfica *f* ‖ *s.a. bibliographischer Nachweisdienst*
– **Nachweisdienst** *m* / servicio de referencias bibliográficas *m*
bibliographisches Element *n* [Bib; Cat] / elemento bibliográfico *m*
– **Format** *n* [Bk] / formato bibliográfico *m*
– **Hilfsmittel** *n* [Bib] / instrumento bibliográfico *m*
bibliographisch selbständiges Werk *n* (ein Werk, das mit einer bibliographischen Einheit identisch ist) [Bk; Cat] / obra bibliográficamente autónoma *f*
– **unselbständige Schrift** *f* [Bk; Cat] *s. bibliographisch abhängiges Werk*
Biblioklast *m* [Bk] / bibliolita *m,f* · biblioclasta *m,f*
Bibliokleptomane *m* [Bk] / bibliocleptómano *m*
Bibliomane *m* [Bk] / bibliómano *m*
Bibliomanie *f* [Bk] / bibliomanía *f*
Bibliometrie *f* [InfSc] / bibliometría *f*
bibliophil *adj* [Bk] / bibliófilo *m*
Bibliophiler *m* [Bk] / bibliófilo *m*
Bibliophilie *f* [Bk] / bibliofilia *f*
Bibliothek *f* [Lib] ⟨DIN 1425⟩ / biblioteca *f*
Bibliothekar *m* [Staff] / bibliotecario *m*
Bibliothekar *m* / bibliotecario responsable *m*
Bibliothekarausbildung *f* [Ed] / licenciatura en Biblioteconomía *f* · titulación · bibliotecaria *f* · estudios de bibliotecario *pl*
Bibliothekar in untergeordneter Stellung *m* / bibliotecario subalterno
– **in verantwortlicher Stellung** *m* / bibliotecario responsable *m*
bibliothekarische Klassifikation *f* [Class] / clasificación bibliotecaria *f*
bibliothekarisches Gemeinschaftsunternehmen *n* / cooperativa bibliotecaria *f*
bibliothekarische Zusammenarbeit *f* [Lib] / cooperación bibliotecaria *f*
Bibliothekarlehrinstitut *n* [Ed] / escuela bibliotecaria *f* · escuela bibliotecaria *f*
Bibliothek im Klassenraum einer Schule *f* / biblioteca de aula *f*
Bibliotheks|adreßbuch *n* [Bk] / directorio de bibliotecas *m*
–**angestellter** *m* [Staff] / empleado de biblioteca *m*
–**assistent** *m* [Staff] / auxiliar bibliotecario *m*
–**ausgabe** *f* [Bk] / edición para bibliotecas *f*
–**ausschuß** *m* [OrgM] / comité bibliotecario *m* ‖ *s.a. Unterausschuß*
–**automatisierung** *f* [EDP] / automatización bibliotecaria *f*
–**bau** *m* [BdEq] / edificio bibliotecario *m*
–**beauftragter** *m* (in einem Fachbereich) [Staff] / encargado de biblioteca *m*
–**benutzer** *m* [RS] *s. Benutzer*
–**benutzung** *f* [RS] / utilización de la biblioteca *f* ‖ *s.a. Benutzung 2*
–**bestand** *m* [Stock] / colección bibliotecaria *f* · existencias bibliotecarias *pl* · fondos bibliotecarios *pl*
–**betriebslehre** *f* [Lib] / teoría de gestión bibliotecaria *f* · biblioteconomía *f* ‖ *s.a. Bibliotheksverwaltung*
–**didaktik** *f* [RS] *s. Benutzerschulung*
–**direktor** *m* [Staff] / director de biblioteca *m*
–**einband** *m* [Bind] / encuadernación de biblioteca *f*
–**einführung** *f* [RS] / iniciación bibliotecaria *f* · introducción a la biblioteca *f*
–**einrichtung** *f* / equipamiento bibliotecario *m*
–**facharbeiter** *m* [Staff] *DDR* / técnico bibliotecario *m*
–**forschung** *f* [Lib] / investigación bibliotecaria *f*
–**führer** *m* [RS] / guía de la biblioteca *f* (libro) ‖ *s.a. Benutzungsführer*
–**gebäude** *n* [BdEq] / edificio de la biblioteca *m*
–**geschichte** *f* [Lib] / historia de la biblioteca *f*
–**gesetz** *n* [Law] / ley de bibliotecas *f*
–**gesetzgebung** *f* [Law] / legislación sobre bibliotecas *f*
–**groschen** *m* [BgAcc] *s. Bibliothektantieme*
bibliotheksinternes Formular *n* [Off] / formulario interno de una biblioteca *m*
Bibliotheks|kommission *f* [OrgM] / comisión de la biblioteca *f*
–**landschaft** *f* [Lib] / panorama bibliotecario *m*
–**leiter** *m* [Staff] *s. Bibliotheksdirektor*
–**leitung** *f* [OrgM] / dirección de biblioteca *f*
–**lieferant** *m* / proveedor de bibliotecas *m*
–**möbel** *pl* [BdEq] / mobiliario bibliotecario *m*
–**netz** *n* [Lib] / red bibliotecaria *f*
–**ordnung** *f* [Lib] / normativa bibliotecaria *f* · reglamento bibliotecario *m*
–**personal** *n* / personal de la biblioteca *m*

-politik *f* [Lib] / política bibliotecaria *f*
-pressestelle *f* [PR] *s. Pressestelle*
-rabatt *m* [Acq] / descuento a bibliotecas *m*
-rechenzentrum [EDP] / centro de cálculo de la biblioteca *m*
-recht *n* [Law] / derecho bibliotecario *m*
-rundgang *m* [RS] / visita a una biblioteca *f* ‖ *s.a. Führung*
-saal *m* [BdEq] / sala de biblioteca *f*
-schulabsolvent *m* [Ed] / graduado en biblioteconomía *m*
-schule *f* [Ed] / escuela bibliotecaria *f*
-sigel *n* [Lib] *s. Sigel*
-signet *n* [PR] / anagrama de biblioteca *m* ‖ *s.a. Namenszug*
-statistik *f* [Lib] / estadística bibliotecaria *f*
-stempel *m* [Off] / sello de biblioteca *m*
-student *m* [Ed] / estudiante bibliotecario *m*
-system *n* [Lib] / sistema bibliotecario *m*
-tantieme *f* (zur Abgeltung urheberrechtlicher Ansprüche in bezug auf Buchausleihen durch Bibliotheken) [BgAcc] / porcentaje de derechos de autor por préstamo bibliotecario *m*
-typ *m* [Lib] / tipo de biblioteca *m*
-verband *m* [Lib] / asociación bibliotecaria *f*
-verbund *m* [Lib] / federación bibliotecaria *f s. Verbund*
-verwaltung *f* [Lib] / administración bibliotecaria *f*
-verwaltungslehre *f* [InfSc] / biblioteconomía *f*
-vorstand *m* [OrgM] / junta directiva de la biblioteca *f*
-wesen *n* [Lib] / bibliotecología *f* · biblioteconomía *f*
-wesen, Information und Dokumentation [InfSc] / bibliotecología, información y documentación *f*
-wissenschaft *f* [Lib] / ciencia bibliotecaria *f*
-zentrum *n* [Lib] / centro bibliotecario *m*
Bibliotherapie *f* [Bk] / biblioterapia *f*
BID *abbr* [InfSc] *s. Bibliothekswesen, Information und Dokumentation*
biegsamer Einband *m* [Bind] / encuadernación flexible *f*
– Gewebeband *m* [Bind] / encuadernación flexible en tela *f*
bieten *v* / licitar *v HA* · ofrecer *v*
Bild 1 *n* [NBM] ⟨ISBD(NBM)⟩ / representación icónica *f*
Bild 2 *n* (fotografisches ~) [Repr] ⟨ISO 6196/1⟩ / imagen fotográfica *f* ‖ *s.a. Foto*
Bild 3 *n* [EDP/VDU] / 1 imagen *f* · 1 cuadro *m*
Bild|anordnung *f* (auf einem Mikrofilmstreifen) [Repr] ⟨ISO 6196/2⟩ / posición de la imagen *f* ‖ *s.a. horizontale Bildlage; vertikale Bildlage*
Bildarchiv *n* [Bk] / archivo iconográfico *m* · diapoteca *f* · fototeca *f*
Bildarchiv *n* [Bk] / archivo fotográfico *m*
Bild|autor *m* [Cat] / fotógrafo *m* · artista *m*
-band *m* [Bk] / libro de fotografías *m*
-begrenzung *f* (auf einer Mikroform) [Repr] ⟨ISO 6196-4⟩ / márgenes *f*
-beigabe *f* [Bk] / fotos incluídas *pl*
-beilage *f* [Bk] / suplemento ilustrado *m*
-betrachter *m* [NBM] / visor *m*
-datenbank *f* [InfSy] / banco de datos de la imagen *m*
-dokument 1 *n* [NBM] / documento gráfico *m*
-dokument 2 *n* (nur mit Hilfe eines Gerätes zu betrachten) [NBM] / videograma *m* · vídeodocumento *m*
-drehung *f* (in einem Mikrofilm-Lesegerät) [Repr] ⟨DIN 19040/113E⟩ / rotación de imágenes *f*
-element *n* [EDP/VDU] ⟨DIN 66233/1⟩ / elemento de la imagen *m*
-elementwiederholfrequenz *f* [EDP/VDU] ⟨DIN 66233/1⟩ / velocidad de regeneración *f* (de la imagen en una pantalla)
Bilderbogen *m* [NBM] / pliego de estampas *m* · pliego de aleluyas *m*
Bilderbuch *n* [Bk] / libro de estampas *m* · libro mudo *m*
-trog *m* [BdEq] / cajón de libros infantiles *m*
Bilder|datenbank *f* [EDP] / base de datos de imágenes *f* ‖ *s.a. Bilddatenbank*
-geschichte *f* [Bk] ⟨DIN 31639/2⟩ / historieta *f*
-karte *f* (Karte mit bildlichen Darstellungen) [Cart] / mapa ilustrado *m* *s.a. Bildkarte 2*
-schrift *f* / pictografía *f* · escritura pictográfica *f*
-titel *m* / portada ilustrada *f*
Bild|feld *n* (einer Mikroform) [Repr] ⟨A 2654⟩ / cuadro *m* · fotograma *m* · (en una microforma:) imagen *f*

-**frequenz** *f* (bei einer Filmaufnahme, einer Bildvorführung) [NBM] / velocidad de proyección *f* · frecuencia de imagen *f*
-**generator** *m* [EDP/VDU] / generador de imagen *m*
-**karte** 1 *f* [Repr] ⟨DIN 19040/113E⟩ / tarjeta de ventanilla *f* · ficha de ventanilla *f* *s. Fensterkarte*
-**karte** 2 *f* [Cart] ⟨ISBD(CM)⟩ / mapa pictórico *m*
-**kommunikation** *f* [Comm] / comunicación videotextual *f* · comunicación iconográfica *f*
-**lage** *f* [Repr] / orientación de imágenes *f* ‖ *s.a. horizontale Bildlage; vertikale Bildlage*
-**legende** *f* [Bk] / leyenda *f*
bildliche Darstellung *f* [NBM] / representación pictórica *f* ‖ *s.a. Abbildung*
Bild|marke *f* [Repr; Retr] ⟨DIN 19040/113E; DIN 19071/3⟩ / marca de imagen *f* ‖ *s.a. Suchmarkierung*
-**plan** *m* (Luftbildplan) [Cart] / fotomapa *m* · mapa fotográfico *m*
-**platte** *f* [EDP] / videodisco *m* · disco óptico *m* ‖ *s.a. optische Speicherplatte*
-**postkarte** *f* [NBM] / tarjeta postal *f*
-**projektion** *f* [Repr] ⟨DIN 19040/10⟩ / proyección de imágenes *f* ‖ *s.a. Stehbildprojektion*
-**röhre** *f* [EDP; Repr] ⟨DIN 19040/113E⟩ / tubo de imagen *m* · tubo de rayos catódicos *m*
-**schärfe** *f* [NBM] / nitidez de imagen *f*
Bildschirm *m* [EDP/VDU] ⟨DIN 66233/1⟩ / pantalla *f* · pantalla de monitor *f* · pantalla de video *f* ‖ *s.a. Farbbildschirm*
-**anzeige** *f* [EDP/VDU] / visualización de pantalla *f* · imagen de pantalla *f*
-**arbeitsplatz** *m* [EDP/VDU] ⟨DIN 66233/1⟩ / puesto de trabajo con terminal de pantalla *m*
-**format** *n* [EDP/VDU] / formato de pantalla *m*
-**gerät** *n* *s. Datensichtgerät*
-**karte** *f* [EDP/VDU] *s. Grafikkarte*
-**karte für einfarbige Darstellung** *f* [EDP/VDU] / tarjeta gráfica monocroma *f*
-**katalog** *m* [Cat] *s. Online-Katalog*
-**konsole** *f* [EDP] / consola de visualización de datos *f*
-**maske** *f* [EDP/VDU] ⟨DIN 66233/1⟩ / máscara de pantalla *f*
-**maske** *f* [InfSy; EDP/VDU; Repr] ⟨DIN 44300/2E; DIN 66233/1; DIN 19040/113E⟩ / máscara de pantalla *f*
-**schoner** *m* [EDP/VDU] / protector de pantalla *m*
-**schriften** *pl* [EDP/VDU] / videotex *m*
-**terminal** *n* [EDP/VDU] *s. Datensichtgerät*
-**text** *m* [InfSy] / videotex *m*
Bild|schritt *m* [Repr] / paso de cuadros de imagen *m*
-**seitenverhältnis** *n* [Repr] ⟨DIN 31631/2⟩ *s. Seitenverhältnis*
-**speicherung** *f* [EDP] / memorización de imágenes *f*
-**steg** *m* [Repr] / margen entre fotogramas *m*
-**stelle** *f* [NBM] / centro audiovisual *m* (préstamo de material audiovisual a centros educativos)
-**träger** *m* [NBM] / portafotos *m*
-**überschrift** *f* [Bk] / leyenda *f* · epígrafe *m* ‖ *s.a. Bildlegende*
-**übertragung** *f* / transmisión de imágenes *f*
Bildungs|fernsehen *n* [NBM] / televisión educativa *f*
-**roman** *m* [Bk] / novela educativa *f*
Bildungswesen *n* / enseñanza *f*
Bild|unterschrift *f* [Bk] / pie de ilustración *m* · leyenda *f* ‖ *s.a. Bildlegende*
Bildunterschrift *f* [Prt] / leyenda *f*
Bild|verarbeitung *f* [EDP] / tratamiento de imágenes *m*
-**wand** *f* (zum Auffangen eines projizierten Bildes) [NBM] / pantalla *f*
-**werfer** *m* [NBM] / proyector *m* *s. Projektor*
-**werk** *n* [Bk] ⟨DIN 31639/2⟩ / obra de arte *f* · obra gráfica *f*
-**wörterbuch** *n* / diccionario por la imagen *m* · diccionario gráfico *m*
-**zeichen** 1 *n* (bei der Mikroverfilmung) [Repr] ⟨DIN 19059/2⟩ / símbolo gráfico *m*
-**zeichen** 2 *n* [Writ] / símbolo pictórico *m*
binär *adj* [EDP] ⟨DIN 44300/1E⟩ / binario *Adj*
Binärcode für Dezimalziffern *m* [EDP] / código binario para decimales *m*
binär codierte Dezimalziffendarstellung *f* [EDP] / decimal codificado en binario *m*
binäre Notation *f* [Class] / notación binaria *f*
Binär|null *f* / cero binario *m*
-**schreibweise** *f* / escritura binaria *f*
-**suche** *f* / búsqueda binaria *f*

-zahl *f* [EDP] / número binario *m* · cifra binaria *f*

-zeichen *n* / elemento binario *m* · dígito binario *m*

Bindelanweisung *f* [Bind] / instrucciones de encuadernación *pl*

-art *f* [Bind] / método de encuadernación *m*

binden *v* / encuadernar *v* **I** *s.a. anbinden; aufbinden; neu binden*

Binder *m* (Binderprogramm) [EDP] / editor de enlace *m* · montador *m*

bindereif *adj* [Bind] / listo para encuadernar *adj*

Binderprogramm *n* [EDP] / programa editor de enlaces *m* · programa montador de enlaces *m s. Binder*

Bindelstrich *m* [Writ; Bk] / guión *m*

-verfahren *n* [Bind] / sistema de encuadernación *m* · método de encuadernación *m*

-zettel *m* [Bind] / receta para el encuadernador *f* · nota de especificaciones *f* (para el encuadernador) · nota de instrucciones de trabajo *f* (para el encuadernador)

Binnenllochkarte *f* [PuC] / ficha de perforación central *f* · ficha perforada en el campo interior *f*

-markt *m* (der Europäischen Union) [Acq] / mercado interior *m* (de la Unión Europea) **I** *s.a. Europäischer Binnenmarkt*

Bio-Bibliographie *f* [Bib] / biobibliografía *f*

Biograph *m* [Bk] / biógrafo *m*

Biographie *f* [Bk D] (DIN 31639/2; DIN 31631/4) / biografía *f*

Biographiensammlung *f* [Bk] / biografía colectiva *f* · colección de biografías *f*

biographierte Persönlichkeit *f* / personalidad biografiada *f*

biographischer Schlüssel *m* [Class] / subdivisión común de entradas por nombres de persona *f*

biographisches Lexikon *n* [Bib] / diccionario biográfico *m*

Bit *n* [EDP] (DIN 44300/2E) / bit *m*

Bitlbündel-Übertragung *f* [Comm] / transmisión de grupos de señales *f*

-dichte *f* [EDP] (DIN 66010E) / densidad de registro en bits *f*

--Geschwindigkeit *f* [EDP] / velocidad de transmisión en bits *f*

--orientiertes Steuerungsverfahren zur Datenübermittlung *f* [Comm] (DIN/ISO 3309) / operación de servicio a nivel de bit para la transmisión de datos *f*

-übertragungsschicht *f* [Comm] / capa de transmisión de bits *f*

BK *abbr* [Ind] *s. Benutze Kombination-Verweisung*

Blasenlbildung *f* [Pp] / formación de ampollas *f*

-speicher *m* [EDP] / memoria de burbujas *f*

Blatt 1 *n* (eines Kartenwerks) [Cart] (ISBD(CM)) / hoja cartográfica *f* · hoja de mapa *f*

- 2 *n* [Bk] (DIN 6730) / hoja *f* · hoja de libro *f*

Blatt 3 *n* [Pp] (DIN 6730) / folio *m*

Blattlangabe *f* [Cart] (RAK-Karten) / designación y/o numeración de una hoja cartográfica *f*

-benennung *f* [Cart] / designación de hoja cartográfica *f*

-bezeichnung *f* [Cart] / designación de hoja cartográfica *f* · título del pliego *m* · nombre del pliego *m s. Blattbenennung*

Blättchen *n* [NBM] / hojita *f*

Blatteinteilung *f* [Cart] / división en hojas *f* (una serie de mapas presentada en diferentes hojas)

Blättern *n* [EDP/VDU] / organización en páginas *f* · paginación *f*

Blattlfilm *m* [Repr] / película (semi)rígida *f* · microficha *f* · film plano *m* · película en hojas *f*

-gold *n* [Bind] / oro en hojas *m* · pan de oro *m*

-größe *f* [Cart] (RAK-Karten) / dimensiones de una hoja cartográfica *pl*

Blattitel *m* [Cart] / título de la hoja cartográfica *m*

Blattrand *m* [Cart] / márgenes de la hoja cartográfica *pl*

-linie *f* [Cart] / línea de margen *f* (de una hoja cartográfica)

Blattlschnitt *m* [Cart] (RAK-Karten) / líneas de corte *pl*

-silber *n* [Bind] / plata en hojas *f* · pan de plata *m*

-spender *m* [Repr] (DIN 19040/113E) / suministrador de papel *m*

-zahl *f* [Bk] / número de folio *m*

-zählung 1 *f* [Cart] / numeración de hojas cartográficas *f*

-zählung 1 *f* [Cart] / numeración de la hoja cartográfica *f*
-zählung 2 *f* [Bk] / foliación *f*
-zählung 2 *f* [Bk] / numeración de folio *f*
Blaupause *f* [Repr] / copia al ferroprusiato *f* · copia azul *f* · cianotipia *f*
Bleianmerkungen *pl* [Bk] *s. Bleistiftanmerkungen*
Bleiche *f* [Pres] / blanqueo *m*
Bleisatz *m* [Prt] / composición en bloque *f*
Bleistift|anmerkungen *pl* [Bk] / anotaciones a lápiz *pl*
-anstriche *pl* [Bk] / marcas a lápiz *pl*
-spitzer *m* [Off] / afilalápices *m* · sacapuntas *m*
-zeichnung *f* [Art] / dibujo a lápiz *m*
Blende 1 *f* (zur Abschirmung von Störlicht bei einem Bildschirmgerät) [EDP/VDU] / pantalla protectora *f s. Störlichtblende*
Blende 2 *f* [Repr] / diafragma *m*
Blickfang *m* [BdEq] / punto de atracción de la mirada *m*
Blind|band *m* [Bk] / libro fantasma *m* · maqueta de libro *f* · libro simulado *m* · dumio *m* · libro ficticio *m* ‖ *s.a. Korrekturexemplar*
-druck *m* (mit der Hand) [Bind] / (manual:) impresión con tipos en relieve *f* · impresión en blanco *f* · impresión en seco *f* ‖ *s.a. Blindpressung*
Blinden|bibliothek *f* [Lib] / biblioteca para invidentes *f*
--Hörbücherei *f* [Lib] / fonoteca para invidentes *f*
-schrift *f* [Writ; Bk] / escritura de Braille *f* · escritura para invidentes *f*
-schriftbuch *n* [Bk] / libro para invidentes *m*
Blind|material *n* [Prt] ⟨DIN 16514⟩ / material de blancos *m* · blancos *pl*
-pressung *f* [Bind] / estampación en relieve *f* · estampación en seco *f* · impresión en relieve *pp* ‖ *s.a. Blinddruck*
-stempel *m* [Bind] / estampación en relieve *f* · estampación en blanco *f*
-stempelung *f* [Bind] / impresión en relieve *pp*
-verzierung *f* [Bind] / ornamentación en relieve *f*
Blip *m* [Repr; Retr] *s. Bildmarke*
Blitzkarte *f* [Ed; NBM] *CH* ⟨ISBD(NBM)⟩ / tarjeta de identificación rápida *f* · tarjeta de destello *f* (para separar ficheros o páginas de una micropelícula)
Block *m* [EDP] ⟨DIN 66010/1E; DIN 66029⟩ / bloque *m* · bloque de registro *m*
-abbruch *m* [Comm] ⟨DIN 44302⟩ / suspensión de un bloque *f*
-begrenzung *f* [Comm] / final de bloque *m*
-bild *n* [Cart] *s. Blockdiagramm*
-buch *n* [Bk] / libro xilográfico *m*
-diagramm *n* / histograma *m* · bloque diagrama *m* ‖ *s.a. Säulendiagramm*
-druck *m* [Prt] / impresión en bloque *f*
-faktor *m* / factor de bloqueo *m*
-größe *f* [EDP] / tamaño de bloque *m*
-heftung *f* / cosido en bloque *m* · cosido en plano *pp* · cosido lateral en plano *m* ‖ *s.a. Drahtheftung; Fadenblockheftung; seitlich drahtgeheftet; seitlich fadengeheftet*
-länge *f* [EDP] / longitud de bloque *f*
-prüfung *f Comm* / control de bloque *m*
-prüfzeichen *n* [Comm] ⟨DIN 44302⟩ / signo de control de bloque *m*
-prüfzeichenfolge *f* [Comm] ⟨DIN 44302⟩ / secuencia de control de bloque *f*
-satz *m* [Prt] / composición en bloque *f*
-schrift *f Writ* / caracteres de imprenta *pl*
Blumen|buch *n* [Bk] / florilegio *m*
-rankenornament *n* [Bk] / ornamento floral entrelazado *m*
-stempel *m* [Bind] *s. Blütenstempel*
Blüten|lese *f* [Bk] / florilegio *m*
-stempel *m* [Bind] adorno floral *m* · flor(ón) *f(m)* · (herramienta:) florón *m*
Bogen *m* [Prt] / pliego *m* ‖ *s.a. Druckbogen* /
-falzmaschine *f* [Bind] / máquina plegadora de pliegos *f*
-format *n* [Prt] / tamaño del pliego *m* · formato del pliego *m*
-offsetmaschine *f* [Prt] / impresora offset para pliegos *f*
-satz *m* [Bind] / juego de gubias *m*
-signatur *f* [Bind] ⟨DIN 16500/2, ISBD(A)⟩ / signatura *f* · numeración del pliego *f*
Bolus *m* [Bind] / bol(o) arménico *m*
Boole'sche Algebra *f* [Retr] / álgebra de Boole *f*
– Logik *f* [Retr] / lógica de Boole *f*
Boole'scher Operator *m* [Retr] / operador booleano *m*
Bordüre *f* [Bk] / cenefa *f* · orla *f*
Boulevard|blatt *n* [Bk] / tabloide *m*
-presse *f* [Bk] / prensa amarilla *f*
-zeitung [Bk] *s. Boulevardblatt*
Bradel-Einband *m* [Bind] / encuadernación a la Bradel *f*

Bradford's Gesetz der Streuung *m* [InfSc] / ley de dispersión de Bradford *f*
Braille-Schrift *f* [Bk; Writ] / escritura de Braille *f*
Branchen|adreßbuch *n* [Bk] / directorio comercial *m*
–**zeitschrift** *f* / revista del ramo comercial *f*
Brand... [BdEq] ‖ *s.a. Feuer...*
–**bekämpfung** *f* [BdEq] / prevención contra incendios *f*
–**gefahr** *f* [BdEq] / peligro de incendio *m*
–**schaden** *m* [Bk] / daños de incendio *pl*
–**schutz** *m* [BdEq] / protección contra incendios *f*
–**schutzbestimmungen** *pl* [BdEq] / prescripciones de protección contra incendios *pl*
Braunanmalung *f* [Bk] / coloración marrón *f*
braunfleckig *adj* [Bk] / musco *adj* · pardusco *adj*
Bräunungen *pl* [Bk] / tostaduras *pl* · manchas pardas *pl*
Breitband|kommunikation *f* [Comm] / comunicación en banda ancha *f*
–**netz** *n* [Comm] / red en banda ancha *f*
Breite *f* (des Einbandes) [Bk] / anchura *f* (de encuadernación)
Breitenkreis *m* [Cart] / paralelo *m*
Breit|fernsehen *n* [Comm] / televisión panorámica *f*
–**format** *n* [Bk] / formato apaisado *m* · formato ancho *m* *s. Querformat 2*
breitrandig *adj* [Bk] / de amplios márgenes *adj*
Brennweite *f* [Repr] / distancia focal *f*
Brett *n* (in einem Bücherregal) [Sh] / anaquel *m* · estante *m*
–**nummer** *f* (als Standortbezeichnung) [Sh] / número de estante *m*
Breve *n* [Bk] / buleto *m* · breve *m*
Brevier *n* [Bk] ⟨DIN 31631/4⟩ / breviario *m*
Brief|ablage *f* [Off] / fichero de correspondencia *m*
–**beschwerer** *m* [Off] / pisapapeles *m*
–**-Faksimile** *n* [NBM] / facsímil de carta *m*
–**falzmaschine** *f* [Off] ⟨DIN 9776⟩ / máquina plegadora de cartas *f*
–**karte** *f* [Off] / tarjeta-carta *f*
Briefkopf *m* [Off] / membrete *m*
briefliche Umfrage *f* [InfSc] / encuesta por correo *f*
Briefmaler *m* [Bk] / pintor medieval de hojas sueltas *m*
Brief|marke *f* [Comm] / sello de correos *m*
–**öffnungsmaschine** *f* [Off] / máquina abridora de cartas *f*
–**ordner** *m* [Off] *s. Ordner 1*
–**papier** *n* [Off] / papel de cartas *m*
–**qualität** *f* (Textverarb.) [EDP; Prt] / calidad de oficina *f* · calidad de carta *f*
–**wechsel** *m* [Off] / correspondencia *f*
Brokatpapier *n* [Pp] / papel brocado *m*
Bromsilber|druck *m* [Repr] / impresión al bromuro de plata *f*
–**kopie** *f* [Repr] *s. Bromsilberdruck*
broschieren *v* [Bind] / encuadernar en rústica *v*
broschiert *pp* [Bind] / cosido a puntada simple *pp* · cosido a punto seguido *pp* · cosido a la rústica *pp*
broschiertes Buch *n* [Bind] *s. Broschur*
Broschur *f* [Bind] / libro en rústica *m* · encuadernación en rústica *f* ‖ *s.a. gebundene Ausgabe*
Broschüre *f* [Bk] ⟨DIN 31639/2⟩ / opúsculo *m* · folleto *m*
Broschürenbox *f* [Bk] / caja de opúsculos *f* · caja de folletos *f*
Brotschrift *f* [Prt] / tipos de texto *pl* · caracteres para libros *pl* · tipos comunes *pl*
brsch. *abbr* [Bind] *s. broschiert*
brüchig *adj* [Pp] / friable *adj* · quebradizo *adj* · frágil *adj*
Brüchigkeit *f* [Pres] / friabilidad *f* · fragilidad *f*
brüchig werden *v* [Pres] / volverse friable *v* · volverse quebradizo *v*
Bruchspuren *pl* [Bind] / indicios de friabilidad *pl* · indicios de fractura *pl*
Brüsseler Dezimalklassifikation *f* [Class] / Clasificación Decimal Universal *f* · Clasificación de Bruselas *f*
Brüstung *f* [BdEq] / pretil *m* · balaustrada *f*
Brutto|einkommen *n* [Staff] / ingresos brutos *pl*
–**gehalt** *n* [Staff] / sueldo bruto *m* ‖ *s.a. Bruttoeinkommen*
–**-Grundfläche** *f* [BdEq] / superficie en bruto *f*
–**preis** *m* [Acq; Bk] / precio bruto *m*
BS *abbr* [Ind] *s. Benutze-Verweisung*
Btx *abbr* [InfSy] *s. Bildschirmtext*
Buch *n* [Bk] ‖ *s.a. Bücher...*
– **1** *n* [Bk] / libro *m*
– **2** *n* (schriftliche Unterlage zur Herstellung eines AV-Mediums) [NBM] ⟨A 2653⟩ / 1 guión *m* ‖ *s.a. Drehbuch*

-**ankauf** *m* [Acq] / compra de libros *f* *s. Buchkauf*
-**aufstellung** *f* [Sh] / colocación de los libros *f* *s. Aufstellung 1*
-**auktion** *f* [Bk] / subasta de libros *f* ‖ *s.a. Auktion*
-**auslage** *f* [Bk] / expositor *m* · vitrina *f* · escaparate de libros *m*
-**ausleihe** *f* [RS] *s. Ausleihe 1*
-**ausstattung** *f* [Bk] / presentación del libro *f* *s. Ausstattung 2*
-**ausstellung** *f* [PR] / exposición de libros *f*
-**auswahl** *f* [Acq] / selección de libros *f*
-**bearbeitung** *f* [TS] / preparación bibliográfica de libros *f* ‖ *s.a. technische Buchbearbeitung*
-**bearbeitung(sabteilung)** *f(f)* [OrgM] / departamento de preparación de documentos bibliotecarios *m*
-**beschläge** *pl* [Bind] *s. Beschläge*
-**besprechung** *f* [Bk] / reseña *f* · recensión *f* ‖ *s.a. Besprechungsdienst*
-**bestand** *m* [Stock] / colección *f* · efectivo de libros *m* · fondos *pl* ‖ *s.a. Bestand*
-**beutel** *m* [Bk] / funda de libro *f* · cartera de libro *f*
-**binde** *f* [Bk] *s. Bauchbinde*
-**binden** *n* [Bind] / encuadernación *f*
Buchbinder *m* [Bind] / encuadernador *m* ‖ *s.a. Handwerksbuchbinder; Sortimentsbuchbinder*
-**band** *m* [Bk] / volumen de encuadernador *m* · volumen encuadernado *m*
-**ei** *f* [Bind] / encuadernación *f* · taller de encuadernación *m* ‖ *s.a. Hausbuchbinderei; Verlagsbuchbinderei*
-**handwerk** *n* [Bind] / oficio de encuadernador *f*
-**hobel** *m* [Bind] / cuchilla *f* · cepillo *m*
-**journal** *n* [Bind] / diario de encuadernador *m*
-**kartei** *f* [Bind] / registro de encuadernaciones *m*
-**leinen** *n* [Bind] / tela de encuadernar *f* · percalina *f* · lienzo de encuadernar *m*
-**pappe** *f* [Bind] ⟨DIN 6730⟩ / cartón para encuadernar *m* · cartón para tapas *m* ‖ *s.a. Graupappe*
-**titel** *m* [Bind; Bk] / título de encuadernador *m*
Buch|block *m* [Bind] / cuerpo del libro *m* · bloque de texto *m*
-**beschnitt** *m* [Bind] / corte del cuerpo del libro *m*
-**format** *n* [Bind] / formato del cuerpo del libro *m* · formato del bloque de libro *m*
Buch|decke *f* [Bind] / tapa de libro *f* · (tapa suelta:) caja *f* ‖ *s.a. Deckenband*
-**deckel** *pl* [Bind] / tapa(s) *f(p)* · cubierta(s) *f(pl)* *s. Deckel*
Buchdeckenmaschine *f* [Bind] / máquina de entapar *f*
Buch|druck *m* [Prt] ⟨DIN 16514⟩ / tipografía *f* · impresión tipográfica *f*
-**drucker** *m* [Prt] / impresor *m* · tipógrafo *m*
-**druckerei** *f* [Prt] / talleres gráficos *pl* · taller tipográfico *m* · imprenta *f* *s. Druckerei*
Buchdrucker|kunst *f* [Prt] / arte de imprimir *m* · arte tipográfico *m*
-**presse** *f* [Prt] / prensa de imprenta *f* · prensa tipográfica *f*
-**zeichen** *n* [Prt] / marca de imprenta *f* *s. Druckermarke*
Buch|druckpresse *f* [Prt] *s. Buchdruckerpresse*
-**durchlaufzeit** *f* [TS] / tiempo de preparación de un libro *m*
Bucheignerzeichen *n* [Bk] / marca de propietario *f*
Buch|einwurf *m* (für die Rückgabe entliehener Bücher) [BdEq] / buzón de devoluciones *m* (de libros prestados)
-**einzelhändler** *m* [Bk] / librero detallista *m*
Bücher... [Bk] ‖ *s.a. Buch*
Bücher|aufzug *m* [BdEq] / montacargas *m* (para libros)
-**ausgabe** *f* [RS] / entrega de libros *f*
-**auto** *n* [RS] / bibliobús *m*
-**bord** *n* [Sh] / (Büchergestell:) atril *m* · (Bücherbrett:) estante *m* · anaquel *m* · apoyalibros *m* · (Bücherregal:) librería *f* · estantería *f*
-**brett** *n* [Sh] / estante *m*
-**bus** *m* [Lib] / bibliobus *m* ‖ *s.a. Fahrbibliothek*
-**diebstahl** *m* [Bk] / robo de libros *m* ‖ *s.a. Diebstahlssicherungssystem*
Bücherei *f* [Lib] / biblioteca *f* ‖ *s.a. Bibliothek*
Bücherei|handschrift *f* [Writ] / letra de biblioteca *m*
Bücher|einwurf *m* *s. Bucheinwurf*
-**freund** *m* [Bk] / bibliófilo *m*
-**gestell** *n* [Sh] / apoyalibros *m*
-**gutschein** *m* [Bk] / vale de libros *m*
-**halle** *f* [Lib] / biblioteca pública *f*

-kiste *f* [Bk] / caja de libros *f*
-leiter *f* [Sh] / escalera de mano *f*
-machen *n* [Bk] / industria del libro *f*
-papier *n* [Pp] ⟨DIN 6730⟩ / papel para libros *m*
-privileg *n* [Bk] / privilegio *m*
-rad *n* [Sh] / noria de libros *f*
-regal *n* [Sh] *s. Regal*
-rückgabe *f* (Ort der ~) [RS] *s. Rückgabeschalter*
-rutsche *f* [BdEq] / rampa para libros *m*
-sammler *m* [Bk] / coleccionista de libros *m*
-schrank *m* [BdEq] / armario para libros *m* · librería *f* · librera *f Arg*
-ständer *m* [Sh] / bastidor expositor *m* · apoyalibros *m* · portalibros *m* · atril *m*
-sturz *m* [RS] / recuento general de libros *m* (con devolución de todos los préstamos)
-stütze *f* [Sh] *s. Buchstütze*
-trog *m* [Sh] / atril expositor *f*
-verbrennung *f* [Bk] / quema de libros *f*
-vernichtung *f* [Bk] / destrucción de libros *f*
-versteigerung *f* [Bk] / subasta de libros *f s. Buchauktion*
-wagen *m* [BdEq] / carro para libros *m* · carretilla para libros *f*
-wange *f* [Sh] / lateral de estantería graduable *m* · soporte lateral móvil *m* ‖ *s.a. Seitenwange*
-wurm 1 *m* (Bücherschädling) [Bk] / polilla *f*
-wurm 2 *m* (ein viel und gern Lesender) [Bk] / ratón de biblioteca *m*
-zettel *m* [Bk] / tarjeta de pedido *f*
Buch|etat *m* [Acq] / presupuesto para libros *m* · presupuesto para adquisiciones *m*
-förderanlage *f* [BdEq] / transportador de libros *m* · acarreador de libros *m* ‖ *s.a. Förderband(anlage)*
-format *n* [Bk] / formato del libro *m*
-gemeinschaft *f* [Bk] / círculo de lectores *m* · club del libro *m*
-geschichte *f* [Bk] / historia del libro *f*
-gestaltung *f* [Bk] / diseño de libros *m*
-gewerbe *n* [Bk] / ramo del libro *m* · industria y comercio del libro *f*
-großhandel *m* [Bk] / mercado librero *m*
-großhändler *m* [Bk] / librero mayorista *m*
-großhandlung *f* [Bk] *s. Buchgroßhändler*
-haltung *f* [BgAcc] / departamento de contabilidad *m*
-handel *m* [Bk] / comercio del libro *m*
Buchhandels|adreßbuch *n* [Bk] / directorio de librerías *m*
-ausgabe *f* [Bk] / edición para el mercado *f*
-bibliographie *f* [Bib] / bibliografía de librero *f*
-katalog *m* [Bk] / catálogo de librería *m*
-messe *f* [Bk] / feria del libro *f*
Buchhändler *m* [Bk] / librero *m* ‖ *s.a. Bucheinzelhändler; Buchgroßhändler; Reisebuchhändler*
-kartei *f* [Acq] / fichero de libreros *m* ‖ *s.a. Lieferantendatei*
-verband *m* [Bk] / asociación de libreros *f*
Buch|handlung *f* [Bk] / librería *f*
-herstellung *f* [Bk] / producción de libros *f*
-hülle *f* [Bk] *s. Schutzumschlag*
-illustrator *m* [Bk] / ilustrador de libros *m*
-kapsel *f* [Bind] / funda de libro *f* · estuche de libro *m* ‖ *s.a. Buchschrein*
-karte *f* [RS] / ficha de libro prestado *f* · ficha de préstamo *f* · formulario de préstamo *m*
Buchkarten|tasche *f* [RS] / funda para la ficha de libro prestado *f* · bolsillo para la ficha de préstamo *m*
-verbuchung *f* [RS] / registro en el libro prestado *m*
-verfahren *n* (bei der Ausleihverbuchung) [RS] / sistema de fichas de préstamo *m*
Buch|karussel *n* [BdEq] *s. Drehsäule*
-kasten *m* [Bk] *s. Buchkapsel*
-kasten zur Aufbewahrung wertvoller Bücher / estuche protector de libros valiosos
-kauf *m* [Acq] / compra de libros *f*
-klub *m* [Bk] *s. Buchgemeinschaft*
-kopierer *m* [Repr] / copiadora de libros *f s. Kopiergerät*
-kunde *f* [Bk] / bibliología *f* · bibliografía *f*
-kundler *m* (Buchwissenschaftler) [Bk] / bibliógrafo *m* · bibliólogo *m*
-kunst *f* [Art; Bk] / arte del libro *m*
-laden *m* [Bk] / librería *f*
-malerei *f* [Bk; Art] / iluminación de libros *f*
-markt *m* [Bk] / mercado librero *m*
-messe *f* [Bk] / feria del libro *f*
Buch ohne festen Ladenpreis / libro sin precio fijo *m*
Buch|pflege *f* [Bk] / mantenimiento del libro *m s. Pflege*

-produktion *f* [Bk] / producción librera *f*
-rücken *m* [Bk] *s. Rücken*
-schleife *f* [Bk] *s. Bauchbinde*
-schließe *f* [Bind] / abrazadera *f* · broche *m*
-schmuck *m* [Bk; Art] / adorno de libro *m*
-schnitt *m* [Bind] / corte de libro *m* · canto *m s. Schnitt 2*
-schrein *m* [Bind] / guardalibros *m* · relicario *m* ‖ *s.a. Buchkapsel*
-schrift 1 *f* [Prt] / tipos para libros *pl* · tipos corrientes *pl*
-schrift 2 *f* [Writ] / escritura libresca *f* · escritura libraria *f*
Buchse *f* [EDP] / hembrilla de enchufe *f* ‖ *s.a. Ausgangsbuchse*
Buch|sicherungsanlage *f* [BdEq] / sistema de seguridad para libros *m* ‖ *s.a. Diebstahlssicherungssystem*
-spange *f* [Bind] *s. Buchschließe*
-stabe *m* [Writ; Prt] ⟨DIN 44300/2E⟩ / letra *f*
-stabe für Buchstabe (Ordnungsmethode) [Bib; Cat] *s. Ordnung Buchstabe für Buchstabe*
-stabennotation *f* [Class] / notación alfabética *f*
-stabenschrift *f* [Writ] / escritura alfabética *f*
-ständer *m* [BdEq] / expositor de libros *m*
-stütze *f* [Sh] / sujetalibros *m* ‖ *s.a. Endbuchstütze; Hängebügel; Winkelstütze*
-tasche *f* (zum Tragen von Büchern im Mittelalter) [Bk] / talego para libros *m*
-titel *m* [Bk] / título de libro *m s. Titel 1*
-umsatz *m* [RS] / movimiento de libros *m* ‖ *s.a. Umsatzquote*
-umschlag *m* [Bk] / camisa *f* · sobrecubierta *f s. Schutzumschlag*
-verkaufsstand *m* [Bk] / puesto de venta de libros *m*
Buchverlust *m* [Stock] / pérdida de libro *f*
Buch|versandgeschäft *n* [Bk] / venta de libros por correo *f*
-verteilungsanlage *f* [BdEq] / (instalación:) distribuidor de libros *m*
-wange *f* [Sh] *s. Bücherwange*
-werbung *f* [Bk] / publicidad de libros *f*
-wippe *f* [Repr] ⟨DIN 19040/113E⟩ / carro basculante *m* · portalibros *m*
-wissenschaft *f* [Bk] *s. Buchkunde*
-wissenschaftler *m* [Bk] / bibliógrafo *m*
-zensur *f* [Bk] / censura de libros *f*
Buckel *m* (Metallknopf) [Bind] / bullón *m* · cabujón *m* (botón de metal) · (en posición central:) ombligo *m*
Buckram-Leinen *n* [Bind] / bocací *m* · bucarán *m*
Buckram von besonderer Qualität / bocací de calidad especial
Bulle *f* (päpstlicher Erlaß) [Bk] / bula *f*
Bulletin *n* [Bk] ⟨DIN 31639/2⟩ / boletín *m*
Bund *m* [Bind; Prt] / margen interior *m s. Bundsteg*
Bünde *pl* [Bind] / nervadura *f* · nervura *f* · nervios del lomo *pl* ‖ *s.a. echte Bünde; eingesägte Bünde; falsche Bünde; Heften auf doppelte Bünde; Lederbünde*
Bundenden *pl* [Bind] / ataduras *pl*
Bundesangestelltentarifvertrag *m* [Staff]
Bündezange *f* [Bind] / tenazas de encuadernar *pl*
bündig geschnitten *pp* [Bind] / cortado parejo *pp*
Bund|steg *m* [Prt] / margen de lomo *m* · medianil *m* · margen interior *m*
Bund|zange *f* [Bind] *s. Bündezange*
Buntpapier *n* [Bind] ⟨DIN 6730⟩ / papel coloreado *m*
Bürgerinformationsdienst *m* [InfSy] / servicio de información al ciudadano *m*
Bürgschaft *f* [RS] / aval *m*
Büro|artikel *pl* [Off] / artículo de oficina *m*
Büroartikellager *n* [Off] / almacén de árticulos de oficina *m*
Büro|automatisierung *f* [Off] / automatización de oficinas *f*
-druckmaschine *f* [Prt] ⟨DIN 9775⟩ / impresora de despacho *f*
-einrichtung *f* [Off] / equipamiento de oficinas *m*
-geräte *pl* [Off] / aparatos de oficina *pl*
-klammer *f* [Off] / clip *m* · pinza sujetapapeles *f*
-kopierer *m* [Repr] ⟨DIN 9775⟩ / copiadora de despacho *f* ‖ *s.a. Kopiergerät*
-kopiergerät *n* [Repr] *s. Bürokopierer*
-möbel *pl* [BdEq] ⟨DIN 4553⟩ / mobiliario de oficina *m*
-offsetdruck *m* [Prt] *s. Kleinoffset(druck)*
-ordner *m* [Off] *s. Ordner 1*
Büropapier *n* [Pp] ⟨DIN 6730⟩ / papel de oficina *m*
Büro|personal *n* [Staff] / personal de oficina *m*
-schrank *m* / armario de oficina *m*
-vervielfältigungsmaschine *f* [Repr] ⟨DIN 9775⟩ *s. Bürokopierer*

Bus *m* [EDP] / bus *m* ‖ *s.a. Adreßbus; Datenbus; Steuerbus*
Bustrophedon *n* [Writ] / bustrófedon *f*
Bütte *f* [Pp] / tina *f*
Bütten|papier *n* [Pp] / papel de tina *m* · papel hecho a mano *m* · papel (de) barba *m* (con bordes de bastidor) ‖ *s.a. echtes Büttenpapier; handgeschöpftes Papier; Maschinenbüttenpapier*
~rand *m* [Pp] / margen de bastidor *m* (del papel de tina) · barba *f* (del papel de tina)
Byte *n* [EDP] ⟨DIN 44300/2E; DIN 66010E⟩ / byte *m* · octeto *m*

C

Capitalis quadrata *f* [Writ] / letra capital cuadrada *f*
capitalis rustica *f* / letra rústica *f*
Carrel *n* / cubículo *m*
CD *f* [NBM] / CD *m*
CD-ROM *f* / disco compacto con memoria sólo para lectura *m*
CD-ROM-Laufwerk / lector de CD-ROM *m*
Chagrin *n* [Bind] / piel granulada *f* · chagrín *m*
Chagrinpapier *n* [Pp] ⟨DIN 6730⟩ / papel chagrín *m*
Chamois *n* [Bind] / gamuza *f*
Chancengleichheit *f* [Staff] / igualdad de oportunidades *f*
Chef *m* (einer Abteilung) [Staff] / jefe *m* (de un departamento)
Cheflektor *m* [Bk] / lector jefe *m*
Chefredakteur *m* [Bk] / director de edición *m* · redactor jefe *m* (de un peródico)
Chinapapier *n* [Pp] / papel (de) China *m* · papel de arroz *m*
Chip *n* [EDP] / chip *m* · pastilla *f* · microplaqueta *f*
Chip-Gehäuse *n* [EDP] / caja de chip *f*
Chipkarte *f* / tarjeta de memoria *f*
Chloridgehalt *m* [Pp] ⟨DIN 53125⟩ / contenido de cloruro *m*
Choralbuch *n* [Bk] / himnario *m* · libro de coro *m*
Chorbuch *n* [Mus] / cantoral *m*
Choreographie *f* [Bk] ⟨DIN 31631/4⟩ / coreografía *f*
Chormaterial *n* [Mus] / material de coro *m*
chorographische Karte *f* [Cart] / mapa corográfico *m*
Choroplethenkarte *f* [Cart] / mapa coroplético *m*
Chorpartitur *f* [Mus] ⟨ISBD(PM)⟩ / partitura coral *f*
Chrestomathie *f* [Bk] / crestomatía *f*
Chromolithographie *f* [Art; Bk] / litografía en colores *f* · cromolitografía *f*
Chronik *f* [Bk] ⟨DIN 31631/4; RAK-AD⟩ / crónica *f*
Chronist *m* [Bk] / cronista *m*
Chronogramm *n* [Bk] / cronograma *m*
chronologischer Katalog *m* [Cat] / catálogo cronológico *m*
– **Schlüssel** *m* [Class] / regla de subsivisión cronológica *f*
Chrysographie *f* [Writ] / crisografía *f*
CIP-Aufnahme *f* [Cat] / asiento de CEP *m* (catalogación en publicación)
Clearinghaus *n* [InfSy] / centro de referencia de información *m*
Clusteranalyse *f* [InfSc] / análisis por conglomerados *m*
Code *m* [InfSy] ⟨DIN 31631/1; DIN 44300/2E⟩ / código *m*

-linien-Verfahren *n* (zum Aufsuchen von Dokumentenabschnitten usw. auf einem Rollfilm) [Repr] / indización de líneas de código *f*
-steuerzeichen *n* [EDP] ⟨DIN 44300/2E⟩ / carácter de extensión de código *m*
code|transparente Datenübermittlung *f* [Comm] ⟨DIN 44302⟩ / transmisión de datos de código transparente *f*
Codetransparenz *f* [Comm] / transparencia de código *f*
Code-Übersetzer *m* [EDP] / transcodificador *m*
--Umsetzer *m* [EDP] ⟨DIN 44300/5EE⟩ / convertidor de código *f*
code|unabhängige Datenübermittlung *f* [Comm] / transmisión de datos de código independiente *f*
Code-Wandler *m* [EDP] / convertidor de código *m*
-x *m* [Bk] / códice *m* · codex *m*
codieren *v* [InfSy] / codificar *v*
Codierer *m* (Gerät) [EDP] / programador *m* · codificador *m* ‖ *s.a. Belegcodierer; Klarschriftcodierer*
codiertes Referat *n* [Ind] *DDR* / resumen telegráfico *m* · resumen esquemático *m*
Codierung *f* [InfSy] / codificación *f*
Collage *f* [Art] / collage *m*
COM-Anlage *f* [EDP; Repr] / grabador de microfilm de salida de ordenador *m*
COM-Aufnahmeverfahren *n* [EDP; Repr] / registro en microfilm de salida de ordenador *f*
COM-Fiche *m* [EDP; Repr] *s. COM-Film*
COM-Film *m* [EDP; Repr] ⟨DIN 19040/113E⟩ / microfilm COM *m* · microfilm de salida de ordenador *f*
Comic *m* [Bk] ⟨DIN 31631/4⟩ / cómic *m*
COM-Katalog *m* [Cat] / catálogo COM *m*
Compact-Disc *f* [NBM] ⟨DIN 31631/4; ISBD(NBM)⟩ / disco compacto *m*
Computergrafik *f* [EDP] / infografía *f* · informática gráfica *f*
computerisieren *v* [EDP] / automatizar *v* · informatizar *v*
Computer|karte *f* [Cart] ⟨ISBD(CM)⟩ / mapa realizado por ordenador *m*
-kunst *f* [Art] / arte realizado con ordenador *m*
-linguistik *f* [Lin] / lingüística informatizada *f*
-satz *m* [Prt] / composición automatizada *f* · composición asistida por ordenador *f* · composición tipográfica informatizada *f*
Computerstörung *f* [EDP] / perturbación del ordenador *f*
COM-Verfahren *n* [EDP; Repr] *s. COM-Aufnahmeverfahren*
consumer press *n* [Bk] / prensa de consumidor *f*
Copyright-Vermerk *m* [Bk] / mención de copyright *f*
Corduan *n* [Bind] / cordobán *m*
CPU-Zeit *f* [EDP] / tiempo de empleo del procesador *m* (unidad central de proceso)
Crayonmanier *f* [Art] / grabado a la tiza *m*
CRC-Zeichen *n* [EDP] ⟨DIN 66010E⟩ / carácter de CRC *m* · carácter de control de redundancia cíclica *m*
Croquis *n* [Cart] *s. Kroki*
Cross-Compiler *m* / programa compilador cruzado *m*
Curriculum *n* [Ed] / historial *m* · curriculum *m*
Cutter-Nummer *f* [Sh] / número de Cutter *m*

D

Dachfenster *n* [BdEq] / tragaluz *m* · claraboya *f*
Dachgaube *f* [BdEq] / lucernario *m* · buhardilla *f*
Dachthesaurus *m* [Ind] / macrotesauro *m*
Daguerrotypie *f* [NBM] / daguerrotipia *f*
Dampfphasenentsäuerung *f* / desacidificación en fases al vapor *f*
Danksagung *f* (des Autors) / agradecimiento *m*
darstellen *v* [EDP] / representar *v*
Darstellposition *f* (PRECIS) [Ind] / posición presentada *f*
Darstellungselement *n* [EDP/VDU] / elemento de representación *m*
Darstellungsfeld *n* [EDP/VDU] / zona de representación *f*
Darstellungsfenster *n* [EDP/VDU] / ventana de representación *f*
Darstellungsschicht *f* [Comm] / nivel de representación *m*
Datei *f* [EDP] ⟨DIN 44300/3E; DIN 66010E; DIN 66029⟩ / fichero *m* · registro de datos *m* · grupo de datos *m* · fichero de datos *m* · (un pequeño fichero:) conjunto de datos *m*
~abschnitt *m* [EDP] ⟨DIN 66010E; DIN 66029⟩ / sección de fichero *f*
~abschnittnummer *f* [EDP] / número de sección *m*
~anfangskennsatz *m* [EDP] / etiqueta de inicio de fichero *f*
Dateiende *f* / fin de fichero *m*
Dateiendekennsatz *m* [EDP] / etiqueta de final de fichero *f*
~folgenummer *f* [EDP] / número de secuencia de fichero *m*
~kennsatz *m* [EDP] / etiqueta de campo *f* · etiqueta de sector *f* ‖ *s.a. Kennsatz*
~kennung *f* [EDP] / identificador de ficheros *f*
~kennzeichen *n* [EDP] / matrícula de fichero *f*
~menge *f* [EDP] ⟨DIN 66010E; DIN 66029⟩ / grupo de ficheros *m*
~mengenkennzeichnung *f* [EDP] / número de serie de grupo de ficheros *m* · matrícula de grupo de ficheros *f*
Dateiname *n* / indicativo de fichero *m* · nombre de fichero *m*
Dateiorganisation *f* [EDP] / organización de ficheros *f* ‖ *s.a. Datenorganisation*
~pflege *f* [EDP] / actualización de archivos *f* · puesta a punto de ficheros *f* · mantenimiento de ficheros *m*
~schutz *m* [EDP] / protección de ficheros *f*
~-Server *m* [EDP] / servidor de archivos *m* · servidor de ficheros *m*
Datei-Übertragung *f* / transferencia de ficheros *f*
Dateiverwaltung *f* [EDP] / gestión de ficheros *f* · administración de ficheros *f*
Daten *pl* [InfSy] ⟨DIN 44300/2E⟩ / datos *pl*

Datenanfangsadresse *f* [EDP] / dirección de base de la información *f*

Daten|aufbereitung *f* [EDP] / preparación de datos *f*

-austausch *m* [EDP] / intercambio de datos *m s. Datentausch*

-autobahn *f* [Comm] / autopista de información *f*

Datenbank *f* [InfSy] 〈DIN 44300/3E〉 / base de datos *f* · banco de datos *m*

-anbieter *m* [InfSy] / servicio en línea *m* · proveedor de base de datos *m* · suministrador de base de datos *m* · proveedor de servicios en línea *m* · distribuidor de servicios de búsqueda *m*

-aufbau *m* / formación de un banco de datos *f*

-auswahl *f* [Retr] / selección de una base de datos *f*

-entwurf *m* [EDP] / proyecto de base de datos *m*

-hersteller *m* [InfSy] / productor de bases de datos *m*

--Management-System *n* [EDP] 〈DIN 44300/4E〉 / sistema de gestión de banco de datos *m*

-maschine *f* [EDP] / máquina que actúa como base de datos *f*

-recherche *f* [Retr] / búsqueda en banco de datos *f*

-rechner *m* [InfSy] / ordenador principal *m* · ordenador base *m*

-sprache *f* [EDP] / lenguaje de base de datos *m*

-system *n* [EDP] *s. Datenbank-Management-System*

datenbankübergreifendes Recherchieren / búsqueda en fichero múltiple *f* · búsqueda en multifichero *f* · búsqueda en base de datos múltiple *f* · búsqueda en ficheros cruzados *f*

Datenbank|verwaltungssystem *n* [EDP] / sistema de gestión de banco de datos *m s. Datenbank-Management-System*

-wahl *f* / elección de base de datos *f*

Datenbasis *f* [InfSy] / base de datos *f* ‖ *s.a. Datenbank*

-verwaltungssystem *n* [EDP] / sistema de gestión de base de datos *m s. Datenbank-Management-System*

Daten|behandlungssprache *f* [InfSy] / lenguaje de manipulación de datos *m s. Datenmanipulationssprache*

-beschreibungssprache *f* [InfSy] / lenguaje de definición de datos *m* · lenguaje de descripción de información *m*

-block *m* [EDP] / bloque de datos *m s. Block*

-bus *m* [EDP] / bus de datos *m*

-darstellung *f* [EDP] / representación de datos *f*

-definitonssprache *f* [EDP] / lenguaje de definición de datos *m*

-dokumentation *f* [Ind] 〈DIN 66232〉 / documentación de datos *f*

-eingabe *f* [EDP] / entrada de datos *f* · introducción de datos *f* ‖ *s.a. Datenerfassung*

-einheit *f* [EDP] / unidad de registro *f*

-element *n* [EDP] 〈DIN 44300/2E〉 / elemento de información *m*

Datenendeinrichtung *f* [EDP] *s. Datenendgerät*

Datenendgerät *n* [EDP] / equipo terminal de tratamiento de datos *m* (Abbr. ETTD) ‖ *s.a. Terminal*

Daten|erfassung *f* [EDP] / obtención de datos *f* · captación de datos *f* · recopilación de datos *f* · adquisición de información *f* ‖ *s.a. Dateneingabe*

Datenerfassungs|anweisung *f* (für die Eingabe über eine Tastatur) [EDP] / instrucción para el mecanografiado de datos *f*

-blatt *n* [EDP] / plantilla para captación de datos *f* · formulario para captación de datos *m* · impreso para captación de datos *m*

-bogen *m* [EDP] *s. Datenerfassungsblatt*

-gerät *n* / unidad de captación de datos *f* · terminal de captación de datos *m*

-schema *n* [Cat; Ind] 〈DIN 31631/1〉 / catálogo de elementos de información *m s. Kategorienkatalog*

Daten|erhebung *f* [InfSc] / recopilación de datos *f* · recogida de información *f*

Datenfeld *n* 〈DIN/ISO4335〉 / campo de datos *m* · campo de información *m*

Datenfeldlänge *f* [EDP] / longitud de campo de datos *f*

Daten|fernsprecher *m* [Comm] / módem telefónico *m*

-fernübertragung *f* [Comm] / transmisión de datos *f* ‖ *s.a. Datenübermittlung*

Datenfernübertrag|ungseinrichtung *f* [Comm] 〈DIN 44302〉 / equipo de transmisión de datos *m* · equipo terminal de circuito de datos *m*

Daten|fernverarbeitung *f* [EDP] ⟨DIN 44302⟩ / tratamiento de datos a distancia *m* · teleproceso *m* ‖ *s.a. Stapelfernverarbeitung*
-fernzugriff *m* [Retr] / acceso por telecomunicación *m*
-fluß *m* [EDP] ⟨DIN 44300/1E⟩ / circulación de datos *f* · flujo de datos *m*
-flußplan *m* [EDP] ⟨DIN 44300/1E⟩ / diagrama de flujo de datos *m* · organigrama de datos *m*
-format *n* [EDP] / presentación de datos *f* · formato de datos *m*
-handhabungssprache *f* [InfSy] / lenguaje de manipulación de datos *m* *s. Datenmanipulationssprache*
Daten|hierarchie *f* [EDP] / jerarquía de datos *f*
-integrität *f* [EDP] / integridad de la información *f* · integridad de los datos *f*
-kategorie *f* [EDP] ⟨DIN 2341/1; DIN 31631/1⟩ / elemento categórico de un dato *m* · elemento de información *m* ‖ *s.a. Kategorienkatalog*
-kompression *f* [EDP] / compresión de datos *f*
-konversion *f* [EDP] / conversión de datos *f*
Daten|konzentrator *m* [Comm] / concentrador de información *m* · concentrador de datos *m*
-manipulationssprache *f* [InfSy] / lenguaje de tratamiento de datos *m* · lenguaje de manipulación de datos *m*
Datenmenge *f* [EDP] / cantidad de datos *f*
Daten|modell *n* [EDP] / modelo de datos *m* ‖ *s.a. relationales Datenmodell*
-multiplexer *m* [Comm] ⟨DIN 44302⟩ / multiplexor de datos *m*
-netz *n* [Comm] ⟨DIN 44302⟩ / red de transmisión de datos *f* · red informática *f*
-objekt *n* [EDP] ⟨DIN 44300/3E⟩ / objeto de información *m*
-organisation *f* [EDP] / organización de datos *f* ‖ *s.a. Dateiorganisation*
-paket *n* [Comm] ⟨DIN 44302⟩ / paquete de datos *m*
--Vermittlung *f* [Comm] ⟨DIN 44302⟩ / conmutación de paquetes de datos *f*
-paketvermittlung *f* [Comm] / conmutación de paquetes de datos *f*
Daten|prozessor *m* [EDP] / procesador de datos *m* · máquina para el tratamiento de la información *f*
-quelle *f* [Comm] ⟨DIN 44302⟩ / terminal emisor de datos *m* · fuente de datos *f*
-sammelschiene *f* [EDP] / bus de datos *m*
-satz *m* [EDP] / registro lógico *m* · registro de datos *m* · grupo de datos *m* ‖ *s.a. geblockter Satz*
-satzkorrektur *f* [InfSy] / corrección de registro *f*
-satzsuche *f* [Comm] / búsqueda de registro de datos *f*
-satzübertragung *f* [Comm] / transmisión de registro de datos *f*
Datenschutz *m* [Law] ⟨DIN 44300/1E⟩ / confidencialidad de la información *f* · protección de datos *f*
-beauftragter / comisario de protección de información *m* · encargado de proteger la información *m*
Daten|senke *f* [Comm] ⟨DIN 44302⟩ / terminal receptor de datos *m* · aceptor de datos *m*
-sicherheit *f* [EDP] ⟨DIN 44300/1E⟩ / preservación de los datos *f* · protección de la información *f* · seguridad de la información *f*
-sicherung *f* [EDP] / copia de reserva *f* · copia de seguridad *f*
Datensichtgerät *n* / monitor *m* · unidad de presentación visual *f* · terminal de pantalla de visualización *m*
Daten|spur *f* [EDP] ⟨DIN 66010E⟩ / pista de datos *f*
Datenstandverbindung *f* [Comm] / conexión con la estación de datos *f*
Daten|station *f* [Comm] ⟨DIN 44302⟩ / instalación terminal para transmisión de datos *f* · estación de datos *f*
Datentausch *m* [EDP] / intercambio de datos en una red *m* ‖ *s.a. Austauschformat*
Daten|telefon *n* [Comm] / módem telefónico *m*
-träger *m* [InfSy] ⟨DIN 31631/1; DIN 44300/2E; DIN 66010E⟩ / soporte de datos *m* · portador de información *m* ‖ *s.a. Speichermedium*
-transformation *f* [EDP] / transformación de datos *f*
-typist *m* [Staff] / agente captador de datos *m* · mecanógrafo de datos *m*
-übermittlung *f* [Comm] ⟨DIN 44302⟩ / transmisión de datos *f* · comunicación de datos *f* ‖ *s.a. codetransparente Datenübermittlung; codeunabhängige Datenübermittlung; Datenübertragung; einseitige*

Datenübermittlung; Übermittlungsabschnitt; Übermittlungsvorschrift; wechselseitige Datenübermittlung

-übernahme *f* [EDP] / recepción de datos *f*

-übertragung *f* [Comm] / transferencia de datos *f* ‖ *s.a. Datenübertragung*

Datenübertragung *f* [Comm] ⟨DIN 44302⟩ / transmisión de datos *f* ‖ *s.a. Datenübermittlung*

Datenübertragungs|block *m* [Comm] ⟨DIN 4430; DIN/ISO 3309⟩ / bloque de transmisión de datos *m*

-phase *f* [Comm] / fase de transmisión de datos *f*

-vorrechner *m* [EDP] / procesador frontal *m* · procesador de formatos *m*

Daten|umsetzer; -wandler *m; m* [EDP] / convertidor de datos *m*

-unabhängigkeit *f* [EDP] / independencia de datos *f*

-verarbeitung *f* [EDP] / tratamiento de datos *m* · proceso de datos *m*

Datenverarbeitungs|anlage *f* [EDP] ⟨DIN 44300/5E⟩ / equipo de tratamiento de la información *f* · máquina de tratamiento de datos *f* · unidad de tratamiento de datos *f*

-system *n* [EDP] ⟨DIN 44300/5E⟩ / sistema informático *m* · sistema de tratamiento de la información *m*

-verbund *m* [EDP] / combinación de tratamientos de datos *f* *s. Rechnerverbund*

Daten|verbund *m* [EDP] / serie homogénea de datos *f* · combinación de datos *f*

-verdichtung *f* [EDP] / compresión de datos *f*

-verfälschung *f* [EDP] / contaminación de datos *f* · falsificación de datos *f*

-verschlüsselung *f* [EDP] / codificación de datos *f*

-verwaltungsssystem *n* [EDP] / sistema de gestión de datos *m*

-wählverbindung *f* [Comm] / conexión de datos por dial *f*

-|wandler *m* [EDP] / convertidor de datos *m*

-zentrum *n* [InfSy] / centro informático *m*

Datum *n* [OrgM] / fecha *f*

Datumstempel *m* [Off] / fechador *m* · sello de fecha *m*

Dauerauftrag *m* [Acq] / orden de envío permanente *f* · suscripción permanente *m* ‖ *s.a. Fortsetzungsbestellung*

Dauerleihgabe *f* [Stock; RS] / colección en depósito *f* · colección de préstamo permanente *f* · fondos de préstamo permanente *pl* ‖ *s.a. langfristige Verleihung*

Dauerleihvertrag *m* [Acq] / contrato de préstamo permanente *m*

Dauer|lochstreifen *m* [PuC] ⟨DIN 66218⟩ / cinta perforada de larga duración *f*

Daumenregister *n* [Bk] / índice de muescas digitales *f* · fichero digital *m* · índice digital *m*

DBMS *abbr* [EDP] *s. Datenbank-Management-System*

Deckblatt 1 *n* (für eine andere Karte) [Cart] ⟨RAK-Karten⟩ / transparencia de superposición *f*

Deckblatt 2 *n* [Bind] / hoja de cubierta *f*

Decke *f* [BdEq] / cubierta *f* ‖ *s.a. abgehängte Decke*

Deckel *pl* [Bind] / cubierta(s) *f(pl)* · (de piel:) pasta(s) *f(pl)* · (de cartón:) tapa(s) *f(pl)* ‖ *s.a. Elfenbeindeckel; Hinterdeckel; Holzdeckel; in Deckeln beschneiden; Innendeckel; Leinendeckel; Pappdeckel; Vorderdeckel*

Deckel|beschläge *pl* [Bind] / guarniciones de las tapas *pl* *s. Beschläge*

-bezug *m* [Bind] / forro de la cubierta *m*

-innenseite *f* [Bind] / interior de la cubierta *f* · guarda *f* · contratapa *f*

-kante *f* [Bind] / cantos de la cubierta *pl* ‖ *s.a. abgeschrägte Ecken*

-kupfer *n* [Bind] / grabado de cubierta *m*

-vergoldung *f* [Bind] / dorado de cubierta *m*

Decken|band *m* [Bind] / tomo entapado *m* · tomo encajado *m* · tomo encuadernado a la caja *m* · tomo de tapa suelta *m* ‖ *s.a. Buchdecke*

-belastung *f* [BdEq] / carga del techo *f*

-format *n* [Bind] / formato de caja *m*

-höhe *f* [BdEq] / altura de techos *f*

-last *f* [BdEq] *n* *s. Deckenbelastung*

-machen *n* [Bind] / fabricación de tapas *f*

-machgerät *n* [Bind] / aparato productor de cubiertas *m*

-rundegerät *n* [Bind] / redondeadora de cubiertas *f*

Deckname *m* [Writ] / criptónimo *m* · seudónimo *m* ‖ *s.a. Pseudonym*

decodieren *v* [EDP] / descifrar *v* · decodificar *v*

Decodierer *m* [EDP] / decodificador *m*

dediziertes Datenverarbeitungsssystem *n* [EDP] / sistema exclusivo de tratamiento de datos *m* · sistema especializado en tratamiento de datos *m*
DEE *abbr* [Comm; EDP] *s. Datenendeinrichtung*
Defektexemplar *n* [Bk] *s. Mängelexemplar*
Definition *f* [InfSc] / definición *f* ‖ *s.a. Inhaltsdefinition; Umfangsdefinition*
Dehnrichtung *f* (des Papiers) [Pp] / dirección de dilatación del papel *f* · dirección de extensión *f* (del papel) · dirección de expansión *f*
Dekan *m* / decano *m*
Deklination *f* [Cart] ⟨RAK-Karten⟩ / declinación *f*
Dekorationsmaterial *n* [OrgM] / material de decoración *m*
delaminieren *v* [Pres] / deslaminar *v*
Delegation *f* [OrgM] / delegación *f*
Delegationsprinzip *n* [OrgM] / principio de delegación *m*
Delphi-Methode *f* [InfSc] / método de Delfos *m*
demotische Schrift *f* [Writ] / escritura demótica *f*
den Einband lösen *v* [Bind] / desencuadernar *v*
Denkschrift *f* [Bk] ⟨DIN 31631/4⟩ / memorándum *m* · memorial *m*
Dentelles-Einband *m* [Bind] / encuadernación a la dentelle *f*
Depositarbibliothek *f* [Lib] / biblioteca de depósito legal *f* · biblioteca depositaria *f*
Depositum *n* [Stock] / almacén *m* · depósito *m* ‖ *s.a. langfristige Verleihung*
Depot *n* [Stock] / depósito *m*
Depot-Bibliothek *f* [Lib] / biblioteca de depósito legal *f*
derivatives Dokument *n* [Bk] / documento derivado *m s. abgeleitetes Dokument*
Desideraten|buch *n* [Acq] / lista de desiderata *f*
~datei *f* [Acq] / fichero de desiderata *m*
Desideratenkartei *f* [Acq] *s. Desideratendatei*
Desideratenliste *f* [Acq] / lista de desiderata *f*
Desinfizierung *f* [Pres] / desinfección *f*
Deskriptionszeichen *n* [Cat] ⟨TGL 20972/04⟩ / marca de descripción *f* · signo de descripción *m*
deskriptive Statistik *f* [InfSc] / estadística descriptiva *f*
Deskriptor *m* [Ind] ⟨DIN 31623/1; DIN 66232⟩ / palabra clave *f* (pl. palabras clave) · descriptor *m* ‖ *s.a. Hilfsdeskriptor; Quellendeskriptor*
~-Kandidat *m* [Ind] / descriptor candidato *m*
~sprache *f* [Ind] / lenguaje descriptor *m*
Desktop Publishing *n* / publicación de ordenador *f*
Dessinrolle *f* [Bind] / rueda de ornamentación *f*
Detailwiedergabe *f* [Repr] / reproducción de detalle *f* ‖ *s.a. Auflösungsvermögen*
Detektivroman *m* [Bk] / novela policíaca *f* · novela negra *f*
Devise *f* (Motto) [Bk] / lema *m* · divisa *f*
Dezimal|klassifikation *f* [Class/UDC] / clasificación decimal *f* · (CD de Bruselas:) Clasificación Decimal Universal *f*
~notation *f* [Class] / notación decimal *f*
Dezimalpunkt *m* [Writ] / punto decimal *m*
Dezimal|unterteilung *f* [Class] / subdivisión decimal *f*
~zahl *f* [Class] / número decimal *m*
~ziffer *f* [InfSy] / dígito decimal *m*
Dia *n* [NBM] ⟨DIN 19040/4+10⟩ / diapositiva *f* ‖ *s.a. Diapositiv; Farbdia*
~-Betrachter *m* [NBM] / visor de diapositivas *m*
~-Einblendung *f* [NBM] / superposición de diapositivas *f*
dia|gnostische Routine *f* [EDP] / rutina de diagnóstico *f s. Prüfprogramm*
Diagramm *n* [InfSc] ⟨DIN 31631/2+4⟩ / diagrama *m* · gráfico *m* · gráfica *f* · representación gráfica *f* ‖ *s.a. Balkendiagramm; Banddiagramm; Blockdiagramm; Kreisdiagramm; Kurvendiagramm; Streuungsdiagramm*
~karte *f* [Cart] ⟨RAK-Karten⟩ / mapa diagramático *m*
dia|kritisches Zeichen *n* [Writ; Bk] / signo diacrítico *m*
Dialog|betrieb *m* [EDP] ⟨DIN 44300/9E⟩ / modalidad dialogal *f* · modalidad interactiva *f* · modalidad conversacional *f*
~datenerfassung *f* / obtención interactiva de datos *f*
~datenverarbeitung *f* / tratamiento de datos de diálogo *m*
~fenster *n* [EDP] / ventana de diálogo *f*
~sprache *f* [EDP] / lenguaje dialogal *m* · lenguaje interactivo *m* · lenguaje conversacional *m*

–**system** *n* [EDP] / sistema interactivo *m* · sistema dialogal *m* · sistema conversacional *m*
–**verarbeitung** *f* [EDP] / tratamiento de diálogo *m* *s. Dialogbetrieb*
–**verkehr** *m* [EDP] *s. Dialogbetrieb*
Diamappe *f* [NBM] / carpeta de diapositivas *f*
Dia|positiv *n* [NBM] ⟨DIN 108/1E; DIN 31631/4; A 2653⟩ / diapositiva *f* ▌ *s.a. Dia*
–-**Projektor** *m* [NBM] / proyector de diapositivas *m*
–**projektor** [BdEq; NBM] / proyector de diapositivas *m*
–-**Rähmchen** *n* [NBM] / marco de la diapositiva *m*
–-**Reihe** *f* [NBM] ⟨A 2653⟩ / serie de diapositivas *f*
–**rium** *n* [NBM] / diario *m*
–-**Sammlung** *f* [NBM] / colección de diapositivas *f*
–-**Schrank** *m* [NBM] / armario de diapositivas *m*
–-**Serie** *f* [NBM] / serie de diapositivas *f*
Diasteuergerät *n* / mando a distancia para diapositivas *m*
Dia-Streifen *m* [NBM] / tira de diapositivas *f* *s. Dia-Serie*
Diathek *f* [NBM] / colección de diapositivas *f* · diapoteca *f* *s. Dia-Sammlung*
Diavortrag *m* [PR] / conferencia ilustrada con diapositivas *f*
Diazo|film *m* [Repr] ⟨DIN 19040/104E; ISO 6196-4⟩ / diazocopia *f* ▌ *s.a. Duplikatfilm*
–(**kopier**)**verfahren** *n* [Repr] / proceso diazónico *m* · diazoproceso *m*
dichotomische Einteilung *f* [Class] / división dicotómica *f*
– **Klassifikation** *f* [Class] / clasificación por dicotomía *f* · clasificación dicotómica *f*
Dichte *f* (optische –) [Repr] / densidad óptica *f*
Dickte *f* [Prt] / anchura del tipo *f* · espesor del tipo *m* · grueso del tipo *m*
Diebstahlquote *f* [RS] / cuota de robos *f*
Diebstahls|sicherungssystem *n* [BdEq] / sistema de seguridad antirrobo *m* ▌ *s.a. Buchsicherungsanlage*
–**verhütung** *f* [BdEq] / prevención antirrobo *f*
Dienst|alter *n* [Staff] / antigüedad *f* (en el empleo) · años de servicio *pl*
–**alterszulage** *f* [Staff] / prima de antigüedad *f* · puntos por años de servicio *pl* · méritos por años de servicio *pl*
–**aufsicht** *f* [Adm] / inspección de servicios *f*
–**befreiung** *f* [Staff] / excedencia sin sueldo *f* · baja sin sueldo *f*
–**bezeichnung** *f* [Staff] / designación del cargo *f*
–**bezüge** *pl* [Staff] / sueldo *m* · emolumentos *pl*
dienstfrei *adj* [Staff] / en excedencia *adj*
dienstfreie Zeit *f* [Staff] / tiempo libre de servicio *m*
Dienst|gebrauch *m* [Adm] / uso consuetudinario *m*
–**katalog** *m* [Cat] / catálogo oficial *m*
–**leistung** *f* [OrgM] ⟨ISO 9000-1,A.9⟩ / prestación *f*
–**leistungen für Erwachsene** / prestaciones de servicios para adultos *pl*
–**leistungseinrichtung** *f* [OrgM] / equipamiento para prestación de servicios *m*
–**leistungsrechner** *m* [EDP] / ordenador central *m* · ordenador principal *m* · ordenador base *m* · ordenador primario *m*
–**leistungsstelle** *f* [OrgM] ⟨DIN 1425⟩ / punto de servicio *m*
–**plan** *m* (Zeitplan) [Staff] / horario *m* · (~für die Ausleihe:) horario de préstamos *m*
Dienstplatz/Dienstplätze im Benutzungsbereich *m/pl* [OrgM] / puesto de servicio en la zona de usuarios *m*
Dienst|postenbewertung *f* [OrgM] / evaluación de puestos de servicio *f*
–**programm** *n* [EDP] / programa de servicio *m* · rutina de servicio *f* · programa de utilidad *m*
–**reise** *f* [Staff] / viaje oficial *m* · viaje de servicio *m*
–**signal** *n* [Comm] ⟨DIN 44302⟩ / indicativo de llamada *m*
–**stelle** *f* [Adm] / departamento *m* ▌ *s.a. nachgeordnete Dienststelle*
–**stempel** *m* [OrgM] / sello oficial *m*
–**verhältnis** *n* [Staff] / relación oficial entre funcionarios *f*
–**weg** *m* [OrgM] / via oficial *f*
–**zimmer** *n* [BdEq] / despacho *m* · oficina *f*
Digestorium *n* / digesto *m*
digital *adj* / digital *adj*

Digitaldaten *pl* / datos numéricos *pl* · datos discretos *pl* · datos digitales *pl*

digitale Daten *pl* [InfSy] ⟨DIN 44300/2E⟩ / datos digitales *pl*

digitalisieren *v* / digitalizar *v*

digitalisieren *v* / convertir en forma numérica *v*

Digitalisierung *f* / digitalización *f*

Digitalrechner *m* [EDP] / ordenador digital *m*

Diktiergerät *n* [Off] ⟨DIN 9782⟩ / máquina de dictar *f* · dictáfono *m*

Diorama *n* [NBM] ⟨DIN 31631/2; ISBD(NBM)⟩ / diorama *m*

Diözesanbibliothek *f* [Lib] / biblioteca diocesana *f*

Diplom *n* [Ed] / diploma *m* · certificado *m* · título *m* ▮ *s.a. Prüfungszeugnis*

~arbeit *f* [Bk] / tesina de licenciatura *f* · memoria de licenciatura *f*

~atik *f* [Arch] / diplomática *f*

diplom|atische Ausgabe *f* [Bk] / edición diplomática *f* · edición paleográfica *f*

Diplom-Bibliothekar *m* [Staff] / bibliotecario titulado *m*

Diplombibliothekar *m* / bibliotecario titulado *m*

Diplom-Dokumentar *m* [Staff] / documentalista titulado *m*

Diplomprüfung *f* [Ed] / examen de licenciatura *m*

Diplomvorprüfung *f* [Ed] / examen previo de licenciatura *m*

Diptichon *n* [Bk] / díptico *m*

Direktbestellung *f* [RS] / petición directa *f*

Direktbildfilm *m* [Repr] *s. Direktbild-Silberfilm*

Direktbild-Silberfilm *m* [Repr] ⟨ISO 6196/4; DIN 19040/104E⟩ / positivo directo *m* · copia directa *f*

direkter Zugriff *m* [EDP] / acceso selectivo *m* · acceso directo *m* ▮ *s.a. wahlfreier Zugriff*

Direktionsstimme *f* [Mus] ⟨ISBD(PM)⟩ / parte del director *f*

Direktorzimmer *n* [BdEq] / despacho del director *m*

Direkt|ruf *m* [Comm] ⟨DIN 44302⟩ / llamada directa *f*

~schlüssel *m* [PuC] / código directo *m*

~zugriff *m* [EDP] *s. direkter Zugriff*

~zugriffsspeicher *m* [EDP] ⟨DIN 44300/6E⟩ / almacenamiento de acceso directo *m* · memoria de acceso directo *f* · memoria de acceso al azar *f* ▮ *s.a. Schnell(zugriffs)speicher*

Dirigierpartitur *f* [Mus] / partitura de director *f*

Discographie *f* [NBM; Bib] ⟨DIN 31631/4⟩ / discografía *f*

Diskette *f* [EDP] ⟨DIN 66010E; DIN 66237/1+2; DIN 66 247; DIN 66248/1⟩ / disco flexible *f* · disquete *m* ▮ *s.a. Bezugsdiskette; hartsektorierte Diskette; weichsektorierte Diskette*

Diskette mit doppelter Schreibdichte *f* [EDP] / disquete de doble densidad *m*

Diskette mit einfacher Schreibdichte *f* [EDP] / disquete sencillo *m*

Diskette mit hoher Schreibdichte *f* [EDP] / disquete de alta densidad *m*

Diskettenbetriebssystem *n* [EDP] / sistema operativo en disquetes *m*

Disketten|einheit *f* [EDP] ⟨DIN 66010E⟩ / unidad de disquetes *f*

~laufwerk *n* [EDP] ⟨DIN 66010E⟩ / unidad de discos *f* · unidad de discos flexibles *f* · arrastre de disquetes *m*

diskret *adj* [InfSy] / discreto *adj*

Display-Schreibmaschine *f* [BdEq] / máquina de escribir con pantalla *f* ▮ *s.a. Speicherschreibmaschine*

Disserent *m* / autor *m* · ponente *m* (de una tesis doctoral)

Dissertation *f* [Bk; Ed] ⟨DIN 31631; RAK-AD⟩ / tesis doctoral *f*

Dito-Zeichen *pl* [Writ; Prt] / signo de repetición *m*

Dittographie *f* [Writ] / ditografía *f*

Diurnale *n* [Bk] / diurnal *m* · diurno *m*

DK *abbr* [Class/UDC] *s. Dezimalklassifikation*

~-Zahl *f* [Class/UDC] / índice de la CDU *m* · decimal de CDU *m* · número de la CDU *m*

Doktorandenzimmer *n* [BdEq] / aula de doctorandos *f*

Doktorarbeit *f* [Bk] / tesis doctoral *f*

Dokument *n* [Bk; NBM] ⟨DIN 31623/1; A 2654⟩ / documento *m*

Dokumentar *m* [Staff] / documentalista *m*

Dokumentarfilm *m* [NBM] ⟨DIN 31631/4⟩ / documental *m*

dokumentarische Bezugseinheit *f* [Ind] ⟨DIN 31631/1⟩ / unidad documental *f* · unidad objeto de descripción documental *f*

Dokumentart *f* [Bk; NBM] / clase de documento *f* · tipo de documento *m*
Dokumentation *f* [InfSc] / Documentación *f*
Dokumentations|einheit *f* [Ind] ⟨DIN 31631/1+4⟩ / unidad de documentación *f*
-sprache *f* [Ind] ⟨DIN 31623/1; DIN 31631/2⟩ / lenguaje documental *m*
-sprache *f* [Ind] ⟨DIN 31623/1; DIN 31631/2⟩ / lenguaje de información *m* · lenguaje de indización *m* · lenguaje de documentación *m*
-stelle *f* [InfSy] / servicio de documentación *m* · centro de documentación *m*
-wesen *n* [InfSc] / Información y Documentación *f*
-wissenschaft *f* [InfSc] *s. Informationswissenschaft*
dokumentationswürdig *adj* [InfSc] / validez documental *f*
Dokumenten|analyse *f* [Ind] / análisis documental *f* · análisis de documentos *f*
Dokumentenarchitektur *f* [EDP] / arquitectura documental *f*
Dokumenten|auswahl *f* [Acq] / selección de documentos *f*
-lieferung *f* [RS] / suministro de documentos *m* · entrega de documentos *f* ‖ *s.a. Literaturversorgung*
-retrieval *n* [Retr] / recuperación (automatizada) de documentos *f*
-speicher *m* [Stock] / almacén de documentos *m* · depósito de documentos *m*
Dokumenttyp *m* [InfSc] / tipo de documento *m s.a. Dokumentart*
Dombibliothek *f* [Lib] / biblioteca catedralicia *f*
Donatoren-Exlibris *n* [Bk] / ex libris de donante *m* · marbete de donante *m*
Doppelarbeit *f* [OrgM] / trabajo doble *m*
Doppel|belichtung *f* [Repr] / exposición doble *f*
-bestellung *f* [Acq] / petición de duplicado *f*
-blattsperre *f* (in einer Durchlaufkamera usw.) [Repr] ⟨DIN 19040/113E⟩ / parada de (doble) imagen *f*
-kernkassette *f* [NBM; Repr] ⟨A 2654⟩ / casete *mf*
-name *m* [Cat] ⟨RAK⟩ / apellido compuesto *m*
-punkt *m* [Writ; Prt] / dos puntos *pl*
Doppelregal *n* [Sh] / estantería de doble cara *f* · estantería de doble faz *f*
doppelspaltig *adj* [Bk] *s. zweispaltig*
Doppelstück *n* [Acq] / ejemplar duplicado *m*
doppelte Schreibdichte *f* (bei einer Diskette) [EDP] / densidad doble *f* (en un disquete)
~ Seitenzählung *f* [Bk; Cat] / paginación duplicada *f* · paginación doble *f*
doppelte Speicherdichte *f* (bei einer Diskette) [EDP] / doble densidad *f*
Doppelzählung *f* [Bk; Cat] / numeración duplicada *f* · numeración doble *f*
doppelzeilig *adj* [Prt] / a doble espacio *adv*
Dorfbibliothek *f* [Lib] / biblioteca municipal rural *f*
Doublure *f* [Bind] / guarda(s) forrada(s) *f(pl)* (ornamentalmente) · falsa(s) guarda(s) *f(pl)*
Downloading *n* / proceso de carga por teleproceso *m*
Dozent *m* [Ed] / docente *m* ‖ *s.a. Gastdozent*
Dozentenzimmer *n* [BdEq] / sala de profesores *f*
Dozentur *f* [Ed] / plaza de docente *f*
Draht|heftmaschine *f* [Bind]
-heftmaschine *f* [Bind] / encuadernadora de alambre *f*
-heftung *f* [Bind] / grapado *m* · cosido con alambre *m* ‖ *s.a. Blockheftung; Heftklammer*
-klammer *n* [Off] *s. Heftklammer*
Drahtklammerheftung *f* (Blockheftung mit Draht) [Bind] / engrapado *m*
Dreh|buch *n* [NBM] ⟨DIN 31631/4⟩ / guión técnico *m* · guión cinematográfico *m*
Drehbuchverfasser *m* [NBM] / guionista *m*
Dreh|kreuz *n* [BdEq] / torno *m* · torniquete *m*
-säule *f* [BdEq] / expositor giratorio *m* · columna giratoria *f* ‖ *s.a. Drehständer*
-ständer *m* [BdEq] / expositor giratorio *m* ‖ *s.a. Drehsäule*
-stuhl *m* [BdEq] ⟨DIN 4551⟩ / sillón giratorio *m* · silla giratoria *f*
-tür *f* [BdEq] / puerta giratoria *f*
-turm *m* [BdEq] *s. Drehsäule*
Dreieckschlüssel *m* [PuC] / código triangular *m*
Dreifarbendruck *m* [Prt] / impresión a tres tintas *f* · tricromía *f*
dreigeteilte Bibliothek *f* (mit einer Unterscheidung des Buchbestands in Fern-, Mittel- und Nahbereich) [OrgM] / biblioteca tripartita *f*
Dreipaß *m* [Bind] / trébol *m*

Druck 1 *m* (alle in einem besonders gezählten Druckvorgang hergestellten Exemplare eines Buches, z.B. 2. Aufl. 3. Druck) [Prt; Bk] / impresión *f*
Druck 2 *m* (der Vorgang des Druckens) [Prt] / impresión *f* · (im ~ sein:) estar en prensa *v*
Druck 3 *m* (Ergebnis des Druckvorgangs) [Bk] / impresión *f* ‖ *s.a. Frühdrucke*
Druck 3 *f* (Drucke des 18. Jahrhunderts: impresión del siglo XVIII) [Bk] / impresión *f*
Druckbeihilfe *f* / subvención para impresión *f*
Druck|bild *n* [Prt] ⟨DIN 16500/2⟩ / tipografía *f*
-bogen 1 *m* (allgemein) [Prt] / pliego de imprenta *m* · pliego impreso *m*
-bogen 2 *m* (gefalzt, ggf. mit Tafeln und Beilagen) [Prt] / pliego de prensa *m* · cuadernillo *m*
druck|en *v* [Prt] ⟨DIN 16528E; DIN 16514⟩ / imprimir *v*
Druck|en *n* (mit der Hand) [Bind] / estampado a mano *m* · labrado a mano *m* ‖ *s.a. Blinddruck; Golddruck*
Drucker 1 *f* [Prt; Staff] / impresor *m* ‖ *s.a. Buchdrucker*
- 2 *m* [EDP; Prt; BdEq] ⟨DIN 9784/1E⟩ / impresora *f* ‖ *s.a. Anschlagdrucker; anschlagfreier Drucker; Gliederdrucker; Kettendrucker; Kugelkopfdrucker; Laserdrucker; Nadeldrucker; Schnelldrucker; Seitendrucker; Seriendrucker; Stabdrucker; Tintenstrahldrucker; Typenraddrucker; Zeichendrucker; Zeilendrucker*
-ballen *m* [Prt] / bala para entintar *f*
-bedienfeld *n* [EDP; Prt] / zona de servicio para impresora *f*
Druckerei *f* [Prt] / imprenta *f*
Druck|erlaubnis *f* (offizielle ~) [Bk] / licencia para imprimir *f* · (licencia eclesiástica:) nihil obstat ‖ *s.a. Imprimatur!*
Drucker|marke *f* [Prt] / marca de imprenta *f* · marca tipográfica *f*
-presse *f* [Prt] / prensa de imprenta *f* ‖ *s.a. Buchdruckerpresse; Druckmaschine*
-schwärze *f* [Prt] / tinta negra *f*
--Server *m* [EDP] / equipo de servicio para impresión *m*
-terminal *n* [EDP; Comm] / terminal ciego *m* · terminal de teletipo *m* · terminal de impresión *m*
-zeichen *n* [Prt] *s. Druckermarke*

Druckerzeugnis / impreso *m*
Druck|farbe *f* [Prt] ⟨DIN 16528E; DIN 16514⟩ / tinta de imprenta *f*
-fehler *m* [Prt] / falta tipográfica *f* · error de imprenta *m* · errata *f* · yerro de imprenta *m* ‖ *s.a. Berichtigung; Setzfehler*
-fehlerverzeichnis *n* [Prt] / hoja de enmiendas *f* · fe de erratas *f* · corrigenda *f*
druck|fertig *adj* [Prt] / listo para el tiraje *adj* · listo para impresión *adj* ‖ *s.a. imprimatur!*
Druck|form *f* [Prt] ⟨DIN 16528E; DIN 16514⟩ / forma de imprenta *f* · forma tipográfica *f*
-genehmigung *f* [Bk] / permiso de impresión *m s. Druckerlaubnis*
-geschichte *f* [Prt] / historia de la imprenta *f*
-gewerbe *n* [Prt] / industrias gráficas *pl*
-grafik *f* [Art; Prt] / impresión artística *f*
-industrie *f* [Prt] / industria tipográfica *f*
Druckkostenzuschuß *m* / subvención de costes de impresión *f*
Drucklegung *f* [Prt] / impresión *f*
Druck|maschine *f* [Prt] ⟨DIN 16500/2⟩ / máquina de imprimir *f* · máquina de prensa *f*
-modus *m* [EDP; Prt] / modalidad de impresión *f*
-ort *m* [Prt; Cat] / lugar de impresión *m*
-papier *n* [Prt] ⟨DIN 6730⟩ / papel para imprimir *m* · papel de imprenta *m*
Druckpatrone [EDP; Prt] / patrón de tinta para impresora *m*
Druckplatte *f* [Prt] / clisé de prensa *m* · plancha estereotípica *f*
Druck|plattennummer *f* [Mus] ⟨ISBD(PM)⟩ / número de placa *m*
Druckprivileg *n* [Prt] / privilegio de impresión *m*
druck|reif *adj* [Prt] / listo para imprimir *adj* *s.a. druckfertig*
Druck|sache *f* [Comm] / impreso *m*
-schrift *f* [Bk] / obra impresa *f* · libro impreso *m*
-schriftenabteilung *f* [OrgM] / departamento de publicaciones *m*
-steuerzeichen *n* [EDP; Prt] / carácter de control de impresión *m*
-stock *m* [Prt] ⟨DIN 16514⟩ / plancha estereotípica *f* · clisé de prensa *m*
-stockherstellung *f* [Prt] / fotograbado *m* · producción de clisés *f* · fotograbado directo *m*

–technik *f* [Prt] ⟨DIN 16500/2⟩ / técnica de impresión *f*
Drucktype *f* [Prt] / tipo de imprenta *m*
Druck|verfahren *n* [Prt] ⟨DIN 16528⟩ / sistema de impresión *m* · procedimiento tipográfico *m*
–vermerk *m* [Bk; Prt] / pie de imprenta *m* · pie de impresión *m*
Druckvorlage *f* [Prt] / original *m* ‖ *s.a. Satzvorlage*
Druckwerk 1 (Offsetdruckmaschine) [Prt] / obra impresa en offset *f s. Druckschrift*
Druckwerk 2 *n* (Offsetdruckmaschine) [Prt] / mecanismo impresor offset *m*
Druck|zeichen *n* (auf einem Schnelldrucker) [EDP; Prt] / carácter de impresión *m*
Druckzustand *m* [Cat] ⟨ISBD(A)⟩ / estado de la impresión *m*
Druckzylinder *m* (bei der Offsetmaschine) [Prt] / cilindro impresor *m*
Dualzahl *f* [EDP] / número binario *m*
Dublette *f* [Acq] / duplicado *m*
Dubletten|bereinigung *f* (bei der Führung eines Verbundkatalogs) [Cat] / corrección de registros duplicados *f* · limpieza de registros *f*
–probe *f* [Acq] / comprobación de duplicados *f* ‖ *s.a. Duplizitätskontrolle; Vorakzession* /
–tausch *m* [Acq] / canje de duplicados *m*
–tauschstelle *f* (als selbständige Einrichtung) [Acq] / centro de canje de duplicados *m*
DÜ-Block *m* [Comm] *s. Datenübertragungsblock*
Dublüre *f* [Bind] / falsa(s) guardas(s) *f(pl) s. Doublure*
DÜE *abbr* [Comm] *s. Datenfernübertragungseinrichtung*
–Information *f* [Comm] ⟨DIN 44302⟩ / información distribuída por ETCD *f*
dummes Terminal *n* [EDP/VDU] / terminal no inteligente *m*
Dunkelkammer *f* [Repr] / cámara oscura *f*
Dünndruckpapier *n* [Pp] ⟨DIN 6730⟩ / papel biblia *m* · papel delgado para imprimir *m*
Dünnschichtspeicher *m* [EDP] / memoria magnética de película delgada *f* · memoria de capa fina *f*
Duodezband *m* [Bk] / volumen en doceavo *m* · volumen en dozavo *m*
Duodez(-Format) *n(n)* [Bk] / formato en dozavo *m* · en doceavo *m*
Duo-Verfahren *n* (bei der Bestimmung der Bildanordnung auf einer Mikroform) [Repr] ⟨ISO 6196/2; DIN 19040/113E⟩ / procedimiento dúo *m*
Duplexverfahren *n* (bei der Bestimmung der Bildanordnung auf einer Mikroform) [Repr] ⟨ISO 6196/2; DIN 19040/113E⟩ / procedimiento dúplex *m* ‖ *s.a. Simplexverfahren*
Duplikat *n* / duplicado *m*
Duplikat|film *m* [Repr] ⟨DIN 19040/104E⟩ / duplicado de película *m*
duplizieren *v* [Repr] / duplicar *v*
Duplizierfilm [Repr] / película duplicadora *f* · film(e) duplicador *m s. Duplikatfilm*
Dupliziergerät *n* [Repr] / aparato duplicador *m*
Duplizierung *f* [Stock] / duplicación *f*
Duplizitätskontrolle *f* [InfSy] / control por duplicación *m* ‖ *s.a. Dublettenprobe*
Durchausheften *n* [Bind] / coser en cinta por pliegos *v*
Durchausheftung *f* [Bind] / cosido en cinta por pliegos *m*
Durchführbarkeitsstudie *f* [InfSc] / estudio de viabilidad *m*
Durchgang *m* [BdEq] / pasillo *m* ‖ *s.a. Mittelgang*
durchgehende Seitenzählung *f* [Bk] / paginación continua *f* · paginación corrida *f* · paginación correlativa *f s. durchlaufende Seitenzählung*
durchgesehene Auflage *f* [Bk] / edición revisada *f*
durchgesehene Ausgabe *f* [Bk] / edición revisada *f*
Durchlauf-Aufnahmetechnik *f* [Repr] ⟨ISO 6196/2; DIN 19040/113E⟩ / técnica de copiado en serie *f*
durchlaufende Seitenzählung *f* [Bk] / paginación consecutiva *f* · paginación continua *f*
durchlaufende Zählung *f* [Bk] *s. durchlaufende Seitenzählung*
Durchlauf|gerät *n* [Repr] / aparato contínuo *m*
–kamera *f* [Repr] / cámara copiadora en serie *f*
–verfilmung *f* [Repr] / microfilmación en serie *f s. Durchlauf-Aufnahmetechnik*
–zeit *f* [EDP] ⟨DIN 44300/7E⟩ / tiempo de respuesta *m* · tiempo de vuelta *m* · tiempo de inversión *m*

Durchlichtlesegerät *n* [Repr] / lector a retroproyección *m* · lector a proyección por transparencia *m*
Durchmesser *m* [NBM] / diámetro *m*
Durchreibung *f* [Bind] / rozadura *f* *s. Abreibung*
Durchsatz *m* [Comm] / caudal *m*
Durchschalten *n* [Comm] ⟨DIN 44331V⟩ / conexión *f*
Durchschalte(vermittlungs)technik *f* [Comm] / conmutación de circuitos *f* · conmutación de líneas *f*
durchschießen 1 *v* [Prt] / interlinear *v* · espaciar *v* · regletear *v*
durchschießen 2 *v* [Bind] / interfoliar *v* · interpaginar *v* · intercalar hojas de descarga *v* ‖ *s.a. durchschossenes Exemplar*
Durchschlag *m* [Off] / copia mecanografiada *f* · copia al carbón *f* · autocopia *f* (con papel NCR)
~papier *n* [Off] ⟨DIN 6730⟩ / papel carbón *m* · papel de copia *m*
durchschossenes Exemplar *n* [Bk] / ejemplar interfoliado *m*
Durchschreibpapier *n* [Off] ⟨DIN 6730⟩ / papel NCR *m* · papel de calco *m* · papel autocopiativo *m*
Durchschrift *f* [Off] *s. Durchschlag*
Durchschuß *m* [Prt] / espacio interlineal *m* · interlineado *m* · interlineación *f*
durchsehen *v* / repasar *v*
Durchwahl *f* [Comm] / discado directo *m*
Durchwahlnummer *f* [Comm] / número a marcar *m*
Durchwahlnummer *f* [Comm] / número marcado *m*
durchweg Goldschnitt *m* / corte dorado totalmente *m*
Düse *f* [Prt] / tobera *f*
DV *abbr* [EDP] *s. Datenverarbeitung*
DVA *abbr* [EDP] *s. Datenverarbeitungsanlage*
dynamische (Adreß-)Verschiebung *f* [EDP] / reubicación dinámica (de dirección) *f* · programa de reubicación dinámica *m*
dynamischer (Schreib-/Lese-)Speicher *m* [EDP] ⟨DIN 44476/1⟩ / memoria dinámica (de escritura/lectura) *f*

E

ebarbierter Schnitt *m* [Bind] / corte desbarbado *m*
ebenerdig sein [BdEq] / estar en la planta baja *v* · estar a nivel de la calle *v*
ECC-Zeichen *n* [EDP] ⟨DIN 66010E⟩ / carácter de CCE *m* · carácter de código de corrección de errores *m*
Echofeld *n* [EDP/VDU] / zona de eco *f*
Echokörper *m* [EDP/VDU] / cuerpo de eco *m*
Echotyp *m* [EDP/VDU] / tipo de eco *m*
echte Adresse *f* [EDP] / dirección real *f*
~ **Bünde** *pl* [Bind] / nervios *pl*
echtes Büttenpapier *n* [Pp] ⟨DIN 6730⟩ / papel de tina auténtico *m* · papel hecho a mano *m*
Echtheitsbestätigung *f* [Arch] / autentificación *f*
Echtzeitverarbeitung *f* [EDP] / tratamiento en tiempo real *m* · tratamiento inmediato *m*
Eckbeschläge *pl* [Bind] / cantoneras de metal *pl*
Ecken(ab)schnitt *m* (abgeschrägte Ecke eines Microfiches) [Repr] ⟨DIN 19040/113E; ISO 6196-4⟩ / corte de esquinas *m*
~**kerbe** *f* (bei einem Film oder Mikroplanfilm) [Repr] ⟨ISO 6196-4⟩ / borde perforado *m* · margen perforado *f*
eckige Klammer *f* [Writ; Prt] / corchetes *pl*
Eck|kartusche *f* [Bk] / ornamento de esquina *m*
~**stück** *n* [Bind; Bk] / cantonera(s) *f(pl)* · esquineras *pl Arg*
~**versteifung** *f* [Sh] / refuerzo en aspa *m*
Ecrasé-Leder *n* [Bind] / cuero ecrasé *m*
edieren *v* [Bk] / editar *v* · preparar una edición *v*
editieren *v* / editar datos *v*
editieren 1 *v* [EDP] / editar *v*
Editor *m* / editor *m* · programa de edición *m*
EDV *abbr* [EDP] *s. elektronische Datenverarbeitung*
~**-Katalog** *m* [Cat] / catálogo informatizado *m*
~**-Personal** *n* [EDP] / personal de informática *m*
Effektivität *f* [OrgM] / resultados *pl* · eficacia *f* · efectividad *f* ‖ *s.a. Effizienz*
Effizienz *f* [OrgM] / eficiencia *f* ‖ *s.a. Effektivität*
Egoutteur *m* [Pp] / cilindro afiligranador *m* · rodillo agotador *m*
Egyptienne *f* [Prt] / letra egipcia *m*
Eigengewicht der Konstruktion *n* / tara *f* · peso propio de la construcción *m*
eigenhändige Notiz *f* / nota manuscrita *f*
eigenhändige Widmung *f* [Bk] / autógrafo *m* · dedicatoria autógrafa *f*

eigenhändig geschriebener Text *m* [Writ; Arch] / ológrafo *m* (especialmente testamento) · hológrafo *m* · manuscrito autógrafo *m*
eigenhändig geschriebene und unterzeichnete Urkunde *f* (E.U.U.) [Arch] / escritura hológrafa *f*
eigenhändig geschriebene und unterzeichnete Urkunde *f* (E.U.U.) [Arch] / documento escrito y firmado de propia mano *m*
Eigenkatalogisierung *f* (Katalogisierung ohne Übernahme fremder Katalogisate) [Cat] / catalogación original *f*
Eigenname *m* [Gen] / nombre propio *m*
Eigenreferat *n* [Ind] / resumen de autor *m* *s. Autorreferat*
Eigentums|stempel *m* [TS] *s. Besitzstempel*
~vermerke *pl* [Bk] / marcas de propiedad *pl*
Eignungstest *m* [Staff] / test de aptitud *m*
Eil-Bestellung *f* [Acq] / petición urgente *f*
~Geschäftsgang *m* [TS] / tramitación urgente *f*
~post *f* [Comm] / correo urgente *m*
Einarbeitung *f* (eines neuen Mitarbeiters) [Staff] / iniciación en el trabajo *f* · familiarización con el trabajo *f* (de un nuevo empleado)
Ein-Ausgabeeinheit *f* / unidad periférica de entrada/salida *f*
Ein/Ausgabeprozessor *m* [EDP] / procesador de entrada/salida *m*
Ein-/Ausgabewerk *n* [EDP] *s. Ein/Ausgabeprozessor*
Ein-/ Ausschalter *m* [BdEq] / pulsador de conexión/desconexión *m*
Einband *m* [Bind] ⟨DIN 31639/; DIN 1429⟩ / encuadernación *f* ‖ *s.a. Einbanddecke*
~anforderungen *pl* [Bind] / especificaciones sobre encuadernación *pl*
Einbandart *f* [Bind] / tipo de encuadernación *m*
Einband|decke *f* [Bind] / tapa suelta *f* (para encuadernación en ~) · caja de encuadernación *f* ‖ *s.a. Deckenmachen*
– der Zeit *m* [Bind] / encuadernación contemporánea *f*
~fälschung *f* [Bind] / encuadernación contrahecha *f* · encuadernación pirata *f* · encuadernación falsificada *f* ‖ *s.a. Fälschung*
~gestaltung *f* [Bind] / diseño de cubierta *m* · diseño de encuadernación *m* ‖ *s.a. Einbandschmuck; Umschlaggestaltung*
~gewebe *n* [Bind] / tela de encuadernación *f* ‖ *s.a. Gewebeband*
einbändige Monographie *f* [Bk] / monografía en un volumen *f*
Einband im Fächerstil *m* [Bind] / encuadernación de abanico *f*
– im Kathedralstil *m* [Bind] / encuadernación a la catedral *f*
– in Baummarmor *m* [Bind] / encuadernación en becerro jaspeado *f*
Einbandkunst *f* / arte de la encuadernación *m*
Einband mit geradem Rücken / encuadernación con lomo liso *f*
Einband mit Repetitionsmuster *m* [Bind] / encuadernación de motivo repetido *f*
– ohne Beschriftung und Verzierung *m* / encuadernación jansenista *f*
~schmuck *m* [Bind] / ornamentación de cubiertas *f* · ornamento de encuadernación *m* ‖ *s.a. Einbandzeichnung*
~stelle *f* [OrgM] / departamento de encuadernación *m*
~stoffe *pl* [Bind] / telas de encuadernación *pl*
~titel *m* [Bind] / título de cubierta *m* · título de tapa *m* · título exterior *m*
Einbandverzierung *f* [Bind] / ornamentación de encuadernación *f* *s. Einbandschmuck*
Einband|zeichnung *f* [Bind] / dibujo de encuadernación *m* ‖ *s.a. Einbandschmuck*
Einbauschrank *m* [BdEq] / armario empotrado *m*
Einbauten *pl* [BdEq] / instalaciones *pl*
Einbettung *f* / laminación *f* · plastificado *m* · (Einbettung mit Seidengaze:) restauración con seda *f*
einbinden *v* [Bind] / encuadernar *v* ‖ *s.a. binden*
Einblatt|druck *m* [Bk] ⟨RAK-AD⟩ / hoja impresa por una cara *f* · pliego suelto *m* · hoja volante *f* · hoja suelta *f*
~karton *m* [Bk] / cartón *m* *s. Karton 1*
eindimensionale Klassifikation *f* [Class] / clasificación unidimensional *f*
einfache Beziehung *f* (Zeichen : Doppelpunkt) [Class/UDC] / relación simple *f*
einfacher Dienst *m* [Staff] / personal subalterno *m* (nivel más bajo del escalafón del funcionariado alemán)
einfache Schreibdichte *f* [EDP] / densidad simple *m*

Einfachschlüssel *m* [PuC] / código sencillo *m*
einfädeln *v* (einen Film ~) [Repr] / cargar una película *v* ‖ *s.a. Filmeinfädelung*
Einfarbendruck *m* [Prt] / impresión a una tinta *f* · monocromía *f*
Einfarben-Offsetmaschine *f* [Prt] / impresora offset unicolor *f* ‖ *s.a. Vierfarben-Rollenoffsetmaschine*
einfarbiger Bildschirm *m* [EDP/VDU] / pantalla monocolor *f*
Einfassen *n* [Bind] / ribetear *v s. Rändeln*
Einfassung *f* [Bk] / recuadro *m* · orladura *f*
Einfeldschlüssel *m* [PuC] / código simple *m*
Einfüge-Modus *m* / modalidad de introducción *f*
Einfügezeichen *n* / carácter de introducción *m*
Einführung in die Bibliotheksbenutzung *f* [RS] / introducción al uso de la biblioteca *f*
Einführungskurs *m* / cursillo introductorio *m*
Einführungslehrgang *m* [Ed] / curso introductorio *m*
Eingabe *f* [EDP] / entrada *f* ‖ *s.a. Dateneingabe; Paralleleingabe; serielle Eingabe*
Eingabeaufforderung *f* [EDP] / mensaje de apremio *m*
Eingabe|daten *pl* [EDP] / datos a tratar *pl* · datos de entrada *pl*
~einheit *f* [EDP] (DIN 44300/5E) / periférico de entrada *m*
~gerät *n* [EDP] (DIN 44300/5E) / dispositivo de entrada *m*
Eingabegeschwindigkeit *f* [EDP] (DIN 66201) / velocidad de entrada *f*
Eingabekennsatz *m* [EDP] / etiqueta de entrada *f*
Eingabe|puffer *m* [EDP] / memoria intermedia de entrada *f*
~warteschlange *f* [EDP] / cola de entrada *f*
~zeit *f* / tiempo de entrada *m*
Eingangscontrolle *f* [OrgM] / control de la entrada *m*
Eingangs|datum *n* [Acq] / fecha de recepción *f*
~dialog *m* [Comm] / procedimiento de entrada en el sistema *m*
Eingangshalle *f* [BdEq] / vestíbulo *m* ‖ *s.a. Vestibül*
Eingangs|kanal *m* [Comm] (DIN 66200/1) / canal de entrada *m*
~kontrolle *f* [OrgM] / control de la entrada *m*
eingeben *v* [EDP] / colocar en memoria *v* · memorizar *v* ‖ *s.a. Eingabe*
eingehen *v* (das Erscheinen einstellen) [Bk] / suspenderse *v*
eingeklebt *pp* (eine Tafel usw. ist ~) [Bind] / pegado *pp*
eingerissen *pp* [Bk] / empezado a rasgar *pp*
eingesägte Bünde *pl* [Bind] / cuerdas empotradas *pl* · cuerdas en grecado *pl*
eingesägter Rücken *m* [Bind] / lomo con grecado *m*
eingeschaltetes Blatt *n* [Bk] / hoja intercalada *f* · hoja insertada *f*
eingeschossene Leerseiten *pl* [Bk] / hoja de descarga *f* · hoja en blanco intercalada *f* ‖ *s.a. durchschossenes Exemplar*
eingeschossig *adj* [BdEq] / de un nivel *adj* · de una planta ‖ *s.a. Magazin mit eingeschossiger Regalanlage*
eingeschränkter Zugang *m* [Arch; RS] / acceso restringido *m*
eingeschriebener Benutzer *m* [RS] / usuario inscrito *m* · usuario registrado *m*
eingetragener Benutzer *m* [RS] *s. eingeschriebener Benutzer*
eingleisiges Bibliothekssystem *n* (an einer Universität; es bestehen keine selbständigen Institutsbibliotheken) [Lib] / sistema bibliotecario de vía sencilla *m*
Eingruppierung *f* [Staff] / clasificación salarial *f* ‖ *s.a. Vergütungsgruppe*
Einhängemaschine *f* [Bind] / máquina de encajar *f* · máquina de entapar *f*
einhängen *v* [Bind] / entapar *v* · meter en tapas *v* · encajar *v* · meter en caja *v*
Einheits|aufnahme *f* [Cat] / asiento unitario *m* · registro unitario *m*
~bücherei *f* (Vereinigung von wissenschaftlicher Stadtbibliothek und Volksbücherei) [Lib] / biblioteca integrada *f*
Einheitskarte *f* [Cat] *s. Einheitszettel*
Einheits|sachtitel *m* [Cat] (DIN 31631/2; RAK) / título uniforme *m*
~zettel *m* [Cat] / ficha unitaria *f*
einkapseln *v* [Pres] / encapsular *v*
Einkapselung *f* [Pres] / encapsulamiento *m*
Einkernkassette *f* [NBM; Repr] (A 2654) / cartucho cargador *m*
einklammern *v* [Writ; Prt] / poner entre paréntesis *v*

einkleben *v* (Tafeln usw. ~) [Bind] / (tablas, etc.:) pegar *v* · añadir *v* · adherir una banderilla *v*
Einkünfte *pl* [BgAcc] / ingresos *pl*
Einlaufsdatum *n* [Acq] *s. Eingangsdatum*
Einlegearbeit *f* [Bind] / (proceso:) trabajo de incrustación *m* · (resultado:) taracea *f*
Einlegeboden *m* [BdEq] / anaquel *m* · balda *f* · estante *m*
einlegen *v* [NBM] / clasificación *f* · clasificación *f* (de fichas) · archivación *f* (de fichas)
einlegen *v* [NBM] / fichar *v* · archivar *v*
Einleitung *f* [Bk] ⟨DIN 31639/2⟩ / introducción *f*
Einleitungsmodus *m* [Retr] / modalidad de introducción *f*
einlesen *v* [EDP] / colocar en memoria *v* · almacenar *v* · registrar *v* · memorizar *v* ‖ *s.a. Eingabe*
Einliniensystem *n* [OrgM] / sistema de línea directa *m*
Einlogprozedur *f* [Comm] *s. Eingangsdialog*
einmalige Kosten *pl* [BgAcc] / gastos de una sola vez *pl*
– **Zuwendung** *f* [BgAcc] / donación de una sola vez *f*
Ein-Mann-Betrieb *m* [OrgM] / empresa unipersonal *f*
Einordnen *n* (von Karten/Zetteln) [Cat] / catalogación *f*
Einordnen *n* (von Karten/Zetteln) [Cat] / clasificación *f* ‖ *s.a. umordnen*
Einordnungsrückstände *pl* [Cat] / clasificación de atrasos *f*
~**stelle** *f* (in einem Katalog) [Cat] / punto de acceso *m*
Einpressen *n* [Bind] / meter en prensa *v*
Einreisevisum *n* [Adm] / visado de entrada *m*
Einrichtung *f* [OrgM] / instalación *f*
Einriß *m* [Bk] / pequeña rotura *f* · rasgadura *f*
einrücken *v* [Prt] / sangrar *v*
Einrückung *f* [Prt] / sangrado *m* · sangría *f*
Einschaltblatt *n* [Bk] / hoja intercalada *f s. eingeschaltetes Blatt*
Einschaltung *f* (Herstellung der Verbindung zu einem entfernten Rechner) [EDP; Comm] / entrada en el sistema *f*
einschichtiges Bibliothekssystem *n* [Lib] *s. eingleisiges Bibliothekssystem*
Einschlag *m* [Bind] / dobladura *f*
einschnüren *v* [Bind] / atar con cuerda *v*
Einschreibebrief *m* [Comm] / carta certificada *f*
Einschreibgebühr *f* (für einen eingeschriebenen Brief) [Comm] / tasa(s) de certificación *f(pl)*
Einschuböffnung *f* (einer Mikrofilmtasche) [Repr] ⟨DIN 19040/113E; ISO 6196-4⟩ / abertura *f*
Einschweißen *n* (das Überziehen eines Buches mit einer Schrumpffolie) [Bind] / plastificar *v*
einseitige Datenübermittlung *f* [Comm] ⟨DIN 44 302⟩ / transmisión de datos unilateral *f*
einseitige Regaleinheit *f* [Sh] / estantería de una cara *f*
einseitiges Regal [Sh] *s. einseitige Regaleinheit*
einspaltig *adj* [Bk] / a una columna *loc. adj.*
einsprachiger Thesaurus *m* [Ind] / tesaurus monolingüístico *m*
einstampfen *v* [Bk] / hacer maculatura *v* · reducir a pasta *v* (el papel viejo)
einstellen 1 *v* (das Erscheinen einstellen) [Bk] / interrumpir una publicación *v* · suspender *v*
einstellen 2 *v* [Staff] / contratar *v* · dar empleo *v*
einstellen 3 [EDP] / posicionar *v* · ajustar *v*
Einstellung *f* [InfSc] / actitud *f*
Einstellungsänderung *f* [InfSc] / cambio de actitud *m*
~**datum** *n* [Staff] / fecha de contratación *f*
~**gespräch** *n* [Staff] / entrevista de empleo *f*
~**messung** *f* [InfSc] / medición de actitudes *f*
~**skala** *f* [InfSc] / escala de actitud *f*
~**stopp** *m* [Staff] / suspensión de contratación *f*
~**wandel** *m* [InfSc] *s. Einstellungsänderung*
Einstiegspunkt *m* [Cat; Retr] / punto de acceso *m*
einstöckig *adj* [BdEq] / de una planta *s. eingeschossig*
einstufige Titelaufnahme *f* (bei fortlaufenden Sammelwerken) [Cat] ⟨ISBD(S)⟩ / asiento simple de título *m* ‖ *s.a. Stufenaufnahme*
Einstufung als Verschlußsache *f* [Arch] / clasificación como material secreto *f* · clasificación como materia reservada *f* · clasificación como documento confidencial *f*

eintaschen *v* (Mikrofilmstreifen ~) [Repr] ⟨DIN 19040/113E⟩ / insertar en formato jacket *v* · enfundar *v* (tiras de microfilm)
Eintaschgerät *n* (zum Einführen von Filmstreifen in Jackets) [Repr] / insertador de jacket *m* · insertador en el formato jacket *m*
Eintastbereich *m* [EDP] / zona de introducción por teclado *f*
eintasten *v* [EDP] / introducir por teclado *v*
eintippen *v* [EDP] / introducir por teclado *v*
Eintrag *m* [Ind; Cat] / entrada bibliográfica *f* *s.a. Eintragung*
Eintragung *f* [Ind; Cat] ⟨DIN 3163/3; RAK1⟩ / asiento bibliográfico *m*
Eintragungsstelle *f* [Cat] *s. Einordnungsstelle*
Eintragung unter dem engsten Schlagwort *f* / asiento bajo estricta palabra clave *m*
– **unter dem Verfasser** *f* / asiento por nombre de autor *m*
– **unter einem weiten Schlagwort** *f* / asiento por palabra clave amplia *m*
Eintrittsgebühr *f* [BgAcc] / tasa(s) de entrada *f(pl)*
eintrittsinvariantes Programm *n* [EDP] ⟨DIN 44300/4E⟩ / programa reentrante *m* · programa reentrable *m*
Einverfasserschaft *f* [Cat] / autoría única *f*
Einzahlungsbeleg *m* [BgAcc] / comprobante de pago *m*
einzeilig *adj* [Prt] / a un espacio *adv*
Einzelarbeitsplatz *m* (mit Sichtabschirmung) [BdEq] / lugar de trabajo individual *m* · pupitre aislado *m*
~**autor** *m* [Bk] / autoría única *f*
~**blatt** *n* [Bk] / hoja única *f*
Einzelblatteinzug *m* [Repr] / alimentación de papel suelto *f*
~**buchstaben-Setz- und -Gießmaschine** *f* [Prt] / máquina de fundir y componer tipos sueltos *f* · fundidora-componedora de monotipos *f* · monotipia *f*
~**fallstudie** *f* [InfSc] / estudio de caso *m*
~**handelspreis** *m* [Acq] / precio de venta al público *m* ‖ *s.a. Ladenpreis*
~**heft** *n* [Bk] / fascículo suelto *m* · número suelto *m*
~**kabine** *f* [BdEq] / taquilla individual *f* (para ropa) · cabina individual *f*
~**plattenkassette** *f* (für magnetische Datenspeicherung) ⟨DIN 66207⟩ / cinta magnética unitaria *f*
~**preis** *m* [Acq] / precio unitario *m*
~**regal** *n* [Sh] / estantería sencilla *f* ‖ *s.a. einseitige Regaleinheit*
~**verfasser** *m* [Bk] / autoría única *f*
~**werk** *n* / obra individual *f*
einziehen *v* (die 1. Zeile eines Absatzes einrücken) [Prt] / sangrar la primera línea *v* (línea sangrada)
Einzug *m* [Prt] / sangrado *m* · sangría *f*
Einzugsgebiet *n* [Gen] / área de aprovechamiento *f*
Eiweiß *n* [Bind] / clara de huevo *f*
Elefantenhaut *f* [Bind] / piel de elefante *f*
Elefant-Folio *n* [Bk] / folio elefante *m*
Elektrofotografie *f* [Repr] ⟨DIN 19040/113E⟩ / electrocopia *f* · electrofotografía *f*
~**kopierverfahren** *n* [Repr] / electrocopia *f* *s. Elektrofotografie*
elektronische Datenverarbeitung *f* [EDP] / tratamiento electrónico de datos *m*
– **Post** *f* [Comm] / correo electrónico *m*
elektronisches Dokument *n* / documento electrónico *m*
– **Publizieren** *n* [EDP] / publicación electrónica *f*
elektronische Veröffentlichung *f* / publicación electrónica *f*
elektrostatische Kopie *f* [Repr] / copia electrostática *f*
elektrostatischer Drucker *m* [Prt] / impresora electrostática *f*
Element *n* (als Teil einer Zone der bibliographischen Beschreibung) [Cat] ⟨ISBD(M; S; PM)⟩ / elemento *m*
Elfenbeindeckel *m* [Bind] / tapa de marfil *f*
Elfenbeinpapier *n* [Pp] / papel marfil *m*
Elfplattenstapel *m* (für magnetische Datenspeicherung) [EDP] ⟨DIN 66206⟩ / unidad de once placas de disco *f*
Emaileinband *m* [Bind] / encuadernación en esmalte *f*
emaillierter Einband *m* [Bind] / encuadernación esmaltada *f*
Emblem-Buch *n* [Bk] / libro de emblemas *m*
Empfang *m* [Acq] / recepción *f*
Empfänger *m* [Comm] / destinatario *m* · receptor *m*
Empfangsaufruf *m* [Comm] ⟨DIN 44302⟩ / llamada selectiva *f* · invitación a recibir *f*
~**bestätigung** *f* [Acq] / acuse de recibo *m*
~**betrieb** *m* [Comm] ⟨DIN 44302⟩ / modalidad de recepción *f*
~**gerät** *n* [Comm] / aparato receptor *m* ‖ *s.a. Empfänger*

–station *f* [Comm] ⟨DIN 44302⟩ / estación receptora *f* · estación de destino *f*
Empfindlichkeit 1 *f* (fotografische ~ im allgemeinen) [Repr] ⟨DIN 19040/4⟩ / sensibilidad *f* · velocidad de película *f* ‖ *s.a. lichtempfindlich; strahlungsempfindlicher Film*
~ 2 *f* (Maßeinheit für die fotografische ~) [Repr] / índice de exposición *m*
Empore *f* [BdEq] / galería alta *f* · tribuna *f*
Empty-Slot-Verfahren *n* [EDP] / esquema de empty slot *m*
Emulation *f* [EDP] / emulación *f*
Emulator *m* [EDP] ⟨DIN 44300/4E⟩ / emulador *m*
emulieren *v* [EDP] ⟨DIN 44300/4E⟩ / emular *v*
Emulsion *f* [Repr] ⟨DIN 19040/104E⟩ / emulsión *f*
Emulsionsschicht *f* [Repr] ⟨DIN 19040/4+104E⟩ / capa de emulsión *f*
Encyclica *f* [Bk] / encíclica *f*
Endabnehmerpreis *m* [Acq] / precio de consumidor *m* ‖ *s.a. Ladenpreis*
–bericht *m* [Bk] / informe final *m*
–buchstütze *f* [Sh] / sujetalibros *m*
Ende des Textes *n* [Comm] ⟨DIN 66303⟩ / final de texto *m*
–marke *f* [EDP] / marca de final *f* · indicador de final *m*
Endformat *n* [Pp] ⟨DIN 6730⟩ / formato final *m*
Endgerät *n* [EDP; Comm] ⟨DIN 9762⟩ / terminal *m* ‖ *s.a. abgesetztes Endgerät; Datenendgerät; Terminal*
endgültige Ausgabe *f* [Bk] / edición autorizada *f* · edición definitiva *f*
Endlosbandkassette *f* [NBM] *s. Endloskassette*
Endlosfilm-Kassette *f* (für einen Kinefilm) [NBM] ⟨ISBD(NBM) A 2653⟩ / cartucho continuo de cine *m*
–formular *n* [EDP] / papel continuo preimpreso *m* · formulario en papel continuo *m*
–kassette *f* [NBM; Repr] ⟨DIN 19040/104E; DIN 45510⟩ / casete continua *f*
–mikrofilm-Kassette *f* [NBM; Repr] ⟨ISBD(NBM)⟩ / casete continua de microfilm *f*
–papiereinzug [Repr] / alimentación de papel contínuo *f*
–tonband-Kassette *f* [NBM] / casete continua *f*
–-Videokassette *f* [NBM] ⟨ISBD(NBM)⟩ / videocasete continua *f* · cartucho de vídeo *m*
–vordruck *m* [EDP] / papel continuo preimpreso *m s. Endlosformular*
Endmaskierung *f* [Retr] / truncado de terminaciones *m* · truncado a la derecha *m*
Endnote *f* [Ed] / nota final *f*
Endsystem *n* [Comm] / sistema final *m*
–adresse *f* [Comm] / dirección de red *f*
–verbindung *f* [Comm] / conexión a la red *f*
Endverbraucherpreis *m* [Bk] / precio de consumidor *m* ‖ *s.a. Ladenpreis*
energieabhängiger Speicher *m* [EDP] / memoria no permanente *f* · memoria sujeta a energía *f*
Engagement *n* (Einsatzbereitschaft) [Staff] / compromiso *m*
enges Schlagwort *n* [Cat; Ind] / encabezamiento específico *m* (en un catálogo o índice alfabéticos de materias) ‖ *s.a. Schlagwortkatalog*
Engpaß *m* [OrgM] / paso estrecho *m*
entfärbt *pp* [Bk] / destintado *pp* · decolorado *pp*
entferntes Endgerät *n* [EDP] / terminal remoto *m* · terminal a distancia *m*
Entfeuchtung *f* [BdEq; Pres] / deshumectación *f* ‖ *s.a. Feuchtigkeit*
Entgelt *n* [BgAcc] / remuneración *f* · pago *m* · (zusätzliches ~:) pago adicional *m* ‖ *s.a. Leistungsentgelt; unentgeltlich*
enthaltenes Dokument *n* [Cat] ⟨DIN 163131631/2⟩ / documento incluído *m* (en una colección con título colectivo y mencionado en la portada o portadilla) ‖ *s.a. enthaltenes Werk*
enthaltenes Werk *n* [Cat] ⟨RAK⟩ / obra incluída *f* · documento incluído *m* ‖ *s.a. enthaltenes Dokument*
entlassen *v* [Staff] / despedir *v*
Entlassung *f* [Staff] / despido *m*
entlasten *v* [RS] / descargar *v*
Entlastung *f* (nach Rückgabe eines entliehenen Bandes) [RS] / descarga *m* · cancelación del registro de préstamo *f* (de un libro devuelto)
Entlastungsrechner *m* [EDP] / ordenador de apoyo *m s. Vorrechner*
entlehnen *v* [RS] *A* / tomar en préstamo *v s. entleihen*
Entleihdatum *n* [RS] / fecha de préstamo *f*
entleihen *v* [RS] / sacar en préstamo *v*

Entleiher *m* [RS] / lector externo *m* · prestatario *m*
Entleihung *f* [RS] / préstamo *m* ‖ *s.a. Fernentleihung*
entpacken *v* [EDP] / desempaquetar *v*
entsäuern [Pres] / desacidificar *v*
Entsäuerung *f* [Pres] / neutralización de la acidez *f* · desacidificación *f* ‖ *s.a. Massenentsäuerung*
Entscheidungsfindung *f* [OrgM] / elaboración de decisiones *f*
Entscheidungstabelle *f* [OrgM] / tabla de decisiones *f*
entschlüsseln *v* [InfSy] / descifrar *v* · decodificar *v*
Entspannungslektüre *f* [Bk] / lectura de esparcimiento *f* ‖ *s.a. Freizeitlektüre*
entwickeln *v* [Repr] / revelar *v*
Entwickler *m* [Repr] ⟨ISO 6196/3⟩ / revelador *m*
Entwicklungs|maschine *f* [Repr] / máquina de revelado *f* (contínuo)
~tank *m* [Repr] / tanque de revelado *f*
Entwurf / croquis *m* · esbozo *m* · bosquejo *m*
~ 1 *m* (eines Dokuments) [NBM] ⟨DIN 31631/4⟩ / (de un documento:) borrador *m*
~ 2 *m* (eines Bauwerks) [BdEq] / 1 plano *m* (de un edificio) ‖ *s.a. Architektenentwurf*
Entwurfsvorlage *f* / original de proyecto *m*
enumerative Klassifikation *f* [Class] / clasificación enumerativa *f* · clasificación lineal *f*
Enzyklopädie *f* [Bk] ⟨DIN 31631/4; DIN 31639/2: RAK-AD⟩ / diccionario enciclopédico *m* · enciclopedia *f*
Ephemera *pl* [Bk] ⟨ISO 5127-3⟩ / efemérides *pl*
ephemeres Material *n* [Bk] / material efímero *m* · material perecedero *m*
Epidiaprojektor *m* [NBM] / epidiascopio *m*
Epidiaskop *n* [NBM] *s. Epidiaprojektor*
Epigraph *n* [Writ] / epígrafe *m* ‖ *s.a. Inschrift*
Epigraphik *f* [NBM] / epigrafía *f*
Epiprojektor *m* [NBM] ⟨DIN 19090/1⟩ / episcopio *m*
Episkop *n* [NBM] *s. Epiprojektor*
Epistolar *n* [Bk] / epistolario *m*
Epistolarium *n* [Bk] / epistolario *m*
Epitheton *n* [Gen; Cat] / epíteto *m*
Epitome *f* [Bk] / epítome *m* ‖ *s.a. Kurzfassung*
Epos *n* [Bk] / poema épico *m* · epopeya *f*
Erbauungsliteratur *f* [Bk] ⟨RAK-AD⟩ / devocionarios *pl* · libros de oraciones *pl*
Erbe *n* [Gen] / herencia *f* ‖ *s.a. kulturelles Erbe*
Erdgeschoß *n* [BdEq] / planta baja *f*
~globus *m* [Cart] ⟨ISBD(CM)⟩ / esfera terrestre *f* · globo terráqueo *m*
Ereignismodus *m* [EDP] / modalidad de evento *f*
erfassen *v* (Daten über eine Tastatur ~) [EDP] / introducir datos por teclado *v* ‖ *s.a. Datenerfassung*
Erfrischungsraum *m* [BdEq] / sala de descanso *f*
ergänzende Angaben *pl* (in der bibliographischen Beschreibung) [Cat] / notas *pl*
Ergänzungs|band *m* [Bk] / suplemento *m* · volumen suplementario *m*
~fach *n* [Ed] / asignatura complementaria *f*
~lieferung *f* (zu einem Loseblattwerk) [Bk] / distribución de una entrega *f*
~speicher *m* [EDP] ⟨DIN 44300/6E⟩ / memoria auxiliar *f*
~tafel *f* [Class/UDC] / tabla auxiliar *f*
~zahl *f* [Class/UDC] / auxiliar *m* (número) ‖ *s.a. allgemeine Ergänzungszahl; besondere Ergänzungszahl*
Ergebnisorientierung *f* [OrgM] / orientación de resultados *f*
Ergonomie *f* [OrgM] / ergonomía *f*
erhabene Bünde *pl* [Bind] *s. echte Bünde*
Erhaltung *f* (von Bibliotheksgut) [Pres] / conservación *f* · mantenimiento *m*
Erhaltungszustand *m* [Bk] / estado de conservación *m*
Erhebung *f* [InfSc] / estudio *m* · encuesta *f* ‖ *s.a. briefliche Umfrage; Fragebogenuntersuchung; Gesamterhebung; Stichprobenerhebung*
~s|grundlage *f* [InfSc] / marco de la encuesta *m* · marco del estudio *m* ‖ *s.a. Stichprobenbasis*
~instrument *n* [InfSc] / instrumento del estudio *m*
~rahmen *m* [InfSc] / marco del estudio *m* *s. Erhebungsgrundlage*
Erhitzer *m* [Bind] / calentador *m*
Erinnerung *f* (ein Buch zurückzubringen, dessen Leihfrist überschritten ist) [RS] / aviso de vencimiento de plazo *m*
Erläuterung *f* (zu einem Deskriptor) [Ind] ⟨DIN 1463/1E⟩ / especificación de alcance *f* · indicación de contenido *f*

Erledigungsrate *f* [RS] / tasa de despachos cumplidos *f* ‖ *s.a. Prozentsatz der positiv erledigten Bestellungen*

ermessen *n* [Gen] / medición *f* · calcular *v*

ermitteln *v* (bibliographische Daten) / comprobar *v* · verificar *v* (datos bibliográficos) ‖ *s.a. nicht ermittelt*

Ermittlung *f* (bibliographischer Daten) [Bib; Retr] / verificación *f* · comprobación *f*

Eröffnungsbildschirm *m* [Cat] / pantalla de entrada *f*

Erreichbarkeit *f* (einer Bibliothek) [Lib] / accesibilidad *f*

Ersatzblatt *n* / hoja repuesta *f* · hoja rehecha *f*

Ersatz der Haupttitelseite *m* [Bk] *s. Titelseitenersatz*

-exemplar *n* [Acq] / ejemplar repuesto *m* · ejemplar de repuesto *m*

-kanal *m* [EDP] / canal de seguridad *m* · canal de reserva *m*

-verfilmung *f* [Repr] ⟨DIN 19040/113E⟩ / microfilmación de seguridad *f* · microfilmación de reserva *f*

-zettel *m* (als Vertreter für eine entnommene Katalogkarte) [Cat] / testigo *m* · ficha sustitutoria *f* ‖ *s.a. Vertreter*

erscheint demnächst [Bk] / de próxima aparición *adj* · de próxima publicación *adj*

- in Kürze [Bk] *s. erscheint demnächst*

Erscheinungsdatum *n* [Bk] ⟨DIN 31631/4⟩ / fecha de publicación *f*

-jahr *n* [Cat] ⟨TGL 20972/04⟩ / (si se trata de impresos:) año de impresión *m* · año de publicación *m*

-land *n* [Bk] / país de publicación *m*

-ort *m* [Bk; Cat] ⟨TGL 20972/04⟩ / lugar de publicación *m*

-termin *m* [Bk] / fecha de publicación *f s. Erscheinungsdatum*

-vermerk *m* [Cat] ⟨TGL 20972/04⟩ / área de edición *f* · mención de edición *f*

-weise *f* [Bk; Cat] / frecuencia *f* (de publicación)

erschließen *v* [Ind] / hacer accesible *v* · indexar *v* · indizar *v*

Erschließung *f* (von Dokumenten) [Ind] / indexación *f* · indización *f* ‖ *s.a. Bestandserschließung; Formalerschließung; inhaltliche Erschließung; Zeitschriftenerschließung*

ersetzendes Referat *n* [Ind] ⟨DIN 1426E⟩ / versión abreviada *f* (de un documento) · versión resumida *f* (de un documento)

Erstauflage *f* [Bk] / primera edición *f*

Erstausgabe *f* [Bk] / edición príncipe *f* (en libros antiguos) · primera edición *f*

Erstellen von Kurzreferaten *n* / elaborar extractos *v*

Ersterfassungsdatum *n* [Cat] / fecha de la primera catalogación *f*

erstes Ordnungswort *n* [Cat] / palabra de entrada *f* · primera palabra del encabezamiento *f* · palabra de archivo *f*

Erstinhaber *m* (einer Ton- oder Bildtonaufnahme) [NBM; Law] / propietario titular *m*

Erstlingsroman *m* [Bk] / novela de autor novel *f*

Erstreckung *f* [Class/UDC] / extensión *f* (signo / leído hasta o barra) ‖ *s.a. Erstreckungszeichen*

Erstreckungszeichen *n* (Zeichen / bis) [Class/UDC] / signo de extensión *m*

Erwachsenenbibliothek *f* [Lib] / biblioteca para adultos *f*

-bildung *f* [Ed] / educación de adultos *f*

erweitern *v* [BdEq; EDP] / expandir *v* · ampliar *v*

erweiterte Auflage *f* [Bk] *s. erweiterte Ausgabe*

erweiterte Ausgabe *f* [Bk] / edición aumentada *f*

erweitertes Adreßfeld *n* [Comm] / zona de dirección ampliada *f*

erweitertes Steuerfeld *n* ⟨DIN/ ISO 3309⟩ / zona de control ampliada *f*

Erweiterungsbau *m* [BdEq] / ampliación *f* · edificio anexo *m* ‖ *s.a. Anbau*

-fähigkeit 1 *f* [Gen; EDP] / expansibilidad *f*

-fähigkeit 2 *f* (der Notation) [Class] / flexibilidad *f*

Erweiterungskarte *f* [EDP] *s. Steckkarte*

Erweiterungssteckkarte *f* [EDP] / tarjeta de expansión *f*

Erwerb *m* [Acq] / adquisición *f s. Erwerbung*

erwerben *v* [Acq] / adquirir *v*

Erwerbung *f* [OrgM; Acq] / 2 (como unidad de organización:) adquisiciones *pl* · adquisición *f* ‖ *s.a. abgestimmte Erwerbung; Zugang*

Erwerbungen *pl* [Acq] / adquisiciones *pl*

Erwerbungs|abteilung *f* [OrgM] / departamento de adquisiciones *m* ‖ *s.a. Zugangsstelle*
Erwerbungsart *f* [Acq] / clase de adquisición *f* · tipo de adquisición *m*
Erwerbungs|bibliothekar *m* [Staff] / biblitecario encargado de adquisiciones *m*
-etat *m* [BgAcc] / presupuesto de adquisiciones *m* ‖ *s.a. Etataufteilungsschlüssel*
-mittel *pl* [BgAcc] / fondos para adquisiciones *pl* (económicos)
-politik *f* [Acq] / política de adquisiciones *f*
Erwerbungsreferent *m* [Staff] / informante de adquisiciones *m*
Erwerbungs|richtlinien *pl* [Acq] / programa de adquisiciones *f*
-wunsch *m* [Acq] / desideratum *m*
erzählende Literatur *f* [Bk] / literatura narrativa *f*
erzeugen *v* [EDP] / producir *v*
Eselsohr *n* [Bk] / arruga *f* · doblez *m*
Espartopapier *n* [Pp] / papel de esparto *m*
Etage *f* [BdEq] / planta *f* · piso *m* *s. Geschoß*
Etat *m* [BgAcc] / presupuesto *m* ‖ *s.a. Erwerbungsetat; Haushalt*
Etataufteilungsschlüssel *m* [BgAcc] / clave de distribución de presupuesto *f*
Etat|überwachung *f* [BgAcc] / control presupuestario *m*
Etikett *n* [Gen] / rótulo *m* · etiqueta *f* ‖ *s.a. Rückenetikett*
Etikettendrucker *m* [BdEq] / impresora de etiquetas *f*
Etikettenpapier *n* [Pp] / papel para etiquetas *m*
etikettieren *v* [Bind] / etiquetar *v*
Etikettiermaschine *f* [TS] / rotuladora *f* · máquina de rotulación *f* · máquina de etiquetado *f*
Etikettierung *f* [TS] / rotulación *f* · etiquetado *m*
ETX *abbr* [Comm] *s. Ende des Textes*
Et-Zeichen *n* (&) [Writ; Prt] / signo et *m* · signo de y *m*

E.U.Br. *abbr* [Arch] *s. eigenhändig geschriebener und unterzeichneter Brief*
Europäische Artikelnummer *f* / numeración europea de artículos *f*
Europäischer Binnenmarkt *m* / mercado interior europeo *m*
E.U.U. *abbr* [Arch] *s. eigenhändig geschriebene und unterzeichnete Urkunde*
Evaluation *f* [InfSc] / evaluación *f*
Evangeliar *n* [Bk] ⟨DIN 31631/4⟩ / evangeliario *m*
Evangelistar *n* [Bk] / evangelistario *m*
EVP *abbr DDR* [Acq] *s. Endverbraucherpreis*
ewiger Kalender *m* [InfSy] / calendario perpetuo *m*
Ex. *abbr* [Bk] *s. Exemplar*
Examensarbeit *f* [Ed] ⟨DIN 31631/4⟩ / escrito de examen *m* · trabajo de examen *m*
Exemplar *n* [Bk] / copia *f* · ejemplar *m*
– berühmter Herkunft *n* / ejemplar de procedencia famosa *m*
Exilliteratur *f* [Bk] / literatura del exilio *f*
Exkursion *f* ⟨Ed; Staff⟩ / excursión *f*
Exlibris *n* [Bk] ⟨DIN 31631/4⟩ / ex libris *m* ‖ *s.a. Donatoren-Exlibris*
Experimentierkasten *m* [NBM] ⟨ISBD(NBM)⟩ / equipo de laboratorio *m*
Expertensystem *n* [EDP] / sistema experto *m*
Expl. *abbr* [Bk] *s. Exemplar*
Explicit *n* [Bk] / éxplicit *m*
Exponat *n* [PR] / objeto expuesto *m*
Exponent *m* (im Formelsatz) [Prt] / voladita *f* · (en una fórmula:) cifra superior *f* · exponente *m*
exponentielles Wachstum *n* [InfSc] / crecimiento vertiginoso *m* · crecimiento exponencial *m*
externer Speicher *m* [EDP] / memoria externa *f*
Extraausgabe *f* [Bk] / edición extraordinaria *f* ‖ *s.a. Sondernummer*
extra-ausgestattetes Exemplar *n* [Bk] / ejemplar extraordinario *m*
extrapolieren *v* [InfSc] / extrapolar *v*

F

f *abbr* (und folgende/r/s) [Bk; Bib] ‖ *s.a.* *ff*
Fabel *f* [Bk] ⟨RAK-AD⟩ / fábula *f*
Facette *f* [Class] / faceta *f*
Facetten|analyse *f* [Class] / análisis por facetas *m* · análisis facetado *m*
~formel *f* [Class] / fórmula de faceta *f* · orden de cita *m* · orden de combinación *m*
~indikator *m* [Class] / indicador de faceta *m*
~klassifikation *f* [Class] / clasificación a facetas *f* · clasificación facetada *f*
~ordnung *f* [Class] / orden de facetas *m* · orden de citación *m* · orden de combinación *m*
facettierter Thesaurus *m* [Ind] / tesauro facetado *m*
Fach *n* [Ed] *s.* *Studienfach*
Fach 1 *n* [Class] / clase principal *f*
– 2 *n* [BdEq] *s.* *Ablagefach*
~abteilung *f* (Abteilungsgliederung gemäß einem Wissenschaftsfach) [OrgM] / departamento de una especialidad *m*
Fachaufsicht *f* [Adm] / inspección cualificada *f*
Fach|ausbildung *f* [Ed] / especialización profesional *f*
~ausdruck *m* [Lin; Ind] / tecnicismo *m* · término técnico *m*
Fachbegriff *m* [Lin; Ind] *s.* *Fachausdruck*
~beirat *m* [OrgM] / comité asesor de una materia *m*
~bereich / departamento universitario *m* · facultad *f*
~(bereichs)bibliothek *f* (an einer Universität) [Lib] *s.* *Bereichsbibliothek*
~bezeichnung *f* [Lin; Ind] *s.* *Fachausdruck*
~bibliographie *f* [Bib] / **bibliografía de una materia** *f* · bibliografía especializada *f* · bibliografía temática *f*
~bibliothek *f* [Lib] / biblioteca especializada *f* ‖ *s.a.* *zentrale Fachbibliothek*
~bibliothekar *m* [Staff] *DDR* / bibliotecario especialista *m* (en una materia)
~boden *m* [Sh] / anaquel *m* · estante *m* · balda *f* ‖ *s.a.* *Auslage(fach)boden; nichtverstellbarer Fachboden; Schrägboden; Sockelboden; verstellbarer Fachboden*
~bodenabstand *m* (lichte Höhe zwischen zwei übereinanderliegenden Fachböden) [Sh] / altura entre estantes *f*
~boden mit fester Unterteilung *m* / estante con subdivisiones fijas *m*
~buch *n* [Bk] / libro técnico *m*
~buchhandlung *f* [Bk] / librería técnica *f*
Fächerstil *m* [Bind] / encuadernación de abanico *f* *s.* *Einband im Fächerstil*
Fach|hochschule *f* [Ed] / escuela politécnica *f* · escuela técnica superior *f*
~information *f* [InfSc] / información especializada *f*

-informations-Rechenzentrum *n* [InfSy] / centro de cálculo e información técnica *m*
-informator *m* [Staff] *DDR*
-klassifikation *f* [Class] / clasificación especializada *f* · clasificación técnica *f*
Fachkollege *m* [Gen] / colega *m*
Fachkraft *f* / especialista *m* · persona cualificada *f*
Fach|lesebereich *m* [BdEq] / área de lectura temática *f*
Fachlesesaal *m* [BdEq] / sala de lectura de una materia *f*
Fachmann *m* / técnico *m* · especialista *m*
Fachoberschule *f* [Ed] / escuela de formación profesional *f*
Fach|personal *n* [Staff] / personal especializado *m*
Fachreferat *n* [OrgM] / sección especializada *f*
Fach|referent *m* [Staff] / bibliotecario especialista *m* (en una materia) ‖ *s.a. Fachreferat*
Fachschaft *f* [Ed] / organización profesional *f*
Fach|stelle für öffentliche Bibliotheken *f* [Lib] *s. Staatliche Büchereistelle*
-systematik *f* [Class] / clasificación especializada *f*
-terminus *m* [Lin; Ind] *s. Fachausdruck*
-thesaurus *m* [Ind] / tesauro orientado a una materia *m* · tesauro funcional *m* · tesauro especializado *m*
-verlag *m* [Bk] / editorial especializada *f* · editorial técnica *f*
-wörterbuch *n* [Bk] / diccionario técnico *m*
-zeitschrift *f* [Bk] / revista técnica *f* · revista especializada *f* · revista profesional *f*
Faden *m* [Bind] / hebra *f* · hilo *m*
Fadenblockheftung / cosido en bloque con hilo *m*
Faden|heftmaschine *f* [Bind] / encuadernadora de hilo *f*
-heftung *f* [Bind] / cosido con hilo *m*
Fadenrückstichheftung *n* [Bind] / cosido en caballete con hilo *m*
Faden|siegeln *n* [Bind] / encolado de costuras *m* · sellado de costuras *m*
Fahnenabzug *f(m)* [Prt] / impresión de prueba *f* · galerada(s) *f(pl)* · prueba(s) de galera *f(pl)* · prueba(s) en columna *f(pl)* ‖ *s.a. Fahnenkorrektur*
Fahnenkorrektur *f* [Prt] / corrección de pruebas *f* · corrección de galeradas *f*
Fahr|bibliothek *f* [Lib] / biblioteca móvil *f* · biblioteca circulante *f* ‖ *s.a. Bücherbus*
Fahrbücherei *f s. Fahrbibliothek*
Fahr|plan *m* [NBM] ⟨DIN 31631/4⟩ / horario de viajes *m* ‖ *s.a. Kursbuch*
-radständer *m* [BdEq] / aparcamiento de bicicletas *m*
-regal *n* [Sh] / estantería móvil *f* · estantería con rodamientos *f* · estantería con ruedas *f* ‖ *s.a. Kompaktregal*
-regalanlage *f* [Sh] / equipo de estanterías móviles *m*
-stuhl *m* [BdEq] / elevador *m HA* · ascensor *m*
Faksimile(-Ausgabe / -Nachdruck) [Bk; Cat] ⟨ISBD(M; S; PM); DIN 16514; DIN 31631/4⟩ / facsímil *m* (edición, reimpresión, reproducción)
Fakten(daten)bank *f* [InfSy] / banco de actas *m* ‖ *s.a. nichtbibliographische Datenbank; numerische Datenbank*
Faktorenanalyse *f* [InfSc] / análisis factorial *m*
Faktura *f* [BgAcc] / factura *f*
fakturieren *v* [BgAcc] / facturar *v*
Fakturierung *f* [BgAcc] / facturación *f*
fakultativ *adj [Cat]* / opcional *adj*
fakultative Bestimmung *f* [Cat; Class] / opción *f* · cláusula de opción *f*
Fakultätsbibliothek *f* [Lib] / biblioteca de facultad *f*
fällig *adj* (zur Rückgabe ~) [RS] / vencedero *adj* (plazo de devolución de un préstamo)
Fälligkeitsdatum *n* [RS] / fecha de vencimiento *f* ‖ *s.a. Rückgabedatum*
Fälligkeitstermin *m* [RS] *s. Fälligkeitsdatum*
Fallsammlung *f* / libro registro de casos *m*
Fallstudie *f* [InfSc] / estudio de caso *m*
falsche Bünde *pl* [Bind] / nervios imitados *pl* · nervios falsos *pl*
falsch schreiben *v* [Writ; Prt] / escribir incorrectamente *v*
Fälschung *f* [Bk; Bind] / falsificación *f* ‖ *s.a. Einbandfälschung*
Faltblatt *n* / prospecto *m* · folleto *m*
Faltbuch *n* [Bk] / libro plegado *m* · libro acordeón *m* · libro despleglable *m* · libro fuelle *m*
Falt|größe *f* [Cart] ⟨RAK-Karten⟩ / tamaño de plegado *m*
-kante *f* [Bind] / canto del pliegue *m*
-karte *f* [Cart] / mapa plegable *m*
-kupfer *n* [Bk] / grabado plegado *m* · grabado doblado *m*

–**plan** *m* [Cart] *s. Faltkarte*
–**titel** *m* [Cart] / título del mapa plegado *m*
–**tür** *f* [BdEq] / puerta plegable *f* · puerta de acordeón *f*
Falz 1 *m* (Knicklinie) [Bind] / pliegue *m* ‖ *s.a. Faltkante*
Falz 2 *m* (Gelenk am Buchrücken) [Bind] / charnela *f* · bisagra *f* ‖ *s.a. schräger Falz; tiefer Falz*
Falz 2 *m* [Bind] / 2 articulación *f*
Falz 3 *m* (gefalzter Papier- oder Gewebestreifen) [Bind] / (tira doblada de papel o de tejido:) cartivana *f* · escartivana *f* ‖ *s.a. Anklebefalz; Ansetzfalz; Ausgleichsfalz*
Falz 4 *m* [Bind] / cajo *m*
Falzbein *n* [Bind] / cortapapel(es) *m(pl)* · plegadera *f*
Fälzel *n* [Bind] / cartivana *f s. Falz 3*
fälzeln *v* [Bind] / doblar al borde *v*
falzen *v* [Bid] / doblar *v* · plegar *v* ‖ *s.a. nachfalzen*
Falzfestigkeit *f* [Pp] / resistencia del doblado *f*
Falzmaschine *f* [Bind] / plegadora *f* ‖ *s.a. Bogenfalzmaschine*
Falzrille *f* [Bind] / ranura de doblado *f*
Familienname *m* [Gen; Cat] / apellido *m*
Familienroman *m* [Bk] / novela de familias *f*
Fanfarenstil *m* [Bind] / encuadernación a la fanfare *f*
Farb|ballen *m* [Prt] / bala para entintar *pl*
–**band** *n* [Off] / cinta para máquina de escribir *f*
–**bildschirm** *m* [EDP/VDU] / monitor en color *m*
–**dia** *n* [NBM] / diapositiva en color *f*
–**druck** *m* [Prt] / cromotipografía *f* · cromolitografía *f* · impresión en color *f* ‖ *s.a. Dreifarbendruck; Einfarbendruck; Mehrfarbendruck; Vierfarbendruck*
Farbe *f* [Prt] ⟨DIN 16528E⟩ / color *m* · tinta *f*
farbecht *adj* [Pres; Prt] / de color estable *adj* · de color sólido *adj* ‖ *s.a. lichtecht*
Farbechtheit *f* [Pres] / estabilidad del color *f*
Farbendruck *m* [Prt] *s. Farbdruck*
Farb|film *m* [Repr] ⟨DIN 19040/104E⟩ / película en color *f*
–**gebung** *f* [BdEq] / entintado *m* · coloración *f*
–**holzschnitt** *m* [Art] / cromoxilografía *f*
farbige Abbildung *f* [Bk] / ilustración en colores *f*
Farbkopierer *m* [Repr] / copiadora en color *f*
Farb|lithographie *f* [Art] / litografía a colores *f*
–**microfiche** *m* [Repr] ⟨DIN 19040/113E⟩ / microficha a color *f*
–**monitor** *m* [EDP/VDU] / monitor en color *m*
–**platine** *f* [EDP] / placa de circuito impreso en color *f*
–**schnitt** *m* [Bind] / corte pintado *m*
–**stich** *m* [Repr] / grabado a color *m*
–**streifen** *m* (auf der Rückseite des Titelfeldes eines Microfiches) [Repr] / banda de color *f*
–**tabelle** *f* / tabla en color *f*
–**tafel** 1 *f* [Bk] / lámina en color *f*
–**tafel** 2 *f* [Repr] / panel cromático *m*
–**ton** *m* [Repr] / tonalidad de color *f*
–**walze** *f* [Prt] / rodillo de entintar *m*
–**werk** *n* [Prt] / mecanismo entintador *m* · sistema de entintado *m*
–**wiedergabe** *f* / reproducción del color *f*
Faserschreiber *m* [Off] / rotulador de fieltro *m*
Fassade *f* [BdEq] / fachada *f*
Fassung *f* (eines Textes) [Bk] / redacción de un texto *f*
Faszikel *m* [Bk] / fascículo *m*
Fax *n* [Comm] / fax *m*
Fax-Bestellschein *m* / formulario de pedido por fax *m*
faxen *v* [Comm] / transmitir por fax *v*
Faxgerät *n* / aparato de fax *m*
Faxübermittlung *f* [Comm] / fax *m* · transmisión de facsímiles *f* ‖ *s.a. Fernkopierer*
Fax-Übermittlung / transmisión por fax *f*
FBE *f* [Comm] *s. Fernbetriebseinheit*
Feature *n* [NBM] ⟨DIN 31631/4⟩ / artículo *m*
Feder *f* (Schreibwerkzeug aus Vogelfeder) [Writ] / pluma *f* ‖ *s.a. Rohrfeder; Stahlfeder*
–**messer** *n* [Writ] / cortaplumas *m*
–**ornament** *n* [Bk] / adorno a plumilla *m*
–**zeichnung** *f* [Art] / dibujo a (la) pluma *m*
Fehlbelichtung *f* [Repr] / error de exposición *m*
Fehldruck *m* [Prt] / impresión defectuosa *f* ‖ *s.a. Makulatur*
Fehler *m* / falta *f* · error *m*

Fehler (an einem Gerät usw.) beheben (oder:) beseitigen / subsanar una incidencia *v* · reparar un fallo *f*
Fehlererkennung *f* [EDP] / detección de incidencias *f*
Fehler|erkennungscode *m* [EDP] ⟨DIN 44300/2E⟩ / código detector de errores *m*
Fehlerfreiheit *f* [Retr] / precisión *f* · exactitud *f*
fehlerhafte Funktion *f* [EDP] / función errónea *f*
Fehler|korrekturcode *m* [EDP] ⟨DIN 44300/2E⟩ / código corrector de errores *m*
Fehlermeldung *f* [EDP] / aviso de error *m*
Fehler|protokollierung *f* [EDP] / registro de averías *m* · registro de anomalías *m*
-suchprogramm *n* [EDP] / programa detector de errores *m*
-überwachung *f* [Comm] / control de errores *m*
-überwachungseinheit *f* [Comm] ⟨DIN 44302⟩ / unidad de control de errores *f*
Fehlquote *f* [Retr] / tasa de omisión *f*
feingenarbtes Leder *n* [Bind] / cuero de grano fino *m*
Feinleinen *n* [Bind] / lienzo fino *m*
Feld *n* (als Teil eines Datensatzes) [EDP] / campo *m* · zona *f* · sector *m* ‖ *s.a. Teilfeld*
-endezeichen *n* [EDP] / carácter separador de zona *m s. Feldtrennzeichen*
- fester Länge *n* [EDP] / zona de longitud fija *f*
-kennung *f* [EDP] ⟨DIN 1506; DIN 2341/1; DIN 31631/1⟩ / identificador *m* · etiqueta *f* · distintivo *m*
-länge *f* [EDP] / longitud de campo de datos *f* · longitud de zona *f*
-marke *f* [EDP] / marca de fin de zona *f*
-trennzeichen *n* [EDP] ⟨DIN 2341/1⟩ / carácter separador de zona *m*
- variabler Länge *n* [EDP] / zona de longitud variable *f*
Feldversuch *m* [InfSc] / ensayo de campo *m*
Fenster|band *n* [BdEq] / ventanal *m*
-briefumschlag *m* [Off] / sobre de ventanilla *m*
-front *f* [BdEq] / frente de ventanas *m*
-karte *f* [Repr] ⟨DIN 19040/113E⟩ / tarjeta de ventana *f* · tarjeta de ventanilla *f* · tarjeta de abertura *f*
Fenstertechnik *f* [EDP] / técnica de ventanas *f*
Fernbedienung *f* [BdEq] / control a distancia *m*
Fern|bereich *m* (der dreigeteilten Bibliothek) [OrgM] / sección distante *f*
-bestellung *f* [Acq] / petición a distancia *f*
-betriebseinheit *f* [Comm] ⟨DIN 44302⟩ / unidad de control de comunicaciones *f*
-entleihung *f* [RS] / préstamo interbibliotecario *m*
-erkundungsbild *n* [Cart] ⟨ISBD(CM)⟩ / fotografía de teledetección *f*
-gespräch *n* [Comm] / telefonema interurbano *m* · llamada telefónica de larga distancia *f*
-kopie *f* [Comm] / fax *m s. Faxübermittlung*
-kopierer *m* [Comm] ⟨DIN 32742/1⟩ / transceptor de facsímiles *m* · transmisor de facsímiles *m* ‖ *s.a. Standfernkopierer; Tischfernkopierer*
-lehrgang *m* [Ed] / curso a distancia *m* · curso por correspondencia *m* ‖ *s.a. Fernunterricht*
Fernleih|beamter *m* [Staff] / bibliotecario de préstamos a distancia *m*
-bestellung *f* / solicitud de préstamo a distancia *f*
-buch *n* [RS] / libro de préstamo a distancia *m*
-datei *f* [RS] / fichero de préstamo interbibliotecario *m*
Fernleihe *f* [RS] / préstamo a distancia *m* ‖ *s.a. gebender Leihverkehr; Leihverkehr der Bibliotheken; nehmender Leihverkehr*
Fernleihkartei *f* [RS] / fichero de préstamos a distancia *m*
Fernleihprotokoll *n* / protocolo de préstamo a distancia *m*
Fernleih|register *n* [RS] / registro de préstamo interbibliotecario *m*
-schein *m* [RS] / formulario de préstamo interbibliotecario *m* · resguardo de préstamo interbibliotecario *m*
-statistik *f* [RS] / estadística(s) de préstamo interbibliotecario *f(pl)*
-stelle *f* [OrgM] / punto de préstamo interbibliotecario *m*
Fernleihverkehr *m* [RS] / préstamos a distancia *pl*
Fernleih|zahl *f* [RS] / número de préstamo interbibliotecario *m*
Fern|meldenetz *n* [Comm] / red de telecomunicación *f*
Fernnetz *n* [Comm] / red de larga distancia *f*
Fernschreibcode *m* [Comm] / código télex *m*

Fernschreiben *n* [Comm] / teletipo *m* · télex *m* · mensaje de télex *m*
Fernschreiber *m* [Comm] / aparato de teleescritura *m* · teletipo *m*
Fernschreib|leitung *f* [Comm] / línea de télex *f*
Fernschreibschlüssel *m* [Comm] / código télex *m* *s. Fernschreibcode*
Fernschreib|stelle *f* [Comm] / centro de télex *m*
-teilnehmer *m* [Comm] / abonado de telex *m*
-verkehr *m* [Comm] / tráfico de mensajes de télex *m*
Fernsehen *n* [Comm] / televisión *f*
Fernseh|gerät *n* [Comm] / aparato de televisión *m* · televisor *m*
-sender *m* [Comm] / emisora de televisión *f*
-sendung *f* / emisión televisiva *f*
-spiel *n* [Comm] ⟨DIN 31631/4⟩ / teledramatización *f* · representación televisiva *f*
-übertragung *f* / transmisión televisiva *f*
Fernsprech|apparat *m* [Comm] / teléfono *m*
-buch *n* [Bk] / guía telefónica *f*
-leitung *f* [Comm] / linea telefónica *f*
-teilnehmer *m* [Comm] / abonado telefónico *m*
-verbindung *f* / comunicación teléfonica *f*
Fernsteuerung *f* / mando a distancia *m*
Fernstudiengang *m* [Ed] / curso a distancia *m*
Fernstudium *n* [Ed] / estudios a distancia *pl*
Fern|test *m* [EDP] / prueba a distancia *f* · test a distancia *m*
-testen *n* [EDP] / comprobación a distancia *f*
-übertragung *f* [Comm] / telecomunicación *f* ‖ *s.a. Datenfernübertragung*
-unterricht *m* [Ed] / enseñanza a distancia *f*
-verarbeitung *f* [EDP] *s. Datenfernverarbeitung*
-zugriff *m* [EDP; Retr] / acceso remoto *m*
Ferrotypie *f* [NBM] / ferrotipia *f*
fest **angestellt** *pp* / empleado fijo *m*
Festbestellung *f* [Acq] / pedido en firme *m*
feste **Anstellung** / empleo fijo *m*
fester **Einband** *m* (Buch mit festem Einband) [Bind] / libro encartonado *m* · encuadernación en cartoné *f*
fester **Ladenpreis** *m* [Bk] / precio de venta fijo *m*
fester **Rücken** *m* [Bind] / lomo lleno *m* · lomo fijo *m*
fester **Wohnsitz** *m* / residencia fija *f* · domicilio *m* ‖ *s.a. ohne festen Wohnsitz*
Festigkeitseigenschaften *pl* [Pp] ⟨DIN ISO 9706⟩ / propiedades de estabilidad *pl*
Festigung *f* [Pp] / consolidación *f*
Festkörperschaltkreistechnik *f* [EDP] / tecnología lógica integrada *f*
Festlegung *f* [OrgM] / organización *f*
Festlegung der Reihenfolge *f* (Zeichen :: doppelter Doppelpunkt) [Class/UDC] / relación fija *f* · nexo insoluble *m* · nexo no reversible *m*
Festplatte *f* [EDP] / disco duro *m*
Festplattenspeicher *m* [EDP] / memoria de disco duro *f*
Festschrift *f* [Bk] ⟨DIN 31631/4⟩ / publicación de homenaje *m* ‖ *s.a. Jubiläumsschrift*
Festsetzung *f* [OrgM] / designación *f*
Festspeicher *m* [EDP] *s. Festwertspeicher*
Feststellungsprüfung *f* (Prüfung für die Eignung ausländischer Studinbewerber) [Ed] / examen de nivelación para estudiantes extranjeros *m*
festverdrahtet *pp* [EDP] / cableado *pp*
Festwertspeicher *m* [EDP] ⟨DIN 44300/6E; DIN 44476/1⟩ / memoria fija *f* · memoria muerta *f* · memoria de sólo lectura *f* · memoria inalterable *f* · memoria permanente *f* · memoria indeleble *f* · almacenamiento fijo *m*
fette Schrift *f* [Prt] / letra negrita *f* · letra negrilla *f* ‖ *s.a. halbfette Schrift*
fettfleckig *adj* [Pres] / manchado de grasa *adj*
Feuchtdehnung *f* [Pp] / dilatación del papel húmedo *f*
Feuchtegehalt *m* [Pp] ⟨DIN 6730⟩ / contenido de humedad *m*
feuchten *v* [Bind] / humectar *v* · humedecer *v* · mojar *v*
feuchtfleckig *adj* [Bk] / manchado de humedad *adj* · moteado *adj*
Feuchtigkeit *f* [BdEq; Pres] / humedad *f*
Feuchtigkeits|gehalt *m* (des Papiers) [Pp] ⟨DIN 6730⟩ / contenido de humedad *m* · grado de humedad *m*
-grad *m* [Pres] / grado de humedad *m*
-messer *m* [Pres] / humidímetro *m* · higroscopio *m* · higrómetro *m*
-spuren *pl* [Bk] / huellas de humedad *pl*
Feuchtwerk *n* (Offsetdruckmaschine) [Prt] / mecanismo humedecedor *m*

Feuer... [BdEq] ‖ *s.a. Brand...*
Feuer|gefahr *f* [BdEq] / peligro de incendio *m*
-löscher *m* [BdEq] / extintor de fuego *m*
-meldeanlage *f* [BdEq] / sistema de alarma contra incendios *m*
-schutz *m* [BdEq] / protección contra incendios *f* ‖ *s.a. Brandschutzbestimmungen*
ff *abbr* (und folgende) [Bk; Bib]
--Bestellung *f* [Acq] / pedido permanente *m* · pedido hasta nuevo aviso *m*
Fibel ⟨RAK-AD⟩ / abecedario *m* · silabario *m* · cartilla *f* · libro elemental *m* · catón *m*
figürlich *adj* [Bk] / metafórico *adj* · figurado *adj*
fiktiv *adj* [Cat] / facticio *m*
Filete *f* [Bind] / hierro de dorar *m* · cajetín *m* (de dorador)
Filete *f* [Bind] / fileteador *m*
Filigraninitial(e) *n(f)* [Bk] / inicial de filigrana *f* · inicial afiligranada *f*
Film 1 *m* (Kinefilm) [NBM] / film(e) *m* · película de cine *f*
– 2 *m* (zur Vorführung bestimmtes Filmwerk) [NBM] ⟨A 2653; ISBD(NBM)⟩ / película *f* ‖ *s.a. Spielfilm; Stummfilm; Tonfilm*
– 3 *m* (als fotografisches Material) [Repr] ⟨DIN 19040/104E; DIN 31631/4; ISO 6196-4⟩ / (material fotográfico:) carrete *m* · película *f*
-archiv *n* [NBM] / cinemateca *f* · filmoteca *f*
-bühne *f* (eines Lesegeräts) [Repr] / repisa de lectura del microfilm *f*
-einfädelung *f* (als Vorrichtung) [Repr] / cargador de película *m*
Filmemacher *m* [Art] / cineasta *m*
Film|empfindlichkeit *f* [Repr] / sensibilidad de película *f* ‖ *s.a. Empfindlichkeit 1*
-kanal *m* (einer Mikrofilmtasche) [Repr] ⟨DIN 19040/113E; ISO 6196-4⟩ / canal de película *m*
-kassette *f* [Repr] / camisa de (micro)película *m* *s. Mikrofilmkassette*
-kern *m* [Repr] ⟨ISO 6196-4⟩ / núcleo *m*
-Kompaktkassette *f* (für einen Kinefilm) [NBM] ⟨ISBD(NBM)⟩ / cinecasete compacto *m*
-laufgeschwindigkeit *f* [NBM] / velocidad de pase de película *f*
Filmlochkarte *f* [PuC; Repr] / tarjeta de ventana *f* · tarjeta de abertura(s) *f* · tarjeta de ventanilla *f*
Film-Loop *m* [NBM] ⟨ISBD(NBM): A 2653⟩ / película en bucle *f* · película sin fin *f* · película contínua *f*
-magazin 1 *n* (für entwickelte Rollfilme oder Microfiches) [Repr] ⟨DIN 19040/104E; ISO 6196-4⟩ / cartucho fotográfico *m*
-magazin 2 *n* (für die Einlage in ein Mikrofilm-Aufnahmegerät) [Repr] ⟨DIN 19040/104E; ISO 6196-4⟩ / cargador *m* · depósito cargador *m* · almacén cargador *m*
-musik *f* [Mus] ⟨DIN 31631/4⟩ / música de una película *f*
-ographie *f* [NBM; Bib] ⟨DIN 31631/4⟩ / filmografía *f*
-othek *f* [NBM] / filmoteca *f*
-projektor *m* [NBM] / proyector de cine *m*
-protokoll *n* [NBM] ⟨A 2653⟩ / guía de postproducción *f*
-satz *m* [Prt] / fotocomposición *f* · composición fotográfica *f*
-schleife *f* [NBM] / película sin fin *f* · película de bucle *f* · película contínua *f*
-schneidegerät *n* [Repr] / aparato para cortar película *m*
-schritt *m* [Repr] / paso de fotograma *m* *s. Bildschritt*
-spule *f* (Kinefilm) [NBM] / carrete de película *m* · bobina de película *f* ‖ *s.a. Spule*
-streifen *m* [Repr] / tira de película *f*
Filmstrip *m* [Repr] / película en tira *f* · tira de película *f* *s. Filmstreifen*
Film|transport *m* (als Vorrichtung) [Repr] / mecanismo de arrastre de película *m*
-vorschub *m* [Repr] / avance de película *m*
Filter *m* [Repr] / filtro *m*
Filterfrage *f* [InfSc] / pregunta de filtro *f*
Filzstift *m* [Off] / rotulador *m*
final grade *n* [Ed] / nota final *f*
final mark *n* [Ed] / calificación final *f*
Finanzbedarf *m* [BgAcc] / necesidades financieras *pl*
finanzieren *v* [BgAcc] / financiar *v*
Finanzierung *f* [BgAcc] / financiación *f* ‖ *s.a. Hochschulfinanzierung*
Finanzierungsträger *m* / responsable de financiación *m*
Finanzminister *m* [Adm] / ministro de economía *m*

Findekatalog *m* [Cat] / catálogo de documentos bibliográficos *m* · catálogo de descripción abreviada *m* · catálogo de búsqueda *m*
finden *v* / encontrar *v*
Findungskommission [OrgM; Staff] / comisión selectora *f*
fingerfleckig *pp* [Bk] / manchado de dedos *adj*
Fingerprint *m* / impresión de huellas dactilares *f*
Fingerspuren *pl* [Bk] / huellas de dedos *pl*
fingierter Sachtitel *m* [Cat] ⟨DIN 31631/2⟩ / título artificial *m*
fingierter Titel *m* [Cat] *s. fingierter Sachtitel*
fingiertes Impressum *n* [Bk] / pie de imprenta falso *m*
FI-Rechenzentrum *n* [InfSy] *s. Fachinformations-Rechenzentrum*
Firmen|adreßbuch *n* [Bk] / directorio comercial *m* · directorio de empresas *m*
–archiv *n* [Arch] / archivo de empresa *m*
–bibliothek *f* [Lib] / biblioteca de empresa *f*
–datenbank *f* [InfSy] / base de datos de empresa *f*
Firmeninformation *f* [InfSy] / información de empresas *f*
Firmen|katalog *m* [Bk] / catálogo comercial *m*
–schriftensammlung *f* [Stock] / fichero de empresa *m* · colección de publicaciones empresariales *f*
–schrifttum *n* [Bk] / publicaciones empresariales *f*
–zeitschrift *f* [Bk] / revista interna *f* (de una empresa) ‖ *s.a. Werkszeitschrift*
Fischschuppenmuster *n* [Bk] / ornamentación en tejas *f* · ornamentación en escamas de pez *m* · imbricación *f*
Fitzbund *m* [Bind] / cadeneta *f*
Fixativ *n* [Pres] / fijador *m*
Fixierbad *n* [Repr] / baño fijador *m*
fixieren *v* [Repr] / fijar *v*
Fixier|loch *n* (in einer Schlitzlochkarte) [PuC] / perforación de guía *f*
–mittel *n* [Repr] ⟨ISO 6196/3⟩ / fijador *m*
Fixkosten *pl* [BgAcc] / gastos fijos *pl* · costes fijos *pl*
Flachbildschirm *m* / pantalla plana *f*
Flachdruck *m* [Prt] ⟨DIN 16529⟩ / impresión planográfica *f*
flache Auflagefläche *f* (eines Kopierers) [Repr] / soporte plano *m*
Flächen|ansatz *m* [BdEq] / superficie edificable *f*
–bedarf *m* [BdEq] / espacio necesario *m* ‖ *s.a. Flächenansatz*
–belastung *f* [BdEq] / carga del suelo *f*
Flächendiagramm *n* [InfSc] / diagrama de áreas *m*
Flächengewicht *n* (von Papier) [Pp] ⟨DIN 6730⟩ / gramaje *m*
Flächen|lochkarte *f* [PuC] / tarjeta perforada en el campo interior *f* · ficha de perforaciones centrales *f*
–nutzung *f* [BdEq] / utilización del suelo *f*
flacher Rücken *m* [Bind] / lomo liso *m* · lomo plano *m*
Flachsichtkartei *f* / fichero de fichas visibles *m* · fichero visible *m*
Flatter|marke *f* [Prt; Bind] ⟨DIN 16500/2; DIN 16514⟩ / marca de colación *f* · índice de colación *m* · marca del lomo *f*
–satz *m* [Prt] / composición sin justificar *f* · composición no justificada *f* · (linksbündiger ~:) composición justificada a la izquierda *f* ‖ *s.a. Randausgleich*
Flechtwerk *n* [Bind] / trenzado *m*
fleckenfrei *adj* [Bk] / sin manchas
fleckenlos *adj* [Bk] / sin manchas
fleckig *adj* [Bk] / manchado *adj* ‖ *s.a. angefleckt*
Fleisch *n* (einer Drucktype) [Prt] / hombro *m* (de un tipo de imprenta)
Fleischseite *f* [Bk; Bind] / carnaza *f*
Fleuron *n* [Bind; Bk] / florón *m*
Flexibilität *f* / flexibilidad *f*
flexible Magnetplatte *f* [EDP] ⟨DIN 66010E⟩ / disco magnético flexible *m*
flexibler Einband *m* [Bind] / encuadernación flexible *f*
Flexodruck *m* [Prt] / flexografía *f* · impresión flexográfica *f*
Flexographie *f* [Prt] ⟨DIN 16514⟩ / flexografía *f*
flicken *v* [Pres] / remendar *v*
fliegendes Blatt *n* (Teil des Vorsatzes) [Bind] / página de cortesía *f* · guarda sin pegar *f* · guarda(s) libre(s) *f(pl)* · guarda volante *f*
Fließtext *m* [EDP] / texto continuo *m*
Florilegium *n* [Bk] / florilegio *m*
flüchtiger Speicher *m* [EDP] ⟨DIN 44476/1⟩ / memoria inestable *f* · memoria volátil *f*
Fluchtweg *m* [BdEq] / itinerario de emergencia *m*

Flugblatt *n* [NBM] / prospecto *m* · hoja impresa *f* · hoja volante *f* · hoja suelta *f* · libelo *m* · octavilla *f* · (histórico:) pliego de cordel *m* · pliego suelto *m*
Flügelfalz *m* [Bind] / cajo *m* *s. Ansetzfalz*
Flugschrift *f* [Bk] ⟨RAK-AD⟩ / panfleto *m* · opúsculo *m* · pasquín *m* · libelo *m* · folleto *m* ‖ *s.a. Flugblatt*
Fluktuation *f* [Staff] / fluctuación *f*
Fluktuationsrate *f* [Staff] / índice de fluctuación *m*
Flurkarte *f* [Cart] / mapa catastral *m*
Flußdiagramm / diagrama de flujo *m* · organigrama *m*
Flüssigkristallanzeige *f* [BdEq] / representación visual de cristal líquido *f* · panel de visualización de cristal líquido *m*
Fluß|linie *f* (in einem Flußdiagramm) [OrgM] / línea de flujo *f*
-**richtung** *f* (in einem Flußdiagramm) [EDP] / dirección del flujo de datos *f* · dirección de la información *f*
Fokus *m* [Ind] / foco *m*
Folge 1 *f* (jeder von zwei oder mehr Bänden von Vorträgen usw. gleicher Art und in Folge gezählt, z.B. Gedanken zur Zeit. Neue Folge) [Bk] / serie *f*
- 2 *f* (eine getrennt gezählte Folge von Bänden innerhalb eines fortlaufenden Sammelwerks, z.B. Mitteilungsblatt. 2.Folge) [Bk] / 2 serie *f*
Folgebedingung *f* / elemento condicional *m*
Folge|dokument *n* [Bk] ⟨DIN 31631/4⟩ / documento secundario *m*
-**schaltung** *f* [Retr] / conexión sucesiva *f*
-**station** *f* [Comm] / estación secundaria *f*
-**steuerung** *f* [Comm] ⟨DIN 44302⟩ / control secundario *m*
-**titel** *m* [Bk] / título secundario *m*
-**transparent** *n* [NBM] ⟨DIN 19040/11⟩ / transparencia de serie *f*
Foliant *m* [Bk] / infolio *m* · volumen en folio *m*
Foliantenregal(e) *n(pl)* [Sh] / estantería de infolios *f*
Folie 1 *f* [Bind] / pan de oro o de plata *m* · laminilla metálica *f* · laminilla de plástico *f*
Folie 2 *f* (mit Text- und/oder Bildinformationen zur Overheadprojektion) [NBM] / (con informaciones textuales o gráficas para su retroproyección:) transparencia *f* ‖ *s.a. Aufbautransparent; Folgetransparent; Grundtransparent*
Folien|einband *m* [Bind] / encuadernación laminada *f* · encuadernación plastificada *f*
-**einschweißung** *f* [Bind] / plastificación de cubiertas *f*
-**kaschierung** *f* [Bind] / plastificado *m* · laminación *f*
-**schreiber** *m* (zur Beschriftung von Arbeitstransparenten) [NBM] / rotulador para transparencias *m*
foliieren *v* [Bind] / laminar *v*
Foliierung *f* [Bind] / laminación *f*
Foliierung am Fuß eines Blattes / foliación al pie de una hoja
Folioband *m* [Bk] / infolio *m* · volumen en folio *m*
Folio(-Format) *n(n)* [Bk] / infolio *m* · formato de folio *m* ‖ *s.a. Elefant-Folio; Großfolio*
Fonds *m* [BgAcc] / fondos capitales *pl* · fondos económicos *pl*
Förder|anlage *f* [BdEq] / instalación de transporte *f* · transportador *m* ‖ *s.a. Schwerkraftförderer*
-**band(anlage)** *n(f)* [BdEq] / instalación de cinta transportadora *f*
Form *f* [Prt] / forma *f*
formale Beschreibung *f* [Bib; Ind] / descripción formal *f*
formale Beziehung *f* [Ind] / relación formal *f*
- **Erfassung** *f* (eines Dokuments) [Bib; Ind] ⟨DIN 31631/1⟩ / descripción bibliográfica *f* · descripción formal *f* ‖ *s.a. Titelaufnahme 1*
Formalerschließung *f* (des Buchbestands) [Cat] / aproximación formal *m* (a una colección en los estantes)
formales Ordnungswort *n* [Cat] / encabezamiento de forma *m*
Formal|gruppe *f* [Class] / subdivisión por la forma *f* · división por la forma *f*
-**katalog** *m* [Cat] / catálogo por autores y títulos *m*
-**sachtitel** *m* [Cat] ⟨DIN 31631/2⟩ / título formal *m* · título no descriptivo *m*
Format 1 *n* (die Größe eines Bandes, insbes. seine Höhe) [Bk] ⟨RAK⟩ / 1 (tamaño de un volumen, especialmente su altura:) formato *m* · tamaño *m*
- 2 *n* (eines Buches gemäß der Anzahl der Falzungen eines Druckbogens bibliographisches ~) [Bk] / 2 (de un libro según el número de pliegues de un pliego de imprenta:) formato *m*

– 3 *n* [Gen; EDP] ⟨DIN 44300/3E⟩ / 3 (articulación, estructura:) formato *m*

Format 4 *n* [Gen; EDP] / 3 formato *m* · 1 formato *m*

Formatlangabe *f* [Cat] ⟨DIN 31631/2⟩ / mención de formato *f*

– **für den Austausch von bibliographischen Daten** *n* [EDP; Bib; Cat] / formato para intercambio de datos bibliográficos *m* *s. Austauschformat*

formatlieren *v* [EDP] / dar formato *v* · componer *v*

Formatlierung *f* [EDP] ⟨DIN 66010E⟩ / composición de formato *f*

–**steuerzeichen** *n* [EDP] ⟨DIN 44300/2E⟩ / carácter de control de formato *m*

–**trennung** *f* (getrennte Aufstellung von Bänden unterschiedlichen Formats) [Sh] / colocación por tamaños *f* · colocación por formatos *f*

Formlblatt *n* [Off] / formulario impreso *m* ‖ *s.a. Formular*

–**brief** *m* [Off] / carta matriz *f*

Formelsatz *m* [Prt] / composición de fórmulas *m*

Form-Indikator *m* [Class] / indicador de forma *m*

–**schlagwort** *n* [Cat] ⟨DIN 31631/2⟩ / (como encabezamiento secundario:) subdivisión de forma *f* · encabezamiento de forma *m*

–**schlüssel** *m* [Class] / subdivisión por la forma *f* (normalizada)

–**schneider** *m* [Prt] / cortador de bloques *m*

Formular *n* [Off] / formulario impreso *m*

–**gestaltung** *f* [Off] / diseño de formularios *m*

–**satz** *m* [Off] / bloque de formularios múltiples *m* · formulario de copias múltiples *m*

Form und Struktur der Ansetzung von Körperschaften *f* / forma y estructura del encabezamiento de entidades *f*

Formzahl *f* [Class/UDC] *s. allgemeine Ergänzungszahl der Form und Darbietung von Dokumenten*

Forschungslbericht *m* [Bk] ⟨DIN 31631/4; DIN 31639/2⟩ / informe de investigación *m*

–**bibliothek** *f* [Lib] / biblioteca de investigación *f*

Forschungsförderung *f* [BgAcc] / fomento de la investigación *m*

Forschungslgegenstand *m* [InfSc] / objeto de investigación *m*

Forschungsschwerpunkt *m* [InfSc] / punto esencial de la investigación *m*

Forschungsstipendiat / becario de investigación *m*

Forschungslstipendium *n* [InfSc] / beca de investigación *f*

Forschung und Entwicklung *f* [InfSc] / (Abbr:) I+D *abbr* · Investigación y Desarrollo *f*

Fortbildung *f* [Staff] / educación continuada *f* · (berufliche ~:) educación profesional continuada *f* · promoción profesional *f*

Fortbildungskurs *m* [Ed] / curso de ampliación de estudios *m* · curso complementario *m*

fortlaufende Beilage *f* [Bk] ⟨DIN 31631/2⟩ / suplemento seriado *m*

– **Bibliographie** *f* [Bib] ⟨FIN 31639/2⟩ / bibliografía en curso *m*

– **Publikation** *f* [Cat] *CH* ⟨ISBD(S)⟩ / publicación seriada *f*

– **Seitenzählung** *f* [Bk] / paginación continua *f*

fortlaufendes Sammelwerk *n* [Cat] ⟨DIN 1430; DIN 1502; DIN 31631/2; TGL 20972/04; ISBD(S); RAK⟩ / publicación seriada *f*

fortschreiben *v* [Gen; EDP] / actualizar *v*

Fortschrittsbericht *m* [Bk] / informe recapitulador y provisional *m* · informe de avances *m* · informe de progresos *m*

Fortsetzung 1 *f* (zu einem früher erschienenen Roman usw.) [Bk] / (de una novela aparecida con anterioridad, etc.:) continuación *f* · secuela *f*

Fortsetzung 2 *f* (Teil eines in zeitlichen Abständen erscheinenden Romans usw.) [Bk] / (ein ~roman:) una novela por entregas *f*

Fortsetzung 3 *f* [Bk] / 2 entrega *f*

Fortsetzungslband *m* [Acq] / volumen de continuación *m*

–**bestellung** *f* [Acq] / pedido permanente *m* · pedido de obras en continuación *m* ‖ *s.a. Dauerauftrag*

–**karte** *f* [Acq] / ficha de continuación *f* · ficha suplementaria *f* · ficha adicional *f* · ficha de serie *f*

–**kartei** *f* [Acq] / fichero de continuación *m*

–**werk** *n* [Bk] / (noch nicht abgeschlossen:) obra en publicación *f* · obra en fascículos *f* · obra por entregas *f* ‖ *s.a. mehrbändige Publikation*

-**zettel** *m* (für eine Titelaufnahme) [Cat] / ficha de continuación *f* · ficha de extensión *f* · ficha complementaria *f*
Foto *n* / foto *f* · fotografía *f*
Foto... [Repro] ‖ *s.a. Photo...*
-**archiv** *n* [NBM] / archivo fotográfico *m*
-**grafie** 1 *f* (Fototechnik) [Repr] ⟨DIN 19040/101E⟩ / fotografía *f* · técnica fotográfica *f*
-**grafie** 2 *f* (fotografisches Bild) [Repr] *s. Foto*
fotografische Empfindlichkeit *f* [Repr] / sensibilidad fotográfica *f s. Empfindlichkeit* /
Fotolhandsatz *m* [Prt] / fotocomposición manual *f*
-**kopie** *f* [Repr] / fotocopia *f*
fotolkopieren *v* [Repr] / fotocopiar *v*
Fotolkopierpapier *n* [Repr] ⟨DIN 6730⟩ / papel de fotocopia *m*
fotolmechanisch *adj* [Prt] / fotomecánico *adj*
Fotomontage *f* [Repr] / fotomontaje *m*
Fotolsatz *m* [Prt] / fotocomposición *f* · composición fotográfica *f* · fototipocomposición *f*
-**setzgerät** *n* [Prt] / aparato de fotocomposición *m*
-**setzmaschine** *f* [Prt] / fotocomponedora *f*
-**stelle** *f* [OrgM] / departamento de fotografía *m*
-**thek** *f* [NBM] / fototeca *f s. Fotoarchiv*
-**verbuchung** *f* [RS] / registro fotográfico de préstamo *m*
Fragebogen *m* [InfSc; Off] / cuestionario *m*
-**konstruktion** *f* [InfSc] / construcción de cuestionario *f*
-**untersuchung** *f* [InfSc] / encuesta por cuestionario *f*
Frage mit fester Antwortvorgabe *f* [InfSc] / pregunta con alternativas de respuesta fijas *f* · pregunta cerrada *f s. geschlossene Frage*
Fragenformulierung *f* (bei der Konstruktion eines Fragebogens) [InfSc] / formulación de preguntas *f*
Fragezeichen *n* [Writ; Prt] / signo de interrogación *m*
fraktale Bibliothek *f* [Lib] / biblioteca fractal *f*
Fraktur *f* [Prt] / letra gótica de fractura *f*
Frankiermaschine *f* [Comm] ⟨DIN 9779⟩ / estampilladora *f HA* · máquina de franquear *f*
Franzband *m* [Bind] / encuadernación todo piel *f* · encuadernación en tafilete *f* · encuadernación de piel entera *f*
Frauenbeauftragte *f* [Staff] / delegada de la mujer *f*
Frauenförderung *f* [Staff] / promoción de la mujer *f* ‖ *s.a. Frauengleichstellung*
Frauengleichstellung *f* [Staff] / equiparación de la mujer *f* ‖ *s.a. Frauenförderung; Gleichbehandlung; Gleichstellungsgesetz*
Frauenliteratur *f* [Bk] / literatura de mujeres para mujeres *f* · literatura femenina *f*
Frauenliteratur *f* [Bk] / literatura feminista *f*
Frauenzeitschrift *f* [Bk] / revista femenina *f*
freier Mitarbeiter *m* [Staff] / colaborador autónomo *m*
~ **Zugang** *m* (zum Buchbestand) [RS] / acceso libre *m*
freie Stelle / plaza vacante *f*
Freiexemplar *n* [Bk] / ejemplar gratuito *m* · (für den Author:) ejemplar de autor *m* ‖ *s.a. Belegexemplar*
Freigabe *f* (von Verschlußsachen) [Arch; Bk] / liberación *f* · desclasificación *f* (de material restringido)
-**datum** *n* [Arch] / fecha de liberación *f* · fecha de desclasificación *f*
--**Zugriffszeit** *f* [EDP] / tiempo de acceso habilitado *m*
freigeben *v* (Verschlußsachen ~) [Arch; Bk] / liberar *v* · desclasificar *v*
freigegebenes Dokument *n* / documento liberado *m*
Freihandlaufstellung *f* [Sh] / estanterías de libre acceso *pl* · estanterías abiertas *pl*
-**bereich** *m* [Sh] / area de libre acceso *f*
Freihandbestand *m* [Stock] / depósito de libre acceso *m*
Freihandlbibliothek *f* [Lib] / biblioteca de libre acceso *f*
Freihandbuch *n* [Stock] / libro de libre acceso *m*
Freihandlmagazin *n* [Sh] / depósito de libre acceso *m*
-**zeichnung** *f* [Art] / dibujo a pulso *m* (a lápiz o a pluma)
Freiplatzverwaltung *f* [EDP] / gestión de espacio libre *f* · administración de espacio libre *f*
freistehende Regale *pl* [Sh] / estanterías autónomas *pl* · estanterías sueltas *pl* · estanterías independientes *pl*

freistehendes Bücherregal *n* / estantería aislada *f*
Freistempelmaschine *f* [Comm] / máquina de franquear *f* s. *Frankiermaschine*
Freistück *n* [Bk] s. *Freiexemplar*
Freitextsuche *f* [Retr] / búsqueda de texto libre *f* · búsqueda en lenguaje natural *f*
Freizeitbedürfnisse *pl* [RS] / necesidades de tiempo libre *pl*
Freizeitlektüre *f* [Bk] / lectura de tiempo libre *f* ‖ *s.a. Entspannungslektüre*
frei zugängliche Regale *pl* / estantería abierta *f*
frei zugänglich sein *v* [Sh] / ser de libre acceso *v*
Fremddaten *pl* [Bib; Cat; EDP] / registros externos disponibles *pl* · registros disponibles de bases de datos externas *pl*
~bank *f* (für die Übernahme von Katalogdaten) [Cat] / banco de datos de recurso *m*
~übernahme *f* [Cat] / adquisición de datos externos *f* · uso de registros recuperados de bases de datos externas *m*
Fremdfinanzierung *f* [BgAcc] / financiación externa *f*
Fremdkatalogisierung *f* [Cat] / (mit Bezahlung auch:) catalogación contratada *f* · catalogación derivada *f*
Fremdkatalogisierung an Hand einer anderen Ausgabe des Werkes *f* / catalogación derivada de otra edición de la obra
Fremdreferat *n* [Ind; Bib] ⟨DIN 1426E⟩ / resumen de analista *m* (resumen suministrado por otra persona que el autor)
Fremdsprachenkurs *m* [Ed] / curso de idiomas *m*
Fremdsprachenunterricht *m* / enseñanza de idiomas *f*
fremdsprachige Äquivalenz *f* [Ind] / equivalencia idiomática *f* (en un tesauro políglota)
Fremdwort *n* [Lin] / extranjerismo *m* · barbarismo *m*
Fremdwörterbuch *n* [Bk] / diccionario de extranjerismos *m*
Frequenzpolygon *n* [InfSc] / polígono de frecuencias *m* · diagrama de frecuencias *m*
Frist|blatt *n* [RS] / ficha calendario *f* · ficha de vencimientos *f* · ficha de plazos *f*
~datei *n* / fichero de vencimientos *m*
~kartei *f* [TS; RS] / fichero de vencimientos *m*
~streifen *m* (lose ins Buch gelegt) [RS] / nota de plazos *f*
~verlängerungsbescheid *m* / contestación de prórroga de préstamo *f*
~zettel *m* [RS] / nota de plazos *f* s. *Fristblatt; Friststreifen*
Frontispiz *n* [Bk] / frontispicio *m*
Frontmaskierung *f* [Retr] / truncamiento delantero *m* · truncado a la izquierda *m*
Frühdrucke *pl* / impresiones primitivas *pl* · impresiones de primeros tiempos *pl* (de la imprenta) · impresiones tempranas *pl*
früherer Titel *m* [Cat] / título anterior *m*
Frzbd. *abbr* [Bind] s. *Franzband*
Fuchsschwanz *m* [Bind] / serrucho *m*
FuE *abbr* [InfSc] s. *Forschung und Entwicklung*
führende Null *f* [EDP] / cero no significativo *m* · cero a la izquierda *m*
Führer *m* [Bk] ⟨DIN 31631/2; DIN 31639/2; RAK-AD⟩ / guía *f*
Führung *f* [RS] / visita guiada *f* ‖ *s.a. Bibliotheksrundgang; Selbstführung; Tonbandführung*
Führungsbefähigung *f* [OrgM] / capacidad ejecutiva *f*
Führungsebene *f* [OrgM] / nivel ejecutivo *m*
Führungskraft *f* [OrgM] / ejecutivo *m*
Führungsposition *f* [OrgM] / posición ejecutiva *f*
Führungsstil *m* [OrgM] / estilo de gestión *m* · modelo de gestión *m* ‖ *s.a. mitarbeiterorientierter Führungsstil*
Führungsverhalten *n* [OrgM] / táctica ejecutiva *f*
Führungszeugnis *n* [Staff] / certificado de buena conducta *m*
Füllfederhalter *m* [Writ] / pluma estilográfica *f*
Füllstoff *m* [Pp] ⟨DIN 6730⟩ / carga *f* · relleno *m*
Füllzeichen *n* [Comm; EDP] ⟨DIN 44300/2E; DIN 44302⟩ / carácter de relleno *m*
Fundamentalkategorie *f* [Class] / categoría fundamental *f*
Fundbüro *n* [BdEq] / oficina de objetos perdidos *f*
Fundstelle *f* (eines unselbständigen Werkes) [Ind] / fuente de información de referencia *f*
Fundstelle 1 *f* (bibliographische Quelle) [Bib; Cat] / fuente de información *f* · fuente de consulta *f*

Fundstelle 2 *f* (Angabe der ~ bei einem unselbständigen Werk) [Cat] ⟨RAK-UW⟩ / (mención de ~ en caso de una obra dependiente:) fuente de referencia *f* · mención de título principal *f*

Fundstelle 3 *f* (eines Exemplars im Bestand einer Bibliothek) [Cat] / topografía *f* · situación *f* (de un ejemplar en el depósito de una biblioteca)

Fundstellenangabe *f* [Bk] ⟨DIN 31630/1⟩ / referencia topográfica *f* · signatura topográfica *f*

Fungizid *n* / fungicida *m*

Funktions|anzeiger *m* [Ind] / indicador de función *m*

~bezeichnung *f* [Cat] / designación de función *f*

Funktionsdiagramm *n* / diagrama funcional *m*

Funktions|einheit *f* [EDP] ⟨DIN 44300/1E⟩ / unidad funcional *f* · elemento funcional *m*

~indikator *m* [Ind] / indicador de función *m* s. *Funktionsanzeiger*

~taste *f* (auf einer Tastatur) [EDP] / tecla de función *f*

Furchenschrift *f* [Writ] / escritura bustrófeda *f*

Fürstenbibliothek *f* [Lib] / biblioteca de príncipe *f*

Fuß *m* (Standfläche einer Drucktype) [Prt] / pie *m*

Fußboden *m* [BdEq] / piso *f* · suelo *m*

~belag *m* [BdEq] / cubierta del suelo *f*

Fußlegende *f* [Bk] / pie *m*

Fuß|note *f* [Cat] ⟨DIN 16514⟩ / nota explicativa *f* · nota de pie de página *f*

~rille *f* (einer Drucktype) [Prt] / acanaladura del pie *f* · canal del pie *m*

~schalter *m* [Repr] / interruptor de pedal *m*

~schnitt *m* [Bind] / cola *f* · corte de pie *m*

~steg *m* [Prt] / margen inferior *m* · margen de pie *m*

~stütze *f* [BdEq] / apoyapiés *m*

~titel *m* (einer Karte) [Cart] ⟨DIN 31631/2⟩ / título del pie *m*

Futura *f* [Prt] / letra futura *f*

G

Galerie *f* [BdEq] / galería *f* ‖ *s.a. Empore*
Galvano *n* [Prt] / electrotipo *m* · galvano *m*
Gang *m* [BdEq] / pasillo *m* (entre estanterías) · pasillo entre cuerpos de estantería *m* ‖ *s.a. Mittelgang*
~breite *f* [BdEq] / anchura del pasillo *f*
Gänsefüßchen *pl* [Writ; Prt] / comillas *pl*
Ganz|band *m* [Bind] / encuadernación entera *f* · encuadernación en pasta entera *f*
~gewebe(ein)band *m* [Bind] / encuadernación todo tela *f*
Ganzgewebe-Verlagseinband *m* [Bind] / encuadernación editorial todo tela *f*
Ganz|goldschnitt *m* [Bind] / corte todo dorado *m*
~leder(band) *m* [Bind] / encuadernación todo piel *f* · encuadernación en cuero *f* · encuadernación en piel *f*
Ganzleinen(ein)band *m* [Bind] / encuadernación todo tela *f*
Ganzleinwand *f* [Bind] / todo lino *m*
Ganz|tafel *f* [Bk] / ilustración fuera de texto *f* · ilustración en plena página *f*
Ganztagsbeschäftigter *m* [Staff] / empleado con dedicación exclusiva *m* · empleado de jornada completa *m* *s. Ganztagskraft*
Ganz|tagskraft *f* [Staff] / empleado de jornada completa *m* ‖ *s.a. Halbtagskraft*
~tagsstelle *f* [Staff] / empleo de jornada completa *m*
Garderobe *f* [BdEq] / guardarropa *m* ‖ *s.a. Taschen- und Mäntelablage*
Garderobenschrank *m* [BdEq] / armario guardarropa *m* · ropero *m*
Garderoben|ständer *m* [BdEq] / perchero *m*
gasförmiges Desinfektionsmittel *n* [Pres] / desinfectante gaseiforme *m*
Gastdozent *m* [Ed] / profesor invitado *m*
Gästebuch *n* [Bk] / libro de visitantes *m*
Gastwissenschaftler *m* [RS] / científico invitado *m*
Gattung-Art-Beziehung *f* [Class; Ind] ⟨TGL RGW 174⟩ / relación género-especie *f* · relación genérica *f*
Gattungsbegriff *m* [Cat] / término genérico *m*
Gattungskatalog *m* [Cat] / catálogo genérico *m*
Gattungskauf *m* [Acq] / compra de género *f*
Gattungs|name *m* [Lin] / nombre apelativo *m* · nombre común *m*
Gaube *f* [BdEq] / tragaluz *m*
Gaußverteilung *f* [InfSc] / distribución gaussiana *f* · distribución de Gauss *f* ‖ *s.a. Normalverteilung*
Gaze *f* [Bind] / gasa *f* *s. Heftgaze*
geb. *abbr* [Bind] *s. gebunden*
Gebäude *n* [BdEq] / edificio *m*
~plan *m* [BdEq] / planta del edificio *f* ‖ *s.a. Wegweiser*
~unterhaltung *f* [BdEq] / mantenimiento del edificio *m*

Gebäudeverwaltung *f* [BdEq] *s. Gebäudeunterhaltung*
gebender Leihverkehr *m* [RS] / entrega de préstamo interbibliotecario *f* · préstamo interbibliotecario *m*
Geber *m* [Acq] / donador *m* · donante *m*
Gebetbuch *n* [Bk] ⟨RAK-AD⟩ / libro de oraciones *m* · devocionario *m*
Gebiets|ausgabe *f* (einer Zeitung) [Bk] *s. Bezirksausgabe*
-körperschaft *f* [Adm; Cat] / corporación territorial *f* · entidad jurisdiccional *f*
-lagekarte *f* [Cart] / mapa de organización territorial *m* · mapa de situación *f*
-stufenkarte *f* [Cart] / mapa de coropletas *m*
gebleicht *pp* [Bk] / blanqueado *pp*
geblockter Datensatz *m* [EDP] *s. geblockter Satz*
geblockter Satz *m* [EDP] ⟨DIN 66010E⟩ / registro agrupado *m*
gebräuchlicherer Name *m* (einer Person) [Cat] / nombre más usual *m*
gebräuchlichste Bezeichnung *f* [Ind] / designación más usual *f*
Gebrauchs|anleitung *f* [BdEq] / instrucciones de uso *pl*
-anweisung *f* [BdEq] *s. Gebrauchsanleitung*
-bibliothek *f* [Lib] / biblioteca de usuario *f*
-einband *m* [Bind] / encuadernación para uso frecuente *f*
gebrauchsfleckig *adj* [Bk] / resobado *adj*
Gebrauchs|grafik *f* [Art] / dibujo publicitario *m*
-muster *n* [Law] ⟨DIN 31631/2⟩ / modelo registrado *m*
-spuren *pl* [Bk] / huellas de uso *pl*
gebräunt *pp* [Bk] / vuelto de color pardo *pp*
gebrochener Rücken *m* (Buch mit gebrochenem Rücken) [Bind] / lomo roto *m* · lomo destacado *m* · lomo suelto *m* · lomo en comisura *m*
Gebühr *f* [BgAcc] / cuota *f* · tarifa *f* · tasa(s) *f(pl)* **I** *s.a. Anmeldegebühr; Anschlußgebühr; Ausleihgebühr; Benutzungsgebühr; Lizenzgebühr; Mahngebühr; Pauschalgebühr; Postgebühr(en); Schutzgebühr; Teilnahmegebühr; Versäumnisgebühr*
gebührenfreie Dienstleistung *f* [RS] / prestación de servicios gratuita *f*
gebührenfreie Lizenz *f* [BgAcc] / licencia gratuita *f*
Gebühreninformation *f* / información sobre las tasas *f*
Gebührenordnung *f* [BgAcc] / regulación de tasas *f*
gebührenpflichtige bibliothekarische Dienstleistung *f* [BgAcc] / prestación de servicios bibliotecarios sujeta a tasas *f*
gebunden *pp* [Bind] / encuadernado *pp* · entapado *pp* **I** *s.a. fester Einband*
gebundene Ausgabe *f* / edición encuadernada *f* · edición en cartoné *f* **I** *s.a. Broschur*
gebundenes Schlagwort *n* [Cat] ⟨DIN 31631/2⟩ / encabezamiento de materia estandarizado *m*
Gedankenstrich *m* [Writ; Prt] / guión *m*
Gedenkschrift *f* [Bk] / publicación conmemorativa *f*
gefalzte Beilage *f* [Bk] / lámina fuera de libro *f* · encarte *m* · suplemento plegado *m*
Gefängnisbibliothek *f* [Lib] / biblioteca penitenciaria *f*
gefeierte Persönlichkeit *f* (in einer Festschrift usw.) [Cat] / personalidad homenajeada *f*
geflickt *pp* [Bk] / recosido *pp*
Gefriertrocknung *f* [Pres] / criodesecación *f* · liofilización *f*
Gefriertrocknungsanlage *f* [Pres] / instalación de criodesecación *f*
gefütterter Einband *m* [Bind] / encuadernación acolchada *f*
Gegenbegriff *m* [Ind] / antónimo *m*
Gegenbetrieb *m* [Comm] ⟨DIN 44302⟩ / transmisión bidireccional *f*
Gegenmarke *f* [Bk] *s. Gegenzeichen*
Gegensatzbeziehung [Ind] / relación antonímica *f s. Gegensatzrelation*
Gegensatzrelation *f* [Ind] / relación antonímica *f*
gegenseitige Verweisung *f* [Cat] / referencia recíproca *f*
Gegensprechanlage *f* [Comm] / interfono simultáneo *m*
Gegenstand 1 *m* [NBM] ⟨ISBD(NBM)⟩ / objeto *m*
Gegenstand 2 *m* / tema *m*
Gegenzeichen *n* (kleineres, zusätzliches Wasserzeichen) [Pp] / contramarca *f*
gegilbt *pp* [Bk] / amarillento *adj*
geglättetes Leder *n* [Bind] / piel lustrada *f*
gegossen *pp* [Pp] ⟨DIN 6730⟩ / regado *pp*
Gehalt *n* [Staff] / salario *m* · sueldo *m* **I** *s.a. Anfangsgehalt; Bruttogehalt; Nettogehalt*

Gehalts|empfänger *m* [Staff] / asalariado *m*
-erhöhung *f* [Staff] / subida de sueldo *f* · aumento de sueldo *m*
-fortzahlung *f* [Staff] / pago continuo de salario *m*
-gruppe *f* [Staff] / grupo salarial *m* · categoría salarial *f*
-liste *f* / lista de salarios *f*
-niveau *n* [Staff] / nivel salarial *m*
-vereinbarung *f* / acuerdo salarial *m*
-vorschuß *m* [Staff] / anticipo *m*
-zulage *f* [Staff] / complementos del sueldo *pl* *s. Gehaltserhöhung*
geheftet *pp* [Bind] / cosido en plano *pp* ‖ *s.a. broschiert*
Geheim|dokument *n* [Bk] / documento clasificado como confidencial *m* (como materia reservada) · documento secreto *m* ‖ *s.a. Verschlußsache*
-druckerei *f* [Prt] / imprenta secreta *f* · imprenta clandestina *f* ‖ *s.a. Untergrunddruckerei*
-haltungsgrad *m* [Arch; Bk] ⟨DIN 31631/2⟩ / grado de seguridad del material reservado *m*
-schrift *f* [Writ] / criptografía *f* · escritura cifrada *f*
gehobener Dienst *m* [Staff] / funcionario titulado *m* (nivel medio en el escalafón del funcionariado alemán)
gehobene Stelle *f* [Staff] / alto cargo *m*
Gehrung *f* [Bind] / inglete *m*
Geistertitel *m* / título fantasma *m*
Geisteswissenschaften *pl* / letras *pl* · ciencias humanísticas *pl*
geistiges Eigentum *n* [Law] / propiedad intelectual *f* ‖ *s.a. Urheberrecht*
gekettete Kommandos *pl* [Retr] *s. gestaffelte Kommandos*
geklebt *pp* [Pp] ⟨DIN 6730⟩ / pegado *pp*
geklebte Pappe *f* [Bind] / pasta de cartón *m* (formado por capas encoladas)
gekürzte Ausgabe *f* [Bk] / edición abreviada *f*
Gelände|kroki *n* [Cart] / croquis altimétrico *m*
-modell *n* [Cart] / mapa en relieve *m* · maqueta *f*
Gelatine *f* [Pres] / gelatina *f*
gelbfleckig *adj* [Bk] / manchado de amarillo *adj* ‖ *s.a. ungegilbt*
Geldautomat *m* [BgAcc] / cajero automático *m*
Geldgeber *m* (Institution) [BgAcc] / institución capitalista *f*
Geldwechselgerät *n* [BdEq] / máquina de cambio de monedas *f*
Gelegenheitsschrift *f* [Bk] ⟨RAK-AD⟩ / escrito coyuntural *m*
Gelehrtenlexikon *n* [Bk] / diccionario biográfico de eruditos *m*
Gelehrter *n* / erudito *m*
geleimt *pp* [Pp] ⟨DIN 6730⟩ / encolado *pp* ‖ *s.a. geklebt; ungeleimt*
geleimtes Papier *n* [Pp] ⟨DIN 6730⟩ / papel encolado *m* ‖ *s.a. oberflächengeleimtes Papier*
Geleitwort *n* [Bk] / notas introductorias *pl* · prólogo *m* · prefacio *m*
Gelenk *n* [Bind] / bisagra *f* · charnela *f* · cajo *m*
gelumbeckt *pp* [Bind] / encuadernado sólo con adhesivo *pp* · encuadernado a la americana *pp* · encuadernado sin cosido *pp*
Gemälde *n* [Art] / pintura *f* · cuadro pintado *f*
gemalter Schnitt *m* [Bind] / corte pintado *m*
gemäß den Wünschen des Kunden entworfen / de encargo *adv*
Gemeindearchiv *n* [Ach] / archivo parroquial *m*
Gemeindebücherei 1 *f* (Bücherei einer Kirchengemeinde) [Lib] / biblioteca parroquial *f*
Gemeindebücherei 2 *f* (Bücherei einer Landgemeinde) [Lib] / biblioteca municipal *f* ‖ *s.a. Dorfbibliothek*
gemeinfreies Werk *n* [Bk; Law] / obra sin copyright *f* · obra de propiedad pública *f*
Gemeinkosten *pl* [BgAcc] / gastos generales *pl*
gemeinsamer Sachtitel *m* [Bk; Cat] / título colectivo *m*
gemeinsamer Teil eines Hauptsachtitels *m* [Cat] ⟨ISBD(S)⟩ / parte común de un título principal *f*
gemeinschaftliche Nutzung von Ressourcen *f* / utilización conjunta de recursos
gemeinschaftliches Werk *n* [Cat] / obra en colaboración *f* (de menos de cuatro autores)
Gemeinschaftsausgabe *f* [Bk] / edición colectiva *f*
Gemeinschaftsverlag *m* [Bk] / coeditorial *f*
Gemeinwesenanalyse *f* [Lib] / análisis de la comunidad *m*
gemessenes Format *n* (eines Buches) [Bk] *s. Meßformat*

gemischte Notation *f* [Class] / notación mixta *f*
gemischter Satz *m* [Prt] / composición mixta *f*
gemustertes Buntpapier / papel de colores *m* (decorado con motivos)
genarbt *pp* [Bind] / granulado *pp* ‖ *s.a. feingenarbtes Leder; grobgenarbtes Leder; Narbe*
genaue Äquivalenz *f* (bei einem mehrsprachige Thesurus) [Ind] ⟨DIN 1463/2⟩ / equivalencia exacta *f*
Genauigkeitsprüfung *f* [Retr] / comprobación de precisión *f*
Generaladresse *f* (f) [Comm] ⟨DIN/ ISO 3309⟩ / dirección general *f*
General|direktor *m* [Staff] / director general *m*
-register *n* [Ind] / índice general *m* ‖ *s.a. kumulierendes Register*
Generation *f* [Repr] ⟨ISO 6196/1⟩ / procedencia *f* · generación *f*
Generator *m* [EDP] ⟨DIN 44300/4E⟩ / generador *m*
generieren *v* [EDP] / generar *v*
generische Beziehung *f* [Ind] *s. generische Relation*
generische Relation *f* [Ind; Class] ⟨DIN 1463/1E; DIN 32705E⟩ / relación género-especie *f* · relación genérica *f*
Genus *n* [Ind; Class] / género *m*
Genus-species-Beziehung *f* [Ind; Class] ⟨DIN 32705⟩ / relación genérica *f* · relación género-especie *f*
geographische Breite *f* [Cart] / latitud geográfica *f*
geographische Länge *f* [Cart] / longitud geográfica *f*
geographischer Katalog *m* [Cat] / catálogo geográfico *m*
- Schlüssel *m* [Class] / tabla de subdivisiones regionales *f* · subdivisión topográfica *f* · subdivisión toponímica *f* · subdivisiones geográficas *pl*
geographisches Schlagwort *n* [Cat] ⟨DIN 31631/2⟩ / encabezamiento geográfico *m*
geographisches Unterschlagwort *n* [Cat] / subencabezamiento geográfico *m* · subdivisión topográfica *f* · subdivisión geográfica *f*
geplatzt *pp* [Bind] / abierto *m* · reventado *pp*
geprägt *pp* [Pp] ⟨DIN 6730⟩ / troquelado *pp*
gerade erschienen *pp* [Bk] / acabado de aparecer *pp*
gerader Rücken *m* [Bind] / lomo liso *m* · lomo plano *m*
gerade Seitenzählung [Bk] *s. gerade Zählung*
gerade Zählung *f* [Bk] / numeración par *f*
geradnarbiges Leder *n* [Bind] / cuero de grano recto *m*
Geräte *pl* [BdEq] / aparatos *pl* · equipo *m*
-lagerraum *m* [BdEq] / almacén de aparatos *m*
-steuerzeichen *n* [EDP] ⟨DIN 44300/2E⟩ / carácter de control *m*
Gerätetreiber *m* [EDP] / impulsor de aparatos *m*
Geräuschpegel *m* [BdEq] / nivel de ruido *m*
Gerbung *f* [Bind] / curtido *m*
gereinigte Ausgabe *f* [Bk] *s. bereinigte Ausgabe*
Gerichts|bibliothek *f* [Lib] / biblioteca de juzgado *f*
-veröffentlichung *f* [Bk] / publicación judicial *f*
geringfügig überarbeitete Ausgabe *f* [Bk] / edición revisada *f*
geringfügig veränderte Ausgabe *f* [Bk] / edición revisada *f*
geripptes Papier *n* [Pp] / papel verjurado *m* · papel estriado *m* · papel vergueteado *m* · papel costillado *m* · papel vergé *m*
gerissen *pp* [Bk] / rasgado *pp*
gerufene Station *f* [Comm] ⟨DIN 44302⟩ / estación llamada *f*
gesammelte Werke *pl* [Bk] / obras completas *pl* ‖ *s.a. Gesamtausgabe*
Gesamt|aufnahme *f* [Cat] / entrada global *f*
-ausgabe *f* (der Werke eines Autors) [Bk] / obras completas *pl* · edición completa *f*
Gesamtbestand *m* [Stock] / colección general *m*
Gesamtbeurteilung *f* [Ed] / evaluación general *f*
Gesamt|erhebung *f* [InfSc] / recogida de datos global *f* · censo *m* · sondeo global *m*
Gesamthochschule *f* [Ed] / universidad general *f*
Gesamt|katalog *m* [Cat] / catálogo colectivo *m*
-kosten *pl* [BgAcc] / gastos generales *pl*
Gesamtmenge *f* [Gen] / cantidad total *f*
Gesamtnote *f* [Ed] / nota media *f*
Gesamt|register *n* [Ind] / índice general *m* ‖ *s.a. Jahresregister; kumulierendes Register*
-schlagwort *n* [Cat] / encabezamiento de materia *f*

~titel 1 *m* (im allgemeinen) [Cat] ⟨DIN 31632/2⟩ / título general *m* · título colectivo *m*
~titel 2 *m* (bei Schriftenreihen und Unterreihen) [Cat] ⟨RAK⟩ / título de serie *m*
~titelangabe *f* (bei Schriftenreihen und Unterreihen) [Cat] ⟨ISBD(M; A; S; PM)⟩ / (en series y subseries de publicaciones:) mención de título de serie *f*
Gesa|mttitelangabe *f* (bei Serien) [Cat] / área de serie *f*
Gesamtverantwortung *f* [OrgM] / responsabilidad común *f*
Gesamt|verzeichnis *n* [Cat] / índice general *m*
~werk *n* [Cat] / obra completa *f*
~zeitschriftenverzeichnis *n* [Cat] / catálogo colectivo de publicaciones periódicas *m*
Gesangbuch *n* ⟨RAK-AD⟩ / cantoral *m*
Gesangspartitur *f* [Mus] / partitura vocal *f*
Geschäfts|bedarf *m* [Off] / artículos de oficina *pl*
~bericht *m* (einer Firma, jährlich erscheinend) [Bk] ⟨DIN 31631/4⟩ / memoria anual *f* (de una empresa y que aparece todos los años)
Geschäftsbrief *m* [Off] / carta comercial *f*
Geschäfts|gang *m* (der Buchbearbeitung) [TS] / preparación bibliográfica de libros *f*
~ordnung *f* [OrgM] ⟨DIN 31631/4⟩ / reglamento *m*
~schrift *f* [Writ] / escritura cortesana *f*
~verteilungsplan *m* [OrgM] / plan de distribución de trabajos *m* ‖ *s.a. Aufgabenverteilung*
~zimmer *n* [BdEq] / despacho del secretario *m* · secretaría *f*
Geschenk *n* [Acq] / obsequio *m* · regalo *m*
~abonnement *n* [Acq] / suscripción gratuita *f*
~ausgabe *f* [Bk] / edición gratuita *f*
~buch *n* [Bk] / libro de regalo *m*
~exemplar *n* [Acq] / ejemplar de regalo *m* ‖ *s.a. Widmungsexemplar*
~journal *n* [Acq] / diario de donaciones *m*
~- und Tauschstelle *f* [OrgM] / departamento de intercambio y donaciones *m*
geschichtete Stichprobe *f* [InfSc] / muestreo estratificado *m* · muestreo por estratos *f* ‖ *s.a. Schichtung*
geschlossene Benutzergruppe *f* [EDP] / grupo cerrado de usuarios *m*
~ Frage *f* (in einem Fragebogen) [InfSc] / pregunta cerrada *f* (en una encuesta) ‖ *s.a. offene Frage*
geschlossenes Magazin *n* [OrgM] / depósito cerrado *m* · fondos bibliográficos cerrados *pl*
geschlossene Teilnehmerbetriebsklasse *f* [EDP] *s. geschlossene Benutzergruppe*
geschlüsselter Katalog *m* [Cat; Class] / catálogo por subdivisiones estándar *m* ‖ *s.a. Schlüsselung*
Geschoß *n* [BdEq] / planta *f* · piso *m* ‖ *s.a. eingeschossig; mehrgeschossig*
~höhe *f* [BdEq] / altura de la planta *f*
~plan *m* [BdEq] / plano de la planta *m*
geschützter Speicherbereich *m* [EDP] ⟨DIN 44300/6E⟩ / zona de memoria protegida *f*
~ Speicherplatz *m* [EDP] / posición protegida *f*
geschütztes Feld *n* [EDP] / campo protegido *m*
geschweifte Klammer *f* [Writ; Prt] / llave *f* (de clasificación) · llave sinóptica *f*
Gesellschaftsschrift *f* [Bk] ⟨RAk-AD⟩ / publicación de una sociedad *f* · publicación de asociación *f*
Gesetzbuch *n* [Bk; Law] / código legislativo *m*
Gesetzentwurf *m* [Law] / borrador de leyes *m* · proyecto de ley *m*
Gesetzessammlung f [Bk; Law] ⟨RAK-AD⟩ / recopilación de leyes *f* · código legislativo *m*
gespaltene Preise *pl* [Acq] / precios separados *pl*
gesperrte Datei *f* [InfSy] / fichero no autorizado *m*
gesperrter Druck *m* [Prt] / impresión espaciada *f*
gesperrte Schrift *f* [Prt] / escritura de letras espaciadas *f*
gesperrt gedruckt *pp* [Prt] / composición de tipos espaciados *f* · espaciado *pp*
Gesprächspartner *m* [Gen; Cat] / interlocutor *m*
gestaffelt anschaffen *v* [Acq] / adquirir en lote *v*
gestaffelte Kommandos *pl* [Retr] / órdenes escalonadas *pl*
Gestell *n* [BdEq] / armazón de estantería *m* · soporte para libros *m* · bastidor apoyalibros *m*
gestickter Einband *m* [Bind] *s. Stickereieinband*
gestochener Text / texto grabado *m*

gestrichenes Papier *n* [Pp] / papel revestido *m* ‖ *s.a. ungestrichen*
Gesundheitsbuch *n* [Bk] / libro de salud *m*
geteilter Katalog *m* / catálogo dividido *m* (en secuencias)
Getränkeautomat *m* [BdEq] / máquina de bebidas *f*
getrennte Zählung *f* [Cat] ⟨RAK⟩ / numeración separada *f* · (Blattzählung:) paginación separada *f* · foliación separada *f*
Gewebe *n* [Bind] / tela *f* · tejido *m*
-band *m* [Bind] / encuadernación todo tela *f* ‖ *s.a. biegsamer Gewebeband; Einbandgewebe; steifer Gewebeband*
-rücken *m* [Bind] / lomo de tela *m*
gewerblicher Rechtsschutz *m* [Law] / protección de la propiedad industrial *f*
gewerbsmäßiger Verlag *m* [Bk] / editorial comercial *f*
Gewerkschaftsbibliothek *f* [Lib] / biblioteca sindical *f*
gewichten *v* [InfSc] / ponderar *v*
gewichtete Daten *pl* [InfSc] / datos ponderados *pl*
Gewichtungsfaktor *m* [InfSc; Retr] / factor de ponderación *m*
Gewinn *m* [BgAcc] / beneficios *pl*
gewöhnliche Post *f* / correo normal *m*
gewöhnlich gebrauchter Name *m* [Cat] / nombre usual *m*
gezählte Seite *f* [Bk] / página numerada *f* ‖ *s.a. ungezählte Seiten*
Gieß|form *f* [Prt] / molde *m* (de impresión)
-instrument *n* [Prt] / matriz tipográfica *f* · molde de fundición *m*
-maschine *f* [Prt] / fundidora tipográfica *f*
gilbfleckig *adj* [Bk] / amarillento *adj s. gelbfleckig*
Gitter *n* [Cart] / cuadrícula cartográfica *f*
GK *abbr* [Cat] *s. Gesamtkatalog*
Glanz|folie *f* [Bind] / laminilla brillante *f*
-papier *n* [Pp] ⟨DIN 6730⟩ / papel de lustre *m* · papel brillante *m* · papel satinado *m*
-schnitt *m* [Bind] / corte bruñido *m*
Glasbaustein *m* [BdEq] / ladrillo vítreo *m*
Glasfaserkommunikation *f* [BdEq] / comunicación por fibras de vidrio *f*
Glätte *f* [Pp] / tersura *f*
glätten 1 *v* [Bind] / lustrar *v* ‖ *s.a. geglättetes Leder*
glätten 2 *v* (Papier ~) [Pp] / satinar *v* · bruñir *v*
glatter Rücken *m* [Bind] / lomo plano *m* · lomo liso *m*
glatter Satz *m* [Prt] / composición directa *f* · composición sencilla *f*
~ Schnitt *m* [Bind] / corte alisado *m* · corte refilado *m*
Glättkolben *m* [Bind] / alisador *f*
Glätt|zahn *m* [Bind] / diente de lobo *m* · bruñidor *f*
Gleichbehandlung *f* (Frauen und Männer) [Law] / trato igualitario *m*
gleichberechtigter Spontanbetrieb *m* [Comm] ⟨DIN 44302⟩ / modalidad compensada asíncrona *f*
gleichgeordnete Klassen *pl* [Class] / clases coordinadas *pl*
Gleichheitszeichen *n* [Writ; Prt] / signo igual *m*
gleichordnende Beziehung *f* [Ind] / relación coordinada *f*
~ Indexierung *f* [Ind] ⟨DIN 31623/1⟩ / indización coordinada *f*
Gleichordnung *f* [Ind] / coordinación *f*
Gleichordnungsbeziehung *f* [Ind] / relación coordinada *f*
Gleichstellung *f* (von Frauen) [Staff] *s. Frauengleichstellung*
Gleichstellungsgesetz *n* [Law] / ley de equiparación de la mujer *f*
Gleitblock *m* (in einer Katalogschublade) [Cat] / bloque de deslizamiento *m*
gleitende Arbeitszeit *f* [OrgM] / horario flexible *m* · jornada flexible *f*
Gliederdrucker *m* [EDP] / impresora de tren *f*
Gliederung *f* (eines Fachgebiets) [Class] / articulación *f* · estructuración *f* (de una especialidad) · organización *f* (de una especialidad)
Gliederungshilfe *f* (im systematischen Teil bestimmter Thesaurusarten) [Ind] / etiqueta de nodo *f* · término de sistematización *m*
Globalbewilligung [BgAcc] / asignación global *f*
Globalhaushalt *m* [BgAcc] / presupuesto global *m*
Globus *m* [Cart] ⟨ISBD(CM); RAK-Karten⟩ / globo *m* · esfera *f* ‖ *s.a. Erdglobus; Himmelsglobus*
-segment *n* [Cart] ⟨RAK-Karten⟩ / segmento del globo *m*
Glockenkurve *f* [InfSc] / curva de campana *f* · curva acampanada *f*
Glossar *n* [Bk] ⟨DIN 31639/2⟩ / glosario *m* ‖ *s.a. Wörterbuch*

Glosse *f* [Lin] / glosa *f*
Glwd. *abbr* [Bind] *s. Ganzleinwand*
Golddruck *m* [Bind] / estampación en oro *f*
golddurchwirkt *pp* [Bind] / bordado en oro *pp*
Goldfolienumschlag *m* [Bind] / cubierta decorada con pan de oro *f*
gold|gehöht *pp* [Bk] / realzado en oro *pp*
~geprägt *pp* [Bind] / estampado en oro *m*
Gold|grund *m* [Bind] / fondo dorado *m*
~messer *n* [Bind] / cuchillo para el oro *m*
Goldornament n [Bk] *s. Goldverzierung*
Gold|prägung *f* [Bind] *s. Golddruck; Goldpressung*
~pressung *f* [Bind] / dorado a prensa *m*
~schmiedeband *m* [Bind] / encuadernación de orfebre *f*
Goldschnitt *m* [Bind] / corte dorado *m* ‖ *s.a. Hohlgoldschnitt; Kopfgoldschnitt; unterfärbter Goldschnitt; ziselierter Goldschnitt*
Gold|schnittmachen *n* [Bind] / dorado de cortes *m*
~schnittrolle *f* [Bind] / rodillo dorador *m*
goldverziert *pp* [Bk] / decorado en oro *pp*
Goldverzierung *f* [Bk] / dorados *pl*
Gotico-Antiqua *f* [Writ; Prt] / escritura gótica antigua *f*
gotische Druckschrift *f* / letra gótica de forma *f*
gotische Schrift *f* [Writ; Bk] / escritura gótica *f*
Gradabteilungskarte *f* [Cart] / plano de plancheta *m*
Gradation *f* [Repr] / graduación *f*
Grad|feld *n* [Cart] / plancheta *f*
~netz *n* [Cart] / cuadrícula *f*
Graduale *n* [Bk] / gradual *m*
Grafik 1 *f* (künstlerischer Druck) [Art] ⟨DIN 31631/4⟩ / lámina *f*
~ 2 *f* (grafische Darstellung) [InfSc] ⟨DIN 5478; DIN 31631/2⟩ / diagrama *m*
Grafikkarte *f* [EDP] / tarjeta de gráficos *f* (para ampliar la resolución de pantalla) ‖ *s.a. monochromer Grafikadapter*
Grafik|terminal *n* [EDP] / terminal de gráficos *m* · terminal de visualización gráfica *m*
grafische Darstellung *f* [EDP/VDU] / visualización gráfica *f*
grafisches Blatt *n* [Art] / lámina gráfica *f* ‖ *s.a. Grafik 1*
grafisches Gewerbe *n* [Bk] / artes gráficas *pl*
grammatisches Prüfprogramm *n* [EDP] / programa de corrección gramatical *m*
Grammgewicht *n* (des Papiers) [Pp] / gramaje *m*
Graphothek *f* [Art] / grafoteca *f*
gratis *adv* [Acq] / gratis *adv*
graue Literatur *f* [Bk] / literatura gris *f*
Graupappe *f* [Bind] ⟨DIN 6730⟩ / cartón gris *m*
gregorianischer Gesang *m* / canto gregoriano *m*
Grenz|kosten *pl* [BgAcc] / costes marginales *pl*
~stelle *f* (zur Umwelt)(Programmablaufdiagramm) [EDP] / diagrama de terminación de programa *m*
grenzüberschreitender Datenfluß *m* [EDP] / flujo de datos transnacional *m*
Griffel *m* [Writ] / pizarrín *m*
Griffregister *n* [Bind] / índice digital *m* · índice estriado *m* · índice de muescas *m*
grobgenarbtes Leder *n* [Bind] / cuero de grano grueso *m*
Grobklassifikation *f* [Class] / clasificación general *f*
Groschenroman *m* [Bk] / novela de perra gorda *f* · novela barata *f*
Großbuchstabe *m* [Writ; Prt] / letra de caja alta *f* · letra capital *f* · letra versal *f* · letra mayúscula *f* ‖ *s.a. großdrucken; großgedrucktes Wort; großschreiben*
Großdruck|ausgabe *f* [Bk] / impresión en letra grande *f*
~buch *n* [Bk] / libro impreso en caracteres grandes *m*
großdrucken *v* [Prt] / imprimir en mayúsculas *v*
großes bebildertes Buch *n* / libro grande ilustrado *m*
Groß|folio *n* [Bk] / folio mayor *m*
~format *n* (Buch in ~) [Bk] / formato grande *m* ‖ *s.a. Überformat*
großgedrucktes Wort *n* [Prt] / palabra impresa en mayúsculas *f*
Groß|handelspreis *m* [Acq] / precio al por mayor *m*
~händler *m* [Bk] / mayorista *m* ‖ *s.a. Buchgroßhändler*
~raumbüro *n* [BdEq] / oficina de espacios abiertos *f*
~rechner *m* [EDP] / unidad principal *f*
großschreiben *v* [Writ; Prt] / escribir en mayúsculas *v*
Groß|schreibung *f* [Writ; Prt] / escritura en mayúsculas *f*

-speicher *m* [EDP] *s. Massenspeicher*
Großstadtbibliothek *f* [Lib] / biblioteca metropolitana *f*
Großstadtzeitung / periódico de gran ciudad *m*
Grotesk *f* [Prt] / letra grotesca *f*
Grubenschmelz *m* [Bind] / esmalte campeado *m* · champlevé *m*
Grund|adresse *f* [EDP] / dirección de base *f*
Grundanweisung *f* (Programmieren) [EDP] / instrucción de base *f*
Grund|bestand *m* [Stock] / colección básica *f*
-fläche *f* [BdEq] ⟨DIN 277/1⟩ / superficie del solar *f* ‖ *s.a. Brutto-Grundfläche; Netto-Grundfläche; Nutzfläche; Verkehrsfläche*
-gesamtheit *f* (bei einer Erhebung) [InfSc] / (– einer Stichprobe:) base de muestreo *m*
grundieren *v* [Bind] / imprimar *v*
Grundiermittel *n* [Bind] / imprimación *f* · (para panes de oro:) sisa *f*
Grundiermittel beim Vergolden und Marmorieren / sisa *f*
Grundlinie (ine einem Text) [EDP] / linea base *f*
Grund|platine *f* [EDP] / placa base *f* · placa de circuito impreso madre *f*
-regal *n* (eines Systemregals) [Sh] / sección inicial *f*
Grundriß *m* [BdEq] / plano de planta *m*
-karte *f* [Cart] / mapa planimétrico *m*
Grundschule *f* [Ed] / escuela elemental *f*
Grund|strich *m* (eines Buchstabens) [Writ; Prt] / asta *f* · pie de letra *m* · palo vertical *m*
Grundstück *n* [BdEq] / terreno *m* · solar *m*
Grundstudium *n* [Ed] / estudios básicos *pl*
Grund|transparent *n* [NBM] ⟨DIN 19040/11; A 2653⟩ / transparencia base *f*
Grundumfang *m* [Comm] / alcance general *m*
Gründung *f* [BdEq] / cimentación *f*
Grundzeilenabstand *m* [EDP/VDU] ⟨DIN 66233/1⟩ / interlineado *m*
Gruppe 1 *f* [Class] / categoría *f*
Gruppe 2 *f* (in der bibliographischen Beschreibung) [Cat] ⟨TGL 20972/04⟩ / área *f*
Gruppenadresse *f* [Comm] ⟨DIN/ISO 3309⟩ / dirección de grupos *f*
Gruppen|arbeitsraum *m* [BdEq] / cuarto de trabajo en equipo *m*
-aufstellung *f* [Sh] / colocación de libros agrupados por materias *f* (y por orden de adquisición)
-bildung *f* [Class; Ind] / formación de grupos *f*
Gruppendialog *m* (OSI)'/ diálogo de grupos *m*
Gruppen|interview *f* [InfSc] / entrevista grupal *f*
-schlagwortkatalog *m* [Cat] / catálogo alfabético-sistemático *m*
Gruselgeschichte *f* [Bk] / historia de terror *f*
Gültigkeit *f* [InfSc] / vigencia *f* · validez *f*
Gültigkeitsprüfung *f* [EDP] / control de validez *m* ‖ *s.a. Plausibilitätsprüfung*
Gummidrucktuch *n* [Prt] / cilindro de caucho *m*
gummiertes Papier *n* [Pp] ⟨DIN 6730⟩ / papel de goma *m*
Gummistempel *m* [TS] / sello de caucho *m*
Gummizylinder *m* (bei der Offsetdruckmaschine) [Prt] / cilindro de caucho *m*
Gürtelbuch *n* [Bk] / libro de bolsa *m*
Gutachten *n* [Bk] ⟨DIN 31631/4⟩ / dictamen *m* · informe técnico *m*
Gutachter *m* [Gen] / (allgemein:) asesor *m* · (zur fachlichen Beurteilung eines Aufsatzsmanuskripts:) asesor especialista *m*
-ausschuß *m* [OrgM] / comité consultivo *m* · comisión asesora *f*
Gutschein *m* [BgAcc] / vale *m*
Gutschrift *f* [BgAcc] / abono en cuenta *m*
Gutschriftsanzeige *f* [BgAcc] / nota de crédito *f*
Gymnasium *n* [Ed] / instituto de bachillerato *m*
Gzld. *abbr* [Bind] *s. Ganzleder(band)*
Gzln. *abbr* [Bind] *s. Ganzleinen*

H

Haarstrich *m* [Writ; Prt] / perfil *m* · trazo de letra *m*

Habilitationsschrift *f* [Bk] ⟨DIN 31631/4⟩ / memoria de habilitación profesoral *f*

hadernhaltiges Papier *n* [Pp] ⟨DIN 6730⟩ / papel con trapo *m*

Hadernpapier *n* [Pp] / papel de trapo *m* ‖ *s.a. Reinhadernpapier*

Hagiographie *f* [Bk] / hagiografía *f*

Halbband 1 *m* (zumeist ein Halblederband) [Bind] / encuadernación de media pasta *f* · media encuadernación *f* · encuadernación de medio lujo *f*

Halbband 2 *m* (z.B. erster Halbband) [Bk] / tomo *m*

halbechtes Wasserzeichen *n* ⟨DIN 6730⟩ / filigrana semiauténtica *f*

halbfette Schrift *f* [Prt] / seminegrilla *f* · caracteres medio gruesos *f*

Halb|franzband *m* [Bind] / encuadernación holandesa *f* · encuadernación de medio lujo *f* · encuadernación de media pasta *f* · encuadernación de media piel *f*

~geschoß *n* [BdEq] / entresuelo *m*

~gewebeband *m* [Bind] / encuadernación de media tela *f*

~jahresschrift *f* [Bk] / periódico semestral *m*

~lederband *m* [Bind] / encuadernación en media piel *f* ‖ *s.a. Halbfranzband*

Halblederband ohne Ledereckeu *m* / encuadernación en media piel sin cantoneras *f*

Halbleinen *n* [Bind] / encuadernación en media tela *f* · media tela *f*

Halb|leinenband *m* [Bind] / encuadernación de media tela *f*

Halbleinwand [Bind] / media tela *f*

Halb|leiterspeicher *m* [EDP] / memoria de semiconductores *f*

~monatsschrift *f* [Bk] / publicación bimensual *f* · periódico quincenal *m*

Halbstoff / pasta *f*

Halbtagsbeschäftigter *m* [Staff] *s. Halbtagskraft*

Halb|tagskraft *f* [Staff] / empleado de media jornada *m*

~ton *m* [Repr] / tono contínuo *m* · similigrabado *m* · (producido con trama:) medio tono *m* · semitono cromático *m* · medias tintas *pl* · autotipia *f* · fotograbado *m*

~tonbild *n* [Prt; Repr] ⟨DIN 16500/2⟩ / reproducción en tono contínuo *f* · ilustración de medios tonos *f* · ilustración a medias tintas *f*

~tonkopie *f* [Repr] / copia en tono contínuo *f*

~tonvorlage *f* (nicht gerastert) [Repr] / original en tono contínuo *m* (sin trama)

~unziale *f* [Writ] / escritura semiuncial *f*

Halbwertzeit *f* (der Publikationsart eines Faches usw.) [InfSc] / tiempo medio de vigencia *m* · vida media *f*

Halb|wochenschrift *f* [Bk] / periódico bisemanal *m*

Haltbarkeit *f* (eines Films oder einer Kopie) [Repr] ⟨DIN 19040/4⟩ / estabilidad *f* · consistencia *f* · conservabilidad *f*

Haltbarkeitsdauer *f* (bestimmter Materialien unter Lagerbedingungen) [NBM] / duración *f* · tiempo de conservación *m*

Haltung *f* [InfSc] / actitud *f*

Hamming-Abstand *m* [EDP] ⟨DIN 44300/2E⟩ / distancia de Hamming *f*

Hand|anleger *m* (bei einem Aufnahmegerät) [Repr] / marcador manual *m* · alimentador manual *m*

-apparat *m* (mit der Studienliteratur für eine Lehrveranstaltung) [RS] / colección reservada *f* ‖ *s.a. Handbibliothek*

Handatlas *m* [Cart] / atlas manual *m* · atlas portátil *m*

Hand-Betrachtungsgerät *n* (für das Lesen von Mikrofilmen) [Repr] / visor manual *m*

-bibliothek *f* [Lib] / biblioteca de referencia *f* · biblioteca de consulta *f*

-blinddruck *m* [Bind] / impresión manual sin tinta *f*

-buch *n* [Bk] ⟨DIN 31631/4; RAK-AD⟩ / manual *m*

Handdruck *m* [Bind] / impresión manual *f* ‖ *o.a. Handstempeldruck*

Hand|einband *m* [Bind] / encuadernación a mano *f*

-eingabe *f* (bei einem Aufnahmegerät) [Repr] / alimentación a mano *f*

Handels|adreßbuch *n* [Bk] / guía comercial *f* · directorio comercial *m* ‖ *s.a. Bezugsquellennachweis*

-bibliographie *f* [Bib] / bibliografía comercial *f*

Handelsdatenelement *n* (OSI) / elemento de datos comerciales *m*

Handexemplar *n* / ejemplar para uso personal *m* · libro de mano *m* · libro de consulta personal *m*

hand|gebunden *pp* [Bind] / encuadernado a mano *pp*

-gedruckt *pp* [Prt] / impreso a mano *m*

-geheftet *pp* [Bind] / cosido a mano *m*

-geschöpftes Papier *n* [Pp] / papel hecho a mano *m* · papel de tina *m* · papel de forma *m* · papel de cuba *m* ‖ *s.a. echtes Büttenpapier*

-geschriebener Brief *m* (aus der Feder des Autors) [Writ] / carta autógrafa *f*

-gesetzt *pp* [Prt] / compuesto a mano *pp*

Hand|gießinstrument *n* [Prt] / molde manual *m*

-heftung *f* [Bind] / cosido a mano *m*

-kartei *f* [Off] / fichero de referencia *m* · fichero usual *m*

handkoloriert *pp* [Art; Bk] / coloreado a mano *pp*

Handlaminierung *f* [Pres] / laminación manual *f*

Handlesegerät *n* / lector manual *m*

Hand|lochkarte *f* [PuC] / ficha perforada de selección manual *f* · ficha perforada a mano *f*

-papier *n* [Pp] / papel de cuba *m* · papel de tina *m* · papel hecho a mano *m* · papel de forma *m*

Handpresse *f* [Bind; Prt] / prensa de brazo *f* · tórculo *m* · prensa manual *f*

Handsatz 1 *m* (das Setzen von Hand) [Prt] / juego de tipos móviles *m*

– 2 *m* (das von Hand Gesetzte) [Prt] / composición tipográfica manual *f*

-schrift *f* [Prt] / tipo móvil *m* · tipo de fundición suelto *m*

Handschreiben *n* (aus der Feder des Autors) [Writ] / letra autógrafa *f*

Handschrift 1 *f* (insbes. ein Codex aus der Zeit vor Erfindung des Buchdrucks) [Bk] / manuscrito *m* · códice manuscrito *m* ‖ *s.a. neuzeitliche Handschrift; Sammelhandschrift*

Handschrift 2 *f* (geschriebener Text) [Writ; Bk] / manuscrito *m* · texto escrito a mano *m* · texto manuscrito *m* ‖ *s.a. Autograph*

Handschrift 3 *f* (z.B. eine leserliche ~) [Writ] / letra *f* (por ej., una ~ legible) · escritura manual *f*

Handschriften|abteilung *f* [OrgM] / departamento de manuscritos *m*

-band *m* [Bk] / volumen manuscrito *m*

-beschreibung *f* [Cat] / descripción de manuscritos *f*

-bestand *m* [Stock] / colección de manuscritos *f*

-bibliothekar *m* [Staff] / bibliotecario de manuscritos *m*

-katalog *m* [Cat] / catálogo de manuscritos *m*

-kunde *f* [Bk] / paleografía antigua y medieval *f* · paleografía *f*

~**magazin** *n* [Stock] / colección de manuscritos *f* · depósito de manuscritos *m*

~**sammlung** *f* [Bk] / colección de manuscritos *f*

handschriftliche Karte *f* [Cart] / mapa manuscrito *m*

handschriftliche Kopie *f* [Writ] / copia manuscrita *f*

handschriftlicher Katalog *m* [Cat] / catálogo manuscrito *m*

Handsetzer *m* [Prt] / tipógrafo manual *m*

Hand|stempeldruck *m* [Bind] / estampado a mano *m*

~**vergolder** *m* [Bind] / dorador a mano *m*

~**vergoldung** *f* [Bind] / dorado a mano *m* · estampado de oro a mano *m* · aplicación manual de pan de oro *f*

~**werksbuchbinder** *m* [Bind] / encuadernador artesano *m*

~**wörterbuch** *n* [Bk] / diccionario manual *m*

~**zeichen** *n* (gedrucktes Symbol in Form einer Hand) [Prt] / manecilla *f*

Handzettel *m* [PR] / octavilla *f* · hoja de anuncio *f* ‖ *s.a. Werbezettel*

Handzettel *m* [PR] / folleto manual *m*

Hanfschnur *f* [Bind] / cuerda de cáñamo *f*

Hängebügel *m* [Sh] / sujetalibros colgado *m*

Hängeregal *n* [BdEq] / estantería suspendida *m*

Hängeregistratur *f* [BdEq] / fichero lateral *m* · fichero colgado *m* ‖ *s.a. Vertikalablage*

Hängezeile *f* [Prt] *s. Schusterjunge*

Hardware *f* [EDP] ⟨DIN 44300/1E⟩ / equipo físico *m* · soporte físico *m*

hartsektorierte Diskette *f* [EDP] / disco de sectores duros *m*

Hart-Sektorierung *f* [EDP] / formateado de sectores *m*

Harzleim *m* [Pp] ⟨DIN 8730⟩ / cola resinosa *f*

Harzleimung *f* (mit Alaun) [Pres] / encolado con alumbre *pp*

Häubchen *n* (am Kapital) [Bind] / remate *m* · gracia *f* · adorno de cabezada *m*

Häufigkeitspolygon *n* [InfSc] / polígono de frecuencias *m*

Häufigkeitsverteilung *f* [InfSc] / distribución de frecuencias *f*

Hauptabteilung *f* [Class/UDC] / clase principal *f*

Hauptabteilung *f* [Class/UDC] / clase principal en la clasificación decimal de Dewey *f*

Haupt|aufnahme *f* [Cat] / entrada principal *f*

Haupteingang 1 *m* [BdEq] / entrada principal *f*

Haupteingang 2 *m* [Bk; Bib; Ind] / entrada principal de registro *f*

Haupt|eintragung *f* [Cat] ⟨RAK; DIN 31631/3⟩ / entrada principal *f*

~**fach** *n* [Ed] / asignatura principal *f*

~**gang** *m* (quer zu den Regalblöcken) [Sh] / pasillo principal *m*

~**kanal** *m* [Comm] ⟨DIN 44302⟩ / canal de ida *m*

~**karte** *f* [Cart] ⟨RAK-Karten⟩ / mapa principal *m*

~**katalog** *m* [Cat] / catálogo general *m* · catálogo central *m* · catálogo principal *m*

~**klasse** *f* [Class] / clase principal *f*

Hauptplatine *f* [EDP] / platina principal *f*

Haupt|sachtitel *m* [Cat] ⟨ISBD(M; A; S; PM); DIN 31631/2; TGL 20972/04; RAK⟩ / título principal *m* ‖ *s.a. Alternativsachtitel; gemeinsamer Teil eines Hauptsachtitels*

~**satz** *m* [EDP] / registro maestro *m*

~**schlagwort** *n* [Cat] / encabezamiento principal *m*

Hauptschule *f* [Ed] / escuela primaria *f*

Hauptseminar *n* [Ed] / seminario principal *m*

Haupt|speicher *m* [EDP] ⟨DIN 44300/6E⟩ / memoria principal *f* · memoria central *f*

Hauptsprache 2 *f* (in einem mehrsprachigen Thesaurus) [Ind] ⟨DIN 1463/2⟩ / idioma principal *m*

Hauptstudium *n* [Ed] / estudio principal *m*

Haupt|tafel *f* [Class/UDC] / tabla principal *f*

~**titel** *m* [Cat] ⟨RAK⟩ / título principal *m*

~**titelseite** *f* [Bk] ⟨ISBD(M; PM); RAK; DIN 1505/1V⟩ / portada *f* · página de título *f*

~**verfasser** *m* [Bk] / autor principal *m*

Hausarbeit *f* [Ed] / trabajo en casa *m*

Hausbuchbinderei *f* [OrgM] / encuadernación casera *f*

Haushalt *m* [BgAcc] / presupuesto *m* ‖ *s.a. außerordentlicher Haushalt; Erwerbungsetat; Etataufteilungsschlüssel; Globalhaushalt; Haushaltsausgaben; Haushaltsentwurf; Haushaltskürzung; Nachtragshaushalt; Zwei-Jahres-Haushalt*

Haushalts|ansatz *m* [BgAcc] / cálculo presupuestario *f*
-antrag *m* [BgAcc] / solicitud de presupuesto *f*
-ausgaben *pl* [BgAcc] / gastos presupuestarios *pl*
-ausschuß *m* [BgAcc] / comisión del presupuesto *f*
-einnahmen *pl* [BgAcc] / ingresos presupuestarios *pl*
-entwurf *m* [BgAcc] / proyecto presupuestario *m*
-führung *f* [BgAcc] / gestión de presupuesto *f*
-jahr *n* [BgAcc] / año presupuestario *m* ‖ *s.a. Rechnungsjahr*
-kürzung *f* [BgAcc] / recorte de presupuesto *m*
-mittel *pl* [BgAcc] / recursos presupuestarios *pl* ‖ *s.a. Mittelaufteilung; Mittelbeschaffung*
-mittelverlagerung *f* [Bg] / ampliación de fondos presupuestarios *f*
-ordnung *f* [BgAcc] / regulaciones presupuestarias *pl*
-plan *m* [BgAcc] ⟨DIN 31631/4⟩ / reparto de presupuesto *m*
-rest *m* (nicht ausgegebene Finanzmittel) [BgAcc] / excedente de presupuesto *m*
-titel *m* [BgAcc] / partida presupuestaria *f* · título de presupuesto *m*
-überschuß *m* [BgAc] / excedente presupuestario *m*
-überwachung *f* [BgAcc] / control de presupuesto *m*
-volumen *n* [BgAcc] / volumen presupuestario *m*
-voranschlag *m* [BgAcc] / previsión presupuestaria *f*
-vorschriften *pl* [BgAcc] / normas presupuestarias *pl*
Hausierbuchhändler *m* [Bk] *s. Kolporteur*
hausinternes System *n* [InfSy] / sistema interno *m*
Haus|korrektur *f* [Prt] / prueba para el lector *f* · corrección de pruebas en la imprenta *f* (en la imprenta) · (Korrekturabzug für die ~:) prueba para el corrector *f*
-meister *m* [Staff] / conserje *m* · portero *m*
-personal *n* [Staff] / personal de servicio *m*
-verwalter *m* [Staff] / administrador *m*
-verwaltung *f* [BdEq] / administración de inmuebles *f*
Hauszeitschrift [Bk] / boletín de empresa *m* (dirigido al público en general) · periódico interno *f*
Heft *n* [Bk] / 2 entrega *f*
Heft 1 *n* (Broschüre) [Bk] / libelo *m* · panfleto *m* · folleto *m* · opúsculo *m*
Heft 2 *n* (Notizbuch) [Bk] / (con calendario:) agenda *f* · cuaderno *m* · libreta *f*
Heft 3 *n* (einer Zeitschrift usw.) [Bk] / número *m* · fascículo *m*
Heft|band *n* [Bind] / volumen encuadernado en rústica *m* · volumen cosido *m*
-bünde *pl* [Bind] / nervios *pl* *s. Bünde*
-draht *m* [Bind] / hilo metálico de encuadernar *m* ‖ *s.a. Drahtheftung*
heften *v* [Bind] / coser *v* ‖ *s.a. Fadenheftung; handgeheftet*
Hefter *m* [Off] / grapadora *f*
Heft|faden *m* [Bind] / cuerda *f* · hilo continuo *m* · hilo de coser *m*
-gaze *f* [Bind] / gasa de encuadernación *f* · muselina *f* · tarlatana *f*
Heftheftung *f* [Bind] / cosido de cuadernos *f*
Heft|klammer *f* [Off] / clip *m* · grapa *f*
-lade *f* [Bind] / telar de encuadernador *m* · bastidor para coser libros *m*
-maschine *f* [Bind] / máquina encuadernadora *f* ‖ *s.a. Drahtheftmaschine; Fadenheftmaschine*
-umschlag *m* [Bk] / sobre *m* (de publicación periódica) · cubierta de una publicación periódica *f*
Heftung, bei der der Faden oder der Draht in einem Zug durch den gesamten Buchblock geführt wird / cosido en plano *pp*
Heft|zählung *f* [Bk] ⟨DIN 31631/2⟩ / numeración de periódico *f*
-zwirn *m* [Bind] / hilo de coser *m* · hilo de encuadernar *f*
heilige Schrift *f* [Bk] / Sagradas Escrituras *pl*
Heimatadresse *f* [RS] / dirección habitual *f* · domicilio *m*
Heimatroman *m* [Bk] / novela costumbrista *f*
Heimcomputer *m* [EDP] / ordenador familiar *m* · ordenador doméstico *m*
Heimwerkerbuch *n* / manual de trabajos caseros *m* ‖ *s.a. Hobbybuch*
heißer Satz *m* [Prt] / composición en caliente *f* · composición con metal caliente *f*

Heiß|laminierung *f* [Pres] / laminación termoplástica *f*
-leim *m* [Bind] / termoadherente *m* · termoadhesivo *m*
Heißsiegeln *n* / pegar por calentamiento *v*
Heißsiegelpresse *f* / prensa para termopegado *f*
Heizstift *m* [Pres] / lápiz térmico *m*
Heliogravüre *f* [Prt] / heliograbado *m* · fotograbado *m*
Helldunkelschnitt *m* (Holzschnitt) [Art] / claroscuro *m*
Herabqualifizierung *f* [Staff] / descualificación *f*
Heranwachsender *m* / creciente *adj*
herausgeben *v* [Bk] / editar *v* · lanzar *v* · publicar *v*
herausgebende Körperschaft *f* [Bk] / entidad editora *f*
Herausgeber *m* [Bk] / compilador *m* · I editor *m* ‖ *s.a. Mitherausgeber*
Herausgeberin *f* [Bk] / editora *f*
Herausgeberverweisung *f* [Cat] / referencia de editor *f*
heraussuchen *v* (Bücher ~) [RS] / recuperar *v*
Herkunftsadresse *f* [Comm] / dirección de procedencia *f*
Hersteller *m* (einer DV-Anlage; eines AV-Mediums usw.) [EDP; NBM] ⟨ISBD(NBM)⟩ / fabricante *m*
~ einer Datenbank *m* [InfSy] / productor de una base de datos *m*
Herstellungsabteilung *f* [Bk] / departamento de producción *m*
Herstellungsleiter *m* (in einem Verlag) / director de producción *m*
Herstellungsort *m* (als Teil der bibliographischen Beschreibung) [Cat] / lugar de fabricación *f*
herunterladen *v* [EDP] / cargar *v*
hervorgegangen *pp* (bei einem fortaufenden Sammelwerk) [Cat] / procedente (de) *adj*
Hexadezimalsystem *n* / sistema hexadecimal *m*
Hfrz. *abbr* [Bind] *s. Halbfranzband*
Hierarchie *f* [Class] / jerarquía *f*
Hierarchierelation *f* [Ind] ⟨DIN 1463/1E; DIN 32705E; TGL RGW 174⟩ / relación jerárquica *f*
hierarchische Beziehung *f* [Ind] / relación jerárquica *f s. Hierarchierelation*
hierarchische Darstellung *f* [Class] / representación jerárquica *f*
~ Klassifikation *f* [Class] / clasificación jerárquica *f*
~ Notation *f* [Class] / notación jerárquica *f*
hierarchischer Schlüssel *m* [PuC] / código jerárquico *m*
hierarchisches Netz *n* [Comm] ⟨DIN 44331V⟩ / red jerárquica *f*
hierarchische Verweisung *f* [Cat] / referencia jerárquica *f*
hieratische Schrift *f* [Writ] / escritura hierática *f*
Hieroglyphe *f* [Writ] / jeroglífico *m*
Hieroglyphenschrift *f* [Writ] / escritura jeroglífica *f*
Hilfs|deskriptor *m* [Ind] / descriptor auxiliar *m*
-kanal *m* [Comm] ⟨DIN 44302⟩ / canal de retorno *m*
Hilfspersonal *n* [Staff] / personal auxiliar *m*
Hilfs|tafel *f* [Class/UDC] / tabla auxiliar *f* · cuadro auxiliar *m*
Himmels|globus *m* [Cart] ⟨ISBD(CM); RAK-Karten⟩ / esfera celeste *f*
-karte *f* [Cart] ⟨ISBD(CM)⟩ / carta celeste *f* ‖ *s.a. Sternkarte*
hinaufladen *v* [EDP] / cargar *v*
Hinter|deckel *m* [Bind] / cubierta de cierre *f* · cubierta posterior *f*
-grunddichte *f* [Repr] / densidad del fondo *f*
-grundspeicher *m* [EDP] / memoria secundaria *f* · memoria adicional *f* · memoria auxiliar *f* ‖ *s.a. Zubringerspeicher*
Hinterklebegewebe [Bind] / tela de forro de lomo *f* · forro del lomo *m*
Hinter|kleben *n* (des Buchrückens) [Bind] / (del lomo del libro:) encaje *m* · forrado del lomo *m* · forro posterior *m* · pegado del falso lomo *m* · forrado posterior *m*
hinterlegen *v* [RS] / depositar *v* · entregar en depósito *v*
hinterlegter Geldbetrag *m* [RS] / suma depositada *f* · cuota en depósito *f* ‖ *s.a. Pfand*
hinterlegte Sache *f* [RS] / objeto depositado *m*
Hinterlegungsbetrag *m* [RS] / fianza de depósito *f s. hinterlegter Geldbetrag*
Hintertreppenroman *m* / novela barata *f* · novela de perra gorda *f*
Hinweisbank *f* [InfSy] / base de datos de referencia *f* · base de datos de consulta *f*
Hinweistafel am Regal bzw. an der Regalreihe *f* [Sh] / tabla de referencias en las estanterías *f*

Hirtenbrief *m* [Bk] / carta pastoral *f*
Histogramm *n* [InfSc] / histograma *m* ‖ *s.a. Blockdiagramm*
historisch-kritische Ausgabe *f* [Bk] / edición histórico-crítica *f* · edición variórum *f*
historisiertes Initial *n* [Bk] / inicial historiada *f*
Hl. *abbr* [Bind] *s. Halbleinen*
Hln. *abbr* [Bind] *s. Halbleinen*
Hlwd. *abbr* [Bind] *s. Halbleinwand*
Hlz. *abbr.* [Art] *s. Holzschnitt*
HN *abbr* [Cart] *s. Höhennormal*
Hobbybuch *n Bk* / libro de aficiones *m*
hochauflösender Bildschirm *m* [EDP/VDU] / pantalla de alta definición *f*
hochauflösendes Fernsehen *n* / televisor de alta definición *m*
hochauflösendes Videosystem *n* [EDP] / sistema de vídeo de alta definición *m*
Hochdruck *m* [Prt] ⟨DIN 16514⟩ / impresión tipográfica *f* · impresión flexográfica *f* · impresión con tipos en relieve *f* · tipografía *f*
Hochdruckpapier *n* [Pp] ⟨DIN 6730⟩ / papel para tipografía *m*
Hochdruck-Rotationsmaschine *f* [Prt] / rotativa tipográfica *f*
Hochformat 1 *n* [Bk] / 1 formato vertical *m* · formato natural *m*
Hochformat 2 *n* [Repr] / 2 formato vertical *m*
Hochformat 2 *n* (der Bildanordnung auf einem Mikro-Rollfilm) [Repr] / formato cine *m* (presentación de imágenes en un rollo de microfilm) · posición A *f s. vertikale Bildlage*
Hochglanz|kopie *f* [Repr] / copia con brillo intenso *f*
~papier *n* [Pp] / papel supercalandrado *m* · papel altamente satinado *m*
Hochleistungsrechner *m* / computador de alta capacidad *m*
Hochschul|bibliothek *f* [Lib] / biblioteca universitaria *f*
Hochschulbildung *f* [Ed] / instrucción universitaria *f*
Hochschuleinrichtung *f* [Ed] / instalaciones universitarias *pl*
Hochschulfinanzierung *f* [BgAcc] / financiación universitaria *f*
Hochschullehrbuch [Bk] / manual universitario *m*
Hochschullehrer *m* [Ed] / profesor universitario *m*
Hochschul|reife *f* [Ed] / certificado de aptitud universitaria *m*
~schrift 1 *f* (im allgemeinen) [Bk] ⟨DIN 31639/2⟩ / publicación universitaria *f* (en general)
~schrift 2 *f* (zur Erlangung eines akademischen Grades) [Bk] / memoria académica *f*
~schriftenvermerk *m* [Cat] / mención de publicación universitaria *f*
Hochschulzugangsberechtigung *f* [Ed] / derecho de acceso a la universidad *m*
Höchstpreis *m* [Acq] / precio límite *m* · precio máximo *m*
Hochzahl *f* (im Formelsatz) [Prt] *s. Exponent*
Hochzeitsgedicht *n* [Bk] / canto nupcial *m* · epitalamio *m*
Hof|bibliothek *f* [Lib] / biblioteca de palacio *f*
Hofkalender *m* / calendario cortesano *m*
Höhen|kurve *f* [Cart] *CH* / curva de nivel *f* · isohipsa *f s. Höhenlinie*
~linie *f* [Cart] / isohipsa *f*
Höhenlinienkarte *f* [Cart] / mapa de ipsohipsas *m*
Höhenlinienkarte *f* [Cart] / mapa de curvas de nivel *m*
Höhen|maßstab *m* [Cart] ⟨RAK-Karten⟩ / escala vertical *f*
~normal *n* [Cart] *DDR s. Normal-Null*
~schichtenfarbe *f* [Cart] / color convencional de altitud *m*
~schichtlinie *f* [Cart] *A s. Höhenlinie*
~stufe *f* [Cart] / nivel de altura *m* · intervalo entre curvas *m*
höhere Programmiersprache *f* [EDP] / lenguaje de alto nivel *m*
höherer Dienst *m* [Staff] / alto cargo *m* (nivel más alto en la jerarquía del funcionariado alemán)
höhergruppieren *v* [Staff] *s. höherstufen*
höherstufen *v* [Staff] / reclasificar en categorías más altas *v*
hohler Rücken *m* [Bind] / lomo hueco *m* · lomo suelto *m* · lomo destacado *m* · lomo en comisura *m*
Hohlgoldschnitt *m* [Bind] / corte acanalado dorado *m*
Holländer *m* [Pp] / pila holandesa *f*
Holländern *n* [Bind] / cosido francés *m*
Hollerith-Karte *f* [PuC] / ficha Hollerit *f*
holografischer Speicher *m* [EDP] / memoria holográfica *f*

Hologramm *n* [Repr] ⟨ISO 5127/4; ISBD(NBM)⟩ / holograma *m*
Holographie *f* [Repr] / holografía *f*
Holzdeckel *pl* [Bind] / tapas de madera *pl*
holzfrei *adj* / sin celulosa
holzfreies Papier *n* [Pp] / papel de pasta química *m*
holz|haltiges Papier *n* [Pp] ⟨DIN 6730⟩ / papel de pasta de madera *m* ‖ *s.a. holzfrei*
Holz|regal(e) *n(pl)* [Sh] / estantería(s) de madera *f(pl)*
Holzschliff *m* [Pp] ⟨DIN 6730⟩ / pasta de madera *f*
holzschliffhaltiges Papier *n* [Pp] / papel de pasta de madera *m*
Holzschneidekunst *f* [Art] / arte de grabar en madera *m*
Holz|schnitt *m* [Art] / xilografía a fibra *f* · grabado en madera a fibra *m*
~**stich** *m* [Art] / xilografía a contrafibra *f* · grabado en madera a contrafibra *m*
~**tafeldruck** *m* [Prt] / impresión xilográfica *f*
Homogramm *n* [Lin] / homograma *m*
Homograph *n* [Lin] / homógrafo *m* ‖ *s.a. Homogramm*
Homographie *f* [Lin] / homografía *f*
Homonym *n* [Lin] / homónimo *m*
Homonymenzusatz *m* (zu einem Schlagwort oder Deskriptor) [Cat] / calificativo *m*
Homonymie *f* [Lin] / homonimia *f*
Homophonie *f* [Lin] / homofonía *f*
Honorar *n* / ley de derechos de autor *pl* · honorarios de autor *pl*
Honorar|vereinbarung *f* [Bk] / acuerdo sobre derechos *m*
Honorarvorschuß *m* [Bk] / adelanto sobre honorarios *m*
Hör|buch *n* [NBM] / audiolibro *m* ‖ *s.a. Sprechkassette*
Hörbücherei *f* [Lib] / audioteca *f*
Hörerrabatt *m* [Bk] / descuento de alumno *m* (descuento ofrecido a los alumnos de un profesor al comprar copias de su libro)
Hörfunk *m* / radio *f*
Horizontalablage *f* [Sh] / almacenamiento horizontal *m* · colocación horizontal *f*
horizontale Bildlage *f* (auf einem Mikro-Rollfilm) [Repr] ⟨ISO 6196/2⟩ / presentación de imágenes en un microfilm:) formato horizontal *m* · formato cómic *m* · posición B *f*
Hörsaal *m* (n) [BdEq; Ed] / clase *f* · aula *f*
Hörspiel *n* [NBM] / dramatización radiofónica *f*
Hospitalität *f* (der Notation) [Class] / flexibilidad *f* (de la notación)
Hospitalität in bezug auf neue nebengeordnete Klassen/in Begriffsreihen / flexibilidad respecto a nuevas clases secundarias/en serie *f*
Hospitalität in bezug auf neue nebengeordnete Klassen/in Begriffsleitern *f* / flexibilidad respecto a nuevas clases secundarias/en cadena *f*
Hospitalität in bezug auf neue untergeordnete Klassen/ in Begriffsleitern / flexibilidad respecto a nuevas clases subordinadas/en cadena *f*
Host *m* [InfSy] / suministrador de servicios de búsqueda *m* · servicio en linea *m* · suministrador de base de datos *m* · suministrador de servicios en línea *m* · servicio directo *m*
~-**Rechner** *m* [EDP; InfSy] / ordenador central *m* · ordenador principal *m* · ordenador primario *m* · ordenador base *m*
Hs. *abbr* [Writ] *s. Handschrift 1*
hsl. *abbr* [Writ] *s. handschriftlich*
Hülle *f* (einer Schallplatte) [NBM] / cubierta de disco *f* · funda de disco *f*
Hülse *f* (zwischen Buchblock und Buchrücken) [Bind] / boca *f* (entre el lomo y los pliegos del libro)
humanistische Schrift *f* [Writ] / escritura humanística *f*
Hurenkind *n* [Prt] / línea huérfana *f*
Hybrid|rechner *m* [EDP] / ordenador híbrido *m*
~**station** *f* [Comm] ⟨DIN 44302⟩ / estación compensada *f* · estación combinada *f*
hydrographische Karte *f* [Cart] / mapa hidrográfico *m*
Hygrometer *m* [Pres] / higrómetro *m*
Hygroskop *n* [Pres] / higroscopio *m*
Hymnenbuch *n* [Bk] / himnario *m*
Hypothese *f* [InfSc] / hipótesis *f* ‖ *s.a. Arbeitshypothese; Null-Hypothese*
Hypothesenüberprüfung *f* [InfSc] / comprobación de hipótesis *f*

I

Identifikator *m* (Namensdeskriptor) [Ind] / identificador *m*
Identifizierungskennzeichen *n* [InfSy] ⟨DIN 31631/2⟩ / identificador *m* · indicador de identificación *m*
Ideogramm *n* [Writ] / ideograma *m*
ideographische Schrift *f* [Writ] / escritura ideográfica *f*
Ikonographie *f* [Art] / iconografía *f*
Illuminator *m* [Art; Bk] / miniaturista *m* · ilustrador *m*
illuminieren *v* [Art; Bk] / miniar *v* · iluminar *v* · ilustrar *v*
illuminierte Handschrift *f* [Art; Bk] / manuscrito iluminado *m* · manuscrito miniado *m*
Illuminierung *f* [Art; Bk] / miniatura *f* · ilustración *f*
Illustration *f* [Bk] ⟨ISBD(M; A; S; PM); DIN 31639/2 DIN 31631/2⟩ / ilustración *f* ‖ *s.a. Abbildung*
Illustrations|angabe *f* [Cat] ⟨TGL 20972/04⟩ / mención de ilustraciones *f*
~druckpapier *n* [Pp] ⟨DIN 6730⟩ / papel para fotograbado *m*
illustrations|druckpapier 0 *n* [Prt] / papel ilustración *m* · papel para ilustraciones *m* · papel de autotipia *m*
Illustrator *n* [Bk] / ilustrador *m*
illustrieren *v* [Bk] / ilustrar *v*
Illustrierte *f* [Bk] / revista ilustrada *f*
illustrierte Ausgabe *f* [Bk] / edición ilustrada *f*
imitiertes Juchten(leder) *n(n)* / imitación piel de Rusia *f*
Immatrikulation *f* [Ed] / matrícula *f* · matriculación *f*
immatrikulieren *v* [Ed] / matricular *v*
Impact-Drucker *m* [EDP] / impresora de impacto *f*
Implementierung *f* [OrgM] / puesta en práctica *f* · implementación *f*
Impressum 1 *n* [Cat] *s. Erscheinungsvermerk*
Impressum 2 *n* [Bk] / 2 cabecera *f*
Impressum 2 *n* (Angabe von Titel, Verlag, Drucker usw. in einem Buch, einer Zeitschrift oder Zeitung) [Bk] / pie de imprenta *m* · notas tipográficas *pl*
Imprimatur! *n* [Prt] / tírese *m* ‖ *s.a. Druckerlaubnis*
imprimatur! [Prt] / imprimatur *m* · imprímase *m*
im Selbstverlag erschienen *pp* / autoeditado *pp*
in Bereitschaft befindlich *adj* / estar disponible para *v*
Incipit *n* [Bk] / incipit *m*
in Deckeln beschneiden *v* [Bind] / refilar con tapas *v* · recortar con tapas *v* · desvirar con tapas *v*
in den Ruhestand treten *v* / jubilarse *v* · quedar jubilado *v*

in den Ruhestand versetzen *v* [Staff] / jubilar *v*
in der Zielsprache neu geprägte Benennung *f* / neologismo *m*
Index [Prt] / subíndice *m*
Index|aufnahme *f* (auf einem Microfiche) [Repr] / fotograma índice *m* (en una microficha)
-feld *n* (letztes Rasterfeld auf einem COM-Fiche) [Repr] ⟨DIN 19065/2⟩ / fotograma índice *f* (última retícula en una microficha COM)
index|ieren *v* [Ind] ⟨DIN 31623/1⟩ / indizar *v* · indexar *v*
Index|ierer *m* [Staff] / indizador *m*
-ierung *f* [Ind] ⟨DIN 31623/1⟩ / indización *f*
Indexierungsbezeichnung *f* [Ind] ⟨DIN 31623/1⟩ / concepto de indización *m*
Indexierungs|breite *f* [Ind] ⟨DIN 31623/1⟩ / amplitud de indización *f* · densidad de indización *f*
Indexierungskonsistenz *f* ⟨DIN 31623/1⟩ / coherencia de indización *f*
Indexierungs|spezifität *f* [Ind] ⟨DIN 31623/1⟩ / especificidad de indización *f*
-sprache *f* [Ind] / lenguaje de indización *m*
Indexierungsssystem mit kontrtolliertem Wortschatz / sistema de indización con vocabulario controlado *m*
Indexierungs|system *n* [Ind] / sistema de indización *m*
-system mit kontrolliertem Wortschatz *n* / sistema indizador de vocabulario controlado *m*
Indexierungstiefe *f* [Ind] / grado de indización *m* · exhaustividad de indización *f* · profundidad de indización *f*
Indexierungsverfahren *n* [Ind] / procedimiento de indización *m*
Index|linie *f* [Repr; Retr] / línea índice *f*
-marke *f* [EDP] ⟨DIN 66010E⟩ / intervalo de índice *m*
-register *n* [EDP] ⟨DIN 44300/6E⟩ / registro de índices *m* · registro índice *m*
index|sequentieller Zugriff *m* [EDP] / acceso secuencial indexado *m*
Index|spur *f* [EDP] ⟨DIN 66010E⟩ / pista de índice *f*
Indexstufe *f* [Ind] / nivel de índice *m*
Index-Terminus *m* [Ind] / noción de indización *f* · término indizador *m*
-zylinder *m* [EDP] ⟨DIN 66010E⟩ / cilindro índice *m*
indikatives Referat *n* [Ind] ⟨DIN 1426E⟩ / resumen indicativo *m*
indikativ-informatives Referat *n* [Ind; Bib] ⟨DIN 1426E⟩ / análisis indicativo-informativo *m*
Indikator *m* (beim Austausch bibliographischer Daten) [ED; InfSc] ⟨DIN 1506; DIN 31631/1⟩ / indicador *m* ‖ *s.a. Meßgröße*
-länge *f* [EDP] / longitud de indicador *f*
indirekte Adresse *f* [EDP] / dirección indirecta *f*
indirekter Hochdruck *m* [Prt] ⟨DIN 16514⟩ / offset seco *m* · impresión offset *f* · litografía indirecta *f* · fotolitografía *f*
- Zugriff *m* [EDP] / acceso indirecto *m*
Individual|anhänger *m* (als Teil einer systematischen Signatur) [Sh] / marca de libro *f* · signatura topográfica *f* · número identificador del libro *m*
-begriff *m* [Ind; Class] ⟨DIN 2330⟩ / concepto individual *m*
-signatur *f* [Sh] / signatura topográfica única *f*
Industriebibliothek *f* [Lib] / biblioteca industrial *f*
Informatik 1 *f* (Wissenschaftsfach) [EDP] / informática *f*
Informatik 1 *f* (Wissenschaftsfach) [EDP] / ciencia informática *f*
Informatik 2 *f* (Lehrfach) [Ed] / Ingeniería informática *f*
Informatiker *m* [EDP] / informático *m*
Information 1 *f* [InfSc] / información *f*
Information 2 *f* (Stelle für die allgemeine Auskunftserteilung) [OrgM] / mostrador de información *m* ‖ *s.a. Auskunftsplatz*
Informations|analyse *f* [Ind] / análisis de información *m*
-analysezentrum *n* [InfSy] / centro de análisis de información *m*
Informationsanbieter *m* [InfSy] / proveedor de información *m*
Informationsaustausch *m* [InfSy] / intercambio de información *m*
Informations|bank *f* [InfSy] / banco de datos *m* ‖ *s.a. Datenbank*
-bedarf *m* [InfSc] / demanda de información *f*
-bedürfnisse *pl* [InfSc] / necesidades de información *pl*
Informationsberatung *f* [InfSy] / asesoría de información *f*
Informationsbeschaffung *f* [InfSy] / recopilación de información *f*

Informationsbewertung *f* [InfSy] / evaluación de información *f*
Informationsblatt *n* [InfSy] / boletín de información *m* · hoja informativa *f*
Informationsbrett *n* [BdEq] *s. Anschlagbrett*
Informationsbroker *m* [InfSy] / broker de información *m*
Informationsdichte *f* [InfSy] / densidad de información *f*
Informationseinrichtung *f* [OrgM] / instalaciones de información *pl*
Informationsexplosion *f* [InfSc] / explosión de información *f*
-fachkraft *f* [Staff] / técnico en tratamiento de la información *m*
-feld *n* (eines Microfiches) [Repr] ⟨DIN 19040/113E; DIN 19054/1V⟩ / área de información *f* (de una microficha)
-fluß *m* [InfSc] / flujo de información *m*
-freiheit *f* [InfSc] / libertad de información *f*
-gehalt *m* [InfSc] ⟨DIN 44301⟩ / contenido de información *m*
-gesellschaft / sociedad de información *f*
-gewinn *m* / recuperación de información *f*
-industrie *f* [InfSy] / industria de la información *f*
-kanal *m* [InfSy] / canal de información *m*
-kraft *f* [Staff] / documentalista *m* **I** *s.a. Informationsspezialist*
-krise *f* [InfSc] / crisis de la información *f*
-mittel *n* [Bib; Retr] / medio de información *m* · instrumento de información *m*
-netz *n* [InfSc] / red de información *f*
-nutzung (f) [InfSc] / utilización de la información *f*
-politik *f* [InfSc] / política de información *f*
-psychologie *f* [InfSc] / psicología de la información *f*
-quelle *f* [Bib; Cat] ⟨AACR⟩ / fuente de información *f*
-recherchesprache *f* [Retr] / lenguaje de recuperación de información *m*
-recherchethesaurus *m* [Ind] *DDR* ⟨TGL RGW 174⟩ / tesauro *m* (de recuperación de información) **I** *s.a. Thesaurus*
-recht *n* [Law] / derecho de información *m*
-retrieval *n* [Retr] / recuperación de información *f* **I** *s.a. Retrieval*
-sammlung *f* [InfSc] / presentación de información *f* · recopilación de información *f*
-speicher *m* [InfSy] / memoria de información *f*
-spezialist *m* [Staff] / documentalista *m* · especialista en información *m*
-stelle *f* [OrgM] / centro de información *m*
-suche *f* [Retr] / búsqueda de información *f*
-system *n* [InfSy] / sistema de información *m*
-technik *f* [InfSy] / tecnología de la información *f*
-träger *m* / portador de informaciones *m*
-transfer *m* [Comm] / transferencia de información *f*
-trennzeichen *n* [EDP] ⟨DIN 44300/2E⟩ / separador de información *m* · carácter separador de información *m* **I** *s.a. Trennzeichen*
-- und Dokumentationsstelle *f* [InfSy] / centro de información y documentación *m* · centro de documentación *m*
-- und Dokumentationswissenschaft *f* [InfSc] / Ciencias de la Información *pl*
-verarbeitung *f* [EDP] / tratamiento de la información *m*
-verbreitung *f* [InfSy] / difusión de la información *f*
-verlust *m* [InfSy] / pérdida de información *f*
-vermittler *m* [Retr; Staff] / analista de búsqueda *m* · agente comercial de informacion *m* (profesional) · gestor de información *m*
-vermittlung *f* (als Dienstleistungsangebot) [Ref; InfSy] / servicio de referencia asistido por ordenador *m*
-vermittlungsstelle *f* [Retr] / centro de referencia *m* · centro de orientación *m*
-versorgung *f* [InfSy] / abastecimiento de información *m*
-wiedergewinnung *f* [Retr] / recuperación de información *f* *s. Informationsretrieval*
-wirtschaft *f* ⟨InfSy⟩ / economía de la información *f*
-wissenschaft *f* [InfSc] / Documentación *f*
-zentrum *n* (mit umfangreichem Bestand an Nachschlagewerken) [OrgM] / centro de referencia *m*
Information und Dokumentation [InfSc] / Información y Documentación *f*
informatives Referat *n* [Ind; Bib] ⟨DIN 1426E⟩ / resumen analítico *m* · resumen informativo *m*
Informator *m* [Staff] *DDR* / documentalista *m* **I** *s.a. Fachinformator*

infrastruktur *f* [InfSc] / infraestructura *f*
Inhalt *m* (eines Buches) [Bk] / contenido *m*
inhaltliche Aussage *f* [Ind] / exposición de contenidos *f*
inhaltliche Erschließung *f* [Ind] ⟨DIN 31631/1⟩ / análisis de contenidos *m* · indización de materias *f*
inhaltsadressierbarer Speicher *m* [EDP] / memoria de contenido direccionable *f* · memoria asociativa *f*
Inhalts|analyse *f* [Class; Ind] / análisis del contenido *m*
~angabe *f* [Ind] ⟨DIN 31631/2⟩ / sumario *m* · mención de contenido *f* · relación de contenido *f*
~definition *f* [InfSc] / definición por género y diferencia *f* · definición específica *f*
~erschließung *f* [Ind] / análisis de contenidos *m* *s. inhaltliche Erschließung*
Inhalts|fahne *f* (in einer Zeitschrift) [Bk] ⟨DIN 1428; DIN 31639/2 DIN 31639/2⟩ / página de resúmenes *f*
~übersicht *f* [Bk] / índice de contenidos *m*
~verzeichnis 1 *n* [Bk] ⟨DIN 1422/1; DIN 1426E⟩ / índice de materias *m*
~verzeichnis 2 *n* [EDP] ⟨DIN 1506⟩ / directorio *m* · repertorio *m*
~zusammenfassung *f* [Ind] / compendio de contenidos *m* · sumario de contenidos *m*
Initia *pl* [Bk] / initia *pl*
Initial(e) *n(f)* [Writ; Bk] / letra(s) inicial(es) *f(pl)* · letra inicial baja *f* · letra inicial alineada por la cabeza *f* ‖ *s.a. Filigraninitial(e); historisiertes Initial; tiefstehendes Initial; Zierinitial(e)*
Initialenfolge *f* [Lin] / acrónimo *m* · siglas *pl* *s. Initialkürzung*
initialisieren *v* [EDP] / inicializar *v*
Initialisierung *f* [EDP] ⟨DIN 66010E⟩ / inicialización *f*
Initialkürzung *f* [Lin] ⟨DIN 1502; DIN 2340⟩ / sigla *f* ‖ *s.a. Abkürzung*
Inklusivpreis *m* [Acq] / precio incluídos los gastos *m*
Inkunabel *f* [Bk] ⟨DIN 31631/4; DIN 31639/2⟩ / incunable *m*
~fachmann *m* [Bk] / estudioso de incunables *m*
Inkunabelkunde *f* / incunabulogía *f*
Inlandsporto *n* / franqueo interior *m*
Inlandspreis *m* [Acq] / precio para el interior *m*
Innen|architektur *f* [BdEq] / arquitectura de interiores *f*
~deckel *m* [Bind] / interior de la cubierta *f* · guarda(s) *f(pl)* · contratapa *f*
~einrichtung *f* [BdEq] / equipamiento del interior *m* ‖ *s.a. Möblierung*
~kantenbordüre *f* [Bk] / pestaña *f* · ceja *f*
~kantenvergoldung *f* [Bind] / dorado de pestañas *m*
~maskierung *f* [Retr] / truncamiento interior *m*
innerbetriebliches System *n* / sistema de explotación interna *m*
in Pappen beschneiden *v* [Bind] / cortar con cubiertas *v*
in Reserve befindlich *adj* / situado en reserva *adj*
Inschrift *f* / inscripción *f*
Inschriftenkunde *f* [NBM] / epigrafía *f*
insektenfestes Papier *n* [Pp] ⟨DIN 6730⟩ / papel resistente a la acción de los insectos *m*
Inserent *m* [Bk] / anunciante *m*
Instandhaltung *f* [BdEq] / mantenimiento *f*
Instanz *f* [EDP] ⟨DIN ISO 7498; DIN 44300/1⟩ / entidad *f*
Institut *n* [OrgM; Ed] / instituto *m*
Institution *f* / institución *f*
institutionsbezogene Bibliothek *f* [Lib] / biblioteca institucional *f*
Institutsbibliothek *f* [Lib] / biblioteca de instituto *f*
Instrumentierung *f* [Mus] / orquestación *f* · instrumentación *f*
insulare Schrift *f* [Writ] / letra inglesa *f* · escritura insular *f*
Intarsia *f* (bei Ledereinbänden) [Bind] / taracea *f* · incrustación *f* · embutido *m*
Intarsieneinband *m* [Bind] / encuadernación de taracea *f*
integrierter Geschäftsgang *m* [TS] / preparación bibliográfica integrada *f*
integrierte Schaltung *f* [EDP] / circuito integrado *m*
integriertes Netz *n* [Comm] ⟨DIN 44331V⟩ / red integrada *f*
intelligentes Terminal *n* [EDP/VDU] / terminal inteligente *m*
Intension *f* [Class] / connotación *f* · comprensión *f*
interaktiver Betrieb *m* [EDP] *s. Dialogbetrieb*
Interessenprofil *n* [InfSy] / perfil de intereses *m*
Interims|aufnahme *f* [Cat] / asiento provisional *m*

–datei *f* [TS] / registro provisional *m* · registro transitorio *m* *s. Interimsnachweis*
–einband *m* [Bind] / encuadernación provisional *f*
–karte *f* [Cat; TS] / ficha provisional *f* · ficha transitoria *f*
–kartei *f* [TS] / fichero provisional *m* *s. Interimsnachweis*
–katalogisierung *f* [Cat] / catalogación provisional *f* · catalogación temporal *f* · catalogación transitoria *f*
–nachweis *m* (der in Bearbeitung befindlichen Bücher usw.) [TS] / fichero en formación *m* · registro provisional *m* · fichero en proceso *m*
–zettel *m* [Cat; TS] ⟨Pl⟩ / ficha provisional *f* *s. Interimskarte*
Interkalation *f* [Class] / intercalación *f*
Interkalator *m* [Class] / intercalador *m*
internationale Körperschaft *f* (t) [OrgM: Cat] / entidad intergubernamental *f*
internationaler Antwortschein *m* [Comm] / cupón de respuesta internacional *m*
– Leihschein *m* [RS] / resguardo de préstamo internacional *m*
– Leihverkehr *m* [RS] / préstamo internacional *m* **I** *s.a. Bestellschein im Internationalen Leihverkehr*
– Schriftentausch *m* [Acq] / canje internacional de publicaciones *m* · intercambio internacional de publicaciones *m*
Internationaler Standard-Ton- und Bildtonaufnahme-Schlüssel *m* [NBM] ⟨DIN 31621 Bbl-1⟩ / código internacional normalizado de grabaciones audiovisuales *m* · código internacional normalizado de grabaciones audiovisuales *m*
Internationale Standard-Buchnummer *f* [Bk] ⟨ISBD(M; S; PM); DIN 1462; DIN 31631/2; DIN ISO 2108:1994-12⟩ / número internacional normalizado del libro *m*
– Standardisierte Bibliographische Beschreibung *f* [Bib; Cat] / descripción bibliográfica normalizada internacional *f* · Descripción Bibliográfica Internacional Normalizada *f*
– Standardnummer für fortlaufende Sammelwerke (ISSN) *f* [Bk] ⟨ISBD(M; S; PM); DIN 1430; DIN 31631/2; TGL RGW 175⟩ / número internacional normalizado de publicaciones seriadas *m*
Internationale Standardnummer für fortlaufende Sammelwerke *f* [Bk] / numero internacional normalizado para publicaciones seriadas *m*
Internationale Standardnummer für handelsübliche Tonträger *f* [NBM] ⟨DIN 31631/2⟩ / SCPN *Abbr* · número internacional normalizado para grabaciones en el mercado *m*
Internationale Standardnummer für Musikalien *f* [Mus] ⟨DIN ISO 10957⟩ / número internacional normalizado para partituras musicales *m*
Interndatei *f* / fichero interno *m*
interne Ausbildung *f* [Ed] / preparación en el lugar de trabajo *f* **I** *s.a. Ausbildung am Arbeitsplatz*
interner Leihverkehr *m* [RS] / préstamo interno *m*
Internspeicher *m* [EDP] / memoria interna *f* **I** *s.a. Arbeitsspeicher; Hauptspeicher*
interpolieren *v* [InfSc] / adaptar *v*
Interpret *m* [Mus] / intérprete *m*
Interpreter *m* [EDP] ⟨DIN 44300/4E⟩ / programa de interpretación *m*
Interpretierer *m* [EDP] / programa de interpretación *m* · interpretador *m* *s. Interpreter*
Interpunktion *f* [Writ; Prt] / puntuación *f*
Interpunktionszeichen *n* [Writ; Prt] / signo de puntuación *m*
Interview *n* [Comm] / entrevista *f* **I** *s.a. standardisiertes Interview; Tiefeninterview; unstrukturiertes Interview*
in Umlauf geben *v* / poner en circulación *v*
Inventar *n* [Stock] / inventario *m*
inventarisieren *v* [Acq] / hacer inventario *v* · inventariar *v*
Inventar(verzeichnis) *n(n)* [Stock] / índice de inventario *m*
Inventur *f* [Stock] / facción de inventario *f* *HA* · formación de inventario *f*
invertieren *v* [Lin; Ind; EDP] / invertir *v*
invertierte Datei *f* [EDP] / fichero invertido *m*
invertiertes Ordnungswort *n* [Cat] / encabezamiento invertido *m*
invertiertes Schlagwort *n* [Cat; Ind] / encabezamiento invertido *m*
Investition *f* [BdEq] / inversión *f*
Investitions|aufwendungen *pl* [BgAcc] ⟨DIN 1425⟩ / gastos de inversión *pl*
–haushalt *m* [BgAcc] / presupuesto de inversiones *m*

-mittel *pl* [BgAcc] / capital de inversión *m* · fondos de inversión *pl*
irische Schrift *f* [Writ] / escritura irlandesa *f*
ISBD *abbr* [Bib; Cat] *s. Internationale Standardisierte Bibliographische Beschreibung*
ISBN *abbr* [Bk] *s. Internationale Standard-Buchnummer*
ISMN *abbr s. Internationale Standard-Nummer für Musikalien*
Isohypse *f* [Cart] *s. Höhenlinie*
Isolat *n* [Class] / clase elemental *f*
Isolierung *f* (von Wänden usw.) [BdEq] / aislamiento *m* ‖ *s.a. Schalldämmung*
Isolinienkarte *f* [Cart] / mapa de isolíneas *m*
Isoplethenkarte *f* [Cart] / mapa de isopletas *m*
ISO-Testfeld Nr 1 *n* [Repr] / gráfico de test ISO nº 1 *m*
ISO-Testfeld Nr 2 *n* [Repr] / gráfico de test ISO nº 2 *m*
ISO-Testzeichen *n* [Repr] ⟨DIN 19051/1⟩ / carácter de test ISO *m*
-gruppe *f* [Repr] / grupo de caracteres de test ISO *m* · palabra ISO *f*
- Nr 1 *n* [Repr] / carácter de test ISO nº 1 *m*
- Nr 2 *n* [Repr] / carácter de test ISO nº 2 *m*
ISSN *abbr s. Internationale Standardnummer für fortlaufende Sammelwerke (ISSN)*
ISSN-Titel *m* [Bk] ⟨DIN 1430; ISBD(S); RAK⟩ / título clave *m* (número internacional normalizado de publicaciones seriadas)
IuD *abbr* [InfSc] *s. Information und Dokumentation*
--Stelle *f* [InfSy] / centro de información y documentación *m*
IVM *abbr* [InfSy; Retr] *s. Informationsvermittlung*

J

Jacket *n* [Repr] / jacket *m* · camisa de microfilm *f*

jacketieren *v* [Repr] ⟨DIN 19040/113E⟩ / insertar en formato jacket *v*

Jacketiergerät *n* [Repr] / insertador de jacket *m* s. *Eintaschgerät*

Jahrbuch *n* [Bk] / anuario *m*

Jahres|abonnement *n* [Acq] / suscripción anual *f*

Jahresabschluß *m* [BgAcc] / balance anual *m*

Jahres|bericht *m* [Bk] / memoria anual *f* · informe anual *m*

~bezugspreis *m* [Acq] / precio de una suscrición anual *m*

~register *n* [Bk] / índice anual *m* · registro anual *m* ‖ *s.a. Gesamtregister*

~schrift *f* [Bk] / anuario *m*

Jahrgang *m* [Bk] / año *m*

Jansenisteneinband *m* [Bind] / encuadernación jansenista *f*

Japanpapier *n* [Bind] / papel japonés *m* · papel (de) Japón *m*

Jobferneingabe *f* [EDP] / entrada de trabajos a distancia *f*

Jubiläums|ausgabe *f* (einer Zeitschrift) [Bk] / número de aniversario *m*

~schrift *f* [Bk] / publicación de aniversario *f* ‖ *s.a. Festschrift*

Juchten(leder) *m/n(n)* [Bind] / piel de Rusia *f*

Jugend|bibliothek *f* [Lib] / biblioteca juvenil *f* ‖ *s.a. Kinder- und Jugendbibliothek*

~bibliothekar *m* [Staff] / bibliotecario de biblioteca juvenil *m*

Jugendbuch *n* [Bk] ⟨RAK-AD⟩ / libro juvenil *m*

Jugendbücherei *f* [Lib] / biblioteca juvenil *f*

Jugendbuchwoche *f* [Bk] / semana del libro juvenil *f*

jugendgefährdende Literatur *f* [Bk] / literatura no apta para menores *f*

Jugend|literatur *f* [Bk] / literatura juvenil *f*

Jungfernpergament *n* [Bk] / pergamino virgen *m*

juristische Bibliothek *f* [Lib] / biblioteca jurídica *f*

~ Datenbank *f* [InfSy] / base de datos jurídica *f*

juristische Datenverarbeitung *f* / tratamiento de datos jurídicos *m*

Justizvollzugsanstaltsbibliothek *f* [Lib] / biblioteca penitenciaria *f*

K

Kabelfernsehen *n* [Comm] / televisión por cable *f*

Kabelrundfunk *m* [Comm] / radiodifusión por cable *f*

Kaderlakte *f* [OrgM] *DDR* / fichero de la sección de personal *m*

~**akten** *pl* [OrgM] *DDR* / expedientes de personal *pl*

~**leiter** *m* [Staff] *DDR* / jefe de personal *m*

~**stelle** *f* [OrgM] *DDR* / sección de personal *f*

kaiserliche Bibliothek *f* [Lib] / biblioteca imperial *f*

Kalander *m* [Pp] / calandria *f*

Kalandersatinage *f* [Pp] / calandrado *m* · satinado de calandria *m*

kalandrieren *v* [Pp] / calandrar *v*

kalandriertes Papier *n* [Pp] ⟨DIN 6730⟩ / papel calandrado *m* ‖ *s.a. satiniertes Papier*

Kalbleder *n* [Bind] / vitela *f* · piel de becerro *f*

~**art, vor allem für den Einband von theologischen und Erbauungsbüchern benutzt** / becerro *m* (libro becerro)

~**(ein)band** *m* [Bind] / encuadernación en becerro *f* ‖ *s.a. Franzband*

Kalender *m* [Bk] ⟨RAK-AD⟩ / calendario *m* ‖ *s.a. ewiger Kalender; Terminkalender*

Kaliko *n* [Bind] / calicó *m*

Kalkulation *f* / cálculo *m*

Kalkulationsprogramm *n* [EDP] / programa de cálculo *m*

kalkulatorische Kosten *pl* [BgAcc] / gastos implícitos *pl* · gastos calculados *pl*

Kalligraphie *f* [Writ] / caligrafía *f*

Kaltleim *m* [Bind] / adhesivo de acetato de polivinilo *m* · cola fría *f*

~**nadelradierung** *f* [Art] / grabado de punta seca *m*

~**satz** *m* [Prt] / composición en frío *f*

~**start** *m* [EDP] / arranque en frío *m*

Kameeneinband *m* [Bind] / encuadernación de camafeo *f*

kamerafähiges Manuskript *n* [Prt] / manuscrito fotografiable *m*

Kamerakarte *f* [Repr] / tarjeta de cámara *f*

Kammbindung *f* [Bind] / encuadernación de canutillo *f* ‖ *s.a. Spiralbroschur*

Kammbroschur *f* [Bind] / encuadernación con peine de plástico *f* · encuadernación con canuto *f*

Kanal *m* [Comm] ⟨DIN 44300/1E; DIN 66200/1⟩ / canal *m* ‖ *s.a. Ausgangskanal; Eingangskanal; Hauptkanal; Hilfskanal*

Kandidat *n* (einer Prüfung) / candidato *m*

Kandidat-Deskriptor *m* [Ind] / descriptor candidato *m*

Kann-Bestimmung *f* [Cat; Class] / cláusula de opción *f* · opción *f*

Kante *f* [Bind] / canto *m* ‖ *s.a. abgeschrägte Deckelkanten*

Kanteneinschlagmaschine *f* [Bind] / máquina canteadora *f*
Kantine *f* [BdEq] / cantina *f* · cafetería *f*
Kanzleischrift *f* / escritura cancilleresca *f* · escritura bolática *f*
kapazitiver Speicher *m* [EDP] / memoria de condensadores *f*
Kapital *n* [Bind] / capitel *m*
Kapitalband *n* [Bind] / cabezada *f* · capitel *m* · (unteres~:) cabezada de pie *f* · (handgestochenes~:) cordón de cabezada torcido a mano *f* · cordón de cabezada *m* *s. Kapital*
Kapitälchen *pl* [Prt] / letra versalita *f*
Kapitalis *f* [Writ] ⟨DIN⟩ / letra capital cuadrada *f* · letra cuadrada *f* · letra epigráfica *f*
Kapitel *n* [Bk] ⟨DIN 31639/2⟩ / capítulo *m*
Kapitelüberschrift *f* [Bk] / título de capítulo *m*
Kapselkatalog *m* [Cat] / catálogo de hojas sueltas *m* · cedulario *m* · catálogo con encuadernación movible *m*
Kardex *m* [Acq] / índice visible *m* · fichero Kardex *m* · fichero visible *m*
kariertes Papier *n* [Pp] / papel cuadriculado *m*
karolingische Minuskel *f* [Writ] / letra carolingia minúscula *f*
kart. *abbr* [Bind] *s. kartoniert*
Kärtchen *n* [Cat] / ficha *f* *s. Karte 1*
-katalog *m* [Cat] *s. Kartenkatalog 1*
Karte 1 *f* [Cart] ⟨DIN 31631/2+4; DIN 31639/2; RAK-AD⟩ / mapa *m* · carta *f* (fluvial, marítima, aérea, espacial, etc...) ▌ *s.a. Arealkarte; Faltkarte; Flurkarte; Gebietsstufenkarte; handschriftliche Karte; Himmelskarte; Leerkarte; Punktstreuungskarte; Raumbildkarte; Raumgliederungskarte; Stadtplan*
Karte 2 *f* [Cat] / ficha *f*
Karte des britischen Ordnance Survey *f* / mapa del Ordnance Survey británico
Kartei *f* [Ind; Off] / fichero *m*
-karte *f* [Ind; Off] / ficha *f* ▌ *s.a. lini(i)erte (Kartei-)Karte*
Karteikasten *m* [BdEq] / fichero *m*
Karteileiche *f* [RS] / ficha olvidada *f*
Karteilift *m* [BdEq] / fichero de fichas giratorias *m*
-reiter *m* [Off; TS] / guión de fichero *m* *s. Reiter*
-schrank *m* [BdEq] / fichero *m*
-zettel *m* [Ind; Off] / nota de fichero *f*
Kartenlablage *f* [Cart] / depósito de mapas *m* · archivador de mapas *m*
-anschnitt *m* [Cart] / mapa a margen perdido *m*
-ausschnitt *m* [Cart] / muestra de mapa *f*
-auswertung *f* [Cart] / análisis cartográfico *f*
-beschriftung *f* [Cart] / rotulación *f*
-bibliographie *f* [Bib; Cart] / bibliografía cartográfica *f*
-bild *n* [Cart] ⟨RAK-Karten⟩ / figura cartográfica *f*
-blatt *n* [Cart] / hoja cartográfica *f* ▌ *s.a. Blatt 1*
-doppler *m* [PuC] / reproductora de fichas *f*
-feld *n* [Cart] / campo de mapa *m*
-feldbegrenzung *f* [Cart] / línea neta *f*
-feldrandlinie *f* [Cart] *s. Kartenfeldbegrenzung*
-gitter *n* [Cart] / retícula cartográfica *f*
-interpretation *f* [Cart] / interpretación cartográfica *f*
-katalog 1 *m* [Cat] / catálogo de fichas *m*
-katalog 2 *m* [Cart; Cat] / catálogo cartográfico *m*
-kopierer *m* [BdEq] / copiadora de mapas *f*
-kunde *f* [Cart] / cartologia *f*
-leser *m* [PuC] / lectora de tarjetas *f* · lectora de fichas *f*
-lesesaal *m* [Cart] / sala de lectura de mapas *f*
-locher *m* [PuC] / perforadora de fichas *f*
-mischer *m* [PuC] / intercaladora *f*
-muster *n* [Cart] ⟨ISBD(CM)⟩ / muestra cartográfica *f* · mapa piloto *m*
-netz *n* [Cart] ⟨RAK-Karten⟩ / red cartográfica *f* (meridianos y paralelos)
-orientierung *f* [Cart] / orientación del mapa *f*
-planzeiger *m* [Cart] / indicador del plano *m* *s. Planzeiger*
-projektion *f* [Cart] / proyección cartográfica *f* *s. Projektion 1*
-rahmen *m* [Cart] / marco del mapa *m*
-rand *m* [Cart] / margen del mapa *m* ▌ *s.a. Blattrand*
-relief *n* [Cart] ⟨ISBD(CM)⟩ / mapa en relieve *m*
-schnitt *m* [Cart] ⟨RAK-Karten⟩ / líneas de corte *pl* *s. Blattschnitt*
-schrank *m* [BdEq] / armario para mapas *m*

-sektion *f* [Cart] / sección de mapa *f* *s. Sektion*

-skizze *f* [Cart] / croquis topográfico *m* · croquis geográfico *m*

-stapel *m* [PuC] / conjunto de fichas *f* · grupo de fichas *m*

-titel *m* [Cart] / título del mapa *m*

kartenverwandte Darstellung *f* [Cart] ⟨RAK-Karten⟩ / representación paracartográfica *f*

Karten|werk *n* [Cart] / serie cartográfica *f*

Kartenzeichnen *n* [Cart] / cartografía *f*

Karten|zimmer *n* [BdEq] *s. Kartenlesesaal*

Kartierung *f* [Cart] / trazado cartográfico *m*

Kartogramm *n* [Cart] ⟨RAK-Karten⟩ / cartograma *m*

Kartographie *f* [Cart] / cartografía *f*

kartographisches Material *n* [Cart] / material cartográfico *m*

Karton 1 *m* (ein in ein Buch statt eines anderen Blattes eingefügtes Ersatzblatt) [Bk] ⟨ISBD(A)⟩ / hoja corregida *f*

Karton 1 *m* (ein in ein Buch statt eines anderen Blattes eingefügtes Ersatzblatt) [Bind] ⟨ISBD(A)⟩ / hoja repuesta *f*

Karton 2 *m* [Pp; Bind] / (denominación de material:) cartón *f* · caja de cartón *f* ‖ *s.a. Schuber; Schutzkarton*

Kartonagenpappe *f* [Pp] ⟨DIN 6730⟩ / cartón para cartonajes *m*

kartonieren *v* [Bind] / encuadernar en cartón *v* · encartonar *v*

kartoniert *pp* [Bind] / encartonado *pp*

Kartusche *f* [Bind; Bk] / cartucho ornamental *m* · cartela *f* ‖ *s.a. Eckkartusche*

Kartuschenpapier *n* [Bind] / papel para cartelas *m*

Karussell *n* [BdEq] *s. Drehsäule*

kaschieren *v* [Bind] ⟨DIN 6730⟩ / hacer las guardas *f* · forrar *v* ‖ *s.a. Folienkaschierung*

Kaschierpapier *n* [Bind] / papel para guardas *m* · papel de forro *m*

kaschierte Pappe *f* [Bind] / cartón forrado *m*

kaschierter Deckel *m* [Bind] / cubierta forrada *f*

Kassenprüfer *m* [BgAcc] / controlador de caja *m*

Kassette 1 *f* [Bk; NBM] / estuche *m* · cajita *f* · caja archivador *f* ‖ *s.a. Tonbandkassette*

Kassette 2 *f* [Repr] ⟨DIN 19040/104E; A 2653; A 2554⟩ / (de un núcleo:) cartucho cargador *m* · (de doble núcleo:) casete *m, f* ‖ *s.a. Film-Kompaktkassette; Mikrofilm-Kompaktkassette; Videokassette*

Kassettenrecorder *m* [NBM] / grabadora de casetes *f*

Kästchen *n* (in einem Formular) [Off; TS] / casilla *f* (das entsprechende ~ ankreuzen: poner una cruz sobre la ~ correspondiente)

Kasten *m* [BdEq] / cajón *m* ‖ *s.a. Schubkasten*

Katalog *m* [Cat] ⟨DIN 31639/2; DIN 31631/4; RAK-AD⟩ / catálogo *m* ‖ *s.a. EDV-Katalog; konventioneller Katalog*

Katalogabfrage *f* [Cat; Retr] / búsqueda en catálogo *f*

Katalog|abteilung *f* [OrgM] / departamento de catalogación *m*

-benutzer *m* [Cat] / usuario del catálogo *m*

-benutzung *f* [Cat] / utilización del catálogo *f*

-datenbank *f* [Cat; EDP] / base de datos de catalogación *f*

-eintragung *f* [Cat] / asiento catalográfico *m* ‖ *s.a. Titelaufnahme 2*

-form *f* [Cat] / forma de catálogo *f* · tipo de catálogo *m*

-isat *n* [Cat] *s. Katalogeintragung*

katalog|isieren *v* [Cat] / catalogar *v*

Katalog|isierer *m* [Staff] / catalogador *m*

-isierung *f* [Cat] / catalogación *f* ‖ *s.a. alphabetische Katalogisierung; Auswahlkatalogisierung; Eigenkatalogisierung; Fremdkatalogisierung; Interimskatalogisierung; Neukatalogisierung; retrospektive Katalogisierung; Schlagwortkatalogisierung; Verbundkatalogisierung*

Katalogisierung durch Fremddatenübernahme *f* / catalogación por datos externos *f*

Katalogisierungs|regeln *pl* [Cat] / reglas de catalogación *pl*

-regelwerk *n* [Cat] / código de catalogación *m*

-rückstände *pl* [Cat] / atrasos de catalogación *pl* · retrasos de catalogación *pl*

Katalog|isierungsstelle *f* / departamento de catalogación *m*

Katalogisierungs|verbund *m* [Cat] / catalogación compartida *f* · catalogación cooperativa *f* ‖ *s.a. Verbundkatalog*

Katalogisierungsverfahren, bei dem die Ansetzung von Namen, Schlagwörtern usw.in normierter Form erfolgt / procedimiento normalizado de ordenación catalográfica
Katalogkärtchen *n* [Cat] / ficha pequeña de catálogo *f*
Katalog|karte *f* [Cat] / ficha catalográfica *f*
Katalogkarte mit Namensübersicht *f* / ficha catalográfica con nombre a la vista *f*
Katalogkarte mit Titelübersicht *f* / ficha catalográfica con título a la vista *f*
Katalogkartenlochung *f* [Cat] / perforación de fichas catalográficas *f*
Katalog|kasten *m* [Cat] / cajón de catálogo *m* · fichero de catálogo *m*
– **mit Eintragungen für bibliographisch unselbständige Werke** *m* / catálogo con asientos de obras bibliográficamente dependientes
-pflege *f* [Cat] / mantenimiento del catálogo *m*
-regelwerk *n* [Cat] / código de catalogación *m* *s. Katalogisierungsregelwerk*
-revision *f* [Cat] / revisión del catálogo *f* · edición de catálogo *f*
-saal *m* [BdEq] / sala de catálogos *f*
-schrank *m* [Cat] / armario de catálogo *m* · fichero de catálogo *m*
-schublade *f* [Cat] *s. Katalogkasten*
-verwaltung *f* [Cat] / mantenimiento del catálogo *m*
-zettel *m* [Cat] / ficha catalográfica *f* · ficha de catálogo *f* ‖ *s.a. zweiter Zettel*
Katasterkarte *f* [Cart] / mapa catastral *m*
Katastrophenplan *m* [Pres] / plan de emergencia *m*
Katastrophen|schutz *m* [Pres] / protección contra siniestros *f*
-vorsorge *f* [Pres] / prevención de siniestros *f*
Katechismus *m* [Bk] ⟨RAK-AD⟩ / catecismo *m*
Kategorie 1 *f* [EDP] / elemento de información *m* *s. Datenkategorie*
Kategorie 2 *f* [Class] ⟨DIN 32705⟩ / categoría *f*
Kategorienkatalog *m* [EDP] ⟨DIN 2341/1; DIN 31631/1⟩ / catálogo de elementos de información *m*
Kategorienschema *m* [EDP] *s. Kategorienkatalog*
Katheder *n* [Ed; BdEq] / cátedra *f*
Kathedralstil *m* [Bind] *s. Einband im Kathedralstil*
Kathodenstrahlröhre *f* [EDP/VDU] / tubo de rayos catódicos *m*
Kauf *m* [Acq] / compra *f* ‖ *s.a. Gattungskauf; Spezieskauf*
-bestellung *f* [Acq] / orden de compra *f*
-kraft *f* [Acq] / capacidad adquisitiva *f*
-preis *m* [Acq] / precio de compra *m*
-sitzung *f* [Acq] / reunión para seleccionar adquisiciones *f*
-vertrag *m* [Acq] / contrato de compra *m*
Kaution *f* [RS] / garantía *f* · fianza *f*
KB *abbr* [Ind] *s. Benutzt für (in) Kombination-Verweisung*
Kegel *m* [Prt] / cuerpo de letra *m* *s. Schriftkegel*
Kegelprojektion *f* [Cart] / proyección cónica *f*
Keilschrift *f* [Writ] / escritura cuneiforme *f*
Keller|geschoß *n* [BdEq] / sótano *m*
-magazin *n* [BdEq] / estanterías en el sótano *pl* · almacén en el sótano *m*
-speicher *m* [EDP] ⟨DIN 44300/6E⟩ / memoria en columna *f* · memoria en pila *f*
Kennsatz *m* [EDP] ⟨DIN 66010E; DIN 66029⟩ / etiqueta *f* · rótulo *m* ‖ *s.a. Dateikennsatz; Satzkennung*
-familie *f* [EDP] / familia de etiquetas *f*
-gruppe *f* [EDP] ⟨DIN 66010E⟩ / grupo de etiquetas *m*
-name *m* [EDP] ⟨DIN 66010⟩ / identificador de la etiqueta *m*
-nummer *f* [EDP] / matrícula de la etiqueta *f*
Kennung *f* [EDP] / identificación *f* ‖ *s.a. Anschlußkennung 1; Anwendungskennung; Dateikennung; Feldkennung; Netzkennung; Nutzerkennung; Satzkennung; Teilfeldkennung*
Kennzahl *f* [OrgM] / número característico *m*
kennzeichnen *v* [EDP] / señalar *v* · indicar *v* · marcar *v* · (einen Fehler ~:) señalar un error *v*
Kennzeichnungsaufnahme *f* [Repr] / fotograma de identificación *m* · fotograma indicador *m*
Kennziffer *f* [OrgM] / número característico *m*
Kennziffernanalyse *f* [OrgM] / análisis de números característicos *m*
Kennzifferzeitschrift *f* [Bk] / revista de circulación controlada *f*
Kerbe 1 *f* [PuC] / muesca *f*
Kerbe 2 *f* [Bind] / cran *m*
kerben *v* [PuC] / perforar muescas *v*

Kerb|lochkarte *f* [PuC] / ficha de bordes perforados *f* · tarjeta de bordes perforados *f* · ficha de márgenes perforados *f*
-zange *f* [PuC] / pinza para perforar tarjetas *f*
Kern *m* (Mittelteil einer Spule usw.) [NBM; Repr] ⟨DIN 19040/104E; A 2654⟩ / núcleo *m*
-bestand *m* [Stock] / colección núcleo *f*
-programm *n* [EDP] / programa núcleo *m*
-speicher *m* [EDP] / memoria de núcleos magnéticos *f* · memoria de toros *f*
Kette 1 *f* (ein Satz fortlaufender Zeichen) [InfSy] / serie encadenada *f* ‖ *s.a. Zeichenkette*
Kette 2 *f* [Class] / cadena *f*
Ketten|bibliothek *f* [Lib] / biblioteca de libros encadenados *f*
Kettenbuch *n* [Bk] / libro encadenado *m*
Ketten|drucker *m* [EDP; Prt] / impresora de cadena *f*
-förderanlage *f* [BdEq] / instalación de transporte a cadena *f* · transportador a cadena *m*
-indexierung *f* [Ind] / indización en cadena *f*
Kettlinien *pl* [Pp] / puntizones *pl* (en un pliego de papel)
KI *abbr s. künstliche Intelligenz*
Kinder|bibliothek *f* [Lib] / biblioteca infantil *f*
-bibliothekar *m* [Staff] / bibliotecario de biblioteca infantil *m*
-buch *n* [Bk] / libro infantil *m*
-literatur *f* [Bk] / literatura infantil *f*
Kinder- und Jugendbibliothek / biblioteca infantil y juvenil *f*
Kinder- und Jugendliteratur *f* [Bk] / literatura infantil y juvenil *f*
Kinefilm *m* [NBM; Repr] ⟨DIN 19040/104E⟩ / película cinematográfica *f* · film(e) *m*
Kippkarte *f* [NBM] *CH* ⟨ISBD(NBM)⟩ / tablero basculante *m* · tablero de hojas recambiables *m*
Kirchen|bibliothek *f* [Lib] / biblioteca eclesiástica *f* · (de una parroquia:) biblioteca parroquial *f* ‖ *s.a. konfessionelle Bibliothek*
-buch *n* [Arch] / registro parroquial *m*
-liederbuch *n* [Bk] / libro de cánticos *m*
kirchliche Bibliothek *f* [Lib] *s. Kirchenbibliothek*
Kiste *f* / caja *f*
Klammer *f* [Writ; Prt] / paréntesis *m* ‖ *s.a. eckige Klammer; geschweifte Klammer; runde Klammer; Winkelklammer*
Klammeraffe *m* (@) [EDP] / signo „a" de arroba *m* · signo „a" comercial *m* · signo @ *m*
Klammer|heftung *f* [Bind] *s. Drahtheftung*
-kürzung *f* [Lin] ⟨DIN 2340⟩ / abreviación parentética *f* · acortamiento entre paréntesis *f*
klammer|n *v* [Writ; Prt] / poner entre paréntesis *v*
Klappe *f* (des Buchumschlags) [Bk] / solapa *f*
Klappentext *m* [Bk] / texto de la solapa *m*
Klappkarton *m* [NBM] / caja plegable *f* · caja solánder *f*
Klarschrift|codierer *m* [EDP] ⟨DIN 9774/1⟩ / codificador de caracteres *m*
Klarsichtfolie *f* [Repr] / hoja plástica transparente *f*
Klasse *f* [Class] ⟨DIN 32705⟩ / clase *f*
Klassennummer *f* [Class] ⟨ISO 5127/6⟩ / número de clase *m*
Klassensatz *m* [Stock] / ejemplares para grupos de clase *pl*
klassieren *v* [Class] / 1 (libros, etc., según un sistema de clasificación:) clasificar *v*
Klassifikation *f* [Class] ⟨DIN 31631/4⟩ / clasificación *f*
Klassifikations|schema *n* [Class] / esquema de clasificación *m* · tabla esquemática de clasificación *f*
-system *n* [Class] ⟨DIN 32705⟩ / sistema de clasificación *m*
-tafel *f* [Class] / tabla de clasificación *f* · esquema de clasificación *m*
-übersicht *f* (in Tabellenform) [Class] / índice de clasificación *m* · diagrama de clasificación *m*
klassifikatorische Kette *f* [Class] / cadena de clasificación *f* · encadenamiento *m*
klassifikatorische Reihe *f* [Class] / orden *m* · secuencia clasificatoria *f* · serie de clasificación *f* · matriz de clasificación *f*
klassifizieren *v* [Class] / clasificar *v*
Klassifizierer *m* [Staff] / técnico clasificador *m*
klassische Anonyma *pl* [Cat] / clásicos anónimos *pl*
klassisches anonymes Werk *n* [Cat] / obra clásica anónima *f*
klassizistische Antiqua *f* [Prt] / letra romana moderna *f*

Klauenöl *n* [Pres] / aceite de pata de buey *m*
Klausur *f* [Ed] / examen escrito *m*
Klavier|auszug *m* [Mus] ⟨ISBD(PM)⟩ / partitura para piano *f*
~Direktionspartitur *f* [Mus] / parte del director para piano *f*
Kldr. *abbr* [Bind] *s. Kunstleder*
Klebeband *n* [Bind; Off] / cinta adhesiva *f*
Klebe|bindegerät *n* [Bind] / aparato para encuadernar sin cosido *m* · aparato para encuadernar sólo con adhesivo *m*
~bindemaschine *f* [Bind] / encuadernadora sin cosido *f* · encuadernadora sólo con adhesivo *f*
~bindung *f* [Bind] / encuadernación arráfica *f* · encuadernación sin cosido *f* · encuadernación con adhesivo *f* · encuadernación a la americana *f*
Klebefähigkeit *f* (eines Klebebandes) [Bind] / adhesividad *f*
Klebe|folie *f* [Bind] / laminilla autoadhesiva *f*
~korrektur(streifen) *f(m)* [Bk] / banderilla *f*
kleben *v* (Filmstreifen ~) [Repr] / pegar *v* · empalmar *v* (~tiras de película)
klebend *pres p* [Bind; Off] / adhesivo *m* ‖ *s.a. nicht-klebend; selbstklebend*
Klebe|pappe *f* [Bind] / cartón dúplex *m* · pasta dura *f*
~presse *f* [Repr] / pegacintas *m* · empalmador *m*
~stelle 1 *f* [OrgM] / sección de rotulación *f* · sección de etiquetado *f* · sección de preparación bibliográfica *f*
~stelle 2 *f* (bei einem Film) [Repr] / 2 empalme *m*
Klebestreifen *m* [Bind; Off] *s. Klebeband*
Klebeumbruch *m* [Prt] / maqueta de páginas encoladas *f* · montaje encolado *m*
Klebstoff *m* [Bind; Off] / cola de pegar *f* · pegamento *m* · goma de pegar *f* ‖ *s.a. Kleister; Leim 1*
Kleiderständer *m* [bdEq] / perchero de pie *m*
Kleinbuchstabe *m* [Prt; Writ] / letra minúscula *f* · (en tipografía también:) letra de caja baja *f*
Kleindruck *m* [Prt] / tipo chico *m*
kleindrucken *v* [Prt] / imprimir en minúsculas *v*
Kleinodienband *m* [Bind] / encuadernación joya *f*
Kleinoffset(druck) *m* [Prt] / offset pequeño *m* · offset reducido *m*
Kleinrechner *m* [EDP] / microordenador *m*
Kleinschrifttum *n* [Bk] / literatura menor *f*
Kleinstlesegerät *n* [Repr] / lector portátil *m*
Kleister *m* [Bind] / engrudo *m* · cola vegetal *f*
Kleisterpapier *n* [Pp: Bind] / papel jaspeado *m*
Kleister|schnitt *m* [Bind] / cortes jaspeados *pl* · cortes pintados a la aguada *pl*
~wasser *n* [Bind] / aguada *f*
Klemmappe *f* [Bind] / carpeta con resorte *f*
Klemmdeckel *m* [Bind] / cubierta con resorte *f*
Klient *m* [Acq] / cliente *m*
Klientel *f* [RS] / clientela *f*
Klimatisierung *f* [BdEq] / climatización *f* · aire acondicionado *m*
Klinikbibliothek *f* [Lib] / biblioteca de hospital *f*
Klischee *n* [Prt] ⟨DIN 16514⟩ / bloque de impresión *m* · plancha *f* · clisé *m* · cliché *m*
~herstellung *f* [Prt] / montaje de bloques *m* · clisado *m* · producción de clisés *f* · fotograbado *m*
Kloster|bibliothek *f* [Lib] / biblioteca de monasterio *f*
~einband *m* [Bind] / encuadernación monástica *f* · encuadernación monacal *f*
Klotzpresse *f* [Bind] / prensa de acabado *f* · prensa de decoración *f*
Klumpenstichprobe *f* [InfSc] / muestreo por conglomerados *m* · muestreo por grupos de población *m*
Kniehebelpresse *f* [Bind] / prensa de palanca acodada *f*
Knopflochstich *m* / punto de ojal *m*
Knoten *m* (in einem Rechnernetz) [EDP] / nodo *m*
~rechner *m* [EDP] / procesador frontal remoto *m* · procesador de telegestión *m*
~werk *n* [Bind] / entrelazo *m*
Kochbuch *n* [Bk] ⟨RAK-AD⟩ / libro de cocina *m*
Kode *m* [Gen] *s. Code*
Kodex *m* [Bk] / códice *m* · codex *m*
Kohle|papier *n* (ein Blatt ~) [Off] / papel carbón *m*
~zeichnung *f* [Art] / dibujo al carbón *m*
Kollateralklasse *f* / clase colateral *f*
Kollation *f* [Cat] / colación *f* · descripción física *f*

kollationieren *v* [Acq; Bind] / cotejar *v* · colacionar *v*
Kollationierung *f* [Acq; Bind] / cotejo *m* · colación *f*
Kollations|formel *f* [Cat] / fórmula de colación *f*
-vermerk *m* [Cat] ⟨DIN 31631/2; TGL 20972/04⟩ / área de descripción física *f* · mención de colación *f*
Kollege *m* [Staff] / colega *m* · compañero de trabajo *m*
Kollegiatstiftsbibliothek *f* [Lib] / biblioteca colegiada *f*
Kollegienbibliothek *f* [Lib] / biblioteca de colegio universitario *f*
Kolon-Klassifikation *f* [Class] / clasificación colonada *f*
Kolophon *n* [Bk] ⟨ISBD(M; S; PM; A); DIN 31631/2⟩ / colofón *m*
koloriert *pp* [Bk] / coloreado *pp* ‖ *s.a. altkoloriert; ankoloriert*
Kolportagebuch *n* / libro de buhonero *m*
Kolportagebuchhändler *m* [Bk] *s. Kolporteur*
Kolportageroman *m* [Bk] / novela por entregas *f*
Kolporteur *m* [Bk] / buhonero de libros *m* · librero ambulante *m*
Kolumne *f* [Prt] / columna *f*
Kolumnen|titel *m* [Prt] / titulillo *m* · cabeza de página *f* ‖ *s.a. lebender Kolumnentitel; toter Kolumnentitel*
Kolumnenzählung *f* [Bk] / numeración de columnas *f*
Kolumnen|ziffer *f* [Prt] *s. toter Kolumnentitel*
Kombinations|ordnung *f* (der Facetten) [Class] / orden de cita *m* · fórmula de faceta *f* · orden de combinación *m*
-verschlüsselung *f* [PuC] / perforación marginal compuesta *f* · codificación combinada *f*
Komma *n* [Writ; Prt] / coma *f*
Kommando *n* [EDP] ⟨DIN 44300/4E⟩ / orden *f* · mandato *m* · instrucción *f*
-modus *m* [EDP] ⟨DIN 44300/4E⟩ / modalidad de instrucción *f*
-sprache *f* [EDP] ⟨DIN 44300/4E⟩ / lenguaje de instrucción *f* ‖ *s.a. Standardisierte Kommandosprache*
Kommentar *m* [Bk] ⟨DIN 31631/4; RAK-AD⟩ / comentario *m*
Kommentator *m* [Bk] / comentarista *m*
kommerzielles a / signo „a“ comercial *m*
Kommission 1 *f* [OrgM] / comisión *f*
Kommission 2 *f* [Bk] / comisión de ventas *f*
Kommissionsverlag *m* [Bk] / editorial comisionista *f*
kommunale (öffentliche) Bibliothek *f* [Lib] / biblioteca municipal *f*
Kommunalverwaltung *f* [Adm] / administración municipal *f*
Kommunikation *f* [Comm] / comunicación *f*
Kommunikation offener Systeme *f* [Comm] / interconexión de sistemas abiertos *f*
Kommunikations|protokoll *n* [Comm] / protocolo de transmisión *m*
-prozeß *m* [Comm] / proceso de comunicación *m*
-system *n* [InfSy] / sistema de comunicación *m*
-techniken *pl* [Comm] / técnicas de comunicación *pl*
-theorie *f* [InfSc] / teoría de la comunicación *f*
-wissenschaften *pl* [InfSc] / ciencias de la comunicación *pl*
Kompaktaufstellung *f* [Sh] / almacenamiento en compacto *m*
Kompaktkassette *f* [NBM] ⟨ISBD(NBM)⟩ / casete *m,f*
Kompaktmagazinierung *f* [Sh] *s. Kompaktaufstellung*
Kompaktregal *n* [Sh] / estantería compacta *f* ‖ *s.a. Fahrregal*
Kompaktspeicherung *f* [Sh] *s. Kompaktaufstellung*
Kompaktspeicherung mit schwenkbaren Regalen *f* / almacenamiento en compacto con estanterías orientables *m*
Kompaßkarte *f* [Cart] / portulano *m* ‖ *s.a. Portolankarte*
kompatibel *adj* [EDP] / compatible *adj*
Kompatibilität *f* [EDP] / compatibilidad *f*
Kompendium *n* [Bk] / epítome *m* · compendio *m* · memento *m* · resumen *m* · síntesis *f* · prontuario *m*
Kompilation *f* [Bk] / compilación *f*
Kompilator *m* [Bk] / compilador *m*
Kompilierer *m* [EDP] ⟨DIN 44300/4E⟩ / programa compilador *m*
Komponist *m* [Mus] / compositor *m*
Kompositum *n* [Lin; Ind] ⟨DIN 2330; DIN 1502⟩ / palabra compuesta *f* · término compuesto *m*
kompresser Satz *m* [Prt] / composición desinterlineada *f* · composición sin interlineado *f* · composición mazorral *f*
komprimieren *v* [EDP] / comprimir *v*

Kondensatorspeicher *m* [EDP] / memoria de condensadores *f*
Konfektionierung *f* [NBM] / 3 formato *m*
Konfektionierung 1 *f* (die Zurichtung eines Mikrorollfilms für die individuelle Nutzung) [Repr] / unificación *f*
Konfektionierung 2 *f* (Art, Größe und Ausstattung der Verpackung audiovisueller Materialien) [NBM] ⟨DIN 31631/2; A 2654⟩ / presentación *f*
Konferenz *f* [Gen; Cat] / simposio *m* · conferencia *f* · reunión *f*
Konferenzberichte *pl* [Bk] ⟨DIN 31639/2⟩ / informes de simposio *pl* *s. Tagungsberichte*
Konferenz|raum *m* [BdEq] / sala de conferencias *f*
konfessionelle Bibliothek *f* [Lib] / biblioteca confesional *f* ‖ *s.a. Kirchenbibliothek*
Konfiguration *f* [EDP] / configuración *f*
Konfliktlösung *f* [OrgM] / solución de un conflicto *f*
Kongreß *m* [Gen; Cat] ⟨RAK⟩ / congreso *m*
~**berichte** *pl* [Bk] *s. Tagungsberichte*
königliche Bibliothek *f* [Lib] / biblioteca real *f*
Konkordanz *f* [Bk; Ind] ⟨DIN 31631/4; RAK-AD⟩ / concordancia *f*
Konkurrenzbetrieb *m* [Comm] ⟨DIN 44302⟩ / operación simultánea en pugna *f* · conflicto de utilización *m*
Konkurrenzsituation *f* [Comm] ⟨DIN/ ISO 4335⟩ / situación de competencia *f*
Konnektor *m* [Class] / conector *m*
Konnotation *f* [Lin] / connotación *f*
Konservator *m* [Staff] / conservador *m*
konservierende Behandlung *f* [Pres] / tratamiento de conservación *m*
Konservierung *f* [Pres] / conservación *f*
Konsole 1 *f* [EDP] / consola *f*
Konsole 2 *f* [Sh] / repisa *f* · ménsula *f*
Konsolidierung *f* [Pp] / consolidación *f*
Konsolprotokoll *n* [EDP] / fichero cronológico *m* · protocolo de consola *m*
Kontakt|film *m* [Repr] / película de contactos *f*
~**kopie** *f* [Repr] / copia de contactos *f*
~**kopiergerät** *n* [Repr] / copiadora de contactos *f*
Kontaktraster *m* [Prt] / retícula de contactos *f*
Kontextoperator *m* [Retr] / operador de contextos *m*
Konto *n* [BgAcc] / cuenta *f*
~**auszug** *m* [BgAcc] / extracto de cuenta corriente *m*
Kontrast *m* [Repr] / contraste *m*
Kontrolle haben über *v* / tener control sobre *v*
Kontrollgruppe *f* [InfSc] / grupo de control *m*
kontrollieren *v* [OrgM] / controlar *v*
kontrollierter Wortschatz *m* [Ind] / vocabulario controlado *m*
kontrolliertes Vokabular *n* [Ind] / vocabulario limitado *m* · vocabulario controlado *m* · vocabulario cerrado *m*
Kontroll|nummer *f* [EDP] / número de control *m*
Kontrollpunktverfahren *n* [Comm] / procedimiento de puntos de control *m*
Kontrollspeicher *m* [EDP] *s. Steuerspeicher*
Kontrolltisch *m* / mostrador de control *m* · pupitre de control *m*
Konturenschärfe *f* [Repr] / nitidez de perfiles *f* · acutancia *f*
Konus *m* [Prt] / bisel *m* · talud *m* (de un tipo de imprenta)
konventionelle Katalogisierung *f* / catalogación manual *f* · catalogación convencional *f*
konventioneller Katalog *m* [Cat] / catálogo convencional *m* · catálogo manual *m*
konventionelles Recherchieren *n* [Retr] / búsqueda convencional *f*
Konventionen *pl* [EDP] / convenciones *pl*
Konversationslexikon *n* [Bk] / diccionario enciclopédico *m* · enciclopedia *f*
Konversion *f* (von Dateien) [EDP] / conversión *f*
Konverter *m* [EDP] / convertidor *m*
konvertieren *v* [EDP] / convertir *v*
Konvertierung *f* [EDP] *s. Konversion*
Konvolut *n* [Bk] / legajo *m*
Konzentrator *m* [Comm] ⟨DIN 44331V⟩ / concentrador *m*
konzeptionelle Fähigkeiten *pl* [Staff] / capacidad de conceptualización *f*
Konzeptpapier *n* [Off] ⟨DIN 6730⟩ / papel para borrador *m*
kooperative Erwerbung *f* [Acq] / adquisición cooperativa *f*
~ **Katalogisierung** *f* [Cat] / catalogación cooperativa *f* · catalogación compartida *f*
Koordinaten *pl* [Cart] ⟨RAK-Karten⟩ / coordenadas *pl*
Koordinatengraphik *f* [EDP] / gráfico de coordenadas *m*

Koordinaten|zeiger *m* [Cart] *CH s. Planzeiger*
koordinatives Indexieren *n* [Ind] *DDR* / indización coordinada *f*
Kopf 1 *m* (der Titelaufnahme) [Cat] ⟨DIN 31631/4⟩ / encabezamiento *m*
– 2 *m* [Bind] / cabeza *f* · corte de cabeza *m*
– 3 *m* (die dem Text vorausgehende Zeichenfolge bei der Datenübermittlung) [Comm] ⟨DIN 44302⟩ / encabezamiento *m*
Kopf 3 *m* [Comm] / cabecera *f*
Kopf|begriff *m* (einer Hierarchie) [Ind] ⟨DIN 1463/1E⟩ / término de encabezamiento *m*
Kopfbogen *m* / folio con membrete *m*
Kopfbögen *pl* / folios timbrados *pl*
Kopf|goldschnitt *m* [Bind] / corte de cabeza dorado *m* · cabeza dorada *f*
-hörer *m* [NBM] / auriculares *pl* (un par de)
-leiste *f* [Bk] / cabecera *f* · filete de cabecera *m* · friso *m*
-schnitt *m* [Bind] / corte superior *m* · corte de cabeza *m*
-steg *m* [Prt] / margen de cabeza *m* · margen superior *m*
-stempel *m* [Bind] / sello sobre el corte de cabeza *m* · sello de cabecera *m*
-titel *m* [Bk] ⟨PI⟩ / título de partida *m* · título de arranque *m*
Kopfvignette *f* / viñeta de cabecera *f*
Kopialbuch *n* [Arch] *s. Kopiar*
Kopiar *n* [Arch] / cartulario *m* · libro becerro *m* · tumbo *m*
Kopie *f* [Repr] ⟨DIN 31631/2; A 2653⟩ / copia *f* · reproducción *f* ‖ *s.a. Arbeitskopie; Fotokopie; Halbtonkopie; Hochglanzkopie; Kontaktkopie; Mehrfachkopien; Mikrokopie; Naßkopie; Papierkopie; Positivkopie; Trockenkopie; Wärmekopie*
-bestellung *f* [Repr] / pedido de fotocopia *f*
Kopien|auffangbehälter *m* [Repr] / bandeja recogedora de copias *f*
-generation *f* [Repr] ⟨DIN 31631/2⟩ / generación de copias *f*
Kopie|rdienst *m* [Repr] / servicio de copias *m* · servicio de reprografía *m* ‖ *s.a. Schnellkopierdienst*
kopie|ren *v* [Writ; Repr] ⟨DIN 44510⟩ / copiar *v*
Kopie|rer *m* [Repr] *s. Kopiergerät*
Kopier|film *m* [Repr] ⟨DIN 19040/104E⟩ / película de copia *f*
-folie *f* (einer Mikrofilmtasche) [Repr] ⟨ISO 6196-4; DIN 19040/113E⟩ / lámina de impresión de contacto *f*
-gerät *n* [Repr] / fotocopiadora *f* · copiadora *f* ‖ *s.a. Bürokopierer; Farbkopierer; Kartenkopierer; Münzkopierer*
-geschwindigkeit *f* [Repr] / velocidad de copiado *f*
Kopierlizenz *f* [Law] / permiso de reproducción *m*
Kopier|papier *n* [Repr] ⟨DIN 6730⟩ / papel de copia *m* · papel para fotocopias *m*
Kopierschutz *m* [EDP] / protección contra copias *f*
Kopier|vorlage *f* [Repr] / original *m* · patrón *m* (microfilm) · microfilm maestro *m*
Kopist *m* [Writ] / copista *m*
Koppelungsindikator *m* [Ind] / indicador de conexión *m* · enlace *m*
Koproduktion *f* [Bk] / copublicación *f* · publicación coproducida *f*
Kordeln *pl* [Bind] / cuerdas de cosido *pl* · hilo vegetal *m*
Kordofanleder *n* [Bind] *s. Korduanleder*
Korduanleder *n* [Bind] / cordobán *m*
Korn *n* [Repr] ⟨DIN 19040/4+104E⟩ / flor del cuero *f* · grano *m*
Körnerschnitt *m* [Bind] / corte granulado *m*
Körnigkeit *f* [Repr] ⟨DIN 19040/4+104E⟩ / 2 granularidad *f* (medida de la granulación) · granulación *f* (apreciación subjetiva de distribución irregular del grano en la imagen)
Körnung *f* [Repr] *s. Körnigkeit*
Körperschaft *f* [Adm; Cat] ⟨DIN 1502; DIN 31631/2; TGL 20972/04; RAK⟩ / entidad corporativa *f* · persona jurídica *f* ‖ *s.a. Gebietskörperschaft; herausgebende Körperschaft; übergeordnete Körperschaft; untergeordnete Körperschaft; zugehörige Körperschaft*
Körperschaft des öffentlichen Rechts *f* [Adm] / corporación administrativa *f*
körperschaftlicher Urheber *m* [Cat] / autor corporativo *m s. Urheber 1*
– **Verfasser** *m* [Cat] / autor corporativo *m*
Körperschaftsdatei *f* [Cat] / registro de nombres de entidades corporativas *m*
Körperschafts|eintragung *f* [Cat] / asiento de nombre de entidad *m*

–**name** *m* [Cat] ⟨DIN 31631/2⟩ / nombre de entidad *m*
korporativer Benutzer *m* [RS] / usuario corporativo *m*
korporativer Verfasser *m* [Cat] / autor corporativo *m*
Korpus der Titelaufnahme *m* [Cat] / corpus de asientos *m*
Korrektor *m* [Prt] / corrector de pruebas *m* · lector de galeradas *m*
Korrektur *f* [Prt] / corrección *f* ‖ *s.a. Autorkorrektur; Fahnenkorrektur; Hauskorrektur*
–**(abzug)** *f(m)* [Prt] / pliego de pruebas *m* ‖ *s.a. Umbruchkorrektur*
Korrekturbogen *m* [Prt] / pliego de pruebas *m* ‖ *s.a. Fahnenabzug; Umbruchkorrektur*
Korrektur durch den Autor *f* [Prt] / corrección del autor *f*
Korrekturexemplar *n* [Prt] / ejemplar de corrección *m*
Korrektur|fahne *f* [Prt] / galerada(s) *f(pl)* · prueba(s) de imprenta *f(pl)*
–**lesen** *n* [Prt] / lectura de pruebas *f*
–**zeichen** *n* [Prt] / signo de corrección *m* · signo de corrección de pruebas *m* · marca del corrector *f* · marca de corrección *f*
Korrelation *f* [InfSc] / correlación *f*
Korrelations|analyse *f* [InfSc] / análisis de correlaciones *f*
–**koeffizient** *m* [InfSc] / coeficiente de correlación *m*
korrelativer Index *m* [Ind] / índice correlativo *m*
Korrespondenz *f* [Off] / correspondencia *f*
–**akten** *pl* [Off] / fichero de correspondencia *m*
korrigieren *v* / corregir *v*
Kosten *pl* [BgAcc] / costes *pl* · (también tasas y similares:) tarifa(s) *f(pl)* · gastos *pl* · cuota(s) *f(pl)* ‖ *s.a. Gemeinkosten; Gesamtkosten; Grenzkosten; Personalkosten; Sachkosten*
–**analyse** *f* [BgAcc] / análisis de gastos *m*
Kostenart *f* [BgAcc] / clase de gastos *f* · tipo de gastos *m*
kostenbewußt *adj* [OrgM] / consciente de los gastos *adj*
Kosten|deckung *f* [BgAcc] / cobertura de gastos *f*
Kostenerstattung *f* [BgAcc] / restitución de los gastos *f* ‖ *s.a. Rückzahlung*
Kosten-Leistungs-Analyse *f* [OrgM] / análisis de costoeficiencia *m* · análisis de costos-prestaciones *m*
kosten|los *adj* [BgAcc] / gratis *adv* · gratuito *adj* · sin gastos
kostenloses Exemplar *n* / ejemplar gratuito *m*
Kosten-Nutzen-Analyse *f* [OrgM] / análisis de costes-beneficios *m*
Kosten-Nutzen-Verhältnis *n* [OrgM] / relación de costes-beneficios *f*
Kosten|rechnung *f* [BgAcc] / contabilidad de costes *f*
Kostenschätzungen *pl* [BgAcc] / estimación de los costos *f*
Kostensenkung *f* [OrgM] / reducción de los gastos *f*
Kosten|stelle *f* [BgAcc] / sección de contabilidad *f*
–**träger** *m* [BgAcc] / contable de pagos *m* · pagador *m*
–**voranschlag** *m* [BgAcc] / estimación de gastos *f* ‖ *s.a. Preisangebot*
Kostümbuch *n* [Bk] / libro de figurines *m* · libro de trajes *m*
Kpt. *abbr* [Bk] *s. Kupfertitel*
Kraftpapier *n* [Pp] ⟨DIN 55475⟩ / papel sulfítico de embalar *m* · papel Kraft *m*
Kranken|blatt *n* [InfSy] / hoja clínica *f*
–**hausbibliothek** *f* [Lib] / biblioteca de hospital *f*
–**hausinformationsssystem** *n* [InfSy] / sistema de información de hospital *m*
–**versicherungskarte** *f* [Staff] / tarjeta del seguro de enfermedad *f*
Kratzer *pl* (auf Filmmaterial) [Repr] / (sobre el material fílmico:) rayas *pl*
Kräuseln *n* [Pres] / rizar *v*
Kräuterbuch *n* [Bk] ⟨RAK-AD⟩ / herbario *m*
Kreide|schnitt *m* [Bind] / corte marcado a tiza *m*
–**zeichnung** *f* [Art] / dibujo a tiza *m*
Kreis|bibliothek *f* [Lib] / biblioteca de un distrito administrativo llamado „Kreis" *f*
–**diagramm** *n* [InfSc] / diagrama circular *m* · gráfico de sectores *m* · diagrama de áreas *m*
–**pappschere** *f* [Bind] / cizalla circular para cartón *f* · tijeras circulares para cartón *pl*
–**umlauf** *m* (von Zeitschriften) [InfSy] / circulación rotatoria *f* · rotación *f*
Kreuzkatalog *m* [Cat] / catálogo diccionario *m*

kreuznarbiges Leder *n* / cuero de grano cruzado *m*
Kreuzschlitten *m* (Teil eines Lesegeräts) [Repr] / corredera en cruz *f*
Kreuz(zeichen) *n(n)* [Prt] / cruz *f* (signo)
Kriegsroman *n* [Bk] / novela bélica *f* · novela de guerra *f*
Kriminalroman *m* [Bk] / novela policíaca *f* · novela negra *f* ‖ *s.a. Detektivroman*
kritischer Apparat *m* [Bk] / aparato crítico *m*
kritisches Referat *n* [Ind] ⟨DIN 1426E⟩ / resumen crítico *m* · resumen orientado *m*
Kroki *n* [Cart] ⟨ISBD(CM)⟩ / croquis *m* ‖ *s.a. Geländekroki*
Kryptographie *f* [Writ] / criptografía *f*
Kryptonym *n* [Writ] / criptónimo *m*
KSP *abbr* [EDP] *s. Kernspeicher*
kt. *abbr* [Bind] *s. kartoniert*
Kugelkopfdrucker *m* [EDP; Prt] / impresora de bola *f*
~schreiber *m* [Writ] / bolígrafo *m*
kulturelles Erbe *f* [Gen] / herencia cultural *f*
Kultusministerium *n* [Adm] / ministerio de cultura *m*
Kumulationsband *m* [Bk] / volumen acumulativo *m*
kumulieren *v* (ein Register, eine Bibliographie usw. ~) [Bib] / acumular *v*
kumulierend *pres p* [Bib] / acumulativo *adj*
kumulierendes Register *n* [Ind] / índice acumulativo *m* · índice recapitulador *m*
Kunde *m* [Acq] / cliente *m* ‖ *s.a. Abnehmer*
Kundenzeitschrift *f* [Bk] / revista para clientes *f*
kündigen *v* (ein Abonnement ~) [Acq; Staff] / anular *v* (una suscripción) · cancelar *v* (una suscripción)
Kündigungsfrist *f* [Staff] / plazo de despido *m*
Kunstbibliothek *f* [Lib] / biblioteca de arte *f*
~bibliothekar *m* [Staff] / bibliotecario de arte *m*
~blatt *n* [NBM] / reproducción artística *f*
~buch *n* [Bk] / 1 libro artístico *m* · 2 libro de arte *m*
~druck *m* [NBM] / reproducción artística *f* *s. Kunstblatt*
~druckpapier *n* [Pp] / papel cuché *m* · papel para impresión artística *m* · papel estucado *m*
~drucktafel *f* [Bk] / clisé artístico *f*
~harzleim *m* [Bind] / cola de resina sintética *f*
~hochschule *f* [Ed; Art] / escuela superior de bellas artes *f*
~leder *n* [Bind] / piel artificial *f* · cuero artificial *m* · imitación de cuero *f*
~lederpapier *n* [Bind] / papel imitación de cuero *m* · papel tafilete *m* · papel avitelado *m*
~leinen *n* [Bind] / tela sintética *f* · bucarán ligero *m*
Künstlerbücher *pl* [Art] / libros de artista *pl*
~druck *m* [Art] / impresión de artista *f*
künstliche Alterung *f* / envejecimiento artificial *m*
künstliche Intelligenz *f* [InfSc; EDP] / inteligencia artificial *f*
künstlicher Titel *m* [Cat] *s. fingierter Sachtitel*
künstliches Wasserzeichen *n* / filigrana artificial *f*
Kunstreproduktion *f* [Art] / reproducción artística *f*
~reproduktion *f* [Art] / reproducción de arte *f*
~sprache *f* [Lin] / lenguaje artificial *m*
kunststoffbeschichteter Einband *m* [Bind] / encuadernación plastificada *f*
Kunststoff(ein)band *m* [Bind] / encuadernación en plástico *f*
~stofftasche *f* [NBM] / bolsa de plástico *f* · envoltura de plástico *f*
~verlag *m* [Bk] / editorial de arte *f*
~werk *n* [NBM] / obra de arte *f* ‖ *s.a. Originalkunstwerk*
~wort *n* [Lin] / palabra artificial *f*
Kupfer(druck)platte *f* [Prt] / plancha de calcotipia *f* · clisé de cobre *m*
~stecher *m* [Art] / grabador en cobre *m* · calcógrafo *m* · grabador en talla dulce *m*
Kupferstich *m* [Art] / grabado en cobre *m* · grabado en talla dulce *m* · calcografía *f* ‖ *s.a. Deckelkupfer*
~depot *n* [Art] / depósito de grabados *m*
~kabinett *n* [BdEq] / sala de reproducciones artísticas *f* · sección de grabados *f*
~sammlung *f* [Art] / colección de grabados *f*
Kupfertafel *f* [Art] / clisé de calcotipia *m* · plancha de cobre *f*
~tafeldruck *m* [Art] / impresión de placa de cobre *f* · calcotipia *f*

-tiefdruck *m* (als Flachbettiefdruck) [Prt] / huecograbado *m* ‖ *s.a. Heliogravüre; Rotationstiefdruck*
-titel *m* [Bk] / título grabado *m* ‖ *s.a. Titelkupfer*
Kupon *m* [Off] / cupón *m* · talón *m*
Kupon|register *n* (Teil der Ausleihkartei) [RS] / fichero de talones *m*
Kuratorium *n* [OrgM] / consejo de administración *m*
Kurierdienst *m* [Comm] / servicio de mensajería *m*
Kurrentschrift *f* [Writ] / letra sencilla *f* · letra corriente *f*
Kurs *m* [Ed] / curso *m*
Kursbuch *n* [Bk] ⟨DIN 31631/4⟩ / horario *m* (de ferrocarril) ‖ *s.a. Fahrplan*
Kursive *f s. Kursivschrift*
kursiv gedruckt *pp* [Prt] / impreso en cursiva *pp*
Kursivschreibung *f* [Prt] / escrito en bastardilla *m* · escrito en cursiva *m*
Kursivschrift *f* / letra cursiva *f* · letra itálica *f* · letra bastardilla *f*
Kurvendiagramm *n* / diagrama de curvas *m* · gráfico de curvas *m*
Kurven|leser *m* [EDP] / lector de curvas *m*
-schreiber *m* [EDP] / trazador de gráficos *m*
Kurz|ausgabe *f* [Bk] / edición abreviada *f*
-ausleihbestand *m* [Stock] / colección de préstamo breve *f*
-ausleihe *f* [RS] / préstamo de corta duración *m*
kürzen *v* [Lin] / abreviar *v*
Kurz|fassung *f* [Bk] / compendio *m* · resumen *m* · sumario *m* ‖ *s.a. Epitome*
Kurzfilm *m* [NBM] / corto(metraje) *m*
kurzrandig *adj* [Bk] / de márgenes pequeños *adj*
Kurz|referat *n* [Ind; Bib] ⟨DIN 1426E; DIN 31631/2⟩ / extracto *m* · resumen *m* ‖ *s.a. Referat*
-schlüssel *m* [PuC] / código abreviado *m*
-schrift *f* [Writ] / taquigrafía *f*
Kurztitel auf der ersten Seite eines Textes *m* / título de arranque *m*
Kurz|titelaufnahme 1 *f* (als Vorgang) [Cat] / catalogación simplificada *f* · catalogación abreviada *f*
-titelaufnahme 2 *f* (als einzelne Katalogeintragung) [Cat] / asiento catalográfico abreviado *m* · entrada de título abreviado *f*
-titelkatalog *m* [Cat] / catálogo de títulos abreviados *m* · catálogo de asientos abreviados *m*
-titelkatalogisierung *f* [Cat] / catalogación simplificada *f* · catalogación abreviada *f* · catalogación de títulos abreviados *f*
Kurz|übersetzung *f* [Lin] / traducción abreviada *f*
Kürzung *f* (von Haushaltsmitteln) [BgAcc] / recorte *m*
Kustode *f* (in einer Handschrift) [Bk] / signatura *f*
Kustos *m* (pl: Kustoden) [Bk] / reclamo *m* · palabra guía *f*
Kuvertiermaschine *f* [Off] ⟨DIN 32759⟩ / máquina de enfundar *f* · máquina de insertar *f* · máquina para cerrar sobres *f*
KWAC-Register *n* [Ind] / índice KWAC *m* · índice de palabras clave y contexto *m*
KWIC-Register *n* [Ind] / índice KWIC *m* · índice de palabras clave contextuales *m*
KWOC-Register *n* [Ind] / índice KWOC *m* · índice de palabras clave fuera de contexto *m*
Kybernetik *f* [InfSc] / cibernética *f*
kyrillische Schrift *f* [Writ; Prt] / escritura cirílica *f*

L

Laborbibliothek *f* [Lib] / biblioteca de laboratorio *f*

Lackeinband *m* [Bind] / encuadernación lacada *f*

laden 1 *v* (Daten ~) [EDP] ⟨DIN 44300/8E⟩ / cargar *v*

laden 2 *v* (das Betriebssystem ~) [EDP] / introducir una secuencia de arranque *v* · inicializar *v*

Laden|hüter *n* [Bk] / mercancía invendible *m*

~preis *m* [Bk] / precio de venta al público *m* ‖ *s.a. fester Ladenpreis; Verkaufspreis*

Laderampe *f* [BdEq] / rampa de carga *f* · muelle de carga *m*

lädiert *pp* [Bk] / un poco deteriorado *pp* · un poco estropeado *pp*

Lage 1 *f* (eines Bibliotheksgebäudes) [BdEq] / emplazamiento *m*

Lage 1 *f* [BdEq] / 1 ubicación *f*

Lage 2 *f* [Bind] / signatura *f* · alzada *f* · pliego de libro *m* · cuadernillo *m*

Lager 1 *n* (Sammlung von gelagerten Gegenständen) [Gen] / almacén *m* · (nicht am Lager:) agotado en existencias · (auf Lager:) en almacén *adv* · (nicht am Lager:) agotado en almacén

~ 2 *n* (Gebäude mit einem Warenlager) [BdEq] / edificio de almacén *m* · almacén *m*

~fähigkeit *f* (eines Films usw.) [Repr] ⟨DIN 19040/4⟩ / conservabilidad *f* (de una película, etc) ‖ *s.a. Langzeitlagerung; Lebensdauer*

~katalog *m* (eines Buchhändlers) [Bk] / catálogo de intermediario *m* · catálogo de existencias *m*

lager|n *v* [Gen] / almacenar *v*

Lager|raum *m* [BdEq] / depósito *m*

Lagerung *f* [Gen] / almacenaje *m* · almacenamiento *m*

laminieren *v* [Bind] / laminar *v* ‖ *s.a. foliieren; Handlaminierung; Heißlaminierung*

laminierter Einband *m* [Bind] / encuadernación laminada *f*

Lammleder *n* [Bind] / piel de borrego *f* · badana *f*

Länder|referent *m* [Staff; Acq] / especialista en unidades geográficas *m* · bibliógrafo de área geográfica *m*

~schlüssel *m* [Class] / subdivisión común de regiones geográficas *f* ‖ *s.a. geographischer Schlüssel*

Landes|bibliothek *f* [Lib] / biblioteca regional de un „Land" alemán *f* · biblioteca autonómica *f* (de una autonomía española)

~büchereistelle *f* [Lib] *D s. Staatliche Büchereistelle*

ländliches Bibliothekswesen *n* [Lib] / biblioteconomía rural *f*

langes s *n* [Writ; Prt] / s alta *f*
Langformat *n* [Bk] / formato alargado *m* *s. Querformat 2*
langfristige Verleihung *f* [RS] / préstamo de larga duración *m* ‖ *s.a. Depositum*
langnarbiges Leder *n* [Bind] / cuero de grano alargado *m*
Langspielplatte *f* [NBM] / disco de larga duración *m*
Längsrichtung *f* (des Papiers) [Pp] *s. Laufrichtung*
Längstitel *m* [Bk] / título a lo largo del lomo *m* · (von unten nach oben:) título de lomo ascendente *m* · (~ von oben nach unten:) título de lomo descendente *m*
Langzeitlagerung *f* [NBM; Repr] ⟨DIN 19070/3+5⟩ / almacenamiento de larga duración *m*
Lärmschutz *m* [BdEq] / protección acústica *f* ‖ *s.a. Schalldämmung*
Laserdrucker *m* [EDP; Prt] / impresora de láser *f*
Lastenaufzug *m* [BdEq] / montacargas *m*
Lastschriftanzeige *f* [BgAcc] / aviso de cargo en cuenta *m*
lateinisches Alphabet *n* [Writ; Bk] / alfabeto latino *m*
lateinische Schrift *f* [Writ; Prt] / letra romana *f* · escritura latina *f* ‖ *s.a. nichtlateinische Schrift*
Latenzzeit *f* [EDP] ⟨DIN 44300/7E⟩ / tiempo de espera *m* · tiempo de latencia *m*
Laubwerk *n* [Bind] / follaje *m*
Laudatio *f* [Gen] ⟨DIN 31631/4⟩ / laudatoria *f*
Laufbahn *f* / carrera *f* (profesional)
Laufbildprojektion *f* [Repr] / proyección cinematográfica *f*
laufende Bestellung *f* (ff-Bestellung) [Acq] / pedido hasta orden en contrario *m* · pedido hasta nuevo aviso *m*
~ **Kosten** *pl* [BgAcc] / gastos corrientes *pl*
laufende Nummer *f* [Sh] / número de orden *m* · numerus currens *m*
laufender Meter *m* [Sh] / metro lineal *m*
Laufgeschwindigkeit *f* (eines Videomagnetbandes usw.) [NBM] ⟨DIN 31631/2⟩ / velocidad de reproducción *f*
Laufrichtung *f* (des Papiers) [Pp] ⟨DIN 16514⟩ / dirección de la fibra *f* · dirección de la máquina *f*
-titel *m* [Bk] ⟨DIN 31631/2⟩ / título corriente *m* · titulillo *m* · folio explicativo *m* ‖ *s.a. Seitenüberschrift*
-werk *n* [EDP] / unidad (de arrastre) *f* ‖ *s.a. Diskettenlaufwerk; Magnetbandlaufwerk*
-zettel *m* [TS] / volante *m* · impreso *m* · nota de guía *f* · ficha de tratamiento *f* · cédula *f* · papeleta *f* · ficha de preparación *f* · nota para catalogación *f* · hoja de operaciones *f* · nota de adquisición *f*
Lautschrift *f* [Writ] / escritura fonética *f*
Lautsprecher *m* [Comm] / altavoz *m* · altoparlante *m* *HA*
-anlage *f* [Comm] / instalación de megafonía *f* · instalación de altavoces *f*
Lavendel(kopie) *n(f)* [Repr] ⟨A 2653⟩ / lavénder *f* · copia lavénder *f* · copia intermedia *f*
Lavierung *f* [Art] / lavado *m*
Layout *n* / layout *m* · maqueta de composición *f* · proyecto de composición *m* · premaqueta *f*
lebender Kolumnentitel *m* [Bk] ⟨DIN 1422/1; DIN 1503⟩ / título de columna vivo *m* · título de página *m* · titulillo *m* · cabeza de página *f* · folio explicativo *m* · título corriente *m* ‖ *s.a. Seitenüberschrift*
Lebensdauer *f* (bestimmter Materialien unter normalen Lagerbedingungen) [NBM; Repr] / tiempo de vida *m* · vida útil de almacenamiento *f*
Lebenslauf *m* [Staff] / curriculum vitae *m* · historial profesional *m*
Lederauflage *f* [Bind] / guarnición de cuero *f* · aplicación de cuero *f*
-bünde *pl* [Bind] / nervadura de cuero *f*
-(ein)band *m* [Bind] / encuadernación en piel *f* ‖ *s.a. Franzband*
Ledereinband *m* [Bind] / encuadernación en piel *f*
Ledereinlegearbeit *f* [Bind] / trabajos de aplicación del cuero *pl*
Lederintarsie *f* [Bind] / taracea en piel *f* · incrustación en piel *f*
--Intarsienband *m* [Bind] / encuadernación de taracea en piel *f*
Ledermosaik *n* [Bind] / guadamecí *m* ‖ *s.a. Mosaikeinband*
Lederpflegemittel *n* / producto para conservar el cuero *m*
Lederriemchen *n* [Bind] / correa *f*
Lederschnitt(ein)band *m* [Bind] / encuadernación en cuero repujado *f*
-schnittornamentik *f* [Bind] / ornamentación de repujado *f* · guadamecí *m*

Ledertreibarbeit *f* [Bind] / repujado del cuero *m*
Leer|karte *f* [Cart] / mapa en blanco *m*
Leerkassette *f* / casete vacía *f*
Leer|seite *f* [Bk] / página en blanco *f* · página no impresa *f* · página blanca *f*
Leerstelle *f* [EDP] / carácter en blanco *m* *s. Leerzeichen*
Leerstellenabschneidung *f* [Retr] / corte de espacios en blanco *m*
Leertaste *f* [Writ] / espaciador *m* (tecla)
Leerzeichen *n* [EDP] ⟨ISO 2382-4⟩ / carácter en blanco *m* · carácter sin información *m* · carácter de espaciado *m* ▮ *s.a. Spatium*
Leer|zeile *f* [Prt] / doble espacio interlineal *m* · línea en blanco *f*
Legat *n* [Acq] / legado *m* *s. Vermächtnis*
Legende 1 (Erzählung) [Bk] / leyenda *f*
Legende 2 *f* [Cart; Bk] ⟨DIN 31639/2⟩ / leyenda *f* ▮ *s.a. Bildlegende*
Lehnwort *n* [Lin] / extranjerismo *m* · préstamo lingüístico *m*
Lehrbeauftragter *m* [Ed] / encargado de curso *m*
Lehrbuch *n* [Bk] ⟨DIN 31639/2⟩ / libro de texto *m* (para estudiantes) ▮ *s.a. Hochschullehrbuch*
Lehrbuchsammlung *f* [Stock] / colección de libros de texto *f* · colección de biblioteca para estudiantes *f*
Lehreinheit *f* [Ed] / unidad didáctica *f*
Lehr|film *m* [NBM] *s. Unterrichtsfilm*
Lehrkörper *m* (einer Hochschule) [Ed] / profesorado *m* · cuerpo de profesores *m*
Lehrling *m* [Ed; Staff] / aprendiz *m* ▮ *s.a. Auszubildender*
Lehr|materialien *pl* [Ed; Bk; NBM] / material pedagógico *m*
Lehrmitteletat *m* [Ed; BgAcc] / presupuesto para material pedagógico *m*
Lehr|plan *m* [Ed] / plan de estudios *m*
Lehrplaninhalt *m* [Ed] / contenido del plan de estudios *m*
Lehrstuhl *m* (an einer Universität) [Ed] / cátedra *f*
Lehr|stuhl|bibliothek *f* [Lib] / biblioteca de cátedra universitaria *f*
Lehrstuhlinhaber *m* [Ed] / titular de cátedra *m*
Lehrveranstaltung *f* [Ed] / acto docente *m* ▮ *s.a. Pflichtveranstaltung*
Lehrverpflichtungen *pl* [Ed] / obligaciones del profesor *pl*
Leichenpredigt *f* [Bk] / oración fúnebre *f* · exequias literarias *pl*
leicht benutzbar *adj* [RS] / fácil de usar *adj*
Leih... [RS] ▮ *s.a. Ausleih...*
Leihbücherei *f* / biblioteca de préstamo mediante pago *f* · biblioteca comercial *f*
Leihexemplar *n* [RS] / ejemplar de préstamo *m*
Leih|frist *f* [RS] / plazo de préstamo *m* · período de préstamo *m* ▮ *s.a. Fristblatt*
-fristverlängerung *f* [RS] / renovación (del plazo) de préstamo *f* · prórroga (del plazo) de préstamo *f*
-gebühr *f* [RS] / tasa(s) de préstamo *f*
-register *n* [RS] / fichero de préstamos *m* · registro de préstamos *m* ▮ *s.a. Ausleihdatei*
-schein *m* [RS] / papeleta de préstamo *f* · ficha de préstamo *f* · formulario de préstamo *m* ▮ *s.a. Bestellschein*
-stelle *f* [OrgM] / sección de préstamos *f* · departamento de préstamo *m* · departamento de circulación *m*
Leihverkehr der Bibliotheken *m* [RS] / préstamo interbibliotecario *m* ▮ *s.a. Fernleihe; internationaler Leihverkehr; regionaler Leihverkehr; überregionaler Leihverkehr*
Leihverkehrs|bestellung *f* [RS] / pedido de préstamo interbibliotecario *f*
-ordnung *f* [RS] / código de préstamo interbibliotecario *m*
-region *f* [RS] / región de préstamo interbibliotecario *f*
leihweise *adv* [RS] / a título de préstamo *loc. adj.*
Leim 1 *m* [Bind] / cola de pegar *f* ▮ *s.a. Heißleim; Kaltleim; Kunstharzleim; tierischer Leim*
Leim 2 *m* (Zusatz bei der Papierherstellung) [Pp] / cola para papel *f* ▮ *s.a. Pergamentleim*
leimfleckig *adj* [Bk] / manchado de cola *adj*
Leimtopf *m* [Bind] / cazo para cola *m*
Leimung *f* (von Papier) [Pp] / encolado *m*
Leimungsgrad *m* [Pp] / grado de encolado *m*
Leinen *n* [Bind] / 1 lienzo de tela *m* (designación colectiva para todos los revestimientos de textiles) · 2 (echtes Leinen:) lino *m*
-deckel *pl* [Bind] / tapas de tela *pl*
Leinen(ein)band *m* [Bind] / encuadernación en tela *f* ▮ *s.a. Halbleinenband*
Leinen|rücken *m* [Bind] / lomo de tela *m*

Leinwand 1 *f* [Bind] / lienzo de tela *m s. Leinen*

Leinwand 2 *f* (zur Projektion eines Films usw.) [NBM] / pantalla *f*

Leiste *f* [Bk] / filete ornamental *m* ‖ *s.a. Kopfleiste*

Leistung *f* [OrgM] / eficacia *f*

Leistungsbeurteilung *f* [Staff] *s. Leistungsbewertung*

Leistungs|bewertung *f* [Staff; OrgM] / evaluación de resultados *f* ‖ *s.a. Personalbeurteilung*

-entgelt *n* [BgAcc] / remuneración de servicios *f* · recargo por servicios *m*

-fähigkeit *f* [OrgM] / eficiencia *f* ‖ *s.a. Wirksamkeit*

Leistungsindikator *m* [OrgM] / indicador de eficacia *m*

Leistungsmerkmal *n* [Comm] / característica de prestación *f* · recursos a disposición del usuario *pl*

Leistungs|merkmalanforderung *f* [Comm] / petición de característica de operación *f* · petición de recurso de usuario *f*

Leistungsmessung *f* [OrgM] / medición de resultados *f*

Leistungsnachweis *m* [Ed] / certificado de estudios *m*

Leistungsorientierung *f OrgM* / orientación de rendimientos *f*

Leistungs|steigerung *f* [OrgM] / incremento del rendimiento *m*

Leistungsüberwachung *f* [OrgM] / control de rendimientos *m*

Leitartikel *m* / artículo editorial *m* · artículo de fondo *m*

Leitbibliothek *f* [RS] / biblioteca de coordinación *f*

Leitbuchstabe *m* (am Kopf der Seite eines Lexikons) [Bk] / letra guía *f*

Leiter *m* (einer Abteilung) [Staff] / director *m* · jefe *m*

Leit|faden *m* [Bk] ⟨DIN 31639/2⟩ / manual *m* · guía *f*

-karte *f* [Ind; TS] / ficha guía *f*

-station *f* [Comm] ⟨DIN 44302⟩ / estación de control *f*

Leitung *f* [Comm] *s. Übertragungsleitung*

Leitungs|geschwindigkeit *f* [Comm] / velocidad de línea *f*

-kosten *pl* [Comm] / costes de comunicación *pl*

leitungsvermittelte Verbindung *f* [Comm] / conexión por conmutación de circuitos *f*

Leitungs|vermittlung *f* [Comm] ⟨DIN 44302⟩ / conmutación de circuitos *f*

Leitungszeitsperre *f* [Comm] / bloqueo temporal de línea *m*

Leitwerk *n* [EDP] ⟨DIN 44300/5E⟩ / unidad de control *f*

Lektionar *n* [Bk] / leccionario *m*

Lektor 1 *m* (in einer Öffentlichen Bibliothek) [Staff] / especialista en una materia *m*

Lektor 2 *m* (in einem Verlag) [Bk] / corrector *m*

Lektor 3 *m* (an einer Universität) [Ed] / lector *m*

Lektorat 1 *n* (in einem Verlag) [Bk] / lectorado *m*

Lektorat 2 *n* (in einer Öffentlichen Bibliothek) [OrgM] / lectorado *m*

Lektoratskooperation *f* [Acq] / sistema cooperativo de evaluación de libros para las bibliotecas públicas de Alemania

Lenkungsausschuß *m* [OrgM] / comité directivo *m*

Leporellobuch *n* / libro plegado en acordeón *m*

Leporellofalz *m* [Bind] / pliegue en zigzag *m*

Leporellofalzung *f* [Binf] / plegado Leporello *m* · plegado en acordeón *m* · plegado en zigzag *m*

Leporello|papier *n* [Pp] / papel plegado en acordeón *m*

Lern|psychologie *f* [Ed] / psicología del aprendizaje *f*

-schritt *m* (programmierter Unterricht) [Ed] / paso de aprendizaje *m*

-spiel *n* [NBM] / juego educativo *m*

-spielzeug *n* [NBM] / juguete educativo *m*

Lesarten *pl* [Bk] / variantes de lectura *pl*

lesbar *adj* [Writ] / legible *adj*

Lesbarkeit *f* [Repr] ⟨DIN 19040/113E⟩ / lecturabilidad *f* · legibilidad *f*

Lese|förderung *f* [RS] / fomento de la lectura *m*

-gebühr *f* [RS] / cuota de utilización *f s. Benutzungsgebühr*

-gerät *n* [Repr] / aparato lector *m* (de microformas) ‖ *s.a. Kleinstlesegerät; Leselupe*

Lesegeschmack *m* [RS] / gustos de lectura *pl*

Lese|gesellschaft *f* [Lib] / sociedad de lectura *f*

Lesegewohnheiten *pl* [Bk] / hábitos de lectura *pl*

Lesehilfe *f* [BdEq] / medio auxiliar de lectura *m*
Leseinsel (im Freihandbereich) / isla de lectura *f*
Lese|karte *f* [RS] / tarjeta de lector *f* *s. Benutzerkarte*
-koje *f* [BdEq] / cabina de lectura *f*
-kopf *m* [EDP] ⟨DIN 66010⟩ / cabeza lectora *f*
--Kopiergerät *n* [Repr] ⟨DIN 19040/113E⟩ / lector reproductor *m*
-lampe *f* [BdEq] / lámpara de lectura *f*
Leselernkarte *f* [Ed] / ficha para aprender a leer *f*
Lese|lupe *f* [Bk; Repr] / (especial para leer microfilmes:) visor de mano *m* · lupa de lectura *f*
lesenswert *adj* / digno de leerse *adj*
Lese|pistole *f* [EDP] / lápiz electrónico *m*
-pult *n* [BdEq] / atril de lectura *m*
Leser *m* [RS] / lector *m* ‖ *s.a. Benutzer*
Leseratte *f* [Bk] / ratón de biblioteca *m*
Leser|befragung *f* [InfSc] / encuesta entre los lectores *f*
-beratung *f* [RS] / orientación al lector *f*
Lesergebühr *f* [RS] / cuota de lector *pl* *s. Benutzungsgebühr*
Leser|geschmack *m* [RS] / preferencias del lector *pl*
Leserkarte *f* [RS] *s. Benutzerkarte*
Leserplatz *m* [BdEq] / pupitre de lector *m*
Leser|schaft *f* [RS] / conjunto de lectores *m*
Lese-Rückvergrößerungsgerät *n* [Repr] / lector ampliador *m* *s. Lese-Kopiergerät*
Leser|umfrage *f* [InfSc] / encuesta entre los lectores *f*
-zuschrift *f* (in einer Zeitung oder Zeitschrift) [Bk] / carta(s) de los lectores *f(pl)* (carta del lector en un periódico o revista)
Lesesaal *m* [BdEq] / sala de lectura *f*
-aufsicht *f* [Staff] / celador de la sala de lectura *m*
-auskunft *f* [Staff] *s. Lesesaalaufsicht*
-bestand *m* [RS] / colección de la sala de lectura *f*
Lesesaalpersonal *n* [Staff] / personal de sala de lectura *m*
Lese-Schreibkopf *m* [EDP] / cabeza de lectura-escritura *f* · cabeza de lectura-grabación *f*
-stift *m* [EDP] / lápiz electrónico *m* *s. Lesepistole*
Lesetisch *m* [BdEq] / pupitre de lectura *m*
Lese|wut *f* [Bk] / manía de leer *f*
Lesezeichen *n* [Bk] / punto de libro *m* · punto de lectura *m* · señalizador de lectura *m* · (una cinta pegada por el encuadernador, también:) registro de lectura *m*
Lese|zimmer *n* [BdEq] / sala de lectura *f*
Lesezirkel *m* [Bk] / círculo de lectura *m*
Lese-Zugriffszeit *f* [EDP] / tiempo de acceso a consulta *m* · tiempo de acceso a lectura *m*
Letter *f* [Prt] / tipo (de imprenta) *m* ‖ *s.a. bewegliche Lettern*
Letterset *m* [Prt] *s. indirekter Hochdruck*
Leucht|kasten *m* [Repr] / caja con iluminación *f*
-tisch *m* [NBM] / mesa con iluminación *f*
lexikalische Anmerkung *f* (Erläuterung zu einer lexikalischen Einheit in einem Thesaurus) [Ind] *DDR* ⟨TGL RGW 174⟩ / especificación de alcance *f* · indicación de contenido *f*
lexikalische Einheit *f* (in bezug auf einen Thesaurus) [Ind] *DDR* ⟨TGL RGW 174⟩ / noción de tesauro *f* · unidad léxica *f*
Lexikon *n* [Bk] ⟨RAK-AD⟩ / 1 enciclopedia *f* · 2 diccionario *m*
Lfg. *abbr* [Bk] *s. Lieferung 1*
Librettist *m* [Mus] / libretista *m*
Libretto *n* [Mus] ⟨RAk-AD⟩ / libreto *m*
lichtbeständig *adj* [Repr; Prt] *s. lichtecht*
Lichtbild *n* [Repr] / fotografía *f*
Lichtbildausweis *n* [Rs] / carné con fotografía *m*
Licht|bildwerk *n* [Repr] / obra fotográfica *f*
Lichtdruck 1 *m* (als gedrucktes Blatt) [Prt] / fotogelatinografía *f* · fotograbado *m* · heliograbado *m* · fototipia *f*
Lichtdruck 2 *m* (als Vorgang) [Prt] / colotipia *f* · fotocolotipia *f*
lichtecht *adj* [Pres; Prt] / insensible a la luz *adj* · (nicht ~:) fugitivo *adj* · resistente a la luz *adj* ‖ *s.a. farbecht*
Lichtechtheit *f* [Pres] / insensibilidad a la luz *f*
lichtempfindlich *adj* [Repr] / sensible a la luz *adj* · fotosensible *adj* ‖ *s.a. Empfindlichkeit 1; strahlungsempfindlicher Film*
Lichtempfindlichkeit *f* [Repr] / fotosensibilidad *f* *s. Empfindlichkeit 1*
-griffel *m* [EDP] / lápiz fotosensible *m*
-pause *f* [Repr] / diazocopia *f*
-satz *m* [Prt] / fotocomposición *f* ‖ *s.a. Fotosatz*
-schranke *f* [BdEq] / barrera fotoeléctrica *f*

Lichtsetzmaschine *f* [Prt] / máquina de fotocomposición *f*
Liebhaber|ausgabe *f* [Bk] / edición de bibliófilo *f*
~einband *m* [Bind] / encuadernación de aficionado *f* ‖ *s.a. Luxuseinband*
Liederbuch *n* [Mus] / cancionero *m*
Lieferant *m* [Acq] / (Als Verkäufer auch:) vendedor *m* · proveedor *m* · suministrador *m*
Lieferant einer Datenbank *m* / proveedor de base de datos *m*
Lieferantendatei *f* [Acq] / fichero de proveedores *m*
lieferbare Bücher *pl* [Bk] / libros dipuestos para la entrega *pl*
Liefer|bedingungen *pl* [Acq] / condiciones de suministro *pl* ‖ *s.a. Bezugsbedingungen*
~frist *f* [Acq] / plazo de entrega *m*
liefernde Bibliothek *f* (ILL) [RS] / biblioteca suministradora *f*
Liefer|schein *m* [Acq] / recibo de entrega *m* ‖ *s.a. Lieferzettel*
Liefertermin *m* / fecha de entrega *f*
Liefertermin *m* / plazo de entrega *m*
Lieferung 1 *f* (Vorgang des Lieferns) [Acq] / abastecimiento *m*
Lieferung 2 *f* (das zu Liefernde bzw. Gelieferte) [Acq] / suministro *m*
Lieferung 3 *f* (Teil eines Lieferungswerks) [Bk] / (de una obra por entregas:) entrega *f*
Lieferungswerk *n* [Bk] ⟨DIN 31631/4⟩ / obra por entregas *f*
Liefer|wagen *m* [BdEq] / vehículo de reparto *m* ‖ *s.a. Bücherauto*
~zettel *m* [Acq] / nota de entrega *f* · hoja de expedición *f* · hoja de envío *f* ‖ *s.a. Lieferschein*
Ligatur *f* [Writ; Prt] / ligadura *f* · letras ligadas *pl* · letra doble *f*
Liliputbuch *n* [Bk] / edición diamante *f* · libro miniatura *m* ‖ *s.a. Miniaturbuch*
limitierte Auflage *f* [Bk] / edición de tirada limitada *f*
Lineal *n* / regla *f*
Linear-Antiqua *f* [Prt] / letra lineal antigua *f* · letra lineal *f* · letra paloseco *f*
lineare Notation *f* [Class] / notación ordinal *f*
~ Suche *f* [Retr] / búsqueda secuencial *f*
Linguistik *f* [Lin] / Lingüística *f*
linguistische Datenverarbeitung *f* [EDP] / tratamiento de datos lingüísticos *m*
Linie *f* [Prt] / filete *m*
Liniendiagramm *n* [InfSc] / diagrama de líneas *m*
Liniengraphik *f* [InfSc] / gráfico de líneas *m*
Linien|organisation *f* [OrgM] / organización de cargos directivos y técnicos *f* ‖ *s.a. Stab-Linien-Organisation*
~rolle *f* [Bind] / filete *m*
~satz *m* [Bind] / juego de filetes de una raya *m*
lini(i)eren *v* [Writ] / reglar *v* (con regla) · hacer renglones *v* · pautar *v*
lini(i)erte (Kartei-)Karte *f* [Ind; Off] / ficha con renglones *f*
lini(i)ertes Papier *n* [Pp] / papel rayado *m*
linksbündig *adj* / justificado a la izquierda *adj*
Linksmaskierung *f* [EDP] / truncamiento a la izquierda *m* · truncamiento delantero *m*
Linolschnitt *m* [Art] / grabado en linóleo *m*
Linson *n* [Bind] / linson *m*
Liste *f* [Bib; Cat] / lista *f* · (für schnelle Recherchen:) lista de control *f*
Listen|preis *m* [Bk] / precio de catálogo *m*
~titel *m* [Mus] ⟨ISBD(PM)⟩ / título de listas *m*
literarischer Nachlaß *m* [Arch; NBM] / legado literario *m* · obras póstumas *pl*
Literatur|angabe *f* [Bib] ⟨DIN 31631/2⟩ / referencia bibliográfica *f*
~archiv *n* [Arch] / archivo literario *m*
~auswahl *f* [Acq] / selección bibliográfica *f* · selección de documentos *f*
~bedarf *m* [InfSc] / demanda bibliográfica *f*
~beilage *f* (einer Zeitung) [Bk] / suplemento literario *m*
Literaturbereitstellung *f* [RS] / puesta a disposición de bibliografía *f*
Literatur|bericht *m* [Ind] ⟨DIN 1426E; DIN 31631/4⟩ / informe bibliográfico *m* · estudio bibliográfico *m*
~beschaffung *f* [Acq] / adquisición de bibliografía *f*
~Datenbank *f* [InfSy] / base de datos bibliográficos *f*
Literaturerwerb *m* [Acq] / adquisición bibliográfica *f*
Literatur|förderung *f* [RS] / fomento de la literatura *m*
Literaturführer *m* [Bib] / guía bibliográfica *f*
Literatur|hinweis *m* [Bib] / cita bibliográfica *f* · referencia bibliográfica *f* *s. Literaturangabe*

~-**Informationsbank** *f* [InfSy] / banco de información bibliográfica *m s. Literatur-Datenbank*

Literaturkassette *f* [NBM] / casete literaria *f*

Literaturnachweis / (Verzeichnis der zitierten Literatur:) lista de referencias bibliográficas *f* · referencia bibliográfica *f* · bibliografía *f*

Literaturnachweis / cita bibliográfica *f*

Literaturnachweisdatenbank *f* [Inf] / base de datos de referencia bibliográfica *f*

Literatur|recherche *f* [Retr] / búsqueda de bibliografía *f*

~**schlüssel** *m* [Class] / subdivisiones de cada literatura *pl* (tabla auxiliar de números de ~)

Literatursuche *f* [Retr] / búsqueda bibliográfica *f s. Literaturrecherche*

Literatur|versorgung *f* [RS] / provisión de bibliografía *f* · suministro de documentos *m* · abastecimiento documental *m* ‖ *s.a. Online-Literaturbestellung*

~**verzeichnis** *n* [Bib] / bibliografía *f* · índice bibliográfico *m*

Litho *n* [Art; Prt] / litografía *f*

~**graphie** *f* [Art; Prt] / litografía *f*

liturgisches Buch *n* [Bk] / libro litúrgico *m*

Lizenz *f* [Law] / licencia *f* ‖ *s.a. gebührenfreie Lizenz; Kopierlizenz*

Lizenz|ausgabe *f* [Bk] / edición con licencia *f*

~**gebühr** *f* [InfSy] / tasa(s) de licencia *f(pl)*

Ln. *abbr* [Bind] *s. Leinen*

Lobrede *f* [Gen] / panegírico *m s. Laudatio*

Loch|band *n* [PuC] *DDR s. Lochstreifen*

~**beleg** *m* [PuC] / instrucción de perforación *f*

Locheisen *n* / sacabocados *m*

lochen *v* [PuC] / perforar *v* · taladrar *v*

Locher *m* [Off; PuC] / taladradora de papel *f* · perforadora *f*

löcherig *adj* [Bk] / agujereado *adj* · perforado *adj* · (wurmstichig:) apolillado *adj*

Loch|feld *n* [PuC] ⟨TGL 20976⟩ / área de perforación *f*

~**karte** *f* [PuC] ⟨DIN 31631/4; DIN 66018/1⟩ / (gelocht:) tarjeta perforada *f* · ficha perforada *f* · ((ungelocht):) tarjeta para perforar *f*

Lochkarten|code *m* [PuC] / código de perforación de fichas *m* · código de perforación de tarjetas *m*

~**leser** *m* [PuC] / lector de tarjetas perforadas *m*

~-**Lese-Stanz-Einheit** *f* [PuC] / perforadora lectora de tarjetas *m* · perforadora lectora de fichas *f*

Lochkartenlocher *m* [PuC] / perforadora de tarjetas *f s. Lochkartenstanzer*

Lochkarten|maschine *f* [PuC] / máquina perforadora *f*

~**stanzer** *m* [PuC] / perforador de tarjetas *f*

~**verfahren** *n* [PuC] / método de fichas perdoradas *m* · método de tarjetas perforadas *m*

Loch|kombination *f* [PuC] / combinación de perforaciones *f*

~**reihe** *f* [PuC] / hilera de fichas *f* · fila de fichas *f* · fila de tarjetas *f*

~**schriftübersetzer** *m* [PuC] / traductora automática *f* · traductora de tarjetas perforadas *f* · interpretadora automática *f*

~**spalte** *f* [PuC] ⟨TGL 20976⟩ / columna de ficha *f*

~**stanzer** *m* [PuC] / perforador *m* ‖ *s.a. Lochkartenstanzer; Lochstreifenstanzer*

~**stelle** *f* [PuC] / posición de la perforación *f*

Lochstreifen *m* [PuC] ⟨DIN 31631/4; DIN 66218⟩ / (gelocht:) cinta perforada *f* · (ungelocht:) cinta para perforar *f* · cinta de papel *f* · cinta en blanco *f* ‖ *s.a. Dauerlochstreifen*

~**schreibmaschine** *f* [PuC] / máquina de cintas perforadas *f*

~**stanzer** *m* [PuC] / perforador de cintas *m*

Lochung (in Katalogkarten) / perforación *f* ‖ *s.a. Katalogkartenlochung*

Loch|zange *f* [PuC; Bind] / tenazas punzonadoras *pl*

~**zeile** *f* [PuC] / línea de perforaciones *f*

logische Adresse *f* [EDP] / dirección lógica *f*

logischer Operator *m* [Retr] / operador lógico *m*

~ **Satz** *m* [EDP] / registro lógico *m*

Logo *n* [PR] / logotipo *m*

Logotype *f* [Prt] / logotipo *m*

lohgares Leder *n* [Bind] / cuero curtido *m*

Lohn *m* [Staff] / paga *f* · salario *m*

~**empfänger** *m* [Staff] / asalariado *m*

lokaler Zugang *m* [EDP] / acceso local *m*

lokales Netz *n* [EDP] / red de área local *f*

Lokalisator *m* [InfSy; Retr] / localizador *m*

Lokalsignatur *f* (das Regal wird als Aufstellungsort bezeichnet) [Sh] / signatura topográfica *f*

löschbare optische Platte *f* [EDP] / disco óptico borrable *m*
löschbarer Speicher *m* [EDP] / memoria borrable *f*
löschen *v* [EDP] / suprimir *v* · vaciar *v* · borrar *v* · poner a cero *v* · restaurar *v*
Lösch|kopf *m* [EDP] ⟨DIN 66010⟩ / cabeza de borrado *f*
~papier *n* [Pp] ⟨DIN 6730⟩ / papel secante *m*
Löschtaste *f* [EDP] / tecla de borrado *f*
Löschzeichen *n* / carácter de borrar *m*
Loseblatt|ausgabe *f* [Bk] ⟨DIN 31631/4; DIN 1464; TGL 20972/04; RAK⟩ / edición de hojas cambiables *f*
~-Ordner *m* [Bk] / clasificador de hojas sueltas *m*
Loseblattwerk *n* [Bk] / libro de hojas sueltas *m* ‖ *s.a. Loseblattausgabe*
lose im Einband [Bk; Bind] / separado de encuadernación *adj* · encuadernación suelta *f*
Lösungsbuch *n* [Bk; Ed] / libro de soluciones *m*
LS 1 *abbr* [BdEq] *s. Lesesaal*
LS 2 *abbr* [PuC] *s. Lochstreifen*
Luftaufnahme *f* [Cart] / fotografía aérea *f s. Luftbild*
Luft|bild *n* [Cart] ⟨ISBD(CM); RAK-Karten⟩ / fotografía aérea *f*
~bildkarte *f* [Cart] ⟨ISBD(CM); RAK-Karten⟩ / fotomapa *m*
~bildmosaik *n* [Cart] ⟨ISBD(CM)⟩ / fotomosaico *f*
~bildplan *m* [Cart] ⟨ISBD(CM)⟩ / fotomapa *m*
~durchlässigkeit *f* [Pres] / permeabilidad al aire *f*
~fahrtkarte *f* [Cart] ⟨ISBD(CM)⟩ / carta de navegación aérea *f* · carta aeronáutica *f*
~feuchtigkeit *f* [Pres] / humedad del aire *f*
~fracht *f* [Comm] / flete aéreo *m*
luftgetrocknet *pp* [Pres] / secado al aire *pp*
Luftnavigationskarte *f* [Cart] *s. Luftfahrtkarte*
Luftpost *f* [Comm] / correo aéreo *m*
~brief *m* [Comm] / carta por avión *f*
~paket *n* [Comm] / paquete por avión *m*
~papier *n* [Pp] ⟨DIN 6730⟩ / papel de correo aéreo *m*
Luftreinhaltung *f* [Pres] / purificación del aire *f*
Lufttrocknung *f* [Pres] / secado al aire *m*
Lüftung *f* [BdEq] / ventilación *f*
Lumbeckbindung *f* [Bind] / encuadernación sólo con cola *f* ‖ *s.a. gelumbeckt*
Lumbecken *n* [Bind] / encuadernación sin cosido *f* · encuadernación encolada *f* · encuadernación a la americana *f* · encuadernación arráfica *f s.a. Lumbeckbindung*
Lumpenpapier *n* [Pp] / papel de trapo *m*
Luxusausgabe *f* [Bk] / edición de lujo *f*
Luxuseinband *m* [Bind] / encuadernación de lujo *f* ‖ *s.a. Liebhabereinband*
Lw. *abbr* [Bind] *s. Leinwand 1*

M

Machbarkeitsstudie *f* [InfSc] / estudio de factibilidad *m*

Magazin *n* [BdEq] / almacén *m* · depósito de libros *m* ‖ *s.a. Freihandmagazin; geschlossenes Magazin; Handschriftenmagazin; Sondermagazin; Speichermagazin*

-aufstellung *f* [Sh] / colocación de depósito *f* ‖ *s.a. Magazinierung*

-bediensteter *m* [Staff] / ayudante de depósito *m* · ayudante de almacén *m*

-bestand *m* [Stock] / colección del depósito *f*

-bibliothek *f* [Lib] / biblioteca almacén *f* · biblioteca de conservación *f*

-chef *m* [Staff] / jefe de almacén *m* · supervisor de depósito *m*

-ebene *f* [BdEq] / planta de almacén *f* · nivel de depósito *m*

-er *m* [Staff] / ayudante de almacén *m* ‖ *s.a. Magazinbediensteter*

magazinieren *v* [Sh] / almacenar *v*

-ierter Bestand *m* (ohne Benutzerzugang) [Stock] / fondos bibliotecarios almacenados *pl* (sin acceso para lectores) · depósito almacenado *m*

Magazinierung *f* (von Beständen) [Sh] / almacenamiento *m*

-kapazität *f* [Stock] / capacidad del almacén *f*

– mit eingeschossiger Regalanlage *n* [BdEq] / almacén con una sección *m* · depósito con una sección *m*

– mit mehrgeschossiger selbsttragender Regalanlage *n* [BdEq] / depósito de secciones múltiples *m*

-regal(e) *n(pl)* (Regale mit Seitenwangen) [Sh] / estanterías graduables *pl* · estanterías de almacén *pl* · estanterías intercambiables *pl*

-turm *m* [BdEq] / torre de almacén *f*

-verwaltung *f* [Stock] / mantenimiento de fondos bibliotecarios *m* · mantenimiento de depósito *m*

-zugang *m* [BdEq] / acceso al depósito *m* · acceso a los fondos de almacén *f*

-zutritt *m* [Sh] / entrada al almacén *f*

magere Schrift *f* [Prt] / letra fina *f*

Magisterarbeit *f* [Bk] / memoria de licenciatura *f*

Magnetaufzeichnung *f* [NBM] / grabación magnética *f* · registro magnético *m*

Magnetband *n* [EDP] ⟨DIN 31631/4; DIN 66010; A 2653⟩ / banda magnética *f* · cinta magnética *f*

-datei *f* [EDP] / fichero de cinta magnética *m*

-dienst *m* [EDP] / servicio de fichero en cinta magnética *m*

-einheit *f* [EDP] ⟨DIN 66010E⟩ / unidad de cinta magnética *f*

-erfassungsgerät *n* [EDP] / unidad de teclado de cinta magnética *f*
-gerät *n* [EDP] ⟨DIN 66010⟩ / aparato de cinta magnética *m*
Magnetbandkassette *f* [EDP] ⟨DIN 66 211/1+2⟩ / casete de cinta magnética *m,f*
Magnetband|kassettenlaufwerk *n* [EDP] ⟨DIN 66010⟩ / unidad de casete de cinta magnética *f*
-laufwerk *n* [EDP] ⟨DIN 66010⟩ / unidad de cinta magnética *f*
-leser *m* [EDP] / lector de cinta magnética *m*
-speicher *m* [EDP] / memoria de cinta magnética *f*
Magnet|blasenspeicher *m* [EDP] / memoria de burbuja magnética *f*
-hafttafel *f* [BdEq] / pizarra magnética *f* *s. Magnettafel*
magnetische Zeichenerkennung *f* [EDP] ⟨DIN 66226⟩ / reconocimiento magnético de caracteres *m*
Magnet|karte *f* [EDP] ⟨DIN 31631/4⟩ / ficha magnética *f*
-kartenspeicher *m* [EDP] / memoria de fichas magnéticas *f*
-kernspeicher *m* [EDP] / memoria de núcleo magnético *f* *s. Kernspeicher*
-kopf *m* [EDP] ⟨DIN 66010⟩ / cabeza magnética *f*
Magnetplatte *f* [EDP] ⟨DIN 31631/2⟩ / disco magnético *m* ‖ *s.a. Festplattenspeicher; flexible Magnetplatte; Plattenstapel*
Magnetplatten-Erfassungsgerät *n* [EDP] / unidad de registro en disco *m*
-kassette *f* [EDP] / cartucho de disco magnético *m*
-laufwerk *n* [EDP] / unidad de discos *f*
-speicher *m* [EDP] / memoria de discos *f*
Magnetschrift *f* [EDP] / escritura magnética *f*
-leser *m* [EDP] / lector de caracteres magnéticos *m*
-zeichen *n* [EDP] / carácter de tinta magnética *m*
--Zeichenerkennung *f* [EDP] *s. magnetische Zeichenerkennung*
Magnet|spur *f* [NBM] / pista magnética *f*
-streifen *m* [EDP] / tira magnética *f*
-tafel *f* [BdEq] / pizarra magnética *f*
-tinte *f* [EDP] / tinta magnética *f*
Magnetton|band *n* [NBM] ⟨DIN 31631/4; DIN 45510⟩ *s. Tonband*
-folie *f* [NBM] ⟨DIN 31631/4; DIN 45510⟩ / lámina magnetofónica *f*
-platte *f* [NBM] ⟨DIN 31631/4; DIN 45510⟩ / disco magnetofónico *m*
Magnettrommel *f* [EDP] / tambor magnético *m*
-speicher *m* [EDP] ⟨DIN 66001⟩ / memoria de tambor magnético *f*
mahnen *v* (einen Benutzer wegen der Rückgabe eines Buches, dessen Leihfrist überschritten ist, ~) [RS] / avisar *v* · advertir *v*
Mahngebühr *f* [RS] / multa por retraso *f* · multa por vencimiento de plazo *f* ‖ *s.a. Versäumnisgebühr*
Mahnschreiben *n* [RS] / carta de advertencia *f* · carta monitoria *f* *s. Mahnung 1*
Mahnung 1 *f* [RS] / advertencia de vencimiento de plazo *f* · aviso de vencimiento de plazo *m* ‖ *s.a. Erinnerung; wiederholte Mahnung*
Mahnung 2 *f* [Acq] / reclamación *f* · (Mahnschreiben:) reclamar por escrito *v*
Majuskel *f* [Writ; Bk] / letra mayúscula *f*
Makroaufruf *m* [EDP] / macrollamada *f*
-befehl *m* [EDP] / macroinstrucción *f*
Makulatur *f* [Pp; Prt] ⟨DIN 16500/2⟩ / maculatura *f* · papel de deshecho *m*
makulieren *v* [Bk; Prt] / (einstampfen:) hacer pasta *v* · hacer pulpa *v* · (als Altpapier verkaufen:) vender como papel viejo *v*
Malerbücher *pl* [Art] / libro de pintores *m*
Managementinformationssystem *n* [InfSy] / sistema de información de gestión *m*
Mängelexemplar *n* [Bk] / ejemplar defectuoso *m* · ejemplar imperfecto *m*
Manilapapier *n* [Pp] / papel Manila *m*
Mannstunde *f* [OrgM] / hora por persona *f* (de trabajo)
Mäntel- und Taschenablage *f* [BdEq] / guardarropa *m*
manuelle Eingabe *f* [EDP] / introducción de datos manual *f*
Manuskript *n* [Writ; Prt] ⟨DIN 31639/2⟩ / manuscrito *m* ‖ *s.a. als Manuskript gedruckt; Handschrift 2*
Manuskripthalter *m* / divisorio *m*
Mappe *f* (Hülle zum Aufbewahren loser Materialien) [NBM] / archivador *m* · carpeta *f* · portafolios *m* · cartapacio *m*
Mappenwerk *n* (mit Kunstdrucken usw.) [NBM] / edición de portafolios *f* · edición en porfolio *f*

Marginalie *f* [Bk] ⟨DIN 16514⟩ / marginalia *f* · nota marginal *f* · (en la esquina superior derecha de la página:) ladillo *m* · apostilla *f*
Marinebibliothek *f* [Lib] / biblioteca naval *f*
Markenname *m* [NBM] / nombre de marca comercial *m*
markieren *v* / marcar *v*
Markierungs|beleg *m* [EDP] / tarjeta de lectura de marcas *f*
Markierungsbereich *m* [EDP] / sector de marcas *m*
Markierungs|lesen *n* [EDP] / detección de marcas *f* · lectura de marcas *f* ‖ *s.a. optisches Markierungslesen*
~leser *m* [EDP] / lector de marcas *m*
Marktdatenbank *f* [InfSy] / banco de datos de mercado *m*
Marktorientierung *f* [OrgM] / orientación de mercado *f*
marmorieren *v* [Bind] / jaspear *v*
Marmor|papier *n* [Bind] / papel jaspeado *m* · papel marmolado *m*
~schnitt *m* [Bind] / corte moteado *m* · corte jaspeado *m*
Maroquin *n* [Bind] / marroquí *m* · tafilete *m*
Maschennetz *n* [Comm] ⟨DIN 44331V⟩ / red tramada *f*
maschinegeschriebener Text *m* [Writ] / texto mecanografiado *m*
maschinelle Indexierung *f* [Ind] ⟨DIN 31623/1⟩ / indización mecánica *f*
maschinell erstelltes Kurzreferat *n* [Ind] ⟨DIN 1426E⟩ / extracto automático *m*
maschinelles Ausleih(verbuchungs)system *n* [RS] / sistema automatizado (de registro) de préstamos *m* ‖ *s.a. automatisiertes Ausleih(verbuchungs)system*
~ Referieren *n* [Ind] / resumir automáticamente *v*
maschinelle Übersetzung *f* [Lin] / traducción asistida por ordenador *f*
~ Zeichenerkennung *f* [EDP] / reconocimiento mecánico de caracteres *m*
maschinell gespeicherte Daten *pl* [EDP] / datos almacenados mecánicamente *pl*
Maschinen|adresse *f* [EDP] ⟨DIN 44300/4E⟩ / dirección absoluta *f* · dirección de máquina *f*
~ausfall *m* [EDP] / fallo de máquina *m* · incidencia de máquina *f*
~befehl *m* [EDP] / instrucción de máquina *f* · instrucción de ordenador *f*
Maschinenbüttenpapier *n* / papel de tina hecho a máquina *m*
Maschinen|code *m* [EDP] / código de máquina *m*
~einband *m* [Bind] / encuadernación mecánica *f*
maschinen|gestrichenes Papier *n* [Pp] ⟨DIN 6730⟩ / papel estucado a máquina *m*
~glattes Papier *n* [Pp] ⟨DIN 6730⟩ / papel satinado a máquina *m* · papel mecánicamente calandrado *m*
Maschinen|heftung *f* [Bind] / cosido a máquina *m*
~lauf *m* [EDP] / ejecución en máquina *f* · pase por máquina *m* · ejecución de programa *f*
~laufrichtung *f* (des Papiers) [Pp] ⟨DIN 16500/2⟩ / dirección en la máquina *f* · dirección de grano *f*
maschinenlesbar *adj* [EDP] / legible por máquina *adj* · legible por ordenador *adj*
Maschinenlochkarte *f* [PuC] / ficha perforada a máquina *f*
maschinennahe Programmiersprache *f* [EDP] / lenguaje orientado hacia la máquina *m* *s.a. maschinenorientierte Programmiersprache*
maschinenorientierte Programmiersprache *f* [EDP] ⟨DIN 44300/4E⟩ / lenguaje orientado hacia la máquina *m* · lenguaje de máquina *m* · lenguaje de bajo nivel *m*
Maschinen|papier *n* [Pp] / papel hecho a máquina *m*
~pappe *f* [Bind] ⟨DIN 6730⟩ / cartón fuerte para encuadernar *m* ‖ *s.a. Graupappe*
~programm *n* [EDP] ⟨DIN 44300/4E⟩ / programa de máquina *m*
~protokoll *n* [EDP] / protocolo de ordenador *m* · fichero cronológico *m*
~richtung *f* (des Papiers) [Pp] / dirección en la máquina *f* (del papel) ‖ *s.a. Maschinenlaufrichtung*
~satz 1 *m* (das Setzen mit der Maschine) [Prt] / composición mecánica *f* · composición a máquina *f*
~satz 2 *m* (das mit Maschine Gesetzte) [Prt] / juego de tipos para máquina *m*
maschinenschriftlich *adj* [Off] / mecanografiado *adj*
Maschinensprache *f* [EDP] ⟨DIN 44300/4E⟩ / lenguaje de máquina *m* · lenguaje informático *m*
maschinenunterstützte Indexierung *f* [Ind; EDP] ⟨DIN 31623/1⟩ / indización asistida por ordenador *f*

~ **Übersetzung** *f* [Lin] / traducción asistida por ordenador *f* · traducción automática *f*
Maschinenwort *n* [EDP] ⟨DIN 44300/4E⟩ / palabra de ordenador *f* · palabra de máquina *f*
maskieren *v* [EDP] ⟨DIN 44300/8E⟩ / enmascarar *v* · filtrar *v*
Maskierung *f* (Wortmaskierung) [Retr] / truncamiento *m* · truncado *m* ‖ *s.a. Innenmaskierung; Linksmaskierung; Rechtsmaskierung*
Massenentsäuerung *f* [Pres] / desacidificación en masa *f*
Massen|kommunikation *f* [Comm] / comunicación de masas *f*
~**medien** *pl* [Comm] / medios de comunicación de masas *pl*
~**speicher** *m* [EDP] / memoria masiva *m* · memoria de gran capacidad *f*
~**speicherung** *f* [EDP] / almacenamiento masivo *m*
Maßnorm *f* [Gen; Bk] / norma de medidas *f*
Maßstab *m* [Cart] ⟨RAK-Karten⟩ / escala *f*
Masterfilm *m* [Repr] / película original *f* · película maestra *f*
Matchcode *m* / código de comparación selectiva *m* · código de selección *m*
Materialbenennung *f* [NBM; Cat] / denominación de material *f*
Materialien zum Selbststudium *pl* / material para autodidactas *m*
Materiallager *n* (für Büroartikel) [Off; BdEq] / almacén de material *m*
materialspezifische (oder die Art der Publikation betreffende) Zone *f* [Cat] / área específica de material *f* (o del tipo de publicación correspondiente) · área de designación específica de material *f*
Materialzahl *f* [Class/UDC] / auxiliar común de materiales *m*
Matrix|drucker *m* [EDP; Prt] / impresora de matriz de puntos *f* · impresora matricial *f* · impresora por puntos *f* ‖ *s.a. Nadeldrucker*
~**organisation** *f* [OrgM] / organización matriz *f*
Matrixspeicher *m* [EDP] / memoria de selección matricial *f*
Matrize *f* [Repr; Prt] / matriz *f* ‖ *s.a. Wachsmatrize*
Mattscheibe *f* [Repr] / cristal mate *m*
Matura *f* [Ed] *A* / prueba de madurez *f* (cualificación para acceder a la universidad)
Maus *f* [EDP/VDU] / ratón *m*
Mäusefraß *m* [Bk] / roedura de ratones *f*
MAZ *abbr* [NBM] *s. Magnetaufzeichnung*
mechanische Aufstellung *f* [Sh] / colocación mecánica *f* ‖ *s.a. Numerus-currens-Aufstellung*
mechanischer Drucker *m* [EDP] / impresora de impacto *f*
Medien|einheit *f* [Bk; NBM] / unidad de medios de información *f*
Medienkombination *f* [NBM] / paquete combinado de medios de comunicación *m* ‖ *s.a. Medienpaket*
Medien|paket *n* [NBM] ⟨DIN 31631/2+4; A 2653; RAK-AV⟩ / paquete combinado de medios de comunicación *m* · equipo de multimedios *m*
Medienpräsenz *f* [PR] / presencia en los medios de comunicación *f*
Medien|zentrum *n* [NBM] ⟨A 2653⟩ / centro de recursos didácticos *m* · centro de medios audiovisuales *m* · centro de medios de enseñanza *m* · centro de multimedios *m* ‖ *s.a. audiovisuelles Zentrum*
Mediographie *f* [Bib; NBM] ⟨DIN 31631/4⟩ / mediografía *f*
Mediothek *f* [NBM] / medioteca *f* ‖ *s.a. Medienzentrum*
Medium *n* [InfSy] / soporte *m* · medio *m* · portador de información *m* ‖ *s.a. Datenträger; Speichermedium*
medizinische Bibliothek *f* [Lib] / biblioteca médica *f*
mehrbändige Monographie *n* [Bk] / monografía en varios volúmenes *f*
mehrbändige Publikation *f* [Bk] ⟨ISBD(A)⟩ / publicación en varios volúmenes *f*
Mehr|benutzersystem *n* [EDP] / sistema de usuarios múltiples *m*
~**dateiverarbeitung** *f* [EDP] / tratamiento de ficheros múltiples *m*
~**deutigkeit** *f* [Lin] / ambigüedad *f* · polisemia *f*
~**fachabonnement** *n* [Acq] / suscripción múltiple *f*
mehrfach aufrufbare Routine *f* [EDP] / programa reutilizable *m*
Mehrfach-Auswahlfrage *f* [InfSc] / pregunta de elección múltiple *f*
~**band** *m* [Bind] / encuadernación gemela *f*
~**eintragung** *f* [Cat] / asiento múltiple *m*
Mehrfachexemplar *n* [Acq] / ejemplar múltiple *m* · ejemplar adicional *m* ‖ *s.a. Zweitexemplar*

Mehrfach|formular *n* [TS; Off] / formulario de multicopia *m* · formulario de copia múltiple *m* ‖ *s.a. Bestellzettelsatz*

-kopien *pl* [Repr] / copias múltiples *pl*

-lochung *f* [PuC] / perforación mútiple *f*

Mehrfachtreffer *m* [Retr] / acierto múltiple *m*

Mehrfach|verarbeitung *f* [EDP] / multiproceso *m*

-zugriff *m* [EDP] / acceso simultáneo *m* · acceso múltiple *m*

Mehrfarbendruck *m* [Prt] ⟨DIN 16500/2⟩ / impresión a varias tintas *f* · impresión polícroma *f*

mehrgeschossig *adj* [BdEq] / de varias plantas

Mehrjahresabonnement *n* [Acq] / suscripción de varios años *f*

mehr nicht erschienen [Bk] / todo lo publicado

Mehr|platzsystem *n* [EDP] / sistema de usuarios múltiples *m*

-programmbetrieb *m* [EDP] ⟨DIN 44300/9E⟩ / servicio de multiprogramación *m*

-prozessorbetrieb *m* [EDP] / servicio de multiprocesador *m*

-prozessorsystem *n* [EDP] ⟨DIN 44300/5E⟩ / sistema de procesador múltiple *m*

Mehrpunktkonfiguration *f* [EDP] / configuración multipunto *f*

Mehr|punktverbindung *f* [Comm] ⟨ISO 7498; DIN 44302⟩ / conexión multipunto *f*

-rechnersystem *n* [EDP] ⟨DIN 44300/5E⟩ / sistema de ordenador múltiple *m*

mehrsprachiger Thesaurus *m* [Ind] ⟨DIN 1463/2⟩ / tesauro plurilingüe *m*

– Titel *m* [Bk] / título plurilingüe *m*

mehrsprachiges Wörterbuch *n* [Bk] / diccionario políglota *m* · diccionario plurilingüe *m*

mehrsprachige Veröffentlichung *f* [Bk] / publicación en varios idiomas *f*

mehrstöckig *adj* [BdEq] / de varias plantas

mehrstufige Titelaufnahme *f* [Cat] / asiento analítico múltiple *m*

mehrteiliges (begrenztes) Werk *n* [Bk; Cat] / publicación (monográfica) en varios volúmenes *f*

mehrteiliges Werk *n* [Cat] / obra en varias partes *f*

Mehr|verfasserschaft *f* [Cat] / autoría colectiva *f* · (Verf. haben gleiche Funktionen:) autoría sin responsable principal · (Verf. haben verschiedene Funktionen:) autoría con responsable principal

mehrwertige Abhängigkeit *f* [EDP] / dependencia polivalente *f*

Mehrwert-Informationsdienst *m* [InfSy] / servicio de información polivalente *m*

Mehr|wertsteuer *f* [BgAcc] / impuesto de valor añadido *m*

-zweckgebäude *n* [BdEq] / edificio polifuncional *m*

Meinungsforschung *f* [InfSc] / estudio de opinión *m* · demoscopia *f*

Meinungsführer *m* [InfSc] / líder de opinión *m*

Memoiren *pl* [Bk] ⟨DIN 31639/2; RAK-AD⟩ / memorias *pl*

Memokarte *f* [Retr] / ficha de memoria *f*

Memorandum *n* [OrgM] / memorándum *m*

Mengenlehre *f* [Gen] / teoría de conjuntos *f* ‖ *s.a. Gesamtmenge; Schnittmenge; Teilmenge*

Mengenrabatt *m* [Acq] / descuento (escalonado) por cantidades *m*

Mensch-Maschine-Dialog *m* [EDP] / diálogo hombre-máquina *m*

Mensch-Maschine-Schnittstelle *f* [EDP] / interfaz hombre-máquina *m*

Menü *n* [EDP] / menú *m*

menü-gesteuert *pp* [EDP] / gobernado por menús *pp*

Menütechnik *f* [EDP] / lógica de menús *f*

Meridian *m* [Cart] / meridiano *m*

Merkband *n* [Bind] / señalador de lectura *m* · punto de lectura *m* ‖ *s.a. Lesezeichen*

Merkblatt *n* [NBM] / hoja de instrucciones *f* · hoja informativa *f*

Merker *m* [EDP] / señalizador *m*

Merkmal *n* (eines Begriffs) [Ind; Class; PuC] ⟨DIN 32705⟩ / característica *f*

-karte *f* [Ind; PuC] / ficha por característica *f* · ficha característica *f* · ficha descriptor *f*

-sdimension *f* [PuC] / dimensión de característica *f*

merowingische Schrift *f* [Writ] / escritura merovingia *f*

Meßbuch *n* [Bk] / libro de misa *m* · misal *m*

Messe *f* [Gen] / feria *f* ‖ *s.a. Buchmesse*

–katalog *m* [Bk] / catálogo comercial de feria *m*
Meßformat *n* (gemessenes Buchformat) [Bk] / formato a medida *m*
Meßgenauigkeit *f* (eines Forschungsinstruments) [InfSc] / fiabilidad *f*
Meßgröße *f* [InfSc] / tamaño de la medición *m*
Meßkatalog *m* [Bk] ⟨RAK-AD⟩ / catálogo de feria comercial *m* *s.a. Messekatalog*
Metall|regal(e) *n(pl)* [Sh] / estantería(s) de metal *f(pl)*
Metallschnitt *m* [Art] / corte bruñido *m* · corte metálico *m*
Metall|stempel *m* [TS] / sello de metal *m*
Metteur *m* [Prt] / compaginador *m*
Mezzanin *n* [BdEq] / entresuelo *m*
Microfiche *m* [Repr] ⟨ISBD(NBM); DIN 19040/113E; DIN 19054; DIN 31631/4; A 2654⟩ / microficha *f* ‖ *s.a. Farbmicrofiche*
–-Kamera *f* [Repr] / fotoimpresora de repetición *f*
Microfiche-Titel *m* / título de microficha *m*
Microficheträger *m* [NBM] / soporte de microficha *m*
Microfiche|verfilmung *f* [Repr] ⟨DIN 19040/113E⟩ / filmación de microfichas *f* · filmación secuencial *f*
Mietleitung *f* [Comm] / línea especializada *f* · línea alquilada *f* ‖ *s.a. Standleitung*
Mikro|befehl *m* [EDP] / microinstrucción *f*
–bild *n* [Repr] ⟨ISO 6196/1; DIN 19040/113E⟩ / microimagen *f*
–computer *m* [EDP] / microordenador *m*
–fiche *m* [Repr] / microficha *f* *s. Microfiche*
Mikrofichehalter *m* [NBM] / soporte de la microficha *m*
Mikrofiche-Kamera *f* [Repr] / cámara de microfichas *f*
Mikrofilm *m* [Repr] ⟨DIN 19040/104E; DIN 19059; ISO 6196-4⟩ / micropelícula *f* · microfilm *m*
–-Jacket *n* [Repr] ⟨DIN 31631/4⟩ / camisa de microfilm *f* *s.a. Mikrofilmtasche*
Mikrofilmjacket *n* [Repr] / jacket de microfilm *m*
Mikrofilm|kassette *f* [Repr] ⟨ISBD(NBM)⟩ / (als Endlosfilmcassette:) microcartucho *m* · (als Doppelkerncassette:) microcasete *fm*
–-Kompaktkassette / casete compacto de microfilmes *m*
–-Lesegerät *n* [Repr] ⟨DIN 19090/1⟩ / lectora de mocrofilmes *f*
Mikrofilmlochkarte *f* [PuC; Repr] ⟨DIN 19053/1; DIN 31631/4; ISO 6196-4⟩ / tarjeta de microfilm con ventana *f* · tarjeta de microfilm con abertura *f*
Mikrofilm|rolle *f* [Repr] ⟨DIN 31631/4⟩ / rollo de microfilm *m*
–sammlung *f* [NBM] / colección de microfilmes *f*
–spule *f* [Repr] ⟨ISBD(NBM)⟩ / carrete de microfilm *m*
–streifen *m* [Repr] ⟨ISBD(NBM)⟩ / tira de microfilm *f*
Mikrofilmtasche *f* [Repr] / funda de microfilm *f* · camisa de microfilm *f*
Mikroform *f* [Repr] ⟨ISO 6196/1; ISBD(NBM); DIN 19040/113E⟩ / microforma *f* · (mit Text auch:) microtexto *m*
–titel *m* [Repr] ⟨A 2654⟩ / fotograma de título *m*
Mikro|graphie *f* [Repr] ⟨ISO 6196/1; DIN 19040/101E+113⟩ / micrografía *f*
–karte *f* [Repr] ⟨ISBD(NBM); DIN 19040/113E; DIN 31631/4; A 2654⟩ / microtarjeta *f* · microficha *f* · microficha opaca *f*
–katalog *m* [Cat] / catálogo en microformas *m*
–kopie *f* [Repr] ⟨DIN 31631/4⟩ / microcopia *f* · microimagen *f* · microfotocopia *f*
–planfilm *m* [Repr] ⟨DIN 19040/113E; DIN 19054; ISO 6194-4⟩ / microforma plana *f* · microficha *f* ‖ *s.a. Microfiche*
–programm *n* [EDP] ⟨DIN 44300/4E⟩ / microprograma *m*
–projektor *m* [NBM] ⟨DIN 19090/1⟩ / microproyector *m*
Mikroprozessor *m* [EDP] / microprocesador *m*
Mikro|publikation *f* [Repr] / micropublicación *f* · microedición *f*
–rollfilm *m* [Repr] / rollo de microfilm *m*
Mikroschrittausgleich *m* [EDP] / nivelación de micropasos *f*
mikroskopisches Präparat *n* [NBM] ⟨ISBD(NBM)⟩ / diapositiva de microscopio *f*
Mikroskop-Projektor *m* [NBM] ⟨DIN 19090/1⟩ / microproyector *m*
Mikrothesaurus *m* [Ind] / microtesauro *m*
Militärbibliothek *f* [Lib] / biblioteca militar *f*
Mindestanforderungen *pl* [Adm] / requisitos mínimos *pl*

Mindestgebühr *f* [BgAcc] / tasa(s) mínima(s) *f(pl)*
Mindestrabatt *m* [Acq] / descuento mínimo *m*
Miniator *m* [Art; Bk] / pintor de códices miniados *m*
Miniatur *f* [Art; Bk] / miniatura *f*
~ausgabe *f* [Bk] / (besonders schön gestaltet auch:) edición diamante *f* · edición miniatura *f*
~buch *n* [Bk] / libro en miniatura *m* · libro microscópico *m* ‖ *s.a. Liliputbuch*
Minirechner *m* [EDP] / miniordenador *m*
Minister *m* / ministro *m*
Ministerialbibliothek *f* [Lib] / biblioteca ministerial *f*
Ministerium *n* [OrgM] / ministerio *m*
Minuskel *f* [Writ; Bk] / letra minúscula *f*
Mischbetrieb *m* [Comm] / modalidad asíncrona compensada *f*
mischen *v* [EDP] ⟨DIN 44300/8E⟩ / (Datensätze auf einem Magnetband ~:) fusionar *v*
Mischsatz *m* [Prt] / composición mixta *f* *s. gemischter Satz*
Missale *n* [Bk] ⟨DIN 31631/4; RAK-AD⟩ / misal *m* · libro de misa *m*
Miszellen *pl* [Bk] / miscelánea *f*
Miszellensammlung *f* [Bk] / colección de misceláneas *f*
Mitarbeiter 1 *m* (bei einem gemeinschaftlichen Werk von mehr als drei Verfassern) [Cat] ⟨RAK⟩ / colaborador *m*
~ 2 *m* (bei einer Zeitschrift usw., Lieferant von Beiträgen) [Bk] / colaborador *m*
~ 3 *m* (einer, mit dem man zusammenarbeitet) [Staff] / colaborador *m*
~ 4 *m* (Bediensteter einer Bibliothek usw.) [Staff] / 4 miembro de plantilla *m* · empleado *m* ‖ *s.a. Bibliotheksangestellter*
~beteiligung *f* [OrgM] / participación de los empleados *f*
~beurteilung *f* [Staff] / evaluación de personal *f* ‖ *s.a. Personalbeurteilung*
Mitarbeiterförderung *f* (durch Fortbildung) [Staff] / promoción de empleados (mediante formación profesional continuada)
mitarbeiterlorientierter Führungsstil *m* [OrgM] / gestión orientada a los empleados *f*
Mitarbeiterschulung *f* [Ed] / cursillo para empleados *m*
Mitarbeiterlzeitschrift *f* [Bk] / periódico interno para empleados *m*
~zeitung *f* [Staff] / boletín interno *m*
Mitautor *m* [Bk] / coautor *m* *s. Mitverfasser*
mitgebunden *pp* [Bind] / encuadernado con *pp*
Mitgliedsbeitrag *m* *BgAcc* / cuota de socio *f*
Mitherausgeber *m* [Bk] / coeditor *m*
mitschneiden *v* / grabar *v*
Mitschnitt *m* (einer Fernsehsendung usw.) [Comm] / grabación *f*
Mitteilungsblatt *n* [Bk] ⟨DIN 31639/2⟩ / boletín *m*
Mitteilungssatz *m* [EDP] ⟨DIN 2341/1⟩ / registro de información *m*
Mittel *pl* [BgAcc] / recursos económicos *pl* · medios económicos *pl* ‖ *s.a. Erwerbungsmittel; Haushaltsrest; Investitionsmittel; Reisemittel; Spendenmittel; Verfügungsmittel*
~aufteilung *f* [BgAcc] / distribución de recursos *f*
~bereich *m* (der dreigeteilten Bibliothek) [OrgM] / sección intermedia *f*
Mittellbeschaffung *f* [BgAcc] / consecución de medios presupuestarios *f*
Mittelgang *m* [Sh] / pasillo central *m*
Mittellkürzung *f* [BgAcc] / recorte de fondos presupuestarios *m*
Mittellinie *f* [EDP] / línea de eje *m* · línea central *f* · línea media *f*
Mittelpfosten *m* (einer Regaleinheit) [Sh] / montante central *m*
mittelständisches Unternehmen *n* [Gen] / empresa de clase media *f*
Mittelsteg *m* [Bk; Prt] / (con filete de separación:) corondel *f* · columnaria *f* · (sin filete de separación:) corondel ciego *m*
Mittelverteilung *f* [BgAcc] / distribución de medios presupuestarios *f* ‖ *s.a. Mittelaufteilung*
Mittelwert *m* / promedio *m* · valor medio *m*
Mittelzuweisung *f* [BgAcc] / asignación de medios *f* ‖ *s.a. Bewilligung*
mittlerer Dienst *m* [Staff] / (nivel medio en el escalafón del funcionariado alemán:) funcionario medio *m*
Mitverfasser *m* [Bk] / colaborador *m* · (respecto a un autor principal:) autor secundario *m* · (si no se especifica su participación correspondiente en la obra:) coautor *m*

mnemotechnische Notation *f* [Class] / notación mnemotécnica *f* ▮ *s.a. sprechende Notation*
Möbellager *n* [BdEq] / almacén de mobiliario *m*
mobile Bibliothek *f* [Lib] / biblioteca móvil *f*
Mobiliar *n* / mobiliario *m*
Möblierung *f* [BdEq] / amueblamiento *m* · mobiliario *m* ▮ *s.a. Inneneinrichtung*
Modell *n* [NBM] ⟨ISBD(NBM); DIN 31631/4⟩ / modelo *m* (Nachbildung eines realen Gegenstands) · (dreidimensionale Darstellung eines realen Geräts oder einer Anlage für Untersuchungs- oder Demonstrationszwecke:) maqueta *f*
-versuch *m* [InfSc] / proyecto piloto *m*
Modem *m/n* / módem *m* · convertidor de señal *m*
modernes Antiquariat *n* [Bk] / librería de restos de edición *f* · librería de saldos de edición *f*
Modezeitschrift *f* [Bk] / revista de modas *f*
Modifikator *m* [Ind] / modificador *m*
Modul 1 *n* [EDP] / módulo *m*
Modul 2 *n* [BdEq] / módulo *m* · unidad de construcción *f*
modulare Konstruktion *f* / construcción modular *f*
Moiréseide *f* [Bind] / seda muaré *f*
Moleskin *n* / cuero inglés *m*
Molette-Wasserzeichen *n* [Pp] / filigranas de moleta *pl*
monatlich *adj* [Gen] / mensual *adj*
Monats(zeit)schrift *f* [Bk] / revista mensual *f*
Mönchsband *m* [Bind] / encuadernación monacal *f* · encuadernación monástica *f*
Monitor *m* [EDP] ⟨DIN 44300/5E⟩ / monitor *m*
monochromer Grafikadapter *m* [EDP] / adaptador monocromo de gráficos *m*
Monogramm *n* [Gen] / monograma *m*
-stempel *m* [Bk] / sello de iniciales *m*
Monographie *f* [Bk] ⟨ISBD(A; M; S); DIN 31631/4; DIN 31639/2⟩ / monografía *f* · publicación monográfica *f*
Monohierarchie *f* [Ind; Class] ⟨DIN 32705⟩ / monojerarquía *f*
monohierarchische Klassifikation *f* [Class] / clasificación monojerárquica *f*
monophonisch *adj* [NBM] / monofónico *Adj*
Mono-(Schall-)Platte *f* [NBM] / grabación monofónica *f* · grabación monoaural *f*
Monotypie *f* [Art] ⟨ISO 5127-3⟩ / monotipia *f*
Montage *f* [Repr] / montaje *m*
Montagekarte *f* [Repr; PuC] / tarjeta de montaje *f* · tarjeta de microfilm con ventana *f* · ficha de microfilm con abertura *f*
Montagekarton *m* / cartón para montajes *m*
montieren *v* [Repr] / montar *v*
Montiergerät *n* [Repr] ⟨DIN 19040/113E⟩ / montador *m*
Morgenzeitung *f* [Bk] / diario matutino *m*
morphologische Zerlegung *f* [Ind] / factorización morfológica *f* · factorización léxica *f*
morphometrische Karte *f* [Cart] / mapa morfométrico *m*
Mosaikeinband *m* [Bind] / encuadernación de taracea *f* · encuadernación en guadamecí *f*
Motto *n* [Bk] / lema *m* · mote *m* · (ilustrado con una figura:) empresa *f*
Multiplexbetrieb *m* [EDP] ⟨DIN 44300/9E; DIN 44331V⟩ / operación multiplex *f*
-plexen *n* [EDP] / multiplexación *f*
-plexer *m* [EDP] ⟨DIN 44300/5E⟩ / multiplexor *m*
-programmbetrieb *m* [EDP] / operación de multiprogramación *f*
-prozessorbetrieb *m* [EDP] / operación de multiprocesador *f*
Multitasking *n* / sistema multitasking *m*
Münzfernsprecher *m* [Comm] / teléfono de monedas *m*
Münzkopierer *m* [BdEq] / fotocopiadora a monedas *f*
Münzkopiergerät [BdEq] / fotocopiadora a monedas *f*
Museographie [Gen] *f* / museografía *f*
Museum *n* [Art] / museo *m*
Museumskunde *f* [Gen] / museología *f*
Musikalien *pl* [Mus] ⟨DIN 31631/4⟩ / música publicada *f* · piezas de música *pl* · (gedrückte -:) música impresa *f* ▮ *s.a. Noten...*
musikalische Ausgabeform *f* (z.B. Partitur, Stimmen) [Mus] ⟨ISBD(PM)⟩ / forma de la edición musical *f* · formato musical *m*
- Notation *f* [Mus] / notación musical *f*
Musik|bibliothek *f* [Lib] / biblioteca de música *f*
-druck *m* [Mus] ⟨ISBD(PM)⟩ / publicación de música impresa *f*
-drucke *pl* [Mus] / música impresa *f* · música publicada *f*

Musselin *n* [Bind] / muselina *f*
Musterband *m* [Bk; Bind] / libro maqueta *m* · libro simulado *m* · (Musterband für die Einbandgestaltung:) dumio *m* ‖ *s.a. Blindband; Mustereinband*
-blatt *n* [Cart] ⟨ISBD(CM)⟩ / muestra cartográfica *f* *s. Kartenmuster*
-buch *n* [Bk] ⟨DIN 31631/4; RAK-AD⟩ / libro de muestras *m* · muestrario *m*
-einband *m* [Bind] / maqueta de encuadernación *f* · (Muster für die Einbanddecke:) maqueta de cubiertas *f* · maqueta de encajado *f* ‖ *s.a. Musterband*
-erkennung *f* [EDP] / reconocimiento de configuraciones *m*
-exemplar *n* [Bk] / ejemplar de muestra *m*
-pappe *f* [Bind] / cartón de muestra *m*
Musterseite *f* [Prt] / página de muestra *f*
mutmaßlicher Verfasser *m* [Cat] / autor probable *m* · autor supuesto *m* · autor atribuido *m*
Mutterplatine *f* [EDP] / placa base *f* · placa madre *f*
Mutterschaftsurlaub *m* / baja por maternidad *f*
MWSt *abbr* [BgAcc] *s. Mehrwertsteuer*

N

Nachauflage *f* [Bk] / reimpresión *f* · nueva edición inalterada *f*

Nachbardatensatzsuche / búsqueda en un registro de datos contiguo *f*

nachbestellen *v* [Acq] / pedir nuevamente *v* · hacer un pedido suplementario *v*

Nachbestellung *f* [Acq] / nuevo pedido *m* · pedido suplementario *m*

nachdatiert *pp* [Bk] / posfechado *pp*

Nachdruck *m* [Bk] / reproducción *f* · (der Nachdruckvorgang:) reimpresión *f* · (das Nachgedruckte:) reimpreso *pp*

nachdrucken *v* [Prt] / reproducir *v* · reimprimir *v*

Nachdruckrecht *n* [Bk] / derecho de reproducción *m*

nachfalzen *v* [Bind] / volver a plegar *v*

Nachfrage *f* [InfSy] / demanda *f* ‖ *s.a. Bedürfnisse*

nachgeordnete Dienststelle *f* [Adm] / departamento subordinado *m*

Nachlaß 1 *m* (Preisermäßigung) [Acq] / descuento *m* · reducción en el precio *f*

Nachlaß 2 *m* [Arch] / legado *m s. schriftlicher Nachlaß*

Nachlaß 3 *m* [BgAcc] / sucesión de bienes *f*

Nachlaßverzeichnis *n* [Acq] / registro de legado *m*

Nachlauf *m* (Filmstück am Ende einer Filmrolle) [Repr] ⟨DIN 19040/113E; ISO 6196-4⟩ / cola de película *f*

Nachleimen *n* [Pres] / reencolado *m*

Nachnahme *f* [Comm] / reembolso *m*

Nachnahmepaket *n* [Comm] / paquete contra reembolso *m*

Nachricht *f* [InfSy] ⟨DIN 44300/2E⟩ / mensaje *m* · noticia *f*

Nachrichten|kanal *m* [InfSc] ⟨DIN 44301⟩ / canal de comunicación *m*

Nachrichtenkopf *m* [Comm] / encabezamiento de mensaje *m* · cabecera de noticia *f* ‖ *s.a. Kopf 3*

Nachrichten|magazin *n* [Bk] / noticiero *m* · revista de noticias *f*

–quelle *f* [InfSc] ⟨DIN 44301⟩ / fuente de información *f*

Nachrichtensatellit *m* [InfSy] / satélite de comunicaciones *m*

Nachruf *m* (auf einen Toten) [Bk] / necrología *f* · artículo necrológico *m*

Nachrüstsatz *m* [EDP] / juego de piezas *m*

nachschlagen *v* [Retr] / consultar un libro *v*

Nachschlagewerk *n* [Bk] / obra de consulta *f* · obra de referencia *f* · (zum schnellen Nachschlagen:) obra de consulta rápida *f*

Nachsendeadresse *f* [Comm] / nueva dirección de envío *f* · nuevas señas *pl*

nachsenden *v* [Comm] / reexpedir a las nuevas señas *v*

Nachspann *f* / fotogramas de cola *pl*

Nachtrag *m* (zu einem Text) [Bk] ⟨DIN 31639/2⟩ / apéndice *m* · suplemento *m* · ad(d)enda *f*
Nachtrageverfahren *n* (in einem Kartenkatalog) [Cat] / procedimiento de intercalación *m*
Nachtragsband *m* [Bk] / suplemento *m*
Nachtragshaushalt *m* [BgAcc] / presupuesto adicional *m*
Nachttarif *m* [Comm] / tarifa nocturna *f*
Nachverfilmung *f* [Repr] ⟨DIN 19040/113E⟩ / nueva filmación *f*
nachweisen *v* / comprobar *v* · acreditar *v*
Nachweis|karte *f* [TS] / tarjeta de control *f*
-mittel *n* [TS] / registro de comprobación *m*
Nachweisquote *f* [Retr] / índice de recuperación de referencias pertinentes *m*
Nachwort *n* [Bk] / epílogo *m* · conclusión *f*
Nadel|drucker *m* [EDP; Prt] / impresora de hilos metálicos *f* · impresora matricial *f* · impresora por puntos *f* ‖ *s.a. Matrixdrucker*
-lochkarte *f* [PuC] / tarjeta perforada de selección por aguja *f*
Nadeln 1 *v* [PuC] / seleccionar tarjetas con aguja *v*
Nadeln 2 *n* [Bind] / agujas *pl*
Nahbereich *m* (der dreigeteilten Bibliothek) [OrgM] / sección inmediata *f*
Name des Herstellers *m* (als Teil der bibliographischen Beschreibung) [Cat] / nombre del fabricante *m*
Namens|ansetzung *f* [Cat] / unificación de nombres de persona *f* · determinación del nombre de persona *f*
-chlüssel *m* [Cat] / uniformación de nombres propios *f* · índice normalizado de nombres propios *m*
-datei *f* [Cat] / fichero autorizado de nombres propios *m* · fichero de autoridad *m* · fichero normalizado de nombres propios *m*
-deskriptor *m* [Ind] / identificador *m*
-eintragung *f* [Cat] / encabezamiento de autor-título *m* · entrada por nombre *f*
-register *n* [Ind] / índice de nombres propios *m*
-stempel *m* (mit dem Namen des Buchbinders) [Bind] / sello de nombre *m* ‖ *s.a. signierter Einband*
-verweisung *f* [Cat] / referencia de nombre *f*
-zug *m* (einer Bibliothek usw., als Emblem gestaltet) [PR] / logotipo *m*
Narbe *f* (der Lederoberfläche) [Bind] / flor *f* · grano *m* (de la superficie del cuero) ‖ *s.a. genarbt; geradnarbiges Leder; kreuznarbiges Leder; langnarbiges Leder*
Narbenseite *f* [Bind] / lado granulado *m* (del cuero)
Naß|kopie *f* [Repr] / copia húmeda *f*
-verarbeitung *f* [Repr] ⟨ISO 6196/3⟩ / revelado húmedo *m*
Nationalarchiv *n* [Arch] / archivo nacional *m*
National|bibliographie *f* [Bib] ⟨DIN 31639/2⟩ / bibliografía nacional *f*
-bibliothek *f* [Lib] / biblioteca nacional *f*
-schrift *f* [Writ] / escritura nacional *f*
Naturkunstdruckpapier *n* [Pp] / papel imitación estucado *m* · papel satinado sin estucar *m* · papel para fotograbado *m*
natürliche Sprache *f* [Lin] / lenguaje natural *m*
– Wortfolge *f* [Bib; Cat] / orden natural de las palabras *m*
natürlichsprachige Bezeichnung *f* [Ind] / nomenclatura en lenguaje natural *f*
natürlichsprachiges Indexierungssystem *n* [Ind] / sistema de indización en lenguaje natural *m*
Navigationskarte *f* [Cart] / carta de navegación *f*
NCR-Papier *n* [Off] / papel NCR *m* (no carbon required) · papel autocopiativo *m*
Nebenausgabe *f* (einer Zeitschrift) [Bk] / tirada extraordinaria *f*
Nebeneingang *m* (als Teil eines Registereingangs) [Bk; Bib; Ind] ⟨DIN 31630/1E⟩ / encabezamiento secundario *m* · punto de acceso secundario *m* · subencabezamiento *m*
Nebeneintragung *f* [Cat] ⟨RAK; DIN 31631/3⟩ / asiento secundario *m* · entrada adicional *f* ‖ *s.a. zweiteilige Nebeneintragung*
Nebeneintragungs|karte *f* [Cat] / ficha de asiento secundario *f*
-vermerk *m* [Cat] ⟨RAK; DIN 31631/3⟩ / mención de encabezamiento secundario *f* · signatura de fichas secundarias *f*
Neben|fach *n* [Ed] / asignatura optativa *f* · asignatura secundaria *f*
-gang *m* (im Magazin) [BdEq; Sh] / pasillo lateral *m*
nebengeordnet *pp* [Class] / secundario *adj*
Neben|karte *f* [Cart] ⟨RAK-Karten⟩ / mapa auxiliar *m* ‖ *s.a. anschließende Nebenkarte; Beikarte*

Nebenkosten *pl* / gastos adicionales *pl*
Nebenmarke *f* [Bk] / contramarca *f*
Nebennutzfläche *f* [BdEq] / superficie utilizable adicional *f*
Nebenlrechte *pl* [Bk] / derechos subsidiarios *pl*
-(sach)titel *m* [Cat] ⟨TGL 20972/04; RAK⟩ / título alternativo *m* · subtítulo *m* · título secundario *m*
Nebenlschlagwort *n* [Cat] / subencabezamiento *m* · encabezamiento secundario *m*
Nebenstelle *f* / sucursal *m*
Nebenltitel *m* [Cat] ⟨RAK⟩ / título alternativo *m* · título paralelo *m* · subtítulo *m*
Negativ *n* [Repr] ⟨A 2654⟩ / negativo *m*
-bild *n* [Repr] ⟨DIN 19040/1⟩ / imagen en aspecto negativo *f*
-datei *f* (im Rahmen eines Ausleihverbuchungssystems) [RS; EDP] / (en un sistema de registro de préstamo:) fichero negativo *m* ‖ *s.a. Positivdatei*
negativ erledigte Bestellung *f* [RS] / pedido no satisfecho *m*
Negativlfilm *m* [Repr] ⟨A 2653⟩ / película en negativo *f*
-schrift *f* [Prt] / rotulación invertida *f*
nehmender Leihverkehr *m* [RS] / prestatario de préstamo interbibliotecario *m*
Nekrolog *m* [Bk] / 1 necrología *f* · 1 oración fúnebre *f* · 2 libro de defunciones *m*
n. erm. *abbr* [Bib; Retr] *s. nicht ermittelt*
Nettoeinkommen *n* [Staff] / ingresos netos *pl s. Nettogehalt*
Nettogehalt *n* [Staff] / sueldo neto *m*
Netto-Grundfläche *f* [BdEq] ⟨DIN 277/1⟩ / superficie neta *f* · superficie efectiva *f*
Nettopreis *m* [Acq] / precio neto *m*
Netz *n* [Comm; Lib; OrgM] ⟨DIN 44302⟩ / red *f*
netzabhängige Rechenmaschine *f* [Off] / calculadora alimentada por la red *f*
Netzlbetreiber *m* [Comm] / empresa pública de telecomunicaciones *f*
Netzkennung [Comm] / identificador de red *m*
Netzlknoten *m* [EDP] / nodo de red *m*
-knotenrechner *m* [EDP] / procesador de formatos remoto *m* · estación de telegestión *f* · ordenador de comunicaciones remoto *m*
-ornamentik *f* [Bk] / ornamentación de malla *f* · arción *m*
-plantechnik *f* [OrgM] ⟨DIN 69900/1⟩ / técnica de planificación reticular *f*
Netzspannung *f* / tensión de la red *f*
Netzstromversorgung *f* [BdEq] / suministro de corriente de la red *m* ‖ *s.a. Stromversorgung*
Netzltopologie *f* [EDP] / topología de red *f*
netzunabhängige Rechenmaschine *f* [Off] / calculadora alimentada por baterías *f* · (mit Batterie- und Netzbetrieb:) calculadora de pilas y de red *f*
Netzwerklarchitektur *f* [Comm] / arquitectura de red *f*
-schicht *f* [Comm] / capa de red *f*
Netzzugang Dritter *m* [Comm] / acceso de terceros a la red *m*
Neulauflage *f* [Bk] / nueva edición *f* · reedición *f*
-ausgabe *f* [Bk] / nueva edición *f* ‖ *s.a. Neuauflage*
neu binden *v* [Bind] / reencuadernar *v* · (reponer la cubierta de un libro:) reentapar *v* · reencajar *v*
Neuldruck *m* [Bk] / nueva edición *f s. Nachdruck*
neue Ausgabe in Vorbereitung *f* [Bk] / nueva edición en preparación *f*
Neulerscheinung *f* [Bk] / nueva publicación *f* · novedad *f*
Neuerscheinungsdienst *m* [Bk] / servicio de novedades *m*
Neulerwerbung *f* [Acq] / nueva adquisición *f*
Neuerwerbungen *pl* / novedades *pl*
Neulerwerbungsauslage *f* [RS] / expositor de nuevas adquisiciones *m*
Neuerwerbungsliste *f* [Acq] / lista de adquisiciones *f*
Neulerwerbungsverzeichnis *n* [Acq] / índice de novedades *m* · lista de adquisiciones *f* · lista de nuevas adquisiciones *f*
-heitsquote *f* [Retr] / tasa de novedad *f*
-heitswert *f* (einer Information) [Retr] / valor de novedad *m*
-katalogisierung *f* [Cat] / recatalogación *f*
neuronale Netze *pl* [EDP] / redes en neurona *pl*
Neusatz *m* [Prt] / recomposición *f* · nueva composición tipográfica *f*
neuzeitliche Handschrift *f* [Writ] / manuscrito moderno *m*
Neuzugang *m* [TS] / nueva adquisición *f*
nicht am Lager *n* / agotado en almacén · agotado en existencias

nicht am Lager sein *v* / estar agotado en almacén *v* · no estar disponible en almacén
nicht am Standort [Bk] / fuera de ubicación · fuera de sitio
Nicht-Äquivalenz *f* (in einem mehrsprachigen Thesaurus) [Ind] ⟨DIN 1463/2⟩ / no equivalencia *f*
nicht|ausleihbarer Bestand *m* [Stock] / colección fuera de préstamo *f* *s. Präsenzbestand*
~autorisierte Ausgabe *f* [Bk] / edición no autorizada *f* ‖ *s.a. Raubdruck*
nichtbehebbarer Fehler *m* [Gen] / fallo irreparable *m*
nicht bei uns erschienen / no publicado aquí
Nicht-Benutzer *m* [RS] / no usuario *m*
nicht|besetzte Stelle *f* [Staff] / plaza vacante *f*
~bestelltes Exemplar *n* [Acq] / ejemplar no pedido *m*
~bibliographische Datenbank *f* [InfSy] / base de datos no bibliográficos *f* ‖ *s.a. Fakten(daten)bank*
Nicht-Buch-Materialien *pl* [NBM] / material no librario *m*
Nicht-Deskriptor *m* [Ind] ⟨DIN 1463/1E⟩ / no descriptor *m* · término no aceptado como descriptor *m*
nicht ermittelt *pp* [Bib; Retr] / no verificado *pp*
~fachliches Personal *n* [Staff] / personal no cualificado *m*
nicht farbecht / de color evanescente *adj*
nicht|flüchtiger Schreib-Lese-Speicher *m* [EDP] / memoria RAM remanente *f*
~flüchtiger Speicher *m* [EDP] / memoria no volátil *f* · memoria remanente *f*
nicht frei zugänglicher Bestand *m* / colección de acceso restringido *f*
nicht freizugängliche Regale *pl* / estanterías de acceso restringido *pl*
nicht im Handel [Bk] / fuera de venta · libro no venal *m*
~-klebend *pres p* [Bind; Off] / no adhesivo *adj*
~konventionelle Literatur *f* [Bk] / literatura no convencional *f* · literatura gris *f*
nichtlateinische Schrift *f* [Writ; Prt] / escritura no latina *f*
Nichtleser *m* [Bk] / no lector *m*
nicht lichtecht / sensible a la luz *adj*
nicht lichtechte Farbe *n* [Pres] / color no resistente a la luz *m* · color fotosensible *m*
nicht lieferbar (nicht am Lager) [Bk] / fuera de existencias
Nichtlieferung *f* [RS] / falta de entrega *f*
nicht|lineare Programmierung *f* [EDP] / programación no lineal *f*
~mechanischer Drucker *m* [EDP; Prt] / impresora sin impacto *f*
nicht mehr als Verschlußsache eingestuftes Dokument *n* / documento liberado *m* · documento desclasificado *m*
nicht mehr am Lager [Bk] / fuera de existencias *s. nicht mehr lieferbar;* ‖ *s.a. nicht vorhanden*
~ mehr lieferbar [Bk] / agotado *pp*
~numerische Datenverarbeitung *f* [EDP] / tratamiento de datos no numérico *m*
~numerisches Zeichen *n* [InfSy] / carácter no numérico *m*
Nicht-Nutzer *m* [RS] / no usuario *m*
nichtstrukturiertes Interview *n* [InfSc] / entrevista no estructurada *f*
nichttragende Außenwand *f* [BdEq] / tabique exterior *m* ‖ *s.a. tragende Wand*
NICHT-Verknüpfung *f* [Retr] / operación NO *f*
nicht verleihbar [RS] / fuera de circulación · sólo para consulta · fuera de préstamo
~verleihbare Materialien *pl* [Stock] / material sólo de consulta *m* ‖ *s.a. Präsenzbestand*
~verleihbarer Bestand *m* [RS] / colección fuera de préstamo *f* ‖ *s.a. Präsenzbestand*
nichtverleihbares Material *n* / material fuera de préstamo *m*
nicht|verstellbarer Fachboden *m* [Sh] / estantería de baldas fijas *f* ‖ *s.a. verstellbarer Fachboden*
nicht vorhanden *adj* [Stock] / no disponible *adj*
nicht vorrätig sein *v* [RS] / no estar disponible (un libro) *v* · no tener reservas *v*
nicht zugelassene Benennung *f* [Ind] / denominación no permitida *f* · término no aceptado *m*
~ zum Verkauf [Bk] / fuera de venta · no venal *adj*
nichtzutreffende Ergebnisse einer Online-Recherche *pl* / resultados sin interés de una búsqueda en línea *pl*
Niederschrift *f* [Gen] / asiento *m*
Nigerleder *n* [Bind] / marroquí *m*
NN *abbr* [Cart] *s. Normal-Null*

Nobelpreis *m* [Bk] / premio Nobel *m*
noch nicht abgesetztes Manuskript *n* / manuscrito aún fuera de composición
noch nicht erschienen *pp* [Bk] / todavía no publicado
Nomenklatur *f* [InfSc] / nomenclatura *f*
Nominalkatalog *m* [Cat] / catálogo de autores y obras anónimas *m*
Norm 1 *f* [Gen; Bk] ⟨DIN 820/3; DIN 31631/4; DIN 31639/2⟩ / norma *f*
Norm 2 *f* [Bind] / título de signatura *m*
normale Häufigkeitsverteilung *f* [InfSc] / distribución de frecuencias normal *f* ‖ *s.a. Normalverteilung*
Normal-Null *n* [Cart] / nivel del mar *m*
Normalverteilung *f* [InfSc] / distribución normal *f* · distribución de frecuencia normal *f* ‖ *s.a. Gaußverteilung*
Normdatei *f* [Cat] / fichero normalizado *m* · (~ der Verfassernamen:) fichero normalizado de nombres de autor *m* · (~ der Namen:) fichero normalizado de nombres *m* ‖ *s.a. Körperschaftsdatei; Schlagwort-Normdatei*
Normdateiansetzung *f* [Cat] / aplicación del fichero de autoridad *f*
Normdatei der Verfassernamen *f* / fichero autorizado de nombres de autor *m*
Normeinheit für den Raumbedarf für ein durchschnittliches Buch auf einem Regalfachboden / norma del espacio en estantería requerido por un libro de tamaño medio
Normenkonflikt *m* [InfSc] / conflicto entre normas *m*
Normentwurf *m* [Gen; Bk] / borrador de una norma *m*
Normung *f* [Gen] / tipificación *f* · normalización *f*
Notation 1 *f* [Class] ⟨DIN 2331; DIN 32705; DIN 32623/1⟩ / notación *f* ‖ *s.a. gemischte Notation; mnemotechnische Notation; reine Notation; sequentielle Notation; sprechbare Notation; sprechende Notation*
Notation 2 *f* [Mus] / notación musical *f*
Notation, die die Struktur eines Klassifikationssystems widerspiegelt / notación que responde a la estructura de un sistema de clasificación
Notationslänge *f* [Class] / extensión de la notación *f*
Not|ausgang *m* [BdEq] / salida de emergencia *f*
~beleuchtung *f* [BdEq] / alumbrado de emergencia *m*
Note *f* [Ed] / nota *f*
Noten *pl* (als Bezeichnung für einen Band, ein Heft usw. mit Noten) [Mus] / notas (publicadas) *pl* ‖ *s.a. Musikalien*
~... [Mus]
~blätter *pl* [Mus] / hojas de música *pl*
Notendurchschnitt *m* [Ed] / nota media *f* · nota de promedio *f*
Noten|handschrift *f* [Mus] / manuscrito de música *m*
~heft *n* [Mus] / (ein oder mehrere ~e:) cuaderno de música *m* · (mit handschriftlichen Noten:) cuaderno manuscrito de música *m*
~linie *f* [Mus] / línea del pentagrama *f* (die fünf ~n: pentagrama)
~papier *n* [Pp] / papel pautado *m* · papel de música *m*
~schrift *f* [Mus] / notación musical *f*
~stiche *pl* [Mus] / grabado de música *m*
Notiz *f* [Off] / nota *f* · apunte *m* · anotación *f* ‖ *s.a. eigenhändige Notiz*
Notizblock *m* [Gen; EDP] / bloc de notas *m*
~speicher *m* [EDP] / memoria de trabajo *f* · memoria transitoria *f*
Notrufmelder *m* [Comm] / equipo de llamada urgente *m*
Not|standsplan *m* [OrgM] / plan de emergencia *m*
~strom *m* [BdEq] / corriente eléctrica de emergencia *f*
NRZ-Schreibverfahren *n* [EDP] / grabación en no retorno a cero *f*
NRZ-Schrift *f* [EDP] / escritura en no retorno a cero *f*
Null|ausgabe *f* [Bk] / número cero *m* (de un periódico)
Nullenunterdrückung *f* (Programmieren) [EDP] / supresión de ceros *f*
Null-Hypothese *f* [InfSc] / hipótesis de nulidad *f*
~meridian *m* [Cart] / meridiano inicial *m* · meridiano cero *m*
~nummer *f* [Bk] *s. Nullausgabe*
~wachstum *n* [InfSc] / sin crecimiento · incremento cero *m*
Numerierung / numeración *f* ‖ *s.a. Zeilennumerierung*
Numerierungsapparat *m* [TS] / máquina de numerar *f*
numerisch *adj* [InfSy] ⟨DIN 44300/2E⟩ / numérico *adj*

numerische Darstellung *f* [InfSy] / representación numérica *f*
~ **Datenbank** *f* [InfSy] / base de datos numéricos *f*
numerus currens *m* [Sh] / numerus currens *m*
Numerus-currens-Aufstellung *f* [Sh] / colocación por numerus currens *f*
~**-currens-Ordnung** *f* [Sh] / ordenación por numerus currens *f* · colocación por orden de acceso *f*
Nummer *f* (einer Zeitschrift, Zeitung) [Bk] / número *m*
Nummernzeichen *pl* [Writ; Prt] ⟨DIN 66009⟩ / caracteres numéricos *pl*
nur **zur Benutzung in der Bibliothek (im Lesesaal)** / sólo para uso en la biblioteca (en la sala de lectura)
Nutzen *m* [InfSc] / beneficio *m* ‖ *s.a. Kosten-Nutzen-Analyse*
Nutzenindikator *m* [OrgM] / indicador de beneficio *m*
Nutzer *m* [RS] / usuario *m* *s. Benutzer*
~**kennung** *f* [EDP; Retr] / número del cliente *m* · identificación del usuario *f* · número del usuario *m*
Nutzfläche *f* [BdEq] ⟨DIN 277/1⟩ / superficie utilizable *f*
~**last** *f* [BdEq] / carga útil *f*
Nutzung *f* [RS] / aprovechamiento *m* ‖ *s.a. Benutzung*
Nutzungsgebühr *f* / cuota de utilización *f*
nutzungsinvariante Routine *f* [EDP] ⟨DIN 44300/1E⟩ / programa reutilizable *m*
Nutzungsrechte *pl* [Law] / derechos de explotación *pl*

O

OA *abbr* [Ind] *s. Oberbegriff*
Oasenziegenleder *n* [Bind] / cabritilla *f*
OB *abbr* [Ind] *s. übergeordneter Begriff*
Oberbegriff *m* (übergeordneter Begriff in einer Abstraktionsrelation)(OA) [Ind] ⟨DIN 1463/1E⟩ / término genérico *m* · término general *m* · término amplio *m*
oberflächengeleimtes Papier *n* [Pp] ⟨DIN 6730⟩ / papel de superficie encolada *m*
Oberlänge *f* (eines Kleinbuchstabens) [Prt] ⟨DIN 2107⟩ / asta ascendente *f* (de una letra minúscula) · palo ascendente *f* (de una letra minúscula)
~licht *n* [BdEq] / luz cenital *f*
~schnitt *m* [Bind] / corte de cabeza *m* · corte superior *m*
oberste Dienstbehörde *f* [Adm] / autoridad administrativa suprema *f*
Ober- und Unterlängen *pl* [Prt] / trazos alto y bajo *pl*
Objektiv *n* [Repr] / objetivo *m* · lente *f* **I** *s.a. Vario-Objektiv; Wechselobjektiv; Weitwinkelobjektiv*
objektorientierte Programmiersprache *f* [EDP] / lenguaje de programación directo *m*
obligatorisch *adj* [Cat] / obligatorio *adj*
obszöne Literatur *f* [Bk] / literatura obscena *f*
OCR-Schrift *f* [EDP] / escritura de reconocimiento óptico de caracteres *f* · escritura OCR *f*
ODER-Verknüpfung *f* [Retr] / unión lógica „O" *f*
Oeuvre-Katalog *m* [Art] / catálogo de la obra de un artista *m*
offene Aufnahme *f* [Cat] / asiento abierto *m* · ficha abierta *f*
– **Beobachtung** *f* [InfSc] / observación abierta *f*
– **Frage** *f* (in einem Fragebogen) [InfSc] / (en un formulario de encuesta:) pregunta abierta *f* **I** *s.a. geschlossene Frage*
offene Raumaufteilung *f* [BdEq] / distribución de espacios abierta *f*
offenes Kommunikationssystem *n* [Comm] / sistema de comunicación abierto *m* **I** *s.a. Kommunikation offener Systeme*
– **Magazin** *n* [Sh] / colección de libre acceso *f*
offene Stelle *f* [Staff] / vacante *f*
öffentliche Bibliothek *f* [Lib] / biblioteca pública *f*
öffentliche Bücherei *f* [Lib] *s. öffentliche Bibliothek*
öffentlicher Dienst *m* [OrgM] / servicio público *m* · administración civil del estado *f*
öffentliches Bibliothekswesen *n* [Lib] / biblioteconomía pública *f*
öffentliche Verkehrsmittel *pl* / transporte público *m*
Öffentlichkeitsarbeit *f* [PR] / relaciones públicas *pl*

Offline-Betrieb *m* [EDP] / operación en modalidad autónoma *f* · operación en modalidad fuera de linea *f*
~-Verarbeitung *f* [EDP] / tratamiento fuera de línea *m* · tratamiento autónomo *m*
Öffnungszeiten *pl* (einer Bibliothek) [RS] / horario de apertura *m* · horario de servicio al público *m*
Offset|druck *m* [Prt] ⟨DIN 16529⟩ / impresión offset *f*
~druckform *f* [Prt] / forma tipográfica offset *f*
~(druck)maschine *f* [Prt] / impresora offset *f* · máquina offset *f* ‖ *s.a. Bogenoffsetmaschine; Rollenoffsetmaschine*
~druckplatte *f* [Prt] / plancha offset *f*
~folie *f* [Prt] / lámina offset *f*
ohne Blattzählung / sin numeración de hojas
ohne festen Wohnsitz *m* [Gen] / sin domicilio fijo
ohne Ort und Jahr [Cat] / sin lugar, sin año
ohne Vorsatz [Bind] / sin guardas
Oktav|band *m* [Bk] / volumen en octavo *m*
~(-Format) *n(n)* [Bk] / formato en octavo *m*
Online-Abfragesystem *n* [EDP] / sistema de consulta en línea *m*
~-Anschluß *m* [EDP] / conexión en línea *f*
~-Benutzerkatalog *m* [Cat] / catálogo público de entrada en línea *m* ‖ *s.a. Online-Katalog*
~-Bestellen *n* [Acq; RS] / petición en línea *f*
~-Betrieb *m* [EDP] / operación en línea *f* · modalidad en linea *f*
~-Informationsvermittlung *f* [Retr] / servicio de referencia en línea *m s. Informationsvermittlung*
~-Katalog *m* [Cat] / catálogo en línea *m* ‖ *s.a. Online-Benutzerkatalog*
~-Literaturbestellung *f* [RS] / pedido bibliográfico en línea *f*
~-Recherchieren *n* [Retr] / búsqueda en linea *f*
~-Verarbeitung *f* [EDP] / tratamiento en línea *m* · tratamiento en directo con el ordenador *m* · proceso en línea *m*
~-Zugriff *m* [EDP] / acceso en línea *f*
OOP *abbr* [EDP] *s. objektorientierte Programmiersprache*
o.O. u. J. *abbr* [Cat] *s. ohne Ort und Jahr*
Operand *m* [EDP] / operando *m*
Operandenteil *m* [EDP] ⟨DIN 44300/4E⟩ / parte de operando *f*
Operateur *m* [Staff] / operador *m*
Operations|code *m* [EDP] ⟨DIN 44300/4E⟩ / código de operación *m*
~teil *m* [EDP] ⟨DIN 44300/4E⟩ / parte de operación *f*
Operator *m* (PRECIS) [Ind] / operador de función *m*
optimieren *pl* / optim(iz)ar *v*
optischer Abtaster *m* [EDP] / escáner *m* · explorador óptico *m*
~ Klarschriftleser *m* [EDP] / lector óptico de caracteres *m*
optisches Leitsystem *n* [BdEq] / sistema de señalización óptica *m* (para orientarse en un gran edificio)
optisches Markierungslesen *n* [EDP] / lectura óptica de marcas *f*
optische Speicherplatte *f* [NBM] / disco óptico digital *m* ‖ *s.a. löschbare optische Platte*
optische Zeichenerkennung *f* [EDP] / reconocimiento óptico de caracteres *m*
Orchestermaterial *n* [Mus] / material de orquesta *m*
Orchesterpartitur *f* [Mus] / partitura de orquesta *f*
Orchestrierung *f* [Mus] / orquestación *f*
Ordinalskala *f* [InfSc] / escala ordinal *f*
ordnen *v* (Katalogkarten usw. ~) [Gen; Cat] / intercalar *v* · organizar *v* · ordenar *v* · clasificar *v*
Ordner 1 *m* (Organisationsmittel zur Ablage von Akten usw.) [Off] / archivador *m* · clasificador *m* ‖ *s.a. Loseblatt-Ordner; Zeitschriftenordner*
Ordnung *f* / clasificación *f* · ordenación *f* · (~ nach der Größe:) colocación por tamaño *f* · (~ für das Einlegen von Titelkärtchen:) orden de archivo *m*
Ordnung Buchstabe für Buchstabe *f* [Cat] / ordenación letra por letra *f* · ordenación contínua *f*
~ nach Format / ordenación por formatos *f*
Ordnungs|block *m* [Cat] ⟨RAK; DIN 31631/3⟩ / bloque de encabezamientos *m*
~einheit *f* [Cat] / unidad de clasificación *f*
~element *n* [Cat] ⟨RAK⟩ / elemento de clasificación *m*
~gruppe *f* [Cat] ⟨RAK⟩ / grupo de clasificación *m* ‖ *s.a. weitere Ordnungsgruppe*

–**hilfe** *f* [Cat] ⟨RAK⟩ / elemento auxiliar de intercalación *m* · adición *f* (de un nombre a un encabezamiento)
–**kriterium** *n* [Cat] / criterio de clasificación *m*
–**leiste** *f* (auf dem äußeren Umschlag einer Zeitschrift) [Bk] ⟨DIN 1501; TGL 20177⟩ / tira bibliográfica *f*
–**regeln** *pl* [Cat] / reglas para clasificar *pl* · código de clasificación *m*
–**wort** *n* [Cat] ⟨RAK⟩ / encabezamiento *m* · palabra para el asiento *f* · palabra de entrada *f*
Ordnung Wort für Wort *f* [Cat] / ordenación discontínua *f* · ordenación alfabética por palabras *f*
Organ einer Gebietskörperschaft *n* [Cat] ⟨FSCH⟩ / organismo de una entidad territorial *m*
Organigramm *n* [OrgM] / organigrama *m* *s.a. Organisationsplan*
Organisationsplan *m* [OrgM] ⟨DIN 31631/4⟩ / gráfico de organización *m*
Organisationsstruktur *f* [OrgM] / estructura de la organización *f*
Orientierungsphase *f* [Ed] / fase de orientación *f*
Orientierungsstufe *f* [Ed] / nivel de orientación *m*
Orientierungsvermerk / mención de orientación del mapa *f*
Original *n* (Träger der ursprünglichen AV-Aufzeichnung bzw. Vorlage für die erste Kopie) [NBM; Repr] / original *m*
–**ausgabe** *f* [Bk] / edición original *f* · (en libros antiguos:) edición príncipe *f*
–**einband** *m* [Bind] / encuadernación original *f*
–**fassung** *f* [Bk] / versión original *f*
–**film** *m* (eine Mikroform, von der Duplikate oder Zwischenkopien gezogen werden können; Film der ersten Generation) [Repr] / película maestra *f* · película original *f*
Originalgrafik *f* [Art] *s. Künstlerdruck*
Original|kunstwerk *n* [Art] / obra de arte original *f*
–**(sach)titel** *m* [Cat] ⟨A 2653⟩ / título original *m*
–**umschlag** *m* [Bind] / cubierta original *f*
Ornamentrahmung *f* [Bk] / orla ormamental *f*
Orthobildkarte *f* [Cart] / ortofotomapa *m*
Orthographie *f* [Writ; Prt] / ortografía *f*
Ortholuftbild *n* [Cart] / ortofoto *f*
Ortho|photo *n* [Cart] ⟨ISBD(CM)⟩ / ortofoto *f*
–**photokarte** *f* [Cart] / ortofotomapa *m*
–**photoplan** *m* [Cart] *s. Luftbildplan*
Ortsadreßbuch *n* [Bk] / directorio local *m*
–**angabe** *f* (als Teil eines Veröffentlichungsvermerks) [Bk] ⟨DIN 31631/2⟩ / mención de lugar de publicación *f*
–**ausleihe** *f* [RS] / préstamo local *m* · circulación local *f* ‖ *s.a. Ortsleihe*
–**benutzer** *m* [RS] / usuario local *m*
ortsfeste Aufstellung *f* / colección local inamovible *f*
Orts|katalog *m* [Cat] / catálogo geográfico *m*
Ortskennzahl *f* / indicativo local *m*
Ortsleihe *f* [RS] / circulación local *f* · préstamo local *m* ‖ *s.a. interner Leihverkehr*
Orts|lexikon *n* [Bk] / diccionario de topónimos *m* *s. Ortsnamenverzeichnis*
–**namenverzeichnis** *n* [Bk] / índice de topónimos *m*
–**netz** *n* [Comm] ⟨DIN 44331V⟩ / red local *f* · red urbana *f*
Ortsnetzkennzahl *f* [Comm] / indicativo de red local *m*
Orts|register *n* [Bib; Ind] / índice de lugares *m* · índice topográfico *m*
–**zahl** *f* [Class/UDC] *s. allgemeine Ergänzungszahl des Ortes*
OSI-Referenzmodell *n* [Comm] / modelo de referencia OSI *m*
Overhead-Projektor *m* [NBM] ⟨DIN 19040/11; DIN 19090/1⟩ / proyector de transparencias *m* · retroproyector *m*
–**-Transparent** *n* [NBM] ⟨A 2653⟩ / transparencia *f* (para retroproyector) ‖ *s.a. Aufbautransparent; Folgetransparent; Grundtransparent*
Oxidationsbeständigkeit *f* [Pp] ⟨DIN ISO 9706⟩ / resistencia a la oxidación *f*

P

packen *v* [EDP] / condensar datos *v* · comprimir datos *v*
Pack|papier *n* [Pp] / papel de embalaje *m* · papel de envolver *m*
~raum *m* [BdEq] / cuarto de embalajes *m*
Packungsdichte *f* [EDP] / densidad de empaquetamiento *f* · densidad de registro *f*
pädagogische Hochschule *f* [Ed] / escuela superior de magisterio *f*
pädagogischer Verlag *m* [Ed; Bk] / editorial pedagógica *f* ‖ *s.a. Schulbuchverlag*
PAD-Einrichtung *f* [EDP] / instalación de ensamblaje/desensamblaje de paquetes *f*
paginieren *v* [Bk] / paginar *v*
Paginiermaschine *f* [Prt] / paginadora *f* (máquina)
Paginierung *f* [Bk] / paginación *f*
Paket|netz *n* [Comm] / red de paquetes *f*
paketvermittelndes Datennetz *n* [Comm] / red informática de conmutación de paquetes *f*
Paket|vermittlung *f* [Comm] / conmutación de paquetes *f*
Paketvermittlungsprotokoll *n* [Comm] ⟨DIN/ISO 8208⟩ / protocolo de conmutación de paquetes *m*
Paketvermittlungsschnittstelle *f* [Comm] / interfaz de conmutación de paquetes *m*
Paläograph *m* [Writ] / paleógrafo *m*
Paläographie *f* [Writ] / paleografía *f*
Palastbibliothek *f* [Lib] / biblioteca palatina *f*
Palimpsest *n* [Bk] ⟨DIN 31631/4⟩ / palimpsesto *m*
Palmblattbuch *n* [Bk] / libro de hojas de palmera *m*
Pamphlet *n* [Bk] / panfleto *m* · libelo *m* · opúsculo *m*
Pamphletist *m* [Bk] / panfletista *m*
Panel *n* [InfSc] / panel *m*
Panel(umfrage) *n(f)* [InfSc] / encuesta de panel *f*
Panizzistift *m* [Sh] / chaveta Panizzi *f* *s.a. Stellstift*
Panorama *n* [Cart] ⟨ISBD(CM); RAK-Karten⟩ / panorama *m*
Paperback *n* [Bk] / libro encuadernado en rústica *m* · publicación en pasta blanda *f*
Paperback-Ausgabe *f* [Bk] / edición en rústica *f*
Papier *n* [Pp] ⟨DIN 6730⟩ / 1 papel *m* ‖ *s.a. Flächengewicht*
~bahn *f* [Pp] / rollo contínuo de papel *m* · banda de papel *m*
~band *m* [Bind] / encuadernación todo papel *f*
~bohrer *m* [Bind] / taladradora de papel *f*
~einzug *m* (die Zufuhr des Kopierpapiers in ein Kopiergerät) [Repr] / alimentación de papel *f* ‖ *s.a. Einzelblatteinzug*
~-Endformat *n* [Pp] / formato final del papel *m* · formato normalizado del papel *m*
~format *n* [Pp] / formato del papel *m*

-gewicht *n* [Pp] / peso del papel *m*
-kopie *f* [Repr] / copia en papel *f*
-korb *m* [BdEq] / papelera *f* ‖ *s.a. Abfallbehälter*
-leimung *f* [Pp] / encolado del papel *m* *s.a. Leimung*
- mit Wasserzeichen *n* / papel con filigrana *m*
-schneidemaschine *f* (Schnellschneider) [Bind] / guillotina *f* ‖ *s.a. Pappschere*
-schneider *m* [Off] / cortaplumas *m*
-spalten *n* [Pp] / hendiduras del papel *pl*
-spaltverfahren *n* [Pres] / procedimiento de restauración de hendiduras *m*
-stau *m* (bei einem Kopiergerät) [Repr] / atasco del papel *m*
-vorschub *m* [EDP; Prt] / arrastre de papel *m* · alimentación de papel *f*
Papp|band *m* [Bind] / libro encartonado *m* · libro en cartoné *m*
-deckel *pl* [Bind] / tapas de cartón *pl*
Pappe *f* [Pp] ⟨DIN 6730⟩ / cartón *m* · cartulina *f* ‖ *s.a. Buchbinderpappe; Graupappe; Kartonagenpappe; Klebepappe; Maschinenpappe; Strohpappe*
Papp|rolle *f* [Sh] / rollo de cartón *m*
-schachtel *f* [BdEq] / caja de cartón *f*
-schere *f* [Bind] / tijeras para cartón *pl* · cizalla *f* ‖ *s.a. Kreispappschere*
-zwischenlage *f* (in einer Handdruckpresse) [Prt] / imposición de cartón *f*
Papstbibliothek *f* [Lib] / biblioteca pontificia *f*
Papyrologe *m* [Writ] / papirólogo *m*
Papyrologie *f* [Writ] / papirología *f*
Papyrus *m* [Writ] / papiro *m*
Papyruskunde *f* [Writ] / papirología *f*
Papyrus|rolle *f* [Writ] / rollo de papiro *m*
Paragraph *m* [Law] / parágrafo *m* · apartado *m*
Parallel|ausgabe *f* [EDP] / salida en paralelo *f*
-betrieb *m* [EDP] ⟨DIN 44300/9E⟩ / operación en paralelo *f* · funcionamiento en paralelo *m* ‖ *s.a. Simultanbetrieb*
-drucker *m* [EDP; Prt] ⟨DIN 9757⟩ / impresora en paralelo *f*
Paralleldruckwerk *m* [EDP; Prt] / impresora en paralelo *f*
Parallel|eingabe *f* [EDP] / entrada en paralelo *f*
parallele Schnittstelle *f* [EDP] / interfaz en paralelo *m*
Parallel(sach)titel *m* [Cat] ⟨ISBD(M; S; PM); DIN 31631/2; TGL 20972/04; RAK⟩ / título paralelo *m*
Parallelsachtitel *m* ⟨ISBD(M; A; S; CM)⟩ / título paralelo *m*
Parallel|serienumsetzer *m* [EDP] ⟨DIN 44300/5E⟩ / convertidor paralelo-serie *m*
-übergabe *f* [Comm] ⟨DIN 44302⟩ / transmisión en paralelo *f*
-unterteilung *f* [Class/UDC] / subdivisión paralela *f* · subdivisión por analogía *f*
-zugriff *m* [EDP] / acceso en paralelo *m* · acceso simultáneo *m*
Paraphrase *f* [Bk; Mus] / paráfrasis *f*
Parität *f* [EDP] / paridad *f*
Paritäts|bit *n* [Comm] ⟨DIN 44302⟩ / bit de paridad *m*
-prüfung *f* [Comm] ⟨DIN 44300/8E; DIN 44302⟩ / comprobación de paridad *f* · control de paridad *m*
Parlamentaria *pl* [Bk] / documentos parlamentarios *pl*
Parlamentsbibliothek *f* [Lib] / biblioteca parlamentaria *f*
Parlamentsschriften *pl* [Bk] / documentos parlamentarios *pl*
Particell *n* [Mus] / partitura abreviada *f*
partitive Benennung *f* [Ind] / término partitivo *m*
partitive Relation *f* [Ind; Class] / relación partitiva *f* · relación de inclusión *f* · relación todo-parte *f*
Partitur *f* [Mus] ⟨ISBD(PM)⟩ / partitura *f* ‖ *s.a. Dirigierpartitur; Gesangspartitur; Spielpartitur; Taschenpartitur*
-auszug *m* [Mus] ⟨ISBD(PM)⟩ / partitura condensada *f* · partitura reducida *f* · partitura breve *f*
Pasquill *n* [Bk] / pasquín *m*
paßfähig *adj* [EDP] *DDR* / compatible *adj*
Paßfähigkeit *f* [EDP] *DDR* / compatibilidad *f*
Passionar *n* [Bk] / pasionario *m*
passiver Leihverkehr *m* [RS] / préstamo pasivo *m*
Paßkreuz *n* [Repr] ⟨DIN 19040/113E⟩ / cruz de señal *f* · cruz de registro *f* · marca de registro *f*
Paßlöcher *pl* [Repr] / perforación de ajuste *m*
Paß|lochung *f* (bei einem Mikrofilm-Jacket) [Repr] ⟨DIN 19040/113E; ISO 6196-4⟩ / perforación de ajuste *f*
-stift *m* [Repr] ⟨DIN 19040/113E⟩ / punzón de registro *m*

-**wort** *n* [Retr] / contraseña *f*
Paßwortprüfung *f* [EDP] / comprobación de contraseña *f*
Pastellzeichnung *f* [Art] / dibujo al pastel *m*
Pastorale *n Bk* / pastoral *f*
Patent *n* [Law] / patente (de invención) *f*
-**amtsbibliothek** *f* [Lib] / biblioteca de la oficina de patentes *f* · biblioteca del Registro de la Propiedad Industrial *f*
Patentanmelder *m* [Law] / solicitante de patente *m*
Patent|anmeldung *f* [Law] / solicitud de patente *f*
-**anspruch** *m* [Law] / reivindicación de patente *f*
-**blatt** *n* [Law; Bk] / boletín de patente *m*
-**dokument** *n* [Bk] / documento de patente *m*
Patentfähigkeit *f* / patentabilidad *f*
Patent|recherche *f* [Retr] / búsqueda de patente *f*
-**schrift** *f* [Bk] ⟨DIN 31631/4⟩ / memoria de patente *f* · fascículo de patente *m*
-**schriftenauslegestelle** *f* [Lib] / depósito de registro de la propiedad industrial *m* · depósito de memorias de patentes *m*
Patentschriftensammlung *f* [Stock] / colección de memorias de patentes *f*
Patentverletzung *f* [Law] / violación de una patente *f*
Paternoster *m* [BdEq] / ascensor de paternoster *m* · ascensor de rosario *m*
Patientenbibliothek *f* [Lib] / biblioteca para pacientes *f* (de un hospital)
Patrize *f* [Prt] / punzón *m*
Patronymikon *n* [Gen; Cat] / patronímico *m*
Pauschalbestellung *f* [Acq] / pedido de cantidad fija *m* · pedido permanente *m*
Pauschal|gebühr *f* [BgAcc] / tarifa global *f*
-**preis** *m* [BgAcc] / precio global *m*
-**satz** *m* [BgAcc] / suma convenida *f*
-**summe** *f* [BgAcc] / importe global *m* · suma global *f*
-**verweisung** *f* [Cat] / referencia global *f*
Pause 1 *f* [Gen] / pausa *f* (descanso corto)
Pause 2 *f* [NBM] / silencio *m* · intervalo *m* · pausa *f*
Pauspapier *n* ⟨DIN 6730⟩ / papel de calcar *m*
Pavilon *m* [BdEq] / pabellón *m*
PC *abbr* [EDP] *s. Personalcomputer*
Pension *f* [Staff] / pensión *f*
pensionieren *v* / jubilar *v*
Pensionierung *f* [Staff] / jubilación *f*
Pergament *n* [Writ; Bind] / pergamino *m* · (besonders feines ~:) vitela *f* ‖ *s.a. Jungfernpergament*
-**blatt** *n* [Bk] / hoja de pergamino *f*
Pergament(ein)band *m* [Bind] / encuadernación de pergamino *f*
Pergamentleim *m* [Pres] / cola para pergamino *f*
Pergament|papier *n* [Bk] / papel pergamino *m*
-**rolle** *f* [Writ] / rollo de pergamino *m*
Pergamin *n* [Pp] / pergamino *m*
Pergaminpapier *n* / papel pergamino *m*
Perikopenbuch *n* [Bk] / leccionario *m*
Periodikum *n* (pl: Periodika) [Bk] / publicación periódica *f*
periodische Bibliographie *f* [Bib] / bibliografía periódica *f*
periphere Einheit *f* [EDP] ⟨DIN 44300/5E⟩ / unidad periférica *f* · periférico *m*
peripherer Speicher *m* [EDP] ⟨DIN 44300/5E⟩ / memoria externa *f* · memoria periférica *f* · memoria auxiliar *f*
Peripherie|gerät *n* [EDP] / dispositivo periférico *m*
-**geräte** *pl* [EDP] / equipo periférico *m* · equipo auxiliar *m*
Permanentspeicher *m* [EDP] / memoria permanente *f*
Permutation *f* [Ind] / permutación *f*
Permutationsindex *n* [Ind] / índice de permutación *m*
Permutationsregister *n* [Ind] / índice permutado *m* · índice con permutación de términos seleccionados *m*
Personal *n* [Staff] / personal *m* · plantilla (de personal) *f*
-**akte** *f* [Staff] / expediente personal *m* · hoja de servicios *f*
-**akten** *pl* [Staff] / documentos de personal *pl*
-**ausstattung** *f* [Staff] / dotación de personal *f*
-**auswahl** *f* [Staff] / selección de personal *f*
-**ausweis** *m* [RS] / tarjeta de identidad *f* · carné(t) de identidad *m*
-**bedarf** *m* [Staff] / necesidad de personal *f*
-**beschaffung** *f* [Staff] / contratación de personal *f*
-**beurteilung** *f* [Staff] / evaluación de personal *f* ‖ *s.a. Leistungsbewertung*
-**beurteilungsbogen** *m* [Staff] / formulario de evaluación del personal *m*
-**bibliographie** *f* [Bib] / bibliografía de autor *f*

-büro *n* [OrgM] / oficina de personal *f*
-chef *m* [Staff] / jefe de personal *m*
-computer *m* [EDP] / ordenador personal *m*
Personaleinsatzplanung *f* [OrgM] / planificación de empleo de personal *f*
Personalentwicklung *f* [Staff] / desarrollo de plantilla *m*
Personaletat *m* / presupuesto de personal *m*
Personalfluktuation *f* [Staff] / fluctuación de personal *f*
Personalführung *f* [Staff] / dirección de personal *f*
personalintensiv *adj* / de alta inversión de personal *adj*
Personalkosten *pl* [BgAcc] / gastos salariales *pl* · gastos de personal *pl*
-mangel *m* [Staff] / escasez de personal *f* ‖ *s.a. Arbeitskräftebedarf; unterbesetzt*
- mit Zeitverträgen *n* [Staff] / personal con contrato temporal *m*
-planung *f* [Staff] / organización de personal *f*
Personalpolitik *f* [Staff] / política de personal *f*
Personalraum *m* [BdEq] / sala de personal *f*
-schrift *f* [Bk] / escrito personal *m*
-stelle *f* [OrgM] / oficina de personal *f*
-struktur *f* [Staff] / estructura de plantilla *f*
-verband *m* [OrgM] / asociación de personal *f* ‖ *s.a. Berufsverband*
-versammlung *f* [Staff] / asamblea de personal *f*
-verwaltung *f* [Staff] / administración de personal *f* · gestión de personal *f* · gestión de plantilla *f*
-verzeichnis *n* [Staff] / lista de personal *f*
personenbezogene Daten *pl* [Staff; RS] / datos personales *pl* · información sobre las personas *f*
Personendaten *pl* / datos personales *pl*
Personenkatalog *m* [Cat] / catálogo de nombres para personas *m*
-kennzeichen *n* [EDP; RS] / identificador personal *m*
-name *m* [Gen; Cat] ⟨DIN 31631/2⟩ / nombre de persona *m*
Personennamendatei *f* [Cat] / fichero de nombres de personas *m*
Personenregister *n* [Ind] / índice de nombres propios *m*
-rufanlage *f* [Comm] / instalación de llamada *f*
-schlagwort *n* [Cat] ⟨DIN 31631/2⟩ / encabezamiento por nombre de persona *m*
-schlüssel *m* [Class] / subencabezamientos para nombres de persona *f* · tabla de subagrupación de entradas por nombre de persona *f*
-zahl *f* [Class/UDC] / auxiliar común de personas y características personales *m* *s. allgemeine Ergänzungszahl der Personen und persönlichen Merkmale*
persönliche Identifizierungsnummer *f* [EDP] / número de identificación personal *m*
persönliche Verfasserschaft *f* [Bk] / autoría personal *f*
Pertinenz *f* [Ind] / pertinencia *f*
Pfand *m* [RS] / prenda *f* · garantía *f*
Pfarrbücherei *f* [Lib] / biblioteca parroquial *f*
Pfeildiagramm *n* [Ind] / gráfico de flechas *m* · diagrama asociativo *m* · esquema funcional *m* · gráfica por sector *f* · esquema flechado *m*
Pfeiltaste *f* [EDP] / tecla de gobierno del cursor *f* · tecla de flecha *f*
Pflanzenbuch *n* [Bk] ⟨RAK-AD⟩ / herbario *m*
Pflege *f* (von Büchern usw.) [Pres] / conservación *f* · cuidado *m*
Pflichtabgabe *f* [Acq] / depósito legal *m*
Pflicht- bzw. Wahlpflichtstunde *f* [Ed] / hora obligatoria optativa *f*
Pflichtenheft *n* [EDP] / especificación de requisitos *f*
Pflichtexemplar *n* [Acq] / ejemplar de depósito legal *m*
-bestimmungen *pl* [Law] / regulaciones de depósito legal *pl*
-bibliothek *f* [Lib] / biblioteca del depósito legal *f*
-recht *n* [Law; Acq] derecho a ejemplares de depósito legal *m*
Pflichtexemplarrecht 2 *n* (Recht auf den Erhalt von Pflichtexemplaren) [Acq] / derecho a ejemplares de depósito legal *m*
Pflichtexemplarstelle *f* [OrgM] / oficina de depósito legal *f* ‖ *s.a. Pflichtstelle*
Pflichtfach *n* [Ed] / asignatura obligatoria *f*
Pflichtlektüre *f* [Ed] / lectura obligatoria *f*
Pflichtstelle *f* [OrgM] / departamento de preparación de obras depositadas *m* ‖ *s.a. Pflichtexemplarstelle*
Pflichtstück *n* [Acq] / ejemplar de depósito legal *m*

Pflichtveranstaltung *f* [Ed] / acto obligatorio *m*
Pförtner *m* [Staff] / portero *m* · conserje *m*
Pfosten *m* (einer Regaleinheit) [Sh] / montante(s) *m(pl)* ‖ *s.a. Mittelpfosten*
Pharmakopöe *f* [Bk] / farmacopea *f*
Phasenbeziehung *f* [Class] / relación de fases *f*
phonetische Schrift *f* [Writ] / escritura fonética *f* *s. Lautschrift*
Photo... [Repr] ‖ *s.a. Foto...*
Photo|gravüre *f* [Prt] / fotograbado *m* · heliograbado *m* · huecograbado *m*
~lithographie *f* [Prt] / fotolitografía *f*
Phrase *f* [Lin] / frase *f*
Phraseonym *n* [Bk] / fraseónimo *m*
pH-Wert *m* [Pres] / valor pH *m*
physikalische Adresse *f* [EDP] / dirección física *f* ‖ *s.a. Maschinenadresse*
physische Einheit *f* [Stock] / unidad física *f*
physischer Datenträger *m* [EDP] / soporte físico de información *m*
physischer Satz *m* [EDP] / registro físico *m*
pigmentiert *pp* / pigmentado *pp*
Pikto|gramm *n* [InfSy; Writ] / pictograma *m*
~graphie *f* [Writ] / pictografía *f*
Pilot|projekt *n* [InfSc] / proyecto piloto *m*
~studie *f* [InfSc] / estudio piloto *m*
Plagiat *n* [Bk] / plagio *m* · (ein ~ begehen:) plagiar *v*
Plagiator *m* [Bk] / plagiario *m*
Plakat *n* [NBM] ⟨ISBD(NBM); DIN 31631/2+4⟩ / cartel *m* · póster *m* · placarte *m*
~tafel *f* [BdEq] / tablón de anuncios *m* · panel publicitario *m*
~wand *f* [BdEq] / pared para carteles *f*
Plakettenelnband *m* [Bind] / encuadernación en camafeo *f*
Plan *m* [Cart] ⟨ISBD(CM); RAK-Karten; DIN 31639/2; RAK-AD⟩ / plano *m*
Planetarium *n* [NBM] ⟨ISBD(CM; NBM)⟩ / planetario *m*
Planfilm *m* [Repr] ⟨DIN 31631/4; A 2654⟩ / microforma plana *f* · film plano *m* ‖ *s.a. Microfiche*
Planoformat *n* [Bk] / formato in-plano *m* · formato en plano *m*
Planung *f* [OrgM] / planificación *f*
Planzeiger *m* [Cart] ⟨RAK-Karten⟩ / escala para lectura del mapa *f* · indicador del plano *m* · escuadra de coordenadas *f*
Plasteinband *m* [Bind] *DDR* / cubiertas plastificadas *pl*
Plastic-Bindung *f* [Bind] / encuadernación con peine de plástico *f* · encuadernación con canutillo *f*
Plastik *f* (Bildwerk) [Art] ⟨DIN 31631/4⟩ / escultura *f*
Plastik(ein)band *m* [Bind] / encuadernación en plástico *f* *s. Kunststoff(ein)band*
Platine *f* [EDP] / placa (de circuito impreso) *f*
Platte *f* (Schallplatte) [NBM] / disco *m*
Platte 1 *f* [NBM] / disco *m*
Platte 2 *f* [Prt] / plancha *f* ‖ *s.a. Klischee*
Platte 3 *f* [Bind] / plancha *f* *s.a. Plattenstempel; Preßplatte*
Platte 4 *f* [EDP] / disco *m* ‖ *s.a. Magnetplatte*
Platte-Betriebssystem / sistema operativo en disco *m*
Platten|golddruck *m* [Bind] / impresión estereotípica en oro *f* · estampación dorada a plancha *f*
~hülle *f* [NBM] / funda de disco *f*
~kassette *f* [EDP] / cartucho de disco *m*
~laufwerk *n* [EDP] / unidad de discos *f*
~nummer *f* [Mus] / número de placa *m*
~pressung *f* [Bind] / estampación *f*
~speicher *m* [EDP] ⟨DIN 6600⟩ / memoria de disco *f*
~speichersteuerung *f* (als Schnittstelle) [EDP] / controlador de discos *m*
~spieler *m* [NBM] / tocadiscos *m*
~stapel *m* [EDP] ⟨DIN ISO 5653⟩ / lote de discos *m* · pila de discos *f* ‖ *s.a. Elfplattenstapel; Sechsplattenstapel*
~stempel *m* [Bind] / plancha para dorar *f*
~teller *m* [NBM] / plato *m* (giradiscos)
~wechsler *m* [NBM] / cambiador de discos *m*
Platzbedarf *m* [BdEq] / necesidad de espacio *f*
platzsparend *pp* [Sh] / que ahorra espacio
Plausibilitätskontrolle *f* / control de verosimilitud *m*
Plausibilitätsprüfung *f* [EDP] / control de verosimilitud *m* ‖ *s.a. Gültigkeitsprüfung*
Pleonasmus *m* [Lin] / pleonasmo *m*
Plotter *m* [EDP] ⟨DIN 44300/5E⟩ / trazador *m* (de gráficos)
Pluszeichen *n* [Writ; Prt] / signo más *m*
Pointillé-Stil *m* [Bind] / estilo puntillado *m*
polieren *v* [Bind] / bruñir *v* · pulir *v*
Polierstein *m* [Bind] / bruñidor *f*
polydimensionale Klassifikation *f* [Class] / clasificación multidimensional *f*
Polyglotte *f* [Bk] / políglota *f*

polyglottes Wörterbuch *n* [Bk; Lin] / diccionario políglota *m*
Polyhierarchie *f* [Ind; Class] ⟨DIN 32705⟩ / multijerarquía *f*
polyhierarchische Klassifikation *f* [Class] / clasificación multijerárquica *f*
Polyptichon *n* [Bk] / políptico *m*
Polysem *n* [Lin] / polisema *m*
Polysemie *f* [Lin] / polisemia *f*
Pontificale *n* [Bk] / pontifical *m*
populärwissenschaftliches Buch *n* [Bk] / libro de divulgación científica *m* ‖ *s.a. Sachbuch*
Population *f* (Grundgesamtheit) [InfSc] / población *f*
Pornographie *f* [Bk] / pornografía *f*
Port *m* [EDP] / puerta *f* · vía de acceso *f*
Portabilität *f* (eines Programms) [EDP] / transferibilidad *f* · transportabilidad *f*
Porto *n* [Comm] / franqueo *m* ‖ *s.a. Postgebühr(en)*
-kosten *pl* [Comm] / gastos de franqueo *pl*
-lankarte *f* [Cart] / mapa portulano *m*
Porträt *n* [Art] ⟨DIN 31631/4⟩ / retrato *m*
Portulankarte *f* [Cart] / mapa portulano *m*
positionieren *v* [EDP] / posicionar *v*
Positions|marke *f* [EDP/VDU] ⟨DIN 66233/1⟩ / cursor *m*
-operator *m* [Retr] / operador posicional *m*
Positionsreferat *n* [Ind] ⟨DIN 1426E⟩ / resumen estructurado *m* · análisis estructurado *m*
Positiv *n* [Repr] ⟨A 2654⟩ / positivo *m*
-bild *n* [Repr] ⟨DIN 19040/1⟩ / imagen positiva *f*
-datei *f* (in einem Ausleihverbuchungssystem) [RS; EDP] / fichero positivo *m* ‖ *s.a. Negativdatei*
positiv erledigte Bestellung *f* [RS] / pedido satisfecho *m* ‖ *s.a. Prozentsatz der positiv erledigten Bestellungen*
Positiv|kopie *f* [Repr] / copia positivada *f*
Postbearbeitungsmaschine *f* [Off] ⟨DIN 2143⟩ / máquina de preparar el correo *f*
Postbeutel *m* [BdEq] / valija *f*
Postfach *n* [Comm] / apartado de correos *m* · casilla postal *f HA*
Postgebühr(en) *f(pl)* [Comm] / tarifa(s) postal(es) *f(pl)*
posthumes Werk *n* [Bk] / obra póstuma *f*
Postille *f* [Bk] / devocionario *m*
Postkarte *f* [Comm] / tarjeta postal *f*
Postkoordination *f* [Ind] / postcoordinación *f*
postkoordiniertes Indexieren *n* [Ind] / indización postcoordinada *f*
Post|leitzahl *f* [Comm] / código postal *m*
Postschließfach *n* [Comm] / casilla de correos *f Am* · apartado postal *m* · apartado de correos *m*
Post|stelle *f* [OrgM] / cuarto del correo *m* · dependencia postal *f* ‖ *s.a. Versandstelle*
-stempel *m* [Comm] / matasellos *m* · timbre postal *m HA*
postumes Werk *n* [Bk] / obra póstuma *f*
potentieller Benutzer *m* [RS] / usuario potencial *m*
Pracht|ausgabe *f* [Bk] / edición de lujo *f*
-einband *m* [Bind] / encuadernación de lujo *f*
Prädikatenlogik *f* [InfSc] / lógica de predicados *f*
Präfix *n* [EDP] / prefijo *m*
Präge|apparat *m* [Off] / aparato de gofrar *m*
-folie *f* [Bind] / lámina para estampar *f* · lámina para gofrar *f*
-material *n* [Bind] / material para gofrar *f*
Prägen *n* (mit der Presse) [Bind] / estampar en relieve *v* · gofrar *v*
Präge|presse *f* [Bind] / prensa troqueladora *f* · prensa de volante *f* · prensa de estampar *f* ‖ *s.a. Titelprägepresse; Vergoldepresse*
-stempel *m* [Bind; Off] / punzón *m* · troquel *m*
präkombinierte Klassifikation *f* [Class] / clasificación precombinada *f*
Präkoordination *f* [Ind] / precoordinación *f*
präkoordiniertes Indexieren *n* [Ind] / indización precoordinada *f*
Praktikant *m* [Ed] / estudiante en prácticas *m*
Praktiker *m* [Staff] / supervisor de prácticas *m*
Praktikum *n* [Ed] / periodo de prácticas *m* ‖ *s.a. Betriebspraktikum*
Präsentationsständer *m* [BdEq] / expositor *m* · bastidor de exposición *m*
Präsentationstitel *m* [Cat] ⟨PI⟩ / título de presentación *m*
Präsenz|benutzung *f* [RS] / (nur zur ~:) sólo para consulta · uso de consulta *m* · uso de referencia *m* (sólo en la sala)

–bestand *m* [Stock] / colección de consulta *f* · colección fuera de préstamo *f* · colección fuera de circulación *f* · (mit Nachschlagewerken usw.:) colección de referencia *f* · fondo bibliográfico de refencia *m* ‖ *s.a. nichtverleihbare Materialien*
–bibliothek *f* [Lib] / biblioteca de referencia *f* · biblioteca de consulta *f*
Präsenzexemplar *n* [Bk] / ejemplar de referencia *m* · ejemplar fuera de préstamo *m* · ejemplar fuera de circulación *m*
Praxissemester *n* [Ed] / semestre de prácticas *m*
Preis|angebot *n* [Acq; BdEq] / oferta de precio *f* ‖ *s.a. Kostenvoranschlag*
Preisangebot 1 *n* [Acq; BdEq] / oferta *f*
Preis|aufschlag *m* [Acq] / (zusätzliches Entgelt:) recargo *m* · aumento de precio *m*
Preisbildung *f* [BgAcc] / formación del precio *f*
Preis|bindung *f* [Bk] / precio limitado *m* · acuerdo sobre el precio *m* · (~ der zweite Hand:) acuerdo sobre precio de reventa *m* ‖ *s.a. fester Ladenpreis*
–erhöhung *f* [Bk] / aumento de precio *m* · subida de precio *f*
–ermäßigung *f* [Bk] / rebaja de precio *f* ‖ *s.a. Preisnachlaß*
–herabsetzung *f* [Bk] / reducción de precio *f*
–index *m* [Bk] / índice de precios *m*
Preisnachlaß *m* [Acq] / descuento en el precio *m* · rebaja de precio *f* · reducción de precio *f*
Preisschrift *f* [Bk] ⟨RAK-AD⟩ / obra premiada *f*
Preßbrett *n* [Bind] / travesaño de presión *m* · tablón de prensado *m*
Presse 1 *f* [Bind] / prensa *f* (de encuadernación) ‖ *s.a. Prägepresse; Schlagpresse; Vergoldepresse*
Presse 2 *f* [Prt] / prensa tipográfica *f*
Pressedatenbank *f* [InfSy] / base de datos de prensa *f*
Pressedruck *m* [Bind] / estampación *f*
Presseinformation *f* [PR] / información para la prensa *f*
Pressendruck *m* [Bk] / ejemplar para recensión *m*
Pressennummer *f* [Prt] / número de la prensa *m*
Pressestelle *f* [PR] / oficina de prensa *f* · oficina de información *f*
Preßplatte *f* (einer Prägepresse) [Bind] / plancha de estampación *f*
Preßvergoldung *f* [Bind] / estampación dorada a prensa *f* · dorado a prensa *m* · dorado a volante *m*
Pretest *m* / pretest *m*
Primär|bibliographie *f* [Bib] / bibliografía primaria *f* · bibliografía de primera mano *f*
–dokument *n* [InfSc] ⟨DIN 31639/2⟩ / documento primario *m* · documento de primera mano *m*
primäre Informationsquelle *f* [Cat] ⟨ISBD(M; PM)⟩ / fuente principal de información *f* · fuente de información de primera mano *f*
Primär|programm *n* [EDP] / programa fuente *m*
Primärpublikation *f* [Bk] / publicación original *f*
Primärspeicher *m* [EDP] / memoria primaria *f*
Primär|sprache *f* [EDP] / lenguaje fuente *m*
Prioritätenfolge *f* [Cat] / orden de prioridades *m*
Privat|archiv [Arch] / archivo privado *f*
–bibliothek *f* [Lib] / biblioteca privada *f*
–druck *m* [Bk] / edición privada *f*
–presse *f* [Bk] / prensa privada *f*
–sphäre *f* [Law] / esfera privada *f*
Privileg *n* (als Schutz gegen Nachdruck) [Bk] / privilegio *m*
Probe|abonnement *n* [Acq] / suscripción de prueba *f*
–abzug *m* [Prt] / galerada(s) *f(pl)* · prueba *f*
Probeband *n* [Bk] / volumen de prueba *m*
Probe|befragung *f* [InfSc] / consulta de prueba *f*
–exemplar *n* [Bk] / ejemplar de muestra *m* · ejemplar de prueba *m*
–heft *n* [Acq] / número de prueba *m*
–lauf *m* [OrgM] / ensayo piloto *m*
Probenummer *f* [Bk] / número de prueba *m* *s. Probeheft*
Probe|zeit *f* [Staff] / periodo de prueba *m*
Problemlösungsfähigkeit *f* [Staff] / facilidad para solucionar de problemas *f*
problemorientierte Programmiersprache *f* [EDP] / lenguaje orientado hacia los problemas *m*
Produktionsfaktor *m* [OrgM] / factor de producción *m*
Produktivität *f* [OrgM] / productividad *f* ‖ *s.a. Arbeitsproduktivität*

Produktkatalog *m* [Bk] / catálogo de venta *m* · catálogo de productos *m* · catálogo comercial *m* ‖ *s.a. Verkaufskatalog*

Produzent *m* (eines Films) [NBM] / productor *m*

Professorenbibliothekar *m* [Staff] / bibliotecario del profesorado *m*

Profil *n* [Cart] ⟨ISBD(CM); RAK-Karten⟩ / perfil *m*

-dienst *m* [InfSy] / servicio de difusión selectiva de información *m*

-übertragung *f* [Retr] / transferencia de perfil documental *f*

Pro-Forma-Rechnung *f* [Acq] / factura pro forma *f*

Programm *n* [EDP] ⟨DIN 44300/4E⟩ / programa *m* ‖ *s.a. ablaufinvariantes Programm; Anwenderprogramm; eintrittsinvariantes Programm; Maschinenprogramm; Mikroprogramm; Sortierprogramm*

-ablauf *m* [EDP] ⟨DIN 44300/4E⟩ / flujo del programa *m*

-ablaufplan *m* [EDP] ⟨DIN 44300/4E⟩ / organigrama de programación *m* · diagrama de operaciones *m*

-anfangsadresse *f* [EDP] / dirección de comienzo de programa *f*

-arbeit *f* [RS] / servicio de extensión bibliotecaria *m* · programa de extensión cultural *m*

-baustein *m* [EDP] ⟨DIN 44300/1E⟩ / módulo de programación *m* · módulo de programa *m*

-bibliothek *f* [EDP] / biblioteca de programas *f* · programoteca *f*

-dokumentation *f* [EDP] ⟨DIN 66230⟩ / documentación de programas *f*

-fehler *m* [EDP] / error de programa *m* · fallo de programa *m* · defecto de programa *m*

programmgesteuert *pp* [EDP] / controlado por programa *pp*

Programmieraufwand *m* [EDP] / esfuerzo de programación *m*

programmierbar *adj* [EDP] / programable *adj*

Programmieren *n* [EDP] / programación *f*

programmieren *v* [EDP] / programar *v*

Programmierer *m* [Staff] / programador *m*

Programmier|sprache *f* [EDP] / lenguaje de programación *m* ‖ *s.a. höhere Programmiersprache; maschinenorientierte Programmiersprache; Maschinensprache; problemorientierte Programmiersprache; verfahrensorientierte Programmiersprache*

-system *n* [EDP] ⟨DIN 44300/4E⟩ / sistema de programación *m*

programmierte Unterweisung *f* [Ed] / enseñanza programada por ordenador *f* · aprendizaje programado *m*

Programmierung *f* [EDP] / programación *f*

Programm|paket *n* [EDP] / paquete de programas *m*

-pflege *f* [EDP] / mantenimiento del programa *m*

-schalter *m* / conmutador de programa *m* · punto de desvío *m*

-schleife *f* [EDP] / bucle de programa *m*

-verzweigung *f* [EDP] / reenvío a otra secuencia de programa *m* · bifurcación de programa *f* · salto *m*

programm|wartung *f* [EDP] / mantenimiento del programa *f*

Programm|zeitschrift *f* (Rundfunkprogramme enthaltend) [Bk] / revista de radio y televisión *f*

-zettel *m* [Mus] / hoja de programa *f*

Projekt *n* [OrgM] ⟨DIN 31631/7⟩ / proyecto *m*

-antrag *m* [InfSc] / oferta de proyecto *f*

-beratung *f* [OrgM] / asesoría de proyecto *f*

-gruppe *f* [OrgM] / grupo de trabajo *m*

Projektion 1 *f* [NBM] / proyección *f* ‖ *s.a. Stehbildprojektion*

Projektlion 2 *f* [Cart] ⟨ISBD(CM); RAK-Karten⟩ / proyección cartográfica *f*

Projektions|bild *n* [NBM] ⟨ISBD(NBM)⟩ / imagen proyectada *f*

-wand *f* [NBM] / pantalla de proyección *f*

Projektleiter *m* [OrgM] / jefe de proyecto *m*

Projektor *m* [NBM] ⟨DIN 19090/1⟩ / proyector *m* ‖ *s.a. Filmprojektor; Tageslichtprojektor*

Pro-Kopf-Ausleihe *f* [RS] / préstamos per cápita *m*

Promotionsordnung *f* [Ed] / regulación universitaria del doctorado *f*

Proportionalskala *f* [InfSc] / escala proporcional *f* · escala de relaciones *f*

Prosaliteratur *f* [Bk] / literatura en prosa *f* · prosa literaria *f*

Proseminar *n* [Ed] / seminario introductorio *m*
Prospekt *m* [NBM] ⟨DIN 31631/4⟩ / prospecto *m* · folleto *m* ‖ *s.a. Werbezettel*
Protokoll 1 *n* (Sitzungsprotokoll) [OrgM] / acta(s) de sesión *f(pl)* ‖ *s.a. Wortprotokoll*
– 2 *n* (Aufzeichnung von Abläufen) [EDP] / diario de operaciones *m*
– 3 *n* (Konventionen zur Regelung des Informationsaustauschs zwischen Rechenanlagen) [Comm] / protocolo de transmisión *m*
–datei *f* [EDP] / fichero de anotaciones de trabajo *m*
protokollieren *v* [EDP] / registrar operaciones *v* · anotar operaciones *v*
Protokollnachricht *f* / nota de protocolo *f*
Provenienz *f* [Acq; Arch] / procedencia *f*
provisorische Katalogisierung *f* [Cat] / catalogación provisional *f s.a. Interimskatalogisierung*
Prozedur *f* [EDP] ⟨DIN 44300/4E⟩ / procedimiento *m* ‖ *s.a. rekursive Prozedur*
–anweisung *f* [EDP] / instrucción de procedimiento *f*
Prozentsatz der positiv erledigten Bestellungen *m* / porcentaje de pedidos satisfechos *m*
Prozeß *m* [EDP] ⟨DIN 44300/1E⟩ / tratamiento *m* · proceso *m*
Prozessor *m* [EDP] ⟨DIN 44300/5E⟩ / unidad central *f* · procesador *m*
–kamera *f* [Repr] / cámara con revelado *f* · cámara procesadora *f*
–zeit *f* [EDP] / tiempo de procesador *m* · tiempo de UCP *m* (unidad central de proceso)
Prozeß|rechensystem *n* [EDP] / sistema de gestión industrial *m* · sistema para control de procesos *m* · controlador de procesos *m* ‖ *s.a. Prozeßrechner*
–rechner *m* [EDP] ⟨DIN 66201/1⟩ / ordenador industrial *m*
–überwachung *f* [EDP] / supervisión de procesos *f*
prüfen *v* / comprobar *v* · examinar *v* · verificar *v*
Prüf|norm *f* [Gen; Bk] / normalización de métodos de pruebas *f*
–programm *n* [EDP] / programa de verificación *m* · rutina de diagnóstico *f* · programa de control *m*
–stück *n* (Ansichtsbuch für Lehrer und Professoren) [Bk] / ejemplar a examen para profesores *m* · ejemplar a comprobar por profesores *m* ‖ *s.a. Ansichtsexemplar; zur Ansicht*
Prüfungs|anforderungen *pl* [Ed] / requisitos de examen *pl*
–arbeit *f* [Ed] / ejercicio de examen *m*
–ausschuß *m* [Ed] / tribunal de examen *m*
–ordnung *f* [Ed] / reglamento de exámenes *m*
–zeugnis *n* [Ed] / certificado de examen *m*
Prüf|zeichen *n* [EDP] / carácter de verificación *m* · carácter de control *m*
–ziffer *f* [EDP] / dígito de control *m* · cifra clave *f*
Psalter *m* [Bk] ⟨RA-AD⟩ / salterio *m* ‖ *s.a. Psalterium*
Psalterium *n* [Bk] ⟨DIN 31631/4⟩ / salterio *m* · libro de salmos *m*
Pseudodezimale *f* [InfSy] ⟨DIN 44300⟩ / dígito seudodecimal *m*
Pseudonym *n* [Bk] / seudónimo *m*
Publikation *f* [Bk] ⟨DIN 31639/2⟩ / publicación *f*
Publikations|art *f* [Bk] / clase de publicación *f* · tipo de publicación *m*
Publikationsform *f* [Bk] / forma de publicación *f* ‖ *s.a. Publikationsart*
Publikations|wesen *n* [Bk] / gestión editorial *f*
Publikum *n* / público *m*
Publikumskatalog *m* [Cat] / catálogo público *m*
Publikumszeitschrift *f* [Bk] / revista para el público *f*
Publizieren *n* / publicar *v*
Publizieren bei Bedarf *n* [Bk] / publicar según demanda *v*
puffern 2 *v* [EDP] / tamponar *v* · introducir en memoria intermedia *v*
Puffer(speicher) *m(m)* [EDP] ⟨DIN 44300/6E⟩ / memoria intermedia *f* · memoria tampón *f*
Pult *n* [BdEq] / atril *m* · pupitre *m* ‖ *s.a. Lesepult*
Pultregal *n* [Prt] / chibalete *m*
Punkt 1 *m* [Writ; Prt] / punto final *m* · punto *m* ‖ *s.a. Pünktchen; Rasterpunkt*
Punkt 2 *m* (Einheit des typographischen Systems) [Prt] / punto tipográfico *m*
Pünktchen *n* [Writ; Prt] / diéresis *f*
Punktiermanier *f* [Art] / punteado *m* · grabado al punteado *m*

punktierte Linie *f* [Writ; Prt] / línea de punteo *f* · línea punteada *f*

Punktschrift *f* [Writ; Bk] / escritura gofrada *f*

~buch *n* [Bk] / libro de escritura gofrada *m*

Punktstreuungskarte *f* [Cart] / mapa punteado *m*

Punktur *f* (in einer mittelalterlichen Handschrift) [Writ] / puntura *f*

Punkt-zu-Punkt-Verbindung *f* [Comm] ⟨DIN 44302⟩ / conexión punto a punto *f*

Punze *f* [Prt] / punzón *m*

purgierte Ausgabe *f* [Bk] / edición expurgada *f*

Puzzle *n* [NBM] ⟨ISBD(NBM)⟩ / rompecabezas *m*

PVC-Überzugmaterial *n* [Bind] / material de PVC para encuadernación *m*

Q

Quadrata *f* [Writ] / letra capital cuadrada *f* · letra cuadrada *f* · letra epigráfica *f*
quadrophonisch *adj* [NBM] / cuadrofónico *adj*
Qualifikator *m* (zur Differenzierung der verschiedenen Bedeutungen von Homographen) [Ind] / modificador *m* · complemento calificador *m* · especificador *m*
qualifizierender Zusatz *m* / complemento de precisión *m*
Qualität *f* [OrgM] ⟨ISO 8402⟩ / calidad *f*
Qualitätsbewertung *f* [OrgM] / valoración de la calidad *f*
Qualitätskontrolle *f* [OrgM] / control de calidad *m*
Qualitätslenkung *f* [OrgM] ⟨ISO 9000-1, A5⟩ / directrices de calidad *pl*
Qualitätsnorm *f* [Gen; Bk] / norma de calidad *f* · normalización bibliográfica *f*
Qualitätssicherung *f* [OrgM] ⟨ISO 9000-1,A.6⟩ / control de calidad *m*
Qualitätssteuerung *f* [OrgM] / directrices de calidad *pl*
Qualitätsverbesserung *f* [OrgM] ⟨ISO 9000,A.7⟩ / mejora de la calidad *f*
Quart|band *m* [Bk] / volumen en cuarto *m*
~format *n* [Bk] / formato en cuarto *m*
Quarzlampe *f* [Pres] / lámpara de cuarzo *f*
Quasi-Synonym *n* [Lin] / cuasisinónimo *m*
~-Synonymie *f* [Lin] / sinonimia aparente *f* · cuasisinonimia *f*
Quatern(e) *m(f)* [Bk] / cuaterno *m*
Quellen|deskriptor *m* [Ind] / descriptor fuente *m*
Quellenprogramm *n* [EDP] / programa fuente *m* · programa original *m* ‖ *s.a. Quellprogramm*
Quellensprache 2 [EDP] / lenguaje fuente *m s. Quellsprache 2*
Quellen|thesaurus *m* [Ind] / tesauro fuente *m*
~werk *n* [Bk] / obra original *f*
Quell|programm *n* [EDP] ⟨DIN 44300/4E⟩ / programa fuente *m*
Quell|sprache 1 *f* [Lin; Ind] / lenguaje original *m*
~sprache 2 *f* (bei der Umwandlung von Anweisungen in der einen Programmiersprache in solche einer anderen Programmiersprache) [EDP] ⟨DIN 44300/4E⟩ / lenguaje fuente *m*
Quer-Folio *n* (quer-2°) [Bk] / en folio apaisado *adj* · en folio oblongo *adj*
~format 1 *n* (der Bildanordnung auf einem Mikro-Rollfilm) [Repr] / formato horizontal *m*
~format 2 *n* [Bk] / formato oblongo *m* · formato apaisado *m* · formato a la italiana *m* · formato de álbum *m*

~heftung *f* [Bind] / 1 cosido lateral en plano *m* · 2 (en libros:) sobrehilado *m* · 2 sobrecosido *m*
Quer-Oktav *n* [Bk] / en octavo apaisado *adj*
Querrichtung *f* [Pp] / dirección transversal *f* · sentido transversal *m*
Querrippen *pl* [Pp] / puntizones *pl*
Querschnittsthesaurus *m* [Ind] / tesauro temático *m*
~titel *m* [Bk] / título de lomo transversal *m*
Quintern(e) *m(f)* [Bk] / quinterno *m*
Quittung *f* [Acq] / factura *f* · recibo *m*
Quittungsaustausch(betrieb) *m(m)* [EDP] / intercambio de indicativos y señales de control *m* · operación de acuse de recibo *f*
Quotenstichprobe *f* [InfSc] / muestreo por cuotas *m*
Quotensystem *n* [Staff] / sistema de cuotas *m*

R

Rabatt *m* [Acq] / rebaja *f* · descuento *m* ‖ *s.a. Barzahlungsrabatt; Mengenrabatt; Mindestrabatt; Skonto*
Radierung *f* [Art; Prt] / grabado al aguafuerte *m*
Radixpunkt *m* [InfSy] ⟨DIN 44300/1E⟩ / coma de base *f* · punto de base *m*
Rähmchen *n* (Teil einer Handpresse) [Prt] / bastidor *m*
Rahmenprogramm *n* [OrgM] / programa general *m*
Rahmung *f* [Bk] / recuadro *m*
Ramsch(bücher) *m(pl)* [Bk] / resto(s) de edición *m(pl)* · libro(s) de saldo *m(pl)*
Ramschbuchhandlung *m* [Bk] / librería de restos de edición *f* ‖ *s.a. modernes Antiquariat*
Randausgleich *m* [Writ; Prt] / justificación de márgenes *f* ‖ *s.a. Flattersatz*
Randbemerkung *f* [Writ] / apostilla *f* · acotación marginal *f*
Rändeln *n* [Bind] / moletear *v* · ribetear *v*
Rand|feld *n* [EDP/VDU] ⟨DIN 66233/1⟩ / área de delimitación *f*
Randgebiet *n* [Class; Ind] / campo marginal *m*
Rand|gruppe *f* [RS] / grupo complementario *m*
Randleiste *f* [Bk] / línea de justificación *f*
Rand|lochkarte *f* [PuC] / ficha de perforaciones marginales *f* · tarjeta de bordes perforados *f*
Randomisierung *f* [InfSc] / randomización *f* · aleatorización *f*
Random-Speicher *m* [EDP] / memoria de acceso al azar *f* · memoria RAM *f*
Rand|schleier *m* [Repr] / veladura de los bordes *f*
~überschrift *f* [Bk] / título marginal *m* · encabezamiento lateral *m*
Randüberzeichnung *f* [Cart] / dibujo a margen perdido *m*
Rand|ziffer *f* [Prt] / número marginal *m* · cifra marginal *f* · apostilla *f*
Rang *m* [InfSc] / orden jerárquico *m* · rango *m*
Rangfolge *g* (Programmieren) [EDP] / prioridad *f*
Rang|ordnung *f* [InfSc] / ordenación jerárquica *f*
~(ordnungs)skala *f(f)* [InfSc] / escala de ordenación jerárquica *f*
~platz *m* [InfSc] / número de orden *m*
Ranken *pl* [Bind] / pámpanos *pl*
rapportierendes Muster *n* [Bind] / motivo repetido *m* · greca *f* · orla de combinación *f*
Rara *pl* [Bk] / libros curiosos *pl* · libros raros *pl*
~-Sammlung *f* [Stock] / colección de raros y curiosos *f*
Raster 1 *m* [BdEq] / módulo *m*
– 2 *m* [Prt] / trama *f* · retículo *m* ‖ *s.a. Kontaktraster*

~ 3 *m* (eines Microfiches) [Repr] ⟨ISO 6196/2; DIN 19040/113E⟩ / cuadrícula *f* · casillero *m*
~ätzung *f* [Prt] / impresión autotípica *f* · procedimiento de acidulación de trama *m*
~ätzung 1 *f* (Rasterklischee) [Prt] ⟨DIN 16514⟩ / grabado de medio tono *m* · clisé de medio tono *m* · clisé de autotipia *m*
~bild *n* [Prt] ⟨DIN 16500/2⟩ / similigrabado *m* · grabado a medias tintas *m* · medio tono *m* · fotograbado *m* · autotipia *f*
~feld *n* [Repr] ⟨DIN 19065/3⟩ / área de cuadrícula *f*
Rasterklischee *n* [Prt] ⟨DIN 16514 ???⟩ / grabado de medio tono *m*
rastern *v* [Prt] / tramar *v* · reticular *v*
Rasterpunkt *m* [Prt] / punto de trama *m*
Ratenzahlung *f* [Acq] / pagos parciales *pl* · pago a plazos *m*
Ratgeberbuch *n* [Staff; Bk] / libro de consejos *m*
Rationalisierung *f* [OrgM] / racionalización *f*
Rationalskala *f* [InfSc] / escala de razones *f*
Rationalskalierung *f* [InfSc] / racionalización *f*
Ratsbibliothek *f* (Bibliothek des städtischen Rats) [Lib] / biblioteca de ayuntamiento *f*
Raub|druck *m* [Bk] / edición pirata *f*
~drucker *m* [Bk] / impresor pirata *m*
~druck(wesen) *m(n)* [Bk] / piratería editorial *f*
Raubkopie *f* [EDP] / copia pirata *f*
Rauhschnitt *m* [Bind] / corte sin refilar *m*
Raum|bedarf *m* [BdEq] / espacio necesario *m*
~bildkarte *f* [Cart] / mapa estereoscópico *m*
raumbildliche Darstellung *f* [Cart] / representación estereoscópica *f*
Raum|gliederungskarte *f* [Cart] / mapa de organización territorial *m*
Raumklima *n* [BdEq] / temperatura ambiente *f* (de una sala)
Raum|nutzung *f* [BdEq] / utilización del suelo *f*
~pflegepersonal *n* [Staff] / personal de limpieza *m*
~programm *n* [BdEq] / proyecto de distribución de espacios *m*
~teiler *m* [BdEq] / separador de ambientes *m*
Raupenvorschub *m* [EDP; Prt] / carro de arrastre del papel *m*
Raute *f* [Bind] / losange *m* · rombo *m*
rautenförmig *adj* [Bk] / romboidal *adj*
Rautenmuster *n* [Bind] / motivo romboidal *m*
Reaktionszeit *f* [EDP] ⟨DIN 44300/7E⟩ / tiempo de reacción *m*
reale Adresse *f* [EDP] / dirección real *f*
Realenzyklopädie *f* [Bk] / enciclopedia general *f*
Realisation *f* (eines zur Ausführung bestimmten Werkes) [NBM] ⟨ISBD(NBM)⟩ / realización *f*
Realisierung *f* (eines Plans usw.) [OrgM] / realización *f*
Real|katalog *m* [Class] / catálogo clasificado *m* · catálogo sistemático *m*
~konkordanz *f* [Bk] / concordancias *pl* (índice de ~)
Realschule *f* [Ed] / escuela secundaria con seis cursos *f*
Realzeitbetrieb *m* [EDP] / operación en tiempo real *f* ‖ *s.a. Realzeitverarbeitung*
Real|zeitverarbeitung *f* [EDP] ⟨DIN 44300/9E⟩ / tratamiento en tiempo real *m*
Rechen|anlage *f* [EDP] ⟨DIN 44300/5E⟩ / ordenador *m*
Rechenfehler *m* [BgAcc] / error de cálculo *m*
Rechen|maschine *f* [Off] ⟨DIN 9757⟩ / calculadora *f* ‖ *s.a. Taschenrechner; Tischrechner 1*
~maschine mit Batteriebetrieb *f* [Off] / calculadora a pilas *f*
~maschine mit Druckfunktion *f* [Off] / calculadora con impresora *f*
Rechenmaschine mit Netzanschluß *n* [Off] / calculadora alimentada por la red *f*
Rechen|maschine mit Netzanschluß und Batteriebetrieb *f* [Off] / calculadora de pilas y de red *f*
~system *n* [EDP] ⟨DIN 44300/5E⟩ / sistema de cálculo informático *m* · sistema de ordenador *m*
~werk *n* [EDP] ⟨DIN 44300/5E⟩ / unidad aritmética *f* · unidad aritmética y lógica *f*
~zeit *f* [EDP] / tiempo de cálculo *m*
~zentrum *n* [EDP] / centro de tratamiento de la información *m* · centro de cálculo *m* · centro de proceso de datos *m* · centro informático *m*
Recherche *f* [Retr] / investigación lógica *f* · búsqueda sistemática *f*
~ablauf *m* (retrospektiv betrachtet) [Retr] / historial de la investigación lógica *m*

-auftrag *m* [Retr] / petición de búsqueda *f* · orden de búsqueda *f*
--Ergebnis *n* [Retr] / resultado de búsqueda *m*
-sprache *f* [Retr] / lenguaje de búsqueda *m*
-strategie *f* [Retr] / estrategia de búsqueda *f*
-system *n* [Ind] / sistema de búsqueda ‖ *s.a. Retrievalsystem*
recherchierbar *adj* [Retr] / indagable *adj* · consultable *adj*
recherchieren *v* [Retr] / buscar sistemáticamente *v* · indagar *v*
Rechner *m* [EDP] / ordenador *m* · computadora *f*
-architektur *f* [EDP] / arquitectura informática *f*
-ausfall *m* [EDP] / incidencia de máquina *f* · fallo de máquina *m* *s. Maschinenausfall*
Rechnerausfallzeit *f* [EDP] / tiempo de incidencia de máquina *m*
Rechnerdatei *f* [EDP] / fichero informático *m*
rechnergestützt *pp* / gestionado por ordenador *pp* · asistido por ordenador *pp*
rechner|gestütztes Recherchieren *n* [Retr] / recuperación asistida por ordenador *f*
rechnergestützte Übersetzung *f* [Lin] / traducción informatizada *f* · traducción asistida por ordenador *f*
- Unterweisung *f* [Ed] / educación asistida por ordenador *f*
Rechner|klassifizierung *f* [EDP] / clasificación de ordenadores *f* · taxonomía de ordenadores *f*
-netz *n* [EDP] / red informática *f*
-raum *m* [BdEq] / sala de ordenadores *f*
Rechnersteuerung *f* [EDP] ⟨DIN 66201⟩ / gestión por ordenador *f*
Rechnersystem *n* [EDP] / ordenador central *m*
Rechner|verbund *m* [EDP] / red de ordenadores *f* · complejo informático *m*
Rechnung *f* [BgAcc] / cuenta *f* · factura *f* · (jemandem für etwas eine ~ ausstellen:) extender a alguien una factura por algo *v* · (laut ~:) según factura *adv* · (in ~ stellen:) cargar en cuenta *v* ‖ *s.a. Vorausrechnung*
- in dreifacher Ausfertigung *f* [BgAcc] / facura por triplicado *f*
Rechnungs|betrag *m* [BgAcc] / importe de la factura *m*
Rechnungsbuch *n* [BgAcc] / libro de gastos *m* · libro de cuentas *m*
Rechnungs|datum *n* [BgAcc] / fecha de facturación *f*
Rechnungshof *m* [BgAcc] / tribunal de cuentas *m*
Rechnungs|jahr *n* [BgAcc] / ejercicio anual *m* · ejercicio fiscal *m* ‖ *s.a. Haushaltsjahr*
-legung *f* [BgAcc] / rendición de cuentas *f*
-prüfer *m* [BgAcc] / auditor *m*
-prüfung *f* [BgAcc] / revisión de cuentas *f* · auditoría *f* (eine ~ vornehmen: llevar a cabo una auditoría)
Rechnungsstelle *f* / departamento de contabilidad *m*
Rechnungs|summe *f* [BgAcc] / importe de la cuenta *m* *s. Rechnungsbetrag*
-wesen *n* [BgAcc] / contabilidad *f*
Rechtsaufsicht *f* [Adm] / control jurídico *m*
rechtsbündig *adj* / justificado a la derecha *adj* · enrasado a la derecha *adj*
Rechtschreib-Prüfprogramm *n* [EDP] / programa de control ortográfico *m*
Rechtschreibprüfung *f* [EDP] / control de ortografía *m*
Rechtschreibung *f* [Writ; Prt] / ortografía *f*
Rechtsmaskierung *f* [Retr] / truncado a la derecha *m*
Rechtwinkelnetz *n* [Cart] *CH* / cuadriculado plano *m*
Recto *n* [Bk] / recto (anverso)
Redakteur *m* (bei einer Zeitung u. dgl.) [Bk] / redactor *m* ‖ *s.a. Chefredakteur*
Redaktion 1 *f* (Redaktionskollegium) [Bk] / editores *pl* · equipo editorial *m* · equipo técnico editorial *m*
Redaktion 2 *f* (als Tätigkeit) [Bk] / (~ de un original manuscrito incompleto o no listo para su impresión:) redacción *f* · preparación del original *f*
Redaktionsschluß *m* [Bk] / cierre de redacción *m*
redigieren *v* [Bk] / redactar *v*
redundant *adj* [InfSc] / redundante *adj*
Redundanz *f* [InfSc] ⟨DIN 44301⟩ / redundancia *f*
Referat *n* [Bib; Ind] / extracto *m* · excerpta *f* · resumen *m* · reseña *f*
Referate|blatt *n* [Bib; Ind] / revista de resúmenes *f* · boletín de resúmenes *m*
-dienst *m* [Bib; Ind] / servicio de documentación *m* · servicio de resúmenes *m*
-karte *f* [Ind] ⟨TGL 20975⟩ / ficha de resumen *f*

-**zeitschrift** *f* [Bib; Ind] / revista de resúmenes *f* · revista de extractos *f*
referieren *v* [Ind] / resumir *v*
Referral-Datenbank *f* [InfSy] / base de datos de referencia *f* · base de datos de consulta *f*
Referral-Zentrum *n* / centro de orientación de consulta *m*
reflexionsarme Oberfläche *f* [BdEq] / superficie poco reflectante *f*
Reflexkopie *f* [Repr] / copia por reflexión *f* · reproducción reflectográfica *f*
Reflexkopierverfahren *n* [Repr] / positivado por contacto reflectográfico *m* · reflectografía *f* · luminografía *f*
Regal *n* [Sh] / estantería *f* · (geschlossenes ~:) librería *f* · (zur Auslage von Büchern usw.:) soporte para libros *m* ‖ *s.a. Regaleinheit*
Regallabstand *m* [Sh] / distancia entre estanterías *f*
-**abteil** *n* [Sh] / compartimento de estantería *m*
-**achse** *f* [Sh] / eje de estantería *m*
-**anlage** *f* [Sh] / conjunto de estanterías *m*
-**ausstattung** *f* [Sh] / equipamiento de estanterías *m*
-**beschilderung** *f* [Sh] / rotulación de estanterías *f*
Regalbeschriftung *f* [Sh] / rotulación de estantes *f* · (Hinweis am Regal bwz. an der Regalreihe:) etiqueta guía de hilera *f* · guía de cuerpo de estanterías *f* · etiqueta de estante *f* *s.a. Regalbeschilderung*
Regallblock *m* [Sh] / bloque de estanterías *m*
-**boden** *m* [Sh] / estante *m*
-**einheit** *f* [Sh] / unidad de estanterías *f* · sección de estanterías *f* ‖ *s.a. Anbauregal; Doppelregal; einseitige Regaleinheit; Grundregal*
-**einsatz** *m* [Sh] / estantería(s) insertadas *f(pl)*
-**(e) mit geschlossenen Seitenwänden** *n(pl)* [Sh] / estantería(s) con laterales cerrados *f(pl)*
Regale mlit Seitenwangen *n(pl)* (und Schlitzpfosten) [Sh] / (Austatung mit ~en ~ ~:) estanterías con montantes dentados *pl* · estanterías con laterales graduables *pl*
Regallfläche *f* [Sh] / superficie de estanterías *f*
-**gang** *m* [Sh] / pasillo entre estanterías *m*
-**leiter** *f* [Sh] / escalera para estanterías *f*
-**meter** *m* [Sh] / metro lineal de estanterías *m*
- **mit Zahnleiste** / estantería con montantes dentados *f* · estantería de cremallera *f*
-**nummer** *f* (als Standortbezeichnung) [Sh] / número de estanteria *m* · notación topográfica *f* · número topográfico *m*
-**ordnung** *f* (Ordnung des Bestandes im Regal) [Sh] / ordenación topográfica *f* · orden de documentos en los estantes *m*
-**reihe** *f* [Sh] / cuerpo de estanterías *m* ‖ *s.a. Regalachse*
-**system** *n* [Sh] / sistema de colocación de libros en los estantes *m*
Regalwand *f* [Sh] / pared de estanterías *f*
Regallzubehör *n* [Sh] / accesorios de estanterías *pl*
Regeln für die alphabetische Katalogisierung *pl* [Cat] / reglas de catalogación alfabética *pl*
Regelstudienzeit *f* [Ed] / tiempo regular de estudio *m*
Regelwerk *n* [Gen; Cat] ⟨DIN 31631/4⟩ / código *m*
Regesten *pl* [Arch] ⟨DIN 31631/4; RAK-AD⟩ / registro cronológico *m* · listas cronológicas de documentos *pl*
Regionallausgabe *f* (einer Zeitung) [Bk] / tirada regional *f*
-**bibliographie** *f* [Bib] / bibliografía regional *f*
-**bibliothek** *f* [Lib] / biblioteca regional *f*
regionaler Leihverkehr *m* [RS] / préstamo interbibliotecario regional *m*
- **Zentralkatalog** *m* [Cat] / catálogo regional centralizado *m*
Regionallkatalog *m* [Cat] / 1 catálogo geográfico *m* (articulado por regiones) · 2 catálogo regional *m*
-**referat** *n* [OrgM; Acq] / departamento de desarrollo regional *m*
-**referent** *m* [Staff; Acq] / especialista de área regional *m* · bibliógrafo de área geográfica *m*
Regisseur *m* (eines Films) [NBM] / director *m* (de una película)
Register 1 *n* [Bk] ⟨DIN 1422/1; DIN 2331; DIN 31630/1E; DIN 31631/2+4⟩ / índice *m*
- 2 *n* [Arch] / registro *m*
- 3 *n* [EDP] ⟨DIN 44300/6E⟩ / registro *m*
-**ausgang** *m* (als Teil eines Registereintrags) [Bk; Bib; Ind] ⟨DIN 31630/1E⟩ / referencias cruzadas y signaturas *pl*

Registerband *m* [Ind] / volumen índice *m*
Registereingang *m* (als Teil eines Registereintrags) [Bk] ⟨DIN 2331; DIN 31630/1⟩ / encabezamiento *m*
~eintrag *m* [Bk] ⟨DIN 2331; DIN 31630/1⟩ / palabra para el asiento *f* · asiento de índice *f*
~ halten [Prt] / registrar pliegos *v*
~information *f* [Bk] ⟨DIN 2331⟩ / parte informativa de un índice *f*
~ ohne Verweisungen und andere zusätzliche Eintragungen *n* / índice asindético *m*
~zusatz *m* [Bk] ⟨DIN 31630/1⟩ / modificador *m*
Registratur *f* [Arch] / asiento en el registro *m*
~schrank *m* [BdEq] / armario archivador *m*
Registrierkasse *f* [BdEq] / caja registradora *f*
Reglette *f* [Prt] / regleta *f*
Regression *f* [InfSc] / regresión *f*
Regressionsanalyse *f* [InfSc] / análisis de regresión *m*
~koeffizient *m* [InfSc] / coeficiente de regresión *m*
Reifezeugnis *n* [Ed] / certificado de madurez universitaria *m* ‖ *s.a. Abitur*
Reihe 1 *f* [Bk] ⟨ISBD(A); DIN 31639/2⟩ / serie *f*
Reihe 2 *f* [Class] / serie de clasificación *f*
Reihenangabe *f* [Cat] / mención de serie *f*
~anordnung *f* (der Bilder auf einem Microfiche) [Repr] / orden de hilera *m*
~folge *f* [Class/UDC] / orden clasificatorio *m* ‖ *s.a. Festlegung der Reihenfolge*
~titel *m* [Cat] / título de la colección *m* · título de la serie *m*
~werk *n* [Bk] ⟨DIN 31639/2⟩ / serie *f* ‖ *s.a. Schriftenreihe*
reine Bibliographie *f* [Bib] / bibliografía pura *f* · bibliografía escueta *f*
~ Notation *f* [Class] / notación pura *f* · notación básica *f*
Reinhadernpapier *n* [Pp] ⟨DIN 6730⟩ / papel de trapos puro *m*
Reinigungspersonal *n* [Staff] / personal de limpieza *m*
Reinschrift *f* [Writ] / copia en limpio *f*
Reisebericht *m* [Bk] ⟨RAK-AD⟩ / informe de viaje *m*
Reisebuchhändler *m* [Bk] / librero itinerante *m* · viajante de librería *m*
Reiseerzählung *f* [Bk] / relación de viajes *f* · narración de viajes *f*
Reiseführer *m* [Bk] ⟨RAK-AD⟩ / guía de viajes *f*
~kosten *pl* [BgAcc] / gastos de viaje *pl* ‖ *s.a. Dienstreise; Spesenabrechnung*
~kostenerstattung *f* [BgAcc] / reembolso de gastos de viaje *f*
Reisekostenzuschuß / subvención de gastos de viaje *f*
Reiseliteratur *f* [Bk] / literatura de viajes *f*
Reisemittel *pl* [BgAcc] / fondos para viajes *m*
~spesen *pl* [BgAcc] / gastos de viaje *pl*
Reisestipendium *n* [Staff] / beca de viaje *f*
Reisevortrag *m* / conferencia sobre un viaje *f*
Reispapier *n* [Pp] / papel de arroz *m*
Reißfestigkeit *f* (von Papier) [Pp] / resistencia a la rotura *f*
Reißwolf *m* [Of] / trituradora *f*
Reiter *m* (auf einer Karteikarte) [Off; TS] / guión de fichero *m* · lengüeta guía *f*
Reklamante *f* (in einer Handschrift) [Bk] / palabra guía *f* · reclamo *m*
Reklamation *f* [Acq] / reclamación *f*
Reklameteil *m* [Bk] / sección de publicidad *f*
~zettel *m* [PR] / hoja publicitaria *f* ‖ *s.a. Prospekt*
reklamieren *v* [Acq] / reclamar *v*
Rektaszension *f* [Cart] ⟨RAK-Karten⟩ / ascensión recta *f*
Rektoseite *f* [Bk] / anverso de la hoja *m*
Rekursion *f* [EDP] / repetición *f* · recursión *f*
rekursive Prozedur *f* [EDP] ⟨DIN 44300/4E⟩ / procedimiento recursivo *m*
Relation *f* [Class] / relación *f*
relationale Datenbank *f* [EDP] / base de datos relacional *f*
relationales Datenmodell *n* [EDP] / modelo relacional de datos *m*
Relationenmodell *n* / modelo de relaciones de datos *m*
relative Adresse *f* [EDP] / dirección relativa *f*
Relator *m* [Ind] *DDR* / indicador de relación *m*
Relevanzquote *f* [Retr] / tasa de pertinencia *f* · tasa de relevancia *f*
Reliabilität *f* (eines Forschungsinstruments) [InfSc] / fiabilidad *f*
Relief *n* [Cart] ⟨ISBD(CM); RAK-Karten⟩ / relieve *m*

Reliefkarte *f* [Cart] / mapa en relieve *m*
Reliefmodell *n* [Cart] / maqueta *f*
Relief|prägeeinband *m* [Bind] / encuadernación estampada en relieve *f*
-prägung *f* [Bind] / estampación en relieve *f*
Remittenden *pl* [Bk] / (eine Remittende:) un ejemplar devuelto *m* · libros devueltos *pl* · devoluciones *pl*
Renaissance-Antiqua *f* [Prt] / letra romana antigua *f* · letra elzeviriana *f*
Renaissance-Schrift *f* / escritura humanística *f*
Rentabilität *f* [Gen] / rentabilidad *f*
Rente *f* / renta *f* *s.a. Pension*
Reparatur *f* [Bk] / arreglo *m* · reparación *f* · compostura *f*
reparieren *v* [Pres] / reparar *v* ‖ *s.a. ausbessern*
Repetitionsmuster *n* [Bind] / motivo repetido *m* *s. Einband mit Repetitionsmuster*
Repräsentant *m* (für eine entnommene Karte oder einen entnommenen Band) [TS; Sh] / testigo *m* · (im Regal auch:) testigo de estantería *m*
repräsentative Stichprobe *f* [InfSc] / muestra representativa *f*
Reproduzierbarkeit *f* (eines Experiments oder Tests) [InfSc] / reproducibilidad *f* (de un ensayo)
Reprographie *f* [Repr] ⟨DIN 19040/101E⟩ / reprografía *f*
Reserve|betrieb *m* [EDP] / estado de reserva *m*
Reserveexemplar *n* / ejemplar de reserva *m*
Reserve|fläche *f* [BdEq] / espacio de reserva *m*
-fonds *m* [BgAcc] / fondos de reserva *pl*
-rechner *m* [EDP] / ordenador de reserva *m*
Respondent *m* / que responde *m*
Ressourcennutzung *f* [Lib] / aprovechamiento de recursos *m*
Restauflage(n) *f(pl)* [Bk] / resto(s) de edición *m(pl)*
Restaurator *m* [Staff] / restaurador *m*
restaurieren *v* [Pres] / restaurar *v*
Restaurierung *f* [Pres] / restauración *f*
Restaurierungswerkstatt *f* [Pres] / taller de restauración *m*
Reste *pl* (in der Buchbearbeitung usw.) [TS] / atrasos *pl* · retrasos *pl* · registros atrasados *pl*
Resümee *n* [Ind] / resumen *m* · sumario *m*
Retrieval *n* [Retr] ⟨DIN 31631/1⟩ / recuperación de información *f* · recuperación automatizada *f* · búsqueda documental *f*
-sprache *f* [Retr] / lenguaje de recuperación *m*
-system *n* [Retr] / sistema de recuperación de datos *m* · sistema de recuperación de información *m*
- von Nachweisen in einem Speicher *n* / recuperación de referencias *f*
retroaktive Notation *n* [Class] / notación retroactiva *f*
retrospektiv *adj* [Bib; Retr] / retrospectivo *adj*
retrospektive Bibliographie *f* [Bib] ⟨DIN 31639/2⟩ / bibliografía retrospectiva *f*
retrospektive Katalogisierung *f* (durch Konvertierung eines konventionellen Katalogs) [Cat] / catalogación retrospectiva *f* · conversión retrospectiva *f*
Reversibilität *f* / reversibilidad *f*
Revision *f* [Stock] *s. Bestandsrevision*
Revision 2 *f* [BgAcc] / inspección *f*
Rezensent *m* [Bk] / crítico *m*
rezensieren *v* [Bk] / reseñar *v* · hacer una crítica *v*
Rezension *f* [Bk] ⟨DIN 31631/2; RAK-AD⟩ / crítica escrita *f* · recensión *f* ‖ *s.a. Bibliographie der Rezensionen*
Rezensionsexemplar *n* [Bk] / ejemplar para reseña *m* · ejemplar para la crítica *m* · ejemplar de prensa *m*
Rezensionsorgan *n* [Bk] / órgano de recensión *m*
Rezensionszeitschrift *f* [Bk] ⟨RAK-AD⟩ / revista de recensiones *f* ‖ *s.a. Rezensionsorgan*
Rezipient *m* [Comm] / destinatario *m*
Richtlinie *f* (des Rates der Europäischen Gemeinschaften) / directiva *f* (del Consejo de las Comunidades Europeas)
Richtlinien *pl* [OrgM] / líneas de orientación *pl* · pauta *f*
Richtungs|betrieb *m* [Comm] ⟨DIN 44302⟩ / transmisión símplex *f*
-beziehung *f* [Class] / relación de aplicación *f*
Richtwert *m* [Gen; Lib] / valor normativo *m*
Riemenantrieb *m* (eines Plattenspielers) [NBM] / impulsión por correa *m*
Rille *f* (auf einer Schallplatte) [NBM] ⟨DIN 45510⟩ / surco *m*

Rindleder *n* [Bind] / cuero de vaca *m* · vaqueta *f*

Ring|buch *n* [Off] / encuadernación de anillas *f* · libro de anillas *m*

-netz *n* [Comm] ⟨DIN 44300⟩ / red en anillo *f*

Ripplinien *pl* (in einem Papierbogen) [Pp] / corondeles *pl* (en un pliego de papel)

Riß *m* [Cart] ⟨RAK-Karten⟩ / esbozo *m*

RK *abbr* [Cat] *s. Realkatalog*

Roh|daten *pl* [InfSc] / datos en bruto *pl* · datos sin procesar *pl*

-film *m* (für Mikroaufnahmen) [Repr] ⟨DIN 19040/104E; ISO 6196-4⟩ / película virgen *f* (para microcopias)

Rohr|feder *f* [Writ] / pluma de cálamo *f*

-post *f* [Comm] / correo neumático *m*

-postsendung *f* [Comm] / envío neumático *m*

Rolle 1 *f* [Bind] / (Dessinrolle:) rueda de ornamentación *f* · cilindro *m* · rodillo *m* · (Linienrolle:) filete *m*

Rolle 2 *f* [Stock] / rollo *m* ‖ *s.a. Papprolle; Papyrusrolle; Schriftrolle*

Rollendruck *m* (das Rollenmuster auf dem Einband) [Bind] / ornamentación a rueda *f*

Rollenindikator *m* [Ind] / indicador de función *m*

Rollenoffsetdruck *m* [Prt] / impresión offset a colores *f*

Rollenoffsetmaschine *f* [Prt] / máquina offset de bobinas *f* ‖ *s.a. Vierfarben-Rollenoffsetmaschine*

Rollenoperator *m* (PRECIS) [Ind] / operador de roles *m*

Roll|film *m* [Repr] ⟨DIN 19040/104E; DIN 31631/4⟩ / rollo de (micro)película *m*

-stempel *m* [Bind] / rueda de ornamentación *f s. Rolle 1*

-treppe *f* [BdEq] / escalera mecánica *f*

-werk *n* [Bind] / pámpano *m*

römische Zählung *f* [InfSy] / numeración romana *f*

römische Ziffer *f* [Writ; Prt] / números romanos *pl*

Röschen *pl* [Prt] / flores *pl*

Rosette *f* [Bind] / roseta *f*

Rostfleck *m* [Pres] / mancha de orín *f* · mancha de herrumbre *f*

rostfleckig *adj* [Bind] / manchado de herrumbre *adj*

Rotations|druck *m* [Prt] ⟨DIN 16500/2⟩ / impresión rotativa *f*

-(druck)maschine *f* [Prt] / rotativa *f*

-register *n* [Ind] / índice con permutación de palabras clave *m* · índice por rotación *m*

-tiefdruck *m* [Prt] / rotograbado *m*

roter Zerfall *m* [Pres] / descomposición *f*

rotiertes Register *n* [Ind] / registro permutado *m* ‖ *s.a. Rotationsregister*

Rotunda *f* [Writ] / letra gótica redonda *f* · littera rotunda · letra de tortis *f*

Routine *f* [EDP] / rutina *f* ‖ *s.a. mehrfach aufrufbare Routine*

Routinetätigkeiten *pl* [TS] / ocupaciones rutinarias *pl* · trabajo rutinario *m*

Rubrik *f* [Bk] / rúbrica *f*

Rubrikator *m* [Bk] / rubricante *m*

rubrizieren *v* [Bk] / rubricar *v*

Rubrizierung *f* [Bk] / rubricación *f*

Rücken *m* (eines Buches) [Bind] / lomo *m* · dorso de un libro *m* ‖ *s.a. fester Rücken; gerader Rücken; hohler Rücken; Sprungrücken*

-beschilderung *f* [Bind] / rotulación del lomo

-beschriftung *f* [Bind] / rotulación del lomo (de un libro)

-einlage *f* [Bind] / forro del lomo *m* · encajado del lomo *m* · falso lomo *m* · forro del dorso *m* · lomera *f*

Rückenerneuerung *f* [Bind] / renovación del lomo *f*

Rückenetikett *n* [Bind] / etiqueta del lomo *f* · tejuelo *m*

Rückenfalz *m* [Bind] / pliegue del lomo *m*

Rücken|feld *n* [Bind] / panel del lomo *m* · recuadro del título de lomo *m* · recuadro del lomo *m*

-hülse *f* [Bind] / boca *f*

-runden *n* [Bind] / redondeado del lomo *m*

-schild(chen) *n(n)* (auf einem Buch usw.) [Bk] / tejuelo *m*

-stichheftung *f* [Bind] / cosido en caballete *m*

-text *m* [Bind] / rotulación del lomo

-titel *m* [Bk] ⟨DIN 31631/2⟩ / título del lomo *m*

-vergoldung *f* [Bind] / dorado del lomo *m*
Rückenverstärkung *f* [Bind] / lomera *f* · refuerzo del lomo *m* · falso lomo *m*
Rücken|verzierung *f* [Bind] / ornamentación del lomo *f*
Rückerstattung *f* [BgAcc] / devolución *f*
Rückforderung *f* (eines ausgeliehenen Buches) [RS] / reclamación *f* (de un libro prestado)
Rückgabe|datum *n* [RS] / (Datum der erfolgten Rückgabe:) fecha de devolución *f* · (Fälligkeitsdatum:) fecha de vencimiento *f* ‖ *s.a. zur Rückgabe fällig*
-**recht** *n* [Bk] / derecho de devolución *m*
-**schalter** *m* [RS] / mostrador de devolución *m* · mostrador de entrega *m* · mostrador de préstamo *m* · ventanilla de devolución *f*
-**termin** *m* [RS] / fecha de devolución *f* *s. Rückgabedatum*
Rückkoppelung *f* (bei der Revision eines mehrsprachigen Thesaurus) [Ind] ⟨DIN 1463/2⟩ / retroacción *f* · retorno de información *m*
rückläufige Notation *f* [Class] / notación retroactiva *f*
Rück|laufquote *f* (bei einer schriftlichen Befragung) [InfSc] / (en una consulta escrita:) tasa de respuestas *f*
rückmelden *v* [Ed] / revalidación de matrícula *f*
Rück|nahmeschalter *m* [RS] / ventanilla de devoluciones *f* *s.a. Rückgabeschalter*
-**seite** *f* (des Titelblatts usw.) [Bk] / verso *m*
rückseitiger Titel *m* [Bk] / título de cubierta posterior *m*
Rücksetzbestätigung *f* [Comm] / confirmación de retroceso *f*
rückspulen *v* [NBM] ⟨DIN 66010⟩ / rebobinar *v*
Rück|stände *pl* (in der Buchbearbeitung usw.) [TS] / residuos *pl* · atrasos *pl* · retrasos *pl* ‖ *s.a. Katalogisierungsrückstände*
-**stichheftung** *f* [Bind] / cosido en caballete *m*
Rücktaste *f* [EDP] / tecla de retroceso *f*
Rücktrittsfrist *f* [Acq] / plazo de retracto *m*
Rückumschlag / sobrecubierta posterior *f*
Rückvergroßerung *f* [Repr] / ampliación *f*
Rück|vergrößerung *f* [Repr] ⟨ISO 6196/1⟩ / (das Produkt der ~ auf Papier auch:) copia de (micro)film sobre papel *f*
Rückvergrößerungsgerät *n* [Repr] / ampliadora-impresora *f*
Rückvergrößerungsgerät *n* [Repr] / ampliadora-impresora *f*
Rückvergrößerungsgerät *n* [Repr] / aparato de lectura e impresión *m*
Rück|vergütung *f* [BgAcc] / reembolso *m*
-**verweisung** *f* [Ind] / referencia de reenvío *f*
rückwärtige Jahrgänge *pl* / años en retroceso *pl*
Rück|wärtssteuerung *f* [Comm] ⟨DIN 44302⟩ / control de errores hacia atrás *m* (en retroceso)
-**weis** *m* [Cat] *CH* / referencia *f* ‖ *s.a. Verweisung*
Rückzahlung *f* [BgAcc] / reembolso *m* ‖ *s.a. Kostenerstattung*
Rufanweisung *f* [EDP] ⟨DIN 44300/4E⟩ / instrucción de llamada *f*
rufende Station *f* [Comm] ⟨DIN 44302⟩ / estación de llamada *f*
Rufnummer 1 *f* (in einem Datennetz) [Comm] ⟨DIN 44302⟩ / indicativo de dirección *m*
Rufnummer 2 *f* (beim Telefon) [Comm] / número de teléfono *m*
Rufzusammenstoß *m* [Comm] ⟨DIN 44302⟩ / conflicto *m* (entre llamada entrante y llamada saliente)
Ruhegehalt *n* / pensión *f* (de jubilación)
Ruheraum *m* [BdEq] / sala de descanso *f*
Ruhestand *m* [Staff] / retiro *m*
Rullette *f* [Bind] / rueda de ornamentación *f* ‖ *s.a. Rolle 1*
Rumbenkarte *f* [Cart] / carta de rumbos *f* · carta portulana *f*
Rundbild *n* [Cart] ⟨ISBD(CM)⟩ / panorama *m*
Rundeholz *n* [Bind] / mazo de redondeo *m*
runde Klammer *f* [Writ; Prt] / paréntesis *m*
runden *v* [Bind] / redondear *v*
runder Rücken *m* [Bind] / lomo redondeado *m*
Rund|funkbibliothek *f* [Lib] / biblioteca radiofónica *f*
Rundfunkhörer *m* [Comm] / radioyente *m*
Rundfunksendung *f* [Comm] / emisión radiada *f* · emisión radiofónica *f*
Rund|gang *m* (durch die Bibliothek) [RS] / visita *f* ‖ *s.a. Führung*
-**klopfen** *n* (des Rückens) [Bind] / redondeo del lomo *f*
Rundmagazin *n* / carro de diapositivas redondo *m*

Rund|schreiben *n* [OrgM] / circular *f*

~stichel *m* [Bind] / buril de grabador *m*

~umlauf *m* (von Zeitschriften) [InfSy] / circulación por rotación *f*

Rune *f* [Writ] / runa *f* (carácter rúnico) · escritura rúnica *f*

Runenschrift *f* [Writ] / escritura de runas *f* · escritura rúnica *f*

Rutsche *f* [BdEq] / rampa *f*

S

Saalbibliothek *f* [Lib] / biblioteca de tipo sala *f*

Sach|buch *n* [Bk] / libro de documentación *m* · tratado *m* ‖ *s.a. populärwissenschaftliches Buch*

~erschließung 1 *f* [Ind] ⟨DIN 31631/2⟩ / exploración por materias *f*

~erschließung 2 *f* (des Buchbestands) [Stock] ⟨DIN 31631/2⟩ / acercamiento por materias *m*

Sachetat *m* [BgAcc] / presupuesto (de gastos) material(es) *m*

Sach|gebiet *n* [Class] / campo temático *m* · clase *f* · materia *f*

~katalog *m* [Cat] / catálogo por materias *m* ‖ *s.a. Schlagwortkatalog*

~kosten *pl* [BgAcc] / gastos de material *pl*

sachliche Ordnung *f* (des Bestands) [Stock] / ordenación por materias *f* (del depósito)

sachliches Schlagwort *n* [Cat] ⟨DIN 31631/2⟩ / encabezamiento temático *m* · encabezamiento de materia *f*

– Unterschlagwort *n* [Cat] / subencabezamiento de materia *m* · subdivisión de materias *f*

Sach|literatur *f* [Bk] / literatura temática *f*

Sachrecherche *f* [Retr] / búsqueda especializada *f*

Sach|register *n* [Ind] / índice de materias *m*

~schlagwort *n* [Cat] / encabezamiento de materia *f* ‖ *s.a. sachliches Schlagwort*

Sachstandsbericht *m* [OrgM] / informe del estado de cosas *m*

Sach|titel- und Verfasserangabe *f* [Cat] ⟨TGL 20972/04⟩ / área de título y mención de responsabilidad *f*

~verhalt *m* [Ind] / hecho *m* (estado de cosas)

Sachvideo *n* [NBM] / video especializado *m*

Saffian *n* [Bind] / tafilete *m*

s.a.-Hinweis *m* [Cat] *s. siehe-auch-Hinweis*

Sakramentar *n* [Bk] / libro sacramental *m* · sacramentario *m*

Sämischleder *n* [Bind] / ante *m* · gamuza *f*

Sammel|ausgabe *f* [Bk] / edición recopiladora *f* · edición refundida *f*

Sammelband *m* [Bk] / colección en un volumen *f* · volumen colecticio *m*

Sammel|besprechung *f* [Bk] ⟨DIN 31631/2⟩ / crítica colectiva *f*

~bezeichnung *f* [Ind] / término colectivo *m*

~eintragung *f* [Cat] / asiento colectivo *m*

~handschrift *f* [Bk] / colección de manuscritos *f* · manuscrito colectivo *m*

Sammelrezension *f* [Bk] / recensión conjunta *f* (de obras análogas) · crítica colectiva *f s. Sammelbesprechung*

Sammel|schiene *f* [EDP] / bus *m* ‖ *s.a. Bus*

Sammelschwerpunkt *m* [Acq] / punto esencial de la colección *m*

Sammel|titel *m* [Cat] / título genérico *m* (de una colección de documentos análogos de distintos autores) · título colectivo *m*

-**verweisung** *f* [Cat] ⟨DIN 31631/2⟩ / referencia colectiva *f*
-**werk** *n* [Bk] ⟨DIN 31631/2; DIN 31639/2; TGL 20972/04; RAK⟩ / publicación seriada *f* ‖ *s.a. begrenztes Sammelwerk; fortlaufendes Sammelwerk*
Sammler *m* [Bk; Cat] / coleccionista *m*
Sammlung 1 *f* (schriftlicher und gedruckter Materialien) [Bk] / colección documental *f*
Sammlung 2 *f* (schriftlicher oder gedruckter Materialien) [Arch; Bk] / colección *f*
Sammlung 3 *f* (Vereinigung von mindestens zwei Einzelwerken desselben Verfassers) [Cat] ⟨DIN 31631/2; RAK⟩ / recopilación *f*
Sammlung 4 *f* (in einem Programmablauf-diagramm) [EDP] ⟨DIN 44300/4E⟩ / conjunción *f*
Sammlungsvermerk *m* [Cat] ⟨DIN 31631/2; RAK⟩ / mención de título colectivo *f*
Sample-Verteilung *f* [InfSc] / distribución de muestreo *f*
Samteinband *m* [Bind] / encuadernación de terciopelo *f*
sämtliche Werke *pl* [Bk] / obras completas *pl*
Sandschnitt *m* [Bind] / corte moteado *m*
Sanitätsraum *m* [BdEq] / botiquín *m* · enfermería de primeros auxilios *f*
Sans Serif *f* [Prt] / sin terminal· sin remate· sin gracia · letra grotesca *f* · letra paloseco *f* · letra pelada *f*
Satellitenaufnahme *f* [Cart] ⟨ISBD(CM); RAK-Karten⟩ / fotografía de satélite *f*
Satellitenbild *n* [Cart] ⟨ISBD(CM); RAK-Karten⟩ / fotografía de satélite *f*
-**rechner** *m* [EDP] / ordenador satélite *m* · ordenador auxiliar *m*
Satinage *f* [Pp] / calandrado *m* · satinado *m*
satinieren *v* [Pp] / calandrar *v* · satinar *v*
satiniertes Papier *n* [Pp] ⟨DIN 6730⟩ / papel satinado *m*
Sattelseife *f* [Pres] / jabón en cuña *m*
Satz 1 *m* (Satzherstellung) [Prt] / composición tipográfica *f*
- 2 *m* (das Gesetzte) [Prt] / composición *f*
- 3 *m* [EDP] ⟨DIN 1506; DIN 66010E; DIN 66029⟩ / registro *m* ‖ *s.a. geblockter Satz; segmentierter Satz*
- 4 *m* (physischer ~) [EDP] / bloque de registro *m s. Block*
- 5 *m* [Mus] / frase musical *f*
-**anweisungen** *pl* [Prt] / instrucciones de composición *pl*
-**bild** *n* [Prt] / ordenación tipográfica *f* · diseño tipográfico *m*
-**endezeichen** *n* [EDP] / carácter de final de registro *m s.a. Satztrennzeichen*
-**fehler** *m* [Prt] / error tipográfico *m s.a. Setzfehler*
- **fester Länge** *m* [EDP] ⟨DIN 66010E; DIN 66029⟩ / registro de longitud fija *m*
-**format** *n* [EDP] ⟨DIN 66010E; DIN 66029⟩ / estructura de registro *f*
-**gestaltung** *f* [Prt] / diseño tipográfico *m*
-**gruppe** *f* [EDP] ⟨DIN 44300/3E⟩ / grupo de registros *m*
-**herstellung** *f* [Prt] / composición tipográfica *f*
Satzidentifikation *f* [EDP] / identificación de registro *f* ‖ *s.a. Satzkennung*
Satz|kennung *f* [EDP] ⟨DIN 1506⟩ / etiqueta de registro *f* · identificación de registro *f* ‖ *s.a. Kennsatzname; Kennsatznummer*
-**länge** *f* [EDP] / longitud de registro *f*
-**marke** *f* [EDP] / marca de registro *f*
Satzmontage *f* [Prt] / montaje de composición *m*
Satz|nummer *f* [EDP] / número de registro *m*
-**rechner** *m* [EDP; Prt] / ordenador para composición automática *m*
-**schiff** *n* [Prt] / galera *f*
-**segment** *n* [EDP] ⟨DIN 66010E; DIN 66029⟩ / segmento de registro *m*
-**spiegel** *m* [Prt] / caja de justificación *f* · página tipográfica *f* · caja de composición *f* · mancha *f*
-**status** *m* [EDP] ⟨DIN 1506⟩ / estado de avance del registro *m*
-**struktur** *f* [EDP] / estructura de registro *f*
Satzsuchlauf *m* [Retr] / pasada de recuperación en un registro *f*
Satztitel *m* [Cat] ⟨PI⟩ / título en forma de frase completa *m*
Satz|trennzeichen *n* [EDP] ⟨DIN 2341/1⟩ / separador de registro *m*
Satzung *f* [Law] / estatuto *m*
Satz variabler Länge *m* [EDP] ⟨DIN 66010E; DIN 66029⟩ / registro de longitud variable *m*
Satz, von dem noch nicht gedruckt worden ist *m* / composición aún no tirada *f*
Satz|vorlage *f* [Prt] / manuscrito *m* ‖ *s.a. Druckvorlage*
-**zeichen** *n* [Writ; Prt] / signo de puntuación *m*
saugfähiges Papier *n* [Pp] / papel absorbente *m*

Saugfähigkeit *f* [Pp] ⟨DIN 6730⟩ / absorbencia *f*
Saugpapier *n* [Pp] / papel absorbente *m* · papel secante *m*
Saugpostpapier *n* [Pp; Repr] / papel para ciclostil *m* · papel duplicador *m* · papel para multicopista *m*
Säule *f* (einer Regaleinheit) [Sh] / montante *m* *s. Pfosten*
Säulendiagramm *n* [InfSc] / diagrama de barras *m* ‖ *s.a. Blockdiagramm; Histogramm; Kreisdiagramm*
säumiger Benutzer *m* [RS] / usuario negligente *m*
Säumnisgebühr *f* [RS] / recargo por demora *m* *s. Versäumnisgebühr*
säurefreies Papier *n* [Pp] / papel sin sustancias ácidas *m* · papel neutro *m*
Säuregehalt *m* [Pres] / acidez *f*
Säureschaden *n* [Pres] / daños causados por el ácido *pl*
Säureschutz *m* [Prt] / protección contra ácidos *f*
Säurewanderung *f* / migración de ácidos *f*
Säure|zerfall *m* [Pres] / desintegración del ácido *f*
s.a.-Verweisung *f* [Cat] *s. siehe-auch-Verweisung*
SB *abbr* [Ind] *s. Spitzenbegriff*
Schabkunst *f* [Art] / mediatinta *f* · grabado al humo *m* · grabado a la manera negra *m*
Schabkunstblatt *n* [Art] / hoja de grabado al humo *f*
Schablone *f* [Repr] / matriz *f* · patrón *m* · estarcido *m*
Schablonen|druck *m* [Repr] / mimeografiado *m* · copiado a ciclostil *f* · impresión con estarcido *f*
-drucker *m* [Repr] / impresora de ciclostil *f* · multicopista de matriz *f* · mimeógrafo *m*
Schablonenvervielfältigung [Repr] / mimeografía *f* *s.a. Schablonendruck*
Schachtel *f* [BdEq] / caja de cartón *f*
Schädling *m* / parásito *m*
Schädlingsbekämpfung *f* / lucha antiparasitaria *f*
Schäferspiel *n* [Bk] / novela pastoril *f*
Schafleder *n* [Bind] / cuero de oveja *m* · (sumachgeerbtes ~:) badana *f*
Schall|archiv *n* [NBM] / fonoteca *f* · discoteca *f* · archivo fonográfico *m*
Schallaufzeichnung *f* [NBM] / registro de sonido *m* · grabación sonora *f* *s.a. Schallspeicherung*
schalldämmend *pres p* [BdEq] / insonorizante *adj*
schalldämmendes Material *n* [BdEq] / material insonorizante *m* · material de aislamiento acústico *m*
Schalldämmung *f* [BdEq] / aislamiento acústico *m* · insonorización *f* ‖ *s.a. Lärmschutz*
schalldicht *adj* [BdEq] / aislado contra el ruido *adj*
Schallplatte *f* [NBM] / disco *m* · audiodisco *m* · fonodisco *m* · registro fonográfico *m* · fonoregistro *m* · disco sonoro *m* · disco fonográfico *m*
Schallplatten|archiv *n* [NBM] / fonoteca *f* ‖ *s.a. Tonträgersammlung*
-hülle *f* [NBM] / funda de disco *f*
schallschluckend *pres p* [BdEq] / insonorizante *adj*
Schallschutz *m* [BdEq] / protección acústica *f*
Schallspeicherung *f* [NBM] ⟨DIN 31631/2⟩ / grabación de sonido *f*
schalten *v* [Comm] / conectar *v* · conmutar *v*
Schalter 1 *m* (geschlossene Theke mit Schiebefenster u. dgl.) [BdEq] / ventanilla *f*
~ 2 *m* (in einem Rechnerprogramm) [EDP] / punto de desvío *m* · conmutador *m*
~ 3 *m* [BdEq] / interruptor *m* ‖ *s.a. Ein-/Ausschalter*
-ausleihe *f* [RS] / ventanilla de préstamo *f*
Schaltwerk *n* [EDP] ⟨DIN 44300⟩ / mecanismo de conmutación *m*
Schaltzeit *f* [EDP] / tiempo de conmutación *m*
Scharade *f* / charada *f*
schärfen *v* (Lederkanten ~) [Bind] / desbarbar *v* · chiflar *v*
Schärfmaschine *f* [Bind] / máquina de chiflar *f*
Schärfmesser *n* [Bind] / chifla *f*
Schau|bild *n* [InfSc] / diagrama *m* · gráfico *m* · representación gráfica *f* · cuadro *m*
Schauerroman *m* [Bk] / novela de terror *f*
Schaufensterausstellung *f* / exposición en escaparate *f*
Schau|kasten *m* [BdEq] / vitrina de exposición *f* · escaparate interior *m*
-raum *m* [BdEq] / sala de exposiciones *f*
-tafel *f* [NBM] ⟨DIN 31631/4⟩ / tablero de exposición *m*
Scheck *m* [BgAcc] / cheque *m* · talón *m*

Schein *m* (Nachweis für das Erbringen von Studien- und Prüfungsleistungen) [Ed] / certificado *m* (de exámen, de estudios)
scheinbar zusammengesetzter Name *m* [Cat] ⟨RAK⟩ / nombre aparentemente compuesto *m*
Schellack-Platte *f* [NBM] / disco de goma laca *m*
Schelmenroman *m* [Bk] / novela picaresca *f*
Schenker *m* [Acq] / donante *m*
Schenkung *f* [Acq] / donación *f*
Schenkungsvertrag *m* [Acq] / contrato de donación *m*
Schicht *f* (ISO Open Systems Architecture) [Comm] / arquitectura en capas *f*
schichten *v* [InfSc] / estratificar *v*
Schichthöhe *f* [Cart] *A* / altura de la curva *f*
Schichtträger *m* (bei Filmmaterial) [Repr] / soporte de la capa de emulsión *m*
Schichtung *f* [InfSc] / estratificación *f* ‖ *s.a. geschichtete Stichprobe*
Schiebetür *f* [BdEq] / puerta corredera *f*
Schiebewand *f* [BdEq] / tabique corredizo *m*
Schiff *n* [Prt] / galera *f*
Schiffahrtskarte *f* [Cart] ⟨ISBD(CM)⟩ / carta naútica *f*
Schiffs|bibliothek *f* [Lib] / biblioteca de barco *f*
~tagebuch *n* [Bk] / cuaderno de bitácora *m* · (con registro de cargas:) libro de sobordo *m* · diario de navegación *m*
Schildchen *n* [Bind] / rotulito *m* · cartelito *m*
Schildpattleder *n* [Bind] / cuero de becerro moteado *m*
Schildträger *m* / portaetiquetas *m* · portarrótulos *m* ‖ *s.a. Beschriftung*
Schimmel *m* [Pres] / moho *m*
Schimmel(bogen) *m* [Prt] / pliego mal impreso *m*
Schimmel|fleck *m* [Pres] / mancha de moho *f*
Schirm|blende *f* (Teil eines Lesegeräts) [Repr] / visera de pantalla *f*
~ständer *m* [BdEq] / paragüero *m*
Schlagpresse *f* [Bind] / prensa de cuatro columnas *f* · prensa de tornillo *f*
Schlagwort *n* [Cat] / encabezamiento de materia *f* ‖ *s.a. enges Schlagwort; Formschlagwort; gebundenes Schlagwort; geographisches Schlagwort; Hauptschlagwort; Personenschlagwort; sachliches Unterschlagwort; ungebundenes Schlagwort; Unterschlagwort; weites Schlagwort; Zeitschlagwort*
~bildung *f* [Cat] / elección del encabezamiento de materia *f*
~eintragung *f* [Cat] / entrada por materia *f* · asiento por materia *m*
~karte *f* [Cat] / ficha de materia *f*
Schlagwortkatalog *m* [Cat] / catálogo alfabético por materias *m* · (nach dem Prinzip des engsten Begriff:) catálogo alfabético directo *m* · catálogo alfabético específico *m*
Schlagwort|katalogisierung *f* [Cat] / catalogación por encabezamientos de materia *f*
Schlagwortkette *f* [Ind] / cadena de materias *f*
Schlagwort|liste *f* [Cat] / lista de encabezamientos de materia *f*
~Normdatei *f* [Cat] / lista normalizada de encabezamientos de materia *f* · fichero normalizado de materias *m*
~referat *n* [Ind] / resumen telegráfico *m*
~register *n* [Bib; Class] / índice alfabético de encabezamientos de materia *m*
~verweisung *f* [Cat] / referencia de materia *f* · referencia cruzada de materias *f*
~zettel *m* [Cat] / ficha de materia *f*
Schlagzeile *f* / titular de prensa *m*
Schleier *m* (Schwärzung der fotografischen Schicht) [Repr] ⟨DIN 19040/4⟩ / veladura *f* ‖ *s.a. Randschleier*
Schleife *f* (in einem Programmablaufplan) [EDP] ⟨DIN 44300/4E⟩ / bucle *m*
Schleifenanweisung *f* (FORTRAN) [EDP] / instrucción de bucle *f*
Schleifenbereich *m* (Programmierung) [EDP] / zona de bucle *f*
Schleifenfilm *m* [NBM] ⟨A 2653⟩ / película en bucle *f* · película continua *f*
Schleifenverstärkung *f* [EDP] / ganancia de bucle *f*
Schließblech *n* [Bind] / broche *m*
Schließe *f* [Bind] / cierre *m*
Schließ|fach *n* [BdEq] / caja de seguridad *f*
~rahmen *m* [Prt] / bastidor cerrado *m* · rama *f*
~stange *f* (eines Katalogkastens) [Cat] ⟨DIN 1461⟩ / varilla de cierre *f*
Schlitz|leisten *pl* (in den Seitenwänden eines Bücherregals) [Sh] / listones con ranuras *pl*
~lochkarte *f* [PuC] / tarjeta perforada con ranuras *f* · ficha con perforaciones alargadas *f* · tarjeta con ranuras *f*

-**pfosten** *m* [Sh] / montante dentado *m* · montante de estantería con muescas *m* · montante de estantería graduable *m*
-**zange** *f* [PuC] / pinza(s) de ranurar *f(pl)*
Schloßbibliothek *f* [Lib] / biblioteca de castillo *f*
Schlußbericht *m* [OrgM] / informe final *m*
Schlüssel *m* [Class] / norma de subdivisión común *f* · norma de subdivisión estándar *f* ‖ *s.a. Formschlüssel; Länderschlüssel*
schlüsselfertiges System *n* [EDP] / sistema a punto *m*
Schlüssel|roman *m* [Bk] / novela de claves *f*
Schlüsselschalter *m* [EDP] / registro clave *m*
Schlüsseltitel *m* (in Verbindung mit der ISSN) [Bk] ⟨ISBD(M; S) TGL RGW 175⟩ / (en conexión con el ISSN:) título clave *m*
Schlüsselung *f* [Class] / aplicación de la norma de subdivisión común *f* (en un sistema de clasificación)
Schlüsselwort *n* [Ind] ⟨DIN 31631/2: A 2653⟩ / palabra clave *f*
Schluß|korrektur *f* [Prt] / corrección definitiva *f*
Schlußkupfer *n* [Bk] / grabado final *m* · viñeta de cierre *f*
Schluß-s *n* [Writ; Prt] / s final *f*
-**stelle** *f* [OrgM] / departamento de acabado *m*
Schlußstück *n* [Bk] / culo de lámpara *m* · viñeta de cierre *f*
Schlußtermin *m* / fecha tope *f* ‖ *s.a. Bewerbungsschlußtermin; Fälligkeitstermin; Liefertermin; Schlußtermin*
Schlußtermin *m* / fecha límite *f* ‖ *s.a. Bewerbungsschlußtermin*
Schlußtitel *m* [Cat; Bk] ⟨PI⟩ / colofón *m*
Schluß|vignette *f* [Bk] / marmosete *m* · viñeta final de capítulo *f* · culo de lámpara *m*
-**wort** *n* [Bk] / epílogo *m s. Nachwort*
Schlußzeichen *n* [EDP] ⟨DIN 66203⟩ / carácter final *m*
Schmähschrift *f* [Bk] / libelo difamatorio *m* ‖ *s.a. Pasquill*
schmale Schrift *f* [Prt] / letra fina *f* · letra estrecha *f* · letra chupada *f*
Schmalfilm *m* [NBM] ⟨DIN 19040/104E⟩ / película estrecha *f*
Schmelzkleber *m* [Bind] / adhesivo termosellable *m*
Schmierpapier *n* [Off] / papel para borrador *m*
Schmirgelpapier *n* [Pres] / papel de esmeril *m* · papel de lija *f*
schmökern *v* [Bk] / hojear *v* · ojear *v*
Schmökerzone *f* [BdEq] / área de consulta rápida *f*
Schmutz|literatur *f* [Bk] / literatura obscena *f* · pornografía *f* ‖ *s.a. Schund- und Schmutzliteratur*
-**titel** *m* [Bk] / falsa portada *f* · anteportada *f* · título de anteportada *m* · título de falsa portada *m*
Schneide|marke *f* [Repr] ⟨ISO 6196-4⟩ / marca de corte *f*
-**maschine** *f* [Bind] / máquina cortadora *f* ‖ *s.a. Papierschneidemaschine*
Schnell|drucker *m* [EDP; Prt] / impresora rápida *f*
Schnellhefter *m* [Off] / clasificador rápido *m*
Schnell|informationsdienst *m* [Ref] / servicio de información rápida *m* · servicio de actualización permanente *m*
-**informationsrecherche** *f* [Retr] / búsqueda rápida de información *f*
Schnellkopierdienst *m* [Repr] / servicio de copia rápida *m*
Schnellpresse *f* [Prt] / prensa rápida *f*
Schnell|schneider *m* [Bind] / cortadora rápida *f* · guillotina *f*
Schnellstart *m* [EDP] / arranque rápido *m*
Schnell|trockner *m* [Bind] / secador de pasta *m* · secador rápido *m*
-**(zugriffs)speicher** *m* [EDP] / memoria de acceso rápido *f*
Schnitt 1 *m* (Vertikalschnitt) [Cart] / sección vertical *f* ‖ *s.a. Profil*
Schnitt 2 *m* [Bind] / corte(s) *m(pl)* ‖ *s.a. Fußschnitt; Goldschnitt; Kopfschnitt; Vorderschnitt*
Schnitt, Ansicht *m.f* [BdEq] / alzado (dibujo) *m* · proyección, vista *f*
Schnittmalerei *f* [Bind] / pintura de cortes *f*
Schnittmenge *f* [InfSc] / intersección de conjuntos *f*
Schnittmusterbogen *m* [Bk] / pliego de patrones de labores *m*
Schnittstelle *f* [EDP] ⟨DIN 44300/1E; DIN 44302; DIN 44330V⟩ / interfaz *f*
Schnittstellen|leitung *f* [EDP] ⟨DIN 44302⟩ / circuito de interconexión *m*
-**vervielfältiger** *m* [EDP] / multiplicador de interfaz *m*

Schnittverzierung *f* [Bind] / decoración de los cortes *f*
Schnörkel *m* [Bk] / adorno en espiral *m* · floritura *f* · firulete *m* · rúbrica *f*
Schnüre *pl* [Bind] / cordeles *pl* · piolas *pl HA* · cuerdas de cosido *pl* ‖ *s.a. Hanfschnur*
Schöndruck *m* [Prt] ⟨DIN 16500/2⟩ / impresión de la primera cara *f*
schöne Literatur *f* [Bk] / bellas letras *pl* ‖ *s.a. erzählende Literatur*
Schönschreibheft *n* [Writ] / cuaderno de caligrafía *m*
Schön- und Widerdruck *m* [Prt] / impresión de la primera cara y retiración *f*
Schöpfform *f* [Pp] / molde de mano *m* · forma de mano *f*
Schraffen *pl* [Cart] / normales *pl* · trazos esgrafiados *pl*
Schraffierung *f* [Bind] / esgrafiado *m*
Schräg|ablage *f* (in einem Regal) [Sh] / colocación inclinada *m*
~auslage *f* (in einem Regal) [Sh] / exposición inclinada *f*
~boden *m* [Sh] / balda inclinada *f*
schräger Falz *m* [Bind] / charnela francesa *f* · charnela abierta *f*
Schrägstrich *m* [Writ; Prt] / trazo oblicuo *m* · carácter diagonal *m* · barra (oblicua) *f*
Schrank mit Vertikalablage *m* / armario archivador vertical *m*
Schrankwand *f* / pared de armarios *f*
Schrank (zur geordneten Aufnahme von Materialien aller Art) *m* / armario clasificador *m*
Schreibdichte *f* [EDP] / densidad de registro *f* ‖ *s.a. doppelte Schreibdichte; einfache Schreibdichte*
Schreiber *m* [Writ] / amanuense *m* · escritor *m* · escribano *m* · escribiente *m*
Schreib|feder *f* (Vogelfeder) [Writ] / pluma para escribir *f*
~feld *n* [PuC] / campo para datos escritos *m*
Schreibfläche *f* [PuC] / campo para datos escritos *m*
schreibgeschütztes Feld *n* [EDP] / campo de escritura protegido *m*
Schreib|kopf *m* [EDP] ⟨DIN 66010⟩ / cabeza(l) de escritura *f(m)* · cabezal de grabación *m*
~kraft *f* [Staff] / mecanógrafo *m* · dactilógrafo *m*
~kunst *f* [Writ] / arte de escribir *m* · caligrafía *f* ‖ *s.a. Kalligraphie*
~-Lesekopf *m* [EDP] / cabeza(l) de escritura-lectura *f(m)*
~-Lese-Speicher *m* [EDP] ⟨DIN 44476I⟩ / memoria viva *f* · memoria de lectura-escritura *f* ‖ *s.a. nichtflüchtiger Schreib-Lese-Speicher*
~marke *f* [EDP/VDU] / cursor *m*
~maschine *f* [BdEq] ⟨DIN 2108⟩ / máquina de escribir *f* ‖ *s.a. Display-Schreibmaschine; Speicherschreibmaschine*
~maschinenpapier *n* [Pp] ⟨DIN 6730⟩ / papel para escribir a máquina *m*
~maschinentisch *m* [BdEq] / mesa para la máquina de escribir *f*
~maschinenzimmer *n* [BdEq] / sala de mecanografía *f*
~meister *m* [Writ] / maestro de escritura *m*
~meisterbuch *n* [Bk; Writ] ⟨RAK- AD⟩ / manual de escritura *m* · manual de caligrafía *m*
~papier *n* [Pp] ⟨DIN 6730⟩ / papel para escribir *m*
~papier mit Briefkopf *n* / papel con membrete *m* · papel timbrado *n*
~projektor *m* [NBM] ⟨DIN 19040/11; DIN 19090/1⟩ / retroproyector *m*
~satz *m* [Prt] / composición mecanográfica *f* · composición a máquina de escribir *f*
~schule *f* [Writ] / escuela de escritura *f*
~setzmaschine *f* [Prt] / máquina de composición mecanotípica *f* · máquina componedora con teclado *f*
~stoff *m* [Writ] / materia de escritura *f*
~terminal *n* [EDP] / terminal de impresión *m* · terminal de teleimpresión *m*
~tinte *f* [Writ] / tinta de escribir *f*
~tisch *m* [BdEq] / escritorio *m*
~ und Papierwaren *pl* [Off] / papelería y artículos de escritorio *f*
Schreibung *f* [Writ] / escritura *f* ‖ *s.a. Schreibweise*
Schreib|walze *f* [Off] ⟨DIN 9757⟩ / rodillo *m* (de la máquina de escribir)
Schreibweise *f* [Writ] / escritura *f* · letra *f* (estilo personal)
Schreib|werkzeug *n* [Writ] / útil de escritura *m*
Schrenzpappe *f* [Pp] ⟨DIN 6730⟩ / papel de estraza *m*
Schrift 1 *f* (Schriftart; z.B. Keilschrift) [Writ] / escritura *f* · letra *f*
~ 2 *f* (z.B. eine leserliche ~) [Writ] / letra *f* (por ej., una ~ legible)

– 3 *f* (geschriebener Text) [Writ; Bk] / escrito *m*
– 4 *f* [Prt; EDP] / estilo de los tipos de imprenta *m* · familia de tipos *f* · juego de tipos de imprenta *m* · carácter de imprenta *m* · tipo de imprenta *m* · fuente *f*
Schriftart *f* [Prt; EDP] / tipo de escritura *m* *s. Schrift 4*
Schrift|bild *n* [Prt] / ojo *m* (del tipo de imprenta)
-breite *f* [Prt] / grueso del tipo *m* · anchura *f* (del tipo de imprenta) · espesor del tipo *m*
Schriften|reihe *f* [Bk] ⟨ISBD(; M; S; PM); TGL 20972/04; RAK⟩ / serie *f* · publicación seriada *f* ‖ *s.a. übergeordnete Schriftenreihe*
Schriften|tausch *m* [Acq] / canje de publicaciones *m*
Schriftenverwaltungsprogramm *n* [EDP] / programa de administración de escritos *m*
Schrift|familie *f* [Prt; Off] ⟨DIN 2107⟩ / familia de caracteres *f*
-gießen *n* [Prt] / fundido de tipos de imprenta *m*
-gießer *m* [Prt] / fundidor de tipos *m*
-gießerei *f* [Prt] / fundición de tipos *f*
-gießmaschine *f* [Prt] / fundidora de tipos *f*
-grad *m* [Prt] / cuerpo de la letra de imprenta *m* · puntos del tipo *pl*
Schriftgröße *f* [Prt] / tamaño del tipo *m* *s.a. Schriftgrad*
Schrift|grundlinie *f* [EDP/VDU] ⟨DIN 66233/1⟩ / configuración de base *f*
-guß *m* [Prt] / fundición de caracteres *f* · fundición tipográfica *f*
-gut *n* [Writ; Arch] / documentos escritos *pl*
-gutverwaltung *f* [Off; Arch] / gestión de registros *f* · gestión de documentos escritos *f*
-höhe 1 *f* [Prt] / altura del tipo *f*
-höhe 2 *f* [EDP/VDU] ⟨DIN 66233/1⟩ / tamaño de los caracteres *m*
-kasten *m* [Prt] / caja tipográfica *f*
Schriftkasten 2 *n* [Bind] / caja de impresión *f*
Schrift|kegel *m* [Prt] / cuerpo de letra *m* · cuerpo del tipo *m*
-konus *m* [Prt] / bisel *m* · talud *m*
-leitung *f* (einer Zeitung oder Zeitschrift) [Bk] / redacción *f*
schrift|liche Befragung *f* [InfSc] / encuesta escrita *f* · encuesta de cuestionario *f*
schriftliche Prüfung *f* [d] / examen escrito *m* ‖ *s.a. Klausur*
schriftlicher Nachlaß *m* [Writ] / obras póstumas *pl* · herencia literaria *f*
Schrift|linie *f* [Prt] / línea de la escritura *f*
-metall *n* [Prt] / metal de imprenta *m*
-probe *f* [Prt] / prueba de escritura *f* · tipo de escritura *m*
-rolle *f* [Writ] / rollo de escritura *m* (por ej., en pergamino o papiro)
-schneider *m* [Prt] / grabador de caracteres de imprenta *m*
-setzer *m* [Prt] / cajista de imprenta *m* *s.a. Setzer*
-skalierung *f* [EDP; Prt] / escalado de la escritura *m*
-stempel *m* [Prt] / punzón para tipos *m*
Schrifttum *n* [Bk] / (die Gesamtheit des Gedruckten:) letras *pl* · literatura *f*
Schrifttumskarte *f* [Ind] / ficha de documentación *f* · ficha de documento *f*
Schrifttype *f* [Prt] / tipo de imprenta *m*
Schrift|verkehr *m* [Off] / correspondencia *f*
-wechsel *m* [Off] / correspondencia *f*
-zeichen *n* [InfSy; Writ; Prt] ⟨DIN 44300/2E⟩ / carácter gráfico *m*
Schritt *m* (Signal von definierter Dauer) [Comm] ⟨DIN 44302⟩ / paso *m*
Schrittakt *m* [Comm] ⟨DIN 44302⟩ / duración del paso *f*
Schritt|aufnahmetechnik *f* [Repr] ⟨ISO 6196/2; DIN 19040/11⟩ / grabación planetaria *f* · filmación estática *f*
-geschwindigkeit *f* [Comm] ⟨DIN 44302⟩ / velocidad de modulación *f*
-kamera *f* [Repr] / cámara estática *f*
-puls *m* [Comm] ⟨DIN 44302⟩ / cronómetro *m*
Schrittverfilmung *f* [Repr] / filmación estática *f* ‖ *s.a. Schrittaufnahmetechnik*
Schrotblatt *n* [Art] / grabado punteado *m*
Schrumpffolie *f* [Bind] / lámina de plástico retractable *f*
Schuber *m* [Bk] / vaina protectora *f* · estuche *m* · estuche de libro *m* ‖ *s.a. Schutzkarton*
Schubkasten *m* [BdEq] / cajón *m* · gaveta *f*
Schublade *f* [BdEq] / cajón *m* ‖ *s.a. Schubkasten*
Schul|abschlußzeugnis *n* [Ed] / certificado escolar *m*
-bibliothek *f* [Lib] ⟨DIN 1425⟩ / biblioteca escolar *f*
-buch *n* [Bk] ⟨RAK-AD⟩ / manual escolar *m*

–**buchverlag** *m* [Ed; Bk] / editorial de libros de texto *m*
–**funk** *m* [Ed] / radio escolar *f*
–**schrift** *f* [Bk] / publicación escolar *f*
Schulung am Benutzungsort *f* [RS] / prácticas in situ *pl*
Schulzeugnis *n* [Ed] / clasificación *f* · calificación *f* · nota *f* · certificado de examen *m*
Schummerung *f* [Cart] / sombreado *m*
Schund- und Schmutzliteratur *f* [Bk] / infraliteratura *f*
Schuppenmuster *n* [Bk] / imbricación *f*
Schusterjunge *m* [Prt] / línea viuda *f* ‖ *s.a. Hurenkind*
Schustermesser *n* [Bind] / chaira *f*
Schutz|frist *f* (für ein urheberrechtlich geschütztes Werk) [Law] / duración de los derechos de autor *f* · plazo de protección de propiedad intelectual *m*
–**gebühr** *f* [BgAcc] / precio preventivo *m*
–**hülle** *f* [Bind] / funda protectora *f*
–**karton** *m* (für ein Buch) [Bk] / caja protectora *f* ‖ *s.a. Schuber*
–**schicht** *f* (zur Verhütung von Kratzern und Abrieb auf Filmen) [Repr] ⟨DIN 19040/4+104E⟩ / capa protectora *f*
–**umschlag** *m* [Bk] ⟨DIN 31639/2⟩ / sobrecubierta *f* · camisa *f*
schutzwürdige Daten *pl* / datos dignos de protección *pl*
Schwankungsbereich *m* (bei einer Häufigkeitsverteilung) [InfSc] / límites máximos *pl* · ámbito *m*
Schwanz *m* [Bind] / pie *m* · margen de pie *m*
Schwanzschnitt *m* [Bind] / corte de pie *m*
schwarze Kunst *f* [Prt] / arte de la impresión *m*
schwarzer Kasten *m* [InfSc] / caja negra *f*
schwarzes Brett *n* [BdEq] / tablón de anuncios *m s.a. Anschlagbrett*
Schwarzweiß-Film *m* [Repr] ⟨DIN 19040/104E⟩ / película en blanco y negro *f*
Schweinsleder *n* [Bind] / cuero de cerdo *m*
schwerbeschaffbare Literatur *f* [Acq] / literatura de difícil adquisición *f*
Schwerkraftförderer *m* [BdEq] / transportador de gravedad *m*
Schwerpunkt *m* [Ed] / punto esencial *m* ‖ *s.a. Bestandsschwerpunkt; Forschungsschwerpunkt; Sammelschwerpunkt*
Schwerpunktbereich *m* [Ed] / materia esencial *f*
Scratch-Datei *f* [EDP] / fichero de trabajo *m*
Searcher *m* / indagador *m* · investigador *m*
Sechsplattenstapel *m* (für magnetische Datenspeicherung) [EDP] ⟨DIN 66205⟩ / pila de seis discos *f*
Sedez(-Format) *n(n)* [Bk] / volumen en dieciseisavo *m*
Sedezimal(zahlen)system *n* [EDP] / sistema numérico hexadecimal *m*
Seelhundleder *n* [Bind] / piel de foca *f*
–**karte** *f* [Cart] / carta naútica *f* · carta marina *f*
segmentierter Satz *m* [EDP] ⟨DIN 66010E A1⟩ / registro segmentado *m*
Sehabstand *m* [EDP/VDU] ⟨DIN 66233/1⟩ / distancia de visualización *f*
sehbehinderter Leser *m* [RS] / lector invidente *m*
Sehwinkel *m* [EDP/VDU] ⟨DIN 66233/1⟩ / ángulo de visualización *m* · ángulo de visión *m*
Seidenleinband *m* [Bind] / encuadernación en seda *f*
Seidengaze *f* [Pres] / gasa de seda *f*
Seidenlpapier *n* [Pp] / papel de seda *m*
Seite *f* [InfSy; Bk] ⟨DIN 44300/2E⟩ / página *f*
Seitenbeschreibungssprache *f* (Textverarb.) / lenguaje de descripción de páginas *m*
Seitenldrucker *m* [EDP; Prt] / paginadora *f*
Seitendruckformatvorlage *f* (Textverarb.) ⟨EDP⟩ / formato de impresión de páginas *m*
Seitenlkonsole *f* (Träger eines Fachbodens) [Sh] / apoyo lateral *m*
–**montage** *f* [Repr; Prt] / montaje de páginas *m*
seitenrichtiges Bild *n* [Repr] / imagen al derecho *f* · imagen de vista correcta *f*
Seitenlstütze *f* (eines Regals) [Sh] / soporte lateral móvil *m*
–**überschrift** *f* [Bk] / titulillo *m* · folio explicativo *m* ‖ *s.a. Kolumnentitel*
–**verhältnis** *n* (bei einem Bild, Dokument, einer Kopie usw.) [Repr] / relación entre los lados *f*
seitenverkehrtes Bild *n* [Prt; Repr] / imagen de vista invertida *f*
seitenverkehrtes Bild *n* [Prt; Repr] / imagen al revés *f* · imagen de lados invertidos *f*
Seitenlverweis *m* [Bk; Ind] / referencia de página *f*

-**wand** *f* (eines Regals) [Sh] / panel lateral *m*
-**wange** *f* (eines Fachbodens) [Sh] / soporte lateral móvil *m*
seitenweiser Betrieb *m* [EDP] / modalidad de operación por páginas *f*
seitenweises Lesen *n* [EDP] / modalidad de lectura por páginas *f*
~ **Schreiben** *n* [EDP] / modalidad de escritura por páginas *f*
Seiten|zahl *f* [Bk] / número de la página *m* · número de páginas *m*
-**zählung** *f* [Bk] / paginación *f* ‖ *s.a. doppelte Seitenzählung; durchlaufende Seitenzählung; gerade Zählung; getrennte Zählung; springende Zählung; ungerade Zählung; Zählung*
seitlich drahtgeheftet *pp* [Bind] / cosido lateral con hilo metálico *m* ‖ *s.a. Blockheftung*
~ **fadengeheftet** *pp* [Bind] / cosido lateral con hilo *m* ‖ *s.a. Fadenblockheftung*
Sekretariat *n* [OrgM] / secretaría *f*
sekretieren *v* [Stock] / segregar *v*
Sektion *f* (einer Karte) [Cart] / sección de mapa *f*
Sektionsbibliothek *f* (in einer Universität) [Lib] *DDR* / biblioteca de sección *f*
Sektor *m* [EDP] ⟨DIN 66010E⟩ / sector *m*
-**kennung** *f* [EDP] ⟨DIN 66010E⟩ / identificador de sector *m*
Sekundär|bibliographie *f* [Bib] / bibliografía secundaria *f*
-**dokument** *n* [Bk] ⟨DIN 31631/4/; DIN 31 639/2⟩ / documento secundario *m* · publicación secundaria *f*
sekundäre Gebietskörperschaft *f* (Gliedstaat, Ortsteil, Verwaltungsbezirk usw.) / entidades secundarias *pl* · entidades subsidiarias *pl*
Sekundärpublikation *f* [Bk] / publicación secundaria *f* *s.a. Sekundärdokument*
Sekundär|speicher *m* [EDP] / memoria auxiliar *f*
Sekundärsprache *f* (in einem mehrsprachigen Thesaurus) [Ind] ⟨DIN 1463/2⟩ / idioma secundario *m*
selbständige Anhängezahl *f* [Class/UDC] / auxiliar independiente *m* (número)
selbständige Ergänzungszahl *f* [Class/UDC] / auxiliar independiente *m*
selbständig erschienenes Werk *n* [Bk; Cat] ⟨RAK-UW⟩ / obra bibliográficamente independiente *f* ‖ *s.a. selbständiges Dokument*
selbständiges Dokument *n* [Bk; Cat] ⟨DIN 31631/4⟩ / documento bibliográficamente independiente *m* ‖ *s.a. selbständig erschienenes Werk*
selbständiges Werk *n* [Bk; Bk; Cat] / obra bibliográficamente independiente *f* *s.a. selbständig erschienenes Werk*
Selbstbiographie *f* [Bk] / autobiografía *f*
selbstdurchschreibendes Papier *n* [Off] / papel NCR *m*
Selbstführung *f* [RS] / visita autoguiada *f*
Selbstklebeband *n* [Off; Bind] / cinta autoadhesiva *f* ‖ *s.a. Tesafilm*
selbstklebend *pres p* [Off; Bind] / autoadhesivo *adj*
Selbstkostenpreis *m* [BgAcc] / precio de coste *m*
Selbststudium *n* [Ed] / estudios autodidácticos *pl*
selbsttragendes Magazin *n* (mehrere Geschosse durchlaufend) [BdEq; Sh] / depósito de secciones múltiples *m*
Selbstverlag *m* [Bk] / autoeditora *f*
Selbstverleger *m* [Bk] / autor editor *m* · autoeditor *m* · (im Selbstverlag erschienen:) promotor de (auto)edición *m*
Selbstverwaltung *f* [Adm] / autonomía administrativa *f*
Selektionsgüte *f* (Maß für die Relevanz der nachgewiesenen Informationsquellen) / selectividad *f*
selektive Informationsverbreitung *f* [InfSy] / difusión selectiva de información *f*
Semantik *f* [Lin] / Semántica *f*
semantische Begriffszerlegung *f* [Ind] / factorización semántica *f*
~ **Beziehung** *f* [Ind] / relación semántica *f*
Semester *n* [Ed] / semestre *m*
-**adresse** *f* [RS] / dirección durante el curso escolar *f*
-**apparat** *m* [RS] / colección reservada *f* (para el tiempo del curso escolar)
-**ferien** *pl* [Ed] / vacaciones semestrales *pl*
Semikolon *n* [Writ; Prt] / punto y coma *m*
Seminar *n* [Ed] / seminario *m* ‖ *s.a. Hauptseminar; Proseminar*
Seminarbibliothek *f* [Lib] / biblioteca de seminario *f*
Sende|aufruf *m* [Comm] ⟨DIN 44302⟩ / llamada de terminales *f*
-**betrieb** *m* [Comm] ⟨DIN 44302⟩ / modalidad de emisión *f* · operación de transmisión *m*
~-**Empfangsgerät** *n* [Comm] / transmisor-receptor *m*

Sender *m* [Comm] / transmisor *m*

Sendestation *f* [Comm] ⟨DIN 44302⟩ / emisora *f* · estación transmisora *f*

Sendung *f* [Acq] / envío *m* ‖ *s.a. Lieferung 1*

Sensationsblatt *n* [Comm] / periódico sensacionalista *m*

Sensationsroman *m* [Bk] / novela sensacionalista *f*

Sensibilisierung *f* [Repr] / sensibilización *f*

Sensor-Bildschirm *m* [EDP] / pantalla sensible al tacto *f* · pantalla sensorial *f*

Separat(ab)druck *m* [Bk] / impresión por separado *f* · reimpresión particular *f* ‖ *s.a. Separatum*

Separator *m* [Ind] / separador *m*

Separatum *n* [Bk] / separata *f* · tirada aparte *f*

Speicherverwaltung *f* [EDP] / gestión de memoria *f*

sequentielle Notation *f* [Class] / notación ordinal *f*

sequentieller Zugriff *m* [EDP] / acceso secuencial *m* · acceso en serie *m*

sequentielle Zugriffsmethode *f* [EDP] / método de acceso secuencial *m*

Serendipität *f* [InfSc] / hallazgo fortuito *m*

Serie *f* [Bk] / serie *f* · publicación seriada *f*

serielle Ausgabe *f* [EDP] / salida en serie *f*

~ Eingabe *f* [EDP] / entrada en serie *f*

serieller Betrieb *m* [EDP] ⟨DIN 44300/9E⟩ / operación de modalidad en serie *f*

~ Zugriff *m* [EDP] / acceso en serie *m*

serielle Schnittstelle *f* [EDP] / interfaz en serie *f* · acoplamiento mutuo en serie *m* · interconexión en serie *f*

~ Übertragung *f* [Comm] / transmisión en serie *f*

Serien|angabe *f* [Cat] / mención de serie *f*

~drucker *m* [EDP; Prt] / impresora carácter a carácter *f* · impresora serie *f*

~-Parallel-Umsetzer *m* [EDP] ⟨DIN 44300/5E⟩ / convertidor serie-paralelo *m*

~titel *m* [Cat] ⟨DIN 31631/2⟩ / título de la serie *m*

~übergabe *f* [Comm] ⟨DIN 44302⟩ / transmisión en serie *f*

~werk *n* [Bk] / serie *f* ‖ *s.a. Serie*

Serif *f* [Prt] / trazo de pie *m* · bigotillo *m* · remate *m* · terminal *m*

serifenlose Linear-Antiqua *f* [Prt] / letra paloseco *f* · letra lineal *f*

Serigraphie *f* [Art; Prt] / serigrafía *f s. Siebdruck*

setzen *v* [Prt] / componer *v*

Setzer *m* [Prt] / cajista *m* · tipógrafo *m* ‖ *s.a. Handsetzer*

Setzerei *f* [Prt] / taller de composición *m* · sala de cajas *f*

Setz|fehler *m* [Prt] / error tipográfico *m* · error de cajista *m* ‖ *s.a. Druckfehler*

~kasten *m* [Prt] / caja de imprenta *f*

~linie *f* [Prt] / regleta *f* · filete sacalíneas *m*

~maschine *f* [Prt] / componedora *f* · máquina de componer *f*

Setzregal *n* / chibalete *m* · comodín *m*

Sextern(io) *m(m)* [Bk; Bind] / sexterno *m*

Sicherheitsbeauftragter *m* [Staff] / encargado de seguridad *m*

Sicherheits|film *m* [Repr] ⟨DIN 19040/104E; DIN 15551/1; A 2653⟩ / película de seguridad *f*

~verfilmung *f* [Pres; Repr] ⟨DIN 19040/113E⟩ / filmación de seguridad *f*

Sicherheitszuschlag *m* (bei Kostenvoranschlägen) [BdEq] / suplemento de seguridad *m*

sichern *v* [EDP] / hacer copia(s) de seguridad *v*

Sicherung *f* (von Daten) [EDP] / copia de seguridad *f*

Sicherungs|archiv *n* [Stock; Repr] / fichero de seguridad *m*

~kopie *f* [EDP] / copia de seguridad *f*

Sicherungsschicht *f* [Comm] / nivel de seguridad *m*

Sicherungssystem [BdEq] / sistema de seguridad *m* ‖ *s.a. Diebstahlssicherungssystem*

Sicherungs|verfilmung *f* [Pres; Repr] / filmación de seguridad *f*

sich für die Ausleihe anmelden *v* / inscribirse para un préstamo

sich pensionieren lassen *v* [Staff] / pedir la jubilación *v*

Sicht|blende *f* [BdEq] / parasol *m*

sichten *v* [OrgM] / echar un vistazo *v*

Sicht|gerät *n* [EDP] ⟨DIN 44300/5E⟩ / unidad de visualización *f* ‖ *s.a. Datensichtgerät*

~kartei *f* [Ind] / fichero sinóptico *m* · fichero con fichas visibles *m* ‖ *s.a. Flachsichtkartei*

Sichtkontrolle *f* [BdEq] / control visual *m*

Sicht|leiste *f* (mit dem Titel einer Microfiche-Ausgabe) [Repr] / franja de título *f*

–lochkarte *f* [PuC] / ficha perforada para selección visual *f* · ficha de selección visual *f* · ficha „selecto" *f* · ficha „peek-a-boo" *f* · ficha perforada de coincidencia visual *f*
Sichtregister *n* [Ind] / fichero visible *m* ‖ *s.a. Flachsichtkartei*
Sieb *n* [Pp] / tamiz *m*
Siebdruck *m* [Art; Prt] / impresión por tamiz de seda *f* · estampación a la lionesa *f* · serigrafía *f* · impresión con trama *f* · impresión con retícula *f*
siehe-auch-Hinweis *m* [Cat] ⟨RAK⟩ / referencia „véase además" *f* (o „véase también") · v.a. *abbr* (v.t.)
—auch-Verweisung *f* [Cat] / referencia „véase además" *f*
—Verweisung *f* [Cat] / referencia „véase" *f*
Sigel *n* (Kurzzeichen für eine Bibliothek im Rahmen eines Gesamtkatalogs usw.) [Lib; Cat] / sigla *f* · código de institución *m* · identificador de institución *m* · símbolo de localización *m*
Signal *n* [InfSy] ⟨DIN 44300/2E⟩ / señal *f*
–streifen *m* (in ein Buch eingelegt, zur Steuerung von Arbeitsabläufen) [TS] / tira de señal *f* · señalizador *m*
Signatur 1 *f* (einer Drucktype) [Prt] / cran *m*
Signatur 2 *f* (Zählung eines Druckbogens) [Bk] / signatura *f*
Signatur 3 *f* [Sh] ⟨DIN 31631/2⟩ / signatura *f* · número de identificación *m* · número identificador *m* · signatura topográfica *f* · marca topográfica *f* · número topográfico *m* · número de estante *m* ‖ *s.a. Lokalsignatur; systematische Gruppensignatur*
Signaturbildung *f* [Sh] / formación de la signatura *f*
Signaturschild *n* / cartelito de signatura *m*
Signet *n* [Bk; PR] / (Namenszug:) logotipo *m* · marca tipográfica *f* · marca de imprenta *f* · (Verlagssignet auch:) logotipo editorial *m* · (Druckerzeichen auch:) pie de imprenta *m* · marca del impresor *m* ‖ *s.a. Bibliothekssignet*
signieren *v* [RS] / marcar *v*
signieren 1 *v* [TS] / consignar *v*
signieren 2 *v* (ein Buch durch den Autor ~) [Bk] / firmar *v* · escribir un autógrafo *v*
Signierer *m* [Staff] / bibliotecario de préstamos *m*
Signierstunde *f* [Bk] / hora de firma de autógrafos *f*
signierter Einband *m* [Bind] / (Signierung auf einem eingeklebten Zettel:) encuadernación con tejuelo *f* · encuadernación firmada *f* ‖ *s.a. Namensstempel*
signiertes Exemplar *n* [Bk] / ejemplar consignado *m* · ejemplar firmado *m* (por el autor)
Signifikanztest *m* [InfSc] / test de significación *m*
Silbenschrift *f* [Writ] / escritura silábica *f*
Silbentrennung *f* [Prt; Writ] / división en sílabas *f*
Silbentrennungsprogramm *n* [EP] / programa de división en sílabas *m*
Silber|film *m* [Repr] ⟨ISO 6196-4⟩ / película de haluro de plata *f*
Silberhalogenfilm *m* [Repr] / película de haluro de plata *f*
Silber|halogenverfahren *n* [Repr] / procedimiento a base de haluros de plata *m*
–salzverfahren *n* [Repr] / procedimiento a base de sales de plata *m*
Simplex|verbindung *f* [Comm] / circuito símplex *m*
–verfahren *n* (bei der Bestimmung der Bildanordnung auf einer Mikroform) [Repr] ⟨ISO 6196/2; DIN 19040/113E⟩ / procedimiento símplex *m* ‖ *s.a. Duplexverfahren*
Simulation *f* [EDP] / simulación *f*
Simulator *m* [EDP] / simulador *m*
Simultan|betrieb *m* [EDP] / explotación en modalidad simultánea *f*
–zugriff *m* [EDP] / acceso en paralelo *m*
Singpartitur *f* [Mus] / partitura vocal *f*
Sinnbild *n* (eines Ablaufdiagramms) [OrgM] ⟨DIN 66001⟩ / signo convencional *m*
Sitzgruppe *f* [BdEq] / grupo de asientos *m*
Sitzung *f* [OrgM] / reunión *f* · junta *f* · sesión *f*
Sitzungsberichte *pl* (eines Parlaments) / actas de sesión *pl* (parlamentarias)
Sitzungszimmer *n* [BdEq] / sala de juntas *f*
Skala *f* [InfSc] / escala *f*
Skalenbildung *f* [InfSc] / conversión a escala *f* ‖ *s.a. Skalierung*
Skalierung *f* [InfSc] / conversión a escala *f* · reducción a escala *f*
Skelettbauweise *f* [BdEq] / construcción en esqueleto *f* (en estructura)
Skonto *m/n* [BgAcc] / descuento *m*
Skript *n* (zu einem Film usw.) [NBM] / script *m* · guión anotado *m*

Sockel *m* (eines Regals) [Sh] / zócalo *m*
-boden *m* [Sh] / base del zócalo *f*
-wange *f* [Sh] / lateral de zócalo *m*
soeben erschienen *pp* [Bk] / acabado de aparecer *pp* · recién publicado *pp*
Sofortausleihe *f* [RS] / préstamo inmediato *m*
Sofortinformation *f* / información inmediata *f*
Software *f* [EDP] ⟨DIN 44300/1E⟩ / software *m* · soporte lógico-informático *m* · programas *pl*
- Engineering *n* / ingeniería de software *f*
-fehler *m* [EDP] / anomalía de software *f*
-firma *f* [EDP] / empresa productora de software *f*
- für Unterrichtszwecke *f* / software con fines pedagógicos *m*
-haus *n* [EDP] / casa de software *f*
-paket *n* [EDP] / paquete de programas *m*
Solander(schuber) *m(m)* [Bind] / estuche compuesto *m*
Sonder(ab)druck *m* [Bk] ⟨DIN 31631/4; DIN 31643⟩ / tirada aparte *f* · separata *f*
Sonderangebot *n* [Acq] / oferta especial *f*
Sonderforschungsbereich *m* [InfSc] / campo de investigación especial *m*
Sonderǀheft *n* (einer Zeitschrift) [Bk] / número extraordinario *m* ‖ *s.a. Beiheft*
-magazin *n* [Stock] / depósito especial *m*
-nummer *f* [Bk] ⟨DIN 31639/2⟩ / número extraordinario *m* *s. Sonderheft*
-preis *m* [Bk] / precio especial *m*
-sammelgebietsplan *m* (der Deutschen Forschungsgemeinschaft) [Acq] *D* / programa de especialización en una materia *m* (de la Sociedad Alemana de Investigación) ‖ *s.a. Sammelschwerpunkt*
Sonderschule *f* [Ed] / escuela de educación especial *f*
Sonderǀzeichen *pl* [InfSy; Prt] ⟨DIN 44300/2E⟩ / carácter especial *m* ‖ *s.a. Akzentbuchstaben*
Sonnenschutz *m* [BdEq] / protección solar *f*
sonstige beteiligte Person *f* (z.B. Bearbeiter, Herausgeber, Übersetzer) [Cat] ⟨RAK⟩ / persona que ha participado en la producción de un libro sin ser el autor *f*
Sortiereinrichtung *f* [BdEq] / dispositivo seleccionador *m*
sortieren *v* [EDP] ⟨DIN 44300/8E⟩ / clasificar *v* · ordenar *v* · ordenar *v* · clasificar *v*
Sortierer *m* [PuC] / clasificadora *f*
Sortierǀgerät *n* [PuC] / aparato clasificador *m* *s. Sortierer*
-geschwindigkeit *f* [EDP] / velocidad de clasificación *f*
-lauf *m* [EDP] / ejecución de la clasificación *f*
-maschine *f* [PuC] / clasificadora *f*
-nadel *f* [PuC] / aguja de clasificación *f*
-programm *n* [EDP] / programa de clasificación *m*
-tisch *m* [BdEq] / mesa de clasificación *f*
-vorgang *m* [EDP] / procedimiento de clasificación *m* · operación de clasificación *f*
Sortimentsǀbuchbinder *m* [Bind] / encuadernador de misceláneas *m*
-buchhandlung *f* [Bk] / librería general *f*
soziale Bibliotheksarbeit *f* [Lib] / trabajo bibliotecario para grupos discapacitados *m*
Sozialraum *m* [BdEq] *s. Personalraum*
Spalte *f* [Bk; InfSy] ⟨DIN 44300/2E; DIN 31639/2⟩ / columna *f* ‖ *s.a. einspaltig; zweispaltig*
spalten *v* [Pres; Pp] / hendir *v* ‖ *s.a. Papierspalten*
Spaltenanordnung *f* (der Bilder auf einem Microfiche) [Repr] / ordenación en columna *f*
Spaltenbreite *f* [Prt] / justificación de columna *f* · anchura de columna *f*
Spaltleder *n* [Bind] / cuero desdoblado *m*
Sparkampagne *f* [BgAcc] / campaña de ahorro *f*
Sparmaßnahmen *pl* / medidas ahorrativas *pl*
Spatium *n* [EDP; Prt] / espacio *m* ‖ *s.a. Leerzeichen*
Speicher *m* [EDP] ⟨DIN 44300/5E⟩ / memoria *f* · unidad de almacenamiento *f* ‖ *s.a. Arbeitsspeicher; Assoziativspeicher; Hauptspeicher; Internspeicher; Kellerspeicher; peripherer Speicher; Zentralspeicher; Zubringerspeicher*
-bauart *f* [EDP] ⟨DIN 44300/6E⟩ / tipo de memoria *m*
-bibliothek *f* [Lib] / biblioteca depósito *f* ‖ *s.a. Speichermagazin*
Speicherchip *m* [EDP] / chip de memoria *m*
Speicherǀdichte *f* [EDP] / densidad de grabación *f* ‖ *s.a. Schreibdichte; Zeichendichte*
-element *n* [EDP] ⟨DIN 44300/6E⟩ / elemento de memoria *m*
-erweiterung *f* [EDP] / expansión de memoria *f*

Speichergröße *f* [EDP] / tamaño de memoria *m*
Speicherhierarchie *f* [EDP] / jerarquía de memoria *f*
Speicherkapazität *f* [EDP] / capacidad de memoria *f*
Speicherkapazität *f* [EDP] / capacidad de almacenamiento *f*
Speichermagazin *n* [Stock] / fondos bibliotecarios almacenados *pl* ‖ *s.a. Ausweichmagazin; Speicherbibliothek*
-medium *n* [InfSy; EDP] / soporte de grabación *m* · soporte de información *m*
- mit indexsequentiellem Zugriff *m* [EDP] ⟨DIN 44300/6E⟩ / memoria con acceso secuencial indexado *f*
- mit sequentiellem Zugriff *m* [EDP] ⟨DIN 44300/6E⟩ / memoria con acceso secuencial *f s.a. Speicher mit seriellem Zugriff*
Speicher mit seriellem Zugriff *n* [EDP] / memoria con acceso secuencial *f* · memoria de acceso serial *f* · memoria con acceso en serie *f*
Speicher mit wahlfreiem Zugriff *m* [EDP] ⟨DIN 44476/1⟩ / memoria de acceso directo *f*
speichern *v* [Gen; EDP] ⟨DIN 44300/8E⟩ / colocar en memoria *v* · almacenar *v*
Speichern *n* [EDP] / memorización *f*
-organisation *f* [EDP] / organización de la memoria *f*
-platte *f* [EDP] / placa de memoria *f*
-platz 1 *m* (Speicherkapazität) [EDP] / espacio de memoria *m* · capacidad de memoria *f*
-platz 2 *m* [EDP] / emplazamiento de memoria *m s.a. Speicherzelle*
Speicherschreibmaschine *f* / máquina de escribir con memoria *f*
Speicherschutz *m* [EDP] ⟨DIN 44300/6E⟩ / protección de la memoria *f*
-stelle *f* [EDP] / posición de memoria *f*
-steuerung *f* [EDP] / control de memoria *m*
Speicher- und Zugriff-System *n* [InfSy; Repr] ⟨DIN 19040/113E⟩ / sistema de recuperación de datos *m*
- und Zugriff-System *n* [InfSy; Repr] ⟨DIN 19040/113E⟩ / sistema de recuperación *f* · sistema de recuperación de información *m*
-ung *f* [EDP] / almacenamiento *m* · memorización *f*
-vermittlung *f* [Comm] / conmutación de mensajes *f*
-verwaltung *f* [EDP] / administración de memoria *f*
-zelle *f* [EDP] ⟨DIN 44300/6E⟩ / posición de memoria *f* · emplazamiento de memoria *m*
Spende *f* / donativo *m* · donación *f*
Spendenaufruf *m* [BgAcc] / cuestación de donativos *f*
Spendenmittel *pl* [BgAcc] / fondos económicos de donaciones *pl*
Spender *m* [Acq] / donante *m* · donador *m*
Sperradresse *f* [Comm] ⟨DIN/ISO 3309⟩ / dirección bloqueada *f*
Sperre *f* (schmaler, kontrollierter Durchgang) [BdEq] / barrera *f* ‖ *s.a. Drehkreuz*
sperren *v* [Prt] / espaciar *v* ‖ *s.a. gesperrter Druck*
Sperrung der Ausleihberechtigung *f* [RS] / bloqueo de derechos de préstamo *m*
Spesenabrechnung *f* [BgAcc] / liquidación de gastos *f* ‖ *s.a. Reisekosten*
Spezialbibliothek *f* [Lib] ⟨DIN 1425⟩ / biblioteca especializada *f* · biblioteca de investigación *f*
-bibliothekar *m* [Staff] / bibliotecario especialista *m*
-klassifikation *f* [Class] / clasificación específica *f*
Spezies *f* [Ind; Class] / especie *f*
Spezieskauf *m* [Acq] / compra de un ejemplar examinado *f*
Spezifikation *f* [Bk] / especificación técnica *f s.a. technische Spezifikation*
spezifische Materialbezeichnung *f* [Cat] / designación específica de material *f s. spezifische Materialbezeichnung*
spezifische Materialbezeichnung *f* [Cat] ⟨ISBD(M; A; S; PM); DIN 31631/2⟩ / designación específica de material *f*
spezifischer (Sach-)Titel *m* [Cat] / título específico *m*
spezifizierte Abrechnung *f* [BgAcc] / nota detallada de liquidación *f*
Spiegel *m* (Teil des Vorsatzes) [Bind] / contraguarda *f*
Spiegelbild *n* [Repr] / reflejo *m*
Spiel *n* [NBM] ⟨DIN 31631/4⟩ / juego *m* ‖ *s.a. Lernspiel; Unterhaltungsspiel*
-dauer *f* [NBM] ⟨DIN 31631/2⟩ / duración del juego *f*
-film *m* [NBM] ⟨DIN 31631/4⟩ / largometraje *m*

-geschwindigkeit *f* (eines Videobandes usw.) [NBM] / velocidad de reproducción *f* *s.a. Laufgeschwindigkeit*
Spielkarte *f* [NBM] / carta de jugar *f* · naipe *m*
Spiel|partitur *f* [Mus] / partitura de ejecución *f*
Spindelpresse *f* [Bind] / prensa de husillo *f*
Spionageroman / novela de espionaje *f*
Spiral|bindemaschine *f* [Bind] / encuadernadora de espirales *f*
-bindung [Bind] / encuadernación con espiral *f*
-broschur *f* [Bind] / folleto unido con espiral *m* ‖ *s.a. Kammbindung*
spiralgeheftet *pp* [Bind] / unido con espiral *pp*
Spiralheftung *f* [Bind] / cosido con espiral *f*
Spitzbogenornamentik *f* [Bind] / ornamentación de arco apuntado *f*
Spitzenbegriff *m* [Ind] / término de encabezamiento *m* *s.a. Kopfbegriff*
Spitzenmuster *n* [Bk] / muestra de dentelle *f*
--Einband *m* [Bind] / encuadernación a la dentelle *f*
Spitzenzeit *f* [RS] / hora punta *f* (pl.: horas punta)
Spitzklammer *f* [Writ; Prt] / paréntesis angular *m*
Sponsor *m* / patrocinador *m*
Spontanbetrieb *m* [Comm] ⟨DIN 44302⟩ / modalidad de respuesta asíncrona *f*
SPOOL-Betrieb *m* [EDP] / tratamiento diferido en entrada/salida *m* · memorización intermediaria *f* · desincronización de entradas/salidas *f*
Sporthochschule *f* [Ed] / escuela superior de deportes *f*
Spottschrift *f* [Bk] / sátira *f* · escrito satírico *m*
Sprachbarriere *f* [Lin] / barrera lingüística *f*
Sprache *f* / lengua *f* · idioma *m*
Sprachen|referent *m* [Staff] / bibliógrafo lingüístico *m*
-schlüssel *m* [Class] / subdivisiones de cada lengua *pl* (tabla auxiliar de números de -)
Sprach|erkennung *f* [EDP] / reconocimiento de voz *m*
-führer *m* [Bk] ⟨DIN 31631/4; RAK-AD⟩ / manual de enseñanza de lenguas *f*
Sprachkenntnisse *pl* [Lin] / conocimientos filológicos *pl*
Sprach|labor *n* [BdEq] / laboratorio de idiomas *m*
Sprachlehrmittel *pl* [Ed] / material de enseñanza de idiomas *m*
Sprachprüfung *v* [Ed] / examen de idiomas *m*
Sprach|zahl *f* [Class/UDC] *s. allgemeine Ergänzungszahl der Sprache*
sprechbare Notation *f* [Class] / notación pronunciable *f* · notación silábica *f*
Sprechblase *f* [Bk] / bocadillo *m*
sprechende Notation *f* [Class] / notación mnemotécnica con letras *f*
Sprechfunk *m* [Comm] / radiotelefonía *f*
Sprechkassette *f* ⟨NBM⟩ / casete hablada *f* ‖ *s.a. Hörbuch*
Sprengschnitt *m* [Bind] / cortes salpicados *pl* · cortes moteados *pl*
springende Notation *f* [Class] / notación no correlativa *f*
springende Seitenzählung *f* [Bk] / paginación no consecutiva *f* · paginación salteada *f*
springende Zählung *f* [Bk] / numeración no consecutiva *f*
Sprinkleranlage *f* [BdEq] / instalación de rociado automático *f* (contra incendios)
Spritzschnitt *m* [Bind] / cortes aerografiados *pl* *s.a. Sprengschnitt*
Sprödigkeit *f* [Pres] / estado quebradizo *m*
Spruchband *n* [Bk] / pancarta *f*
Sprunganweisung *f* (FORTRAN) [EDP] / instrucción de bifurcación Fortran *f*
Sprung|befehl *m* [EDP] / instrucción de salto *f* · orden de bifurcación *f*
-rücken *m* [Bind] / lomo con resorte *m*
Spülbecken *n* [BdEq] / fregadero *m*
Spulbetrieb *m* [EDP] / tratamiento diferido en entrada y salida *m*
Spule *f* [Repr] ⟨DIN 19040/104E; DIN 45510; A 2654⟩ / bobina *f* · carrete *m* ‖ *s.a. Abwickelspule; Aufwickelspule; Filmspule; Tonbandspule*
Spüle *f* / fregadero *m*
Spulentonband *n* [NBM] / cinta magnetofónica en carrete abierto *f*
Spur *f* (eines Speichermediums) [EDP; NBM] ⟨DIN 44300/6E; DIN 66010⟩ / pista *f* ‖ *s.a. Datenspur; Indexspur*
Spurbreite *f* [EDP] ⟨DIN 66010⟩ / anchura de pista *f*
Spur|nummer *f* [EDP] / número de pista *m*
Staatliche Allgemeinbibliothek *f* [Lib] *DDR* / biblioteca pública estatal *f*

– **Beratungsstelle für öffentliche Büchereien** *f* [Lib] *D* / departamento de orientación de bibliotecas estatales *m*
staatliche Bibliothek *f* (der Staat ist Unterhaltsträger) [Lib] / biblioteca estatal *f*
Staatliche Büchereistelle *f* (Beratungsstelle für die Öffentlichen Bibliotheken eines Landes) [Lib] *D* / departamento de orientación de bibliotecas estatales *m*
– **Fachstelle für das Öffentliche Bibliothekswesen** *f* [Lib] *D* / departamento de orientación de bibliotecas estatales *m*
Staatliches Büchereiamt *n* [Lib] *D* / departamento de orientación de bibliotecas estatales *m*
Staatsbibliothek *f* [Lib] / biblioteca estatal *f*
Staatsbürgerschaftsprinzip *n* (bei der Ansetzung mehrgliedriger Personennamen) [Cat] / principio de nacionalidad *m*
Stab *m* [OrgM] / plantilla de personal *f* · personal *m*
–**diagramm** *n* [InfSc] / diagrama de barras *m s. Säulendiagramm*
–**drucker** *m* [EDP; Prt] / impresora de barras *f*
Stabilisieren *n* [Repr] / estabilización *f*
Stab-Linien-Organisation *f* [OrgM] / organización de cargos directivos y técnicos *f*
Stachelrad *n* [EDP; Prt] / rodillo de arrastre dentado *m*
Stachelwalze *f* [EDP; Prt] / rodillo de arrastre dentado *m*
Stadtladreßbuch *n* [Bk] / directorio de una población *m*
–**archiv** *n* [Arch] / archivo municipal *m*
–**ausgabe** *f* (einer Zeitung) [Bk] / edición local *f*
–**bibliothek** *f* [Lib] / biblioteca municipal *f*
Stadtbücherei *f* / biblioteca municipal *f*
städtische Behörden *pl* [Adm] / administración municipal *f*
städtische Bibliothek *f* [Lib] / biblioteca municipal urbana *f*
Stadtkämmerer *m* [BgAcc] / administrador del erario municipal *m*
Stadtkarte *f* [Cart] / plano de una ciudad *m* · plano urbano *m*
Stadtplan *m* [Cart] ⟨DIN 31631/4⟩ / plano urbano *m*
Stadtteilausgabe *f* (einer Großstadtzeitung) [Bk] / edición de distrito municipal *f* · edición de barrio *f*

staffeln *v* [Acq] / adquirir en lote *v s.a. gestaffelt anschaffen*
Staffelpreis *m* [Bk] / precio de lote *m*
Stahlfeder *f* [Writ] / pluma de acero *f*
–**stich** *m* [Art] / grabado sobre acero *m*
Stahlstichel *m* [Prt] / buril chaple *m*
Stammlband *n* [EDP] / cinta maestra *f*
–**datei** *f* [EDP] / fichero maestro *m* · fichero permanente *m*
–**daten** *pl* [EDP] / datos permanentes *pl*
–**eintrag** *m* [EDP] / artículo de fichero maestro *m*
–**karte** *f* (als Teil einer Zeitschriftenzugangskartei) [Acq] / ficha principal *f*
Stammsatz *m* [EDP] / registro permanente *m*
Stammtafel *f* [Gen] / tabla genealógica *f*
Stampfe *f* [Pp] / majadero *m*
Stand *m* (auf einer Ausstellung) [PR] / puesto de exposición *m s. Ausstellungsstand*
Standard *m* [Gen; Bk] *DDR s. Norm 1*
–**abweichung** *f* [InfSc] / desviación tipo *f* · desviación estándar *f*
–**bedienungssprache** *f* [Retr; EDP] / lenguaje de órdenes estándar *m*
–**format** *n* [InfSy] / formato normalizado *m*
–**isierte Kommandosprache** *f* [Retr; EDP] / lenguaje de órdenes normal *m*
standardlisiertes Interview *n* [InfSc] / entrevista estandarizada *f*
Standardlisierung *f* [Gen] / estandarización *f* · normalización *f*
–-**Schlagwortliste** *f* [Cat] / lista de encabezamientos de materia *f* ‖ *s.a. Schlagwort-Normdatei*
–**schnittstelle** *f* [EDP] / interfaz estándar *f*
–**verfilmung** *f* [Repr] ⟨DIN 19040/113E⟩ / procedimiento símplex *m* ‖ *s.a. Simplexverfahren*
Stand der Technik *m* [Gen] / nivel de la técnica *m*
Ständer *m* [BdEq] / soporte para libros *m* · expositor *m*
Standlfernkopierer *m* [Comm] ⟨DIN 32742/1⟩ / transmisor facsímil autónomo *m*
–**folie** *f* (untere Folie einer Mikrofilmtasche) [Repr] ⟨ISO 6196-4; DIN 19040/113E; ⟩ / base de apoyo *m* · lámina de soporte *f*
ständige Last *f* [BdEq] / carga permanente *f*
Standlleitung *f* [Comm] ⟨DIN 44302⟩ / línea especializada *f*

-nummer *f* [Sh] / número de estante *m* · número de identificación *m* · número identificador *m* · signatura topográfica *f* · número de localización *m*

Standort *m* (eines Bandes, eines Gebäudes usw.) [Sh; BdEq] / ubicación *f* ‖ *s.a. nicht am Standort*

standort|freier Realkatalog *m* [Cat; Class] / un catálogo que no refleja el orden de los libros en las estanterías *m*

-gebundener Realkatalog *m* [Cat; Class] / catálogo clasificado topográficamente *m*

Standort|katalog *m* [Cat; Sh] / catálogo topográfico *m*

Standortnachweis *m* / comprobante de ubicación *m*

Standort|nummer *f* [Sh] / número de estante *m*

Stapelbetrieb *m* [EDP] *s. Stapelverarbeitung*

Stapeldatei *f* [EDP] / fichero secuencial *m*

Stapel|fernverarbeitung *f* [EDP] ⟨DIN 44300/9E⟩ / teletratamiento por lotes *m*

-verarbeitung *f* [EDP] ⟨DIN 44300/9E⟩ / tratamiento por lotes *m*

Stärkeschnitt *m* [Bind] / corte reforzado *m*

starten *v* [EDP] / poner en marcha con autocarga *v*

Starthilfe *f* / ayuda de arranque *f*

Startkosten *pl* [BgAcc] / gastos de despegue *pl*

Start-Stop-Übertragung *f* [Comm] ⟨DIN 44302⟩ / transmisión de marcha-parada *f* · transmisión start-stop *f* · transmisión asíncrona *f* · transmisión arrítmica *f*

Startzeile *f* [Retr] / línea de arranque *f*

Stationsaufforderung *f* [Comm] ⟨DIN 44302⟩ / interrogación *f*

statischer (Schreib-/Lese-)Speicher *m* [EDP] ⟨DIN 44476/1⟩ / memoria estática (de lectura/escritura) *f*

Statistik *f* [InfSc] / estadística *f*

Statusanfrage (OSI) [InfSy] / consulta sobre situación actual *f*

Status- oder Fehlermeldung *f* (OSI) [InfSy] / aviso de incidencia o de situación actual *m*

Stau *m* (Papierstau usw.) [BdEq] / atasco *m*

stechen *v* / grabar *v*

Stecher *m* [Art] / grabador en cobre *m*

Steckdose *f* [BdEq] / toma de corriente *f* · enchufe *m*

Stecker *m* [EDP] / clavija de contacto *f*

Steckkarte *f* / tarjeta de conexión *f*

Steckplatz *m* (bei einem PC) / punto de conexión *m*

Steckverbindung *f* [EDP] / conexión de enchufe *f*

Steg 1 *m* [Repr] / margen de separación *m*

Steg 2 *m* [Prt] / margen de página *m* ‖ *s.a. Bundsteg; Fußsteg; Kopfsteg*

Steh|bildprojektion *f* [NBM] ⟨DIN 19040/10⟩ / proyección de imagen fija *f*

-kante *f* [Bind] / canto de pie *m*

Stehsatz *m* / composición conservada *f* · forma parada *f* · composición pendiente *f*

Steifbroschur *f* [Bind] / libro en cartoné *m* · libro en cartulina *m* · libro en rústica con tapa dura *m*

steifer Gewebeband *m* [Bind] / volumen rígido todo tela *m*

Steigung *f* [Bind] / inclinación *f*

Steilkartei *f* [TS] / fichero de fichas *m* · índice de fichas *m*

Stein|buch *n* [Bk] / lapidario *m*

-druck *m* [Prt] ⟨DIN 16529⟩ / litografía *f*

Stelle 1 *f* (in einer Anordnung von Zeichen) [InfSy] ⟨DIN 44300/2E⟩ / posición *f* ‖ *s.a. Anfangsstelle*

Stelle 2 *f* (Arbeitsplatz) [OrgM] / plaza *f* ‖ *s.a. Anfangsstelle*

Stellen|anforderungen *pl* [OrgM] / requisitos del puesto de trabajo *pl*

Stellenangebot *n* [Staff] / oferta de empleo *f*

Stellenanzeige *f* [Staff; OrgM] / anuncio de empleo *m*

Stellenausschreibung / oposiciones a una vacante *pl* · concurso para una vacante *m*

Stellen|beschreibung *f* [OrgM] / descripción del puesto de trabajo *f* ‖ *s.a. Tätigkeitsbeschreibung*

Stellenbewerber *m* [Staff] / candidato a un empleo *m*

Stellenbezeichnung *f* [OrgM] / denominación administrativa de los puestos de empleo *f*

Stelleninhaber *n* [Staff] / titular de la plaza *m*

Stellenvermittlung *f* [Staff] / agencia de empleos *f* · bolsa de trabajo *f* *Esp*

Stell|fläche *f* [Sh] / superficie de almacenamiento en estanterías *f s. Stellraum*

-flächenbedarf *m* [Sh] *s. Stellraumbedarf*

-klotz *m* (in einer Katalogschublade) [Cat] / compresor *m*

-raum *m* [Sh] / espacio de almacenamiento en estanterías *m*

-raumbedarf *m* [Sh] / necesidad de espacio de estanterías *f*

-raumkapazität *f* [Sh] / capacidad de almacenamiento en estanterías *f* · capacidad de estantes *f*
-stift *m* [Sh] / pasador de ajuste *m* · cuña *f* · chaveta *f* · taco *m*
Stellung *f* [OrgM] / cargo *m*
Stellungnahme *f* [OrgM] / opinión *f* · toma de postura *f*
stellvertretender Abteilungsleiter *m* [Staff] / director interino de departamento *m*
- Bibliotheksdirektor *m* [Staff] / subdirector de biblioteca *m* (o suplente)
stellvertretender Direktor *m* / subdirector *m*
stellvertretender Direktor *m* / director en funciones *m*
Stellvertreter *m* (für eine entnommene Karte oder einen entnommenen Band) [TS; Sh] / testigo *m*
Stempel 1 *m* [Bind] / sello *m* ‖ *s.a. Plattenstempel; Poststempel*
- 2 *m* (zur Herstellung einer Matrize) [Prt] / punzón *m*
- 3 *m* [TS] / sello *m* ‖ *s.a. Datumstempel; Gummistempel; Metallstempel*
-druck *m* [Bind] / estampación *f*
Stempelkarte *f* [Staff] / tarjeta de asistencia *f*
Stempel|kissen *n* [Off] / tampón *m*
-schneidemaschine *f* [Prt] / grabadora de punzones *m* · grabadora de timbres *f* (sellos)
-schneider *m* [Prt] / grabador de punzones *m* · grabador de cuños *m*
Stenographie *f* [Writ] / estenografía *f* · taquigrafía *f*
Stereo *n* [Prt] / estereotipo *m* · plancha de reproducción *f*
Stereoanlage *f* [BdEq] / instalación estereofónica *f*
Stereobild *n* [NBM] ⟨ISBD(NBM)⟩ / imagen estereoscópica *f*
Stereophonie *f* [NBM] ⟨A 2653⟩ / estereofonía *f*
stereophonisch *adj* [NBM] / estereofónico *adj*
Stereo|platte 1 *f* [NBM] / disco estereofónico *m*
Stereoplatte 2 *f* [Prt] / plancha de estereotipia *f*
Stereoschallplatte *f* [NBM] / disco estereofónico *m*
Stereo|typie *f* [Prt] ⟨DIN 16514⟩ / estereotipia *f*
Stereotypieplatte *f* [Prt] / plancha de estereotipia *f*
Stern|chen *n* (Zeichen *) [Prt; Class/UDC] / asterisco *m*
sternförmig aufgestellte Regale *pl* / estanterías colocadas en forma de estrella
Stern|karte *f* [Cart] ⟨ISBD(CM)⟩ / planisferio celeste *m*
-netz *n* [Comm] ⟨DIN 44331V⟩ / red en estrella *f*
-umlauf *m* (von Zeitschriften) [InfSy] / circulación radial *f*
Steuer|befehl *m* [EDP] / orden de control *f*
-bus *m* [EDP] / bus de control *m*
Steuerfeld *n* [Comm] / campo de control *m* · zona de control *f*
Steuerfunktion *f* [EDP] ⟨DIN 66203⟩ / operación de servicio *f*
Steuerkarte *f* [EDP] / tarjeta de parámetros *f* · tarjeta de órdenes *f* · tarjeta de control *f*
steuern *v* [OrgM] / dirigir *v*
Steuerspeicher *m* [EDP] / memoria de control *f*
Steuer|sprache *f* [EDP] / lenguaje de control *m*
-streifen *m* (in ein Buch usw. eingelegt, zur Steuerung von Arbeitsabläufen) [TS] / tira de papel de señalización *f* · señalizador *m*
Steuerungsgremium *n* [OrgM] / comité directivo *m*
Steuerungstaste *f* (suf einer Tastatur) [EDP] / tecla de función *f*
Steuerungsverfahren für Übermittlungsabschnittsbündel *n* / procedimiento de control de pista de enlace de datos *m*
Steuerungsverfahren zur Datenübermittlung *n* (bit-orientiert) [Comm] ⟨DIN/ISO4335⟩ / procedimiento de control para transmisión de datos *m*
Steuer|werk *n* [EDP] / unidad de control *f*
-zeichen *n* [EDP] ⟨DIN 44203⟩ / carácter de control *m*
Stich *m* [Art] / grabado *m*
Stichel *m* [Art] / buril *m*
Stichhaltigkeit *f* [InfSc] / validez *f* · plausibilidad *f*
Stich in Linien-/Grabstichelmanier *m* / grabado con buril *m*
Stichprobe *f* [InfSc] / muestra *f* · (eine ~ ziehen:) elegir una muestra *v* ‖ *s.a. geschichtete Stichprobe; repräsentative Stichprobe; Zufallsstichprobe*

Stichproben|anlage *f* [InfSc] / diseño de la muestra *m*
–basis *f* [InfSc] / configuración de muestreo *f*
Stichprobenbefragung *f* [InSc] *s. Stichprobenerhebung*
Stichproben|bildung *f* [InfSc] / muestreo *m*
–erhebung *f* [InfSc] / estudio del muestreo *m*
–fehler *m* [InfSc] / error de muestreo *m*
–größe *f* [InfSc] / tamaño de la muestra *m*
–grundlage *f* [InfSc] / configuración de muestreo *f s. Stichprobenbasis*
–gruppe *f* [InfSc] / grupo de muestreo *m*
–plan *m* [InfSc] / plan del muestreo *m*
–untersuchung + *f* [InfSc] *s. Stichprobenerhebung*
–verfahren *n* [InfSc] / procedimiento de muestreo *m*
–verteilung *f* [InfSc] / distribución del muestreo *f*
Stichwort *n* [Ind] ⟨A 2653⟩ / epígrafe *m* · entrada *f* · palabra clave *f*
–bildung *f* [Ind] / extracción de términos *f* · extracción de nociones *f*
–eintragung *f* [Bib; Cat; Ind] / asiento por palabra clave *m*
–register *n* [Bib; Ind] / registro por palabras clave *m* · registro por descriptores *m*
–titel *m* (Kurztitel mit den wesentlichsten Wörtern eines Titels) [Bk] / título de palabra clave *m*
Stickereieinband *m* [Bind] / encuadernación a la dentelle *f*
Stifter *m* [Acq] / donador *m* · fundador *m*
Stiftung 1 *f* [Acq] / donación *f* · donación usufructuaria *f*
Stiftung 2 *f* [OrgM] / fundación *f*
stillegen *v* (einen Katalog ~) [Cat] / cerrar *v* (un catálogo)
Stillstandszeit ⟨EDP⟩ / tiempo en reposo *m*
Stimme *f* (Musikdruck, der die Stimme/Stimmen für einen oder zwei Ausführende enthält) [Mus] ⟨ISBD(PM)⟩ / parte *f*
Stipendiat *n* / becado *m* · becario *m* ‖ *s.a. Forschungsstipendiat*
Stipendienantrag *m* [Ed] / solicitud de beca *f*
Stipendium *n* [Ed] / beca *f* ‖ *s.a. Ausbildungsbeihilfe; Forschungsstipendium; Reisestipendium*
Stirnseite *f* (einer Regalreihe) [Sh] / cara frontal *f* · extremo del cuerpo *m* · frente del cuerpo *m*
StK *abbr* [Cat] *s. Standortkatalog*
Stöbern *n* / rebuscar *v*
Stock *m* [BdEq] *s. Geschoß*
Stockflecken *pl* [Bk] / manchas de moho *pl* ‖ *s.a. Wasserfleck*
stockfleckig *adj* [Bk] / manchado de humedad *adj* ‖ *s.a. wasserfleckig*
stockig *adj* [Bk] / mohoso *adj*
Stockwerk *n* [BdEq] *s. Geschoß*
Stockwerks|höhe *f* [BdEq] / altura de la planta *f*
–plan *m* [BdEq] / plano de la planta *m*
Stoffkreiskatalog *m* [Cat] / catálogo de grupo temático *m* ‖ *s.a. Gattungskatalog*
Stoffnorm *f* [Gen; Bk] / norma de material *f*
Stoppwort *n* [EDP; Ind] / orden de detención *f*
Störlichtblende *f* (zur Lichtabschirmung bei einem Bildschirmarbeitsplatz) [EDP] ⟨DIN 66233/1⟩ / visera de pantalla *f*
stornieren *v* (eine Bestellung ~) [Acq] / anular *v*
Störung *f* [BdEq] / avería *f*
Störungsdauer *f* [EDP] / duración de la perturbación *f*
Stoßzeit *f* [RS] / hora punta *f*
straffen *v* [OrgM] / racionalizar *v*
strahlungsempfindlicher Film *m* [Repr] ⟨DIN 19040/104E; DIN 15551/1⟩ / película sensible a radiaciones *f* ‖ *s.a. Empfindlichkeit 1; lichtempfindlich*
strahlungsempfindliche Schicht *f* [Repr] ⟨DIN 19040/4; ISO 6196-4⟩ / capa radiosensitiva *f*
Strang *m* / cordón *m*
Straßenatlas *m* [Cart] / atlas de carreteras *m*
Streichpapier *n* [Pp] / papel impregnado *m*
Streifen *m* (in ein Buch usw. eingelegt, zur Steuerung von Arbeitsabläufen) [TS] / tira de papel *f*
–locher *m* [PuC] ⟨DIN 66218⟩ / perforadora de cinta (de papel) *f*
–lochkarte *f* [PuC] / ficha de perforaciones marginales *f*
Streubild *n* [InfSc] / diagrama de difusión *m*
Streulicht *n* [Repr] / luz difusa *f* · luz parásita *f*
Streuung *f* [InfSc] / varianza *f*

Streuungsbreite *f* (bei einer Häufigkeitsverteilung) [InfSc] / límites de varianza *pl* · ámbito de varianza *m*
Streuungsdiagramm *n* [InfSc] / diagrama de varianza *m*
Strg *abbr* [EDP] *s. Steuerungstaste*
Strich *m* [Pp] / raya *f*
Strich 1 *m* [Writ] / guión *m* ‖ *s.a. Bindestrich; Gedankenstrich; Schrägstrich*
Strich 2 *m* (Beschichtung) [Pp] / revestimiento *m*
Strichlätzung *f* [Prt] / grabado de línea al aguafuerte *m* · clisé de línea *m* · grabado de trazo *m* · fotograbado pluma *m*
~code *m* [EDP] / código de barras *m*
~code-Etikett *n* [EDP] / etiqueta de código de barras *f*
~code-Leser *m* [EDP] / lector de código de barras *m*
~klischee *n* [Prt] / clisé de línea *m*
~kopie *f* [Repr] / copia de línea *f* · reproducción de línea *f*
~liste *f* [InfSc] / lista de recuento *f* ‖ *s.a. Zählstrich*
~listenauszählung *f* [InfSc] / recuento de listas *m*
Strichstärke *f* [Prt; EDP] / espesor de los trazos *m*
Strichlvorlage *f* [Repr] / original de línea *m*
~zeichnung *f* [Art] / dibujo de trazo *m*
strittige Verfasserschaft *f* [Cat] / autoría cuestionable *f*
Strohpappe *f* [Bind] ⟨DIN 6730⟩ / cartón de paja *m* · cartón amarillo *m*
Stromnetz *n* [BdEq] / red eléctrica *f*
Stromlquelle *f* [BdEq] / fuente de energía eléctrica *f*
Stromspannung *f* [BdEq] / tensión de corriente *f*
Stromlverbrauch *m* [BdEq] / consumo de energía eléctrica *m*
~versorgung *f* [BdEq] / suministro de corriente *m* ‖ *s.a. Netzstromversorgung*
strukturierte Daten *pl* [EDP] ⟨DIN 44300/3E⟩ / datos organizados *pl*
~ Notation *f* [Class] / notación expresiva *f*
strukturiertes Interview *n* [InfSc] / entrevista estructurada *f*
Strukturreferat *n* [Ind] ⟨DIN 1426E⟩ / resumen estructural *m*
Stückkosten *pl* [BgAcc] / costes por pieza *pl*
Stücktitel *m* [Cat] ⟨TGL 20972/04; RAK⟩ / título de tomo *m* (de fragmento de la colección)
~aufnahme *f* [Cat] / asiento analítico *m* · asiento de despliegue *m*
Studentenausweis *m* [Ed] / carné de estudiante *m*
Studentenbibliothek *f* [Lib] / biblioteca para estudiantes *f*
Studentenschaft *f* [Ed] / estudiantado *m*
studentische Hilfskraft *f* [Staff] / ayudante becario *m* · auxiliar estudiante *m*
Studienanfänger/in *m/f* [Ed] / alumno/-a principiante *m/f*
Studienberatung *f* [Ed] / orientación para los estudios *f*
Studienbewerber *m* [Ed] / solicitante de plaza de estudio *m*
Studienbuch *n* [Ed] / libro de estudios *m*
Studienldruck *m* [Ed; NBM] *CH* ⟨ISBD(NBM)⟩ / impresión de apuntes de estudio *f* (impresión de apuntes)
~fach *n* [Ed] / asignatura *f*
~fahrt *f* [Ed; Staff] / viaje de estudios *m* ‖ *s.a. Exkursion*
~führer *m* (einer Universität) [Bk] ⟨DIN 31631/4⟩ / guía de estudios *f*
~gang *m* [Ed] / curso de estudios *m* ‖ *s.a. Hauptfach*
~gebühr *f* [Ed] / tasa(s) de matrícula *pl*
~inhalt *m* [Ed] / contenido de los estudios *m*
~jahr *n* [Ed] / año académico *m*
~ordnung *f* [Ed] / reglamento de estudios *m*
~partitur *f* [Mus] ⟨ISBD(PM)⟩ / partitura de estudio *f* · partitura de bolsillo *f*
~plan *m* [Ed] / programa de estudios *m*
~reise *f* [Staff] / viaje de estudios *m*
~urlaub *m* [Staff] / vacaciones estudiantiles *pl*
Studierraum *m* [BdEq] / sala de estudio *f*
Stufenaufnahme *f* (bei mehrbändigen Publikationen und fortlaufenden Sammelwerken) [Cat] / descripción bibliográfica *f* · (zwei Stufen:) descripción en dos niveles *f* · (mehr als zwei Stufen:) descripción en más de dos niveles *f* ‖ *s.a. einstufige Titelaufnahme*
Stummfilm *m* [NBM] / película muda *f*
Stundenbuch *n* [Bk] / libro de horas *m*
Stundenleistung *f* [OrgM] / rendimiento horario *m*
Stundenplan *m* [Ed] / horario de clases *m*
Subfacette *f* [Class] / subfaceta *f*
Subroutine *f* [EDP] / subrutina *f* · subprograma *m*
Subskribent *m* [Bk] / suscriptor *m*

subskribieren *v* (ein Buch ~) [Bk] / suscribir *v*
Subskription *f* [Bk] / suscripción *f*
Subskriptionspreis *m* [Bk] / precio de suscripción *f*
Subsystem *n* [InfSy] / subsistema *m*
Subvention *f* [BgAcc] / subvención *f*
subventionieren *v* [BgAcc] / subvencionar *v*
Such|anfrage *f* (bei einem Buchhändler) [Acq] / petición de búsqueda *f*
-auftrag *m* [Retr] / orden de búsqueda *f*
-baum *m* [InfSy] / árbol de búsqueda *m*
-begriff *m* [Retr] / término de búsqueda *m*
-einstieg *m* [Retr] / punto de acceso *m*
-ergebnis *n* [Retr] / resultado de búsqueda *m*
-feld *n* [Retr] / área de consulta *f* ‖ *s.a. Zugriffspunkt*
-frage *f* [Retr] / pregunta de búsqueda *f*
-kategorie *f* [Retr] / sector de búsqueda *m* ‖ *s.a. Zugriffspunkt*
-kerbe *f* [Repr; Retr] ⟨ISO 6196-4⟩ / muesca de recuperación *f*
Suchlauf *m* [Retr] / pasada de recuperación *f*
Suchliste [Acq] / lista de adquisiciones posibles *f* · desiderata *pl* · lista de documentos a adquirir *f*
Such|logik *f* [Retr] / lógica de búsqueda *f*
-markierung *f* (auf einem Mikrofilm) [Repr; Retr] ⟨ISO 6196/2; DIN 19040/113E⟩ / marca de recuperación *f* (en un microfilm) ‖ *s.a. Bildmarke*
-modus *m* [Retr] / modalidad de búsqueda *f*
-profil *n* [InfSy; Retr] / perfil de búsqueda *m*
-schlüssel *m* [Retr] / clave de búsqueda *f*
-sprache *f* [Retr] / lenguaje de recuperación *m*
-strategie *f* [Retr] / estrategia de búsqueda *f*
-system *n* [InfSy; Repr] ⟨DIN 19040/113E⟩ / sistema de recuperación de información *m* ‖ *s.a. Speicher- und Zugriff-System*
-verfahren *n* [Retr] / procedimiento de búsqueda *m*
-vorgang *m* [Retr] / operación de búsqueda *f*
Suchwort *n* [Retr] / palabra de búsqueda *f*
Such|zeichen *n* (auf einem Mikrofilm) [Retr] / marca de recuperación *f* ‖ *s.a. Suchmarkierung*
sumachgegerbtes Schafleder *n* / cabritilla curtida con zumaque *f*
Summenfeld *n* [EDP] / zona de suma *f*
Summenspeicher *m* [EDP] / memoria de totales *f*
Super-Exlibris *n* [Bind; Bk] / superexlibris *m* ‖ *s.a. Supralibros*
Supplement *n* [Bk] / suplemento *m*
Supralibros *n* [Bk] / superexlibris *m* · supralibros *m*
SWD *abbr* [Cat] *s. Schlagwort-Normdatei*
SWK *abbr* [Cat] *s. Schlagwortkatalog*
SyK *abbr* [Cat] *s. systematischer Katalog*
Symbol für den Titel des Werks in einer Signatur *n [Cat]* / símbolo del título de la obra en una signatura *m*
Symbol für den Titel in einer Signatur *n* [Cat] / símbolo del título en una signatura *m*
Symbol für den Verfassernamen in einer Signatur *n* [Cat] / símbolo del autor en una signatura *m*
Symbol für die Auflage in einer Signatur *n* [Cat] / símbolo de la edición en una signatura *m*
synchron *adj* [Gen; EDP] / síncrono *adj*
synchrone Übertragung *f* [Comm] ⟨DIN 44302⟩ / transmisión síncrona *f*
Synchronisiereinheit *f* [Comm] ⟨DIN 44302⟩ / unidad de sincronización *f*
synchronisieren *v* (einen Film ~) [NBM] / doblar *v* · sincronizar *v* (una película)
Synonym *n* [Lin] / sinónimo *m*
Synonymie *f* [Lin] / sinonimia *f*
Synopse *f* [Ind] / sinopsis *f*
~-Zeitschrift *f* [Bk] / revista de sipnosis *f*
syntaktische Indexierung *f* [Ind] ⟨DIN 31623/1⟩ / indización sintáctica *f*
Syntax *f* [Ind] / sintaxis *f*
synthetische Klassifikation *f* [Class] / clasificación sintética *f* · clasificación compuesta *f*
System *n* (Systematik) [Class] / sistema *m*
~analyse *f* [OrgM] / análisis de sistemas *m*
~ansatz *m* [InfSc] / enfoque de sistemas *m*
Systematik *f* [Class] / sistemática *f* · esquema de clasificación *m* · cuadro de clasificación *m*
~übersicht *f* (in Tabellenform) [Class] / gráfico de clasificación *m*
systematische Aufstellung *f* [Sh] / ordenación de libros clasificada *f* · sistema de estanterías clasificado *m*
~ Gruppensignatur *f* [Sh] / signatura sistemática *f* · número clasificador *m*

~ **Ordnung** *f* [Class] / ordenación clasificada *f*

systematischer Katalog *m* [Class] / catálogo sistemático *m* (con subdivisiones comunes) · catálogo clasificado por materias *m*

systemat|ischer Stichprobenfehler *m* / error sistemático de la muestra *m*

systematisches Register *n* [Ind] / índice clasificado *m* · índice sistemático *m*

system|atisieren *v* [Class] / sistematizar *v* · clasificar *v*

System|entwurf *m* [OrgM] / diseño de sistemas *m*

-regale *pl* (Aufstellung in ~n) [Sh] / estanterías de clasificación *pl*

~übersicht *f* (in Tabellenform) [Class] / gráfico de clasificación *m*

T

Tab *m* [Off; TS] / orejuela *f* · lengüeta *f*
Tabelle *f* [Bk] ⟨DIN 31631/2+4; RAK-AD⟩ / tabla(s) *f(pl)*
Tabellen|kalkulationsprogramm *n* [EDP] / programa de tablas de cálculo *m*
-werk *n* [Bk] ⟨DIN 31639/2⟩ / tablas *pl*
Tabellier|karte *f* [PuC] / tarjeta de tabulación *f* · ficha perforada *f* · tarjeta de lengüeta *f*
-maschine *f* [PuC] / máquina tabuladora *f* · tabulador *m*
tadelloses Exemplar *n* [Bk] / ejemplar impecable *m*
Tafel 1 *f* [Class] *s. Klassifikationstafel*
Tafel 2 *f* (Illustration außerhalb des Textes eines Buches) [Bk] ⟨ISBD(M); DIN 31631/2⟩ / cuadro auxiliar *m* · ilustración fuera de texto *f* ‖ *s.a. Ganztafel*
Tageblatt *n* [Bk] / periódico diario *m*
Tagebuch *n* [Arch; Bk] ⟨DIN 31639/2; RAK-AD⟩ / diario *m*
-schreiber *m* [Arch; Bk] / diarista *m*
Tageslicht-Entwicklungsgerät *n* [Repr] / aparato de revelado a la luz del día *m*
-projektor *m* [NBM] / retroproyector *m*
-spule *f* [Repr] ⟨DIN 19040/104E; ISO 6196-4⟩ / bobina de carga a plena luz *f*
Tages|ordnung *f* [OrgM] / orden del día *m*
-ordnungspunkt *m* [OrgM] / punto del orden del día *m*
-zeitung *f* [Bk] / periódico diario *m*
Tagung *f* [Gen] / congreso *m* · sesión *f* · jornadas *pl*
Tagungs|beitrag *m* [NBM] / comunicación escrita *f* · conferencia escrita *f*
-berichte *pl* [Bk] ⟨DIN 31639/2⟩ / actas de congreso *pl*
-ort *m* / lugar de la conferencia *m*
-schriften / informes de la jornada *pl* ‖ *s.a. Tagungsberichte*
-vortrag *m* [NBM] / conferencia *f* · ponencia *f*
Taktgeber *m* [EDP] ⟨DIN 44300/5E⟩ / cronómetro *m*
Tampon *m* [Prt] / tampón *m*
Tantieme *f* (zur Abgeltung urheberrechtlicher Ansprüche in bezug auf Buchausleihen) [BgAcc] / porcentaje de derechos de autor *m* *s.a. Bibliothekstantieme*
Tarif|abkommen *n* [Staff] / convenio sindical *m* · convenio colectivo *m* *s. Tarifvertrag*
-recht *n* [Staff] / derecho salarial *m*
-verhandlungen *pl* [Staff] / negociaciones salariales *pl*
-vertrag *m* [Staff] / convenio colectivo *m*
Tasche 1 *f* (in einer Hängeregistratur usw.) [BdEq] / carpeta *f*
Tasche 2 *f* (zum Aufbewahren einer Diskette) [EDP] ⟨DIN 66010E⟩ / funda *f*
Tasche aus Manila-Karton *f* / funda de cartón Manila *f*

Taschen|buch *n* [Bk] / libro de bolsillo *m*
-buchausgabe *f* [Bk] / edición de bolsillo *f*
-buchreihe *f* [Bk] / colección de libros de bolsillo *f*
-partitur *f* [Mus] ⟨ISBD(PM); DIN 31631/2⟩ / partitura de bolsillo *f* ‖ *s.a. Studienpartitur*
-rechner *m* [Off] ⟨DIN 9757⟩ / calculadora de bolsillo *f*
-schließfach *n* [BdEq] / consigna automática para bolsos *f*
-- und Mäntelablage *f* [BdEq] / perchero *m* · guardarropa *m* ‖ *s.a. Garderobe*
-wörterbuch *n* [Bk] / diccionario de bolsillo *m*
Tastatur *f* [Off; EDP] ⟨DIN 2148⟩ / teclado *m*
Tast-Bildschirm *m* [EDP] / pantalla táctil *f*
Taste *f* (einer Tastatur) [Off; EDP] / tecla *f*
Tasten|anschlag *m* [Off; EDP] / pulsación de una tecla *f*
Tastenfeld *n* [Off; EDP] *s. Tastatur*
Tasten|steuerung *f* / control por teclas *m*
Tätigkeitsbeschreibung *f* [Staff] / descripción de actividades *f* ‖ *s.a. Arbeitsplatzbeschreibung*
tatsächliche Adresse *f* [EDP] / dirección real *f* ‖ *s.a. Maschinenadresse*
Taufname *m* [Cat] / nombre de pila *m*
Tausch *m* [Acq] / intercambio *m* · canje *m* ‖ *s.a. Dublettentausch; internationaler Schriftentausch*
-gabe *f* [Acq] / intercambio *m* · canje *m*
-liste *f* [Acq] / lista de intercambios *f* · lista de duplicados para canje *f*
-stelle *f* [OrgM] / departamento de intercambios *m* ‖ *s.a. Geschenk- und Tauschstelle*
-vereinbarung *f* [Acq] / acuerdo de intercambio *m*
-zentrale *f* [Acq] / centro de canje *m*
Taxonomie *f* [Class] / taxonomía *f*
technische Beschreibung *f* ⟨DIN 31639/2⟩ / descripción técnica *f*
technische Buchbearbeitung *f* (Stempeln, Einband, Beschriften, Signaturanbringen usw.) [TS] / preparación técnica del libro *f*
- Firmenzeitschrift *f* [Bk] / revista técnica interna *f*
technische Hochschule *f* [Ed] / escuela técnica universitaria *f*
technische Konfektionierung *f* [NBM] / unificación técnica *f* *s. Konfektionierung 1*
- Norm *f* [Gen] / norma técnica *f*
technischer Plan *m* [Cart] ⟨ISBD(CM)⟩ / plano técnico *m*
technische Spezifikation *f* [Gen] ⟨DIN 820/3⟩ / especificación técnica *f* · características técnicas *pl*
technische Universität *f* [Ed] / universidad técnica *f*
technische Vorschrift *f* [Gen] ⟨DIN 820/3⟩ / normativa técnica *f*
- Zeichnung *f* [NBM] / dibujo técnico *m*
Teil 1 *m* (einer Karte) [Cart] *s. Teilblatt*
~ 2 *m* (eines Buches) [Bk] / tomo *m* · parte *f*
Teilausgabe *f* [Bk] / edición parcial *f*
Teil|begriff *m* (untergeordneter Begriff in einer Bestandsrelation)(TP) [Ind] ⟨DIN 1463⟩ / concepto subordinado *m* · término específico subordinado *m*
Teilbibliothek *f* *s. Bereichsbibliothek*
Teil|blatt *n* (einer Karte) [Cart] ⟨ISBD(CM)⟩ / hoja cartográfica parcial *f*
-feld *n* [EDP] / subzona *f* · subcampo *m*
-feldkennung *f* [EDP] ⟨DIN 1506⟩ / código de subcampo *m* · identificador de subcampo *m*
--Ganzes-Beziehung *f* [Class; Ind] ⟨TGL RGW 174⟩ / relación partitiva *f*
-haberbetrieb *m* [EDP] ⟨DIN 44300/9E⟩ / multitratamiento *m*
Teilmenge *f* [Gen] / subconjunto *m*
Teilnahmegebühr *f* [OrgM] / cuota de participación *f*
teil|nehmende Beobachtung *f* [InfSc] / observación participativa *f*
Teilnehmer|betrieb *m* [EDP] ⟨DIN 44300/9E⟩ / sistema de utilización compartida *m* · sistema de tiempo compartido *m*
-bibliothek *f* [Lib] / biblioteca de abonados *f*
Teilnehmergruppe mit gemeinsamer Adresse *f* [Comm] / grupo de participantes con dirección común *m*
Teilnehmer|kennung *f* [Comm] / identificación de usuario de la red *f*
-system *n* [EDP] / sistema de utilización compartida *m*
Teilnetz *n* [Comm] / red de abonados *f*
Teilsammlung *f* [Cat] ⟨PI⟩ / colección parcial *f*
Teilzahlung *f* [BgAcc] / pago a cuenta *m*
Teilzahlung *f* [BgAcc] / pago parcial *m* · pago de un plazo *m* · pago a plazos *m*

Teilzeitbeschäftigter *m* [Staff] / empleado a tiempo parcial *f* · empleado de media jornada *m* ‖ *s.a. Halbtagsbeschäftigter*
Teilzeit|kraft *f* [Staff] / empleado a tiempo parcial *f* ‖ *s.a. Halbtagskraft*
~personal *n* [Staff] / personal contratado a tiempo parcial *m* · personal contratado por horas *m*
Telefon|apparat *m* [Comm] / aparato de teléfono *m*
~buch *n* [Bk] / guía telefónica *f*
telefonische Befragung *f* [InfSc] / cuestionario telefónico *f*
telefonischer Anrufbeantworter *m* [Comm] / contestador automático *m*
telefonische Umfrage *f* [InfSc] / encuesta telefónica *f*
Telefon|leitung *f* [Comm] / línea telefónica *f*
~nummer *f* [Comm] / número de teléfono *m s. Rufnummer 2*
Telefonverbindung *f* / comunicación telefónica *f*
Telefonzelle *f* [Comm] / cabina telefónica *f*
Tele|kommunikation *f* [Comm] / telecomunicación *f*
~konferenz *f* [Comm] / conferencia telefónica *f*
~kopie *f* [Comm] / fax *m*
~kopierer *m* [Comm] / transceptor de facsímiles *m*
Telex *n* [Comm] / télex *m s. Fernschreiben*
~dienst *m* [Comm] / servicio de télex *m*
Tempelbibliothek *f* [Lib] / biblioteca de iglesia *f*
Termin *m* [OrgM] / citación *f* · fecha de plazo *f* ‖ *s.a. Bewerbungsschlußtermin; Liefertermin; Schlußtermin*
Terminal *n* [Comm; EDP] / terminal *m* ‖ *s.a. Datensichtgerät; Druckerterminal; dummes Terminal; Endgerät; intelligentes Terminal*
Terminkalender *m* [OrgM] / agenda de citas *f* ‖ *s.a. Schlußtermin*
Terminologie *f* [InfSc] / terminología *f*
~norm *f* [Gen] / norma terminológica *f*
terminologische Kontrolle *f* [Ind] ⟨DIN 1463/1E; DIN 31623/1V⟩ / control terminológico *m*
Termin|plan *m* [OrgM] / plan de fechas *m*
~planung *f* [OrgM] / planificación de horarios *f*
Terminus *m* [Ind] / término *m*
Ternie *f* [Bk] / terno *m*
Ternio *m* [Bk] / terno *m*

Tesafilm *m* [Off] / celo *m* · cinta de papel celo *f*
Test|betrieb *m* [EDP] / modalidad de prueba *f*
~blatt *n* [Repr] ⟨DIN 19040/113E⟩ / blanco de prueba *m* · hoja de test *f*
~feld *n* [Repr] ⟨DIN 19040/113E; DIN 19051/2⟩ / gráfico de test *m s. ISO-Testfeld Nr 1*
~hilfe *f* [EDP] / programa de diagnóstico *m* · programa de puesta a punto *m*
~karte *f* [Repr] / gráfico de test *m* · gráfico de prueba *m*
~lauf *m* [EDP] / ejecución de puesta a punto *f* · operación de prueba *f* · pase de prueba *m*
~materialien *pl* [NBM] ⟨DIN 31631/4⟩ / materiales de prueba *pl*
~modus *m* [EDP] / modalidad de prueba *f*
~zeichen *n* [Repr] / carácter de test *m s. ISO-Testzeichen*
~zeichengruppe *f* [Repr] ⟨DIN 19040/113E; DIN 19051/2⟩ / grupo de caracteres de test *m s. ISO-Testzeichengruppe*
Textausgabe eines Schauspiels mit Bühnenanweisungen / guión técnico de representación teatral *m*
Textausrichtung *f* [EDP] / alineación del texto *f*
Text|automat *m* [EDP] / sistema de tratamiento de textos *m* · procesador de palabras *m*
Textbaustein *m* [EDP] / párrafo almacenado *m*
Text|buch *n* [Mus] ⟨RAK-AD⟩ / libreto *m*
~dichter *m* [Mus] / libretista *m*
~ende *n* [Comm] / final de texto *m*
~erfassung *f* [EDP] / introducción de texto por teclado *f s. Dateneingabe; Datenerfassung*
Textil(ein)band *m* [Bind] / encuadernación en tela *f*
Textmontage *f* [Prt] / montaje del texto *m*
Textüberlieferung *f* [Bk] / transmisión de textos *f*
Textur(a) *f(f)* [Writ] / carácter gótico *m*
Textverarbeitung *f* [EDP] / tratamiento de textos *m*
Textverarbeitungssystem *n* [EDP] ⟨DIN 2140/1⟩ / sistema de tratamiento de textos *m*
Textverarbeitungssystem *n* [EDP] / sistema de tratamiento de textos *m*
Textverfasser *m* [Bk] / escritor *m*
Textzeile *f* [EDP] / linea de texto *f*

Theater|programm *n* [Bk] / programa teatral *m*
-zettel *m* [Bk] ⟨RAK-AD⟩ / programa de obra de teatro *m*
Theke *f* [BdEq] / mostrador *m*
Theke *f* [BdEq] / mesa de préstamo *f*
Thekenbücherei *f* [Lib] / biblioteca sin acceso público con sólo mostrador abierto *f*
thematische Karte *f* [Cart] / mapa temático *m*
Themenkatalog *m* [Cat] / catálogo temático *m*
Themenverzeichnis *n* [Mus] / índice temático *m* · índice de temas *m*
Thermo|kopierverfahren *n* [Repr] / termografía *f*
-(transfer)drucker *m* [EDP; Prt] / impresora térmica *f*
Thesaurus *m* [Ind] ⟨DIN 1463/1E; DIN 31631/4⟩ / tesauro *m* ‖ *s.a. aufgabenbezogener Thesaurus; Dachthesaurus; einsprachiger Thesaurus; Fachthesaurus; mehrsprachiger Thesaurus; Mikrothesaurus; Querschnittsthesaurus*
Tiefdruck *m* [Prt] ⟨DIN 16528E⟩ / huecograbado *m* ‖ *s.a. Heliogravüre; Rotationstiefdruck*
-abbildung *f* [Bk] / ilustración en huecograbado *f*
Tiefen|interview *n* [InfSc] / entrevista exhaustiva *f*
-karte *f* [Cart] / mapa batimétrico *m*
tiefer Falz *m* [Bind] / bisagra *f*
Tiefgeschoß *n* [BdEq] / sótano *m*
Tiegel(druck)presse *f* [Prt] / prensa de platina *f* · minerva *f*
Tiegelpresse *f* [Prt] / máquina de presión plana *f*
tierischer Leim *m* [Bind] / cola animal *f*
Tilde *f* [Writ; Prt] / tilde *f* · signo de repetición *m*
tilgen *v* [EDP] / anular *v* · borrar *v*
Tilgungszeichen *n* (Korrekturzeichen) [Prt] / signo de corrección *m* · dele *m*
Tinte *f* [Writ] / tinta *f*
Tintenfaß *n* [Off] / tintero *m*
Tinten|fleck *m* [Pres] / borrón *m* · mancha de tinta *f*
-strahldrucker *m* [EDP; Prt] / impresora a chorro de tinta *f*
-strahldüse *f* [EDP; Prt] / inyector del chorro de tinta *m*
Tippfehler *m* [Off] / error mecanográfico *m*
Tisch|computer *m* [EDP] / ordenador de sobremesa *m*
-fernkopierer *m* [Comm] ⟨DIN 32742/1⟩ / fax de sobremesa *m*
-kopierer *m* [Repr] / copiadora de sobremesa *f*
-lampe *f* [BdEq] / lámpara de mesa *f*
Tischpresse *f* [Bind] / prensa de mesa *f*
Tisch|rechner 1 *m* [EDP] / ordenador de oficina *m*
-rechner 2 *m* [Off] ⟨DIN 9757⟩ / calculadora de sobremesa *f*
Titel 1 *m* [Bk] ⟨ISBD(M; PM); DIN 31631/2; TGL 20972/04; RAK⟩ / título *m* ‖ *s.a. Alternativsachtitel; Hauptsachtitel; Neben(sach)titel; spezifischer (Sach-)Titel*
- 2 *m* (eines Microfiches) [Repr] ⟨ISO 6196-4⟩ / encabezado *m*
- 3 *m* (in einem Haushaltsplan) [BgAcc] / partida presupuestaria *f*
-änderung *f* [Bk; Cat] / cambio de título *m*
-aufnahme 1 *f* (als Tätigkeit und Vorgang) [Cat] / catalogación descriptiva *f* ‖ *s.a. formale Erfassung*
-aufnahme 2 *f* (Eintrag in einem Katalog oder einer Bibliographie) [Cat; Bib] / entrada *f* · asiento *m* ‖ *s.a. abgeschlossene Aufnahme; Hauptaufnahme; Stücktitelaufnahme*
-aufnahme(stelle) *f(f)* [OrgM] / sección de catalogación descriptiva *f*
-aufnehmer *m* [Staff] / catalogador *m*
-ausgabe *f* [Bk] / reedición de un libro con nueva portada *f*
-bild *n* (einer Mikroform) [Repr] / fotograma de título *m* (de una micorforma)
Titelbildschirm *m* [Cat] / pantalla de títulos *f*
Titelblatt *n* [Bk] ⟨DIN 1429⟩ / hoja de portada *f* · portada *f*
-karton *m* [Bk] / portada rehecha *f*
-rückseite *f* [Bk] / reverso de la portada *m*
Titel|bogen *m* [Prt] / hoja del título *f* · hoja titular *f* · primer pliego *m*
-bordüre *f* [Bk] / orla de la portada *f*
Titel des Sammlungsvermerks *m* / título de mención de serie *m*
Titel|drucke *pl* (in Kärtchenform) [Cat] / ficha impresa *f* · fichas impresas en catálogo *pl*
-drucken *n* [Bind] / rotulación del título *f*

-ei *f* [Bk; Prt] ⟨ISBD(M; S); DIN 16514⟩ / preliminares *pl* · principios *pl* · pliego de principios *m*

- **einer Untergliederung einer Veröffentlichung** *m* [Bk] / título de una subdivisión en una publicación *m*

- **einer Unterreihe** *m* [Bk] / título de una subserie *m*

-einfassung *f* [Bk] / orla de portada *f*

-feld *n* (auf einem Microfiche) [Repr] ⟨DIN 19040/113E; DIN 19054/1V; ISO 6194-4⟩ / área de encabezamiento *f*

-holzschnitt *m* [Bk] / xilografía de portada *m*

Titel in gemischter Form *m* [Cat] ⟨PI⟩ / título en forma mixta *f*

Titel in gewöhnlicher Form *m* [Cat] ⟨PI⟩ / título en forma normal *m*

Titel in mehreren Schriftarten *m* / remendería *f*

-katalog *m* [Cat] / catálogo de títulos *m*

Titelkupfer *m* (copper engraving on the title-page) [Bk] / grabado de portada *m* ‖ *s.a. Kupfertitel*

Titelprägepresse *f* [Bind] / troqueladora de títulos *f*

-rahmen *m* [Bk] / recuadro del título *m* · orla de portada *f*

-seite *f* [Bk] ⟨ISBD(M; A); TGL 11616; RAK⟩ / portada *f*

-seitenersatz *m* [Cat] ⟨ISBD(M; A; S; PM)⟩ / portada repuesta *f*

-seite vor oder nach der Haupttitelseite / portadilla *f*

-setzgerät *n* [Prt] / aparato de titulación *m*

-stelle *f* [NBM] ⟨RAK-AV⟩ / lugar del título *m* (principal fuente de información de descripción bibliográfica en un documento no librario y que equivale a la portada de un libro)

-übersicht *f* (auf einer Katalogkarte) [Cat] ⟨RAK⟩ / ficha de orientación *f* · ficha de información *f*

-umrahmung *f* [Bk] / orla de portada *f*

-vorspann *m* [Bk; Cat] / portadilla *f* · antetítulo *m*

Titlonym *n* [Bk] / titulónimo *m*

Toilette *f* [BdEq] / aseos *pl* · servicios *pl* · lavabos *m*

Token-Passing-Verfahren *n* [EDP] / procedimiento de pase de contraseña *m* · principio de la ficha circulante *m*

Token-Verfahren *n* [RS] / procedimiento de tarjetas de asistencia *m*

Tonabnehmer *m* (bei einem Plattenspieler) [NBM] / cabezal del fonocaptor *m*

-arm *m* (eines Plattenspielers) [NBM] / brazo del fonocaptor *m*

-aufzeichnung *f* [NBM] / grabación de sonido *f* · registro de sonido *m*

Tonband *n* [NBM] ⟨A 2653⟩ / banda magnetofónica *f* ‖ *s.a. Spulentonband*

-führung *f* [RS] / visita guiada por cinta magnetofónica *f*

-gerät *n* [NBM] / magnetófono *m*

-kassette *f* (Kompaktkassette) [NBM] ⟨ISBD(NBM)⟩ / casete magnetofónica *m, f* ‖ *s.a. Endlostonband-Kassette*

-spule *f* [NBM] ⟨ISBD(NBM)⟩ / bobina de cinta magnetofónica *f* · carrete de cinta magnetofónica *m*

Tonbildreihe *f* [NBM] / serie para exhibición audiovisual *f s.a. Tonbildschau*

Tonbildschau *f* [NBM] ⟨ISBD(NBM); DIN 31631/4; A 2653⟩ / exhibición audiovisual *f*

Toner *m* / virador *m*

Tonfilm *m* [NBM] / película sonora *f*

-spur *f* [NBM] / pista sonora *f* · banda de sonido *f*

-tafel *f* [Writ] / tablilla de arcilla *f*

Tonträger *m* [NBM] ⟨DIN 45510⟩ / soporte del sonido *m*

-sammlung *f* [NBM] / colección de grabaciones sonoras *f* ‖ *s.a. Schallplattenarchiv*

Tonträgerzeit *f* [NBM] / duración de la grabación sonora *f*

topographische Karte *f* [Cart] / mapa topográfico *m*

Totalerhebung [InfSc] / censo *m*

toter Kolumnentitel *m* [Prt] / número de página *m* (como única cabecera de página)

TP *abbr* [Ind] *s. Teilbegriff*

Trabantenstation *f* [Comm] ⟨DIN 44302⟩ / estación satélite *f* · estación tributaria *f*

Trachtenbuch *n* [Bk] / libro de vestimentas *m*

tragbarer Computer *m* [EDP] / ordenador portátil *m*

tragende Wand *f* [BdEq] / muro de carga *m* ‖ *s.a. nichttragende Außenwand*

Trägerinstitution *f* [OrgM] / institución a la que pertenece *f* · institución del titular *f*

-material *n* (Träger einer strahlungsempfindlichen Schicht) [Repr] / soporte *m* · soporte de película *m*

Tragetasche *f* [RS] / bolso *m* · bolsa *f*

Tragfähigkeit *f* [BdEq] / capacidad de carga *f* · carga admisible *f*
Traktat *n* [Bk] ⟨RAK-AD⟩ / tratado *m*
Transaktionskarte *f* [RS] / tarjeta de transacciones *f* · tarjeta de movimiento *f*
Transfer|geschwindigkeit *f* [Comm] ⟨DIN 44302⟩ / velocidad de transferencia *f* (de datos)
-zeit *f* [EDP] / duración de transferencia *f* (de datos)
transkribieren *v* [Writ] / transcribir *v*
Transkription *f* [Writ; Bk] ⟨DIN 1460⟩ / transcripción *f*
Transliteration *f* [Writ; Bk] ⟨DIN 1460⟩ / transliteración *f*
transliterieren *v* [Writ] / transliterar *v*
Transparent *n* [NBM] ⟨DIN 19040/11; A 2653⟩ / transparencia *f* ‖ *s.a. Aufbautransparent; Folgetransparent; Grundtransparent*
Transportanlage *f* [BdEq] / instalación de transporte *f*
Transportkosten *pl* / gastos de transporte *pl*
Treffer *m* [Retr] / obtención de respuesta pertinente *f* · acierto *m*
-quote *f* [Retr] / tasa de acierto *f* · tasa de éxito *f*
Treffsicherheit *f* (bei der Bereitstellung von Informationen) [Retr] / seguridad de acierto *f*
Trema *n* [Writ; Prt] ⟨DIN 66 009⟩ / diéresis *f* · crema *f* (puntos diacríticos)
Trennungszeichen *n* (in einer synthetischen Notation) [Class] / signo de separación *m*
Trenn|wand *f* [BdEq] / tabique *m*
Trennzeichen / carácter de separación *m* · separador *m* ‖ *s.a. Feldtrennzeichen; Satztrennzeichen*
Tresen *m* [BdEq] / mostrador *m*
Tresor *m* [BdEq] / caja fuerte *f*
Tresor(raum) *m/(m)* [BdEq] / cámara acorazada *f*
Trickfilm *m* [NBM] ⟨A 2653⟩ / película de dibujos animados *f*
Triptychon *n* [Bk] / tríptico *m*
Tritt *m* [BdEq] / banqueta *f*
-hocker *m* [BdEq] / banqueta *f*
-leiter *f* [BdEq] / escalerilla *f*
Trivialroman *m* [Bk] / novela trivial *f* · novela banal *f*
Trocken|entwicklung *f* [Repr] ⟨ISO 6196/3⟩ / procesado en seco *m*
-gehalt *m* (des Papiers) [Pp] ⟨DIN 5730⟩ / contenido de materia seca *m* (del papel)
-gerät *n* [Bind] / secador *m*
Trockengestell *n* [Pres] / secadero *m*
Trocken|kopie *f* [Repr] / copia en seco *f*
-offset *n* [Prt] / offset seco *m* · tipoffset *m* · tipografía indirecta *f* ‖ *s.a. indirekter Hochdruck*
Trockenreinigung *f* [Pres] / limpieza en seco *f*
Trocken|silberverfahren *n* [Repr] / procedimiento al cloruro de plata en seco *m* · revelado térmico *m*
-verarbeitung *f* [Repr] / procesado en seco *m*
Trog *m* [BdEq] / pila *f*
Trommel|antrieb *m* [EDP] / unidad de arrastre de tambor *f*
-speicher *m* [EDP] ⟨DIN 66001⟩ / memoria de tambor *f*
Trunkierung *f* [Retr] ⟨DIN 1502⟩ / truncamiento *m* · truncado *m*
Truppenbücherei *f* [Lib] / biblioteca de tropa *f*
Tunkpapier *n* [Bind] / papel jaspeado *m*
Türschild *n* [BdEq] / placa de puerta *f*
Tusche *f* [Art] / tinta china *f*
Tuschzeichnung *f* [Art] / dibujo a la aguada *m*
Type *f* [Prt] / tipo de imprenta *m* ‖ *s.a. Drucktype*
Typendrucker *m* [EDP; Prt] / impresora *f*
Typen|rad *n* [EDP; Prt] / rueda de caracteres *f* · margarita de caracteres *f*
-raddrucker *m* [EDP] / impresora de rueda *f* · impresora de margarita *f*
-stabdrucker *m* [EDP; Prt] / impresora de barras *f*
Typenstangendrucker *m* [EDP; Prt] *s. Typenstabdrucker*
Typenstangendrucker *m* / impresora de barras *f s. Typenstabdrucker*
Typentheorie *f* [Lin] / teoría de tipos *f*
Typograph *m* [Prt] / tipógrafo *m*
Typographie *f* [Prt] / tipografía *f*
typographischer Punkt *m* [Prt] / punto tipográfico *m*
typographischer Titel *m* [Bk] / título tipográfico *m*
typographisches Maßsystem *n* [Prt] / sistema de medidas tipográficas *m* (sistema de punto tipográfico)
Typoskript *n* [Writ] / original manuscrito *m* · escritura mecanográfica *f* · escritura a máquina *f*

U

UA *abbr* [Ind] *s. Unterbegriff*
UB *abbr* [Ind] *s. untergeordneter Begriff*
überarbeitete Ausgabe *f* [Bk] / edición revisada *f*
überbelichten *v* [Repr] / sobreexponer *v*
Überbelichtung *f* [Repr] / sobreexposición *f*
Überformat *n* (Buch mit Überformat) [Bk] / libro de gran tamaño *m*
Übergabestelle *f* [Comm] ⟨DIN 44302⟩ / punto de intercambio *m*
Übergangs-Antiqua *f* [Prt] / letra gótica de transición *f* · letra de suma *f*
Übergangsstelle *f* (in einem Ablaufdiagramm) [EDP] / símbolo de conexión *m* · símbolo de bifurcación *m*
übergeordnete Klasse *f* [Class] / clase general *f*
– **Körperschaft** *f* [Cat] / entidad principal *f*
übergeordneter Begriff *m* (OB) [Ind] ⟨DIN 1463/1E⟩ / término genérico *m* · concepto epigráfico *m* ‖ *s.a. Oberbegriff; Verbandsbegriff*
– **(Sach-)Titel** *m* [Cat] / título colectivo *m*
übergreifende Kanten *pl* / bordes cerrados *pl*
Überlage *f* (zu einem Grundtransparent) [NBM] ⟨DIN 19040/11⟩ / superposición *f*
Überlappung *f* [NBM] / recubrimiento *m* (de una transparencia base) · superposición *f* ‖ *s.a. Überlage*
Überlappungsrate *f* [InfSy] / tasa de recubrimiento *f*
Überlauf *m* [EDP] ⟨DIN 44300/8E⟩ / excedente de capacidad *m* · desbordamiento *m*
Übermittlung (von Literatur (usw.)) *RS* / transmisión *f*
Übermittlungs|abschnitt *m* [Comm] ⟨DIN 44302⟩ / enlace (de transmisión) de datos *m*
Übermittlungsabschnitt mit gleichberechtigter Steuerung *m* / enlace de datos con control parigual *m*
Übermittlungs|vorschrift *f* [Comm] ⟨DIN 44302⟩ / protocolo de comunicación *m*
Übernahme *f* (der Bestandteile eines Titels in die bibliographische Beschreibung) [Cat] / transcripción *f*
übernehmen *v* (bibliographische Daten –) [Cat] / transcribir *v*
Überprüfung *f* (von bibliographischen Daten) [Acq; Cat] / verificación *f* · comprobación *f*
überregionaler Leihverkehr *m* [RS] / préstamo bibliotecario interregional *m*
überregionales Netz *n* [Comm] / red transregional *f*
überschreiben *v* [EDP] / sobreescribir *v* · sobregrabar *v*
überschreiten *v* / exceder *v*
Überschrift *f* [Bk] / título *m* · encabezamiento *m* ‖ *s.a. Kapitelüberschrift; Randüberschrift; Seitenüberschrift; Zwischenüberschrift*

übersetzen *v* [Bk] / traducir *v*
Übersetzer 1 *m* [Lin] / traductor *m*
Übersetzer 2 *m* (für die Umwandlung von Anweisungen einer Programmiersprache in solche einer anderen Programmiersprache) [EDP] ⟨DIN 44300/4E⟩ / programa de traducción *m*
Übersetzung *f* [Lin] ⟨DIN 31639/2⟩ / traducción *f* ‖ *s.a. Kurzübersetzung; maschinelle Übersetzung*
Übersetzungsanweisung *f* [EDP] / seudoinstrucción *f*
Übersetzungsvermerk *m* [Cat] / mención de traducción *f*
Übersetzungswörterbuch *n* [Lin] / diccionario de traducción *m*
Übersicht *f* (Abriß) [Gen] / panorámica *f*
Übersichts|bericht *m* [Bk] / informe sobre el estado de cosas *m* · informe recapitulador *m*
-karte *f* (chorographische Karte) [Cart] *DDR* / mapa corográfico *m*
überspielen *v* (auf ein Tonband usw. ~) [NBM] / sobregrabar *v* (una cinta magnetofónica, etc.) · regrabar *v* ‖ *s.a. mitschneiden*
Überstunden *pl* [OrgM] / horas extraordinarias *pl* ‖ *s.a. Ausgleichsfreizeit*
-bezahlung *f* [BgAcc] / pago de horas extraordinarias *m* · sobrepaga *f*
Übertragbarkeit *f* (eines Programms) [EDP] / portabilidad *f*
übertragen *v* [Writ] / transcribir *v*
Übertragung *f* (eines Textes in eine andere Form) [Writ] / transcripción *f*
Übertragungsfehler *m* [Comm] / error de transmisión *m*
Übertragungs|geschwindigkeit *f* [Comm] ⟨DIN 44302⟩ / velocidad de transmisión *f* · velocidad de transferencia de datos *f*
-kanal *m* [Comm] ⟨DIN 44302⟩ / canal de transmisión *m* ‖ *s.a. Datenübermittlung; Datenübertragung*
Übertragungskosten *pl* [Comm] / gastos de transmisión *pl*
Übertragungs|leitung *f* [Comm] ⟨DIN 44302⟩ / línea de transmisión *f*
-netz *n* [Comm] / red de comunicaciones *f*
-steuerzeichen *n* [Comm] ⟨DIN 44300/2E⟩ / carácter de control de transmisión *m*
-steuerzeichenfolge *f* [Comm] ⟨DIN 44302⟩ / secuencia de control de transmisión *f*
-zeichenfolge *f* [Comm] ⟨DIN 44302⟩ / mensaje de información *m*
überwachen *v* [OrgM] / vigilar *v*
Überweisung *f* [BgAcc] / transferencia *f*
Überweisungsbeleg *m* [BgAcc] / comprobante de transferencia *m*
Überwendlingsstich *m* [Bind] / puntada de dobladillo *f* ‖ *s.a. unverschlungener Überwendlingsstich; verschlungener Überwendlingsstich*
Überzugs|material *n* [Bind] / material de revestimiento *m* · material para forrar *f*
-papier *n* [Bind] / papel para forrar *m* · papel de forro *m*
Überzugsstoff *m* [Bind] / tela de forro *f*
Ultrafiche *m* [Repr] / ultraficha *f*
Ultraschallreinigung *f* (von Filmmaterial) [Repr] / limpieza por ultrasonido *f*
Umbau *m* [BdEq] / reforma *f* (de un edificio) · reedificación *f*
umbauter Raum *m* [BdEq] / espacio rodeado de edificaciones *m* · volumen de edificación *m* (en metros cúbicos)
umbinden *v* [Bind] / reencuadernar *v* · reentapar *v* · reencajar *v*
umbrechen *v* [Prt] / compaginar *v* · (las páginas:) ajustar *v* · armar *v* *HA* (emplanar)
Umbruch *m* [Prt] / imposición *f* · compaginación *f* · ajuste de páginas *m* ‖ *s.a. Seitenmontage*
-korrektur *f* [Prt] / corrección de compaginación *f*
Umdrehungen pro Minute *pl* [NBM] / revoluciones por minuto *pl*
Umfang *m* (bei Zeitschriften usw.) [Cat] ⟨ISBD(S)⟩ / extensión de un documento *f*
Umfangs|angabe *f* [Cat] ⟨DIN 31631/2; TGL 20972/04⟩ / mención de paginación *f*
-definition *f* [InfSc] / definición genérica *f* · definición extensiva *f*
Umfrage *f* [InfSc] / estudio *m* · encuesta *f* ‖ *s.a. briefliche Umfrage; telefonische Umfrage*
Umfrage|daten *pl* [InfSc] / datos de encuesta *pl*
-forschung *f* [InfSc] / investigación por encuesta *f*
umgearbeitete Auflage *f* [Bk] / edición revisada *f*
Umkehr|film *m* [Repr] ⟨DIN 19040/104E; A 2653; ISO 6194-4⟩ / film reversible *m* · película invertible *f*
-papier *n* [Repr] / papel reversible *m*
-verfahren *n* [Repr] ⟨ISO 6193/3⟩ / procesado por inversión *m*

Umlauf *m* (von Zeitschriften) [InfSy] / circulación *f* · rotación *f* ‖ *s.a. Rundumlauf; Sternumlauf*
umlaufen lassen *v* / hacer circular *v*
umordnen *v* (Bücher, Katalogkarten usw. ~) [TS] / reordenar *v* · reclasificar *v*
Umrahmung *f* [Cart] / enmarcado *m*
umrandete Überschrift *f* [Prt] / título encuadrado *m*
Umrißkarte *f* [Cart] / bosquejo cartográfico *m*
Umsatzquote *f* [Stock; RS] / tasa de movimientos *f*
Umschalttaste *f* (für Großbuchstaben) / tecla sujetamayúsculas *f*
Umschlag *m* [Bind] / cubierta(s) *f(pl)* · (~protectora:) camisa *f* · sobrecubierta *f* · (~fijada al libro:) tapa(s) *f(pl)* · pasta(s) *f* ‖ *s.a. Rückumschlag; Vorderumschlag*
~gestaltung *f* [Bk] / diseño de cubierta *m* ‖ *s.a. Einbandgestaltung*
~ mitgebunden [Bind] / encuadernado con sobrecubiertas *pp*
~titel *m* [Bk] ⟨PI⟩ / título de cubierta *m* · título exterior *m* ‖ *s.a. Außentitel 1*
umschreiben *v* (z.B. ü in ue ~) [Writ; Cat] / transcribir *v*
Umschrift *f* (von Zeichen einer Schrift in Zeichen einer anderen Schrift) [Writ; Prt] / transcripción *f* · transliteración *f* ‖ *s.a. Transkription; Transliteration*
Umsetzer *m* [EDP] ⟨DIN 44300/5E⟩ / convertidor *m*
umspulen / rebobinar *v*
Umstellung *f* (ystem) [Cat; Class] / cambio de ubicación *m* · reubicación *f*
Umwandler *m* [EDP] / convertidor *m* ‖ *s.a. Umsetzer*
Umweltgefahren *pl* [Gen] / peligros medioambientales *pl*
Umzug *m* [BdEq] / mudanza *f* · traslado *m*
unabhängiger Wartebetrieb *m* [Comm] ⟨DIN 44302⟩ / modalidad de desconexión asíncrona *f*
unabhängiges Rechnersystem *n* / sistema informático independiente *m*
unaufgeschnitten *pp* [Bind] / ejemplar intonso *m*
unbedruckte, vom Buchbinder zusätzlich zum Vorsatz eingefügte Blätter / hojas de cortesía *pl*
unbeschnitten *pp* [Bind] / no cortado *pp* · intonso *adj* · no refilado *pp*
unbeschnittener Buchblock *m* [Bind] / cortes no refilados *pl* · libro no desvirado *m* · libro intonso *m*
unbesetzte Stelle *f* [Staff] / plaza vacante *f*
UND-Verknüpfung *f* [Retr] / operación Y *f* · intersección lógica *f*
unentgeltlich *adj* [Acq] / gratuito *adj* · gratis *adv*
Unfallverhütung *f* [BdEq] / prevención de accidentes *f*
ungebunden *pp* [Bind] / no encuadernado *pp* ‖ *s.a. broschiert*
ungebundenes Schlagwort *n* [Cat] ⟨DIN 31631/2⟩ / encabezamiento de materia *f* (no tomado de un fichero de categorías de materia)
ungeglättetes Papier *n* [Pp] ⟨DIN 6730⟩ / papel sin satinar *m* · papel sin calandrar *m*
ungeleimt *pp* [Pp] ⟨DIN 6730⟩ / sin encolar
ungeleimtes Papier *n* [Pp] ⟨DIN 6730⟩ / papel no encolado *m*
ungerade Zählung *f* [Bk] / numeración impar *f*
ungestrichen *pp* [Pp] / sin revestir *v*
ungezählt *pp* [Bk] / sin paginación
ungezählte Seiten *f* [Bk] / páginas sin numerar *pl*
ungültiger DÜ-Block ⟨DIN/ISO 3309⟩ / bloque de transmisión de datos erróneo *m*
ungültiger Empfang *m* [Comm] ⟨DIN 44302⟩ / recepción incorrecta *f*
Unikat *n* [Bk; NBM] ⟨A 2653⟩ / ejemplar único *m*
Uniterm *m* / unitérmino *m*
Universalbibliothek *f* [Lib] / biblioteca general *f*
Universale Dezimalklassifikation *f* [Class/UDC] / Clasificación Decimal Universal *f*
Universalklassifikation *f* [Class] / clasificación universal *f*
Universelle Dezimalklassifikation *f* / Clasificación Decimal Universal *f*
Universitäts|bibliothek *f* [Lib] / biblioteca universitaria *f*
~verlag *m* [Bk] / editorial universitaria *f*
Unkosten *pl* [BgAcc] / gastos *pl*
unscharfe Äquivalenz *f* (in einem mehrsprachigen Thesaurus) / equivalencia poco precisa *f*
unselbständige Anhängezahl *f* *s. unselbständige Ergänzungszahl*
unselbständige Ergänzungszahl *f* [Class/UDC] / auxiliar dependiente *m*

unselbständig erschienenes Werk *n* [Bk; Cat] ⟨RAK-UW⟩ / obra aparecida como dependiente *f*
unselbständiges Dokument *n* [Bk; Cat] *s. unselbständig erschienenes Werk*
unselbständiges Werk *m* [Bk; Cat] / obra dependiente *f* (componente de una obra bibliográficamente independiente) ‖ *s.a. unselbständig erschienenes Werk*
unspezifischer Titel *m* [Cat] / título no descriptivo *m*
unstrukturiertes Interview *n* [InfSc] / entrevista sin estructurar *f*
Unter|abteilung 1 *f* (eines in mehreren Teilen erscheinenden Werkes) [Bk] / subserie *f* ‖ *s.a. Abteilung 1*
-abteilung 2 *f* [Class] / subdivisión *f*
-ausschuß *m* [OrgM] / subcomité *m* · subcomisión *f*
-begriff *m* (untergeordneter Begriff in einer Abstraktionsrelation)(UA) [Ind; Class] ⟨DIN 1463/1E⟩ / concepto subordinado *m* · término específico *m*
-belichtung *f* [Repr] / exposición insuficiente *f* · infraexposición *f*
unterbesetzt *pp* [Staff] / falta de personal *f*
Unter|besetzung *f* [Staff] / falta de personal *f* ‖ *s.a. Personalmangel*
unterbrechen *v* (eine Veröffentlichung ~) / interrumpir *v* · suspender *v*
Unterbrechung *f* [Gen] / interrupción *f*
unterbringen *v* [BdEq] / alojar *v*
unterdrücken *v* / suprimir *v*
Unterdrückung *f* (Programmieren) [EDP] / supresión *f* ‖ *s.a. Nullenunterdrückung*
unteres Kapital *n* [Bind] / cabezada inferior *f*
unteres Kapitalband *n* [Bind] / cabezada inferior *f* (del pie)
unterfärbter Goldschnitt *m* [Bind] / corte pintado y sobredorado *m* · corte dorado con tonalidad subyacente *m*
Unterführungszeichen *pl* („") [Writ; Prt] / comillas de repetición *pl*
Untergebener *m* [Staff] / subordinado *m* · subalterno *m* (funcionario)
untergeordnete Körperschaft *f* [Cat] ⟨RAK⟩ / entidad subordinada *f*
untergeordneter Begriff *m* / término subordinado *m* ‖ *s.a. Teilbegriff; Unterbegriff*
Untergeschoß *n* [BdEq] / sótano *m*
Untergrund|druckerei *f* [Prt] / imprenta marginal *f* · imprenta clandestina *f*
-literatur *f* [Bk] / literatura clandestina *f*
-publikation *f* [Bk] / publicación clandestina *f*
Untergruppierung *f* (Zeichen [ ] eckige Klammern) [Class/UDC] / subagrupamiento *m*
Unterhaltsträger *m* [Lib] / responsable de manutención *m*
Unterhaltungs|kosten *pl* [BdEq] / gastos de mantenimiento *pl*
-lektüre *f* [Bk] / lectura amena *f* ‖ *s.a. Freizeitlektüre*
-spiel *n* [NBM] / juego recreativo *m*
Unter|klasse *f* [Class] / subdivisión *f*
-lage *f* (für eine strahlungsempfindliche Schicht) [Repr] ⟨DIN 19040/104E; ISO 6196-4⟩ / base *f* (para una capa radiosensitiva) · material de soporte *m* · soporte de película *m*
-länge *f* (eines Kleinbuchstabens) [Prt] ⟨DIN 2107⟩ / palo descendente *m* · asta descendente *f*
Unternehmensplanung *f* [OrgM] / planificación empresarial *f*
Unternehmenspraktikum *n* [Ed] / prácticas empresariales *pl*
Unterordnung *f* [Class] / subordinación *f*
Unter|programm *n* [EDP] / subprograma *m*
-reihe *f* (eines fortlaufenden Sammelwerks) [Cat] ⟨ISBD(S); DIN 31631/2; TGL 20972/04; RAK⟩ / subserie *f*
Unterricht *m* / enseñanza *f*
Unterrichtseinheit *f* [Ed] / unidad pedagógica *f*
Unterrichtsfach *n* [Ed] / asignatura *f*
Unterrichts|film *m* [NBM] ⟨DIN 31631/4⟩ / película educativa *f*
-materialien *pl* [Ed; Bk; NBM] / material didáctico *m*
-mitschau *f* [Ed] ⟨DIN 31631/4⟩ / clase transmitida por monitores *f*
Untersatz *m* [EDP] / subregistro *m*
unterscheidender Zusatz *m* (bei einer Titelkürzung) [Bk] / complemento distintivo *m*
Unter|scheidungsfacette *f* [Class] / faceta diferencial *f*
-schlagwort *n* [Cat] / subencabezamiento *m* · encabezamiento de materia *f* (las palabras que forman el encabezamiento compuesto)
Unterschneiden *n* [Prt; EDP] / desbordar *v* · sobresalir *v*
Unter|schnitt *m* [Bind] / corte de pie *m* · corte inferior *m*
-schrift *f* [Writ] / rúbrica *f* · firma *f*

unterstellter Mitarbeiter *m* [Staff] / empleado subordinado *m* *s. Untergebener*
unterstreichen *v* [Prt] / subrayar *v*
Untertitel *m* [Bk] / subtítulo *m* ‖ *s.a. Zusatz zum Sachtitel*
unverlangtes Exemplar *n* [Acq] / ejemplar no pedido *m*
unveröffentlicht *pp* [Bk] / inédito *m*
unverschlungener Überwendlingsstich *n* [Bind] / puntada a repulgo suelto *f*
Unziale *f* [Writ] / escritura uncial *f*
UpM *abbr* [NBM] *s. Umdrehungen pro Minute*
Urbar *n* [Arch] / libro fundiario *m* · registro de la propiedad *m* ‖ *s.a. Zinsregister*
Urheber 1 *m* (eine Körperschaft, die ein anonymes Werk erarbeitet oder veranlaßt und herausgegeben hat) [Cat] ⟨RAK⟩ / autor corporativo *m* · ente colectivo como autor *m*
~ 2 *m* [Mus] / (creador de una obra de arte:) artista *m* · creador *m* · (creador literario:) escritor *m* · (creador musical:) compositor *m*
~angabe *f* [Cat] ⟨ISBDA(A; M; S)⟩ / mención de responsabilidad *f*
Urheberechtsinhaber *m* [Law] / titular de derechos de autor *m*
Urheber|recht *n* [Law] / copyright *m* · propiedad literaria *f* · ley de derechos de autor *pl* ‖ *s.a. alle Rechte vorbehalten; geistiges Eigentum; Schutzfrist*
Urheberrechte *pl* [Law] / derechos de autor *pl*
urheberrechtlich geschützt *pp* [Law] / protegido por la ley de propiedad intelectual *pp*
~ **geschützte Ausgabe** *f* [Bk] / edición protegida *f* (por la ley de propiedad intelectual)
Urheberrechtsbestimmungen *pl* [Law] / disposiciones legales sobre la propiedad intelectual *pl*
Urheberrechts|eintragung *f* [Law] / inscripción en el registro de propiedad intelectual *f*
~gesetz *n* [Law] / ley de propiedad intelectual *f*
Urheberrechtsinhaber *m* [Law] / titular de los derechos de autor *m*
Urheberrechtsinhaber *m* [Law] / titular de derechos de autor *m*
Urheberrechts|klage *f* [Law] / querella por derechos de autor *f*
~rolle *f* [Law] / lista de copyrights *f*
~schutz *m* [Law] / protección de la propiedad intelectual *f*
Urheberrechtsübertragung *f* [Law] / transmisión de derechos de autor *f*
Urheberrechts|verletzung *f* [Law] / infracción de la propiedad intelectual *f*
~vermerk *m* [Bk] / mención de copyright *f*
urheberrrechtlich geschütztes Werk *n* [Law] / obra protegida por el derecho de la propiedad intelectual *f*
Urkunde *f* [Arch] ⟨DIN 31631/4⟩ / escritura *f* · documento *m*
Urkunden|lehre *f* [Arch] / diplomática *f*
~schrift *f* [Writ] / escritura diplomática *f*
Urladen *n* [EDP] / autocarga *f* · inicialización *f* · introducción de una secuencia de llamada o de arranque *f*
Urladeverfahren *n* [EDP] / procedimiento de carga inicial *m*
Urlaub *m* [Staff] / vacaciones *pl* · permiso *m* ‖ *s.a. bezahlter Urlaub*
Urlaubs|anspruch *m* [Staff] / derecho a vacaciones *m*
~plan *m* [Staff] / planificación de vacaciones *f*
~schein *m* [Staff] *n* / permiso de vacaciones *m*
Urschrift *f* [Arch] / original *m*
Ursprungs|programm *n* [EDP] / programa fuente *m*
~sprache *f* [EDP] / lenguaje fuente *m*
ÜSt-Zeichenfolge *f* [Comm] / secuencia de control de transmisión *f* ‖ *s.a. Übertragungssteuerzeichenfolge*

V

Vademecum *n* [Bk] / vademecum *m*
Vakat-Seite *f* [Bk] / página en blanco *f*
Vakuum|saugplatte *f* (in einer Kamera) [Repr] / portapelícula al vacío *m* ‖ *s.a. Ansaugplatte*
Vakuumtränkung *f* / impregnación al vacío *f*
Vakuum|trocknung *f* [Pres] / secado al vacío *f*
Validität *f* [InfSc] / validez *f*
Variable *f* [InfSc] / variable *f*
variable Kosten *pl* [BgAcc] / gastos variables *pl*
Variante *f* [Bk] ⟨ISBD(A)⟩ / variante *f*
Varianz *f* [InfSc] / varianza *f*
~analyse *f* [InfSc] / análisis de varianza *m*
Variationsbreite *f* (bei einer Häufigkeitsverteilung) [InfSc] / (en una distribución de frecuencia:) rango *m* · límites máximos de variación *pl*
Vario-Objektiv *n* [Repr] / objetivo de zoom *m*
Vatersname *m* [Cat] / patronímico *m* · apellido paterno *m* (primer apellido)
VB *abbr* [Ind] *s. verwandter Begriff*
Velinpapier *n* [Pp] / papel de vitela *m*
Venn-Diagramm *n* [Retr] / diagrama de Venn *m*
Veralten *n* [Infsc] / caer en desuso *v* · caducar *v*
veränderte Ausgabe *f* [Bk] / edición revisada *f*
verankern *v* [Sh] / sujetar *v*
Veranstaltung *f* [OrgM] / preparativos *pl* · acto social *m*
Veranstaltungskalender *m* [PR] / calendario de actos *m*
Verantwortung *f* [OrgM] / responsabilidad *f* ‖ *s.a. Gesamtverantwortung*
verarbeiten *v* [EDP] / procesar *v* · tratar *v*
Verarbeitung *f* (eines Films) [Repr] / procesado *m*
Verarbeitungseinheit *f* [EDP] / unidad de tratamiento *f*
Verarbeitungs|rechner *m* [EDP] / ordenador central *m*
~werk *n* [EDP] *s. Rechenwerk*
~zeit *f* [EDP] / tiempo de tratamiento *m*
Verbalkonkordanz *f* [Bk] / índice de concordancias *m*
Verbandsbegriff *m* (übergeordneter Begriff in einer Bestandsrelation) [Ind] ⟨DIN 1463/1E⟩ / término de entidad *m* · término de entidades relacionadas *m*
verbesserte Auflage *f* [Bk] / edición corregida *f*
verbesserte Ausgabe *f* / edición corregida *f*
Verbindung *f* [Comm] ⟨DIN 44331V⟩ / conexión *f*
Verbindungs|abbau *m* (Beendigung der Verbindung zu einem entfernten Rechner) [Comm] / salida del sistema *f* · fin de la conexión *m*

~abbruch *m* (gewollt oder ungewollt) [Comm] / interrupción *f* · desconexión *f*
~aufbau *m* [Comm] / entrada en comunicación *f* · toma de contacto *f*
Verbindungsaufnahme über Wählleitung *f* / toma de contacto por linea conmutada *f*
Verbindungs|steuerungsverfahren *n* [Comm] ⟨DIN 44302⟩ / procedimiento de control de llamada *m*
~zeit *f* [Comm] / duración de la conexión *f*
Verblassen *n* [Pres] / perder el color *v*
verblaßt *pp* [Bk] / descolorido *pp*
verbotene Bücher *pl* [Bk] / libros prohibidos *pl*
verbraucherorientiert *pp* [PU] / orientado al consumidor *pp*
Verbrauchsmaterialien *pl* / material de consumo *m*
Verbrauchsmaterialien *pl* / materiales de consumo *pl*
verbreitender Buchhandel *m* [Bk] / comercio librero en expansión *m*
Verbreitung *f* (einer Zeitung, einer Zeitschrift) [Bk] / circulación *f* · difusión *f* (de un periódico, una revista)
verbuchen *v* (ein ausgeliehenes Buch usw. ~) [RS] / registrar un préstamo *v* · asentar *v*
Verbuchungssystem *n* (Ausleihverbuchung) [RS] / sistema de registro de préstamo *m*
Verbund *m* [Lib] / consorcio *m* · red *f* · cooperativa *f* ‖ *s.a. Datenverarbeitungsverbund; Datenverbund*
Verbundabhängigkeit *f* [EDP] / dependencia de una red *f*
verbunden *pp* (fehlerhaft gebunden) [Bind] / unido defectuosamente *pp*
Verbund|karte *f* [PuC] / tarjeta combinada *m* · ficha combinada *f*
~katalog *m* [Cat] / catálogo colectivo *m* ‖ *s.a. Gesamtkatalog; Katalogisierungsverbund*
~katalogisierung *f* [Cat] / catalogación colectiva *f* · catalogación compartida *f*
~netz *n* [Comm] ⟨DIN 44331V⟩ / red mixta *f*
~system *n* [Lib] / sistema de cooperativa *m* ‖ *s.a. Verbund*
~zentrum *n* (mit zentraler bibliographischer Datenbank für die teilnehmenden Bibliotheken) [Lib] / central bibliográfica de la red *f*
verdeckte Beobachtung *f* [InfSc] / observación encubierta *f*
verdichten *v* [EDP] / condensar *v*
Vereinbarung *f* [EDP] ⟨DIN 44300/4E⟩ / declaración *f*
vereinigt mit *pp* (bei fortlaufenden Sammelwerken) [Cat] / fusionado con *pp* · refundido con *pp*
Vereinigung *f* (zweier Zeitschriften) [Bk] / fusión *f*
Verfahrensnorm *f* [Gen] / norma de procedimiento *f*
verfahrensorientierte Programmiersprache *f* [EDP] / lenguaje orientado a procedimientos *m*
Verfahrensregeln *pl* [OrgM] / reglas de procedimiento *pl*
Verfallsdatum *n* / fecha de caducidad *f*
Verfasser *m* [Bk] ⟨TGL 20972/04; RAK⟩ / autor *m* ‖ *s.a. Hauptverfasser; körperschaftlicher Verfasser; Mitverfasser; mutmaßlicher Verfasser*
~angabe *f* [Cat] ⟨ISBD(M); TGL 20972/04; RAK⟩ / mención de responsabilidad *f*
~ einer Klassifikation *m* / autor de una clasificación *m*
~eintragung *f* [Cat] / asiento por autor *m*
~in *f* [Bk] / autora *f*
~katalog *m* [Cat] / catálogo de autores *m*
verfasser|los *adj* [Bk] / anónimo *adj*
Verfasser mit verschiedenen Funktionen *pl* [Cat] / autor con diversas reponsabilidades en la producción de un libro *m*
~register *n* [Ind] / índice de autores *m*
~schaft *f* [Cat] / autoría *f* ‖ *s.a. Mehrverfasserschaft*
verfilmen *v* [Repr] / microfilmar *v*
Verfilmung *f* [Repr] ⟨DIN 19040/113E⟩ / microfilmación *f*
Verformung *f* [Pres] / deformación *f*
Verfügungsmittel *pl* [BgAcc] / fondo para imprevistos *m* · fondo de contingencia *m* · fondos disponibles *pl*
vergilben *v* [Bk; Pres] / amarillear *v*
vergilbt *pp* [Bk; Pres] / amarillento *adj*
Verglasung *f* [BdEq] / acristalamiento *m* ‖ *s.a. voll verglast*
vergleichende Bibliothekswissenschaft *f* [Lib] / biblioteconomía comparada *f*
Vergleichsbeziehung *f* [Class] / relación de comparación *f* · relación comparativa *f*
Vergoldegrund *m* [Bind] / fondo de dorar *m*
Vergoldekissen *n* [Bind] / tampón para dorar *m*
vergolden *v* [Bind] / dorar *v*
Vergolde|presse *f* [Bind] / prensa de dorar *f*
~pulver *n* [Bind] / polvo para dorar *m*

Vergolder *m* [Bind] / dorador a mano *m*
Vergolderolle *f* [Bind] / rueda para dorar *f* · rueda fileteadora *f*
vergoldet *pp* [Bind] / dorado *pp*
Vergoldung 1 *f* (das Verfahren der ~) [Bind] / dorado *m* ‖ *s.a. Handvergoldung; Innenkantenvergoldung*
Vergoldung 2 *f* (das Ergebnis des Vergoldens) [Bind] / dorado *pp*
vergriffen *pp* [Bk] / agotado *pp*
Vergrößerung *f* [Repr] / ampliación *f*
Vergrößerungs|faktor *m* [Repr] ⟨ISO 6196/1⟩ / factor de ampliación *m*
-glas *n* [Repr] / lente de aumento *f* · cristal de aumento *m*
Vergütung *f* [Gen] / remuneración *f* · bonificación *f*
Vergütungs|anspruch *m* [Law] / derecho a remuneración *m*
-gruppe *f* [Staff] / grupo de escala salarial *m*
-ordnung *f* [Staff] / escala salarial *f*
Verhältnis *n* [InfSc] / razón *f*
Verhältnis|skala *f* [InfSc] / escala de razones *f*
-skalierung *f* [InfSc] / conversión a escala de razones *f*
Verhandlungen *pl* (eines Kongresses) [Bk] / debates *pl* · sesiones *pl*
verheftet *pp* [Bind] / mal encuadernado *pp* · mal cosido *pp*
verifizieren *v* [Retr] / verificar *v*
Verifizierung *f* (bibliographischer Daten) [Retr] / verificación *f*
Verkaufs|katalog *m* [Bk] ⟨RAK-AD⟩ / catálogo de ventas *m*
-preis *m* [Acq] / precio de venta *m* ‖ *s.a. Ladenpreis*
verkaufte Auflage *f* (von einer Zeitung oder Zeitschrift) [Bk] / edición vendida *f*
Verkehrs|fläche *f* [BdEq] ⟨DIN 277/1⟩ / superficie de tráfico rodado *f*
-last *f* [BdEq] / carga móvil *f*
-wege *pl* [BdEq] / rutas de tráfico *pl*
Verkleinerung *f* [Repr] ⟨DIN 19040/2; ISO 6196/1⟩ / reducción *f*
Verkleinerungsfaktor *m* [Repr] ⟨ISO 6196/1; A 2654⟩ / factor de reducción *m*
verknüpfen *v* (mit) [Retr] / encadenar con *v* · enlazar con *v*
Verknüpfung *f* [Ind] / enlace *m* ‖ *s.a. ODER-Verknüpfung; UND-Verknüpfung*
Verknüpfungs|indikator *m* [Ind] / indicador de enlace *m*
-operator *m* [Retr] / operador de enlace *m*
-zeichen *n* [Class/UDC] / signo de conexión *m*
verkürzte Katalogisierung *f* [Cat] / catalogación abreviada *f*
Verlag *m* [Bk] ⟨TGL 20972/04⟩ / editorial *f* ‖ *s.a. Fachverlag; Kunstverlag; Zeitschriftenverlag*
Verlags|angabe *f* [Cat] ⟨DIN 31631/2⟩ / mención de editorial *f*
-bestellnummer *f* [Mus] ⟨ISBD(PM)⟩ / número de pedido de editorial *m*
-buchbinderei *f* [Bind] / taller de encuadernación de editorial *m*
-buchhandel *m* [Bk] / comercio editorial *m*
-einband *m* [Bind] / encuadernación editorial *f* (para librero-editor)
-gesetz *n* [Law] / ley de publicaciones *f*
-lektor *m* [Bk] / lector de editorial *m* ‖ *s.a. Lektor 2*
-ort *m* [Bk] / lugar de publicación *m*
Verlagsrecht *n* [Law] / derechos de impresión *pl*
Verlags|signet *n* [Bk] / logotipo editorial *m* · marca del editor *f*
-vertrag *m* [Law] / contrato editorial *m* · contrato de publicación *m*
-wesen *n* [Bk] / publicación de libros *f*
verlängern *v* (die Leihfrist ~) [RS] / prorrogar *v* · renovar *v*
Verlängerung *f* (der Leihfrist) [RS] / renovación *f* · prórroga *f* (del plazo de préstamo)
Verlängerungsvorgang *m* [RS] / trámite de prórroga *m*
Verläßlichkeit *f* (eines Forschungsinstruments) [InfSc] / fiabilidad *f*
verlegen *v* [Bk] / editar *v* · publicar *v* · lanzar *v*
Verleger *m* [Bk] / editor *m*
-serie *f* [Bk] / colección editorial *f* · serie editorial *f*
Verlegertitel *m* [Cat] ⟨PI⟩ / título de editor *m*
Verleger|verband *m* [Bk] / asociación de editores *f*
-zeichen *n* [Bk] / marca del editor *f* ‖ *s.a. Verlagssignet*
verleihbar *adj* [Stock] / prestable *adj* ‖ *s.a. nicht verleihbar*
verleihbares Exemplar *n* / ejemplar para préstamo *m*
verleihen *v* [RS] / prestar *v*
verliehen *pp* [RS] / prestado *pp*

Verlustrate *f* [Stock] / contingente de pérdidas *m*

Vermächtnis *n* [Acq] / legado *m*

vermehrte Auflage *f* [Bk] / edición aumentada *f* · edición ampliada *f*

Vermehrungsetat *m* [Acq] / presupuesto para adquisiciones *m*

Vermerk *m* [Off] / aviso *m* · nota *f* · anotación *f*

vermerken *v* [Cat; Ind] / mencionar *v* ‖ *s.a. angeben*

Vermittler *m* [InfSy] / intermediario *m* ‖ *s.a. Informationsvermittler*

Vermittlungstechnik *f* [Comm] / tecnología de la conmutación *f* ‖ *s.a. Durchschalte(vermittlungs)technik; Paketvermittlung; Speichervermittlung*

vernetzen *v* [EDP] / interconectar *v*

veröffentlichen *v* [Bk] / publicar *v*

Veröffentlichung *f* [Bk] ⟨DIN 31639/2; DIN 31643⟩ / publicación *f*

Veröffentlichung außerhalb des Buchhandels *f* [Bk] / publicación no comercial *f*

~sdatum *n* [Bk] / fecha de publicación *f*

Verpflichtung *f* [Staff] / obligación *f* ‖ *s.a. Lehrverpflichtungen*

verramschen *v* [Bk] / vender de saldo *v* · baratear *v*

Versal *m* [Prt] / letra de caja alta *f* · letra capital *f* · letra versal *f* · letra mayúscula *f*

Versalhöhe *f* [EDP] / altura de letra mayúscula *f*

Versand|kosten *pl* [Acq] / gastos de envío *pl* · gastos de expedición *pl*

~liste *f* [Off] / lista del envío *f*

~stelle *f* [BdEq] / sección de envíos *f*

Versandtasche *f* [Comm] / sobre de envío *m* · sobre grande *m*

Versandweg *m* (Fernleihe) / modo de envío *m*

Versäumnisgebühr *f* [RS] / multa por demora *f* · recargo por retraso *m*

Verschleiß *m* [Bk] / desgaste *m* · deterioro *m*

verschlungener Überwendlingsstich *m* [Bind] / puntada a repulgo enlazado *f*

verschlüsseln *v* [InfSy] / codificar *v*

Verschlußsache *f* [Arch; Bk] / documento confidencial *m* · documento clasificado como confidencial *m* · documento reservado *m* · documento secreto *m*

verschnitten *pp* [Bind] / mal cortado *pp* · mal desvirado *pp* · mal refilado *m*

Verschnürungsmaschine *f* [Comm] / máquina de atar *f* · máquina de precintar *f*

verschobener Schnitt *m* [Bind] / corte oculto por la pintura *m* · corte cincelado *m*

Versicherungskosten *pl* / costes del seguro *pl*

Verso *n* [Bk] / verso *m* (reverso)

Versorgung *f* / abastecimiento *m* · provisión *f* ‖ *s.a. Informationsversorgung; Literaturversorgung*

Versorgungsbetrieb *m* / servicio de abastecimiento *m*

Versoseite *f* [Bk] / verso *m* · vuelto *m*

Versoseite eines Pergamentblattes *f* / reverso de una hoja de pergamino *m*

verstärkter Einband *m* [Bind] / encuadernación reforzada *f*

Versteigerer *m* [Bk] / licitador *m HA* · subastador *f* · rematador *m HA*

versteigern *v* [Bk] / subastar *v* · licitar *v HA* · rematar *v HA*

Versteigerung *f* [Acq] / remate *m HA* · subasta *f* · venta pública *f*

Versteigerungs|haus *n* [Bk] / casa de remates *f HA* · casa de subastas *f*

~katalog *m* [Bk] / catálogo de subasta *m*

verstellbarer Fachboden *m* [Sh] / estantería de baldas ajustables *f*

verstellen *v* (Bücher ~) [Sh] / descolocar *v*

verteilte Datenverarbeitung *f* [EDP] / informática distribuída *f* · informática descentralizada *f*

Verteilungskurve *f* [InfSc] / curva de distribución *f*

Vertikalablage *f* [BdEq] / archivador vertical *m* ‖ *s.a. Hängeregistratur*

vertikale Bildlage *f* (auf einem Mikro-Rollfilm) [Repr] ⟨ISO 6196/2⟩ / presentación vertical de imágenes *f* · formato cine *m*

Vertikal|maßstab *m* [Cart] ⟨RAK-Karten⟩ / escala vertical *f*

~schnitt *m* [Cart] / sección vertical *f* ‖ *s.a. Profil*

Vertonung *f* (eines Liedes usw.) [Mus] / puesta en música *f*

Vertragsbedingungen *pl* [Law] / condiciones de contrato *pl*

Vertragspartner *m* / contratante *m*

Vertrauensbereich *m* (statistische Schätztheorie) [InfSc] / intervalo de confianza *m*

Vertreter *m* (für eine entnommene Karte oder einen entnommenen Band) [TS; Sh] / testigo *m*
Vertrieb *m* [Bk] / distribución *f* · venta *f*
Vertriebs|abteilung *f* [Bk] / departamento de ventas *m*
-ort *m* [Bk] / lugar de distribución *m*
-stelle *f* [Bk] / distribuidor *m* ‖ *s.a. Alleinauslieferer*
vervielfältigen 1 *v* (im allgemeinen) [Prt; Repr] ⟨DIN 16500/2; DIN 44510⟩ / hectografiar *v* · reproducir *v* · multicopiar *v*
vervielfältigen 2 *v* (mit Hilfe von Schablonen) [Prt; Repr] / mimeografiar *v*
Vervielfältigung *f* [Repr] / duplicado *m* · copia *f* · multicopia *f*
Vervielfältigungs|gerät *n* [Repr] / multicopista *f* · copiadora *f* · hectógrafo *m* ‖ *s.a. Schablonendrucker*
-recht *n* [Law] / derecho de reproducción *m*
Verwaltungs|einheit *f* [OrgM] ⟨DIN 1425⟩ / unidad administrativa *f*
Verwaltungskatalog *m* [Cat] / catálogo administrativo *m*
Verwaltungs|personal *n* [Staff] / personal administrativo *m*
verwandter Begriff *m* (VB) [Ind] ⟨DIN 1463/1E⟩ / término relacionado *m*
verweisen *v* [Cat] / remitir a *v*
Verweisung *f* [Cat] ⟨RAK⟩ / referencia *f* ‖ *s.a. Rückverweisung*
Verweisungs|karte *f* [Cat] / ficha de referencia *f*
-vermerk *m* [Cat] ⟨RAK⟩ / registro de fichas secundarias *m* · llamada de referencia *f* · signatura de ficha secundaria *f*
Verwertungs|gesellschaft *f* (zur Einziehung und Verteilung von Fotokopie-Gebühren) [Law] / (para recaudar y distribuir las tasas de fotocopias:) sociedad de explotación *f*
Verwertungsrecht *n* / derecho de explotación *m*
Verwertungsrechte *pl* / derechos de explotación *pl*
verzeichnen *v* [Bib] / poner en lista *v*
Verzeichnis *n* [EDP] / lista *f* · índice *m*
Verzeichnis der normierten Verfassernamen *n* / lista normalizada de nombres de autor *f*
Verzierung *f* [Art; Bk] / adorno *m* · decoración *f*
Verzierung mit Assurélinien *f* / adorno de líneas de azurado *m*
Verzugsgebühr *f* [RS] / tasa(s) de demora *pl*
Verzweigung *f* (in einem Programmablaufplan) [EDP] ⟨DIN 44300/4E⟩ / bifurcación *f* · salto *m*
Verzweigungspunkt *m* (in einem Programmablaufplan) [EDP] / punto de bifurcación *m* (en un organigrama de programación)
Vesikularfilm *m* [Repr] ⟨DIN 19040/104E; ISO 6194-4⟩ / película vesicular *f* ‖ *s.a. Duplikatfilm*
Vestibül *n* [BdEq] / vestíbulo *m* ‖ *s.a. Vorhalle*
Video|aufzeichnung *f* [NBM] / grabación en vídeo *f*
-band *n* [NBM] ⟨DIN 31631/4; A 2653⟩ / cinta (magnética) de vídeo *f*
Video-Einblendkarte *f* [EDP] / tarjeta de inserción de vídeo *f*
Video-Grafikbereich *m* [EDP] / zona de gráficos de vídeo *f*
Video-Grafikkarte *f* [EDP] / tarjeta de gráficos de vídeo *f*
Video|kassette *f* [NBM] / videocasete *f*
Videomagnetband *n* [NBM] ⟨DIN 31631/4; A 2653⟩ / cinta magnética de vídeo *f*
Video|platte *f* [NBM] ⟨ISBD(NBM)⟩ / videodisco *m*
-recorder *m* [NBM] / grabadora de vídeo *f* · magnetoscopio *m*
-spule *f* [NBM] ⟨ISBD(NBM)⟩ / carrete de vídeo *m*
-text *m* [Comm] / videotexto *m* · teletexto *m*
Videothek *f* [NBM] / videoteca *f*
Video-Überwachungsanlage *f* [BdEq] / instalación de vigilancia por vídeo *f*
vielbenutztes Material *n* [Stock] / material de mucho uso *m*
Viel|prozessorbetrieb *m* [EDP] / operación de multitratamiento *f*
-verfasserschaft *f* [Bk] / autores varios *pl* ‖ *s.a. Mehrverfasserschaft*
Vierfarben-Bogenoffsetmaschine *f* [Prt] / máquina offset de pliegos de cuatro colores *f*
Vier|farbendruck *m* [Prt] / impresión en cuatro colores *f* · cuatricromía *f*
Vierfarben-Rollenoffsetmaschine *f* [Prt] / máquina offset de bobinas de cuatro colores *f*
Vier|paß *m* [Bind] / cuadrifolio *m*

Vierteljahresschrift *f* [Bk] / revista trimestral *f*
vierteljährlich *adj* [Gen] / trimestral *adj*
vierzehntäglich *adj* [Bk] / quincenal *adj*
Vignette *f* [Prt] / viñeta *f* ‖ *s.a. Schlußvignette*
virtuell *adj* [EDP] ⟨DIN 44300/1E⟩ / virtual *adj*
virtueller Speicher *m* [EDP] / memoria virtual *f*
virtuelle Standverbindung *f* [Comm] / interconexión punto a punto virtual *f*
virtuelle Wählverbindung *f* [Comm] / interconexión virtual mediante dial *f*
Visitenkarte *f* / tarjeta de visita *f*
Visum *n* [Adm] / visado *m* ‖ *s.a. Einreisevisum*
Vitrine *f* [BdEq] / vitrina *f*
VK *abbr* [Cat] *s. Verbundkatalog*
Vogelschau|bild *n* [Cart] ⟨ISBD(CM); RAK-Karten⟩ / imagen a vista de pájaro *f*
-bild *n* [Cart] ⟨ISBD(CM); RAK-Karten⟩ / vista aérea *f*
-karte *f* [Cart] ⟨ISBD(CM)⟩ / mapa pictórico del relieve *m*
Vokabular *n* [Lin] / vocabulario *m*
Volksausgabe *f* [Bk] / edición popular *f*
Volks|bibliothekar *m* [Staff] / bibliotecario público *m*
-bücherei *f* (Vorläufer der Öfffentlichen Bibliothek) [Lib] / biblioteca popular *f* · biblioteca pública *f*
-zahl *f* [Class/UDC] *s. allgemeine Ergänzungszahl von ethnischen Gruppen*
Vollerhebung *f* [InfSc] / encuesta total *f* · censo *m*
vollständige Ausgabe *f* [Bk] / edición completa *f*
vollständige Übersetzung einer Zeitschrift / traducción completa de una revista *f*
Volltextbank *f* [InfSy] / base de datos en texto íntegro *f*
voll verglast *pp* [BdEq] / completamente acristalado *m* ‖ *s.a. Verglasung*
Vollzeitbeschäftigter *m* [Staff] / empleado de jornada completa *m*
Volute *f* [Bind] / pámpano *m*
Vor|abdruck *m* [Bk] / anticipo *m* · tirada previa *f*
Vorakzession *f* [Acq] / comprobación bibliográfica *f*
Vor|akzession 1 *f* [OrgM] / unidad de control bibliográfico *f* · sección de búsqueda de adquisiciones *f*
-akzession 2 *f* [Acq] / búsqueda de adquisiciones *f* · búsqueda bibliográfica anterior al pedido *f* ‖ *s.a. Dublettenprobe*
-ankündigungsdienst *m* (für Bücher, deren Erscheinen vorbereitet wird) [Acq] / servicio de previo aviso *m* ‖ *s.a. Neuerscheinungsdienst.*
-anzeige *f* [Bk] / advertencia preliminar *f*
-ausbestellung *f* [Acq] / encargo (hecho) con antelación *m* · pedido de antemano *m*
vorausdatiert *pp* [Bk] / antefechado *pp* · con fecha adelantada *adj*
Voraus|druck *m* [Bk] / tirada previa *f* ‖ *s.a. Vorabdruck*
-exemplar *n* [Bk] / ejemplar anticipado *m* (a la puesta en venta del libro)
vorauskatalogisieren *v* [Cat] / catalogar en la fuente *v* · catalogar previamente *v* · precatalogar *v*
Voraus|katalogisierung 1 *f* (allgemein) [Cat] / precatalogación *f*
-katalogisierung 2 *f* (vor dem Erscheinungstermin) [Cat] / catalogación en la fuente *f*
Vorausrechnung *f* / cálculo previo *m*
Vorauszahlung *f* [BgAcc] / pago anticipado *m* · anticipo de pago *m*
Vorbereitungs|betrieb *m* [Comm] ⟨DIN 44302⟩ / modalidad de inicialización *f*
-dienst *m* [Ed] / empleo preparatorio *m* (para la carrera de funcionario)
Vorbereitungszeit *f* [Comm] / tiempo de preparación *m*
vorbestellen *v* (ein Buch ~) [RS] *s. vormerken*
Vorbestellkarte *f* [RS] / ficha de reserva *f*
Vorbestellung 1 *f* [RS] / reserva *f* · pedido anticipado *m* *s. Vorausbestellung*
Vorbestellung 2 *f* [Acq] *s. Vorausbestellung*
vordatiert *pp* [Bk] / antefechado *pp*
Vorder|deckel *m* [Bind] / tapa anterior *f* · pasta anterior *f* · cubierta delantera *f*
-schnitt *m* [Bind] / corte delantero *m* · corte frontal *m* · (~ acanalado:) gotera *f* · mediacaña *f*
Vorderseite *f* [Bk] / portadilla *f* · portada *f* · página delantera *f*
Vorderumschlag *m* [Bind] / sobrecubierta anterior *f*
Vordiplom *n* [Ed] / examen previo de licenciatura *m* ‖ *s.a. Diplomvorprüfung*
Vordruck *m* [TS; Off] / formulario impreso *m* ‖ *s.a. Endlosvordruck*
vorgemerkter Band *m* [RS] / volumen reservado *m*

vorgesetzte Behörde *f* [Adm] / delegación superior *f*

Vor|gesetzter *m* [Staff] / superior *m* · jefe *m*

~halle *f* [BdEq] / entrada *f* · vestíbulo *m* ‖ *s.a. Eingangshalle*

~kaufsrecht *n* [Acq] / derecho de preferencia de adquisición *m* · derecho de tanteo *m*

~lage 1 *f* (das zu katalogisierende und im Katalog nachzuweisende Exemplar einer Ausgabe eines Werkes) [Cat] ⟨RAK⟩ / unidad bibliográfica *f* · unidad de catalogación *f* ‖ *s.a. vorliegende Ausgabe*

~lage 2 *f* (für eine Reproduktion) [Repr] ⟨ISO 6196/1; DIN 19040/113E⟩ / original *m* · maestro *m* ‖ *s.a. Halbtonvorlage; Strichvorlage*

Vorlagensperre *f* [Repr] / bloqueo de originales *m*

Vor|lauf *m* (Filmstück am Anfang einer Filmrolle) [Repr] ⟨DIN 19040/113E; ISO 6196-4⟩ / cabo de entrada de película *m* · cabeza de película *f*

vorläufige Ausgabe *f* [Bk] / edición provisional *f*

vorläufiges Katalogisieren *n* [Cat] / catalogación provisional *f*

vorlegen *v* [Gen] / mostrar *v*

Vorlese|stunde *f* [RS] / hora de lectura en alta voz *f*

~wettbewerb *m* [RS] / concurso de lectura en voz alta *m*

Vorlesung *f* [Ed] / clase *f* · lección académica *f*

vorlesungsfreie Zeit *f* [Ed] / periodo no lectivo *m*

Vorlesungsplan *m* [Ed] / horario de los cursos *m*

Vorlesungsverzeichnis *n* [Bk] ⟨RAK-AD⟩ / programa de cursos *m*

Vorlesungszeit *f* [Ed] / periodo lectivo *m*

vorliegende Ausgabe *f* [Cat; Ind] / edición presentada *f*

vorliegendes Exemplar *n* [Cat] / ejemplar presentado *m*

vorliegende Veröffentlichung *f* [Cat; Ind] / publicación presentada *f*

Vormerkdatei (mit Titeln, deren Bestellung erwogen wird) [Acq] / fichero de intenciones de adquisición *m* · fichero de títulos a seleccionar *m* ‖ *s.a. Wunschdatei*

vormerken *v* (ein Buch ~) [RS] / tomar nota *v* · reservar *v*

Vormerk|karte *f* [RS] / ficha de reserva *f*

Vormerkkartei *f* [Acq] / fichero de reservas *m* *s. Vormerkdatei*

Vormerk|liste *f* [RS] / lista de espera *f* · lista de reservas *f*

Vormerkung *f* [RS] / reserva *f* *s. Vorbestellung 1*

Vor|name *m* [Gen; Cat] / nombre propio *m*

Vorrangdaten *pl* [Comm] / datos prioritarios *pl*

Vorrangdatenpaket *n* [Comm] / paquete de datos prioritarios *m*

vorrangige Sprache *f* (in einem mehrsprachigen Thesaurus) ⟨DIN 1463/2⟩ / idioma principal *m*

vorrätig *adj* [RS] / disponible *adj*

Vor|raum *m* [BdEq] / antecámara *f* · antesala *f*

~rechner *m* [EDP] / ordenador satélite *m* · ordenador de apoyo *m* ‖ *s.a. Datenübertragungsvorrechner*

~rede *f* [Bk] / prólogo *m* *s. Vorwort*

Vorredner *m* [Bk] / autor del prefacio *m* · prologuista *m*

vor|richten *v* (eines Bandes zum Zwecke des Umbindens) [Bind] / igualar *v* · preparar *v* (un volumen para reencuadernarlo)

Vor|satzcode *m* [EDP] / código prefijado *m*

~satzsatz(papier) *n(n)* [Bind] ⟨DIN 6730⟩ / guarda *f* ‖ *s.a. ohne Vorsatz*

~schlagskasten *m* [RS] / buzón de sugerencias *m*

~schrift *f* [Gen; Bk] ⟨DIN 820/3⟩ / prescripción *f* · reglamento *m* ‖ *s.a. technische Vorschrift*

Vorschuß *m* / adelanto *m*

Vorschußkonto *n* [BgScc] / cuenta de adelantos *f*

Vorsitzende(r) *f(m)* [OrgM] / presidente *m*

Vor|spann 1 *m* (eines Titels) [Bk] ⟨ISBD(A; M; S)⟩ / portadilla *f* · anteportada *f* · falsa portada *f* ‖ *s.a. Titelei*

~spann 2 *m* [Repr] / genéricos de cabecera *pl* · (al principio de una película:) títulos de crédito *pl* · fotogramas de cabecera *pl*

~studie *f* [InfSc] / estudio piloto *m*

~titel *m* [Bk] / antetítulo *m*

~titelseite *f* [Bk] / portadilla *f* · anteportada *f* · falsa portada *f*

Vortrag *m* [Comm] / conferencia *f* · disertación *f* · charla *f* ‖ *s.a. Tagungsvortrag*

Vortrags|raum *m* [BdEq] / sala de conferencias *f*

-**saal** *m* [BdEq] / salón de conferencias *m*
vorübergehend nicht am Lager / transitoriamente fuera de existencias
vorübergehend vergriffen *pp* [Bk] / provisionalmente agotado *pp*
Vor|untersuchung *f* [InfSc] / estudio piloto *m*
-**veröffentlichung** *f* [Bk] / publicación piloto *f*
Vorwahl-Nummer *f* / indicativo telefónico *m* · prefijo telefónico *m*
Vorwahlnummer *f* / prefijo telefónico *m*
Vorwärtssteuerung *f* [Comm] ⟨DIN 44302⟩ / control de avances *m*
Vorwort *n* [Bk] ⟨DIN 31639/2⟩ / prefacio *m* · prólogo *m* · proemio *m*
Vorwortverfasser *m* / autor del prólogo *m*
Vorzensur *f* [Bk] / censura previa *f*
Vorzugs|ausgabe *f* [Bk] / edición reservada *f*
-**benennung** *f* [Ind] ⟨DIN 1463; DIN 31623/1V⟩ / término preferente *m*
Vorzugsbezeichnung *f* [Ind] / término preferente *m* · término preferido *m* ‖ *s.a. Vorzugsbenennung*
Vorzugs|preis *m* [Bk] / precio de favor *m* · precio excepcional *m*
-**rabatt** *m* [Bk] / descuento de favor *m*
Vulgata *f* [Bk] / vulgata *f*
Vw *abbr* [Cat] *s. Verweisung*

W

Wachs|matrize *f* [Repr] / matriz encerada *f* ‖ *s.a. Schablonendrucker*
Wachsschablone *f* [Repr] / matriz encerada *f*
Wachs|tafel *f* [Writ] / tablilla encerada *f*
Wagen *m* (zum hausinternen Büchertransport) [BdEq] / carro *m* (para el transporte interior de libros) *s. Bücherwagen*
-rücklauf(taste) *m(f)* (auf der Tastatur eines Terminals oder einer Schreibmaschine) [EDP; Off] / tecla de retroceso del carro *f* · tecla de retroceso del cursor *f*
Wählanschluß *m* [Comm] / punto de acceso por dial telefónico *m*
Wähleingang *f* / acceso mediante marcado telefónico *m* ‖ *s.a. Wählanschluß*
Wahlendezeichen *n* [Comm] ⟨DIN 44302⟩ / señal de final de selección *f*
Wahlfach *n* [Ed] / asignatura optativa *f*
wahlfreie Funktion *f* [Comm] / función aleatoria *f*
wahlfreier Zugriff *m* [EDP] / acceso aleatorio *m* · acceso directo *m* · acceso al azar *m*
Wähl|leitung *f* [Comm] ⟨DIN 44302⟩ / línea conmutada *f* ‖ *s.a. Datenwählverbindung*
Wahlpflichtfach *nh* / asignatura obligatoria optativa *f*
Wählton *m* [Comm] / señal de marcar *f*
Wähl|zeichenfolge *f* [Comm] ⟨DIN 44302⟩ / secuencia de selección *f*
Wählzeit *f* [Comm] / tiempo de selección *m*
Währungszeichen *n* [BgAcc] / marca característica *f* · señal distintiva *f*
Wanderausstellung *f* / exposición itinerante *f*
Wand|karte *f* [Cart] / mapa mural *m*
-regal(e) *n(pl)* [BdEq] / estantería(s) de pared *f(pl)* · estantería(s) montada(s) en la pared *f(pl)*
-tafel *f* [BdEq] / pizarra *f* · tablero *m*
Wange *f* (an einem Regal) [Sh] / soporte lateral móvil *m* ‖ *s.a. Seitenwange*
Wappen *n* / blasón *m* · armas *pl*
Wappen|buch *n* [Bk] ⟨RAK-AD⟩ / armorial *m* · libro nobiliario *m* · índice de armas y blasones *m*
-einband *m* [Bind] / encuadernación blasonada *f*
Wappenschild *n* [Bk] / escudo de armas *m*
Warenzeichen *n* [Law] / marca de fábrica *f* · marca registrada *f*
Wärme-Entwicklung *f* [Repr] / revelado térmico *m*
-kopie *f* [Repr] / copia térmica *f*
-kopierverfahren *n* [Repr] / termografía *f* · termocopiado *m*
Warte|betrieb *m* [Comm] ⟨DIN 44302⟩ / modalidad desconectada *f* ‖ *s.a. abhängiger Wartebetrieb; unabhängiger Wartebetrieb*

-schlange *f* [InfSc] / cola de espera *f* ‖ *s.a. Ausgabewarteschlange; Eingabewarteschlange*
-schlangentheorie *f* [InfSc] / teoría de colas *f*
-station *f* [Comm] ⟨DIN 44302⟩ / estación pasiva *f*
Wartezustand *m* [EDP] / estado de reposo *m*
Wartung *f* [BdEq] / conservación *f* · mantenimiento *f*
wartungsfrei *adj* [BdEq] / que no requiere mantenimiento · sin mantenimiento
Wartungsintervall *n* [BdEq] / intervalo de mantenimiento *m*
Wartungsvertrag *m* [BdEq] / contrato de mantenimiento *m*
Waschraum *m* [BdEq] / lavabos *m* · lavatorio *m HA*
-zettel *m* [Bk] / reseña de solapa *f* · presentación editorial *f*
wasserfest *adj* [Pp] ⟨DIN 6730⟩ / impermeable *adj* · a prueba de agua *adv*
Wasserfleck *m* [Pres] / mancha de humedad *f* · mancha de agua *f* ‖ *s.a. Stockflecken*
wasserfleckig *adj* [Pres] / moteado *adj* · manchado de agua *adj* ‖ *s.a. stockfleckig*
wassergewellt *pp* / ondulado por el agua *pp*
wässern *v* [Repr] / lavar *v*
Wasserrand *m* [Pres] / reborde de las manchas de agua *m*
Wasserzeichen *n* [Pp] ⟨DIN 6730⟩ / marca de agua *f* · filigrana *f*
Weberknoten *m* [Bind] / nudo de tejedor *m*
Wechselbetrieb *m* [Comm] ⟨DIN 44302⟩ / transmisión semidúplex *f*
-heftung *f* [Bind] / cosido de dos en dos pliegos *m*
Wechselkurs *m* [BgAcc] / tipo de cambio *m*
Wechselobjektiv *n* [Repr] / objetivo intercambiable *m*
Wechselplatte *f* [EDP] / disco cambiable *m*
Wechselschrift *f* [EDP] / escritura en no retorno a cero *f s. NRZ-Schrift*
-schriftverfahren *n* [EDP] ⟨DIN 66010E⟩ / grabación en modalidad sin retorno a cero *f*
wechselseitige Datenübermittlung *f* [Comm] ⟨DIN 44302⟩ / transmisión de datos recíproca
Wechselsprechanlage *f* [Comm] / interfono *m*
Weglassungspunkte *pl* [Writ; Bk; Cat] / signos de supresión *pl*
Wegweiser *m* (zu den Personen und Räumlichkeiten in einem Gebäude) [BdEq] / señal orientadora *f* · (como tablero sinóptico:) directorio del edificio *m* ‖ *s.a. Gebäudeplan*
Weichbroschur *f* [Bind] / folleto en rústica *m*
weichsektorierte Diskette *f* [EDP] / disquete sectorizado por programa *m*
Weich-Sektorierung *f* [EDP] / implantación de sectores fijada por programa *f*
Weißschnitt *m* [Art] / grabado en blanco *m*
Weisung *f* [Adm] / instrucción *f* · orden *f*
weisungsgebunden *pp* [OrgM; Adm] / sujeto a órdenes *pp*
Weiterbildung *f* [Staff] / ampliación de estudios *f* · promoción profesional *f*
weitere Ordnungsgruppe *f* (bei einer Körperschaft) [Cat] ⟨RAK⟩ / otro orden jurisdiccional (en una entidad)
weiteres Exemplar *n* [Acq] / ejemplar adicional *m*
weites Schlagwort *n* [Cat; Ind] / descriptor extenso *m* · (Eintragung unter einem weiten Schlagwort:) entrada genérica *f* · término amplio *m* · encabezamiento genérico *m* · asiento genérico *m*
Weitverkehrsnetz *n* [EDP] / red de larga distancia *f*
Weitwinkelobjektiv *n* [Repr] / objetivo gran angular *m*
wellig *adj* [Bk] / ondulado *adj*
Weltraumkartographie *f* [Cart] / cartografía espacial *f*
wenig benutztes Material *n* [Stock] / material de poco uso *m* · material poco utilizado *m*
WENN-Anweisung *f* / sentencia IF *f*
Wenn-Bedingung *f* / claúsula condicional *f*
Werbebroschüre *f* [Bk] / prospecto comercial *m*
-film *m* [NBM] ⟨DIN 31631/4⟩ / película publicitaria *f*
-mittel *n/pl* [PR] / material publicitario *m*
-schrifttum *n* [Bk] / literatura publicitaria *f*
Werbeträger *m* [PR] / soporte de publicidad *m*
Werbezettel *m* [PR] / hoja publicitaria *f* ‖ *s.a. Prospekt*
Werbung *f* [PR] / publicidad *f*
Werk *n* [Bk; NBM] ⟨A 2653; TGL 20972/04; RAK⟩ / obra *f* · producto *m*
-bank *f* [BdEq] / banco de trabajo *m*
-bibliothek *f* [Lib] / biblioteca de empresa *f*

-druck *m* [Prt] ⟨DIN 16514⟩ / trabajo de impresión *m*
-schrift *f* [Prt] / tipos comunes *pl* · letra corriente *f* · caracteres de texto *pl* ‖ *s.a. Buchschrift 1*
-zeitschrift *f* [Bk] / periódico interno de una empresa *m* ‖ *s.a. Firmenzeitschrift*
Wertpaket *n* [Comm] / paquete con valor declarado *m*
Wertverlust *m* [Stock] / pérdida de valor *f*
Wettbewerbsfähigkeit *f* [OrgM] / competitividad *f*
Widerdruck *m* [Prt] ⟨DIN 16500/2⟩ / retiración *f* · impresión del reverso *f* · impresión de la segunda cara *f*
Widmung *f* [Bk] / dedicatoria *f* ‖ *s.a. eigenhändige Widmung*
Widmungs|blatt *n* [Bk] / hoja de dedicatoria *f*
-exemplar *n* [Bk] / ejemplar dedicado *m*
Wiederauffinden von Informationen *n* [Retr] / recuperación de informaciones *f*
Wiedergabe *f* (von Tonaufzeichnungen) [NBM] / reproducción *f*
-spule *f* [Repr] ⟨ISO 6196-4⟩ / carrete de reproducción *m*
wiedergeben *v* [Cat] / registrar *v* · registrar *v* · dar *v* (por ej., el número de páginas) · mencionar *v*
Wiederherstellung *f* (der Datenübermittlung nach Störung) [Comm] ⟨DIN 44302⟩ / procedimiento de restauración *m* (de la transmisión de datos tras una perturbación)
wiederholte Mahnung *f* [RS] / aviso repetido *m*
Wiederholungszeichen *pl* („") [Writ; Prt] / signo de repetición *m*
Wiegen|druck *m* [Bk] / incunable *m*
-fußstempel *m* [Bind] / marca del grabador *f*
Wildleder *n* [Bind] / ante *m* · gamuza *f*
Windfang *m* [BdEq] / cancel *m*
Windstrahlenkarte *f* [Cart] / mapa de vientos *m*
Winkel|haken *m* [Prt] / cazuela *f* · componedor de línea *m*
-klammer *f* [Writ; Prt] / paréntesis angular *m*
Winkelstütze *f* [Sh] / soporte de ángulo *m*
wird bestellt *pp* [Bk] / se pedirá *v*
wirkliche Adresse *f* [EDP] / dirección real *f*
Wirksamkeit *f* [OrgM] / eficacia *f* · eficiencia *f* ‖ *s.a. Leistungsfähigkeit*
Wirkungsbeziehung *f* [Class] / relación causa-efecto *f*
wirtschaftlich *adj* (in bezug auf das Kosten-Leistungs-Verhältnis) [OrgM] / rentable *adj* · costo-efectivo *m*
Wirtschaftlichkeit *f* [OrgM] / rentabilidad *f* · costo-efectividad *f*
Wirtschafts|archiv *n* [Arch] / archivo comercial *m*
-datenbank *f* [InfSy] / base de datos comercial *f* · base de datos de gestión *f*
wirtschaftswissenschaftliche Bibliothek *f* [Lib] / biblioteca de ciencias económicas *f*
Wirtsrechner *m* [EDP] / ordenador principal *m*
wissensbasiertes System *n* [InfSc] / sistema experto *m*
Wissensbasis *f* [EDP] / base de conocimientos *f*
wissenschaftliche Allgemeinbibliothek *f* [Lib] / biblioteca científica general *f*
– **Bibliothek** *f* [Lib] / biblioteca científica *f*
– **Klassifikation** *f* [Class] / clasificación del conocimiento *f* · clasificación de las ciencias *f*
wissenschaftlicher Bibliothekar *m* [Staff] / bibliotecario científico *m*, *f* · bibliotecario universitario *m*
wissenschaftlicher Film *m* [Ed] / película científica *f* (de carácter educativo)
wissenschaftlicher Film *m* [Ed] / película científico-pedagógica *f*
Wissenschaftsfach *n* (als Hauptklasse einer Systematik) [Class] / materia científica *f*
Wissensrepräsentanz *f* [InfSc] / representación del saber *f*
Wissenstandsbericht *m* [Bk] ⟨DIN 31639/2⟩ / informe científico *m*
Witzblatt *n* [Bk] / revista humorística *f*
Wochenblatt *n* [Bk] / semanario *m* · hebdomadario *m*
Wohnheimbibliothek *f* [Lib] / biblioteca de una residencia *f*
Wort *n* [Lin; EDP] ⟨DIN 44300/2E⟩ / palabra *f*
Wörterbuch *n* [Bk] ⟨DIN 31631/4; DIN 31639/2; RAk-AD⟩ / diccionario *m* · léxico *m* (Sprachschatz eines bestimmten Autors) ‖ *s.a. Fachwörterbuch; Handwörterbuch; mehrsprachiges Wörterbuch; Taschenwörterbuch; Übersetzungswörterbuch; zweisprachiges Wörterbuch*
-datenbank *f* [InfSy] / base de datos de diccionario *f*
Wort|folge *f* [Cat] / orden de palabras *m*

~**-für-Wort-Ordnung** *f* [Bib; Cat] / ordenación palabra por palabra *f* · ordenación por orden de palabras *f* · orden discontínuo *m*

~**häufigkeit** *f* [Ind] / frecuencia de palabras *f*

~**häufigkeitsanalyse** *f* [InfSc] / análisis de frecuencia de palabras *m*

Wortlaut *m* [Cat] / textual *adj*

Wort|maskierung *f* [Retr] / truncamiento *m* ‖ *s.a. Innenmaskierung; Linksmaskierung; Rechtsmaskierung*

wortorganisierter Speicher *m* [EDP] ⟨DIN 44300/6E⟩ / memoria organizada por palabras *f*

Wortprägung *f* [Ind] ⟨DIN 1463/2⟩ / creación de una palabra *f*

Wortschatz *m* [Lin] / tesauro *m* · vocabulario *m*

Wort|stamm *m* [Lin] / radical *m*

~**verbindung** *f* [Lin] / combinación de palabras *f* · término complejo *m*

~**zusammensetzung** *f* [Lin] / palabra compuesta *f* · compuesto *m*

~**zwischenraum** *m* [Prt] / espacio entre palabras *m*

Wulstkante *f* (des Kapitalbandes) [Bind] / canto borneado *m*

Wunsch|buch *n* (mit Beschaffungswünschen von Benutzern) [Acq] / libro de desiderata *m*

~**datei** [Acq] / fichero de desiderata *m* ‖ *s.a. Vormerkdatei*

~**kartei** *f* [Acq] / fichero de desiderata *m s. Wunschdatei*

~**liste** *f* [Acq] / lista de desiderata *f*

~**zettel** *m* (für die Beschaffung eines Buches) [Acq] / hoja de desiderata *f* · hoja de sugerencias de adquisición *f* (de libros) ‖ *s.a. Anschaffungsvorschlag*

Wurmstich *m* [Pres] / picadura de gusanos *f* · (en madera:) carcoma *f*

wurmstichig *adj* / carcomido *m* · picado de gusanos *m* · apolillado *adj*

Wurmstichigkeit *f* [Pres] / apolillamiento *m*

X

Xerographie *f* [Repr] / xerografía *f*

Xylographie *f* [Art] / xilografía *f*

Z

zählen *v* [Gen] / contar *v* · numerar *v* ‖ *s.a. auszählen; ungezählt*
Zählstrich *m* [InfSc] / trazo de recuento *m* · marca de recuento *m* ‖ *s.a. auszählen; Strichliste*
Zählung *f* [Bk] / numeración *f* · cómputo *m* ‖ *s.a. arabische Zählung; Bandzählung; Doppelzählung; gerade Zählung; getrennte Zählung; Heftzählung; Kolumnenzählung; römische Zählung; Seitenzählung; springende Zählung; ungerade Zählung; ungezählt; zusammenfassende Zählung*
Zahlungs|anweisung *f* [BgAcc] / orden de pago *f*
-bedingungen *pl* [BgAcc] / condiciones de pago *pl*
-erinnerung *f* [BgAcc] / aviso de pago *m*
Zahlungsweise *f* [BgAcc] / forma de pago *f*
Zahnleiste *f* [Sh] / montante dentado *m*
ZDB *abbr* [Cat] *s. Zeitschriftendatenbank*
Zeichen *n* [InfSy] ⟨DIN 44300/2E⟩ / signo *m* · (para organización, control y representación de datos:) carácter *m* ‖ *s.a. Schriftzeichen*
Zeichenabstand *m* [EDP] / distancia entre caracteres *f*
Zeichen|begrenzung *f* [EDP/VDU] ⟨DIN 66233/1⟩ / límite de carácter *m*
-breite *f* [EDP/VDU] ⟨DIN 66233/1⟩ / longitud de carácter *f*
Zeichenbreitefaktor *m* [EDP] / factor de anchura de caracteres *m*
Zeichendarstellung *f* [Comm] / representación de signos *f*
Zeichen|dichte *f* [EDP] ⟨DIN 44300/6E; DIN 66010E⟩ / densidad de caracteres *f* · densidad de registro *f* · densidad de condensación *f*
-drucker *m* [EDP; Prt] / impresora de carácter a carácter *f*
-erkennung *f* [EDP] ⟨DIN 44300/8E⟩ / reconocimiento de caracteres *m* ‖ *s.a. maschinelle Zeichenerkennung; optische Zeichenerkennung*
-erklärung *f* [Cart] / leyenda *f*
-feld *n* [EDP/VDU] ⟨DIN 66233/1⟩ / campo de caracteres *m*
-folge *f* [EDP] / secuencia de caracteres *f*
-generator *m* [EDP] / generador de caracteres *m*
-höhe *f* [EDP/VDU] ⟨DIN 66233/1⟩ / altura de caracteres *f*
-kette *f* [InfSy] / cadena de caracteres *f*
-kontrast *m* [EDP/VDU] ⟨DIN 66233/1⟩ / contraste de caracteres (con el fondo de la pantalla) *m*
-körper *m* [EDP] / cuerpo de los caracteres *m*
-leser *m* [EDP] / lector de caracteres *m* ‖ *s.a. optischer Klarschriftleser*
-lochkarte *f* [PuC] / tarjeta de marcado electrosensible *f* · tarjeta perforada de lectura óptica *f* · tarjeta de lectura de marcas *f*

-**lochverfahren** *n* [PuC] / lectura de marcas *f* · detección de marcas *f*
-**mittenabstand** *m* [EDP/VDU] ⟨DIN 66233/1⟩ / tamaño del espacio entre caracteres *m*
zeichenorientierte Benutzeroberfläche *f* [EDP] / interfaz de usuario a caracteres *m*
Zeichen pro Zeile *pl* [EDP] / caracteres por línea *pl*
Zeichen pro Zoll *pl* [EDP] / caracteres por pulgada *pl*
Zeichen|reihe *f* [EDP] / cadena de caracteres *f*
-**satz** *m* [Writ; EDP] / conjunto de caracteres *m* · juego de caracteres *m*
-**schrank** *m* [BdEq] / armario para dibujos *m* · archivador de dibujos *m*
-**setzung** *f* [Gen; Cat] / puntuación *f*
-**stelle** *f* [EDP/VDU] ⟨DIN 66233/1⟩ / posición de impresión *f* · columna de impresión *f*
-**trickfilm** *m* [NBM] ⟨A 2653⟩ / película de animación *f* · película de dibujos animados *f*
-**vorrat** *m* [InfSy] ⟨DIN 31631/2; DIN 44300/2E⟩ / juego de caracteres *m*
-**zwischenraum** *m* [EDP/VDU] ⟨DIN 66233/1⟩ / espacio entre caracteres *m*
Zeichner *m* [Cart] / cartógrafo delineante *m*
Zeichnung *f* [Art] ⟨DIN 31631/2+4⟩ / dibujo *m* ‖ *s.a. Bleistiftzeichnung; Federzeichnung; Freihandzeichnung; Kohlezeichnung; Kreidezeichnung; Pastellzeichnung; Strichzeichnung; Tuschzeichnung*
Zeile *f* [EDP/VDU] ⟨DIN 44300/2E; DIN 66233/1⟩ / línea *f*
Zeilen|abstand *m* [EDP/VDU] ⟨DIN 66233/1⟩ / espacio interlineal *m* · interlínea *f*
-**ausdruck** *m* [EDP] / impresión de líneas *f*
-**drucker** *m* [EDP] / impresora por líneas *f* · impresora línea a línea *f*
-**numerierung** *f* [Writ; Prt] / numeración de líneas *f*
Zeilen|setz- und -gießmaschine *f* [Prt] / linotipia *f* · componedora y fundidora de líneas en bloque *f* · lineotipia *f*
Zeilenvorschub *m* [EDP] / avance de líneas *m*
Zeilen|zähler *m* [Prt] / cuentalíneas *m* · números marginales de línea *pl* ‖ *s.a. Randziffer*
zeitaufwendig *adj* [OrgM] / que requiere mucho tiempo
Zeit|geber *m* [EDP] ⟨DIN 44300/5E; DIN 66201/1⟩ / marcador de tiempo *m*
-**multiplexbetrieb** *m* [EDP] / multiplexión de división de tiempo *f* · división de tiempo *f* · multiplexación temporal *f* · partición de tiempo *f*
-**personal** *n* [Staff] / personal temporal *m*
-**plan** *m* [OrgM] / plan cronológico *m*
Zeitrahmen *m* [OrgM] / tiempo estimado *m*
Zeit|raster *m* [EDP] / configuración de las divisiones de tiempo *f*
-**rechnung** *f* [Gen] / cronología *f*
-**scheibenverfahren** *n* [EDP] / división del tiempo *f* · segmentación del tiempo *f*
-**schlagwort** *n* (als Unterschlagwort) [Cat] / subdivisión cronológica *f* · subencabezamiento cronológico *m*
-**schlüssel** *m* [Class] / subdivisión común de tiempo *f* · subdivisión cronológica común *f*
Zeitschrift [Bk] ⟨DIN 31639/2⟩ / revista *f* · publicación periódica *f* ‖ *s.a. Fachzeitschrift*
Zeitschriften|ablage *f* [Stock] / depósito de publicaciones periódicas *m*
-**adreßbuch** *n* [Bib] / directorio de publicaciones periódicas *m*
-**agentur** *f* [Acq] / agencia de suscripciones *f*
-**akzession** *f* [OrgM] / sección de recepción de publicaciones periódicas *f* · entrada de publicaciones periódicas *f* · registro de adquisición de publicaciones periódicas *m*
Zeitschriftenakzessionierung *f* [Acq] / asiento en el registro de adquisición de publicaciones periódicas *m*
zeitschriftenartige Reihe *f* [Cat] ⟨DIN 31631/4; RAK⟩ / publicación seriada cuyas partes tienen periodicidad y contenido irregular *f*
Zeitschriften|aufsatz *m* [Bk] / artículo periodístico *m*
-**auswertung** *f* [Ind] / indización de publicaciones periódicas *f*
-**bestand** *m* [Stock] / colección de publicaciones periódicas *f*
-**bibliographie** *f* [Bib] / bibliografía de publicaciones periódicas *f* · directorio de periódicos *m*
-**buchhandlung** *f* [Bk] / librería de revistas *f* ‖ *s.a. Zeitschriftenagentur*
-**datenbank** *f* [Cat] / base de datos de publicaciones periódicas *f*
-**erschließung** *f* [Ind] / indización de publicaciones periódicas *f*

~**heft** *n* [Bk] / número *m* *s. Heft 1*
~**indexierung** *f* [Ind] / indización de publicaciones periódicas *f*
~**inhaltsbibliographie** *f* [Bib] / índice de publicaciones periódicas *m* · índice de materias de una revista *m* · índice de materias de publicaciones periódicas *m*
~**kartei** *f* (als Sichtkartei) [Acq] / fichero de publicaciones periódicas *m*
~**katalog** *m* [Cat] / catálogo de publicaciones periódicas *m*
~**katalogisierung** *f* [Cat] / catalogación de publicaciones periódicas *f*
~**lesesaal** *m* [BdEq] / hemeroteca *f* · sala de lectura de periódicos *f*
~**mappe** *f* [Sh] / carpeta para revistas *f*
~**nachweis** *m* [Cat] / asiento de publicaciones periódicas *m*
~**ordner** *m* / clasificador para revistas *m*
~**regal** *n* [Sh] / estantería de publicaciones periódicas *f* · expositor de periódicos *m*
~**ständer** *m* [BdEq] / estantería de baldas inclinadas *f*
~**stelle** *f* [OrgM] / sección de recepción de publicaciones periódicas *f*
~**titelaufnahme** *f* [OrgM] / asiento de publicaciones periódicas *m*
~**überwachung** *f* [Acq] / control de publicaciones periódicas *m*
~**umlauf** *m* [InfSy] / circulación de revistas *f* ‖ *s.a. Umlauf*
~**verlag** *m* [Bk] / editorial de revistas *f*
~**zugangskartei** *f* [Acq] / fichero de publicaciones periódicas *f* ‖ *s.a. Zeitschriftenkartei*
~**zugangsnachweis** *m* [Acq] / registro de entrada de publicaciones periódicas *m*
Zeitstudie *f* [OrgM] / estudio de tiempos *m*
Zeitüberbrückung (zwischen DÜ-Blöcken) / multiplexación por división de tiempo *f*
Zeitüberwachung *f* [Comm] / control del tiempo *m*
Zeitung *f* [Bk] ⟨DIN 1425; DIN 31631/4; DIN 31639/2; TGL 20972/04; RAK⟩ / diario *m* · periódico *m* ‖ *s.a. Tageszeitung*
Zeitungs|adreßbuch *n* [Bib] / directorio de prensa *m*
~**ausschnitt** *m* [NBM] / recorte de periódico *m*
~**ausschnittbüro** *n* [Bk] / despacho de recortes de prensa *m*
~**ausschnittsammlung** *f* [NBM] / colección de recortes de prensa *f*
~**halter** *m* [BdEq] / portaperiódicos *m*
~**leseraum** *m* [BdEq] / sala de lectura de prensa *f* · hemeroteca *f*
~**papier** *n* [Pp] ⟨DIN 6730⟩ / papel prensa *m* · papel de periódico *m*
~**regal** *n* (für Auslagezwecke) [Sh] / expositor de periódicos *m*
~**stand** *m* [Bk] / quiosco de periódicos *m* · kiosco de periódicos *m*
Zeitvertrag *m* [Staff] / contrato temporal *m*
Zeitzahl *f* [Class/UDC] / auxiliar común de tiempo *m*
Zellenschmelz *m* [Bind] / esmalte tabicado *m*
Zellstoff *m* [Pp] ⟨DIN 6730⟩ / pulpa *f* · celulosa *f*
zensieren *v* [Bk] / censurar *v*
Zensur *f* [Bk] / censura *f* ‖ *s.a. Vorzensur*
Zensus *m* [InfSc] / censo *m*
Zentralbibliothek *f* [Lib] / biblioteca central *f*
zentrale Bibliothek einer Universität *f* / biblioteca central de una universidad *f*
Zentraleinheit *f* [EDP] / microprocesador *m*
Zentral|einheit *f* [EDP] ⟨DIN 44300/5E⟩ / unidad central de proceso *f* · unidad principal *f*
~**katalog** *m* [Cat] / catálogo centralizado *m* · (in einer Leihverkehrsregion:) catálogo regional centralizado *m* · catálogo colectivo *m*
~**katalogisierung** *f* [Cat] / catalogación centralizada *f*
~**speicher** *m* [EDP] ⟨DIN 44300/5E⟩ / memoria central *f* · memoria interna *f* · memoria primaria *f* · memoria principal *f*
zentrieren *v* [Prt; EDP] / centrar *v*
zerfallen *v* / arruinarse *v*
Zerlegung *f* (von Begriffen oder Wortkombinationen) [Ind] / indización por factores semánticos *f* · factorización semántica *f*
zertifizierte Bezugsdiskette *f* [EDP] / disquete de referencia garantizada *m*
Zettel *m* [Cat] / tarjeta *f* · ficha *f* · papeleta *f* ‖ *s.a. Bearbeitungszettel; Benachrichtigungszettel; Bestellzettel 1; Bindezettel; Bücherzettel; Einheitszettel; Ersatzzettel; Fortsetzungszettel; Fristzettel; Handzettel; Interimszettel; Karteizettel; Katalogzettel; Laufzettel; Lieferzettel; Programmzettel; Reklamezettel; Schlagwortzettel; Theaterzettel; Waschzettel; Werbezettel; Wunschzettel*
Zettel|drucke *pl* [Cat] / fichas catalográficas impresas *pl*

-katalog *m* [Cat] / catálogo en fichas *m* · catálogo en tarjetas *m*
Zeugnis *n* [Ed] / certificado *m* · diploma *m* ‖ *s.a. Arbeitszeugnis; Führungszeugnis; Reifezeugnis; Schulabschlußzeugnis; Schulzeugnis*
Zeugnis über einen akademischen Grad *n* [Ed] / certificado académico *m*
Zick-Zack-Falz *m* [Bind] / pliegue en zigzag *m*
Zickzackfalz *m* [Bind] / pliegue en zigzag *m*
Zick-Zack-Falzung *f* [Bind] / plegado en zigzag *m* · plegado en acordeón *m* · plegado en fuelle *m*
--Papier *n* [Pp] / bloque de papel plegado en zigzag *m*
Ziegenleder *n* [Bind] / piel de cabra *f* · (curtido:) cabritilla *f* ‖ *s.a. Maroquin*
Ziehkarte *f* (automatisierte Zeitschriftenkzessionierung) [Acq; EDP] / ficha de entradas *f*
Zieladresse *f* [Comm] / dirección destinataria *f*
Ziel|bestimmung *f* [OrgM] / determinación de objetivos *f*
-deskriptor *m* [Ind] / descriptor referenciado *m*
-gruppe *f* [InfSc] / grupo destinatario *m*
Zielpublikum *n* / público destinatario *m*
Ziel|sprache 1 *f* (bei einer Übersetzung in einem mehrsprachigen Thesaurus) [Lni; Ind] ⟨DIN 1463/2⟩ / idioma meta *m*
-sprache 2 *f* (bei der Umwandlung von Anweisungen einer Programmiersprache in solche einer anderen) [EDP] ⟨DIN 44300/4E⟩ / lenguaje objeto *m*
Zielssytem *n* [Comm] / sistema destinatario *m*
Ziel|thesaurus *m* [Ind] / tesauro objeto *m*
Zier|at *m* [Prt] / adorno *m* · ornamento *m*
-buchstabe *m* [Bk] / letra ornamental *f*
-initial(e) *n(f)* [Writ; Bk] / letra inicial decorada *f*
-leiste *f* [Bk] / moldura ornamental *f* · filete de adorno *m*
-material *n* [Prt] / ornamento *m*
-rahmen *m* [Bk] / marco ornamental *m*
Zierrand *m* [Bk] / marco ornamental *m* · orla *f s. Zierrahmen*
Zier|schrift *f* [Prt] / letra ornamental *f*
Zierstück, das Raum für das Einfügen eines Initials ausspart [Prt] / arracada *f*
Ziffer *f* [InfSy; Prt] / dígito *m* · carácter numérico *m* · cifra *f*
Ziffernanzeige *f* [BdEq] / indicación numérica *f*
Zimelie *f* [Art; Bk] / libro precioso *m*
Zinkoxidpapier *n* [Repr] / papel impregnado de óxido de cinc *m*
Zinsregister *n* [Arch] / libro fundiario *m* · libro de censos *m* · registro de juros *m* · libro de rentas *m*
Zirkapreis *m* [Bk] / precio aproximado *m*
Zirkel *m* [Bind] / compás *m*
Zirkelstich *m* (in einer mittelalterlichen Handschrift) [Writ] / marca circular *f*
ziselieren *v* [Bind] / cincelar *v*
ziselierter Goldschnitt *m* [Bind] / corte(s) dorado(s) cincelado(s) *m(pl)*
Ziselierung *f* [Bind] / cincelado *m*
Zitat 1 *n* [Bk] ⟨DIN 31631/4⟩ / pasaje citado *m* · cita *f*
– 2 *n* (zitiertes Dokument) [Bib; Retr] / documento citado *m* ‖ *s.a. Literaturnachweis*
-analyse *f* [InfSc] / análisis de citas *m*
zitieren *v* [Bk] / citar *v*
Zitier|index *m* [Ind] ⟨DIN 31639/2⟩ / índice de citas *m*
-regeln *pl* [Bib] ⟨DIN 1505/2⟩ / reglas para citar *pl*
-titel *m* [Bk] ⟨DIN 31631/2⟩ / título de la cita *m*
Zitierungsregister *n* [Ind] / índice de citas *m s. Zitierindex*
ZK *abbr* [Cat] *s. Zentralkatalog*
ZLS *abbr* [BdEq] *s. Zeitschriftenlesesaal*
Zone *f* (in der bibliographischen Beschreibung) [Cat] *CH* / área *f* (en la descripción bibliográfica)
Zone für die Angabe des Sachtitels und der verantwortlichen Personen und/oder Körperschaften 4 *f* [Cat] *CH* / área de título y mención de responsabilidad *f*
Zone für die Angabe des Sachtitels und der verantwortlichen Personen und/oder Körperschaften *f* [Cat] *CH* / área para el título y las personas y/o entidades responsables *f*
– **für Fußnoten** *f* [Cat] *CH* / área de notas *f*
Zs. *abbr* [Bk] *s. Zeitschrift*
ZSK *abbr* [Cat] *s. Zeitschriftenkatalog*
Zubringerspeicher *m* [EDP] / memoria auxiliar *f* · memoria secundaria *f* · memoria adicional *f*
Zufallsgenerator *m* [EDP] / generador aleatorio *m*

Zufalls|stichprobe *f* [InfSc] / muestra aleatoria *f* · muestra al azar *f*
~streuung *f* [InfSc] / randomización *f* · aleatorización *f*
~zahl *f* [InfSc] / número aleatorio *m* · número al azar *m*
Zufriedenheitsgrad *m* [RS] / grado de satisfacción *m*
Zugang *m* [Acq] / entrada *f* · ingreso *m* · adquisición *f* ‖ *s.a. Erwerbung*
Zugänglichkeit *f* [Lib] / accesibilidad *f*
zugangsberechtigte Datei *f* [InfSy] / fichero de entradas autorizado *m*
Zugangs|buch *n* [Acq] / registro de adquisiciones *m* ‖ *s.a. Akzessionsjournal; Zugangsnachweis 1*
~datei *f* [Acq] / fichero de adquisiciones *m* ‖ *s.a. Zugangsnachweis 1*
Zugangsdatum *n* / fecha de adquisición *f*
Zugangs|gebühr *f* [Comm] / tarifa de acceso *f*
Zugangskartei *f* [Acq] / fichero de entradas *m*
Zugangs|nachweis 1 *m* (allgemein) [Acq] / catálogo de adquisiciones *m* · registro de adquisiciones *m* ‖ *s.a. Akzessionsjournal; Zugangsdatei*
~nachweis 2 *m* (für Zeitschriften) [Acq] / registro de recepción de series *m* (para publicaciones periódicas) · registro de recepción de publicaciones periódicas *m*
~nummer *f* [Acq] / número de registro *m* · número de adquisición *m*
~stelle *f* [OrgM] / departamento de adquisiciones *m* ‖ *s.a. Erwerbungsabteilung*
~verzeichnis *n* [Acq] / índice de adquisiciones *m* · lista de adquisiciones *f*
zugehörige Körperschaft *f* [Cat] / entidad relacionada *f*
Zugehörigkeits|begriff *m* [Ind] / término de pertenencia *m* · término atingente *m*
~beziehung *f* [Ind] / relación de pertenencia *f* ‖ *s.a. Zugehörigkeitsrelation*
Zugehörigkeits|relation *f* [Ind] / relación de atingencia *f* · relación de pertenencia *f*
zugelassene Benennung *f* [Ind] / término permitido *m*
Zugfestigkeit *f* [Pres] / resistencia a la tracción *f*
zugreifen *v* [Retr] / acceder *v*
Zugriff *m* (auf eine Datenbank) [InfSy] / acceso *m* (a una base de datos) · punto de acceso *m* (a una base de datos) ‖ *s.a. direkter Zugriff; Fernzugriff; indirekter Zugriff; Mehrfachzugriff; Parallelzugriff; wahlfreier Zugriff*
~ auf mehreren Ebenen *m* [Retr] / acceso a niveles múltiples *m*
Zugriff gesperrt *pp* [Comm] / acceso cerrado *m*
Zugriffs|berechtigung *f* [EDP] / autorización de acceso *f*
~punkt *m* [Retr] / punto de acceso *m* ‖ *s.a. Suchfeld*
~recht *n* [EDP] / derecho de acceso *m*
~sicherung *f* [EDP] / control de acceso *m*
~steuerung *f* [EDP] / control de acceso *m*
~system *n* [InfSy; Repr] / sistema de recuperación de datos *m* ‖ *s.a. Speicher- und Zugriff-System*
~zeit *f* [EDP] ⟨DIN 44300/7E⟩ / tiempo de acceso *m*
Zugwalze *f* [EDP; Prt] / cilindro de arrastre *m*
Zuhörer *pl* / oyentes *pl*
Zulage *f* [BgAcc] / suplemento de sueldo *m*
Zulassung *f* (von Benutzern usw.) [RS] / admisión *f* · autorización *f*
Zulassungsbedingung *f* [Ed; RS] / condiciones de admisión *pl* ‖ *s.a. Zulassungsvoraussetzung*
Zulassungsvoraussetzung *f* [Ed; RS] / condiciones de admisión *pl* · requisitos de admisión *pl*
zur Ansicht [Acq] / a examen *adv* · a vista *adv* ‖ *s.a. Ansichtsbestellung*
zur Rückgabe fällig *adj* / pendiente de devolución
zurückerstatten *v* [BgAcc] / reembolsar *v* · restituir *v*
zurückfordern *v* (ein ausgeliehenes Buch ~) [RS] / pedir la devolución *v*
zurückmelden *v* (sich ~) [RS] / presentarse a *v*
zurückspulen *v* [NBM] / rebobinar *v*
zurückstellen *v* (ein Buch ~) [Sh] / reponer *v*
zurückzahlen *v* [bgAcc] / devolver el dinero *v* ‖ *s.a. zurückerstatten*
zusammenfassende Zählung *f* [Cat] / numeración recapituladora *f*
Zusammen|fassung *f* [Ind] / resumen *m* · sumario *m* · síntesis *f* ‖ *s.a. Kurzfassung*
~führung *f* (von Programmverzweigungen) [EDP] ⟨DIN 44300/4E⟩ / unión *f*

zusammengelegt mit *pp* (bei einer Zeitschrift) [Cat] / fusionado con *pp*
zusammengesetzte Benennung *f* [Ind] / término compuesto *m*
zusammengesetzter Familienname *m* [Cat] ⟨RAK⟩ / apellido compuesto *m* ▌*s.a. scheinbar zusammengesetzter Name*
zusammengesetzter Schlüssel *m* [PuC] / código compuesto *m*
zusammengesetztes Wort *n* [Lin] ⟨DIN 2330⟩ / palabra compuesta *f*
Zusammenlegung *f* (zweier Zeitschriften) [Bk] / fusión *f* (de dos periódicos)
zusammenstellen *v* [Bk] / compilar *v* · recopilar *v*
Zusammenstellung *f* [Bk] / compilación *f* · recopilación *f*
Zusammentragen *v* [Bind] / alzar pliegos *v*
Zusammentragmaschine *f* [Bind] / máquina para alzar pliegos *f* · máquina de alzado de pliegos *f* · alzadora *f*
Zusatzausbildung *f* [Ed] / formación suplementaria *f*
Zusatzgerät *n* [BdEq] / aparato accesorio *m*
zusätzliche Gebühr *f* [BgAcc] / tasas adicionales *pl*
zusätzliches Exemplar *n* [Acq] / ejemplar adicional *m* ▌*s.a. Zweitexemplar*
zusätzliche Vergünstigungen *pl* / rebajas adicionales *pl* · ventajas adicionales *pl*
Zusatzprüfung *f* / examen extraordinario *m*
Zusatzstudium *n* [Ed] / estudio complementario *m*
Zusatz zum Sachtitel *m* [Cat] ⟨ISBD(M; S; PM); TGL 20972/04; RAK⟩ / añadidura al título *f* · información complementaria sobre el título *f*
Zuschauer *m* [NBM] / espectador *m*
Zuschuß / ayuda financiera *f* ▌*s.a. Zuwendung*
Zusendung *f* [Comm] / envío *m*
Zuständigkeit *f* [OrgM] / incumbencia *f*
Zuständigkeitsbereich *m* [OrgM] / demarcación *f*
Zuverlässigkeit *f* (eines Forschungsinstruments) [InfSc] / fiabilidad *f* (de un instrumento de investigación)
Zuwachsrate *f* [Stock] / índice de incremento *m*
Zuwachsverzeichnis *n* [Acq] / lista de adquisiciones *f*
zuweisen *v* (Mittel ~) [BgAcc] / asignar *v* (medios económicos)
Zuweisung *f* [BgAcc] / asignación *f* (de fondos presupuestarios) · adjudicación *f* (de fondos presupuestarios) ▌*s.a. Bewilligung*
Zuwendung *f* [BgAcc] / donativo *m* · donación *f* ▌*s.a. Beihilfe; einmalige Zuwendung*
Zuwendungsempfänger *m* [BgAcc] / receptor de la donación *m*
Zuzahlung *f* / pago adicional *m*
zweckorientiertes Referat *n* / resumen orientado *m*
zweibändig *adj* [Bk] / en dos tomos *adj*
Zweigbibliothek *f* [Lib] / biblioteca filial *f*
zweigleisiges Bibliothekssystem *n* / sistema bibliotecario de vía doble *m* · sistema bibliotecario bipartito *m*
Zwei-Jahres-Haushalt *m* [BgAcc] / presupuesto bienal *m*
~jahresschrift *f* [Bk] / publicación bienal *f*
~kernkassette *f* [Repr] / casete (de dos núcleos) *f*
~komponenten-Entwicklung *f* [Repr] / revelado de dos componentes *m*
~monatsschrift *f* [Bk] / publicación bimestral *f*
zweischichtiges Bibliothekssystem *n* [Lib] / sistema bibliotecario de vía doble *m* ▌*s.a. zweigleisiges Bibliothekssystem*
~spaltig *adj* [Bk] / en dos columnas *adj*
~sprachiges Wörterbuch *n* [Bk] / diccionario bilingüe *m*
Zwei-Stufen-Aufnahme *f* [Cat] / asiento en dos niveles *m* ▌*s.a. Zwei-Stufen-Beschreibung*
Zweistufenaufnhme *f* [Cat] / entrada en dos niveles *f*
Zwei-Stufen-Beschreibung *f* [Cat] ⟨ISBD(M; S)⟩ / descripción en dos niveles *f*
zweiteilige Nebeneintragung *f* [Cat] ⟨RAK⟩ / asiento secundario por nombre-título *m*
zweite Mahnung *f* [RS] / segundo aviso *m* · segunda advertencia *f*
zweiter Zettel *m* (für eine Titelaufnahme) [Cat] / ficha suplementaria *f*
Zweitexemplar *n* [Acq] / ejemplar duplicado *m* (para un asiento por título) ▌*s.a. zusätzliches Exemplar*
Zweiwochenschrift *f* [Bk] / publicación quincenal *f* · publicación bimensual *f*
zweizeiliges Drucken *n* [EDP] / impresión a dos líneas *f*
Zwillingsband *m* [Bind] / encuadernación gemela *f*

Zwirn *m* [Bind] / hilo torcido *m*
Zwischenablage *f* [EDP] / fichero intermedio *m*
Zwischen|bericht *m* [Bk] / informe provisional *m*
-bescheid *m* [Acq; RS] / respuesta provisional *f*
-blatt *n* [Bk] / hoja intercalada *f* · descarga *f*
-geschoß *n* [BdEq] / entresuelo *m*
-kopie *f* [Repr] ⟨ISO 6196/1; DIN 19040/113E⟩ / copia intermedia *f*
-lagerung *f* [Stock] / almacenamiento provisional *m*
zwischenordnen *v* [TS; Cat] / intercalar *v*
Zwischenoriginal *n* [Repr] / copia intermedia *f s. Zwischenkopie*
Zwischenprüfung *f* [Ed] / examen parcial *m* · examen intermedio *m*
Zwischenspeicher *m* [EDP] / memoria intermedia *f*
zwischenspeichern *v* [EDP] / almacenar en · memoria intermedia *v*
zwischen|staatliche Körperschaft *f* [Gen] / entidad intergubernamental *f*
Zwischentitel *m* [Cat] / título de sección *m* · título de subserie *m* · título intermedio *m*
Zwischenüberschrift *f* [Bk] / epígrafe intermedio *m*
zyklische Blockprüfung *f* [Comm] ⟨DIN 44300/8E; DIN 44302⟩ / comprobación cíclica de redundancia *f*
Zykluszeit *f* [EDP] ⟨DIN 44300/7E⟩ / tiempo de ciclo *m* · tiempo de base *m*
Zylinder|presse *f* [Prt] / prensa de cilindros *f* · prensa planocilíndrica *f*
-projektion *f* [Cart] / proyección cilíndrica *f*

Wörterbuch Teil II: Spanisch-Deutsch

Diccionario segunda parte: Español-Alemán

A

a.a.v.v. *abbr* [Cat] *s. autores varios*
abastecimiento *m* [Acq] / Lieferung *f* · Versorgung *f*
– **de información** *m* [InfSy] / Informationsversorgung *f*
– **documental** *m* [RS] / Literaturversorgung *f* ‖ *s.a. provisión de bibliografía; suministro de documentos*
abecé *n* [Bk] / ABC-Buch *n*
abecedario *m* [Bk] / ABC-Buch *n*
aberración *f* [Repr] / Abbildungsfehler *m* ‖ *s.a. defecto de reproducción*
abertura *f* (de una funda de microfilm) [Repr] / Einschuböffnung *f*
abierto *m* [Bind] / abgerissen *pp* · geplatzt *pp*
abonado *m* [Acq] / Abonnent *m*
– **de telex** *m* [Comm] / Fernschreibteilnehmer *m*
– **telefónico** *m* [Comm] / Fernsprechteilnehmer *m*
abonarse a *v* [Acq] / abonnieren *v*
abono en cuenta *m* [BgAcc] / Gutschrift *f*
abrasión *f* [Bind] / Abreibung *f* · Abnutzung *f*
abrazadera *f* [Bind] / Buchspange *f* · Buchschließe *f* ‖ *s.a. broche*
abreviación parentética *f* [Lin] / Klammerkürzung *f*
abreviar *v* [Lin] / kürzen *v* · abkürzen *v*
abreviatura *f* [Lin] / Abbreviatur *f* · Abkürzung *f* ‖ *s.a. acrónimo; siglas*
abrir cortando *v* (un libro) [Bind] / aufschneiden *v*
absorbencia *f* [Pp] / Saugfähigkeit *f*
absorbido por *pp* (un periódico) [Bk] / aufgegangen in *pp*
acabado *m* (trabajos de ~) [Bind] / Beschriftung und Verzierung
acabado de aparecer *pp* [Bk] / gerade erschienen *pp* · soeben erschienen *pp*
acanaladura del pie *f* (de un tipo de imprenta) [Prt] / Fußrille *f*
acarreador de libros *m* [BdEq] / Buchförderanlage *f* ‖ *s.a. transportador de libros*
acceder *v* [Retr] / zugreifen *v*
accesibilidad *f* (de una biblioteca) [Lib] / Erreichbarkeit *f* · Zugänglichkeit *f*
acceso *m* (a una base de datos) [InfSc] / Zugriff *m* ‖ *s.a. punto de acceso*
– **al azar** *m* [EDP] / wahlfreier Zugriff *m*
– **al depósito** *m* [BdEq] / Magazinzugang *m*
– **aleatorio** *m* [EDP] / wahlfreier Zugriff *m*
– **a los fondos de almacén** *f* [BdEq] / Magazinzugang *m*
– **a niveles múltiples** *m* [Retr] / Zugriff auf mehreren Ebenen *m*
– **cerrado** *m* [Comm] / Zugriff gesperrt *pp*
– **de terceros a la red** *m* [Comm] / Netzzugang Dritter *m*
– **de visitantes** *m* [OrgM] / Besucheranmeldung *f*

– **directo** *m* [EDP] / Direktzugriff *m* · direkter Zugriff *m* · wahlfreier Zugriff *m*
– **en línea** *f* [EDP] / Online-Zugriff *m*
– **en paralelo** *m* [EDP] / Parallelzugriff *m* · Simultanzugriff *m*
– **en serie** *m* [EDP] / serieller Zugriff *m* · sequentieller Zugriff *m*
– **indirecto** *m* [EDP] / indirekter Zugriff *m*
– **libre** *m* [RS] / freier Zugang *m*
– **local** *m* [EDP] / lokaler Zugang *m*
– **mediante marcado telefónico** *m* [Comm] / Wähleingang *f*
– **múltiple** *m* [EDP] / Mehrfachzugriff *m*
– **por telecomunicación** *m* [Retr] / Datenfernzugriff *m*
– **remoto** *m* [EDP; Retr] / Fernzugriff *m*
– **restringido** *m* [Arch; RS] / eingeschränkter Zugang *m* · beschränkter Zugang *m* · Benutzungsbeschränkung *f*
– **secuencial** *m* [EDP] / sequentieller Zugriff *m*
– **secuencial indexado** *m* [EDP] / indexsequentieller Zugriff *m*
– **selectivo** *m* [EDP] / direkter Zugriff *m*
– **simultáneo** *m* [EDP] / Mehrfachzugriff *m* · Parallelzugriff *m*
accesorios de estanterías *pl* [Sh] / Regalzubehör *n*
accionar *v* [EDP] / ansteuern *v*
aceite de pata de buey *m* [Pres] / Klauenöl *n*
acento *m* [Writ; Bk] / Akzent *m*
aceptación *f* [InfSc] / Akzeptanz *f*
aceptor de datos *m* [Comm] / Datensenke *f*
acercamiento por materias *m* (a una colección) [Stock] / Sacherschließung *f*
acidez *f* [Pres] / Säuregehalt *m*
acierto *m* [Retr] / Treffer *m*
acierto múltiple *m* [Retr] / Mehrfachtreffer *m*
acoplador acústico *m* [Comm] / akustischer Koppler *m* · Akustikkoppler *m*
acoplamiento mutuo en serie *m* [EDP] / serielle Schnittstelle *f*
acortamiento entre paréntesis *f* [Lin] / Klammerkürzung *f*
acotación marginal *f* [Writ] / Randbemerkung *f*
acreditar *v* [Gen] / nachweisen *v*
acristalamiento *m* [BdEq] / Verglasung *f* ‖ *s.a. completamente acristalado*
acrónimo *m* [Lin] / Akronym *n* · Initialenfolge *f*
acróstico *m* [Bk] / Akrostichon *n*
acta de recepción *m* [BdEq] / Abnahmeprotokoll
acta(s) *f(pl)* [Off; Arch] / Akte *f*
actas de congreso *pl* [Bk] / Tagungsberichte *pl*
acta(s) de sesión *f(pl)* [OrgM] / Protokoll *n*
actas de sesión *pl* (parlamentarias) [Bk] / Sitzungsberichte *pl*
actas oficiales *pl* [Arch] / Behördenakten *pl*
actitud *f* [InfSc] / Einstellung *f* · Haltung *f*
activar *v* [EDP] / ansteuern *v*
acto docente *m* [Ed] / Lehrveranstaltung *f*
acto obligatorio *m* [Ed] / Pflichtveranstaltung *f*
acto social *m* [OrgM] / Veranstaltung *f*
actualidad *f* (de una base de datos) [InfSy] / Aktualität *f*
actualización de archivos *f* [EDP] / Dateipflege *f*
actualizar *v* (un fichero) [Gen; EDP; InfSy] / fortschreiben *v* · aktualisieren *v*
acuarela *f* [Art] / Aquarell *n*
acuerdo de intercambio *m* [Acq] / Tauschvereinbarung *f*
acuerdo salarial *m* [Staff] / Gehaltsvereinbarung *f*
acuerdo sobre derechos *m* [Bk] / Honorarvereinbarung *f*
acuerdo sobre el precio *m* [Bk] / Preisbindung *f*
acuerdo sobre precio de reventa *m* [Bk] / Preisbindung *f* (der zweite Hand)
acumulador *m* [EDP] / Akkumulator *n*
acumular *v* (un registro, una bibliografía, etc.) [Bib] / kumulieren *v*
acumulativo *adj* [Bib] / kumulierend *pres p*
acuse de recibo *m* [Acq] / Empfangsbestätigung *f*
acutancia *f* [Repr] / Konturenschärfe *f*
adaptador *m* [EDP] / Adapter *m*
adaptador monocromo de gráficos *m* [EDP] / monochromer Grafikadapter *m* ‖ *s.a. tarjeta de gráficos*
adaptar *v* [EDP] / abgleichen *v* · interpolieren *v*
ad(d)enda *f* [Bk] / Nachtrag *m*
adelanto *m* (de sueldo) [Staff] / Vorschuß *m*
adelanto sobre honorarios *m* [Bk] / Honorarvorschuß *m*
adherir una banderilla *v* [Bind] / einkleben *v*
adhesividad *f* [Bind] / Klebefähigkeit *f*
adhesivo *m* [Bind; Off] / klebend *pres p*
adhesivo de acetato de polivinilo *m* [Bind] / Kaltleim *m*

adhesivo termosellable *m* [Bind] / Schmelzkleber *m*
adición *f* (signo +, y) [Class/UDC] / Beiordnung *f* · (de un nombre a un encabezamiento:) Ordnungshilfe *f*
aditamento *m* [Bk] / Anhang *m*
aditamentos *pl* [Bk] / Beigaben *pl*
adjudicación *f* [BgAcc] / Zuweisung *f*
administración [Adm] / Verwaltung *f*
– **bibliotecaria** *f* [Lib] / Bibliotheksverwaltung *f*
– **civil del estado** *f* [OrgM] / öffentlicher Dienst *m*
– **de archivos** *f* [Arch] / Archivverwaltung *f*
– **de espacio libre** *f* [EDP] / Freiplatzverwaltung *f*
– **de ficheros** *f* [EDP] / Dateiverwaltung *f*
– **de inmuebles** *f* [BdEq] / Hausverwaltung *f*
– **de la colección** *f* [Stock] / Bestandsverwaltung *f*
– **de memoria** *f* [EDP] / Speicherverwaltung *f*
– **de personal** *f* [Staff] / Personalverwaltung *f*
– **municipal** *f* [Adm] / Kommunalverwaltung *f* · städtische Behörden *pl*
administrador *m* [Staff] / Hausverwalter *m*
administrador del erario municipal *m* [BgAcc] / Stadtkämmerer *m*
admisión *f* [RS] / Zugang *m* · Zulassung *f*
a doble columna *loc adj.* [Bk] / doppelspaltig *adj*
a doble espacio *loc. adj.* [Prt] / doppelzeilig *adj*
adorno *m* [Prt] / Verzierung *f* · Zierat *m*
– **a plumilla** *m* [Bk] / Federornament *n*
– **de cabezada** *m* [Bind] / Häubchen *n*
– **de libro** *m* [Bk; Art] / Buchschmuck *m*
– **de líneas de azurado** *m* [Bind] / Verzierung mit Assurélinien *f*
– **en espiral** *m* [Bk] / Schnörkel *m*
– **floral** *m* [Bind] / Blütenstempel *m*
adquirir *v* [Acq] / erwerben *v* · anschaffen *v* · akzessionieren *v*
adquirir en lote *v* (varias copias de un ejemplar) [Acq] / gestaffelt anschaffen *v* · staffeln *v*
adquisición *f* [Acq] / Erwerb *m* · Erwerbung *f* · Beschaffung *f* · Zugang *m*
– **bibliográfica** *f* [Acq] / Literaturerwerb *m*
– **cooperativa** *f* [Acq] / abgestimmte Erwerbung *f* · kooperative Erwerbung *f*
– **de bibliografía** *f* [Acq] / Literaturbeschaffung *f*
– **de datos externos** *f* [Cat] / Fremddatenübernahme *f*
– **de información** *f* [EDP] / Datenerfassung *f*
advertencia de vencimiento de plazo *f* [RS] / Mahnung *f* ‖ *s.a. aviso repetido*
advertencia preliminar *f* [Bk] / Voranzeige *f*
advertir *v* (a un usuario de que debe devolver un libro cuyo plazo de préstamo ha caducado) [RS] / mahnen *v*
a examen *loc. adv.* [Acq] / zur Ansicht
afilalápices *m* [Off] / Bleistiftspitzer *m*
agencia *f* [OrgM; Adm] / Agentur *f*
– **de empleos** *f* [Staff] / Stellenvermittlung *f*
– **de suscripciones** *f* [Acq] / Zeitschriftenagentur *f*
agenda *f* [Bk] / (Notizbuch:) Heft *n*
agenda de citas *f* [OrgM] / Terminkalender *m*
agente captador de datos *m* [Staff] / Datentypist *m*
agente comercial de informacion *m* [Retr; Staff] / Informationsvermittler *m* (industrialmente activo)
agotado *pp* [Bk] / nicht mehr lieferbar · vergriffen *pp* ‖ *s.a. fuera de existencias*
– **en almacén** *pp* [Stock] / nicht am Lager *n*
– **en existencias** *pp* [Stock] / nicht am Lager *n*
agradecimiento *m* (del autor) [Bk] / Danksagung *f*
aguada *f* [Bind] / Kleisterwasser *n*
aguatinta *f* [Art] / Aquatinta *f*
aguja de clasificación *f* [PuC] / Sortiernadel *f*
aguja de grabador *f* [Art] / Ätznadel *f*
aguja de reproducción *f* [NBM] / Abtastnadel *f* · Abspielnadel *f*
agujas *pl* [Bind] / Nadeln *v*
agujereado *adj* [Bk] / löcherig *adj*
ahorro de puestos de empleo *m* [OrgM] / Arbeitskräfteersparnis *f*
ahorro de trabajo *m* [OrgM] / Arbeitsersparnis *f*
aireación *f* [BdEq] / Be- und Entlüftung *f*
aire acondicionado *m* [BdEq] / Klimatisierung *f*
aislado contra el ruido *adj* [BdEq] / schalldicht *adj*

aislamiento *m* (de paredes, etc.) [BdEq] / Isolierung *f*
aislamiento acústico *m* [BdEq] / Schalldämmung *f* ‖ *s.a. protección acústica*
ajustar 1 *v* (una impresora, etc.) [EDP] / einstellen
ajustar 2 *v* (datos, etc.) [EDP] / abgleichen *v*
ajustar 3 *v* (a las necesidades del cliente) / auf die Bedürfnisse des Kunden zuschneiden
ajustar 4 *v* (las líneas) [Prt] / ausschließen *v*
ajustar 5 *v* (las páginas) [Prt] / umbrechen *v*
ajuste de páginas *m* [Prt] / Umbruch *m*
álbum *m* [Bk] / Album *n*
albumen *m* [Bind] / Albumen *n*
alcance de la colección *m* [Stock] / Bestandsumfang *f*
alcance general *m* [Comm] / Grundumfang *m*
aldinos *pl* [Bk] / Aldinen *pl*
aleatorización *f* [InfSc] / Randomisierung *f* · Zufallsstreuung *f*
alfabeto *m* [Writ] / Alphabet *n*
alfabeto latino *m* [Writ; Bk] / lateinisches Alphabet *n*
alfanumérico *adj* [InfSy] / alphanumerisch *adj*
álgebra de Boole *f* [Retr] / Boole'sche Algebra *f*
algoritmo *m* [EDP] / Algorithmus *m*
algrafía *f* [Prt] / Algraphie *f* · Aluminiumdruck *m*
alimentación a mano *f* [Repr] / Handeingabe *f*
alimentación de papel *f* (arrastre del papel en una copiadora) [Repr] / Papiereinzug *m*
alimentación de papel *f* [EDP; Prt] / Papiervorschub *m*
alimentación de papel continuo *f* [Repr] / Endlospapiereinzug
alimentación de papel suelto *f* [Repr] / Einzelblatteinzug *m*
alimentador *m* (componente de una cámara copiadora en serie, etc.) [Repr] / Anleger *m*
alimentador manual *m* (en un aparato de grabación) [Repr] / Handanleger *m*
alimentar *v* [Repr] / anlegen *v*
alineación del texto *f* [EDP] / Textausrichtung *f*
alisador *f* [Bind] / Glättkolben *m*
almacén 1 *m* [Gen] / Lager *n*
~ 2 *m* [BdEq] / Magazin *n*
~ 3 *m* (edificio de ~) [BdEq] / Lager *n*
~ 4 *m* [Stock] / Depositum *n* · Aufbewahrungsort *m*
~ **apartado** *m* (exterior, de seguridad, de reserva) [Stock] / Ausweichmagazin *n* ‖ *s.a. depósito apartado*
~ **cargador** *m* [Repr] / Filmmagazin *n*
~ **con una sección** *m* [BdEq] / Magazin mit eingeschossiger Regalanlage *n*
~ **de aparatos** *m* [BdEq] / Gerätelagerraum *m*
~ **de artículos de oficina** *m* [Off] / Büroartikellager *n*
~ **de distribución** *m* (de una editorial, etc.) [Bk] / Auslieferungslager *n*
~ **de documentos** *m* [Stock] / Dokumentenspeicher *m*
~ **de material** *m* [BdEq] / Materiallager *n*
~ **de mobiliario** *m* [BdEq] / Möbellager *n*
~ **en el sótano** *m* [BdEq] / Kellermagazin *n*
~ **exterior** *m* [Stock] / Außenmagazin *n*
almacenaje *m* [Gen] / Lagerung *f*
almacenamiento 1 *m* [Gen] / Lagerung *f*
~ 2 *m* (de fondos bibliotecarios) [Sh] / Magazinierung *f*
~ 3 *m* [EDP] / Speicherung *f*
~ **apartado** *m* [Stock] / Auslagerung *f*
~ **de acceso directo** *m* [EDP] / Direktzugriffsspeicher *m*
~ **de larga duración** *m* [NBM; Repr] / Langzeitlagerung *f*
~ **en compacto** *m* [Sh] / Kompaktmagazinierung *f* · Kompaktspeicherung *f* · Kompaktaufstellung *f*
~ **en compacto con estanterías orientables** *m* [Sh] / Kompaktspeicherung mit schwenkbaren Regalen *f*
~ **fijo** *m* [EDP] / Festwertspeicher *m*
~ **horizontal** *m* [Sh] / Horizontalablage *f*
~ **masivo** *m* [EDP] / Massenspeicherung *f*
~ **provisional** *m* [Stock] / Zwischenlagerung *f*
almacenar 1 *v* [EDP] / speichern *v* · einlesen *v*
~ 2 *v* [Gen] / lagern *v*
~ 3 *v* [Sh] / magazinieren *v*
~ **en memoria intermedia** *v* [EDP] / zwischenpeichern *v*
almanaque *m* [Bk] / Almanach *m*
alojar *v* [BdEq] / unterbringen *v*
alónimo *m* [Bk] / Allonym *n*
altavoz *m* [Comm] / Lautsprecher *m*
alto cargo *m* [Staff] / gehobene Stelle *f*

altoparlante *m* [Comm] *HA* / Lautsprecher *m*
altura *f* [Gen] / Höhe *f*
– **de caracteres** *f* [EDP/VDU] / Zeichenhöhe *f*
– **de la curva** *f* [Cart] / Schichthöhe *f A*
– **de la planta** *f* [BdEq] / Stockwerkshöhe *f* · Geschoßhöhe *f*
– **de letra mayúscula** *f* [EDP] / Versalhöhe *f*
– **del tipo** *f* [Prt] / Schrifthöhe *f*
– **de techos** *f* [BdEq] / Deckenhöhe *f*
– **entre estantes** *f* [Sh] / Fachbodenabstand *m*
alumbrado de emergencia *m* [BdEq] / Notbeleuchtung *f*
aluminografía *f* [Prt] / Aluminiumdruck *m*
alumno/-a principiante *m / f* [Ed] / Studienanfänger/in *m/f*
alza *f* [Bind] / Deckblatt *n*
alzada *f* [Bind] / Lage *f*
alzado *m* [BdEq] / Aufriß *m*
alzado (dibujo) *m* [BdEq] / Schnitt, Ansicht *m,f*
alzadora *f* [Bind] / Zusammentragmaschine *f*
alzar pliegos *v* [Bind] / Zusammentragen *v*
amanuense *m* [Writ] / Schreiber *m*
amarillear *v* [Bk; Press] / vergilben *v*
amarillento *adj* [Bk] / gilbfleckig *adj* · gegilbt *pp* · vergilbt *pp* · angegilbt *pp*
ambiente de trabajo *m* [OrgM] / Arbeitsumgebung *f* · Arbeitsumwelt *f*
ambigüedad *f* [Lin] / Mehrdeutigkeit *f* ‖ *s.a. polisemia*
ámbito *m* [InfSc] / Schwankungsbereich *m*
ámbito de varianza *m* [InfSc] / Streuungsbreite *f*
amortiguar *v* [Pres] / abpuffern *v* ‖ *s.a. poner topes*
amortización *f* [BgAcc] / Abschreibung *f*
ampliable *adj* [BdEq] / ausbaufähig *adj*
ampliación 1 *f* (de un edificio) [BdEq] / Erweiterungsbau *m* ‖ *s.a. anexo 3*
– 2 *f* (de micropelícula sobre papel) [Repr] / Vergrößerung *f* · Rückvergrößerung *f*
– **de estudios** *f* [Staff] / Weiterbildung *f*
– **de fondos presupuestarios** *f* [BgAcc] / Haushaltsmittelverlagerung *f*
– **de la memoria de trabajo** *f* [EDP] / Arbeitsspeichererweiterung *f*
ampliadora-impresora *f* [Repr] / Rückvergrößerungsgerät *n*
ampliar 1 *v* [BdEq] / ausbauen *v*
ampliar 2 *v* [EDP] / erweitern *v*

amplificador de sonido *m* [Comm] / Lautsprecher *m*
amplitud de indización *f* [Ind] / Indexierungsbreite *f*
amueblamiento *m* [BdEq] / Möblierung *f*
añadidura al título *f* [Cat] / Zusatz zum Sachtitel *m* ‖ *s.a. subtítulo*
añadir *v* (una banderilla) [Bind] / einkleben *v*
anagrama *m* [Lin] / Anagramm *n*
anagrama de biblioteca *m* [Lib] / Bibliothekssigel *n* · Bibliothekssignet *n* ‖ *s.a. logotipo*
analectas *pl* [Bk] / Analekten *pl*
anales *pl* [Bk] / Annalen *pl*
analfabetismo *m* [Gen] / Analphabetismus *m*
analfabeto *m* [Gen] / Analphabet *m*
análisis *f* [Gen] / Analyse *f*
– **cartográfico** *f* [Cart] / Kartenauswertung *f*
– **de citas** *m* [InfSc] / Zitatanalyse *f*
– **de contenidos** *m* [Ind] / Inhaltserschließung *f* · inhaltliche Erschließung *f*
– **de correlaciones** *f* [InfSc] / Korrelationsanalyse *f*
– **de costes-beneficios** *m* [OrgM] / Kosten-Nutzen-Analyse *f*
– **de costoeficiencia** *m* [OrgM] / Kosten-Leistungs-Analyse *f*
– **de costos-prestaciones** *m* [OrgM] / Kosten-Leistungs-Analyse *f*
– **de documentos** *m* [Ind] / Dokumentenanalyse *f*
– **de existencias** *m* [Stock] / Bestandsanalyse *f*
– **de fondos** *m* [Stock] / Bestandsanalyse *f*
– **de frecuencia de palabras** *m* [InfSc] / Worthäufigkeitsanalyse *f*
– **de gastos** *m* [BgAcc] / Kostenanalyse *f*
– **de información** *m* [Ind] / Informationsanalyse *f*
– **de la comunidad** *m* [Lib] / Gemeinwesenanalyse *f*
– **del contenido** *m* [Class; Ind] / Inhaltsanalyse *f*
– **de los puestos de trabajo** *m* [OrgM] / Arbeitsplatzanalyse *f*
– **del trabajo** *m* [OrgM] / Arbeitsanalyse *f*
– **de números característicos** *m* [OrgM] / Kennziffernanalyse *f*
– **de regresión** *m* [InfSc] / Regressionsanalyse *f*

– **de requisitos** *m* [EDP] / Anforderungsanalyse *f*
– **de sistemas** *m* [OrgM] / Systemanalyse *f*
– **de tareas** *m* [OrgM] / Aufgabenanalyse *f*
– **de varianza** *m* [InfSc] / Varianzanalyse *f*
– **documental** *m* [Ind] / Auswertung *f*
– **estructurado** *m* [Ind] / Positionsreferat *n*
– **facetado** *m* [Class] / Facettenanalyse *f*
– **factorial** *m* [InfSc] / Faktorenanalyse *f*
– **indicativo-informativo** *m* [Ind; Bib] / indikativ-informatives Referat *n*
– **por conglomerados** *m* [InfSc] / Clusteranalyse *f*
– **por facetas** *m* [Class] / Facettenanalyse *f* · Facette *f*
analista de búsqueda *m* [Retr; Staff] / Informationsvermittler *m*
analizar *v* [Ind] / auswerten *v*
analógico *adj* [InfSy] / analog *adj*
análogo *adj* [Gen] / analog *adj*
anánimo *m* [Bk] / Ananym *n*
anaquel *m* [Sh] / Einlegeboden *m* · Bücherbord *n* · Brett *n* · Fachboden *m*
anchura 1 *f* (del tipo de imprenta) [Bk] / Schriftbreite *f*
– 2 *f* (de encuadernación) [Bk] / Breite *f*
– **de columna** *f* [Prt] / Spaltenbreite *f*
– **del pasillo** *f* [BdEq] / Gangbreite *f*
– **del tipo** *f* [Prt] / Dickte *f*
– **de pista** *f* [EDP] / Spurbreite *f*
anepígrafo *m* [Bk] / Anepigraphon *n*
anexar *v* [Bind] / ansetzen *v*
anexo 1 *m* [Off] / Beilage *f* · Anlage *f*
anexo 2 *m* [Bk] / Beiheft *n*
anexo 3 *m* (de un edificio) [BdEq] / Anbau *m* ‖ *s.a. ampliación 1; edificio anexo*
ángulo de visión *m* [EDP/VDU] / Sehwinkel *m* · Beobachtungswinkel *m*
ángulo de visualización *m* [EDP/VDU] / Sehwinkel *m*
anóm. *abbr* [Bk] *s. anónimo*
anomalía de software *f* [EDP] / Softwarefehler *m*
anónimo *adj* [Bk] / Anonymus *m* · anonym *adj* · verfasserlos *adj*
anopistográfico *adj* [Bk] / anopistographisch *adj*
anotación *f* [Off] / Notiz *f* · Vermerk *m* ‖ *s.a. nota 3*
– **bibliográfica** *f* [Bib; Cat] / Annotation *f*
– **de propiedad** *f* [Bk] / Besitzvermerk *m*
–**es a lápiz** *pl* [Bk] / Bleistiftanmerkungen *pl* · Bleianmerkungen *pl*
anotar *v* [Bib; Cat] / annotieren *v*
anotar operaciones *v* [EDP] / protokollieren *v*
ant. *abbr s. antología*
ante *m* [Bind] / Sämischleder *n* · Wildleder *n*
antecámara *f* [BdEq] / Vorraum *m*
antefechado *pp* [Bk] / vorausdatiert *pp* · vordatiert *pp*
antep. *abbr s. anteportada*
anteportada *f* [Bk] / Schmutztitel *m* · Vortitelseite *f* · Vorspann *m* ‖ *s.a. falsa portada; portadilla; principios*
antesala *f* [BdEq] / Vorraum *m*
antetítulo *m* [Bk; Cat] / Vortitel *m* · Titelvorspann *m*
anticipo 1 *m* [Bk] / Vorabdruck *m* ‖ *s.a. tirada previa*
– 2 *m* (sobre el sueldo) [Staff] / Gehaltsvorschuß *m*
– **de pago** *m* [BgAcc] / Vorauszahlung *f*
anticloro *m* [Pres] / Antichlor *n*
antifonario *m* [Bk] / Antiphonar *n*
antigüedad *f* [Staff] / Dienstalter *n*
antología *f* [Bk] / Anthologie *f*
antonimia *f* [Ind] / Antonomie *f*
antónimo *m* [Ind] / Gegenbegriff *m* · Antonym *n*
anuario *m* [Bk] / Jahrbuch *n* · Jahresschrift *f*
anular 1 *v* (un pedido) [Acq] / stornieren *v*
anular 2 *v* [EDP] / tilgen *v* ‖ *s.a. borrar*
anunciante *m* [Bk] / Inserent *m*
anuncio de empleo *m* [Staff] / Stellenanzeige *f*
anuncios *pl* (publicitarios) [BK] / Anzeigen *pl*
anverso de la hoja *m* [Bk] / Rektoseite *f*
año *m* [Bk] / Jahrgang *m*
– **académico** *m* [Ed] / Studienjahr *n*
– **concluyente de publicación** *m* [Cat] / abschließendes Erscheinungsjahr *n*
– **de cierre de la publicación** *m* [Cat] / abschließendes Erscheinungsjahr *n*
– **de impresión** *m* [Cat] / Erscheinungsjahr *n*
– **de publicación** *m* [Cat] / Erscheinungsjahr *n*
– **de referencia** *m* [Bk; Cat] / Berichtsjahr *n*
– **presupuestario** *m* [BgAcc] / Haushaltsjahr *n* ‖ *s.a. ejercicio anual*
– **de servicio** *pl* [Staff] / Dienstalter *n*
– **en retroceso** *pl* / rückwärtige Jahrgänge *pl*
ap. *abbr s. apéndice 1; apéndice 2*

apais. *abbr s. formato apaisado*
aparato(s) *m(pl)* [BdEq] / Gerät(e) *m(pl)*
- **accesorio** *m* [BdEq] / Zusatzgerät *n*
- **clasificador** *m* [PuC] / Sortiergerät *n*
- **contínuo** *m* [Repr] / Durchlaufgerät *n*
- **crítico** *m* [Bk] / kritischer Apparat *m*
- **de alimentación** *m* [BdEq] / Anschlußgerät *n*
- **de cinta magnética** *m* [EDP] / Magnetbandgerät *n*
- **de fax** *m* [Comm] / Faxgerät *n*
- **de fotocomposición** *m* [Prt] / Fotosetzgerät *n*
- **de gofrar** *m* [Off] / Prägeapparat *m*
- **de grabación** *m* (para grabar una emisión, etc.) [BdEq] / Aufnahmegerät *n*
- **de lectura e impresión** *m* [Repr] / Rückvergrößerungsgerät *n*
- **de revelado a la luz del día** *m* [Repr] / Tageslicht-Entwicklungsgerät *n*
- **de teleescritura** *m* [Comm] / Fernschreiber *m*
- **de teléfono** *m* [Comm] / Telefonapparat *m*
- **de televisión** *m* [Comm] / Fernsehgerät *n*
- **de titulación** *m* [Prt] / Titelsetzgerät *n*
- **duplicador** *m* [Repr] / Dupliziergerät *n*
- **lector** *m* [Repr] / Lesegerät *n* (de microformas) ‖ *s.a. lector portátil; visor de mano*
- **para cortar película** *m* [Repr] / Filmschneidegerät *n*
- **para encuadernar sin cosido** *m* [Bind] / Klebebindegerät *n*
- **para encuadernar sólo con adhesivo** *m* [Bind] / Klebebindegerät *n*
- **productor de cubiertas** *m* [Bind] / Deckenmachgerät *n*
- **receptor** *m* [Comm] / Empfangsgerät *n*
~**s de oficina** *pl* [Off] / Bürogeräte *pl*
aparcamiento de bicicletas *m* [BdEq] / Fahrradständer *m*
apartado *m* [Law] / Paragraph *m*
apartado de correos *m* [Comm] / Postschließfach *n* · Postfach *n*
apartado postal *m* [Comm] / Postschließfach *n*
aparte *m* (en la composición de un texto) [Prt] / Absatz *m*
apellido *m* [Gen; Cat] / Familienname *m*
- **compuesto** *m* [Cat] / Doppelname *m* · zusammengesetzter Familienname *m*
- **paterno** *m* [Cat] / Vatersname *m* (primer apellido)

apéndice 1 *m* (finales de libro) [Bk; Prt] / Anhang *m*
apéndice 2 *m* (a un texto) [Bk] / Nachtrag *m*
apertura de la colección *f* [RS] / Bestandsvermittlung *f*
aplicación de cuero *f* [Bind] / Lederauflage *f*
aplicación de forros *f* [Bind] / Auflegearbeit *f*
aplicación de la norma de subdivisión común *f* [Class] / Schlüsselung *f* ‖ *s.a. catálogo por subdivisiones estándar*
aplicación del fichero de autoridad *f* [Cat] / Normdateiansetzung *f*
aplicación manual de pan de oro *f* [Bind] / Handvergoldung *f* ‖ *s.a. dorado a mano; estampado de oro a mano*
aplicador de pan de oro *m* [Bind] / Auftrager *m* ‖ *s.a. palillo de dorador; polonesa*
apócr. *abbr. s. apócrifo*
apócrifo *adj* [Bk] / apokryph *adj*
apógrafo *m* [Writ] / Apographon *n*
apolillado *adj* [Bk] / wurmstichig *adj* · löcherig *adj*
apolillamiento *m* [Pres] / Wurmstichigkeit *f*
aportación *f* [Bk] / Beitrag *m*
apostilla *f* [Writ] / Randbemerkung *f* · Marginalie *f* · Randziffer *f*
apóstrofo *m* [Writ] / Apostroph *m*
apoyalibros *m* [Sh] / Bücherbord *n* · Büchergestell *n* · Bücherständer *m*
apoyapiés *m* [BdEq] / Fußstütze *f*
apoyo lateral *m* (en una estantería) [Sh] / Seitenkonsole *f*
aprendiz *m* [Staff; Ed] / Lehrling *m* ‖ *s.a. estudiante en prácticas*
aprendizaje programado *m* [Ed] / programmierte Unterweisung *f*
aprovechamiento *m* [RS] / Nutzung *f*
aprovechamiento de recursos *m* [Lib] / Ressourcennutzung *f*
aproximación formal *m* (a una colección) [Cat] / Formalerschließung *f*
a prueba de agua *adv* [Pp] / wasserfest *adj*
apuntar *v* [NBM] / aufzeichnen *v*
apunte *m* / Aufzeichnung *f* · Notiz *f*
apunte de actas *m* [Off] / Aktennotiz *f* ‖ *s.a. nota de actas*
arabesco *m* [Art; Bk] / Arabeske *f*
árbol de búsqueda *m* [InfSc] / Suchbaum *m*
archivación *f* (de fichas) [Cat] / einlegen *v*

archivador 1 *m* [Off;arch] / Aktenordner *m* · Ordner *m* ‖ *s.a. clasificador de hojas sueltas* · Aktenablage *f*
archivador 2 *m* [BdEq] / Ablagefach *n* · Fach *n* · Ablage *f*
archivador 3 *m* [NBM] / Mappe *f*
archivador de dibujos *m* [BdEq] / Zeichenschrank *m*
archivador de mapas *m* [Cart] / Kartenablage *f*
archivador vertical *m* [BdEq] / Vertikalablage *f* ‖ *s.a. fichero colgado*
archivar 1 *v* [Arch] / archivieren *v*
archivar 2 *v* [NBM] / einlegen *v*
archivero *m* [Arch] / Archivar *m*
archivista *m, f* [Arch] / Archivar *m*
archivística *f* [Arch] / Archivwissenschaft *f*
archivo *m* [Arch] / Archiv *n*
– **comercial** *m* [Arch] / Wirtschaftsarchiv *n*
– **de empresa** *m* [Arch] / Firmenarchiv *n*
– **de salida** *m* [Cat] / Ausgangsdatei *f*
– **fonográfico** *m* [NBM] / Schallarchiv *n*
– **fotográfico** *m* / Bildarchiv *n* · Fotoarchiv *n*
– **iconográfico** *m* [NBM] / Bildarchiv *n*
– **literario** *m* [Arch] / Literaturarchiv *n*
– **logía** *f* [Arch] / Archivwissenschaft *f*
– **municipal** *m* [Arch] / Stadtarchiv *n*
– **nacional** *m* [Arch] / Nationalarchiv *n*
– **parroquial** *m* [Arch] / Gemeindearchiv *n*
– **privado** *f* [Arch] / Privatarchiv
arción *m* [Bk] / Netzornamentik *f*
área *f* (en la descripción bibliográfica) [Cat] / Gruppe *f D* · Zone *f CH*
– **de aprovechamiento** *f* [Gen] / Einzugsgebiet *n*
– **de consulta** *f* [Retr] / Suchfeld *n*
– **de consulta rápida** *f* [BdEq] / Schmökerzone *f*
– **de cuadrícula** *f* [Repr] / Rasterfeld *n*
– **de delimitación** *f* [EDP/VDU] / Randfeld *n*
– **de descripción física** *f* [Cat] / Kollationsvermerk *m* · Kollationsformel *f*
– **de designación específica de material** *f* [Cat] / materialspezifische (oder die Art der Publikation betreffende) Zone *f* ‖ *s.a. área específica de material*
– **de edición** *f* [Cat] / Impressum *n* · Erscheinungsvermerk *m* ‖ *s.a. mención de edición*
– **de encabezamiento** *f* (en una microficha) [Repr] / Titelfeld *n*
– **de información** *f* (de una microficha) [Repr] / Informationsfeld *n*
– **de lectores** *f* [BdEq] / Benutzungsbereich *m*
– **de lectura temática** *f* [BdEq] / Fachlesebereich *m*
– **de libre acceso** *f* [Sh] / Freihandbereich *m*
– **del público** *f* [BdEq] / Benutzungsbereich *m*
– **de notas** *f* [Cat] / Zone für Fußnoten *f CH*
– **de operación** *f* [EDP] / Arbeitsbereich *m*
– **de perforación** *f* [PuC] / Lochfeld *n*
– **de publicación y/o distribución** *f* [Cat] / Erscheinungsvermerk *m*
– **de serie** *f* [Cat] / Gesamttitelangabe *f*
– **de título y mención de responsabilidad** *f* [Cat] / Sachtitel- und Verfasserangabe *f* · Zone für die Angabe des Sachtitels und der verantwortlichen Personen und/oder Körperschaften *f CH*
– **de trabajo** *f* [EDP] / Arbeitsbereich *m*
– **de usuario** *f* [EDP] / Benutzeroberfläche *f*
– **de usuarios** *f* [BdEq] / Benutzungsbereich *m*
– **específica de material** *f* [Cat] / materialspezifische (oder die Art der Publikation betreffende) Zone *f CH*
– **para el título y las personas y/o entidades responsables** *f* [Cat] / Zone für die Angabe des Sachtitels und der verantwortlichen Personen und/oder Körperschaften *f CH*
armar *v* [Prt] *HA* / umbrechen *v*
armario *m* [BdEq] / Schrank *m* · Registraturschrank *m*
– **archivador** *m* [BdEq] / Aktenschrank *m* · Registraturschrank *m*
– **archivador vertical** *m* [BdEq] / Schrank mit Vertikalablage *m*
– **clasificador** *m* [BdEq] / Schrank (zur geordneten Aufnahme von Materialien aller Art) *m*
– **de catálogo** *m* [Cat] / Katalogschrank *m*
– **de diapositivas** *m* [NBM] / Dia-Schrank *m*
– **de oficina** *m* [BdEq] / Büroschrank *m*
– **empotrado** *m* [BdEq] / Einbauschrank *m*
– **guardarropa** *m* [BdEq] / Garderobenschrank *m*
– **para dibujos** *m* [BdEq] / Zeichenschrank *m*
– **para documentos** *m* [BdEq] / Aktenschrank *m*

– **para libros** *m* [BdEq] / Bücherschrank *m* (para libros)
– **para mapas** *m* [BdEq] / Kartenschrank *m*
armarius *m* [Staff] / Armarius *m*
armas *pl* [Bk] / Wappen *n*
armazón de estantería *m* [bdEq] / Gestell *n*
armorial *m* [Bk] / Wappenbuch *n*
arquitectura de interiores *f* [BdEq] / Innenarchitektur *f*
arquitectura de red *f* [EDP] / Netzwerkarchitektur *f*
arquitectura documental *f* [EDP] / Dokumentenarchitektur *f*
arquitectura en capas *f* [Comm] / Schicht *f*
arquitectura informática *f* [EDP] / Rechnerarchitektur *f*
arr. *abbr. s. arreglista*
arracada *f* [Prt] / Zierstück, das Raum für das Einfügen eines Initials ausspart ‖ *s.a. letra(s) inicial(es)*
arrancado *pp* [Bk] / abgerissen *pp*
arranque en frío *m* [EDP] / Kaltstart *m*
arranque rápido *m* [EDP] / Schnellstart *m*
arrastre de disquetes *m* [EDP] / Diskettenlaufwerk *n*
arrastre de papel *m* [EDP; Prt] / Papiervorschub *m*
arreglista *m* [Mus] / (de una obra musical:) Bearbeiter *m* · Arrangeur *m*
arreglo 1 *m* [Mus] / Arrangement *n* · (de una obra musical:) Bearbeitung *f*
arreglo 2 *m* [Bk] / Reparatur *f*
arruga *f* [Bk] / Eselsohr *n*
arruinarse *v* [Pres] / zerfallen *v*
art. *abbr. s. artículo*
arte *m* [Gen] / Kunst *f*
– **de escribir** *m* [Writ] / Schreibkunst *f*
– **de grabar en madera** *m* [Art] / Holzschneidekunst *f*
– **de imprimir** *m* [Prt] / Buchdruckerkunst *f*
– **de la encuadernación** *m* [Bind] / Einbandkunst *f*
– **de la impresión** *m* [Prt] / schwarze Kunst *f*
– **del libro** *m* [Art; Bk] / Buchkunst *f*
–**facto** *m* [NBM] / Artefakt *n*
– **realizado con ordenador** *m* [Art] / Computerkunst *f*
–**s gráficas** *pl* [Bk] / grafisches Gewerbe *n*
– **tipográfico** *m* [Prt] / Buchdruckerkunst *f*
articulación 1 *f* (de una materia) [Class] / Gliederung *f*
articulación 2 *f* (del lomo de un libro) [Bind] / 2 Falz *m*
artículo *m* [NBM] / Aufsatz *m* · Feature *n*
– **de fichero maestro** *m* [EDP] / Stammeintrag *m*
– **de fondo** *m* [Bk] / Leitartikel *m*
– **de oficina** *m* [Off] / Büroartikel *pl*
– **editorial** *m* [Bk] / Leitartikel *m*
– **necrológico** *m* [Bk] / Nachruf *m* · Nekrolog *m*
– **periodístico** *m* [Bk] / Zeitschriftenaufsatz *m*
–**s de oficina** *pl* [Off] / Geschäftsbedarf *m*
artista *m* (autor de una obra de arte) [Law] / Bildautor *m* · Urheber *m*
artoteca *f* [Lib] / Artothek *f*
as. *abbr. s. asesor*
asalariado *m* [Staff] / Gehaltsempfänger *m* · Lohnempfänger *m*
asamblea de personal *f* [Staff] / Personalversammlung *f*
ascender *v* (en el escalafón) [Staff] / befördern *v*
ascensión recta *f* [Cart] / Rektaszension *f*
ascensor *m* [BdEq] / Fahrstuhl *m* · Aufzug *m* ‖ *s.a. montacargas*
ascensor de paternoster *m* [BdEq] / Paternoster *m*
ascensor de rosario *m* [BdEq] / Paternoster *m*
asentar *v* (el préstamo de un libro, etc.) [RS] / verbuchen *v* ‖ *s.a. cargar*
aseos *pl* [BdEq] / Toilette *f*
asesor *m* [Staff; OrgM] / Berater *m* · (allgemein:) Gutachter *m*
asesor especialista *m* [Gen] / (zur fachlichen Beurteilung eines Aufsatzsmanuskripts:) Gutachter *m*
asesoría *f* [Lib] / Beratungswesen *n*
asesoría de información *f* [InfSy] / Informationsberatung *f*
asesoría de proyecto *f* [OrgM] / Projektberatung *f*
asiento 1 *m* (en un catálogo o en una bibliografía) [Cat; Bib] / Titelaufnahme *f* ‖ *s.a. asiento catalográfico; entrada 4*
– 2 *m* [Gen] / Niederschrift *f*
– **abierto** *m* [Cat] / offene Aufnahme *f*
– **analítico** *m* [Cat] / Stücktitelaufnahme *f*
– **analítico múltiple** *m* [Cat] / mehrstufige Titelaufnahme *f*
– **anotado** *m* [Bib; Cat] / annotierte Eintragung *f*
– **bajo estricta palabra clave** *m* [Cat] / Eintragung unter dem engsten Schlagwort *f*

– **bibliográfico** *m* [Ind; Cat] / Eintrag *m* · Eintragung *f*
– **catalográfico** *m* [Cat] / Aufnahme *f*
– **catalográfico abreviado** *m* [Cat] / Kurztitelaufnahme *f*
– **cerrado** *m* [Cat] / abgeschlossene Aufnahme *f*
– **colectivo** *m* [Cat] / Sammeleintragung *f*
– **de CEP** *m* (catalogación en publicación) [Cat] / CIP-Aufnahme *f*
– **de despliegue** *m* [Cat] / Stücktitelaufnahme *f*
– **de índice** *f* [Bk] / Registereintrag *m*
– **de nombre de entidad** *m* [Cat] / Körperschaftseintragung *f*
– **de publicaciones periódicas** *m* [OrgM] / Zeitschriftennachweis *m* · Zeitschriftentitelaufnahme *f*
– **de serie cerrada** *m* [Cat] / abgeschlossene Aufnahme *f*
– **de serie completa** *m* [Cat] / abgeschlossene Aufnahme *f*
– **en dos niveles** *m* [Cat] / Zwei-Stufen-Aufnahme *f*
– **en el registro** *m* [Arch] / Registratur *f*
– **en el registro de adquisición de publicaciones periódicas** *m* [Acq] / Zeitschriftenakzessionierung *f*
– **genérico** *m* [Cat; Ind] / weites Schlagwort *n*
– **múltiple** *m* [Cat] / Mehrfacheintragung *f*
– **por autor** *m* [Cat] / Verfassereintragung *f*
– **por materia** *m* [Cat] / Schlagworteintragung *f*
– **por nombre de autor** *m* [Cat] / Eintragung unter dem Verfasser *f*
– **por palabra clave** *m* [Bib; Cat; Ind] / Stichworteintragung *f*
– **provisional** *m* [Cat] / Interimsaufnahme *f*
– **secundario** *m* [Cat] / Nebeneintragung *f* ‖ *s.a. ficha de asiento secundario*
– **secundario por nombre-título** *m* [Cat] / zweiteilige Nebeneintragung *f*
– **simple de título** *m* (en el caso de publicaciones seriadas) [Cat] / einstufige Titelaufnahme *f*
– **unitario** *m* [Cat] / Einheitsaufnahme *f*

asignación *f* (de medios presupuestarios) [BgAcc] / Bewilligung *f* · Zuweisung *f*
– **de medios** *f* [BgAcc] / Mittelzuweisung *f*
– **global** *f* [BgAcc] / Globalbewilligung

asignar *v* (medios económicos) [BgAcc] / zuweisen *v*

asignatura *f* [ED] / Fach *n* · Unterrichtsfach *n* · Studienfach *n*
– **complementaria** *f* [Ed] / Ergänzungsfach *n*
– **obligatoria** *f* [Ed] / Pflichtfach *n*
– **obligatoria optativa** *f* [Ed] / Wahlpflichtfach *nh*
– **optativa** *f* [Ed] / Wahlfach *n* · Nebenfach *n*
– **principal** *f* [Ed] / Hauptfach *n*
– **secundaria** *f* [Ed] / Nebenfach *n*

asistido por ordenador *pp* [EDP] / rechnergestützt *pp*

asociación bibliotecaria *f* [lib] / Bibliotheksverband *m*

asociación de editores *f* [Bk] / Verlegerverband *m*

asociación de libreros *f* [Bk] / Buchhändlerverband *m*

asociación de personal *f* [OrgM] / Personalverband *m*

asociación profesional *f* [Staff] / Berufsverband *m*

asta *f* (de una letra) [Writ; Prt] / Grundstrich *m*

asta ascendente *f* (de una letra minúscula) [Prt] / Oberlänge *f*

asta descendente *f* (de una letra minúscula) [Prt] / Unterlänge *f*

asterisco *m* (signo *) [Prt; Class/CDU] / Asteriskus *m* · Sternchen *n*

asterónimo *m* (una o tres estrellas sustituyendo al nombre del autor en un escrito anónimo) [Bk] / Asteronym *n*

atacado *pp* [Bk] / angefressen *pp*

ataduras *pl* [Bind] / Bundenden *pl* ‖ *s.a. nervadura*

atar con cuerda *v* [Bind] / einschnüren *v*

atar conjuntamente *v* [Bind] / aufbinden *v*

atasco *m* [BdEq] / Stau *m*

atasco del papel *m* (en una copiadora) [Repr] / Papierstau *m*

atención *f* / Aufmerksamkeit *f*

atención al lector *f* [RS] / Benutzerberatung *f*

atención al usuario *f* [RS] / Benutzerberatung *f*

a título de préstamo *adv* [RS] / leihweise *adv*

atlas *m* [Bk] / Atlas *m*
– **de carreteras** *m* [Cart] / Autoatlas *m*
– **manual** *m* [Cart] / Handatlas *m*
– **portátil** *m* [Cart] / Handatlas *m*

atrasos *pl* (en la preparación bibliográfica de documentos) [TS] / Reste *pl*

atrasos de catalogación *pl* [Cat] / Katalogisierungsrückstände *pl*
atril *m* [Sh] / Pult *n* · Büchergestell *n* · Bücherbord *n* · Bücherständer *m*
– **de lectura** *m* [BdEq] / Lesepult *n*
– **expositor** *f* [Sh] / Büchertrog *m*
audiodisco *m* [NBM] / Schallplatte *f*
audiolibro *m* [NBM] / Hörbuch *n*
audioteca *f* [Lib] / Hörbücherei *f*
auditor *m* [BgAcc] / Rechnungsprüfer *m*
auditoría *f* [BgAcc] / Rechnungsprüfung *f*
aula *f* [BdEq] / Hörsaal *m*
aula de doctorandos *f* [BdEq] / Doktorandenzimmer *n*
aumento de precio *m* [Bk] / Preisaufschlag *m* · Preiserhöhung *f*
aumento de sueldo *m* [Staff] / Gehaltserhöhung *f*
a una columna *adv* [Bk] / einspaltig *adj*
a un espacio *adv* [Prt] / einzeilig *adj*
auriculares *pl* (un par de ~) [NBM] / Kopfhörer *m*
aut. *abbr. s. autor*
autentificación *f* [Arch] / Echtheitsbestätigung *f*
autoadhesivo *adj* [Off; Bind] / selbstklebend *pres p*
autobiografía *f* [Bk] / Autobiographie *f* · Selbstbiographie *f*
autocarga *f* [EDP] / Urladen *n*
autocopia *f* (con papel NCR) [Off] / Durchschlag *m*
autoeditado *pp* [Prt] / im Selbstverlag erschienen *pp*
autoeditor *m* [Bk] / Selbstverleger *m s. autor editor*
autoeditora *f* [Bk] / Selbstverlag *m*
autógr. *abbr. s. autógrafo*
autografía *f* [Writ] / Autographenkunde *f*
autógrafo *m* [Writ] / eigenhändige Widmung *f* · Autogramm *n* · Autograph *n*
automatización *f* [EDP] / Automatisierung *f*
automatización bibliotecaria *f* [EDP] / Bibliotheksautomatisierung *f*
automatización de oficinas *f* [Off] / Büroautomatisierung *f*
automatizar *v* [EDP] / computerisieren *v* · automatisieren *v*
autónimo *m* [Bk] / Autonym *n*
autonomía administrativa *f* [Adm] / Selbstverwaltung *f*
autopista de información *f* [Comm] / Datenautobahn *f*
autor *m* [Bk]
– 1 *m* (de una tesis doctoral) [Bk] / Disserent *m*
– 2 *m* [Bk; Cat] / Verfasser *m* · Autor *m*
~**a** *f* [Bk] / Autorin *f* · Verfasserin *f*
– **atribuido** *m* [Cat] / mutmaßlicher Verfasser *m*
– **con diversas reponsabilidades en la producción de un libro** *m* [Cat] / Verfasser mit verschiedenen Funktionen *pl*
– **corporativo** *m* [Cat] / körperschaftlicher Urheber *m* · körperschaftlicher Verfasser *m* · korporativer Verfasser *m* · Urheber *m*
– **del prefacio** *m* [Bk] / Vorredner *m*
– **del prólogo** *m* [Bk] / Vorwortverfasser *m*
– **editor** *m* [Bk] / Selbstverleger *m*
~**es varios** *pl* [Bk] / Vielverfasserschaft *f*
– **principal** *m* [Bk] / Hauptverfasser *m*
– **probable** *m* [Cat] / mutmaßlicher Verfasser *m*
– **secundario** *m* [Bk] / Mitverfasser *m* (respecto a un autor principal)
– **supuesto** *m* [Cat] / mutmaßlicher Verfasser *m*
autoría *f* [Cat] / Verfasserschaft *f*
– **colectiva** *f* [Bk] / Mehrverfasserschaft *f*
– **cuestionable** *f* [Cat] / strittige Verfasserschaft *f*
~**personal** *f* [Bk] / persönliche Verfasserschaft *f*
~**sin responsable principal** [Cat] / Mehrverfasserschaft *f* (Verf. haben verschiedene Funktionen)
~**única** *f* [Bk] / Einzelverfasser *m* · Einzelautor *m* · Einverfasserschaft *f*
autoridad administrativa suprema *f* [Adm] / oberste Dienstbehörde *f*
autorización *f* (para ejercer una actividad determinada) [RS] / Berechtigung *f* · Zulassung *f*
– **de acceso** *f* [EDP] / Zugriffsberechtigung *f*
– **de préstamo** *f* [RS] / Ausleihberechtigung *f*
autotipia *f* [Prt] / Autotypie *f* · Halbton *m* · Rasterbild *n*
auxiliar *m* (número) [Class/UDC] / Anhängezahl *f* · Ergänzungszahl *f*
– **bibliotecario** *m* [Staff] / Bibliotheksassistent *m* · Assistent an Bibliotheken *m*
– **común** *m* (número) [Class/UDC] / allgemeine Ergänzungszahl *f*

– **común de forma** *m* [Class/UDC] / Formzahl *f* · allgemeine Ergänzungszahl der Form und Darbietung von Dokumenten *f*
– **común de lengua** *m* [Class/UDC] / Sprachzahl *f* · allgemeine Ergänzungszahl der Sprache *f*
– **común de lugar** *m* [Class/UDC] / Ortszahl *f* · allgemeine Ergänzungszahl des Ortes *f*
– **común de materiales** *m* [Class/UDC] / Materialzahl *f* · allgemeine Ergänzungszahl der Materialien *f*
– **común de personas y características personales** *m* [Class/UDC] / Personenzahl *f* · allgemeine Ergänzungszahl der Personen und persönlichen Merkmale *f*
– **común de pueblos y razas** *m* [Class/UDC] / allgemeine Ergänzungszahl der Völker und Rassen *f*
– **común de punto de vista** *m* [Class/UDC] / Aspektzahl *f* · allgemeine Ergänzungszahl des Gesichtspunkts *f*
– **común de razas y pueblos** *m* [Class/UDC] / allgemeine Ergänzungszahl von ethnischen Gruppen *f* · Volkszahl *f*
– **común de tiempo** *m* [Class/UDC] / Zeitzahl *f* · allgemeine Ergänzungszahl der Zeit *f*
– **de bibliotecas** *m* [Staff] / Assistent an Bibliotheken *m*
– **dependiente** *m* [Class/UDC] / unselbständige Ergänzungszahl *f* · unselbständige Anhängezahl *f*
– **especial** *m* (número) [Class/UDC] / besondere Ergänzungszahl *f*
– **especial** *m* (número) [Class/UDC] / besondere Anhängezahl *f*
– **estudiante** *m* [Staff] / studentische Hilfskraft *f*
– **independiente** *m* [Class] / selbständige Ergänzungszahl *f* · selbständige Anhängezahl *f*
aval *m* [RS] / Bürgschaft *f*
avance de líneas *m* [EDP] / Zeilenvorschub *m*
avance de película *m* [Repr] / Filmvorschub *m*
avería *f* [BdEq] / Störung *f*
avisar *v* (a un usuario de que debe devolver un libro prestado) [RS] / mahnen *v*
aviso *m* [Off] / Vermerk *m*
– **de cargo en cuenta** *m* [BgAcc] / Lastschriftanzeige *f*
– **(de contestador) automático** *m* [Comm] / automatische Ansage *f*
– **de error** *m* [EDP] / Fehlermeldung *f*
– **de incidencia o de situación actual** *m* [InfSy] / Status- oder Fehlermeldung *f*
– **de pago** *m* [BgAcc] / Zahlungserinnerung *f*
– **de vencimiento de plazo** *m* [Rs] / Erinnerung *f* · Mahnung *f*
– **repetido** *m* [RS] / wiederholte Mahnung *f*
–**s publicitarios** *pl* [Bk] / Anzeigen *pl*
a vista *adv* [Acq] / zur Ansicht
ayuda de formación profesional *f* [Ed] / Ausbildungsbeihilfe *f* ‖ *s.a. beca; subsidio de aprendizaje*
ayuda económica *f* [BgAcc] / Beihilfe *f*
ayuda financiera *f* [BgAcc] *s. concesión;* ‖ *s.a. asignación concesión*
ayudante becario *m* [Staff] / studentische Hilfskraft *f*
ayudante de almacén *m* [Staff] / Magaziner *m* · Magazinbediensteter *m*
ayudante de depósito *m* [Staff] / Magazinbediensteter *m*
azimut *m* [Cart] / Azimut *m/n*

B

bachillerato *m* [Ed] / Abitur *n*
bad. *abbr. s. badana*
badana *f* [Bind] / Basane *f* · Lammleder *n* · (curtida con zumaque:) Schafleder *n*
baja *f* [Stock] / Abgang *m* · Aussonderung *f*
baja por maternidad *f* [Staff] / Mutterschaftsurlaub *m*
baja sin sueldo *f* [Staff] / Dienstbefreiung *f*
balance anual *m* [BgAcc] / Jahresabschluß *m*
bala para entintar *pl* (en color) [Prt] / Farbballen *m*
bala para entintar *f* [Prt] / Druckerballen *m*
balaustrada *f* [BdEq] / Brüstung *f*
balda *f* [Sh] / Einlegeboden *m* · Fachboden *m*
balda inclinada *f* [Sh] / Schrägboden *m*
banco de actas *m* [InfSy] / Fakten(daten)bank *f* ‖ *s.a. base de datos no bibliográficos*
banco de datos *m* [InfSy] / Informationsbank *f* · Datenbank *f*
banco de datos de la imagen *m* [InfSy] / Bilddatenbank *f*
banco de datos de mercado *m* [InfSy] / Marktdatenbank *f*
banco de datos de recurso *m* (para la transcripción de datos catalográficos) [Cat] / Fremddatenbank *f*
banco de información bibliográfica *m* [InfSy] / Literatur-Informationsbank *f*
banco de trabajo *m* [BdEq] / Werkbank *f* ‖ *s.a. mesa de trabajo*
banda de color *f* (en el reverso del área de título de un microficha) [Repr] / Farbstreifen *m*
banda de papel *f* [Pp] / Papierbahn *f*
banda de sonido *f* [NBM] / Tonspur *f*
banda magnética *f* [EDP] / Magnetband *n*
banda magnetofónica *f* [NBM] / Magnettonband *n* · Tonband *n*
banda publicitaria *f* [Bk] / Banchbinde *f*
bandeja de clasificación *f* [BdEq] / Ablagefach *n*
bandeja recogedora de copias *f* [Repr] / Kopienauffangbehälter *m*
banderilla *f* [Bk] / Klebekorrektur(streifen) *f(m)*
baño fijador *m* [Repr] / Fixierbad *n*
banqueta *f* [BdEq] / Tritthocker *m*
banqueta *f* [BdEq] / Tritt *m*
baratear *v* [Bk] / verramschen *v*
barba *f* (del papel de tina) [Pp] / Büttenrand *m* (del papel de tina)
barbarismo *m* [Lin] / Fremdwort *n* · aus der Quellsprache übernommenes Fremdwort *n*
barra (oblicua) *f* (signo /) [Writ; Prt] / Schrägstrich *m*
barrera *f* (para control de paso o puerta) [BdEq] / Sperre *f* ‖ *s.a. torniquete; torno*
barrera fotoeléctrica *f* [BdEq] / Lichtschranke *f*

barrera lingüística *f* [Lin] / Sprachbarriere *f*
base *f* [Repr] / Unterlage *f*
– **de apoyo** *m* (láminilla inferior de la camisa de un microfilm) [Repr] / Standfolie *f*
– **de conocimientos** *f* [EDP] / Wissensbasis *f*
– **de datos** *f* [InfSy] / Datenbasis *f* · Datenbank *f*
– **de datos bibliográficos** *f* [InfSy] / Literatur-Datenbank *f*
– **de datos comercial** *f* [InfSy] / Wirtschaftsdatenbank *f*
– **de datos de catalogación** *f* [Cat; EDP] / Katalogdatenbank *f*
– **de datos de consulta** *f* [InfSy] / Hinweisbank *f* · Referral-Datenbank *f*
– **de datos de diccionario** *f* [InfSy] / Wörterbuchdatenbank *f*
– **de datos de empresa** *f* [InfSy] / Firmendatenbank *f*
– **de datos de gestión** *f* [InfSy] / Wirtschaftsdatenbank *f*
– **de datos de imágenes** *f* [EDP] / Bilderdatenbank *f*
– **de datos de prensa** *f* [InfSy] / Pressedatenbank *f*
– **de datos de publicaciones periódicas** *f* [Cat] / Zeitschriftendatenbank *f*
– **de datos de referencia** *f* [InfSy] / Hinweisbank *f* · Referral-Datenbank *f*
– **de datos de referencia bibliográfica** *f* [Inf] / Literaturnachweisdatenbank *f*
– **de datos en texto íntegro** *f* [InfSy] / Volltextbank *f*
– **de datos jurídica** *f* [InfSy] / juristische Datenbank *f*
– **de datos no bibliográficos** *f* [InfSy] / nichtbibliographische Datenbank *f* ‖ *s.a. banco de actas*
– **de datos numéricos** *f* [InfSy] / numerische Datenbank *f*
– **de datos relacional** *f* [EDP] / relationale Datenbank *f*
– **del zócalo** *f* [Sh] / Sockelboden *m*
– **de muestreo** *f* [InfSc] / Auswahlbasis *f* · (~ einer Stichprobe:) Grundgesamtheit *f*
bastardilla *f* [Writ; Prt] / Bastarda *f*
bastidor *m* [Prt] / Rähmchen *n*
– **apoyalibros** *m* [BdEq] / Gestell *n*
– **cerrado** *m* [Prt] / Schließrahmen *m*
– **de exposición** *m* [BdEq] / Präsentationsständer *m*
– **expositor** *m* [Sh] / Bücherständer *m*
– **para coser libros** *m* [Bind] / Heftlade *f*

baudio *m* [Comm] / Baud *n*
BD *abbr s. banco de datos*
BDR *abbr s. base de datos relacional*
beca *f* [Ed] / Stipendium *n* ‖ *s.a. ayuda de formación profesional*
beca de investigación *f* [InfSc] / Forschungsstipendium *n*
beca de viaje *f* [Staff] / Reisestipendium *n*
becado *m* [Ed] / Stipendiat *n*
becario *m* [Ed] / Stipendiat *n*
becario de investigación *m* [Ed] / Forschungsstipendiat
becerro *m* [Bk] / Kalblederart, vor allem für den Einband von theologischen und Erbauungsbüchern benutzt
bellas letras *pl* [Bk] / Belletristik *f* · schöne Literatur *f*
beneficio *m* [InfSc] / Nutzen *m*
beneficios *pl* [BgAcc] / Gewinn *m*
bestiario *m* [Bk] / Bestiarium *n*
bibliobús *m* [Lib] / Bücherbus *m* · Autobücherei *f* · Bücherauto *n*
biblioclasta *m,f* [Bk] / Biblioklast *m*
bibliocleptómano *m* [Bk] / Bibliokleptomane *m*
bibliofilia *f* [Bk] / Bibliophilie *f*
bibliófilo *m* [Bk] / Bücherfreund *m* · Bibliophiler *m* · bibliophil *adj*
bibliogr. *abbr. s. bibliografía*
bibliografía *f* [Bib] / Bibliographie *f* · Buchkunde *f* · Literaturnachweis
– **analítica** *f* [Bib;Bk] / analytische Bibliographie *f* · analytische Druckforschung *f*
– **anotada** *f* [Bib] / annotierte Bibliographie *f*
– **cartográfica** *f* [Bib; Cart] / Kartenbibliographie *f*
– **cerrada** *f* [Bib] / abgeschlossene Bibliographie *f*
– **comercial** *f* [Bib] / Handelsbibliographie *f*
– **completa** *f* [Bib] / abgeschlossene Bibliographie *f*
– **crítica** *f* [Bib] / analytische Bibliographie *f*
– **crítica** *f* [Bk] / analytische Druckforschung *f*
– **de autor** *f* [Bib] / Personalbibliographie *f*
– **de librero** *f* [Bib] / Buchhandelsbibliographie *f*
– **de primera mano** *f* [Bib] / Primärbibliographie *f*
– **de publicaciones periódicas** *f* [Bib] / Zeitschriftenbibliographie *f*

- **de recensiones** *f* [Bib] / Bibliographie der Rezensionen *f*
- **de una materia** *f* [Bib] / Fachbibliographie *f*
- **en curso** *m* [Bib] / fortlaufende Bibliographie *f*
- **escueta** *f* [Bib] / reine Bibliographie *f*
- **especializada** *f* [Bib] / Fachbibliographie *f*
- **general** *f* [Bib] / Allgemeinbibliographie *f*
- **nacional** *f* [Bib] / Nationalbibliographie *f*
- **periódica** *f* [Bib] / periodische Bibliographie *f*
- **primaria** *f* [Bib] / Primärbibliographie *f*
- **pura** *f* [Bib] / reine Bibliographie *f*
- **regional** *f* [Bib] / Regionalbibliographie *f*
- **retrospectiva** *f* [Bib; Retr] / retrospektive Bibliographie *f*
- **secundaria** *f* [Bib] / Sekundärbibliographie *f*
- **selectiva** *f* [Bib] / Auswahlbibliographie *f*
- **temática** *f* [Bib] / Fachbibliographie *f*
- **universal** *f* [Bib] / Allgemeinbibliographie *f*

bibliógrafo *m* [Bk] / Buchwissenschaftler *m* · Bibliograph *m*
- **de área geográfica** *m* [Staff; Acq] / Länderreferent *m* · Regionalreferent *m*
- **lingüístico** *m* [Staff] / Sprachenreferent *m*

bibliolita *m,f* [Bk] / Biblioklast *m*

bibliología *f* [Bk] / Buchwissenschaft *f* · Buchkunde *f*

bibliólogo *m* [Bk] / Buchkundler *m*

bibliomanía *f* [Bk] / Bibliomanie *f*

bibliómano *m* [Bk] / Bibliomane *m*

bibliometría *f* [InfSc] / Bibliometrie *f*

biblioteca *f* [Lib] / Bücherei *f* · Bibliothek *f*
- **administrativa** *f* [Lib] / Behördenbibliothek *f*
- **almacén** *f* [Lib] / Magazinbibliothek *f*
- **anexionada** *f* [Lib] / angeschlossene Bibliothek
- **archivo** *f* [Lib] / Archivbibliothek *f*
- **autonómica** *f* [Lib] / Landesbibliothek *f* (de una autonomía española)
- **catedralicia** *f* [Lib] / Dombibliothek *f*
- **central** *f* [Lib] / Zentralbibliothek *f*
- **científica** *f* [Lib] / wissenschaftliche Bibliothek *f*
- **científica general** *f* [Lib] / wissenschaftliche Allgemeinbibliothek *f*
- **circulante** *f* [Lib] / Fahrbibliothek *f*
- **colegiada** *f* [Lib] / Kollegiatstiftsbibliothek *f*
- **comercial** *f* [Lib] / Leihbücherei *f*
- **confesional** *f* [Lib] / konfessionelle Bibliothek *f* ‖ *s.a. biblioteca eclesiástica*
- **de abonados** *f* [Lib] / Teilnehmerbibliothek *f*
- **de arte** *f* [Lib] / Kunstbibliothek *f*
- **de aula** *f* [Lib] / Bibliothek im Klassenraum einer Schule *f*
- **de ayuntamiento** *f* [Lib] / Ratsbibliothek *f*
- **de barco** *f* [Lib] / Schiffsbibliothek *f*
- **de castillo** *f* [Lib] / Schloßbibliothek *f*
- **de cátedra universitaria** *f* [Lib] / Lehrstuhlbibliothek *f*
- **de ciencias económicas** *f* [Lib] / wirtschaftswissenschaftliche Bibliothek *f*
- **de colegio mayor** *f* [Lib] / Bibliothek eines „College" *f*
- **de colegio universitario** *f* [Lib] / Kollegienbibliothek *f*
- **de conservación** *f* [Lib] / Magazinbibliothek *f*
- **de consulta** *f* [Lib] / Handbibliothek *f* · Präsenzbibliothek *f*
- **de coordinación** *f* [RS] / Leitbibliothek *f*
- **de departamento** *f* (en una universidad) [Lib] / Bereichsbibliothek *f* · Abteilungsbibliothek *f*
- **de distrito** *f* [Lib] / Bezirksbibliothek *f* *DDR*
- **de empresa** *f* [Lib] / Firmenbibliothek *f* · Werkbibliothek *f*
- **de escuela profesional** *f* [Lib] / Berufsschulbibliothek *f*
- **de estudio** *f* [Ed] / Ausbildungsbibliothek *f*
- **de facultad** *f* [Lib] / Fakultätsbibliothek *f* · Fach(bereichs)bibliothek *f* · Bereichsbibliothek *f* (en una universidad)
- **de hospital** *f* [lib] / Klinikbibliothek *f* · Krankenhausbibliothek *f*
- **de iglesia** *f* [Lib] / Kirchenbibliothek *f*
- **de instituto** *f* [Lib] / Institutsbibliothek *f*
- **de investigación** *f* [Lib] / Forschungsbibliothek *f*
- **de juzgado** *f* [lib] / Gerichtsbibliothek *f*
- **de laboratorio** *f* [Lib] / Laborbibliothek *f*
- **de la oficina de patentes** *f* [Lib] / Patentamtsbibliothek *f*
- **del depósito legal** *f* [Lib] / Pflichtexemplarbibliothek *f*
- **de libre acceso** *f* [Lib] / Freihandbibliothek *f*

– **de libros encadenados** *f* [Lib] / Kettenbibliothek *f*
– **del Registro de la Propiedad Industrial** *f* [Lib] / Patentamtsbibliothek *f*
– **de monasterio** *f* [Lib] / Klosterbibliothek *f*
– **de música** *f* [Lib] / Musikbibliothek *f*
– **de palacio** *f* [Lib] / Hofbibliothek *f*
– **depositaria** *f* [Lib] / Archivbibliothek *f* · Depositarbibliothek *f*
– **depósito** *f* [Lib] / Speicherbibliothek *f* ‖ *s.a. fondos bibliotecarios almacenados*
– **de préstamo** *f* [Lib] / Ausleihbibliothek *f*
– **de préstamo mediante pago** *f* [Lib] / Leihbücherei *f*
– **de príncipe** *f* [Lib] / Fürstenbibliothek *f*
– **de programas** *f* [EDP] / Programmbibliothek *f*
– **de referencia** *f* [Lib] / Handbibliothek *f* · Präsenzbibliothek *f*
– **de sección** *f* [Lib] / Teilbibliothek *f* · Bereichsbibliothek *f* · Sektionsbibliothek *f* *DDR*
– **de seminario** *f* [Lib] / Seminarbibliothek *f*
– **de tipo sala** *f* (con las estanterías junto a las paredes) [Lib] / Saalbibliothek *f*
– **de tropa** *f* [Lib] / Truppenbücherei *f*
– **de una residencia** *f* [Lib] / Wohnheimbibliothek *f*
– **de usuario** *f* [Lib] / Gebrauchsbibliothek *f*
– **diocesana** *f* [Lib] / Diözesanbibliothek *f*
– **eclesiástica** *f* [Lib] / kirchliche Bibliothek *f* · Kirchenbibliothek *f*
– **escolar** *f* [Lib] / Schulbibliothek *f*
– **especializada** *f* [Lib] / Fachbibliothek *f* · Spezialbibliothek *f*
– **estatal** *f* [Lib] / staatliche Bibliothek *f* (gubernamental) · Staatsbibliothek *f*
– **filial** *f* [Lib] / Zweigbibliothek *f*
– **fractal** *f* [Lib] / fraktale Bibliothek *f*
– **general** *f* [Lib] / Allgemeinbibliothek *f* · Universalbibliothek *f*
– **imperial** *f* [Lib] / kaiserliche Bibliothek *f*
– **industrial** *f* [Lib] / Industriebibliothek *f*
– **infantil** *f* [Lib] / Kinderbibliothek *f*
– **infantil y juvenil** *f* [Lib] / Kinder- und Jugendbibliothek
– **institucional** *f* [Lib] / institutionsbezogene Bibliothek *f*
– **integrada** *f* [lib] / Einheitsbücherei *f*
– **jurídica** *f* [Lib] / juristische Bibliothek *f*
– **juvenil** *f* [Lib] / Jugendbücherei *f* · Jugendbibliothek *f*
– **médica** *f* [Lib] / medizinische Bibliothek *f*
– **metropolitana** *f* [Lib] / Großstadtbibliothek *f*
– **militar** *f* [Lib] / Armeebibliothek *f* · Militärbibliothek *f*
– **ministerial** *f* [Lib] / Ministerialbibliothek *f*
– **móvil** *f* [Lib] / Fahrbücherei *f* · Fahrbibliothek *f* · mobile Bibliothek *f*
– **municipal** *f* [Lib] / Stadtbücherei *f* · Gemeindebücherei *f* · kommunale (öffentliche) Bibliothek *f* · Stadtbibliothek *f*
– **municipal rural** *f* [Lib] / Dorfbibliothek *f*
– **municipal urbana** *f* [Lib] / städtische Bibliothek *f*
– **nacional** *f* [Lib] / Nationalbibliothek *f*
– **naval** *f* [Lib] / Marinebibliothek *f*
– **palatina** *f* [Lib] / Palastbibliothek *f*
– **para adultos** *f* [Lib] / Erwachsenenbibliothek *f*
– **para estudiantes** *f* [Lib] / Studentenbibliothek *f*
– **para invidentes** *f* [Lib] / Blindenbibliothek *f*
– **para pacientes** *f* [Lib] / Patientenbibliothek *f* (de un hospital)
– **parlamentaria** *f* [Lib] / Parlamentsbibliothek *f*
– **parroquial** *f* [Lib] / Gemeindebücherei *f* · Pfarrbücherei *f*
– **penitenciaria** *f* [Lib] / Justizvollzugsanstaltsbibliothek *f* · Gefängnisbibliothek *f*
– **peticionaria** *f* [RS] / bestellende Bibliothek *f*
– **pontificia** *f* [Lib] / Papstbibliothek *f*
– **popular** *f* [Lib] / Volksbücherei *f*
– **poseedora** *f* [Lib] / besitzende Bibliothek *f*
– **privada** *f* [Lib] / Privatbibliothek *f*
– **pública** *f* [Lib] / öffentliche Bücherei *f* · Bücherhalle *f* · öffentliche Bibliothek *f* · Volksbücherei *f*
– **pública estatal** *f* [Lib] / Staatliche Allgemeinbibliothek *f* *DDR*
– **radiofónica** *f* [Lib] / Rundfunkbibliothek *f*
– **real** *f* [Lib] / königliche Bibliothek *f*
– **regional** *f* [Lib] / Regionalbibliothek *f*
– **sin acceso público con sólo mostrador abierto** *f* [Lib] / Thekenbücherei *f*
– **sindical** *f* [Lib] / Gewerkschaftsbibliothek *f*

- **suministradora** *f* [RS] / liefernde Bibliothek *f*
- **universitaria** *f* [Lib] / Hochschulbibliothek *f* · Universitätsbibliothek *f*

bibliotecario *m* [Staff] / Bibliothekar *m*
- **científico** *m, f* [Staff] / wissenschaftlicher Bibliothekar *m*
- **de arte** *m* [Staff] / Kunstbibliothekar *m*
- **de biblioteca infantil** *m* [Staff] / Kinderbibliothekar *m*
- **de biblioteca juvenil** *m* [Staff] / Jugendbibliothekar *m*
- **de consulta** *m* [Staff] / Auskunftsbibliothekar *m*
- **del profesorado** *m* [Staff] / Professorenbibliothekar *m*
- **de manuscritos** *m* [Staff] / Handschriftenbibliothekar *m*
- **de préstamos** *m* [Staff] / Signierer *m*
- **de préstamos a distancia** *m* [Staff] / Fernleihbeamter *m*
- **de referencia** *m* [Staff] / Auskunftsbibliothekar *m*
- **encargado de adquisiciones** *m* [Staff] / Erwerbungsbibliothekar *m*
- **especialista** *m* [Staff] / Fachreferent *m*
- **público** *m* [Staff] / Volksbibliothekar *m*
- **titulado** *m* [Staff] / Diplombibliothekar *m* · Diplom-Bibliothekar *m*
- **universitario** *m* [Staff] / wissenschaftlicher Bibliothekar *m*

bibliotecología *f* [Lib] / Bibliothekswesen *n*

bibliotecología, información y documentación *f* [InfSc] / Bibliothekswesen, Information und Dokumentation

biblioteconomía *f* [Lib] / Bibliotheksverwaltungslehre *f* · Bibliotheksbetriebslehre *f* · Bibliothekswesen *n*
- **comparada** *f* [Lib] / vergleichende Bibliothekswissenschaft *f*
- **pública** *f* [Lib] / öffentliches Bibliothekswesen *n*
- **rural** *f* [Lib] / ländliches Bibliothekswesen *n*

biblioterapia *f* [Bk] / Bibliotherapie *f*

bienes de archivo *pl* [Arch] / Archivgut *n*

bifurcación *f* (en un organigrama de programación) [EDP] / Verzweigung *f*

bifurcación de programa *f* [EDP] / Programmverzweigung *f*

bigotillo *m* [Prt] / Serife *f*

binario *Adj* [EDP] / binär *adj*

biobibliografía *f* [Bib] / Bio-Bibliographie *f*

biografía *f* [Bk] / Biographie *f*

biografía colectiva *f* [Bk] / Biographiensammlung *f*

biógrafo *m* [Bk] / Biograph *m*

bisagra *f* [Bind] / Gelenk *n* · Falz *m* · tiefer Falz *m*

bisel *m* [Prt] / Konus *m* · Schriftkonus *m*

biselador *m* [Pres] / Anfasergerät *n*

biselar *v* [Pres] / Anfasern *n*

bit *m* [EDP] / Bit *n*

bit de paridad *m* [Comm] / Paritätsbit *n*

blanco de prueba *m* [Repr] / Testblatt *n*

blancos *pl* [Prt] / Blindmaterial *n*

blanqueado *pp* [Bk] / gebleicht *pp*

blanqueo *m* [Pres] / Bleiche *f*

blasón *m* [Bk] / Wappen *n*

blindar *v* / abschirmen *v*

bloc de notas *m* [Gen; EDP] / Notizblock *m*

bloque *m* [EDP] / Block *m*
- **de datos** *m* [EDP] / Datenblock *m*
- **de deslizamiento** *m* (en un cajón de catálogo) [Cat] / Gleitblock *m*
- **de encabezamientos** *m* [Cat] / Ordnungsblock *m*
- **de estanterías** *m* [Sh] / Regalblock *m*
- **de formularios múltiples** *m* [Off] / Formularsatz *m*
- **de impresión** *m* [Prt] / Klischee *n*
- **de órdenes** *m* [EDP] / Befehlsblock *m*
- **de papel plegado en zigzag** *m* [Pp] / Zick-Zack-Papier *n*
- **de registro** *m* [EDP] / Block *m* · Satz *m*
- **de texto** *m* [Bind] / Buchblock *m*
- **de transmisión de datos** *m* [Comm] / DÜ-Block *m* · Datenübertragungsblock *m*
- **de transmisión de datos erróneo** *m* [EDP] / ungültiger DÜ-Block
- **diagrama** *m* [Cart] / Blockdiagramm *n* · Blockbild *n*
- **~o de derechos de préstamo** *m* [Rs] / Sperrung der Ausleihberechtigung *f*
- **~o de originales** *m* [Repr] / Vorlagensperre *f*
- **~o temporal de línea** *m* [Comm] / Leitungszeitsperre *f*

BM *abbr s. banda magnética*

bobina *f* [Repr] / Spule *f*
- **de carga a plena luz** *f* [Repr] / Tageslichtspule *f*
- **de cinta magnetofónica** *f* [NBM] / Tonbandspule *f*
- **de grabación** *f* [BdEq] / Aufnahmespule *f*
- **de película** *f* [NBM] / Filmspule *f*
- **receptora** *f* [NBM] / Aufwickelspule *f*

boca *f* (entre el lomo y los pliegues del libro) [Bind] / Hülse *f* · Rückenhülse *f*
bocací *m* [Bind] / Buckram-Leinen *n*
bocadillo *m* (frase de diálogo en un cómic) [Bk] / Sprechblase *f*
boletín *m* [Bk] / Bulletin *n* · Mitteilungsblatt *n*
 – **de empresa** *m* [Bk] / Hauszeitschrift
 – **de información** *m* [Bk] / Informationsblatt *n*
 – **de patente** *m* [Law; Bk] / Patentblatt *n*
 – **de resúmenes** *m* [Bib; Ind] / Referateblatt *n*
 – **interno** *m* [Staff] / Mitarbeiterzeitung *f*
 – **oficial** *m* [Bk] / Amtsblatt *n*
bolígrafo *m* [Writ] / Kugelschreiber *m*
bol(o) arménico *m* [Bind] / Bolus *m*
bolsa *f* [RS] / Tragetasche *f*
 – **de plástico** *f* [NBM] / Kunststofftasche *f*
 – **de trabajo** *f* [Staff] *Esp* / Stellenvermittlung *f*
bolsillo para la ficha de préstamo *m* [RS] / Buchkartentasche *f*
bolso *m* [RS] / Tragetasche *f*
bonificación *f* [Gen] / Vergütung *f*
bordado en oro *pp* [Bind] / golddurchwirkt *pp*
borde perforado *m* (de una película o microforma plana) [Repr] / Eckenkerbe *f*
borrado 2 *pp* [Bk] / ausradiert *pp*
borrador *m* [NBM] / (de un documento:) Entwurf *m*
 – **de leyes** *m* [Law] / Gesetzentwurf *m*
 – **de una norma** *m* [Gen; Bk] / Normentwurf *m*
borrar *v* [EDP] / tilgen *v* · löschen *v*
borrón *m* [Pres] / Tintenfleck *m* (sobre el papel)
bosquejo *m* / Entwurf
bosquejo cartográfico *m* [Cart] / Umrißkarte *f*
botiquín *m* [BdEq] / Sanitätsraum *m*
brazo del fonocaptor *m* (de un tocadiscos) [NBm] / Tonarm *m*
breve *m* [Bk] / Breve *n*
breviario *m* [Bk] / Brevier *n*
broche *m* [Bind] / Buchspange *f* · Buchschließe *f* · Schließblech *n*
broker de información *m* [InfSy] / Informationsbroker *m*
bruñidor *f* [Bind] / Achatstein *m* · Polierstein *m* · Glättzahn *m*
bruñidor *m* [Bind] / Glättkolben *m*
bruñidor de ágata *m* [Bind] / Achatstein *m*
bruñir *v* [Bind] / glätten *v* · polieren *v*
bucarán *m* [Bind] / Buckram-Leinen *n*
bucarán ligero *m* [Bind] / Kunstleinen *n*
bucle *m* [EDP] / Schleife *f*
bucle de programa *m* [EDP] / Programmschleife *f*
buhardilla *f* [BdEq] / Dachgaube *f*
buhonero de libros *m* [Bk] / Kolporteur *m*
bula *f* [Bk] / Bulle *f*
buleto *m* [Bk] / Breve *n*
bullón *m* [bind] / Buckel *m*
buril *m* [Art] / Stichel *m*
 – **chaple** *m* [Prt] / Stahlstichel *m*
 – **de grabador** *m* [Art] / (para aguafuerte:) Ätznadel *f* · Rundstichel *m*
bus *m* [EDP] / Bus *m* · Sammelschiene *f*
 – **de control** *m* [EDP] / Steuerbus *m*
 – **de datos** *m* [EDP] / Datensammelschiene *f* · Datenbus *m*
 – **de direcciones** *m* [EDP] / Adreßbus *m*
buscar sistemáticamente *v* [Retr] / recherchieren *v*
búsqueda *f* [Retr] / Abfrage
 – **bibliográfica** *f* [Retr] / Literatursuche *f*
 – **bibliográfica anterior al pedido** *f* [Acq] / Vorakzession *f*
 – **binaria** *f* / Binärsuche *f*
 – **convencional** *f* [Retr] / konventionelles Recherchieren *n*
 – **de adquisiciones** *f* [Acq] / Vorakzession *f* ‖ *s.a. comprobación de duplicados*
 – **de bibliografía** *f* [Retr] / Literaturrecherche *f*
 – **de información** *f* [Retr] / Informationssuche *f*
 – **de patente** *f* [Retr] / Patentrecherche *f*
 – **de registro de datos** *f* [Comm] / Datensatzsuche *f*
 – **de texto libre** *f* [Retr] / Freitextsuche *f*
 – **documental** *f* [retr] / Retrieval *n*
 – **en banco de datos** *f* [Retr] / Datenbankrecherche *f*
 – **en base de datos múltiple** *f* [EDP] / datenbankübergreifendes Recherchieren
 – **en catálogo** *f* [Cat; Retr] / Katalogabfrage *f*
 – **en fichero múltiple** *f* [EDP] / datenbankübergreifendes Recherchieren
 – **en ficheros cruzados** *f* [EDP] / datenbankübergreifendes Recherchieren
 – **en lenguaje natural** *f* [Retr] / Freitextsuche *f*
 – **en línea** *f* [Retr] / Online-Recherchieren *n*

~ **en multifichero** *f* [EDP] / datenbankübergreifendes Recherchieren
~ **en un registro de datos contiguo** *f* [Retr] / Nachbardatensatzsuche
~ **especializada** *f* [Retr] / Sachrecherche *f*
~ **por analogía** *f* [Retr] / Ähnlichkeitssuche *f*
~ **rápida de información** *f* [Retr] / Schnellinformationsrecherche *f*
~ **secuencial** *f* [Retr] / lineare Suche *f*
~ **sistemática** *f* [Retr] / Recherche *f*
~**s sistemáticas del usuario** *pl* [Retr] / Benutzerrecherchen *pl*

bustrófedon *f* [Writ] / Bustrophedon *n*

buzón de devoluciones *m* [RS] / Büchereinwurf *m* · Bucheinwurf *m*

buzón de sugerencias *m* [RS] / Vorschlagskasten *m*

byte *m* [EDP] / Byte *n*

C

cabecera 1 *f* (en revistas y periódicos) [Bk] / 2 Impressum *n*
cabecera 2 *f* (secuencia de caracteres que encabeza el texto de una transmisión de datos) [Comm] / Kopf *m*
cabecera 3 *f* [Bind] / Kopfleiste *f*
cabecera de noticia *f* [Comm] / Nachrichtenkopf *m*
cabeza *f* (de molde) [Bind] / Kopf *m*
~ **de borrado** *f* [EDP] / Löschkopf *m*
~ **de lectura-escritura** *f* [EDP] / Lese-Schreibkopf *m*
~ **de lectura-grabación** *f* [EDP] / Lese-Schreibkopf *m*
~ **de página** *f* [Bk] / Kolumnentitel *m* · lebender Kolumnentitel *m*
~ **de película** *f* [Repr] / Vorlauf *m*
~ **dorada** *f* [Bind] / Kopfgoldschnitt *m*
~**(l) de escritura** *f(m)* [EDP] / Schreibkopf *m* (o de grabación)
~**(l) de escritura-lectura** *f(m)* [EDP] / Schreib-Lesekopf *m*
~**l de grabación** *m* [EDP] / Schreibkopf *m*
~**l del fonocaptor** *m* (de un tocadiscos) [NBM] / Tonabnehmer *m*
~ **lectora** *f* [EDP] / Lesekopf *m*
~ **magnética** *f* [EDP] / Magnetkopf *m*
cabezada *f* [Bind] / Kapitalband *n*
~ **de pie** *f* [Bind] / (unteres~:) Kapitalband *n*
~ **inferior** *f* [Bind] / unteres Kapital *n* · unteres Kapitalband *n*

cabina de audición *f* [BdEq] / Abhörkabine *f*
cabina de lectura *f* [BdEq] / Lesekoje *f*
cabina individual *f* [BdEq] / Einzelkabine *f*
cabina telefónica *f* [Comm] / Telefonzelle *f*
cableado *pp* [EDP] / festverdrahtet *pp*
cable de conexión *m* [BdEq] / Anschlußkabel *n*
cabo de entrada de película *m* [Repr] / Vorlauf *m*
cabritilla *f* [Bind] / Oasenziegenleder *n* ‖ *s.a. marroquí; piel de cabra*
cabritilla *f* [Bind] / Ziegenleder *n* (curtida)
cabritilla curtida con zumaque *f* [Bind] / sumachgegerbtes Schafleder *n*
cabujón *m* (metálico) [Bind] / Buckel *m*
cadena *f* [Class] / Kette *f*
~ **conceptual** *f* [Class] / Begriffsleiter *f*
~ **de caracteres** *f* [EDP] / Zeichenreihe *f* · Zeichenkette *f*
~ **de clasificación** *f* [Class] / klassifikatorische Kette *f*
~ **de materias** *f* [Ind] / Schlagwortkette *f*
cadeneta *f* [Bind] / Fitzbund *m*
caducar *v* [InfSc] / Veralten *n*
caer en desuso *v* [InfSc] / Veralten *n*
cafetería *f* [BdEq] / Kantine *f*
caja 1 *f* [BdEq] / Kiste *f*
~ 2 *f* [Bind] / Buchdecke *f*
~ **alta** *f* [Prt] / die oberen Reihen des Schriftkastens mit den Versalien

– **archivador** *f* [Bk; NBM] / Kassette *f*
– **baja** *f* [Prt] / die unteren Reihen des Schriftkastens mit den Kleinbuchstaben
– **con iluminación** *f* [Repr] / Leuchtkasten *m*
– **de cartón** *f* [Bk; NBM] / Schachtel *f* · Karton *m* (de cartón)
– **de cartón** *f* [BdEq] / Pappschachtel *f*
– **de chip** *f* [EDP] / Chip-Gehäuse *n*
– **de composición** *f* [Prt] / Satzspiegel *m*
– **de encuadernación** *f* [Bind] / Einbanddecke *f*
– **de folletos** *f* [Bk] / Broschürenbox *f*
– **de imprenta** *f* [Prt] / Setzkasten *m*
– **de impresión** *f* [Bind] / Schriftkasten *n*
– **de justificación** *f* [Prt] / Satzspiegel *m*
– **de libros** *f* [BdEq] / Bücherkiste *f*
– **de opúsculos** *f* [Bk] / Broschürenbox *f*
– **de seguridad** *f* [BdEq] / Schließfach *n*
– **fuerte** *f* [BdEq] / Tresor *m*
– **negra** *f* [InfSc] / schwarzer Kasten *m*
– **plegable** *f* [NBM] / Klappkarton *m*
– **protectora** *f* (de un libro) [Bk] / Schutzkarton *m* ‖ *s.a. estuche*
– **registradora** *f* [BdEq] / Registrierkasse *f*
– **soländer** *f* [NBM] / Klappkarton *m*
– **tipográfica** *f* [Prt] / Schriftkasten *m*
cajero automático *m* [BgAcc] / Geldautomat *m*
cajetín *m* (de dorador) [Bind] / Filete *f*
cajista *f* [Prt] / Setzer *m*
cajista de imprenta *m* [Prt] / Schriftsetzer *m*
cajita *f* [Bk; NBM] / Kassette *f*
cajo *m* [Bind] / Falz *m* · Flügelfalz *m* · Ansatzfalz *n* · Ansetzfalz *m* · Gelenk *n*
cajón 1 *m* [BdEq] / Schubkasten *m* · Schublade *f*
– 2 *m* (caja grande) [BdEq] / Kasten *m*
– **de catálogo** *m* [Cat] / Katalogschublade *f* · Katalogkasten *m*
– **de libros infantiles** *m* [BdEq] / Bilderbuchtrog *m*
calandrado *m* [Pp] / Satinage *f* · Kalandersatinage *f*
calandrar *v* [Pp] / kalandrieren *v* · satinieren *v*
calandria *f* [Pp] / Kalander *m*
calc. *abbr. s. calcografía*
calcografía *f* [Prt] / Kupferstich *m*
calcógrafo *m* [Prt] / Kupferstecher *m*
calcomanía *f* [NBM] / Abziehbild *n*
calcotipia *f* [Art] / Kupfertafeldruck *m*
calculadora *f* [Off] / Rechenmaschine *f*
– **alimentada por baterías** *f* [Off] / netzunabängige Rechenmaschine *f*
– **alimentada por la red** *f* [Off] / netzabhängige Rechenmaschine *f* · Rechenmaschine mit Netzanschluß *n*
– **a pilas** *f* [Off] / Rechenmaschine mit Batteriebetrieb *f*
– **con impresora** *f* [Off] / Rechenmaschine mit Druckfunktion *f*
– **de bolsillo** *f* [Off] / Taschenrechner *m*
– **de pilas y de red** *f* [Off] / Rechenmaschine mit Netzanschluß und Batteriebetrieb *f*
– **de sobremesa** *f* [Off] / Tischrechner *m*
calcular *v* [Gen] / ermessen *n* · berechnen *v*
cálculo *m* [BgAcc] / Kalkulation *f*
– **de dirección** *m* [EDP] / Adreßrechnung *f*
– **presupuestario** *f* [BgAcc] / Haushaltsansatz *m*
– **previo** *m* [BgAcc] / Vorausrechnung *f*
calendario *m* [Bk] / Kalender *m*
– **cortesano** *m* [Bk] / Hofkalender *m*
– **de actos** *m* [PR] / Veranstaltungskalender *m*
– **de hojas arrancables** *m* [Off] / Abreißkalender *m*
– **de taco** *m* [Off] / Abreißkalender *m*
– **perpetuo** *m* [InfSy] / ewiger Kalender *m*
calentador *m* [Bind] / Erhitzer *m*
calicó *m* [Bind] / Kaliko *n*
calidad *f* [OrgM] / Qualität *f*
– **de carta** *f* (de una impresora) [EDP; Prt] / Briefqualität *f*
– **de oficina** *f* (de una impresora) [EDP; Prt] / Briefqualität *f*
calificación *f* [Ed] / Schulzeugnis *n* · Benotung *f*
calificación final *f* [Ed] / Abschlußnote *f*
calificador *m* [Ind] / Qualifikator *m*
calificar *v* [Ed] / benoten *v*
calificativo *m* (identificador de encabezamientos de materia o de descriptores homónimos) [Cat] / Homonymenzusatz *m*
calificativo de archivo *m* [Cat] / Ordnungshilfe *f*
caligrafía *f* [Writ] / Kalligraphie *f*
calza *f* [Bind] / Deckblatt *n*
cámara *f* [Rep]
– **acorazada** *f* [BdEq] / Tresor(raum) *m*/(*m*)
– **con revelado** *f* [Repr] / Prozessorkamera *f*
– **copiadora en serie** *f* [Repr] / Durchlaufkamera *f*

– **de fumigación** *f* [Pres] / Begasungskammer *f*
– **de microfichas** *f* [Repr] / Mikrofiche-Kamera *f*
– **estática** *f* [Repr] / Schrittkamera *f*
– **oscura** *f* [Repr] / Dunkelkammer *f*
– **procesadora** *f* [Repr] / Prozessorkamera *f*
cambiador de discos *m* [NBM] / Plattenwechsler *m*
cambio *m* [Gen]
– **automático de diapositivas** *m* [NBM] / automatischer Bildwechsel *m*
– **de actitud** *m* [InfSc] / Einstellungswandel *m* · Einstellungsänderung *f*
– **de significado** *m* [Lin] / Bedeutungswandel *m*
– **de título** *m* [Bk; Cat] / Titeländerung *f*
– **de ubicación** *m* (de una materia en un sistema de clasificación) [Class] / Umstellung *f*
– **semántico** *m* [Lin] / Bedeutungswandel *m*
camisa *f* [Bind] / Buchumschlag *m* · Schutzumschlag *m* · Umschlag *m* ‖ *s.a. sobrecubierta*
– **de microfilm** *f* [Repr] / Mikrofilm-Jacket *n* · Jacket *n* · Mikrofilmtasche *f*
– **de (micro)película** *m* [Repr] / Filmkassette *f*
campaña de ahorro *f* [BgAcc] / Sparkampagne *f*
campo *m* (parte de un registro de datos) [EDP] / Feld *n*
– **de caracteres** *m* [EDP/VDU] / Zeichenfeld *n*
– **de control** *m* [Comm] / Steuerfeld *n*
– **de datos** *m* [EDP] / Datenfeld *n*
– **de escritura protegido** *m* [EDP] / schreibgeschütztes Feld *n*
– **de información** *m* [EDP] / Datenfeld *n*
– **de investigación especial** *m* [InfSc] / Sonderforschungsbereich *m*
– **de mapa** *m* [Cart] / Kartenfeld *n*
– **marginal** *m* [Class; Ind] / Randgebiet *n*
– **para datos escritos** *m* [PuC] / Schreibfeld *n* · Schreibfläche *f*
– **protegido** *m* [EDP] / geschütztes Feld *n* · geschützter Speicherplatz *m*
– **temático** *m* [Class] / Sachgebiet *n*
canal *m* [Comm] / Kanal *m*
– **de comunicación** *m* [Comm] / Nachrichtenkanal *m*
– **de entrada** *m* [Comm] / Eingangskanal *m*
– **de extracción de datos** *m* [EDP] / Ausgabekanal *m*
– **de ida** *m* [Comm] / Hauptkanal *m*
– **de información** *m* [InfSy] / Informationskanal *m*
– **del pie** *m* (de un tipo de imprenta) [Prt] / Fußrille *f*
– **de película** *m* (en una camisa de microfilm) [Repr] / Filmkanal *m*
– **de reserva** *m* [EDP] / Ersatzkanal *m*
– **de retorno** *m* [Comm] / Hilfskanal *m*
– **de salida** *m* [EDP] / Ausgangskanal *m*
– **de seguridad** *m* [EDP] / Ersatzkanal *m*
– **de transmisión** *m* [Comm] / Übertragungskanal *m* ‖ *s.a. comunicación de datos; telemática; transmisión de datos*
cancel *m* [BdEq] / Windfang *m*
cancelación del registro de préstamo *f* (tras la devolución de un volumen prestado) [RS] / Entlastung *f*
cancelar *v* (una suscripción) [Acq] / abbestellen *v* · kündigen *v*
cancelar anormalmente *v* [EDP] / aussteigen *v*
cancionero *m* [Mus] / Liederbuch *n*
candidato *m* (en un examen) [Ed] / Kandidat *n*
candidato a un empleo *m* [Staff] / Stellenbewerber *m*
canje *m* [Acq] / Tauschgabe *f* · Austausch *m* · Tausch *m*
– **de duplicados** *m* [Acq] / Dublettentausch *m*
– **de publicaciones** *m* [Acq] / Schriftentausch *m*
– **internacional de publicaciones** *m* [Acq] / internationaler Schriftentausch *m*
cantidad de datos *f* [EDP] / Datenmenge *f*
cantidad de tirada *f* [Bk; Prt] / Auflagenhöhe *f*
cantidad total *f* [Gen] / Gesamtmenge *f*
cantina *f* [BdEq] / Kantine *f*
canto *m* [Bind] / Buchschnitt *m* · Kante *f* ‖ *s.a. cantos biselados*
– **borneado** *m* (de la cabezada) [Bind] / Wulstkante *f*
– **del pliegue** *m* [Bind] / Faltkante *f*
– **de pie** *m* [Bind] / Stehkante *f*
– **gregoriano** *m* [Mus] / gregorianischer Gesang *m*
cantonera(s) *f(pl)* [Bk; Bind] / Eckstück *n*
cantoneras de metal *pl* [Bind] / Eckbeschläge *pl* ‖ *s.a. guarniciones metálicas*
canto nupcial *m* [Bk] / Hochzeitsgedicht *n*

cantoral *m* [Bk] / Gesangbuch *n* · Chorbuch *n*
cantos biselados *pl* [Bind] / abgeschrägte Ecken *pl*
cantos de la cubierta *pl* [Bind] / Deckelkante *f*
cantos de tapas achaflanados *pl* [Bind] / abgeschrägte Deckelkanten *pl*
cantos de tapas biselados *pl* [Bind] / abgeschrägte Deckelkanten *pl*
cap. *abbr. s. capítulo*
capacidad *f* [Gen]
– **adquisitiva** *f* [Acq] / Kaufkraft *f*
– **de almacenamiento** *f* [EDP] / Speicherkapazität *f*
– **de almacenamiento en estanterías** *f* [Sh] / Stellraumkapazität *f*
– **de carga** *f* [BdEq] / Tragfähigkeit *f*
– **de conceptualización** *f* [Staff] / konzeptionelle Fähigkeiten *pl*
– **de estantes** *f* [Sh] / Stellraumkapazität *f*
– **del almacén** *f* [Stock] / Magazinkapazität *f*
– **de memoria** *f* [EDP] / Speicherkapazität *f* · Speicherplatz *m*
– **ejecutiva** *f* [OrgM] / Führungsbefähigung *f*
capa de emulsión *f* [Repr] / Emulsionsschicht *f*
capa de red *f* [EDP] / Netzwerkschicht *f*
capa de transmisión de bits *f* [Comm] / Bitübertragungsschicht *f*
capa portadora del grabado *f* [Prt] / Ätzgrund *m*
capa protectora *f* [Repr] / Schutzschicht *f*
capa radiosensitiva *f* [Repr] / strahlungsempfindliche Schicht *f*
capicular *v* [Bind] / vorrichten *v*
capital de inversión *m* [BgAcc] / Investitionsmittel *pl*
capitel *m* [Bind] / Kapital *n* · Kapitalband *n*
capítulo *m* [Bk] / Kapitel *n*
captación de datos *f* [EDP] / Datenerfassung *f*
carácter *m* [InfSy] / Zeichen *n* ‖ *s.a. carácter gráfico; signo*
– **de borrar** *m* / Löschzeichen *n*
– **de CCE** *m* [EDP] / ECC-Zeichen *n*
– **de código de corrección de errores** *m* [EDP] / ECC-Zeichen *n*
– **de control** *m* [EDP] / Gerätesteuerzeichen *n* · Prüfzeichen *n* · Steuerzeichen *n*
– **de control de formato** *m* [EDP] / Formatsteuerzeichen *n*
– **de control de impresión** *m* [EDP; Prt] / Drucksteuerzeichen *n*
– **de control de redundancia cíclica** *m* [EDP] / CRC-Zeichen *n*
– **de control de transmisión** *m* [Comm] / Übertragungssteuerzeichen *n*
– **de CRC** *m* [EDP] / CRC-Zeichen *n*
– **de espaciado** *m* [EDP] / Leerzeichen *n* ‖ *s.a. espacio; carácter en blanco*
– **de extensión de código** *m* [EDP] / Codesteuerzeichen *n*
– **de final de registro** *m* [EDP] / Satzendezeichen *n* ‖ *s.a. separador de registro*
– **de imprenta** *m* [Prt] / Schrift *f*
– **de impresión** *m* [EDP; Prt] / Druckzeichen *n*
– **de introducción** *m* [EDP] / Einfügezeichen *n*
– **de relleno** *m* [EDP; Comm] / Füllzeichen *n*
– **de separación** *m* [EDP] / Trennzeichen ‖ *s.a. carácter separador de información*
– **de test** *m* [Repr] / Testzeichen *n*
– **de test ISO** *m* [Repr] / ISO-Testzeichen *n*
– **de test ISO n° 1** *m* [Repr] / ISO-Testzeichen Nr 1 *n*
– **de test ISO n° 2** *m* [Repr] / ISO-Testzeichen Nr 2 *n*
– **de tinta magnética** *m* [EDP] / Magnetschriftzeichen *n*
– **de verificación** *m* [EDP] / Prüfzeichen *n*
– **diagonal** *m* [Prt] / Schrägstrich *m*
– **en blanco** *m* [Prt] / Leerstelle *f* · Leerzeichen *n* ‖ *s.a. espacio*
–es de imprenta *pl* [Writ] / Blockschrift *f* *Writ*
–es de reconocimiento óptico *pl* [EDP] / OCR-Schrift *f*
–es de remendería *pl* [Prt] / Akzidenzschrift *f*
–es de texto *pl* [Prt] / Werkschrift *f*
–es medio gruesos *f* [Prt] / halbfette Schrift *f*
–es móviles *pl* [Prt] / bewegliche Lettern *pl*
–es numéricos *pl* [Writ; Prt] / Nummernzeichen *n*
–es para libros *pl* [Prt] / Brotschrift *f*
–es para titulares *pl* [Prt] / Akzidenzschrift *f*
– **especial** *m* [InfSy; Prt] / Sonderzeichen *pl*

-es por línea *pl* [EDP] / Zeichen pro Zeile *pl*
-es por pulgada *pl* [EDP] / Zeichen pro Zoll *pl*
- **final** *m* [EDP] / Schlußzeichen *n*
- **gótico** *m* [Writ] / Textur(a) *f(f)*
- **gráfico** *m* [InfSc; Writ; Prt] / Schriftzeichen *n*
- **no numérico** *m* [IndSy] / nichtnumerisches Zeichen *n*
- **numérico** *m* [InfSy] / Ziffer *f*
- **separador de información** *m* [EDP] / Informationstrennzeichen *n*
- **separador de zona** *m* [EDP] / Feldendezeichen *n* · Feldtrennzeichen *n*
- **sin información** *m* [EDP] / Leerzeichen *n* ‖ *s.a. carácter en blanco*

característica *f* (de un concepto) [Ind; Class; PuC] / Merkmal *n*
- **de prestación** *f* (a disposición del usuario, respecto al servicio pedido a un banco de datos) [Comm] / Leistungsmerkmal *n*
-s técnicas *pl* [Gen] / technische Spezifikation *f*

cara frontal *f* (de un cuerpo de estanterías) [Sh] / Stirnseite *f*
carátula *f* [Bk] *HA* / Titelblatt *n*
carcoma *f* [Pres] / Wurmstich *m*
carcomido *adj* [Pres] / wurmstichig *adj*
carga *f* [Pp] / Füllstoff *m*
- **admisible** *f* (resistencia del suelo) [BdEq] / Tragfähigkeit *f*
- **del suelo** *f* [BdEq] / Flächenbelastung *f*
- **del techo** *f* [BdEq] / Deckenbelastung *f*
- **de trabajo** *f* [Staff] / Arbeitsbelastung *f*
- **de un préstamo** *f* [RS] / Ausleihregistrierung *f* ‖ *s.a. registro de préstamo*

cargador *m* [Repr] / Filmmagazin *n*
- **de película** *m* (mecanismo) [Repr] / Filmeinfädelung *f*

carga móvil *f* [BdEq] / Verkehrslast *f*
carga permanente *f* [BdEq] / ständige Last *f*
cargar *v* [EDP] / hinaufladen *v* · laden *v* · herunterladen *v*
- **una película** *v* [Repr] / einfädeln *v*
- **útil** *f* [BdEq] / Nutzlast *f*

cargo *m* [OrgM] / Stellung *f*
carnaza *f* (cara del cuero opuesta a la de flor o grano) [Bk; Bind] / Fleischseite *f*
carné con fotografía *m* [RS] / Lichtbildausweis *n*
carné de estudiante *m* [Ed] / Studentenausweis *m*
carné de lector *m* [RS] / Benutzerausweis *m* ‖ *s.a. tarjeta de lector*
carné de usuario *m* [RS] / Benutzerausweis *m*
carné personal *m* [RS] / Ausweis
carné(t) de identidad *m* [Rs] / Personalausweis *m*
carpeta 1 *f* (funda para guardar material suelto) [NBM] / Mappe *f*
- 2 *f* (para documentos) [Off] / Aktendeckel *m*
- 3 *f* (en un archivador colgado) [BdEq] / Tasche *f*
- **con resorte** *f* [Bind] / Klemmappe *f*
- **de diapositivas** *f* [NBM] / Diamappe *f*
- **para revistas** *f* [Sh] / Zeitschriftenmappe *f*

carrera *f* [Staff] / Laufbahn *f*
carrete *m* [Repr] / Spule *f*
- **de alimentación** *m* [NBM] / Abwickelspule *f*
- **de cinta magnetofónica** *m* [NBM] / Tonbandspule *f*
- **de desbobinado** *m* [NBM] / Abwickelspule *f*
- **de microfilm** *m* [Repr] / Mikrofilmspule *f*
- **de película** *m* [NBM] / Filmspule *f*
- **de reproducción** *m* [Repr] / Wiedergabespule *f*
- **de vídeo** *m* [NBM] / Videospule *f*
- **receptor** *m* [NBM] / Aufwickelspule *f*

carretilla para libros *f* [BdEq] / Bücherwagen *m*
carro *m* [BdEq] / Wagen *m* (para el transporte interno de libros)
- **basculante** *m* [Repr] / Buchwippe *f*
- **de arrastre del papel** *m* [EDP; Prt] / Raupenvorschub *m*
- **de diapositivas redondo** *m* [NBM] / Rundmagazin *n*
- **para libros** *m* [BdEq] / Bücherwagen *m*

cart. *abbr. s. pasta de cartón*
carta *f* [Cart] / Karte *f* (fluvial, marítima, aérea, espacial, etc...) ‖ *s.a. mapa*
- **adjunta** *f* [Off] / Begleitschreiben *n* ‖ *s.a. carta de envío*
- **aeronáutica** *f* [Cart] / Luftfahrtkarte *f*
- **autógrafa** *f* (de puño y letra del autor) [Writ] / handgeschriebener Brief *m*
- **celeste** *f* [Cart] / Himmelskarte *f* ‖ *s.a. planisferio celeste*

– **certificada** *f* [Comm] / Einschreibebrief *m*
– **comercial** *f* [Off] / Geschäftsbrief *m*
– **de advertencia** *f* [Gen] / Mahnschreiben *n*
– **de envío** *f* [Off] / Begleitschreiben *n*
– **de envío** *f* [Off] / Anschreiben *n*
– **de jugar** *f* [NBM] / Spielkarte *f* ‖ *s.a. naipe*
– **de navegación** *f* [Cart] / Navigationskarte *f*
– **de navegación aérea** *f* [Cart] / Luftnavigationskarte *f* · Luftfahrtkarte *f*
– **de rumbos** *f* [Cart] / Rumbenkarte *f*
– **de solicitud de empleo** *f* [Staff] / Bewerbungsschreiben *n*
– **marina** *f* [Cart] / Seekarte *f*
– **matriz** *f* [Off] / Formbrief *m*
– **monitoria** *f* [Gen] / Mahnschreiben *n*
– **naútica** *f* [Cart] / Schiffahrtskarte *f*
–**pacio** *m* (funda para guardar material suelto) [NBM] / Mappe *f*
– **pastoral** *f* [Bk] / Hirtenbrief *m*
– **por avión** *f* [Comm] / Luftpostbrief *m*
– **portulana** *f* [Cart] / Rumbenkarte *f*
–**(s) de los lectores** *f(pl)* (cartas al director en un peridódico o revista) [Bk] / Leserzuschrift *f*
cartel *m* [NBM] / Plakat *n*
cartela *f* [Bind; Bk] / Kartusche *f* ‖ *s.a. ornamento de esquina*
carteles de indicación *pl* [BdEq] / Beschilderung *f*
cartelito *m* [Bind] / Schildchen *n*
cartera de libro *f* [Bk] / Buchbeutel *m*
cartilla *f* [Bk] / Fibel
cartivana *f* [Bind] / Fälzel *n* · Anklebefalz *m* · Falz *m*
cartivana de refuerzo *f* [Bind] / Ausgleichsfalz *m*
cartografía *f* [Cart] / Kartenzeichnen *n* · Kartographie *f*
– **espacial** *f* [Cart] / Weltraumkartographie *f*
cartógrafo delineante *m* [Cart] / Zeichner *m*
cartograma *m* [Cart] / Kartogramm *n*
cartología *f* [Cart] / Kartenkunde *f*
cartón 1 *m* [Pp] / Pappe *f*
– 2 *m* [Bk] / Einblattkarton *m*
– 3 *m* [Pp; Bind] / (denominación de material:) Karton *m*
– **amarillo** *m* [Bind] / Strohpappe *f*
– **de muestra** *m* [Bind] / Musterpappe *f*
– **de paja** *m* [Bind] / Strohpappe *f*
– **dúplex** *m* [Bind] / Klebepappe *f*
– **forrado** *m* [Bind] / kaschierte Pappe *f*
– **gris** *m* [Pp] / Graupappe *f*
– **para cartonajes** *m* [Pp] / Kartonagenpappe *f*
– **para encuadernar** *m* [Bind] / Buchbinderpappe *f*
– **para montajes** *m* [Pp] / Montagekarton *m* · Aufziehkarton *m*
– **para tapas** *m* [Bind] / Buchbinderpappe *f*
cartucho *m* [Repr]
– **cargador** *m* [Repr] / Kassette *f* · Einkernkassette *f*
– **continuo de cine** *m* [NBM] / Endlosfilm-Kassette *f*
– **de disco** *m* [EDP] / Plattenkassette *f*
– **de disco magnético** *m* [EDP] / Magnetplattenkassette *f*
– **de vídeo** *m* [NBM] / Endlos-Videokassette *f*
– **fotográfico** *m* (para rollos de microfilm o microfichas) [Repr] / Filmmagazin *n*
– **ornamental** *m* [Bind; Bk] / Kartusche *f* ‖ *s.a. cartela*
cartulario *m* [Bk] / Kopialbuch *n* · Kopiar *n*
cartulina *f* (cartón fino) [Pp] / Pappe *f*
casa de remates *f* [Bk] *HA* / Versteigerungshaus *n*
casa de software *f* [EDP] / Softwarehaus *n*
casa de subastas *f* [Bk] / Auktionshaus *n* · Versteigerungshaus *n*
casar *v* [Prt] / ausschießen *v*
casete *m,f* [NBM; Repr] / Doppelkernkassette *f* · Kompaktkassette *f* · Kassette *f*
– **compacto de microfilmes** *m* [Repr] / Mikrofilm-Kompaktkassette
– **continua** *f* [NBM] / Endlostonband-Kassette *f* ‖ *s.a. casete magnetofónica*
– **continua** *f* [NBM; Repr] / Endloskassette *f*
– **continua** *f* [NBM] / Endlosbandkassette *f*
– **continua de microfilm** *f* [NBM; Repr] / Endlosmikrofilm-Kassette *f*
– **de cinta magnética** *m,f* [EDP] / Magnetbandkassette *f*
– **(de dos núcleos)** *f* [Repr] / Zweikernkassette *f*
– **de referencia** *f* [EDP] / Bezugskassette *f*
– **hablada** *f* [NBM] / Sprechkassette *f*
– **literaria** *f* [NBM] / Literaturkassette *f*
– **magnetofónica** *m, f* [NBm] / Tonbandkassette *f*
– **vacía** *f* / Leerkassette *f*

casi calidad de carta (de una impresora) [EDP; Prt] / Beinahe-Briefqualität *f* ‖ *s.a. calidad de carta*

casilla *f* (en un formulario) [Off; TS] / Kästchen *n*

– **de correos** *f* [Comm] / Postschließfach *n*

– **postal** *f* [Comm] *HA* / Postfach *n*

casillero *m* (de una microficha) [Repr] / Raster *m*

cat. *abbr. s. catálogo*

catalogación *f* [Cat] / Einordnen *n* · Katalogisierung *f*

– **abreviada** *f* [Cat] / verkürzte Katalogisierung *f* · Kurztitelkatalogisierung *f* · Kurztitelaufnahme *f*

– **alfabética** *f* [Cat] / alphabetische Katalogisierung *f*

– **alfabética de autores y obras anónimas** *f* [Cat] / alphabetisch (nach Namen, Titeln und/oder Schlagwörtern) geordneter Katalog

– **automatizada** *f* [Cat] / automatisierte Katalogisierung *f*

– **centralizada** *f* [Cat] / Zentralkatalogisierung *f*

– **colectiva** *f* [Cat] / Verbundkatalogisierung *f*

– **compartida** *f* [Cat] / Katalogisierungsverbund *m* · kooperative Katalogisierung *f* · Verbundkatalogisierung *f* ‖ *s.a. catalogación cooperativa; catálogo colectivo*

– **computerizada** *f* [Cat] / automatisierte Katalogisierung *f*

– **contratada** *f* [Cat] / Fremdkatalogisierung *f* (mit Bezahlung)

– **convencional** *f* [Cat] / konventionelle Katalogisierung *f*

– **cooperativa** *f* [Cat] / kooperative Katalogisierung *f*

– **cooperativa** *f* [Cat] / Katalogisierungsverbund *m* ‖ *s.a. catálogo colectivo*

– **de pedidos** *f* [Cat] / Bestellkatalogisierung *f*

– **de publicaciones periódicas** *f* [Cat] / Zeitschriftenkatalogisierung *f*

– **derivada** *f* [Cat] / Fremdkatalogisierung *f*

– **descriptiva** *f* (como actividad y como operación) [Cat] / Titelaufnahme *f*

– **de títulos abreviados** *f* [Cat] / Kurztitelkatalogisierung *f*

– **en la fuente** *f* (antes de la fecha de publicación) [Cat] / Vorauskatalogisierung *f*

– **manual** *f* [Cat] / konventionelle Katalogisierung *f*

– **original** *f* (catalogación sin datos catalográficos externos) [Cat] / Eigenkatalogisierung *f*

– **por datos externos** *f* [Cat] / Katalogisierung durch Fremddatenübernahme *f*

– **por encabezamientos de materia** *f* [Cat] / Schlagwortkatalogisierung *f*

– **provisional** *f* [Cat] / provisorische Katalogisierung *f* · Interimskatalogisierung *f* · vorläufiges Katalogisieren *n*

– **retrospectiva** *f* [Cat] / retrospektive Katalogisierung *f*

– **selectiva** *f* [Cat] / Auswahlkatalogisierung *f*

– **simplificada** *f* (como procedimiento) [Cat] / Kurztitelaufnahme *f* · Kurztitelkatalog *m*

– **temporal** *f* [Cat] / Interimskatalogisierung *f*

– **transitoria** *f* [Cat] / Interimskatalogisierung *f*

catalogador *m* [Staff] / Katalogisierer *m* · Titelaufnehmer *m*

catalogar *v* [Cat] / aufnehmen *v* · katalogisieren *v*

– **en la fuente** *v* [Cat] / vorauskatalogisieren *v*

– **previamente** *v* [Cat] / vorauskatalogisieren *v*

catálogo *m* [Cat] / Katalog *m* ‖ *s.a. catálogo convencional; catálogo informatizado*

– **administrativo** *m* [Cat] / Verwaltungskatalog *m*

– **alfabético** *m* [Cat] / alphabetischer Katalog *m*

– **alfabético directo** *m* [Cat] / (nach dem Prinzip des engsten Begriff:) Schlagwortkatalog *m*

– **alfabético específico** *m* [Cat] / Schlagwortkatalog *m*

– **alfabético por materias** *m* [Cat] / Schlagwortkatalog *m*

– **alfabético-sistemático** *m* [Cat] / Gruppenschlagwortkatalog *m*

– **analítico** *m* [Cat] / Aufsatzkatalog *m*

– **anotado** *m* [Cat] / Aufsatzkatalog *m*

– **cartográfico** *m* [Cart; Cat] / Kartenkatalog *m*

– **central** *m* [Cat] / Hauptkatalog *m*

– **centralizado** *m* [Cat] / Zentralkatalog *m*

– **clasificado** *m* [Class] / Realkatalog *m*

– **clasificado por materias** *m* [Class] / systematischer Katalog *m*
– **clasificado topográficamente** *m* [Cat; Class] / standortgebundener Realkatalog *m*
– **colectivo** *m* [Cat] / Gesamtkatalog *m* · Verbundkatalog *m* · Zentralkatalog *m* ‖ *s.a. catalogación colectiva; catalogación compartida*
– **colectivo de publicaciones periódicas** *m* [Cat] / Gesamtzeitschriftenverzeichnis *n*
– **COM** *m* [Cat] / COM-Katalog *m*
– **comercial** *m* [Bk] / Firmenkatalog *m*
– **comercial de feria** *m* [Bk] / Messekatalog *m*
– **con encuadernación movible** *m* [Cat] / Kapselkatalog *m*
– **convencional** *m* [Cat] / konventioneller Katalog *m*
– **cronológico** *m* [Cat] / chronologischer Katalog *m*
– **de adquisiciones** *m* [Acq] / Zugangsnachweis *m* · Akzessionsjournal ‖ *s.a. fichero de entradas; registro de adquisiciones*
– **de asientos abreviados** *m* [Cat] / Kurztitelkatalog *m*
– **de autores** *m* [Cat] / Verfasserkatalog *m*
– **de autores y obras anónimas** *m* [Cat] / Nominalkatalog *m*
– **de búsqueda** *m* [Cat] / Findekatalog *m*
– **de descripción abreviada** *m* [Cat] / Findekatalog *m*
– **de documentos bibliográficos** *m* [Cat] / Findekatalog *m*
– **de elementos de información** *m* [EDP] / Kategorienkatalog *m* · Datenerfassungsschema *n* · Kategorienschema *m*
– **de existencias** *m* [Bk] / Lagerkatalog *m*
– **de existencias de libros de surtido** *m* [Bk] / Barsortimentslagerkatalog *m*
– **de exposición** *m* [Bk] / Ausstellungskatalog *m*
– **de feria comercial** *m* [Bk] / Messekatalog *m*
– **de fichas** *m* [Cat] / Kärtchenkatalog *m* · Kartenkatalog *m*
– **de grupo temático** *m* [Cat] / Stoffkreiskatalog *m*
– **de hojas sueltas** *m* [Cat] / Kapselkatalog *m*
– **de intermediario** *m* [Bk] / Lagerkatalog *m*
– **de la obra de un artista** *m* [Art] / Oeuvre-Katalog *m*
– **de librería** *m* [Bk] / Buchhandelskatalog *m*
– **de librería de viejo** *m* [Bk] / Antiquariatskatalog *m*
– **de manuscritos** *m* [Cat] / Handschriftenkatalog *m*
– **de nombres para personas** *m* [Cat] / Personenkatalog *m*
– **de productos** *m* [Bk] / Produktkatalog *m*
– **de publicaciones periódicas** *m* [Cat] / Zeitschriftenkatalog *m*
– **de subasta** *m* [Bk] / Auktionshaus *n* · Auktionskatalog *m* · Versteigerungskatalog *m*
– **de títulos** *m* [Cat] / Titelkatalog *m*
– **de títulos abreviados** *m* [Cat] / Kurztitelkatalog *m*
– **de venta** *m* [Bk] / Produktkatalog *m*
– **de ventas** *m* [Bk] / Verkaufskatalog *m*
– **diccionario** *m* [Cat] / Kreuzkatalog *m*
– **dividido** *m* [Cat] / geteilter Katalog *m* (en secuencias)
– **en fichas** *m* [Cat] / Zettelkatalog *m*
– **en forma de libro** *m* [Cat] / Bandkatalog *m*
– **en linea** *m* [Cat] / Bildschirmkatalog *m*
– **en línea** *m* [EDP] / Online-Katalog *m* ‖ *s.a. catálogo público de entrada en línea*
– **en microformas** *m* [Cat] / Mikrokatalog *m*
– **en tarjetas** *m* [Cat] / Zettelkatalog *m*
– **general** *m* [Cat] / Hauptkatalog *m*
– **genérico** *m* [Cat] / Gattungskatalog *m*
– **geográfico** *m* [Cat] / geographischer Katalog *m* · Ortskatalog *m* · (articulado por regiones:) Regionalkatalog *m*
– **informatizado** *m* [Cat] / EDV-Katalog *m*
– **manual** *m* [Cat] / konventioneller Katalog *m*
– **manuscrito** *m* [Cat] / handschriftlicher Katalog *m*
– **oficial** *m* [EDP] / Dienstkatalog *m*
– **para usuarios** *m* [Cat] / Benutzerkatalog *m*
– **por autores y títulos** *m* [Cat] / Formalkatalog *m*
– **por materias** *m* [Cat] / Sachkatalog *m*
– **por subdivisiones estándar** *m* [Cat; Class] / geschlüsselter Katalog *m* ‖ *s.a. aplicación de la norma de subdivisión común*
– **principal** *m* [Cat] / Hauptkatalog *m*
– **público** *m* [Cat] / Benutzerkatalog *m* · Publikumskatalog *m*

– **público de entrada en línea** *m* [Cat] / Online-Benutzerkatalog *m* ‖ *s.a. catálogo en línea*
– **regional centralizado** *m* [Cat] / regionaler Zentralkatalog *m* · Regionalkatalog *m* · Zentralkatalog *m*
– **sistemático** *m* [Class] / Realkatalog *m* · systematischer Katalog *m*
– **temático** *m* [Cat] / Themenkatalog *m*
– **topográfico** *m* [Cat; Sh] / Standortkatalog *m*
catecismo *m* [Bk] / Katechismus *m*
cátedra *f* [Ed] / Lehrstuhl *m* · Katheder *n*
categoría *f* [Class] / Gruppe *f*
– **de usuario** *f* [Comm] / Benutzerklasse *f*
– **equivalente** *f* [Ind] / Äquivalenzklasse *f*
– **fundamental** *f* [Class] / Fundamentalkategorie *f*
– **salarial** *f* [Staff] / Gehaltsgruppe *f*
catón *m* [Bk] / Fibel
caudal *m* [Comm] / Durchsatz *m*
cazo para cola *m* [Bind] / Leimtopf *m*
cazuela *f* [Prt] / Winkelhaken *m*
CCE *abbr s. código corrector de errores*
CD *m* [NBM] / CD *f* ‖ *s.a. disco compacto*
CDA *abbr s. convertidor digital-analógico*
CDU *abbr s. Clasificación Decimal Universal*
cédula *f* [TS] / Laufzettel *m*
cedulario *m* [Cat] / Kapselkatalog *m*
ceja *f* [Bk] / Innenkantenbordüre *f*
celador de biblioteca *m* [Lib] / Bücheraufseher *m*
celador de la sala de lectura *m* [Stff] / Lesesaalaufsicht *f*
celo *m* [Off] / Tesafilm *m*
celulosa *f* [Pp] / Zellstoff *m* ‖ *s.a. pulpa*
cenefa *f* [Bk] / Bordüre *f*
censo *m* [InfSc] / Gesamterhebung *f* · Zensus *m* · Vollerhebung *f* · Totalerhebung *f*
censura *f* [Bk] / Zensur *f*
– **de libros** *f* [Bk] / Buchzensur *f*
– **previa** *f* [Bk] / Vorzensur *f*
~**r** *v* [Bk] / zensieren *v*
central bibliográfica de la red *f* (con base central de datos bibliográficos para las bibliotecas participantes) [Lib] / Verbundzentrum *n*
centrar *v* [Prt; EDP] / zentrieren *v*
centro *m* [Gen]
– **audiovisual** *m* [NBM] / audiovisuelles Zentrum *n*
– **bibliotecario** *m* [Lib] / Bibliothekszentrum *n*
– **de análisis de información** *m* [InfSy] / Informationsanalysezentrum *n*
– **de cálculo** *m* [EDP] / Rechenzentrum *n*
– **de cálculo de la biblioteca** *m* [EDP] / Bibliotheksrechenzentrum
– **de cálculo e información técnica** *m* [InfSy] / FI-Rechenzentrum *n* · Fachinformations-Rechenzentrum *n*
– **de canje** *m* [Acq] / Tauschzentrale *f*
– **de canje de duplicados** *m* [Acq] / Dublettentauschstelle *f*
– **de documentación** *m* [InfSy] / Dokumentationsstelle *f* · Informations- und Dokumentationsstelle *f*
– **de información** *m* [OrgM] / Informationsstelle *f*
– **de información y documentación** *m* [InfSy] / Informations- und Dokumentationsstelle *f* · IuD-Stelle *f*
– **de medios audiovisuales** *m* [OrgM] / AV-Medienzentrum *n*
– **de medios audiovisuales** *m* [NBM] / Medienzentrum *n*
– **de medios de enseñanza** *m* [NBM] *s. centro de recursos didácticos*
– **de multimedios** *m* [NBM] / Medienzentrum *n*
– **de orientación** *m* [Retr] / Informationsvermittlungsstelle *f*
– **de orientación de consulta** *m* [InfSy] / Referral-Zentrum *n*
– **de proceso de datos** *m* [EDP] / Rechenzentrum *n*
– **de recursos didácticos** *m* [NBM] / Medienzentrum *n* ‖ *s.a. centro de medios audiovisuales*
– **de referencia** *m* [Retr] / Informationsvermittlungsstelle *f* · Informationszentrum *n*
– **de referencia de información** *m* [InfSy] / Clearinghaus *n*
– **de télex** *m* [Comm] / Fernschreibstelle *f*
– **de tratamiento de la información** *m* [EDP] / Rechenzentrum *n*
– **informático** *m* [EDP] / Datenzentrum *n* · Rechenzentrum *n*
cepillo *m* [Bind] / Buchbinderhobel *m*
cero a la izquierda *m* [EDP] / führende Null *f*
cero binario *m* / Binärnull *f*
cero no significativo *m* [EDP] / führende Null *f*
cerrar *v* (un catálogo) [Cat] / abbrechen *v* · stillegen *v*
certificación *f* [Ed] / Diplom *n*

certificado *m* [Ed] / Diplom *n* · Schein *m* (de exámen, de estudios) · Zeugnis *n*
– **académico** *m* [Ed] / Zeugnis über einen akademischen Grad *n*
– **de aptitud universitaria** *m* [Ed] / Hochschulreife *f*
– **de buena conducta** *m* [Staff] / Führungszeugnis *n*
– **de estudios** *m* [Ed] / Leistungsnachweis *m*
– **de examen** *m* [Ed] / Schulzeugnis *n* · Prüfungszeugnis *n*
– **de examen final** *m* [Ed] / Abschlußzeugnis *n*
– **de madurez universitaria** *m* [Ed] / Reifezeugnis *n*
– **de trabajo** *m* [Staff] / Arbeitszeugnis *n* · Arbeitsbescheinigung *f*
– **escolar** *m* [Ed] / Schulabschlußzeugnis *n*
chagrín *m* [Bind] / Chagrin *n*
chaira *f* [Bind] / Schustermesser *n*
champlevé *m* [Bind] / Grubenschmelz *m*
charada *f* [Bk] / Scharade *f*
charla *f* [Comm] / Vortrag *m*
charnela *f* [Bind] / Gelenk *n* · Falz *m* (articulación del lomo de un libro)
– **abierta** *f* [Bind] / schräger Falz *m*
– **francesa** *f* [Bind] / schräger Falz *m*
chaveta *f* [Sh] / Stellstift *m*
chaveta Panizzi *f* [Sh] / Panizzistift *m*
cheque *m* [BgAcc] / Scheck *m*
chibalete *m* [Prt] / Pultregal *n* · Setzregal *n*
chifla *f* [Bind] / Schärfmesser *n*
chiflar *v* [Bind] / ausschärfen *v* · schärfen *v*
chilla(s) *f(pl)* (para hacer cajos) [Bind] / Abpreßbrett *n*
chip *m* [EDP] / Chip *n*
– **de memoria** *m* [EDP] / Speicherchip *m*
cianotipia *f* [Repr] / Blaupause *f*
cibernética *f* [InfSc] / Kybernetik *f*
ciencia bibliotecaria *f* [Lib] / Bibliothekswissenschaft *f*
Ciencia de la Información *f* [InfSc] / Informatik *f* · Dokumentationswissenschaft *f*
ciencia informática *f* [EDP] / Informatik *f*
ciencias de la comunicación *pl* [InsSc] / Kommunikationswissenschaften *pl*
Ciencias de la Información *pl* [InfSc] / Informations- und Dokumentationswissenschaft *f*
ciencias humanísticas *pl* [Ed] / Geisteswissenschaften *pl*
científico invitado *m* [RS] / Gastwissenschaftler *m*
cierre *m* [Bind] / Schließe *f*
cierre de redacción *m* [Bk] / Redaktionsschluß *m*
cifra *f* [InfSy] / Ziffer *f*
– **arábiga** *f* [Writ; Prt] / arabische Ziffer *f*
– **binaria** *f* [EDP] / Binärzahl *f*
– **clave** *f* [EDP] / Prüfziffer *f*
– **marginal** *f* [Prt] / Randziffer *f s. número marginal*
– **superior** *f* (en una fórmula) [Prt] / Exponent *m*
cilindro *m* [Bind] / Rolle *f*
– **afiligranador** *m* [Pp] / Egoutteur *m*
– **de arrastre** *m* [EDP; Prt] / Zugwalze *f*
– **de caucho** *m* [Prt] / Gummizylinder *m* · Gummidrucktuch *n*
– **impresor** *m* (en una máquina offset) [Prt] / Druckzylinder *m*
– **índice** *m* [EDP] / Indexzylinder *m*
cimentación *f* [BdEq] / Gründung *f*
cincelado *m* [Bind] / Ziselierung *f*
cincelar *v* [Bind] / ziselieren *v*
cineasta *m* [Art] / Filmemacher *m*
cinecasete compacto *m* [NBM] / Film-Kompaktkassette *f*
cinemateca *f* [NBM] / Filmarchiv *n*
cinta *f* [Gen]
– **adhesiva** *f* [Bind; Off] / Klebeband *n*
– **autoadhesiva** *f* [Off; Bind] / Selbstklebeband *n*
– **de papel** *f* (de preforación) [PuC] / Lochstreifen *m*
– **de papel celo** *f* [Off] / Tesafilm *m*
– **de pegar** *f* [Off] / Klebestreifen *m*
– **de referencia** *f* (técnica de cintas magnéticas) [EDP] / Bezugsband *n*
– **en blanco** *f* [PuC] / Lochstreifen *m*
– **maestra** *f* (magnética) [EDP] / Bezugsband *n* · Stammband *n*
– **magnética** *f* [EDP] / Band *n* · Magnetband *n*
– **(magnética) de vídeo** *f* [NBM] / Videoband *n*
– **magnética de vídeo** *f* [NBM] / Videomagnetband *n*
– **magnética unitaria** *f* [EDP] / Einzelplattenkassette *f*
– **magnetofónica en carrete abierto** *f* [NBM] / Spulentonband *n*
– **para máquina de escribir** *f* [Off] / Farbband *n*
– **para perforar** *f* [PuC] / Lochstreifen *m*
– **perforada** *f* [PuC] / Lochband *n DDR* · Lochstreifen *m*
– **perforada de larga duración** *f* [PuC] / Dauerlochstreifen *m*

circuito de interconexión *m* [EDP] / Schnittstellenleitung *f*
circuito integrado *m* [EDP] / integrierte Schaltung *f*
circuito símplex *m* [Comm] / Simplexverbindung *f*
circulación 1 *f* [RS] / Ausleihe *f* ‖ *s.a. préstamo*
– 2 *f* (de un periódico, de una revista) [Bk] / Verbreitung *f*
– 3 *f* (de revistas) [InfSy] / Umlauf *m* ‖ *s.a. rotación*
– **de datos** *f* [EDP] / Datenfluß *m*
– **de fondos** *f* [RS] / Bestandsumsatz *m*
– **de revistas** *f* [InfSy] / Zeitschriftenumlauf *m*
– **local** *f* [RS] / Ortsleihe *f* · Ortsausleihe *f*
– **por rotación** *f* (de revistas) [InfSy] / Rundumlauf *m*
– **radial** *f* (de revistas) [InfSy] / Sternumlauf *m*
– **rotatoria** *f* (de revistas) [InfSy] / Kreisumlauf *m*
circular *f* [OrgM] / Rundschreiben *n*
círculo de lectores *m* [Bk] / Buchgemeinschaft *f*
círculo de lectura *m* [Bk] / Lesezirkel *m*
círculo de trabajo *m* [OrgM] / Arbeitskreis *m* · Arbeitsgemeinschaft *f* ‖ *s.a. grupo de trabajo*
cita *f* [Bk] / Zitat *n*
cita bibliográfica *f* [Bib] / Literaturnachweis · Literaturhinweis *m*
citación *f* [OrgM] / Termin *m*
citar *v* [Bk] / zitieren *v*
cizalla *f* [Bind] / Pappschere *f*
cizalla circular para cartón *f* [Bind] / Kreispappschere *f*
claraboya *f* [BdEq] / Dachfenster *n*
clara de huevo *f* [Bind] / Eiweiß *n* ‖ *s.a. albumen*
claroscuro *m* (xilografía) [Art] / Helldunkelschnitt *m*
clase 1 *f* [Class] / Sachgebiet *n*
– 2 *f* [Ed] / (académica:) Vorlesung *f*
– 3 *f* [BdEq; Ed] / Hörsaal *m* ‖ *s.a. aula*
– **colateral** *f* / Kollateralklasse *f*
– **de adquisición** *f* (compra, canje, donación, depósito legal) [Acq] / Erwerbungsart *f*
– **de documento** *f* [Bk; NBM] / Dokumentart *f*
– **de gastos** *f* [BgAcc] / Kostenart *f*
– **de publicación** *f* [Bk] / Publikationsart *f* ‖ *s.a. forma de publicación; tipo de publicación*
– **de usuario** *f* (según el servicio) [Comm] / Benutzerklasse *f*
– **elemental** *f* [Class] / Isolat *n*
– **general** *f* [Class] / übergeordnete Klasse *f*
– **principal** *f* [Class/UDC] / Hauptabteilung *f* · Fach *n* · Hauptklasse *f*
– **principal en la clasificación decimal de Dewey** *f* [Class/CDU] / Hauptabteilung *f*
–**s coordinadas** *pl* [Class] / gleichgeordnete Klassen *pl*
– **transmitida por monitores** *f* [Ed] / Unterrichtsmitschau *f*
clásicos anónimos *pl* [Bk] / klassische Anonyma *pl*
clasificación 1 *f* [Class] / Klassifikation *f*
– 2 *f* (de fichas) [Cat] / einlegen *v* · Einordnen *n*
– 3 *f* (de fichas por orden de archivo) [Cat] / Ordnung *f*
– 4 *f* [Ed] / Schulzeugnis *n*
– **a facetas** *f* [Class] / Facettenklassifikation *f*
– **analítica** *f* [Class] / analytische Klassifikation *f*
– **analítico-sintética** *f* [Class] / analytisch-synthetische Klassifikation *f*
– **aspectual** *f* [Class] / Aspektklassifikation *f*
– **bibliotecaria** *f* [Class] / bibliothekarische Klassifikation *f*
– **colonada** *f* [Class] / Kolon-Klassifikation *f*
– **como documento confidencial** *f* [Class] / Einstufung als Verschlußsache *f*
– **como material secreto** *f* [Arch] / Einstufung als Verschlußsache *f*
– **como materia reservada** *f* [Arch] / Einstufung als Verschlußsache *f*
– **compuesta** *f* [Class] / synthetische Klassifikation *f*
– **de atrasos** *f* [Cat] / Einordnungsrückstände *pl*
– **de Bruselas** *f* [Class] / Brüsseler Dezimalklassifikation *f*
– **decimal** *f* [Class] / Dezimalklassifikation *f*
– **Decimal Universal** *f* [Class] / Universelle Dezimalklassifikation *f* · (CD de Bruselas:) Dezimalklassifikation *f* · Universale Dezimalklassifikation *f*

– **de las ciencias** *f* [Class] / wissenschaftliche Klassifikation *f*
– **del conocimiento** *f* [Class] / wissenschaftliche Klassifikation *f*
– **de ordenadores** *f* [EDP] / Rechnerklassifizierung *f*
– **dicotómica** *f* [Class] / dichotomische Klassifikation *f*
– **enumerativa** *f* [Class] / enumerative Klassifikation *f*
– **especializada** *f* [Class] / Fachklassifikation *f* · Fachsystematik *f*
– **específica** *f* [Class] / Spezialklassifikation *f*
– **facetada** *f* [Class] / Facettenklassifikation *f*
– **general** *f* [Class] / Grobklassifikation *f* · allgemeine Klassifikation *f*
– **heterógenea** *f* [Class] / eine fein gegliederte Klassifikation *f*
– **jerárquica** *f* [Class] / hierarchische Klassifikation *f*
– **lineal** *f* [Class] / enumerative Klassifikation *f*
– **monojerárquica** *f* [Class] / monohierarchische Klassifikation *f*
– **multidimensional** *f* [Class] / polydimensionale Klassifikation *f*
– **multijerárquica** *f* [Class] / polyhierarchische Klassifikation *f*
– **por dicotomía** *f* [Class] / dichotomische Klassifikation *f*
– **precombinada** *f* [Class] / präkombinierte Klassifikation *f*
– **salarial** *f* [Staff] / Eingruppierung *f*
– **sintética** *f* [Class] / synthetische Klassifikation *f*
– **técnica** *f* [Class] / Fachklassifikation *f*
– **topográfica** *f* [Class; Sh] / Aufstellungssystematik *f*
– **unidimensional** *f* [Class] / eindimensionale Klassifikation *f*
– **universal** *f* [Class] / Universalklassifikation *f*
clasificar como material secreto *v* [Arch] / als geheim einstufen *v*
clasificar como materia reservada *v* [Arch] / als geheim einstufen *v*
clasificador *m* [Off] / Ordner *m* · Büroordner *m*
– **de cartas** *m* [Off] / Briefordner *m*
– **de hojas sueltas** *m* [Bk] / Loseblatt-Ordner *m* ‖ *s.a. archivador 1*
– **para revistas** *m* [Sh] / Zeitschriftenordner *m*
– **rápido** *m* [Off] / Schnellhefter *m*
clasificadora *f* [PuC] / Sortierer *m* · Sortiermaschine *f*
clasificar 1 *v* (libros, etc., según un esquema de clasificación) [Class] / systematisieren *v* · klassieren *v* · klassifizieren *v*
– 2 *v* (cartas, etc.) [Off] / ablegen *v*
– 3 *v* [EDP] / sortieren *v*
– 4 *v* (fichas, etc.) [Gen; Cat] / ordnen *v*
claúsula condicional *f* / Wenn-Bedingung *f*
cláusula de opción *f* [Cat; Class] / fakultative Bestimmung *f* · Kann-Bestimmung *f*
clave de búsqueda *f* [Retr] / Suchschlüssel *m*
clave de distribución de presupuesto *f* [BgAcc] / Etataufteilungsschlüssel *m*
clave de instrucciones *f* [EDP] / Befehlsschlüssel *m*
clave de registro de operaciones *f* [EDP] / Betriebsschloß *n*
clavija de contacto *f* [EDP] / Stecker *m*
cliché *m* [Prt] / Klischee *n* ‖ *s.a. clisé*
cliente *m* [Acq] / Kunde *m* · Klient *m*
clientela *f* [RS] / Benutzerschaft *f* · Klientel *f*
clima de la empresa *m* [OrgM] / Betriebsklima *n*
clima laboral *m* [OrgM] / Arbeitsklima *n* ‖ *s.a. ambiente de trabajo*
climatización *f* [BdEq] / Klimatisierung *f*
clip *m* [Off] / Heftklammer *f* · Büroklammer *f*
clisado *m* [Prt] / Klischeeherstellung *f*
clisé *m* [Prt] / Klischee *n*
– **artístico** *f* [Bk] / Kunstdrucktafel *f*
– **calcográfico** *m* [Art] / Kupfertafel *f*
– **de autotipia** *m* (reticulado) [Prt] / Rasterätzung *f*
– **de calcotipia** *m* [Art] / Kupfertafel *f*
– **de cobre** *m* [Prt] / Kupfer(druck)platte *f*
– **de línea** *m* [Prt] / Strichätzung *f* · Strichklischee *n*
– **de medio tono** *m* (reticulado) [Prt] / Rasterätzung *f*
– **de prensa** *m* [Prt] / Druckstock *m* · Druckplatte *f*
club del libro *m* [Bk] / Buchklub *m* · Buchgemeinschaft *f*
CM *abbr s. cinta magnética*
coaut. *abbr s. coautor*
coautor *m* [Bk] / Mitautor *m* · Mitverfasser *m* (de una obra, si no se especifica su parte correspondiente)

cobertura de gastos *f* [BgAcc] / Kostendeckung *f*
codex *m* [Bk]
códice *m* [Bk] / Codex *m* · Kodex *m*
códice manuscrito *m* [Bk] / Handschrift *f*
codificación *f* [InfSy] / Codierung *f*
– **combinada** *f* [PuC] / Kombinationsverschlüsselung *f*
– **de datos** *f* [EDP] / Datenverschlüsselung *f*
codificador *m* [EDP] / Codierer *m*
codificador de caracteres *m* [EDP] / Klarschriftcodierer *m*
codificador de documentos *m* [EDP] / Belegcodierer *m*
codificar *v* [InfSy] / codieren *v* · verschlüsseln *v*
código *m* [Gen] / Code *m* · Regelwerk *n*
– **abreviado** *m* [PuC] / Kurzschlüssel *m*
– **ASCII** *m* [EDP] / American Standard Code for Information Interchange
– **binario para decimales** *m* [EDP] / Binärcode für Dezimalziffern *m*
– **compuesto** *m* [PuC] / zusammengesetzter Schlüssel *m*
– **corrector de errores** *m* [EDP] / Fehlerkorrekturcode *m*
– **de adaptación** *m* [EDP] / Abgleichcode *m*
– **de barras** *m* [EDP] / Balkencode *m* · Strichcode *m*
– **de catalogación** *m* [Cat] / Katalogregelwerk *n* · Katalogisierungsregelwerk *n*
– **de clasificación** *m* [Cat] / Ordnungsregeln *pl*
– **de comparación selectiva** *m* [EDP] / Matchcode *m*
– **de institución** *m* [Lib; Cat] / Sigel *n*
– **de instrucción** *m* [EDP] / Befehlscode *m*
– **de máquina** *m* [EDP] / Maschinencode *m*
– **de operación** *m* [EDP] / Befehlscode *m* · Operationscode *m*
– **de perforación de fichas** *m* [PuC] / Lochkartencode *m*
– **de perforación de tarjetas** *m* [PuC] / Lochkartencode *m*
– **de préstamo interbibliotecario** *m* [RS] / Leihverkehrsordnung *f*
– **de puesta en aplicación** *m* [EDP] / Anwendungskennung *f*
– **de puesta en utilización** *m* [EDP] / Anwendungskennung *f*
– **de selección** *m* [EDP] / Matchcode *m*
– **de subcampo** *m* [EDP] / Teilfeldkennung *f*
– **detector de errores** *m* [EDP] / Fehlererkennungscode *m*
– **directo** *m* [PuC] / Direktschlüssel *m*
– **internacional normalizado de grabaciones audiovisuales** *m* [NBM] / Internationaler Standard-Ton- und Bildtonaufnahme-Schlüssel *m*
– **internacional normalizado de grabaciones audiovisuales** *m* [NBM] / Internationaler Standard-Ton- und Bildtonaufnahme-Schlüssel *m*
– **jerárquico** *m* [PuC] / hierarchischer Schlüssel *m*
– **legislativo** *m* [Class] / Gesetzessammlung · Gesetzbuch *n*
– **postal** *m* [Comm] / Postleitzahl *f*
– **prefijado** *m* [EDP] / Vorsatzcode *m*
– **sencillo** *m* [PuC] / Einfachschlüssel *m*
– **simple** *m* [PuC] / Einfeldschlüssel *m*
– **télex** *m* [Comm] / Fernschreibschlüssel *m* · Fernschreibcode *m*
– **triangular** *m* [PuC] / Dreieckschlüssel *m*
coeditor *m* [Bk] / Mitherausgeber *m*
coeditorial *f* [Bk] / Gemeinschaftsverlag *m*
coeficiente de correlación *m* [InfSc] / Korrelationskoeffizient *m*
coeficiente de regresión *m* [InfSc] / Regressionskoeffizient *m*
coherencia de indización *f* [Ind] / Indexierungskonsistenz *f*
cola *f* [Bind] / Fußschnitt *m*
cola animal *f* [Bind] / tierischer Leim *m*
colaborador 1 *m* (en una obra colectiva de más de tres autores) [Cat] / Mitarbeiter *m*
– 2 *m* (que aporta colaboraciones a una revista o periódico) [Bk] / Mitarbeiter *m*
– 3 *m* (compañero de trabajo) [Staff] / Mitarbeiter *m*
– 4 *m* (si se especifica su parte correspondiente en la obra) [Bk] / Mitverfasser *m*
– **autónomo** *m* [Staff] / freier Mitarbeiter *m*
colación *f* [Bind] / Kollation *f* · Kollationierung *f*
colacionar *v* [Acq; Bind] / kollationieren *v*
cola *f* [Gen]
– **de entrada** *f* [EDP] / Eingabewarteschlange *f*
– **de espera** *f* [InfSc] / Warteschlange *f*
– **de espera de entrada** *f* [EDP] / Eingabepuffer *m*

– **de espera de salida** *f* [EDP] / Ausgabewarteschlange *f*
– **de pegar** *f* [Bind] / Klebstoff *m* · Leim *m*
– **de película** *f* [Repr] / Nachlauf *m*
– **de resina sintética** *f* [Bind] / Kunstharzleim *m*
– **fría** *f* [Bind] / Kaltleim *m*
– **para papel** *f* (ingrediente en la fabricación de papel) [Pp] / Leim *m*
– **para pergamino** *f* [Pres] / Pergamentleim *m*
– **resinosa** *f* [Pp] / Harzleim *m*
– **vegetal** *f* [Bind] / Kleister *m*
colección 1 *f* [Stock] / Buchbestand *m* · Bestand *m*
– 2 *f* (de materiales escritos o impresos) [Arch; Bk] / Sammlung *f*
– **anterior** *f* [Stock] / Altbestand *m*
– **básica** *f* [Stock] / Grundbestand *m*
– **bibliotecaria** *f* [Stock] / Bibliotheksbestand *m*
– **consistente en dos o más contribuciones por más de un autor** *f* [Cat] / begrenztes Sammelwerk *n*
– **de acceso restringido** *f* [Stock] / nicht frei zugänglicher Bestand *m*
– **de biografías** *f* [Bk] / Biographiensammlung *f*
– **de biblioteca para estudiantes** *f* [Stock] / Lehrbuchsammlung *f*
– **de consulta** *f* [Stock] / Präsenzbestand *m* ‖ *s.a. material sólo de consulta*
– **de diapositivas** *f* [NBM] / Diathek *f* · Dia-Sammlung *f*
– **de grabaciones sonoras** *f* [NBm] / Tonträgersammlung *f* ‖ *s.a. fonoteca*
– **de grabados** *f* [Art] / Kupferstichsammlung *f*
– **de la sala de lectura** *f* [RS] / Lesesaalbestand *m*
– **del depósito** *f* [Ctock] / Magazinbestand *m*
– **de libre acceso** *f* [Sh] / offenes Magazin *n*
– **de libros de bolsillo** *f* [Bk] / Taschenbuchreihe *f*
– **de libros de texto** *f* [Stock] / Lehrbuchsammlung *f*
– **de manuscritos** 1 *f* [Bk] / Sammelhandschrift *f* · Handschriftensammlung *f*
– **de manuscritos** 2 *f* [Stock] / Handschriftenmagazin *n* · Handschriftenbestand *m*
– **de memorias de patentes** *f* [Stock] / Patentschriftensammlung *f*
– **de microfilmes** *f* [NBM] / Mikrofilmsammlung *f*
– **de misceláneas** *f* [Bk] / Miszellensammlung *f*
– **de préstamo** *f* [Stock] / Ausleihbestand *m*
– **de préstamo breve** *f* [Stock] / Kurzausleihbestand *m*
– **de préstamo permanente** *f* [Stock] / Dauerleihgabe *f*
– **de publicaciones empresariales** *f* [Arch] / Firmenschriftensammlung *f*
– **de publicaciones periódicas** *f* [Stock] / Zeitschriftenbestand *m*
– **de raros y curiosos** *f* [Stock] / Rara-Sammlung *f*
– **de recortes de prensa** *f* [NBM] / Zeitungsausschnittsammlung *f*
– **de referencia** *f* [Stock] / Präsenzbestand *m* · Auskunftsbestand *m*
– **documental** *f* [Stock] / Sammlung *f*
– **editorial** *f* [Bk] / Verlegerserie *f*
– **en depósito** *f* (colección introducida como préstamo permanente) [Stock] / Dauerleihgabe *f* ‖ *s.a. préstamo de larga duración*
– **en reserva** *f* [Stock] / Auslagerung *f*
– **en un volumen** *f* [Bk] / Sammelband *m*
– **fuera de circulación** *f* [Stock] / Präsenzbestand *m*
– **fuera de préstamo** *f* [Stock] / nichtausleihbarer Bestand *m* · Präsenzbestand *m*
– **general** *m* [Stock] / Gesamtbestand *m*
– **local inamovible** *f* [Sh] / ortsfeste Aufstellung *f*
– **núcleo** *f* [Stock] / Kernbestand *m*
– **parcial** *f* [Cat] / Teilsammlung *f*
– **reservada** *f* (libros de consulta sobre determinados temas reservados con finalidad didáctica) [RS] / Handapparat *m* · (durante un curso lectivo:) Semesterapparat *m*
coleccionista *m* [Bk; Cat] / Sammler *m*
– **de libros** *m* [Bk] / Büchersammler *m*
colega *m* [Gen] / Fachkollege *m* · Kollege *m*
colegio de licenciados *m* [Staff] / Berufsverband *m*
collage *m* [Art] / Collage *f*
colocación *f* [Gen]
– **de depósito** *f* [Sh] / Magazinaufstellung *f*

– **de libros agrupados por materias** *f* (y orden de adquisición) [Sh] / Gruppenaufstellung *f*
– **de los libros** *f* [Sh] / Aufstellung *f* ‖ *s.a. colocar en estanterías*
– **de los libros** *f* [Sh] / Buchaufstellung *f*
– **horizontal** *f* [Sh] / Horizontalablage *f*
– **inclinada** *m* (en una estantería) [Sh] / Schrägablage *f*
– **mecánica** *f* [Sh] / mechanische Aufstellung *f*
– **metódica** *f* [Lib] / eine Aufstellungsart, bei der alle Bücher und anderen Medien in einer einzigen Folge aufgestellt sind
– **movible** *f* [Sh] / eine nicht regalgebundene Aufstellungsart
– **por formatos** *f* [Sh] / Formattrennung *f*
– **por numerus currens** *f* [Sh] / Numerus-currens-Aufstellung *f*
– **por orden de acceso** *f* [Sh] / Numerus-currens-Ordnung *f*
– **por tamaño** *f* [Cat; Sh] / Ordnung *f* (nach der Größe)
– **por tamaños** *f* (ordenación separada de volúmenes según sus formatos) [Sh] / Formattrennung *f*
– **relativa** *f* [Bib] / eine Aufstellung, bei der die Bücher gemäß ihren Beziehungen zueinander geordnet sind
colocar en estanterías *v* [Sh] / aufstellen *v*
colocar en memoria *v* [EDP] / speichern *v* · eingeben *v* · einlesen *v*
colofón *m* [Cat; Bk] / Schlußtitel *m* · Kolophon *n* · Druckvermerk *m*
color *m* [Prt] / Farbe *f*
coloración *f* [BdEq] / Farbgebung *f*
coloración incipiente de los bordes *f* [Bk] / Anrandungen *pl*
coloración marrón *f* [Bk] / Braunanmalung *f*
color convencional de altitud *m* [Cart] / Höhenschichtenfarbe *f*
coloreado *pp* [Bk] / koloriert *pp*
coloreado a mano *pp* [Art; Bk] / handkoloriert *pp*
coloreado hace mucho tiempo *pp* [Bk] / altkoloriert *pp*
colorear *v* [Art; Bk] / ausmalen *v*
color fotosensible *m* [Pres] / nicht lichtechte Farbe *n*
colorido antiguo *m* [Bk] / Altkolorit *n*
color no resistente a la luz *m* [Pres] / nicht lichtechte Farbe *n*
colotipia *f* [Prt] / Lichtdruck *m*
columna *f* [Bk; InfSy] / Kolumne *f* · Spalte *f*
– **de ficha** *f* [PuC] / Lochspalte *f*
– **de impresión** *f* [EDP/VDU] / Zeichenstelle *f*
– **giratoria** *f* [BdEq] / Drehturm *m* · Drehsäule *f*
–**ria** *f* [Bk; Prt] / mittelsteg *m*
coma *f* [Writ; Prt] / Komma *n*
coma de base *f* [InfSy] / Radixpunkt *m*
combinación de datos *f* [EDP] / Datenverbund *m*
combinación de palabras *f* [Lin] / Wortverbindung *f*
combinación de perforaciones *f* [PuC] / Lochkombination *f*
combinación de tratamientos de datos *f* [EDP] / Datenverarbeitungsverbund *m* ‖ *s.a. red de ordenadores*
comentar *v* (un libro) [Bk] / besprechen *v*
comentario *m* [Bk] / Kommentar *m*
comentarista *m* [Bk] / Kommentator *m*
comercio del libro *m* [Bk] / Buchhandel *m*
comercio editorial *m* [Bk] / Verlagsbuchhandel *m*
comercio librero de viejo *m* [Bk] / Antiquariatsbuchhandel *m*
comercio librero en expansión *m* [Bk] / verbreitender Buchhandel *m*
cómic *m* [Bk] / Comic *m*
comillas *pl* [Writ; Prt] / Anführungsstriche *pl* · Gänsefüßchen *pl* · Anführungszeichen *pl*
– **de repetición** *pl* [Writ; Prt] / Unterführungszeichen *pl*
comisario de protección de información *m* [Law] / Datenschutzbeauftragter
comisión *f* [OrgM] / Kommission *f*
– **asesora** *f* [OrgM] / Gutachterausschuß *m*
– **de la biblioteca** *f* [OrgM] / Bibliothekskommission *f*
– **del presupuesto** *f* [BgAcc] / Haushaltsausschuß *m*
– **de selección** *f* [OrgM; Staff] / Auswahlkommission *f*
– **de ventas** *f* [Bk] / Kommission *f*
– **selectora** *f* [OrgM, Staff] / Findungskommission
comisionista *m* [Acq] / Auftragnehmer *m*
comité *m* [OrgM] / Ausschuß *m*
– **asesor** *m* [OrgM] / beratender Ausschuß *m*
– **asesor de una materia** *m* [OrgM] / Fachbeirat *m*

– **bibliotecario** *m* [OrgM] / Bibliotheksausschuß *m* ‖ *s.a. subcomité*
– **consultivo** *m* [OrgM] / Gutachterausschuß *m*
– **directivo** *m* [OrgM] / Lenkungsausschuß *m* · Steuerungsgremium *n*
comodín *m* [Prt] / Setzregal *n* ‖ *s.a. chibalete*
comp. *abbr. s. compilador*
compactación de documentos *f* (en un fichero) [EDP] / Belegungsdichte *f*
compaginación *f* [Prt] / Umbruch *m*
compaginador *m* [Prt] / Metteur *m*
compaginar *v* [Prt] / umbrechen *v*
compañero de trabajo *m* [Staff] / Mitarbeiter *m*
compartimento de estantería *m* [Sh] / Regalabteil *n*
compás *m* [Bind] / Zirkel *m*
compatibilidad *f* [EDP] / Kompatibiliät *f* · Paßfähigkeit *f DDR*
– **progresiva** *f* [EDP] / Aufwärtskompatibilität *f*
compatible *adj* [EDP] / kompatibel *adj* · paßfähig *adj DDR*
– **progresivamente** *adj* [EDP] / aufwärtskompatibel *adj*
compendio *m* [Bk] / Abriß *m* · Kompendium *n* · Kurzfassung *f* ‖ *s.a. epítome; resumen; sumario*
– **de contenidos** *m* [Ind] / Inhaltszusammenfassung *f*
competitividad *f* [OrgM] / Wettbewerbsfähigkeit *f*
compilación 1 *f* [Bk] / Zusammenstellung *f* · Kompilation *f*
– 2 *f* [Bk] / (de una bibliografía:) Bearbeitung *f*
compilador *m* [Bk]
– 1 *m* [Bk] / Kompilator *m* · (de una bibliografía:) Bearbeiter *m*
– 2 *m* (editor de una antología, una crestomatía o similares) [Bk] / Herausgeber *m*
compilar *v* [Bk] / zusammenstellen *v*
compl. *abbr. s. material complementario*
complejo informático *m* [EDP] / Rechnerverbund *m*
complemento calificador *m* (para diferenciar significados de homógrafos) [Ind] / Qualifikator *m*
complemento de precisión *m* [Ind] / qualifizierender Zusatz *m*
complemento distintivo *m* [Bk] / unterscheidender Zusatz *m*
complementos del sueldo *pl* [Staff] / Gehaltszulage *f*
completamente acristalado *m* [BdEq] / voll verglast *pp* ‖ *s.a. acristalamiento*
componedora *f* [Prt] / Setzmaschine *f*
– **y fundidora de líneas en bloque** *f* [Prt] / Zeilensetz- und -gießmaschine *f*
componedor de línea *m* [Prt] / Winkelhaken *m* ‖ *s.a. cazuela*
componer *v* [Prt] / absetzen *v* · formatieren *v* · setzen *v*
comportamiento del usuario *m* [InfSc] / Benutzerverhalten *n*
composición *f* [Prt] / Satz *m*
– **acabada en tirada** *f* [Prt] / Ablegesatz *m*
– **a máquina** *f* [Prt] / Maschinensatz *m*
– **a máquina de escribir** *f* [Prt] / Schreibsatz *m*
– **asistida por ordenador** *f* [Prt] / Computersatz *m*
– **automatizada** *f* [Prt] / Computersatz *m*
– **con metal caliente** *f* [Prt] / heißer Satz *m*
– **conservada** *f* [Prt] / Stehsatz *m*
– **de formato** *f* [EDP] / Formatierung *f*
– **de fórmulas** *m* [Prt] / Formelsatz *m*
– **de remendería** *f* [Prt] / Akzidenzsatz *m*
– **desinterlineada** *f* [Prt] / kompresser Satz *m*
– **de tipos espaciados** *f* [Prt] / gesperrt gedruckt *pp*
– **directa** *f* [Prt] / glatter Satz *m*
– **en bloque** *f* [Prt] / Blocksatz *m* · Bleisatz *m*
– **en caliente** *f* [Prt] / heißer Satz *m*
– **en frío** *f* [Prt] / Kaltsatz *m*
– **fotográfica** *f* [Prt] / Filmsatz *m* · Fotosatz *m*
– **justificada a la izquierda** *f* [Prt] / (linksbündiger –:) Flattersatz *m*
– **mazorral** *f* [Prt] / kompresser Satz *m*
– **mecánica** *f* [Prt] / Maschinensatz *m*
– **mecanográfica** *f* [Prt] / Schreibsatz *m*
– **mixta** *f* [Prt] / Mischsatz *m* · gemischter Satz *m*
– **no justificada** *f* [prt] / Flattersatz *m*
– **para distribuir** *f* [Prt] / Ablegesatz *m*
– **pendiente** *f* [Prt] / Stehsatz *m*
– **sencilla** *f* [Prt] / glatter Satz *m*
– **sin interlineado** *f* [Prt] / kompresser Satz *m*
– **sin justificar** *f* [Prt] / Flattersatz *m*
– **tipográfica** *f* [Prt] / Satzherstellung *f* · Satz *m*

– **tipográfica informatizada** *f* [Prt] / Computersatz *m*
– **tipográfica manual** *f* [Prt] / Handsatz *m*
compositor *m* [Law] / Komponist *m*
compostura *f* [Bk] / Reparatur *f*
compra *f* [Acq] / Kauf *m* · Ankauf *m*
– **de género** *f* [Acq] / Gattungskauf *m*
– **de libros** *f* [Acq] / Buchkauf *m* · Buchankauf *m*
– **de un ejemplar examinado** *f* [Acq] / Spezieskauf *m*
comprador *m* [Acq] / Abnehmer *m*
comprar de lance *v* [Acq] / antiquarisch kaufen *v*
compre(he)nsión *m* [Class] / Begriffsinhalt *m*
comprensión *f* [Class] / Intension *f*
compresión de datos *f* [EDP] / Datenverdichtung *f* · Datenkompression *f*
compresor *m* (en un cajón de fichero) [Cat] / Stellklotz *m*
comprimir *v* [EDP] / komprimieren *v*
– **datos** *v* [EDP] / packen *v*
comprobación 1 *f* (en la búsqueda de datos bibliográficos) [Bib; Retr] / Ermittlung *f*
– 2 *f* (de datos bibliográficos) [Acq; Cat] / Überprüfung *f*
– **a distancia** *f* [EDP] / Ferntesten *n*
– **bibliográfica** 1 *f* [Retr] / bibliographische Ermittlung *f*
– **bibliográfica** 2 *f* [Acq] / Vorakzession *f*
– **cíclica de redundancia** *f* [Comm] / zyklische Blockprüfung *f*
– **de contraseña** *f* [EDP] / Paßwortprüfung *f*
– **de duplicados** *f* [Acq] / Dublettenprobe *f* ‖ *s.a. búsqueda de adquisiciones*
– **de hipótesis** *f* [InfSc] / Hypothesenüberprüfung *f*
– **de paridad** *f* [Comm] / Paritätsprüfung *f*
– **de precisión** *f* [Retr] / Genauigkeitsprüfung *f*
comprobante *m* [Off] / Beleg *m*
– **de pago** *m* [BgAcc] / Einzahlungsbeleg *m*
– **de transferencia** *m* [BgAcc] / Überweisungsbeleg *m*
– **de ubicación** *m* [RS] / Standortnachweis *m*
comprobar 1 *v* [Gen] / nachweisen *v* · prüfen *v*
– 2 *v* (un programa) [EDP] / austesten *v*
– 3 *v* (datos bibliográficos) [Bib; Retr] / ermitteln *v*
compromiso *m* [Staff] / Engagement *n*
compuesto *m* [Lin] / Wortzusammensetzung *f*
compuesto a mano *pp* [Prt] / handgesetzt *pp*
computadora *f* [EDP] / Rechner *m* ‖ *s.a. ordenador*
computador de alta capacidad *m* [EDP] / Hochleistungsrechner *m*
cómputo *m* [Bk] / Zählung *f*
común *adj* [Gen; Bk] / Standard *m* *DDR*
comunicación 1 *f* [Comm] / Kommunikation *f*
– 2 *f* [OrgM] / Arbeitspapier *n*
– **de datos** *f* [Comm] / Datenübermittlung *f* ‖ *s.a. canal de transmisión; transmisión de datos*
– **de masas** *f* [Comm] / Massenkommunikation *f*
– **en banda ancha** *f* [Comm] / Breitbandkommunikation *f*
– **escrita** *f* [NBM] / Tagungsbeitrag *m* ‖ *s.a. conferencia 1*
– **iconográfica** *f* [Comm] / Bildkommunikation *f*
– **por fibras de vidrio** *f* [BdEq] / Glasfaserkommunikation *f*
– **telefónica** *f* [Comm] / Telefonverbindung *f* · Fernsprechverbindung *f*
– **videotextual** *f* [Comm] / Bildkommunikation *f*
con bordes tomando color *adj* [BK] / angerandet *pp*
concentración de datos *f* [EDP] / Datenkompression *f*
concentrador *m* [Comm] / Konzentrator *m*
– **de datos** *m* [EDP] / Datenkonzentrator *m*
– **de información** *m* [Comm] / Datenkonzentrator *m*
concepto *m* [Ind; Class] / Begriff *m*
– **de indización** *m* [Ind] / Indexierungsbezeichnung *f*
– **epigráfico** *m* [Ind] / übergeordneter Begriff *m*
– **genérico** *m* [Ind; Class] / Allgemeinbegriff *m*
– **individual** *m* [Ind; Class] / Individualbegriff *m*
– **subordinado** 1 *m* (en una relación de abstracción) [Ind] / Teilbegriff *m* ‖ *s.a. término específico; término subordinado*
– **subordinado** 2 *m* [Ind; Class] / Unterbegriff *m*
concesión *f* [BgAcc] / Bewilligung *f* *s. ayuda financiera;* ‖ *s.a. asignación*
conciencia laboral *f* [Staff] / Arbeitsmoral *f*

conclusión *f* [Bk] / Nachwort *n* ‖ *s.a. epílogo*
concordancia *f* [Bk; Ind] / Konkordanz *f*
concordancias *pl* [Bk] / Realkonkordanz *f* ‖ *s.a. índice de concordancias*
concursar *v* [BdEq] / an einer Ausschreibung teilnehmen *v*
concurso *m* [BdEq] / Ausschreibung *f*
– **de lectura en voz alta** *m* [RS] / Vorlesewettbewerb *m*
– **para una vacante** *m* [Staff] / Stellenausschreibung
condensar *v* [EDP] / verdichten *v*
– **datos** *v* [EDP] / packen *v*
condición(es) *f(pl)* [Gen]
– **equivalente** *f* [Retr] / Äquivalenzbedingung *f*
–**es de admisión** *pl* [RS; Ed] / Zulassungsbedingung *f* · Zulassungsvoraussetzung *f*
–**es de contrato** *pl* [Law] / Vertragsbedingungen *pl*
–**es de empleo** *pl* (conforme a la legislación) [Law] / Anstellungsbedingungen *pl* · Arbeitsbedingungen *pl*
–**es de entrega** *pl* [Bk] / Bezugsbedingungen *pl*
–**es de pago** *pl* [BgAcc] / Zahlungsbedingungen *pl*
–**es de préstamo** *pl* [RS] / Ausleihbedingungen *pl*
–**es de suministro** *pl* [Acq] / Lieferbedingungen *pl* ‖ *s.a. condiciones de entrega*
–**es de suscripción** *pl* (en publicaciones seriadas) [Bk] / Bezugsbedingungen *pl*
–**es de trabajo** *pl* [Staff] / Arbeitsbedingungen *pl*
–**es de usuario** *pl* [RS] / Benutzeranforderungen *pl*
– **inicial** *f* [EDP] / Anfangsbedingung *f*
conectar *v* [Comm] / schalten *v*
– *v* [EDP] / anschalten *v*
conector *m* [Class] / Konnektor *m*
conexión *f* [Comm] / Verbindung *f* · Durchschalten *n*
– **a la red** *f* [Comm] / Endsystemverbindung *f*
– **con el sistema final** *f* [Comm] / Endsystemverbindung *f*
– **con la estación de datos** *f* [Comm] / Datenstandverbindung *f*
– **de datos por dial** *f* [Comm] / Datenwählverbindung *f*
– **de enchufe** *f* [EDP] / Steckverbindung *f*
– **en línea** *f* [EDP] / Online-Anschluß *m*
– **multipunto** *f* [Comm] / Mehrpunktverbindung *f*
– **por conmutación de circuitos** *f* [Comm] / leitungsvermittelte Verbindung *f*
– **punto a punto** *f* [Comm] / Punkt-zu-Punkt-Verbindung *f*
– **sucesiva** *f* [Retr] / Folgeschaltung *f*
confección tipográfica *f* [Bk] / Ausstattung *f*
con fecha adelantada *adj* [Bk] / vorausdatiert *pp*
conferencia 1 *f* [NBM] / Tagungsvortrag *m*
– 2 *f* [Comm] / Vortrag *m* ‖ *s.a. disertación; ponencia*
– 3 *f* [Gen; Cat] / Konferenz *f*
– **escrita** *f* [NBM] / Tagungsbeitrag *m*
– **ilustrada con diapositivas** *f* [PR] / Diavortrag *m*
– **sobre un viaje** *f* (ilustrada con fotos o diapositivas) / Reisevortrag *m*
– **telefónica** *f* [Comm] / Telekonferenz *f*
confidencialidad de la información *f* [Law] / Datenschutz *m*
configuración *f* [EDP] / Konfiguration *f*
– **de base** *f* [EDP/VDU] / Schriftgrundlinie *f*
– **de las divisiones de tiempo** *f* [EDP] / Zeitraster *m*
– **de muestreo** *f* [InfSc] / Stichprobenbasis *f* · Stichprobengrundlage *f*
– **multipunto** *f* [EDP] / Mehrpunktkonfiguration *f*
confirmación de borrado *f* [Comm] / Auslösebestätigung *f*
confirmación de comunicación *f* [Comm] / Bestätigung *f*
confirmación de retroceso *f* [Comm] / Rücksetzbestätigung *f*
confiscar *v* [Law] / beschlagnahmen *v*
conflicto *m* (entre llamadas entrante y saliente) [Comm] / Rufzusammenstoß *m*
– **de utilización** *m* [Comm] / Konkurrenzbetrieb *m*
– **entre normas** *m* [InfSc] / Normenkonflikt *m*
– **laboral** *m* [Staff] / Arbeitskonflikt *m*
congreso *m* [Gen] / Kongreß *m* · Tagung *f*
conjunción *f* (en un diagrama de flujo) [EDP] / Sammlung *f*
conjunto *m* [Gen]
– **de caracteres** *m* [Writ; EDP] / Zeichensatz *m*
– **de datos** *m* [EDP] / Datei *f*
– **de estanterías** *m* [Sh] / Regalanlage *f*

– **de fichas** *f* [PuC] / Kartenstapel *m*
– **de instrucciones** *m* [EDP] / Befehlsvorrat *m*
– **de lectores** *m* [RS] / Leserschaft *f*
– **de usuarios** *m* (de una biblioteca) [RS] / Benutzerschaft *f*
conmutación *f* [Comm]
– **de circuitos** *f* [Comm] / Leitungsvermittlung *f* · Durchschalte(vermittlungs)technik *f*
– **de líneas** *f* [Comm] / Durchschalte(vermittlungs)technik *f*
– **de mensajes** *f* [Comm] / Speichervermittlung *f*
– **de paquetes** *f* [Comm] / Paketvermittlung *f*
– **de paquetes de datos** *f* [Comm] / Datenpaket-Vermittlung *f* · [Comm] / Datenpaketvermittlung *f*
conmutador *m* [EDP] / Schalter *m*
– **de programa** *m* [EDP] / Programmschalter *m*
conmutar *v* [Comm] / schalten *v*
connotación *f* [Class] / Intension *f* · Begriffsinhalt *m*
conocimientos filológicos *pl* [Lin] / Sprachkenntnisse *pl*
consciente de los gastos *m* [Adj] / kostenbewußt *adj*
consecución de medios presupuestarios *f* [BgAcc] / Mittelbeschaffung *f* ‖ *s.a. recursos presupuestarios*
consejero *m* [Staff; OrgM] / Berater *m*
consejo asesor *m* [OrgM] / Beirat *m*
consejo de administración *m* [OrgM] / Kuratorium *n*
conserje *m* [Staff] / Hausmeister *m* · Pförtner *m*
conservabilidad *f* (de una película o de una copia) [Repr] / Haltbarkeit *f* ‖ *s.a. almacenamiento de larga duración; tiempo de vida*
conservación 1 *f* (de bienes bibliotecarios) [Pres] / Konservierung *f* · Erhaltung *f* · Pflege *f*
conservación 2 *f* [BdEq] / Wartung *f*
conservación de fondos *f* [Pres] / Bestandserhaltung *f*
conservador *m* [Staff] / Konservator *m*
consigna automática para bolsos *f* [BdEq] / Taschenschließfach *n*
consignar *v* [TS] / signieren *v* · (registrar cronológicamente el desarrollo de un tratamiento:) protokollieren *v*
consistencia *f* (de una película o de una copia) [Repr] / Haltbarkeit *f*
consistencia del papel *f* [Pp] / Altersbeständigkeit *f*
consola *f* [EDP] / Konsole *f*
– **de control** *f* [EDP] / Bedienungskonsole *f*
– **de estantería** *f* [BdEq; Sh] / Ausziehplatte *f*
– **de visualización de datos** *f* [EDP] / Bildschirmkonsole *f*
consolidación *f* [Pp] / Konsolidierung *f* · Festigung *f*
consorcio *m* [Lib] / Verbund *m* *s. consorcio; cooperativa; red;* ‖ *s.a. federación bibliotecaria*
constestación a una consulta *f* [Ref] / Auskunftserteilung *f*
construcción de cuestionario *f* [InfSc] / Fragebogenkonstruktion *f*
construcción de la forma de encabezamiento *f* [Cat] / Ansetzung *f*
construcción en esqueleto *f* [BdEq] / Skelettbauweise *f*
construcción modular *f* [BdEq] / modulare Konstruktion *f*
consulta 1 *f* (con petición de información) [Ref] / Anfrage *f*
consulta 2 *f* [InfSc] / Befragung *f*
consultable *adj* [Retr] / recherchierbar *adj*
consulta de prueba *f* [InfSc] / Probebefragung *f*
consulta oral *f* [Ref] / Auskunftsinterview *n*
consultar un libro *v* [Retr] / nachschlagen *v*
consulta sobre situación actual *f* [InfSy] / Statusanfrage
consumo de energía eléctrica *m* [BdEq] / Stromverbrauch *m*
contabilidad *f* [BgAcc] / Rechnungswesen *n*
contabilidad de costes *f* [BgAcc] / Kostenrechnung *f*
contabilidad de trabajos *f* [EDP]
contabilización de trabajos *f* [EDP] / Auftragsabrechnung *f*
contable de pagos *m* [BgAcc] / Kostenträger *m*
contador de instrucciones *m* [EDP] / Befehlszähler *m*
contaminación de datos *f* [EDP] / Datenverfälschung *f*
contar 1 *v* [InfSc] / auszählen *v s. hacer recuento*
contar 2 *v* [Gen] / zählen *v* ‖ *s.a. numerar*
contenido *m* (de un libro) [Bk] / Inhalt *m*
– **de cloruro** *m* [Pp] / Chloridgehalt *m*

– **de humedad** *m* [Pp] / Feuchtegehalt *m* · Feuchtigkeitsgehalt *m*
– **de información** *m* [InfSc] / Informationsgehalt *m*
– **de los estudios** *m* [Ed] / Studieninhalt *m*
– **del plan de estudios** *m* [Ed] / Lehrplaninhalt *m*
– **de materia seca** *m* [Pp] / Trockengehalt *m* (del papel)
contestación de prórroga de préstamo *f* [RS] / Fristverlängerungsbescheid *m*
contestador automático *m* [Comm] / Anrufbeantworter *m*
contestador automático *m* [Comm] / telefonischer Anrufbeantworter *m*
contingente de pérdidas *m* [Stock] / Verlustrate *f*
continuación *f* (de una novela aparecida con anterioridad) [Bk] / Fortsetzung *f*
contraguarda *f* [Bind] / Spiegel *m*
contramarca *f* [Pp] / Nebenmarke *f* · Gegenzeichen *n* · Gegenmarke *f*
contraseña *f* [Retr] / Paßwort *n*
contraste *m* [Repr] / Kontrast *m*
– **de caracteres (con el fondo de la pantalla)** *m* [EDP/VDU] / Zeichenkontrast *m*
contratación de personal *f* [Staff] / Personalbeschaffung *f*
contratante *m* [BgAcc] / Vertragspartner *m*
contratapa *f* [Bind] / Deckelinnenseite *f* · Innendeckel *m*
contratar *v* [Staff] / einstellen *v*
contrato *m* [Gen] / Vertrag *m*
– **de compra** *m* [Acq] / Kaufvertrag *m*
– **de donación** *m* [Acq] / Schenkungsvertrag *m*
– **de empleo** *m* [Staff] / Anstellungsvertrag *m*
– **de mantenimiento** *m* [BdEq] / Wartungsvertrag *m*
– **de préstamo permanente** *m* [Acq] / Dauerleihvertrag *m*
– **de publicación** *m* [Law] / Verlagsvertrag *m*
– **de trabajo** *m* [Staff] / Arbeitsvertrag *m*
– **editorial** *m* [Law] / Verlagsvertrag *m*
– **temporal** *m* [Staff] / Zeitvertrag *m* · befristeter Vertrag *m*
contribución *f* [Bk] / Beitrag *m*
control *m* [Gen]
– **a distancia** *m* [BdEq] / Fernbedienung *f*
– **bibliográfico** *m* [Bib] / bibliographische Kontrolle *f*
– **de acceso** *m* [EDP] / Zugriffssteuerung *f* · Zugriffssicherung *f*
– **de avances** *m* [Comm] / Vorwärtssteuerung *f*
– **de bloque** *m* [Comm] / Blockprüfung *f* *Comm*
– **de calidad** *m* [OrgM] / Qualitätssicherung *f* · Qualitätskontrolle *f*
– **de errores** *m* [EDP] / Fehlerüberwachung *f*
– **de errores hacia atrás** *m* [Comm] / Rückwärtssteuerung *f*
– **de gastos** *m* [BgAcc] / Ausgabenüberwachung *f*
– **de la entrada** *m* [OrgM] / Eingangscontrolle *f*
– **del tiempo** *m* [Comm] / Zeitüberwachung *f*
– **de memoria** *m* [EDP] / Speichersteuerung *f*
– **de ortografía** *m* [EDP] / Rechtschreibprüfung *f*
– **de paridad** *m* [Comm] / Paritätsprüfung *f*
– **de presupuesto** *m* [BgAcc] / Haushaltsüberwachung *f*
– **de publicaciones periódicas** *m* [Acq] / Zeitschriftenüberwachung *f*
– **de rendimientos** *m* [OrgM] / Leistungsüberwachung *f*
– **de salida** *m* [OrgM] / Ausgangskontrolle *f*
– **de validez** *m* [EDP] / Gültigkeitsprüfung *f*
– **de verosimilitud** *m* [EDP] / Plausibilitätsprüfung *f* · Plausibilitätskontrolle *f*
– **jurídico** *m* [Adm] / Rechtsaufsicht *f*
– **por duplicación** *m* [InfSy] / Duplizitätskontrolle *f*
– **por teclas** *m* [EDP] / Tastensteuerung *f*
– **presupuestario** *m* [BgAcc] / Etatüberwachung *f*
– **secundario** *m* [Comm] / Folgesteuerung *f*
– **terminológico** *m* [Ind] / terminologische Kontrolle *f*
– **visual** *m* [BdEq] / Sichtkontrolle *f*
controlado por programa *pp* [EDP] / programmgesteuert *pp*
controlador de caja *m* [BgAcc] / Kassenprüfer *m*
controlador de discos *m* (como interfaz) [EDP] / Plattenspeichersteuerung *f*
controlador de procesos *m* [EDP] / Prozeßrechensystem *n*

controlar *v* [EDP] / ansteuern *v* · kontrollieren *v*
convenciones *pl* [EDP] / Konventionen *pl*
convenio colectivo *m* [Staff] / Tarifvertrag *m* · Tarifabkommen *n*
convenio sindical *m* [Staff] / Tarifabkommen *n*
conversión *f* [EDP] / Konvertierung *f* · Konversion *f*
– **a escala** *f* [Cart] / Skalenbildung *f* · Skalierung *f*
– **a escala de razones** *f* [InfSc] / Verhältnisskalierung *f*
– **de datos** *f* [EDP] / Datenkonversion *f* · Datenkonvertierung *f*
– **retrospectiva** *f* [Cat] / retrospektive Katalogisierung *f*
convertidor *m* [EDP] / Konverter *m*
– *m* [EDP] / Umwandler *m* · Umsetzer *m*
– **AD** *m* [EDP] / AD-Wandler *m* · AD-Umwandler *m*
– **analógico digital** *m* [EDP] / Analog-Digital-Konverter *m*
– **DA** *m* [EDP] / AD-Konverter *m*
– **de código** *f* [EDP] / Code-Umsetzer *m* · Code-Wandler *m*
– **de datos** *m* [EDP] / Datenumsetzer; ~wandler *m; m* · Datenwandler *m*
– **de señal** *m* [Comm] / Modem *m/n*
– **digital-analógico** *m* [EDP] / AD-Konverter *m*
– **paralelo-serie** *m* [EDP] / Parallelserienumsetzer *m*
– **serie-paralelo** *m* [EDP] / Serien-Parallel-Umsetzer *m*
convertir *v* [EDP] / konvertieren *v*
– **en forma numérica** *v* [InfSy] / digitalisieren *v*
cooperación bibliotecaria *f* [Lib] / bibliothekarische Zusammenarbeit *f*
cooperativa *f* [Lib] / Verbund *m*
– **bibliotecaria** *f* [Lib] / bibliothekarisches Gemeinschaftsunternehmen *n*
coordenadas *pl* [Cart] / Koordinaten *pl*
coordinación *f* [Ind] / Gleichordnung *f*
coordinación conceptual *f* [Ind] / Begriffsgleichordnung *f*
copia 1 *f* [Bk] / Exemplar *n* · Abdruck *m*
– 2 *f* (manuscrita) [Writ] / Abschrift *f* ‖ *s.a. transcripción 1*
– 3 *f* [Repr] / Abzug *m* · Kopie *f* · Vervielfältigung *f* ‖ *s.a. fotocopia; microcopia*
– **al bromuro de plata** *f* [Repr] / Bromsilberkopie *f*
– **al carbón** *f* [Off] / Durchschlag *m*
– **al ferroprusiato** *f* [Repr] / Blaupause *f*
– **azul** *f* [Repr] / Blaupause *f*
– **con brillo intenso** *f* [Repr] / Hochglanzkopie *f*
– **de contactos** *f* [Repr] / Kontaktkopie *f*
– **de línea** *f* [Repr] / Strichkopie *f*
– **de (micro)film sobre papel** *f* [Repr] / Rückvergrößerung *f*
– **de referencia** *f* [Repr] / Arbeitskopie *f*
– **de reserva** *f* [EDP] / Datensicherung *f*
– **de seguridad** *f* [EDP] / Sicherungskopie *f* · Datensicherung *f* · Sicherung *f*
– **de servicio** *f* [Repr] / Arbeitsfilm *m*
– **de trabajo** *f* [Repr] / Arbeitskopie *f*
– **directa** *f* [Repr] / Direktbild-Silberfilm *m*
– **electrostática** *f* [repr] / elektrostatische Kopie *f*
– **en limpio** *f* [Writ] / Reinschrift *f*
– **en papel** *f* [repr] / Papierkopie *f*
– **en seco** *f* [Repr] / Trockenkopie *f*
– **en tono contínuo** *f* [Repr] / Halbtonkopie *f*
– **húmeda** *f* [Repr] / Naßkopie *f*
– **intermedia** *f* [Repr] / Zwischenoriginal *n* · Zwischenkopie *f*
– **lavénder** *f* [Repr] / Lavendel(kopie) *n(f)*
– **manuscrita** *f* [Writ] / handschriftliche Kopie *f*
– **mecanografiada** *f* [Off] / Durchschlag *m*
– **mecanográfica** *f* [Off] / Durchschrift *f*
– **para distribución** *f* [Repr] / Arbeitsfilm *m*
– **pirata** *f* [EDP] / Raubkopie *f*
– **por reflexión** *f* [Repr] / Reflexkopie *f*
– **positivada** *f* [Repr] / Positivkopie *f*
~**s múltiples** *pl* [Repr] / Mehrfachkopien *pl*
– **térmica** *f* [Repr] / Wärmekopie *f*
copiado a ciclostil *f* [Repr] / Schablonendruck *m*
copiadora *f* [Repr] / Kopierer *m* · Kopiergerät *n* · Vervielfältigungsgerät *n*
– **de contactos** *f* [Repr] / Kontaktkopiergerät *n*
– **de despacho** *f* [Repr] / Bürokopierer *m*
– **de libros** *f* [Repr] / Buchkopierer *m*
– **de mapas** *f* [BdEq] / Kartenkopierer *m*
– **de sobremesa** *f* [Repr] / Tischkopierer *m*
– **en color** *f* [Repr] / Farbkopierer *m*
copiar 1 *v* [Prt] / abdrucken *v*
copiar 2 *v* [Writ] / abschreiben *v*
copiar 3 *v* [Writ; Repr] / kopieren *v*
copista *m* [Writ] / Abschreiber *m* · Kopist *m*

copublicación *f* [Bk] / Koproduktion *f*
copyright *m* [Law] / Urheberrecht *n* || *s.a. ley de derechos de autor; propiedad literaria*
corchetes *pl* [Writ; Prt] / eckige Klammer *f* || *s.a. llave sinóptica; paréntesis*
cordeles *pl* [Bind] / Schnüre *pl* || *s.a. cuerdas de cosido; piolas*
cordobán *m* [Bind] / Kordofanleder *n* · Corduan *n* · Korduanleder *n*
cordón *m* [Bind] / Strang *m*
~ **de cabezada** *m* [Bind] / Kapitalband *n*
~ **de cabezada torcido a mano** *f* [Bind] / (handgestochenes~:) Kapitalband *n*
coreografía *f* [Bk] / Choreographie *f*
cornisa de estantería *f* [Sh] / Abdeckboden *m* (de una estantería)
corondel *f* [Bk; Prt] / Mittelsteg *m*
~ **ciego** *m* (sin filete de separación) [Bk; Prt] / Mittelsteg *m*
~**es** *pl* (en un pliego de papel) [Pp] / Ripplinien *pl* || *s.a. puntizones*
corporación administrativa *f* [Adm] / Körperschaft des öffentlichen Rechts *f*
corporación territorial *f* [Gen; Cat] / Gebietskörperschaft *f*
corpus de asientos *m* [Cat] / Korpus der Titelaufnahme *m*
correa *f* [Bind] / Lederriemchen *n* (de cuero)
corrección 1 *f* [Bk] / Berichtigung *f* || *s.a. errata; fe de erratas*
~ 2 *f* [Prt] / Korrektur *f*
~ **de compaginación** *f* [Prt] / Umbruchkorrektur *f*
~ **definitiva** *f* [Prt] / Schlußkorrektur *f*
~ **de galeradas** *f* [prt] / Fahnenkorrektur *f*
~ **del autor** *f* [Prt] / Autorkorrektur *f* · Korrektur durch den Autor *f*
~ **de pruebas** *f* [Prt] / Fahnenkorrektur *f*
~ **de pruebas en la imprenta** *f* [Prt] / Hauskorrektur *f*
~ **de registro** *f* [InfSy] / Datensatzkorrektur *f*
~ **de registros duplicados** *f* (en una catalogación colectiva) [Cat] / Dublettenbereinigung *f*
corrector *m* [Bk] / Lektor *m*
corrector de pruebas *m* [Prt] / Korrektor *m*
corredera en cruz *f* (parte de un aparato lector) [Repr] / Kreuzschlitten *m*
corregir *v* / korrigieren *v*
correlación *f* [InfSc] / Korrelation *f*
correo *m* [Comm] / Post *f*
~ **aéreo** *m* [Comm] / Luftpost *f*
~ **electrónico** *m* [Comm] / elektronische Post *f*
~ **neumático** *m* [Comm] / Rohrpost *f*
~ **normal** *m* [Comm] / gewöhnliche Post *f*
~ **urgente** *m* [Comm] / Eilpost *f*
correspondencia *f* [Off] / Schriftverkehr *m* · Briefwechsel *m* · Korrespondenz *f* · Schriftwechsel *m*
corriente eléctrica de emergencia *f* [BdEq] / Notstrom *m*
corrigenda *f* [Prt] / Druckfehlerverzeichnis *n* || *s.a. fe de erratas*
corroído *pp* [Bk] / angefressen *pp*
cortado parejo *pp* [Bind] / bündig geschnitten *pp*
cortador *m* [Repr] / Abreißschiene *f*
~ **a rápida** *f* [Bind] / Schnellschneider *m*
~ **de bloques** *m* [Prt] / Formschneider *m*
~ **de formas tipográficas** *m* [Prt] / Formschneider *m*
cortapapel(es) *m(pl)* [Bind] / Falzbein *n*
cortaplumas *m* [Writ] / Papierschneider *m* · Federmesser *n*
cortar *v* [Bind] / beschneiden *v*
cortar con cubiertas *v* [Bind] / in Pappen beschneiden *v*
corte(s) *m(pl)* [Bind] / Schnitt *m*
~ **acanalado dorado** *m* [Bind] / Hohlgoldschnitt *m*
~ **alisado** *m* [Bind] / glatter Schnitt *m*
~ **bruñido** *m* [Bk] / Metallschnitt *m* · Glanzschnitt *m*
~ **cincelado** *m* [Bind] / verschobener Schnitt *m*
~ **de cabeza** *m* [Bind] / Kopfschnitt *m* · Oberschnitt *m* · Kopf *m*
~ **de cabeza dorado** *m* [Bind] / Kopfgoldschnitt *m*
~ **de espacios en blanco** *m* [Retr] / Leerstellenabschneidung *f*
~ **de esquinas** *m* (esquina diagonal en una microficha) [Repr] / Ecken(ab)schnitt *m*
~ **delantero** *m* [Bind] / Vorderschnitt *m*
~ **del cuerpo del libro** *m* [Bind] / Buchblockbeschnitt *m*
~ **de libro** *m* [Bind] / Buchschnitt *m*
~ **de pie** *m* [Bind] / Fußschnitt *m* · Schwanzschnitt *m* · Unterschnitt *m*
~ **desbarbado** *m* [Bind] / ebarbierter Schnitt *m* · glatter Schnitt *m*
~ **desvirado** *m* [Bind] / beraufter Schnitt *m*
~ **dorado** *m* [Bind] / Goldschnitt *m*
~ **dorado con tonalidad subyacente** *m* [Bind] / unterfärbter Goldschnitt *m*

– **dorado totalmente** *m* [Bind] / durchweg Goldschnitt *m*
– **frontal** *m* [Bind] / Vorderschnitt *m*
– **granulado** *m* [Bind] / Körnerschnitt *m*
– **inferior** *m* [Bind] / Unterschnitt *m*
– **jaspeado** *m* [Bind] / Marmorschnitt *m* · Sprengschnitt *m*
– **marcado a tiza** *m* [Bind] / Kreideschnitt *m*
– **metálico** *m* [Bk] / Metallschnitt *m*
– **moteado** *m* [Bind] / Marmorschnitt *m* · Sandschnitt *m*
– **oculto por la pintura** *m* [Bind] / verschobener Schnitt *m*
– **pintado** *m* [Bind] / gemalter Schnitt *m*
– **pintado** *m* [Bind] / Farbschnitt *m*
– **pintado y sobredorado** *m* [Bind] / unterfärbter Goldschnitt *m*
– **refilado** *m* [Bind] / glatter Schnitt *m*
– **reforzado** *m* [Bind] / Stärkeschnitt *m*
–**s aerografiados** *pl* [Bind] / Spritzschnitt *m*
–**(s) dorado(s) cincelado(s)** *m(pl)* [Bind] / ziselierter Goldschnitt *m*
– **sin refilar** *m* [Bind] / Rauhschnitt *m*
–**s jaspeados** *pl* [Bind] / Kleisterschnitt *m*
–**s moteados** *pl* [Bind] / Sprengschnitt *m*
–**s no refilados** *pl* [Bind] / unbeschnittener Buchblock *m*
–**s pintados a la aguada** *pl* [Bind] / Kleisterschnitt *m*
–**s salpicados** *pl* [Bind] / Sprengschnitt *m*
– **superior** *m* [Bind] / Kopfschnitt *m* · Oberschnitt *m*
– **todo dorado** *m* [Bind] / Ganzgoldschnitt *m*
corto(metraje) *m* (película en –) [NBM] / Kurzfilm *m*
coser *v* [Bind] / heften *v*
coser en cinta por pliegos *v* [Bind] / Durchausheften *n*
cosido *pp* [Bind]
– **a cinta folio a folio** *m* [Bind] / eine Heftart, bei der der Faden um die Kordel herumgeführt wird
– **a la rústica** *pp* [Bind] / broschiert *pp*
– **a mano** *m* [Bind] / handgeheftet *pp* · Handheftung *f*
– **a máquina** *m* [Bind] / Maschinenheftung *f*
– **a puntada dorsal** *m* [Bind] / Rückenstichheftung *f*
– **a puntada simple** *m* [Bind] / broschiert *pp*
– **a punto seguido** *m* [Bind] / broschiert *pp*
– **con alambre** *m* [Bind] / Drahtheftung *f* ‖ *s.a. grapado*
– **con espiral** *m* [Bind] / Spiralheftung *f*
– **con hilo** *m* [Bind] / Fadenheftung *f*
– **de cuadernos** *f* [Bind] / Heftheftung *f*
– **de dos en dos pliegos** *m* [Bind] / Wechselheftung *f*
– **del libro** *m* [Bind] / Bandheftung *f*
– **en bloque** *m* [Bind] / Blockheftung *f*
– **en bloque con hilo** *m* [Bind] / Fadenblockheftung
– **en caballete** *m* [Bind] / Rückenstichheftung *f* · Rückstichheftung *f*
– **en caballete con hilo** *m* [Bind] / Fadenrückstichheftung *n*
– **en cinta por pliegos** *m* [Bind] / Durchausheftung *f*
– **en plano** *pp* [Bind] / Blockheftung *f* · geheftet *pp*
– **francés** *m* [Bind] / Holländern *n* ‖ *s.a. charnela francesa*
– **lateral con hilo** *pp* [Bind] / seitlich fadengeheftet *pp*
– **lateral con hilo metálico** *m* [Bind] / seitlich drahtgeheftet *pp*
– **lateral en plano** *m* [Bind] / Blockheftung *f* · Querheftung *f*
costes *pl* [BgAcc] / Kosten *pl*
– **de comunicación** *pl* [Comm] / Leitungskosten *pl*
– **de explotación** *pl* [BgAcc] / Betriebskosten *pl*
– **de funcionamiento** *pl* [BgAcc] / Betriebskosten *pl*
– **del seguro** *pl* [BgAcc] / Versicherungskosten *pl*
– **fijos** *pl* [BgAcc] / Fixkosten *pl*
– **marginales** *pl* [BgAcc] / Grenzkosten *pl*
– **por hora de conexión** *pl* [Comm; Retr] / Anschaltkosten je Stunde *pl*
– **por pieza** *pl* [BgAcc] / Stückkosten *pl*
costillas *pl* [Bind] / erhabene Bünde *pl* ‖ *s.a. nervios*
costo-efectividad *f* [OrgM] / Wirtschaftlichkeit *f*
costo-efectivo *m* [OrgM] / wirtschaftlich *adj*
cotejar 1 *v* [RS] / absignieren *v*
cotejar 2 *v* [Acq; Bind] / kollationieren *v*
cotejo *m* [Acq; Bind] / Kollationierung *f*
CPU *abbr s. unidad central de proceso*
cran *m* [Bind] / Kerbe *f* · Signatur *f*
creación de una palabra *f* [Ind] / Wortprägung *f*

creador *m* [Law] / Urheber *m*
creciente *adj* / Heranwachsender *m*
crecimiento exponencial *m* [InfSc] / exponentielles Wachstum *n*
crecimiento vertiginoso *m* [InfSc] / exponentielles Wachstum *n*
crema *f* [Writ; Prt] / Trema *n* ‖ *s.a. diéresis*
crestomatía *f* [Bk] / Chrestomathie *f*
criodesecación *f* [Pres] / Gefriertrocknung *f*
criptografía *f* [Writ] / Kryptographie *f* · Geheimschrift *f*
criptónimo *m* [Writ] / Deckname *m* · Kryptonym *n*
crisis de la información *f* [InfSc] / Informationskrise *f*
crisografía *f* [Writ] / Chrysographie *f*
cristal de aumento *m* [Repr] / Vergrößerungsglas *n*
cristal mate *m* [Repr] / Mattscheibe *f*
criterio de clasificación *m* [Cat] / Ordnungskriterium *n*
crítica colectiva *f* [Bk] / Sammelrezension *f* · Sammelbesprechung *f*
crítica escrita *f* [Bk] / Rezension *f*
criticar *v* (un libro en relación a su adquisición) [Bk] / begutachten *v*
criticar *v* [Bk] / besprechen *v*
crítico *m* [Bk] / Rezensent *m*
cromolitografía *f* [Prt] / Chromolithographie *f* · Farbdruck *m*
cromotipografía *f* [Prt] / Farbdruck *m*
cromoxilografía *f* [Art] / Farbholzschnitt *m*
crónica *f* [Bk] / Chronik *f*
cronista *m* [Bk] / Chronist *m*
cronograma *m* [Bk] / Chronogramm *n*
cronología *f* [Gen] / Zeitrechnung *f*
cronómetro *m* [EDP] / Schrittpuls *m* · Taktgeber *m*
croquis *m* / Entwurf · Croquis *n* · Kroki *n*
croquis altimétrico *m* [Cart] / Geländekroki *n*
croquis geográfico *m* [Cart] / Kartenskizze *f*
croquis topográfico *m* [Cart] / Kartenskizze *f*
cruz *f* (signo de +) [Prt] / Kreuz(zeichen) *n(n)*
cruz de registro *f* [Repr] / Paßkreuz *n*
cruz de señal *f* [Repr] / Paßkreuz *n*
CTI *abbr s. centro de tratamiento de la información*
cuadernillo *m* [Prt] / Druckbogen *m* · Lage *f*
cuaderno *m* [Bk] / Heft *n*
– **de bitácora** *m* [Bk] / Schiffstagebuch *n* ‖ *s.a. diario de navegación*
– **de caligrafía** *m* [Writ] / Schönschreibheft *n*
– **de música** *m* [Mus] / Notenheft *n*
– **manuscrito de música** *m* [Mus] / (mit handschriftlichen Noten:) Notenheft *n*
cuadr. *abbr. s. cuadrofónico*
cuadrado *m* [Cart] / Ausschluß
cuadrícula *f* (de una microficha) [Repr] / Raster *m*
cuadrícula cartográfica *f* [Cart] / Gitter *n*
cuadriculado plano *m* [Cart] / Rechtwinkelnetz *n* *CH*
cuadrifolio *m* [Bind] / Vierpaß *m*
cuadro 1 *m* [NBM] / 1 Bild *n*
– 2 *m* [InfSc] / Schaubild *n*
– 3 *m* (en una microforma) [Repr] / Bildfeld *n*
– **auxiliar** *m* [Class/UDC] / Hilfstafel *f*
– **de clasificación** *m* [Class] / Systematik *f*
cuadrofónico *adj* [NBM] / quadrophonisch *adj*
cuadro pintado *f* [Art] / Gemälde *n*
cuarto de embalajes *m* [BdEq] / Packraum *m*
cuarto del correo *m* [OrgM] / Poststelle *f*
cuarto de trabajo *m* [BdEq] / Arbeitszimmer *n* · Arbeitsraum *m*
cuarto de trabajo en equipo *m* [BdEq] / Gruppenarbeitsraum *m*
cuasisinonimia *f* [Lin] / Quasi-Synonymie *f*
cuasisinónimo *m* [Lin] / Quasi-Synonym *n*
cuaterno *m* [Bk] / Quatern(e) *m(f)*
cuatricromía *f* [Prt] / Vierfarbendruck *m*
cubículo *m* [BdEq] / Arbeitskabine *f* · Carrel *n* · Einzelarbeitsplatz *m*
cubículo informatizado *m* [BdEq] / ein Carrel mit elektronischer Ausrüstung
cubierta *f* [BdEq] / Decke *f*
– **con resorte** *f* [Bind] / Klemmdeckel *m*
– **de cierre** *f* [Bind] / Hinterdeckel *m*
– **decorada con pan de oro** *f* [Bind] / Goldfolienumschlag *m*
– **de disco** *f* [NBM] / Hülle *f*
– **delantera** *f* [Bind] / Vorderdeckel *m*
– **del suelo** *f* [BdEq] / Fußbodenbelag *m*
– **de una publicación periódica** *f* [Bind] / Heftumschlag *m*
– **forrada** *f* [Bind] / kaschierter Deckel *m*
– **original** *f* [Bind] / Originalumschlag *m*
– **posterior** *f* [Bind] / Hinterdeckel *m*
–(s) *f(pl)* [Bind] / Deckel *pl* · Buchdeckel *pl* · Umschlag *m*
–**s plastificadas** *pl* [Bind] / Kunststoff(ein)band *m* · Plasteeinband *m* *DDR*

cubo de basura *m* [BdEq] / Abfallbehälter *m* ‖ *s.a. papelera*
cuchilla *f* [bind] / Buchbinderhobel *m* · Beschneidehobel *m*
cuchillo para el oro *m* [Bind] / Goldmesser *n*
cuenta 1 *f* (bancaria) [BgAcc] / Konto *n*
~ 2 *f* [BgAcc] / Rechnung *f s. factura*
~ **de adelantos** *f* [BgAcc] / Vorschußkonto *n*
~ **de usuarios** *f* [RS] / Benutzerkonto *n*
cuentalíneas *m* [Prt] / Zeilenzähler *m*
cuerda *f* [Bind] / Heftfaden *m*
~ **de cáñamo** *f* [Bind] / Hanfschnur *f*
~**s de cosido** *pl* [Bind] / Kordeln *pl*
~**s de cosido** *pl* [Bind] / Schnüre *pl* ‖ *s.a. cordeles*
~**s empotradas** *pl* [Bind] / eingesägte Bünde *pl*
~**s en grecado** *pl* [Bind] / eingesägte Bünde *pl*
cuero *m* [Bind] / Leder *n*
~ **artificial** *m* [Bind] / Kunstleder *n* ‖ *s.a. piel artificial*
~ **curtido** *m* [Bind] / lohgares Leder *n*
~ **de becerro moteado** *m* [Bind] / Schildpattleder *n*
~ **de cerdo** *m* [Bind] / Schweinsleder *n*
~ **de grano alargado** *m* [Bind] / langnarbiges Leder *n*
~ **de grano cruzado** *m* [Bind] / kreuznarbiges Leder *n*
~ **de grano fino** *m* [Bind] / feingenarbtes Leder *n*
~ **de grano grueso** *m* [Bind] / grobgenarbtes Leder *n*
~ **de grano recto** *m* [Bind] / geradnarbiges Leder *n*
~ **de oveja** *m* [Bind] / Schafleder *n*
~ **desdoblado** *m* [Bind] / Spaltleder *n*
~ **de vaca** *m* [Bind] / Rindleder *n*
~ **ecrasé** *m* [Bind] / Ecrasé-Leder *n*
~ **inglés** *m* [Bind] / Moleskin *n*
cuerpo *m* [Gen]
~ **administrativo** *f* [OrgM] / Behörde *f*
~ **de eco** *m* [EDP/VDU] / Echokörper *m*
~ **de estanterías** *m* [Sh] / Regalreihe *f*
~ **de la letra de imprenta** *m* [Prt] / Schriftgrad *m*
~ **de letra** *m* [Prt] / Schriftkegel *m* · Kegel *m*
~ **del libro** *m* [Bind] / Buchblock *m*
~ **de los caracteres** *m* [EDP] / Zeichenkörper *m*
~ **del tipo** *m* [Prt] / Schriftkegel *m*
~ **de profesores** *m* [Ed] / Lehrkörper *m*
cuestación de donativos *f* [BgAcc] / Spendenaufruf *m*
cuestionario *m* [InfSc; Off] / Fragebogen *m*
cuestionario telefónico *f* [InfSc] / telefonische Befragung *f*
cuidado *m* [Pres] / Pflege *f*
culo de lámpara *m* [Bk] / Schlußstück *n* · Schlußvignette *f*
cumplimentación de una consulta *f* [Ref] / Auskunftserteilung *f*
cuña *f* [Sh] / Stellstift *m*
cuota *f* [BgAcc] / Gebühr *f* ‖ *s.a. tarifa; tasa(s)*
~ **de lector** *pl* [RS] / Lesergebühr *f*
~ **de participación** *f* [OrgM] / Teilnahmegebühr *f*
~ **de robos** *f* [RS] / Diebstahlquote *f*
~ **de socio** *f* [BgAcc] / Mitgliedsbeitrag *m BgAcc*
~ **de usuario** *f* [RS] / Benutzergebühr *f*
~ **de utilización** *f* [RS] / Nutzungsgebühr *f* · Lesegebühr *f* · Benutzungsgebühr *f*
~ **en depósito** *f* [RS] / hinterlegter Geldbetrag *m s. suma depositada;* ‖ *s.a. fianza de depósito*
~**(s)** *f(pl)* [BgAcc] / Kosten *pl*
cupón *m* [Off] / Kupon *m*
~ **de respuesta** *m* [Comm] / Antwortschein *m*
~ **de respuesta internacional** *m* [Comm] / internationaler Antwortschein *m*
curriculum *m* [Ed] / Curriculum *n*
curriculum vitae *m* [Staff] / Lebenslauf *m*
cursillo introductorio *m* [RS] / Einführungskurs *m*
cursillo para empleados *m* [Ed] / Mitarbeiterschulung *f*
curso *m* [Ed] / Kurs *m*
~ **a distancia** *m* [Ed] / Fernlehrgang *m* · Fernstudiengang *m*
~ **complementario** *m* [Ed] / Fortbildungskurs *m*
~ **de alfabetización** *m* [Ed] / Alphabetisierungskurs *m*
~ **de ampliación de estudios** *m* [Ed] / Fortbildungskurs *m*
~ **de estudios** *m* [Ed] / Studiengang *m*
~ **de formación** *m* [Ed] / Ausbildungsgang *m* · Ausbildungslehrgang *m*
~ **de idiomas** *m* [Ed] / Fremdsprachenkurs *m*
~ **introductorio** *m* [RS] / Einführungslehrgang *m*

– **por correspondencia** *m* [Ed] / Fernlehrgang *m*
cursor *m* [EDP/VDU] / Positionsmarke *f* · Schreibmarke *f*
curtido *m* [Bind] / Gerbung *f*
– **con alumbre** *m* [Bind] / Alaungerbung *f*
curva *f* [Gen] / Kurve *f*
– **acampanada** *f* [InfSc] / Glockenkurve *f*
– **de campana** *f* [InfSc] / Glockenkurve *f*
– **de distribución** *f* [InfSc] / Verteilungskurve *f*
– **de nivel** *f* [Cart] / Höhenkurve *f* *CH* ‖ *s.a.* *isohipsa*

D

dactilógrafo *m* [Staff] / Schreibkraft *f*
daguerrotipia *f* [NBM] / Daguerrotypie *f*
dañado *pp* [Bk] / angeschlagen *pp*
daños causados por el ácido *pl* [Pres] / Säureschaden *n*
daños de incendio *pl* [Bk] / Brandschaden *m*
dar *v* (por ej., el número de páginas, etc.) [Cat] / wiedergeben *v*
dar empleo *v* [Staff] / einstellen *v*
dar formato *v* [EDP] / formatieren *v*
dar trabajo *v* [Staff] / beschäftigen *v*
datos *pl* [EDP] / Daten *pl*
~ **almacenados mecánicamente** *pl* [EDP] / maschinell gespeicherte Daten *pl*
~ **analógicos** *pl* [InfSy] / analoge Daten *pl*
~ **a tratar** *pl* [EDP] / Eingabedaten *pl*
~ **de encuesta** *pl* [InfSc] / Umfragedaten *pl*
~ **de entrada** *pl* [EDP] / Eingabedaten *pl*
~ **del tipo de fondo bibliográfico** *pl* [Cat] / Bestandsdaten *pl*
~ **de movimientos** *pl* [EDP] / Bewegungsdaten *pl*
~ **de utilización** *pl* [RS] / Benutzungsdaten *pl*
~ **digitales** *pl* [InfSy] / digitale Daten *pl* · Digitaldaten *pl*
~ **dignos de protección** *pl* / schutzwürdige Daten *pl*
~ **discretos** *pl* [InfSy] / Digitaldaten *pl*
~ **en bruto** *pl* [InfSc] / Rohdaten *pl*
~ **extraídos** *pl* [EDP] / Ausgabedaten *pl*
~ **numéricos** *pl* [InfSy] / Digitaldaten *pl*
~ **organizados** *pl* [EDP] / strukturierte Daten *pl*
~ **permanentes** *pl* [EDP] / Stammdaten *pl*
~ **personales** *pl* [Staff; RS] / personenbezogene Daten *pl* · Personendaten *pl*
~ **ponderados** *pl* [InfSc] / gewichtete Daten *pl*
~ **prioritarios** *pl* [Comm] / Vorrangdaten *pl*
~ **sin procesar** *pl* [InfSc] / Rohdaten *pl*
DCB *abbr s. decimal codificado en binario*
de alta inversión de personal *adj* [OrgM] / personalintensiv *adj*
de amplios márgenes *adj* [Bk] / breitrandig *adj*
debates *pl* (en un congreso) [Bk] / Verhandlungen *pl*
decano *m* / Dekan *m*
decimal codificado en binario *m* [EDP] / binär codierte Dezimalzifferndarstellung *f*
decimal de CDU *m* [Class] / DK-Zahl *f*
declaración *f* [EDP] / Vereinbarung *f*
declinación *f* [Cart] / Deklination *f*
decodificador *m* [EDP] / Decodierer *m*
decodificador de instrucciones *m* [EDP] / Befehlsdecodierer *m*
decodificar *v* [InfSy] / entschlüsseln *v* · decodieren *v*
decolorado *pp* [Bk] / entfärbt *pp*
de color estable *adj* [Pres; Prt] / farbecht *adj*

de color evanescente *adj* [Prt;] / nicht farbecht
de color sólido *adj* [Press; Prt] / farbecht *adj*
decoración *f* [Art; Bk] / Verzierung *f*
decoración de los cortes *f* [Bind] / Schnittverzierung *f*
decorado en oro *pp* [Bk] / goldverziert *pp*
ded. *abbr. s. dedicatoria*
dedicatoria *f* [Bk] / Widmung *f*
– **autógrafa** *f* [Bk] / eigenhändige Widmung *f*
de encargo *adv* [Gen] / gemäß den Wünschen des Kunden entworfen
defecto de programa *m* [EDP] / Programmfehler *m*
defecto de reproducción *f* [Repr] / Abbildungsfehler *m*
definición *f* [InfSc] / Definition *f*
– **específica** *f* [InfSc] / Inhaltsdefinition *f*
– **extensiva** *f* [InfSc] / Umfangsdefinition *f*
– **genérica** *f* [InfSc] / Umfangsdefinition *f*
– **por género y diferencia** *f* [InfSc] / Inhaltsdefinition *f*
deformación *f* [Pres] / Verformung *f*
dele *m* [Prt] / Tilgungszeichen *n*
delegación *f* [OrgM; Adm] / Agentur *f* · Delegation *f*
– **superior** *f* [Adm] / vorgesetzte Behörde *f*
delegada de la mujer *f* [Staff] / Frauenbeauftragte *f*
demanda *f* [Acq] / Anfrage *f* · Bedarf *m* · Nachfrage *f* ‖ *s.a. necesidades*
– **bibliográfica** *f* [InfSc] / Literaturbedarf *m*
– **de información** *f* [InfSc] / Informationsbedarf *m*
– **de llamada** *f* [Comm] / abgehender Ruf *m*
– **del usuario** *f* [Acq] / Benutzerwunsch *m* · Benutzerverhalten *n* · Benutzerbedarf *m*
– **de préstamo interbibliotecario** *f* [RS] / Leihverkehrsbestellung *f*
demandante de empleo *m* [Staff] / Arbeitssuchender *m*
demarcación *f* [OrgM] / Zuständigkeitsbereich *m*
de márgenes pequeños *adj* [Bk] / kurzrandig *adj*
demoscopia *f* [InfSc] / Meinungsforschung *f*
de mucho trabajo [OrgM] / arbeitsintensiv *adj*
denominación *f* [Lin; Ind] / Bezeichnung *f* · Ausdruck *m*
– **administrativa de los puestos de empleo** *f* [OrgM] / Stellenbezeichnung *f*
– **de material** *f* [Cat] / Materialbenennung *f*
– **no permitida** *f* [Ind] / nicht zugelassene Benennung *f*
– **técnica** *f* [Lin; Ind] / Fachbezeichnung *f*
denotación *f* [Ind; Class; Lin] / Begriffsumfang *m*
densidad *f* [Gen] / Dichte *f*
– **de caracteres** *f* [EDP] / Zeichendichte *f*
– **de condensación** *f* [EDP] / Zeichendichte *f*
– **de empaquetamiento** *f* [EDP] / Packungsdichte *f*
– **de grabación** *f* [EDP] / Speicherdichte *f*
– **de indización** *f* [Ind] / Indexierungsbreite *f*
– **de información** *f* [InfSy] / Informationsdichte *f*
– **del fondo** *f* [Repr] / Hintergrunddichte *f*
– **de registro** *f* [EDP] / Packungsdichte *f* · Zeichendichte *f* · Schreibdichte *f*
– **de registro en bits** *f* [EDP] / Bitdichte *f*
– **doble** *f* [EDP] / doppelte Schreibdichte *f*
– **óptica** *f* [Repr] / Dichte *f*
– **simple** *m* [EDP] / einfache Schreibdichte *f*
de otro color *adj* [Bk] / andersfarbig *adj*
departamento 1 *m* (de un negocio) [OrgM] / Abteilung *f* ‖ *s.a. sección 2*
– 2 *m* [Adm] / Dienststelle *f*
– **de acabado** *m* [OrgM] / Schlußstelle *f*
– **de adquisiciones** *m* [OrgM] / Akzession *f* · Erwerbungsabteilung *f* · Zugangsstelle *f*
– **de catalogación** *m* [OrgM] / Katalogabteilung *f* · Katalogisierungsstelle *f*
– **de circulación** *m* [OrgM] / Leihstelle *f*
– **de contabilidad** *m* [OrgM] / Buchhaltung *f* · Rechnungsstelle *f*
– **de desarrollo regional** *m* [OrgM; Acq] / Regionalreferat *n*
– **de encuadernación** *m* [OrgM] / Einbandstelle *f*
– **de fotografía** *m* [OrgM] / Fotostelle *f*
– **de información** *m* [OrgM] / Auskunftsabteilung *f*
– **de intercambios** *m* [OrgM] / Tauschstelle *f*
– **de intercambio y donaciones** *m* [OrgM] / Geschenk- und Tauschstelle *f*
– **de manuscritos** *m* [OrgM] / Handschriftenabteilung *f*

– **de orientación de bibliotecas estatales** *m* [Lib] / Staatliches Büchereiamt *n* *D* · Staatliche Fachstelle für das Öffentliche Bibliothekswesen *f* *D* · Staatliche Beratungsstelle für öffentliche Büchereien *f* *D* · Fachstelle für öffentliche Bibliotheken *f* · Staatliche Büchereistelle *f* *D*
– **de preparación de documentos bibliotecarios** *m* [OrgM] / Buchbearbeitung(sabteilung) *f(f)*
– **de preparación de obras depositadas** *m* [OrgM] / Pflichtstelle *f*
– **de préstamo** *m* [OrgM] / Leihstelle *f*
– **de producción** *m* [Bk] / Herstellungsabteilung *f*
– **de publicaciones** *m* [OrgM] / Druckschriftenabteilung *f*
– **de servicios a los lectores** *m* [OrgM] / Benutzungsabteilung *f*
– **de servicios al público** *m* [OrgM] / Benutzungsabteilung *f*
– **de suministro y distribución** *m* [Bk] / Bestell- und Versandabteilung *f*
– **de una especialidad** *m* [OrgM] / Fachabteilung *f*
– **de ventas** *m* [Bk] / Vertriebsabteilung *f*
– **subordinado** *m* [Adm] / nachgeordnete Dienststelle *f*
– **universitario** *m* [Ed] / Fachbereich
dependencia de una red *f* [EDP] / Verbundabhängigkeit *f*
dependencia polivalente *f* [EDP] / mehrwertige Abhängigkeit *f*
dependencia postal *f* [OrgM] / Poststelle *f* ▌ *s.a. sección de envíos*
depositar *v* [RS] / hinterlegen *v*
depósito 1 *m* [NBM] / Behälter *m* · Behältnis *n*
– 2 *m* [Stock] / Aufbewahrungsort *m* · Depositum *n* · Depot *n*
– 3 *m* [BdEq] / Lagerraum *m*
– **almacenado** *m* [Lib] / magazinierter Bestand *m*
– **apartado** *m* [Stock] / Ausweichmagazin *n*
– **cargador** *m* [Repr] / Filmmagazin *n*
– **cerrado** *m* [OrgM] / geschlossenes Magazin *n*
– **con una sección** *m* [BdEq] / Magazin mit eingeschossiger Regalanlage *n*
– **de documentos** *m* [Stock] / Dokumentenspeicher *m*
– **de grabados** *m* [Art] / Kupferstichdepot *n*
– **de libre acceso** *m* [Stock] / Freihandbestand *m* · Freihandmagazin *n*
– **de libros** *m* [BdEq] / Magazin *n* ▌ *s.a. fondos bibliográficos cerrados; fondos bibliotecarios almacenados*
– **del registro de la propiedad industrial** *m* [Lib] / Patentschriftenauslegestelle *f*
– **de manuscritos** *m* [Stock] / Handschriftenmagazin *n*
– **de mapas** *m* [Cart] / Kartenablage *f*
– **de memorias de patentes** *m* [Lib] / Patentschriftenauslegestelle *f*
– **de publicaciones periódicas** *m* [Stock] / Zeitschriftenablage *f*
– **de reserva** *m* [Stock] / Ausweichmagazin *n*
– **de secciones múltiples** *m* [BdEq] / Magazin mit mehrgeschossiger selbsttragender Regalanlage *n*
– **de secciones múltiples** *m* [BdEq: Sh] / selbsttragendes Magazin *n*
– **especial** *m* [Stock] / Sondermagazin *n*
– **legal** *m* [Law] / Pflichtabgabe *f* · Pflichtexemplarabgabe *f*
de préstamo *adj* [RS] / ausleihbar *adj*
de próxima aparición *adj* [Bk] / erscheint in Kürze · erscheint demnächst
de próxima publicación *adj* [Bk] / erscheint demnächst
derecho a ejemplares de depósito legal *m* [Acq] / Pflichtexemplarrecht *n* · Pflichtexemplarrecht *n*
derecho *m* [Gen]
– **a la información** *m* [Law] / Auskunftsrecht *n* (en relación a los datos personales propios)
– **a préstamo** *m* [RS] / Ausleihberechtigung *f*
– **a remuneración** *m* [Law] / Vergütungsanspruch *m*
– **a vacaciones** *m* [Staff] / Urlaubsanspruch *m*
– **bibliotecario** *m* [Law] / Bibliotheksrecht *n*
– **de acceso** *m* [EDP] / Zugriffsrecht *n*
– **de acceso a la universidad** *m* [Ed] / Hochschulzugangsberechtigung *f*
– **de devolución** *m* [Bk] / Rückgaberecht *n*
– **de explotación** *m* [Law] / Verwertungsrecht *n*
– **de información** *m* [Law] / Informationsrecht *n*
– **de preferencia de adquisición** *m* [Acq] / Vorkaufsrecht *n*

– **de propiedad intelectual** *m* [Law; Acq] / Urheberrecht *n*
– **de reproducción** *m* [Law] / Abdruckrecht *n* · Nachdruckrecht *n* · Vervielfältigungsrecht *n*
– **de tanteo** *m* [Acq] / Vorkaufsrecht *n*
– **laboral** *m* [Law] / Arbeitsrecht *n*
– **salarial** *m* [Staff] / Tarifrecht *n*
–**s de autor** *pl* [Law] / Urheberrechte *pl*
–**s de explotación** *pl* [Law] / Nutzungsrechte *pl* · Verwertungsrechte *pl*
–**s de impresión** *pl* [Law] / Verlagsrecht *n*
–**s subsidiarios** *pl* [Bk] / Nebenrechte *pl*
derivación *f* [Lin] / Ableitung *f*
desacidificación *f* [Pres] / Entsäuerung *f*
desacidificación en fases al vapor *f* [Pres; Pp] / Dampfphasenentsäuerung *f*
desacidificación en masa *f* [Pres; Pp] / Massenentsäuerung *f*
desacidificar *v* [Pres] / entsäuern
desagüe *m* [BdEq; Pres] / Abzug *m* ‖ *s.a. sumidero*
desarrollo de plantilla *m* [Staff] / Personalentwicklung *f*
desbarbar *v* (cantos de piel) [Bind] / schärfen *v* · ausschärfen *v*
desbastado *pp* [Bind] / bescheuert *pp*
desbordamiento *m* [EDP] / Überlauf *m*
desbordar *v* [Prt; EDP] / Unterschneiden *n*
descarga 1 *m* (tras la devolución de un libro prestado) [RS] / Entlastung *f*
– 2 *f* (hoja de ~) [Bk] / Zwischenblatt *n*
descargar *v* [RS] / entlasten *v*
descartar *v* [Stock] / aussondern *v*
descarte *m* [Stock] / ausgesonderter Band *m* · Abgang *m* ‖ *s.a. expurgo*
descifrar *v* [InfSy] / entschlüsseln *v*
desclasificación *f* (de documentos clasificados como secretos) [Arch; Bk] / Freigabe *f*
desclasificar *v* [Arch; Bk] / freigeben *v* (material restringido)
descolocar *v* (libros) [Sh] / verstellen *v*
descolorido *pp* [Bk] / verblaßt *pp*
descomposición *f* [Pres] / roter Zerfall *m*
desconectar 1 *v* [EDP] / ausschalten *v*
desconectar 2 *v* [BdEq] / abschalten *v*
desconexión *f* [Comm] / Verbindungsabbruch *m*
descripción *f*
– **bibliográfica** 1 *f* [Cat] / bibliographische Beschreibung *f*
– **bibliográfica** 2 *f* (de monografías de varios tomos y publicaciones seriadas) [Cat] / Stufenaufnahme *f*
– **Bibliográfica Internacional Normalizada** *f* [Bib; Cat] / Internationale Standardisierte Bibliographische Beschreibung *f*
– **bibliográfica normalizada internacional** *f* [Bib; Cat] / Internationale Standardisierte Bibliographische Beschreibung *f* · ISBD *abbr*
– **de actividades** *f* [Staff] / Tätigkeitsbeschreibung *f*
– **del puesto de trabajo** *f* [OrgM] / Arbeitsplatzbeschreibung *f* · Stellenbeschreibung *f*
– **de manuscritos** *f* [Cat] / Handschriftenbeschreibung *f*
– **en dos niveles** *f* [Cat] / Zwei-Stufen-Beschreibung *f* · (zwei Stufen:) Stufenaufnahme *f*
– **en más de dos niveles** *f* [Cat] / (mehr als zwei Stufen:) Stufenaufnahme *f*
– **física** *f* [Cat] / Kollation *f*
– **formal** *f* [Bib; Ind] / formale Beschreibung *f*
– **técnica** *f* / technische Beschreibung *f*
descriptor *m* [Ind] / Deskriptor *m*
– **auxiliar** *m* [Ind] / Hilfsdeskriptor *m*
– **candidato** *m* [Ind] / Deskriptor-Kandidat *m*
– **extenso** *m* [Ind; Cat] / weites Schlagwort *n*
– **fuente** *m* [Ind] / Quellendeskriptor *m*
– **referenciado** *m* [Ind] / Zieldeskriptor *m*
descualificación *f* [Staff] / Herabqualifizierung *f*
descuento *m* [BgAcc] / Nachlaß *m* · Rabatt *m* · Skonto *m/n s. rebaja*
– **a bibliotecas** *m* [Acq] / Bibliotheksrabatt *m*
– **de alumno** *m* [Bk] / Hörerrabatt *m* (descuento ofrecido a los alumnos de un profesor al comprar copias de su libro)
– **de favor** *m* [Bk] / Vorzugsrabatt *m*
– **en el precio** *m* [Acq] / Preisnachlaß *m*
– **(escalonado) por cantidades** *m* [Acq] / Mengenrabatt *m*
– **mínimo** *m* [Acq] / Mindestrabatt *m*
– **por pago en efectivo** *m* [BgAcc] / Barzahlungsrabatt *m*
desembolso *m* [BgAcc] / Barauslagen *pl*
desempaquetar *v* [EDP] / entpacken *v*
desempleado *adj* [Staff] / arbeitslos *adj*
desempleo *m* [Staff] / Arbeitslosigkeit *f*
desencuadernado *pp* [Bind] / aus dem Einband

desencuadernar *v* [Bind] / den Einband lösen *v*
desflecado *pp* [Bk] / ausgefranst *pp*
desgastado *pp* [Bk] / abgenutzt *pp* (por el uso) · abgegriffen *pp* (por el uso manual)
desgaste *m* [Bk] / Abnutzung *f* · Verschleiß *m*
desglosado *pp* [Bind] / abgelöst *pp*
deshilachado *pp* [Bk] / ausgefranst *pp*
deshilachar cordeles *v* [Bind] / aufschaben *v*
deshumectación *f* [BdEq; Pres] / Entfeuchtung *f*
desiderata *pl* [Acq] / Suchliste · Bestellwunsch *m*
desideratum *m* [Acq] / Erwerbungswunsch *m* · Beschaffungswunsch *m*
designación 1 *f* [Ind; Class] / Bezeichnung *f* · Benennung *f*
~ 2 *f* [OrgM] / Festsetzung *f*
~ **de función** *f* [Cat] / Funktionsbezeichnung *f*
~ **de hoja cartográfica** *f* [Cart] / Blattbezeichnung *f*
~ **de hoja cartográfica** *f* [Cart] / Blattbenennung *f*
~ **del cargo** *f* [Staff] / Dienstbezeichnung *f* · Amtsbezeichnung *f*
~ **específica de material** *f* [Cat] / spezifische Materialbezeichnung *f*
~ **general de material** *f* [Cat] / allgemeine Materialbenennung *f* · allgemeine Materialbezeichnung *f*
~ **más usual** *f* [Ind] / gebräuchlichste Bezeichnung *f*
~ **y/o numeración de una hoja cartográfica** *f* [Cat] / Blattangabe *f*
desincronización de entradas/salidas *f* [EDP] / SPOOL-Betrieb *m*
desinfección *f* [Pres] / Desinfizierung *f*
desinfectante gaseiforme *m* [Pres] / gasförmiges Desinfektionsmittel *n*
desintegración del ácido *f* [Pres] / Säurezerfall *m*
deslaminar *v* [Pres] / delaminieren *v*
deslucido *pp* [Bk] / angeschmutzt *pp*
desmoche *m* [Bind] / Beschnitt *m*
despacho *m* [BdEq] / Dienstzimmer *n*
~ **del director** *m* [BdEq] / Direktorzimmer *n*
~ **del secretario** *m* [BdEq] / Geschäftszimmer *n*
~ **de recortes de prensa** *m* [Bk] / Zeitungsausschnittbüro *n*
despedir *v* [Satff] / entlassen *v*
despegado *pp* [Bind] / abgelöst *pp*
despegar escalonando *v* [Pp] / auffächern *v*
despido *m* [Staff] / Entlassung *f*
desportillado *pp* [Bind] / ausgebrochen *pp*
desprendido *pp* [Bind] / abgelöst *pp*
destinatario *m* [Comm] / Adressat *m* · Empfänger *m* · Rezipient *m*
destintado *pp* [Bk] / entfärbt *pp*
destrucción de libros *f* [Bk] / Büchervernichtung *f*
desviación estándar *f* [InfSc] / Standardabweichung *f*
desviación tipo *f* [InfSc] / Standardabweichung *f*
desvirado *pp* [Bind] / beschnitten *pp* ‖ *s.a. mal desvirado*
desvirar *v* [Bind] / beschneiden *v*
~ **con tapas** *v* [Bind] / in Deckeln beschneiden *v*
detalle *m* [Cart] / Ausschnitt *m*
detección de incidencias *f* [EDP] / Fehlererkennung *f*
detección de marcas *f* [PuC] / Markierungslesen *n* · Zeichenlochverfahren *n*
detención anormal *f* (de un programa) [EDP] / Absturz *m*
detención prematura *f* [EDP] *s. suspensión*
detener prematuramente *v* [EDP] / (la ejecución de un progama:) abbrechen *v*
deterioro *m* [Bk] / Abnutzung *f* · Verschleiß *m*
determinación *f* [Gen; Cat] / Bestimmung *n*
~ **de la forma de encabezamiento** *f* [Cat] / Ansetzung *f*
~ **del nombre de persona** *f* (del encabezamiento) [Cat] / Namensansetzung *f*
~ **de los asientos principal y secundarios** *f* [Cat] / Bestimmung der Haupt- und Nebeneintragungen *f*
~ **de objetivos** *f* [OrgM] / Zielbestimmung *f*
de una planta *adj* [BdEq] / einstöckig *adj* · eingeschossig *adj*
de un nivel *adj* [BdEq] / eingeschossig *adj*
de varias plantas *adj* [BdEq] / mehrstöckig *adj* · mehrgeschossig *adj*
devocionario *m* [Bk] / Gebetbuch *n* · Postille *f*
devocionarios *pl* [Bk] / Erbauungsliteratur *f*
devolución *f* [BgAcc] / Rückerstattung *f*
devoluciones *pl* [Bk] / Remittenden *pl*
devolver el dinero *v* [BgAcc] / zurückzahlen *v* ‖ *s.a. reembolsar; restituir*
diafragma *m* [Repr] / Blende *f*

diagr. *abbr. s. diagrama*
diagrama 1 *m* (representación gráfica) [InfSc] / Grafik *f* · Diagramm *n*
- 2 *m* [Bk] / Schaubild *n*
- **asociativo** *m* [Ind] / Pfeildiagramm *n*
- **circular** *m* [InfSc] / Kreisdiagramm *n*
- **de áreas** *m* [InfSc] / Flächendiagramm *n* · Kreisdiagramm *n*
- **de barras** *m* [InfSc] / Balkendiagramm *n* · Säulendiagramm *n* · Stabdiagramm *n*
- **de cinta** *m* [IndSc] / Bandgrafik *f* · Banddiagramm *n*
- **de clasificación** *m* [Class] / Klassifikationsübersicht *f*
- **de curvas** *m* [InfSc] / Kurvendiagramm *n*
- **de difusión** *m* [InfSc] / Streubild *n*
- **de flujo** *m* [EDP] / Ablaufdiagramm *n* · Flußdiagramm · Programmablaufplan *m*
- **de flujo de datos** *m* [EDP] / Datenflußplan *m*
- **de frecuencias** *m* [InfSc] / Frequenzpolygon *n*
- **de líneas** *m* [InfSc] / Liniendiagramm *n*
- **de operaciones** *m* [EDP] / Programmablaufplan *m*
- **de terminación de programa** *m* [EDP] / Grenzstelle *f*
- **de varianza** *m* [InfSc] / Streuungsdiagramm *n*
- **de Venn** *m* [Retr] / Venn-Diagramm *n*
- **funcional** *m* / Funktionsdiagramm *n*
diálogo de grupos *m* [InfSc] / Gruppendialog *m*
diálogo hombre-máquina *m* [EDP] / Mensch-Maschine-Dialog *m*
diámetro *m* [NBM] / Durchmesser *m*
diapositiva *f* [NBM] / Diapositiv *n* · Dia *n*
- **de microscopio** *f* [NBM] / mikroskopisches Präparat *n*
- **en color** *f* [NBM] / Farbdia *n* · Farbbildschirm *m*
diapoteca *f* [NBM] / Diathek *f*
diario 1 *m* [NBM] / Diarium *n*
- 2 *m* [Arch; Bk] / Tagebuch *n*
- 3 *m* [Bk] / Zeitung *f* ‖ *s.a. periódico*
- **de donaciones** *m* [Acq] / Geschenkjournal *n*
- **de encuadernador** *m* [Bind] / Buchbinderjournal *n*
- **de navegación** *m* [Bk] / Schiffstagebuch *n*
- **de operaciones** *m* [EDP] / Protokoll *n*
- **matutino** *m* [Bk] / Morgenzeitung *f*
- **oficial** *m* [Bk] / Amtsblatt *n*
- **vespertino** *m* [Bk] / Abendzeitung *f*
diarista *m* [Arch; Bk] / Tagebuchschreiber *m*
diazocopia *f* [Repr] / Diazofilm *m* · Lichtpause *f*
diazoproceso *m* [Repr] / Diazo(kopier)verfahren *n*
dibujo *m* [Art] / Zeichnung *f*
- **a la aguada** *m* [Art] / Tuschzeichnung *f*
- **a lápiz** *m* [Art] / Bleistiftzeichnung *f*
- **a (la) pluma** *m* [Art] / Federzeichnung *f*
- **al carbón** *m* [Art] / Kohlezeichnung *f*
- **al pastel** *m* [Art] / Pastellzeichnung *f*
- **a margen perdido** *m* [Cart] / Randüberzeichnung *f* (de mapa o plano)
- **a pulso** *m* (a lápiz o a pluma) [Art] / Freihandzeichnung *f*
- **a tiza** *m* [Art] / Kreidezeichnung *f*
- **de encuadernación** *m* [Bind] / Einbandzeichnung *f*
- **de trazo** *m* [Art] / Strichzeichnung *f*
- **publicitario** *m* [Art] / Gebrauchsgrafik *f*
- **técnico** *m* [NBM] / technische Zeichnung *f*
diccionario *m* [Bk] / Wörterbuch *n*
- **bilingüe** *m* [Bk] / zweisprachiges Wörterbuch *n*
- **biográfico** *m* [Bib] / biographisches Lexikon *n*
- **biográfico de eruditos** *m* [Bk] / Gelehrtenlexikon *n*
- **de bolsillo** *m* [Bk] / Taschenwörterbuch *n*
- **de extranjerismos** *m* [Bk] / Fremdwörterbuch *n*
- **de topónimos** *m* [Bk] / Ortslexikon *n*
- **de traducción** *m* [Lin] / Übersetzungswörterbuch *n*
- **enciclopédico** *m* [Bk] / Enzyklopädie *f* · Konversationslexikon *n*
- **gráfico** *m* [Bk] / Bildwörterbuch *n*
- **manual** *m* [Bk] / Handwörterbuch *n*
- **plurilingüe** *m* [Bk] / mehrsprachiges Wörterbuch *n*
- **políglota** *m* [Bk] / mehrsprachiges Wörterbuch *n* · polyglottes Wörterbuch *n*
- **por la imagen** *m* [Bk] / Bildwörterbuch *n*
- **técnico** *m* [Bk] / Fachwörterbuch *n*
dictáfono *m* [Off] / Diktiergerät *n*
dictamen *m* [Bk] / Gutachten *n*
didáctica bibliotecaria *f* [RS] / Bibliotheksdidaktik *f*
diente de lobo *m* [Bind] / Glättzahn *m*

diéresis *f* [Writ; Prt] / Pünktchen *n* · Trema *n* **I** *s.a. crema*
difusión *f* (de un periódico, de una revista) [Bk] / Verbreitung *f*
– **de la información** *f* [InfSy] / Informationsverbreitung *f*
– **selectiva de información** *f* [InfSy] / selektive Informationsverbreitung *f*
digesto *m* [Bk] / Digestorium *n*
digital *adj* [InfSy] / digital *adj*
digitalización *f* [EDP] / Digitalisierung *f*
digitalizar *v* [EDP] / digitalisieren *v*
dígito *m* [InfSy] / Ziffer *f*
– **binario** *m* [EDP] / Binärzeichen *n*
– **decimal** *m* [InfSy] / Dezimalziffer *f*
– **de control** *m* [EDP] / Prüfziffer *f*
– **seudodecimal** *m* [InfSy] / Pseudodezimale *f*
digno de leerse *adj* / lesenswert *adj*
dilatación del papel húmedo *f* [Pp] / Feuchtdehnung *f*
dimensión de característica *f* [PuC] / Merkmalsdimension *f*
dimensiones *pl* [Cat] / Ausmaße *pl*
– **de una hoja cartográfica** *pl* [Cart] / Blattgröße *f*
diorama *m* [NBM] / Diorama *n*
diploma *m* [Ed] / Diplom *n* · Zeugnis *n*
diplomática *f* [Arch] / Diplomatik *f* · Urkundenlehre *f*
díptico *m* [Bk] / Diptichon *n*
dirección *f* [EDP] / Adresse *f*
– **absoluta** *f* [EDP] / absolute Adresse *f* · Maschinenadresse *f*
– **bloqueada** *f* [Comm] / Sperradresse *f*
– **de base** *f* [EDP] / Anfangsadresse *f* · Grundadresse *f* · Bezugsadresse *f* · Basisadresse *f*
– **de base de la información** *f* [EDP] / Datenanfangsadresse *f*
– **de biblioteca** *f* [OrgM] / Bibliotheksleitung *f*
– **de comienzo de programa** *f* [EDP] / Programmanfangsadresse *f*
– **de dilatación del papel** *f* [Pp] / Dehnrichtung *f*
– **de expansión** *f* (del papel) [Pp] / Dehnrichtung *f*
– **de extensión** *f* (del papel) [Pp] / Dehnrichtung *f*
– **de flujo** *f* [EDP] / Ablaufrichtung *f* (en un diagrama de flujo)
– **de grano** *f* [Pp] / Maschinenlaufrichtung *f*
– **de grupos** *f* [Comm] / Gruppenadresse *f*
– **de la fibra** *f* (del papel) [Pp] / Längsrichtung *f* · Laufrichtung *f* (del papel)
– **de la información** *f* (en un diagrama de flujo) [EDP] / Flußrichtung *f*
– **de la máquina** *f* [Pp] / Laufrichtung *f*
– **del flujo de datos** *f* (en un diagrama de flujo) [EDP] / Flußrichtung *f*
– **de máquina** *f* [EDP] / Maschinenadresse *f*
– **de personal** *f* [Staff] / Personalführung *f*
– **de procedencia** *f* [Comm] / Herkunftsadresse *f*
– **de red** *f* [Comm] / Endsystemadresse *f*
– **de salida** *f* [EDP] / Ausgangsadresse *f*
– **destinataria** *f* [Comm] / Zieladresse *f*
– **durante el curso escolar** *f* [RS] / Semesteradresse *f*
– **en la máquina** *f* (del papel) [Pp] / Maschinenlaufrichtung *f* · Maschinenrichtung *f*
– **física** *f* [EDP] / physikalische Adresse *f*
– **general** *f* [Comm] / Generaladresse *f*
– **habitual** *f* [RS] / Heimatadresse *f*
– **indirecta** *f* [EDP] / indirekte Adresse *f*
– **lógica** *f* [EDP] / logische Adresse *f*
– **real** *f* [EDP] / echte Adresse *f* · reale Adresse *f* · tatsächliche Adresse *f* · wirkliche Adresse *f*
– **relativa** *f* [EDP] / relative Adresse *f*
– **transversal** *f* [Pp] / Querrichtung *f*
directiva *f* / Richtlinie *f* (del Consejo de las Comunidades Europeas)
director 1 *m* (de una película) [NBM] / Regisseur *m*
– 2 *m* (de departamento) [Staff] / Leiter *m* **I** *s.a. jefe*
– **de biblioteca** *m* [Staff] / Bibliotheksleiter *m* · Bibliotheksdirektor *m*
– **de edición** *m* [Bk] / Chefredakteur *m*
– **de prácticas profesionales** *m* [Ed] / Ausbildungsleiter *m*
– **de producción** *m* [Bk] / Herstellungsleiter *m*
– **en funciones** *m* [OrgM] / stellvertretender Direktor *m*
– **general** *m* [Staff] / Generaldirektor *m*
– **interino de departamento** *m* [Staff] / stellvertretender Abteilungsleiter *m*
directorio 1 *m* [EDP] / Inhaltsverzeichnis *n*
– 2 *m* [Bk] / Adreßbuch *n*
– **comercial** *m* [Bk] / Handelsadreßbuch *n* · Branchenadreßbuch *n*
– **de bibliotecas** *m* [Bk] / Bibliotheksadreßbuch *n*

– **de empresas** *m* [Bk] / Firmenadreßbuch *n*
– **del edificio** *m* (como tablero sinóptico) [BdEq] / Wegweiser *m* ‖ *s.a. señal orientadora*
– **de librerías** *m* [Bk] / Buchhandelsadreßbuch *n*
– **de periódicos** *m* [Bib] / Zeitschriftenbibliographie *f*
– **de prensa** *m* [Bib] / Zeitungsadreßbuch *n*
– **de publicaciones periódicas** *m* [Bib] / Zeitschriftenadreßbuch *n*
– **de una población** *m* [Bk] / Stadtadreßbuch *n*
– **local** *m* [Bk] / Ortsadreßbuch *n*
directrices de calidad *pl* [OrgM] / Qualitätssteuerung *f* · Qualitätslenkung *f*
dirigido por instrucciones *pp* [EDP] / befehlsgesteuert *pp*
dirigir *v* [OrgM] / steuern *v*
discado directo *m* [Comm] / Durchwahl *f*
disco 1 *m* [EDP] / Platte *f* ‖ *s.a. disco magnético*
– 2 *m* [NBM] / Platte *f* · Schallplatte *f*
– **cambiable** *m* [EDP] / Wechselplatte *f*
– **compacto** *m* [NBM] / Compact-Disc *f s. CD*
– **compacto con memoria sólo para lectura** *m* [EDP] / CD-ROM *f*
– **de goma laca** *m* [NBM] / Schellack-Platte *f*
– **de larga duración** *m* [NBM] / Langspielplatte *f*
– **de sectores duros** *m* [EDP] / hartsektorierte Diskette *f*
– **duro** *m* [EDP] / Festplatte *f*
– **estereofónico** *m* [NBM] / Stereoschallplatte *f*
– **estereofónico** *m* [NBM] / Stereoplatte *f*
– **flexible** *f* [EDP] / Diskette *f*
– **fonográfico** *m* [NBM] / Schallplatte *f*
–**grafía** *m* [NBM; Bib] / Discographie *f*
– **magnético** *m* [EDP] / Magnetplatte *f* ‖ *s.a. memoria de disco duro; pila de discos*
– **magnético flexible** *m* [EDP] / flexible Magnetplatte *f*
– **magnetofónico** *m* [NBM] / Magnettonplatte *f*
– **óptico** *m* [NBM] / Bildplatte *f*
– **óptico borrable** *m* [EDP] / löschbare optische Platte *f*
– **óptico digital** *m* [NBM] / optische Speicherplatte *f*
– **sonoro** *m* [NBM] / Schallplatte *f*
–**teca** *f* [NBM] / Schallarchiv *n*
discreto *adj* [InfSy] / diskret *adj*
diseño de cubierta *m* [Bk] / Einbandgestaltung *f* · Umschlaggestaltung *f*
diseño de encuadernación *m* [Bind] / Einbandgestaltung *f*
diseño de formularios *m* [Off] / Formulargestaltung *f*
diseño de la muestra *m* [InfSc] / Stichprobenanlage *f*
diseño de libros *m* [Bk] / Buchgestaltung *f*
diseño de sistemas *m* [OrgM] / Systementwurf *m*
diseño tipográfico *m* [Prt] / Satzbild *n* · Satzgestaltung *f*
disertación *f* [Comm] / Aufsatz *m* · Vortrag *m*
disponible *adj* [RS] / vorrätig *adj*
disposiciones legales sobre la propiedad intelectual *pl* [Law] / Urheberrechtsbestimmungen *pl*
dispositivo de entrada *m* [EDP] / Eingabegerät *n*
dispositivo de rebobinado *f* [NBN; Repr] / Aufspuleinrichtung *f*
dispositivo de salida *m* [EDP] / Ausgabegerät *n*
dispositivo periférico *m* [EDP] / Peripheriegerät *n*
dispositivo seleccionador *m* [BdEq] / Sortiereinrichtung *f*
disquete *m* [EDP] / Diskette *f*
– **de alta densidad** *m* [EDP] / Diskette mit hoher Schreibdichte *f*
– **de doble densidad** *m* [EDP] / Diskette mit doppelter Schreibdichte *f*
– **de referencia** *m* [EDP] / Bezugsdiskette *f*
– **de referencia garantizada** *m* [EDP] / zertifizierte Bezugsdiskette *f*
– **sectorizado por programa** *m* [EDP] / weichsektorierte Diskette *f*
– **sencillo** *m* [EDP] / Diskette mit einfacher Schreibdichte *f*
distancia de Hamming *f* [EDP] / Hamming-Abstand *m*
distancia de los ojos *f* (a la pantalla del ordenador) [EDP/VDU] / Augenabstand *m*
distancia de visualización *f* [EDP/VDU] / Sehabstand *m*
distancia entre caracteres *f* [EDP] / Zeichenabstand *m*

distancia entre ejes centrales *f* [Sh] / Achsabstand *m* (diese Regalblöcke haben einen Achsabstand von 130 cm: estas estanterías tienen 130 cm de distancia entre sus ejes)
distancia entre estanterías *f* [Sh] / Regalabstand *m*
distancia focal *f* [Repr] / Brennweite *f*
distintivo *m* [EDP] / Feldkennung *f*
distribución *f* [Bk] / Vertrieb *m*
– **de espacios abierta** *f* [BdEq] / offene Raumaufteilung *f*
– **de frecuencia normal** *f* [InfSc] / Normalverteilung *f*
– **de frecuencias** *f* [InfSc] / Häufigkeitsverteilung *f*
– **de frecuencias normal** *f* [InfSc] / normale Häufigkeitsverteilung *f*
– **de Gauss** *f* [InfSc] / Gaußverteilung *f*
– **del muestreo** *f* [InfSc] / Stichprobenverteilung *f*
– **de medios presupuestarios** *f* [BgAcc] / Mittelverteilung *f*
– **de muestreo** *f* [InfSc] / Sample-Verteilung *f*
– **de recursos** *f* [BgAcc] / Mittelaufteilung *f* ‖ *s.a. recursos presupuestarios*
– **de trabajos** *f* (distribución de responsabilidades) [OrgM] / Aufgabenverteilung *f*
– **de una entrega** *f* (de una obra en hojas sueltas) [Bk] / Ergänzungslieferung *f*
– **gaussiana** *f* [InfSc] / Gaußverteilung *f*
– **normal** *f* [InfSc] / Normalverteilung *f*
distribuidor *m* [Bk] / Vertriebsstelle *f*
– **de libros** *m* (instalación) [BdEq] / Buchverteilungsanlage *f*
– **de servicios de búsqueda** *m* [InfSy] / Datenbankanbieter *m*
– **exclusivo** *m* [Bk] / Alleinauslieferer *m*
distribuir *v* (cartas, etc.) [Off] / ablegen *v*
ditografía *f* [Writ] / Dittographie *f*
diurnal *m* [BK] / Diurnale *n*
diurno *m* [Bk] / Diurnale *n*
dividido en *pp* [Bk] / aufgeteilt in *pp*
divisa *f* [Bk] / Devise *f* · Motto *n*
división *f* (de una publicación seriada) [Cat] / Aufteilung *f*
– **del tiempo** *f* [EDP] / Zeitscheibenverfahren *n*
– **del trabajo** *f* [OrgM] / Arbeitsteilung *f*
– **de tiempo** *f* [EDP] / Zeitmultiplexbetrieb *m*
– **dicotómica** *f* [Class] / dichotomische Einteilung *f*
– **en hojas** *f* [Cart] / Blatteinteilung *f*
– **en sílabas** *f* [Prt; Writ] / Silbentrennung *f*
– **por la forma** *f* [Class] / Formalgruppe *f*
divisorio *m* [Prt] / Manuskripthalter *m*
DM *abbr s. disco magnético*
dobladura *f* [Bind] / Einschlag *m*
doblar 1 *v* [NBM] / falzen *v*
– 2 *v* (una película) [NBM] / synchronisieren *v*
– **al borde** *v* [Bind] / fälzeln *v*
doble densidad *f* (disquete de ~) [EDP] / doppelte Speicherdichte *f*
doble espacio interlineal *m* [Prt] / Leerzeile *f*
doblez *m* (en la esquina de la página) [Bk] / Eselsohr *n*
docente *m* [Ed] / Dozent *m*
Documentación *f* [InfSc] / Informationswissenschaft *f* · Dokumentation *f*
– **de datos** *f* [Ind] / Datendokumentation *f*
– **del pedido** *f* [Acq] / Bestellunterlagen *pl*
– **de programas** *f* [EDP] / Programmdokumentation *f*
– **de una solicitud** *f* / Bewerbungsunterlagen *pl*
documental *m* [NBM] / Dokumentarfilm *m*
documentalista *m* [Staff] / Informationskraft *f* · Informator *m DDR* · Informationsspezialist *m* · Dokumentar *m*
– **bibliógrafo** *m* [Retr] / Bibliographierer *m*
– **de referencia** *m* [Retr] / Bibliographierer *m*
– **titulado** *m* [Staff] / Diplom-Dokumentar *m*
documento *m* [Arch; Off] / Dokument *n* · Urkunde *f* · Akte *f*
– **audiovisual** *m* [NBM] / AV-Dokument *n* · audiovisuelles Dokument *n*
– **bibliográficamente independiente** *m* [Bk; Cat] / selbständiges Dokument *n*
– **citado** *m* [Bib; Retr] / Zitat *n* ‖ *s.a. referencia bibliográfica*
– **clasificado como confidencial** *m* [Arch] / Geheimdokument *n* (como materia reservada)
– **confidencial** *m* [Arch; Bk] / Verschlußsache *f*
– **de identidad** *m* [RS] / Ausweis
– **de patente** *m* [Bk] / Patentdokument *n*

– **dependiente** *m* [Cat: Bk] / unselbständiges Dokument *n* ‖ *s.a. obra aparecida como dependiente*
– **de primera mano** *m* [InfSc] / Primärdokument *n*
– **derivado** *m* / derivatives Dokument *n*
– **desclasificado** *m* [Arch] / nicht mehr als Verschlußsache eingestuftes Dokument *n*
– **electrónico** *m* / elektronisches Dokument *n*
– **escrito y firmado de propia mano** *m* [Arch] / eigenhändig geschriebene und unterzeichnete Urkunde *f*
– **gráfico** *m* [NBM] / Bilddokument *n*
– **incluído** *m* (en una colección con título colectivo y mencionado en la portada o en la portadilla) [Cat] / beigefügtes Werk / Dokument *n* · enthaltenes Dokument *n* · enthaltenes Werk *n*
– **liberado** *m* [Arch] / freigegebenes Dokument *n* · nicht mehr als Verschlußsache eingestuftes Dokument *n*
– **oficial** *m* [Bk] / Amtsdruckschrift *f* · amtliche Druckschrift *f s. publicación oficial*
– **primario** *m* [InfSc] / Primärdokument *n*
– **reservado** *m* [Arch; Bk] / Verschlußsache *f*
–**s de archivo** *pl* [Arch] / Archivgut *n* · Archivalien *pl*
–**s de personal** *pl* [Staff] / Personalakten *pl*
–**s de trabajo** *pl* [OrgM] / Arbeitsunterlagen *pl*
– **secreto** *m* [Arch; Bk] / Geheimdokument *n* · Verschlußsache *f*
– **secundario** *m* [Bk] / Folgedokument *n* · Sekundärdokument *n*
–**s escritos** *pl* [Writ; Arch] / Schriftgut *n*
–**s parlamentarios** *pl* [Bk] / Parlamentaria *pl* · Parlamentsschriften *pl*
domicilio *m* [RS] / fester Wohnsitz *m* · Heimatadresse *f*
donación *f* [Acq] / Spende *f* · Schenkung *f* · Stiftung *f* · Zuwendung *f* ‖ *s.a. concesión*
– **de una sola vez** *f* [BgAcc] / einmalige Zuwendung *f*
– **usufructuaria** *f* [Acq] / Stiftung *f*
donador *m* [Acq] / Geber *m* · Stifter *m*
donante *m* [Acq] / Geber *m* · Schenker *m* · Spender *m*
donativo *m* [Acq] / Spende *f* · Zuwendung *f*
dorado *pp* [Bind] / vergoldet *pp* · Vergoldung *f* · Vergoldung *f*
– **a mano** *m* [Bind] / Handvergoldung *f* ‖ *s.a. aplicación manual de pan de oro*
– **a prensa** *m* [bind] / Goldpressung *f*
– **a prensa** *m* [Bind] / Preßvergoldung *f*
– **a volante** *m* [Bind] / Preßvergoldung *f*
– **de cortes** *m* [Bind] / Goldschnittmachen *n*
– **de cubierta** *m* [Bind] / Deckelvergoldung *f*
– **del lomo** *m* [Bind] / Rückenvergoldung *f*
– **de pestañas** *m* [Bind] / Innenkantenvergoldung *f*
–**r a mano** *m* (artesano) [Bind] / Handvergolder *m* · Vergolder *m*
–**s** *pl* [Bk] / Goldverzierung *f*
dorar *v* [Bind] / vergolden *v*
dorso de un libro *m* [Bind] / Rücken *m* ‖ *s.a. lomo*
dos puntos *pl* (signo :) [Writ; Prt] / Doppelpunkt *m*
dotación de personal *f* [Staff] / Personalausstattung *f*
dramatización radiofónica *f* [NBM] / Hörspiel *n*
DSI *abbr s. difusión selectiva de información*
dumio *m* [Bk; Bind] / Blindband *m* · 2 Musterband *m s. libro maqueta;* ‖ *s.a. maqueta de encuadernación*
duplicación *f* [Stock] / Duplizierung *f*
duplicado 1 *m* [Repr] / Abzug *m* · Vervielfältigung *f* · Duplikat *n*
– 2 *m* [Acq] / Dublette *f*
– **de película** *m* [Repr] / Duplikatfilm *m* ‖ *s.a. película vesicular*
duplicar *v* [Repr] / duplizieren *v*
duración *f* (de ciertos materiales en condiciones de almacenamiento) [NBM] / Haltbarkeitsdauer *f*
– **de la conexión** *f* [Comm] / Anschlußzeit *f* · Anschaltzeit *f* · Verbindungszeit *f*
– **de la grabación sonora** *f* [NBM] / Tonträgerzeit *f*
– **de la perturbación** *f* [EDP] / Störungsdauer *f*
– **de la visualización** *f* [EDP; VDU] / Anzeigedauer *f*
– **del cargo** *f* [Staff] / Amtszeit *f*
– **del juego** *f* [NBM] / Spieldauer *f*
– **de los derechos de autor** *f* [Law] / Schutzfrist *f*
– **del paso** *f* [Comm] / Schrittakt *m*
– **de transferencia** *f* (de datos) [EDP] / Transferzeit *f*

E

EB *abbr s. elemento binario*
echar un vistazo *v* [OrgM] / sichten *v*
economía de la información *f* [InfSy] / Informationswirtschaft *f*
ed. *abbr. s. edición 1; edición 2; edición 3*
ed. aum. *abbr s. edición ampliada*
edición 1 *f* (por ej. una edición de 1000 ejemplares; 2ª edición) [Bk; Prt] / Auflage *f*
– 2 *f* (por ej., la nueva edición de un libro; una edición de bolsillo; edición abreviada; edición matutina de un periódico) [Bk] / Ausgabe *f*
– 3 *f* [Bk] / (por ej., una de las diversas ediciones del „Lazarillo":) Ausgabe *f*
– **abreviada** *f* [Bk] / gekürzte Ausgabe *f* · Kurzausgabe *f*
– **actualizada** *f* [Bk] / aktualisierte Ausgabe *f*
– **ampliada** *f* [Bk] / erweiterte Auflage *f* · vermehrte Auflage *f*
– **anterior** *f* (de una revista, etc.) [Bk] / ältere Ausgabe *f*
– **aumentada** *f* [Bk] / erweiterte Ausgabe *f* · erweiterte Auflage *f* · vermehrte Auflage *f*
– **autorizada** *f* [Bk] / endgültige Ausgabe *f* · autorisierte Ausgabe *f*
– **colectiva** *f* [Bk] / Gemeinschaftsausgabe *f*
– **completa** *f* [Bk] / Gesamtausgabe *f* · vollständige Ausgabe *f*
– **con licencia** *f* [Bk] / Lizenzausgabe *f*
– **corregida** *f* [Bk] / verbesserte Ausgabe *f* · berichtigte Ausgabe *f* · verbesserte Auflage *f*
– **de barrio** *f* (de un periódico de gran ciudad) [Bk] / Stadtteilausgabe *f*
– **de bibliófilo** *f* [Bk] / Liebhaberausgabe *f*
– **de bolsillo** *f* [Bk] / Taschenbuchausgabe *f*
– **de catálogo** *f* [Cat] / Katalogrevision *f*
– **de distrito municipal** *f* (de un periódico en una gran ciudad) [Bk] / Stadtteilausgabe *f*
– **definitiva** *f* [Bk] / endgültige Ausgabe *f*
– **de hojas cambiables** *f* [Bk] / Loseblattausgabe *f*
– **de lujo** *f* [Bk] / Luxusausgabe *f* · Prachtausgabe *f*
– **de portafolios** *f* (con grabados artísticos, etc.,) [Art] / Mappenwerk *n*
– **de tirada limitada** *f* [Bk] / limitierte Auflage *f*
– **de última mano** *f* [Bk] / Ausgabe letzter Hand *f*
– **diamante** *f* [Bk] / Liliputbuch *n* · Miniaturausgabe *f* ‖ *s.a. libro en miniatura*
– **diplomática** *f* [Bk] / diplomatische Ausgabe *f*
– **en cartoné** *f* [Bind; Bk] / gebundene Ausgabe *f*
– **encuadernada** *f* [Bind; Bk] / gebundene Ausgabe *f*

– **en porfolio** *f* (con grabados artísticos, etc.) [NBM] / Mappenwerk *n*
– **en rústica** *f* [Bk] / Paperback-Ausgabe *f*
– **expurgada** *f* [Bk] / purgierte Ausgabe *f* · bereinigte Ausgabe *f* · gereinigte Ausgabe *f*
– **extraordinaria** *f* [Bk] / Extraausgabe *f*
– **gratuita** *f* [Bk] / Geschenkausgabe *f*
– **histórico-crítica** *f* [Bk] / historisch-kritische Ausgabe *f*
– **ilustrada** *f* [Bk] / illustrierte Ausgabe *f*
– **limitada** *f* [Bk] / beschränkte Auflage *f*
– **local** *f* (de un periódico) [Bk] / Stadtausgabe *f* · Gebietsausgabe *f*
– **miniatura** *f* [Bk] / Miniaturausgabe *f*
– **no autorizada** *f* [Bk] / nichtautorisierte Ausgabe *f*
– **original** *f* [Bk] / Originalausgabe *f*
– **paleográfica** *f* [Bk] / diplomatische Ausgabe *f*
– **para bibliotecas** *f* [Bk] / Bibliotheksausgabe *f*
– **para el mercado** *f* [Bk] / Buchhandelsausgabe *f*
– **parcial** *f* [Bk] / Teilausgabe *f*
– **pirata** *f* [Bk] / Raubdruck *m*
– **popular** *f* [Bk] / Volksausgabe *f*
– **presentada** *f* [Cat; Ind] / vorliegende Ausgabe *f*
– **príncipe** *f* (en libros antiguos) [Bk] / Originalausgabe *f* · Erstausgabe *f*
– **privada** *f* [Bk] / Privatdruck *m*
– **protegida** *f* (por la ley de propiedad intelectual) [Bk] / urheberrechtlich geschützte Ausgabe *f*
– **provisional** *f* [Bk] / vorläufige Ausgabe *f*
– **recopiladora** *f* [Bk] / Sammelausgabe *f*
– **refundida** *f* [Bk] / Sammelausgabe *f*
– **regional** *f* (de un periódico) [Bk] / Gebietsausgabe *f* ‖ *s.a. tirada regional*
– **reservada** *f* [Bk] / Vorzugsausgabe *f*
– **revisada** *f* [Bk] / durchgesehene Ausgabe *f* · überarbeitete Ausgabe *f* · veränderte Ausgabe *f* · durchgesehene Auflage *f* · geringfügig überarbeitete Ausgabe *f* · umgearbeitete Auflage *f* · geringfügig veränderte Ausgabe *f*
– **variórum** *f* [Bk] / historisch-kritische Ausgabe *f*
– **vendida** *f* (de una revista o un periódico) [Bk] / verkaufte Auflage *f*
edificio *m* [BdEq] / Bau *m* · Gebäude *n*
– **anexo** *m* [BdEq] / Erweiterungsbau *m*
– **bibliotecario** *m* [BdEq] / Bibliotheksbau *m*
– **de almacén** *m* [BdEq] / Lager *n*
– **de la biblioteca** *m* [BdEq] / Bibliotheksgebäude *n*
– **de un archivo** *m* [Arch] / Archivbau *m* · Archivgebäude *n*
– **polifuncional** *m* [BdEq] / Mehrzweckgebäude *n*
editar 1 *v* (datos) [EDP] / editieren *v*
– 2 *v* [Bk] / verlegen *v* · edieren *v* · herausgeben *v* ‖ *s.a. lanzar*
editor *m* [Bk] / Editor *m* · 1 Herausgeber *m* · Verleger *m*
editora *f* (editor femenino) [Bk] / Herausgeberin *f*
editor de enlace *m* [EDP] / Binder *m*
editores *pl* [Bk] / Redaktion *f*
editorial *f* [Bk] / Verlag *m*
– **comercial** *f* [Bk] / gewerbsmäßiger Verlag *m*
– **comisionista** *f* [Bk] / Kommissionsverlag *m*
– **de arte** *f* [Bk] / Kunstverlag *m*
– **de libros de texto** *m* [Ed; Bk] / Schulbuchverlag *m*
– **de revistas** *f* [Bk] / Zeitschriftenverlag *m*
– **especializada** *f* [Bk] / Fachverlag *m*
– **pedagógica** *f* [ED, Bk] / pädagogischer Verlag *m*
– **técnica** *f* [Bk] / Fachverlag *m*
– **universitaria** *f* [Bk] / Universitätsverlag *m*
educación asistida por ordenador *f* [Ed] / rechnergestützte Unterweisung *f*
educación continuada *f* [Staff] / Fortbildung *f*
educación de adultos *f* [Ed] / Erwachsenenbildung *f*
educación del usuario *pl* [RS] / Benutzerschulung *f*
educación profesional continuada *f* [Staff] / berufliche Fortbildung *f*
efectividad *f* [OrgM] / Effektivität *f*
efectivo de libros *m* [Stock] / Buchbestand *m*
efemérides *pl* [Bk] / Ephemera *pl*
eficacia *f* [OrgM] / Effektivität *f*
eficacia *f* [OrgM] / Leistung *f* · Wirksamkeit *f*
eficiencia *f* [OrgM] / Effizienz *f* · Leistungsfähigkeit *f* · Wirksamkeit *f*
ejecución de la clasificación *f* [EDP] / Sortierlauf *m*
ejecución de programa *f* [EDP] / Maschinenlauf *m*

ejecución de puesta a punto *f* [EDP] / Testlauf *m*
ejecución en máquina *f* [EDP] / Maschinenlauf *m*
ejecutable *adj* [EDP] / ablauffähig *adj*
ejecutivo *m* [OrgM] / Führungskraft *f*
eje de estantería *m* [Sh] / Regalachse *f*
ejemp. *abbr s. ejemplar*
ejemplar *m* [Bk] / (impresión:) Abdruck *m* · Exemplar *n*
– **a comprobar por profesores** *m* [Bk] / Prüfstück *n*
– **adicional** *m* [Acq] / zusätzliches Exemplar *n* · weiteres Exemplar *n* · Mehrfachexemplar *n* ‖ *s.a. ejemplar duplicado; ejemplar múltiple*
– **a examen** *m* [Acq] / Ansichtsexemplar
– **anticipado** *m* [Bk] / Vorausexemplar *n*
– **consignado** *m* [Bk] / signiertes Exemplar *n*
– **de archivo** *m* [Stock] / Archivexemplar *n*
– **de autor** *m* [Bk] / Belegexemplar *n* · (für den Author:) Freiexemplar *n s. ejemplar gratuito;* ‖ *s.a. ejemplar de prueba*
– **de corrección** *m* [Prt] / Korrekturexemplar *n*
– **de depósito legal** *m* [Bk] / Pflichtstück *n* · Pflichtexemplar *n*
– **dedicado** *m* [Bk] / Widmungsexemplar *n* ‖ *s.a. ejemplar de regalo*
– **defectuoso** *m* [Bk] / Defektexemplar *n* · Mängelexemplar *n*
– **de muestra** *m* [Bk] / Probeexemplar *n* · Musterexemplar *n*
– **de prensa** *m* [Bk] / Rezensionsexemplar *n* · Pressendruck *m*
– **de préstamo** *m* [RS] / Leihexemplar *n*
– **de procedencia famosa** *m* [Acq] / Exemplar berühmter Herkunft *n*
– **de prueba** *m* [Bk] / Belegexemplar *n* · Probeexemplar *n* ‖ *s.a. ejemplar de autor*
– **de referencia** *m* [Bk] / Präsenzexemplar *n*
– **de regalo** *m* [Acq] / Geschenkexemplar *n* ‖ *s.a. ejemplar dedicado*
– **de repuesto** *m* [Acq] / Ersatzexemplar *n* ‖ *s.a. ejemplar repuesto*
– **de reserva** *m* / Reserveexemplar *n*
– **duplicado** *m* [Acq] / Zweitexemplar *n* · Doppelstück *n* ‖ *s.a. ejemplar adicional; ejemplar múltiple*
–**es para grupos de clase** *pl* [Stock] / Klassensatz *m*
– **extraordinario** *m* [Bk] / extra-ausgestattetes Exemplar *n*
– **firmado** *m* (por el autor) [Bk] / signiertes Exemplar *n*
– **fuera de circulación** *m* [Bk] / Präsenzexemplar *n*
– **fuera de préstamo** *m* [Bk] / Präsenzexemplar *n*
– **gratuito** *m* [Acq] / kostenloses Exemplar *n* · Freiexemplar *n*
– **impecable** *m* [Bk] / tadelloses Exemplar *n*
– **imperfecto** *m* [Bk] / Mängelexemplar *n*
– **interfoliado** *m* [Bk] / durchschossenes Exemplar *n*
– **intonso** *m* [Bind] / unaufgeschnitten *pp*
– **libre** *m* [Bk] / Freistück *n*
– **mentiroso** *m* [Bk] / ein Exemplar mit erheblichen buchbinderischen oder drucktechnischen Mängeln
– **múltiple** *m* [Acq] / Mehrfachexemplar *n* ‖ *s.a. ejemplar adicional; ejemplar duplicado*
– **no pedido** *m* [Acq] / nichtbestelltes Exemplar *n* · unverlangtes Exemplar *n*
– **para crítica** *m* [Bk] / Besprechungsexemplar *n*
– **para el depósito legal** *m* [Acq] / Pflichtexemplar *n*
– **para la crítica** *m* [Bk] / Rezensionsexemplar *n*
– **para préstamo** *m* [Stock] / verleihbares Exemplar *n*
– **para publicidad** *m* [Bk] / Besprechungsexemplar *n*
– **para recensión** *m* [Bk] / Besprechungsexemplar *n*
– **para recensión** *m* [Bk] / Pressendruck *m*
– **para reseña** *m* [Bk] / Rezensionsexemplar *n*
– **para uso personal** *m* [Bk] / Handexemplar *n*
– **presentado** *m* [Cat] / vorliegendes Exemplar *n*
– **repuesto** *m* [Acq] / Ersatzexemplar *n*
– **único** *m* [Bk; NBM] / Unikat *n*
ejercicio anual *m* (económico) [BgAcc] / Rechnungsjahr *n*
ejercicio de examen *m* [Ed] / Prüfungsarbeit *f*
ejercicio fiscal *m* [BgAcc] / Rechnungsjahr *n*
elaboración de decisiones *f* [OrgM] / Entscheidungsfindung *f*
elaborar *v* [TS] / bearbeiten *v*

– **extractos** *v* [Ind] / Kurzreferate erstellen *v*
elección de base de datos *f* [Retr] / Datenbankwahl *f*
elección del encabezamiento de materia *f* [Cat] / Schlagwortbildung *f*
electrocopia *f* [Repr] / Elektrokopierverfahren *n* · Elektrofotografie *f*
electrofotografía *f* [Repr] / Elektrofotografie *f*
electrotipo *m* [Prt] / Galvano *n*
elegir una muestra *v* [InfSc] / eine Stichprobe ziehen *v*
elemento *m* (como parte de un área de la descripción bibliográfica) [Cat] / Element *n*
– **auxiliar de intercalación** *m* [Cat] / Ordnungshilfe *f*
– **bibliográfico** *m* [Bib; Cat] / bibliographisches Element *n*
– **binario** *m* [EDP] / Binärzeichen *n*
– **categórico de un dato** *m* [EDP] / Datenkategorie *f*
– **condicional** *m* [EDP] / Folgebedingung *f*
– **de clasificación** *m* [Class] / Ordnungselement *n*
– **de construcción** *m* [BdEq] / Bauteil *n*
– **de datos comerciales** *m* / Handelsdatenelement *n*
– **de información** *m* [EDP] / Datenelement *n*
– **de información** *m* [EDP] / Kategorie *f* · Datenkategorie *f* ‖ *s.a. catálogo de elementos de información*
– **de la imagen** *m* [EDP/VDU] / Bildelement *n*
– **de memoria** *m* [EDP] / Speicherelement *n*
– **de representación** *m* [EDP/VDU] / Darstellungselement *n*
– **funcional** *m* [EDP] / Funktionseinheit *f*
elenco *m* [Mus] / Besetzung *f*
elevador *m* [BdEq] *HA* / Aufzug *m* · Fahrstuhl *m*
eliminar de catálogo *v* [Stock] / aussondern *v*
embadurnar *v* [Bind] / anschmieren *v*
embargar *v* [Law] / beschlagnahmen *v*
embutido *m* (en encuadernaciones en piel) [Bind] / Intarsia *f*
emisión radiada *f* [Comm] / Rundfunksendung *f*
emisión radiofónica *f* [Comm] / Rundfunksendung *f*
emisión televisiva *f* [Comm] / Fernsehsendung *f*
emisora *f* [Comm] / Sendestation *f*
– **de televisión** *f* [Comm] / Fernsehsender *m*
emolumentos *pl* (sueldo) [Staff] / Bezüge *pl* · Dienstbezüge *pl*
empalmador *m* [Repr] / Klebepresse *f*
empalmar *v* (tiras de película) [Repr] / kleben *v Brit*
empalme *m* [Repr] / 2 Klebestelle *f*
empastado *pp* [Bind] / kartoniert *pp*
empastar *v* [Bind] / kartonieren *v* · einhängen *v*
empezado a rasgar *pp* [Bk] / eingerissen *pp* · angerissen *pp*
emplazamiento *m* [BdEq] / Lage *f*
emplazamiento de memoria *m* [EDP] / Speicherplatz *m* · Speicherzelle *f*
empleado *m* [Staff] / Bediensteter *m* · Angestellter *m* · Mitarbeiter *m*
– **a tiempo parcial** *f* [Staff] / Teilzeitkraft *f* · Teilzeitbeschäftigter *m*
– **con dedicación exclusiva** *m* [Staff] / Ganztagsbeschäftigter *m*
– **de biblioteca** *m* [Staff] / Bibliotheksangestellter *m*
– **de jornada completa** *m* [Staff] / Ganztagskraft *f* · Ganztagsbeschäftigter *m*
– **de jornada completa** *m* [Staff] / Vollzeitbeschäftigter *m*
– **de media jornada** *m* [Staff] / Halbtagskraft *f* · Halbtagsbeschäftigter *m* · Teilzeitbeschäftigter *m*
– **fijo** *m* [Staff] / fest angestellt *pp*
– **subordinado** *m* [Staff] / unterstellter Mitarbeiter *m*
empleo *m* [Staff] / Beschäftigung *f*
– **de jornada completa** *m* [Staff] / Ganztagsstelle *f*
– **fijo** *m* [Staff] / feste Anstellung
empresa *f* (lema ilustrado con una figura) [Bk] / Motto *n*
– **de clase media** *f* [Gen] / mittelständisches Unternehmen *n*
– **productora de software** *f* [EDP] / Softwarefirma *f*
– **pública de telecomunicaciones** *f* [Comm] / Netzbetreiber *m*
– **unipersonal** *f* [OrgM] / Ein-Mann-Betrieb *m*
emulación *f* [EDP] / Emulation *f*
emulador *m* [EDP] / Emulator *m*
emular *v* [EDP] / emulieren *v*
emulsión *f* [Repr] / Emulsion *f*

en almacén *adv* [Gen] / auf Lager *n*
enc. *abbr. s. encuadernación*
encabezado *m* (de una microficha) [Repr] / Titel *m*
encabezamiento 1 *m* [Bk] / Überschrift *f* ‖ *s.a. título 2*
– 2 *m* (parte de un asiento de registro) [Bk; Bib; Ind] / Haupteingang *m*
– 2 *m* (parte de un asiento de registro) [Bk] / Registereingang *m*
– 3 *m* (serie de signos precedentes al texto en una transmisión de datos) [Comm] / Kopf *m*
– 4 *m* (de un registro bibliográfico) [Cat] / Kopf *m*
– 5 *m* (primera palabra del encabezamiento) [Cat] / Ordnungswort *n*
– **de autor-título** *m* [Cat] / Namenseintragung *f*
– **de forma** *m* [Cat] / Formschlagwort *n* · formales Ordnungswort *n*
– **de materia** *f* [Cat] / Gesamtschlagwort *n* · Schlagwort *n* · Sachschlagwort *n* · sachliches Schlagwort *n* · (no estandarizado:) ungebundenes Schlagwort *n*
– **de materia estandarizado** *m* [Cat] / gebundenes Schlagwort *n*
– **de mensaje** *m* [Comm] / Nachrichtenkopf *m*
– **específico** *m* [Cat; Ind] / enges Schlagwort *n*
– **genérico** *m* [Cat; Ind] / weites Schlagwort *n*
– **geográfico** *m* [Cat] / geographisches Schlagwort *n*
– **invertido** *m* [Cat] / invertiertes Ordnungswort *n* · invertiertes Schlagwort *n*
– **lateral** *m* [Bk] / Randüberschrift *f*
– **por nombre de autor** *m* [Cat] / Kopf *m*
– **por nombre de persona** *m* [Cat] / Personenschlagwort *n*
– **principal** *m* [Cat] / Hauptschlagwort *n*
– **secundario** *m* [Cat] / Nebeneingang *m* · Nebenschlagwort *n* · Nebeneintragung *f*
– **temático** *m* [Cat] / sachliches Schlagwort *n*
encabezar *v* (por ej., encabezar una entidad bajo su nombre oficial) [Cat] / ansetzen *v*
encadenamiento *m* [Class] / klassifikatorische Kette *f*
encadenar con *v* [Retr] / verknüpfen *v*
encajado del lomo *m* [Bind] / Rückeneinlage *f*
encajar *v* [Bind] / einhängen *v*
encaje *m* (del lomo del libro) [Bind] / Hinterkleben *n*
encapsulamiento *m* [Pres] / Einkapselung *f*
encapsular *v* [Pres] / einkapseln *v*
encargado de biblioteca *m* [Staff] / Bibliotheksbeauftragter *m*
encargado de curso *m* [Ed] / Lehrbeauftragter *m*
encargado de proteger la información *m* [Law] / Datenschutzbeauftragter
encargado de seguridad *m* [Staff] / Sicherheitsbeauftragter *m*
encargo *m* [Acq; Bk] / Bestellung *f*
– **de pedidos** *m* [Acq] / Auftragserteilung *f*
– **de trabajo** *m* [EDP] / Auftrag *m*
– **(hecho) con antelación** *m* [Acq] / Vorausbestellung *f*
encarte *m* [Bk] / gefalzte Beilage *f*
encartonado *pp* [Bind] / kartoniert *pp*
encartonar *v* [Bind] / kartonieren *v*
enchufe *m* [BdEq] / Steckdose *f* ‖ *s.a. toma de corriente*
encíclica *f* [Bk] / Encyclica *f*
enciclopedia *f* [Bk] / Enzyklopädie *f* · Konversationslexikon *n* · Lexikon *n*
– **general** *f* [Bk] / Realenzyklopädie *f*
encolado 1 *m* (proceso de encolar) [Pp] / Leimung *f*
– 2 *pp* [Pp] / geleimt *pp*
– **con alumbre** *pp* [Pres] / Harzleimung *f*
– **de conservación** *m* [Pres] / Angießen *n*
– **de costuras** *m* [Bind] / Fadensiegeln *n*
– **del papel** *m* [Pp] / Papierleimung *f*
encoladora *f* [Bind] / Ableimmaschine *f*
encolar *v* [Bind] / ableimen *v*
encontrar *v* [Gen] / finden *v*
encuadernación *f* [Bind] / Buchbinderei *f* · Einband *m* · Buchbinden *n* ‖ *s.a. taller de encuadernación*
– **acolchada** *f* [Bind] / gefütterter Einband *m*
– **a la americana** *f* [Bind] / Klebebindung *f* · Lumbecken *n* ‖ *s.a. encuadernación arráfica; encuadernación encolada*
– **a la arquitectura** *f* [Bind] / Architektureinband *m*
– **a la Bradel** *f* [Bind] / Bradel-Einband *m*
– **a la catedral** *f* [Bind] / Einband im Kathedralstil *m*
– **a la dentelle** *f* [Bind] / gestickter Einband *m* · Dentelles-Einband *m* · Stickereieinband *m* · Spitzenmuster-Einband *m*
– **a la fanfare** *f* [Bind] / Fanfarenstil *m*

– **a mano** *f* [Bind] / Handeinband *m*
– **arráfica** *f* [Bind] / gelumbeckt *pp* · Klebebindung *f* · Lumbecken *n* ‖ *s.a. encuadernación encolada; encuadernación sin cosido*
– **bizantina** *f* [Bind] / Altareinband *m*
– **blasonada** *f* [Bind] / Wappeneinband *m*
– **casera** *f* (in situ) [OrgM] / Hausbuchbinderei *f*
– **con adhesivo** *f* [Bind] / Klebebindung *f*
– **con canutillo** *f* [Bind] / Plastic-Bindung *f*
– **con canuto** *f* [Bind] / Kammbroschur *f*
– **con espiral** *f* [Bind] / Spiralbindung
– **con lomo liso** *f* [Bind] / Einband mit geradem Rücken
– **con peine de plástico** *f* [Bind] / Kammbroschur *f* · Plastic-Bindung *f*
– **con tejuelo** *f* [Bind] / (Signierung auf einem eingeklebten Zettel:) signierter Einband *m* ‖ *s.a. encuadernación firmada*
– **contemporánea** *f* [Bind] / Einband der Zeit *m*
– **contrahecha** *f* [Bind] / Einbandfälschung *f*
– **de abanico** *f* [Bind] / Fächerstil *m* · Einband im Fächerstil *m*
– **de aficionado** *f* [Bind] / Liebhabereinband *m* ‖ *s.a. encuadernación de lujo*
– **de altar** *f* [Bind] / Altareinband *m*
– **de anillas** *f* [Off] / Ringbuch *n*
– **de autor** *f* [Bind] / Autoren-Einband *m*
– **de bibliófilo** *f* [Bind] / ein Einband von hervorragender Qualität
– **de biblioteca** *f* [Bind] / Bibliothekseinband *m*
– **de camafeo** *f* [Bind] / Kameeneinband *m*
– **de canutillo** *f* [Bind] / Kammbindung *f*
– **de cartera** *f* [Bk] / Beutelbuch *n*
– **de encargo** *f* [Bind] / ein nach den Wünschen des Kunden gefertigter Einband
– **de lujo** *f* [Bind] / Luxuseinband *m* · Prachteinband *m* ‖ *s.a. encuadernación de aficionado*
– **de media pasta** *f* [Bind] / Halbfranzband *m* · Halbband *m*
– **de media piel** *f* [Bind] / Halbfranzband *m*
– **de media tela** *f* [Bind] / Halbleinenband *m* · Halbgewebeband *m* ‖ *s.a. encuadernación todo tela*
– **de medio lujo** *f* [Bind] / Halbband *m* · Halbfranzband *m*
– **de motivo repetido** *f* [Bind] / Einband mit Repetitionsmuster *m*
– **de orfebre** *f* [Bind] / Goldschmiedeband *m*
– **de pergamino** *f* [Bind] / Pergament(ein)band *m*
– **de piel entera** *f* [Bind] / Franzband *m*
– **de taracea** *f* [Bind] / Intarsieneinband *m* · Mosaikeinband *m*
– **de taracea en piel** *f* [Bind] / Leder-Intarsienband *m*
– **de terciopelo** *f* [Bind] / Samteinband *m*
– **editorial** *f* [Bind] / Verlagseinband *m*
– **editorial todo tela** *f* [Bind] / Ganzgewebe-Verlagseinband *m*
– **en becerro** *f* [Bind] / Kalbleder(ein)band *m*
– **en becerro jaspeado** *f* [Bind] / Baummarmor *m* · Einband in Baummarmor *m*
– **en camafeo** *f* [Bind] / Plaketteneinband *m*
– **en cartoné** *f* [Bind] / fester Einband *m*
– **encolada** *f* [Bind] / gelumbeckt *pp* · Lumbecken *n*
– **en cuero** *f* [Bind] / Ganzleder(band) *m*
– **en cuero de medio lujo** *f* [Bind] / Halblederband *m*
– **en cuero repujado** *f* [Bind] / Lederschnitt(ein)band *m*
– **en esmalte** *f* [Bind] / Emaileinband *m*
– **en guadamecí** *f* [Bind] / Mosaikeinband *m*
– **en media piel** *f* [Bind] / Halblederband *m*
– **en media piel sin cantoneras** *f* [Bind] / Halblederband ohne Lederecken *m*
– **en media tela** *f* [Bind] / Halbleinen *n*
– **en pasta entera** *f* [Bind] / Ganzband *m*
– **en piel** *f* [Bind] / Ganzleder(band) *m* · Leder(ein)band *m*
– **en piel** *f* [Bind] / Ledereinband *m*
– **en plástico** *f* [Bind] / Plastik(ein)band *m* · Kunststoff(ein)band *m*
– **en rústica** *f* [Bind] / broschiertes Buch *n*
– **en rústica** *f* [Bind] / Broschur *f*
– **en seda** *f* [Bind] / Seideneinband *m*
– **en tafilete** *f* [Bind] / Franzband *m*
– **en tela** *f* [Bind] / Textil(ein)band *m* · Leinen(ein)band *m*
– **entera** *f* [Bind] / Ganzband *m*
– **estampada en relieve** *f* [Bind] / Reliefprägeeinband *m*
– **estilo catedral** *f* [Bind] / Kathedralstil *m*
– **falsificada** *f* [Bind] / Einbandfälschung *f*
– **firmada** *f* [Bind] / signierter Einband *m*
– **flexible** *f* [Bind] / flexibler Einband *m*

- **flexible en tela** *f* [Bind] / biegsamer Gewebeband *m*
- **gemela** *f* [Bind] / Mehrfachband *m* · Zwillingsband *m*
- **holandesa** *f* [Bind] / Halbfranzband *m*
- **jansenista** *f* [Bind] / Jansenisteneinband *m*
- **joya** *f* [Bind] / Kleinodienband *m*
- **lacada** *f* [Bind] / Lackeinband *m*
- **laminada** *f* [Bind] / Folieneinband *m* · laminierter Einband *m*
- **lavable** *f* [Bind] / abwaschbarer Einband *m*
- **mecánica** *f* [Bind] / Maschineneinband *m*
- **monacal** *f* [Bind] / Mönchsband *m* · Klostereinband *m*
- **monástica** *f* [Bind] / Klostereinband *m* · Mönchsband *m*
- **original** *f* [Bind] / Originaleinband *m*
- **para uso frecuente** *f* [Bind] / Gebrauchseinband *m*
- **pirata** *f* [Bind] / Einbandfälschung *f*
- **plastificada** *f* [Bind] / kunststoffbeschichteter Einband *m* · Folieneinband *m*
- **provisional** *f* [Bind] / Interimseinband *m*
- **reforzada** *f* [Bind] / verstärkter Einband *m*
- **sin cosido** *f* [Bind] / Klebebindung *f* · Lumbecken *n* ▌ *s.a. encuadernación arráfica; encuadernación encolada*
- **sólo con cola** *f* [Bind] / Lumbeckbindung *f*
- **suelta** *f* [Bk; Bind] / lose im Einband
- **todo papel** *f* [Bind] / Pappband *m* · Papierband *m*
- **todo piel** *f* [Bind] / Ganzleder(band) *m* · Franzband *m*
- **todo tela** *f* [Bind] / Ganzleinen(ein)band *m* · Ganzgewebe(ein)band *m* · Leinen(ein)band *m* ▌ *s.a. encuadernación de media tela*

encuadernado *pp* [Bind] / gebunden *pp*
- **a la americana** *pp* [Bind] / gelumbeckt *pp*
- **a mano** *pp* [Bind] / handgebunden *pp*
- **con** *pp* [Bind; Cat] / angebunden *pp* · beigebunden *pp* · mitgebunden *pp*
- **con sobrecubiertas** *pp* [Bind] / Umschlag mitgebunden
- **en miscelánea** *pp* [Bind; Cat] / angebunden *pp*
- **sin cosido** *pp* [Bind] / gelumbeckt *pp*
- **sólo con adhesivo** *pp* [Bind] / gelumbeckt *pp* ▌ *s.a. encuadernación arráfica; encuadernación encolada*

encuadernador *m* [Bind] / Buchbinder *m*
- **artesano** *m* [Bind] / Handwerksbuchbinder *m*
- **de misceláneas** *m* [Bind] / Sortimentsbuchbinder *m*

encuadernadora de alambre *f* [Bind] / Drahtheftmaschine *f*

encuadernadora de espirales *f* [Bind] / Spiralbindemaschine *f*

encuadernadora de hilo *f* [Bind] / Fadenheftmaschine *f*

encuadernadora sin cosido *f* [Bind] / Klebebindemaschine *f*

encuadernadora sólo con adhesivo *f* [Bind] / Klebebindemaschine *f*

encuadernar *v* [Bind] / einbinden *v* · binden *v*
- **en cartón** *v* [Bind] / kartonieren *v*
- **en cartoné** *v* [Bind] / kartonieren *v*
- **en rústica** *v* [Bind] / broschieren *v*

encuadramiento *m* [Bk] / Einfassung *f*

encuesta *f* [InfSc] / Befragung *f* · Umfrage *f* · Erhebung *f*
- **de cuestionario** *f* [InfSc] / schriftliche Befragung *f*
- **de muestreo** *f* [InfSc] / Stichprobenbefragung *f*
- **de panel** *f* [InfSc] / Panel(umfrage) *n(f)*
- **entre los lectores** *f* [InfSc] / Leserumfrage *f* · Leserbefragung *f*
- **entre los usuarios** *f* [InfSc] / Benutzerbefragung *f*
- **escrita** *f* [InfSc] / schriftliche Befragung *f*
- **integral** *f* [InfSC] / Totalerhebung
- **por correo** *f* [IndSc] / briefliche Umfrage *f*
- **por cuestionario** *f* [InfSc] / Fragebogenuntersuchung *f*
- **telefónica** *f* [InfSc] / telefonische Umfrage *f*
- **total** *f* [InfSc] / Vollerhebung *f*

en doceavo *m* [Bk] / Duodez(-Format) *n(n)*

en dos columnas *adj* [Bk] / zweispaltig *adj*

en dos tomos *adj* [Bk] / zweibändig *adj*

en excedencia *adj* [Staff] / dienstfrei *adj*

enfermería de primeros auxilios *f* [BdEq] / Sanitätsraum *m*

en folio apaisado *adj* [Bk] / Quer-Folio *n*

en folio oblongo *adj* [Bk] / Quer-Folio *n*

enfoque *m* [InfSc] / Ansatz *m*
- **de sistemas** *m* [InfSc] / Systemansatz *m*

enfundar *v* (tiras de microfilme) [Repr] / eintaschen *v*

engrapado *m* [Bind] / Drahtklammerheftung *f*
engrudo *m* [Bind] / Kleister *m* ‖ *s.a. cola de pegar*
enjuiciamiento de prestaciones *m* [Staff] / Leistungsbeurteilung *f*
enlace *m* [Ind] / Koppelungsindikator *m*
– **de datos con control parigual** *m* [EDP] / Übermittlungsabschnitt mit gleichberechtigter Steuerung *m*
– **(de transmisión) de datos** *m* [Comm] / Übermittlungsabschnitt *m*
enlazar con *v* [Retr] / verknüpfen *v*
enlomar *v* [Bind] / abpressen *v* (un libro)
enmarcado *m* [Cart] / Umrahmung *f*
enmascaramiento *n* [Repr] / (para impedir la repoducción de una parte del original:) Abdeckung *f* ‖ *s.a. recubrimiento*
enmascarar *v* [EDP] / maskieren *v*
enmienda *f* [Bk] / Berichtigung *f* ‖ *s.a. errata*
en octavo apaisado *adj* [Bk] / Quer-Oktav *n*
en orden creciente [EDP] / aufsteigende Reihenfolge *f*
enrasado a la derecha *adj* [Prt] / rechtsbündig *adj*
ensamblador *m* [EDP] / Assemblierer *m* · Assembler *m*
ensayo de campo *m* [InfSc] / Feldversuch *m*
ensayo piloto *m* [OrgM] / Probelauf *m*
enseñanza 1 *f* [ED] / Unterricht *m*
– 2 *f* [Ed] / Bildungswesen *n*
– **a distancia** *f* [Ed] / Fernunterricht *m*
– **de idiomas** *f* [Ed] / Fremdsprachenunterricht *m*
– **del usuario** *f* [RS] / Benutzerunterweisung *f* · Benutzerschulung *f*
– **programada por ordenador** *f* [Ed] / programmierte Unterweisung *f*
ensuciado *pp* [Bind] / beschmutzt *pp*
entapado *pp* [Bind] / gebunden *pp*
entapar *v* [Bind] / einhängen *v*
ente colectivo como autor *m* [Cat] / Urheber *m*
entidad *f* [EDP] / Instanz *f*
– **corporativa** *f* [Gen; Cat] / Körperschaft *f* ‖ *s.a. entidad relacionada*
– **de administración pública** *f* [Adm] / Behörde *f*
– **editora** *f* [Bk] / herausgebende Körperschaft *f*
–**es secundarias** *pl* [Cat] / sekundäre Gebietskörperschaft *f*
–**es subsidiarias** *pl* [Cat] / sekundäre Gebietskörperschaft *f*
– **intergubernamental** *f* (basada en un convenio intergubernamental) [Gen] / internationale Körperschaft *f* · zwischenstaatliche Körperschaft *f*
– **jurisdiccional** *f* [Gen; Cat] / Gebietskörperschaft *f*
– **principal** *f* [Cat] / übergeordnete Körperschaft *f*
– **relacionada** *f* [Cat] / zugehörige Körperschaft *f*
– **subordinada** *f* [Cat] / untergeordnete Körperschaft *f*
entintado *m* [BdEq] / Farbgebung *f*
entrada 1 *f* [EDP] / Eingabe *f*
– 2 *f* [Ind] / Stichwort *n*
– 3 *f* [Acq] / Zugang *m*
– 4 *f* (asiento en un catálogo o en una bibliografía) [Cat; Bib] / Titelaufnahme *f* *s. asiento 1;* ‖ *s.a. asiento catalográfico*
– 5 *f* [BdEq] / Vorhalle *f* ‖ *s.a. vestíbulo*
– **adicional** *f* [Cat] / Nebeneintragung *f*
– **al almacén** *f* [Sh] / Magazinzutritt *m*
– **bibliográfica** *f* [Bib; Cat] / Eintrag *m*
– **completa** *f* [Cat] / abgeschlossene Aufnahme *f* ‖ *s.a. asiento cerrado; ficha cerrada*
– **de datos** *f* [EDP] / Dateneingabe *f* ‖ *s.a. introducción de datos*
– **de publicaciones periódicas** *f* [OrgM] / Zeitschriftenakzession *f*
– **de título abreviado** *f* [CAT] / Kurztitelaufnahme *f*
– **de trabajos a distancia** *f* [EDP] / Jobferneingabe *f* · Auftragsferneingabe *f*
– **en comunicación** *f* (con un ordenador distante) *f* [Comm; Retr] / Anmeldung *f* ‖ *s.a. toma de contacto*
– **en comunicación** *f* [Comm] / Verbindungsaufbau *m*
– **en dos niveles** *f* [Cat] / Zweistufenaufnhme *f*
– **en el sistema** *f* [EDP; Comm] / Einschaltung *f*
– **en paralelo** *f* [EDP] / Paralleleingabe *f*
– **en serie** *f* [EDP] / serielle Eingabe *f*
– **genérica** *f* [Cat; Ind] / Eintragung unter einem weiten Schlagwort *n*
– **global** *f* [Cat] / Gesamtaufnahme *f*
– **por materia** *f* [Cat] / Schlagworteintragung *f*
– **por nombre** *f* [Cat] / Namenseintragung *f*

– **principal** 1 *f* [Cat] / Haupteintragung *f* · Hauptaufnahme *f*
– **principal** 2 *f* [BdEq] / Haupteingang *m*
– **principal de registro** *f* [Bk; Bib; Ind] / Haupteingang *m*
entrega *f* [Bk] / (de una obra por entregas:) Lieferung *f*
– 1 *f* (parte de una novela que aparece a intervalos de tiempo) [Bk] / 2 Fortsetzung *f*
– 2 *f* (de una revista, etc.) [Bk] / 2 Heft *n*
– 3 *f* [Bk] / Auslieferung *f*
– **de documentos** *f* [RS] / Dokumentenlieferung *f*
– **de libros** *f* [RS] / Bücherausgabe *f*
– **de préstamo interbibliotecario** *f* [RS] / gebender Leihverkehr *m*
– **obligatoria** *f* [Law] / Ablieferungspflicht *f* ‖ *s.a. oferta obligatoria*
entregar en depósito *v* [RS] / hinterlegen *v*
entrelazamiento *m* [EDP] / Bandwerk *n*
entrelazo *m* [Bind] / Knotenwerk *n*
entresuelo *m* [BdEq] / Halbgeschoß *n* · Mezzanin *n* · Zwischengeschoß *n*
entrevista *f* [Comm] / Interview *n*
– **de consulta** *f* [Ref] / Auskunftsinterview *n*
– **de empleo** *f* [Staff] / Einstellungsgespräch *n*
– **estandarizada** *f* [InfSc] / standardisiertes Interview *n*
– **estructurada** *f* [InfSc] / strukturiertes Interview *n*
– **exhaustiva** *f* [InfSc] / Tiefeninterview *n*
– **grupal** *f* [InfSc] / Gruppeninterview *f*
– **no estructurada** *f* [InfSc] / nichtstrukturiertes Interview *n*
– **sin estructurar** *f* [InfSc] / unstrukturiertes Interview *n*
enumeración de tomos *f* [Cat] / Bandaufführung *f n*
enumerar *v* [Gen] / aufführen *v*
envejecimiento *m* (de material fotográfico y otros) [Pres] / Alterung *f*
– **acelerado** *m* [Pres] / beschleunigte Alterung *f*
– **artificial** *m* / künstliche Alterung *f*
envío *m* [Acq] / Sendung *f* · Zusendung *f*
– **de muestra** *m* [Acq] / Ansichtssendung *f*
– **neumático** *m* [Comm] / Rohrpostsendung *f*
envoltura de plástico *f* [NBM] / Kunststofftasche *f*
ep. *abbr s. epílogo*

epidiascopio *m* [BdEq] / Epidiaskop *n* · Epidiaprojektor *m*
epígrafe 1 *m* [Ind] / Stichwort *n*
– 2 *m* [Bk] / Bildüberschrift *f*
– 3 *m* [Writ] / Epigraph *n* ‖ *s.a. inscripción*
– **de barras** *m* / Balkenüberschrift *f*
– **intermedio** *m* [Bk] / Zwischenüberschrift *f*
epigrafía *f* [NBM] / Inschriftenkunde *f* · Epigraphik *f*
epílogo *m* [Bk] / Schlußwort *n* · Nachwort *n*
episcopio *m* [BdEq] / Epiprojektor *m* · Episkop *n*
epistolario *m* [Bk] / Epistolarium *n* · Epistolar *n*
epitalamio *m* [Bk] / Hochzeitsgedicht *n*
epíteto *m* [Gen; Cat] / Epitheton *n* · Beiname *m*
epítome *m* [Bk] / Epitome *f* · Kompendium *n*
EPO *abbr s. enseñanza programada por ordenador*
epopeya *f* [Bk] / Epos *n*
equidistancia *f* [Cart] / Äquidistanz *f*
equinoccio *m* [Cart] / Äquinoktium *n*
equipamiento *m* [Gen]
– **bibliotecario** *m* [BdEq] / Bibliothekseinrichtung *f*
– **de estanterías** *m* [Sh] / Regalausstattung *f*
– **del interior** *m* [BdEq] / Inneneinrichtung *f* ‖ *s.a. mobiliario*
– **de oficinas** *m* [Off] / Büroeinrichtung *f*
– **para prestación de servicios** *m* [OrgM] / Dienstleistungseinrichtung *f*
equiparación *f* [Staff] / Gleichstellung *f*
– **de la mujer** *f* [Staff] / Frauengleichstellung *f*
equipo *m* [BdEq] / Geräte *pl* · Ausstattung *f* · Ausrüstung *f*
– **auxiliar** *m* [EDP] / Peripheriegeräte *pl*
– **con pantalla de visualización** *m* [EDP/VDU] / Bildschirmgerät *n*
– **de construcción** *m* [BdEq] / Bausatz *m*
– **de estanterías móviles** *m* [Sh] / Fahrregalanlage *f*
– **de laboratorio** *m* [NBM] / Experimentierkasten *m*
– **de llamada urgente** *m* [Comm] / Notrufmelder *m*
– **de multimedios** *m* [NBM] / Medienpaket *n*
– **de reproducción** *f* [NBM] / Abspielanlage *f*

– **de servicio para impresión** *m* [EDP] / Drucker-Server *m*
– **de trabajo** *m* (personas) [OrgM] / Arbeitsgruppe *f*
– **de transmisión de datos** *m* [Comm] / Datenfernübertragungseinrichtung *f*
– **de tratamiento de la información** *f* [EDP] / Datenverarbeitungsanlage *f*
– **editorial** *m* [Bk] / Redaktion *f*
– **físico** *m* [EDP] / Hardware *f*
– **periférico** *m* [EDP] / Peripheriegeräte *pl*
– **periférico adicional** *m* [EDP] / Aufrüstsatz *m*
– **técnico editorial** *m* [Bk] / Redaktion *f*
– **terminal de circuito de datos** *m* [Comm] / Datenfernübertragungseinrichtung *f*
– **terminal de tratamiento de datos** *m* [EDP] / Datenendgerät *n* (Abr. ETTD) ‖ *s.a. terminal 1*
equivalencia *f* [Lin] / Äquivalenz *f*
– **exacta** *f* (en un tesauro plurilingüe) [Ind] / genaue Äquivalenz *f*
– **idiomática** *f* (en un tesauro plurilingüe) [Ind] / fremdsprachige Äquivalenz *f*
– **poco precisa** *f* (en un tesauro plurilingüe) [Ind] / unscharfe Äquivalenz *f*
ergonomía *f* [OrgM] / Ergonomie *f*
errata *f* [Prt] / Druckfehler *pl*
error *m* [Gen] / Fehler *m*
– **de cajista** *m* [Prt] / Setzfehler *m*
– **de cálculo** *m* [BgAcc] / Rechenfehler *m*
– **de exposición** *m* [Repr] / Fehlbelichtung *f*
– **de imprenta** *m* [Prt] / Druckfehler *m* ‖ *s.a. errata*
– **de muestreo** *m* [InfSc] / Stichprobenfehler *m*
– **de programa** *m* [EDP] / Programmfehler *m*
– **de transmisión** *m* [Comm] / Übertragungsfehler *m*
– **mecanográfico** *m* [Off] / Tippfehler *m*
– **sistemático de la muestra** *m* [InfSc] / systematischer Stichprobenfehler *m*
– **tipográfico** *m* [Prt] / Satzfehler *m* · Setzfehler *m*
erudito *m* / Gelehrter *n*
esbozo *m* / Riß *m* · Entwurf
escala *f* [InfSc] / Skala *f*
– **absoluta** *f* [InfSc] / Absolutskala *f*
– **de actitud** *f* [InfSc] / Einstellungsskala *f*
– **de la imagen** *f* [Repr] / Abbildungsmaßstab *m*
– **de ordenación jerárquica** *f* [InfSc] / Rang(ordnungs)skala *f(f)*
– **de razones** *f* [InfSc] / Rationalskala *f* · Verhältnisskala *f*
– **de relaciones** *f* [InfSc] / Proportionalskala *f*
– **de reproducción** *f* [Repr] / Abbildungsmaßstab *m*
– **ordinal** *f* [InfSc] / Ordinalskala *f*
– **para lectura del mapa** *f* [Cart] / Planzeiger *m*
– **proporcional** *f* [InfSc] / Proportionalskala *f*
– **salarial** *f* [Staff] / Vergütungsordnung *f*
– **vertical** *f* [Cart] / Vertikalmaßstab *m*
escalado de la escritura *m* [EDP; Prt] / Schriftskalierung *f*
escalera de mano *f* [Sh] / Bücherleiter *f*
escalera mecánica *f* [BdEq] / Rolltreppe *f*
escalera para estanterías *f* [Sh] / Regalleiter *f*
escalerilla *f* [BdEq] / Trittleiter *f*
escáner *m* [EDP] / Abtaster *m* ‖ *s.a. explorador electrónico; explorador óptico*
escaparate de libros *m* [Bk] / Buchauslage *f*
escaparate interior *m* [BdEq] / Schaukasten *m*
escartivana *f* [Bind] / Anklebefalz *m* · Falz *m*
– **de compensación** *f* [Bind] / Ausgleichsfalz *m*
escasez de empleados *f* [OrgM] / Arbeitskräftemangel *m*
escasez de personal *f* [Staff] / Personalmangel *m* ‖ *s.a. falta de personal*
escoger *v* [Gen] / auswählen *v*
escotadura *f* [Repr] / Ausschnitt *m*
escribano *m* [Writ] / Schreiber *m*
escribiente *m* [Writ] / Schreiber *m*
escribir en mayúsculas *v* [Writ; Prt] / großschreiben *v*
escribir incorrectamente *v* [Writ; Prt] / falsch schreiben *v*
escribir un autógrafo *v* [Bk] / signieren *v*
escrito *m* (texto ~) [Writ; Bk] / Schrift *f*
– **coyuntural** *m* [Bk] / Gelegenheitsschrift *f*
– **de examen** *m* [Ed] / Examensarbeit *f*
– **en bastardilla** *m* [Prt] / Kursivschreibung *f*
– **en cursiva** *m* [Prt] / Kursivschreibung *f*
– **personal** *m* [Bk] / Personalschrift *f*
escritor *m* [Law] / (m:) Schreiber *m* · Textverfasser *m* · (creador literario:) Urheber *m*

escritorio *m* [BdEq] / Schreibtisch *m*
escrito satírico *m* [Bk] / Spottschrift *f*
escritos conjuntamente impresos *pl* [Cat] / beigedruckte Schriften *pl*
escritura I *f* (modo de escribir) [Writ] / Schreibweise *f*
– 1 *f* [Writ] / Schreibung *f*
– 2 *f* (tipo de escritura, por ej., escritura cuneiforme) [Writ] / Schrift *f*
– 3 *f* [Arch] / Urkunde *f*
– **alfabética** *f* [Writ] / Buchstabenschrift *f*
– **a máquina** *f* [Writ] / Typoskript *n*
– **anglosajona** *f* [Writ] / angelsächsische Schrift *f*
– **beneventana** *f* [Writ] / Beneventana *f*
– **binaria** *f* [EDP] / Binärschreibweise *f*
– **bolática** *f* [Writ] / Kanzleischrift *f*
– **bustrófeda** *f* [Writ] / Furchenschrift *f*
– **cancilleresca** *f* [Writ] / Kanzleischrift *f*
– **cifrada** *f* [Writ] / Geheimschrift *f*
– **cirílica** *f* [Writ; Prt] / kyrillische Schrift *f*
– **cortesana** *f* [Writ] / Geschäftsschrift *f*
– **cuneiforme** *f* [Writ] / Keilschrift *f*
– **de Braille** *f* [Bk; Writ] / Blindenschrift *f* · Braille-Schrift *f*
– **de letras espaciadas** *f* [Writ; Prt] / gesperrte Schrift *f*
– **demótica** *f* [Writ] / demotische Schrift *f*
– **de puntos en relieve** *f* [Writ; Bk] / Punktschrift *f*
– **de reconocimiento óptico de caracteres** *f* [EDP] / OCR-Schrift *f*
– **de runas** *f* [Writ] / Runenschrift *f*
– **diplomática** *f* [Writ] / Urkundenschrift *f*
– **en mayúsculas** *f* [Writ; Prt] / Großschreibung *f*
– **en no retorno a cero** *f* [EDP] / Wechselschrift *f* · NRZ-Schrift *f*
– **fonética** *f* [Writ] / phonetische Schrift *f* · Lautschrift *f*
– **gofrada** *f* [Writ; Bk] / Punktschrift *f*
– **gótica** *f* [Writ; prt] / gotische Schrift *f*
– **gótica antigua** *f* [Writ; Prt] / Gotico-Antiqua *f*
– **hierática** *f* [Writ] / hieratische Schrift *f*
– **hológrafa** *f* [Arch] / eigenhändig geschriebene und unterzeichnete Urkunde *f*
– **humanística** *f* [Writ] / Renaissance-Schrift *f* · humanistische Schrift *f* · Gotico-Antiqua *f*
– **ideográfica** *f* [Writ] / ideographische Schrift *f*
– **insular** *f* [Writ] / insulare Schrift *f*
– **irlandesa** *f* [Writ] / irische Schrift *f*
– **jeroglífica** *f* [Writ] / Hieroglyphen-schrift *f*
– **latina** *f* [Writ; Prt] / lateinische Schrift *f*
– **libraria** *f* [Writ] / Buchschrift *f*
– **libresca** *f* [Writ] / Buchschrift *f*
– **magnética** *f* [EDP] / Magnetschrift *f*
– **manual** *f* [Writ] / Handschrift *f*
– **mecanográfica** *f* [Writ] / Typoskript *n*
– **merovingia** *f* [Writ] / merowingische Schrift *f*
– **nacional** *f* [Writ] / Nationalschrift *f*
– **no latina** *f* [Writ; Prt] / nichtlateinische Schrift *f*
– **OCR** *f* [EDP] / OCR-Schrift *f*
– **para invidentes** *f* [Writ; Bk] / Blindenschrift *f*
– **pictográfica** *f* [Writ] / Bilderschrift *f*
– **rúnica** *f* [Writ] / Runenschrift *f* · Rune *f*
– **semiuncial** *f* [Writ] / Halbunziale *f*
– **silábica** *f* [Writ] / Silbenschrift *f*
– **uncial** *f* [Writ] / Unziale *f*
escuadra de coordenadas *f* [Cart] / Planzeiger *m*
escudo de armas *m* [Bk] / Wappenschild *n*
escuela *f* [Ed] / Schule *f*
– **bibliotecaria** *f* [Ed] / Bibliotheksschule *f* · Bibliothekarlehrinstitut *n*
– **de educación especial** *f* [Ed] / Sonderschule *f*
– **de escritura** *f* [Writ] / Schreibschule *f*
– **de formación profesional** *f* [Ed] / Fachoberschule *f*
– **elemental** *f* [Ed] / Grundschule *f*
– **politécnica** *f* [Ed] / Fachhochschule *f*
– **primaria** *f* [Ed] / Hauptschule *f*
– **secundaria con seis cursos** *f* [Ed] / Realschule *f*
– **superior de bellas artes** *f* [Ed; Art] / Kunsthochschule *f*
– **superior de deportes** *f* [Ed] / Sporthochschule *f*
– **superior de magisterio** *f* [ED] / pädagogische Hochschule *f*
– **técnica superior** *f* [Ed] / Fachhochschule *f*
– **técnica universitaria** *f* [Ed] / technische Hochschule *f*
escultura *f* (obra plástica) [Art] / Plastik *f*
esfera *f* [Cart] / Globus *m* ‖ *s.a. globo*
– **armillar** *f* [Cart] / Armillarsphäre *f*
– **celeste** *f* [Cart] / Himmelsglobus *m*
– **de acción** *f* [OrgM] / Aufgabenbereich *m* ‖ *s.a. plan de distribución de trabajos*
– **privada** *f* [Law] / Privatsphäre *f*
– **terrestre** *f* [Cart] / Erdglobus *m*

esfuerzo de programación *m* [EDP] / Programmieraufwand *m*
esgrafiado *m* [Bind] / Schraffierung *f*
esmalte campeado *m* [Bind] / Grubenschmelz *m*
esmalte tabicado *m* [Bind] / Zellenschmelz *m*
espaciado *pp* [Prt] / gesperrt gedruckt *pp*
espaciador *m* [Writ] / Leertaste *f* (tecla)
espaciar *v* [Prt] / durchschießen *v* (más) · sperren *v* ‖ *s.a. impresión espaciada*
espacio *m* [EDP; Prt] / Spatium *n*
– **de almacenamiento en estanterías** *m* [Sh] / Stellraum *m*
– **de memoria** *m* (capacidad) [EDP] / Speicherplatz *m*
– **de reserva** *m* [BdEq] / Reservefläche *f*
– **de trabajo** *m* [EDP] / Arbeitsbereich *m*
– **en blanco** *m* [Prt] / Ausschluß
– **entre caracteres** *m* [EDP/VDU] / Zeichenzwischenraum *m*
– **entre palabras** *m* [Prt] / Wortzwischenraum *m*
– **interlineal** *m* [EDP/VDU] / Durchschuß *m* · Zeilenabstand *m*
– **necesario** *m* [BdEq] / Flächenbedarf *m* · Raumbedarf *m*
– **rodeado de edificaciones** *m* [BdEq] / umbauter Raum *m*
especialidad informática *f* [Ed] / Informatik *f*
especialista *m* [Staff] / Fachmann *m* · Fachkraft *f* ‖ *s.a. persona cualificada*
– **de área regional** *m* [Staff; Acq] / Regionalreferent *m*
– **en información** *m* [Staff] / Informationsspezialist *m*
– **en una materia** *m* [Staff] / Lektor *m*
– **en unidades geográficas** *m* [Staff; Acq] / Länderreferent *m*
especialización profesional *f* [Ed] / Fachausbildung *f*
especie *f* [Ind; Class] / Spezies *f*
especificación de alcance *f* (de un descriptor) [Ind] / Erläuterung *f* · lexikalische Anmerkung *f DDR*
especificación de condiciones *f* [EDP] / Anforderungsspezifikation *f*
especificación de requisitos *f* [EDP] / Pflichtenheft *n*
especificación de volúmenes *f* [Cat] / Bandaufführung *f n*
especificaciones sobre encuadernación *pl* [Bind] / Einbandanforderungen *pl*
especificación técnica *f* [Bk] / Spezifikation *f* · technische Spezifikation *f*
especificador *m* (para diferenciar significados de homógrafos) [Ind] / Qualifikator *m*
especificidad de indización *f* [Ind] / Indexierungsspezifität *f*
espectador *m* [NBM] / Zuschauer *m*
espesor de los trazos *m* [Prt; EDP] / Strichstärke *f*
espesor del tipo *m* [Prt] / Dickte *f*
espesor del tipo *m* [Prt] / Schriftbreite *f*
es propiedad [Law] / alle Rechte · vorbehalten
esquema de clasificación *m* [Class] / Klassifikationstafel *f* · Klassifikationsschema *n* · Systematik *f*
esquema de empty slot *m* [EDP] / Empty-Slot-Verfahren *n*
esquema flechado *m* [Ind] / Pfeildiagramm *n*
esquema funcional *m* [Ind] / Pfeildiagramm *n*
esquinas achaflanadas *pl* [Bind] / abgeschrägte Ecken *pl*
esquineras *pl* [Bind; Bk] *Arg* / Eckstück *n*
esquinera(s) *f(pl)* [Bk] *Arg* / Eckbeschläge *pl*
estabilidad *f* (de una película o de una copia) [Repr] / Haltbarkeit *f*
– **del color** *f* [Pres] / Farbechtheit *f*
estabilización *f* [Repr] / Stabilisieren *n*
estación *f* [Comm] / Station *f*
– **combinada** *f* [Comm] / Hybridstation *f*
– **compensada** *f* [Comm] / Hybridstation *f*
– **de control** *f* [Comm] / Leitstation *f*
– **de datos** *f* [Comm] / Datenstation *f*
– **de destino** *f* [Comm] / Empfangsstation *f*
– **de llamada** *f* [Comm] / rufende Station *f*
– **de telegestión** *f* [EDP] / Netzknotenrechner *m*
– **llamada** *f* [Comm] / gerufene Station *f*
– **pasiva** *f* [Comm] / Wartestation *f*
– **receptora** *f* [Comm] / Empfangsstation *f*
– **satélite** *f* [Comm] / Trabantenstation *f*
– **secundaria** *f* [Comm] / Folgestation *f*
– **transmisora** *f* [Comm] / Sendestation *f*
– **tributaria** *f* [Comm] / Trabantenstation *f*
estadística *f* [InfSc] / Statistik *f*
– **analítica** *f* [InfSy] / analytische Statistik *f*
– **bibliotecaria** *f* [Lib] / Bibliotheksstatistik *f*
– **descriptiva** *f* [InfSc] / deskriptive Statistik *f*

~ **de utilización** *f* [RS] / Benutzungsstatistik *f*
~**s de préstamo** *pl* [RS] / Ausleihstatistik *f*
~**(s) de préstamo interbibliotecario** *f(pl)* [RS] / Fernleihstatistik *f*
~**s de usuarios** *pl* [RS] / Benutzerstatistik *f*
estado de avance del registro *m* [EDP] / Satzstatus *m*
estado de conservación *m* [Bk] / Erhaltungszustand *m*
estado de la impresión *m* [Cat] / Druckzustand *m*
estado de reposo *m* [EDP] / Wartezustand *m*
estado de reserva *m* [EDP] / Reservebetrieb *m*
estado quebradizo *m* [Pres] / Sprödigkeit *f*
estampación *f* [Bind] / Stempeldruck *m* · Plattenpressung *f*
~ **a la lionesa** *f* [Art; Prt] / Siebdruck *m*
~ **de oro** *f* [Bind] / Goldprägung *f*
~ **dorada a plancha** *f* [Bind] / Plattengolddruck *m*
~ **dorada a prensa** *f* [Bind] / Preßvergoldung *f*
~ **en blanco** *f* [Bind] / Blindstempel *m*
~ **en oro** *f* [Bind] / Golddruck *m*
~ **en relieve** *f* [Bind] / Blindstempel *m* · Reliefprägung *f* · Blindpressung *f*
~ **en seco** *f* [Bind] / Blindpressung *f*
estampado a mano *m* [Bind] / Handstempeldruck *m* · drucken *v*
estampado de oro a mano *m* [Bind] / Handvergoldung *f* ‖ *s.a. aplicación manual de pan de oro; dorado a mano*
estampado en oro *m* [Bind] / goldgeprägt *pp* · Preßvergoldung *f*
estampar en relieve *v* (en seco) [Bind] / Prägen *n*
estampilladora *f* [Comm] *HA* / Frankiermaschine *f*
estándar *adj* [Gen; Bk] / Standard *m DDR*
estandarización *f* [Gen] / Standardisierung *f*
estante *m* [Sh] / Bücherbrett *n* · Regalboden *m* · Fachboden *m* · Einlegeboden *m* · Bücherbord *n* · Brett *n*
~ **con subdivisiones fijas** *m* [Sh] / Fachboden mit fester Unterteilung *m*
~ **de consulta** *m* [Sh] / Anleseboden · Anlesebrett *n*
~ **de exposición** *m* [BdEq] / Auslage(fach)boden *m* ‖ *s.a. expositor*
~ **deslizante** *m* [BdEq; SH] / Ausziehplatte *f*
~ **extensible** *m* [Sh] / Ausziehfachboden *m* · Ausziehplatte *f* ‖ *s.a. tablero extensible*
estantería *f* [Sh] / Bücherregal *n* · Regal *n* · Bücherbord *n* ‖ *s.a. librera; librería 1; sección de estanterías; soporte para libros*
~ **abierta** *f* [Sh] / frei zugängliche Regale *pl*
~ **aislada** *f* [Sh] / freistehendes Bücherregal *n*
~ **compacta** *f* [Sh] / Kompaktregal *n*
~ **con montantes dentados** *f* [Sh] / Regal mit Zahnleiste
~ **con rodamientos** *f* [Sh] / Fahrregal *n*
~ **con ruedas** *f* [Sh] / Fahrregal *n*
~ **de baldas ajustables** *f* [Sh] / verstellbarer Fachboden *m*
~ **de baldas fijas** *f* [Sh] / nichtverstellbarer Fachboden *m*
~ **de baldas inclinadas** *f* [BdEq] / Zeitschriftenständer *m*
~ **de cremallera** *f* [Sh] / Regal mit Zahnleiste
~ **de doble cara** *f* [Sh] / Doppelregal *n*
~ **de doble faz** *f* [Sh] / Doppelregal *n*
~ **de infolios** *f* [Sh] / Foliantenregal(e) *n(pl)*
~ **de publicaciones periódicas** *f* [Sh] / Zeitschriftenregal *n*
~ **de una cara** *f* [Sh] / einseitige Regaleinheit *f*
~ **de una faz** *f* [Sh] / einseitiges Regal
~ **móvil** *f* [Sh] / Fahrregal *n*
~ **para documentos** *f* [Off] / Aktenregal *n*
~ **para exposiciones** *f* [BdEq] / Ausstellungsregal *n*
~**s abiertas** *pl* [Sh] / Freihandaufstellung *f*
~**s autónomas** *pl* [Sh] / freistehende Regale *pl*
~**(s) con laterales cerrados** *f(pl)* [Sh] / Regal(e) mit geschlossenen Seitenwänden *n(pl)*
~**s con laterales graduables** *pl* (y montantes de cremallera) [Sh] / Regale mit Seitenwangen *n(pl)*
~**s con montantes dentados** *pl* [Sh] / (Austatung mit ~en ~ ~:) Regale mit Seitenwangen *n(pl)*
~**s de acceso restringido** *pl* [BdEq] / nicht freizugängliche Regale *pl*
~**s de almacén** *pl* [Sh] / Magazinregal(e) *n(pl)*
~**s de clasificación** *pl* [Sh] / Systemregale *pl*
~**s de libre acceso** *pl* [Sh] / Freihandaufstellung *f*

–(s) de madera *f(pl)* [Sh] / Holzregal(e) *n(pl)*
–(s) de metal *f(pl)* [Sh] / Metallregal(e) *n(pl)*
–(s) de pared *f(pl)* [BdEq] / Wandregal(e) *n(pl)*
– sencilla *f* [Sh] / Einzelregal *n*
–s en el sótano *pl* [BdEq] / Kellermagazin *n*
–s graduables *pl* [Sh] / Magazinregal(e) *n(pl)*
– simple *f* [Sh] / einseitiges Regal
–s independientes *pl* [Sh] / freistehende Regale *pl*
–(s) insertadas *f(pl)* [Sh] / Regaleinsatz *m*
–s intercambiables *pl* [Sh] / Magazinregal(e) *n(pl)*
–(s) montada(s) en la pared *f(pl)* [BdEq] / Wandregal(e) *n(pl)*
–s sueltas *pl* [Sh] / freistehende Regale *pl*
– suspendida *m* [BdEq] / Hängeregal *n*

estante(s) graduable(s) con palomillas *m(pl)* [Sh] / Regale mit Seitenwangen *n(pl)* ‖ *s.a. soporte lateral móvil*
estar agotado en almacén *v* [Stock] / nicht am Lager sein *v*
estar a nivel de la calle *v* [BdEq] / ebenerdig sein
estarcido *m* [Repr] / Schablone *f*
estar disponible para *v* [Gen] / in Bereitschaft befindlich *adj*
estar en la planta baja *v* [BdEq] / ebenerdig sein
estar en prensa *v* [Prt] / im Druck sein
estatuto *m* [Law] / Satzung *f*
estenografía *f* [Writ] / Stenographie *f*
estereofonía *f* [NBM] / Stereophonie *f*
estereofónico *adj* [NBM] / stereophonisch *adj*
estereotipia *f* [Prt] / Stereotypie *f*
estereotipo *m* [Prt] / Stereo *n*
estilo de gestión *m* [OrgM] / Führungsstil *m* ‖ *s.a. gestión orientada a los empleados*
estilo de los tipos de imprenta *m* [Prt] / Schrift *f*
estilo puntillado *m* [Bind] / Pointillé-Stil *m*
estimación de gastos *f* [BgAcc] / Kostenvoranschlag *m*
estimación de los costos *f* [BgAcc] / Kostenschätzung *f*
estrategia de búsqueda *f* [Retr] / Recherchestrategie *f* · Suchstrategie *f*
estratificación *f* [InfSc] / Schichtung *f* ‖ *s.a. muestreo estratificado*
estratificar *v* [InfSc] / schichten *v*
estructura arbórea *f* [InfSy; EDP] / Baumstruktur *f*
estructura arborescente *f* [IndfSy; EDP] / Baumstruktur *f*
estructuración *f* [Class] / Gliederung *f* (de una especialidad)
estructura de la organización *f* [OrgM] / Organisationsstruktur *f*
estructura de plantilla *f* [Staff] / Personalstruktur *f*
estructura de registro *f* [EDP] / Satzformat *n* · Satzstruktur *f*
estuche *m* [Bk] / Schuber *m* · Kassette *f* ‖ *s.a. caja protectora*
– **compuesto** *m* [Bind] / Solander(schuber) *m(m)*
– **de libro** *m* [Bk] / Buchkapsel *f* · Schuber *m*

estudiantado *m* [Ed] / Studentenschaft *f*
estudiante bibliotecario *m* [Ed] / Bibliotheksstudent *m*
estudiante en prácticas *m* [Ed] / Auszubildender *m* · Praktikant *m* ‖ *s.a. aprendiz*
estudiantes becados *pl* [Staff] / studentische Hilfskraft *f* (en un departamento)
estudio *m* [InfSc] / Umfrage *f* · Befragung *f* · Erhebung *f*
– **bibliográfico** *m* [Ind] / Literaturbericht *m*
– **complementario** *m* [Ed] / Zusatzstudium *n*
– **de caso** *m* [InfSc] / Einzelfallstudie *f* · Fallstudie *f*
– **de cuestionario** *m* [InfSc] / Fragebogenuntersuchung *f*
– **de factibilidad** *m* [InfSc] / Machbarkeitsstudie *f*
– **del muestreo** *m* [InfSc] / Stichprobenuntersuchung *f* · Stichprobenerhebung *f*
– **de los puestos de trabajo** *m* [OrgM] / Arbeitsplatzanalyse *f*
– **de los usuarios** *m* [InfSc] / Benutzerstudie *f*
– **de opinión** *m* [InfSc] / Meinungsforschung *f*
– **de tiempos** *m* [OrgM] / Zeitstudie *f*
– **de viabilidad** *m* [InfSc] / Durchführbarkeitsstudie *f*
– **en el extranjero** *m* [Ed] / Auslandsstudium *n*
– **piloto** *m* [InfSc] / Voruntersuchung *f* · Pilotstudie *f* · Vorstudie *f*
– **principal** *m* [Ed] / Hauptstudium *n*

–s a distancia *pl* [Ed] / Fernstudium *n*
–s autodidácticos *pl* [Ed] / Selbststudium *n*
–s básicos *pl* [Ed] / Grundstudium *n*
–s de bibliotecario *pl* [Ed] / Bibliothekarausbildung *f*
–s de trabajo *pl* [OrgM] / Arbeitsstudien *pl*
–s de utilización *pl* [InfSc] / Benutzungsstudie *f*
–s sobre el usuario *pl* [InfSc] / Benutzerforschung *f*
– **totalizador** *m* [InfSc] / Totalerhebung
estudioso de incunables *m* [Bk] / Inkunabelfachmann *m*
etapa de construcción *f* [BdEq] / Bauabschnitt *m*
ETCD *abbr s. equipo terminal de circuito de datos*
ética profesional *f* [Staff] / Berufsethik *f*
etiqueta 1 *f* [Gen] / Etikett *n*
– 2 *f* (de registro) [EDP] / Kennsatz *m* ‖ *s.a. etiqueta de sector; identificación de registro; rótulo*
– 3 *f* [EDP] / Feldkennung *f* ‖ *s.a. distintivo; identificador 2*
– **adhesiva** *f* [PR] / Aufkleber *m* ‖ *s.a. pegatina*
– **con dirección** *f* [Off] / Adressenaufkleber *m*
– **de cabecera** *f* [EDP] / Bandanfangsmarke *f*
– **de campo** *f* [EDP] / Dateikennsatz *m* ‖ *s.a. etiqueta de sector*
– **de cinta** *f* [EDP] / Bandmarke *f*
– **de código de barras** *f* [EDP] / Balkencode-Etikett *n* · Strichcode-Etikett *n*
– **de cola** *f* [EDP] / Bandendekennsatz *m*
– **de entrada** *f* [EDP] / Eingabekennsatz *m*
– **de estante** *f* [Sh] / Regalbeschriftung *f*
– **de final de fichero** *f* [EDP] / Dateiendekennsatz *m*
– **de fin de cinta** *f* [EDP] / Bandendekennsatz *m*
– **de inicio de fichero** *f* [EDP] / Dateianfangskennsatz *m*
– **del lomo** *f* [Bind] / Rückenetikett *n*
– **de nodo** *f* (en la parte sistemática de ciertos tesauros) [Ind] / Gliederungshilfe *f*
– **de plazo** *f* [RS] / Fristblatt *n*
– **de registro** *f* [EDP] / Satzkennung *f* ‖ *s.a. identificación de registro*
– **de sector** *f* [EDP] / Dateikennsatz *m*
– **de volumen** *f* [EDP] / Bandanfangskennsatz *m*
– **guía de hilera** *f* [Sh] / (Hinweis am Regal bzw. an der Regalreihe) Regalbeschriftung *f*
etiquetado *m* [TS] / Etikettierung *f* ‖ *s.a. portaetiquetas*
etiquetar *v* [Bind] / etikettieren *v* · beschildern *v*
ETTD *abbr s. equipo terminal de tratamiento de datos*
evaluación 1 *f* [InfSc] / Bewertung · Evaluation *f*
– 2 *f* [Staff] / Beurteilung *f* ‖ *s.a. evaluación de resultados*
– **de información** *f* [InfSy] / Informationsbewertung *f*
– **de los fondos** *f* [Stock] / Bestandsbewertung *f*
– **del puesto de trabajo** *f* [OrgM] / Arbeitsplatzbewertung *f*
– **de personal** *f* [Staff] / Mitarbeiterbeurteilung *f* · Personalbeurteilung *f*
– **de puestos de servicio** *f* [OrgM] / Dienstpostenbewertung *f*
– **de resultados** *f* [Staff; OrgM] / Leistungsbewertung *f*
– **final** *f* [Ed] / abschließende Bewertung *f*
– **general** *f* [Ed] / Gesamtbeurteilung *f*
evangeliario *m* [Bk] / Evangeliar *n*
evangelistario *m* [Bk] / Evangelistar *n*
evolución de la colección *f* [Acq] / Bestandsentwicklung *f*
exactitud *f* [Retr] / Fehlerfreiheit *f*
examen *m*
– **de estantes** *m* (para ver si hay libros descolocados) [Stock] / Bestandsdurchsicht *f* ‖ *s.a. revisión de estantes*
– **de fondos** *m* [Stocks] / Bestandsdurchsicht *f*
– **de idiomas** *m* [Ed] / Sprachprüfung *v*
– **de licenciatura** *m* [Ed] / Diplomprüfung *f*
– **de nivelación para estudiantes extranjeros** *m* [ED] / Feststellungsprüfung *f*
– **de recepción** *m* [BdEq] / Abnahmeprüfung *f*
– **escrito** *m* [Ed] / schriftliche Prüfung *f* · Klausur *f*
– **extraordinario** *m* [Ed] / Zusatzprüfung *f*
– **final** *m* [Ed] / Abschlußprüfung *f*
– **intermedio** *m* [Ed] / Zwischenprüfung *f*
– **parcial** *m* [Ed] / Zwischenprüfung *f*
– **previo de licenciatura** *m* [Ed] / Diplomvorprüfung *f* · Vordiplom *n*
examinar *v* [Gen] / prüfen *v*

excedencia sin sueldo *f* [Staff] / Dienstbefreiung *f*
excedente de capacidad *m* [EDP] / Überlauf *m*
excedente de presupuesto *m* [BgAcc] / Haushaltsrest *m*
excedente presupuestario *m* [BgAcc] / Haushaltsüberschuß *m*
exceder *v* / überschreiten *v*
excerpta *f* [Bib; Ind] / Referat *n*
excluir *v* [RS] / ausschließen *v* (a un usuario)
exclusión *f* [RS] / Ausschluß
excursión *f* [Ed; Staff] / Exkursion *f*
exequias literarias *pl* [Bk] / Leichenpredigt *f*
exhaustividad de indización *f* [Ind] / Indexierungstiefe *f*
exhibición audiovisual *f* [NBM] / Tonbildschau *f*
existencias *pl* [Gen] / Bestand *m*
– **bibliotecarias** *pl* [Stock] / Bibliotheksbestand *m*
– **de material a imprimir** *pl* [Prt] / Bedruckstoff *m*
ex libris *m* [Bk] / Exlibris *n*
ex libris de donante *m* [Bk] / Donatoren-Exlibris *n*
expandir *v* [BdEq; EDP] / erweitern *v*
expansibilidad *f* [EDP] / Erweiterungsfähigkeit *f*
expansión de la colección *f* [Acq] / Bestandsvermehrung *f* ‖ *s.a. incremento de la colección*
expansión de la zona de dirección *f* [EDP] / Adreßfelderweiterung *f*
expansión de memoria *f* [EDP] / Speichererweiterung *f*
expediente personal *m* [Staff] / Personalakte *f*
expediente(s) *m(pl)* [Off; Arch] / Akte *f*
experiencia laboral *f* [Staff] / Arbeitserfahrung *f*
éxplicit *m* [Bk] / Explicit *n*
exploración por materias *f* [Ind] / Sacherschließung *f*
explorador electrónico *m* [EDP] / Abtaster *m*
explorador óptico *m* [EDP] / optischer Abtaster *m*
explorar *v* [EDP] / abtasten *v*
explosión de información *f* [InfSc] / Informationsexplosion *f*
explotación de la colección *f* (medios y medidas para hacer accesible una colección bibliotecaria o informar sobre ella, por ej., mediante catálogos) [Stock] / Bestandserschließung *f*
explotación en modalidad simultánea *f* [EDP] / Simultanbetrieb *m* ‖ *s.a. operación en paralelo*
exponente *m* [Prt] / Hochzahl *f* · Exponent *m*
exponer 1 *v* [Repr] / belichten *v*
exponer 2 *v* (~ libros) [PR] / ausstellen *v*
exposición 1 *f* [Repr] / 1 Aufnahme *f*
– 2 *f* [PR] / Ausstellung *f*
– **de contenidos** *f* [Ind] / inhaltliche Aussage *f*
– **de libros** *f* [PR] / Buchausstellung *f*
– **doble** *f* [Repr] / Doppelbelichtung *f*
– **en escaparate** *f* [BdEq] / Schaufensterausstellung *f*
– **inclinada** *f* (en una estantería) [Sh] / Schrägauslage *f*
– **insuficiente** *f* [Repr] / Unterbelichtung *f*
– **itinerante** *f* [PR] / Wanderausstellung *f*
exposímetro *m* [Repr] / Belichtungsmesser *m*
expositor *m* [BdEq] / Präsentationsständer *m* · Buchauslage *f* · Ständer *m* · Ausstellungsregal *n* ‖ *s.a. estante de exposición*
– **de libros** *m* [BdEq] / Buchständer *m*
– **de nuevas adquisiciones** *m* [RS] / Neuerwerbungsauslage *f*
– **de periódicos** *m* [Sh] / Zeitschriftenregal *n* · Zeitungsregal *n*
– **giratorio** *m* [BdEq] / Karussell *n* · Buchkarussel *n*
– **giratorio** *m* [BdEq] / Drehständer *m*
expurgación *f* [Stock] / Aussonderung *f*
expurgar *v* [Stock] / aussondern *v*
expurgo *m* [Stock] / Abgang *m* · ausgesonderter Band *m* · Aussonderung *f* ‖ *s.a. descarte*
extender una factura *v* [BgAcc] / eine Rechnung ausstellen *v*
extensión *f* [Class/CDU] / Erstreckung *f* (signo / hasta)
– **alfabética** *f* [Class/CDU] / alphabetische Unterteilung *f*
– **conceptual** *f* [Ind; Class] / Begriffsumfang *m*
– **de la notación** *f* [Class] / Notationslänge *f*

– **de un documento** *f* (en caso de publicaciones periódicas) [Cat] / Umfang *m*

extintor de fuego *m* [BdEq] / Feuerlöscher *m*

extracción de nociones *f* [Ind] / Stichwortbildung *f*

extracción de resultados *f* [EDP] / Ausgabe *f*

extracción de términos *f* [Ind] / Stichwortbildung *f*

extracto *m* [Bib; Ind] / Auszug *m* · Kurzreferat *n* · Referat *n*

– **automático** *m* [Ind] / maschinell erstelltes Kurzreferat *n*

– **de cuenta corriente** *m* [BgAcc] / Kontoauszug *m*

extraer encabezamientos *v* [Cat] / auswerfen *v*

extranjerismo *m* [Lin] / Lehnwort *n* · Fremdwort *n*

extrapolar *v* [InfSc] / extrapolieren *v*

extremo del cuerpo *m* (de estanterías) [Sh] / Stirnseite *f*

F

fabricación de tapas *f* [Bind] / Deckenmachen *n*
fabricante *m* (de aparatos informáticos, audiovisuales, etc.,) [EDP; NBM] / Hersteller *m*
fábula *f* [Bk] / Fabel *f*
facción de inventario *f* [Stock] *HA* / Inventur *f*
faceta *f* [Class] / Facette *f*
– **común** *f* [Class] / allgemeine Facette *f*
– **diferencial** *f* [Class] / Unterscheidungsfacette *f*
fachada *f* [BdEq] / Fassade *f*
fácil de usar *adj* [RS] / benutzerfreundlich *adj* · leicht benutzbar *adj*
facilidad de uso *f* [RS] / Benutzerfreundlichkeit *f*
facilidad para solucionar de problemas *f* [Staff] / Problemlösungsfähigkeit *f*
facilitación *f* [RS] / Bereitstellung *f*
facilitar *v* [RS] / bereitstellen *v*
facs. *abbr. s. facsímil*
facsímil *m* [Bk; Cat] / Faksimile(-Ausgabe / -Nachdruck)
facsímil de carta *m* [NBM] / Brief-Faksimile *n*
facticio *m* [Cat] / fiktiv *adj*
factor *m* [Gen] / Faktor *m*
– **de ampliación** *m* [Repr] / Vergrößerungsfaktor *m*
– **de anchura de caracteres** *m* [EDP] / Zeichenbreitefaktor *m*
– **de bloqueo** *m* [EDP] / Blockfaktor *m*
– **de ponderación** *m* [InfSc; Retr] / Gewichtungsfaktor *m*
– **de producción** *m* [OrgM] / Produktionsfaktor *m*
– **de reducción** *m* [Repr] / Verkleinerungsfaktor *m*
– **de resolución** *m* [EDP/VDU; Repr] / Auflösungsvermögen *n*
–ización léxica *f* [Ind] / morphologische Zerlegung *f*
–zación morfológica *f* [Ind] / morphologische Zerlegung *f*
–zación semántica *f* [Ind] / Zerlegung *f* · Begriffszerlegung *f*
factura *f* [BgAcc] / Rechnung *f* · Faktura *f* · Quittung *f*
–ción *f* [BgAcc] / Fakturierung *f*
– **por triplicado** *f* [BgAcc] / Rechnung in dreifacher Ausfertigung *f*
– **pro forma** *f* [Acq] / Pro-Forma-Rechnung *f*
facturar *v* [BgAcc] / fakturieren *v*
facultad *f* [Ed] / Fachbereich
faja publicitaria *f* [Bk] / Buchbinde *f* · Bauchbinde *f* · Buchschleife *f*
falda *f* [Prt] / Fußsteg *m*
fallo *m* [BdEq] / Ausfall *m*
fallo de máquina *m* [EDP] / Rechnerausfall *m* · Maschinenausfall *m*
fallo de programa *m* [EDP] / Programmfehler *m*

fallo irreparable *m* [Gen] / nichtbehebbarer Fehler *m*
falsa portada *f* [Bk] / Schmutztitel *m* · Vortitelseite *f*
falsa(s) guarda(s) *f(pl)* [Bind] / Doublure *f* · Dublüre *f*
falsificación *f* [Bk; Bind] / Fälschung *f*
– **de datos** *f* [EDP] / Datenverfälschung *f*
falso lomo *m* [Bind] / Rückeneinlage *f* · Rückenverstärkung *f*
falta *f* [Gen] / Fehler *m*
– **de entrega** *f* [RS] / Nichtlieferung *f*
– **de personal** *f* [Staff] / unterbesetzt *pp* · Unterbesetzung *f* ‖ *s.a. escasez de personal*
– **tipográfica** *f* [Prt] / Druckfehler *m* ‖ *s.a. errata;* ‖ *s.a. error tipográfico*
familia de caracteres *f* [Prt; Off] / Schriftfamilie *f*
familia de etiquetas *f* [EDP] / Kennsatzfamilie *f*
familia de tipos *f* [Prt] / Schrift *f*
familiarización con el trabajo *f* (de un nuevo empleado) [Staff] / Einarbeitung *f*
farmacopea *f* [Bk] / Arzneibuch *n* · Pharmakopöe *f*
fascículo *m* [Bk] / Heft *n* · Faszikel *m* · Band *m*
– **de patente** *m* [Bk] / Patentschrift *f*
– **suelto** *m* [Bk] / Einzelheft *n*
fase de orientación *f* [Ed] / Orientierungsphase *f*
fase de transmisión de datos *f* [Comm] / Datenübertragungsphase *f*
fax *m* [Comm] / Fax *n* · Fernkopie *f* · Telekopie *f* · Faxübermittlung *f*
– **de sobremesa** *m* [Comm] / Tischfernkopierer *m*
fecha *f* [OrgM] / Datum *n*
– **de adquisición** *f* [Acq] / Zugangsdatum *n*
– **de caducidad** *f* [NBM] / Verfallsdatum *n*
– **de contratación** *f* [Staff] / Einstellungsdatum *n*
– **de desclasificación** *f* [Arch] / Freigabedatum *n*
– **de devolución** *f* [RS] / Rückgabetermin *m* · Rückgabedatum *n*
– **de entrega** *f* [Acq] / Liefertermin *m*
– **de facturación** *f* [BgAcc] / Rechnungsdatum *n*
– **de la primera catalogación** *f* [Cat] / Ersterfassungsdatum *n*
– **de liberación** *f* [Arch] / Freigabedatum *n*
– **de plazo** *f* [OrgM] / Termin *m*
– **de préstamo** *f* [RS] / Entleihdatum *n* · Ausleihdatum *n*
– **de publicación** *f* [Bk] / Erscheinungstermin *m* · Erscheinungsdatum *n* · Veröffentlichungsdatum *n*
– **de recepción** *f* [Acq] / Einlaufsdatum *n* · Eingangsdatum *n*
– **de salida** *f* [RS] / Ausgabedatum *n*
– **de vencimiento** *f* [RS] / Fälligkeitsdatum *n* · Rückgabedatum *n*
– **de vencimiento de plazo** *f* [RS] / Fälligkeitstermin *m*
–**dor** *m* [Off] / Datumstempel *m*
– **límite** *f* [OrgM] / Schlußtermin *m*
– **límite de presentación de solicitudes** *m* [Staff] / Bewerbungsschlußtermin *m*
– **tope** *f* [OrgM] / Schlußtermin *m*
fe de erratas *f* [Prt] / Druckfehlerverzeichnis *n*
federación bibliotecaria *f* [Lib] / Bibliotheksverbund *m* ‖ *s.a. consorcio; cooperativa; red*
feria *f* [Gen] / Messe *f*
– **de libros de ocasión** *m* [Bk] / Antiquariatsmarkt *m*
– **del libro** *f* [Bk] / Buchmesse *f* · Buchhandelsmesse *f*
ferrotipia *f* [NBM] / Ferrotypie *f*
fiabilidad *f* (de un instrumento de investigación) [InfSc] / Meßgenauigkeit *f* · Reliabilität *f* · Verläßlichkeit *f* · Zuverlässigkeit *f*
fianza *f* [RS] / Kaution *f*
– **de depósito** *f* [RS] / Hinterlegungsbetrag *m* ‖ *s.a. cuota en depósito*
ficha *f* [Cat] / Kärtchen *n* · Karteikarte *f* · Karte *f* · Zettel *m* · Laufzettel *m* ‖ *s.a. tarjeta*
– **abierta** *f* [CAT] / offene Aufnahme *f*
– **adicional** *f* [Acq] / Fortsetzungskarte *f*
– **calendario** *f* [RS] / Fristblatt *n*
– **característica** *f* [Ind; PuC] / Merkmalkarte *f*
– **catalográfica** *f* [Cat] / Katalogkarte *f* · Katalogzettel *m* ‖ *s.a. ficha suplementaria*
– **catalográfica con nombre a la vista** *f* [Cat] / Katalogkarte mit Namensübersicht *f*
– **catalográfica con título a la vista** *f* [Cat] / Katalogkarte mit Titelübersicht *f*
– **cerrada** *f* [Cat] / abgeschlossene Aufnahme *f*
– **combinada** *f* [PuC] / Verbundkarte *f*
– **complementaria** *f* [Cat] / Fortsetzungszettel *m*

– **con perforaciones alargadas** *f* [PuC] / Schlitzlochkarte *f*
– **con renglones** *f* [Ind; Off] / lini(i)erte (Kartei-)Karte *f*
– **de asiento secundario** *f* [Cat] / Nebeneintragungskarte *f* ‖ *s.a. mención de encabezamiento secundario*
– **de bordes perforados** *f* [PuC] / Kerblochkarte *f*
– **de catálogo** *f* [Cat] / Katalogkärtchen *n* · Katalogzettel *m*
– **de continuación** 1 *f* [Acq] / Fortsetzungskarte *f*
– **de continuación** 2 *f* [Cat] / Fortsetzungszettel *m*
– **de documentación** *f* [Ind] / Schrifttumskarte *f*
– **de documento** *f* [Ind] / Schrifttumskarte *f*
– **de entradas** *f* (registro automático de adquisición de publicaciones periódicas) [Acq; EDP] / Ziehkarte *f*
– **de extensión** *f* [Cat] / Fortsetzungszettel *m*
– **de información** *f* [Cat] / Titelübersicht *f*
– **de lector** *f* [RS] / Leserkarte *f*
– **de libro prestado** *f* [RS] / Buchkarte *f*
– **de márgenes perforados** *f* [PuC] / Kerblochkarte *f*
– **de materia** *f* [Cat] / Schlagwortkarte *f* · Schlagwortzettel *m*
– **de memoria** *f* [Retr] / Memokarte *f*
– **de microfilm con abertura** *f* [Repr; PuC] / Montagekarte *f*
– **de orientación** *f* [Cat] / Titelübersicht *f*
– **de pedido** *f* [Acq] / Bestellkarte *f*
– **de perforación central** *f* [PuC] / Binnenlochkarte *f*
– **de perforaciones centrales** *f* [PuC] / Flächenlochkarte *f*
– **de perforaciones marginales** *f* [PuC] / Randlochkarte *f* · Streifenlochkarte *f*
– **de plazos** *f* [RS] / Fristblatt *n*
– **de preparación** *f* [TS] / Laufzettel *m*
– **de préstamo** *f* [RS] / Buchkarte *f* · Leihschein *m* ‖ *s.a. formulario de pedido*
– **de referencia** *f* [Cat] / Verweisungskarte *f*
– **de reserva** *f* [RS] / Vormerkkarte *f*
– **de reserva** *f* [RS] / Vorbestellkarte *f*
– **de resumen** *f* [Ind] / Referatekarte *f*
– **descriptor** *f* [Ind; PuC] / Merkmalkarte *f*
– **de selección visual** *f* [PuC] / Sichtlochkarte *f*
– **de serie** *f* [Acq] / Fortsetzungskarte *f*
– **de tratamiento** *f* [TS] / Bearbeitungszettel *m* · Laufzettel *m*
– **de vencimientos** *f* [RS] / Fristblatt *n*
– **de ventanilla** *f* [Repr] / Bildkarte *f* ‖ *s.a. tarjeta de ventanilla*
– **guía** *f* [Ind; TS] / Leitkarte *f*
– **Hollerit** *f* [PuC] / Hollerith-Karte *f*
– **impresa** *f* [Cat] / Titeldruckzettel *m*
– **magnética** *f* [EDP] / Magnetkarte *f*
– **olvidada** *f* [RS] / Karteileiche *f*
– **para aprender a leer** *f* [Ed] / Leselernkarte *f*
– **„peek-a-boo"** *f* [PuC] / Sichtlochkarte *f*
– **pequeña de catálogo** *f* [Cat] / Katalogkärtchen *n*
– **perforada** *f* [PuC] / Lochkarte *f* · Tabellierkarte *f*
– **perforada a mano** *f* [PuC] / Handlochkarte *f*
– **perforada a máquina** *f* [PuC] / Maschinenlochkarte *f*
– **perforada de coincidencia visual** *f* [PuC] / Sichtlochkarte *f*
– **perforada de selección manual** *f* [PuC] / Handlochkarte *f*
– **perforada en el campo interior** *f* [PuC] / Binnenlochkarte *f*
– **perforada para selección visual** *f* [PuC] / Sichtlochkarte *f*
– **por característica** *f* [Ind; PuC] / Merkmalkarte *f*
– **principal** *f* (como parte de un fichero de publicaciones periódicas) [Acq] / Stammkarte *f*
– **provisional** *f* [Cat] / Interimszettel *m* · Interimskarte *f*
~**r** *v* [NBM] / einlegen *v*
~**s catalográficas impresas** *pl* [Cat] / Zetteldrucke *pl*
– **„selecto"** *f* [PuC] / Sichtlochkarte *f*
~**s impresas en catálogo** *pl* [Cat] / Titeldrucke *pl*
– **suplementaria** *f* (para un asiento de título) [Cat] / zweiter Zettel *m* · Fortsetzungskarte *f* ‖ *s.a. ficha catalográfica*
– **sustitutoria** *f* (de una ficha catalográfica extraída) [Cat] / Ersatzzettel *m*
– **transitoria** *f* [Cat; TS] / Interimskarte *f*
– **unitaria** *f* [Cat] / Einheitskarte *f* · Einheitszettel *m*

fichero 1 *m* [Ind; Off] / Kartei *f*
– 2 *m* [EDP] / Datei *f* ‖ *s.a. fichero de datos*

– 3 *m* [BdEq] / Karteischrank *m* · Karteikasten *m*
– **autorizado de nombres de autor** *m* [Cat] / Normdatei der Verfassernamen *f*
– **autorizado de nombres propios** *m* [Cat] / Namensdatei *f*
– **colgado** *m* [BdEq] / Hängeregistratur *f* *s. fichero lateral;* ‖ *s.a. archivador vertical*
– **con fichas visibles** *m* [Ind] / Sichtkartei *f*
– **cronológico** *m* [EDP] / Konsolprotokoll *n* · Maschinenprotokoll *n*
– **de adquisiciones** *m* [Acq] / Bestelldatei *n* · Zugangsdatei *f* ‖ *s.a. registro de adquisiciones*
– **de adquisiciones en curso** *m* (en conexión con el registro de adquisiciones) [Acq] / Bestelldatei *n*
– **de anotaciones de trabajo** *m* [EDP] / Protokolldatei *f*
– **de autoridad** *m* [Cat] / Normdatei *f*
– **de búsqueda** *m* [Retr] / Abfragedatei *f*
– **de catálogo** *m* [Cat] / Katalogkasten *m*
– **de catálogo** *m* [Cat] / Katalogschrank *m*
– **de cinta magnética** *m* [EDP] / Magnetbanddatei *f*
– **de circulación** *m* [RS] / Ausleihdatei *f* ‖ *s.a. fichero de préstamos*
– **de conexiones** *m* [EDP] / Anschlußdatei *f*
– **de continuación** *m* [Acq] / Fortsetzungskartei *f*
– **de correspondencia** *m* [Off] / Briefablage *f* · Korrespondenzakten *pl*
– **de datos** *m* [EDP] / Datei *f*
– **de desiderata** *m* [Acq] / Desideratendatei *f* · Wunschkartei *f* · Desideratenkartei *f* · Wunschdatei
– **de direcciones** *m* [Off] / Adressenkartei *f* · Adressendatei *f*
– **de empresa** *m* [Stock] / Firmenschriftensammlung *f*
– **de entradas** *m* [Acq] / Zugangskartei *f* *s. catálogo de adquisiciones; registro de adquisiciones*
– **de entradas** *m* [Acq] / Akzessionsjournal
– **de entradas autorizado** *m* [InfSy] / zugangsberechtigte Datei *f*
– **de fichas** *m* [TS] / Steilkartei *f*
– **de fichas giratorias** *m* [BdEq] / Karteilift *m*
– **de fichas visibles** *m* [Ind] / Flachsichtkartei *f*
– **de intenciones de adquisición** *m* (con títulos cuyo pedido se sopesará) [Acq] / Vormerkdatei *f*
– **de la sección de personal** *m* [OrgM] / Kaderakte *f* · Personalakte *f* *DDR*
– **de libreros** *m* [Acq] / Buchhändlerkartei *f*
– **de movimientos** *m* [EDP] / Bewegungsdatei *f* · Änderungsdatei *f*
– **de nombres de personas** *m* [Cat] / Personennamendatei *f*
– **de pedidos** *m* [Acq] / Bestelldatei *n* · Bestellkartei *f*
– **de préstamo interbibliotecario** *m* [RS] / Fernleihdatei *f*
– **de préstamos** *m* [RS] / Ausleihkartei *f* · Ausleihdatei *f*
– **de préstamos** *m* [RS] / Leihregister *n*
– **de préstamos a distancia** *m* [RS] / Fernleihkartei *f*
– **de proveedores** *m* [Acq] / Lieferantendatei *f*
– **de publicaciones periódicas** *m* (como fichero visible) [Acq] / Zeitschriftenkartei *f*
– **de publicaciones periódicas** *f* [Acq] / Zeitschriftenzugangskartei *f*
– **de referencia** *m* [Off] / Handkartei *f*
– **de reservas** *m* [Acq] / Vormerkkartei *f*
– **de seguridad** *m* [Stock; Repr] / Sicherungsarchiv *n*
– **de talones** *m* (parte de un fichero de préstamos) [RS] / Kuponregister *n*
– **de títulos a seleccionar** *m* [Acq] / Vormerkdatei
– **de trabajo** *m* [EDP] / Arbeitsdatei *f* · Scratch-Datei *f*
– **de transacciones** *m* [EDP] / Bewegungsdatei *f*
– **de usuarios** *m* [RS] / Benutzerkartei *f* · Benutzerdatei *n*
– **de vencimientos** *m* [TS; RS] / Fristkartei *f* · Fristdatei *n*
– **digital** *m* [Bk] / Daumenregister *n*
– **en cinta** *m* [EDP] / Banddatei *f*
– **en cinta magnética** *m* [EDP] / Banddatei *f*
– **en formación** *m* (de libros que se encuentran en preparación bibliográfica, etc.) [TS] / Interimsnachweis *m*
– **en proceso** *m* [TS] / Bearbeitungskartei *f* · Bearbeitungsdatei *f* · Interimsnachweis *m*
– **informático** *m* [EDP] / Rechnerdatei *f*
– **intermedio** *m* [EDP] / Zwischenablage *f*
– **interno** *m* / Interndatei *f*
– **invertido** *m* [EDP] / invertierte Datei *f*
– **Kardex** *m* [Acq] / Kardex *m*

– **lateral** *m* (fichero de carpetas colgadas lateralmente) [BdEq] / Hängeregistratur *f* ‖ *s.a. fichero colgado*
– **maestro** *m* [EDP] / Stammdatei *f*
– **negativo** *m* [RS; EDP] / Negativdatei *f*
– **no autorizado** *m* [InfSy] / gesperrte Datei *f*
– **normalizado** *m* [Cat] / Normdatei *f*
– **normalizado de materias** *m* [Cat] / Schlagwort-Normdatei *f* ‖ *s.a. lista de encabezamientos de materia*
– **normalizado de nombres** *m* [Cat] / (~ der Namen:) Normdatei *f*
– **normalizado de nombres de autor** *m* [Cat] / (~ der Verfassernamen:) Normdatei *f*
– **normalizado de nombres propios** *m* [Cat] / Namensdatei *f*
– **permanente** *m* [EDP] / Stammdatei *f*
– **positivo** *m* (en un sistema informatizado de registro de préstamos) [RS; EDP] / Positivdatei *f* ‖ *s.a. fichero negativo; sistema de registro de préstamo 2*
– **provisional** *m* [TS] / Interimskartei *f*
– **secuencial** *m* [EDP] / Stapeldatei *f*
– **sinóptico** *m* [Ind] / Sichtkartei *f*
– **usual** *m* [Off] / Handkartei *f*
– **visible** *m* [Acq] / Sichtregister *n* · Flachsichtkartei *f* · Kardex *m*
fig. *abbr. s. figura 1; figura 2*
figura 1 *f* (aclarando o completando un texto) [Bk] / Abbildung *f* ‖ *s.a. ilustración; lámina; representación pictórica*
– 2 *f* (representación gráfica) [Bk] / 2 Grafik *f* ‖ *s.a. diagrama; gráfico 2; representación gráfica*
– **cartográfica** *f* [Cart] / Kartenbild *n*
figurado *adj* [Bk] / figürlich *adj*
fijación *f* [Gen; Cat] / Bestimmung *n*
fijador *m* [Pres] / Fixativ *n* · Fixiermittel *n*
fijar *v* [repr] / fixieren *v*
fila de fichas *f* [PuC] / Lochreihe *f*
fila de tarjetas *f* [PuC] / Lochreihe *f*
filete *m* [Prt] / Linie *f* · Einfassung *f* · Linienrolle *f* · Rolle *f*
–**ador** *m* [Bind] / Filete *f*
– **azurado** *m* [Bind] / Assurélinien *pl*
– **de adorno** *m* [Bk] / Zierleiste *f*
– **de cabecera** *m* [Bind] / Kopfleiste *f*
– **de seguridad** *m* [Bind] / Assurélinien *pl*
– **ornamental** *m* [Bk] / Leiste *f*
– **sacalíneas** *m* [Prt] / Setzlinie *f*
filigrana *f* [Pp] / Wasserzeichen *n*
– **artificial** *f* [Pp] / künstliches Wasserzeichen *n*
–**s de moleta** *pl* [Pp] / Molette-Wasserzeichen *n*
– **semiauténtica** *f* [Pp] / halbechtes Wasserzeichen *n*
filmación de microfichas *f* [Repr] / Microficheverfilmung *f*
filmación de seguridad *f* [Pres; Repr] / Sicherungsverfilmung *f* · Sicherheitsverfilmung *f*
filmación estática *f* [Repr] / Schrittaufnahmetechnik *f*
filmación secuencial *f* [Repr] / Microficheverfilmung *f*
film(e) *m* [NBM; Repr] / Film *m* · Kinefilm *m*
– **de archivo** *m* [Repr] / Archivfilm *m*
–**(e) duplicador** *m* [Repr] / Duplizierfilm
–**ografía** *f* [NBM; Bib] / Filmographie *f*
–**oteca** *f* [NBM] / Filmothek *f* · Filmarchiv *n*
– **plano** *m* [Repr] / Planfilm *m* · Blattfilm *m*
– **reversible** *m* [Repr] / Umkehrfilm *m*
filtrar *v* [EDP] / maskieren *v*
filtro *m* [repr] / Filter *m*
final de bloque *m* [Comm] / Blockbegrenzung *f*
final de texto *m* [Comm] / Ende des Textes *n*
finales *pl* (pliego final del libro contrapuesto al de titulación) [Bk; Prt] / Anhang *m* ‖ *s.a. pliego de principios*
financiación *f* [BgAcc] / Finanzierung *f*
– **externa** *f* [BgAcc] / Fremdfinanzierung *f*
– **inicial** *f* [BgAcc] / Anschubfinanzierung *f*
– **universitaria** *f* [BgAcc] / Hochschulfinanzierung *f*
financiar *v* [BgAcc] / finanzieren *v*
fin de cinta *m* [EDP] / Bandende *f*
fin de fichero *m* [EDP] / Dateiende *f*
fin de la conexión *m* [Comm] / Abmeldung *f* · Verbindungsabbau *m*
firma *f* [Writ] / Unterschrift *f*
firmar *v* (un libro el autor) [Bk] / signieren *v*
firulete *m* [Bk] / Schnörkel *m*
flete aéreo *m* [Comm] / Luftfracht *f*
flexibilidad 1 *f* / 2 Erweiterungsfähigkeit *f*
– 2 *f* (de la notación) [Class] / Hospitalität *f*
– 3 *f* / Flexibilität *f*

– **respecto a nuevas clases secundarias/en cadena** *f* [Class] / Hospitalität in bezug auf neue nebengeordnete Klassen/in Begriffsleitern *f*
– **respecto a nuevas clases secundarias/en serie** *f* [Class] / Hospitalität in bezug auf neue nebengeordnete Klassen/in Begriffsreihen
– **respecto a nuevas clases subordinadas/en cadena** *f* [Class] / Hospitalität in bezug auf neue untergeordnete Klassen/ in Begriffsleitern
flexografía *f* [Prt] / Flexodruck *m* · Flexographie *f*
flor *f* (de la superficie del cuero) [Bind] / Narbe *f* ‖ *s.a. grano*
~es *pl* [Prt] / Röschen *pl*
~ilegio *m* [Bk] / Florilegium *n* · Blütenlese *f* · Blumenbuch *n*
~itura *f* [Bk] / Schnörkel *m*
flor(ón) *f(m)* (hierro de estampar) [Bind] / Blumenstempel *m* · Blütenstempel *m*
florón *m* [Bind: Bk] / Fleuron *n* · (herramienta:) Blütenstempel *m*
fluctuación *f* [Staff] / Fluktuation *f*
– **de personal** *f* [Staff] / Personalfluktuation *f*
flujo de datos *m* [EDP] / Datenfluß *m*
flujo de datos transnacional *m* [EDP] / grenzüberschreitender Datenfluß *m*
flujo de información *m* [InfSc] / Informationsfluß *m*
flujo del programa *m* [EDP] / Programmablauf *m*
foco *m* [Ind] / Fokus *m*
foliación *f* [Bk] / Blattzählung *f*
– **separada** *f* [Cat] / getrennte Zählung *f*
folio *m* [Pp] / Blatt *n*
– **con membrete** *m* [Off] / Kopfbogen *m*
– **elefante** *m* [Bk] / Elefant-Folio *n*
– **explicativo** *m* [Bk] / Lauftitel *m* · lebender Kolumnentitel *m* · Seitenüberschrift *f* ‖ *s.a. folio explicativo; título corriente*
– **mayor** *m* [Bk] / Großfolio *n*
~s timbrados *pl* [Off] / Kopfbögen *pl*
follaje *m* [Bind] / Laubwerk *n*
folleto *m* [Bk] / Heft *n* · Flugschrift *f* · Broschüre *f* · Faltblatt *n*
– **en rústica** *m* [Bind] / Weichbroschur *f*
– **manual** *m* [PR] / Handzettel *m*
– **unido con espiral** *m* [Bind] / Spiralbroschur *f*
fomento de la formación profesional *f* [Ed] / Ausbildungsförderung *f*
fomento de la investigación *m* [BgAcc] / Forschungsförderung *f*
fomento de la lectura *m* [RS] / Leseförderung *f*
fomento de la literatura *m* [RS] / Literaturförderung *f*
fondo bibliográfico de refencia *m* [Stock] / Präsenzbestand *m*
fondo de contingencia *m* [bgAcc] / Verfügungsmittel *pl*
fondo de dorar *m* [Bind] / Vergoldegrund *m* ‖ *s.a. sisa*
fondo dorado *m* [Bind] / Goldgrund *m*
fondo para imprevistos *m* [BgAcc] / Verfügungsmittel *pl*
fondos *pl* [BgAcc] / Buchbestand *m* · Bestand *m*
– **bibliográficos cerrados** *pl* [OrgM] / geschlossenes Magazin *n*
– **bibliotecarios** *pl* [Stock] / Bibliotheksbestand *m*
– **bibliotecarios almacenados** *pl* (sin acceso para lectores) [Lib] / Speichermagazin *n* · magazinierter Bestand *m* ‖ *s.a. almacén 2; biblioteca depósito; depósito de libros*
– **capitales** *pl* [BgAcc] / Fonds *m s.a. fondos económicos*
– **de capital** *pl* [BgAcc] / Fonds *m*
– **de consulta rápida** *pl* [Ref] / Auskunftsbestand *m*
– **de inversión** *pl* [BgAcc] / Investitionsmittel *pl*
– **de préstamo** *pl* [Stock] / Ausleihbestand *m*
– **de préstamo permanente** *pl* [Stock] / Dauerleihgabe *f*
– **de reserva** *pl* [BgAcc] / Reservefonds *m*
– **disponibles** *pl* [BgAcc] / Verfügungsmittel *pl*
– **económicos** *pl* [BgAcc] / Fonds *m*
– **económicos de donaciones** *pl* [BgAcc] / Spendenmittel *pl*
– **para adquisiciones** *pl* [BgAcc] / Erwerbungsmittel *pl*
– **para viajes** *m* [BgAcc] / Reisemittel *pl*
fonodisco *m* [NBM] / Schallplatte *f*
fonoregistro *m* [NBM] / Schallplatte *f*
fonoteca *f* [NBM] / Schallarchiv *n* · Schallplattenarchiv *n* ‖ *s.a. colección de grabaciones sonoras*
– **para invidentes** *f* [Lib] / Blinden-Hörbücherei *f*
forma *f* [Prt] / Form *f*
– **de catálogo** *f* [Cat] / Katalogform *f*

– **de encabezamiento** *f* [Cat] / Ansetzungsform *f*
– **de imprenta** *f* [Prt] / Druckform *f*
– **de la edición musical** *f* (por ejemplo, partitura, voz, etc.) [Mus] / musikalische Ausgabeform *f*
– **de mano** *f* [Pp] / Schöpfform *f*
– **de pago** *f* [BgAcc] / Zahlungsweise *f*
– **de publicación** *f* [Bk] / Publikationsform *f* ‖ *s.a. clase de publicación; tipo de publicación*
– **parada** *f* (pendiente de impresión) [Prt] / Stehsatz *m*
– **tipográfica** *f* [Prt] / Druckform *f*
– **tipográfica offset** *f* [Prt] / Offsetdruckform *f*
– **variante de grafía** *f* [Cat] / abweichende Schreibweise *f*
– **variante de nombre** *f* [Cat] / abweichende Namensform *f*
– **variente de título** *f* [Bk] / abweichende Titelfassung *f*
– **y estructura del encabezamiento de entidades** *f* [Cat] / Form unf Struktur der Ansetzung von Körperschaften *f*
formación *f* [Ed] / Ausbildung *f*
– **de ampollas** *f* [Pp] / Blasenbildung *f*
– **de departamentos** *f* [OrgM] / Abteilungsbildung *f*
– **de grupos** *f* [Class; Ind] / Gruppenbildung *f*
– **de inventario** *f* [Stock] / Inventur *f*
– **de la signatura** *f* [Sh] / Signaturbildung *f*
– **del precio** *f* [BgAcc] / Preisbildung *f*
– **de una colección** *f* [Acq] / Bestandsaufbau *m*
– **de un banco de datos** *f* [EDP] / Datenbankaufbau *m*
– **en el puesto de trabajo** *f* [Ed] / Ausbildung am Arbeitsplatz *f*
– **profesional** *f* [Ed] / Berufsausbildung *f*
– **suplementaria** *f* [Ed] / Zusatzausbildung *f*
formar el lomo de un libro *v* [Bind] / abpressen *v*
formar escalerilla *v* [Pp] / auffächern *v*
formateado de sectores *m* [EDP] / Hart-Sektorierung *f*
formato 1 *m* (tamaño de un libro, especialmente su altura) [Bk] / 1 Format *n*
– 2 *m* (de un libro según el número de pliegues de un pliego de imprenta) [EDP] / 2 bibliographisches Format *n*
– 3 *m* (articulación, estructura) [Gen; EDP] / 3 Format *n*
– 4 *m* (de materiales audiovisuales) [NBM] / Konfektionierung *f*
– **a la italiana** *m* [Bk] / Querformat *n*
– **alargado** *m* [Bk] / Langformat *n*
– **a medida** *m* (de un libro) [Bk] / Meßformat *n*
– **ancho** *m* [Bk] / Breitformat *n s.a. formato horizontal 1*
– **apaisado** *m* [Bk] / Albumformat *n* · Querformat *n*
– **bibliográfico** *m* / bibliographisches Format *n*
– **cine** *m* [Repr] / vertikale Bildlage *f* · Hochformat *n*
– **cómic** *m* [Repr] / horizontale Bildlage *f*
– **de álbum** *m* [Bk] / Albumformat *n* · Querformat *n*
– **de atlas** *m* [Bk] / Atlasformat *n*
– **de caja** *m* [Bind] / Deckenformat *n*
– **de canje** *m* [Bib; Cat; EDP] / Austauschformat *n* (de información bibliográfica)
– **de datos** *m* [EDP] / Datenformat *n*
– **de folio** *m* [Bk] / Folio(-Format) *n(n)*
– **de impresión de páginas** *m* [EDP] / Seitendruckformatvorlage *f*
– **de intercambio** *m* [Bib; Cat; EDP] / Austauschformat *n* (de información bibliográfica)
– **del bloque de libro** *m* [Bind] / Buchblockformat *n*
– **del cuerpo del libro** *m* [Bind] / Buchblockformat *n*
– **del libro** *m* [Bk] / Buchformat *n*
– **del papel** *m* [Pp] / Papierformat *n*
– **del pliego** *m* [Prt] / Bogenformat *n*
– **de pantalla** *m* [EDP/VDU] / Bildschirmformat *n*
– **de plano** *m* [Bk] / Atlasformat *n*
– **de presentación** *m* [EDP] / Ausgabeformat *n* (en la pantalla)
– **de salida** *m* [EDP] / Ausgabeformat *n*
– **en cuarto** *m* [Bk] / Quartformat *n*
– **en dozavo** *m* [Bk] / Duodez(-Format) *n(n)*
– **en octavo** *m* [Bk] / Oktav(-Format) *n(n)*
– **en plano** *m* [Bk] / Planoformat *n*
– **final** *m* [Pp] / Endformat *n*
– **final del papel** *m* [Pp] / Papier-Endformat *n*
– **grande** *m* (libro en ~) [Bk] / Großformat *n*
– **horizontal** 1 *m* [Bk] *s. formato apaisado*

– **horizontal** 2 *m* (presentación de fotogramas en un microfilm) [Repr] / Querformat *n* ‖ *s.a. posición de la imagen*
– **in-plano** *m* [Bk] / Planoformat *n*
– **musical** *m* (por ejemplo, partitura, voz, etc.) [Mus] / musikalische Ausgabeform *f*
– **natural** *m* [Bk] / Hochformat *n*
– **normalizado** *m* [InfSc] / Standardformat *n*
– **normalizado del papel** *m* [Pp] / Papier-Endformat *n*
– **oblongo** *m* [Bk] / Querformat *n*
– **para intercambio de datos bibliográficos** *m* [EDP; Bib; Cat] / Format für den Austausch von bibliographischen Daten *n*
– **vertical** 1 *m* [Bk] / Hochformat *n*
– **vertical** 2 *m* (modo de ordenación de fotogramas en un rollo de microfilm) [Repr] / 2 Hochformat *n* ‖ *s.a. posición de la imagen*
formulación de preguntas *f* [InfSc] / Fragenformulierung *f*
fórmula de colación *f* [Cat] / Kollationsformel *f*
fórmula de faceta *f* [Class] / Facettenformel *f* · Kombinationsordnung *f*
formulario *m* [TS] / Laufzettel *m*
– **de asiento catalográfico** *m* [Cat] / Aufnahmebogen *m*
– **de copia múltiple** *m* [TS; Off] / Mehrfachformular *n*
– **de copias múltiples** *m* [Off] / Formularsatz *m*
– **de encuesta por correo** *m* [InfSy] / durch die Post zugestellter Fragebogen *m*
– **de evaluación del personal** *m* [Staff] / Personalbeurteilungsbogen *m*
– **de inscripción** *m* (para poder utilizar una biblioteca) [RS] / Anmeldeformular *n*
– **de multicopia** *m* [TS; Off] / Mehrfachformular *n*
– **de pedido** *m* [Acq] / Bestellzettel *m* · Bestellformular *n*
– **de pedido** *m* (para sacar un libro, etc., del depósito) [RS] / Bestellschein *m* ‖ *s.a. ficha de préstamo*
– **de pedido en préstamo internacional** *m* [RS] / Bestellschein im Internationalen Leihverkehr *m*
– **de pedido por fax** *m* / Fax-Bestellschein *m*
– **de préstamo** *m* [RS] / Buchkarte *f* · Leihschein *m* ‖ *s.a. ficha de préstamo*
– **de préstamo interbibliotecario** *m* [RS] / Fernleihschein *m*
– **de tratamiento** *m* [TS] / Bearbeitungsformular *n*
– **en papel continuo** *m* [EDP] / Endlosformular *n*
– **impreso** *m* [Off] / Formular *n* · Formblatt *n*
– **impreso** *m* [TS; Off] / Vordruck *m*
– **interno de una biblioteca** *m* [Off] / bibliotheksinternes Formular *n*
– **múltiple de pedido** *m* [Acq] / Bestellzettelsatz *m*
– **para captación de datos** *m* [EDP] / Datenerfassungsblatt *n*
forrado del lomo *m* [Bind] / Hinterkleben *n*
forrado posterior *m* [Bind] / Hinterkleben *n*
forrar *v* [Bind] / kaschieren *v* ‖ *s.a. hacer las guardas; laminación; plastificado*
forro de la cubierta *m* [Bind] / Deckelbezug *m*
forro del dorso *m* [Bind] / Rückeneinlage *f*
forro del lomo *m* [Bind] / Rückeneinlage *f* · Hinterklebegewebe
forro posterior *m* (del lomo de un libro) [Bind] / Hinterkleben *n*
fot. *abbr. s. fotografía; fotograma*
foto *f* [Repr] / Foto *n*
–**s incluídas** *pl* [Bk] / Bildbeigabe *f*
fotocolotipia *f* [Prt] / Lichtdruck *m*
fotocomponedora *f* [Prt] / Fotosetzmaschine *f*
fotocomposición *f* [Prt] / Fotosatz *m* · Lichtsatz *m* · Filmsatz *m*
– **manual** *f* [Prt] / Fotohandsatz *m*
fotocopia *f* [Repr] / Fotokopie *f* · Ablichtung *f*
fotocopiadora *f* [Repr] / Kopiergerät *n*
– **a monedas** *f* [BdEq] / Münzkopiergerät · Münzkopierer *m*
– **de despacho** *f* [Off] / Bürokopiergerät *n*
fotocopiar *v* [repr] / fotokopieren *v*
fotogelatinografía *f* [Prt] / Lichtdruck *m*
fotograbado *m* [Prt] / Heliogravüre *f* · Lichtdruck *m* · Photogravüre *f* · Halbton *m* · Klischeeherstellung *f* · Rasterbild *n* · Druckstockherstellung *f*
– **directo** *m* [Prt] / Druckstockherstellung *f*
fotograbado pluma *m* [Prt] / Strichätzung *f*
fotografía *f* [Repr] / Fotografie *f* · Foto *n* · 1 Aufnahme *f*
– **aérea** *f* [Cart] / Luftaufnahme *f* · Luftbild *n*
– **de satélite** *f* [Cart] / Satellitenbild *n* · Satellitenaufnahme *f*

– **de teledetección** *f* [Cart] / Fernerkundungsbild *n*
fotógrafo *m* [Cat] / Bildautor *m*
fotograma *m* [Repr] / Bildfeld *n*
– **de identificación** *m* [Repr] / Kennzeichnungsaufnahme *f*
– **de título** *m* (de una microforma) [Repr] / Mikroformtitel *m* · Titelbild *n*
– **indicador** *m* [Repr] / Kennzeichnungsaufnahme *f*
– **índice** *f* [Repr] / Indexfeld *n* (última retícula en una microficha COM) · Indexaufnahme *f*
–**s de cabecera** *pl* (en blanco) [Repr] / Vorspann *m*
–**s de cola** *pl* [NBM] / Abspann *m* · Nachspann *f*
fotoimpresora de repetición *f* [Repr] / Microfiche-Kamera *f*
fotolitografía *f* [Prt] / Photolithographie *f* · indirekter Hochdruck *m*
fotomapa *m* (aéreo) [Cart] / Luftbildplan *m* · Bildplan *m*
fotomecánico *adj* [Prt] / fotomechanisch *adj*
fotómetro *m* [Repr] / Belichtungsmesser *m*
fotomontaje *m* [NBM] / Fotomontage *f*
fotomosaico *f* [Cart] / Luftbildmosaik *n*
fotosensibilidad *f* [Repr] / Lichtempfindlichkeit *f*
fotosensible *adj* [Repr] / lichtempfindlich *adj* ‖ *s.a. película sensible a radiaciones; sensibilidad*
fototeca *f* [NBM] / Fotothek *f* · Bildarchiv *n*
fototipia *f* [Repr] / Lichtdruck *m*
fototipocomposición *f* [Prt] / Fotosatz *m*
frágil *adj* [Pp] / brüchig *adj*
fragilidad *f* [Pres] / Brüchigkeit *f*
franja de título *f* [Repr] / Sichtleiste *f*
franqueo *m* [Comm] / Porto *n*
– **interior** *m* [Comm] / Inlandsporto *n*
frase *f* [Lin] / Phrase *f*
– **musical** *f* [Mus] / Satz *m*
fraseónimo *m* [Bk] / Phraseonym *n*
frecuencia *f* [Bk; Cat] / Erscheinungsweise *f*
– **de imagen** *f* [NBM] / Bildfrequenz *f*
– **de palabras** *f* [Ind] / Worthäufigkeit *f*
– **de utilización** *f* [RS; InfSy] / Benutzungsfrequenz *f*
fregadero *m* [BdEq] / Spüle *f* · Spülbecken *n*
frente del cuerpo *m* (de estanterías) [Sh] / Stirnseite *f*
frente de ventanas *m* [BdEq] / Fensterfront *f*
friabilidad *f* [Pres] / Brüchigkeit *f*
friable *adj* [Pp] / brüchig *adj*
fricción *f* [Bind] / Abreibung *f*
friso *m* [Bind] / Kopfleiste *f*
front. *abbr. s. frontispicio*
frontispicio *m* [Bk] / Frontispiz *n*
frotación *f* [Bind] / Abreibung *f*
frotar *v* [Bind] / anreiben *v*
frote *m* [Bind] / Abreibung *f*
fuente *f* [Prt] / Schrift *f*
– **de consulta** *f* (bibliográfica) [Bib; Cat] / Fundstelle *f*
– **de datos** *f* [Comm] / Datenquelle *f*
– **de energía eléctrica** *f* [BdEq] / Stromquelle *f*
– **de información** 1 *f* [Bib; Cat] / Informationsquelle *f* · Fundstelle *f*
– **de información** 2 *f* [InfSc] / Nachrichtenquelle *f*
– **de información de primera mano** *f* [Cat] / primäre Informationsquelle *f*
– **de información de referencia** *f* [Ind] / Fundstelle *f*
– **de referencia** *f* (mención de fuente de información en caso de una obra independiente) [Bib; Cat] / Fundstelle *f*
– **principal de información** *f* [Cat] / primäre Informationsquelle *f*
fuera de circulación [RS] / nicht verleihbar
fuera de existencias [Bk] / nicht lieferbar · nicht mehr am Lager ‖ *s.a. agotado*
fuera de préstamo [RS] / nicht verleihbar
fuera de sitio [Bk] / nicht am Standort
fuera de ubicación [Bk] / nicht am Standort
fuera de venta [Bk] / nicht im Handel
fuera de venta [Bk] / nicht zum Verkauf
fugitivo *adj* [Pres; Prt] / nicht lichtecht *adj*
fumigación *f* [Pres] / Begasung *f*
función aleatoria *f* [Comm] / wahlfreie Funktion *f*
funcionamiento en paralelo *m* [EDP] / Parallelausgabe *f* · Parallelbetrieb *m* ‖ *s.a. operación en paralelo*
función errónea *f* [EDP] / fehlerhafte Funktion *f*
funda *f* (de disquete) [EDP] / Tasche *f*
fundación *f* [OrgM] / 2 Stiftung *f* · Stiftung *f*
funda de cartón Manila *f* [Bk] / Tasche aus Manila-Karton *f*
funda de disco *f* [NBM] / Hülle *f* · Plattenhülle *f* · Schallplattenhülle *f*
funda de libro *f* [Bk] / Buchkasten *m* · Buchkapsel *f* · Buchbeutel *m*
funda de microfilm *f* [Repr] / Mikrofilmtasche *f* · Jacket *n*

fundador *m* [Acq] / Stifter *m*
funda para la ficha de libro prestado *f* [RS] / Buchkartentasche *f*
funda protectora *f* [Bind] / Schutzhülle *f*
fundición de caracteres *f* [Prt] / Schriftguß *m*
fundición de tipos *f* [Prt] / Schriftgießerei *f*
fundición tipográfica *f* [Prt] / Schriftguß *m*
fundido de tipos de imprenta *m* [Prt] / Schriftgießen *n*
fundidora-componedora de monotipos *f* [Prt] / Einzelbuchstaben-Setz- und -Gießmaschine *f*
fundidora de tipos *f* [Prt] / Schriftgießmaschine *f*
fundidora tipográfica *f* [Prt] / Gießmaschine *f*
fundidor de tipos *m* [Prt] / Schriftgießer *m*
fungicida *m* [Pres] / Fungizid *n*
fusión *f* (de dos periódicos) [Bk] / Vereinigung *f* · Zusammenlegung *f*
fusionado con 1 *pp* (en el caso de una revista) [Cat] / zusammengelegt mit *pp*
fusionado con 2 *pp* (en caso de publicaciones seriadas) [Cat] / vereinigt mit *pp*
fusionar *v* (registros almacenados en cinta magnética) [EDP] / mischen *v*

G

galera *f* [Prt] / Satzschiff *n* · Schiff *n*
galerada(s) *f(pl)* [Prt] / Fahnenabzug *f(m)* · Korrekturfahne *f* · Probeabzug *m* ‖ *s.a. pliego de pruebas; prueba(s) de imprenta*
galería *f* [BdEq] / Galerie *f*
galería alta *f* [BdEq] / Empore *f*
galvano *m* [Prt] / Galvano *n*
gamuza *f* [Bind] / Chamois *n* · Sämischleder *n* · Wildleder *n*
ganancia de bucle *f* [EDP] / Schleifenverstärkung *f*
garantía *f* [Gen] / Kaution *f* · Pfand *m*
gasa *f* [Bind] / Gaze *f*
gasa de encuadernación *f* [Bind] / Heftgaze *f* ‖ *s.a. muselina; tarlatana*
gasa de seda *f* [Pres] / Seidengaze *f*
gastado *pp* [Bind] / abgewetzt *pp*
gasto *m* [BgAcc] / Aufwand *m*
gastos *pl* [BgAcc] / Ausgaben *pl* · Kosten *pl* · Unkosten *pl*
~ **adicionales** *pl* [BgAcc] / Nebenkosten *pl*
~ **calculados** *pl* [BgAcc] / kalkulatorische Kosten *pl*
~ **corrientes** *pl* [BgAcc] / laufende Kosten *pl*
~ **de despegue** *pl* [BgAcc] / Startkosten *pl*
~ **de envío** *pl* [Acq] / Versandkosten *pl*
~ **de expedición** *pl* [Acq] / Versandkosten *pl*
~ **de explotación** *pl* [BgAcc] / Betriebsausgaben *pl*
~ **de franqueo** *pl* [Comm] / Portokosten *pl*
~ **de funcionamiento** *pl* [BgAcc] / Betriebsausgaben *pl*
~ **de hospedaje** *pl* [BgAcc] / Bewirtungsspesen *pl*
~ **de inversión** *pl* [BgAcc] / Investitionsaufwendungen *pl*
~ **de mantenimiento** *pl* [BdEq] / Unterhaltungskosten *pl*
~ **de material** *pl* [BgAcc] / Sachkosten *pl*
~ **de organización** *pl* [BgAcc] / Aufbaukosten *pl*
~ **de personal** *pl* [BgAcc] / Personalkosten *pl*
~ **de puesta en marcha** *pl* [BgAcc] / Aufbaukosten *pl*
~ **de representación** *pl* [BgAcc] / Aufwandsentschädigung *f*
~ **de trabajo** *pl* [BgAcc] / Arbeitskosten *pl*
~ **de transmisión** *pl* [Comm] / Übertragungskosten *pl*
~ **de transporte** *pl* [BgAcc] / Transportkosten *pl*
~ **de una sola vez** *pl* [BgAcc] / einmalige Kosten *pl*
~ **de viaje** *pl* [BgAcc] / Reisespesen *pl* · Reisekosten *pl* ‖ *s.a. liquidación de gastos; viaje de servicio*
~ **fijos** *pl* [BgAcc] / Fixkosten *pl*
~ **generales** *pl* [BdAcc] / Gesamtkosten *pl* · Gemeinkosten *pl*

– **implícitos** *pl* [BgAcc] / kalkulatorische Kosten *pl*
– **iniciales** *pl* [BgAcc] / Anlaufkosten *pl*
– **presupuestarios** *pl* [BgAcc] / Haushaltsausgaben *pl*
– **salariales** *pl* [BgAcc] / Personalkosten *pl*
– **variables** *pl* [BgAcc] / variable Kosten *pl*
gaveta *f* [BdEq] / Ablagefach *n* · Schubkasten *m*
gelatina *f* [Pres] / Gelatine *f*
generación *f* [Repr] / Generation *f*
– **de copias** *f* [Repr] / Kopiengeneration *f*
generador *m* [EDP] / Generator *m*
– **aleatorio** *m* [EDP] / Zufallsgenerator *m*
– **de caracteres** *m* [EDP] / Zeichengenerator *m*
– **de imagen** *m* [EDP/VDU] / Bildgenerator *m*
generalia *pl* [Class] / Allgemeingruppe *f*
generar *v* [EDP] / generieren *v*
genéricos de cabecera *pl* (al principio de una película) [NBM] / Vorspann *m*
genéricos de fin *pl* (fotogramas finales de una película) [NBM] / Abspann *m*
género *m* [Ind; Class] / Genus *n*
gestionado por ordenador *pp* [EDP] / rechnergestützt *pp*
gestión *f*
– **de documentos escritos** *f* [Off; Arch] / Schriftgutverwaltung *f*
– **de espacio libre** *f* [EDP] / Freiplatzverwaltung *f*
– **de ficheros** *f* [EDP] / Dateiverwaltung *f*
– **del depósito** *f* [Stock] / Bestandsverwaltung *f*
– **de memoria** *f* [EDP] / Speicherverwaltung *f*
– **de personal** *f* [Staff] / Personalverwaltung *f*
– **de plantilla** *f* [Staff] / Personalverwaltung *f*
– **de presupuesto** *f* [BgAcc] / Haushaltsführung *f*
– **de registros** *f* [Off; Arch] / Schriftgutverwaltung *f*
– **de trabajos** *f* [EDP] / Auftragsverwaltung *f*
– **editorial** *f* [Bk] / Publikationswesen *n*
– **orientada a los empleados** *f* [OrgM] / mitarbeiterorientierter Führungsstil *m* ‖ *s.a. estilo de gestión*
– **por ordenador** *f* [EDP] / Rechnersteuerung *f*
gestor de información *m* [Retr; Staff] / Informationsvermittler *m*
globo *m* [Cart] / Globus *m*
globo terráqueo *m* [Cart] / Erdglobus *m*
glosa *f* [Lin] / Glosse *f*
glosario *m* [Bk] / Glossar *n*
gobernado por menús *pp* [EDP] / menügesteuert *pp*
gofrar *v* (a máquina) [Bind] / Prägen *n*
golpeado *pp* [Bind] / bestoßen *pp*
goma de pegar *f* [Bind; Off] / Klebstoff *m* ‖ *s.a. cola de pegar; engrudo; pegamento*
gotera *f* (en un corte acanalado) [Bind] / Vorderschnitt *m*
grab. *abbr. s. grabado*
grabación 1 *f* [NBM] / Mitschnitt *m* · Aufzeichnung *f*
– 2 *f* (de un programa de televisión, radio, etc...) [Comm] / Mitschnitt *m*
– **de sonido** *f* [NBM] / Schallspeicherung *f* · Tonaufzeichnung *f*
– **en modalidad sin retorno a cero** *f* [EDP] / Wechselschriftverfahren *n*
– **en no retorno a cero** *f* [EDP] / NRZ-Schreibverfahren *n*
– **en vídeo** *f* [NBM] / Videoaufzeichnung *f*
– **magnética** *f* [NBM] / Magnetaufzeichnung *f*
– **monoaural** *f* [NBM] / Mono-(Schall-)Platte *f*
– **monofónica** *f* [NBM] / Mono-(Schall-)Platte *f*
– **planetaria** *f* [Repr] / Schrittaufnahmetechnik *f*
– **sonora** *f* [NBM] / Schallaufzeichnung *f*
grabado *m* [Art] / Stich *m*
– **a color** *m* [Repr] / Farbstich *m*
– **al aguafuerte** *m* [Prt] / Ätzgrund *m* · Radierung *f*
– **a la manera negra** *m* [Art] / Schabkunst *f*
– **a la tiza** *m* [Art] / Crayonmanier *f* ‖ *s.a. grabado punteado*
– **al humo** *m* [Art] / Schabkunst *f* ‖ *s.a. grabado a la manera negra*
– **al punteado** *m* [Art] / Punktiermanier *f*
– **a medias tintas** *m* [Prt] / Rasterbild *n*
– **de cubierta** *m* [Bind] / Deckelkupfer *n*
– **de línea al aguafuerte** *m* [Prt] / Strichätzung *f*
– **de medio tono** *m* [Repr] / Rasterklischee *n* · Rasterätzung *f* ‖ *s.a. autotipia*
– **de música** *m* [Mus] / Notenstiche *pl*

– **de portada** *m* [Bk] / Titelkupfer *m* ‖ *s.a. título grabado*
– **de punta seca** *m* [Art] / Kaltnadelradierung *f*
– **de trazo** *m* [Prt] / Strichätzung *f*
– **doblado** *m* [Bk] / Faltkupfer *n*
– **en blanco** *m* [Art] / Weißschnitt *m*
– **en cobre** *m* [Art] / Kupferstich *m*
– **en linóleo** *m* [Art] / Linolschnitt *m*
– **en madera a contrafibra** *m* [Art] / Holzstich *m*
– **en madera a fibra** *m* [Art] / Holzschnitt *m*
– **en talla dulce** *m* [Art] / Kupferstich *m*
– **final** *m* [Bk] / Schlußkupfer *n*
– **plegado** *m* [Bk] / Faltkupfer *n*
– **punteado** *m* [Art] / Schrotblatt *n*
– **sobre acero** *m* [Art] / Stahlstich *m*
grabador de caracteres de imprenta *m* [Prt] / Schriftschneider *m*
grabador de cuños *m* [Prt] / Stempelschneider *m*
grabador de microfilm de salida de ordenador *m* [EDP; Repr] / COM-Anlage *f*
grabador de punzones *m* [Prt] / Stempelschneider *m*
grabador en cobre *m* [Art] / Stecher *m* · Kupferstecher *m*
grabador en talla dulce *m* [Art] / Kupferstecher *m*
grabadora de casetes *f* [NBM] / Kassettenrecorder *m*
grabadora de punzones *m* [Prt] / Stempelschneidemaschine *f*
grabadora de timbres *f* [Prt] / Stempelschneidemaschine *f* (sellos)
grabadora de vídeo *f* [NBM] / Videorecorder *m*
grabar 1 *v* [NBM] / mitschneiden *v*
grabar 2 *v* [Art] / Stechen *n*
grabar al aguafuerte *v* [Prt] / ätzen
grab. calc. *abbr s. calcografía*
gracia *f* (de la cabezada) [Bind] / Häubchen *n*
grado de encolado *m* [Pp] / Leimungsgrad *m*
grado de humedad *m* [Pres] / Feuchtigkeitsgrad *m* · Feuchtigkeitsgehalt *m*
grado de indización *m* [Ind] / Indexierungstiefe *f*
grado de optimación *m* [BdEq] / Auslastungsgrad *m*
grado de satisfacción *m* [RS] / Zufriedenheitsgrad *m*
grado de seguridad del material reservado *m* [Arch; Bk] / Geheimhaltungsgrad *m*
graduación *f* [Repr] / Gradation *f*
graduado en biblioteconomía *m* [Ed] / Bibliotheksschulabsolvent *m*
gradual *m* [Bk] / Graduale *n*
gráfica 1 *f* [InfSc] / Diagramm *n*
gráfica 2 *f* (representación gráfica) [Bk] / Grafik *f*
gráfica por sector *f* [Ind] / Pfeildiagramm *n*
gráfico 1 *m* (representación gráfica) [Bk] / Schaubild *n* · Grafik *f*
– **de clasificación** *m* (en forma de tablas) [Class] / Systematikübersicht *f* · Systemübersicht *f*
– **de coordenadas** *m* [EDP] / Koordinatengraphik *f*
– **de curvas** *m* [InfSc] / Kurvendiagramm *n*
– **de direcciones** *m* [EDP] / Adreßabbildung *f*
– **de flechas** *m* [Ind] / Pfeildiagramm *n*
– **de líneas** *m* [InfSc] / Liniengraphik *f*
– **de organización** *m* [OrgM] / Organisationsplan *m*
– **de prueba** *m* [Repr] / Testkarte *f*
– **de sectores** *m* [InfSc] / Kreisdiagramm *n*
– **de test** *m* [Repr] / Testfeld *n* · Testkarte *f*
– **de test ISO n° 1** *m* [Repr] / ISO-Testfeld Nr 1 *n*
– **de test ISO n° 2** *m* [Repr] / ISO-Testfeld Nr 2 *n*
grafo de relaciones *m* (para representar las relaciones lógicas entre dos descriptores) [Ind] / Beziehungsgraph *m* ‖ *s.a. diagrama asociativo*
grafoteca *f* [Art] / Graphothek *f*
gramaje *m* [Pp] / Flächengewicht *n* · Grammgewicht *n*
gramática atribuída *f* [Lin] / attribuierte Grammatik *f*
grano *m* (de la superficie del cuero) [Bind] / Korn *n* · Narbe *f* ‖ *s.a. cuero de grano alargado; cuero de grano fino*
granulación *f* [Repr] / Körnung *f* · Körnigkeit *f*
granulado *pp* [Bind] / genarbt *pp* ‖ *s.a. cuero de grano fino; cuero de grano grueso*
granularidad *f* (medida de la granulación) [Repr] / Körnigkeit *f*
grapa *f* [Off] / Heftklammer *f* · Drahtklammer *n*

grapado *m* [Bind] / Klammerheftung *f* · Drahtheftung *f* · geheftet *pp* ‖ *s.a. cosido con alambre*
grapadora *f* [Off] / Hefter *m*
gratis *adv* [Acq] / gratis *adv* · kostenlos *adj* · unentgeltlich *adj*
gratuito *adj* [Acq] / kostenlos *adj* · unentgeltlich *adj*
greca *f* [Bind] / rapportierendes Muster *n*
grueso del tipo *m* [Prt] / Dickte *f*
grueso del tipo *m* [Prt] / Schriftbreite *f*
grupo *m* [Gen] / Gruppe *f*
– **cerrado de usuarios** *m* [EDP] / geschlossene Teilnehmerbetriebsklasse *f* · geschlossene Benutzergruppe *f*
– **complementario** *m* [RS] / Randgruppe *f*
– **de asientos** *m* [BdEq] / Sitzgruppe *f*
– **de caracteres de test** *m* [Repr] / Testzeichengruppe *f*
– **de caracteres de test ISO** *m* [Repr] / ISO-Testzeichengruppe *f*
– **de clasificación** *m* [Cat] / Ordnungsgruppe *f*
– **de control** *m* [InfSc] / Kontrollgruppe *f*
– **de datos** *m* [EDP] / Datensatz *m* · Datei *f* *s.a. registro de datos; registro lógico*
– **de escala salarial** *m* [Staff] / Vergütungsgruppe *f*
– **de etiquetas** *m* [EDP] / Kennsatzgruppe *f*
– **de fichas** *m* [PuC] / Kartenstapel *m*
– **de ficheros** *m* [EDP] / Dateimenge *f*
– **de muestreo** *m* [InfSc] / Auswahlgruppe *f* · Stichprobengruppe *f*
– **de participantes con dirección común** *m* [Comm] / Teilnehmergruppe mit gemeinsamer Adresse *f*
– **de registros** *m* [EDP] / Satzgruppe *f*
– **destinatario** *m* [InfSc] / Zielgruppe *f*
– **de trabajo** *m* [OrgM] / Arbeitsgruppe *f* · Projektgruppe *f*
– **de unidades de construcción** *m* [BdEq] / Baugruppe *f*
– **salarial** *m* [Staff] / Gehaltsgruppe *f*
guadamecí *m* [Bind] / Ledermosaik *n* · Lederschnittornamentik *f*
guarda *f* [Bind] / Deckelinnenseite *f* · Vorsatzsatz(papier) *n(n)*
guardalibros *m* [Bind] / Buchschrein *m* ‖ *s.a. funda de libro*
guardarropa *m* [BdEq] / Mäntel- und Taschenablage *f* · Taschen- und Mäntelablage *f* ‖ *s.a. armario guardarropa; perchero*
guarda(s) *f(pl)* [Bind] / Innendeckel *m*
–**(s) forrada(s)** *f(pl)* [Bind] / Doublure *f* (ornamentalmente)
– **sin pegar** *f* (a la tapa del libro) [Bind] / fliegendes Blatt *n*
–**(s) libre(s)** *f(pl)* [Bind] / fliegendes Blatt *n*
– **volante** *f* [Bind] / fliegendes Blatt *n*
guarnición de cuero *f* [Bind] / Lederauflage *f*
guarniciones de las tapas *pl* [Bind] / Deckelbeschläge *pl*
guarniciones metálicas *pl* [Bind] / Buchbeschläge *pl* · Beschläge *pl* (cantoneras, broches, cierres, guarniciones, etc...) *s. ornamentos metálicos*
guía *f* [Bk] / Leitfaden *m* · Führer *m*
– **bibliográfica** *f* [Bib] / Literaturführer *m*
– **comercial** *f* [Bk] / Handelsadreßbuch *n*
– **de cuerpo de estanterías** *f* [Sh] / Regalbeschriftung *f*
– **de direcciones** *f* [Bk] / Adreßbuch *n*
– **de estudios** *f* (de una universidad) [Bk] / Studienführer *m*
– **de identificación** *f* (de plantas, etc.) [Bk] / Bestimmungsbuch *n*
– **de la biblioteca** *f* [RS] / Bibliotheksführer *m* (libro) ‖ *s.a. guía de utilización*
– **de postproducción** *f* [NBM] / Filmprotokoll *n*
– **de utilización** *f* [RS] / Benutzungsführer *m* ‖ *s.a. guía de la biblioteca*
– **de viajes** *f* [Bk] / Reiseführer *m*
– **telefónica** *f* [Bk] / Fernsprechbuch *n* · Telefonbuch *n*
guillotina *f* [Bind] / Beschneidemaschine *f* · Papierschneidemaschine *f* · Schnellschneider *m* ‖ *s.a. máquina cortadora*
guillotinado *pp* [Bind] / beschnitten *pp* ‖ *s.a. desvirado*
guillotinar *v* [Bind] / beschneiden *v*
guión 1 *m* (documento escrito para producir un mensaje audiovisual) [NBM] / Buch *n*
– 2 *m* (signo -) [Writ] / Gedankenstrich *m* · Bindestrich *m*
– **anotado** *m* [NBM] / Skript *n*
– **cinematográfico** *m* [NBM] / Drehbuch *n*
– **de fichero** *m* [Off; TS] / Karteireiter *m* · Reiter *m* ‖ *s.a. lengüeta guía*
– **técnico** *m* [NBM] / Drehbuch *n*

– **técnico de representación teatral** *m* [Bk] / Textausgabe eines Schauspiels mit Bühnenanweisungen

guionista *m* [NBM] / Drehbuchverfasser *m*

gustos de lectura *pl* [RS] / Lesegeschmack *m*

H

h. *abbr. s. hoja*
hábitos de lectura *pl* [Bk] / Lesegewohnheiten *pl*
hábitos del usuario *pl* [RS] / Benutzergewohnheiten *pl*
hacer *v* [Cat] / anlegen
~ **accesible** *v* [Ind] / erschließen *v*
~ **circular** *v* [Comm] / umlaufen lassen *v*
~ **copia(s) de seguridad** *v* [EDP] / sichern *v*
~ **inventario** *v* [Acq] / inventarisieren *v* · eine Bestandsrevision machen *v* ‖ *s.a. inventariar*
~ **las guardas** *f* [Bind] / kaschieren *v*
~ **maculatura** *v* [Bk] / einstampfen *v*
~ **pasta** *v* [Bk; Prt] / einstampfen · makulieren *v*
~ **pulpa** *v* [Bk; Prt] / makulieren *v*
~ **recuento** *v* [InfSc] / auszählen *v s. contar 1;* ‖ *s.a. marca de recuento*
~ **renglones** *v* [Writ] / lini(i)eren *v*
~ **una auditoría** *v* [BgAcc] / eine Rechnungsprüfung vornehmen *v*
~ **una crítica** *v* [Bk] / rezensieren *v*
~ **un asiento** *v* [Ind; Cat] / eine Eintragung machen
~ **un pedido suplementario** *v* [Acq] / nachbestellen *v*
hagiografía *f* [Bk] / Hagiographie *f*
hallazgo fortuito *m* [InfSc] / Serendipität *f*
hebdomadario *m* [Bk] / Wochenblatt *n*
hebra *f* [Bind] / Faden *m*
hecho *m* (estado de cosas) [Ind] / Sachverhalt *m*
hectografiar *v* [Prt; Repr] / vervielfältigen *v*
hectógrafo *m* [Repr] / Vervielfältigungsgerät *n*
heliograbado *m* [Prt] / Photogravüre *f* · Heliogravüre *f* · Lichtdruck *m* ‖ *s.a. heliograbado; huecograbado*
hembrilla de enchufe *f* [EDP] / Buchse *f*
hemeroteca *f* [BdEq] / Zeitschriftenlesesaal *m* · Zeitungsleseraum *m*
hendiduras del papel *pl* [Pp] / Papierspalten *n*
hendir *v* [Pres; Pp] / spalten *v*
herbario *m* [Bk] / Kräuterbuch *n* · Pflanzenbuch *n*
herencia *f* [Gen] / Erbe *n*
~ **cultural** *f* [Gen] / kulturelles Erbe *f*
~ **literaria** *f* [Writ] / schriftlicher Nachlaß *m*
hierro de dorar *m* [Bind] / Filete *f* · Stempel *m*
higrómetro *m* [Pres] / Hygrometer *m* · Feuchtigkeitsmesser *m*
higroscopio *m* [Pres] / Hygroskop *n* · Feuchtigkeitsmesser *m*
hilera de fichas *f* [PuC] / Lochreihe *f*
hilo *m* [Bind] Faden *m*
~ **continuo** *m* [Bind] / Heftfaden *m*
~ **de coser** *m* [Bind] / Heftzwirn *m* · Heftfaden *m*
~ **de encuadernar** *f* [Bind] / Heftzwirn *m*

- **metálico de encuadernar** *m* [Bind] / Heftdraht *m* ▌ *s.a. cosido con alambre*
- **torcido** *m* [Bind] / Zwirn *m*
- **vegetal** *m* [Bind] / Kordeln *pl*

himnario *m* [Bk] / Choralbuch *n* · Hymnenbuch *n*
hipótesis *f* [InfSc] / Hypothese *f*
- **de nulidad** *f* [InfSc] / Null-Hypothese *f*
- **de trabajo** *f* [InfSc] / Arbeitshypothese *f*

histograma *m* [InfSc] / Histogramm *n* · Blockdiagramm *n* ▌ *s.a. bloque diagrama*
historia de la biblioteca *f* [Lib] / Bibliotheksgeschichte *f*
historia de la imprenta *f* [Prt] / Druckgeschichte *f*
historia del libro *f* [Bk] / Buchgeschichte *f*
historia de terror *f* [Bk] / Gruselgeschichte *f*
historial *m* [Ed] / Curriculum *n*
historial de la investigación lógica *m* (considerado retrospectivamente) [Retr] / Rechercheablauf *m*
historial profesional *m* [Staff] / Lebenslauf *m*
historieta *f* [Bk] / Bildergeschichte *f*
hoja *f* [Bk] / Blatt *n*
- **cartográfica** *f* [Cart] / Blatt *n* · Kartenblatt *n*
- **cartográfica parcial** *f* [Cart] / Teilblatt *n*
- **clínica** *f* [InfSy] / Krankenblatt *n*
- **corregida** *f* [Bk] / Karton *m* · Karton *m*
- **de anuncio** *f* [PR] / Handzettel *m* ▌ *s.a. hoja publicitaria*
- **de codificación** *f* [EDP] / Ablochbeleg *m*
- **de cubierta** *f* [Bind] / Deckblatt *n*
- **de dedicatoria** *f* [Bk] / Widmungsblatt *n*
- **de descarga** *f* [Bk] / eingeschossene Leerseiten *pl*
- **de desiderata** *f* [Acq] / Wunschzettel *m* ▌ *s.a. sugerencia de adquisición*
- **de enmiendas** *f* [Prt] / Druckfehlerverzeichnis *n* ▌ *s.a. fe de erratas*
- **de envío** *f* [Acq] / Lieferzettel *m*
- **de especificación** *f* [EDP] / Ablochbeleg *m*
- **de expedición** *f* [Acq] / Lieferzettel *m* *s. hoja de envío; nota de entrega;* ▌ *s.a. recibo de entrega*
- **de grabado al humo** *f* [Art] / Schabkunstblatt *n*
- **de instrucciones** *f* [NBM] / Merkblatt *n*
- **de libro** *f* [Bk] / Blatt *n*
- **del título** *f* [Prt] / Titelbogen *m*
- **de mapa** *f* [Cart] / Blatt *n*
- **de operaciones** *f* [TS] / Laufzettel *m*
- **de pergamino** *f* [Bk] / Pergamentblatt *n*
- **de portada** *f* [Bk] / Titelblatt *n*
- **de programa** *f* [Mus] / Programmzettel *m*
- **de servicios** *f* [Staff] / Personalakte *f*
- **de sugerencias de adquisición** *f* (de libros) [Acq] / Wunschzettel *m*
- **de test** *f* [Repr] / Testblatt *n*
- **de trabajo** *f* [TS] / Arbeitsblatt *n*
- **en blanco intercalada** *f* [Bk] / eingeschossene Leerseiten *pl*
- **impresa** *f* [NBM] / Flugblatt *n*
- **impresa por una cara** *f* [Bk] / Einblattdruck *m*
- **informativa** *f* [NBM] / Informationsblatt *n* · Merkblatt *n*
- **insertada** *f* [Bk] / eingeschaltetes Blatt *n*
- **intercalada** *f* [Bk] / Einschaltblatt *n* · eingeschaltetes Blatt *n* · Zwischenblatt *n*
- **para catalogación** *f* [OrgM] / Bearbeitungszettel *m*
- **plástica transparente** *f* [Repr] / Klarsichtfolie *f*
- **publicitaria** *f* [PR] / Reklamezettel *m* · Werbezettel *m* ▌ *s.a. hoja de anuncio; prospecto*
- **rebecha** *f* [Bk] / Ersatzblatt *n*
- **repuesta** *f* (en un libro y en lugar de otra) [Bind] / Ersatzblatt *n* · Karton *m*

~**s de cortesía** *pl* [Bind] / die dem eigentlichen Text eines Buches voran- und nachgestellten Seiten · unbedruckte, vom Buchbinder zusätzlich zum Vorsatz eingefügte Blätter
~**s de música** *pl* [Mus] / Notenblätter *pl*
- **suelta** *f* [NBM] / Einblattdruck *m* · Flugblatt *n*
- **titular** *f* [Prt] / Titelbogen *m*
- **única** *f* [Bk] / Einzelblatt *n*
- **volante** *f* [NBM] / Flugblatt *n* · Einblattdruck *m*

hojear *v* [Bk] / schmökern *v*
hojita *f* [NBM] / Blättchen *n*
holografía *f* [Repr] / Holographie *f*
hológrafo *m* [Writ; Arch] / eigenhändig geschriebener Text *m* · Autogramm *n*
hológrafo *m* [Writ] / Autograph *n* *s. ológrafo*
holograma *m* [Repr] / Hologramm *n*
hombro *m* (de un tipo de imprenta) [Prt] / Fleisch *n*
homofonía *f* [Lin] / Homophonie *f*
homografía *f* [Lin] / Homographie *f*
homógrafo *m* [Lin] / Homograph *n*
homograma *m* [Lin] / Homogramm *n*

homonimia *f* [Lin] / Homonymie *f*
homónimo *m* [Lin] / Homonym *n*
honorarios de autor *pl* [Bk] / Honorar *n* · Autorenhonorar *n*
hora *f* [Gen] / Stunde *f*
– **de firma de autógrafos** *f* [Bk] / Signierstunde *f*
– **de lectura en alta voz** *f* [RS] / Vorlesestunde *f*
– **de trabajo** *f* [OrgM] / Arbeitsstunde *f*
– **obligatoria optativa** *f* [Ed] / Wahlpflichtstunde *f*
– **por persona** *f* (de trabajo) [OrgM] / Mannstunde *f*
– **punta** *f* [RS] / Stoßzeit *f* · Spitzenzeit *f* (pl.: horas punta)
horario 1 *m* (de servicio) [Staff] / Dienstplan *m*
horario 2 *m* (librito con salidas y llegadas de trenes) [Bk] / Kursbuch *n* ‖ *s.a. horario de viajes*
horario de apertura *m* (de una biblioteca) [RS] / Öffnungszeiten *pl*
horario de clases *m* [Ed] / Stundenplan *m*
horario de los cursos *m* [Ed] / Vorlesungsplan *m*
horario de préstamos *m* [Staff] / Dienstplan (für die Ausleihe) *m*
horario de servicio al público *m* (de una biblioteca) [RS] / Öffnungszeiten *pl*
horario de viajes *m* [NBM] / Fahrplan *m*
horario flexible *m* (de trabajo) [OrgM] / gleitende Arbeitszeit *f* ‖ *s.a. jornada flexible*
horas de servicio *pl* [EDP] / Betriebsstunden *pl*
horas extraordinarias *pl* [OrgM] / Überstunden *pl* ‖ *s.a. tiempo libre compensatorio*
huecograbado *m* [Prt] / Kupfertiefdruck *m* · Tiefdruck *m* · Photogravüre *f* ‖ *s.a. heliograbado; rotograbado*
huellas de dedos *pl* [Bk] / Fingerspuren *pl*
huellas de humedad *pl* [Bk] / Feuchtigkeitsspuren *pl*
huellas de uso *pl* [Bk] / Gebrauchsspuren *pl* · Benutzungsspuren *pl*
humectación *f* [Pres] / Befeuchtung *f*
humectar *v* [Bind] / feuchten *v*
humedad *f* [BdEq; Pres] / Feuchtigkeit *f*
– **del aire** *f* [Pres] / Luftfeuchtigkeit *f*
humedecer *v* [Bind] / feuchten *v*
humidificación *f* [BdEq; Pres] / Befeuchtung *f*
humidímetro *m* [Pres] / Feuchtigkeitsmesser *m*

I

I+D *abbr* ‖ *s.a. Investigación y Desarrollo*
iconografía *f* [Art] / Ikonographie *f*
identificación *f* [EDP] / Kennung *f* ‖ *s.a. identificador 2*
– **bibliográfica** *f* [Bib] / Biblid (acrónimo de „bibliographic identification")
– **de línea de llamada** *f* [Comm] / Anschlußkennung *f*
– **de línea llamada** *f* [Comm] / Anschlußkennung *f*
– **del usuario** *f* [EDP; Retr] / Nutzerkennung *f*
– **de registro** *f* [EDP] / Satzidentifikation *f* · Satzkennung *f* ‖ *s.a. etiqueta 2; identificador de la etiqueta; matrícula de la etiqueta*
– **de usuario de la red** *f* [Comm] / Teilnehmerkennung *f*
identificador 1 *m* (descriptor nominal) [Ind] / Namensdeskriptor *m* · Identifikator *m*
– 2 *m* [EDP] / Feldkennung *f*
– 3 *m* [InfSy] / Identifizierungskennzeichen *n*
– **de ficheros** *f* [EDP] / Dateikennung *f*
– **de institución** *m* [Lib; Cat] / Sigel *n*
– **de la etiqueta** *m* [EDP] / Kennsatzname *m*
– **de red** *m* [EDP] / Netzkennung
– **de sector** *m* [EDP] / Sektorkennung *f*
– **de subcampo** *m* [EDP] / Teilfeldkennung *f*
– **personal** *m* [EDP; RS] / Personenkennzeichen *n*
ideograma *m* [Writ] / Ideogramm *n*
idioma *m* [Lin] / Sprache *f*
– **meta** *m* (en una traducción) [Lin] / Zielsprache *f*
– **original** *m* (de una traducción) [Lin] / Ausgangssprache *f*
– **principal** 1 *m* [Ed] / vorrangige Sprache *f*
– **principal** 2 *m* (en un tesauro plurilingüe) [Ind] / Hauptsprache *f*
– **secundario** *m* [Ed] / Sekundärsprache *f*
igualar *v* (un volumen para reencuadernarlo) [Bind] / vorrichten *v* ‖ *s.a. capicular*
igualdad de oportunidades *f* [Staff] / Chancengleichheit *f*
il. *abbr* [Bk] *s. ilustración*
iluminación *f* [BdEq] / Beleuchtung *f*
– **de libros** *f* [Bk; Art] / Buchmalerei *f*
iluminar *v* [Art; Bk] / illuminieren *v* · ausmalen *v*
ilustración *f* [Bk] / Illustration *f* · Illuminierung *f*
– **a medias tintas** *f* [Prt; Repr] / Halbtonbild *n*
– **de medios tonos** *f* [Prt; Repr] / Halbtonbild *n*
– **en colores** *f* [Bk] / farbige Abbildung *f*
– **en huecograbado** *f* [Bk] / Tiefdruckabbildung *f*
– **en plena página** *f* [Bk] / Ganztafel *f*

– **fuera de texto** *f* [Bk] / Ganztafel *f* · Tafel *f*
ilustrador *m* [Bk] / Illustrator *n* · Illuminator *m*
– **de libros** *m* [Bk] / Buchillustrator *m*
ilustrar *v* [Bk] / illustrieren *v* · illuminieren *v* · bebildern *v*
imagen 1 *f* [NBM] / 1 Bild *n*
– 2 *f* (en una microforma) [Repr] / Bildfeld *n*
– 3 *f* [EDP/VDU] / Bild *n*
– **al derecho** *f* [Repr] / seitenrichtiges Bild *n*
– **al revés** *f* [Prt; Repr] / seitenverkehrtes Bild *n*
– **a vista de pájaro** *f* [Cart] / Vogelschaubild *n*
– **de lados invertidos** *f* [Pp] / seitenverkehrtes Bild *n*
– **de pantalla** *f* [ED/VDU] / Bildschirmanzeige *f*
– **de vista correcta** *f* [Repr] / seitenrichtiges Bild *n*
– **de vista invertida** *f* [Repr] / seitenverkehrtes Bild *n*
– **en aspecto negativo** *f* [Repr] / Negativbild *n*
– **estereoscópica** *f* [NBM] / Stereobild *n*
– **fotográfica** *f* [Repr] / Bild *n*
– **positiva** *f* [Repr] / Positivbild *n*
– **proyectada** *f* [NBM] / Projektionsbild *n*
imbricación *f* [Bk] / Fischschuppenmuster *n* · Schuppenmuster *n*
imitación de cuero *f* [Bind] / Kunstleder *n*
imitación piel de Rusia *f* [Bind] / imitiertes Juchten(leder) *n(n)*
impermeable *adj* [Pp] / wasserfest *adj*
implantación de sectores fijada por programa *f* [EDP] / Weich-Sektorierung *f*
implementación *f* [OrgM] / Implementierung *f*
imponer *v* [Prt] / ausschießen *v*
importe de la cuenta *m* [BgAcc] / Rechnungssumme *f*
importe de la factura *m* [BgAcc] / Rechnungsbetrag *m*
importe global *m* [BgAcc] / Pauschalsumme *f*
imposición *f* [Prt] / Umbruch *m*
imposición de cartón *f* (en una prensa manual) [Prt] / Pappzwischenlage *f*
impr. *abbr. s. imprenta; impresor*
impregnación al vacío *f* / Vakuumtränkung *f*
imprenta *f* [OrgM] / Druckerei *f* · Buchdruckerei *f*
– **clandestina** *f* [Prt] / Untergrunddruckerei *f* · Geheimdruckerei *f*
– **marginal** *f* [Prt] / Untergrunddruckerei *f*
– **secreta** *f* [Prt] / Geheimdruckerei *f*
impresión 1 *f* (todos los ejemplares de un libro impresos en una tirada, por ej.2ª edición, 3ª impresión) [Prt; Bk] / Druck *m*
– 2 *f* (proceso de imprimir) [Prt] / Druck *m*
– 3 *f* (resultado del proceso de imprimir) [Bk] / Druck *f* · Druck *m*
– 4 *f* (acto de imprimir) [Prt] / Drucklegung *f*
– 5 *f* (copia impresa) [Bk] / Abdruck *m*
– 6 *f* [EDP] / Ausdruck *m*
– **a dos líneas** *f* [EDP] / zweizeiliges Drucken *n*
– **a la anilina** *f* [Prt] / Anilindruck *m*
– **al bromuro de plata** *f* [Repr] / Bromsilberdruck *m*
– **algráfica** *f* [Prt] / Aluminiumdruck *m s. algrafía; aluminografía*
– **artística** *f* [Prt; Art] / Druckgrafik *f*
– **a tres tintas** *f* [Prt] / Dreifarbendruck *m*
– **a una tinta** *f* [Prt] / Einfarbendruck *m*
– **autotípica** *f* (como procedimiento) [Prt] / Rasterätzung *f*
– **a varias tintas** *f* [Prt] / Mehrfarbendruck *m*
– **con estarcido** *f* [Repr] / Schablonendruck *m*
– **con retícula** *f* [Art; Prt] / Siebdruck *m*
– **con tipos en relieve** *f* [Prt] / (manual:) Blinddruck *m* · Hochdruck *m*
– **con trama** *f* [Art; Prt] / Siebdruck *m*
– **de apuntes de estudio** *f* [Ed; NBM] / Studiendruck *m CH*
– **de artista** *f* [Art] / Künstlerdruck *m*
– **defectuosa** *f* [Prt] / Fehldruck *m*
– **de huellas dactilares** *f* [Bk] / Fingerprint *m*
– **de la primera cara** *f* [Prt] / Schöndruck *m*
– **de la primera cara y retiración** *f* [Prt] / Schön- und Widerdruck *m*
– **de la segunda cara** *f* [Prt] / Widerdruck *m*
– **de líneas** *f* [EDP] / Zeilenausdruck *m*
– **del reverso** *f* [Prt] / Widerdruck *m* ‖ *s.a. retiración*
– **de placa de cobre** *f* [Art] / Kupfertafeldruck *m*
– **de prueba** *f* [Prt] / Fahnenabzug *f(m)*

– **de remendería** *f* [prt] / Akzidenzdruck *m*
– **en blanco** *f* (manual) [Bind] / Blinddruck *m*
– **en bloque** *f* [Prt] / Blockdruck *m*
– **en color** *f* [Prt] / Farbendruck *m* · Farbdruck *m*
– **en cuatro colores** *f* [Prt] / Vierfarbendruck *m*
– **en letra grande** *f* [Bk] / Großdruckausgabe *f*
– **en relieve** *pp* [Bind] / Blindstempelung *f* · Blindpressung *f*
– **en seco** *f* (manual) [Bind] / Blinddruck *m*
–**es antiguas** *pl* [Bk] / alte Drucke *pl*
–**es de primeros tiempos** *pl* (de la imprenta) [BK] / Frühdrucke *pl*
– **espaciada** *f* [Prt] / gesperrter Druck *m* ‖ *s.a. espaciar*
–**es primitivas** *pl* [Bk] / Frühdrucke *pl*
–**es tempranas** *pl* [Bk] / Frühdrucke *pl*
– **estereotípica en oro** *f* [Bind] / Plattengolddruck *m*
– **flexográfica** *f* [Prt] / Hochdruck *m* · Flexodruck *m*
– **manual** *f* [Bind] / Handdruck *m*
– **manual sin tinta** *f* [Bind] / Handblinddruck *m*
– **offset** *f* [Prt] / indirekter Hochdruck *m* · Offsetdruck *m*
– **offset a colores** *f* [Prt] / Rollenoffsetdruck *m*
– **planográfica** *f* [Prt] / Flachdruck *m*
– **polícroma** *f* [Prt] / Mehrfarbendruck *m*
– **por separado** *f* [Bk] / Separat(ab)druck *m*
– **por tamiz de seda** *f* [Prt] / Siebdruck *m*
– **rotativa** *f* [Prt] / Rotationsdruck *m*
– **tipográfica** *f* [Prt] / Buchdruck *m* · Hochdruck *m*
– **xilográfica** *f* [Prt] / Holztafeldruck *m*
impreso *m* / Druckerzeugnis
– 1 *m* [TS] / Laufzettel *m*
– 2 *pp* [Bk] / abgedruckt *pp*
– 3 *m* [Comm] / Drucksache *f*
– **a mano** *m* [Prt] / handgedruckt *pp*
– **conforme al manuscrito** [Bk] / als Manuskript gedruckt
– **de pedido** *m* [Acq] / Bestellformular *n*
– **en cursiva** *pp* [Prt] / kursiv gedruckt *pp*
– **para captación de datos** *m* [EDP] / Datenerfassungsbogen *m* · Datenerfassungsblatt *n*
impresor *m* [Prt; Staff] / Drucker *f* · Buchdrucker *m*
– **pirata** *m* [Bk] / Raubdrucker *m*
impresora *f* [EDP; Prt] / Typendrucker *m* · Drucker *f*
– **a chorro de tinta** *f* [EDP; Prt] / Tintenstrahldrucker *m*
– **carácter a carácter** *f* [EDP; Prt] / Seriendrucker *m*
– **de barras** *f* [EDP; Prt] / Typenstangendrucker *m* · Stabdrucker *m* · Typenstabdrucker *m*
– **de bola** *f* [EDP; Prt] / Kugelkopfdrucker *m*
– **de cadena** *f* [EDP; PRT] / Kettendrucker *m*
– **de carácter a carácter** *f* [EDP; Prt] / Zeichendrucker *m*
– **de ciclostil** *f* [Repr] / Schablonendrucker *m* ‖ *s.a. multicopista*
– **de despacho** *f* [Prt] / Bürodruckmaschine *f*
– **de direcciones o señas** *f* [Prt] / Adressiermaschine *f*
– **de etiquetas** *f* [BdEq] / Etikettendrucker *m*
– **de hilos metálicos** *f* (o de agujas) [EDP; PRT] / Nadeldrucker *m*
– **de impacto** *f* [EDP] / Impact-Drucker *m* · Anschlagdrucker *m* · mechanischer Drucker *m*
– **de láser** *f* [EDP; Prt] / Laserdrucker *m*
– **de margarita** *f* [EDP] / Typenraddrucker *m*
– **de matriz de puntos** *f* [EDP; Prt] / Matrixdrucker *m*
– **de rueda** *f* [EDP] / Typenraddrucker *m*
– **de tren** *f* [EDP] / Gliederdrucker *m*
– **electrostática** *f* [Prt] / elektrostatischer Drucker *m*
– **en paralelo** *f* [EDP] / Paralleldruckwerk *m* · Paralleldrucker *m*
– **línea a línea** *f* [EDP] / Zeilendrucker *m*
– **matricial** *f* [EDP; Prt] / Matrixdrucker *m* · Nadeldrucker *m*
– **offset** *f* [Prt] / Offset(druck)maschine *f*
– **offset de despacho** *f* [Prt] / Bürooffsetdruck *m*
– **offset para pliegos** *f* [Prt] / Bogenoffsetmaschine *f*
– **offset unicolor** *f* [Prt] / Einfarben-Offsetmschine *f*
– **por líneas** *f* [EDP] / Zeilendrucker *m*
– **por puntos** *f* [EDP; Prt] / Nadeldrucker *m* · Matrixdrucker *m*
– **rápida** *f* [EDP; Prt] / Schnelldrucker *m*
– **serie** *f* [EDP; Prt] / Seriendrucker *m*

– **sin impacto** *f* [EDP; Prt] / anschlagfreier Drucker *m* · nichtmechanischer Drucker *m*
– **térmica** *f* [EDP; Prt] / Thermo(transfer)-drucker *m*
imprimación *f* [Bind] / Grundiermittel *n*
imprimar *v* [Bind] / grundieren *v*
imprímase *m* [Prt] / imprimatur!
imprimatur *m* (licencia eclesiástica) [Prt] / imprimatur! (conceder el ~: das Imprimatur erteilen)
imprimir *v* [Prt] / drucken *v* · abdrucken *v*
– **en mayúsculas** *v* [Prt] / großdrucken *v*
– **en minúsculas** *v* [Prt] / kleindrucken *v*
impuesto de valor añadido *m* [BgAcc] / Mehrwertsteuer *f*
impulsión por correa *m* [NBM] / Riemenantrieb *m*
impulsor de aparatos *m* [EDP] / Gerätetreiber *m*
incautar *v* [Law] / beschlagnahmen *v* ‖ *s.a. embargar*
incidencia de máquina *f* [EDP] / Rechnerausfall *m* · Maschinenausfall *m*
incipit *m* [Bk] / Incipit *n*
incl. *abbr s. documento incluído*
inclinación *f* [Bind] / Steigung *f*
incremento cero *m* [InfSc] / Nullwachstum *n*
incremento de la colección *m* [Stock] / Bestandswachstum *n* · Bestandsvermehrung *f* · Bestandszuwachs *m*
incremento del rendimiento *m* [OrgM] / Leistungssteigerung *f*
incrustación *f* [Bind] / Intarsia *f*
– **en piel** *f* [Bind] / Lederintarsie *f*
incumbencia *f* [OrgM] / Zuständigkeit *f*
incunable *m* [Bk] / Inkunabel *f* · Wiegendruck *m*
incunabulogía *f* [Bk] / Inkunabelkunde *f*
indagable *adj* [Retr] / recherchierbar *adj*
indagar *v* [Retr] / recherchieren *v*
independencia de datos *f* [EDP] / Datenunabhängigkeit *f*
indexación *f* (de documentos) [Ind] / Erschließung *f s. indización*
– **automatizada** *f* [Ind; EDP] / automatische Indexierung *f*
indexar *v* [Ind] / erschließen *v* · indexieren *v*
indicación de borrado *f* [Comm] / Auslösemeldung *f*
indicación de contenido *f* [Ind] / lexikalische Anmerkung *f DDR* · Erläuterung *f* (de un descriptor)
indicación numérica *f* [BdEq] / Ziffernanzeige *f*
indicador *m* (al intercambiar datos bibliográficos) [EDP] / Indikator *m*
– **de beneficio** *m* [OrgM] / Nutzenindikator *m*
– **de conexión** *m* [Ind] / Beziehungsindikator *m* · Koppelungsindikator *m*
– **de cuerpo** *m* [Sh] / Beschilderung an der Stirnseite einer Regalachse *f*
– **de eficacia** *m* [OrgM] / Leistungsindikator *m*
– **de enlace** *m* [Ind] / Verknüpfungsindikator *m*
– **de faceta** *m* [Class] / Facettenindikator *m*
– **de final** *m* [EDP] / Endemarke *f*
– **de forma** *m* [Class] / Form-Indikator *m*
– **de función** *m* [Ind] / Funktionsindikator *m* · Funktionsanzeiger *m* · Rollenindikator *m*
– **de identificación** *m* [InfSy] / Identifizierungskennzeichen *n*
– **del plano** *m* [Cart] / Kartenplanzeiger *m* · Koordinatenzeiger *m CH* · Planzeiger *m*
– **de relación** *m* [Ind] / Relator *m DDR*
indicar *v* [EDP] / kennzeichnen *v*
indicativo de dirección *m* (en una red de datos) [Comm] / Rufnummer *f*
indicativo de fichero *m* [EDP] / Dateiname *n*
indicativo de llamada *m* [Comm] / Dienstsignal *n*
indicativo de red local *m* [Comm] / Ortsnetzkennzahl *f*
indicativo local *m* / Ortskennzahl *f*
indicativo telefónico *m* [Comm] / Vorwahl-Nummer *f* ‖ *s.a. prefijo telefónico*
índice *m* [Bib] / Register *n* · Verzeichnis *n*
– **acumulativo** *m* [Ind] / kumulierendes Register *n* ‖ *s.a. índice general*
– **alfabético** *m* [Ind] / alphabetisches Register *n*
– **alfabético de encabezamientos de materia** *m* [Bib; Class] / Schlagwortregister *n*
– **anual** *m* [Bk] / Jahresregister *n* ‖ *s.a. índice general*
– **asindético** *m* [Ind] / Register ohne Verweisungen und andere zusätzliche Eintragungen *n*
– **bibliográfico** *m* [Bib] / Literaturverzeichnis *n*
– **clasificado** *m* [Ind] / systematisches Register *n*

- **con permutación de palabras clave** *m* [Ind] / Rotationsregister *n*
- **con permutación de términos seleccionados** *m* [Ind] / Permutationsregister *n*
- **correlativo** *m* [Ind] / korrelativer Index *m*
- **de adquisiciones** *m* [Acq] / Zugangsverzeichnis *n*
- **de alcance** *m* [Retr] / Abdeckungsquote *f*
- **de armas y blasones** *m* [Bk] / Wappenbuch *n* ‖ *s.a. armorial*
- **de autores** *m* [Ind] / Verfasserregister *n*
- **de citas** *m* [Ind] / Zitierungsregister *n* · Zitierindex *m*
- **de clasificación** *m* (en forma de tablas) [Class] / Klassifikationsübersicht *f*
- **de cobertura** *m* [Retr] / Abdeckungsquote *f*
- **de colación** *m* [Prt; Bind] / Flattermarke *f*
- **de concordancias** *m* [Bk] / Verbalkonkordanz *f*
- **de contenidos** *m* [Bk] / Inhaltsübersicht *f*
- **de direcciones** *m* [Off] / Adressenverzeichnis *n*
- **de exposición** *m* [Repr] / Empfindlichkeit *f*
- **de fichas** *m* [TS] / Steilkartei *f*
- **de fluctuación** *m* [Staff] / Fluktuationsrate *f*
- **de ilustraciones** *m* [Bk] / Abbildungsverzeichnis *n*
- **de incremento** *m* [Stock] / Zuwachsrate *f*
- **de inventario** *m* [Stock] / Inventar(verzeichnis) *n(n)*
- **de irrelevancia** *m* [Retr] / Abfallquote *f* ‖ *s.a. tasa de no pertinencia*
- **de la CDU** *m* [Class/UDC] / DK-Zahl *f*
- **de lugares** *m* [Bib; Ind] / Ortsregister *n*
- **de materias** *m* [Ind] / Inhaltsverzeichnis *n* · Sachregister *n*
- **de materias de publicaciones periódicas** *m* [Bib] / Zeitschrifteninhaltsbibliographie *f*
- **de materias de una revista** *m* [Bib] / Zeitschrifteninhaltsbibliographie *f*
- **de muescas** *m* [Bind] / Griffregister *n*
- **de muescas digitales** *f* [Bk] / Daumenregister *n*
- **de nombres propios** *m* [Ind] / Namensregister *n* · Personenregister *n*
- **de novedad** *m* [Retr] / Neuerwerbungsliste *f*
- **de novedades** *m* [Acq] / Neuerwerbungsverzeichnis *n*
- **de palabras clave contextuales** *m* [Ind] / KWIC-Register *n*
- **de palabras clave fuera de contexto** *m* [Ind] / KWOC-Register *n*
- **de palabras clave y contexto** *m* [Ind] / KWAC-Register *n*
- **de permutación** *m* [Ind] / Permutationsindex *n*
- **de precios** *m* [Bk] / Preisindex *m*
- **de proveedores** *m* [Bk] / Bezugsquellennachweis *m*
- **de publicaciones periódicas** *m* [Bib] / Zeitschrifteninhaltsbibliographie *f*
- **de recuperación de referencias pertinentes** *m* [Retr] / Nachweisquote *f*
- **de suministradores** *m* [Bk] / Bezugsquellennachweis *m*
- **de temas** *m* [Mus] / Themenverzeichnis *n*
- **de topónimos** *m* [Bk] / Ortsnamenverzeichnis *n*
- **digital** *m* [Bind] / Daumenregister *n* · Griffregister *n*
- **estriado** *m* [Bind] / Griffregister *n*
- **general** *m* [Cat] / Gesamtverzeichnis *n* · Gesamtregister *n* · Generalregister *n* ‖ *s.a. índice acumulativo; índice anual*
- **KWAC** *m* [Ind] / KWAC-Register *n*
- **KWIC** *m* [Ind] / KWIC-Register *n*
- **KWOC** *m* [Ind] / KWOC-Register *n*
- **normalizado de nombres propios** *m* [Cat] / Namenschlüssel *m*
- **permutado** *m* [Ind] / Permutationsregister *n*
- **por rotación** *m* [Ind] / Rotationsregister *n*
- **recapitulador** *m* [Ind] / kumulierendes Register *n*
- **selectivo** *m* [Bib] / Auswahlverzeichnis *n*
- **sistemático** *m* [Ind] / systematisches Register *n*
- **temático** *m* [Mus] / Themenverzeichnis *n*
- **topográfico** *m* [Bib; Ind] / Ortsregister *n*
- **visible** *m* [Acq] / Kardex *m*

indicios de envejecimiento *pl* [Bk] / Altersspuren *pl*

indicios de fractura *pl* [Bind] / Bruchspuren *pl*

indicios de friabilidad *pl* [Bind] / Bruchspuren *pl*

indización *f* (de documentos) [Ind] / Indexierung *f* · Erschließung *f* ‖ *s.a. indexación*

- **asistida por ordenador** *f* [Ind; EDP] / maschinenunterstützte Indexierung *f*

– **automática** *f* [Ind; EDP] / automatische Indexierung *f* (o automatizada)
– **coordinada** *f* [Ind] / gleichordnende Indexierung *f* · koordinatives Indexieren *n* *DDR*
– **de líneas de código** *f* (para seleccionar secciones de documentos, etc., en un microfilm) [Ind] / Codelinien-Verfahren *n*
– **de materias** *f* [Ind] / inhaltliche Erschließung *f*
– **de publicaciones periódicas** *f* [Ind] / Zeitschriftenerschließung *f* · Zeitschriftenindexierung *f* · Zeitschriftenauswertung *f*
– **en cadena** *f* [Ind] / Kettenindexierung *f*
– **mecánica** *f* [Ind] / maschinelle Indexierung *f*
– **por factores semánticos** *f* (de conceptos o combinaciones de palabras) [Ind] / Zerlegung *f*
– **postcoordinada** *f* [Ind] / postkoordiniertes Indexieren *n*
– **precoordinada** *f* [Ind] / präkoordiniertes Indexieren *n*
– **sintáctica** *f* [Ind] / syntaktische Indexierung *f*
indizador *m* [Staff] / Indexierer *m*
indizar *v* [Ind] / erschließen *v* · indexieren *v*
industria de la información *f* [InfSc] / Informationsindustrie *f*
industria del libro *f* [Bk] / Büchermachen *n*
industrias gráficas *pl* [Prt] / Druckgewerbe *n*
industria tipográfica *f* [Prt] / Druckindustrie *f*
industria y comercio del libro *f* [Bk] / Buchgewerbe *n*
inédito *m* [Bk] / unveröffentlicht *pp*
infografía *f* [EDP] / Computergrafik *f*
infolio *m* [Bk] / Folioband *m* · Foliant *m* · Folio(-Format) *n(n)*
información *f* [InfSc] / Information *f*
– **analógica** *f* [InfSy] / analoge Daten *pl*
– **complementaria sobre el título** *f* [Cat] / Zusatz zum Sachtitel *m* ‖ *s.a. subtítulo*
– **de empresas** *f* [OnfSy] / Firmeninformation *f*
– **distribuída por ETCD** *f* [Comm] / DÜE-Information *f*
– **en sala de lectura** *f* [Staff] / Lesesaalauskunft *f*
– **especializada** *f* [InfSc] / Fachinformation *f*
– **inmediata** *f* / Sofortinformation *f*
– **para la prensa** *f* [PR] / Presseinformation *f*
– **sobre las personas** *f* [Staff; RS] / personenbezogene Daten *pl*
– **sobre las tasas** *f* / Gebühreninformation *f*
– **y Documentación** *f* [InfSc] / Information und Dokumentation · Dokumentationswesen *n*
informador *m* [Cat] / Berichterstatter *m*
informante *m* [Cat] / Berichterstatter *m* · Bericht *m*
– **de adquisiciones** *m* [Staff] / Erwerbungsreferent *m*
informática *f* [EDP] / Informatik *f*
– **descentralizada** *f* [EDP] / verteilte Datenverarbeitung *f*
– **distribuída** *f* [EDP] / verteilte Datenverarbeitung *f*
– **gráfica** *f* [EDP] / Computergrafik *f*
informático *m* [EDP] / Informatiker *m*
informatizar *v* [EDP] / computerisieren *v*
informe *m* [Bk] / Bericht *m* · Befragung *f*
– **anual** *m* [Bk] / Jahresbericht *m*
– **bibliográfico** *m* [Ind] / Literaturbericht *m*
– **científico** *m* [Bk] / Wissenstandsbericht *m*
– **de avances** *m* [Bk] / Fortschrittsbericht *m*
– **de investigación** *m* [Bk] / Forschungsbericht *m*
– **del estado de cosas** *m* [OrgM] / Sachstandsbericht *m*
– **de progresos** *m* [Bk] / Fortschrittsbericht *m*
– **de viaje** *m* [Bk] / Reisebericht *m*
– **final 1** *m* [Bk] / Endbericht *m* · Abschlußbericht *m*
– **final 2** *m* [OrgM] / Schlußbericht *m*
– **provisional** *m* [Bk] / Zwischenbericht *m*
– **recapitulador** *m* [Bk] / Übersichtsbericht *m*
– **recapitulador y provisional** *m* [Bk] / Fortschrittsbericht *m*
–**s de congreso** *pl* [Bk] / Kongreßberichte *pl*
–**s de la jornada** *pl* / Tagungsschriften
–**s de simposio** *pl* [Bk] / Konferenzberichte *pl*
– **sobre el estado de cosas** *m* [Bk] / Übersichtsbericht *m*
– **técnico** *m* [Bk] / Gutachten *n*
infracción de la propiedad intelectual *f* [Law] / Urheberrechtsverletzung *f*
infraestructura *f* [InfSc] / infrastruktur *f*
infraexposición *f* [Repr] / Unterbelichtung *f*

infraliteratura *f* [Bk] / Schund- und Schmutzliteratur *f*
ingeniería de software *f* [EDP] / Software Engineering *n*
Ingeniería informática [ED] *f* / Informatik *f*
inglete *m* [Bind] / Gehung *f*
ingreso *m* [Acq] / Zugang *m*
ingresos *pl* [BgAcc] / Einkünfte *pl*
– **brutos** *pl* [Staff] / Bruttoeinkommen *n*
– **netos** *pl* [Staff] / Netoeinkommen *n*
– **presupuestarios** *pl* [BgAcc] / Haushaltseinnahmen *pl*
inic. *abbr s. inicial*
iniciación bibliotecaria *f* [RS] / Bibliothekseinführung *f*
iniciación en el trabajo *f* (de un nuevo empleado) [Staff] / Einarbeitung *f*
iniciación en la utilización *f* (de una biblioteca) [RS] / Benutzungseinführung *f*
inicial *f* [Writ; Bk] / Anfangsbuchstabe *m*
– **afiligranada** *f* [Bk] / Filigraninitial(e) *n(f)*
– **de filigrana** *f* [Bk] / Filigraninitial(e) *n(f)*
– **historiada** *f* [Bk] / historisiertes Initial *n*
inicialización *f* [EDP] / Initialisierung *f* · Urladen *n*
inicializar *v* [EDP] / intialisieren *v* · laden *v*
initia *pl* [Bk] / Initia *pl*
inscribir *v* [RS] / anmelden *v*
inscripción 1 *f* [NBM] / Anmeldung *f s. inscripción de lectores*
– **2** *f* [NBM] / Inschrift *f* ‖ *s.a. epigrafía*
– **de lectores** *m* [RS] / Benutzeranmeldung *f s. registro de usuarios*
– **en el registro de propiedad intelectual** *f* [Law] / Urheberrechtseintragung *f*
insensibilidad a la luz *f* [Pres] / Lichtechtheit *f*
insensible a la luz *adj* [Pres; Prt] / lichtecht *adj*
insertado en *pp* [Bind; Cat] / angebunden *pp*
insertador de jacket *m* [Repr] / Eintaschgerät *n* · Jacketiergerät *n*
insertador en el formato jacket *m* [Repr] / Eintaschgerät *n*
insertar *v* [Bind] / anbinden *v s. unir;* ‖ *s.a. encuadernado con; encuadernado en miscelánea*
– **en formato jacket** *v* [Repr] / jacketieren *v* · eintaschen *v*
inserto *m* [Bk] / Beilage *f*
– **plegado en zigzag** *m* [Bk] / Beilage in Zick-Zack-Falzung *f*
insonorización *f* [BdEq] / Schalldämmung *f s. aislamiento acústico;* ‖ *s.a. protección acústica*
insonorizante *adj* [BdEq] / schallschluckend *pres p* · schalldämmend *pres p*
inspección *f* [BgAcc] / Revision *f* · Aufsicht *f*
– **cualificada** *f* [Adm] / Fachaufsicht *f*
– **de servicios** *f* [Adm] / Dienstaufsicht *f*
instalación *f* [OrgM] / Einrichtung *f*
– **de alarma** *f* [BdEq] / Alarmanlage *f*
– **de altavoces** *f* [Comm] / Lautsprecheranlage *f*
– **de audición** *f* [BdEq] / Abhöranlage *f*
– **de cinta transportadora** *f* [BdEq] / Förderband(anlage) *n(f)*
– **de criodesecación** *f* [Pres] / Gefriertrocknungsanlage *f*
– **de ensamblaje/desensamblaje de paquetes** *f* [EDP] / PAD-Einrichtung *f*
– **de escucha** *f* [BdEq] / Abhöranlage *f*
– **del depósito** *f* [Sh] / Aufstellung *f*
– **de llamada** *f* [Comm] / Personenrufanlage *f*
– **de megafonía** *f* [Comm] / Lautsprecheranlage *f*
– **de rociado automático** *f* (contra incendios) [BdEq] / Sprinkleranlage *f*
– **de transporte** *f* [BdEq] / Förderanlage *f* · Transportanlage *f* ‖ *s.a. transportador de libros*
– **de transporte a cadena** *f* [BdEq] / Kettenförderanlage *f*
– **de vigilancia por vídeo** *f* [BdEq] / Video-Überwachungsanlage *f*
–**es** *pl* [BdEq] / Einbauten *pl*
–**es de información** *pl* [OrgM] / Informationseinrichtung *f*
– **estereofónica** *f* [BdEq] / Stereoanlage *f*
–**es universitarias** *pl* [Ed] / Hochschuleinrichtung *f*
– **terminal de tratamiento de datos** *f* [EDP] / Datenendeinrichtung *f*
– **terminal para transmisión de datos** *f* [Comm] / Datenstation *f*
instancia 1 *f* [RS] / Bestellung *f*
– **2** *f* (para obtener un permiso de estudios) [Ed] / Antrag *m*
institución *f* [OrgM] / Institution *f*
– **a la que pertenece** *f* [OrgM] / Trägerinstitution *f*
– **capitalista** *f* [BgAcc] / Geldgeber *m*

– **del titular** *f* [OrgM] / Trägerinstitution *f*
instituto *m* [OrgM; Ed] / Institut *n*
– **de bachillerato** *m* [Ed] / Gymnasium *n*
instrucción 1 *f* [EDP] / Befehl *m* · Anweisung *f* *s. orden 1;* ‖ *s.a. instrucción de procedimiento*
– 2 *f* [Adm] / Weisung *f* ‖ *s.a. orden 4*
– **bibliográfica** *f* [RS] / (haciendo hincapié en aspectos bibliográficos:) Benutzerschulung *f*
– **de base** *f* [EDP] / Grundanweisung *f*
– **de bifurcación Fortran** *f* [EDP] / Sprunganweisung *f*
– **de bucle** *f* [EDP] / Schleifenanweisung *f*
– **de gestión de tareas** *f* [EDP] / Betriebsanweisung *f*
– **de llamada** *f* [EDP] / Rufanweisung *f*
– **de máquina** *f* [EDP] / Maschinenbefehl *m*
– **de ordenador** *f* [EDP] / Maschinenbefehl *m*
– **de perforación** *f* [PuC] / Lochbeleg *m*
– **de procedimiento** *f* [EDP] / Prozeduranweisung *f*
– **de salto** *f* [EDP] / Sprungbefehl *m*
–**es de composición** *pl* [Prt] / Satzanweisungen *pl*
–**es de encuadernación** *pl* [Bind] / Bindeanweisung *f*
–**es de servicio** *pl* [EDP] / Bedienungshinweise *pl*
–**es de uso** *pl* [BdEq] / Gebrauchsanleitung *f*
–**es de utilización** *pl* [BdEq] / Benutzungsanleitung *f*
–**es para el uso** *pl* [BdEq] / Gebrauchsanweisung *f* · Benutzungsanleitung *f* ‖ *s.a. utilización de la biblioteca*
– **limitada** *f* [EDP] / bedingte Anweisung *f*
– **para el mecanografiado de datos** *f* [EDP] / Datenerfassungsanweisung *f*
– **universitaria** *f* [Ed] / Hochschulbildung *f*
instrumentación *f* [Mus] / Instrumentierung *f*
instrumento bibliográfico *m* [Bib] / bibliographisches Hilfsmittel *n*
instrumento de información *m* [Bib; Retr] / Informationsmittel *n*
instrumento del estudio *m* [InfSc] / Erhebungsinstrument *n*
integridad de la información *f* [EDP] / Datenintegrität *f*
integridad de los datos *f* [EDP] / Datenintegrität *f*
inteligencia artificial *f* [InfSc; EDP] / künstliche Intelligenz *f*
intercalación *f* [Class] / Interkalation *f*
intercalador *m* [Class] / Interkalator *m*
intercaladora *f* [PuC] / Kartenmischer *m*
intercalar *v* [TS; Cat] / ordnen *v* · zwischenordnen *v*
– **hojas de descarga** *v* [Bind] / durchschießen *v*
intercambio *m* [Acq] / Tausch *m* · Tauschgabe *f* ‖ *s.a. canje de duplicados*
– **de datos** *m* [EDP] / Datenaustausch *m*
– **de datos en una red** *m* [EDP] / Datentausch *m*
– **de indicativos y señales de control** *m* [EDP] / Quittungsaustausch(betrieb) *m(m)*
– **de información** *m* [InfSy] / Infotmationsaustausch *m*
– **internacional de publicaciones** *m* [Acq] / internationaler Schriftentausch *m*
interconectar *v* [EDP] / vernetzen *v*
interconexión de sistemas abiertos *f* [Comm] / Kommunikation offener Systeme *f* ‖ *s.a. sistema de comunicación abierto*
interconexión en serie *f* [EDP] / serielle Schnittstelle *f*
interconexión punto a punto virtual *f* [Comm] / virtuelle Standverbindung *f*
interconexión virtual mediante dial *f* [Comm] / virtuelle Wählverbindung *f*
interfaz *f* [EDP] / Schnittstelle *f*
– **de conmutación de paquetes** *m* [Comm] / Paketvermittlungsschnittstelle *f*
– **de salida** *f* [EDP] / Ausgangsschnittstelle *f*
– **de usuario** *f* [EDP] / Benutzerschnittstelle *f* · Benutzeroberfläche *f*
– **de usuario a caracteres** *m* [EDP] / zeichenorientierte Benutzeroberfläche *f*
– **en paralelo** *m* [EDP] / parallele Schnittstelle *f*
– **en serie** *f* [EDP] / serielle Schnittstelle *f*
– **estándar** *f* [EDP] / Standardschnittstelle *f*
– **hombre-máquina** *m* [EDP] / Mensch-Maschine-Schnittstelle *f*
interferencia *f* [Retr] / Ballast *m*
interfoliar *v* [Bind] / durchschießen *v*
interfono *m* [Comm] / Wechselsprechanlage *f*
– **simultáneo** *m* [Comm] / Gegensprechanlage *f*
interior de la cubierta *f* [Bind] / Deckelinnenseite *f* · Innendeckel *m*
interlinea *f* [EDP/VDU] / Zeilenabstand *m*

interlineación *f* [Prt] / Durchschuß *m*
interlineado *m* [EDP/VDU] / Grundzeilenabstand *m* · Durchschuß *m*
interlinear *v* [Prt] / durchschießen *v*
interlocutor *m* [Comm] / Ansprechpartner *m* · Gesprächspartner *m*
intermediario *m* [InfSy] / Vermittler *m*
interpaginar *v* [Bind] / durchschießen *v*
interpretación cartográfica *f* [Cart] / Karteninterpretation *f*
interpretador *m* [EDP] / Interpretierer *m*
interpretadora automática *f* [PuC] / Lochschriftübersetzer *m*
intérprete *m* [Mus] / Interpret *m* · Ausführender *m*
interrogación *f* [Comm] / Stationsaufforderung *f*
interrumpir *v* (una publicación) [Bk] / unterbrechen *v*
interrumpir una publicación *v* [Bk] / einstellen *v*
interrupción *f* [Gen] / Unterbrechung *f* · Verbindungsabbruch *m*
interruptor *m* [Comm] / Schalter *m*
– **de pedal** *m* [Repr] / Fußschalter *m*
– **de programa** *m* [EDP] / Programmschalter *m*
intersección de conjuntos *f* [InfSc] / Schnittmenge *f*
intersección lógica *f* [Retr] / UND-Verknüpfung *f*
intervalo *m* [NBM] / Pause *f*
– **de confianza** *m* [InfSc] / Vertrauensbereich *m*
– **de índice** *m* [EDP] / Indexmarke *f*
– **de mantenimiento** *m* [BdEq] / Wartungsintervall *n*
– **en blanco** *m* [Comm] / Austastlücke *f*
– **entre curvas** *m* [Cart] / Höhenstufe *f*
intonso *adj* [Bind] / unbeschnitten *pp*
introducción *f* [Bk] / Einleitung *f*
– **a la biblioteca** *f* [RS] / Bibliothekseinführung *f*
– **al uso** *f* [RS] / Benutzungseinführung *f* (de una blioteca)
– **al uso de la biblioteca** *f* [RS] / Einführung in die Bibliotheksbenutzung *f*
– **de datos** *f* [EDP] / Dateneingabe *f*
– **de datos manual** *f* [EDP] / manuelle Eingabe *f*
– **de texto por teclado** *f* [EDP] / Texterfassung *f*
– **de una secuencia de llamada o de arranque** *f* [EDP] / Urladen *n*
introducir datos por teclado *v* [EDP] / erfassen *v*
introducir en memoria intermedia *v* [EDP] / puffern *v*
introducir por teclado *v* [EDP] / eintippen *v* · Eintaschgerät *n* · eintasten *v*
introducir una secuencia de arranque *v* [EDP] / laden *v*
introducir una secuencia de arraque *v* [EDP] / laden *v*
inventariar *v* [Acq] / inventarisieren *v* ‖ *s.a. hacer inventario*
inventario *m* [Stock] / Inventar *n* · Bestandsverzeichnis *n*
– **de la colección** *m* [Stock] / Bestandsaufnahme *f*
inversión *f* [BdEq] / Investition *f*
invertir *v* [Lin; Ind; EDP] / invertieren *v*
investigación bibliotecaria *f* [Lib] / Bibliotheksforschung *f*
investigación de características del usario *f* [InfSc] / Benutzerforschung *f*
investigación lógica *f* [Retr] / Recherche *f*
investigación por encuesta *f* [InfSc] / Umfrageforschung *f*
Investigación y Desarrollo *f* [InfSc] / Forschung und Entwicklung *f* ‖ *s.a. I+D*
invitación a recibir *f* [Comm] / Empfangsaufruf *m*
inyector del chorro de tinta *m* [EDP; Prt] / Tintenstrahldüse *f*
ISBD *abbr s. descripción bibliográfica normalizada internacional*
ISBN *abbr s. número internacional normalizado del libro*
isla de lectura *f* (en zona de libre acceso) [BdEq] / Leseinsel
isohipsa *f* [Cart] / Höhenschichtlinie *f A* · Isohypse *f* ‖ *s.a. curva de nivel*
ISRC *abbr s. código internacional normalizado de grabaciones audiovisuales*
ISSN *abbr s. número internacional normalizado de publicaciones seriadas*
itinerario de emergencia *m* [BdEq] / Fluchtweg *m*
IVA *abbr s. impuesto de valor añadido*

JK

jabón en cuña *m* [Pres] / Sattelseife *f*
jacket *m* (formato ~ de microfilm) [Ind] / Jacket *n*
– **de microfilm** *m* [Repr] / Mikrofilmjacket *n*
jaspear *v* [Bind] / marmorieren *v*
jefe *m* (de un departamento) [Staff] / Chef *m* · Vorgesetzter *m* · Leiter *m*
– **de almacén** *m* [Staff] / Magazinchef *m*
– **de departamento** *m* [Staff] / Abteilungsleiter *m* ‖ *s.a. director interino de departamento*
– **de personal** *m* [Staff] / Personalchef *m* · Kaderleiter *m DDR*
– **de proyecto** *m* [OrgM] / Projektleiter *m*
jerarquía *f* [Class] / Hierarchie *f*
jerarquía de datos *f* [EDP] / Datenhierarchie *f*
jerarquía de memoria *f* [EDP] / Speicherhierarchie *f*
jeroglífico *m* [Writ] / Hieroglyphe *f*
jornada flexible *f* [OrgM] / gleitende Arbeitszeit *f*
jornada laboral *f* [OrgM] / Arbeitszeit *f*
jornadas *pl* [Gen] / Tagung *f*
jubilación *f* [Staff] / Pensionierung *f*
jubilar *v* [Staff] / in den Ruhestand versetzen *v* · pensionieren *v*
jubilarse *v* [Staff] / in den Ruhestand treten *v*
juego *m* [NBM] / Spiel *n* ‖ *s.a. juego educativo; juego recreativo*
– **alfabético de caracteres** *m* / alphabetischer Zeichensatz *m*
– **de caracteres** *m* [InfSy] / Zeichensatz *m* · Zeichenvorrat *m*
– **de filetes de una raya** *m* [Bind] / Liniensatz *m*
– **de gubias** *m* [Bind] / Bogensatz *m*
– **de piezas** *m* [EDP] / Nachrüstsatz *m*
– **de tipos de imprenta** *m* [Prt] / Schrift *f*
– **de tipos móviles** *m* (manuales) [Prt] / Handsatz *m*
– **de tipos para máquina** *m* [Prt] / Maschinensatz *m*
– **de transparencias** *m* [NBM] / Aufbautransparent *n* ‖ *s.a. transparencia*
– **educativo** *m* [NBM] / Lernspiel *n*
– **recreativo** *m* [NBM] / Unterhaltungsspiel *n*
juguete educativo *m* [NBM] / Lernspielzeug *n*
junta *f* [OrgM] / Sitzung *f*
– **consultiva** *f* [OrgM] / Beirat *m*
– **directiva de la biblioteca** *f* [OrgM] / Bibliotheksvorstand *m*
juntar *v* [Bind] / ansetzen *v*
juntura *f* [Bind] / Gelenk *n*
justificación de columna *f* [Prt] / Spaltenbreite *f*

justificación de márgenes *f* [Writ; prt] / Randausgleich *m*
justificado a la derecha *adj* [Prt] / rechtsbündig *adj*
justificado a la izquierda *adj* [Prt] / linksbündig *adj*
justificante *m* [Off] / Beleg *m*
justificar *v* [Prt] / ausschließen *v*

kiosco de periódicos *m* [Bk] / Zeitungsstand *m*

L

l. *abbr s. libro*
laboratorio de idiomas *m* [BdEq] / Sprachlabor *n*
labrado a mano *m* [Bind] / drucken *v*
ladillo *m* [Prt] / Marginalie *f*
lado granulado *m* (del cuero) [Bind] / Narbenseite *f* ‖ *s.a. carnaza*
ladrillo vítreo *m* [BdEq] / Glasbaustein *m*
lagunas de la colección *pl* [Stock] / Bestandslücke *f*
lám. *abbr s. lámina*
lámina *f* (impresión artística) [Art] / Grafik *f*
– **de impresión de contacto** *f* (de una funda de microfilm) [Repr] / Kopierfolie *f*
– **de plástico retractable** *f* [Bind] / Schrumpffolie *f*
– **de soporte** *f* (de la camisa de un microfilm) [Repr] / Standfolie *f*
– **en color** *f* [Bk] / Farbtafel *f*
– **fuera de libro** *f* [Bk] / gefalzte Beilage *f*
– **gráfica** *f* [Art] / grafisches Blatt *n*
– **magnetofónica** *f* [NBM] / Magnettonfolie *f*
– **offset** *f* [Prt] / Offsetfolie *f*
– **para estampar** *f* [Bind] / Prägefolie *f*
– **para gofrar** *f* [Bind] / Prägefolie *f*
laminación *f* [Bind] / Foliierung *f* · Einbettung *f* · Folienkaschierung *f* ‖ *s.a. forrar; plastificado*
– **manual** *f* [Pres] / Handlaminierung *f*
– **termoplástica** *f* [Pres] / Heißlaminierung *f*
laminar *v* [Bind] / foliieren *v* · laminieren *v* ‖ *s.a. laminación*
laminilla autoadhesiva *f* [Bind] / Klebefolie *f*
laminilla brillante *f* [Bind] / Glanzfolie *f*
laminilla de plástico *f* [Bind] / Folie *f*
laminilla metálica *f* [Bind] / Folie *f*
lámpara de cuarzo *f* [Pres] / Quarzlampe *f*
lámpara de lectura *f* [BdEq] / Leselampe *f*
lámpara de mesa *f* [BdEq] / Tischlampe *f*
lanzar *v* [Bk] / herausgeben *v* · verlegen *v* ‖ *s.a. editar 2*
lapidario *m* [Bk] / Steinbuch *n*
lápiz electrónico *m* [EDP] / Lesestift *m* · Lesepistole *f*
lápiz fotosensible *m* [EDP] / Lichtstift *m* · Lichtgriffel *m*
lápiz térmico *m* [Pres] / Heizstift *m*
largometraje *m* [NBM] / Spielfilm *m*
lateral de estantería graduable *m* [Sh] / Bücherwange *f*
lateral de zócalo *m* [Sh] / Sockelwange *f*
latitud geográfica *f* [Cart] / geographische Breite *f*
laudatoria *f* [Gen] / Laudatio *f*
lavabos *m* [BdEq] / Toilette *f* · Waschraum *m*
lavado *m* [Art] / Lavierung *f*
lavar *v* [Repr] / wässern *v*
lavatorio *m* [BdEq] *HA* / Waschraum *m*

lavénder *f* [Repr] / Lavendel(kopie) *n(f)*
layout *m* [Prt] / Layout *n*
LDD *abbr s. lenguaje de definición de datos*
lección académica *f* [ED] / Vorlesung *f*
leccionario *m* [Bk] / Lektionar *n* · Perikopenbuch *n*
lector 1 *m* [RS] / Leser *m* ‖ *s.a. usuario*
– 2 *m* (en una universidad) [Ed] / Lektor *m*
–a de fichas *f* [PuC] / Kartenleser *m*
–a de mocrofilmes *f* [Repr] / Mikrofilm-Lesegerät *n*
–a de tarjetas *f* [PuC] / Kartenleser *m*
–ado 1 *m* (profesional en una editorial) [BK] / Lektorat *n*
–ado 2 *m* (conjunto de lectores de una biblioteca pública) [OrgM] / Lektorat *n*
– **ampliador** *m* [Repr] / Lese-Rückvergrößerungsgerät *n*
– **a proyección por transparencia** *m* [Repr] / Durchlichtlesegerät *n*
– **a retroproyección** *m* [Repr] / Durchlichtlesegerät *n*
– **de caracteres** *m* [EDP] / Zeichenleser *m* · Zeichenleser *m* ‖ *s.a. lector óptico de caracteres*
– **de caracteres magnéticos** *m* [EDP] / Magnetschriftleser *m*
– **de CD-ROM** *m* [EDP] / CD-ROM-Laufwerk
– **de cinta magnética** *m* [EDP] / Magnetbandleser *m*
– **de código de barras** *m* [EDP] / Balkencode-Leser *m* · Strichcode-Leser *m*
– **de curvas** *m* [EDP] / Kurvenleser *m*
– **de documentos** *m* [EDP] / Belegschriftleser *m* · Belegleser *m*
– **de editorial** *m* [Bk] / Verlagslektor *m*
– **de galeradas** *m* [Prt] / Korrektor *m*
– **de marcas** *m* [EDP] / Markierungsleser *m*
– **de tarjetas de identidad** *m* [EDP; RS] / Ausweiskartenleser *m*
– **de tarjetas perforadas** *m* [PuC] / Lochkartenleser *m*
– **externo** *m* [RS] / Entleiher *m*
– **invidente** *m* [RS] / sehbehinderter Leser *m*
– **jefe** *m* [Bk] / Cheflektor *m*
– **manual** *m* [Repr] / Handlesegerät *n*
– **óptico de caracteres** *m* [EDP] / optischer Klarschriftleser *m*
– **por reflexión** *m* [Repr] / Auflichtlesegerät *n*
– **portátil** *m* [Repr] / Kleinstlesegerät *n*
– **reproductor** *m* [Repr] / Lese-Kopiergerät *n*
lectura amena *f* [Bk] / Unterhaltungslektüre *f*
lecturabilidad *f* [Repr] / Lesbarkeit *f* ‖ *s.a. legibilidad*
lectura de esparcimiento *f* [Bk] / Entspannungslektüre *f*
lectura de marcas *f* [PuC] / Markierungslesen *n* · Zeichenlochverfahren *n* ‖ *s.a. lectura óptica de marcas*
lectura de pruebas *f* [Prt] / Korrekturlesen *n*
lectura de tiempo libre *f* [Bk] / Freizeitlektüre *f*
lectura obligatoria *f* [Ed] / Pflichtlektüre *f*
lectura óptica de marcas *f* [EDP] / optisches Markierungslesen *n*
legado *m* [Arch] / Nachlaß *m* · Legat *n* · Vermächtnis *n*
– **literario** *m* [Arch; NBM] / literarischer Nachlaß *m*
legajo *m* [Bk] / Konvolut *n*
legibilidad *f* [Repr] / Lesbarkeit *f*
legible *adj* [Writ] / lesbar *adj*
legible por máquina *adj* [EDP] / maschinenlesbar *adj*
legible por ordenador *adj* [EDP] / maschinenlesbar *adj*
legislación laboral *f* [Law] / Arbeitsrecht *n*
legislación relativa a la construcción *f* [BdEq] / Baurechtsvorschriften *pl*
legislación sobre bibliotecas *f* [Law] / Bibliotheksgesetzgebung *f*
lema *m* [Bk] / Devise *f* · Motto *n*
lengua *f* [Lin] / Sprache *f*
lenguaje *m* [Gen]
– **artificial** *m* [Lin] / Kunstsprache *f*
– **conversacional** *m* [EDP] / Dialogsprache *f*
– **de alto nivel** *m* [EDP] / höhere Programmiersprache *f*
– **de bajo nivel** *m* [EDP] / maschinenorientierte Programmiersprache *f*
– **de base de datos** *m* [EDP] / Datenbanksprache *f*
– **de búsqueda** *m* [Retr] / Abfragesprache *f* · Recherchesprache *f* ‖ *s.a. lenguaje de recuperación*
– **de control** *m* [EDP] / Betriebssprache *f* · Steuersprache *f*
– **de control de operaciones** *m* [EDP] / Betriebssprache *f*

– **de definición de datos** *m* [InfSy] / Datenbeschreibungssprache *f* · Datendefinitonssprache *f*
– **de descripción de información** *m* [InfSy] / Datenbeschreibungssprache *f*
– **de descripción de páginas** *m* [EDP] / Seitenbeschreibungssprache *f*
– **de documentación** *m* [Ind] / Dokumentationssprache *f*
– **de gestión** *m* [EDP] / Betriebssprache *f*
– **de indización** *m* [Ind] / Dokumentationssprache *f* · Indexierungssprache *f*
– **de información** *m* [Ind] / Dokumentationssprache *f*
– **de instrucción** *f* [EDP] / Kommandosprache *f* ▌ *s.a. lenguaje de órdenes normal*
– **de manipulación de datos** *m* [InfSy] / Datenhandhabungssprache *f* · Datenbehandlungssprache *f* · Datenmanipulationssprache *f*
– **de máquina** *m* [EDP] / maschinenorientierte Programmiersprache *f* · Maschinensprache *f* ▌ *s.a. lenguaje de programación*
– **de órdenes estándar** *m* [EDP; Retr] / Standardbedienungssprache *f*
– **de órdenes normal** *m* [Retr; EDP] / Standardisierte Kommandosprache *f* ▌ *s.a. lenguaje de instrucción*
– **de programación** *m* [EDP] / Programmiersprache *f* ▌ *s.a. lenguaje de alto nivel; lenguaje de máquina; lenguaje orientado a procedimientos; lenguaje orientado hacia la máquina; lenguaje orientado hacia los problemas*
– **de programación directo** *m* [EDP] / objektorientierte Programmiersprache *f*
– **de recuperación** *m* [Retr] / Abfragesprache *f* · Retrievalsprache *f* · Suchsprache *f*
– **de recuperación de información** *m* [Retr] / Informationsrecherchesprache *f*
– **descriptor** *m* [Ind] / Deskriptorsprache *f*
– **de trabajo** *m* [Lin] / Arbeitssprache *f*
– **de tratamiento de datos** *m* [InfSy] / Datenmanipulationssprache *f*
– **dialogal** *m* [EDP] / Dialogsprache *f*
– **documental** *m* [Ind] / Dokumentationssprache *f*
– **ensamblador** *m* [EDP] / Assemblersprache *f*
– **fuente** *m* [EDP] / Quellensprache · Primärsprache *f* · Quellsprache *f* · Ursprungssprache *f*
– **informático** *m* [EDP] / Maschinensprache *f*
– **interactivo** *m* [EDP] / Dialogsprache *f*
– **natural** *m* [Lin] / natürliche Sprache *f*
– **normalizado de descripción de documentos en general** *m* / allgemeine standardisierte Dokumentbeschreibungssprache *f*
– **objeto** *m* [EDP] / Zielsprache *f*
– **orientado a procedimientos** *m* [EDP] / verfahrensorientierte Programmiersprache *f* ▌ *s.a. lenguaje de programación*
– **orientado hacia la máquina** m [EDP] / maschinennahe Programmiersprache *f* · maschinenorientierte Programmiersprache *f* ▌ *s.a. lenguaje de programación*
– **orientado hacia los problemas** *m* [EDP] / problemorientierte Programmiersprache *f* ▌ *s.a. lenguaje de programación*
– **original** *m* [EDP] / Quellsprache *f*

lengüeta *f* [Off; TS] / Tab *m*
– **guía** *f* (en una ficha) [Off; TS] / Reiter *m* ▌ *s.a. guión de fichero*

lente *f* [Repr] / Objektiv *n* *s. objetivo*
– **de aumento** *f* [Repr] / Vergrößerungsglas *n*

letra 1 *f* [Writ] / Handschrift *f* (por ej., una ~ legible) · Schreibweise *f* (estilo personal) · Schrift *f*
– 2 *f* [Writ; Prt] / Buchstabe *m*
– **antigua** *f* [Prt] / Antiqua *f* · Linear-Antiqua *f*
– **autógrafa** *f* [Writ] / Handschreiben *n*
– **bastarda** *f* [Writ; Prt] / Bastarda *f*
– **bastardilla** *f* [Prt] / Kursivschrift *f*
– **capital** *f* [Writ; Prt] / Großbuchstabe *m*
– **capital** *f* [Prt] / Versal *m*
– **capital cuadrada** *f* [Writ] / Capitalis quadrata *f* · Kapitalis *f* · Quadrata *f*
– **carolingia minúscula** *f* [Writ] / karolingische Minuskel *f*
– **chupada** *f* [Prt] / schmale Schrift *f*
– **corriente** *f* [Prt] / Kurrentschrift *f* · Werkschrift *f*
– **cuadrada** *f* [Writ] / Kapitalis *f* · Quadrata *f*
– **cursiva** *f* [Writ] / Kursive *f* (a mano) · Kursivschrift *f*
– **de biblioteca** *m* [Writ] / Büchereihandschrift *f*
– **de caja alta** *f* [Writ; Prt] / Versal *m* · Großbuchstabe *m*

– **de caja baja** *f* [Prt; Writ] / Kleinbuchstabe *m*
– **de palo seco** *f* [Prt] / Linear-Antiqua *f*
– **de suma** *f* [Prt] / Übergangs-Antiqua *f*
– **de tortis** *f* [Writ] / Rotunda *f*
– **doble** *f* [Writ; Prt] / Ligatur *f*
– **egipcia** *m* [Prt] / Egyptienne *f*
– **elzeviriana** *f* [Prt] / Renaissance-Antiqua *f*
– **epigráfica** *f* [Writ] / Kapitalis *f* · Quadrata *f*
– **estrecha** *f* [Prt] / schmale Schrift *f*
– **fina** *f* [Prt] / magere Schrift *f* · schmale Schrift *f*
– **futura** *f* (antigua) [Prt] / Futura *f*
– **gótica** *f* [Prt] / Fraktur *f*
– **gótica de forma** *f* [Writ; Prt] / gotische Druckschrift *f*
– **gótica de fractura** *f* [Prt] / Fraktur *f*
– **gótica de transición** *f* [Prt] / Übergangs-Antiqua *f*
– **gótica redonda** *f* [Writ] / Rotunda *f* · Antiqua *f*
– **grotesca** *f* [Prt] / Grotesk *f* · Sans Serif *f*
– **guía** *f* (en la cabecera de página de un diccionario) [Bk] / Leitbuchstabe *m*
– **inglesa** *f* [Writ] / insulare Schrift *f*
– **inicial** *f* [Writ; Bk] / Anfangsbuchstabe *m*
– **inicial alineada por la cabeza** *f* [Writ; Bk] / Initial(e) *n(f)* (~ situada más baja al principio de un párrafo de texto impreso)
– **inicial baja** *f* [Writ; Bk] / Initial(e) *n(f)*
– **inicial decorada** *f* [Writ; Bk] / Zierinitial(e) *n(f)*
– **itálica** *f* [Prt] / Kursivschrift *f*
– **lineal** *f* [Prt] / Linear-Antiqua *f* · serifenlose Linear-Antiqua *f* (de palo seco)
– **lineal antigua** *f* [Prt] / Linear-Antiqua *f*
– **mayúscula** *f* [Prt] / Versal *m* · Großbuchstabe *m* · Majuskel *f*
– **minúscula** *f* [Writ; Bk] / Kleinbuchstabe *m* · Minuskel *f*
– **negrilla** *f* [Prt] / fette Schrift *f*
– **negrita** *f* [Prt] / fette Schrift *f*
– **ornamental** *f* [Prt] / Zierbuchstabe *m* · Zierschrift *f*
– **paloseco** *f* [Prt] / serifenlose Linear-Antiqua *f* · Linear-Antiqua *f* · Sans Serif *f*
– **pelada** *f* [Prt] / Sans Serif *f*
– **romana** *f* [Writ; Prt] / lateinische Schrift *f* · Antiqua *f*
– **romana antigua** *f* [Prt] / Antiqua *f*
– **romana moderna** *f* [Prt] / klassizistische Antiqua *f*
– **rústica** *f* [Writ] / capitalis rustica *f*
~**s 1** *pl* [Bk] / (die Gesamtheit des Gedruckten:) Schrifttum *n*
~**s 2** *pl* [Ed] / Geisteswissenschaften *pl*
~**s acentuadas** *pl* [InfSy; Prt] / Akzentbuchstaben *pl*
– **sencilla** *f* [Writ] / Kurrentschrift *f*
~**(s) inicial(es)** *f(pl)* [Writ; Bk] / Initial(e) *n(f)* ‖ *s.a. inicial*
~**s ligadas** *pl* [Writ; Prt] / Ligatur *f*
– **versal** *f* [Writ; Prt] / Großbuchstabe *m*
– **versal** *f* [Prt] / Versal *m*
– **versalita** *f* [Prt] / Kapitälchen *pl*
léxico *m* [BK] / Wörterbuch *n* (Sprachschatz eines bestimmten Autors)
ley *f*
– **de bibliotecas** *f* [Law] / Bibliotheksgesetz *n*
– **de derechos de autor** *pl* [Law] / Honorar *n* · Urheberrecht *n* ‖ *s.a. propiedad literaria*
– **de dispersión de Bradford** *f* [InfSc] / Bradford's Gesetz der Streuung *m*
– **de equiparación de la mujer** *f* [Law] / Gleichstellungsgesetz *n*
– **de propiedad intelectual** *f* [Law] / Urheberrechtsgesetz *n*
– **de publicaciones** *f* [Law] / Verlagsgesetz *n*
leyenda 1 *f* [Prt] / Abbildungslegende *f* · Bildunterschrift *f* · Bildüberschrift *f* · Bildlegende *f* ‖ *s.a. pie de ilustración*
– **2** *f* (narración) [Bk] / Legende
l. gót. *abbr s. letra gótica*
libelo *m* [Bk] / Pamphlet *n* · Flugschrift *f* · Flugblatt *n*
– **difamatorio** *m* [Bk] / Schmähschrift *f* ‖ *s.a. pasquín*
liberación *f* (de documentos clasificados como secretos) [Arch; Bk] / Freigabe *f*
liberar *v* [Arch; Bk] / freigeben *v*
libertad de información *f* [InfSc] / Informationsfreiheit *f*
librera *f* [BdEq] *Arg* / Bücherschrank *m*
librería 1 *f* [Sh] / Bücherbord *n* · Bücherschrank *m* · (geschlossenes) Regal *n* ‖ *s.a. estantería*
– **2** *f* (comercio) [Bk] / Buchladen *m* · Buchhandlung *f*
– **anticuaria** *f* [Bk] / Antiquariat *n*
– **de lance** *f* [Bk] / Antiquariat *n*
– **de ocasión** *f* [Bk] / Antiquariat *n*
– **de restos de edición** *f* [Bk] / Ramschbuchhandlung *m* · modernes Antiquariat *n*

- **de revistas** *f* [Bk] / Zeitschriftenbuchhandlung *f*
- **de saldos de edición** *f* [Bk] / modernes Antiquariat *n*
- **de viejo** *f* [Bk] / Antiquariat *n*
- **general** *f* [Bk] / Sortimentsbuchhandlung *f*
- **técnica** *f* [Bk] / Fachbuchhandlung *f*

librero *m* [Bk] / Buchhändler *m*
- **a comisión** *m* [Bk] / Barsortimenter *m*
- **ambulante** *m* [Bk] / Kolportagebuchhändler *m* · Kolporteur *m*
- **anticuario** *m* [Bk] / Antiquar *m*
- **detallista** *m* [Bk] / Bucheinzelhändler *m*
- **distribuidor** *m* [Bk] / Barsortimenter *m*
- **itinerante** *m* [Bk] / Reisebuchhändler *m*
- **mayorista** *m* [Bk] / Buchgroßhändler *m*

libreta *f* [Bk] / Heft *n*

libretista *m* [Mus] / Librettist *m* · Textdichter *m*

libreto *m* [Mus] / Libretto *n* · Textbuch *n*

libro *m* [Bk] / Buch *n*
- **acordeón** *m* [Bk] / Faltbuch *n*
- **artístico** *m* [Bk] / Kunstbuch *n*
- **becerro** *m* [Arch] / Kopiar *n*
- **con cubiertas de papel** *m* [Bind] / broschiertes Buch *n*
- **de aficiones** *m* [Bk] / Hobbybuch *n Bk*
- **de anillas** *m* [Off] / Ringbuch *n*
- **de arte** *m* [Bk] / Kunstbuch *n*
- **de bolsa** *m* [Bk] / Gürtelbuch *n*
- **de bolsillo** *m* [Bk] / Taschenbuch *n*
- **de buhonero** *m* [Bk] / Kolportagebuch *n*
- **de cánticos** *m* [Bk] / Gesangbuch *n*
- **de censos** *m* [Arch] / Zinsregister *n*
- **de cocina** *m* [Bk] / Kochbuch *n*
- **de consejos** *m* [Staff; Bk] / Ratgeberbuch *n*
- **de consulta personal** *m* [Bk] / Handexemplar *n*
- **de coro** *m* [Bk] / Choralbuch *n*
- **de cuentas** *m* [BgAcc] / Rechnungsbuch *n*
- **de desiderata** *m* (con sugerencias de los lectores) [Acq] / Wunschbuch *n*
- **de divulgación científica** *m* [Bk] / populärwissenschaftliches Buch *n*
- **de documentación** *m* [Bk] / Sachbuch *n*
- **de emblemas** *m* [Bk] / Emblem-Buch *n*
- **de estampas** *m* [Bk] / Bilderbuch *n*
- **de estudios** *m* [Ed] / Studienbuch *n*
- **de figurines** *m* [Bk] / Kostümbuch *n*
- **de fotografías** *m* [Bk] / Bildband *m*
- **de gastos** *m* [BgAcc] / Rechnungsbuch *n*
- **de gran tamaño** *m* [Bk] / Überformat *n*
- **de hojas de palmera** *m* [Bk] / Palmblattbuch *n*
- **de hojas sueltas** *m* [Bk] / Loseblattwerk *n*
- **de horas** *m* [Bk] / Stundenbuch *n*
- **de libre acceso** *m* [Stock] / Freihandbuch *n*
- **de mano** *m* [Bk] / Handexemplar *n*
- **de mayor venta** *m* [Bk] / Bestseller *m*
- **de misa** *m* [Bk] / Missale *n*
- **de muestras** *m* [Bk] / Musterbuch *n*
- **de oraciones** *m* [Bk] / Gebetbuch *n*
- **de pintores** *m* [Art] / Malerbücher *pl*
- **de préstamo a distancia** *m* [RS] / Fernleihbuch *n*
- **de regalo** *m* [Bk] / Geschenkbuch *n*
- **de rentas** *m* [Arch] / Zinsregister *n*
- **de salmos** *m* [Bk] / Psalterium *n*
- **de salud** *m* [Bk] / Gesundheitsbuch *n*
- **de segunda mano** *m* [Bk] / antiquarisches Buch *n*
- **de sobordo** *m* (con registro de cargas) [Bk] / Schiffstagebuch *n*
- **de soluciones** *m* [Bk; Ed] / Lösungsbuch *n*
- **desplegiable** *m* [Bk] / Faltbuch *n*
- **de tablillas** *m* [Bk] / ein antikes Schreibbuch in Form von Täfelchen
- **de texto** *m* [Bk] / Lehrbuch *n*
- **de trajes** *m* [Bk] / Kostümbuch *n*
- **de vestimentas** *m* [Bk] / Trachtenbuch *n*
- **de visitantes** *m* [Bk] / Gästebuch *n*
- **elemental** *m* [Bk] / Fibel
- **encadenado** *m* [Bk] / Kettenbuch *n*
- **encartonado** *m* [Bind] / fester Einband *m* · Pappband *m*
- **en cartoné** *m* [Bind] / Steifbroschur *f* · Pappband *m*
- **en cartulina** *m* [Bind] / Steifbroschur *f*
- **encuadernado en rústica** *m* [Bind]
- **en miniatura** *m* [Bk] / Miniaturbuch *n*
- **en rústica** *m* [Bind] / broschiertes Buch *n* · Broschur *f*
- **en rústica con tapa dura** *m* [Bind] / Steifbroschur *f*
- **fantasma** *m* [Bk] / Blindband *m*
- **ficticio** *m* [Bk] / Blindband *m*
- **fuelle** *m* [Bk] / Faltbuch *n*
- **fundiario** *m* [Arch] / Urbar *n*
- **fundiario** *m* [Arch] / Zinsregister *n*
- **grande ilustrado** *m* [Bk] / großes bebildertes Buch *n*
- **impreso** *m* [Bk] / Druckschrift *f*
- **impreso en caracteres grandes** *m* [Bk] / Großdruckbuch *n*

– **incunable** *m* [Bk] / Inkunabel *f*
– **infantil** *m* [Bk] / Kinderbuch *n*
– **intonso** *m* [Bind] / unbeschnittener Buchblock *m*
– **juvenil** *m* [Bk] / Jugendbuch *n*
– **litúrgico** *m* [Bk] / liturgisches Buch *n*
– **maqueta** *m* [Bk; Bind] / Musterband *m* ‖ *s.a. maqueta de encuadernación*
– **microscópico** *m* [Bk] / Miniaturbuch *n*
– **mudo** *m* [Bk] / Bilderbuch *n*
– **nobiliario** *m* [Bk] / Wappenbuch *n*
– **no desvirado** *m* [Bind] / unbeschnittener Buchblock *m*
– **no venal** *m* [Bk] / nicht im Handel
– **ómnibus** *m* [Bk] / ein Buch, in dem Bücher oder Aufsätze vereinigt sind, die früher getrennt veröffentlicht worden waren
– **para invidentes** *m* [Bk] / Blindenschriftbuch *n*
– **para llevar al cinto** *m* [Bk] / Beutelbuch *n*
– **plegado** *m* [Bk] / Faltbuch *n*
– **plegado en acordeón** *m* [Bk] / Leporellobuch *n*
– **precioso** *m* [Art; Bk] / Zimelie *f*
– **registro de casos** *m* / Fallsammlung *f*
– **sacramental** *m* [Bk] / Sakramentar *n*
–**s apócrifos** *pl* [Bk] / Apokryphen *pl*
–**s curiosos** *pl* [Bk] / Rara *pl* ‖ *s.a. libros raros*
–**s de anticuario** *pl* [Acq] / Antiquaria *pl*
–**s de artista** *pl* [Art] / Künstlerbücher *pl*
–**s de oraciones** *pl* [Bk] / Erbauungsliteratur *f*
–**(s) de saldo** *m(pl)* [Bk] / Ramsch(bücher) *m(pl)*
–**s devueltos** *pl* [Bk] / Remittenden *pl*
–**s dipuestos para la entrega** *pl* [Bk] / lieferbare Bücher *pl*
– **simulado** *m* [Bk; Bind] / Blindband *m* · Musterband *m*
– **sin precio fijo** *m* [Acq] / Buch ohne festen Ladenpreis
–**s prohibidos** *pl* [Bk] / verbotene Bücher *pl*
–**s raros** *pl* [Bk] / Rara *pl*
–**s recibidos** *pl* [Acq] / Bestandszugänge *pl*
– **técnico** *m* [Bk] / Fachbuch *n*
– **venal** *m* [Bk] / ein in einer Buchhandlung erhältliches Buch *n*
– **vendido en un lote** *m* [Bk] / ein Schulbuch oder dgl., das zu einem Staffelpreis verkauft werden kann
– **xilográfico** *m* [Bk] / Blockbuch *n*

licencia *f* [Law] / Lizenz *f* · Berechtigung *f* (para ejercer una actividad determinada)
– **de construcción** *f* [BdEq] / Baugenehmigung *f*
– **gratuita** *f* [BgAcc] / gebührenfreie Lizenz *f*
– **para imprimir** *f* [Bk] / Druckerlaubnis *f*
licenciado *m* [Ed] / Absolvent *m*
licenciatura en Biblioteconomía *f* [Ed] / Bibliothekarausbildung *f*
licitación *f* [Bk] *HA* / Auktion *f*
licitador *m* [Bk] *HA* / Auktionator *m* · Versteigerer *m*
licitar *v* (en subasta) [Bk] *HA* / bieten *v* · versteigern *v*
líder de opinión *m* [InfSc] / Meinungsführer *m*
lienzo de balón *m* [Bind] / Ballonleinen *n*
lienzo de encuadernar *m* [Bind] / Buchbinderleinen *n*
lienzo de globo *m* [Bind] / Ballonleinen *n*
lienzo de tela *m* [Bind] / Leinwand *f* · Leinen *n*
lienzo fino *m* [Bind] / Feinleinen *n*
ligadura *f* [Writ; Prt] / Ligatur *f*
ligeramente coloreado *pp* [Bk] / ankoloriert *pp*
ligeramente manchado *pp* [Bk] / angefleckt *pp*
limitación de préstamo *f* [RS] / Ausleihbeschränkung *f*
límite de carácter *m* [EDP; VDU] / Zeichenbegrenzung *f*
límites de varianza *pl* (en una distribución de frecuencia) [InfSc] / Streuungsbreite *f*
límites máximos *pl* (en una distribución de frecuencia) [InfSc] / Schwankungsbereich *m*
límites máximos de variación *pl* (en una distribución de frecuencia) [InfSc] / Variationsbreite *f*
limpieza de registros *f* (en una catalogación colectiva) [Cat] / Dublettenbereinigung *f*
limpieza en seco *f* [Pres] / Trockenreinigung *f*
limpieza por ultrasonido *f* (de material fílmico) [Repr] / Ultraschallreinigung *f*
línea *f* [Prt] / Zeile *f*
– **alquilada** *f* [Comm] / Mietleitung *f* ‖ *s.a. línea especializada*
– **base** *f* [EDP] / Grundlinie
– **central** *f* [EDP] / Mittellinie *f*
– **conmutada** *f* [Comm] / Wählleitung *f*
– **de arranque** *f* [Retr] / Startzeile *f*
– **de comienzo** *f* [Retr] / Anfangszeile *f*

– **de conexión** *f* [BdEq] / Anschlußleitung *f*
– **de eje** *m* [EDP] / Mittellinie *f*
– **de flujo** *f* (en un diagrama de flujo) [OrgM] / Flußlinie *f*
– **de justificación** *f* [Bk] / Randleiste *f*
– **de la escritura** *f* [Prt] / Schriftlinie *f*
– **del pentagrama** *f* [Mus] / Notenlinie *f*
– **de margen** *f* [Cart] / Blattrandlinie *f* (de una hoja cartográfica)
– **de perforaciones** *f* [PuC] / Lochzeile *f*
– **de punteo** *f* [Writ; Prt] / punktierte Linie *f*
– **de télex** *f* [Comm] / Fernschreibleitung *f*
– **de texto** *f* [EDP] / Textzeile *f*
– **de transmisión** *f* [Comm] / Übertragungsleitung *f*
– **en blanco** *f* [Prt] / Leerzeile *f*
– **especializada** *f* [Comm] / Mietleitung *f* ‖ *s.a. línea alquilada*
– **especializada** *f* [Comm] / Standleitung *f*
– **huérfana** *f* [Prt] / Hurenkind *n* ‖ *s.a. línea viuda*
– **índice** *f* [Repr; Retr] / Indexlinie *f*
– **ladrona** *f* [Prt] / Ausgangszeile *f*
– **media** *f* [EDP] / Mittellinie *f*
– **neta** *f* [Cart] / Kartenfeldbegrenzung *f* · Kartenfeldrandlinie *f*
– **punteada** *f* [Writ; Prt] / punktierte Linie *f*
– **quebrada** *f* [Prt] / Ausgangszeile *f*
–**s de azulado** *pl* [Bind] / Assurélinien *pl*
–**s de azurado** *pl* [Bind] / Assurélinien *pl*
–**s de corte** *pl* [Cart] / Kartenschnitt *m* · Blattschnitt *m*
–**s de orientación** *pl* [OrgM] / Richtlinien *pl*
– **telefónica** *f* [Comm] / Fernsprechleitung *f*
– **telefónica** *f* [Comm] / Telefonleitung *f*
– **viuda** *f* [Prt] / Hängezeile *f* · Schusterjunge *m* ‖ *s.a. línea huérfana*

lineotipia *f* [Prt] / Zeilensetz- und -gießmaschine *f*

Lingüística *f* [Lin] / Linguistik *f*
– **informatizada** *f* [Lin] / Computerlinguistik *f*

lino *m* [Bind] / Leinen *n*

linotipia *f* [Prt] / Zeilensetz- und -gießmaschine *f*

linson *m* (nombre de marca de una tela de encuadernación) [Bind] / Linson *n*

liofilización *f* [Pres] / Gefriertrocknung *f*

liquidación de gastos *f* [BgAcc] / Spesenabrechnung *f* ‖ *s.a. gastos de viaje; viaje de servicio*

lista *f* [Bib] / Liste *f* · Verzeichnis *n*
– **de adquisiciones** *f* [Acq] / Neuerwerbungsverzeichnis *n* · Neuerwerbungsliste *f* · Zuwachsverzeichnis *n*
– **de adquisiciones** *f* [Acq] / Zugangsverzeichnis *n*
– **de adquisiciones posibles** *f* [Acq] / Suchliste
– **de asistencias** *f* [OrgM] / Anwesenheitsliste *f*
– **de control** *f* (para búsquedas rápidas) [Bib; Cat] / Liste *f*
– **de copyrights** *f* [Law] / Urheberrechtsrolle *f*
– **de desiderata** *f* [Acq] / Desideratenliste *f* · Desideratenbuch *n* · Wunschliste *f*
– **de direcciones** *f* [Off] / Adressenliste *f*
– **de documentos a adquirir** *f* [Acq] / Suchliste
– **de duplicados para canje** *f* [Acq] / Tauschliste *f*
– **de encabezamientos de materia** *f* [Cat] / Standard-Schlagwortliste *f* ‖ *s.a. fichero normalizado de materias; lista normalizada de encabezamientos de materia*
– **de encabezamientos de materia** *f* [Cat] / Schlagwortliste *f*
– **de espera** *f* [RS] / Vormerkliste *f*
– **de instrucciones** *f* [EDP] / Befehlsliste *f*
– **de intercambios** *f* [Acq] / Tauschliste *f*
– **del envío** *f* [Off] / Versandliste *f*
– **de nuevas adquisiciones** *f* [Acq] / Neuerwerbungsverzeichnis *n*
– **de personal** *f* [Staff] / Personalverzeichnis *n*
– **de recuento** *f* [InfSc] / Strichliste *f*
– **de referencias bibliográficas** *f* [Bib] / (Verzeichnis der zitierten Literatur:) Literaturnachweis
– **de reservas** *f* [RS] / Vormerkliste *f*
– **de salarios** *f* [Staff] / Gehaltsliste *f*
– **normalizada de encabezamientos de materia** *f* [Cat] / Schlagwort-Normdatei *f*
– **normalizada de nombres de autor** *f* [Cat] / Verzeichnis der normierten Verfassernamen *n*

listar *v* [Bib] / auflisten *v*

listas cronológicas de documentos *pl* [Arch] / Regesten *pl*

listón de tope *m* [Sh] / Anschlagleiste *f*

listones con ranuras *pl* (en los laterales de una estantería) [Sh] / Schlitzleisten *pl*
listo para el tiraje *adj* [Prt] / druckfertig *adj*
listo para encuadernar *adj* [Bind] / bindereif *adj*
listo para impresión *adj* [Prt] / druckfertig *adj*
listo para imprimir *m* [Prt] / druckreif *adj*
lit. *abbr s. litografía*
literatura *f* [Bk] / Schrifttum *n*
- **clandestina** *f* [Bk] / Untergrundliteratur *f*
- **de difícil adquisición** *f* [Acq] / schwerbeschaffbare Literatur *f*
- **de imaginación** *f* [Bk] / Belletristik *f*
- **del exilio** *f* [Bk] / Exilliteratur *f*
- **de viajes** *f* [Bk] / Reiseliteratur *f*
- **en prosa** *f* [Bk] / Prosaliteratur *f*
- **femenina** *f* [Bk] / Frauenliteratur *f*
- **feminista** *f* [Bk] / Frauenliteratur *f*
- **gris** *f* [Bk] / graue Literatur *f* · nichtkonventionelle Literatur *f*
- **infantil** *f* [Bk] / Kinderliteratur *f*
- **infantil y juvenil** *f* [Bk] / Kinder- und Jugendliteratur *f*
- **juvenil** *f* [Bk] / Jugendliteratur *f*
- **menor** *f* [Bk] / Kleinschrifttum *n*
- **narrativa** *f* [Bk] / erzählende Literatur *f*
- **no apta para menores** *f* [Bk] / jugendgefährdende Literatur *f*
- **no convencional** *f* [Bk] / nichtkonventionelle Literatur *f*
- **obscena** *f* [Bk] / obszöne Literatur *f* · Schmutzliteratur *f* ‖ *s.a. pornografía*
- **publicitaria** *f* [Bk] / Werbeschrifttum *n*
- **temática** *f* [Bk] / Sachliteratur *f*

litografía *f* [Art; Prt] / Litho *n* · Steindruck *m*
- **a colores** *f* [ARt] / Farblithographie *f*
- **en colores** *f* [Art; Bk] / Chromolithographie *f*
- **indirecta** *f* [Prt] / indirekter Steindruck *m*

littera rotunda [Writ] / Rotunda *f*
llamada *f* [Comm] / Anruf *m*
- **de nota** *f* [Prt] / Anmerkungszeichen *n*
- **de referencia** *f* [Cat] / Verweisungsvermerk *m*
- **de terminales** *f* [Comm] / Sendeaufruf *m*
- **directa** *f* [Comm] / Direktruf *m*
- **entrante** *f* [Comm] / ankommender Ruf *m*
- **selectiva** *f* [Comm] / Empfangsaufruf *m*
- **telefónica de larga distancia** *f* [Comm] / Ferngespräch *n*

llamar *v* (un subprograma) [EDP] / aufrufen *v*
llave *f* (de clasificación) [Writ; Prt] / geschweifte Klammer *f*
- **sinóptica** *f* (signo ó) [Writ; Prt] / geschweifte Klammer *f* ‖ *s.a. corchetes; paréntesis*

localizador *m* [InfSy; Retr] / Lokalisator *m*
lógica de Boole *f* [Retr] / Boole'sche Logik *f*
lógica de búsqueda *f* [Retr] / Suchlogik *f*
lógica de menús *f* [EDP] / Menütechnik *f*
lógica de predicados *f* [InfSc] / Prädikatenlogik *f*
logotipo *m* [PR] / Logo *n* · Logotype *f* · Namenszug *m* · Signet *n* ‖ *s.a. anagrama de biblioteca*
- **editorial** *m* [Bk; PR] / Verlagssignet *n*

lomera *f* [Bind] / Rückeneinlage *f* · Rückenverstärkung *f*
lomo *m* [Bind] / Buchrücken *m* · Rücken *m*
- **articulado** (anotación en un catálogo de anticuario) [Bind] / aus dem Einband
- **con grecado** *m* [Bind] / eingesägter Rücken *m*
- **con resorte** *m* [Bind] / Sprungrücken *m*
- **de charnela abierta** *m* [Bk] / gebrochener Rücken *m*
- **de charnela francesa** *m* [Bk] / gebrochener Rücken *m*
- **destacado** *m* [Bind] / gebrochener Rücken *m* · hohler Rücken *m*
- **de tela** *m* [Bind] / Geweberücken *m*
- **de tela** *m* [Bind] / Leinenrücken *m*
- **en comisura** *m* [Bind] / hohler Rücken *m* · gebrochener Rücken *m*
- **fijo** *m* [Bind] / fester Rücken *m*
- **hueco** *m* [Bind] / hohler Rücken *m*
- **liso** *m* [Bind] / glatter Rücken *m* · flacher Rücken *m*
- **liso** *m* [Bind] / gerader Rücken *m*
- **lleno** *m* [Bind] / fester Rücken *m*
- **plano** *m* [Bind] / flacher Rücken *m* · glatter Rücken *m* · gerader Rücken *m*
- **redondeado** *m* [Bind] / runder Rücken *m*
- **roto** *m* [Bind] / gebrochener Rücken *m*
- **suelto** *m* [Bind] / hohler Rücken *m* · gebrochener Rücken *m*

longitud de bloque *f* [EDP] / Blocklänge *f*
longitud de campo de datos *f* [EDP] / Datenfeldlänge *f* · Feldlänge *f*
longitud de carácter *f* [EDP/VDU] / Zeichenbreite *f*
longitud de indicador *f* [EDP] / Indikatorlänge *f*

longitud de registro *f* [EDP] / Satzlänge *f*
longitud de zona *f* [EDP] / Feldlänge *f*
longitud geográfica *f* [Cart] / geographische Länge *f*
losange *m* [Bind] / Raute *f* ‖ *s.a. rombo*
lote de discos *m* [EDP] / Plattenstapel *m* ‖ *s.a. pila de discos*
L rom. *abbr s. letra romana*
lucernario *m* [BdEq] / Dachgaube *f*
lucha antiparasitaria *f* [Pres] / Schädlingsbekämpfung *f*
lugar de colocación del rótulo *m* [OrgM] / Beschriftungs- und Beschilderungsstelle *f*
lugar de conservación *m* [Stock] / Aufbewahrungsstelle *f* · Aufbewahrungsort *m*
lugar de distribución *m* [Bk] / Vertriebsort *m*
lugar de fabricación *m* (como parte de una descripción bibliográfica) [Cat] / Herstellungsort *m*
lugar de impresión *m* [Prt; Cat] / Druckort *m*
lugar de la conferencia *m* / Tagungsort *m*
lugar del título *m* (principal fuente de información de descripción bibliográfica de documentos no librarios, equivalente a la portada de un libro) [NBM] / Titelstelle *f*
lugar de publicación *m* [Bk] / Erscheinungsort *m* · Verlagsort *m*
lugar de trabajo *m* [BdEq] / Arbeitsplatz *m*
lugar de trabajo individual *m* (aislado) [BdEq] / Einzelarbeitsplatz *m*
lugar de trabajo para usuarios *m* [BdEq] / Benutzerarbeitsplatz *m*
luminografía *f* [Repr] / Reflexkopierverfahren *n*
lupa de lectura *f* [Bk; Repr] / Leselupe *f*
lustrar *v* [Bind] / glätten *v* ‖ *s.a. piel lustrada*
luz cenital *f* [BdEq] / Oberlicht *n*
luz difusa *f* [Repr] / Streulicht *n*
luz incidente *f* [Repr] / Auflicht *n*
luz parásita *f* [Repr] / Streulicht *n*

M

macroinstrucción *f* [EDP] / **Makrobefehl** *m*
macrollamada *f* [EDP] / **Makroaufruf** *m*
macrotesauro *m* [Ind] / **Dachthesaurus** *m*
maculatura *f* [Pp] / **Altpapier** *n* · Makulatur *f*
maestro *m* (microforma) [Repr] / **Vorlage** *f*
maestro de escritura *m* [Writ] / Schreibmeister *m*
magistratura del trabajo *f* [Law] / Arbeitsgericht *n* ‖ *s.a. tribunal de trabajo; tribunal laboral*
magnetófono *m* [NBM] / **Tonbandgerät** *n*
magnetoscopio *m* [NBM] / **Videorecorder** *m*
majadero *m* [Pp] / **Stampfe** *f*
mal cortado *pp* [Bind] / **verschnitten** *pp*
mal cosido *pp* [Bind] / **verheftet** *pp*
mal desvirado *pp* [Bind] / **verschnitten** *pp*
mal encuadernado *pp* [Bind] / **verheftet** *pp*
mal refilado *m* [Bind] / **verschnitten** *pp*
mancha *f* [Prt] / Satzspiegel *m* ‖ *s.a. caja de justificación*
– **de agua** *f* [Pres] / Wasserfleck *m* ‖ *s.a. mancha de moho*
– **de herrumbre** *f* [Pres] / Rostfleck *m*
– **de humedad** *f* [Pres] / Wasserfleck *m*
– **de moho** *f* [Pres] / Schimmelfleck *m* ‖ *s.a. mancha de agua*
– **de orín** *f* [Pres] / Rostfleck *m*
– **de tinta** *f* [Pres] / Tintenfleck *m*
–**s de moho** *pl* [Bk] / Stockflecken *pl*
–**s pardas** *pl* [Bk] / Bräunungen *pl*
manchado *adj* [Bk] / **fleckig** *adj* · beschmutzt *pp*
– **de agua** *adj* [Pres] / **wasserfleckig** *adj*
– **de amarillo** *adj* [Bk] / **gelbfleckig** *adj*
– **de cola** *adj* [Bk] / **leimfleckig** *adj*
– **de dedos** *adj* [Bk] / **fingerfleckig** *pp*
– **de grasa** *adj* [Pres] / **fettfleckig** *adj*
– **de herrumbre** *adj* [Bind] / **rostfleckig** *adj*
– **de humedad** *adj* [Bk] / **feuchtfleckig** *adj* · **stockfleckig** *adj*
mandato *m* [EDP] / **Kommando** *n* · Befehl *m*
mando a distancia *m* [Comm] / **Fernsteuerung** *f*
mando a distancia para diapositivas *m* [NBM] / Diasteuergerät *n*
manecilla *f* (símbolo impreso en forma de mano con el dedo índice extendido) [Prt] / Handzeichen *n*
manguito de enchufe *m* [BdEq] / Ausgangsbuchse *f*
manía de leer *f* [Bk] / **Lesewut** *f*
manoseado *pp* [Bk] / **abgegriffen** *pp*
mantenimiento 1 *m* (de bienes bibliotecarios) [Pres] / **Erhaltung** *f* ‖ *s.a. conservación 1*
– 2 *f* [BdEq] / **Wartung** *f* · **Instandhaltung** *f*
– **de depósito** *m* [Stock] / Magazinverwaltung *f*
– **de ficheros** *m* [EDP] / **Dateipflege** *f*

- **de fondos bibliotecarios** *m* [Stock] / Magazinverwaltung *f*
- **del catálogo** *m* [Cat] / Katalogpflege *f* · Katalogverwaltung *f*
- **del edificio** *m* [BdEq] / Gebäudeunterhaltung *f* · Gebäudeverwaltung *f*
- **del libro** *m* [Bk] / Buchpflege *f*
- **de los fondos** *m* [Stock] / Bestandspflege *f*
- **del programa** *m* [EDP] / Programmpflege *f*
- **del programa** *f* [EDP] / Programmwartung *f*

manual *m* [Bk] / Abriß *m* · Handbuch *n* · Leitfaden *m*
- **de caligrafía** *m* [Bk; Writ] / Schreibmeisterbuch *n*
- **de enseñanza de lenguas** *f* [Bk] / Sprachführer *m*
- **de escritura** *m* [Bk; Writ] / Schreibmeisterbuch *n*
- **de normativa laboral** *m* [OrgM] / Arbeitsrichtlinien *pl*
- **de trabajos caseros** *m* [Bk] / Heimwerkerbuch *n*
- **de uso** *m* [EDP] / Benutzerhandbuch *n*
- **escolar** *m* [Bk] / Schulbuch *n*
- **práctico de trabajo** *m* [Bk] / Buch für die praktische Arbeit am Arbeitsplatz *n*
- **universitario** *m* [Bk] / Hochschullehrbuch

manuscrito 1 *m* (especialmente, un códice prima del tiempo de la invención de la imprenta.) [Bk] / Handschrift *f*
- 2 *m* (texto escrito a mano) [Writ; Bk] / Handschrift *f*
- 3 *m* (original para composición) [Prt] / Satzvorlage *f* · Manuskript *n* ‖ *s.a. impreso conforme al manuscrito*
- **autógrafo** *m* [Writ; Arch] / eigenhändig geschriebener Text *m*
- **colectivo** *m* [Bk] / Sammelhandschrift *f*
- **de música** *m* [Mus] / Notenhandschrift *f*
- **fotografiable** *m* [Prt] / kamerafähiges Manuskript *n*
- **iluminado** *m* [Art; Bk] / illuminierte Handschrift *f*
- **miniado** *m* [Art; Bk] / illuminierte Handschrift *f*
- **moderno** *m* [Writ] / neuzeitliche Handschrift *f*

mapa *m* [Cart] / Karte *f* ‖ *s.a. carta*
- **adyacente** *m* [Cart] / Anschlußblatt *n* · Anschlußkarte *f*
- **a margen perdido** *m* [Cart] / Kartenanschnitt *m*
- **auxiliar** *m* [Cart] / Nebenkarte *f* ‖ *s.a. mapa pequeño al margen*
- **auxiliar adyacente** *m* [Cart] / anschließende Nebenkarte *f*
- **batimétrico** *m* [Cart] / Tiefenkarte *f* · bathymetrische Karte *f*
- **catastral** *m* [Cart] / Flurkarte *f*
- **corográfico** *m* [Cart] / Übersichtskarte *f* *DDR* · chorographische Karte *f*
- **coroplético** *m* [Cart] / Choroplethenkarte *f*
- **de coropletas** *m* [Cart] / Gebietsstufenkarte *f*
- **de curvas de nivel** *m* [Cart] / Höhenlinienkarte *f*
- **de ipsohipsas** *m* [Cart] / Höhenlinienkarte *f*
- **de isolíneas** *m* [Cart] / Isolinienkarte *f*
- **de isopletas** *m* [Cart] / Isoplethenkarte *f* · Isolinienkarte *f*
- **de organización territorial** *m* [Cart] / Gebietslagekarte *f*
- **de situación** *f* [Cart] / Gebietslagekarte *f*
- **de vientos** *m* [Cart] / Windstrahlenkarte *f*
- **diagramático** *m* [Cart] / Diagrammkarte *f*
- **en blanco** *m* [Cart] / Leerkarte *f*
- **en relieve** *m* [Cart] / Reliefkarte *f* · Geländemodell *n*
- **estereoscópico** *m* [Cart] / Raumbildkarte *f*
- **fotográfico** *m* [Cart] / Bildplan *m*
- **geográfico general** *m* [Cart] / allgemeingeographische Karte *f DDR*
- **hidrográfico** *m* [Cart] / hydrographische Karte *f*
- **ilustrado** *m* [Cart] / Bilderkarte *f*
- **manuscrito** *m* [Cart] / handschriftliche Karte *f*
- **morfométrico** *m* [Cart] / morphometrische Karte *f*
- **mural** *m* [Cart] / Wandregal(e) *n(pl)*
- **pequeño al margen** *m* [Cart] / Beikarte *f*
- **pictórico** *m* [Cart] / Bildkarte *f*
- **pictórico del relieve** *m* [Cart] / Vogelschaukarte *f*
- **piloto** *m* [Cart] / Kartenmuster *n*
- **planimétrico** *m* [Cart] / Grundrißkarte *f*
- **plegable** *m* [Cart] / Faltkarte *f*
- **portulano** *m* [Cart] / Portulankarte *f* · Portolankarte *f*
- **principal** *m* [Cart] / Hauptkarte *f*

– **punteado** *m* [Cart] / Punktstreuungskarte *f*
– **realizado por ordenador** *m* [Cart] / Computerkarte *f*
– **temático** *m* [Cart] / thematische Karte *f*
– **territorial** *m* [Cart] / Arealkarte *f*
– **topográfico** *m* [Cart] / topographische Karte *f*
maqueta *f* [Cart] / Modell *n* · Reliefmodell *n*
– **de composición** *f* [Prt] / Layout *n*
– **de cubiertas** *f* [Bind] / Mustereinband *m*
– **de encajado** *f* [Bind] / Mustereinband *m*
– **de encuadernación** *f* [Bind] / Mustereinband *m* ‖ *s.a. dumio; libro maqueta*
– **de libro** *f* [Bk] / Blindband *m*
– **de páginas encoladas** *f* [Prt] / Klebeumbruch *m*
máquina *f* [Gen] / Maschine *f*
– **abridora de cartas** *f* [off] / Brieföffnungsmaschine *f*
– **canteadora** *f* [Bind] / Kanteneinschlagmaschine *f*
– **componedora con teclado** *f* [Prt] / Schreibsetzmaschine *f*
– **cortadora** *f* [Bind] / Beschneidemaschine *f* · Schneidemaschine *f* ‖ *s.a. guillotina*
– **de alzado de pliegos** *f* [Bind] / Zusammentragmaschine *f*
– **de atar** *f* [Comm] / Verschnürungsmaschine *f*
– **de cambio de monedas** *f* [BdEq] / Geldwechselgerät *n*
– **de chiflar** *f* [Bind] / Schärfmaschine *f*
– **de cintas perforadas** *f* [PuC] / Lochstreifenschreibmaschine *f*
– **de componer** *f* [Prt] / Setzmaschine *f*
– **de composición mecanotípica** *f* [Prt] / Schreibsetzmaschine *f*
– **de dictar** *f* [Off] / Diktiergerät *n*
– **de encajar** *f* [Bind] / Einhängemaschine *f*
– **de enfundar** *f* [Off] / Kuvertiermaschine *f*
– **de entapar** *f* [Bind] / Buchdeckenmaschine *f* · Einhängemaschine *f*
– **de escribir** *f* [BdEq] / Schreibmaschine *f*
– **de escribir con memoria** *f* [Off] / Speicherschreibmaschine *f*
– **de escribir con pantalla** *f* [BdEq] / Display-Schreibmaschine *f*
– **de escribir de consola** *f* [EDP] / Bedienungsblattschreiber *m*
– **de escribir de pupitre** *f* [EDP] / Bedienungsblattschreiber *m*
– **de etiquetado** *f* [TS] / Etikettiermaschine *f*
– **de fotocomposición** *f* [Prt] / Lichtsetzmaschine *f*
– **de franquear** *f* [Comm] / Freistempelmaschine *f* · Frankiermaschine *f*
– **de fundir y componer tipos sueltos** *f* [Prt] / Einzelbuchstaben-Setz- und -Gießmaschine *f*
– **de imprimir** *f* [Prt] / Druckmaschine *f*
– **de insertar** *f* [Off] / Kuvertiermaschine *f*
– **de numerar** *f* [TS] / Numerierungsapparat *m*
– **de platina** *f* [Prt] / Tiegeldruckpresse *f*
– **de precintar** *f* [Comm] / Verschnürungsmaschine *f*
– **de prensa** *f* [Prt] / Druckmaschine *f*
– **de preparar el correo** *f* [Off] / Postbearbeitungsmaschine *f*
– **de presión plana** *f* [Prt] / Tiegelpresse *f*
– **de recortar** *f* [Bind] / Beschneidemaschine *f*
– **de revelado** *f* [Repr] / Entwicklungsmaschine *f*
– **de rotulación** *f* [TS] / Etikettiermaschine *f*
– **de tratamiento de datos** *f* [EDP] / Datenverarbeitungsanlage *f*
– **encuadernadora** *f* [Bind] / Heftmaschine *f*
– **offset** *f* [Prt] / Offset(druck)maschine *f*
– **offset de bobinas** *f* [Prt] / Rollenoffsetmaschine *f*
– **offset de bobinas de cuatro colores** *f* [Prt] / Vierfarben-Rollenoffsetmaschine *f*
– **offset de pliegos de cuatro colores** *f* [Prt] / Vierfarben-Bogenoffsetmaschine *f*
– **para alzar pliegos** *f* [Bind] / Zusammentragmaschine *f*
– **para cerrar sobres** *f* [Off] / Kuvertiermaschine *f*
– **para el tratamiento de la información** *f* [EDP] / Datenprozessor *m*
– **perforadora** *f* [PuC] / Lochkartenmaschine *f*
– **plegadora de cartas** *f* [Off] / Brieffalzmaschine *f*
– **plegadora de pliegos** *f* [Bind] / Bogenfalzmaschine *f*
– **que actúa como base de datos** *f* [EDP] / Datenbankmaschine *f*
– **rotuladora** *f* (de direcciones) [Prt] / Adressiermaschine *f*

– **tabuladora** *f* [PuC] / Tabelliermaschine *f*
marbete de donante *m* [Bk] / Donatoren-Exlibris *n*
marca *f* [Gen]
– **característica** *f* [BgAcc] / Währungszeichen *n* ‖ *s.a. señal distintiva*
– **circular** *f* (en un manuscrito medieval) [Writ] / Zirkelstich *m*
– **de agua** *f* [Pp] / Wasserzeichen *n* (del papel)
– **de banda** *f* [EDP] / Bandabschnittsmarke *f*
– **de cinta** *f* [EDP] / Abschnittsmarke *f*
– **de colación** *f* [Prt; Bind] / Flattermarke *f*
– **de corrección** *f* [Prt] / Korrekturzeichen *n*
– **de corte** *f* [Repr] / Schneidemarke *f*
– **de descripción** *f* [Cat] / Deskriptionszeichen *n*
– **de fábrica** *f* [Law] / Warenzeichen *n*
– **de final** *f* [EDP] / Endemarke *f*
– **de fin de cinta** *f* [EDP] / Bandendemarke *f*
– **de fin de zona** *f* [EDP] / Feldmarke *f*
– **de imagen** *f* [Repr; Retr] / Blip *m* · Bildmarke *f* ‖ *s.a. marca de recuperación*
– **de imprenta** *f* [Prt] / Druckermarke *f* · Buchdruckerzeichen *n*
– **de imprenta** *f* [Bk; PR] / Signet *n*
– **de impresor** *f* [Prt] / Druckerzeichen *n*
– **del corrector** *f* [Prt] / Korrekturzeichen *n*
– **del editor** *f* [Bk] / Verlagssignet *n*
– **del editor** *f* [Bk] / Verlegerzeichen *n*
– **del grabador** *f* [Bind] / Wiegenfußstempel *m*
– **de libro** *f* (como parte de una signatura sistemática) [Sh] / Individualanhänger *m*
– **del impresor** *m* [Bk; PR] / Signet *n*
– **del lomo** *f* [Prt; Bind] / Flattermarke *f*
– **de principio de cinta** *f* [EDP] / Bandanfangsmarke *f*
– **de propietario** *f* [Bk] / Bucheignerzeichen *n*
– **de recuento** *m* [InfSc] / Zählstrich *m*
– **de recuperación** *f* [Retr] / Suchzeichen *n* · Suchmarkierung *f* ‖ *s.a. marca de imagen*
– **de registro** *f* [Repr] / Satzmarke *f* · Paßkreuz *n*
– **registrada** *f* [Law] / Warenzeichen *n*
–**s a lápiz** *pl* [Bk] / Bleistiftanstriche *pl*
–**s de propiedad** *pl* [Bk] / Eigentumsvermerke *pl*
– **tipográfica** *f* [Bk] / Druckermarke *f* · Signet *n*
– **topográfica** *f* [Sh] / Signatur *f*
marcador de tiempo *m* [EDP] / Zeitgeber *m*
marcador manual *m* (en un aparato de grabación) [Repr] / Handanleger *m*
marcar 1 *v* [Prt] / auszeichnen *v*
– 2 *v* [Writ; Bk] / beschildern *v*
– 3 *v* [EDP] / kennzeichnen *v* · markieren *v*
– 4 *v* [TS] / signieren *v*
marco de la diapositiva *m* [NBM] / Dia-Rähmchen *n*
marco de la encuesta *m* [InfSc] / Erhebungsgrundlage *f*
marco del estudio *m* [InfSc] / Erhebungsrahmen *m* · Erhebungsgrundlage *f*
marco del mapa *m* [Cart] / Kartenrahmen *m*
marco ornamental *m* [Bk] / Zierrahmen *m* · Zierrand *m*
margarita de caracteres *f* [EDP; Prt] / Typenrad *n*
margen *m* [Gen] / Rand *m*
– **de bastidor** *m* (del papel de tina) [Pp] / Büttenrand *m*
– **de cabeza** *m* [Prt] / Kopfsteg *m*
– **de corte** *m* [Prt] / Außensteg *m*
– **del mapa** *m* [Cart] / Kartenrand *m*
– **de lomo** *m* [Prt] / Bundsteg *m*
– **de página** *m* [Prt] / Steg *m*
– **de pie** *m* [Bind] / Fußsteg *m* · Schwanz *m*
– **de separación** *m* (parte de una camisa de microfilm) [Repr] / Steg *m*
– **entre fotogramas** *m* [Repr] / Bildsteg *m*
–**es** *f* (en una microforma) [Repr] / Bildbegrenzung *f*
–**es de la hoja cartográfica** *pl* [Cart] / Blattrand *m* ‖ *s.a. margen del mapa*
– **inferior** *m* [Prt] / Fußsteg *m*
– **interior** *m* [Bind; Prt] / Bund *m* · Bundsteg *m*
– **perforado** *f* (de una película o microforma plana) [Repr] / Eckenkerbe *f*
– **superior** *m* [Prt] / Kopfsteg *m*
marginalia *f* [Bk] / Marginalie *f*
marmosete *m* [Bk] / Schlußvignette *f*
marroquí *m* [Bind] / Maroquin *n* · Nigerleder *n* ‖ *s.a. cabritilla; tafilete*
máscara de pantalla *f* [InfSy; EDP/VD; Repr] / Bildschirmmaske *f* · Bildschirmmaske *f*
matasellos *m* [Comm] / Poststempel *m* *US*
materia *f* [Class] / Sachgebiet *n*

– **científica** *f* (clase principal de una sistemática) [Class] / Wissenschaftsfach *n*
– **de escritura** *f* [Writ] / Schreibstoff *m*
– **esencial** *f* [Ed] / Schwerpunktbereich *m*
material *m* [Gen]
– **a imprimir** *m* [Prt] / Bedruckstoff *m*
– **archivado** *m* [Arch] / Archivalien *pl*
– **audiovisual** *m* [NBM] / AV-Materialien *pl* · audiovisuelle Materialien *pl*
– **cartográfico** *m* [Cart] / kartographisches Material *n*
– **complementario** *m* [Cat] / Begleitmaterial *n*
– **de aislamiento acústico** *m* [BdEq] / schalldämmendes Material *n*
– **de archivo** *m* [Arch] / Archivmaterial *n*
– **de blancos** *m* [Prt] / Blindmaterial *n*
– **de consumo** *m* [Off] / Verbrauchsmaterialien *pl*
– **de coro** *m* [Mus] / Chormaterial *n*
– **de decoración** *m* [OrgM] / Dekorationsmaterial *n*
– **de enseñanza de idiomas** *m* [Ed] / Sprachlehrmittel *pl*
– **de escribir** *m* [Writ] / Beschreibstoff *m*
– **de mucho uso** *m* [Stock] / vielbenutztes Material *n*
– **de orquesta** *m* [Mus] / Orchestermaterial *n*
– **de poco uso** *m* [Stock] / wenig benutztes Material *n*
– **de PVC para encuadernación** *m* [Bind] / PVC-Überzugmaterial *n*
– **de revestimiento** *m* [Bind] / Überzugsmaterial *n*
– **de soporte** *m* [Repr] / Unterlage *f*
– **didáctico** *m* [Ed; Bk; NBM] / Unterrichtsmaterialien *pl*
– **efímero** *m* [Bk] / ephemeres Material *n*
–**es de consumo** *pl* / Verbrauchsmaterialien *pl*
–**es de prueba** *pl* [NBM] / Testmaterialien *pl*
– **fuera de préstamo** *m* [RS] / nichtverleihbares Material *n*
– **insonorizante** *m* [BdEq] / schalldämmendes Material *n* (aislante)
– **no librario** *m* [NBM] / Nicht-Buch-Materialien *pl*
– **para autodidactas** *m* [Bk] / Materialien zum Selbststudium *pl*
– **para forrar** *f* [Bind] / Überzugsmaterial *n*
– **para gofrar** *f* [Bind] / Prägematerial *n*
– **pedagógico** *m* [Ed; Bk; NBM] / Lehrmaterialien *pl*
– **perecedero** *m* [Bk] / ephemeres Material *n*
– **poco utilizado** *m* [Stock] / wenig benutztes Material *n*
– **publicitario** *m* [PR] / Werbemittel *n/pl*
– **sólo de consulta** *m* [Stock] / nichtverleihbare Materialien *pl* ‖ *s.a. colección de consulta*
matrícula *f* [Ed] / Immatrikulation *f*
–**ción** *f* [Ed] / Immatrikulation *f*
– **de cinta** *f* [EDP] / Bandnummer *f*
– **de fichero** *f* [EDP] / Dateikennzeichen *n*
– **de grupo de ficheros** *f* [EDP] / Dateimengenkennzeichnung *f*
– **de la etiqueta** *f* [EDP] / Kennsatznummer *f*
matricular *v* [Ed] / immatrikulieren *v*
matriz *f* [Repr] / Matrize *f* · Schablone *f* ‖ *s.a. matriz encerada*
– **de clasificación** *f* [Class] / klassifikatorische Reihe *f*
– **encerada** *f* [Repr] / Wachsmatrize *f* · Wachsschablone *f* ‖ *s.a. mimeógrafo*
– **tipográfica** *f* [Prt] / Gießinstrument *n*
mayorista *m* [Bk] / Großhändler *m* ‖ *s.a. librero mayorista*
mazo de redondeo *m* [Bind] / Rundeholz *n*
mecanismo de arrastre de película *m* [Repr] / Filmtransport *m*
mecanismo de conmutación *m* [EDP] / Schaltwerk *n*
mecanismo entintador *m* [Prt] / Farbwerk *n*
mecanismo humedecedor *m* (en una impresora offset) [Prt] / Feuchtwerk *n*
mecanismo impresor offset *m* [Prt] / Druckwerk *n*
mecanismo sumador *m* [BdEq] / Addierwerk *n*
mecanografiado *adj* [Off] / maschinenschriftlich *adj*
mecanógrafo *m* [Staff] / Schreibkraft *f*
mecanógrafo de datos *m* [Staff] / Datentypist *m*
mediacaña *f* (corte delantero acanalado) [Bind] / Vorderschnitt *m*
media encuadernación *f* [Bind] / Halbband *m*
media encuadernación en piel *f* [Bind] / Halblederband *m*
medianil *m* [Prt] / Bundsteg *m*
medias tintas *pl* [Repr] / Halbton *m*
media tela *f* [Bind] / Halbleinen *n* · Halbleinwand

mediatinta *f* [Art] / Schabkunst *f*
medición *f* [Gen] / ermessen *n*
medición de actitudes *f* [InfSc] / Einstellungsmessung *f*
medición de resultados *f* [OrgM] / Leistungsmessung *f*
medidas ahorrativas *pl* [BgAcc] / Sparmaßnahmen *pl*
medio *m* [InfSy] / Medium *n* ‖ *s.a. portador de información*
medio auxiliar de lectura *m* [BdEq] / Lesehilfe *f*
medio de información *m* [Bib; Retr] / Informationsmittel *n*
mediografía *f* [Bib; NBM] / Mediographie *f*
medios audiovisuales *pl* [NBM] / audiovisuelle Medien *pl* · audiovisuelle Materialien *pl* · AV-Medien *pl*
medios de comunicación de masas *pl* [Comm] / Massenmedien *pl*
medios económicos *pl* [BgAcc] / Mittel *pl* ‖ *s.a. fondos económicos*
medioteca *f* [NBM] / Mediothek *f*
medio tono *m* [Repr] / Halbton *m* · Rasterbild *n*
mejora de la calidad *f* [OrgM] / Qualitätsverbesserung *f*
MEM *abbr s. memoria muerta*
membrete *m* [Off] / Briefkopf *m*
memento *m* [Bk] / Kompendium *n*
memorándum *m* [Bk] / Memorandum *n*
memoria 1 *f* (para obtener un grado académico, por ej., memoria de licenciatura, memoria profesoral, etc.) [Bk] / Arbeit *f*
– 2 *f* [EDP] / Speicher *m*
– **académica** *f* [Bk] / Hochschulschrift *f*
– **adicional** *f* [EDP] / Hintergrundspeicher *m* · Zubringerspeicher *m* ‖ *s.a. memoria secundaria*
– **anual** *f* [Bk] / Geschäftsbericht *m* · Jahresbericht *m*
– **asociativa** *f* [EDP] / inhaltsadressierbarer Speicher *m* · Assoziativspeicher *m*
– **auxiliar** *f* [EDP] / Hintergrundspeicher *m* · Ergänzungsspeicher *m* · Sekundärspeicher *m* · Zubringerspeicher *m* ‖ *s.a. memoria adicional; memoria secundaria*
– **borrable** *f* [EDP] / löschbarer Speicher *m*
– **central** *f* [EDP] / Hauptspeicher *m* · Arbeitsspeicher *m* · Großspeicher *m* · Zentralspeicher *m* ‖ *s.a. memoria masiva*
– **con acceso en serie** *f* [EDP] / Speicher mit seriellem Zugriff *n*
– **con acceso secuencial** *f* [EDP] / Speicher mit seriellem Zugriff *n*
– **con acceso secuencial indexado** *f* [EDP] / Speicher mit indexsequentiellem Zugriff *m*
– **de acceso al azar** *f* [EDP] / Random-Speicher *m* · Direktzugriffsspeicher *m*
– **de acceso directo** *f* [EDP] / Speicher mit wahlfreiem Zugriff *m* · Direktzugriffsspeicher *m*
– **de acceso rápido** *f* [EDP] / Schnell(zugriffs)speicher *m*
– **de acceso serial** *f* [EDP] / Speicher mit seriellem Zugriff *n*
– **de burbuja magnética** *f* [EDP] / Magnetblasenspeicher *m*
– **de burbujas** *f* [EDP] / Blasenspeicher *m*
– **de capa fina** *f* [EDP] / Dünnschichtspeicher *m*
– **de cinta magnética** *f* [EDP] / Magnetbandspeicher *m*
– **de condensadores** *f* [EDP] / kapazitiver Speicher *m* · Kondensatorspeicher *m*
– **de contenido direccionable** *f* [EDP] / inhaltsadressierbarer Speicher *m* · Assoziativspeicher *m*
– **de control** *f* [EDP] / Kontrollspeicher *m* · Steuerspeicher *m*
– **de dirección** *f* [EDP] / Adreßspeicher *m*
– **de disco** *f* [EDP] / Plattenspeicher *m*
– **de disco duro** *f* [EDP] / Festplattenspeicher *m* ‖ *s.a. disco magnético; pila de discos*
– **de discos** *f* [EDP] / Magnetplattenspeicher *m*
– **de fichas magnéticas** *f* [EDP] / Magnetkartenspeicher *m*
– **de gran capacidad** *f* [EDP] / Massenspeicher *m*
– **de habilitación profesoral** *f* [Bk] / Habilitationsschrift *f*
– **de información** *f* [InfSy] / Informationsspeicher *m*
– **de lectura-escritura** *f* [EDP] / Schreib-Lese-Speicher *m s. memoria viva;* ‖ *s.a. memoria RAM remanente*
– **de licenciatura** *f* [Bk] / Magisterarbeit *f* · Diplomarbeit *f*
– **de núcleo magnético** *f* [EDP] / Magnetkernspeicher *m*
– **de núcleos magnéticos** *f* [EDP] / Kernspeicher *m*
– **de patente** *f* [Bk] / Patentschrift *f*

– **de selección matricial** *f* [EDP] / Matrixspeicher *m*
– **de semiconductores** *f* [EDP] / Halbleiterspeicher *m*
– **de sólo lectura** *f* [EDP] / Festwertspeicher *m*
– **de tambor** *f* [EDP] / Trommelspeicher *m*
– **de tambor magnético** *f* [EDP] / Magnettrommelspeicher *m*
– **de toros** *f* [EDP] / Kernspeicher *m*
– **de totales** *f* [EDP] / Summenspeicher *m*
– **de trabajo** *f* [EDP] / Arbeitsspeicher *m*
– **de trabajo** *f* [EDP] / Notizblockspeicher *m*
– **dinámica (de escritura/lectura)** *f* [EDP] / dynamischer (Schreib-/Lese-)Speicher *m*
– **en cinta magnética** *f* [EDP] / Bandspeicher *m*
– **en columna** *f* [EDP] / Kellerspeicher *m*
– **en pila** *f* [EDP] / Kellerspeicher *m*
– **estática (de lectura/escritura)** *f* [EDP] / statischer (Schreib-/Lese-)Speicher *m*
– **externa** *f* [EDP] / externer Speicher *m* · peripherer Speicher *m*
– **fija** *f* [EDP] / Festspeicher *m* · Festwertspeicher *m*
– **holográfica** *f* [EDP] / holografischer Speicher *m*
– **inalterable** *f* [EDP] / Festwertspeicher *m*
– **indeleble** *f* [EDP] / Festwertspeicher *m*
– **inestable** *f* [EDP] / flüchtiger Speicher *m*
– **intermedia** *f* [EDP] / Zwischenspeicher *m* · Puffer(speicher) *m(m)*
– **intermedia de entrada** *f* [EDP] / Eingabepuffer *m*
– **interna** *f* [EDP] / Arbeitsspeicher *m* · Zentralspeicher *m*
– **interna** *f* [EDP] / Internspeicher *m* ‖ *s.a. memoria central; memoria de trabajo; memoria principal*
–**l** *m* [Bk] / Denkschrift *f*
– **magnética de película delgada** *f* [EDP] / Dünnschichtspeicher *m*
– **masiva** *m* [EDP] / Massenspeicher *m* *s. memoria de gran capacidad;* ‖ *s.a. memoria central*
– **muerta** *f* [EDP] / Festwertspeicher *m*
– **no permanente** *f* [EDP] / energieabhängiger Speicher *m*
– **no volátil** *f* [EDP] / nichtflüchtiger Speicher *m*
– **organizada por palabras** *f* [EDP] / wortorganisierter Speicher *m*
– **periférica** *f* [EDP] / peripherer Speicher *m*
– **permanente** *f* [EDP] / Festwertspeicher *m* · Permanentspeicher *m*
– **primaria** *f* [EDP] / Primärspeicher *m* · Zentralspeicher *m*
– **principal** *f* [EDP] / Zentralspeicher *m* · Hauptspeicher *m*
– **RAM** *f* [EDP] / Random-Speicher *m*
– **RAM remanente** *f* [EDP] / nichtflüchtiger Schreib-Lese-Speicher *m*
– **remanente** *f* [EDP] / nichtflüchtiger Speicher *m*
–**s** *pl* (de una persona) [Bk] / Memoiren *pl*
– **secundaria** *f* [EDP] / Hintergrundspeicher *m* · Zubringerspeicher *m* ‖ *s.a. memoria adicional; memoria auxiliar*
– **sujeta a energía** *f* [EDP] / energieabhängiger Speicher *m*
– **tampón** *f* [EDP] / Puffer(speicher) *m(m)*
– **transitoria** *f* [EDP] / Notizblockspeicher *m*
– **virtual** *f* [EDP] / virtueller Speicher *m*
– **viva** *f* [EDP] / Schreib-Lese-Speicher *m* ‖ *s.a. memoria RAM remanente*
– **volátil** *f* [EDP] / flüchtiger Speicher *m*
memorización *f* [EDP] / Speichern *n* · Speicherung *f*
– **de imágenes** *f* [EDP] / Bildspeicherung *f*
– **intermediaria** *f* [EDP] / SPOOL-Betrieb *m*
memorizar *v* [EDP] / einlesen *v* · eingeben *v*
mención *f* (de serie, de responsabilidad, etc., en una descripción bibliográfica) [Cat] / Angabe *f*
– **de aditamentos** *f* [Cat] / Beigabenvermerk *m*
– **de colación** *f* [Cat] / Kollationsformel *f* · Kollationsvermerk *m*
– **de contenido** *f* [Ind] / Inhaltsangabe *f*
– **de copyright** *f* [Bk] / Copyright-Vermerk *m* · Urheberrechtsvermerk *m*
– **de edición** *f* [Cat] / Ausgabenvermerk *m* · Erscheinungsvermerk *m* · Ausgabebezeichnung *f*
– **de editorial** *f* [Cat] / Verlagsangabe *f*
– **de encabezamiento secundario** *f* [Cat] / Nebeneintragungsvermerk *m* ‖ *s.a. asiento secundario*
– **de existencias** *f* [Cat] / Bestandsangabe *f*
– **de formato** *f* [Cat] / Formatangabe *f*
– **de ilustraciones** *f* [Cat] / Illustrationsangabe *f*
– **de lugar de publicación** *f* (como parte de la mención de edición) [Bk] / Ortsangabe *f*

– **de material complementario** *f* [Cat] / Beigabenvermerk *m* · Angabe von Begleitmaterial *f*
– **de número de ejemplares** *f* [Cat] / Exemplarangabe *f*
– **de orientación del mapa** *f* [Cat] / Orientierungsvermerk
– **de paginación** *f* [Cat] / Umfangsangabe *f*
– **de publicación universitaria** *f* [Cat] / Hochschulschriftenvermerk *m*
– **de responsabilidad** *f* [Cat] / Urheberangabe *f* · Verfasserangabe *f*
– **de serie** *f* [Cat] / Reihenangabe *f* · Serienangabe *f*
– **de título colectivo** *f* [Cat] / Sammlungsvermerk *m* (título colectivo)
– **de título de serie** *f* [Cat] / Gesamttitelangabe *f*
– **de título principal** *f* (en caso de que la obra sea parte dependiente) [Cat] / Fundstelle *f*
– **de traducción** *f* [Cat] / Übersetzungsvermerk *m*
mencionar *v* [Cat; Ind] / vermerken *v* · aufführen *v* · wiedergeben *v*
mensaje *m* [InfSy] / Nachricht *f*
– **de apremio** *m* [EDP] / Eingabeaufforderung *f*
– **de información** *m* [Comm] / Übertragungszeichenfolge *f*
– **de télex** *m* [Comm] / Fernschreiben *n*
mensual *adj* [Gen] / monatlich *adj*
ménsula *f* [BdEq; Sh] / Ausziehplatte *f*
menú *m* [EDP] / Menü *n*
mercado de adquisición *m* [Acq] / Beschaffungsmarkt *m*
mercado de consumo *m* [OrgM] / Absatzmarkt *n*
mercado de libros viejos *m* [Bk] / Antiquariatsmarkt *m*
mercado interior *m* [Acq] / Binnenmarkt *m* (de la Unión Europea)
mercado interior europeo *m* / Europäischer Binnenmarkt *m*
mercado laboral *m* [Staff] / Arbeitsmarkt *m*
mercado librero *m* [Bk] · Buchmarkt *m*
mercado librero al mayor *m* [Bk] / Buchgroßhandlung *f*
mercado librero de segunda mano *m* [Bk] / Antiquariatsbuchhandel *m*
mercancía invendible *m* [Bk] / Ladenhüter *n*
meridiano *m* [Cart] / Meridian *m*
– **cero** *m* [Cart] / Nullmeridian *m*
– **inicial** *m* [Cart] / Nullmeridian *m*
méritos por años de servicio *pl* [Staff] / Dienstalterszulage *f*
mesa con iluminación *f* [NBM] / Leuchttisch *m*
mesa de clasificación *f* [BdEq] / Sortiertisch *m*
mesa de préstamo *f* [BdEq] / Theke *f*
mesa de reuniones *f* [BdEq] / Besprechungstisch *m*
mesa de trabajo *f* [BdEq] / Arbeitstisch *m* ‖ *s.a. banco de trabajo*
mesa para la máquina de escribir *f* [BdEq] / Schreibmaschinentisch *m*
metafórico *adj* [Bk] / figürlich *adj*
metal de imprenta *m* [Prt] / Schriftmetall *n*
meter en caja *v* [Bind] / einhängen *v*
meter en prensa *v* [Bind] / Einpressen *n* · abpressen *v*
meter en tapas *v* [Bind] / einhängen *v*
método de acceso secuencial *m* [EDP] / sequentielle Zugriffsmethode *f*
método de Delfos *m* [InfSy] / Delphi-Methode *f*
método de encuadernación *m* [Bind] / Bindeverfahren *n* · Bindeart *f*
método de fichas perdoradas *m* [PuC] / Lochkartenverfahren *n*
método de tarjetas perforadas *m* [PuC] / Lochkartenverfahren *n*
método de trabajo *m* [OrgM] / Arbeitsmethode *f*
metro lineal *m* [Sh] / laufender Meter *m*
metro lineal de estanterías *m* [Sh] / Regalmeter *m*
MEV *abbr s. memoria viva*
microcartucho *m* (contínuo) [Repr] / Mikrofilmkassette *f*
microcasete *fm* (de doble núcleo) [Repr] / Mikrofilmkassette *f*
microcopia *f* [Repr] / Mikrokopie *f*
microedición *f* [Repr] / Mikropublikation *f*
microficha *f* [Repr] / Mikrofiche *m* · Mikroplanfilm *m* · Blattfilm *m* · Mikrokarte *f* ‖ *s.a. microforma plana*
– **a color** *f* [Repr] / Farbmicrofiche *m*
– **COM** *f* [EDP; Repr] / COM-Fiche *m*
– **de salida de ordenador** *f* [EDP; Repr] / COM-Fiche *m*
– **opaca** *f* [Repr] / Mikrokarte *f*
microfilm *m* [Repr] / Aufnahmefilm *m* · Mikrofilm *m*
– **COM** *m* [EDP; Repr] / (computer-output microfilm:) COM-Film *m*
– **de salida de ordenador** *f* [EDP; Repr] / COM-Film *m*

– **maestro** *m* [Repr] / Kopiervorlage *f*
microfilmación *f* [Repr] / Verfilmung *f*
– **de reserva** *f* [Repr] / Ersatzverfilmung *f*
– **de resguardos** *f* [Repr] / Belegverfilmung *f*
– **de seguridad** *f* [Repr] / Ersatzverfilmung *f*
– **en serie** *f* [Repr] / Durchlaufverfilmung *f*
microfilmar *v* [Repr] / verfilmen *v*
microforma *f* [Repr] / Mikroform *f*
– **para distribución** *f* [Repr] / Arbeitsfilm *m*
– **plana** *f* [Repr] / Mikroplanfilm *m* · Planfilm *m* ‖ *s.a. microficha*
microfotocopia *f* [Repr] / Mikrokopie *f*
micrografía *f* [Repr] / Mikrographie *f*
microimagen *f* [Repr] / Mikrobild *n* · Mikrokopie *f*
microinstrucción *f* [EDP] / Mikrobefehl *m*
microordenador *m* [EDP] / Kleinrechner *m* · Mikrocomputer *m*
micropelícula *f* [Repr] / Mikrofilm *m*
microplaqueta *f* [EDP] / Chip *n*
microprocesador *m* [EDP] / Mikroprozessor *m* · Zentraleinheit *f*
microprograma *m* [EDP] / Mikroprogramm *n*
microproyector *m* [NBM] / Mikroprojektor *m*
micropublicación *f* [Repr] / Mikropublikation *f*
microtarjeta *f* [Repr] / Mikrokarte *f*
microtesauro *m* [Ind] / Mikrothesaurus *m*
microtexto *m* [Repr] / Mikroform (mit Text) *f*
miembro de plantilla *m* [Staff] / Bediensteter *m* · Mitarbeiter *m*
migración de ácidos *f* [Pres] / Säurewanderung *f*
mimeografía *f* [Repr] / Schablonenvervielfältigung
mimeografiado *m* [Repr] / Schablonendruck *m*
mimeografiar *v* (con ayuda de plantillas) [Prt; Repr] / vervielfältigen *v*
mimeógrafo *m* [Repr] / Schablonendrucker *m* ‖ *s.a. matriz encerada*
minerva *f* [Prt] / Tiegel(druck)presse *f*
miniar *v* [Art; Bk] / illuminieren *v*
miniatura *f* [Art; Bk] / Miniatur *f*
miniaturista *m* [Art; Bk] / Illuminator *m*
miniordenador *m* [EDP] / Minirechner *m*
ministerio *m* [OrgM] / Ministerium *n*
– **de cultura** *m* [Adm] / Kultusministerium *n*
ministro *m* [Adm] / Minister *m*
– **de economía** *m* [Adm] / Finanzminister *m*
misal *m* [Bk] / Meßbuch *n* · Missale *n*
miscelánea *f* [Bk] / Miszellen *pl*
mobiliario *m* [BdEq] / Mobiliar *n* · Möblierung *f* ‖ *s.a. equipamiento del interior*
– **bibliotecario** *m* [BdEq] / Bibliotheksmöbel *pl*
– **de oficina** *m* [BdEq] / Büromöbel *pl*
modalidad *f* [Comm]
– **asíncrona compensada** *f* [Comm] / Mischbetrieb *m*
– **compensada asíncrona** *f* [Comm] / gleichberechtigter Spontanbetrieb *m*
– **conversacional** *f* [EDP] / Dialogbetrieb *m*
– **de búsqueda** *f* [Retr] / Suchmodus *m*
– **de desconexión asíncrona** *f* [Comm] / unabhängiger Wartebetrieb *m*
– **de desconexión normal** *f* [Comm] / abhängiger Wartebetrieb *m*
– **de emisión** *f* [Comm] / Sendebetrieb *m*
– **de escritura por páginas** *f* [EDP] / seitenweises Schreiben *n*
– **de evento** *f* [EDP] / Ereignismodus *m*
– **de impresión** *f* [Retr] / Druckmodus *m*
– **de inicialización** *f* [Comm] / Vorbereitungsbetrieb *m*
– **de instrucción** *f* [EDP] / Kommandomodus *m*
– **de introducción** *f* [EDP] / Einfüge-Modus *m* · Einleitungsmodus *m*
– **de lectura por páginas** *f* [EDP] / seitenweises Lesen *n*
– **de llamada selectiva** *f* [EDP] / Aufrufbetrieb *m* · Abrufbetrieb *m*
– **de operación por páginas** *f* [EDP] / seitenweiser Betrieb *m*
– **de prueba** *f* [EDP] / Testmodus *m* · Testbetrieb *m*
– **de recepción** *f* [Comm] / Empfangsbetrieb *m*
– **de respuesta asíncrona** *f* [Comm] / Spontanbetrieb *m*
– **de respuesta normal** *f* [Comm] / Aufforderungsbetrieb *m*
– **de salida** *f* [EDP] / Ausgabemodus *m*
– **desconectada** *f* [Comm] / Wartebetrieb *m* ‖ *s.a. modalidad de desconexión asíncrona; modalidad de desconexión normal*
– **dialogal** *f* [EDP] / Dialogbetrieb *m*
– **dialogal** *f* [EDP] / Dialogverkehr *m*

– **en línea** *f* [EDP] / Online-Betrieb *m*
– **interactiva** *f* [EDP] / Dialogbetrieb *m*
modelo *m* [NBM] / Modell *n* (Nachbildung eines realen Gegenstands)
– **de datos** *m* [EDP] / Datenmodell *n*
– **de gestión** *m* [OrgM] / Führungsstil *m*
– **de referencia OSI** *m* (Open Systems Interconnection) [Comm] / OSI-Referenzmodell *n*
– **de relaciones de datos** *m* [EDP] / Relationenmodell *n*
– **referencial base** *m* [Comm] / Basis-Referenzmodell *n*
– **registrado** *m* [Law] / Gebrauchsmuster *n*
– **relacional de datos** *m* [EDP] / relationales Datenmodell *n*
módem *m* [Comm] / Modem *m/n*
– **telefónico** *m* [Comm] / Datenfernsprecher *m* · Datentelefon *n*
modificador 1 *m* (para diferenciar distintos significados de homógrafos) [Ind] / Modifikator *m* · Qualifikator *m*
modificador 2 *m* (de una entrada de índice) [Bk] / Registerzusatz *m*
modo de empleo *m* [BdEq] / Gebrauchsanweisung *f*
modo de envío *m* [RS] / Versandweg *m*
módulo *m* [BdEq] / Modul *n*
– **de estantería móviles** *m* [Sh] / Fahrregal *n*
– **de programa** *m* [EDP] / Programmbaustein *m*
– **de programación** *m* [EDP] / Programmbaustein *m*
moho *m* [Pres] / Schimmel *m*
mohoso *adj* [Bk] / stockig *adj*
mojar *v* [Bind] / feuchten *v*
molde *m* [Prt] / Gießform *f* · Form *f*
– **de fundición** *m* [Prt] / Gießinstrument *n*
– **de mano** *m* [Pp] / Schöpfform *f*
– **manual** *m* [Prt] / Handgießinstrument *n*
– **tipográfico** *f* [Prt] / Druckform *f*
moldura ornamental *f* [Bk] / Zierleiste *f*
moletear *v* [Bind] / Rändeln *n*
monitor *m* [EDP] / Datensichtgerät *n* · Monitor *m* ‖ *s.a. terminal de pantalla de visualización; unidad de visualización*
– **en color** *m* [EDP/VDU] / Farbmonitor *m* · Farbbildschirm *m*
monocromía *f* [Prt] / Einfarbendruck *m*
monofónico *Adj* [NBM] / monophonisch *adj*
monografía *f* [Bk] / begrenztes Werk *n* · Monographie *f*
– **en un volumen** *f* [Bk] / einbändige Monographie *f*
– **en varios volúmenes** *f* [Bk] / begrenzte mehrbändige Schrift *f* · mehrbändige Monographie *n*
– **seriada** *f* [Cat] / begrenztes Sammelwerk, dessen Beiträge insgesamt eine Einheit bilden
monograma *m* [Gen] / Monogramm *n*
monojerarquía *f* [Ind; Class] / Monohierarchie *f*
monotipia 1 *f* [Prt] / Einzelbuchstaben-Setz- und -Gießmaschine *f*
– 2 *f* [Art] / Monotypie *f*
montacargas *m* [BdEq] / Bücheraufzug *m* (para libros) · Lastenaufzug *m* ‖ *s.a. ascensor*
montador *m* [Repr] / Montiergerät *n*
montaje *m* [Repr] / Montage *f*
– **de bloques** *m* [Prt] / Klischeeherstellung *f*
– **de composición** *m* [Prt] / Satzmontage *f*
– **del texto** *m* [Prt] / Textmontage *f*
– **de páginas** *m* [Repr; Prt] / Seitenmontage *f*
– **encolado** *m* [Prt] / Klebeumbruch *m*
montante *m* [Sh] / Säule *f*
– **central** *m* (en un cuerpo de estanterías) [Sh] / Mittelpfosten *m*
– **de estantería con muescas** *m* [Sh] / Schlitzpfosten *m*
– **de estantería graduable** *m* [Sh] / Schlitzpfosten *m*
– **dentado** *m* [Sh] / Zahnleiste *f* · Schlitzpfosten *m*
–**(s)** *m(pl)* (de una unidad de estanterías) [Sh] / Pfosten *m*
montar *v* [Repr] / montieren *v* · aufziehen *v*
morder *v* [Prt] / ätzen
mostrador *m* [BdEq] / Tresen *m* · Theke *f*
– **de circulación** *m* [RS] / Ausleihtheke *f*
– **de control** *m* [OrgM] / Kontrolltisch *m*
– **de devolución** *m* [RS] / Rückgabeschalter *m*
– **de devoluciones** *m* [RS] / Bücherrückgabe *f*
– **de entrega** *m* [RS] / Rückgabeschalter *m*
– **de información** *m* [OrgM] / Information *f* · Auskunftsplatz *m*
– **de préstamo** *m* [BdEq] / Ausleihtresen *m* · Ausleihtisch *m* · Ausgabestelle *f* · Ausleihtheke *f* · Rückgabeschalter *m* ‖ *s.a. ventanilla de préstamo*
mostrar *v* [Gen] / vorlegen *v*
mote *m* [Bk] / Motto *n* ‖ *s.a. empresa; lema*
moteado *adj* [Pres] / feuchtfleckig *adj*

– **de humedad** *adj* [Bk] / angerändert *pp*
motivo repetido *m* [Bind] / Repetitionsmuster *n* · rapportierendes Muster *n*
motivo romboidal *m* [Bind] / Rautenmuster *n*
movimiento de fondos *m* [RS] / Bestandsumsatz *m*
movimiento de libros *m* [RS] / Buchumsatz *m* ‖ *s.a. tasa de movimientos*
ms. *abbr s. manuscrito 1; manuscrito 2*
mudanza *f* [BdEq] / Umzug *m*
muelle de carga *m* [BdEq] / Laderampe *f*
muesca *f* [PuC] / Ausschnitt *m* · Kerbe *f*
– **de recuperación** *f* [Retr; Retr] / Suchkerbe *f*
muestra *f* [InfSc] / Stichprobe *f*
– **al azar** *f* [InfSc] / Zufallsstichprobe *f*
– **aleatoria** *f* [InfSc] / Zufallsstichprobe *f*
– **cartográfica** *f* [Cart] / Musterblatt *n* · Kartenmuster *n*
– **de dentelle** *f* [Bind] / Spitzenmuster *n*
– **de mapa** *f* [Cart] / Kartenausschnitt *m*
– **representativa** *f* [InfSc] / repräsentative Stichprobe *f*
muestrario *m* [Bk] / Musterbuch *n*
muestreo *m* [InfSc] / Stichprobenbildung *f*
– **estratificado** *m* [InfSc] / geschichtete Stichprobe *f* ‖ *s.a. estratificación*
– **por conglomerados** *m* [InfSc] / Klumpenstichprobe *f*
– **por cuotas** *m* [InfSc] / Quotenstichprobe *f*
– **por estratos** *f* [InfSc] / geschichtete Stichprobe *f*
– **por grupos de población** *m* [InfSc] / Klumpenstichprobe *f*
multa por demora *f* [RS] / Versäumnisgebühr *f*
multa por retraso *f* [RS] / Mahngebühr *f*
multa por vencimiento de plazo *f* [RS] / Mahngebühr *f*
multicopia *f* [Repr] / Vervielfältigung *f*
multicopiadora de despacho *f* [Repr] / Bürovervielfältigungsmaschine *f*
multicopiar *v* [Prt; Repr] / vervielfältigen *v*
multicopista *f* [Repr] / Vervielfältigungsgerät *n* ‖ *s.a. impresora de ciclostil*
multicopista de matriz *f* [Repr] / Schablonendrucker *m*
multijerarquía *f* [Ind; Class] / Polyhierarchie *f*
multiplexación *f* [EDP] / Multiplexen *n*
– **por división de tiempo** *f* (entre bloques de transmisión de datos) [EDP] / Zeitüberbrückung
– **temporal** *f* [EDP] / Zeitmultiplexbetrieb *m*
multiplexión de división de tiempo *f* [EDP] / Zeitmultiplexbetrieb *m*
multiplexor *m* [EDP] / Multiplexer *m*
multiplexor de datos *m* [Comm] / Datenmultiplexer *m*
multiplicador de interfaz *m* [EDP] / Schnittstellenvervielfältiger *m*
multiproceso *m* [EDP] / Mehrfachverarbeitung *f*
multitratamiento *m* [EDP] / Teilhaberbetrieb *m*
muro de carga *m* [BdEq] / tragende Wand *f*
musco *adj* [Bk] / braunfleckig *adj*
muselina *f* [Bind] / Musselin *n* · Heftgaze *f* ‖ *s.a. gasa; tarlatana*
museo *m* [Art] / Museum *n*
museografía *f* / Museographie *f*
museología *f* [Gen] / Museumskunde *f*
música de una película *f* [Mus] / Filmmusik *f*
música impresa *f* [Mus] / Musikalien *pl* · Musikdrucke *pl*
música publicada *f* [Mus] / Musikalien *pl* · Musikdrucke *pl* ‖ *s.a. notación musical; notas*

N

n. *abbr s. número 1; número 2; número 3*
naipe *m* [NBM] / Spielkarte *f s. carta de jugar*
narración de viajes *f* [Bk] / Reiseerzählung *f*
NEA *Abbr s. numeración europea de artículos*
necesidad de empleados *f* [Staff] / Arbeitskräftebedarf *m*
necesidad de espacio *f* [BdEq] / Platzbedarf *m*
necesidad de espacio de estanterías *f* [Sh] / Stellraumbedarf *m*
necesidad de personal *f* [Staff] / Personalbedarf *m*
necesidad de superficie útil *f* [Sh] / Stellflächenbedarf *m*
necesidades *pl* [InfSy] / Bedürfnisse *pl*
necesidades de información *pl* [InfSc] / Informationsbedürfnisse *pl*
necesidades del usuario *pl* [IndSc] / Benutzerbedürfnisse *pl*
necesidades de tiempo libre *pl* [RS] / Freizeitbedürfnisse *pl*
necesidades financieras *pl* [BgAcc] / Finanzbedarf *m*
necrología *f* [Bk] / Nekrolog *m* · Nachruf *m*
neg. *abbr s. negativo*
negativo *m* [Repr] / Negativ *n*
negociaciones salariales *pl* [Staff] / Tarifverhandlungen *pl*
negociado *m* [OrgM] / öffentlicher Dienst *m*
neologismo *m* [Lin] / in der Zielsprache neu geprägte Benennung *f*
nervadura *f* [Bind] / Bünde *pl* · echte Bünde *pl*
 – **de cuero** *f* [Bind] / Lederbünde *pl*
nervios *pl* [Bind] / Heftbünde *pl* · echte Bünde *pl*
 – **del lomo** *pl* [Bind] / Bünde *pl*
 – **falsos** *pl* [Bind] / Bünde *pl* · falsche Bünde *pl*
 – **imitados** *pl* [Bind] / falsche Bünde *pl*
nervura *f* [Bind] / echte Bünde *pl* · Bünde *pl*
neutralización de la acidez *f* [Pres] / Entsäuerung *f*
nexo insoluble *m* (signo :: doble dos puntos, doble colon) [Class/UDC] / Festlegung der Reihenfolge *f*
nexo no reversible *m* (signo :: doble dos puntos, doble colon) [Class/CDU] / Festlegung der Reihenfolge *f*
nihil obstat (licencia eclesiástica) [Bk] / Druckerlaubnis *f*
nitidez *f* [repr] / Auflösung *f*
 – **de imagen** *f* [NBM] / Bildschärfe *f*
 – **de perfiles** *f* [Repr] / Konturenschärfe *f*
nivelación de micropasos *f* [EDP] / Mikroschrittausgleich *m*
nivel *m*
 – **contextual** *m* [InfSy] / Anwendungsebene *f*
 – **de altura** *m* [Cart] / Höhenstufe *f*

– **de aplicación** *m* [EDP] / Anwendungsschicht *f*
– **de depósito** *m* [BdEq] / Magazinebene *f*
– **de descripción** *m* [Cat] / Beschreibungsstufe *f*
– **de índice** *m* [Ind] / Indexstufe *f*
– **de la técnica** *m* [Gen] / Stand der Technik *m*
– **del mar** *m* [Cart] / Höhennormal *n DDR* · Normal-Null *n*
– **de orientación** *m* [Ed] / Orientierungsstufe *f*
– **de representación** *m* [Comm] / Darstellungsschicht *f*
– **de ruido** *m* [BdEq] / Geräuschpegel *m*
– **de seguridad** *m* [Comm] / Sicherungsschicht *f*
– **ejecutivo** *m* [OrgM] / Führungsebene *f*
– **salarial** *m* [Staff] / Gehaltsniveau *n*
no adhesivo *adj* [Bind; Off] / nichtklebend *pres p*
noción *f* [Lin; Ind] / 1 Ausdruck *m*
– **de indización** *f* [Ind] / Index-Terminus *m*
– **de tesauro** *f* [Ind] / lexikalische Einheit *f DDR*
no cortado *pp* [Bind] / unbeschnitten *pp*
no descriptor *m* [Ind] / Askriptor *m DDR* · Nicht-Deskriptor *m*
no disponible *adj* [Stock] / nicht vorhanden *adj*
nodo *m* [EDP] / Knoten *m*
– **de red** *m* [EDP] / Netzknoten *m*
no encuadernado *pp* [Bind] / ungebunden *pp*
no equivalencia *f* (en un tesauro plurilingüe) [Ind] / Nicht-Äquivalenz *f*
no estar disponible *v* (un libro) [RS] / nicht vorrätig sein *v*
no estar disponible en almacén *v* [Stack] / nicht am Lager sein *v*
no lector *m* [Bk] / Nichtleser *m*
nombre *m*
– **aparentemente compuesto** *m* [Cat] / scheinbar zusammengesetzter Name *m*
– **apelativo** *m* [Lin] / Gattungsname *m*
– **común** *m* [Lin] / Gattungsname *m*
– **de entidad** *m* [Cat] / Körperschaftsname *m*
– **de fichero** *m* [EDP] / Dateiname *n*
– **del fabricante** *m* (como parte de la descripción bibliográfica) [Cat] / Name des Herstellers *m*
– **del pliego** *m* [Cart] / Blattbezeichnung *f*
– **de marca comercial** *m* [NBM] / Markenname *m*
– **de persona** *m* [Gen; Cat] / Personenname *m*
– **de pila** *m* [Cat] / Taufname *m*
– **más usual** *m* (de una persona) [Cat] / gebräuchlicherer Name *m*
– **propio** *m* [Gen; Cat] / Eigenname *m* · Vorname *m*
– **usual** *m* [Cat] / gewöhnlich gebrauchter Name *m*
nomenclatura *f* [InfSc] / Nomenklatur *f*
– **en lenguaje natural** *f* [Ind] / natürlichsprachige Bezeichung *f*
no publicado aquí / nicht bei uns erschienen
no refilado *pp* [Bind] / unbeschnitten *pp*
noria de libros *f* [Sh] / Bücherrad *n*
norma *f* [Gen; Bk] / Norm *f*
– **de calidad** *f* [Gen; Bk] / **Qualitätsnorm** *f*
– **de material** *f* [Gen; Bk] / **Stoffnorm** *f*
– **de medidas** *f* [Gen; BK] / **Maßnorm** *f* · Abmessungsnorm *f*
– **de procedimiento** *f* [Gen] / Verfahrensnorm *f*
– **de subdivisión común** *f* [Class] / Schlüssel *m*
– **de subdivisión estándar** *f* [Class] / Schlüssel *m*
–**s presupuestarias** *pl* [BgAcc] / Haushaltsvorschriften *pl*
– **técnica** *f* [Gen] / technische Norm *f*
– **terminológica** *f* [Gen] / Terminologienorm *f*
normal *adj* [Ben; Bk] / Standard *m DDR*
normales *pl* [Cart] / Schraffen *pl*
normalización *f* [Gen] / Normung *f* · Standardisierung *f*
– **bibliográfica** *f* [Bk] / Qualitätsnorm *f*
– **de métodos de pruebas** *f* [Gen; Bk] / Prüfnorm *f*
normalizado *adj* [Gen; Bk] / Standard *m DDR*
normativa bibliotecaria *f* [Lib] / Bibliotheksordnung *f*
normativa legal relativa a la construcción *f* [BdEq] / Baurechtsvorschriften *pl*
normativa técnica *f* [Gen] / technische Vorschrift *f* ‖ *s.a. prescripción; reglamento*
nota 1 *f* [Bk] / Anmerkung *f* ‖ *s.a. nota explicativa; nota de pie de página*
– 2 *f* [Mus] / Note *f*
– 3 *f* [Off] / Notiz *f* · Vermerk *m* ‖ *s.a. nota manuscrita*
– 4 *f* [Ed] / Schulzeugnis *n*
– **de acta(s)** *f* [Off] / Aktennotiz *f*
– **de actas** *f* [Off] / Aktenvermerk *m*

– **de adquisición** *f* [TS] / Laufzettel *m*
– **de crédito** *f* [BgAcc] / Gutschriftsanzeige *f*
– **de entrega** *f* [Acq] / Lieferzettel *m* ‖ *s.a. hoja de envío; hoja de expedición; recibo de entrega*
– **de especificaciones** *f* (para el encuadernador) [Bind] / Bindezettel *m*
– **de fichero** *f* [Ind; Off] / Karteizettel *m*
– **de guía** *f* [TS] / Laufzettel *m*
– **de instrucciones de trabajo** *f* [Bind] / Bindezettel *m* (para el encuadernador)
– **de liquidación** *f* [BgAcc] / Abrechnung *f*
– **de pie de página** *f* [Cat] / Fußnote *f* (de página, de foto)
– **de plazos** *f* [RS] / Fristzettel *m* · Friststreifen *m*
– **de promedio** *f* [Ed] / Notendurchschnitt *m*
– **de protocolo** *f* / Protokollnachricht *f*
– **detallada de liquidación** *f* [BgAcc] / spezifizierte Abrechnung *f*
– **explicativa** *f* [Cat] / Fußnote *f*
– **final** *f* [Ed] / Endnote *f* · Abschlußnote *f*
– **manuscrita** *f* [Writ] / eigenhändige Notiz *f*
– **marginal** *f* [Bk] / Marginalie *f*
– **media** *f* [Ed] / Notendurchschnitt *m* · Gesamtnote *f*
– **para catalogación** *f* [TS] / Laufzettel *m*
–**s** *pl* (en la descripción bibliográfica) [Cat] / ergänzende Angaben *pl*
–**s introductorias** *pl* [Bk] / Geleitwort *n*
–**s (publicadas)** *pl* (denominación de un volumen, cuaderno, etc., con notas) [Mus] / Noten *pl*
–**s tipográficas** *pl* [Bk] / Impressum *n*
notación *f* [Class] / Notation *f*
– **alfabética** *f* [Class] / alphabetische Notation *f* · Buchstabennotation *f*
– **alfanumérica** *f* [Class] / alphanumerische Notation *f*
– **básica** *f* [Class] / reine Notation *f*
– **binaria** *f* [Class] / binäre Notation *f*
– **decimal** *f* [Class] / Dezimalnotation *f*
– **expresiva** *f* [Class] / strukturierte Notation *f*
– **jerárquica** *f* [Class] / hierarchische Notation *f*
– **mixta** *f* [Class] / gemischte Notation *f*
– **mnemotécnica** *f* [Class] / mnemotechnische Notation *f*
– **mnemotécnica con letras** *f* [Class] / sprechende Notation *f*
– **musical** *f* [Mus] / musikalische Notation *f* · Notation *f* · Notenschrift *f*
– **no correlativa** *f* [Class] / springende Notation *f*
– **ordinal** *f* [Class] / sequentielle Notation *f* · lineare Notation *f*
– **pronunciable** *f* [Class] / sprechbare Notation *f*
– **pura** *f* [Class] / reine Notation *f*
– **retroactiva** *f* [Class] / rückläufige Notation *f* · retroaktive Notation *n*
– **silábica** *f* [Class] / sprechbare Notation *f*
– **topográfica** *f* [Sh] / Regalnummer *f*
no tener reservas *v* [RS] / nicht vorrätig sein *v*
noticia *f* [InfSy] / Nachricht *f*
noticiero *m* [Bk] / Nachrichtenmagazin *n*
notificación *f* [Acq] / Benachrichtigungszettel *m*
no usuario *m* [RS] / Nicht-Benutzer *m* · Nicht-Nutzer *m*
novedad *f* [Bk] / Neuerscheinung *f*
novedades *pl* [Acq] / Neuerwerbungen *pl*
novela *f* [Bk] / Roman *m*
– **banal** *f* [Bk] / Trivialroman *m*
– **barata** *f* [Bk] / Hintertreppenroman *m* · Groschenroman *m*
– **bélica** *f* [Bk] / Kriegsroman *n*
– **costumbrista** *f* [Bk] / Heimatroman *m*
– **de autor novel** *f* [Bk] / Erstlingsroman *m*
– **de aventuras** *f* [Bk] / Abenteuerroman *m*
– **de claves** *f* [Bk] / Schlüsselroman *m*
– **de espionaje** *f* [Bk] / Spionageroman
– **de familias** *f* [Bk] / Familienroman *m*
– **de guerra** *f* [Bk] / Kriegsroman *n*
– **de médicos** *f* [Bk] / Arztroman *m*
– **de perra gorda** *f* [Bk] / Hintertreppenroman *m* · Groschenroman *m*
– **de terror** *f* [Bk] / Schauerroman *m*
– **educativa** *f* [Bk] / Bildungsroman *m*
– **negra** *f* [Bk] / Detektivroman *m*
– **pastoril** *f* [Bk] / Schäferspiel *n*
– **picaresca** *f* [Bk] / Schelmenroman *m*
– **policíaca** *f* [Bk] / Detektivroman *m*
– **por entregas** *f* [Bk] / Kolportageroman *m*
– **sensacionalista** *f* [Bk] / Sensationsroman *m*
– **trivial** *f* [Bk] / Trivialroman *m*
no venal *adj* [Bk] / nicht zum Verkauf
no verificado *pp* [Bib; Retr] / nicht ermittelt *pp*

núcleo *m* (parte central de un carrete, bobina, etc.) [NBM; Repr] / Filmkern *m* · Kern *m*
nudo de tejedor *m* [Bind] / Weberknoten *m*
nueva adquisición *f* [TS] / Neuerwerbung *f* · Neuzugang *m*
nueva composición tipográfica *f* [Prt] / Neusatz *m*
nueva dirección de envío *f* [Comm] / Nachsendeadresse *f*
nueva edición *f* [Bk] / Neudruck *m* · Neuausgabe *f* · Neuauflage *f*
nueva edición en preparación *f* [Bk] / neue Ausgabe in Vorbereitung *f*
nueva edición inalterada *f* [Bk] / Nachauflage *f*
nueva filmación *f* [Repr] / Nachverfilmung *f*
nueva publicación *f* [Bk] / Neuerscheinung *f*
nuevas señas *pl* (para reexpedir un envío postal) [Comm] / Nachsendeadresse *f*
nuevo pedido *m* [Acq] / Nachbestellung *f*
num. *abbr s. numeración*
numeración *f* [Bk] / Numerierung · Zählung *f*
– **arábiga** *f* [InfSy] / arabische Zählung *f*
– **de columnas** *f* [Bk] / Kolumnenzählung *f*
– **de folio** *f* [Bk] / Blattzählung *f*
– **de hojas cartográficas** *f* [Cart] / Blattzählung *f*
– **de la hoja cartográfica** *f* [Cart] / Blattzählung *f*
– **de líneas** *f* [Bk] / Zeilennumerierung *f*
– **del pliego** *f* [Bind] / Bogensignatur *f*
– **de partes** *f* [Bk; Cat] / Bandzählung *f*
– **de periódico** *f* [Bk] / Heftzählung *f*
– **de volúmenes** *f* [Bk; Cat] / Bandzählung *f*
– **doble** *f* [Bk; Cat] / Doppelzählung *f*
– **europea de artículos** *f* / Europäische Artikelnummer *f*
– **impar** *f* [Bk] / ungerade Zählung *f*
– **no consecutiva** *f* [Bk] / springende Zählung *f*
– **par** *f* [Bk] / gerade Zählung *f*
– **recapituladora** *f* [Cat] / zusammenfassende Zählung *f*
– **romana** *f* [InfSy] / römische Zählung *f*
– **separada** *f* [Cat] / getrennte Zählung *f*
numerar *v* [Gen] / zählen *v* ‖ *s.a. contar 2*
numérico *adj* [InfSy] / numerisch *adj*
número 1 *m* (volumen suelto de una publicación seriada, por ej.: número de una serie) [Bk] / Band *m*
– 2 *m* [Bk] / Zeitschriftenheft *n* · Heft *n*
– 3 *m* (de una revista, de un periódico) [Bk] / Nummer *f* · Ausgabe *f* ‖ *s.a. registro de adquisición de publicaciones periódicas*
– **adjunto** *m* [Bk] / Begleitheft *n*
– **al azar** *m* [InfSc] / Zufallszahl *f*
– **aleatorio** *m* [InfSc] / Zufallszahl *f*
– **a marcar** *m* [Comm] / Durchwahlnummer *f*
– **arábigo** *m* [Writ; Prt] / arabische Zahl *f*
– **auxiliar común** *m* [Class/UDC] / allgemeine Anhängezahl *f*
– **binario** *m* [EDP] / Dualzahl *f* · Binärzahl *f*
– **característico** *m* [OrgM] / Kennziffer *f* · Kennzahl *f*
– **cero** *m* [Bk] / Nullnummer *f* · Nullausgabe *f*
– **clasificador** *m* [Sh] / systematische Gruppensignatur *f*
– **de adquisición** *m* [Acq] / Zugangsnummer *f* · Akzessionsnummer *f*
– **de aniversario** *m* (de una revista) [Bk] / Jubiläumsausgabe *f*
– **decimal** *m* [Class] / Dezimalzahl *f*
– **de cinta** *m* [EDP] / Bandnummer *f*
– **de clase** *m* [Class] / Klassennummer *f*
– **de columna** *m* [Bk] / Kolumnenziffer *f*
– **de control** *m* [EDP] / Kontrollnummer *f*
– **de Cutter** *m* [Sh] / Cutter-Nummer *f*
– **de documento oficial** *m* [Bk] / amtliche Druckschriftennummer *f*
– **de ejemplares** *m* [Bk; Prt] / Auflagenhöhe *f*
– **de estante** *m* [Sh] / Standortnummer *f* · Brettnummer *f* · Standnummer *f* · Signatur *f*
– **de estantería** *m* [Sh] / Regalnummer *f*
– **de folio** *m* [Bk] / Blattzahl *f*
– **de identificación del lector** 2 *m* [RS] / Benutzernummer *f*
– **de identificación** 1 *m* [Sh] / Signatur *f* · Standnummer *f*
– **de identificación personal** *m* [EDP] / persönliche Identifizierungsnummer *f*
– **de la CDU** *m* [Class/CDU] / DK-Zahl *f*
– **de la página** *m* [Bk] / Seitenzahl *f*
– **de la prensa** *m* [Prt] / Pressennummer *f*
– **del cliente** *m* [EDP; Retr] / Nutzerkennung *f*
– **de localización** *m* [Sh] / Standnummer *f*
– **del usuario** *m* [EDP; Retr] / Nutzerkennung *f*
– **de orden** *m* [Sh] / Rangplatz *m* · laufende Nummer *f*

– **de página** *m* [Prt] / toter Kolumnentitel *m*
– **de páginas** *m* [Bk] / Seitenzahl *f*
– **de pedido** *m* [RS] / Bestellnummer *f*
– **de pedido de editorial** *m* [Mus] / Verlagsbestellnummer *f*
– **de pista** *m* [EDP] / Spurnummer *f*
– **de placa** *m* [Mus] / Plattennummer *f* · Druckplattennummer *f*
– **de préstamo interbibliotecario** *m* [RS] / Fernleihzahl *f*
– **de préstamos** *m* [RS] / Ausleihzahl *f*
– **de prueba** *m* [Acq] / Probenummer *f* · Probeheft *n*
– **de referencia** *m* [Off] / Aktenzeichen *n*
– **de registro** *m* [Acq] / Satznummer *f* · Zugangsnummer *f*
– **de registro de entrada** *m* [Acq] / Akzessionsnummer *f*
– **de respuestas despachadas** *m* [Ref] / Auskunftserteilung *f* (Zahl der erteilten Auskünfte)
– **de respuestas tramitadas** *m* [Ref] / Auskunftserteilung *f* (Zahl der bearbeiten Auskünfte)
– **de sección** *m* [EDP] / Dateiabschnittnummer *f*
– **de secuencia de fichero** *m* [EDP] / Dateifolgenummer *f*
– **de serie de grupo de ficheros** *m* [EDP] / Dateimengenkennzeichnung *f*
– **de serie de volumen** *m* [EDP] / Bandnummer *f*
– **de teléfono** *m* [Comm] / Telefonnummer *f* · Rufnummer *f*
– **de volumen** *m* [Bk; Cat] / Bandzahl *f*
– **extraordinario** *m* [Bk] / Sondernummer *f* · Sonderheft *n*
– **identificador** *m* [Sh] / Signatur *f* · Standnummer *f*
– **identificador del libro** *m* (como parte de una signatura sistemática) [Sh] / Individualanhänger *m*
– **internacional normalizado del libro** *m* [Bk] / Internationale Standard-Buchnummer *f*
– **internacional normalizado de publicaciones seriadas** *m* [Bk] / Internationale Standardnummer für fortlaufende Sammelwerke (ISSN) *f*
– **internacional normalizado para grabaciones en el mercado** *m* [NBM] / Internationale Standardnummer für handelsübliche Tonträger (SCPN) *f abbr*
– **internacional normalizado para partituras musicales** *m* [Mus] / Internationale Standard-Nummer für Musikalien (ISMN) *f abbr*
– **internacional normalizado para publicaciones seriadas** *m* [Bk] / Internationale Standardnummer für fortlaufende Sammelwerke (ISSN) *f abbr*
– **internacional normalizados para partituras musicales** *m* [Mus] / Internationale Standardnummer für Musikalien (ISMN) *f abbr*
– **marcado** *m* [Comm] / Durchwahlnummer *f*
– **marginal** *m* [Prt] / Randziffer *m*
–**s marginales de línea** *pl* [Prt] / Zeilenzähler *m*
–**s romanos** *pl* [Writ; Prt] / römische Ziffer *f*
– **suelto** *m* [Bk] / Einzelheft *n*
– **topográfico** *m* [Sh] / Signatur *f*

numerus currens *m* [Sh] / numerus currens *m* · laufende Nummer *f*

O

objetivo *m* [Repr] / Objektiv *n* ‖ *s.a. lente*
- **de zoom** *m* [Repr] / Vario-Objektiv *n*
- **gran angular** *m* [Repr] / Weitwinkelobjektiv *n*
- **intercambiable** *m* [Repr] / Wechselobjektiv *n*

objeto *m* [NBM] / Gegenstand *m*
- **de información** *m* [EDP] / Datenobjekt *n*
- **de investigación** *m* [InfSc] / Forschungsgegenstand *m*
- **depositado** *m* [RS] / hinterlegte Sache *f*
- **expuesto** *m* [PR] / Exponat *n*

obligación *f* [Staff] / Verpflichtung *f*
- **de compra** *f* [Acq] / Abnahmeverpflichtung *f*

obligaciones del profesor *pl* [Ed] / Lehrverpflichtungen *pl*

obligatorio *adj* [Cat] / obligatorisch *adj*

obra *f* [Bk] / Werk *n*
- **accesoria** *f* [BK] / Beiwerk *n*
- **aparecida como dependiente** *f* [Bk; Cat] / unselbständig erschienenes Werk *n* ‖ *s.a. documento dependiente*
- **bibliográficamente autónoma** *f* (obra que es idéntica a una unidad bibliográfica) [Bk] / a bibliographisch selbständiges Werk *n*
- **bibliográficamente dependiente** *f* [Bk; Cat] / bibliographisch unselbständige Schrift *f*
- **bibliográficamente independiente** *f* [Bk; Cat] / selbständiges Werk *n*
- **clásica anónima** *f* [Cat] / klassisches anonymes Werk *n*
- **completa** *f* [Cat] / Gesamtwerk *n*
- **de arte** *f* [NBM] / Bildwerk *n* · Kunstwerk *n*
- **de arte original** *f* [Art] / Originalkunstwerk *n*
- **de consulta** *f* [Bk] / Nachschlagewerk *n*
- **de consulta rápida** *f* [Bk] / Nachschlagewerk *n*
- **dependiente** *f* [Bk; Cat] / unselbständiges Werk *m*
- **de propiedad pública** *f* [Bk; Law] / gemeinfreies Werk *n*
- **de referencia** *f* [Bk] / Nachschlagewerk *n*
- **en colaboración** *f* [Cat] / gemeinschaftliches Werk *n*
- **encuadernada con otra** *f* [Bk] / beigebundenes Werk *n*
- **en fascículos** *f* [Bk] / Fortsetzungswerk *n* ‖ *s.a. obra por entregas*
- **en publicación** *f* [Bk] / (noch nicht abgeschlossenes) Fortsetzungswerk *n*
- **en varias partes** *f* [Cat] / mehrteiliges Werk *n*
- **fotográfica** *f* [Repr] / Lichtbildwerk *n*
- **gráfica** *f* [Bk] / Bildwerk *n*
- **impresa** *f* [Bk] / Druckschrift *f*

– **impresa en offset** *f* [Prt] / Offsetdruck *m*
– **incluída** *f* [Cat] / enthaltenes Werk *n*
– **incluída en segundo o posterior lugar en una colección sin título colectivo** *f* [Cat] / beigefügtes Werk *n*
– **individual** *f* [Cat] / Einzelwerk *n*
– **no seriada** *f* [Cat] / begrenztes Werk *n*
– **original** *f* [Bk] / Originalwerk *n*
– **por entregas** *f* [Bk] / Fortsetzungswerk *n* · Lieferungswerk *n* ‖ *s.a. publicación en varios volúmenes*
– **póstuma** *f* [Bk] / postumes Werk *n*
– **premiada** *f* (en un concurso literario) [Bk] / Preisschrift *f*
– **protegida por el derecho de la propiedad intelectual** *f* [Law] / urheberrechtlich geschütztes Werk *n*
–**s completas** *pl* [Bk] / Gesamtausgabe *f* · gesammelte Werke *pl* · sämtliche Werke *pl*
–**s generales** *pl* [Class] / Allgemeingruppe *f*
– **sin copyright** *f* [Bk; Law] / gemeinfreies Werk *n*
–**s póstumas** *pl* [Writ] / literarischer Nachlaß *m* · schriftlicher Nachlaß *m*
obsequio *m* [Acq] / Geschenk *n*
observación abierta *f* [InfSc] / offene Beobachtung *f*
observación encubierta *f* [InfSc] / verdeckte Beobachtung *f*
observación extremadamente aberrante *f* (en una estadística) [InfSc] / Ausreißer *m*
observación participativa *f* [InfSc] / teilnehmende Beobachtung *f*
obtención de datos *f* [EDP] / Datenerfassung *f* *s. captación de datos*
obtención de respuesta pertinente *f* [Retr] / Treffer *m*
obtención interactiva de datos *f* [EDP] / Dialogdatenerfassung *f*
ocasión *f* (datos sobre el origen, ocasión, finalidad de una publicación y de su entidad editora o promotora) [Cat] / Anlaß *m*
octavilla *f* [PR] / Handzettel *m* · Flugblatt *n* ‖ *s.a. hoja de anuncio; hoja publicitaria; prospecto*
octeto *m* [EDP] / Byte *n*
ocupaciones rutinarias *pl* [TS] / Routinetätigkeiten *pl*
ocupado *pp* [BdEq] / besetzt *pp*
ocupar *v* [Staff] / beschäftigen *v*
oferta *f* [Acq] / Angebot *n* · Preisangebot *n*
– **de empleo** *f* [Staff] / Stellenangebot *n*
– **de precio** *f* [Acq; BdEq] / Preisangebot *n*
– **de proyecto** *f* [InfSc] / Projektantrag *m*
– **especial** *f* [Acq] / Sonderangebot *n*
– **obligatoria** *f* [Law] / Anbietungspflicht *f* ‖ *s.a. entrega obligatoria*
offset pequeño *m* [Prt] / Kleinoffset(druck) *m*
offset reducido *m* [Prt] / Kleinoffset(druck) *m*
offset seco *m* [Prt] / indirekter Hochdruck *m* · Trockenoffset *n* · Letterset *m*
oficina *f* [BdEq] / Dienstzimmer *n*
– **de depósito legal** *f* [OrgM] / Pflichtexemplarstelle *f*
– **de espacios abiertos** *f* [BdEq] / Großraumbüro *n*
– **de información** *f* [PR] / Pressestelle *f*
– **de objetos perdidos** *f* [BdEq] / Fundbüro *n*
– **de personal** *f* [OrgM] / Personalbüro *n* · Personalstelle *f*
– **de prensa** *f* [PR] / Pressestelle *f*
– **de prensa de una biblioteca** *f* [PR] / Bibliothekspressestelle *f*
oficio de encuadernador *f* [bind] / Buchbinderhandwerk *n*
ofrecer *v* [Acq] / bieten *v* · anbieten *v*
ojear *v* [Bk] / schmökern *v*
ojo *m* (del tipo de imprenta) [Prt] / Schriftbild *n*
ológrafo *m* [Writ; Arch] / eigenhändig geschriebener Text *m* *s. hológrafo*
ombligo *m* [Bind] / (en posición central:) Buckel *m*
ondulado *adj* [Bk] / wellig *adj*
ondulado por el agua *pp* [Bk] / wassergewellt *pp*
OP *abbr* (ordenador personal) [EDP] / EDV-Personal *n* (Abbr)
OP *abbr s. ordenador personal*
opción *f* [Cat; Class] / Kann-Bestimmung *f* fakultative Bestimmung *f*
opcional *adj* [Cat] / fakultativ *adj Cat*
operación *f*
– **de acuse de recibo** *f* [EDP] / Quittungsaustausch(betrieb) *m(m)*
– **de búsqueda** *f* [Retr] / Suchvorgang *m*
– **de clasificación** *f* [EDP] / Sortiervorgang *m*
– **de modalidad en serie** *f* [EDP] / serieller Betrieb *m*
– **de multiprocesador** *f* [EDP] / Multiprozessorbetrieb *m*
– **de multiprogramación** *f* [EDP] / Multiprogrammbetrieb *m*

– **de multitratamiento** *f* [EDP] / Vielprozessorbetrieb *m*
– **de préstamo** *f* [RS] / Ausleihvorgang *m*
– **de prueba** *f* [EDP] / Testlauf *m*
– **de selección** *m* [EDP] / Anforderungsbetrieb *m*
– **de servicio** *f* [EDP] / Steuerfunktion *f*
– **de servicio a nivel de bit para la transmisión de datos** *f* [Comm] / Bitorientiertes Steuerungsverfahren zur Datenübermittlung *f*
– **de sustitución** *f* [Ind] / Äquivalenzoperation *f*
– **de transmisión** *m* [Comm] / Sendebetrieb *m*
– **en línea** *f* [EDP] / Online-Betrieb *m*
– **en modalidad autónoma** *f* [EDP] / Offline-Betrieb *m*
– **en modalidad fuera de linea** *f* [EDP] / Offline-Betrieb *m*
– **en paralelo** *f* [EDP] / Parallelbetrieb *m* *s. funcionamiento en paralelo;* ‖ *s.a. explotación en modalidad simultánea*
– **en tiempo real** *f* [EDP] / Realzeitbetrieb *m*
– **interactiva** *f* [EDP] / interaktiver Betrieb *m*
– **multiplex** *f* [EDP] / Multiplexbetrieb *m*
– **NO** *f* [Retr] / NICHT-Verknüpfung *f*
– **simultánea en pugna** *f* [Comm] / Konkurrenzbetrieb *m*
– **Y** *f* [Retr] / UND-Verknüpfung *f*
operador *m* [Ind] / Operateur *m*
– **booleano** *m* [Retr] / Boole'scher Operator *m*
– **de contextos** *m* [Retr] / Kontextoperator *m*
– **de enlace** *m* [Repr] / Verknüpfungsoperator *m*
– **de función** *m* [Ind] / Operator *m*
– **de roles** *m* [Ind] / Rollenoperator *m*
– **lógico** *m* [Retr] / logischer Operator *m*
– **posicional** *m* [Retr] / Positionsoperator *m*
operando *m* [EDP] / Operand *m*
opinión *f* [OrgM] / Stellungnahme *f*
oportunidades de empleo *pl* [Staff] / Beschäftigungsmöglichkeiten *pl*
oposición *f* [BdEq] *Esp* / Ausschreibung *f*
oposiciones a una vacante *pl* (concurso oposición) [Staff] / Stellenausschreibung
opositar *v* (a una plaza) [Ed] / an einer Ausschreibung teilnehmen *v*
optim(iz)ar *v* [OrgM] / optimieren *pl*
opúsc. *abbr s. opúsculo*
opúsculo *m* [Bk] / Flugschrift *f* · Broschüre *f* · Pamphlet *n*
oración fúnebre *f* [Bk] / Leichenpredigt *f* · Nekrolog *m*
orden 1 *f* [EDP] / Kommando *n* · Anweisung *f* · Befehl *m*
– 2 *m* (clasificatorio) [Class] / klassifikatorische Reihe *f*
– 3 *f* [Acq; Bk] / Bestellung *f s. pedido*
– 4 *f* [Adm] / Weisung *f* ‖ *s.a. instrucción 2*
– **alfabético** *m* [Cat; Ind] / alphabetische Ordnung *f*
– **clasificatorio** *m* [Class/UDC] / Reihenfolge *f*
– **de archivo** *m* [Cat; Sh] / Ordnung *f* (für das Einlegen von Titelkärtchen)
– **de bifurcación** *f* [EDP] / Sprungbefehl *m*
– **de búsqueda** *f* [Retr] / Abfragebefehl *m* · Rechercheauftrag *m* (encargo, petición de –) · Suchauftrag *m*
– **de cita** *m* [Class] / Facettenformel *f* · Kombinationsordnung *f*
– **de citación** *m* [Class] / Facettenordnung *f*
– **de combinación** *m* [Class] / Facettenformel *f* · Facettenordnung *f* · Kombinationsordnung *f*
– **de compra** *f* [Acq] / Kaufbestellung *f*
– **de control** *f* [EDP] / Steuerbefehl *m*
– **de detención** *f* [EDP; Ind] / Stoppwort *n*
– **de documentos en los estantes** *m* [Sh] / Regalordnung *f*
– **de envío permanente** *f* [Acq] / Dauerauftrag *m* ‖ *s.a. suscripción permanente*
– **de facetas** *m* [Class] / Facettenordnung *f*
– **de hilera** *m* (de fotogramas en una microficha) [Repr] / Reihenanordnung *f*
– **del día** *m* [OrgM] / Tagesordnung *f*
– **de pago** *f* [BgAcc] / Zahlungsanweisung *f*
– **de palabras** *m* [Cat] / Wortfolge *f*
– **de prioridades** *m* [Cat] / Prioritätenfolge *f*
– **discontínuo** *m* [Bib; Cat] / Wort-für-Wort-Ordnung *f*
–**es escalonadas** *pl* [Retr] / gekettete Kommandos *pl* · gestaffelte Kommandos *pl*
– **jerárquico** *m* [InfSc] / Rang *m*
– **natural de las palabras** *m* [Bib; Cat] / natürliche Wortfolge *f*
ordenación *f* [Cat; Sh] / Ordnung *f*

– **alfabética por palabras** *f* [Cat] / Ordnung Wort für Wort *f*
– **clasificada** *f* [Class] / systematische Ordnung *f*
– **contínua** *f* [Cat] / Ordnung Buchstabe für Buchstabe *f*
– **de libros clasificada** *f* [Sh] / systematische Aufstellung *f*
– **discontínua** *f* [Cat] / Ordnung Wort für Wort *f*
– **en columna** *f* (de los fotogramas en una microficha) [Repr] / Spaltenanordnung *f*
– **jerárquica** *f* [InfSc] / Rangordnung *f*
– **letra por letra** *f* [Cat] / Ordnung Buchstabe für Buchstabe *f*
– **palabra por palabra** *f* [Bib; Cat] / Wort-für-Wort-Ordnung *f*
– **por formatos** *f* [Cat; Sh] / Ordnung nach Format
– **por materias** *f* (del depósito) [Stock] / sachliche Ordnung *f*
– **por numerus currens** *f* [Sh] / Numerus-currens-Ordnung *f*
– **por orden de palabras** *f* [Bib; Cat] / Wort-für-Wort-Ordnung *f*
– **sistemática de documentos** *f* [Off; Arch] / Aktenplan *m*
– **tipográfica** *f* [Prt] / Satzbild *n*
– **topográfica** *f* [Sh] / Regalordnung *f*
ordenador *m* [EDP] / Rechner *m* · Rechenanlage *f*
– **analógico** *f* [EDP] / (FIND:) Analogrechner *m*
– **auxiliar** *m* [EDP] / Satellitenrechner *m*
– **base** *m* [EDP] / Arbeitsrechner *m* · Datenbankrechner *m* · Dienstleistungsrechner *m*
– **base** *m* [EDP; InfSy] / Host-Rechner *m*
– **central** *m* [EDP] / Rechnersystem *n* · Verarbeitungsrechner *m* · Dienstleistungsrechner *m* · Host-Rechner *m*
– **de apoyo** *m* [EDP] / Entlastungsrechner *m* · (Entlastungsrechner:) Vorrechner *m*
– **de comunicaciones remoto** *m* [EDP] / Netzknotenrechner *m*
– **del lugar de trabajo** *m* [BdEq] / Arbeitsplatzcomputer *m* · Arbeitsplatzrechner *m*
– **de oficina** *m* [EDP] / Tischrechner *m*
– **de puesto de trabajo autónomo** *m* [EDP] / autonomer Arbeitsplatzrechner *m*
– **de reserva** *m* [EDP] / Reserverechner *m*
– **de sobremesa** *m* [EDP] / Tischcomputer *m*
– **de terminal autónomo** *m* [EDP] / autonomer Arbeitsplatzrechner *m*
– **digital** *m* [EDP] / Digitalrechner *m*
– **doméstico** *m* [EDP] / Heimcomputer *m*
– **en estado de espera** *m* [EDP] / Bereitschaftsrechner *m*
– **familiar** *m* [EDP] / Heimcomputer *m*
– **híbrido** *m* [EDP] / Hybridrechner *m*
– **industrial** *m* [EDP] / Prozeßrechner *m*
– **para composición automática** *m* [EDP; Prt] / Satzrechner *m*
– **personal** *m* [EDP] / Personalcomputer *m*
– **portátil** *m* [EDP] / tragbarer Computer *m*
– **primario** *m* [EDP; InfSy] / Host-Rechner *m*
– **primario** *m* [EDP] / Dienstleistungsrechner *m*
– **principal** *m* [EDP] / Dienstleistungsrechner *m* · Datenbankrechner *m* · Arbeitsrechner *m* · Wirtsrechner *m*
– **principal** *m* [EDP; InfSy] / Host-Rechner *m*
– **satélite** *m* [EDP] / Satellitenrechner *m* · Vorrechner *m* ‖ *s.a. procesador frontal*
ordenanzas para edificación *pl* [BdEq] / Bauvorschriften *pl*
ordenar 1 *v* (libros, etc., en estanterías) [Sh] / aufstellen *v*
– 2 *v* (cartas, etc.) [Off] / sortieren *v*
– **alfabéticamente** *v* [Bib; Cat] / alphabetisch ordnen *v*
ordinograma *m* [OrgM] / Ablaufdiagramm *n*
orejuela *f* (de una ficha) [Off; TS] / Tab *m*
organigrama *m* [OrgM] / Organigramm *n* · Flußdiagramm · Ablaufdiagramm *n*
– **de datos** *m* [EDP] / Datenflußplan *m*
– **de programación** *m* [EDP] / Programmablaufplan *m*
organismo de una entidad territorial *m* [Cat] / Organ einer Gebietskörperschaft *n*
organización 1 *f* [OrgM] / Gliederung *f*
– 2 *f* [OrgM] / Festlegung *f*
– **de cargos directivos y técnicos** *f* [OrgM] / Linienorganisation *f* · Stab-Linien-Organisation *f*
– **de datos** *f* [EDP] / Datenorganisation *f* ‖ *s.a. organización de ficheros*
– **de departamentos** *f* [OrgM] / Abteilungsgliederung *f*
– **de ficheros** *f* [EDP] / Dateiorganisation *f*
– **de la memoria** *f* [EDP] / Speicherorganisation *f*
– **del flujo de trabajo** *f* [OrgM] / Ablauforganisation *f*

– **de personal** *f* [Staff] / Personalplanung *f*
– **en páginas** *f* [EDP/VDU] / Blättern *n*
– **estructural** *f* [OrgM] / Aufbauorganisation *f*
– **matriz** *f* [OrgM] / Matrixorganisation *f*
– **profesional** *f* [Ed] / Fachschaft *f*
organizar *v* [Gen; Cat] / ordnen *v*
órgano de recensión *m* [Bk] / Rezensionsorgan *n*
orientación al lector *f* [RS] / Leserberatung *f*
orientación de imágenes *f* [Repr] / Bildlage *f*
orientación del mapa *f* [Cart] / Kartenorientierung *f*
orientación de mercado *f* [OrgM] / Marktorientierung *f*
orientación de rendimientos *f* [OrgM] / Leistungsorientierung *f OrgM*
orientación de resultados *f* [OrgM] / Ergebnisorientierung *f*
orientación para los estudios *f* [Ed] / Studienberatung *f*
orientado al consumidor *pp* [PR] / verbraucherorientiert *pp*
orientado al usario *pp* [RS] / benutzerorientiert *pp*
orig. *abbr. s. original 1; original 2; original 3*
original 1 *m* (soporte de la grabación audiovisual de origen o patrón para la primera copia) [NBM; Repr] / Original *n*
– **2** *m* (documento original) [Arch] / Urschrift *f*
– **3** *m* (patrón de reproducción) [Repr] / Kopiervorlage *f* · Vorlage *f*
– **4** *m* [Prt] / Druckvorlage *f*
– **de línea** *m* [Repr] / Strichvorlage *f*
– **de proyecto** *m* [BdEq] / Entwurfsvorlage *f*
– **en tono contínuo** *m* [Prt] / Halbtonvorlage *f*
– **manuscrito** *m* [Writ] / Typoskript *n*
orla *f* [Bind] / Bordüre *f* · Zierrand *m*
– **de combinación** *f* [Bind] / rapportierendes Muster *n*
– **de la portada** *f* [Bk] / Titelbordüre *f*
– **de portada** *f* [Bk] / Titelrahmen *m* · Titelumrahmung *f*
~**dura** *f* [Bk] / Einfassung *f*
– **ornamental** *f* [Bk] / Ornamentrahmung *f*
ornamentación a rueda *f* [Bind] / Rollendruck *m*
ornamentación de arco apuntado *f* [Bind] / Spitzbogenornamentik *f*
ornamentación de cubiertas *f* [Bind] / Einbandschmuck *m*
ornamentación de encuadernación *f* [Bind] / Einbandverzierung *f*
ornamentación del lomo *f* [Bind] / Rückenverzierung *f*
ornamentación de malla *f* [Bk] / Netzornamentik *f*
ornamentación de repujado *f* [Bind] / Lederschnittornamentik *f*
ornamentación en escamas de pez *m* [Bk] / Fischschuppenmuster *n*
ornamentación en relieve *f* [Bind] / Blindverzierung *f* · Blindstempelung *f*
ornamentación en tejas *f* [Bk] / Fischschuppenmuster *n*
ornamento *m* [Prt] / Ziermaterial *n* · Zierat *m*
– **de encaudernación** *m* [Bind] / Einbandschmuck *m*
– **de esquina** *m* [Bk] / Eckkartusche *f* ‖ *s.a. cartela*
– **dorado** *m* [Bk] / Goldornament
– **floral entrelazado** *m* [Bk] / Blumenrankenornament *n*
~**s metálicos** *pl* [Bind] / Beschläge *pl* ‖ *s.a. guarniciones metálicas*
oro en hojas *m* [Bind] / Blattgold *n*
orquestación *f* [Mus] / Orchestrierung *f* · Instrumentierung *f*
ortofoto *f* [Cart] / Ortholuftbild *n* · Orthophoto *n*
~**mapa** *m* [Cart] / Orthobildkarte *f* · Orthophotokarte *f*
~**plano** *m* [Cart] / Orthophotoplan *m*
ortografía *f* [Writ; Prt] / Rechtschreibung *f*
otro orden jurisdiccional (en el caso de una entidad) [Cat] / weitere Ordnungsgruppe *f*
oyentes *pl* [Comm] / Zuhörer *pl*

P

p. *abbr s. página*
pabellón *m* [BdEq] / Pavillon *m*
paga *f* [Staff] / Lohn *m*
pagador *m* [BgAcc] / Kostenträger *m*
pag. dupl. *abbr s. paginación duplicada*
página *f* [InfSy; Bk] / Seite *f*
~ **blanca** *f* [Bk] / Leerseite *f*
~ **de cortesía** *f* [Bind] / fliegendes Blatt *n*
~ **delantera** *f* [Bk] / Vorderseite *f*
~ **de muestra** *f* [Prt] / Musterseite *f*
~ **de recambio** *f* [Prt] / Austauschseite *f*
~ **de repuesto** *f* [Prt] / Austauschseite *f*
~ **de resúmenes** *f* (en una revista) [Bk] / Inhaltsfahne *f*
~ **de salutación** *f* [Bk] / Begrüßungsseite *f* ‖ *s.a. salutación*
~ **despleglable** *f* [Bk] / Ausklapptafel *f*
~ **de título** *f* [Bk] / Haupttitelseite *f*
~**dora** *f* [EDP; Prt] / Paginiermaschine *f* (máquina) · Seitendrucker *m*
~ **en blanco** *f* [BK] / Leerseite *f* · Vakat-Seite *f*
~ **no impresa** *f* [Bk] / Leerseite *f*
~ **numerada** *f* [Bk] / gezählte Seite *f*
~**s sin numerar** *pl* [Bk] / ungezählte Seiten *f* .
~ **tipográfica** *f* [Prt] / Satzspiegel *m*
paginación *f* [Bk] / Blättern *n* · Paginierung *f* · Seitenzählung *f* · durchlaufende Seitenzählung *f*
~ **continua** *f* [Bk] / fortlaufende Seitenzählung *f* · durchgehende Seitenzählung *f* · durchlaufende Seitenzählung *f*
~ **correlativa** *f* [Bk] / durchlaufende Zählung *f*
~ **correlativa** *f* [Bk] / durchgehende Seitenzählung *f*
~ **corrida** *f* [Bk] / durchgehende Seitenzählung *f*
~ **doble** *f* [Bk; Cat] / doppelte Seitenzählung *f*
~ **duplicada** *f* [Bk; Cat] / doppelte Seitenzählung *f*
~ **múltiple** *f* [Bk] / mehr als drei verschiedene Seitenzählungen
~ **no consecutiva** *f* [Bk] / springende Seitenzählung *f*
~ **salteada** *f* [Bk] / (springende Seitenzählung:) springende Seitenzählung *f*
~ **separada** *f* [Cat] / getrennte Zählung *f*
paginar *v* [Bk] / paginieren *v*
pago *m* [BgAcc] / Entgelt *n*
~ **a cuenta** *m* [BgAcc] / Teilzahlung *f* · Abschlagzahlung *f*
~ **adicional** *m* [BgAcc] / Zuzahlung *f* · (zusätzliches) Entgelt *n*
~ **anticipado** *m* [BgAcc] / Vorauszahlung *f*
~ **a plazos** *m* [BgAcc] / Teilzahlung *f* · Ratenzahlung *f*
~ **continuo de salario** *m* [Staff] / Gehaltsfortzahlung *f*

– **de horas extraordinarias** *m* [BgAcc] / Überstundenbezahlung *f*
– **de un plazo** *m* [BgAcc] / Teilzahlung *f*
– **en depósito** *m* [BgAcc] / Anzahlung *f*
– **parcial** *m* [BgAcc] / Teilzahlung *f*
–s **parciales** *pl* [Acq] / Ratenzahlung *f*
país de publicación *m* [Bk] / Erscheinungsland *n*
palabra *f* [Lin; EDP] / Wort *n*
– **artificial** *f* [Lin] / Kunstwort *n*
– **clave** *f* (pl.: palabras clave) [Ind] / Deskriptor *m* · Schlüsselwort *n* · Stichwort *n*
– **compuesta** *f* [Lin] / Kompositum *n* · Wortverbindung *f* · zusammengesetztes Wort *n*
– **de archivo** *f* [CAT] / erstes Ordnungswort *n*
– **de búsqueda** *f* [Retr] / Suchwort *n*
– **de entrada** *f* [Cat] / Ordnungswort *n* · erstes Ordnungswort *n*
– **de instrucción** *f* [EDP] / Befehlswort *n*
– **de máquina** *f* [EDP] / Maschinenwort *n*
– **de ordenador** *f* [EDP] / Maschinenwort *n*
– **derivada** *f* [Lin] / abgeleitetes Wort *n*
– **guía** *f* (en un manuscrito) [Bk] / Reklamante *f* · Kustos *m*
– **impresa en mayúsculas** *f* [Prt] / großgedrucktes Wort *n*
– **ISO** *f* [Repr] / ISO-Testzeichengruppe *f*
– **para el asiento** *f* [Bk] / Ordnungswort *n* · Registereintrag *m*
paleografía *f* [Bk] / Handschriftenkunde *f* · Paläographie *f*
– **antigua y medieval** *f* [Bk] / Handschriftenkunde *f*
paleógrafo *m* [Writ] / Paläograph *m*
palillo de dorador *m* [Bind] / Anschießer *m*
palimpsesto *m* [Bk] / Palimpsest *n*
palo ascendente *f* (de una letra minúscula) [Writ: P?rt] / Grundstrich *m* · Oberlänge *f*
palo descendente *m* (de una letra minúscula) [Prt] / Unterlänge *f*
palo vertical *m* (de una letra) [Writ; Prt] / Grundstrich *m*
pámpano *m* [Bind] / Rollwerk *n* · Volute *f*
pámpanos *pl* [Bind] / Ranken *pl*
pancarta *f* [Bk] / Spruchband *n*
pan de oro *m* [Bind] / Blattgold *n*
pan de oro o de plata *m* [Bind] / Folie *f*
pan de plata *m* [Bind] / Blattsilber *n*
panegírico *m* [Gen] / Lobrede *f*
panel *m* [InfSc] / Panel *n*
– **cromático** *m* [Repr] / Farbtafel *f*
– **de control** *m* [EDP] / Bedienungsfeld *n*
– **del lomo** *m* [Bind] / Rückenfeld *n*
– **de visualización de cristal líquido** *m* [BdEq] / Flüssigkristallanzeige *f*
– **indicador** *m* (con señales ópticas y acústicas) [BdEq] / Anzeigetafel *f*
– **lateral** *m* (de una estantería) [Sh] / Seitenwand *f*
– **publicitario** *m* [BdEq] / Plakattafel *f*
panfletista *m* [Bk] / Pamphletist *m*
panfleto *m* [Bk] / Flugschrift *f* · Heft *n* · Pamphlet *n*
panorama *m* [Cart] / Panorama *n*
– **bibliotecario** *m* [Lib] / Bibliothekslandschaft *f*
panorámica *f* (esquema) [Gen] / Übersicht *f*
pantalla *f* [NBM] / Bildwand *f* · Leinwand *f*
– **de alta definición** *f* [EDP/VDU] / hochauflösender Bildschirm *m*
– **de entrada** *f* [Cat] / Eröffnungsbildschirm *m*
– **de monitor** *f* [EDP; VDU] / Bildschirm *m*
– **de proyección** *f* [NBM] / Projektionswand *f*
– **de títulos** *f* [Cat] / Titelbildschirm *m*
– **de video** *f* [EDP/VDU] / Bildschirm *m*
– **monocolor** *f* [EDP/VDU] / einfarbiger Bildschirm *m*
– **plana** *f* / Flachbildschirm *m*
– **protectora** *f* (para proteger la pantalla del ordenador de luz perturbadora) [EDP/VDU] / Blende *f* ‖ *s.a. visera de pantalla 1*
– **sensible al contacto** *f* [EDP] / berührungsempfindlicher Bildschirm *m*
– **sensible al tacto** *f* [EDP] / Sensor-Bildschirm *m*
– **sensorial** *f* [EDP] / Sensor-Bildschirm *m*
– **táctil** *f* [EDP] / Tast-Bildschirm *m*
papel *m* [Pp] / Papier *n*
– **absorbente** *m* [Pp] / saugfähiges Papier *n* · Saugpapier *n*
– **altamente satinado** *m* [Pp] / Hochglanzpapier *n*
– **autocopiativo** *m* [Off] / Durchschreibpapier *n* · NCR-Papier *n*
– **avitelado** *m* [Bind] / Kunstlederpapier *n*
– **baritado** *m* [Pp] / Barytpapier *n*
– **biblia** *m* [Pp] / Dünndruckpapier *n* · Bibel(druck)papier *n*
– **brillante** *m* [Pp] / Glanzpapier *n*
– **brocado** *m* [Pp] / Brokatpapier *n*

– **calandrado** *m* [Pp] / kalandriertes Papier *n* ‖ *s.a. papel satinado*
– **carbón** *m* [Off] / Durchschlagpapier *n*
– **carbón** *m* [Off] / Kohlepapier *n*
– **chagrín** *m* [Pp] / Chagrinpapier *n*
– **coloreado** *m* [Bind] / Buntpapier *n* ‖ *s.a. papel de colores*
– **con filigrana** *m* [Pp] / Papier mit Wasserzeichen *n*
– **con membrete** *m* [Off] / Schreibpapier mit Briefkopf *n*
– **continuo preimpreso** *m* [EDP] / Endlosformular *n* · Endlosvordruck *m*
– **con trapo** *m* [Pp] / hadernhaltiges Papier *n*
– **costillado** *m* [Pp] / geripptes Papier *n*
– **cuadriculado** *m* [Pp] / kariertes Papier *n*
– **cuché** *m* [Pp] / beschichtetes Papier *n*
– **de arroz** *m* [Pp] / Chinapapier *n* · Reispapier *n*
– **de autotipia** *m* [Prt] / Illustrationsdruckpapier *n*
– **(de) barba** *m* [Pp] / Büttenpapier *n*
– **de barita** *m* [Pp] / Barytpapier *n*
– **de calcar** *m* [Pp] / Pauspapier *n*
– **de calco** *m* [Off] / Durchschreibpapier *n*
– **de cartas** *m* [Pp] / Briefpapier *n*
– **(de) China** *m* [Pp] / Chinapapier *n*
– **de colores** *m* [Pp] / gemustertes Buntpapier
– **de copia** *m* [Off] / Durchschlagpapier *n*
– **de copia** *m* [Repr] / Kopierpapier *n*
– **de correo aéreo** *m* [Pp] / Luftpostpapier *n*
– **de cuba** *m* [Pp] / Handpapier *n* · handgeschöpftes Papier *n*
– **de cubierta** *m* [Bind] / Bezugspapier *n*
– **de deshecho** *m* [Pp] / Makulatur *f*
– **de embalaje** *m* [Pp] / Packpapier *n*
– **de envolver** *m* [Pp] / Packpapier *n*
– **de esmeril** *m* [Pres] / Schmirgelpapier *n*
– **de esparto** *m* [Pp] / Espartopapier *n*
– **de estraza** *m* [Pp] / Schrenzpappe *f*
– **de forma** *m* [Pp] / Handpapier *n* · handgeschöpftes Papier *n*
– **de forro** *m* [Bind] / Bezugspapier *n* · Kaschierpapier *n* · Überzugspapier *n*
– **de fotocopia** *m* [Repr] / Fotokopierpapier *n*
– **de goma** *m* [Pp] / gummiertes Papier *n*
– **de imprenta** *m* [Prt] / Druckpapier *n*
– **(de) Japón** *m* [Bind] / Japanpapier *n*
– **delgado para imprimir** *m* [Pp] / Dünndruckpapier *n*
– **de lija** *f* [Pres] / Schmirgelpapier *n*
– **de lustre** *m* [Pp] / Glanzpapier *n*
– **de música** *m* [Pp] / Notenpapier *n*
– **de oficina** *m* [Pp] / Büropapier *n*
– **de pasta de madera** *m* [Pp] / holzschliffhaltiges Papier *n* · holzhaltiges Papier *n*
– **de pasta química** *m* [Pp] / holzfreies Papier *n*
– **de periódico** *m* [Pp] / Zeitungspapier *n*
– **de seda** *m* [Pp] / Seidenpapier *n*
– **de superficie encolada** *m* [pp] / oberflächengeleimtes Papier *n* ‖ *s.a. papel encolado*
– **de tina** *m* [Pp] / Büttenpapier *n* · Handpapier *n* · handgeschöpftes Papier *n*
– **de tina auténtico** *m* [Pp] / echtes Büttenpapier *n*
– **de tina hecho a máquina** *m* [Pp] / Maschinenbüttenpapier *n*
– **de trapo** *m* [Pp] / Hadernpapier *n* · Lumpenpapier *n*
– **de trapos puro** *m* [Pp] / Reinhadernpapier *n*
– **de vitela** *m* [Pp] / Velinpapier *n*
– **duplicador** *m* [Pp; Repr] / Saugpostpapier *n* · Abzugpapier *n*
– **encolado** *m* [Pp] / geleimtes Papier *n* ‖ *s.a. papel de superficie encolada*
–**s de trabajo** *pl* [OrgM] / Arbeitspapier *n* ‖ *s.a. comunicación 2; ponencia*
– **esmaltado** *m* [Pp] / beschichtetes Papier *n*
– **esparto** *m* [Pp] / Alphapapier *n* · Alfapapier *n*
– **estriado** *m* [Pp] / geripptes Papier *n*
– **estucado** *m* [Pp] / beschichtetes Papier *n* · Kunstdruckpapier *n*
– **estucado a máquina** *m* [Pp] / maschinengestrichenes Papier *n*
–**eta** *f* [TS] / Zettel *m* · Laufzettel *m*
–**eta de préstamo** *f* [RS] / Ausleihquittung *f* · Leihschein *m*
– **hecho a mano** *m* [Pp] / Handpapier *n* · handgeschöpftes Papier *n* · echtes Büttenpapier *n* · Büttenpapier *n*
– **hecho a máquina** *m* [Pp] / Maschinenpapier *n*
– **ilustración** *m* [Prt] / illustrationsdruckpapier *n*
– **imitación de cuero** *m* [Bind] / Kunstlederpapier *n*
– **imitación estucado** *m* [Pp] / Naturkunstdruckpapier *n*
– **impregnado** *m* [Pp] / Streichpapier *n*

– **impregnado de óxido de cinc** *m* [Repr] / Zinkoxidpapier *n*
– **India** *m* [Pp] / Bibel(druck)papier *n*
– **japonés** *m* [Pp] / Japanpapier *n*
– **jaspeado** *m* [Bind] / Tunkpapier *n* · Kleisterpapier *n* · Marmorpapier *n*
– **Kraft** *m* [Pp] / Kraftpapier *n*
– **Manila** *m* [Pp] / Manilapapier *n*
– **marfil** *m* [Pp] / Elfenbeinpapier *n*
– **marmolado** *m* [Bind] / Marmorpapier *n*
– **mecánicamente calandrado** *m* [Pp] / maschinenglattes Papier *n*
– **NCR** *m* (no carbon required) [Off] / NCR-Papier *n* · selbstdurchschreibendes Papier *n* · Durchschreibpapier *n*
– **neutro** *m* [Pp] / säurefreies Papier *n*
– **no encolado** *m* [Pp] / ungeleimtes Papier *n*
– **para borrador** *m* [Off] / Konzeptpapier *n* · Schmierpapier *n*
– **para carátulas** *m* [Bind] *HA* / Bezugspapier *n*
– **para cartelas** *m* [Bind] / Kartuschenpapier *n*
– **para ciclostil** *m* [Pp; Repr] / Saugpostpapier *n*
– **para escribir** *m* [Pp] / Schreibpapier *n*
– **para escribir a máquina** *m* [Pp] / Schreibmaschinenpapier *n*
– **para etiquetas** *m* [Pp] / Etikettenpapier *n*
– **para forrar** *m* [Bind] / Überzugspapier *n*
– **para fotocopias** *m* [Repr] / Kopierpapier *n*
– **para fotograbado** *m* [Pp] / Illustrationsdruckpapier *n* · Naturkunstdruckpapier *n*
– **para guardas** *m* [Bind] / Kaschierpapier *n*
– **para ilustraciones** *m* [Prt] / illustrationsdruckpapier *n*
– **para impresión artística** *m* [Pp] / Kunstdruckpapier *n*
– **para imprimir** *m* [Prt] / Druckpapier *n*
– **para libros** *m* [Pp] / Bücherpapier *n*
– **para multicopista** *m* [Pp; Repr] / Saugpostpapier *n*
– **para tipografía** *m* [Pp] / Hochdruckpapier *n*
– **pautado** *m* [Pp] / Notenpapier *n*
– **pergamino** *m* [Pp] / Pergaminpapier *n* · Pergamentpapier *n*
– **plegado en acordeón** *m* [Pp] / Leporellopapier *n*
– **prensa** *m* [Pp] / Zeitungspapier *n*
– **rayado** *m* [Pp] / lini(i)ertes Papier *n*
– **resistente a la acción de los insectos** *m* [Pp] / insektenfestes Papier *n*
– **resistente al envejecimiento** *m* [Pp] / alterungsbeständiges Papier *n*
– **reversible** *m* [Repr] / Umkehrpapier *n*
– **revestido** *m* [Pp] / gestrichenes Papier *n* · beschichtetes Papier *n*
– **satinado** *m* [Pp] / Glanzpapier *n* · satiniertes Papier *n* ‖ *s.a. papel satinado*
– **satinado a máquina** *m* [Pp] / maschinenglattes Papier *n*
– **satinado sin estucar** *m* [Pp] / Naturkunstdruckpapier *n*
– **secante** *m* [Pp] / Löschpapier *n* · Saugpapier *n*
– **sin calandrar** *m* [Pp] / ungeglättetes Papier *n*
– **sin satinar** *m* [Pp] / ungeglättetes Papier *n*
– **sin sustancias ácidas** *m* [Pp] / säurefreies Papier *n*
– **sulfítico de embalar** *m* [Pp] / Kraftpapier *n*
– **supercalandrado** *m* [Pp] / Hochglanzpapier *n*
– **tafilete** *m* [Bind] / Kunstlederpapier *n*
– **timbrado** *n* [Off] / Schreibpapier mit Briefkopf *n*
– **usado** *m* [Bind; Prt] / Altpapier *n*
– **vergé** *m* [Pp] / geripptes Papier *n*
– **vergueteado** *m* [Pp] / geripptes Papier *n*
– **verjurado** *m* [Pp] / geripptes Papier *n*
– **viejo** *m* [Prt; Bind] / Altpapier *n*

papelera *f* [BdEq] / Papierkorb *m* ‖ *s.a. cubo de basura*
papelería y artículos de escritorio *f* [Off] / Schreib- und Papierwaren *pl*
papiro *m* [Writ] / Papyrus *m*
papirología *f* [Bk] / Papyruskunde *f* · Papyrologie *f*
papirólogo *m* [Writ] / Papyrologe *m*
paquete combinado de medios de comunicación *m* [NBM] / Medienkombination *f* · Medienpaket *n*
paquete contra reembolso *m* [Comm] / Nachnahmepaket *n*
paquete con valor declarado *m* [Comm] / Wertpaket *n*
paquete de datos *m* [EDP] / Datenpaket *n*
paquete de datos prioritarios *m* [Comm] / Vorrangdatenpaket *n*
paquete de programas *m* [EDP] / Programmpaket *n*

paquete por avión *m* [Comm] / Luftpostpaket *n*
parada de (doble) imagen *f* (en una cámara copiadora en serie, etc.) [Repr] / Doppelblattsperre *f*
parado *adj* (laboral) [Staff] / arbeitslos *adj*
paráfrasis *f* [Bk; Mus] / Paraphrase *f*
parágrafo *m* [Writ; Prt] / Paragraph *m*
paragüero *m* [BdEq] / Schirmständer *m*
paralelo *m* [Cart] / Breitenkreis *m*
parásito *m* [Pres] / Schädling *m*
parásito informativo *m* [Retr] / Ballast *m*
parasol *m* [BdEq] / Sichtblende *f*
pardusco *adj* [Bk] / braunfleckig *adj*
pared de armarios *f* [MbEq] / Schrankwand *f*
pared de estanterías *f* [Sh] / Regalwand *f*
pared para carteles *f* [BdEq] / Plakatwand *f*
paréntesis *m* [Writ; Prt] / runde Klammer *f* · Klammer *f* ‖ *s.a. corchetes; llave sinóptica*
– **angular** *m* [Writ; Prt] / Spitzklammer *f* · Winkelklammer *f*
paridad *f* [EDP] / Parität *f*
paro laboral *m* [Staff] / Arbeitslosigkeit *f*
párrafo *m* [Writ; Bk; Prt] / Abschnitt *m* · Absatz *m*
– **almacenado** *m* (en el tratamiento de textos) [EDP] / Textbaustein *m*
parte 1 *f* (notas impresas para una o dos voces o instrumentos ejecutantes) [Mus] / Stimme *f*
– 2 *f* (de un libro que aparece en varias ~s) [Bk] / Teil *m* · Abteilung *f*
– 3 *f* (de un mapa) [Cart] / Teil *m*
– **componente** *f* (de una obra bibliográficamente independiente) [Bk; Cat] / bibliographisch abhängiges Werk *n*
– **común de un título principal** *f* [Cat] / gemeinsamer Teil eines Hauptsachtitels *m*
– **del director** *f* [Mus] / Direktionsstimme *f*
– **del director para piano** *f* [Mus] / Klavier-Direktionspartitur *f*
– **de operación** *f* [EDP] / Operationsteil *m*
– **de operando** *f* [EDP] / Operandenteil *m*
– **dependiente de un título principal** *f* [Cat] / abhängiger Teil eines Hauptsachtitels *m*
– **informativa de un índice** *f* [Bk] / Registerinformation *f*
partición de tiempo *f* [EDP] / Zeitmultiplexbetrieb *m*
participación de los empleados *f* [OrgM] / Mitarbeiterbeteiligung *f*
partida presupuestaria *f* [BgAcc] / Haushaltstitel *m* · Titel *m*
partitura *f* [Mus] / Partitur *f*
– **abreviada** *f* [Mus] / Particell *n*
– **breve** *f* [Mus] / Partiturauszug *m*
– **condensada** *f* [Mus] / Partiturauszug *m*
– **coral** *f* [Mus] / Chorpartitur *f*
– **de bolsillo** *f* [Mus] / Studienpartitur *f* · Taschenpartitur *f*
– **de director** *f* [Mus] / Dirigierpartitur *f*
– **de ejecución** *f* [Mus] / Spielpartitur *f*
– **de estudio** *f* [Mus] / Studienpartitur *f*
– **de orquesta** *f* [Mus] / Orchesterpartitur *f*
– **para piano** *f* [Mus] / Klavierauszug *m*
– **reducida** *f* [Mus] / Partiturauszug *m*
– **vocal** *f* [Mus] / Gesangspartitur *f* · Singpartitur *f*
pasada de recuperación *f* [Retr] / Suchlauf *m*
pasador de ajuste *m* [Sh] / Stellstift *m*
pasaje citado *m* [Bk] / Zitat *n*
pase de prueba *m* [EDP] / Testlauf *m*
pase por máquina *m* [EDP] / Maschinenlauf *m*
pasillo *m* [BdEq] / Durchgang *m* · Gang *m*
– **central** *m* (en un depósito bibliotecario) [BdEq] / Mittelgang *m*
– **entre cuerpos de estantería** *m* [BdEq] / Gang *m*
– **entre estanterías** *m* [Sh] / Regalgang *m*
– **lateral** *m* (en el depósito) [BdEq] / Nebengang *m*
– **principal** *m* (transversal a los cuerpos de estanterías) [Sh] / Hauptgang *m*
pasionario *m* [Bk] / Passionar *n*
paso *m* (señal de duración definida) [Comm] / Schritt *m*
– **de aprendizaje** *m* (en enseñanza programada) [Ed] / Lernschritt *m*
– **de cuadros de imagen** *m* [Repr] / Bildschritt *m*
– **de fotograma** *m* [Repr] / Filmschritt *m*
– **estrecho** *m* [OrgM] / Engpaß *m*
pasquín *m* [Bk] / Pasquill *n* · Flugschrift *f*
pasta *f* [Pp] / Halbstoff
– **anterior** *f* [Bind] / Vorderdeckel *m*
– **de cartón** *m* [Bind] / geklebte Pappe *f*
– **de madera** *f* [Pp] / Holzschliff *m*
– **dura** *f* [Bind] / Klebepappe *f*
–(s) *f(pl)* [Bind] / Einbanddecke *f* · Deckel *pl*
–(s) *f(pl)* [Bind] / Umschlag *m*
pastilla *f* [EDP] / Chip *n*

pastoral *f* [Bk] / Pastorale *n Bk*
patentabilidad *f* / Patentfähigkeit *f*
patente (de invención) *f* [Law] / Patent *n*
patio de luces *m* [BdEq] / umbauter Raum *m*
patrocinador *m* [Gen] / Sponsor *m*
patrón *m* [Repr] / Schablone *f*
– **de tinta para impresora** *m* [EDP; Prt] / Druckpatrone
patronímico *m* [Cat] / Patronymikon *n* · Vatersname *m*
pausa 1 *f* [Gen] / Pause *f* (descanso corto)
– 2 *f* [Mus] / Pause *f*
pauta *f* [OrgM] / Richtlinien *pl*
pautar *v* [Writ] / lini(i)eren *v*
pedido *m* [Acq; Bk] / Bestellung *f* ‖ *s.a. orden 3*
– **a confirmar después de examen** *m* [Acq] / Ansichtsbestellung *f*
– **anticipado** *m* [RS] / Vorbestellung *f*
– **a vista** *m* [Acq] / Ansichtsbestellung *f*
– **bibliográfico en línea** *f* [RS] / Online-Literaturbestellung *f* ‖ *s.a. provisión de bibliografía*
– **de antemano** *m* [Acq] / Vorbestellung *f* · Vorausbestellung *f*
– **de cantidad fija** *m* [Acq] / Dauerauftrag *m*
– **de fotocopia** *f* [Repr] / Kopiebestellung *f*
– **de obras en continuación** *m* [Acq] / Fortsetzungsbestellung *f*
– **de préstamo interbibliotecario** *f* [RS] / Leihverkehrsbestellung *f*
– **en firme** *m* [Acq] / Festbestellung *f*
– **hasta nuevo aviso** *m* [Acq] / laufende Bestellung *f*
– **hasta orden en contrario** *m* [Acq] / laufende Bestellung *f*
– **no satisfecho** *m* [RS] / negativ erledigte Bestellung *f*
– **permanente** *m* [Acq] / Dauerauftrag *f* ‖ *s.a. orden de envío permanente; pedido de obras en continuación*
– **satisfecho** *m* [RS] / positiv erledigte Bestellung *f* ‖ *s.a. porcentaje de pedidos satisfechos*
– **suplementario** *m* [Acq] / Nachbestellung *f*
pedir (un libro del depósito) [RS] / bestellen *v*
– **la devolución** *v* (de un libro prestado) [RS] / zurückfordern *v*
– **la jubilación** *v* [Staff] / sich pensionieren lassen *v*
– **nuevamente** *v* [Acq] / nachbestellen *v* ‖ *s.a. hacer un pedido suplementario*
pegacintas *m* [Repr] / Klebepresse *f* (prensa)
pegado *pp* [Pp] / geklebt *pp* · eingeklebt *pp*
pegado del falso lomo *m* [Bind] / Hinterkleben *n*
pegamento *m* [Bind; Off] / Klebstoff *m* ‖ *s.a. cola de pegar; engrudo; goma de pegar*
pegar 1 *v* [Bind] / (tablas, etc.:) einkleben *v* · 1 ansetzen *v* · aufkleben *v*
– 2 *v* (tiras de película) [Repr] / kleben *v Brit* ‖ *s.a. empalmar*
– **las guardas** *v* [Bind] / anpappen *v*
– **por calentamiento** *v* / Heißsiegeln *n*
pegatina *f* [PR] / Aufkleber *m*
película *f* [Repr] / Film *m* · Film *m*
– **científica** *f* [NBM] / wissenschaftlicher Film *m*
– **científico-pedagógica** *f* [Ed] / wissenschaftlicher Film *m*
– **cinematográfica** *f* [NBM; Repr] / Kinefilm *m*
– **continua** *f* [NBM] / Filmschleife *f* · Film-Loop *m* · Schleifenfilm *m*
– **de animación** *f* [NBM] / Animationsfilm *m* · Zeichentrickfilm *m*
– **de aventuras** *f* [NBM] / Abenteuerfilm *m*
– **de bucle** *f* [NBM] / Filmschleife *f*
– **de cine** *f* [NBM] / Film *m*
– **de contactos** *f* [Repr] / Kontaktfilm *m*
– **de copia** *f* [Repr] / Kopierfilm *m*
– **de dibujos animados** *f* [NBM] / Animationsfilm *m* · Zeichentrickfilm *m* · Trickfilm *m*
– **de haluro de plata** *f* [Repr] / Silberfilm *m*
– **de seguridad** *f* [Repr] / Sicherheitsfilm *m*
– **didáctica** *f* [NBM] / Lehrfilm *m*
– **duplicadora** *f* [Repr] / Duplizierfilm
– **educativa** *f* [NBM] / Unterrichtsfilm *m*
– **en blanco y negro** *f* [Repr] / Schwarzweiß-Film *m*
– **en bucle** *f* [NBM] / Film-Loop *m* · Schleifenfilm *m*
– **en color** *f* [Repr] / Farbfilm *m*
– **en hojas** *f* [Repr] / Blattfilm *m*
– **en negativo** *f* [Repr] / Negativfilm *m*
– **en tira** *f* [Repr] / Filmstrip *m*
– **estrecha** *f* [NBM] / Schmalfilm *m*
– **invertible** *f* [Repr] / Umkehrfilm *m*

– **maestra** *f* (una microforma de la que se pueden sacar duplicados o copias intermedias; microfilm de la primera generación) [Repr] / Masterfilm *m* · Originalfilm *m*
– **muda** *f* [NBM] / Stummfilm *m*
– **original** *f* [Repr] / Masterfilm *m* · Originalfilm *m*
– **publicitaria** *f* [NBM] / Werbefilm *m*
– **(semi)rígida** *f* [Repr] / Blattfilm *m*
– **sensible a radiaciones** *f* [Repr] / strahlungsempfindlicher Film *m*
– **sin fin** *f* [NBM] / Filmschleife *f* · Film-Loop *m*
– **sonora** *f* [NBm] / Tonfilm *m*
– **vesicular** *f* [Repr] / Vesikularfilm *m* ‖ *s.a. duplicado de película*
– **virgen** *f* [Repr] / Rohfilm *m*
peligro de incendio *m* [BdEq] / Feuergefahr *f* · Brandgefahr *f*
peligros medioambientales *pl* [Gen] / Umweltgefahren *pl*
pendiente de devolución [RS] / zur Rückgabe fällig *adj*
pensión *f* (de jubilación) [Staff] / Pension *f* · Ruhegehalt *n*
pequeña rotura *f* [Bk] / Einriß *m*
percalina *f* [Bind] / Buchbinderleinen *n*
perchero *m* [BdEq] / Garderobenständer *m*
– *m* [BdEq] / Taschen- und Mäntelablage *f*
– **de pie** *m* [BdEq] / Kleiderständer *m*
perder el color *v* [Pres] / Verblassen *n*
pérdida de información *f* [InfSy] / Informationsverlust *m*
pérdida de libro *f* [Stock] / Buchverlust *m*
pérdida de valor *f* [Stock] / Wertverlust *m*
perfil *m* [Writ] / Haarstrich *m*
– **de búsqueda** *m* [InfSy; Retr] / Suchprofil *n*
– **de intereses** *m* [InfSy] / Interessenprofil *n*
– **de la colección** *m* [Stock] / Bestandsprofil *n*
– **del usuario** *m* (en difusión selectiva de información) [InfSy] / Benutzerprofil *n*
perforación *f* (en fichas catalográficas) [Cat] / Lochung
– **de ajuste** *f* [Repr] / Paßlochung *f* · Paßlöcher *pl*
– **de fichas catalográficas** *f* [Cat] / Katalogkartenlochung *f*
– **de guía** *f* (en una tarjeta ranurada) [PuC] / Fixierloch *n*
– **marginal compuesta** *f* [PuC] / Kombinationsverschlüsselung *f*
– **mútiple** *f* [PuC] / Mehrfachlochung *f*
perforado *adj* [PuC] / löcherig *adj*
perforador *m* [PuC] / Lochstanzer *m*
– **de cintas** *m* [PuC] / Lochstreifenstanzer *m*
– **de tarjetas** *f* [PuC] / Lochkartenstanzer *m*
perforadora *f* [PuC] / Locher *m*
– **de cinta (de papel)** *f* [PuC] / Streifenlocher *m*
– **de fichas** *f* [PuC] / Kartenlocher *m*
– **de tarjetas** *f* [PuC] / Lochkartenlocher *m*
– **lectora de fichas** *f* [PuC] / Lochkarten-Lese-Stanz-Einheit *f*
– **lectora de tarjetas** *m* [PuC] / Lochkarten-Lese-Stanz-Einheit *f*
perforar *v* [PuC] / ablochen *v* · lochen *v*
– **muescas** *v* [PuC] / kerben *v*
perg. *abbr s. pergamino*
pergamino *m* [Pp] / Pergamin *n* · Pergament *n*
– **virgen** *m* [Bk] / Jungfernpergament *n*
periférico *m* [EDP] / periphere Einheit *f*
– **de entrada** *m* [EDP] / Eingabeeinheit *f*
periódico *m* [Bk] / Zeitschrift · Zeitung *f* ‖ *s.a. diario 3*
– **bisemanal** *m* [Bk] / Halbwochenschrift *f*
– **comercial** *m* [Bk] / Anzeigenblatt *n*
– **de gran ciudad** *m* [Bk] / Großstadtzeitung
– **de la tarde** *m* [Bk] / Abendzeitung *f*
– **diario** *m* [Bk] / Tageblatt *n* · Tageszeitung *f*
– **interno** *f* [Bk] / Hauszeitschrift
– **interno de una empresa** *m* [Bk] / Werkszeitschrift *f*
– **interno para empleados** *m* [Bk] / Mitarbeiterzeitschrift *f*
– **quincenal** *m* [Bk] / Halbmonatsschrift *f*
– **semestral** *m* [Bk] / Halbjahresschrift *f*
– **sensacionalista** *m* [Comm] / Sensationsblatt *n*
periodo de capacitación *m* [Ed] / Ausbildungsdauer *f s. tiempo de formación*
periodo de prácticas *m* [Ed] / Praktikum *n*
período de préstamo *m* [RS] / Leihfrist *f*
periodo de prueba *m* [Staff] / Probezeit *f*
periodo de retención *m* [Arch] / Aufbewahrungsfrist *f*
periodo lectivo *m* [Ed] / Vorlesungszeit *f*
periodo no lectivo *m* [ED] / vorlesungsfreie Zeit *f*
perito *m* [Gen] / Gutachter *m*
permeabilidad al aire *f* [Press] / Luftdurchlässigkeit *f*

permiso *m* [Staff] / Urlaub *m*
- **de conexión** *m* [Comm] / Anschlußgenehmigung *f*
- **de construcción** *m* [BdEq] / Baugenehmigung *f*
- **de impresión** *m* [Bk] / Druckgenehmigung *f*
- **de reproducción** *m* [Law] / Kopierlizenz *f*
- **de residencia** *m* [Staff] / Aufenthaltserlaubnis *f*
- **de trabajo** *m* [Staff] / Arbeitserlaubnis *f*
- **de usuario** *m* [RS] / Benutzerzulassung *f*
- **de vacaciones** *m* [Staff] / Urlaubsplan *m* · Urlaubsschein *m n*

permutación *f* [Ind] / Permutation *f*
persona cualificada *f* [Staff] / Fachkraft *f*
persona jurídica *f* [Gen; Cat] / Körperschaft *f s.a. entidad corporativa*
personal *m* [OrgM] / Stab *m* · Personal *n*
- **administrativo** *m* [Staff] / Verwaltungspersonal *n*
- **auxiliar** *m* [Staff] / Hilfspersonal *n*
- **con contrato temporal** *m* [Staff] / Personal mit Zeitverträgen *n*
- **contratado a tiempo parcial** *m* [Staff] / Teilzeitpersonal *n*
- **contratado por horas** *m* [Staff] / Teilzeitpersonal *n*
- **de consulta** *m* [Staff] / Auskunftspersonal *n*
- **de información** *m* [Staff] / Auskunftspersonal *n*
- **de informática** *m* [EDV] / EDV-Personal *n*
- **de la biblioteca** *m* [Staff] / Bibliothekspersonal *n*
- **de limpieza** *m* [Staff] / Raumpflegepersonal *n* · Reinigungspersonal *n*
- **de oficina** *m* [Staff] / Büropersonal *n*
- **de referencia** *m* [Staff] / Auskunftspersonal *n*
- **de sala de lectura** *m* [Staff] / Lesesaalpersonal *n*
- **de servicio** *m* [Staff] / Hauspersonal *n*
- **de vigilancia** *m* [OrgM] / Aufsichtspersonal *n*
- **empleado temporalmente** *m* [Staff] / befristet eingestelltes Personal *n*
- **especializado** *m* [Staff] / Fachpersonal *n*

~idad biografiada *f* [Bk] / biographierte Persönlichkeit *f*
~idad homenajeada *f* [Cat] / gefeierte Persönlichkeit *f*
- **no cualificado** *m* [Staff] / nichtfachliches Personal *n*
- **subalterno** *m* [Staff] / einfacher Dienst *m*
- **temporal** *m* [Staff] / Zeitpersonal *n*

perspectivas de empleo *pl* [Staff] / Beschäftigungsaussichten *pl*
perspectivas profesionales *pl* [Staff] / Berufsaussichten *pl*
pertinencia *f* [Ind] / Pertinenz *f*
perturbación *f* [Retr] / Ballast *m*
- **del ordenador** *f* [EDP] / Computerstörung *f*

peso del papel *m* [Pp] / Papiergewicht *n*
peso propio de la construcción *m* [BdEq] / Eigengewicht der Konstruktion *n*
pestaña *f* [Bk] / Innenkantenbordüre *f*
petición a distancia *f* [Acq] / Fernbestellung *f*
peticionario *m* [Staff] / Besteller *m* · Bewerber *m*
petición *f*
- **de borrado** *f* [Comm] / Auslöseaufforderung *f*
- **de búsqueda** 1 *f* (a un librero) [Acq] / Suchanfrage *f*
- **de búsqueda** 2 *f* [Retr] / Rechercheauftrag *m*
- **de búsqueda** 2 *f* [Retr] / Abfrageanforderung *f*
- **de característica de operación** *f* [Comm] / Leistungsmerkmalanforderung *f*
- **de duplicado** *f* [Acq] / Doppelbestellung *f*
- **de empleo** *f* [EDP] / Bewerbung *f*
- **del usuario** *f* [Acq] / Benutzerwunsch *m*
- **de recurso de usuario** *f* [Comm] / Leistungsmerkmalanforderung *f*
- **directa** *f* [RS] / Direktbestellung *f*
- **en línea** *f* [Acq; RS] / Online-Bestellen *n*
- **urgente** *f* [Acq] / Eil-Bestellung *f*

picado *pp* [Bk] / angefressen *pp*
- **de gusanos** *m* [Pres] / wurmstichig *adj*

picadura de gusanos *f* [Pres] / Wurmstich *m*
pictografía *f* [Writ] / Piktographie *f* · Bilderschrift *f*
pictograma *m* [InfSy; Writ] / Piktogramm *n*
pie 1 *m* (de un tipo de imprenta) [Prt] / Fuß *m*
- 2 *m* (de ilustración) [Bk] / Fußlegende *f*
- 3 *m* (parte inferior de un libro) [Bind] / Schwanz *m*
- **de ilustración** *m* [Bk] / Bildunterschrift *f*

– **de imprenta** *m* [Bk] / Druckvermerk *m* · Signet *n* (o de impresor) · Impressum *n*
– **de imprenta falso** *m* [Bk] / fingiertes Impressum *n*
– **de impresión** *m* [Prt] / Druckvermerk *m*
– **de letra** *m* [Writ; Prt] / Grundstrich *m*
piel *f* [Bind] / Leder *n*
– **artificial** *f* [Bind] / Kunstleder *n*
– **de becerro** *f* [Bind] / Kalbleder *n*
– **de borrego** *f* [Bind] / Lammleder *n*
– **de cabra** *f* [Bind] / Ziegenleder *n* ‖ *s.a. cabritilla; marroquí*
– **de carnero** *f* [Bind] / Basane *f*
– **de elefante** *f* [Bind] / Elefantenhaut *f*
– **de foca** *f* [Bind] / Seehundleder *n*
– **de Rusia** *f* [Bind] / Juchten(leder) *m/n(n)*
– **granulada** *f* [Bind] / Chagrin *n*
– **lustrada** *f* [Bind] / geglättetes Leder *n*
pieza de exposición *f* [PR] / Ausstellungsstück *n*
piezas de música *pl* [Mus] / Musikalien *pl* ‖ *s.a. música publicada*
pigmentado *pp* [Pres] / pigmentiert *pp*
pila *f* [BdEq] / Trog *m*
– **de discos** *f* [EDP] / Plattenstapel *m* ‖ *s.a. disco magnético; memoria de disco duro*
– **de seis discos** *f* (para almacenamiento magnético de información) [EDP] / Sechsplattenstapel *m*
– **holandesa** *f* [Pp] / Holländer *m*
pintor de códices miniados *m* [Art; Bk] / Miniator *m*
pintor medieval de hojas sueltas *m* [Bk] / Briefmaler *m*
pintura *f* [Art] / Gemälde *n*
– **de cortes** *f* [Bind] / Schnittmalerei *f*
– **en el corte delantero** *f* [Bind] / Schnittmalerei *f*
pinza para perforar tarjetas *f* [PuC] / Kerbzange *f*
pinza(s) de ranurar *f(pl)* [PuC] / Schlitzzange *f*
pinza sujetapapeles *f* [Off] / Büroklammer *f*
piolas *pl* [Bind] *HA* / Schnüre *pl*
piratería editorial *f* [Bk] / Raubdruck(wesen) *m(n)*
pisapapeles *m* [Off] / Briefbeschwerer *m*
piso 1 *m* [BdEq] / Stock *m* · Geschoß *n* · Etage *f* · Fußboden *m*
– 2 *f* [BdEq] / Stockwerk *n* · Fußboden *m* ‖ *s.a. suelo*
pista *f* (de un soporte de grabación) [EDP; NBM] / Spur *f*
– **de datos** *f* [EDP] / Datenspur *f*
– **de índice** *f* [EDP] / Indexspur *f*
– **magnética** *f* [NBM] / Magnetspur *f*
– **sonora** *f* [NBM] / Tonspur *f*
pizarra *f* [BdEq] / Wandtafel *f*
– **magnética** *f* [BdEq] / Magnethafttafel *f* · Magnettafel *f*
pizarrín *m* [Writ] / Griffel *m*
pl. *abbr s. plancha 1*
placa *f*
– **base** *f* [EDP] / Grundplatine *f* · Mutterplatine *f*
– **(de circuito impreso)** *f* [EDP] / Platine *f*
– **de circuito impreso en color** *f* [EDP] / Farbplatine *f*
– **de circuito impreso madre** *f* [EDP] / Grundplatine *f*
– **de memoria** *f* [EDP] / Speicherplatte *f*
– **de puerta** *f* [BdEq] / Türschild *n*
– **madre** *f* [EDP] / Mutterplatine *f*
placarte *m* [NBM] / Plakat *n*
plagiar *v* [Bk] / ein Plagiat begehen *v*
plagiario *m* [Bk] / Plagiator *m*
plagio *m* [Bk] / Plagiat *n*
plancha 1 *f* [Repr] / Klischee *n*
– 2 *f* [Prt] / Platte *f* ‖ *s.a. plancha estereotípica*
– 3 *f* [Bind] / Platte *f* ‖ *s.a. plancha de estampación; plancha para dorar*
– **de calcotipia** *f* [Prt] / Kupfer(druck)platte *f*
– **de cobre** *f* [Art] / Kupfertafel *f*
– **de estampación** *f* [Bind] / Preßplatte *f*
– **de estereotipia** *f* [Prt] / Stereoplatte *f* · Stereotypieplatte *f*
– **de reproducción** *f* [Prt] / Stereo *n*
– **estereotípica** *m* [Prt] / Druckplatte *f*
– **offset** *f* [Prt] / Offsetdruckplatte *f*
– **para dorar** *f* [Bind] / Plattenstempel *m* ‖ *s.a. sello 1*
plancheta *f* [Cart] / Gradfeld *n*
plan cronológico *m* [OrgM] / Zeitplan *m*
plan de distribución de trabajos *m* [OrgM] ‖ *s.a. esfera de acción*
plan de ejecución de las obras *m* [BdEq] / Bauplan *m* (de un edificio)
plan de emergencia *m* [OrgM] / Katastrophenplan *m* · Notstandsplan *m*
plan de estudios *m* [Ed] / Lehrplan *m*
plan de fechas *m* [OrgM] / Terminplan *m*
plan de formación *m* [Ed] / Ausbildungsplan
plan del muestreo *m* [InfSc] / Stichprobenplan *m*
plan de trabajo *m* [OrgM] / Arbeitsplan *m*
planetario *m* [NBM] / Planetarium *n*
planificación *f* [OrgM] / Planung *f*

– **de empleo de personal** *f* [OrgM] / Personaleinsatzplanung *f*
– **de horarios** *f* [OrgM] / Terminplanung *f*
– **de las obras** *f* [BdEq] / Bauplanung *f* (de un edificio)
– **del flujo de trabajo** *f* [OrgM] / Ablaufplanung *f*
– **del trabajo** *f* [OrgM] / Arbeitsplanung *f*
– **de vacaciones** *f* [Staff] / Urlaubsplan *m*
– **empresarial** *f* [OrgM] / Unternehmensplanung *f*
planisferio celeste *m* [Cart] / Sternkarte *f*
plano 1 *m* (de un edificio) [BdEq] / Entwurf *m*
– 2 *m* [Cart] / Plan *m*
– **de arquitecto** *m* [BdEq] / Architektenentwurf *m*
– **de arquitectura** *m* [Cart] / Architekturplan *m*
– **de la planta** *m* [BdEq] / Geschoßplan *m* · Stockwerksplan *m*
– **de plancheta** *m* [Cart] / Gradabteilungskarte *f*
– **de planta** *m* [BdEq] / Grundriß *m*
– **de una ciudad** *m* [Cart] / Stadtkarte *f*
– **plegable** *m* [Cart] / Faltplan *m*
– **técnico** *m* [Cart] / technischer Plan *m*
– **urbano** *m* [Cart] / Stadtplan *m* · Stadtkarte *f*
planta *f* [BdEq] / Stock *m* · Geschoß *n*
– **baja** *f* [BdEq] / Erdgeschoß *n*
– **de almacén** *f* [BdEq] / Magazinebene *f*
– **del edificio** *f* [BdEq] / Gebäudeplan *m* ‖ *s.a. directorio del edificio*
plantilla (de personal) *f* [Staff] / Personal *n*
– **de personal** *f* [OrgM] / Stab *m*
– **para captación de datos** *f* [EDP] / Datenerfassungsblatt *n*
plastificación de cubiertas *f* [Bind] / Folieneinschweißung *f*
plastificado *m* [Bind] / Folienkaschierung *f* · Einbettung *f* ‖ *s.a. forrar*
plastificar *v* (un libro) [Bind] / Einschweißen *n*
plata en hojas *f* [Bind] / Blattsilber *n*
platina principal *f* [EDP] / Hauptplatine *f*
plato *m* (giradiscos) [NBM] / Plattenteller *m*
plausibilidad *f* [InfSc] / Stichhaltigkeit *f*
plaza *f* (puesto de trabajo) [OrgM] / Stelle *f*
– **de docente** *f* [Ed] / Dozentur *f*
– **vacante** *f* [Staff] / freie Stelle · nichtbesetzte Stelle *f* · unbesetzte Stelle *f*
plazo de despido *m* [Staff] / Kündigungsfrist *f*
plazo de entrega *m* [Acq] / Liefertermin *m* · Lieferfrist *f*
plazo de préstamo *m* [RS] / Leihfrist *f*
plazo de protección de propiedad intelectual *m* [Law] / Schutzfrist *f*
plazo de retracto *m* [Acq] / Rücktrittsfrist *f*
pleca cortante *f* [Repr] / Abreißschiene *f*
plegadera *f* [Bind] / Falzbein *n*
plegado en acordeón *m* [Bind] / Leporellofalzung *f* · Zick-Zack-Falzung *f*
plegado en fuelle *m* [Bind] / Zick-Zack-Falzung *f*
plegado en zigzag *m* [Bind] / Leporellofalzung *f* · Zick-Zack-Falzung *f*
plegado Leporello *m* [Bind] / Leporellofalzung *f*
plegadora *f* [Bind] / Falzmaschine *f*
plegar *v* [Bind] / falzen *v*
pleonasmo *m* [Lin] / Pleonasmus *m*
pliego *m* [Prt] / Bogen *m*
– **de aleluyas** *m* [NBM] / Bilderbogen *m*
– **de condiciones** *m* [BdEq] / Ausschreibungsunterlagen *pl*
– **de cordel** *m* [NBM] / Flugblatt *n*
– **de estampas** *m* [NBM] / Bilderbogen *m*
– **de imprenta** *m* [Prt] / Druckbogen *m*
– **de libro** *m* [Bind] / Lage *f*
– **de patrones de labores** *m* [Bk] / Schnittmusterbogen *m*
– **de prensa** *m* [Prt] / Druckbogen *m*
– **de principios** *m* [Bk; Prt] / Titelei *f* ‖ *s.a. finales*
– **de pruebas** *m* [Prt] / Korrektur(abzug) *f(m)* · Korrekturbogen *m* ‖ *s.a. galerada(s); prueba(s) de imprenta*
– **impreso** *m* [Prt] / Druckbogen *m*
– **mal impreso** *m* [Prt] / Fehldruck *m*
– **suelto** *m* [NBM] / Flugblatt *n*
pliegue *m* (línea de doblez) [Bind] / Falz *m*
– **del lomo** *m* [Bind] / Rückenfalz *m*
– **en zigzag** *m* [Bind] / Leporellofalz *m* · Zickzackfalz *m* · Zick-Zack-Falz *m*
pluma *f* [Writ] / Feder *f*
– **de acero** *f* [Writ] / Stahlfeder *f*
– **de cálamo** *f* [Writ] / Rohrfeder *f*
– **estilográfica** *f* [Writ] / Füllfederhalter *m*
– **para escribir** *f* (de ave) [Writ] / Schreibfeder *f*
población *f* (base de muestreo) [InfSc] / Population *f*
poder de resolución *m* [EDP; VDU; REpr] / Auflösungsvermögen *n*
poema épico *m* [Bk] / Epos *n*
políglota *f* [Bk] / Polyglotte *f*

polígono de frecuencias *m* [InfSc] / Häufigkeitspolygon *n* · Frequenzpolygon *n*
polilla *f* [Bk] / Bücherwurm *m*
políptico *m* [Bk] / Polyptichon *n*
polisema *m* [Lin] / Polysem *n*
polisemia *f* [Lin] / Polysemie *f* · Mehrdeutigkeit *f*
política bibliotecaria *f* [Lib] / Bibliothekspolitik *f*
política de adquisiciones *f* [Acq] / Erwerbungspolitik *f*
política de información *f* [InfSc] / Informationspolitik *f*
política de personal *f* [Staff] / Personalpolitik *f*
política de utilización *f* [RS] / Benutzungspolitik *f*
polonesa *f* [Bind] / Anschießer *m*
polvo para dorar *m* [Bind] / Vergoldepulver *n*
polvoriento *adj* [Bk] / angestaubt *pp*
ponderar *v* [InfSc] / gewichten *v*
ponencia *f* [OrgM] / Arbeitspapier *n* · Tagungsvortrag *m* ‖ *s.a. conferencia 2; disertación*
ponente *m* (de una tesis doctoral) [Bk] / Disserent *m*
poner a cero *v* [EDP] / löschen *v*
poner a la vista *v* [RS] / auslegen *v*
poner a punto *v* (un programa) [EDP] / austesten *v*
poner a salvo *v* [Stock] / auslagern *v*
poner en abanico *v* [Pp] / auffächern *v*
poner en circulación *v* [Bk] / in Umlauf geben *v*
poner en lista *v* [Bib] / verzeichnen *v*
poner en marcha con autocarga *v* [EDP] / starten *v*
poner entre paréntesis *v* [Writ; Prt] / einklammern *v* · klammern *v*
poner nota *v* [Ed] / benoten *v*
poner topes *v* [Pres] / abpuffern *v*
pontifical *m* [Bk] / Pontificale *n*
porcentaje de derechos de autor *m* (para amortizar los derechos de autor relacionados con los préstamos bibliotecarios) [BgAcc] / Tantieme *f* ‖ *s.a. porcentaje de derechos de autor por préstamo bibliotecario*
porcentaje de derechos de autor por préstamo bibliotecario *m* [BgAcc] / Bibliothekstantieme *f* · Bibliotheksgroschen *m*
porcentaje de pedidos satisfechos *m* [RS] / Prozentsatz der positiv erledigten Bestellungen *m* ‖ *s.a. pedido satisfecho*
pornografía *f* [Bk] / Pornographie *f* · Schmutzliteratur *f*
port. *abbr s. portada*
portabilidad *f* (de un programa) [EDP] / Übertragbarkeit *f*
portada *f* [Bk] / Haupttitelseite *f* · Titelblatt *n* · Vorderseite *f* · Titelseite *f*
– **ilustrada** *f* [Bk] / Bildertitel *m*
– **ornada** *f* [Bk] / Frontispiz *n*
– **rehecha** *f* [Bk] / Titelblattkarton *m*
– **repuesta** *f* [Cat] / Titelseitenersatz *m* ‖ *s.a. repuesto de la portada*
portadilla *f* [Bk] / Titelseite vor oder nach der Haupttitelseite · Titelvorspann *m* · Vorderseite *f* · Vorspann *m* · Vortitelseite *f*
portador de información *m* [InfSy] / Datenträger *m* · Medium *n*
portador de informaciones *m* / Informationsträger *m*
portaetiquetas *m* [BdEq] / Schildträger *m s. portarrótulos;* ‖ *s.a. etiquetado; rotulación*
portafolios *m* [NBM] / Mappe *f*
portafotos *m* [NBM] / Bildträger *m*
portalibros *m* [Repr] / Bücherständer *m* · Buchwippe *f*
portapelícula al vacío *m* [Repr] / Vakuumsaugplatte *f* · Ansaugplatte *f*
portaperiódicos *m* [Sh] / Zeitungshalter *m*
portarrótulos *m* [BdEq] / Beschriftungsträger *m* · Schildträger *m* ‖ *s.a. rotulación*
portero *m* [Staff] / Hausmeister *m* · Pförtner *m*
portulano *m* [Cart] / Kompaßkarte *f*
pos. *abbr s. positivo*
posfechado *pp* [Bk] / nachdatiert *pp*
posición *f* (en una ordenación de caracteres) [InfSy] / Stelle *f*
– **A** *f* [Repr] / Hochformat *n*
– **a determinar** *f* / Bestimmposition *f*
– **B** *f* [Repr] / horizontale Bildlage *f*
– **de impresión** *f* [EDP/VDU] / Zeichenstelle *f*
– **de la coma** *f* [InfSy] / Radixpunkt *m*
– **de la imagen** *f* (en una tira de microfilm) [Repr] / Bildanordnung *f* ‖ *s.a. formato horizontal 2; formato vertical 2*
– **de la perforación** *f* [PuC] / Lochstelle *f*
– **de memoria** *f* [EDP] / Speicherzelle *f*
– **de memoria** *f* [EDP] / Speicherstelle *f*
– **ejecutiva** *f* [OrgM] / Führungsposition *f*

– **presentada** *f* [EDP] / Darstellposition *f*
– **protegida** *f* [EDP] / geschützter Speicherplatz *m*
posicionar *v* [EDP] / einstellen · positionieren *v*
positivado por contacto reflectográfico *m* [Repr] / Reflexkopierverfahren *n*
positivo *m* [Repr] / Positiv *n*
positivo directo *m* [Repr] / Direktbild-Silberfilm *m* · Direktbildfilm *m*
postcoordinación *f* [Ind] / Postkoordination *f*
póster *m* [NBM] / Plakat *n*
postura *f* (hacer ~ en una subasta) [Acq] / Angebot *n*
pp. *abbr* (páginas) [Bk; Bib] ‖ *s.a. p.*
práctica laboral *f* [OrgM] / Arbeitspraxis *f*
prácticas empresariales *pl* [Ed] / Unternehmenspraktikum *n*
prácticas en la empresa *pl* [Ed] / Betriebspraktikum *n*
prácticas in situ *pl* [Rs] / Schulung am Benutzungsort *f*
prcedimiento de pase de contraseña *m* [EDP] / Token-Passing-Verfahren *n*
precatalogación *f* [Cat] / Vorauskatalogisierung *f*
precatalogar *v* [Cat] / vorauskatalogisieren *v*
precio *m*
– **al contado** *m* [BgAcc] / Barpreis *m*
– **al por mayor** *m* [Acq] / Großhandelspreis *m*
– **aproximado** *m* [Bk] / Zirkapreis *m*
– **bruto** *m* [Acq; Bk] / Bruttopreis *m*
– **de catálogo** *m* [Mus] / Listenpreis *m*
– **de compra** *m* [Acq] / Kaufpreis *m*
– **de consumidor** *m* [Bk] / Endverbraucherpreis *m* · Endabnehmerpreis *m*
– **de coste** *m* [BgAcc] / Selbstkostenpreis *m*
– **de favor** *m* [Bk] / Vorzugspreis *m*
– **de lote** *m* (adquisición de ejemplares adicionales) [Bk] / Staffelpreis *m*
– **de suscripción** *f* [Bk] / Bezugspreis *m* · Subskriptionspreis *m* · Abonnementspreis *m*
– **de una suscrición anual** *m* [Acq] / Jahresbezugspreis *m*
– **de venta** *m* [Acq] / Verkaufspreis *m*
– **de venta al público** *m* [Bk] / Einzelpreis *m* · Einzelhandelspreis *m* · Ladenpreis *m*
– **de venta fijo** *m* [Bk] / fester Ladenpreis *m*
– **especial** *m* [Bk] / Sonderpreis *m*
– **excepcional** *m* [Bk] / Vorzugspreis *m*
– **global** *m* [BgAcc] / Pauschalpreis *m*
– **incluídos los gastos** *m* [Acq] / Inklusivpreis *m*
– **limitado** *m* [Bk] / Preisbindung *f*
– **límite** *m* [Acq] / Höchstpreis *m*
– **máximo** *m* [Acq] / Höchstpreis *m*
– **neto** *m* [Acq] / Nettopreis *m*
– **para el interior** *m* [Acq] / Inlandspreis *m*
– **preventivo** *m* [BgAcc] / Schutzgebühr *f*
–**s separados** *pl* [Acq] / gespaltene Preise *pl*
– **unitario** *m* [Acq] / Einzelpreis *m*
precisión *f* [Retr] / Fehlerfreiheit *f*
precoordinación *f* [Ind] / Präkoordination *f*
pref. *abbr s. prefacio*
prefacio *m* [Bk] / Geleitwort *n* · Vorwort *n*
preferencias del lector *pl* [RS] / Lesergeschmack *m*
prefijo *m* [EDP] / Präfix *n*
prefijo telefónico *m* [Comm] / Vorwahlnummer *f* · Vorwahl-Nummer *f*
pregunta abierta *f* [InfSc] / offene Frage *f*
pregunta cerrada *f* (en una encuesta) [InfSc] / Frage mit fester Antwortvorgabe *f*
pregunta con alternativas de respuesta fijas *f* [InfSc] / Frage mit fester Antwortvorgabe *f*
pregunta de búsqueda *f* [Retr] / Suchfrage *f*
pregunta de elección múltiple *f* [InfSc] / Auswahlfrage *f* · Mehrfach-Auswahlfrage *f*
pregunta de filtro *f* [InfSc] / Filterfrage *f*
prelim. *abbr s. preliminares*
preliminares *pl* [Bk; Prt] ‖ *s.a. anteportada; pliego de principios; principios*
premaqueta *f* [Prt] / Layout *n*
premio Nobel *m* [Bk] / Nobelpreis *m*
prenda *f* [RS] / Pfand *m*
prensa *f* [Bind] / Presse *f*
– **amarilla** *f* [Bk] / Boulevardpresse *f*
– **de acabado** *f* [Bind] / Klotzpresse *f*
– **de brazo** *f* [Prt] / Handpresse *f*
– **de cilindros** *f* [Prt] / Zylinderpresse *f*
– **de consumidor** *f* [Bk] / consumer press *n*
– **de cuatro columnas** *f* [Bind] / Schlagpresse *f*
– **de decoración** *f* [Bind] / Klotzpresse *f*
– **de dorar** *f* [Bind] / Vergoldepresse *f*
– **de estampar** *f* [Bind] / Prägepresse *f*
– **de husillo** *f* [Bind] / Spindelpresse *f*

– **de imprenta** *f* [Prt] / Buchdruckerpresse *f*
– **de mesa** *f* [Bind] / Tischpresse *f*
– **de palanca acodada** *f* [Bind] / Kniehebelpresse *f*
– **de platina** *f* [Prt] / Tiegel(druck)presse *f*
– **de tornillo** *f* [Bind] / Schlagpresse *f*
– **de volante** *f* [Bind] / Prägepresse *f*
– **manual** *f* [Prt] / Handpresse *f*
– **para termopegado** *f* / Heißsiegelpresse *f*
– **planocilíndrica** *f* (rotoplana) [Prt] / Zylinderpresse *f*
– **privada** *f* [Bk] / Privatpresse *f*
– **rápida** *f* [Prt] / Schnellpresse *f*
– **raspadorsos** *f* [Bind] / Anreibepresse *f*
– **tipográfica** *f* [Prt] / Buchdruckpresse *f* · Buchdruckerpresse *f* · Presse *f*
– **troqueladora** *f* [Bind] / Prägepresse *f*
preparación *f* [RS] / Ausbildung *f*
– **bibliográfica de libros** *f* [TS] / Geschäftsgang *m* · Buchbearbeitung *f*
– **bibliográfica integrada** *f* [TS] / integrierter Geschäftsgang *m*
– **de datos** *f* [EDP] / Datenaufbereitung *f*
– **del original** *f* [Bk] / Redaktion *f*
– **en el lugar de trabajo** *f* [Ed] / interne Ausbildung *f*
– **técnica del libro** *f* (sellar, rotular, poner signatura, etc.) [TS] / technische Buchbearbeitung *f*
preparar 1 *v* (un volumen para reencuadernarlo) [Bind] / vorrichten *v*
– 2 *v* [TS] / bearbeiten *v*
– **una edición** *v* [Bk] / edieren *v*
preparativos *pl* [OrgM] / Veranstaltung *f*
prescripción *f* [Gen; Bk] / Vorschrift *f* ‖ *s.a. normativa técnica; reglamento*
prescripciones de protección contra incendios *pl* [BdEq] / Brandschutzbestimmungen *pl*
presencia en los medios de comunicación *f* [PR] / Medienpräsenz *f*
presentación *f* (de un libro) [Bk] / Aufmachung · Konfektionierung *f*
– **de datos** *f* [EDP] / Datenformat *n*
– **de información** *f* [InfSc] / Informationssammlung *f*
– **del libro** *f* [Bk] / Buchausstattung *f*
– **editorial** *f* [Bk] / Waschzettel *m*
– **en pantalla** *f* [EDP] / Anzeige *f*
– **material** *f* (de un libro) [Bk] / Ausstattung *f* (de un libro)
– **vertical de imágenes** *f* (en un rollo de microfilm) [Repr] / vertikale Bildlage *f*
presentarse a *v* [RS] / zurückmelden *v*
preservación de los datos *f* [EDP] / Datensicherheit *f*
presidente *m* [OrgM] / Vorsitzende(r) *f(m)*
prestable *adj* [Stock] / verleihbar *adj*
prestación *f* [OrgM] / Dienstleistung *f*
– **de servicios bibliotecarios sujeta a tasas** *f* [BgAcc] / gebührenpflichtige bibliothekarische Dienstleistung *f*
– **de servicios gratuita** *f* [RS] / gebührenfreie Dienstleistung *f*
–**es de servicios para adultos** *pl* / Dienstleistungen für Erwachsene
prestado *pp* [RS] / verliehen *pp* · ausgeliehen *pp*
préstamo *m* (de préstamo: ausleihbar) [RS] / Entleihung *f* · Buchausleihe *f* · Ausleihe *f* · Ausleihfall *m*
– **a distancia** *m* [RS] / Fernleihe *f*
– **al exterior** *m* [RS] / Ausleihe außer Haus *f*
– **bibliotecario interregional** *m* [RS] / überregionaler Leihverkehr *m*
– **de corta duración** *m* [RS] / Kurzausleihe *f*
– **de larga duración** *m* [RS] / langfristige Verleihung *f* ‖ *s.a. colección de préstamo permanente; colección en depósito*
– **de pernocta** *m* / Ausleihe über Nacht *f*
– **inmediato** *m* [RS] / Sofortausleihe *f*
– **interbibliotecario** *m* [RS] / aktiver Leihverkehr *m* · gebender Leihverkehr *m* · Fernentleihung *f* · auswärtiger Leihverkehr *m* · Leihverkehr der Bibliotheken *m* ‖ *s.a. entrega de préstamo interbibliotecario*
– **interbibliotecario regional** *m* [RS] / regionaler Leihverkehr *m*
– **internacional** *m* [RS] / internationaler Leihverkehr *m* ‖ *s.a. formulario de pedido en préstamo internacional; resguardo de préstamo internacional*
– **interno** *m* [RS] / interner Leihverkehr *m*
– **lingüístico** *m* [Lin] / Lehnwort *n*
– **local** *m* [RS] / Ortsausleihe *f* · Ortsleihe *f*
– **moroso** *m* [RS] / ein (ausgeliehenes) Buch, dessen Leihfrist überschritten ist
– **pasivo** *m* [RS] / passiver Leihverkehr *m*
– *pl* (sección de préstamos) [OrgM] / Ausleihe *f*
–**s a distancia** *pl* [RS] / Fernleihverkehr *m*
–**s per cápita** *m* [RS] / Pro-Kopf-Ausleihe *f*
prestar *v* (un libro a un usuario) [RS] / verleihen *v* · 1 ausleihen *v* · 2 ausgeben *v*

prestatario *m* [RS] / Entleiher *m*
- **de préstamo interbibliotecario** *m* [RS] / nehmender Leihverkehr *m*
presupuesto *m* [BgAcc] / Haushalt *m* · Etat *m*
- **adicional** *m* [BgAcc] / Nachtragshaushalt *m*
- **bienal** *m* [BgAcc] / Zwei-Jahres-Haushalt *m*
- **de adquisiciones** *m* [BgAcc] / Anschaffungsetat *m* · Erwerbungsetat *m*
- **(de gastos) material(es)** *m* [BgAcc] / Sachetat *m*
- **de inversiones** *m* [BgAcc] / Investitionshaushalt *m*
- **de personal** *m* [BgAcc] / Personaletat *m*
- **extraordinario** *m* [BgAcc] / außerordentlicher Haushalt *m*
- **global** *m* [BgAcc] / Globalhaushalt *m*
- **para adquisiciones** *m* [Acq] / Vermehrungsetat *m* · Buchetat *m*
- **para libros** *m* [Acq] / Buchetat *m*
- **para material pedagógico** *m* [Ed; BgAcc] / Lehrmitteletat *m*
pretest *m* / Pretest *m*
pretil *m* [BdEq] / Brüstung *f*
prevención antirrobo *f* [BdEq] / Diebstahlsverhütung *f*
prevención contra incendios *f* [BdEq] / Brandbekämpfung *f*
prevención de accidentes *f* [BdEq] / Unfallverhütung *f*
prevención de siniestros *f* [Pres] / Katastrophenvorsorge *f*
previsión presupuestaria *f* [BgAcc] / Haushaltsvoranschlag *m*
prima de antigüedad *f* [Staff] / Dienstalterszulage *f*
primera edición *f* [Bk] / Erstauflage *f* · Erstausgabe *f*
primera palabra del encabezamiento *f* [Cat] / erstes Ordnungswort *n*
primer pago *m* [BgAcc] / Anzahlung *f* ‖ *s.a. pago a cuenta; pago parcial*
primer pliego *m* [Prt] / Titelbogen *m*
principiante profesional *m* [Staff] / Berufsanfänger *m*
principio de delegación *m* [OrgM] / Delegationsprinzip *n*
principio de la ficha circulante *m* [EDP] / Token-Passing-Verfahren *n*
principio de nacionalidad *m* (para fijar un nombre o apellido compuestos) [Cat] / Staatsbürgerschaftsprinzip *n*
principios *pl* [Bk; Prt] / Titelei *f s. pliego de principios;* ‖ *s.a. anteportada*
prioridad *f* [EDP] / Rangfolge *g*
priv. *abbr s. privilegio*
privilegio *m* (protección contra reimpresiones) [Bk] / Privileg *n* · Bücherprivileg *n*
- **de impresión** *m* [Prt] / Druckprivileg *n*
proc. *abbr s. procedencia 1*
procedencia 1 *f* [Acq; Arch] / Provenienz *f*
procedencia 2 *f* [Repr] *s. generación*
procedente (de) *adj* (en caso de una publicación seriada) [Cat] / hervorgegangen *pp*
procedimiento *m* [EDP] / Prozedur *f* ‖ *s.a. procedimiento de clasificación; procedimiento recursivo*
- **a base de haluros de plata** *m* [Repr] / Silberhalogenverfahren *n*
- **a base de sales de plata** *m* [Repr] / Silbersalzverfahren *n*
- **al cloruro de plata en seco** *m* [Repr] / Trockensilberverfahren *n*
- **de acidulación de trama** *m* [Prt] / Rasterätzung *f*
- **de búsqueda** *m* [Retr] / Suchverfahren *n*
- **de carga inicial** *m* [EDP] / Urladeverfahren *n*
- **de clasificación** *m* [EDP] / Sortiervorgang *m*
- **de control de llamada** *m* [Comm] / Verbindungssteuerungsverfahren *n*
- **de control de pista de enlace de datos** *m* [EDP] / Steuerungsverfahren für Übermittlungsabschnittsbündel *n*
- **de control para transmisión de datos** *m* [Comm] / Steuerungsverfahren zur Datenübermittlung *n*
- **de entrada en el sistema** *m* [Comm] / Einlogprozedur *f* · Eingangsdialog *m*
- **de indización** *m* [Ind] / Indexierungsverfahren *n*
- **de intercalación** *m* (añadir fichas a un catálogo) [Cat] / Nachtrageverfahren *n*
- **de muestreo** *m* [InfSc] / Stichprobenverfahren *n*
- **de pedido** *m* [Acq] / Bestellvorgang *m*
- **de puntos de control** *m* [Comm] / Kontrollpunktverfahren *n*
- **de restauración** *m* (de la transmisión de datos tras una perturbación) [Comm] / Wiederherstellung *f*
- **de restauración de hendiduras** *m* [Pres] / Papierspaltverfahren *n*

– **de tarjetas de asistencia** *m* [RS] / Token-Verfahren *n*
– **dúo** *f* [Repr] / Duo-Verfahren *n*
– **dúplex** *m* [Repr] / Duplexverfahren *n*
– **recursivo** *m* [EDP] / rekursive Prozedur *f*
– **símplex** *m* [Repr] / Simplexverfahren *n* · Standardverfilmung *f*
– **tipográfico** *m* [Prt] / Druckverfahren *n*
procesado *m* (de una película) [Repr] / Verarbeitung *f* · Bearbeitung *f*
– **con haluro de plata** *m* [Prt] / Silberhalogenverfahren *n*
– **en seco** *m* [Repr] / Trockenverarbeitung *f* · Trockenentwicklung *f*
– **por inversión** *m* [Repr] / Umkehrverfahren *n*
procesador *m* [EDP] / Prozessor *m*
– **de datos** *m* [EDP] / Datenprozessor *m*
– **de entrada/salida** *m* [EDP] / Ein-/Ausgabewerk *n*
– **de entrada/salida** *m* [EDP] / Ein/Ausgabeprozessor *m*
– **de formatos** *m* [EDP] / Datenübertragungsvorrechner *m*
– **de formatos remoto** *m* [EDP] / Netzknotenrechner *m*
– **de palabras** *m* [EDP] / Textautomat *m*
– **de telegestión** *m* [EDP] / Knotenrechner *m*
– **frontal** *m* [EDP] / Datenübertragungsvorrechner *m* ‖ *s.a. ordenador satélite*
– **frontal remoto** *m* [EDP] / Knotenrechner *m*
procesar *v* [EDP] / verarbeiten *v* · abarbeiten *v*
proceso *m* [EDP] / Prozeß *m*
– **de aplicación** *m* [EDP] / Anwendungsprozeß *m*
– **de carga por teleproceso** *m* [EDP] / Downloading *n*
– **de circulación de un documento** *m* [RS] / Ausleihvorgang *m*
– **de comunicación** *m* [Comm] / Kommunikationsprozeß *m*
– **de datos** *m* [EDP] / Datenverarbeitung *f*
– **de préstamo** *m* [RS] / Ausleihvorgang *m*
– **diazónico** *m* [Repr] / Diazo(kopier)verfahren *n*
– **en línea** *m* [EDP] / Online-Verarbeitung *f*
producción de clisés *f* [Prt] / Druckstockherstellung *f* · Klischeeherstellung *f*
producción de libros *f* [Bk] / Buchherstellung *f*
producción librera *f* [Bk] / Buchproduktion *f*
producir *v* [EDP] / erzeugen *v*
producir (datos) *v* [EDP] / ausgeben *v*
productividad *f* [OrgM] / Produktivität *f*
– **laboral** *f* [OrgM] / Arbeitsproduktivität *f*
producto *m* [NBM] / Werk *n*
– **lógico** *m* [Retr] / UND-Verknüpfung *f*
– **para conservar el cuero** *m* [Pres] / Lederpflegemittel *n*
productor *m* (de una película) [NBM] / Produzent *m*
– **de bases de datos** *m* [InfSy] / Datenbankhersteller *m*
– **de una base de datos** *m* [InfSy] / Hersteller einer Datenbank *m*
proemio *m* [Bk] / Vorwort *n*
profesorado *m* (de una universidad) [Ed] / Lehrkörper *m*
profesor invitado *m* [Ed] / Gastdozent *m*
profesor universitario *m* [Ed] / Hochschullehrer *m*
profundidad de indización *f* [Ind] / Indexierungstiefe *f*
programa *m* [EDP] / Programm *n*
– **antivirus** *m* [EDP] / Antivirusprogramm *n*
–**ble** *adj* [EDP] / programmierbar *adj*
– **compilador** *m* [EDF] / Kompilierer *m*
– **compilador cruzado** *m* [EDP] / Cross-Compiler *m*
– **de administración de escritos** *m* [EDP] / Schriftenverwaltungsprogramm *n*
– **de adquisiciones** *f* [Acq] / Erwerbungsrichtlinien *pl*
– **de aplicación** *m* [EDP] / Anwenderprogramm *n* *s. programa de usuario*
– **de cálculo** *m* [EDP] / Kalkulationsprogramm *n*
– **de clasificación** *m* [EDP] / Sortierprogramm *n*
– **de control** *m* [EDP] / Prüfprogramm *n*
– **de control ortográfico** *m* [EDP] / Rechtschreib-Prüfprogramm *n*
– **de corrección gramatical** *m* [EDP] / grammatisches Prüfprogramm *n*
– **de cursos** *m* [Bk] / Vorlesungsverzeichnis *n*
– **de diagnóstico** *m* [EDP] / Testhilfe *f*
– **de división en sílabas** *m* [EDP] / Silbentrennungsprogramm *n*
– **de edición** *m* [EDP] / Editor *m*
– **de estudios** *m* [Ed] / Studienplan *m*

– **de extensión cultural** *m* [RS] / Programmarbeit *f*
– **de interpretación** *m* [EDP] / Interpretierer *m* · Interpreter *m*
– **de máquina** *m* [EDP] / Maschinenprogramm *n*
– **de obra de teatro** *m* [Bk] / Theaterzettel *m*
– **de puesta a punto** *m* [EDP] / Testhilfe *f*
– **de reubicación dinámica** *m* [EDP] / dynamische (Adreß-)Verschiebung *f*
– **de servicio** *m* [EDP] / Dienstprogramm *n*
– **de tablas de cálculo** *m* [EDP] / Tabellenkalkulationsprogramm *n*
– **detector de errores** *m* [EDP] / Fehlersuchprogramm *n*
– **de trabajo** *m* [OrgM] / Arbeitsprogramm *n*
– **de traducción** *m* [EDP] / Übersetzer *m*
– **de usuario** *m* [EDP] / Anwendungsprogramm *n* · Anwenderprogramm *n*
– **de utilidad** *m* [EDP] / Dienstprogramm *n*
– **de verificación** *m* [EDP] / Prüfprogramm *n*
– **editor de enlaces** *m* [EDP] / Binderprogramm *n*
– **fuente** *m* [EDP] / Primärprogramm *n* · Quellenprogramm *n* · Quellprogramm *n* · Ursprungsprogramm *n*
– **general** *m* [OrgM] / Rahmenprogramm *n*
– **montador de enlaces** *m* [EDP] / Binderprogramm *n*
– **núcleo** *m* [EDP] / Kernprogramm *n*
– **original** *m* [EDP] / Quellenprogramm *n*
~**r** *v* [EDP] / Programmieren *n*
– **reentrable** *m* [EDP] / eintrittsinvariantes Programm *n*
– **reentrante** *m* [EDP] / eintrittsinvariantes Programm *n* · ablaufinvariantes Programm *n*
– **reutilizable** *m* [EDP] / mehrfach aufrufbare Routine *f* · nutzungsinvariante Routine *f*
~**s** *pl* [EDP] / Software *f*
– **teatral** *m* [Bk] / Theaterprogramm *n*
programación *f* [EDP] / Programmieren *n* · Programmierung *f*
– **no lineal** *f* [EDP] / nichtlineare Programmierung *f*
programador *m* [Staff] / Codierer *m* · Programmierer *m*
programoteca *f* [EDP] / Programmbibliothek *f*
prólogo *m* [Bk] / Vorrede *f* · Geleitwort *n* · Vorwort *n*
prologuista *m* [Bk] / Vorredner *m*
promedio *m* / Mittelwert *m*
promoción de la mujer *f* [Staff] / Frauenförderung *f*
promoción profesional *f* [Staff] / Weiterbildung *f* · Fortbildung *f*
promotor de (auto)edición *m* [Bk] / im Selbstverlag erschienen; Selbstverleger *m*
prontuario *m* [Bk] / Kompendium *n*
propiedades de estabilidad *pl* [Pp] / Festigkeitseigenschaften *pl*
propiedad intelectual *f* [Law] / geistiges Eigentum *n*
propiedad literaria *f* [Law] / Urheberrecht *n*
propiedad literaria registrada *f* [Law] *Méx* / alle Rechte vorbehalten
propietario titular *m* (de una grabación sonora o de vídeo) [NBM; Law] / Erstinhaber (einer Ton- oder Bildtonaufnahme) *m*
proponente *m* [OrgM] / Antragsteller *m*
proporción entre altura y longitud *f* [EDP] / Aspektverhältnis *n*
propuesta de adquisiciones *f* [Acq] / Beschaffungswunsch *m*
prórroga *f* (del plazo de préstamo) [RS] / Verlängerung *f*
– **(del plazo) de préstamo** *f* [RS] / Leihfristverlängerung *f*
prorrogar *v* [RS] / verlängern *v*
prosa literaria *f* [Bk] / Prosaliteratur *f*
prospecto *m* [NBM] / Flugblatt *n* · Prospekt *m* · Faltblatt *n*
– **comercial** *m* [Bk] / Werbebroschüre *f*
protección *f*
– **acústica** *f* [BdEq] / Lärmschutz *m* · Schallschutz *m* ‖ *s.a. aislamiento acústico*
– **contra ácidos** *f* [Prt] / Säureschutz *m*
– **contra copias** *f* [EDP] / Kopierschutz *m*
– **contra incendios** *f* [BdEq] / Feuerschutz *m* · Feuermeldeanlage *f* · Brandschutz *m*
– **contra siniestros** *f* [Pres] / Katastrophenschutz *m*
– **de datos** *f* [Law] / Datenschutz *m*
– **de ficheros** *f* [EDP] / Dateischutz *m*
– **de la información** *f* [EDP] / Datensicherheit *f*
– **de la intimidad** *f* [Law] / Datenschutz *m*
– **de la memoria** *f* [EDP] / Speicherschutz *m*

– **de la propiedad industrial** *f* [Law] / gewerblicher Rechtsschutz *m*
– **de la propiedad intelectual** *f* [Law] / Urheberrechtsschutz *m*
– **solar** *f* [BdEq] / Sonnenschutz *m*
protector de pantalla *m* [EDP/VDU] / Bildschirmschoner *m*
proteger *v* / abschirmen *v*
protegido por la ley de propiedad intelectual *pp* [Law] / urheberrechtlich geschützt *pp*
protocolo *m*
– **de comunicación** *m* [Comm] / Übermittlungsvorschrift *f*
– **de conmutación de paquetes** *m* [Comm] / Paketvermittlungsprotokoll *n*
– **de consola** *m* [EDP] / Konsolprotokoll *n*
– **de ordenador** *m* [EDP] / Maschinenprotokoll *n*
– **de préstamo a distancia** *m* [RS] / Fernleihprotokoll *n*
– **de transmisión** *m* [Comm] / Protokoll *n* · Kommunikationsprotokoll *n*
proveedor *m* [Acq] / Lieferant *m*
– **de base de datos** *m* [InfSy] / Datenbankanbieter *m*
– **de bases de datos** *m* [InfSy] / Anbieter von Datenbanken *m*
– **de bibliotecas** *m* [BgAcc] / Bibliothekslieferant *m*
– **de información** *m* [InfSc] / Informationsanbieter *m*
– **de servicios en línea** *m* [InfSy] / Datenbankanbieter *m*
provisionalmente agotado *pp* [Bk] / vorübergehend vergriffen *pp*
provisión (de) *f* [BgAcc] / Versorgung *f*
– **de bibliografía** *f* [RS] / Literaturversorgung *f* ‖ *s.a. abastecimiento documental; pedido bibliográfico en línea; suministro de documentos*
proyección *f* [NBM] / Aufriß *m* (dibujo) · Projektion *f*
– **cartográfica** *f* [Cart] / Projektion *f*
– **cartográfica** *f* [Cart] / Kartenprojektion *f*
– **cilíndrica** *f* [Cart] / Zylinderprojektion *f*
– **cinematográfica** *f* [Repr] / Laufbildprojektion *f*
– **cónica** *f* [Cart] / Kegelprojektion *f*
– **de imágenes** *f* [Repr] / Bildprojektion *f*
– **de imagen fija** *f* [NBM] / Stehbildprojektion *f*
– **vista** *f* [BdEq] / Schnitt, Ansicht *m,f*
proyecto *m* [OrgM] / Projekt *n*
– **de arquitecto** *m* [BdEq] / Architektenentwurf *m*
– **de base de datos** *m* [EDP] / Datenbankentwurf *m*
– **de composición** *m* [Prt] / Layout *n*
– **de distribución de espacios** *m* [BdEq] / Raumprogramm *n*
– **de ley** *m* [Law] / Gesetzentwurf *m*
– **piloto** *m* [InfSc] / Modellversuch *m* · Pilotprojekt *n*
– **presupuestario** *m* [BgAcc] / Haushaltsentwurf *m*
proyector *m* [NBM] / Projektor *m* · Bildwerfer *m*
– **de cine** *m* [NBM] / Filmprojektor *m*
– **de diapositivas** *m* [NBM] / Diaprojektor · Dia-Projektor *m*
– **de transparencias** *m* [NBM] / Arbeitsprojektor *m* · Overhead-Projektor *m* *s. retroproyector*
– **opaco** *m* [NBM] / Episkop *n*
prueba *f* [Prt] / Probeabzug *m*
– *f* [Prt] / Abzug *m*
– **a distancia** *f* [EDP] / Ferntest *m*
– **de autor** *f* [Prt] / Autorkorrektur *f*
– **de escritura** *f* [Prt] / Schriftprobe *f*
– **de madurez** *f* [Ed] / Matura *f* *A* (cualificación para entrar en la universidad)
– **para el corrector** *f* [Prt] / Korrekturabzug für die Hauskorrektur *f*
–**(s)** *f(pl)* [prt] / Andruck *m*
–**(s) de galera** *f(pl)* [Prt] / Fahnenabzug *f(m)*
–**(s) de imprenta** *f(pl)* [Prt] / Andruck *m* · Korrekturfahne *f* ‖ *s.a. galerada(s); pliego de pruebas*
–**(s) en columna** *f(pl)* [Prt] / Fahnenabzug *f(m)*
psicología de la información *f* [InfSc] / Informationspsychologie *f*
psicología del aprendizaje *f* [Ed] / Lernpsychologie *f*
publicación *f* [Bk] / Publikation *f* · Veröffentlichung *f*
– **académica** *f* [Bk] / Akademieschrift *f*
– **anónima** *f* [Bk] / anonyme Publikation *f*
– **bienal** *f* [Bk] / Zweijahresschrift *f*
– **bimensual** *f* [Bk] / Halbmonatsschrift *f*
– **bimestral** *f* [Bk] / Zweimonatsschrift *f*
– **clandestina** *f* [Bk] / Untergrundpublikation *f*
– **conmemorativa** *f* [Bk] / Gedenkschrift *f*
– **coproducida** *f* [Bk] / Koproduktion *f*
– **de aniversario** *f* [Bk] / Jubiläumsschrift *f*

– **de asociación** *f* [Bk] / Gesellschaftsschrift *f*
– **de homenaje** *m* [Bk] / Festschrift *f*
– **de libros** *f* [Bk] / Verlagswesen *n*
– **de música impresa** *f* [Mus] / Musikdruck *m*
– **de ordenador** *f* / Desktop Publishing *n*
– **de patente** *f* [Bk; Law] / Auslegeschrift *f*
– **de una sociedad** *f* [Bk] / Gesellschaftsschrift *f*
– **electrónica** *f* / elektronische Veröffentlichung *f* · elektronisches Publizieren *n*
– **en pasta blanda** *f* [Bk] / Paperback *n*
– **en varios idiomas** *f* [Bk] / mehrsprachige Veröffentlichung *f*
– **en varios volúmenes** *f* [Cat] / mehrbändige Publikation *f* ‖ *s.a. obra por entregas*
– **escolar** *f* [Bk] / Schulschrift *f*
–**es empresariales** *f* [Bk] / Firmenschrifttum *n*
– **judicial** *f* [Bk] / Gerichtsveröffentlichung *f*
– **monográfica** *f* [Bk] / Monographie *f*
– **(monográfica) en varios volúmenes** *f* [Bk] / mehrteiliges (begrenztes) Werk *n*
– **no comercial** *f* [Bk] / Veröffentlichung außerhalb des Buchhandels *f*
– **oficial** *f* [Bk] / amtliche Veröffentlichung *f* · amtliche Druckschrift *f*
– **original** *f* [Bk] / Primärpublikation *f*
– **periódica** *f* [Bk] / Periodikum *n*
– **piloto** *f* [Bk] / Vorveröffentlichung *f*
– **presentada** *f* [Cat; Ind] / vorliegende Veröffentlichung *f*
– **quincenal** *f* [Bk] / Zweiwochenschrift *f*
– **secundaria** *f* [Bk] / Sekundärpublikation *f* · Sekundärdokument *n*
– **seriada** *f* (colección) [Bk] / Sammelwerk *n* · fortlaufendes Sammelwerk *n* · fortlaufende Publikation *f* *CH* · Serie *f*
– **seriada cuyas partes tienen periodicidad y contenido irregular** *f* [Cat] / zeitschriftenartige Reihe *f*
– **universitaria** *f* (en general) [Bk] / Hochschulschrift *f*
publicar *v* [Bk] / herausgeben *v* · edieren *v* · publizieren *v* · verlegen *v* · veröffentlichen *v*
– **según demanda** *v* [Bk] / publizieren bei Bedarf *v*
publicidad *f* [PR] / Werbung *f*
– **de libros** *f* [Bk] / Buchwerbung *f*
público *m* [Gen] / Publikum *n*
– **destinatario** *m* [Comm] / Zielpublikum *n*
puerta *f* [EDP] / Port *m*
– **corredera** *f* [BdEq] / Schiebetür *f*
– **de acordeón** *f* [BdEq] / Falttür *f*
– **giratoria** *f* [BdEq] / Drehtür *f*
– **plegable** *f* [BdEq] / Falttür *f*
– **a cero** *f* [Comm] / Auslösung *f*
– **a disposición de bibliografía** *f* [RS] / Literaturbereitstellung *f*
– **a punto de ficheros** *f* [EDP] / Dateipflege *f*
– **en música** *f* [Mus] / Vertonung *f*
– **en práctica** *f* [OrgM] / Implementierung *f*
puesto *m*
– **de audición** *m* [BdEq] / Abhörplatz *m*
– **de exposición** *m* [PR] / Stand *m* · Ausstellungsstand *m*
– **de principiante** *m* [Staff] / Anfängerstelle *f* · Anfangsstelle *f*
– **de trabajo** *m* (plaza vacante) [Staff] / Arbeitsstelle *f*
– **de trabajo** 2 *m* (cargo o actividad) [Staff] / Arbeitsplatz *m* (cargo o actividad)
– **de trabajo compartido** *m* [OrgM] / Arbeitsplatzteilung *f*
– **de trabajo con terminal de pantalla** *m* [EDP/VDU] / Bildschirmarbeitsplatz *m*
– **de venta de libros** *m* [Bk] / Buchverkaufsstand *m*
– **de vigilancia** *m* [Acq] / Aufsichtsplatz *m*
puja *f* (en una subasta) [Acq] / Angebot *n*
pulir *v* [Bind] / polieren *v*
pulpa *f* [Pp] / Zellstoff *m* ‖ *s.a. celulosa*
pulsación *f* (en un teclado) [Off; EDP] / Anschlag *m*
– **de una tecla** *f* [Off; EDP] / Tastenanschlag *m*
pulsador de conexión/desconexión *m* [BdEq] / Ein-/ Ausschalter *m*
punta *f* [Bind] / Ahle *f*
puntada a repulgo enlazado *f* [Bind] / verschlungener Überwendlingsstich *m*
puntada a repulgo suelto *f* [Bind] / unverschlungener Überwendlingsstich *n*
puntada de dobladillo *f* [Bind] / Überwendlingsstich *m*
puntas matadas *pl* [Bind] / abgeschrägte Ecken *pl*
puntas romas *pl* [Bind] / abgeschrägte Ecken *pl*
punteado *m* [Art] / Punktiermanier *f* ‖ *s.a. grabado a la tiza*

puntizones *pl* (en un pliego de papel) [Pp] / Querrippen *pl* · Kettlinien *pl*
punto *m* [Prt] / Punkt *m*
– **de acceso** *m* [Cat] / Eintragungsstelle *f* · Einordnungsstelle *f* · Einstiegspunkt *m* · Sucheinstieg *m* · Zugriff *m* · Zugriffspunkt *m* ‖ *s.a. sector de búsqueda*
– **de acceso por dial telefónico** *m* [Comm] / Wählanschluß *m*
– **de acceso secundario** *m* (como parte de un asiento de registro) [Bk; Bib; Ind] / Nebeneingang *m*
– **de atracción de la mirada** *m* [BdEq] / Blickfang *m*
– **de base** *m* [InfSc] / Radixpunkt *m* ‖ *s.a. posición de la coma*
– **de bifurcación** *m* (en un organigrama de programación) [EDP] / Aufspaltung *f* · Verzweigungspunkt *m*
– **decimal** *m* [Writ] / Dezimalpunkt *m*
– **de conexión** *m* [EDP] / Steckplatz *m*
– **de consulta** *f* [InfSc] / Daten *pl* · Auskunftsplatz *m*
– **de desvío** *m* [EDP] / Programmschalter *m* · Schalter *m*
– **de información** *m* [Ref] / Auskunftsplatz *m*
– **de intercambio** *m* [Comm] / Übergabestelle *f*
– **de lectura** *m* [Bind] / Lesezeichen *n* · Merkband *n*
– **de libro** *m* [Bk] / Lesezeichen *n*
– **del orden del día** *m* [OrgM] / Tagesordnungspunkt *m*
– **de ojal** *m* [Bind] / Knopflochstich *m*
– **de préstamo interbibliotecario** *m* [OrgM] / Fernleihstelle *f*
– **de servicio** *m* [OrgM] / Dienstleistungsstelle *f*
– **de trama** *m* [Prt] / Rasterpunkt *m*
– **esencial** *m* [ED] / Schwerpunkt *m*
– **esencial de la colección** *m* [Stock] / Bestandsschwerpunkt *m* · Sammelschwerpunkt *m*
– **esencial de la investigación** *m* [InfSc] / Forschungsschwerpunkt *m*
– **final** *m* [Writ; Prt] / Punkt *m*
–**s del tipo** *pl* [Prt] / Schriftgrad *m*
–**s por años de servicio** *pl* [Staff] / Dienstalterszulage *f*
–**s suspensivos** *pl* [Writ; Prt; Cat] / Auslassungspunkte *pl*
– **tipográfico** *m* (unidad del sistema tipográfico) [Prt] / Punkt *m* · typographischer Punkt *m*
– **y aparte** *m* [Writ] / Absatz *m*
– **y coma** *m* [Writ; rt] / Semikolon *n*
puntuación *f* [Gen; Cat] / Interpunktion *f* · Zeichensetzung *f*
puntura *f* (en un manuscrito medieval) [Writ] / Punktur *f*
punzón *m* [Prt] / Punze *f* · Patrize *f* · Stempel *m*
– **de correcciones** *m* [Bind] / Ahle *f*
– **de registro** *m* [Repr] / Paßstift *m*
– **para tipos** *m* [Prt] / Schriftstempel *m*
pupitre *m* [BdEq] / Pult *n*
– **aislado** *m* [BdEq] / Arbeitskabine *f* · Einzelarbeitsplatz *m*
– **de control** *m* [OrgM] / Bedienungsfeld *n* · Kontrolltisch *m*
– **de lector** *m* [BdEq] / Leserplatz *m*
– **de lectura** *m* [BdEq] / Lesetisch *m*
purificación del aire *f* [Pres] / Luftreinhaltung *f*

Q

quebradizo *adj* [Pp] / brüchig *adj*
quedar jubilado *v* [Staff] / in den Ruhestand treten *v*
quema de libros *f* [Bk] / Bücherverbrennung *f*
que no requiere mantenimiento [BdEq] / wartungsfrei *adj*
querella por derechos de autor *f* [Law] / Urheberrechtsklage *f*
que requiere mucho tiempo [OrgM] / zeitaufwendig *adj*
quijadas *pl* (para hacer cajos) [Bind] / Abpreßbrett *n*
quincenal *adj* [Bk] / vierzehntäglich *adj*
quinterno *m* [Bk] / Quintern(e) *m(f)*
quiosco de periódicos *m* [Bk] / Zeitungsstand *m*

R

R. *abbr s. registro de entrada*
r *abbr s. recto*
racionalización *f* [InfSc] / Rationalisierung *f*
racionalizar *v* [OrgM] / abmagern *v* · straffen *v*
radical *m* [Lin] / Wortstamm *m*
radio *f* [Comm] / Hörfunk *m*
radiodifusión por cable *f* [Comm] / Kabelrundfunk *m*
radio escolar *f* [Ed] / Schulfunk *m*
radiotelefonía *f* [Comm] / Sprechfunk *m*
radioyente *m* [Comm] / Rundfunkhörer *m*
rama *f* [Prt] / Schließrahmen *m*
ramo del libro *m* [Bk] / Buchgewerbe *n*
rampa *f* [BdEq] / Rutsche *f*
rampa de carga *f* [BdEq] / Laderampe *f*
rampa para libros *m* [BdEq] / Bücherrutsche *f*
randomización *f* [InfSc] / Randomisierung *f* · Zufallsstreuung *f*
rango *m* [InfSc] / Rang *m* · Variationsbreite *f*
ranura de doblado *f* [Bind] / Falzrille *f*
rascado *pp* [Bind] / beschabt *pp*
rasgado *pp* [Bk] / gerissen *pp* · abgerissen *pp* · aufgerissen *pp*
rasgadura *f* [Bk] / Einriß *m*
raspado *pp* [Bind] / beschabt *pp* (con cuchilla) · ausradiert *pp* · berieben *pp*
raspaduras *pl* [Bind] / Abschürfungen *pl*
raspar *v* [Bind] / ausschaben *v*
ratón *m* [EDP/VDU] / Maus *f*
ratón de biblioteca *m* (un acendrado lector) [Bk] / Bücherwurm *m* · Leseratte *f*
raya *f* [Pp] / Strich *m*
rayas *pl* [Repr] / (sobre el material fílmico:) Kratzer *pl*
razón *f* [InfSc] / Verhältnis *n*
realización 1 *f* (ejecución de una obra) [NBM] / Realisation *f*
~ 2 *f* (ejecución de un plan, etc.) [OrgM] / Realisierung *f*
~ **de un programa** *f* [OrgM] / Realisation *f*
realzado en oro *pp* [Bk] / goldgehöht *pp*
rebaja *f* [Acq] / Rabatt *m* ▌ *s.a. descuento*
~ **de precio** *f* [Bk] / Preisermäßigung *f* · Preisnachlaß *m*
~**s adicionales** *pl* [Acq] / zusätzliche Vergünstigungen *pl*
rebobinar *v* [NBM] / rückspulen *v* · zurückspulen *v* · umspulen
reborde de las manchas de agua *m* [Pres] / Wasserrand *m*
rebuscar *v* [Stock] / Stöbern *n*
recargo *m* (sobre el precio) [BgAcc] / Aufschlag *m* · Aufpreis *m* · Preisaufschlag *m*
~ **de mayorista** *m* [BgAcc] / Bearbeitungsgebühr *f*
~ **por demora** *m* [RS] / Säumnisgebühr *f*
~ **por retraso** *m* [RS] / Versäumnisgebühr *f*

– **por servicios** *m* [BgAcc] / Leistungsentgelt *n*
recatalogación *f* [Cat] / Neukatalogisierung *f*
recensión *f* [Bk] / Buchbesprechung *f* · Rezension *f* ‖ *s.a. bibliografía de recensiones*
– **conjunta** *f* (de obras análogas) [Bk] / Sammelrezension *f*
recepción *f* [Acq] / Empfang *m*
– **de datos** *f* [EDP] / Datenübernahme *f*
– **incorrecta** *f* [Comm] / ungültiger Empfang *m*
receptor *m* [Comm] / Empfänger *m*
– **de la donación** *m* [BgAcc] / Zuwendungsempfänger *m*
receta para el encuadernador *f* [Bind] / Bindezettel *m*
recibo *m* [Acq] / Beleg *m* · Quittung *f*
– **de entrega** *m* [Acq] / Lieferschein *m* ‖ *s.a. nota de entrega*
recién publicado *pp* [Bk] / soeben erschienen *pp*
recipiente *m* [NBM] / Behältnis *n* · Behälter *m*
reclamación *f* [Acq] / Reklamation *f* · Anforderung *f* · Mahnung *f* · Rückforderung *f* (de un libro prestado)
reclamar 1 *v* (un libro en préstamo) [RS] / zurückfordern *v*
– 2 *v* (un pedido) [Acq] / anmahnen *v* · reklamieren *v*
– **por escrito** *v* [Acq] / Mahnung *f* (Mahnschreiben)
reclamo *m* (en un manuscrito) [Bk] / Kustos *m* · Reklamante *f*
reclasificar *v* (libros, fichas catalográficas, etc.) [TS] / umordnen *v*
– **en categorías más altas** *v* [Staff] / höhergruppieren *v* · höherstufen *v*
recogida de datos global *f* [InfSc] / Gesamterhebung *f*
recogida de información *f* [InfSc] / Datenerhebung *f*
recomposición *f* [Prt] / Neusatz *m*
reconocimiento *m*
– **de caracteres** *m* [EDP] / Zeichenerkennung *f*
– **de configuraciones** *m* [EDP] / Mustererkennung *f*
– **de una titulación** *m* [Ed] / Anerkennung einer Ausbildungsstätte
– **de voz** *m* [EDP] / Spracherkennung *f*
– **magnético de caracteres** *m* [EDP] / Magnetschrift-Zeichenerkennung *f* · magnetische Zeichenerkennung *f*
– **mecánico de caracteres** *m* [EDP] / maschinelle Zeichenerkennung *f*
– **óptico de caracteres** *m* [EDP] / optische Zeichenerkennung *f*
recopilación 1 *f* [Bk] / Zusammenstellung *f*
– 2 *f* (reunión de más de dos obras del mismo autor) [Cat] / Sammlung *f*
– **de datos** *f* [InfSc] / Datenerhebung *f* · Datenerfassung *f* ‖ *s.a. entrada de datos*
– **de información** *f* [InfSc] / Informationssammlung *f* · Informationsbeschaffung *f*
– **de leyes** *f* [Bk] / Gesetzessammlung
recopilar *v* [Bk] / zusammenstellen *v*
recortado *pp* [Bk] / abgeschnitten *pp*
recortado *pp* [Bind] / beschnitten *pp s. desvirado; guillotinado*
recortar *v* [Bind] / beschneiden *v*
– **con tapas** *v* [Bind] / in Deckeln beschneiden *v*
recorte 1 *m* (de un periódico o una revista) [Bk] / Ausschnitt *m*
– 2 *m* [Bind] / Beschnitt *m*
– 3 *m* (de medios presupuestarios) [BgAcc] / Kürzung *f*
– **de fondos presupuestarios** *m* [BgAcc] / Mittelkürzung *f*
– **de periódico** *m* [NBM] / Zeitungsausschnitt *m*
– **de presupuesto** *m* [BgAcc] / Haushaltskürzung *f*
recosido *pp* [Bk] / geflickt *pp*
rectificación *f* [Bk] / Berichtigung *f* ‖ *s.a. errata*
recto [Bk] / Recto *n*
recuadro *m* [Bk] / Einfassung *f* · Rahmung *f*
– **del lomo** *m* [Bind] / Rückenfeld *n* ‖ *s.a. panel del lomo*
– **del título** *m* [Bk] / Titelrahmen *m*
– **del título de lomo** *m* [Bind] / Rückenfeld *n*
recubrimiento *m* (de una tansparencia base) [NBM] / Überlappung *f*
recuento de listas *m* [InfSc] / Strichlistenauszählung *f*
recuento general de libros *m* (con devolución de todos los préstamos) [RS] / Büchersturz *m*
recuperación *f* [Retr] / Abfrage · Recherche *f*
– **asistida por ordenador** *f* [Retr] / rechnergestütztes Recherchieren *n*
– **automatizada** *f* [Retr] / Retrieval *n*

– **(automatizada) de documentos** *f* [Retr] / Dokumentenretrieval *n*
– **de información** *f* / Informationsgewinn *m* · Informationswiedergewinnung *f* · Informationsretrieval *n* · Retrieval *n*
– **de informaciones** *f* [Retr] / Wiederauffinden von Informationen *n*
– **de referencias** *f* [Retr] / Retrieval von Nachweisen in einem Speicher *n*
recuperar *v* (libros) [RS] / heraussuchen *v*
recursión *f* [EDP] / Rekursion *f*
recursos a disposición del usuario *pl* [Comm] / Leistungsmerkmal *n*
recursos económicos *pl* [BgAcc] / Mittel *pl* ‖ *s.a. fondos económicos*
recursos presupuestarios *pl* [BgAcc] / Haushaltsmittel *pl* ‖ *s.a. consecución de medios presupuestarios; distribución de recursos*
red *f* [Lib] / Netz *n* · Verbund *m*
– **bibliotecaria** *f* [Lib] / Bibliotheksnetz *n*
– **cartográfica** *f* (meridianos y paralelos) [Cart] / Kartennetz *n*
– **de abonados** *f* [Comm] / Teilnetz *n*
– **de área local** *f* [EDP] / lokales Netz *n*
– **de comunicaciones** *f* [Comm] / Übertragungsnetz *n*
– **de información** *f* [InfSc] / Informationsnetz *n*
– **de larga distancia** *f* [EDP] / Weitverkehrsnetz *n* · Fernnetz *n*
– **de ordenadores** *f* [EDP] / Rechnerverbund *m*
– **de paquetes** *f* [Comm] / Paketnetz *n*
– **de telecomunicación** *f* [Comm] / Fernmeldenetz *n*
– **de transmisión de datos** *f* [EDP] / Datennetz *n*
– **eléctrica** *f* [BdEq] / Stromnetz *n*
– **en anillo** *f* [Comm] / Ringnetz *n*
– **en banda ancha** *f* [Comm] / Breitbandnetz *n*
– **en estrella** *f* [Comm] / Sternnetz *n*
–**es en neurona** *pl* [EDP] / neuronale Netze *pl*
– **informática** *f* [EDP] / Rechnernetz *n* · Datennetz *n*
– **informática de conmutación de paquetes** *f* [Comm] / paketvermittelndes Datennetz *n*
– **integrada** *f* [Comm] / integriertes Netz *n*
– **jerárquica** *f* [Comm] / hierarchisches Netz *n*
– **local** *f* [Comm] / Ortsnetz *n*
– **mixta** *f* [Comm] / Verbundnetz *n*
– **tramada** *f* [Comm] / Maschennetz *n*
– **transregional** *f* [Comm] / überregionales Netz *n*
– **urbana** *f* [Comm] / Ortsnetz *n*
redacción 1 *f* (como actividad) [Bk] / Redaktion *f*
– 2 *f* [Bk] / (de un texto:) Bearbeitung *f*
– 3 *f* (de un periódico o revista) [Bk] / Schriftleitung *f*
– **de un texto** *f* [Bk] / Fassung *f*
redactar *v* [Bk] / bearbeiten *v* (un libro) · redigieren *v*
redactor 1 *m* [Bk; Mus] / (de un texto:) Bearbeiter *m*
– 2 *m* (en un periódico y similares) [Bk] / Redakteur *m*
– **jefe** *m* [Bk] / Chefredakteur *m*
redondeado del lomo *m* [Bind] / Rückenrunden *n*
redondeadora de cubiertas *f* [Bind] / Deckenrundegerät *n*
redondear *v* [Bind] / runden *v*
redondeo del lomo *f* [Bind] / Rundklopfen *n*
reducción *f* [Repr] / Verkleinerung *f*
– **a escala** *f* [InfSc] / Skalierung *f*
– **de la jornada laboral** *f* [OrgM] / Arbeitszeitverkürzung *f*
– **de los gastos** *f* [OrgM] / Kostensenkung *f*
– **de precio** *f* [Acq] / Preisherabsetzung *f* · Preisnachlaß *m*
– **en el precio** *f* [Acq] / Nachlaß *m*
reducir a pasta *v* (el papel viejo) [Bk] / einstampfen *v* ‖ *s.a. maculatura*
redundancia *f* [InfSc] / Redundanz *f*
redundante *adj* [InfSc] / redundant *adj*
reedición *f* [Bk] / Neuauflage *f*
– **de un libro con nueva portada** *f* [Bk] / Titelausgabe *f*
reedificación *f* [BdEq] / Umbau *m*
reembolsar *v* [BgAcc] / zurückerstatten *v*
reembolso 1 *m* [Comm] / Rückzahlung *f*
– 2 *m* [BgAcc] / Rückvergütung *f*
– 3 *m* [Comm] / Nachnahme *f*
– **de gastos de viaje** *f* [BgAcc] / Reisekostenerstattung *f*
reencajar *v* [Bind] / neu binden *v* · umbinden *v*
reencolado *m* [Pres] / Nachleimen *n*
reencuadernar *v* [Bind] / neu binden *v* · umbinden *v*
reentapar *v* [Bind] / umbinden *v*
reenvío a otra secuencia de programa *m* [EDP] / Programmverzweigung *f*

reexpedir a las nuevas señas *v* [Comm] / nachsenden *v*
referencia *f* [Cat] / Rückweis *m CH* · Verweisung *f*
- **asociativa** *f* [Cat] / assoziative Verweisung
- **bibliográfica** *f* [Bib] / bibliographische Angabe *f* · Literaturhinweis *m* · bibliographischer Nachweis *m* · Literaturangabe *f*
- **bibliográfica** *f* [Bib] / Literaturnachweis ‖ *s.a. documento citado*
- **colectiva** *f* [Cat] / Sammelverweisung *f*
- **combinada „usado por (en)"** *f* [Ind] / Benutzt für (in) Kombination-Verweisung *f*
- **cruzada de materias** *f* [Cat] / Schlagwortverweisung *f*
- **de combinación „úsase"** *f* [Ind] / Benutze Kombination-Verweisung *f*
- **de combinación „úsase..." y „úsase también..."** *f* [Ind] / Benutze Kombination-Verweisung *f*
- **de editor** *f* [Cat] / Herausgeberverweisung *f*
- **de materia** *f* [Cat] / Schlagwortverweisung *f*
- **de nombre** *f* [Cat] / Namensverweisung *f*
- **de página** *f* [Bk; Ind] / Seitenverweis *m*
- **de reenvío** *f* [Ind] / Rückverweisung *f*
- **de „úsase"** *f* [Ind] / Benutze-Verweisung *f*
- **global** *f* [Cat] / allgemeine Verweisung *f* · Pauschalverweisung *f*
- **jerárquica** *f* [Cat] / hierarchische Verweisung *f*
- **recíproca** *f* [Cat] / gegenseitige Verweisung *f*
-**s cruzadas y signaturas** *pl* (como parte de un asiento de registro) [Bk; Bib; Ind] / Registerausgang *m*
- **topográfica** *f* [Bk] / Fundstellenangabe *f*
- **„usado por"** *f* [Ind] / Benutzt für-Verweisung *f*
- **„véase"** *f* [Cat] / siehe-Verweisung *f*
- **„véase además"** *f* [Cat] / siehe-auch-Hinweis *m*
refilado *pp* [Bind] / beschabt *pp s. raspado*
refilar *v* [Bind] / ausschaben *v*
- **con tapas** *v* [Bind] / in Deckeln beschneiden *v*
reflectografía *f* [Repr] / Reflexkopierverfahren *n*
reflejo *m* [Repr] / Spiegelbild *n*
reforma *f* [BdEq] / Umbau *m* (de un edificio)
refuerzo del lomo *m* [Bind] / Rückenverstärkung *f*
refuerzo en aspa *m* (de una estantería) [Sh] / Eckversteifung *f*
refundido con *pp* [Cat] / vereinigt mit *pp*
regado *pp* [Pp] / gegossen *pp*
regalo *m* [Acq] / Geschenk *n*
régimen de trabajo del enlace de transmisión de datos *m* [Comm] / Arbeitszustand des Übermittlungsabschnitts *m*
región de préstamo interbibliotecario *f* [RS] / Leihverkehrsregion *f*
registrar 1 *v* (p. ej., el número de páginas en un asiento catalográfico) [Cat] / angeben *v* · anführen *v* · wiedergeben *v*
- 2 *v* (datos bibliográficos) [Bib] / wiedergeben *v*
- 3 *v* [EDP] / speichern *v* · einlesen *v*
- 4 *v* [NBM] / aufzeichnen *v*
- **operaciones** *v* [EDP] / protokollieren *v*
- **pliegos** *v* [Prt] / Register halten
- **un préstamo** *v* [RS] / verbuchen *v*
registro 1 *m* [Gen] / Niederschrift *f*
- 2 *m* [Arch] / Register *n*
- 3 *m* [EDP] / Register *n*
- 4 *m* [EDP] / Satz *m* ‖ *s.a. registro agrupado*
- 5 *m* [EDP; NBM] / Aufzeichnung *f* ‖ *s.a. grabación 1*
- **agrupado** *m* [EDP] / geblockter Satz *m*
- **agrupado** *m* [EDP] / geblockter Datensatz *m*
- **anual** *m* [Bk] / Jahresregister *n*
- **catalográfico** *m* [Cat] / Katalogisat *n*
- **clave** *m* [EDP] / Schlüsselschalter *m*
- **cronológico** *m* [Arch] / Regesten *pl*
- **de adquisición de publicaciones periódicas** *m* [Acq] / Zeitschriftenakzession *f* · Akzessionierung von Zeitschriftenheften
- **de adquisiciones** *m* [Acq] / Zugangsbuch *n* · Akzessionsjournal · Zugangsnachweis *m* ‖ *s.a. fichero de adquisiciones*
- **de anomalías** *m* [EDP] / Fehlerprotokollierung *f*
- **de averías** *m* [EDP] / Fehlerprotokollierung *f*
- **de circulación** *m* [RS] / Ausleihverbuchung *f*
- **de comprobación** *m* [TS] / Nachweismittel *n*

– **de datos** *m* [EDP] / Datensatz *m s. grupo de datos; registro lógico;* ▌ *s.a. registro agrupado*
– **de encuadernaciones** *m* [Bind] / Buchbinderkartei *f*
– **de entrada** *m* [Acq] / Akzessionierung *f*
– **de entrada de publicaciones periódicas** *m* [Acq] / Zeitschriftenzugangsnachweis *m*
– **de existencias** *m* [Cat] / Besitznachweis *m*
– **de expurgos** *m* [Stock] / Abgangsnachweis *m* · Aussonderungsnachweis *m*
– **de fichas secundarias** *m* [Cat] / Verweisungsvermerk *m*
– **de gastos** *m* [BgAcc] / Ausgabennachweis *m*
– **de índices** *m* [EDP] / Indexregister *n*
– **de información** *m* [EDP] / Mitteilungssatz *m*
– **de instrucciones** *m* [EDP] / Befehlsregister *n*
– **de juros** *m* [Arch] / Zinsregister *n*
– **de la colección** *m* [Stock] / Bestandsaufnahme *f*
– **de la propiedad** *m* [Arch] / Urbar *n*
– **de lectura** *m* [Bk] / (una cinta pegada por el encuadernador, también:) Lesezeichen *n*
– **de legado** *m* [Acq] / Nachlaßverzeichnis *n*
– **de longitud fija** *m* [EDP] / Satz fester Länge *m*
– **de longitud variable** *m* [EDP] / Satz variabler Länge *m*
– **de los fondos** *m* [Stock] / Bestandsverzeichnis *n*
– **de nombres de entidades corporativas** *m* [Cat] / Körperschaftsdatei *f*
– **de pedidos** *m* [Acq] / Bestellnachweis *m*
– **de préstamo** *m* [RS] / Ausleihregistrierung *f s. carga de un préstamo*
– **de préstamo interbibliotecario** *m* [RS] / Fernleihregister *n*
– **de préstamos** *m* [RS] / Ausleihverbuchung *f* · Leihregister *n*
– **de recepción de publicaciones periódicas** *m* [Acq] / Zugangsnachweis *m*
– **de recepción de series** *m* (para publicaciones periódicas) [Acq] / Zugangsnachweis *m*
– **de sonido** *m* [NBM] / Tonaufzeichnung *f* · Schallaufzeichnung *f*
– **de usuarios** *m* [RS] / Benutzerdatei *n* · Benutzeranmeldung *f*
– **en el libro prestado** *m* (en la ficha de bolsillo del libro) [RS] / Buchkartenverbuchung *f*
– **en microfilm de salida de ordenador** *f* [EDP] / COM-Verfahren *n* · COM-Aufnahmeverfahren *n*
– **físico** *m* [EDP] / physischer Satz *m*
– **fonográfico** *m* [NBM] / Schallplatte *f*
– **fotográfico de préstamo** *m* [RS] / Fotoverbuchung *f*
– **índice** *m* [EDP] / Indexregister *n*
– **lógico** *m* [EDP] / Datensatz *m* · logischer Satz *m s. grupo de datos; registro de datos;* ▌ *s.a. registro agrupado*
– **maestro** *m* [EDP] / Hauptsatz *m*
– **magnético** *m* [NBM] / Magnetaufzeichnung *f*
– **parroquial** *m* [Arch] / Kirchenbuch *n*
– **permanente** *m* [EDP] / Stammsatz *m*
– **permutado** *m* [Ind] / rotiertes Register *n*
– **por descriptores** *m* [Bib; Ind] / Stichwortregister *n*
– **por palabras clave** *m* [Bib; Ind] / Stichwortregister *n*
– **provisional** *m* (de libros que se encuentran en preparación bibliográfica, etc.) [TS] / Interimsdatei *f*
–**s atrasados** *pl* [TS] / Reste *pl*
–**s disponibles de bases de datos externas** *pl* [EDP] / Fremddaten *pl*
– **segmentado** *m* [EDP] / segmentierter Satz *m*
–**s externos disponibles** *pl* [EDP; Cat; Bib] / Fremddaten *pl*
– **transitorio** *m* [TS] / Interimsdatei *f*
– **unitario** *m* [Cat] / Einheitsaufnahme *f*

regla *f* [Off] / Lineal *n*
– **de cabecera** *f* [Bind] / Kopfleiste *f*
– **de subsivisión cronológica** *f* [Class] / abarbeiten *v*

reglamentación salarial *f* [Staff] / Besoldungsordnung *f*

reglamento *m* [Gen; Bk] / Geschäftsordnung *f* · Vorschrift *f* ▌ *s.a. normativa técnica; prescripción*
– **bibliotecario** *m* [Lib] / Bibliotheksordnung *f*
– **de estudios** *m* [Ed] / Studienordnung *f*
– **de exámenes** *m* [Ed] / Prüfungsordnung *f*
– **de préstamo** *m* [RS] / Ausleihbestimmungen *pl*
– **de trabajo** *m* [OrgM] / Arbeitsordnung *f*
– **de utilización** *m* [RS] / Benutzungsordnung *f* · Benutzungsbestimmungen *pl* ▌ *s.a. reglamento de préstamo*

– **laboral** *m* [OrgM] / Arbeitsrichtlinien *pl*
– **para la edificación** *m* [BdEq] / Bauvorschrift *f*
reglar *v* [EDP] / lini(i)eren *v* (con regla)
reglas *pl*
– **de catalogación** *pl* [Cat] / Katalogisierungsregeln *pl*
– **de catalogación alfabética** *pl* [Cat] / Regeln für die alphabetische Katalogisierung *pl*
– **de ordenación alfabética** *pl* [cat] / ABC-Regeln *pl*
– **de préstamo** *pl* [RS] / Ausleihbestimmungen *pl*
– **de procedimiento** *pl* [OrgM] / Verfahrensregeln *pl*
– **para citar** *pl* [Bib] / Zitierregeln *pl*
– **para clasificar** *pl* [Cat] / Ordnungsregeln *pl*
regleta *f* [Prt] / Reglette *f* · Setzlinie *f*
regletear *v* [Prt] / durchschießen *v*
regrabar *v* (por ej., una cinta magnetofónica) [NBM] / überspielen *v*
regresión *f* [InfSc] / Regression *f*
regulación de tasas *f* [BgAcc] / Gebührenordnung *f*
regulaciones de depósito legal *pl* [Law] / Pflichtexemplarbestimmungen *pl*
regulaciones presupuestarias *pl* [BgAcc] / Haushaltsordnung *f*
regulación universitaria del doctorado *f* [Ed] / Promotionsordnung *f*
reimp. *abbr s. reimpresión*
reimpresión *f* [Bk] / Nachauflage *f* · (el proceso de reimprimir:) Nachdruck *m*
– **anastática** *f* [Prt] / anastatischer Nachdruck *m*
– **particular** *f* [Bk] / Separat(ab)druck *m* ‖ *s.a. separata*
reimpreso *pp* [Bk] / abgedruckt *pp* (vuelto a imprimir) · (das Nachgedruckte) Nachdruck *m*
reimprimir *v* [Prt] / nachdrucken *v*
reivindicación de patente *f* [Law] / Patentanspruch *m*
relación *f* [Class] / Relation *f*
– **alternativa** *f* [Ind] / Alternativrelation *f*
– **antonímica** *f* [Ind] / Gegensatzrelation *f* · Gegensatzbeziehung
– **asociativa** *f* [Class; Ind] / assoziative Beziehung *f* · Assoziationsrelation *f* · assoziative Relation *f*
– **causa-efecto** *f* [Class] / Wirkungsbeziehung *f*
– **comparativa** *f* [Class] / Vergleichsbeziehung *f*
– **conceptual** *f* [Ind] / Begriffsbeziehung *f*
– **coordinada** *f* [Ind] / gleichordnende Beziehung *f* · Gleichordnungsbeziehung *f*
– **de aplicación** *f* [Class] / Richtungsbeziehung *f*
– **de atingencia** *f* [Ind] / Zugehörigkeitsrelation *f*
– **de comparación** *f* [Class] / Vergleichsbeziehung *f*
– **de contenido** *f* [Ind] / Inhaltsangabe *f*
– **de costes-beneficios** *f* [OrgM] / Kosten-Nutzen-Verhältnis *n*
– **de equivalencia** *f* [Ind] / Äquivalenzbeziehung *f* · Äquivalenzrelation *f*
– **de fases** *f* [Class] / Phasenbeziehung *f*
– **de inclusión** *f* [Ind; Class] / partitive Relation *f*
– **de pertenencia** *f* [Ind] / Zugehörigkeitsbeziehung *f* · Zugehörigkeitsrelation *f*
– **de sustitución** *f* [Ind] / Äquivalenzrelation *f*
– **de viajes** *f* [Bk] / Reiseerzählung *f*
– **entre los lados** *f* [Repr] / Bildseitenverhältnis *n* · Seitenverhältnis *n*
–**es públicas** *pl* [PR] / Öffentlichkeitsarbeit *f*
– **fija** *f* (signo :: doble dos puntos, doble colon) [Class/(CDU] / Festlegung der Reihenfolge *f s. nexo insoluble; nexo no reversible*
– **formal** *f* [Ind] / formale Beziehung *f*
– **general** *f* (signo : dos puntos, colon) [Class/UCD] / allgemeine Beziehung *f*
– **genérica** *f* [Class] / generische Beziehung *f* · Abstraktionsbeziehung *f* · generische Relation *f* · Gattung-Art-Beziehung *f* · Abstraktionsrelation *f* · Genus-species-Beziehung *f*
– **género-especie** *f* [Ind; Class] / Gattung-Art-Beziehung *f* · Abstraktionsrelation *f* · generische Relation *f* · Genus-species-Beziehung *f*
– **jerárquica** *f* [Class] / hierarchische Beziehung *f* · Hierarchierelation *f*
– **oficial entre funcionarios** *f* [Staff] / Dienstverhältnis *n*
– **partitiva** *f* [Class; Ind] / Bestandsrelation *f* · partitive Relation *f* · Bestandsbeziehung *f*
– **semántica** *f* [Ind] / semantische Beziehung *f*

– **simple** *f* (Signo: dos puntos) [Class] / einfache Beziehung *f*
– **todo-parte** *f* [Ind; Class] / Bestandsrelation *f* · partitive Relation *f*
relé de desconexión *m* [BdEq] / Abschaltautomatik *f*
relicario *m* [Bind] / Buchschrein *m* ‖ *s.a. funda de libro*
relieve *m* [Cart] / Relief *n* *s. maqueta*
relleno *m* [Pp] / Füllstoff *m*
rematador *m* [Acq] *HA* / Versteigerer *m*
rematar *v* [Acq] *HA* / versteigern *v*
remate 1 *m* [Prt] / Serife *f*
– 2 *m* [Acq] *HA* / Versteigerung *f*
– 3 *m* (de la cabezada) [Bind] / Häubchen *n*
remendar *v* [Pres] / flicken *v*
remendería *f* [Prt] / Akzidenzdruck *m* · Titel in mehreren Schriftarten *m*
remisión *f* [Cat] / Verweisung *f*
remitir a *v* [Cat] / verweisen *v*
remuneración *f* [Gen] / Entgelt *n* · Vergütung *f*
– **de servicios** *f* [BgAcc] / Leistungsentgelt *n*
–**es** *pl* (sueldo) [Staff] / Bezüge *pl*
rendición de cuentas *f* [BgAcc] / Rechnungslegung *f*
rendimiento horario *m* [OrgM] / Stundenleistung *f*
rendimiento laboral *m* [OrgM] / Arbeitsleistung *f*
renovación *f* (del plazo de préstamo) [RS] / Verlängerung *f*
– **del lomo** *f* [Bind] / Rückenerneuerung *f*
– **(del plazo) de préstamo** *f* [RS] / Leihfristverlängerung *f*
– **de suscripción** *f* [Acq] / Abonnementserneuerung *f*
renovar *v* (el plazo de préstamo) [RS] / verlängern *v* ‖ *s.a. prorrogar*
renta *f* (jubilación) [Staff] / Rente *f*
rentabilidad *f* [Gen] / Rentabilität *f* · Wirtschaftlichkeit *f*
rentable *adj* (costoefectivo) [OrgM] / wirtschaftlich *adj*
reordenar *v* (libros, fichas catalográficas, etc.) [TS] / umordnen *v*
reparación *f* [Bk] / Reparatur *f*
reparar *v* [Pres] / reparieren *v* · ausbessern *v*
– **provisionalmente** *v* [Pres] / ausflicken *v*
– **un fallo** *f* [BdEq] / Fehler (an einem Gerät usw.) beheben (oder) beseitigen
reparto *m* [Mus] / Besetzung *f*
– **de presupuesto** *m* [BgAcc] / Haushaltsplan *m*
– **musical** *m* [Mus] / Besetzung *f*
repasar *v* [BK] / durchsehen *v*
repertorio *m* [EDP] / Inhaltsverzeichnis *n*
– **de instrucciones** *m* [EDP] / Befehlsvorrat *m*
repetición *f* [EDP] / Rekursion *f*
repisa *f* [Sh] / Konsole *f*
– **de lectura del microfilm** *f* (en un aparato lector) [Repr] / Filmbühne *f*
reponer *v* (un libro) [Sh] / zurückstellen *v*
representación *f*
– **de datos** *f* [EDP] / Datendarstellung *f*
– **del saber** *f* [InfSc] / Wissensrepräsentanz *f*
– **de signos** *f* [Comm] / Zeichendarstellung *f*
– **estereoscópica** *f* [Cart] / raumbildliche Darstellung *f*
– **gráfica** *f* [InfSc] / grafische Darstellung *f* · Schaubild *n*
– **icónica** *f* [NBM] / Bild *n*
– **jerárquica** *f* [Class] / hierarchische Darstellung *f*
– **numérica** *f* [InfSy] / numerische Darstellung *f*
– **paracartográfica** *f* [Cart] / kartenverwandte Darstellung *f*
– **pictórica** *f* [NBM] / bildliche Darstellung *f*
– **televisiva** *f* [Comm] / Fernsehspiel *n*
– **visual de cristal líquido** *f* [BdEq] / Flüssigkristallanzeige *f*
representar *v* [EDP] / darstellen *v*
reproducción 1 *f* [Bk] / Nachdruck *m* · Abdruck *m*
– 2 *f* (de grabaciones sonoras) [NBM] / Wiedergabe *f*
– 3 *f* [Repr] / Kopie *f* ‖ *s.a. fotocopia; microcopia*
– **artística** *f* [Art] / Kunstblatt *n* · Kunstreproduktion *f* · Kunstdruck *m*
– **de arte** *f* [Art] / Kunstreproduktion *f*
– **de detalle** *f* [Repr] / Detailwiedergabe *f*
– **del color** *f* [Repr] / Farbwiedergabe *f*
– **de línea** *f* [Repr] / Strichkopie *f*
– **en tono contínuo** *f* [Prt; Repr] / Halbtonbild *n*
– **reflectográfica** *f* [Repr] / Reflexkopie *f*
reproducibilidad *f* (de un ensayo o de un test) [InfSc] / Reproduzierbarkeit *f*
reproducido *pp* [Bk] / abgebildet *pp*
reproducir 1 *v* (en general) [Prt; Repr] / vervielfältigen *v*

– 2 *v* [Prt] / abdrucken *v* · nachdrucken *v*
– 3 *v* [NBM] / Abspielen *n*
reproductora de fichas *f* [PuC] / Kartendoppler *m*
reprografía *f* [Repr] / Reprographie *f*
repuesto de la portada *m* [Bk] / Ersatz der Haupttitelseite *m* ‖ *s.a. portada repuesta*
repujado del cuero *m* [Bind] / Ledertreibarbeit *f*
requerimiento *m* [Acq] / Anforderung *f*
requisito *m* [Acq] / Anforderung *f*
~**s de admisión** *pl* [Ed; RS] / Zulassungsvoraussetzung *f*
~**s de examen** *pl* [Ed] / Prüfungsanforderungen *pl*
~**s del puesto de trabajo** *pl* [OrgM] / Arbeitsplatzanforderungen *pl* · Stellenanforderungen *pl*
~**s de tratamiento** *pl* [EDP] / Bearbeitungsanforderungen *pl*
~**s de usuario** *pl* [RS] / Benutzeranforderungen *pl*
~**s mínimos** *pl* [Adm] / Mindestanforderungen *pl*
resaltar *v* [Prt] / auszeichnen *v*
reseña *f* [Bib; Ind] / Auszug *m* · Buchbesprechung *f* · Referat *n*
reseña de solapa *f* [Bk] / Waschzettel *m*
reseñar *v* [Bk] / besprechen *v* · rezensieren *v*
reserva *f* [RS] / Vormerkung *f* · Vorbestellung *f*
reserva alcalina *f* [Pp] / alkalische Reserve *f*
reservados todos los derechos [Law] / alle Rechte vorbehalten
reservar *v* (un libro) [RS] / vorbestellen *v* · vormerken *v*
resguardo *m* [Off] / Beleg *m*
– **de expurgo** *m* [Stock] / Aussonderungsbeleg *m*
– **de préstamo interbibliotecario** *m* [RS] / Fernleihschein *m*
– **de préstamo internacional** *m* [RS] / internationaler Leihschein *m*
residencia fija *f* [Staff] / fester Wohnsitz *m*
residuos *pl* (en la preparación bibliográfica de documentos) [TS] / Rückstände *pl*
resistencia *f*
– **a la oxidación** *f* [Pp] / Oxidationsbeständigkeit *f*
– **a la rotura** *f* (del papel) [Pp] / Reißfestigkeit *f*
– **a la tracción** *f* [Pres] / Zugfestigkeit *f*
– **al envejecimiento** *f* [Pp] / Alterungsbeständigkeit *f*
– **al frotamiento** *f* [Pp] / Abriebfestigkeit *f*
– **de cubiertas** *f* [BdEq] / Deckenlast *f n*
– **del doblado** *f* [Pp] / Falzfestigkeit *f*
resistente a la luz *adj* [Repr; Prt] / lichtbeständig *adj* · lichtecht *adj*
resobado *adj* [Bk] / gebrauchsfleckig *adj*
resolución *f* [EDP/VDU, Repr] / Auflösung *f*
responsabilidad *f* [OrgM] / Verantwortung *f*
– **común** *f* [OrgM] / Gesamtverantwortung *f*
responsable de financiación *m* [BgAcc] / Finanzierungsträger *m*
responsable de manutención *m* [Lib] / Unterhaltsträger *m*
respuesta *f* (en el contexto de organización de una conexión de datos) [Comm] / Anrufbeantwortung *f*
– **provisional** *f* [Acq; RS] / Zwischenbescheid *m*
resquebrajado *pp* [Bind] / aufgeplatzt *pp*
restauración *f* [Comm] / Restaurierung *f* · Auslösung *f*
restauración con seda *f* [Pres] / (Einbettung mit Seidengaze:) Einbettung *f*
restaurador *m* [Staff] / Restaurator *m*
restaurar *v* [EDP] / restaurieren *v* · löschen *v*
restitución de los gastos *f* [BgAcc] / Kostenerstattung *f*
restituir *v* [BgAcc] / zurückerstatten *v*
resto(s) de edición *m(pl)* [Bk] / Restauflage(n) *f(pl)* · Ramsch(bücher) *m(pl)*
restricción de acceso *f* [Arch; RS] / Benutzungsbeschränkung *f*
resultado de búsqueda *m* [Retr] / Recherche-Ergebnis *n*
resultado de búsqueda *m* [Retr] / Suchergebnis *n*
resultado de la impresión *m* [Prt] / Ausdruck *m*
resultados *pl* [OrgM] / Effektivität *f*
resumen *m* [Ind; Bib] / Auszug *m* · Kurzfassung *f* · Referat *n* · Resümee *n* · Zusammenfassung *f* · Kompendium *n* · Kurzreferat *n* ‖ *s.a. compendio; epítome; síntesis; sumario*
– **analítico** *m* [ind; bib] / informatives Referat *n*
– **automático** *m* [Ind] / automatisches Kurzreferat *n*
– **crítico** *m* [Ind] / kritisches Referat *n*

– **de analista** *m* [Ind; Bib] / Fremdreferat *n* (resumen suministrado por otra persona que el autor)
– **de autor** *m* [Ind] / Eigenreferat *n* · Autorenreferat *n* · Autorreferat *n*
– **esquemático** *m* [Ind] / codiertes Referat *n DDR*
– **estructurado** *m* [In] / Positionsreferat *n*
– **estructural** *m* [Ind] / Strukturreferat *n*
– **indicativo** *m* [Ind] / indikatives Referat *n*
– **informativo** *m* [Ind; Bib] / informatives Referat *n*
– **orientado** *m* [Bib] / auswählendes Referat *n* · kritisches Referat *n* · zweckorientiertes Referat *n*
– **telegráfico** *m* [Ind] / Schlagwortreferat *n* · codiertes Referat *n DDR*
resumir *v* [Ind] / referieren *v*
– **automáticamente** *v* [Ind] / automatisches Referieren *n* · maschinelles Referieren *n*
retícula cartográfica *f* [Cart] / Kartengitter *n*
retícula de contactos *f* [Prt] / Kontaktraster *m*
reticular *v* [Prt] / rastern *v*
retículo *m* [Prt] / Raster *m*
retiración *f* [Prt] / Widerdruck *m*
retirar de circulación [Stock] / aussondern *v*
retiro 1 *m* [Staff] / Ruhestand *m* ‖ *s.a. jubilación*
– 2 *m* [Stock] / Abgang *m* ‖ *s.a. descarte; expurgo*
retorno de información *m* [Ind] / Rückkoppelung *f*
retrasos *pl* (en la preparación bibliográfica de documentos) [TS] / Rückstände *pl* · Reste *pl*
– **de catalogación** *pl* [Cat] / Katalogisierungsrückstände *pl*
retrato *m* [Art] / Porträt *n*
retroacción *f* [Ind] / Rückkoppelung *f*
retroproyector *m* [NBM] / Arbeitsprojektor *m* · Overhead-Projektor *m* · Schreibprojektor *m* · Tageslichtprojektor *m s. proyector de transparencias*
retrospectivo *adj* [Bib; Retr] / retrospektiv *adj*
reubicación *f* (de una materia en un sistema de clasificación) [Class] / Umstellung *f*
– **dinámica (de dirección)** *f* [EDP] / dynamische (Adreß-)Verschiebung *f*
reunión *f* [OrgM] / Sitzung *f* · Konferenz *f*
– **para seleccionar adquisiciones** *f* [Acq] / Kaufsitzung *f*
revalidación de matrícula *f* [Ed] / rückmelden *v*
revelado de dos componentes *m* [Repr] / Zweikomponenten-Entwicklung *f*
revelado húmedo *m* [Repr] / Naßverarbeitung *f*
revelador *m* [Repr] / Entwickler *m*
revelado térmico *m* [Repr] / Wärme-Entwicklung *f* · Trockensilberverfahren *n*
revelar *v* [Repr] / entwickeln *v*
reventado *pp* [Bind] / aufgeplatzt *pp* · geplatzt *pp*
reversibilidad *f* / Reversibilität *f*
reverso de la portada *m* [Bk] / Titelblattrückseite *f*
reverso de una hoja de pergamino *m* [Bk] / Versoseite *f*
revestimiento *m* [PP] / Strich *m*
revisión *f* [Stock] / Revision *f*
– **de cuentas** *f* [BgAcc] · Rechnungsprüfung *f*
– **de estantes** *f* (comprobación del orden de los libros) [Stock] / Bestandsdurchsicht *f*
– **de fondos** *f* [Stock] / (para completar, restituir o expurgar:) Bestandsdurchsicht *f*
– **de inventario** *f* [Stock] / Bestandsrevision *f*
– **de la colección** *f* [Stock] / Bestandsrevision *f*
– **del catálogo** *f* [Cat] / Katalogrevision *f*
revista *f* [Bk] / Zeitschrift ‖ *s.a. periódico*
– **de circulación controlada** *f* [Bk] / Kennzifferzeitschrift *f*
– **de extractos** *f* [Bib; Ind] / Referatezeitschrift *f*
– **del ramo comercial** *f* [Bk] / Branchenzeitschrift *f*
– **de modas** *f* [Bk] / Modezeitschrift *f*
– **de noticias** *f* [Bk] / Nachrichtenmagazin *n*
– **de radio y televisión** *f* [Bk] / Programmzeitschrift *f*
– **de recensiones** *f* [Bk] / Rezensionszeitschrift *f*
– **de resúmenes** *f* [Bib; Ind] / Referatezeitschrift *f*
– **de sipnosis** *f* [Bk] / Synopse-Zeitschrift *f*
– **especializada** *f* [Bk] / Fachzeitschrift *f*
– **femenina** *f* [Bk] / Frauenzeitschrift *f*
– **humorística** *f* [Bk] / Witzblatt *n*
– **ilustrada** *f* [Bk] / Illustrierte *f*
– **interna** *f* [Bk] / Hauszeitschrift *f*

– **mensual** *f* [Bk] / Monats(zeit)schrift *f*
– **para clientes** *f* [Bk] / Kundenzeitschrift *f*
– **para el público** *f* [Bk] / Publikumszeitschrift *f*
– **profesional** *f* [Bk] / Fachzeitschrift *f*
– **técnica** *f* [Bk] / Fachzeitschrift *f*
– **técnica interna** *f* [Bk] / technische Firmenzeitschrift *f*
– **trimestral** *f* [Bk] / Vierteljahresschrift *f*
revoluciones por minuto *pl* [NBM] / Umdrehungen pro Minute *pl*
ribetear *v* [Bind] / Einfassen *n* · Rändeln *n*
ritmo de trabajo *m* [OrgM] / Arbeitsablauf *m*
rizar *v* [Pres] / Kräuseln *n*
rizclar *n* [Bind] / aufschaben *v*
robo de libros *m* [Bk] / Bücherdiebstahl *m*
rodillo *m* (de la máquina de escribir) [Off] / Rolle *f* · Schreibwalze *f*
– **agotador** *m* [Pp] / Egoutteur *m*
– **de arrastre dentado** *m* [EDP; Prt] / Stachelrad *n* · Stachelwalze *f*
– **de entintar** *m* [Prt] / Farbwalze *f*
– **dorador** *m* [Bind] / Goldschnittrolle *f*
roedura de ratones *f* [Bk] / Mäusefraß *m*
roído *pp* [Bk] / benagt *pp*
rollo *m* [Stock] / Rolle *f*
– **contínuo de papel** *m* [Pp] / Papierbahn *f*
– **de cartón** *m* [Sh] / Papprolle *f*
– **de escritura** *m* [Writ] / Schriftrolle *f*
– **de microfilm** *m* [Repr] / Mikrorollfilm *m*
– **de microfilm** *m* [Repr] / Mikrofilmrolle *f*
– **de (micro)película** *m* [Repr] / Rollfilm *m*
– **de papiro** *m* [Writ] / Papyrusrolle *f*
– **de pergamino** *m* [Bk] / Pergamentrolle *f*
rombo *m* [Bind] / Raute *f* ‖ *s.a. losange*
romboidal *adj* [Bk] / rautenförmig *adj*
rompecabezas *m* [NBM] / Puzzle *n*
ropero *m* [BdEq] / Garderobenschrank *m*
roseta *f* [Bind] / Rosette *f*
rotación *f* (de revistas) [InfSy] / Kreisumlauf *m* · Umlauf *m* ‖ *s.a. circulación 3*
– **de empleo** *f* [OrgM] / Arbeitsplatzrotation *f*
– **de imágenes** *f* (en un aparato lector de microfilmes) [Repr] / Bilddrehung *f*
rotativa *f* [Prt] / Rotations(druck)maschine *f*
– **tipográfica** *f* [Prt] / Hochdruck-Rotationsmaschine *f*
rotograbado *m* [Prt] / Rotationstiefdruck *m* ‖ *s.a. heliograbado; huecograbado*
rotulación *f* [TS] / Beschriftung *f* · Etikettierung *f*
– **de estanterías** *f* [Sh] / Regalbeschilderung *f*
– **de estantes** *f* [Sh] / Regalbeschriftung *f*
– **del lomo** / Rückentext *m* · Rückenbeschilderung *f* · Rückenbeschriftung *f* (de un libro)
– **del título** *f* [Bind] / Titeldrucken *n*
– **dorsal** *f* [Bind] / Rückenbeschilderung *f*
– **invertida** *f* [Prt] / Negativschrift *f*
– **y ornamentación** *f* [Bind] / Beschriftung und Verzierung
rotulador *m* [Off] / Filzstift *m*
rotuladora *f* [TS] / Etikettiermaschine *f*
rotulador de fieltro *m* [Off] / Faserschreiber *m*
rotulador para transparencias *m* [NBM] / Folienschreiber *m*
rotular *v* [Writ; Bk] / beschildern *v*
rotulito *m* [Bind] / Schildchen *n*
rótulo 1 *m* [EDP] / Kennsatz *m*
– 2 *m* (de registro) [Gen] / Etikett *n*
– **de cinta** *m* [EDP] / Bandmarke *f*
– **de volumen** *m* [EDP] / Bandanfangskennsatz *m*
rozado *pp* [Bind] / abgewetzt *pp*
rozadura *f* [Bind] / Abreibung *f* · Durchreibung *f*
rpm. *abbr s. revoluciones por minuto*
rúbrica *f* [Writ] / Rubrik *f* · Schnörkel *m* · Unterschrift *f*
rubricación *f* [Bk] / Rubrizierung *f*
rubricante *m* [Bk] / Rubrikator *m*
rubricar *v* [Bk] / rubrizieren *v*
rueda de caracteres *f* [EDP; PRT] / Typenrad *n*
rueda de ornamentación *f* [Bind] / Rullette *f* · Rollstempel *m* · Dessinrolle *f* · Rolle *f*
rueda fileteadora *f* [Bind] / Vergolderolle *f*
rueda para dorar *f* [Bind] / Vergolderolle *f*
ruido *m* [Retr] / Ballast *m*
runa *f* (carácter rúnico) [Writ] / Rune *f* ‖ *s.a. escritura de runas; escritura rúnica*
rúst. *abbr s. libro encuadernado en rústica*
rutas de tráfico *pl* [BdEq] / Verkehrswege *pl*
rutina *f* [EDP] / Routine *f*
– **de diagnóstico** *f* [EDP] / diagnostische Routine *f* · Prüfprogramm *n*
– **de servicio** *f* [EDP] / Dienstprogramm *n*

S

s. *abbr* (y siguiente) [Bk; Bib] *s. sig.;* ‖ *s.a. sigs.; ss.*
sacabocados *m* / Locheisen *n*
sacapuntas *m* [Off] / Bleistiftspitzer *m*
sacar *v* (~ un libro como lector) [Bk] / bestellen *v* · ausheben *v*
sacar en préstamo *v* [RS] / entleihen *v*
sacramentario *m* [Bk] / Sakramentar *n*
Sagradas Escrituras *pl* [Bk] / heilige Schrift *f*
sala *f*
~ **de audición** *f* [BdEq] / Abhörraum *m*
~ **de biblioteca** *f* [BdEq] / Bibliothekssaal *m*
~ **de cajas** *f* [Prt] / Setzerei *f*
~ **de catálogos** *f* [BdEq] / Katalogsaal *m*
~ **de conferencias** *f* [BdEq] / Besprechungszimmer *n* · Konferenzraum *m* · Vortragsraum *m*
~ **de descanso** *f* [BdEq] / Erfrischungsraum *m* · Ruheraum *m*
~ **de estudio** *f* [BdEq] / Studierraum *m*
~ **de exposición** *f* [BdEq] / Ausstellungsraum *m*
~ **de exposiciones** *f* [BdEq] / Schauraum *m*
~ **de juntas** *f* [BdEq] / Sitzungszimmer *n*
~ **de lectura** *f* [BdEq] / Lesesaal *m*
~ **de lectura** *f* [BdEq] / Lesezimmer *n*
~ **de lectura de mapas** *f* [Cart] / Kartenlesesaal *m*
~ **de lectura de periódicos** *f* [BdEq] / Zeitschriftenlesesaal *m*
~ **de lectura de prensa** *f* [BdEq] / Zeitungsleseraum *m*
~ **de lectura de una materia** *f* [BdEq] / Fachlesesaal *m*
~ **de mapas** *f* [BdEq] / Kartenzimmer *n*
~ **de mecanografía** *f* [BdEq] / Schreibmaschinenzimmer *n*
~ **de ordenadores** *f* [BdEq] / Rechnerraum *m*
~ **de personal** *f* [BdEq] / Sozialraum *m* · Personalraum *m*
~ **de préstamos** *f* [BdEq] / Ausleihraum *m*
~ **de profesores** *f* [BdEq] / Dozentenzimmer *n*
~ **de reproducciones artísticas** *f* [BdEq] / Kupferstichkabinett *n*
~ **de reuniones** *f* [BdEq] / Besprechungszimmer *n*
salario *m* [Staff] / Gehalt *n* · Lohn *m*
salida 1 *f* (número suelto de un periódico) [Bk] / Ausgabe *f*
~ 2 *f* [EDP] / Ausgang *m*
~ **de emergencia** *f* [BdEq] / Notausgang *m*
~ **del sistema** *f* (finalización de la conexión entre dos ordenadores distantes) [Comm] / Abmeldung *f* · Verbindungsabbau *m*
~ **en paralelo** *f* [EDP] / Parallelausgabe *f*
~ **en serie** *f* [EDP] / serielle Ausgabe *f*
~ **por impresora** *f* [EDP; Prt] / 2 Ausdruck *m* · Ausdruck *m*

salir *v* (datos, informaciones, etc.) [EDP] / ausgeben *v*
salir del sistema *v* [Comm; EDP] / abmelden *v*
salón de conferencias *m* [BdEq] / Vortragssaal *m*
s alta *f* [Writ; Prt] / langes s *n*
salterio *m* [Bk] / Psalter *m* · Psalterium *n*
salto *m* (en un organigrama de programación) [EDP] / Verzweigung *f* · Programmverzweigung *f*
salutación *f* [Bk] / Begrüßung *f* (a los congresistas)
sangrado *m* [Prt] / Einzug *m*
sangrar *v* [Prt] / einrücken *v*
– **la primera línea** *v* [Prt] / einziehen *v*
sangría *f* [Prt] / Einrückung *f* · Einzug *m*
satélite de comunicaciones *m* [InfSy] / Nachrichtensatellit *m*
satinado *m* [Pp] / Satinage *f*
– **de calandria** *m* [Pp] / Kalandersatinage *f*
satinar *v* [Pp] / glätten *v* · satinieren *v*
sátira *f* [Bk] / Spottschrift *f*
satisfacción laboral *f* [Staff] / Arbeitszufriedenheit *f*
SCPN *Abbr* [NBM] / Internationale Standardnummer für handelsübliche Tonträger *f*
script *m* [NBM] / Skript *n*
sec. *abbr s. sección 1*
secadero *m* [Pres] / Trockengestell *n*
secado al aire 1 *m* (procedimiento) [Pres] / Lufttrocknung *f*
secado al aire 2 *pp* (resultado) [Pres] / luftgetrocknet *pp*
secado al vacío *f* [Pres] / Vakuumtrocknung *f*
secador *m* [Bind] / Trockengerät *n*
– **de pasta** *m* [Bind] / Schnelltrockner *m*
– **rápido** *m* [Bind] / Schnelltrockner *m*
secarse *v* [Bind] / abbinden *v*
sección 1 *f* (de una publicación seriada en curso) [Cat] / Abteilung *f* ‖ *s.a. subserie 2*
– 2 *f* (de un negocio) [OrgM] / Abteilung *f* ‖ *s.a. departamento 1*
– **adicional** *f* (en un sistema de estanterías) [Sh] / Anbauregal *n*
– **comercial** *f* [Bk] / Anzeigenteil *m*
– **de búsqueda de adquisiciones** *f* [OrgM] / Vorakzession *f*
– **de catalogación descriptiva** *f* [OrgM] / Titelaufnahme(stelle) *f(f)*
– **de contabilidad** *f* [BgAcc] / Kostenstelle *f*
– **de envíos** *f* [BdEq] / Versandstelle *f* ‖ *s.a. dependencia postal*
– **de estanterías** *f* [Sh] / Regaleinheit *f s. unidad de estanterías;* ‖ *s.a. estantería*
– **de etiquetado** *f* [OrgM] / Klebestelle *f*
– **de fichero** *f* [EDP] / Dateiabschnitt *m*
– **de grabados** *f* [BdEq] / Kupferstichkabinett *n*
– **de mapa** *f* [Cart] / Sektion *f* · Kartensektion *f*
– **de personal** *f* [OrgM] / Kaderstelle *f* *DDR*
– **de preparación bibliográfica** *f* [OrgM] / Klebestelle *f*
– **de préstamos** *f* [OrgM] / Leihstelle *f* ‖ *s.a. mostrador de préstamo*
– **de publicidad** *f* [Bk] / Reklameteil *m*
– **de recepción de publicaciones periódicas** *f* [OrgM] / Zeitschriftenstelle *f* · Zeitschriftenakzession *f*
– **de rotulación** *f* [OrgM] / Klebestelle *f*
– **distante** *f* (en una biblioteca tripartita) [OrgM] / Fernbereich *m*
– **especializada** *f* [OrgM] / Fachreferat *n*
– **inicial** *f* (de un sistema de estanterías) [Sh] / Grundregal *n*
– **inmediata** *f* (de una biblioteca tripartita) [Lib] / Nahbereich *m*
– **intermedia** *f* [Lib] / Mittelbereich *m*
– **vertical** *f* [Cart] Schnitt, Ansicht *m,f*
secretaría *f* [OrgM] / Geschäftszimmer *n* · Sekretariat *n*
secretariado de estudiantes extranjeros *m* [Ed] / akademisches Auslandsamt *n*
secretariado de extranjeros *m* [Adm] / Ausländerbehörde *f*
sector *m* [EDP] / Feld *n* · Sektor *m*
– **de búsqueda** *m* [Retr] / Suchkategorie *f* ‖ *s.a. punto de acceso*
– **de marcas** *m* [EDP] / Markierungsbereich *m*
secuela *f* (de una novela aparecida con anterioridad) [Bk] / Fortsetzung *f*
secuencia clasificatoria *f* [Class] / klassifikatorische Reihe *f*
secuencia de caracteres *f* [EDP] / Zeichenfolge *f*
secuencia de control de bloque *f* [Comm] / Blockprüfzeichenfolge *f*
secuencia de control de transmisión *f* [Comm] / ÜSt-Zeichenfolge *f* · Übertragungssteuerzeichenfolge *f*
secuencia de selección *f* [Comm] / Wählzeichenfolge *f*

secuencia topográfica *f* [Sh] / Aufstellungsfolge *f*
secundario *adj* [Class] / nebengeordnet *pp*
seda muaré *f* [Bind] / Moiréseide *f*
segmentación del tiempo *f* [EDP] / Zeitscheibenverfahren *n*
segmento del globo *m* [Cart] / Globussegment *n*
segmento de registro *m* [EDP] / Satzsegment *n*
segregar *v* [Stock] / sekretieren *v*
segunda advertencia *f* [RS] / zweite Mahnung *f*
segundas pruebas *pl* [Prt] / Autorkorrektur *f*
segundo aviso *m* [Rs] / zweite Mahnung *f*
seguridad de acierto *f* (en la preparación de informaciones) [Retr] / Treffsicherheit *f*
seguridad de la información *f* [EDP] / Datensicherheit *f*
seguridad de los fondos *f* [Stock] / Bestandssicherung *f*
seguridad laboral *f* [OrgM] / Arbeitssicherheit *f*
seleccionar 1 *v* [Gen] / auswählen *v*
– **tarjetas con aguja** *v* [PuC] / nadeln *v*
selección bibliográfica *f* [Acq] / Literaturauswahl *f*
selección de documentos *f* [Acq] / Dokumentenauswahl *f* · Literaturauswahl *f*
selección de libros *f* [Acq] / Buchauswahl *f*
selección de personal *f* [Staff] / Personalauswahl *f*
selección de una base de datos *f* (proceso) [InfSy] / Datenbankauswahl *f*
selectividad *f* [InfSc] / Selektionsgüte *f*
sellado de costuras *m* [Bind] / Fadensiegeln *n*
sellado en seco *pp* [Bind] / Blindpressung *f*
sello 1 *m* [Bind] / Stempel *m* ‖ *s.a. plancha para dorar*
– 2 *m* [TS; Off] / Stempel *m* ‖ *s.a. sello de caucho; sello de fecha; sello de metal*
– **de biblioteca** *m* [Off] / Bibliotheksstempel *m*
– **de cabecera** *m* [Bind] / Kopfstempel *m*
– **de caucho** *m* [TS] / Gummistempel *m*
– **de correos** *m* [Comm] / Briefmarke *f*
– **de fecha** *m* [Off] / Datumstempel *m* ‖ *s.a. fechador*
– **de iniciales** *m* [Bk] / Monogrammstempel *m*
– **de metal** *m* [TS] / Metallstempel *m*
– **de nombre** *m* (con el nombre del encuadernador) [Bind] / Namensstempel *m* ‖ *s.a. encuadernación firmada*
– **de propiedad** *m* [TS] / Eigentumsstempel *m* · Besitzstempel *m*
– **de tratamiento** *m* [TS] / Bearbeitungsstempel *m*
– **oficial** *m* [OrgM] / Dienststempel *m*
– **sobre el corte de cabeza** *m* [Bind] / Kopfstempel *m*
semana del libro juvenil *f* [Bk] / Jugendbuchwoche *f*
semanario *m* [Bk] / Wochenblatt *n*
Semántica *f* [Lin] / Semantik *f*
semestre *m* [ED] / Semester *n*
– **de prácticas** *m* [Ed] / Praxissemester *n*
seminario *m* [Ed] / Seminar *n*
– **introductorio** *m* [Ed] / Proseminar *n*
– **principal** *m* [Ed] / Hauptseminar *n*
seminegrilla *f* [Prt] / halbfette Schrift *f*
semitono cromático *m* [Repr] / Halbton *m*
sensibilidad *f* [repr] / Empfindlichkeit *f*
– **de película** *f* [Repr] / Filmempfindlichkeit *f*
– **fotográfica** *f* [Repr] / fotografische Empfindlichkeit *f*
sensibilización *f* [Repr] / Sensibilisierung *f*
sensible a la luz *adj* [Repr] / lichtempfindlich *adj s. fotosensible*
sentencia IF *f* / WENN-Anweisung *f*
sentido transversal *m* [Pp] / Querrichtung *f*
señal *f* [InfSy] / Signal *n*
-ador de lectura *m* [Bind] / Merkband *n*
– **de final de selección** *f* [Comm] / Wahlendezeichen *n*
– **de marcar** *f* [Comm] / Wählton *m*
– **de ocupado** *f* [Comm] / Besetztzeichen *n*
– **distintiva** *f* [BgAcc] / Währungszeichen *n* ‖ *s.a. marca característica*
-es *pl* [Bk] / Anstreichungen *pl*
– **orientadora** *f* [BdEq] / Wegweiser *m s. directorio del edificio*
señalar *v* [EDP] / **kennzeichnen** *v*
– **un error** *v* [EDP] / (einen Fehler ~:) kennzeichnen *v*
señalización *f* [BdEq] / Beschilderung *f*
señalizador *m* [TS] / Merker *m* · Signalstreifen *m* · Steuerstreifen *m*
– **de lectura** *m* [Bk] / Lesezeichen *n*
sep. *abbr s. separata*
separado *pp* [Bind] / abgelöst *pp*
– **de encuadernación** *pp* [Bk; Bind] / lose im Einband
separador *m* [EDP] / Separator *m* · Trennzeichen

– **de ambientes** *m* [BdEq] / Raumteiler *m*
– **de información** *m* [EDP] / Informationstrennzeichen *n* ▮ *s.a. carácter separador de información*
– **de registro** *m* [EDP] / Satztrennzeichen *n*
separata *f* [Bk] / Separatum *n* · Sonder(ab)druck *m*
se pedirá *v* [Bk] / wird bestellt *pp*
ser. *abbr s. serie 1*
ser de libre acceso *v* [Sh] / frei zugänglich sein *v*
serie 1 *f* (la de dos o más volúmenes de contenido similar y numerados en serie, por ej., Opiniones Contemporáneas. Nueva serie) [Bk] / Folge *f*
– 2 *f* (serie de volúmenes numerados por separado pero incluídos en una publicación seriada, por ej., Boletín. 2ª serie) [Bk] / 2 Folge *f*
– 3 *f* [Bk] / Serienwerk *n* · Reihenwerk *n* · Reihe *f* · Schriftenreihe *f* · Serie *f*
– **cartográfica** *f* [Cart] / Kartenwerk *n*
– **conceptual** *f* [Class] / Begriffsreihe *f*
– **de clasificación** *f* [Class] / Reihe *f* · klassifikatorische Reihe *f*
– **de diapositivas** *f* [NBM] / Dia-Serie *f* · Dia-Reihe *f*
– **editorial** *f* [Bk] / Verlegerserie *f*
– **encadenada** *f* (conjunto de signos seguidos) [InfSy] / Kette *f*
– **homogénea de datos** *f* [EDP] / Datenverbund *m*
– **para exhibición audiovisual** *f* [NBM] / Tonbildreihe *f*
serigrafía *f* [Art; Prt] / Serigraphie *f* · Siebdruck *m*
serrucho *m* [Bind] / Fuchsschwanz *m*
servicio *m*
– **de abastecimiento** *m* / Versorgungsbetrieb *m*
– **de actualización permanente** *m* [Ref] / Schnellinformationsdienst *m*
– **de atención al lector** *m* [OrgM] / Benutzungsdienst *m*
– **de atención al público** *m* [OrgM] / Benutzungsdienst *m*
– **de atención al usuario** *m* [OrgM] / Benutzungsdienst *m*
– **de búsqueda** *m* [InfSy] / Host *m*
– **de consulta** *m* [OrgM; Ref] / Auskunftsdienst *m*
– **de copia rápida** *m* [Repr] / Schnellkopierdienst *m*
– **de copias** *m* [Repr] / Kopierdienst *m*
– **de difusión selectiva de información** *m* [InfSy] / Profildienst *m*
– **de documentación** *m* [Bib; Ind] / Dokumentationsstelle *f* · Referatedienst *m*
– **de extensión bibliotecaria** *m* [RS] / Programmarbeit *f*
– **de fichero en cinta magnética** *m* [EDP] / Magnetbanddienst *m*
– **de información** *m* [OrgM; Ref] / Auskunftsdienst *m*
– **de información al ciudadano** *m* [InfSy] / Bürgerinformationsdienst *m*
– **de información bibliográfica y de referencia** *m* [OrgM] / Auskunftsabteilung *f*
– **de información polivalente** *m* [InfSy] / Mehrwert-Informationsdienst *m*
– **de información rápida** *m* [Ref] / Schnellinformationsdienst *m*
– **de mensajería** *m* [Comm] / Kurierdienst *m*
– **de multiprocesador** *m* [EDP] / Mehrprozessorbetrieb *m*
– **de multiprogramación** *m* [EDP] / Mehrprogrammbetrieb *m*
– **de novedades** *m* [Bk] / Neuerscheinungsdienst *m*
– **de previo aviso** *m* (para libros de próxima aparición) [Acq] / Vorankündigungsdienst *m*
– **de recensiones** *m* [Bk; Acq] / Besprechungsdienst *m*
– **de referencia** *m* [OrgM; Ref] / Auskunftsdienst *m*
– **de referencia asistido por ordenador** *m* (como oferta de prestaciones) [InfSy] / Informationsvermittlung *f*
– **de referencia en línea** *m* [Retr] / Online-Informationsvermittlung *f*
– **de referencias bibliográficas** *m* / bibliographischer Nachweisdienst *m*
– **de reprografía** *m* [Repr] / Kopierdienst *m*
– **de reseñas** *m* [Bk; Acq] / abarbeiten *v*
– **de resúmenes** *m* [Bib; Ind] / Referatedienst *m*
– **de télex** *m* [Comm] / Telexdienst *m*
– **directo** *m* [InfSy] / Host *m*
– **en línea** *m* [InfSy] / Host *m* · Datenbankanbieter *m*
– **público** *m* [OrgM] / öffentlicher Dienst *m*
–**s** *pl* [BdEq] / Toilette *f*
–**s al lector** *pl* [OrgM] / Benutzung *f*
–**s al público** *pl* [OrgM] / Benutzung *f*

–s al usuario *pl* [OrgM] / Benutzung *f*
servidor de archivos *m* [EDP] / Datei-Server *m*
servidor de ficheros *m* [EDP] / Datei-Server *m*
sesión *f* [OrgM] / Sitzung *f* · Tagung *f*
sesiones *pl* (en un congreso) [Bk] / Verhandlungen *pl*
seud. *abbr s. seudónimo*
seudoinstrucción *f* [EDP] / Übersetzungsanweisung *f*
seudónimo *m* [Bk] / Deckname *m* · Pseudonym *n*
sexterno *m* [Bk; Bind] / Sextern(io) *m(m)*
s final *f* [Writ; Prt] / Schluß-s *n*
SGBD *abbr s. sistema de gestión de banco de datos*
sig. *abbr* (y siguiente) [Bk; Bib] *s. s.;* ‖ *s.a. sigs.; ss.*
sigla *f* [Lib; Cat] / Initialkürzung *f* · Akronym *n*
–s *pl* [lin] / Initialenfolge *f*
sign. *abbr s. signatura 2; signatura 3*
signatura 1 *f* [Bind] / Lage *f* · Bogensignatur *f*
– **2** *f* (numeración de un pliego de imprenta) [Bk] / Signatur *f*
– **3** *f* (en una estantería) [Sh] / Signatur *f*
– **4** *f* (en un manuscrito) [Bk] / Kustode *f*
– **de ficha secundaria** *f* [Cat] / Verweisungsvermerk *m* ‖ *s.a. ficha de asiento secundario*
– **de fichas secundarias** *f* [Cat] / Nebeneintragungsvermerk *m*
– **sistemática** *f* [Sh] / systematische Gruppensignatur *f*
– **topográfica** *f* [Sh] / Individualanhänger *m* · Lokalsignatur *f* · Fundstellenangabe *f* · Signatur *f* · Standnummer *f*
– **topográfica única** *f* [Sh] / Individualsignatur *f*
significado *m* [Lin] / Bedeutung *f*
signo *m* [InfSy] / Zeichen *n* ‖ *s.a. carácter; carácter gráfico*
– **@** *m* [EDP] / Klammeraffe *m*
– **„a" comercial** *m* [EDP] / kommerzielles a · Klammeraffe *m*
– **„a" de arroba** *m* (signo @) [EDP] / Klammeraffe *m*
– **convencional** *m* (de un diagrama de flujo) [OrgM] / Sinnbild *n*
– **de admiración** *m* (signo ¡!) [Writ, Prt] / Ausrufezeichen *n*
– **de conexión** *m* [Class/CDU] / Verknüpfungszeichen *n*
– **de control de bloque** *m* [Comm] / Blockprüfzeichen *n*
– **de corrección** *m* [Prt] / Tilgungszeichen *n* · Korrekturzeichen *n*
– **de corrección de pruebas** *m* [Prt] / Korrekturzeichen *n*
– **de descripción** *m* [Cat] / Deskriptionszeichen *n*
– **de exclamación** *m* (signo ¡!) [Writ; Prt] / Ausrufezeichen *n*
– **de extensión** *m* (signo /, leído hasta o barra) [Class/CDU] / Erstreckungszeichen *n*
– **de interrogación** *m* (signo ¿?) [Writ; Prt] / Fragezeichen *n*
– **de parágrafo** *m* [Bk] / Absatzzeichen *n*
– **de puntuación** *m* [Writ; Prt] / Interpunktionszeichen *n* · Satzzeichen *n*
– **de relación** *m* [Class/Ind] / Beziehungszeichen *n* ‖ *s.a. relación general*
– **de repetición** *m* (signo ~) [Writ; Prt] / Tilde *f* · Wiederholungszeichen *pl* · Dito-Zeichen *pl*
– **de separación** *m* (en una notación sintética) [Class] / Trennungszeichen *n*
– **de y** *m* (signo &) [Writ; Prt] / Et-Zeichen *n*
– **diacrítico** *m* [Writ; BK] / diakritisches Zeichen *n*
– **et** *m* (signo &) [Writ; Prt] / Et-Zeichen *n*
– **igual** *m* (signo =) [Writ] / Gleichheitszeichen *n* (signo)
– **más** *m* (signo +) [Prt] / Pluszeichen *n* · Kreuz(zeichen) *n(n)*
–s de supresión *pl* (signo ...) [Writ; Bk; Cat] / Weglassungspunkte *pl*
sigs. *abbr* (y siguientes) [Bk; Bib]
silabario *m* [Bk] / Fibel
silencio *m* [NBM] / Pause *f s. intervalo; pausa 2*
silla de despacho *f* [BdEq] / Arbeitsstuhl *m*
silla de trabajo *f* [BdEq] / Arbeitsstuhl *m*
silla giratoria *f* [BdEq] / Drehstuhl *m*
sillón giratorio *m* [BdEq] / Drehstuhl *m*
símbolo conceptual *m* [Ind] / Begriffssymbol *n*
símbolo de bifurcación *m* [EDP] / Übergangsstelle *f*
símbolo de conexión *m* (en un diagrama de flujo) [EDP] / Übergangsstelle *f*
símbolo de localización *m* [Lib; Cat] / Sigel *n*

símbolo gráfico *m* [Repr] / Bildzeichen *n*
símbolo pictórico *m* [Writ] / Bildzeichen *n*
similigrabado *m* [Prt] / Rasterätzung *f* · Halbton *m* · Rasterbild *n*
simplificación del trabajo *f* [OrgM] / Arbeitsvereinfachung *f*
simposio *m* [Gen; Cat] / Konferenz *f*
simulación *f* [EDP] / Simulation *f*
simulador *m* [EDP] / Simulator *m*
sin celulosa / holzfrei *adj*
sin crecimiento [InfSc] / Nullwachstum *n*
sincronizar *v* (una película) [NBM] / synchronisieren *v*
síncrono *adj* [Gen; EDP] / synchron *adj*
sin domicilio fijo [Gen] / ohne festen Wohnsitz *m*
sin encolar [Pp] / ungeleimt *pp*
sin fallos [BdEq] / ausfallsicher *adj*
sin gastos [BgAcc] / kostenlos *adj*
sin gracia [Prt] / Sans Serif *f*
sin guardas [Bind] / ohne Vorsatz
sin lugar, sin año [Cat] / ohne Ort und Jahr · o.O., o.J. *abbr*
sin manchas [Bk] / fleckenlos *adj* · fleckenfrei *adj*
sin mantenimiento [BdEq] / wartungsfrei *adj*
sin numeración de hojas / ohne Blattzählung
sinonimia *f* [Lin] / Synonymie *f*
sinonimia aparente *f* [Lin] / Quasi-Synonymie *f*
sinónimo *m* [Lig] / Synonym *n*
sinopsis *f* [Ind] / Synopse *f*
sin paginación [Bk] / ungezählt *pp*
sin remate [Prt] / Sans Serif *f*
sin revestir [Pp] / ungestrichen *pp*
sintaxis *f* [Lin] / Syntax *f*
sin terminal [Prt] / Sans Serif *f*
síntesis *f* [Bk] / Zusammenfassung *f* · Kompendium *n*
sisa *f* [Bind] / Grundiermittel beim Vergolden und Marmorieren Grundiermittel *n*
sistema *m* (de clasificación) [Class] / System *n*
– **a punto** *m* [EDP] / schlüsselfertiges System *n*
– **automático de circulación** *m* [RS] / automatisiertes Ausleih(verbuchungs)system *n*
– **automatizado (de registro) de préstamos** *m* [RS] / maschinelles Ausleih(verbuchungs)system *n* · automatisiertes Ausleih(verbuchungs)system *n*
– **bibliotecario** *m* [Lib] / Bibliothekssystem *n*
– **bibliotecario bipartito** *m* [Lib] / zweigleisiges Bibliothekssystem *n*
– **bibliotecario de vía doble** *m* [Lib] / zweischichtiges Bibliothekssystem *n* · zweigleisiges Bibliothekssystem *n*
– **bibliotecario de vía sencilla** *m* [Lib] / einschichtiges Bibliothekssystem *n* · eingleisiges Bibliothekssystem *n*
– **conversacional** *m* [EDP] / Dialogsystem *n*
– **de alarma contra incendios** *m* [BdEq] / Feuermeldeanlage *f*
– **de autores** *m* [EDP] / Autorensystem *n*
– **de base de datos** *m* [EDP] / Datenbanksystem *n* ‖ *s.a. sistema de gestión de banco de datos*
– **de búsqueda** *m* / Abfragesystem *n* · Recherchesystem *n*
– **de cálculo informático** *m* [EDP] / Rechensystem *n*
– **de circulación basado en ordenador** *m* [RS] / automatisiertes Ausleih(verbuchungs)system *n*
– **de circulación sobre inventario** *m* [RS] / Ausleihverbuchungssystem *n*
– **de clasificación** *m* [Class] / Klassifikationssystem *n*
– **de colocación de libros en los estantes** *m* [Sh] / Regalsystem *n*
– **de comunicación** *m* [InfSy] / Kommunikationssystem *n*
– **de comunicación abierto** *m* [Comm] / offenes Kommunikationssystem *n* ‖ *s.a. interconexión de sistemas abiertos*
– **de consulta en línea** *m* [EDP] / Online-Abfragesystem *n*
– **de contabilidad** *m* [BgAcc] / Abrechnungssystem *m*
– **de cooperativa** *m* [Lib] / Verbundsystem *n*
– **de cuotas** *m* [Staff] / Quotensystem *n*
– **de encuadernación** *m* [Bind] / Bindeverfahren *n*
– **de entintado** *m* [Prt] / Farbwerk *n*
– **de estanterías clasificado** *m* [Sh] / systematische Aufstellung *f*
– **de explotación** *m* [EDP] / Betriebssystem *n* ‖ *s.a. sistema operativo*
– **de explotación interna** *m* / innerbetriebliches System *n*
– **de fichas de préstamo** *m* (al registrar un préstamo) [RS] / Buchkartenverfahren *n*

– **de gestión de banco de datos** *m* [EDP] / Datenbankverwaltungssystem *n* · Datenbank-Management-System *n*
– **de gestión de base de datos** *m* [EDP] / Datenbasisverwaltungssystem *n*
– **de gestión de datos** *m* [EDP] / Datenverwaltungsssystem *n*
– **de gestión industrial** *m* [EDP] / Prozeßrechensystem *n*
– **de impresión** *m* [Prt] / Druckverfahren *n*
– **de indización** *m* [Ind] / Indexierungssystem *n*
– **de indización con vocabulario controlado** *m* [Ind] / Indexierungsssystem mit kontrtolliertem Wortschatz
– **de indización en lenguaje natural** *m* [Ind] / natürlichsprachiges Indexierungssystem *n*
– **de información** *m* [InfSy] / Informationssystem *n*
– **de información de gestión** *m* [InfSy] / Managementinformationssystem *n*
– **de información de hospital** *m* [InfSy] / Krankenhausinformationsssystem *n*
– **de linea directa** *m* [OrgM] / Einliniensystem *n*
– **de medidas tipográficas** *m* [Prt] / typographisches Maßsystem *n*
– **de ordenador** *m* [EDP] / Rechensystem *n*
– **de ordenador múltiple** *m* [EDP] / Mehrrechnersystem *n*
– **de procesador múltiple** *m* [EDP] / Mehrprozessorsystem *n*
– **de programación** *m* [EDP] / Programmiersystem *n*
– **de recuperación** *m* [InfSy; Repr] / Abfragesystem *n* · Speicher und Zugriff-System *n*
– **de recuperación de datos** *m* [InfSy; Repr] / Zugriffsystem *n* · Retrievalsystem *n* · Speicher- und Zugriff-System *n*
– **de recuperación de información** *m* [InfSy] / Suchsystem *n* · Speicher und Zugriff-System *n* · Retrievalsystem *n*
– **de registro de préstamo** 1 *m* [RS] / Verbuchungssystem *n*
– **de registro de préstamo** 2 *m* (con fichero positivo) [RS; EDP] / Ausleihverbuchungssystem *n* ‖ *s.a. sistema de circulación sobre inventario*
– **de seguridad** *m* [BdEq] / Sicherungssystem
– **de seguridad antirrobo** *m* [BdEq] / Diebstahlssicherungssystem *n*
– **de seguridad para libros** *m* [BdEq] / Buchsicherungsanlage *f*
– **de señalizaciones** *m* [BdEq] / Beschilderungssystem *n*
– **de señalización óptica** *m* [BdEq] / optisches Leitsystem *n* (para orientarse en un gran edificio)
– **destinatario** *m* [Comm] / Zielssytem *n*
– **de tiempo compartido** *m* [EDP] / Teilnehmerbetrieb *m*
– **de tratamiento de la información** *m* [EDP] / Datenverarbeitungssystem *n*
– **de tratamiento de textos** *m* [EDP] / Textverarbeitungssystem *n* · Textautomat *m*
– **de unidades de montaje** *m* [BdEq] / Baukastenprinzip *n*
– **de unidades normalizadas** *m* [BdEq] / Baukastenprinzip *n*
– **de usuarios múltiples** *m* [EDP] / Mehrplatzsystem *n* · Mehrbenutzersystem *n*
– **de utilización compartida** *m* [EDP] / Teilnehmersystem *n* · Teilnehmerbetrieb *m*
– **de vídeo de alta definición** *m* [EDP] / hochauflösendes Videosystem *n*
– **dialogal** *m* [EDP] / Dialogsystem *n*
– **especializado en tratamiento de datos** *m* [EDP] / dediziertes Datenverarbeitungsssystem *n*
– **exclusivo de tratamiento de datos** *m* [EDP] / dediziertes Datenverarbeitungsssystem *n*
– **experto** *m* [InfSc] / Expertensystem *n* · wissensbasiertes System *n*
– **final** *m* [Comm] / Endsystem *n*
– **hexadecimal** *m* / Hexadezimalsystem *n*
– **indizador de vocabulario controlado** *m* [Ind] / Indexierungssystem mit kontrolliertem Wortschatz *n*
– **informático** *m* [EDP] / Datenverarbeitungssystem *n*
– **informático independiente** *m* [EDP] / unabhängiges Rechnersystem *n*
– **informatizado de circulación** *m* [RS] / automatisiertes Ausleih(verbuchungs)system *n*
– **interactivo** *m* [EDP] / Dialogsystem *n*
– **interno** *m* [InfSy] / hausinternes System *n*
– **multitasking** *m* [EDP] / Multitasking *n*
– **numérico hexadecimal** *m* [EDP] / Sedezimal(zahlen)system *n*
– **operativo** *m* [EDP] / Betriebssystem *n*

– **operativo en disco** *m* [EDP] / Platte-Betriebssystem
– **operativo en disquetes** *m* [EDP] / Diskettenbetriebssystem *n*
sistema para control de procesos *m* [EDP] / Prozeßrechensystem *n*
sistemática *f* [Class] / Systematik *f*
sistematizar *v* [Class] / systematisieren *v*
situación *f* (de un ejemplar en el depósito de una biblioteca) [Cat] / Fundstelle *f*
– **de competencia** *f* [Comm] / Konkurrenzsituation *f*
situado en reserva *adj* [Gen] / in Reserve befindlich *adj*
s.l.s.a. *abbr s. sin lugar, sin año*
sobre *m* [Bk] / Heftumschlag *m*
sobrecosido *m* [Bind] / 2 Querheftung *f*
sobrecubierta *f* [Bind] / Buchhülle *f* · Buchumschlag *m* · Schutzumschlag *m* · Umschlag *m*
– **anterior** *f* [Bind] / Vorderumschlag *m*
– **posterior** *f* [Bind] / Rückumschlag
sobre de envío *m* [Comm] / Versandtasche *f*
sobre de ventanilla *m* [Off] / Fensterbriefumschlag *m*
sobreescribir *v* [EDP] / überschreiben *v*
sobreexponer *v* [Repr] / überbelichten *v*
sobreexposición *f* [Repr] / Überbelichtung *f*
sobregrabar *v* [NBM] / überschreiben *v* · überspielen *v*
sobre grande *m* [Comm] / Versandtasche *f*
sobrehilado *m* [Bind] / 2 Querheftung *f*
sobrenombre *m* [Gen; Cat] / Beiname *m*
sobrepaga *f* (por horas extraordinarias) [BgAcc] / Überstundenbezahlung *f*
sobreprecio *m* [Bk] / Aufpreis *m*
sobresalir *v* [Prt; EDP] / Unterschneiden *n*
sociedad de explotación *f* (para recaudar y repartir las tasas de fotocopias) [Law] / Verwertungsgesellschaft *f*
sociedad de información *f* / Informationsgesellschaft
sociedad de lectura *f* [Lib] / Lesegesellschaft *f*
software *m* [EDP] / Software *f*
– **con fines pedagógicos** *m* [EDP; Ed] / Software für Unterrichtszwecke *f*
solapa *f* [Bk] / Klappe *f*
solar *m* [BdEq] / Grundstück *n* · Baugrundstück *n*
solicitante 1 *m* [OrgM] / Bewerber *m*
– 2 *m* (enrelación a un proyecto) [OrgM] / Antragsteller *m* ‖ *s.a. proponente*
– **de patente** *m* [Law] / Patentanmelder *m*
– **de plaza de estudio** *m* [Ed] / Studienbewerber *m*
solicitud 1 *f* [RS] / Bestellung *f s. instancia* /
– **de beca** *f* [Ed] / Stipendienantrag *m*
– **de empleo** *f* [Staff] / Bewerbung *f*
– **de información** *f* [Ref] / Anfrage *f*
– **de patente** *f* [Law] / Patentanmeldung *f*
– **de préstamo a distancia** *f* [RS] / Fernleihbestellung *f*
– **de presupuesto** *f* [BgAcc] / Haushaltsantrag *m*
sólo para consulta [RS] / Präsenzbenutzung *f* · nicht verleihbar
sólo para uso en la biblioteca (en la sala de lectura) / nur zur Benutzung in der Bibliothek (im Lesesaal)
solución de un conflicto *f* [OrgM] / Konfliktlösung *f*
sombreado *m* [Cart] / Schummerung *f*
sondeo *m* [InfSc] / Befragung *f*
– **entre los usuarios** *m* [IndSc] / Benutzerbefragung *f*
– **global** *m* [InfSc] / Gesamterhebung *f*
soporte 1 *m* [InfSy] / Medium *n*
– **2** *m* [Repr] / Trägermaterial *n*
– 3 *Repr* (de una copiadora) [Repr] / Auflagefläche *f*
– **de ángulo** *m* [Sh] / Winkelstütze *f*
– **de datos** *m* [InfSy] / Datenträger *m*
– **de grabación** *m* [InfSy; EDP] / . Speichermedium *n*
– **de información** *m* [InfSy; EDP] / Speichermedium *n*
– **de la capa de emulsión** *m* [Repr] / Schichtträger *m*
– **de la microficha** *m* [NBM] / Mikrofichehalter *m*
– **de libros** *m* [Sh] / Buchwange *f*
– **del sonido** *m* [NBm] / Tonträger *m*
– **de memoria** *m* [InfSy; EDP] / Speichermedium *n* ‖ *s.a. medio; portador de información*
– **de microficha** *m* [NBM] / Microficheträger *m*
– **de película** *m* [Repr] / Trägermaterial *n* · Unterlage *f*
– **de publicidad** *m* [PR] / Werbeträger *m*
– **físico** *m* [EDP] / Hardware *f*
– **físico de información** *m* [EDP] / physischer Datenträger *m*
– **lateral móvil** *m* [Sh] / Wange *f* · Seitenstütze *f* · Seitenwange *f* · Bücherwange *f* ‖ *s.a. estante(s) graduable(s) con palomillas*

– **lógico de aplicación** *m* [EDP] / Anwendersoftware *f*
– **lógico-informático** *m* [EDP] / Software *f*
– **para libros** *m* [BdEq] / Gestell *n* · (zur Auslage von Büchern usw.:) Regal *n* · Ständer *m* ‖ *s.a. estantería*
– **plano** *m* (de una copiadora) [Repr] / flache Auflagefläche *f*
sótano *m* [BdEq] / Kellergeschoß *n* · Tiefgeschoß *n* · Untergeschoß *n*
ss. *abbr* (y siguientes) [Bk: Bib] *s. sigs.;* ‖ *s.a. s.; sig.*
subagrupamiento *m* (signo [...] corchetes) [Class] / Untergruppierung *f*
subalterno *m* (funcionario) [Staff] / Untergebener *m*
subasta *f* [Acq] / Auktion *f* · Versteigerung *f*
– **de libros** *f* [Bk] / Bücherversteigerung *f* · Buchauktion *f*
subastador *f* [Bk] / Auktionator *m* · Versteigerer *m*
subastar *v* [Bk] / versteigern *v*
subcampo *m* [EDP] / Teilfeld *n*
subcomisión *f* [OrgM] / Unterausschuß *m*
subcomité *m* [OrgM] / Unterausschuß *m*
subconjunto *m* [Gen] / Teilmenge *f*
subdirector *m* [Staff] / stellvertretender Direktor *m*
– **de biblioteca** *m* [Staff] / stellvertretender Bibliotheksdirektor *m*
subdivisión *f* [Class] / Unterabteilung *f* · Unterklasse *f*
– **común de entradas por nombres de persona** *f* [Class] / biographischer Schlüssel *m*
– **común de regiones geográficas** *f* [Class] / Länderschlüssel *m*
– **común de tiempo** *f* [Class] / Zeitschlüssel *m*
– **cronológica** *f* (como subencabezamiento) [Cat] / Zeitschlagwort *n*
– **cronológica común** *f* [Class] / Zeitschlüssel *m*
– **decimal** *f* [Class] / Dezimalunterteilung *f*
– **de forma** *f* [Cat] / (como encabezamiento secundario:) Formschlagwort *n*
– **de materias** *f* [Cat] / sachliches Unterschlagwort *n*
– **geográfica** *f* [Class] / geographischer Schlüssel *m* · geographisches Unterschlagwort *n* ‖ *s.a. subdivisión común de regiones geográficas*
– **paralela** *f* [Class/UCD] / Parallelunterteilung *f*
– **por analogía** *f* [Ckass/CDU] / Parallelunterteilung *f*
– **por la forma** *f* [Class] / Formschlüssel *m* (normalizada) · Formalgruppe *f*
– **topográfica** *f* [Cat] / geographischer Schlüssel *m* · geographisches Unterschlagwort *n*
– **toponímica** *f* [Class] / geographischer Schlüssel *m*
subdivisiones de cada lengua *pl* [Class] / Sprachenschlüssel *m* (tabla auxiliar de números de)
– **de cada literatura** *pl* [Class] / Literaturschlüssel *m*
– **geográficas** *pl* [Class] / geographischer Schlüssel *m*
subencabezamiento *m* [Bk; Bib] / Nebenschlagwort *n* · Unterschlagwort *n* · Nebeneintragung *f* · Nebeneingang *m*
– **cronológico** *m* [Cat] / Zeitschlagwort *n*
– **de materia** *m* [Cat] / sachliches Unterschlagwort *n*
– **geográfico** *m* [Cat] / geographisches Unterschlagwort *n*
–**s para nombres de persona** *f* [Class] / Personenschlüssel *m*
subfaceta *f* [Class] / Subfacette *f*
subida de precio *f* [Bk] / Preiserhöhung *f*
subida de sueldo *f* [Staff] / Gehaltserhöhung *f* ‖ *s.a. complementos del sueldo*
subíndice *m* (en una fórmula escrita) [Prt] / Index
subordinación *f* [Class] / Unterordnung *f*
subordinado *m* [Staff] / Untergebener *m*
subprograma *m* [EDP] / Subroutine *f* · Unterprogramm *n*
subrayar *v* [Prt] / unterstreichen *v*
subregistro *m* [EDP] / Untersatz *m*
subrutina *f* [EDP] / Subroutine *f*
subsanar una incidencia *v* (en un aparato, etc.) / Fehler (an einem Gerät usw.) beheben (oder) beseitigen ‖ *s.a. reparar un fallo*
subserie 1 *f* (de una publicación seriada) [Cat] / Unterreihe *f*
– 2 *f* (de una obra aparecida en varias partes) [Bk] / Unterabteilung *f* ‖ *s.a. sección 1*
subsidio de aprendizaje *m* [Ed] / Ausbildungsbeihilfe *f* ‖ *s.a. ayuda de formación profesional; beca*

subsistema *m* [InfSy] / Subsystem *n*
subt. *abbr s. subtítulo*
subtítulo *m* [Bk] / Neben(sach)titel *m* · Untertitel *m* ‖ *s.a. información complementaria sobre el título; título alternativo*
subvención *f* [BgAcc] / Subvention *f* (conceder una ~: einen Zuschuß bewilligen)
-ar *v* [BgAcc] / subventionieren *v*
– de costes de impresión *f* [BgAcc] / Druckkostenzuschuß *m*
– de gastos de viaje *f* [BgAcc] / Reisekostenzuschuß
– para impresión *f* [BgAcc] / Druckbeihilfe *f*
subzona *f* [EDP] / Teilfeld *n*
sucesión de bienes *f* [BgAcc] / Nachlaß *m*
sucursal *m* [OrgM] / Nebenstelle *f*
sueldo *m* [Staff] / Dienstbezüge *pl* · Gehalt *n*
– bruto *m* [Staff] / Bruttogehalt *n*
– inicial *m* [Staff] / Anfangsgehalt *n*
– neto *m* [Staff] / Nettogehalt *n*
suelo *m* [BdEq] / Fußboden *m*
sugerencia de adquisición *f* [Acq] / Anschaffungsvorschlag *m* ‖ *s.a. hoja de desiderata*
sugerencia de compra *f* [Acq] / Anschaffungsvorschlag *m*
sugerencias de pedido *pl* [Acq] / Bestellwunsch *m*
sujetalibros *m* [Sh] / Buchstütze *f* · Bücherstütze *f* · Endbuchstütze *f*
sujetalibros colgado *m* [Sh] / Hängebügel *m*
sujetar *v* [Sh] / verankern *v*
sujeto a órdenes *pp* [OrgM; Adm] / weisungsgebunden *pp*
suma convenida *f* [BgAcc] / Pauschalsatz *m*
suma depositada *f* [RS] / hinterlegter Geldbetrag *m* ‖ *s.a. fianza de depósito*
suma global *f* [BgAcc] / Pauschalsumme *f*
sumario *m* [Ind] / Inhaltsangabe *f* · Kurzfassung *f* · Resümee *n* · Zusammenfassung *f* ‖ *s.a. compendio; epítome; resumen; síntesis*
– de contenidos *m* [Ind] / Inhaltszusammenfassung *f*
sumidero *m* [BdEq; Pres] / Abzug *m* ‖ *s.a. desagüe*
suministrador *m* [Acq] / Lieferant *m*
– de base de datos *m* [InfSy] / Host *m* · Datenbankanbieter *m*
– de papel *m* [Repr] / Blattspender *m*
– de servicios de búsqueda *m* [InfSy] / Host *m*
– de servicios en línea *m* [IndSy] / Host *m*
suministro *m* [Acq] / Lieferung *f*
– de corriente *m* [BdEq] / Stromversorgung *f*
– de corriente de la red *m* [BdEq] / Netzstromversorgung *f*
– de documentos *m* [RS] / Dokumentenlieferung *f* · Literaturversorgung *f* ‖ *s.a. abastecimiento documental; pedido bibliográfico en línea; provisión de bibliografía*
superexlibris *m* [Bind; Bk] / Super-Exlibris *n* · Supralibros *n*
superficie *f*
– de almacenamiento en estanterías *f* [Sh] / Stellfläche *f*
– de apoyo *f* [Repr] / Auflagefläche *f*
– de estanterías *f* [Sh] / Regalfläche *f*
– de la composición *f* [Prt] / Satzspiegel *m*
– del hombro *f* (de un tipo de imprenta) [Prt] / Achselfläche *f*
– del solar *f* [BdEq] / Grundfläche *f*
– de trabajo *f* [BdEq] / Arbeitsfläche *f*
– de tráfico rodado *f* [BdEq] / Verkehrsfläche *f*
– edificable *f* [BdEq] / Flächenansatz *m*
– efectiva *f* [BdEq] / Netto-Grundfläche *f*
– en bruto *f* [BdEq] / Brutto-Grundfläche *f*
– neta *f* [BdEq] / Netto-Grundfläche *f*
– poco reflectante *f* [BdEq] / reflexionsarme Oberfläche *f*
– utilizable *f* [BdEq] / Nutzfläche *f*
– utilizable adicional *f* [BdEq] / Nebennutzfläche *f*
superior *m* [Staff] / Vorgesetzter *m*
superposición *f* [NBM] / Überlage *f* · Überlappung *f*
– de diapositivas *f* [NBM] / Dia-Einblendung *f*
supervisión de procesos *f* [EDP] / Prozeßüberwachung *f*
supervisor de depósito *m* [Staff] / Magazinchef *m*
supervisor de prácticas *m* [Staff] / Praktiker *m*
supl. *abbr s. suplemento 1*
suplemento 1 *m* [Bk] / Nachtragsband *m* · Supplement *n* · Ergänzungsband *m*
– 2 *m* (con material complementario) [Bk] / Beiheft *n* · Beilage *f*
– 3 *m* (de un texto) [Bk] / Nachtrag *m*

– **de seguridad** *m* (en la estimación de gastos) [BdEq] / Sicherheitszuschlag *m*
– **de sueldo** *m* [BgAcc] / Zulage *f*
– **ilustrado** *m* [Bk] / Bildbeilage *f*
– **literario** *m* (de un periódico) [Bk] / Literaturbeilage *f*
– **plegado** *m* [Bk] / gefalzte Beilage *f*
– **seriado** *m* [Bk] / fortlaufende Beilage *f*
supralibros *m* [Bk] / Supralibros *n*
supresión *f* [EDP] / Unterdrückung *f*
supresión de ceros *f* [EDP] / Nullenunterdrückung *f*
suprimir *v* [EDP] / unterdrücken *v* · löschen *v*
surco *m* [NBM] / Rille *f*
surtido de libros *m* [Bk] / Barsortiment *n*
suscribir *v* (un libro) [Bk] / subskribieren *v*
suscribirse a *v* [Acq] / abonnieren *v*
suscripción *f* [Bk] / Abonnement *n* · Subskription *f*
– **anual** *f* [Acq] / Jahresabonnement *n*
– **de prueba** *f* [Acq] / Probeabonnement *n*
– **de varios años** *f* [Acq] / Mehrjahresabonnement *n*
– **gratuita** *f* [Acq] / Geschenkabonnement *n*
– **múltiple** *f* [Acq] / Mehrfachabonnement *n*
– **permanente** *m* [Acq] / Dauerabonnement *m*
suscriptor *m* [Bk] / Abonnent *m* · Subskribent *m*
suspender 1 *v* (una suscripción) [Acq] / abbestellen *v*
– 2 *v* (la ejecución de un programa) [EDP] / aussteigen *v* · abbrechen *v* · unterbrechen *v*
– 3 *v* (la aparición de una publicación) [Bk] / einstellen *v*
suspenderse *v* (una publicación) [Bk] / eingehen *v*
suspensión de contratación *f* [Staff] / Einstellungsstopp *m*
suspensión de un bloque *f* [Comm] / Blockabbruch *m*

T

t. *abbr s. tomo*
tabique *m* [BdEq] / Trennwand *f*
– **corredizo** *m* [BdEq] / Schiebewand *f*
– **exterior** *m* [BdEq] / nichttragende Außenwand *f*
tabla *f* [Bk] / Tabelle *f*
– **auxiliar** *f* [Class/CDU] / Hilfstafel *f* · Ergänzungstafel *f*
– **de clasificación** *f* [Class] / Tafel *f* · Klassifikationstafel *f*
– **de decisiones** *f* [OrgM] / Entscheidungstabelle *f*
– **de dirección** *f* [EDP] / Adreßtabelle *f*
– **de referencias en las estanterías** *f* [Sh] / Hinweistafel am Regal bzw. an der Regalreihe *f*
– **desplegable** *f* [Bk] / Ausklapptafel *f*
– **de subagrupación de entradas por nombre de persona** *f* [Class] / Personenschlüssel *m*
– **de subdivisiones regionales** *f* [Class] / geographischer Schlüssel *m* ‖ *s.a. subdivisión común de regiones geográficas*
– **en color** *f* / Farbtabelle *f*
– **esquemática de clasificación** *f* [Class] / Klassifikationsschema *n*
– **genealógica** *f* [Gen] / Stammtafel *f*
– **principal** *f* [Class/CDU] / Haupttafel *f*
~**s** *pl* [Bk] / Tabellenwerk *n*
tablero *m* [BdEq] / Wandtafel *f*
– **basculante** *m* [NBM] / Kippkarte *f CH*
– **de exposición** *m* [NBM] / Schautafel *f*
– **de hojas recambiables** *m* [NBM] / Kippkarte *f CH*
– **extensible** *m* [BdEq] / Ausziehschieber *m* · Ausziehplatte *f* ‖ *s.a. estante de consulta*
tablilla de arcilla *f* [Writ] / Tontafel *f*
tablilla encerada *f* [Writ] / Wachstafel *f*
tabloide *m* [Bk] / Boulevardzeitung · Boulevardblatt *n*
tablón de anuncios *m* [BdEq] / Informationsbrett *n* · schwarzes Brett *n* · Anschlagtafel *f* · Anschlagbrett *n* · Plakattafel *f*
tablón de avisos *m* [BdEq] / Anschlagbrett *n* ‖ *s.a. panel publicitario*
tablón de prensado *m* [Bind] / Preßbrett *n*
tabulador *m* [PuC] / Tabelliermaschine *f*
taco *m* [Sh] / Stellstift *m*
táctica ejecutiva *f* [OrgM] / Führungsverhalten *n*
tafilete *m* [Bind] / Saffian *n* · Maroquin *n*
TAI *abbr s. tratamiento automático de información*
taladradora de papel *f* [Bind] / Locher *m* · Papierbohrer *m*
taladrar *v* [Off] / ablochen *v* · lochen *v*
talego para libros *m* (medieval) [Bk] / Buchtasche *f*
taller de composición *m* [Prt] / Setzerei *f*
taller de encuadernación *m* [Bind] / Buchbinderei *f*
taller de encuadernación de editorial *m* [Bind] / Verlagsbuchbinderei *f*

taller de restauración *m* [Pres] / Restaurierungswerkstatt *f*
talleres gráficos *pl* [Prt] / Buchdruckerei *f*
taller tipográfico *m* [Prt] / Buchdruckerei *f*
talón 1 *m* (parte de una papeleta de préstamo) [RS] / Kupon *m*
- 2 *m* [BgAcc] / Scheck *m* ‖ *s.a. cheque*
talud *m* [Prt] / Konus *m* · Schriftkonus *m*
tamaño *m* [Bk] / Format *n*
- **de bloque** *m* [EDP] / Blockgröße *f*
- **de la colección** *m* [Stock] / Bestandsgröße *f*
- **de la medición** *m* [InfSc] / Meßgröße *f*
- **de la muestra** *m* [InfSc] / Stichprobengröße *f*
- **del espacio entre caracteres** *m* [EDP/VDU] / Zeichenmittenabstand *m*
- **de los caracteres** *m* [EDP/VDU] / Schrifthöhe *f*
- **del pliego** *m* [Prt] / Bogenformat *n*
- **del tipo** *m* [Prt] / Schriftgröße *f*
- **de memoria** *m* [EDP] / Speichergröße *f*
- **de plegado** *m* [Cart] / Faltgröße *f*
tambor magnético *m* [EDP] / Magnettrommel *f*
tamiz *m* [Pp] / Sieb *n*
tampón *m* [Prt] / Stempelkissen *n* · Tampon *m*
tamponar *v* [EDP] / puffern *v*
tampón para dorar *m* [Bind] / Vergoldekissen *n*
tanque de revelado *f* [Repr] / Entwicklungstank *m*
TAO *abbr s. traducción asistida por ordenador*
tapa *f(p)* [Bind] / Buchdeckel *pl* · Einbanddecke *f* · Deckel *pl* · Umschlag *m*
- **anterior** *f* [Bind] / Vorderdeckel *m*
- **de libro** *f* [Bind] / Buchdecke *f*
- **de madera** *pl* [Bind] / Holzdeckel *pl*
- **de marfil** *f* [bind] / Elfenbeindeckel *m*
~**s de cartón** *pl* [Bind] / Pappdeckel *pl*
~**s de tela** *pl* [Bind] / Leinendeckel *pl*
- **suelta** *f* (para encuadernación) [Bind] / Einbanddecke *f*
taquigrafía *f* [Writ] / Kurzschrift *f* · Stenographie *f*
taquilla individual *f* [BdEq] / Einzelkabine *f*
tara *f* [BdEq] / Eigengewicht der Konstruktion *n*
taracea *f* [Bind] / Intarsia *f* · Einlegearbeit *f*
taracea en piel *f* [Bind] / Lederintarsie *f*
tarifa *f* [BgAcc] / Gebühr *f* ‖ *s.a. tasa(s)*
- **de acceso** *f* [Comm] / Zugangsgebühr *f*
- **global** *f* [BgAcc] / Pauschalgebühr *f*
- **nocturna** *f* [Comm] / Nachttarif *m*
~**(s)** *f(pl)* [BgAcc] / (también tasas y similares:) Kosten *pl*
~**(s) postal(es)** *f(pl)* [Comm] / Postgebühr(en) *f(pl)*
tarjeta *f* [Cat] / Zettel *m*
- **combinada** *m* [PuC] / Verbundkarte *f*
- **con muescas** *f* [PuC] / Randlochkarte *f*
- **con ranuras** *f* [PuC] / Schlitzlochkarte *f*
- **de abertura** *f* [Repr] / Fensterkarte *f*
- **de abertura(s)** *f* [Repr] / Filmlochkarte *f*
- **de ampliación** *f* [EDP] / Erweiterungskarte *f*
- **de asistencia** *f* [Staff] / Stempelkarte *f*
- **de bordes perforados** *f* [PuC] / Randlochkarte *f* · Kerblochkarte *f*
- **de cámara** *f* [Repr] / Kamerakarte *f*
- **de conexión** *f* [EDP] / Steckkarte *f*
- **de control** *f* [EDP] / Steuerkarte *f* · Nachweiskarte *f*
- **de destello** *f* [Repr] / Blitzkarte *f CH* (para separar ficheros o páginas de una micropelícula)
- **de expansión** *f* [EDP] / Erweiterungssteckkarte *f* · Erweiterungskarte *f*
- **de gráficos** *f* [EDP] / Bildschirmkarte *f* (para ampliar la resolución de pantalla) · Grafikkarte *f*
- **de gráficos de vídeo** *f* [EDP] / Video-Grafikkarte *f*
- **de identidad** *f* [RS] / Personalausweis *m*
- **de identificación rápida** *f* [Ed; NBM] / Blitzkarte *f CH*
- **de inserción de vídeo** *f* [EDP] / Video-Einblendkarte *f*
- **de lector** *f* [RS] / Lesekarte *f* · Benutzerkarte *f* · Ausweis ‖ *s.a. carné de lector*
- **de lectura de marcas** *f* [PuC] / Markierungsbeleg *m* · Zeichenlochkarte *f*
- **de lengüeta** *f* [PuC] / Tabellierkarte *f*
- **del seguro de enfermedad** *f* [Staff] / Krankenversicherungskarte *f*
- **de marcado electrosensible** *f* [PuC] / Zeichenlochkarte *f*
- **de memoria** *f* [EDP] / Chipkarte *f*
- **de microfilm con abertura** *f* [PuC; Repr] / Mikrofilmlochkarte *f*
- **de microfilm con ventana** *f* [Repr; PuC] / Mikrofilmlochkarte *f* · Montagekarte *f*
- **de montaje** *f* [Repr; PuC] / Montagekarte *f*

– **de movimiento** *f* [RS] / Transaktionskarte *f*
– **de notificación** *f* [Acq] / Benachrichtigungskarte *f*
– **de órdenes** *f* [EDP] / Steuerkarte *f*
– **de parámetros** *f* [EDP] / Steuerkarte *f*
– **de pedido** *f* [Bk] / Bücherzettel *m*
– **de tabulación** *f* [PuC] / Tabellierkarte *f*
– **de transacciones** *f* [RS] / Transaktionskarte *f*
– **de usuario** *f* [RS] / Benutzerkarte *f*
– **de ventana** *f* [Repr] / Fensterkarte *f* · Filmlochkarte *f*
– **de ventanilla** *f* [Repr] / Bildkarte *f* · Fensterkarte *f* · Filmlochkarte *f*
– **de visita** *f* / Visitenkarte *f*
– **gráfica monocroma** *f* [EDP/VDU] / Bildschirmkarte für einfarbige Darstellung *f*
– **para perforar** *f* [PuC] / Lochkarte *f*
– **perforada** *f* [PuC] / Lochkarte *f*
– **perforada con ranuras** *f* [PuC] / Schlitzlochkarte *f*
– **perforada de lectura óptica** *f* [PuC] / Zeichenlochkarte *f*
– **perforada de selección por aguja** *f* [PuC] / Nadellochkarte *f*
– **perforada en el campo interior** *f* [PuC] / Flächenlochkarte *f*
– **postal** *f* [Comm] / Bildpostkarte *f* · Ansichtskarte *f* · Postkarte *f*
tarlatana *f* [Bind] / Heftgaze *f* ‖ *s.a. gasa; muselina*
tasa(s) *f(pl)* [BgAcc] / Gebühr *f* ‖ *s.a. cuota; tarifa*
– **de acierto** *f* [Retr] / Trefferquote *f*
– **de despachos cumplidos** *f* [RS] / Erledigungsrate *f*
– **de éxito** *f* [Retr] / Trefferquote *f*
– **de movimientos** *f* [Stock; RS] / Umsatzquote *f* ‖ *s.a. movimiento de libros*
– **de no pertinencia** *f* [Retr] / Abfallquote *f*
– **de novedad** *f* [Retr] / Neuheitsquote *f*
– **de omisión** *f* [Retr] / Fehlquote *f*
– **de pertinencia** *f* [Retr] / Relevanzquote *f*
– **de recubrimiento** *f* [InfSy] / Überlappungsrate *f*
– **de relevancia** *f* [Retr] / Relevanzquote *f*
– **de respuesta** *f* [InfSc] / Antwortquote *f* · Antwortrate *f*
– **de respuestas** *f* [InfSc] / Rücklaufquote *f*
– **en baudios** *f* [Comm] / Baud-Rate *f*
–**s adicionales** *pl* [BgAcc] / zusätzliche Gebühr *f*
–**(s) de certificación** *f(pl)* **(de una carta)** [Comm] / Einschreibgebühr *f*
–**(s) de conexión** *f(pl)* [BgAcc] / Anschlußgebühr *f*
–**(s) de demora** *f(pl)* [RS] / Verzugsgebühr *f*
–**(s) de entrada** *f(pl)* [BgAcc] / Eintrittsgebühr *f*
–**(s) de inscripción** *f(pl)* [OrgM] / Anmeldegebühr *f*
–**(s) de licencia** *f(pl)* [InfSy] / Lizenzgebühr *f*
–**(s) de matrícula** *f(pl)* [Ed] / Studiengebühr *f*
–**(s) de préstamo** *f(pl)* [RS] / Ausleihgebühr *f* · Leihgebühr *f*
–**(s) de servicio** *f(pl)* [BgAcc] / Bearbeitungsgebühr *f* (sobreprecio en una suscripción, etc.)
–**(s) de tramitación** *f(pl)* [BgAcc] / Bearbeitungsgebühr *f*
–**(s) de tratamiento** *f(pl)* [BgAcc] / Bearbeitungsgebühr *f*
–**(s) de utilización** *f(pl)* [RS] / Benutzungsgebühr *f*
–**(s) mínima(s)** *f(pl)* [BgAcc] / Mindestgebühr *f*
taxonomía *f* [Class] / Taxonomie *f*
– **de ordenadores** *f* [EDP] / Rechnerklassifizierung *f*
TDT *abbr s. tratamiento de textos*
techo de estantería *m* [Sh] / Abdeckboden *m*
techo suspendido *m* [BdEq] / abgehängte Decke *f*
tecla *f* [Off; EDP] / Taste *f*
– **de borrado** *f* [EDP] / Löschtaste *f*
– **de flecha** *f* [EDP] / Pfeiltaste *f*
– **de función** *f* [EDP] / Steuerungstaste *f* · Funktionstaste *f*
– **de gobierno del cursor** *f* [EDP] / Pfeiltaste *f*
– **de retroceso** *f* [EDP] / Rücktaste *f*
– **de retroceso del carro** *f* [Off; EDP] / Wagenrücklauf(taste) *m(f)*
– **de retroceso del cursor** *f* [EDP] / Wagenrücklauf(taste) *m(f)*
– **de servicio** *f* [EDP] / Bedienungstaste *f*
–**do** *m* [Off; EDP] / Tastatur *f* · Tastenfeld *n*
– **sujetamayúsculas** *f* / Umschalttaste *f*
técnica de copiado en serie *f* [Repr] / Durchlauf-Aufnahmetechnik *f*
técnica de impresión *f* [Prt] / Drucktechnik *f*

técnica de planificación reticular *f* [OrgM] / Netzplantechnik *f*
técnica de trabajo *f* [OrgM] / Arbeitstechnik *f*
técnica de ventanas *f* [EDP] / Fenstertechnik *f*
técnica fotográfica *f* [Repr] / Fotografie *f*
técnicas de comunicación *pl* [Comm] / Kommunikationstechniken *pl*
técnicas de trabajo *pl* [OrgM] / Arbeitstechniken *pl*
tecnicismo *m* [Lin; Ind] / Fachbegriff *m* · Fachterminus *m* · Fachausdruck *m*
técnico *m* / Fachmann *m*
~ **bibliotecario** *m* [Staff] / Bibliotheksfacharbeiter *m DDR*
~ **clasificador** *m* [Staff] / Klassifizierer *m*
~ **en tratamiento de la información** *m* [Staff] / Informationsfachkraft *f*
tecnología de la conmutación *f* [Comm] / Vermittlungstechnik *f* ‖ *s.a. conmutación de circuitos; conmutación de líneas; conmutación de paquetes*
tecnología de la información *f* [InfSy] / Informationstechnik *f*
tecnología lógica integrada *f* [EDP] / Festkörperschaltkreistechnik *f*
tejido *m* [Bind] / Gewebe *n*
tejuelo *m* [Bind] / Rückenetikett *n* · Rückenschild(chen) *n(n)*
tela *f* [Bind] / Gewebe *n*
~ **de encuadernación** *f* [Bind] / Einbandgewebe *n*
~ **de encuadernar** *f* [Bind] / Buchbinderleinen *n*
~ **de forro** *f* [Bind] / Überzugsstoff *m*
~ **de forro de lomo** *f* [Bind] / Hinterklebegewebe
~ **para encuadernar** *f* [Bind] / Bezugsstoff *m*
~**r de encuadernador** *m* [Bind] / Heftlade *f*
~**s de encuadernación** *pl* [Bind] / Einbandstoffe *pl*
~ **sintética** *f* [Bind] / Kunstleinen *n*
telecomunicación *f* [Comm] / Fernübertragung *f* · Telekommunikation *f*
teledramatización *f* [Comm] / Fernsehspiel *n*
telefonema interurbano *m* [Comm] / Ferngespräch *n*
teléfono *m* [Comm] / Fernsprechapparat *m*
teléfono de monedas *m* [Comm] / Münzfernsprecher *m*
telemática *f* [Comm] / Telematik *f*
telenovela *f* [Comm] / Fernsehspiel *n*
teleproceso *m* [EDP] / Fernverarbeitung *f* · Datenfernverarbeitung *f* ‖ *s.a. teletratamiento por lotes*
teletexto *m* [Comm] / Videotext *m*
teletipo *m* [Comm] / Fernschreiber *m* · Fernschreiben *n* · Fernschreibcode *m*
teletratamiento por lotes *m* [EDP] / Stapelfernverarbeitung *f*
televisión *f* [Comm] / Fernsehen *n*
~ **educativa** *f* [NBM] / Bildungsfernsehen *n*
~ **panorámica** *f* [Comm] / Breitfernsehen *n*
~ **por cable** *f* [Comm] / Kabelfernsehen *n*
televisor *m* [Comm] / Fernsehgerät *n*
televisor de alta definición *m* [Comm] / hochauflösendes Fernsehen *n*
télex *m* [Comm] / Telex *n* · Fernschreiben *n*
tema *m* [BK] / Gegenstand *m*
temperatura ambiente *f* [BdEq] / Raumklima *n*
tenazas de encuadernar *pl* [Bind] / Bundzange *f* · Bündezange *f*
tenazas punzonadoras *pl* [PuC] / Lochzange *f* (un par de)
tener a disposición *v* [RS] / bereitstellen *v*
tener control sobre *v* / Kontrolle haben über *v*
tensión de corriente *f* [BdEq] / Stromspannung *f*
tensión de la red *f* [BdEq] / Netzspannung *f*
teoría de colas *f* [InfSc] / Warteschlangentheorie *f*
teoría de conjuntos *f* [Gen] / Mengenlehre *f*
teoría de gestión bibliotecaria *f* [Lib] / Bibliotheksbetriebslehre *f*
teoría de la comunicación *f* [IndSc] / Kommunikationstheorie *f*
teoría de tipos *f* [Lin] / Typentheorie *f*
terminal 1 *m* [EDP; Comm] / Terminal *n* · Endgerät *n* ‖ *s.a. equipo terminal de tratamiento de datos*
~ 2 *m* [Prt] / Serife *f*
~ **a distancia** *m* [EDP] / entferntes Endgerät *n* · abgesetztes Endgerät *n*
~ **ciego** *m* [EDP] / Druckerterminal *n*
~ **de captación de datos** *m* [EDP] / Datenerfassungsgerät *n*
~ **de gráficos** *m* [EDP] / Grafikterminal *n*
~ **de impresión** *m* [EDP] / Druckerterminal *n* · Schreibterminal *n*
~ **de pantalla** *m* [EDP/VDU] / Bildschirmterminal *n*

– **de pantalla de visualización** *m* [EDP/VDU] / Datensichtgerät *n*
– **de teleimpresión** *m* [EDP] / Schreibterminal *n*
– **de teletipo** *m* [EDP; Comm] / Druckerterminal *n*
– **de usuario** *f* [EDP] / Benutzerterminal *n* · Benutzerstation *f*
– **de visualización gráfica** *m* [EDP] / Grafikterminal *n*
– **emisor de datos** *m* [Comm] / Datenquelle *f*
– **inteligente** *m* [EDP/VDU] / intelligentes Terminal *n*
– **no inteligente** *m* [EDP/VDU] / dummes Terminal *n*
– **receptor de datos** *m* [Comm] / Datensenke *f*
– **remoto** *m* [EDP] / entferntes Endgerät *n*
término *m* (denominación) [Ind] / Bezeichnung *f* · Benennung *f* · Ausdruck *m* · Terminus *m*
– **amplio** *m* [Cat; Ind] / Oberbegriff *m* · weites Schlagwort *n*
– **atingente** *m* [Ind] / Zugehörigkeitsbegriff *m*
– **colectivo** *m* [Ind] / Sammelbezeichnung *f*
– **complejo** *m* [Lin] / Wortverbindung *f*
– **compuesto** *m* [Lin] / zusammengesetzte Benennung *f* · Kompositum *n* · Wortverbindung *f*
– **de búsqueda** *m* [Repr] / Suchbegriff *m*
– **de encabezamiento** *m* (de una jerarquía) [Ind] / Kopfbegriff *m* · Spitzenbegriff *m*
– **de entidad** *m* [Ind] / Verbandsbegriff *m*
– **de entidades relacionadas** *m* [Ind] / Verbandsbegriff *m*
– **de pertenencia** *m* [Ind] / Zugehörigkeitsbegriff *m*
– **de referencia** *m* [Ind] / Bezugsbegriff *m*
– **de sistematización** *m* (en la parte sistemática de cierto tipo de tesauros) [Ind] / Gliederungshilfe *f*
– **equivalente** *m* [Ind] / Äquivalenzbezeichnung *f* · Äquivalenzbenennung *f*
– **específico** *m* [Ind; Class] / Unterbegriff *m*
– **específico subordinado** *m* (en una relación de abstracción) [Ind] / Teilbegriff *m* (NTP)
– **general** *m* [Ind] / Oberbegriff *m* ‖ *s.a. término de entidad*
– **genérico 1** *m* (término epigráfico en una relación de abstracción) [Ind] / Oberbegriff *m* ‖ *s.a. concepto epigráfico; término amplio*
– **genérico 2** *m* [Ind] / übergeordneter Begriff *m*
– **genérico 3** *m* (en el título de una publicación) [Bk] / Gattungsbegriff *m*
– **indizador** *m* [Ind] / Index-Terminus *m*
– **no aceptado** *m* [Ind] / nicht zugelassene Benennung *f*
– **no aceptado como descriptor** *m* [Ind] / Nicht-Deskriptor *m*
– **no preferido** *m* [Ind] / Askriptor *m DDR*
– **partitivo** *m* [Ind] / partitive Benennung *f*
– **permitido** *m* [Ind] / zugelassene Benennung *f*
– **preferente** *m* [Ind] / Vorzugsbezeichnung *f* · Vorzugsbenennung *f*
– **preferido** *m* [Ind] / Vorzugsbezeichnung *f*
– **relacionado** *m* [Ind] / verwandter Begriff *m*
– **subordinado** *m* [Ind] / untergeordneter Begriff *m*
– **técnico** *m* [Lin; Ind] / Fachausdruck *m*
terminología *f* [InfSc] / Terminologie *f*
termoadherente *m* [Bind] / Heißleim *m*
termoadhesivo *m* [Bind] / Heißleim *m*
termocopiado *m* [Repr] / Wärmekopierverfahren *n*
termografía *f* [Repr] / Thermokopierverfahren *n* · Wärmekopierverfahren *n*
terno *m* [Bk] / Ternie *f* · Ternio *m*
terreno *m* [BdEq] / Grundstück *n*
tersura *f* [Pp] / Glätte *f*
tesauro *m* [Lin] / Wortschatz *m* · Informationsrecherchethesaurus *m DDR* (de recuperación de información) · Thesaurus *m*
– **especializado** *m* [ind] / Fachthesaurus *m*
– **facetado** *m* [Ind] / facettierter Thesaurus *m*
– **fuente** *m* [Ind] / Quellenthesaurus *m*
– **funcional** *m* [Ind] / Fachthesaurus *m*
– **objeto** *m* [Ind] / Zielthesaurus *m*
– **orientado a una materia** *m* [Ind] / Fachthesaurus *m*
– **orientado a un trabajo** *m* [Ind] / aufgabenorientierter Thesaurus
– **plurilingüe** *m* [Ind] / mehrsprachiger Thesaurus *m*
– **sectorial** *m* [ind] / aufgabenbezogener Thesaurus *m*

– **temático** *m* [Ind] / Querschnittsthesaurus *m*
tesaurus monolingüístico *m* [Ind] / einsprachiger Thesaurus *m*
tesina de licenciatura *f* [Bk] / Diplomarbeit *f*
tesis doctoral *f* [Bk] / Dissertation *f* · Doktorarbeit *f*
test *m*
– **a distancia** *m* [EDP] / Ferntest *m*
– **de aptitud** *m* [Staff] / Eignungstest *m*
– **de evaluación de prestaciones** *m* [EDP] / Benchmark-Test *m*
– **de significación** *m* [InfSc] / Signifikanztest *m*
testigo 1 *m* (de una ficha catalográfica extraída) [Cat] / Ersatzzettel *m*
– 2 *m* (de una ficha o de un libro extraídos) [TS; Sh] / Repräsentant *m* · Stellvertreter *m* · Vertreter *m*
– **de estantería** *m* [TS; Sh] / (im Regal auch:) Repräsentant *m*
texto continuo *m* [EDP] / Fließtext *m*
texto de la solapa *m* [Bk] / Klappentext *m*
texto escrito a mano *m* [Writ; Bk] / Handschrift *f*
texto grabado *m* / gestochener Text
texto manuscrito *m* [Writ; Bk] / Handschrift *f*
texto mecanografiado *m* [Writ] / maschinegeschriebener Text *m*
textual *adj* [Cat] / Wortlaut *m*
TI *abbr s. tratamiento de la información*
tiempo *m*
– **de acceso** *m* [EDP] / Zugriffszeit *f*
– **de acceso a consulta** *m* [EDP] / Lese-Zugriffszeit *f*
– **de acceso a lectura** *m* [EDP] / Lese-Zugriffszeit *f*
– **de acceso a una dirección** *m* [EDP] / Adressenzugriffszeit *f*
– **de acceso habilitado** *m* [EDP] / Freigabe-Zugriffszeit *f*
– **de base** *m* [EDP] / Zykluszeit *f*
– **de cálculo** *m* [EDP] / Rechenzeit *f*
– **de ciclo** *m* [EDP] / Zykluszeit *f*
– **de cobertura** *m* [Bk; Cat] / Berichtszeit *f*
– **de conexión** *m* [EDP] / Anschaltzeit *f*
– **de conmutación** *m* [EDP] / Schaltzeit *f*
– **de conservación** *m* [NBM] / Haltbarkeitsdauer *f*
– **de desconexión** *m* [Comm] / Abschaltzeit *f*
– **de empleo del procesador** *m* [EDP] / CPU-Zeit *f*
– **de entrada** *m* [EDP] / Eingabezeit *f*
– **de espera** *m* [EDP] / Latenzzeit *f*
– **de exposición** *m* [Repr] / Belichtungszeit *f*
– **de formación** *m* [Ed] / Ausbildungszeit *f* · Ausbildungsdauer *f s. periodo de capacitación*
– **de incidencia de máquina** *m* [EDP] / Rechnerausfallzeit *f* ‖ *s.a. fallo de máquina; incidencia de máquina*
– **de inversión** *m* [EDP] / Durchlaufzeit *f*
– **de latencia** *m* [EDP] / Latenzzeit *f*
– **de preparación** *m* [Comm] / Vorbereitungszeit *f*
– **de preparación de un libro** *m* [TS] / Buchdurchlaufzeit *f*
– **de presentación en pantalla** *m* [EDP] / Anzeigedauer *f*
– **de procesador** *m* [EDP] / Prozessorzeit *f*
– **de reacción** *m* [EDP] / Reaktionszeit *f*
– **de respuesta** *m* [EDP] / Durchlaufzeit *f* · Antwortzeit *f*
– **de selección** *m* [Comm] / Wählzeit *f*
– **de servicio** *m* / Betriebszeit *f*
– **de tratamiento** *m* [EDP] / Verarbeitungszeit *f*
– **de UCP** *m* [EDP] / Prozessorzeit *f* (unidad central de proceso)
– **de vida** *m* (de ciertos materiales en condiciones de almacenamiento) [NBM; Repr] / Lebensdauer *f* ‖ *s.a. almacenamiento de larga duración; conservabilidad*
– **de vuelta** *m* [EDP] / Durchlaufzeit *f*
– **en reposo** *m* [EDP] / Stillstandszeit
– **estimado** *m* [OrgM] / Zeitrahmen *m*
– **improductivo** *m* [EDP] / Ausfallzeit *f*
– **inactivo** *m* [EDP] / Ausfallzeit *f*
– **libre compensatorio** *m* [Staff] / Ausgleichsfreizeit *f* (por horas extraordinarias)
– **libre de servicio** *m* [Staff] / dienstfreie Zeit *f*
– **medio de vigencia** *m* (de la bibliografía de una especialidad, etc.) [InfSc] / Halbwertzeit *f*
– **muerto** *m* [EDP] / Ausfallzeit *f*
– **regular de estudio** *m* [Ed] / Regelstudienzeit *f*
–**(s) de utilización** *m(pl)* [EDP] / Betriebszeit(en) *f(pl)*
tijeras circulares para cartón *pl* [Bind] / Kreispappschere *f*

tijeras para cartón *pl* [Bind] / Pappschere *f*
tilde *f* [Writ; Prt] / Tilde *f*
timbre postal *m* [Comm] *HA* / Poststempel *m*
tina *f* [Pp] / Bütte *f*
tinta *f* [Writ] / Farbe *f* · Tinte *f*
~ **china** *f* [Art] / Tusche *f*
~ **de escribir** *f* [Writ] / Schreibtinte *f*
~ **de imprenta** *f* [Prt] / Druckfarbe *f*
~ **magnética** *f* [EDP] / Magnettinte *f*
~ **negra** *f* [Prt] / Druckerschwärze *f*
tintero *m* / Tintenfaß *n*
tipificación *f* [Gen] / Normung *f*
tipo *m* [Prt] / Satz *m*
~ **chico** *m* [Prt] / Kleindruck *m*
~ **de adquisición** *m* (compra, canje, donación, depósito legal) [Acq] / Erwerbungsart *f*
~ **de biblioteca** *m* [Lib] / Bibliothekstyp *m*
~ **de cambio** *m* [BgAcc] / Wechselkurs *m*
~ **de catálogo** *m* [Cat] / Katalogform *f*
~ **de documento** *m* [InfSc] / Dokumenttyp *m* · Dokumentart *f*
~ **de eco** *m* [EDP/VDU] / Echotyp *m*
~ **de encuadernación** *m* [Bind] / Einbandart *f*
~ **de escritura** *m* [Prt; EDP] / Schriftart *f* · Schriftprobe *f*
~ **de fundición suelto** *m* [Prt] / Handsatzschrift *f*
~ **de gastos** *m* [BgAcc] / Kostenart *f*
~ **de imprenta** *m* [Prt] / Type *f* · Drucktype *f* · Schrifttype *f* · Schrift *f*
~ **(de imprenta)** *m* [Prt] / Letter *f*
~ **de memoria** *m* [EDP] / Speicherbauart *f*
~ **de publicación** *m* [Bk] / Publikationsart *f* ‖ *s.a. clase de publicación; forma de publicación*
~ **móvil** *m* [Prt] / Handsatzschrift *f*
~ **para remiendos** *m* [Prt] / Akzidenztype *f*
~**s comunes** *pl* [Prt] / Brotschrift *f* · Werkschrift *f*
~**s corrientes** *pl* [Prt] / Buchschrift *f*
~**s de adorno** *pl* [Prt] / Auszeichnungsschrift *f*
~**s de texto** *pl* [Prt] / Brotschrift *f*
~**s móviles** *pl* [Prt] / bewegliche Lettern *pl*
~**s para libros** *pl* [Prt] / Buchschrift *f*
~**s para titulares** *pl* [Prt] / Auszeichnungsschrift *f*
~**s romanos** *m pl* [Prt] / Antiqua *f*
tipoffset *m* [Prt] / Trockenoffset *n*
tipografía *f* [Prt] / Druckbild *n* · Buchdruck *m* · Typographie *f* · Hochdruck *m*
~ **indirecta** *f* [Prt] / Trockenoffset *n*
tipógrafo *m* [Prt] / Typograph *m* · Setzer *m*
~ **manual** *m* [Prt] / Handsetzer *m*
tira bibliográfica *f* (en la portada exterior de una revista) [Bk] / Ordnungsleiste *f* · bibliographische Ordnungsleiste *f DDR*
tirada *f* [Bk; prt] / Auflage *f*
~ **aparte** *f* [Bk] / Separatum *n* · Sonder(ab)druck *m*
~ **comarcal** *f* (de un periódico) [Bk] / Bezirksausgabe *f*
~ **de pruebas de imprenta** *f* [Prt] / Korrektur *f*
~ **extraordinaria** *f* (de un periódico) [Bk] / Nebenausgabe *f*
~ **previa** *f* [Bk] / Vorausdruck *m* · Vorabdruck *m* ‖ *s.a. anticipo 1*
~ **regional** *f* (de un periódico) [Bk] / Regionalausgabe *f*
tira de diapositivas *m* [NBM] / Dia-Streifen *m*
tira de microfilm *f* [Repr] / Mikrofilmstreifen *m*
tira de papel *f* [TS] / Streifen *m*
tira de papel de señalización *f* [TS] / Steuerstreifen *m*
tira de película *f* [Repr] / Filmstreifen *m* · Filmstrip *m*
tira de señal *f* (dejada en un libro para control de trabajo) [TS] / Signalstreifen *m*
tira magnética *f* [EDP] / Magnetstreifen *m*
tírese [Prt] / imprimatur!
tít. *abbr s. título 2; título 3*
tít. or. *abbr s. título original*
titulación bibliotecaria *f* [Ed] / Bibliothekarausbildung *f*
titulado *m* (por una escuela o universidad) [Ed] / Absolvent *m*
titular de cátedra *m* [Ed] / Lehrstuhlinhaber *m*
titular de derechos de autor *m* [Law] / Urheberrechtsinhaber *m*
titular de la plaza *m* [Staff] / Stelleninhaber *n*
titular de los derechos de autor *m* [Law] / Urheberrechtsinhaber *m*
titular de prensa *m* [Bk] / Schlagzeile *f*
titulillo *m* [Bk] / Kolumnentitel *m* · Seitenüberschrift *f* · Lauftitel *m* · lebender Kolumnentitel *m* ‖ *s.a. folio explicativo; título corriente*
título 1 *m* [Ed] / Diplom *n*

– 2 *m* [Bk] / Überschrift *f* · Titel *m* ‖ *s.a. encabezamiento 1*
– 3 *m* [Cat] / Titel *m*
– **a lo largo del lomo** *m* [Bk] / Längstitel *m*
– **alternativo** *m* [Cat] / Neben(sach)titel *m* · Nebentitel *m* · Alternativsachtitel *m* · Nebensachtitel *m* ‖ *s.a. subtítulo; título paralelo*
– **anterior** *m* [Cat] / früherer Titel *m*
– **artificial** *m* [Cat] / fingierter Sachtitel *m*
– **clave** *m* [Bk] / ISSN-Titel *m* · (en conexión con el ISSN:) Schlüsseltitel *m*
– **colectivo** *m* [Bk; Cat] / gemeinsamer Sachtitel *m* · Gesamttitel *m* · übergeordneter (Sach-)Titel *m* · Sammeltitel *m*
– **colectivo de serie** *m* [Bk] / übergeordnete Schriftenreihe *f*
– **corriente** *m* [Bk] / Lauftitel *m* · lebender Kolumnentitel *m* ‖ *s.a. folio explicativo; titulillo*
– **de anteportada** *m* [Bk] / Schmutztitel *m*
– **de arranque** *m* [Bk] / Kopftitel *m*
– **de capítulo** *m* [Bk] / Kapitelüberschrift *f*
– **de columna vivo** *m* [Bk] / lebender Kolumnentitel *m*
– **de cubierta** *m* [Bk] / Einbandtitel *m* · Umschlagtitel *m* ‖ *s.a. título exterior*
– **de cubierta posterior** *m* [Bk] / rückseitiger Titel *m*
– **de editor** *m* [Cat] / Verlegertitel *m*
– **de encuadernador** *m* [Bind; Bk] / Buchbindertitel *m*
– **de falsa portada** *m* [Bk] / Schmutztitel *m*
– **de la cita** *m* [Bk] / Zitiertitel *m*
– **de la colección** *m* [Cat] / Reihentitel *m*
– **de la hoja cartográfica** *m* [Cart] / Blattitel *m*
– **de la serie** *m* [Cat] / Serientitel *m*
– **de la serie** *m* [Cat] / Reihentitel *m*
– **de libro** *m* [Bk] / Buchtitel *m*
– **de listas** *m* [Mus] / Listentitel *m*
– **del lomo** *m* [Bk] / Rückentitel *m*
– **del mapa** *m* [Cart] / Kartentitel *m*
– **del mapa plegado** *m* [Cart] / Falttitel *m*
– **de lomo ascendente** *m* [Bk] / (von unten nach oben:) Längstitel *m*
– **de lomo descendente** *m* [Bk] / (~ von oben nach unten:) Längstitel *m*
– **de lomo transversal** *m* [Bk] / Quertitel *m*
– **del pie** *m* (de un mapa) [Cart] / Fußtitel *m*
– **del pliego** *m* [Cart] / Blattbezeichnung *f*
– **de mención de serie** *m* [Cat] / Titel des Sammlungsvermerks *m*
– **de microficha** *m* [Repr] / Microfiche-Titel *m*
– **de página** *m* [Bk] / lebender Kolumnentitel *m*
– **de palabra clave** *m* (título abreviado a su palabra esencial) [Bk] / Stichworttitel *m*
– **de partida** *m* [Bk] / Kopftitel *m*
– **dependiente** *m* [Cat] / abhängiger (Sach-)Titel *m*
– **de presentación** *m* [Cat] / Präsentationstitel *m*
– **de presupuesto** *m* [BgAcc] / Haushaltstitel *m*
– **de serie** *m* (en series y subseries de publicaciones) [Cat] / Gesamttitel *m*
– **de signatura** *m* [Bind] / Norm *f*
– **de subserie** *m* [Bk] / Zwischentitel *m*
– **de tapa** *m* [Bind] / Einbandtitel *m*
– **de tomo** *m* [Cat] / Stücktitel *m* (de fragmento de la colección)
– **de una subdivisión en una publicación** *m* [Bk] / Titel einer Untergliederung einer Veröffentlichung *m*
– **de una subserie** *m* [Bk] / Titel einer Unterreihe *m*
– **encuadrado** *m* [Prt] / umrandete Überschrift *f*
– **en forma de frase completa** *m* [Cat] / Satztitel *m*
– **en forma mixta** *f* [Cat] / Titel in gemischter Form *m*
– **en forma normal** *m* [Cat] / Titel in gewöhnlicher Form *m*
– **específico** *m* [Cat] / spezifischer (Sach-)Titel *m*
– **exterior** 1 *m* [Bind] / Außentitel *m* · Umschlagtitel *m* · Einbandtitel *m* ‖ *s.a. título de cubierta*
– **exterior** 2 *m* (de un documento de derecho) [Bk] / Außentitel *m*
– **facticio** *m* [Bk] / fingierter Titel *m*
– **facticio** *m* [Cat] / künstlicher Titel *m* · made-up title
– **fantasma** *m* [Bk] / Geistertitel *m*
– **formal** *m* [Cat] / Formalsachtitel *m*
– **general** *m* [Cat] / Gesamttitel *m*
– **genérico** *m* [Cat] / Sammeltitel *m* (de una colección de documentos análogos de distintos autores)
– **grabado** *m* [Bk] / Kupfertitel *m* ‖ *s.a. grabado de portada*
– **intermedio** *m* [Bk] / Zwischentitel *m*

– **marginal** *m* [Bk] / Randüberschrift *f*
–**nimo** *m* (nombre de profesión usado como seudónimo) [Bk] / Titlonym *n*
– **nobiliario** *m* [Cat] / Adelstitel *m*
– **no descriptivo** *m* [Cat] / Formalsachtitel *m* · unspezifischer Titel *m*
– **original** *m* [Cat] / Original(sach)titel *m*
– **paralelo** *m* [Cat] / Parallelsachtitel *m* · Nebentitel *m* ‖ *s.a. subtítulo; título alternativo*
– **plurilingüe** *m* [Bk] / mehrsprachiger Titel *m*
– **principal** *m* [Cat] / Haupttitel *m* · Hauptsachtitel *m* ‖ *s.a. parte común de un título principal; título alternativo*
–**s de crédito** *pl* (al principio de una película) [NBM] / Vorspann *m*
–**s de crédito finales** *pl* (en una película) [NBM] / Abspann *m*
– **secundario** *m* [Cat] / Folgetitel *m* · Neben(sach)titel *m*
– **tipográfico** *m* [Bk] / typographischer Titel *m*
– **uniforme** *m* [Cat] / Einheitssachtitel *m*
tobera *f* [Prt] / Düse *f*
tocadiscos *m* [NBM] / Plattenspieler *m*
todavía no publicado [Bk] / noch nicht erschienen *pp*
todo lino *m* [Bind] / Ganzleinwand *f*
todo lo publicado / alles was erschienen *pp* · alles Erschienene *n*
toma *f* [Repr] / Aufnahme *f*
– **de contacto** *f* (con un ordenador distante) [Comm; Retr] / Anmeldung *f* · Verbindungsaufbau *m* ‖ *s.a. entrada en comunicación*
– **de contacto por linea conmutada** *f* [EDP] / Verbindungsaufnahme über Wählleitung *f*
– **de corriente** *f* [BdEq] / Steckdose *f* ‖ *s.a. enchufe*
– **de postura** *f* [OrgM] / Stellungnahme *f*
tomar en préstamo *v* [RS] / entleihen *v* · entlehnen *v A*
tomar nota *v* (de un libro) [RS] / vormerken *v*
tomar prestado *v* [RS] / ausleihen *v*
tomo *m* [Bk] / Band *m* · Teil *m* · Abteilung *f* · Halbband *m* · Buchbinderband *m*
– **de tapa suelta** *m* [Bind] / Deckenband *m*
– **encajado** *m* [Bind] / Deckenband *m*
– **encuadernado a la caja** *m* [Bind] / Deckenband *m*
– **entapado** *m* [Bind] / Deckenband *m*
tonalidad de color *f* [Repr] / Farbton *m*
tono contínuo *m* [Repr] / Halbton *m*
tope *m* [Bind] / Kopf *m*
topografía *f* (de un ejemplar en el depósito de una biblioteca) [Cat] / Fundstelle *f* · Aufstellung *f*
topología de red *f* [EDP] / Netztopologie *f*
tórculo *m* [Prt] / Handpresse *f*
torniquete *m* [BdEq] / Drehkreuz *n*
torno *m* [BdEq] / Drehkreuz *n* ‖ *s.a. barrera*
torre de almacén *f* [BdEq] / Magazinturm *m*
tostaduras *pl* [Bk] / Bräunungen *pl*
trabajo *m* [EDP] / Auftrag *m*
– **de alzado** *m* [Bind] / Auflegearbeit *f*
– **de examen** *m* [Ed] / Examensarbeit *f*
– **de impresión** *m* [Prt] / Werkdruck *m*
– **de incrustación** *m* [Bind] / Einlegearbeit *f*
– **doble** *m* [OrgM] / Doppelarbeit *f*
– **en casa** *m* [Ed] / Hausarbeit *f*
– **rutinario** *m* [TS] / Routinetätigkeiten *pl*
–**s de aplicación del cuero** *pl* [Bind] / Ledereinlegearbeit *f*
trad. *abbr s. traductor*
traducción *f* [Lin] / Übersetzung *f*
– **abreviada** *f* [Lin] / Kurzübersetzung *f*
– **asistida por ordenador** *f* [Lin] / maschinelle Übersetzung *f* · maschinenunterstützte Übersetzung *f*
– **automática** *f* [Lin] / maschinenunterstützte Übersetzung *f*
– **completa de una revista** *f* [Bk] / vollständige Übersetzung einer Zeitschrift
– **informatizada** *f* [Lin] / rechnergestützte Übersetzung *f*
traducir *v* [Bk] / übersetzen *v*
traductor *m* [Lin] / Übersetzer *m*
traductora automática *f* [PuC] / Lochschriftübersetzer *m*
traductora de tarjetas perforadas *f* [PuC] / Lochschriftübersetzer *m*
tráfico de mensajes de télex *m* [Comm] / Fernschreibverkehr *m*
tragaluz *m* [BdEq] / Gaube *f*
trama *f* [Prt] / Raster *m*
tramar *v* [Prt] / rastern *v*
tramitación urgente *f* [TS] / Eil-Geschäftsgang *m*
trámite de prórroga *m* [RS] / Verlängerungsvorgang *m*
transceptor de facsímiles *m* [Comm] / Telekopierer *m* · Fernkopierer *m*

transcodificador *m* [EDP] / Code-Übersetzer *m*
transcribir 1 *v* [Writ] / transkribieren *v*
– 2 *v* (datos bibliográficos) [Cat] / übernehmen *v*
– 3 *v* (por ej., ~ ü en ue) [Writ; Cat] / umschreiben *v*
– 4 *v* [Cat; Acq; BdEq] / ausschreiben *v* übertragen *v*
transcripción *f* [Writ] / Übertragung *f*
– 1 *f* [Writ] / Abschrift *f* ‖ *s.a. copia 2*
– 2 *f* [Writ; Bk] / Transkription *f*
– 3 *f* (de signos de una escritura en signos de otra) [Writ; Prt] / Umschrift *f* · Transkription *f*
– 4 *f* (de la parte de un título en la descripción bibliográfica) [Cat] / Übernahme *f*
transferencia *f* [BgAcc] / Überweisung *f*
– **de datos** *f* [Comm] / Datenübertragung *f*
– **de ficheros** *f* [EDP] / Datei-Übertragung *f*
– **de información** *f* [Comm] / Informationstransfer *m*
transferibilidad *f* (de un programa) [EDP] / Portabilität *f*
transformación de datos *f* [EDP] / Datentransformation *f*
transitoriamente fuera de existencias [Stock] / vorübergehend nicht am Lager
transliteración *f* [Writ; Prt] / Transliteration *f* · Umschrift *f*
transliterar *v* [Writ] / transliterieren *v*
transmisión *f* [RS] / Übermittlung *RS*
– **arrítmica** *f* [Comm] / Start-Stop-Übertragung *f*
– **asíncrona** *f* [Comm] / asynchrone Übertragung *f* · Start-Stop-Übertragung *f*
– **bidireccional** *f* [Comm] / Gegenbetrieb *m*
– **de datos** *f* [Comm] / Datenübertragung *f* · Datenübermittlung *f* · Datenfernübertragung *f* ‖ *s.a. comunicación de datos*
– **de datos de código independiente** *f* [Comm] / codeunabhängige Datenübermittlung *f*
– **de datos de código transparente** *f* [Comm] / codetransparente Datenübermittlung *f*
– **de derechos de autor** *f* [Law] / Urheberrechtsübertragung *f*
– **de facsímiles** *f* [Comm] / Faxübermittlung *f*
– **de grupos de señales** *f* [Comm] / Bitbündel-Übertragung *f*
– **de imágenes** *f* [Comm] / Bildübertragung *f*
– **de marcha-parada** *f* [Comm] / Start-Stop-Übertragung *f*
– **de registro de datos** *f* [Comm] / Datensatzübertragung *f*
– **de textos** *f* [Bk] / Textüberlieferung *f*
– **en paralelo** *f* [Comm] / Parallelübergabe *f*
– **en serie** *f* [Comm] / serielle Übertragung *f* · Serienübergabe *f*
– **por fax** *f* [Comm] / Fax-Übermittlung
– **recíproca de datos** *f* [Comm] / beidseitige Datenübermittlung *f*
– **semidúplex** *f* [Comm] / Wechselbetrieb *m*
– **símplex** *f* [Comm] / Richtungsbetrieb *m*
– **síncrona** *f* [Comm] / synchrone Übertragung *f*
– **start-stop** *f* [Comm] / Start-Stop-Übertragung *f*
– **televisiva** *f* [Comm] / Fernsehübertragung *f*
transmisor *m* [Comm] / Sender *m*
transmisor de facsímiles *m* [Comm] / Fernkopierer *m*
transmisor facsímil autónomo *m* [Comm] / Standfernkopierer *m*
transmisor-receptor *m* [Comm] / Sende-Empfangsgerät *n*
transmitir por fax *v* [Comm] / faxen *v*
transparencia *f* [NBM] / Folie *f* · Overhead-Transparent *n* (para retroproyector) · Transparent *n*
– **base** *f* [NBM] / Grundtransparent *n* · Basistransparent *n* ‖ *s.a. juego de transparencias*
– **de código** *f* [Comm] / Codetransparenz *f*
– **de serie** *f* [NBM] / Folgetransparent *n*
– **de sobreposición** *f* [NBM] / Auslegefolie *f*
– **de superposición** *f* [Cart] / Deckblatt *n*
– **para retroproyector** *f* [NBM] / Arbeitstransparent *n*
transportabilidad *f* (de un programa) [EDP] / Portabilität *f*
transportador *m* [BdEq] / Förderanlage *f*
– **a cadena** *m* [BdEq] / Kettenförderanlage *f*
– **de gravedad** *m* [BdEq] / Schwerkraftförderer *m*

– **de libros** *m* [BdEq] / Buchförderanlage *f*
transporte público *m* / öffentliche Verkehrsmittel *pl*
traslado *m* [BdEq] / Umzug *m*
trasquilado *pp* [Bk] / angeschnitten *pp*
tratado *m* [Bk] / Sachbuch *n* · Traktat *n* · Abhandlung *f*
tratamiento *m* [EDP] / Prozeß *m*
– **automático de datos** *m* [EDP] / automatisierte Datenverarbeitung *f* · automatische Datenverarbeitung *f*
– **automático de información** *m* [EDP] / automatische Datenverarbeitung *f*
– **autónomo** *m* [EDP] / Offline-Verarbeitung *f*
– **de conservación** *m* [Pres] / konservierende Behandlung *f*
– **de datos** *m* [EDP] / Datenverarbeitung *f*
– **de datos a distancia** *m* [EDP] / Datenfernverarbeitung *f* ‖ *s.a. teletratamiento por lotes*
– **de datos de diálogo** *m* [EDP] / Dialogdatenverarbeitung *f*
– **de datos jurídicos** *m* [EDP] / juristische Datenverarbeitung *f*
– **de datos lingüísticos** *m* [EDP] / linguistische Datenverarbeitung *f*
– **de datos no numérico** *m* [EDP] / nichtnumerische Datenverarbeitung *f*
– **de diálogo** *m* [EDP] / Dialogverarbeitung *f*
– **de ficheros múltiples** *m* [EDP] / Mehrdateiverarbeitung *f*
– **de imágenes** *m* [EDP] / Bildverarbeitung *f*
– **de la información** *m* [EDP] / Informationsverarbeitung *f*
– **de textos** *m* [EDP] / Textverarbeitung *f*
– **diferido en entrada/salida** *m* [EDP] / SPOOL-Betrieb *m*
– **electrónico de datos** *m* [EDP] / elektronische Datenverarbeitung *f*
– **en directo con el ordenador** *m* [EDP] / Online-Verarbeitung *f*
– **en línea** *m* [EDP] / Online-Verarbeitung *f*
– **en tiempo real** *m* [EDP] / Echtzeitverarbeitung *f* · Realzeitverarbeitung *f*
– **fuera de línea** *m* [EDP] / Offline-Verarbeitung *f* (deconectado, autónomo)
– **inmediato** *m* [EDP] / Echtzeitverarbeitung *f*
– **por lotes** *m* [EDP] / Stapelbetrieb *m* · Stapelverarbeitung *f*
tratar *v* [EDP] / abarbeiten *v* · verarbeiten *v*
trato igualitario *m* [Law] / Gleichbehandlung *f*
travesaño de presión *m* [Bind] / Preßbrett *n*
trazado cartográfico *m* [Cart] / Kartierung *f*
trazador *m* [EDP] / Plotter *m* (de gráficos)
trazador de gráficos *m* [EDP] / Kurvenschreiber *m*
trazo de letra *m* [Writ; Prt] / Haarstrich *m*
trazo de pie *m* [Prt] / Serife *f*
trazo de recuento *m* [InfSc] / Zählstrich *m* ‖ *s.a. marca de recuento*
trazo oblicuo *m* [Writ; Prt] / Schrägstrich *m*
trazos alto y bajo *pl* [Prt] / Ober- und Unterlängen *pl*
trazos esgrafiados *pl* [Cart] / Schraffen *pl*
TRC *abbr s. tubo de rayos catódicos*
trébol *m* [Bind] / Dreipaß *m*
trenzado *m* [bind] / Flechtwerk *n*
tribuna *f* [BdEq] / Empore *f*
tribunal de cuentas *m* [BgAcc] / Rechnungshof *m*
tribunal de examen *m* [Ed] / Prüfungsausschuß *m*
tribunal de trabajo *m* [Law] / Arbeitsgericht *n* ‖ *s.a. magistratura del trabajo*
tribunal laboral *m* [Law] / Arbeitsgericht *n*
tricromía *f* [Prt] / Dreifarbendruck *m*
trimestral *adj* [Gen] / vierteljährlich *adj*
tríptico *m* [Bk] / Triptychon *n*
trituradora *f* [Off] / Reißwolf *m*
– **de documentos** *f* [Off] / Aktenvernichtungsmaschine *f*
troquel *m* [Bind; off] / Prägestempel *m*
troquelado *pp* [Pp] / geprägt *pp*
– **en oro** *m* [Bind] / Plattengolddruck *m*
troqueladora de títulos *f* [Bind] / Titelprägepresse *f*
truncado *m* [Retr] / Maskierung *f* · Trunkierung *f*
– **a la derecha** *m* [Retr] / Rechtsmaskierung *f* · Endmaskierung *f*
– **a la izquierda** *m* [Retr] / Frontmaskierung *f*
– **de terminaciones** *m* [Retr] / Endmaskierung *f*
truncamiento *m* [Retr] / Maskierung *f* · Trunkierung *f* · Wortmaskierung *f*
– **a la izquierda** *m* [EDP] / Linksmaskierung *f*
– **delantero** *m* [EDP] / Frontmaskierung *f* · Linksmaskierung *f*
– **interior** *m* [EDP] / Innenmaskierung *f*

truncar *v* [EDP] / abschneiden *v*
tubo de imagen *m* [EDP; Repr] / Bildröhre *f*
tubo de rayos catódicos *m* [EDP/VDU] / Bildröhre *f* · Kathodenstrahlröhre *f*
tumbo *m* [Arch] / Kopiar *n*
tutor de formación profesional *m* [Ed] / Ausbildungsleiter *m*

U

ubicación 1 *f* [Sh] / 1 Aufstellung *f*
- 2 *f* (del edificio de una biblioteca) [BdEq] / 1 Lage *f*
- 3 *f* (de un volumen, de un edificio, etc...) [Sh: BdEq] / Standort *m*
- 4 *f* (de un libro en las estanterías) [Sh] / (de un libro en las estanterías:) Aufstellungsort *m*

UC *abbr s. unidad central*
UCP *abbr s. unidad central de proceso*
último año de publicación *m* [Cat] / abschließendes Erscheinungsjahr *n*
ultraficha *f* [Repr] / Ultrafiche *m*
unidad *f*
- **administrativa** *f* [OrgM] / Verwaltungseinheit *f*
- **aritmética** *f* [EDP] / Rechenwerk *n*
- **aritmética y lógica** *f* [EDP] / Rechenwerk *n*
- **bibliográfica** 1 *f* (el ejemplar de la edición de una obra utilizado para la catalogación) [Cat] / Vorlage *f*
- **bibliográfica** 2 *f* [Bk] / bibliographische Einheit *f*
- **central** *f* [EDP] / Prozessor *m*
- **central de proceso** *f* [EDP] / Zentraleinheit *f*
- **de almacenamiento** *f* [EDP] / Speicher *m*
- **(de arrastre)** *f* [EDP] / Laufwerk *n* ‖ *s.a. unidad de cinta magnética; unidad de discos*
- **de arrastre de banda** *f* [EDP] / Bandlaufwerk *n*
- **de arrastre de tambor** *f* [EDP] / Trommelantrieb *m*
- **de búsqueda** *f* [Retr] / Abfrageeinheit *f*
- **de canje** *f* [Bib; Cat; EDP] / Austauscheinheit *f*
- **de canje bibliográfico** *f* [Bib] / bibliographische Austauscheinheit *f* ‖ *s.a. formato de intercambio*
- **de captación de datos** *f* [EDP] / Datenerfassungsgerät *n*
- **de casete de cinta magnética** *f* [EDP] / Magnetbandkassettenlaufwerk *n*
- **de catalogación** *f* (el ejemplar de una edición de una obra utilizado en la catalogación) [Cat] / Vorlage *f*
- **de cinta magnética** *f* [EDP] / Magnetbandlaufwerk *n* · Magnetbandeinheit *f*
- **de clasificación** *f* [Cat] / Ordnungseinheit *f*
- **de construcción** *f* [BdEq] / Modul *n*
- **de control** *f* [EDP] / Leitwerk *n* · Steuerwerk *n*
- **de control bibliográfico** *f* [OrgM] / Vorakzession *f*
- **de control de comunicaciones** *f* [Comm] / Fernbetriebseinheit *f*
- **de control de errores** *f* [Comm] / Fehlerüberwachungseinheit *f*

– **de control de programa** *f* [EDP] / Befehlswerk *n*
– **de discos** *f* [EDP] / Magnetplattenlaufwerk *n* · Plattenkassette *f* · Plattenlaufwerk *n* · Diskettenlaufwerk *n*
– **de discos flexibles** *f* [EDP] / Diskettenlaufwerk *n*
– **de disquetes** *f* [EDP] / Disketteneinheit *f*
– **de documentación** *f* [Ind] / Dokumentationseinheit *f*
– **de estanterías** *f* [Sh] / Regaleinheit *f* ‖ *s.a. estantería*
– **de material catalogado** *f* [Cat] / Katalogisat *n*
– **de medios de información** *f* [Bk; NBM] / Medieneinheit *f*
– **de once placas de disco** *f* [EDP] / Elfplattenstapel *m*
– **de pantalla** *f* [EDP] / Anzeigegerät *n s. monitor*
– **de presentación visual** *f* [EDP/VDU] / Datensichtgerät *n* ‖ *s.a. monitor*
– **de registro** *f* [EDP] / Dateneinheit *f*
– **de registro en disco** *m* [EDP] / Magnetplatten-Erfassungsgerät *n*
– **de servicio** *f* [OrgM] / Bedienungseinheit *f*
– **de sincronización** *f* [Comm] / Synchronisiereinheit *f*
– **de teclado de cinta magnética** *f* [EDP] / Magnetbanderfassungsgerät *n*
– **de tratamiento** *f* [EDP] / Verarbeitungseinheit *f*
– **de tratamiento de datos** *f* [EDP] / Datenverarbeitungsanlage *f*
– **de visualización** *f* [EDP] / Anzeigegerät *n* · Sichtgerät *n* ‖ *s.a. monitor; terminal de pantalla de visualización; unidad de presentación visual*
– **didáctica** *f* (de enseñanza programada) [Ed] / Lehreinheit *f*
– **documental** *f* [Ind] (objeto de descripción documental:) / dokumentarische Bezugseinheit *f*
– **física** *f* [Stock] / Baueinheit *f* · physische Einheit *f*
– **funcional** *f* [EDP] / Funktionseinheit *f*
– **léxica** *f* [Ind] / lexikalische Einheit *f* *DDR*
– **pedagógica** *f* [Ed] / Unterrichtseinheit *f*
– **periférica** *f* [EDP] / periphere Einheit *f*
– **periférica de entrada/salida** *f* [EDP] / Ein-Ausgabeeinheit *f*
– **periférica de salida** *f* [EDP] / Ausgabeeinheit *f*
– **principal** *f* [EDP] / Großrechner *m* · Zentraleinheit *f*
unido con espiral *pp* [Bind] / spiralgeheftet *pp*
unido defectuosamente *pp* [Bind] / verbunden *pp*
unificación *f* (preparación de un microfilm para su uso individualizado) [Repr] / Konfektionierung *f*
– **de nombres de persona** *f* (para encabezamiento) [Cat] / Namensansetzung *f*
– **técnica** *f* [NBM] / technische Konfektionierung *f*
uniformación de nombres propios *f* [Cat] / Vereinheitlichung der Namensansetzungen *f*
unión *f* (de bifurcaciones de programa) [EDP] / Zusammenführung *f*
– **lógica „O"** *f* [Retr] / ODER-Verknüpfung *f*
unir *v* [Bind] / anbinden *v* · ansetzen *v*
unitérmino *m* [Ind] / Uniterm *m*
universidad general *f* [Ed] / Gesamthochschule *f*
universidad técnica *f* [Ed] / technische Universität *f*
un poco deteriorado *pp* [Bk] / lädiert *pp*
un poco ensuciado *pp* [Bk] / angeschmutzt *pp*
un poco estropeado *pp* [Bk] / lädiert *pp*
untar *v* [Bind] / anschmieren *v*
usar *v* [RS] / benutzen *v*
uso *m* [RS] / Benutzung *f*
– **consuetudinario** *m* [Adm] / Dienstgebrauch *m*
– **de consulta** *m* [RS] / Präsenzbenutzung *f*
– **de referencia** *m* [RS] / Präsenzbenutzung *f* (sólo en la sala)
– **de registros recuperados de bases de datos externas** *m* [Cat] / Fremddatenübernahme *f*
usuario *m* [RS] / Nutzer *m* · Besteller *m* · Benutzer *m*
– **a distancia** *m* [RS] / auswärtiger Benutzer *m*
– **corporativo** *m* [RS] / korporativer Benutzer *m*
– **de la biblioteca** *m* [RS] / Bibliotheksbenutzer *m*
– **del catálogo** *m* [Cat] / Katalogbenutzer *m*
– **inscrito** *m* [RS] / eingeschriebener Benutzer *m* · eingetragener Benutzer *m*

- **local** *m* [RS] / Ortsbenutzer *m*
- **minusválido** *m* [RS] / behinderter Benutzer *m*
- **negligente** *m* [RS] / säumiger Benutzer *m*
- **potencial** *m* [RS] / potentieller Benutzer *m*
- **registrado** *m* [RS] / eingeschriebener Benutzer *m*

útil de escritura *m* [Writ] / Schreibwerkzeug *n*

utilización *f* [RS] / Benutzung *f*
- **de fondos** *f* [Stock] / Bestandsnutzung *f*
- **de la biblioteca** *f* [RS] / Bibliotheksbenutzung *f*
- **de la información** *f* [InfSc] / Informationsnutzung
- **del catálogo** *f* [Cat] / Katalogbenutzung *f*
- **del suelo** *f* [BdEq] / Raumnutzung *f* · Flächennutzung *f*

utilizar *v* [RS] / benutzen *v*

V

v *abbr s. verso*
v.a. *abbr* [Cat] / siehe-auch-Hinweis *m*
vacaciones *pl* [Staff] / Urlaub *m*
– **estudiantiles** *pl* [Staff] / Studienurlaub *m*
– **pagadas** *pl* [Staff] / bezahlter Urlaub *m*
– **semestrales** *pl* [Ed] / Semesterferien *pl*
vacante *f* [Staff] / offene Stelle *f*
vaciar *v* [EDP] / löschen *v*
vademecum *m* [Bk] / Vademecum *n*
vaina protectora *f* [Bk] / Schuber *m*
vale *m* [BgAcc] / Gutschein *m*
– **de libros** *m* [Bk] / Büchergutschein *m*
validez *f* [InfSc] / Gültigkeit *f* · Stichhaltigkeit *f* · Validität *f*
– **documental** *f* [InfSc] / dokumentationswürdig *adj*
valija *f* [BdEq] / Postbeutel *m*
valoración de la calidad *f* [OrgM] / Qualitätsbewertung *f*
valor archivístico *m* [Repr] / Archivqualität *f* · Archivfähigkeit *f*
valor de novedad *m* (de una información) [Retr] / Neuheitswert *f*
valor medio *m* / Mittelwert *m*
valor normativo *m* [Gen; Lib] / Richtwert *m*
valor pH *m* [Pres] / pH-Wert *m*
vaqueta *f* [Bind] / Rindleder *n s. piel de becerro*
variable *f* [InfSc] / Variable *f*
variante *f* [Bk] / Variante *f*
– **de título** *f* [Cat] / Nebensachtitel *m*
–**s de lectura** *pl* [Bk] / Lesarten *pl*
varianza *f* [InfSc] / Streuung *f* · Varianz *f*
varilla de cierre *f* (de un cajón de fichero) [Cat] / Schließstange *f*
vehículo de reparto *m* [BdEq] / Lieferwagen *m* **I** *s.a. bibliobús*
veladura *f* [repr] / Schleier *m*
veladura de los bordes *f* [Repr] / Randschleier *m*
velocidad *f*
– **de avance de cinta** *f* [EDP] / Bandgeschwindigkeit *f*
– **de clasificación** *f* [EDP] / Sortiergeschwindigkeit *f*
– **de copiado** *f* [Repr] / Kopiergeschwindigkeit *f*
– **de entrada** *f* [EDP] / Eingabegeschwindigkeit *f*
– **de línea** *f* [Comm] / Leitungsgeschwindigkeit *f*
– **de modulación** *f* [Comm] / Schrittgeschwindigkeit *f*
– **de pase de película** *f* [NBM] / Filmlaufgeschwindigkeit *f*
– **de película** *f* [Repr] / Empfindlichkeit *f*
– **de proyección** *f* [NBM] / Bildfrequenz *f*
– **de regeneración** *f* [EDP/VDU] / Bildelementwiederholfrequenz *f* (de la imagen en una pantalla)

– **de reproducción** 1 *f* (de una banda de video magnética) [NBM] / Laufgeschwindigkeit *f* · Spielgeschwindigkeit *f*
– **de reproducción** 2 *f* (en cintas magnetofónicas, etc.) [NBM] / Abspielgeschwindigkeit *f*
– **de salida de datos** *f* [EDP] / Ausgabegeschwindigkeit *f*
– **de transferencia** *f* [Comm] / Transfergeschwindigkeit *f* (de datos)
– **de transferencia de datos** *f* [Comm] / Übertragungsgeschwindigkeit *f*
– **de transmisión** *f* [Comm] / Übertragungsgeschwindigkeit *f*
– **de transmisión en bits** *f* [EDP] / Bit-Geschwindigkeit *f*
vencedero *adj* (relativo al plazo de préstamo) [RS] / fällig *adj*
vendedor *m* [Bk] / Verkäufer *m* · Lieferant *m*
– **de libros a domicilio** *m* [Bk] / Hausierbuchhändler *m*
vender como papel viejo *v* [Bk; Prt] / als Altpapier verkaufen *v* · makulieren *v*
vender de saldo *v* [Bk] / verramschen *v*
venta *f* [Bk] / Vertrieb *m*
– **al contado** *f* [Acq] / Barverkauf *m*
– **de libros por correo** *f* [Bk] / Buchversandgeschäft *n*
– **pública** *f* [Acq] / Versteigerung *f*
ventajas adicionales *pl* [Gen] / zusätzliche Vergünstigungen *pl*
ventana de diálogo *f* [EDP] / Dialogfenster *n*
ventana de representación *f* [EDP/VDU] / Darstellungsfenster *n*
ventanal *m* [BdEq] / Fensterband *n*
ventanilla *f* (en un mostrador cerrado) [BdEq] / Schalter *m*
– **de devolución** *f* [RS] / Rückgabeschalter *m*
– **de devoluciones** *f* [RS] / Rücknahmeschalter *m*
– **de préstamo** *f* [RS] / Ausleihschalter *m* · Schalterausleihe *f* ‖ *s.a. mostrador de préstamo*
ventilación *f* [BdEq] / Belüftung *f* · Lüftung *f* · Be- und Entlüftung *f*
verificación 1 *f* (de datos recuperados) [Bib; Retr] / Ermittlung *f*
– 2 *f* (de datos de catalogación) [Acq; Cat] / Überprüfung *f*
– 3 *f* (de datos bibliográficos) [Retr] / Verifizierung *f*
– **bibliográfica** *f* [Retr] / bibliographische Ermittlung *f*
verificar 1 *v* (datos bibliográficos) [Bib; Retr] / ermitteln *v* · verifizieren *v*
– 2 *v* (un programa) [EDP] / austesten *v*
– 3 *v* [Gen] / prüfen *v*
– **datos bibliográficos** *v* [Retr] / bibliographieren *v*
versión original *f* [Bk] / Originalfassung *f*
versión resumida *f* [Ind] / ersetzendes Referat *n* (de un documento)
verso *m* (reverso de la hoja) [Bk] / Rückseite *f* · Verso *n*
vestíbulo *m* [BdEq] / Eingangshalle *f* · Vestibül *n* · Vorhalle *f* ‖ *s.a. entrada* 5
vía de acceso *f* [EDP] / Port *m*
vía de adquisición *f* [Acq] / Beschaffungsweg *m*
viajante de librería *m* [Bk] / Reisebuchhändler *m*
viaje de estudios *m* [Staff] / Studienfahrt *f* · Studienreise *f*
viaje de servicio *m* [Staff] / Dienstreise *f*
viaje oficial *m* [Staff] / Dienstreise *f*
vía oficial *f* [OrgM] / Dienstweg *m*
vida media *f* (de la bibliografía de una especialidad, etc.) [InfSc] / Halbwertzeit *f*
vida útil de almacenamiento *f* [NBM; Repr] / Lebensdauer *f* ‖ *s.a. tiempo de vida*
videocasete *f* [NBM] / Videokassette *f*
– **continua** *f* [NBM] / Endlos-Videokassette *f*
videodisco *m* [NBM] / Videoplatte *f*
vídeodocumento *m* [NBM] / Bilddokument *n*
video especializado *m* [NBM] / Sachvideo *n*
videograma *m* (sólo legible con ayuda de un aparato) [NBM] / Bilddokument *n*
videoteca *f* [NBM] / Videothek *f*
videotex *m* [EDP/VDU] / Bildschirmschriften *pl* · Bildschirmtext *m*
videotexto *m* [Comm] / Videotext *m*
vigencia *f* [InfSc] / Gültigkeit *f*
vigilancia *f* [Adm] / Aufsicht *f*
vigilar *v* [Gen] / überwachen *v*
viñeta *f* [Prt] / Vignette *f*
– **de cabecera** *f* [Bk] / Kopfvignette *f*
– **de cierre** *f* [Bk] / Schlußkupfer *n* · Schlußstück *n*
– **final de capítulo** *f* [Bk] / Schlußvignette *f* (adorno)
violación de una patente *f* [Law] / Patentverletzung *f*
virador *m* [Repr] / Toner *m*

virtual *adj* [EDP] / virtuell *adj*
visado *m* [Adm] / Visum *n*
– **de entrada** *m* [Adm] / Einreisevisum *n*
visera de pantalla 1 *f* [EDP] / Störlichtblende *f* ‖ *s.a. pantalla protectora*
visera de pantalla 2 *f* (parte de un aparato lector) [Repr] / Schirmblende *f*
visita *f* [RS] / Rundgang *m*
– **a una biblioteca** *f* [RS] / Bibliotheksrundgang *m*
– **autoguiada** *f* [RS] / Selbstführung *f*
– **guiada** *f* [RS] / Führung *f*
– **guiada por cinta magnetofónica** *f* [RS] / Tonbandführung *f*
visor *m* [NBM] / Bildbetrachter *m*
– **de diapositivas** *m* [NBM] / Dia-Betrachter *m*
– **de mano** *m* (especial para microfilmes) [Bk; Repr] / Leselupe *f* ‖ *s.a. lupa de lectura*
– **manual** *m* (para leer microfilmes) [Repr] / Hand-Betrachtungsgerät *n*
vista aérea *f* [Cart] / Vogelschaubild *n*
visualización *f* [EDP] / Anzeige *f*
– **de pantalla** *f* [EDP/VDU] / Bildschirmanzeige *f*
– **gráfica** *f* [EDP/VDU] / grafische Darstellung *f*
vitela *f* [Wirt; Bind] / Kalbleder *n* · Pergament *n*
vitrina *f* [BdEq] / Buchauslage *f* · Vitrine *f*
– **de exposición** *f* [BdEq] / Schaukasten *m*
vocabulario *m* [Lin] / Wortschatz *m* · Vokabular *n*
– **cerrado** *m* [Ind] / kontrolliertes Vokabular *n*
– **controlado** *m* [Ind] / kontrollierter Wortschatz *m* · kontrolliertes Vokabular *n*
– **limitado** *m* [Ind] / kontrolliertes Vokabular *n*
vol. *abbr s. volumen*
voladita *f* [Prt] / Exponent *m*
volante *m* [TS] / Laufzettel *m*
volumen *m* [Bk] / Band *m*
– **acumulativo** *m* [Bk] / Kumulationsband *m*
– **adjunto** *m* [Bk] / Begleitband *m*
– **apartado** *m* [Stock] / ausgesonderter Band *m*
– **bibliográfico** *m* [Bk] / bibliographischer Band *m*
– **colecticio** *m* [Bk] / Sammelband *m*
– **cosido** *m* [Bind] / Heftband *n*
– **de continuación** *m* [Acq] / Fortsetzungsband *m*
– **de edificación** *m* [BdEq] / umbauter Raum *m*
– **de encuadernador** *m* [Bk] / Buchbinderband *m*
– **de los fondos** *m* [Stock] / Bestandsgröße *f*
– **de pedidos** *m* [RS] / Bestellvolumen *n*
– **de prueba** *m* [Bk] / Probeband *n*
– **encuadernado** *m* [Bind] / Band *n* · Buchbinderband *m*
– **encuadernado en rústica** *m* [Bind] / Heftband *n*
– **en cuarto** *m* [Bk] / Quartband *m*
– **en dieciseisavo** *m* [Bk] / Sedez(-Format) *n(n)*
– **en doceavo** *m* [Bk] / Duodezband *m*
– **en dozavo** *m* [Bk] / Duodezband *m*
– **en folio** *m* [Bk] / Folioband *m* · Foliant *m*
– **en octavo** *m* [Bk] / Oktavband *m*
– **índice** *m* [Ind] / Registerband *m*
– **manuscrito** *m* [Bk] / Handschriftenband *m*
– **presupuestario** *m* [BgAcc] / Haushaltsvolumen *n*
– **reservado** *m* [RS] / vorgemerkter Band *m*
– **rígido todo tela** *m* [Bind] / steifer Gewebeband *m*
– **semiencuadernado** *m* [Bk] / Halbband *m*
– **suplementario** *m* [Bk] / Ergänzungsband *m*
volver a plegar *v* [Bind] / nachfalzen *v*
volverse friable *v* [Pres] / brüchig werden *v*
volverse quebradizo *v* [Pres] / brüchig werden *v*
vuelto de color pardo *pp* [Bk] / gebräunt *pp*
vulgata *f* [Bk] / Vulgata *f*

XY

xerografía *f* [Repr] / **Xerographie** *f*
xilografía *f* [Art] / **Xylographie** *f*
– **a contrafibra** *f* [Art] / **Holzstich** *m*
– **a fibra** *f* [Art] / **Holzschnitt** *m*
– **de portada** *m* [Bk] / **Titelholzschnitt** *m*

yerro de imprenta *m* [Prt] / **Druckfehler** *m*
‖ *s.a. errata*

Z

zócalo *m* (de una estantería) [Sh] / Sockel *m*

zona *f* (parte de un registro de datos) [EDP] / Feld *n*

- **de bucle** *f* [EDP] / Schleifenbereich *m*
- **de consulta** *f* [BdEq] / Anlesezone *f*
- **de control** *f* [Comm] / Steuerfeld *n*
- **de control ampliada** *f* [EDP] / erweitertes Steuerfeld *n*
- **de dirección** *f* [EDP] / Adreßfeld *n*
- **de dirección ampliada** *f* [Comm] / erweitertes Adreßfeld *n*
- **de eco** *f* [EDP/VDU] / Echofeld *n*
- **de exposición** *f* [BdEq] / Ausstellungsfläche *f*
- **de gráficos de vídeo** *f* [EDP] / Video-Grafikbereich *m*
- **de introducción por teclado** *f* [EDP] / Eintastbereich *m*
- **de la dirección** *f* (de una instrucción) [EDP] / Adreßteil *m*
- **(de la placa) atacada por el ácido** *f* [Prt] / Ätzgrund *m*
- **de longitud fija** *f* [EDP] / Feld fester Länge *n*
- **de longitud variable** *f* [EDP] / Feld variabler Länge *n*
- **de maniobra** *f* [EDP] / Arbeitsbereich *m*
- **de memoria protegida** *f* [EDP] / geschützter Speicherbereich *m*
- **de representación** *f* [EDP/VDU] / Darstellungsfeld *n*
- **de servicio para impresora** *f* [EDP; Prt] / Druckerbedienfeld *n*
- **de suma** *f* [EDP] / Summenfeld *n*

Anhang – Apéndice

Definitionsnachweise
Fuentes de las definiciones

Die vollständigen bibliographischen Angaben sind dem *Literaturnachweis* zu entnehmen. Las referencias bibliográficas completas se incluyen en el apartado "Bibliografía consultada".

A	ÖNORM. Österreichisches Normungsinstitut
DIN	Normen des Deutschen Instituts für Normung (V = Vornorm; E = Norm-Entwurf)
ISBD (dt. Ausg.)	Internationale standardisierte bibliographische Beschreibung
ISBD(M)	... für Monographien
ISBD(S)	... für fortlaufende Publikationen
ISBD(CM)	... für Kartenmaterialien
ISBD(NBM)	... für Non-Book-Materialien
ISBD(PM)	... für Musikdrucke
ISO	Standards of the International Organization for Standardization
RAK	Regeln für die alphabetische Katalogisierung
RAK-AV	Sonderregeln für audiovisuelle Materialien...
RAK-Karten	Sonderregeln für kartographische Materialien
RAK-UW	Sonderregeln für unselbständig erschienene Werke.
PI	Instruktionen für die alphabetischen Kataloge der preußischen Bibliotheken (Preußische Instruktionen)
TGL	DDR-Standard

Sachgebietsschlüssel
Claves de materias

Acq	Acquisition	Adquisición	Erwerbung
Adm	Administration	Administración	Verwaltung
Arch	Archives	Archivística	Archivwesen
Art	Art	Arte	Kunst
BdEq	Building and equipment	Edificación y mobiliario	Bau und Einrichtung
BgAcc	Budgeting and Accounting	Presupuesto y contabilidad	Haushalts- und Rechnungswesen
Bib	Bibliography	Bibliografía	Bibliographie
Bind	Binding	Encuadernación	Buchbinden
Bk	Books: History, Publishing, Trade (including Serials)	Bibliología y comercio del libro	Buchkunde, Buchhandel, Publikationswesen
Cart	Cartography	Cartografía	Kartographie
Cat	Cataloguing	Catalogación	Katalogisierung
Class	Classification	Clasificación	Klassifikation
Class/UDC	Universal Decimal Classification	Clasificación Decimal Universal	Dezimalklassifikation
Comm	Communication	Comunicación	Kommunikationswesen
Ed	Education	Educación	Ausbildung
EDP	Electronic Data Processing	Tratamiento de la información	Elektronische Datenverarbeitung
Gen	Generalities, Miscellaneous	Generalidades	Allgemeines, Verschiedenes
Ind	Subject Indexing	Indización	Inhaltliche Erschließung
InfSc	Information Sciences (Including fringe subjects)	Ciencias de la Información y materias afines	Informationswissenschaften (einschl. Randgebiete)
InfSy	Informationssystems	Sistemas de información	Informationssysteme
Law	Law	Legislación	Recht
Lib	Librarianship in general	Biblioteconomía en general	Bibliothekswesen im allgemeinen
Lin	Linguistics	Lingüística	Linguistik
Mus	Music	Música	Musik

NBM	Non-Book-Materials	Material no librario	Nicht-Buch-Materialien
Off	Office	Oficina	Bürowesen
OrgM	Organization and Management	Organización y gestión	Organisation und Management
Pp	Paper	Papel	Papier
PR	Public Relations	Relaciones públicas	Öffentlichkeitsarbeit
Pres	Preservations of Library and Archival Materials	Conservación de bibliotecas y Archivos	Erhaltung von Bibliotheks- und Archivgut
Prt	Printing	Imprenta	Drucktechnik
PuC	Punched Cards, Punched Tapes	Tarjetas y cintasperforadas	Lochkarten, Lochstreifen
Ref	Reference Work	Referencias	Auskunftsarbeit
Repr	Reprography, Photography	Reprografía, Fotografía	Reprographie, Fotografie
Retr	Retrieval	Recuperación	Retrieval
RS	Reader Services, Interlibrary Loan	Servicios al usuario	Benutzung
Sh	Shelving	Estanterización	Bestanddsaufstellung
Staff	Staff	Plantilla de personal	Personalwesen
Stock	Stock	Fondos Bibliotecarios	Buchbestand
TS	Technical Services	Servicios técnicos	Buchbearbeitung
Writ	Writing	Escritura	Schriftwesen

Abkürzungen
Abreviaturas

Hier nur Abkürzungen, die integraler und formaler Teil der Einträge sind. (Vgl. dazu Benutzungshinweise: Abschn. 3) Die Sachgebietsschlüssel sind in Anh. 2 enthalten. (Vgl. auch die Definitionsnachweise in Anh. 1.)
En la presente lista fuguran tan sólo las abreviaturas que constituyen parte formal e integral de las entradas (consúltese el punto 3 de las "Instrucciones de uso"). Las claves de materias se encuentran en el apéndice 2. (Véase también el apéndice 1, "Fuentes de las definiciones").

A	Österreich	Austria
abbr.	Abkürzung	Abreviación
adj	Adjektiv	Adjetivo
Adv	Adverb	Adverbio
Arg	Argentinien	Argentina
betr	betreffend	concerniente a
Brit.	britisch	británico
bzw.	beziehungsweise	respectivamente
CH	Schweiz	Suíza
D	Deutschland	República Federal Alemana
DDR	DDR	Rep. Democrática Alemana
d.i.	das ist	id est
dt	deutsch	alemán
esp.	insbesondere	especialmente
f	femeninum	femenino
ger	Gerundium	gerundio
HA	Lateinamerika	Hispanoamérica
i.e.	id est	id est
i.e.S.	im engeren Sinne	en sentido estricto
insbes.	insbesondere	especialmente
in Verb. mit	in Verbindung mit	en conexión con
m	maskulinum	masculino
Méx	Mexiko	México
n	neutrum	neutro

obs	veraltet	obsoleto
pl	Plural	plural
pp	Perfekt-Partizip	participio pasado
pres p.	Präsens-Partizip	participio presente
s.	siehe	véase
s.a.	siehe auch	véase también
sing. in constr	Singular in der Satzkonstruktion	singular en construcción
Süddt	Süddeutsch	Alemania meridional
syn	synonym	sinónimo
u. dgl	und dergleichen	y similares
v	Verbum	verbo
Verf	Verfasser	autor
vgl.	vergleiche	compárese

FSC
www.fsc.org
MIX
Papier | Fördert
gute Waldnutzung
FSC® C083411

Kolibri 360 GmbH
Ferdinand-Jühlke-Straße 7
99095 Erfurt, Deutschland
produktsicherheit@kolibri360.de